Ferromagnetismus

Von

Dr. R. Becker
o. Professor für theoretische Physik
an der Universität Göttingen

und

Dr. Ing. habil. W. Döring
Assistent am Inst. für theoretische Physik
an der Universität Göttingen

Mit 319 Abbildungen

Berlin

Verlag von Julius Springer

1939

Vorwort.

Die vorliegende Darstellung des Ferromagnetismus geht historisch zurück auf eine Reihe von Vorträgen, welche der eine der Verfasser im Winter 1934/35 auf Veranlassung des Außeninstituts der Technischen Hochschule Berlin vor einem zum größten Teil aus Technikern bestehenden Hörerkreis hielt. In diesen Vorträgen wurde gezeigt, daß viele scheinbar zusammenhanglose Eigenschaften ferromagnetischer Körper verständlich werden durch den Zusammenhang zwischen Spannung, Magnetostriktion und Magnetisierungsrichtung, wie er bei „Nickel unter Zug" in besonders reiner Form der theoretischen und experimentellen Forschung zugänglich ist. In der Zwischenzeit ist unsere Kenntnis von der Magnetisierung und ihren Begleiterscheinungen durch zahlreiche Arbeiten gefördert worden. Die in jenen Vorträgen häufig nur angedeuteten Gesichtspunkte haben sich quantitativ verschärfen und an zahlreichen Beobachtungen bestätigen lassen.

Die Arbeiten zur Erforschung des Ferromagnetismus lassen sich nach ihren Zielen in zwei große Gruppen unterteilen, von denen die eine eine Erklärung für das Auftreten des Ferromagnetismus überhaupt anstrebt, während die andere Gruppe ihn als vorhanden hinnimmt und nach seinen speziellen Erscheinungsformen fragt. Diese Unterteilung kommt auch in dem vorliegenden Buche zum Ausdruck.

In den ersten beiden Abschnitten wird die allgemeine Theorie der ferromagnetischen Erscheinungen verhältnismäßig kurz behandelt. Sie bilden im wesentlichen ein Referat über Dinge, die auch in anderen zusammenfassenden Darstellungen zu finden sind. Nur in Kapitel 5 werden einige neue Gesichtspunkte zur Behandlung der Erscheinungen in der Umgebung des Curie-Punktes gegeben. Über die für eine strenge Theorie unentbehrliche quantenmechanische Behandlung des Ferromagnetismus wird in Kapitel 8 nur kurz berichtet. Dieser Bericht hat lediglich die Aufgabe, dem Leser eine Vorstellung von den hier auftretenden Problemen zu vermitteln und von den Schwierigkeiten, welche einer exakten Theorie auch heute noch entgegenstehen. Für das Verständnis der späteren Abschnitte ist die Lektüre dieses Kapitels nicht erforderlich.

Die weiteren Abschnitte (III, IV und V) nehmen ihren Ausgangspunkt von der Existenz der spontanen Magnetisierung. Diese Abschnitte bilden den wesentlichsten und umfangreichsten Teil des Buches. Sie behandeln alle diejenigen Fragen, welche sich auf das Zustandekommen der Magnetisierungskurve und ihrer Begleiterscheinungen erstrecken. Die Gesichtspunkte, welche eine Deutung dieser Phänomene ermöglichen, sind in Kapitel 9 zusammengestellt. Dies erhält damit den Charakter eines Programms, dessen aufmerksame Lektüre besonders empfohlen sei. In den weiteren Kapiteln dieser Abschnitte sind manche Überlegungen und Anwendungen enthalten, welche hier zum erstenmal publiziert werden. Viele Einzelbeobachtungen und Messungen werden dabei quantitativ oder doch zum mindesten qualitativ von einem konsequent festgehaltenen theoretischen Standpunkt aus gedeutet. Der Wert vieler experimenteller Forschungsarbeiten leidet unter der Tatsache, daß nur Einzelbeobachtungen an einem mehr oder weniger zufällig gewählten Material mitgeteilt werden. Die vornehmste Aufgabe dieses Buches erblicken wir darin, die Forscher zu einer Vervollständigung ihrer Untersuchungen durch Messung derjenigen Größen anzuregen, welche für eine theoretische Deutung erforderlich sind, und damit ihre Arbeit für ein wahres Verständnis der magnetischen Vorgänge fruchtbar zu machen, sei es im Sinne einer Bestätigung oder auch Widerlegung der hier entwickelten Auffassung.

Der letzte Abschnitt gibt eine Übersicht über die verschiedenen magnetischen Materialien und die Methoden zu ihrer Herstellung, ohne dabei einen Anspruch auf Vollständigkeit zu erheben. Wir versuchen natürlich auch hier, die praktisch erzielten Variationen der Materialeigenschaften theoretisch zu deuten. Das Streben nach theoretischer Einsicht tritt hier jedoch zurück gegenüber der Freude an der bunten Mannigfaltigkeit der Erscheinungen und der Bewunderung für die geistreichen Verfahren zur Erzeugung immer neuer Arten von ferromagnetischen Stoffen, welche wir insbesondere den Forschungsarbeiten der Industrielaboratorien verdanken.

Bei einem Gebiet, dessen theoretische Durchdringung sich noch so in den Anfängen befindet, wie es beim Ferromagnetismus der Fall ist, und auf welchem andererseits eine solche Fülle von Einzeluntersuchungen vorliegt, läßt sich eine gewisse Einseitigkeit in der Darstellung kaum vermeiden. So haben wir denn auch in dem vorliegenden Bericht diejenigen Forschungsergebnisse bevorzugt behandelt, welche sich zum mindesten qualitativ theoretisch deuten lassen. Viele interessante Untersuchungen mußten dabei nur aus dem Grunde unberücksichtigt bleiben, weil wir ihre Resultate zur Zeit noch nicht verstehen.

Zahlreiche Anregungen erfuhren wir während der Entstehung dieses Buches durch mündliche Diskussionen mit Herrn Dipl.-Ing. M. KERSTEN. Es ist uns eine angenehme Pflicht, ihm für sein Interesse an unserer Arbeit zu danken. Als starke Förderung empfanden wir dankbar das Interesse, welches zahlreiche Fachgenossen unserer Arbeit durch Teilnahme an einer Spezialtagung entgegenbrachten, die im Oktober 1937 in Göttingen stattfand. Die bei dieser Gelegenheit gehaltenen Vorträge sind inzwischen unter dem Titel „Probleme der technischen Magnetisierungskurve" in Buchform erschienen. Manche Einzelheiten unserer Darstellung verdanken wir diesen Vorträgen und den mit ihnen verknüpften Diskussionen.

Göttingen, Mai 1939.

R. BECKER · W. DÖRING.

Die Formeln sind innerhalb eines jeden der 31 Kapitel durchlaufend numeriert. Bei Formelzitaten innerhalb eines Kapitels ist nur die Nummer der Formel angegeben, bei Zitaten aus anderen Kapiteln dagegen auch die Kapitelnummer. Zum Beispiel bedeutet (14.7): Formel 7 aus Kapitel 14.

Als Maßeinheiten werden in den allgemeinen Rechnungen konsequent diejenigen des elektrostatischen C.G.S.-Systems benutzt. Bei den Anwendungen werden diese häufig durch andere ersetzt, welche dem gerade vorliegenden Zweck angepaßt und in jedem Einzelfall angegeben sind.

Inhaltsverzeichnis.

I. Grundlagen der magnetischen Erscheinungen.

1. Definitionen und Meßmethoden.

In der Elektrostatik bildet die elektrische Ladung den natürlichen Ausgangspunkt aller Überlegungen. Sie ist sowohl der *Ursprung* jeder elektrischen Kraftwirkung wie auch das *Hilfsmittel* zum Nachweis und zur Messung der elektrischen Feldstärke. Im Gegensatz dazu ist man beim Magnetismus wegen des Fehlens von wahren magnetischen Ladungen genötigt, als elementaren Ursprung des magnetostatischen Feldes den *magnetischen Dipol* einzuführen.

a) Der magnetische Dipol.

Es gibt zwei für die meisten Zwecke gleichwertige Möglichkeiten, den magnetischen Dipol in anschaulicher Weise zu beschreiben, nämlich entweder als Grenzfall einer Doppelquelle (Abb. 1a) oder als Grenzfall eines Ringstroms (Abb. 1b). Beim Bild der Doppelquelle betrachtet man zwei entgegengesetzte magnetische Ladungen $+m$ und $-m$, welche sich im Abstand l befinden. Der Vektor l soll dabei von $-$ nach $+$ zeigen. Das Dipolmoment dieser Anordnung ist $\mathfrak{p} = l m$. Daraus entsteht ein Dipol im eigentlichen Sinne, wenn man

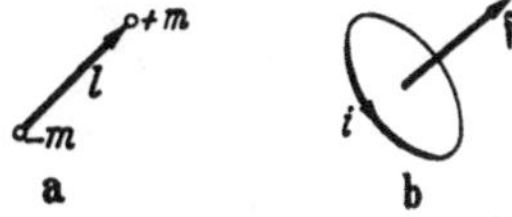

Abb. 1a u. b. Beschreibung des magnetischen Dipols a) als Doppelquelle, b) als Ringstrom.

gleichzeitig m gegen Unendlich und l gegen Null streben läßt, in solcher Weise, daß das Produkt $l m$ seinen festen Wert $\mathfrak{p}$ behält.

Bei dem anderen Bild betrachtet man einen in seiner Stärke unveränderlichen Ringstrom i, welcher eine Fläche $\mathfrak{f}$ umrandet. Dabei sei $\mathfrak{f}$ als Vektor aufgefaßt, dessen Betrag gleich der umrandeten Fläche ist; er steht zudem senkrecht auf der Fläche und bildet mit der Stromrichtung von i eine Rechtsschraube. Dieses Gebilde wird zu einem magnetischen Dipol vom Moment

$$(1) \qquad \mathfrak{p} = \frac{i}{c}\,\mathfrak{f},$$

wenn man wieder den Grenzübergang

$$\lim \begin{cases} i \to \infty \\ \mathfrak{f} \to 0 \end{cases}$$

so ausführt, daß das Produkt konstant bleibt.

An Hand des Bildes der Doppelquelle lassen sich leicht diejenigen Eigenschaften des Dipols angeben, welche die Grundlagen für die magnetischen Meßmethoden bilden.

1. *Das vom Dipol ausgehende Feld* kann mit Hilfe eines Potentials φ_m beschrieben werden. Befindet sich der Dipol $\mathfrak{p}$ mit den Komponenten p_ξ, p_η, p_ζ an der Stelle ξ, η, ζ, so erzeugt er an der Stelle x, y, z das Potential

$$(2) \qquad \varphi_m(x, y, z) = \frac{p_\xi(x-\xi) + p_\eta(y-\eta) + p_\zeta(z-\zeta)}{\sqrt{(x-\xi)^2 + (y-\eta)^2 + (z-\zeta)^2}^{\,3}}.$$

Zur Ableitung geht man aus von den getrennten Punktladungen $+m$ und $-m$, welche durch den Vektor l mit den Komponenten l_1, l_2, l_3 verbunden sind. So erhält man zunächst

$$\varphi_m = \frac{m}{\sqrt{(x-(\xi+l_1))^2 + (y-(\eta+l_2))^2 + (z-(\zeta+l_3))^2}} - \frac{m}{\sqrt{(x-\xi)^2 + (y-\eta)^2 + (z-\zeta)^2}}.$$

Die Taylor-Entwicklung nach den kleinen Größen l_1, l_2, l_3 liefert dann mit $m\,l_1 = p_\xi$, $m\,l_2 = p_\eta$, $m\,l_3 = p_\zeta$ im Limes $l_1 \to 0, l_2 \to 0, l_3 \to 0$

$$(2a) \qquad \varphi_m = p_\xi \frac{\partial}{\partial \xi}\left(\frac{1}{r}\right) + p_\eta \frac{\partial}{\partial \eta}\left(\frac{1}{r}\right) + p_\zeta \frac{\partial}{\partial \zeta}\left(\frac{1}{r}\right);$$

$$r = \sqrt{(x-\xi)^2 + (y-\eta)^2 + (z-\zeta)^2}\,.$$

Das ist offensichtlich mit (2) identisch. In Vektorschreibweise lautet (2) auch

$$(2b) \qquad \varphi_m = \frac{(\mathfrak{p}\,\mathfrak{r})}{r^3},$$

wenn wir mit $\mathfrak{r}$ den Vektor vom Dipol zum Aufpunkt x, y, z bezeichnen. Ist weiterhin (Abb. 2) ϑ der von $\mathfrak{r}$ und $\mathfrak{p}$ eingeschlossene Winkel, so gilt in Polarkoordinaten

$$(2c) \qquad \varphi_m = \frac{p \cos \vartheta}{r^2}.$$

Für das Magnetfeld $\mathfrak{H}$ folgt aus (2c) bei Zerlegung in eine radiale Komponente H_r und eine tangentiale H_ϑ:

$$(3) \qquad \begin{cases} H_r = \dfrac{2p}{r^3} \cos \vartheta \\[2mm] H_\vartheta = \dfrac{p}{r^3} \sin \vartheta. \end{cases}$$

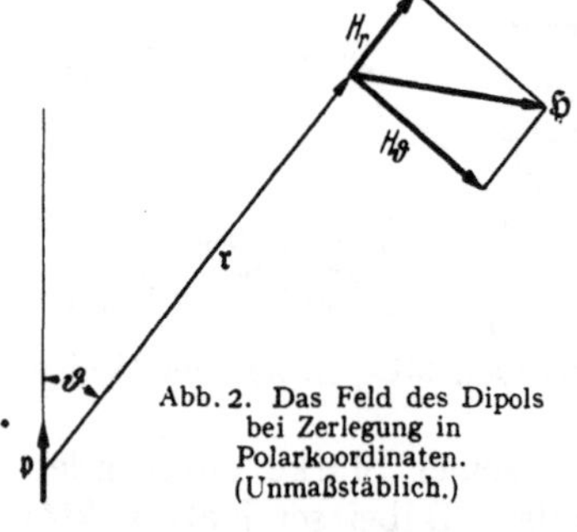

Abb. 2. Das Feld des Dipols bei Zerlegung in Polarkoordinaten. (Unmaßstäblich.)

2. Das auf einen Dipol ausgeübte *Drehmoment*.

In einem *homogenen* Magnetfeld $\mathfrak{H}_0$ erfährt der Dipol keine translatorische Kraft, sondern nur ein Drehmoment $\mathfrak{D}$. Ist α der Winkel zwischen Feld und Dipol, so folgt nach der Regel Kraft $\times$ Hebelarm für den Betrag von $\mathfrak{D}$

$$(4) \qquad D = p\,H_0 \sin \alpha$$

oder als Vektor

$$(4a) \qquad \mathfrak{D} = [\mathfrak{p}\,\mathfrak{H}_0].$$

3. Eine *translatorische Kraft* kann der Dipol nur dann erfahren, wenn die magnetische Feldstärke $\mathfrak{H}_0$ am Ort von $+m$ von derjenigen am Ort $-m$ verschieden ist, d. h. also im inhomogenen Feld. Für die x-Komponente K_x der Kraft erhält man z. B.

$$K_x = m\,[H_x(\xi + l_1, \eta + l_2, \zeta + l_3) - H_x(\xi, \eta, \zeta)],$$

also im Limes $l_1, l_2, l_3 \to 0$

$$(5) \qquad K_x = p_x \frac{\partial H_x}{\partial x} + p_y \frac{\partial H_x}{\partial y} + p_z \frac{\partial H_x}{\partial z}.$$

In Vektorschreibweise lautet (5)

$$(5a) \qquad \mathfrak{K} = (\mathfrak{p}\,\mathrm{grad})\,\mathfrak{H}.$$

Geht man bei der ganzen Überlegung nicht vom Bild der Doppelquelle, sondern von dem des Ringstroms aus, so hat man das Feld nach dem Biot-Savartschen Gesetz als Feld des Stromes zu berechnen. Zur Berechnung der Kraftwirkungen eines äußeren Feldes hat man auszugehen von der Kraft

$$\mathfrak{k} = \frac{i}{c}\,[d\mathfrak{s}\,\mathfrak{H}],$$

welche auf das Stück $d\mathfrak{s}$ der Strombahn vom Feld $\mathfrak{H}$ ausgeübt wird. Man kommt bei Durchführung der entsprechenden Rechnungen zu den gleichen Formeln (3), (4) und (5) für die elementaren Eigenschaften des Dipols.

Als historisch älteste Anwendung der obigen Beziehungen betrachten wir (Abb. 3) die Versuche von GAUSS, durch welche die Absolutmessung von magnetischen Größen ermöglicht wurde. Durch die Gaußsche Methode wird gleichzeitig die Horizontalintensität H_0 des Erdfeldes und das Moment p eines permanenten Stabmagneten gemessen.

Erster Versuch. Der Magnet $\mathfrak{p}$ liegt fest in horizontaler Lage, senkrecht zur Richtung des Erdfeldes H_0. Auf der Verlängerung seiner Achse befindet sich im Abstand r von ihm (Punkt A) ein kleiner Kompaß, dessen Nadel unter der Wirkung von $\mathfrak{p}$ um den Winkel α aus der Richtung von H_0 abgelenkt wird. Ist H_1 das Feld des Magneten in A, so ist $\operatorname{tg}\alpha = \dfrac{H_1}{H_0}$, also nach (3) $\operatorname{tg}\alpha = \dfrac{2p}{H_0 \cdot r^3}$.

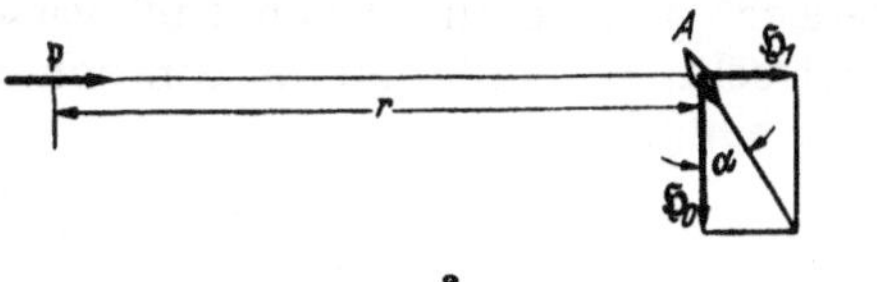

a   b

Abb. 3a u. b. Die Gaußschen Versuche. a: Ablenkung einer Kompaßnadel A durch den Dipol. b: Schwingung des Dipols im Erdfeld.

Zweiter Versuch. Der Magnet wird selbst wie eine Kompaßnadel in seinem Schwerpunkt unterstützt, so daß er unter der Wirkung von H_0 freie Drehschwingungen ausführen kann. Ist ϑ seine Winkelabweichung aus der Richtung von H_0, so übt H_0 auf ihn nach (4) das Drehmoment $pH_0\sin\vartheta$ aus.

Mit dem Trägheitsmoment Θ gilt also

$$\Theta\ddot{\vartheta} = -pH_0\sin\vartheta.$$

Für kleine Werte von ϑ folgt daraus

$$\vartheta = C\sin\sqrt{\frac{pH_0}{\Theta}}\cdot t$$

und damit die sekundliche Schwingungszahl

$$\nu = \frac{1}{2\pi}\sqrt{\frac{pH_0}{\Theta}}.$$

Somit wird im ersten Versuch das Verhältnis p/H_0, im zweiten das Produkt pH_0 gemessen. Dadurch sind dann auch p und H_0 einzeln bekannt.

Die Einheit der magnetischen Feldstärke, welche in solcher Weise durch rein magnetische Messungen — ohne Bezugnahme auf elektrische — festgelegt ist, heißt heute 1 Oersted (Oe). Sie ist mit der in der Elektrotechnik benutzten Einheit Ampere-Windungen pro cm verknüpft durch

$$1\,\frac{\text{Amp.-Windg.}}{\text{cm}} = 0{,}4\,\pi\ \text{Oe}.$$

b) Die Magnetisierung $\mathfrak{J}$.

Der oben behandelte Dipol ist zunächst nur eine mathematische Fiktion. In Wirklichkeit gibt es nur endlich ausgedehnte magnetisierte Körper. Wir führen aber den Begriff der Magnetisierung durch folgende Definition auf den des Dipols zurück: Greifen wir ein Volumenelement dV des Körpers heraus, so repräsentiert dieses Element einen Dipol vom Moment

(6) $$\mathfrak{p} = \mathfrak{J}\,dV.$$

Durch diese Gleichung ist der Vektor $\mathfrak{J}$ der Magnetisierung definiert. In etwas unexakterer Ausdrucksweise kann man sagen: $\mathfrak{J}$ ist das magnetische Moment pro Volumeneinheit. $\mathfrak{J}$ ist im allgemeinen ein ortsabhängiger Vektor. Ist die Magnetisierung in dem ganzen magnetisierten Körper konstant, so nennen wir den Körper *homogen* magnetisiert.

Wir brauchen nun eine Aussage über das Magnetfeld $\mathfrak{H}$, welches gemäß (6) und (2) von einem beliebig magnetisierten Körper erzeugt wird. Dazu berechnen wir das Potential φ_m am Ort x, y, z für den Fall, daß $\mathfrak{J}$ als stetige Ortsfunktion vorgegeben ist. Bezeichnen wir mit ξ, η, ζ einen Punkt im magnetisierten Material, so ist nach (2a):

$$\varphi_m(x,y,z) = \iiint \left[J_\xi(\xi,\eta,\zeta)\frac{\partial}{\partial\xi}\left(\frac{1}{r}\right) + J_\eta(\xi,\eta,\zeta)\frac{\partial}{\partial\eta}\left(\frac{1}{r}\right) + J_\zeta(\xi,\eta,\zeta)\frac{\partial}{\partial\zeta}\left(\frac{1}{r}\right)\right] d\xi\,d\eta\,d\zeta.$$

Nun ist

$$J_\xi\frac{\partial}{\partial\xi}\left(\frac{1}{r}\right) = \frac{\partial}{\partial\xi}\left(\frac{J_\xi}{r}\right) - \frac{1}{r}\frac{\partial J_\xi}{\partial\xi}.$$

Wenn der Bereich, in welchem $\mathfrak{J}$ von Null verschieden ist, sich nirgends ins Unendliche erstreckt, so ergibt die Integration über den ersten Summanden Null. Es bleibt einfach

$$\varphi_m = -\int \frac{\operatorname{div}\mathfrak{J}}{r}\, d\xi\,d\eta\,d\zeta.$$

Dieser Ausdruck für φ_m hat die aus der Potentialtheorie geläufige Coulombsche Form $\int\frac{\varrho_m}{r}\,dV$, mit $\varrho_m = -\operatorname{div}\mathfrak{J}$. ϱ_m hat also die Bedeutung einer „magnetischen Ladungsdichte". Das aus φ_m abzuleitende Feld $\mathfrak{H} = -\operatorname{grad}\varphi_m$ erfüllt somit die Poissonsche Gleichung $\operatorname{div}\mathfrak{H} = 4\pi\varrho_m$. Setzen wir für ϱ_m seinen Wert ein und beachten die Wirbelfreiheit von $\mathfrak{H}$, so erhalten wir für das von einem beliebig magnetisierten Körper erzeugte Feld $\mathfrak{H}$ die fundamentalen Gleichungen

$$(7) \qquad\qquad \operatorname{div}\mathfrak{H} = -4\pi\operatorname{div}\mathfrak{J}; \qquad \operatorname{rot}\mathfrak{H} = 0.$$

Durch seine Quellen und Wirbel ist aber ein Vektor bis auf eine additive Konstante eindeutig festgelegt. (7) enthält somit eine vollständige Beschreibung des gesuchten Feldes, wenn man noch hinzunimmt, daß $\mathfrak{H}$ im Unendlichen verschwindet. — Ein homogen in Richtung seiner Achse magnetisierter Zylinder vom Querschnitt q wirkt nach (7) so, als ob seine Stirnflächen freie magnetische Ladungen von der Größe $\pm Jq$ trügen.

 Als *Induktion* $\mathfrak{B}$ definieren wir den nach (7) stets quellenfreien Vektor

$$(8) \qquad\qquad \mathfrak{B} = \mathfrak{H} + 4\pi\mathfrak{J}; \qquad \operatorname{div}\mathfrak{B} = 0.$$

c) Das magnetische Verhalten der Materie.

 Wir haben oben die Magnetisierung $\mathfrak{J}$ gänzlich unabhängig davon definiert, in welcher Weise sie erzeugt wird. Tatsächlich kommt sie stets dadurch zustande, daß von außen her ein Magnetfeld auf den Körper einwirkt. Das magnetische Verhalten der Körper wird beschrieben durch den Zusammenhang zwischen dem äußeren Feld $\mathfrak{H}$ und seiner Magnetisierung $\mathfrak{J}$. Je nach der Art dieses Zusammenhanges unterscheiden wir folgende Fälle:

 1. $\mathfrak{J}$ ist proportional zu $\mathfrak{H}$. Dieser Fall liegt vor bei allen nichtferromagnetischen Körpern, solange man nicht zu extrem hohen Feldern oder zu extrem tiefen Temperaturen übergeht. Der Proportionalitätsfaktor χ heißt *Suszeptibilität*.

$$(9) \qquad\qquad \mathfrak{J} = \chi\mathfrak{H}.$$

Entsprechend definiert man die *Permeabilität* μ durch

$$(9a) \qquad\qquad \mathfrak{B} = \mu\mathfrak{H}; \qquad \mu = 1 + 4\pi\chi.$$

Weiterhin unterscheidet man die Stoffe nach dem Vorzeichen von χ. Substanzen mit negativem χ, also $\mu < 1$, heißen diamagnetisch, solche mit positivem χ, also $\mu > 1$, heißen paramagnetisch.

 Die Beträge von χ sind bei allen dia- und paramagnetischen Körpern sehr klein gegen 1 ($\sim 10^{-3}$ bis 10^{-5}). Für die allermeisten technischen Zwecke ist es also statthaft, bei ihnen μ gleich 1 zu setzen.

2. Ferromagnetische Körper. Bei diesen ist der Zusammenhang zwischen $\mathfrak{J}$ und $\mathfrak{H}$ wesentlich komplizierter. Er wird in der Regel durch Aufzeichnen von Magnetisierungskurven beschrieben. Alle Versuche, ihn in allgemeiner Weise formelmäßig zu beschreiben, sind bisher gescheitert. Tatsächlich sind die Elementarvorgänge, welche das Zustandekommen der Kurve bewirken, so verwickelt und mannigfaltig, daß ein Streben nach einer solchen allgemeinen mathematischen Formulierung nicht sinnvoll erscheint. So werden auch unsere

späteren Betrachtungen lediglich das Ziel haben, einzelne charakteristische Züge der Kurve zu deuten.

Wir betrachten an Hand der Abb. 4 einige Eigenschaften der Magnetisierungskurve:

Setzt man ein zunächst unmagnetisches Stück Eisen (etwa nachdem man es geglüht hat) der Wirkung eines allmählich wachsenden Feldes H aus, so beobachtet man ein Anwachsen von J nach der Kurve $ABCD$, die man als „Neukurve" oder auch „jungfräuliche Kurve" bezeichnet.

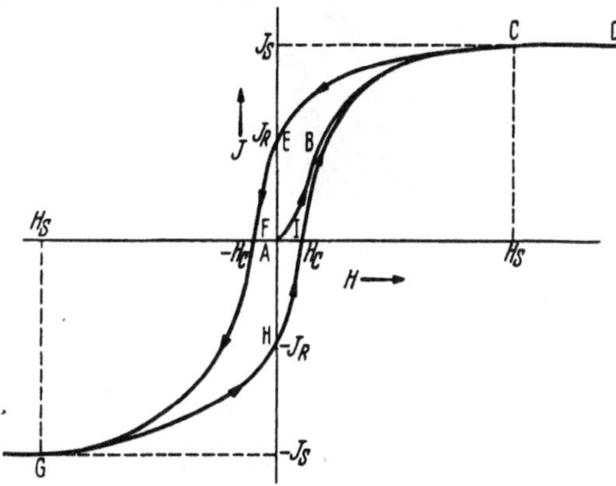

Abb. 4. Eine Magnetisierungskurve.

J wächst, von A ausgehend, zunächst linear, dann stärker an. Nach einem Wendepunkt B wächst J wieder langsamer, bis bei C die „Sättigung" J_S erreicht ist. Die zugehörige Feldstärke H_S nennen wir Sättigungsfeldstärke. Bei weichem Eisen liegt H_S etwa in der Gegend von 500 Oe. Bei weiterer Steigerung von H bis zu einigen 1000 Oe ändert sich J praktisch nicht mehr. Geht man jetzt mit dem Feld wieder zurück, so beobachtet man Werte von J, welche über der Neukurve liegen (Kurve $DCEF$). Beim Feld $H = 0$ (Punkt E) ist J nicht verschwunden. Der hier noch vorhandene Wert von J heißt remanente Magnetisierung oder kürzer Remanenz J_R. Im allgemeinen ist größenordnungsgemäß $J_R \approx \frac{1}{2} J_S$. Geht man von E aus zu negativen Feldern, so verschwindet J an der Stelle F bei einem durch $\overline{AF}$ gegebenen Feld H_c. Diese Feldstärke heißt *Koerzitivkraft*. Je nach der Größe von H_c spricht man von magnetisch weichen und magnetisch harten Materialien. Zur Illustration seien einige H_c-Werte in Tabelle 1 angegeben:

Tabelle 1. Die Koerzitivkraft von einigen Materialien.

	Material	H_c
Sehr weich	Extrem reines Eisen, wasserstoffgeglüht [CIOFFI, C. C.: Phys. Rev. Bd. 39 (1932) S. 363]	0,025 Oe
	Hipernik: Legierung mit 50% Ni, 50% Fe	0,037 Oe
Normal	Fe-Si-Legierung, Handelsware	$\approx 0,2$ Oe
	Armco-Eisen	$\approx 1,0$ Oe
Hart	Wolfram-Stahl	≈ 70 Oe
	Oerstit (Fe-Ni-Al-Legierung)	500 bis 900 Oe
Extrem Hart	Pt-Co-Legierung, abgeschreckt [JELLINGHAUS, W.: Z. techn. Phys. Bd. 17 (1936) S. 33]	3680 Oe

Bei weiterer Steigerung des negativen Feldes erreicht man bei $H \approx -H_S$ wieder die Sättigung. Läßt man H von $-H_S$ aus wieder anwachsen, so durchläuft man einen Kurvenzug $GHIC$, welcher symmetrisch zu $CEFG$ liegt. Die ganze Figur heißt die „voll ausgesteuerte" Hystereseschleife. Ganz andere Bilder erhält man, wenn man das Feld nicht bis H_S steigert, sondern zwischen

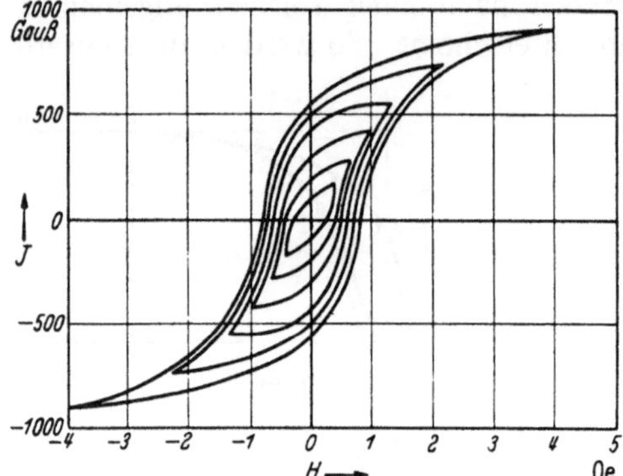

Abb. 5. Magnetisierungskurven mit verschieden hoher Aussteuerung (hochlegiertes Dynamoblech).

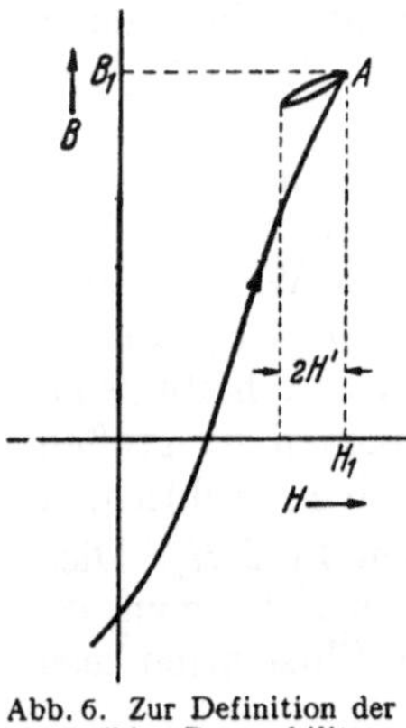

kleineren Feldern, etwa $+H_1$ und $-H_1$, hin- und hergeht. Abb. 5 bringt die Schleifen zur Anschauung, welche man bei allmählich wachsender Aussteuerung erhält. Besonders wichtig sind die Schleifen, die sich bei sehr kleiner periodischer Feldänderung ergeben. Man erkennt bereits aus Abb. 5, daß die Schleife dann die Gestalt einer flachen Lanzette annimmt. Wenn man die Amplitude H_1 des Feldes immer kleiner werden läßt, so geht nicht nur die zugehörige Remanenz J_R, d. h. also die Dicke der Lanzette, gegen Null,

sondern auch noch das Verhältnis J_R/H_1. Das heißt aber, daß im Limes $H_1 \to 0$ die Lanzette zu einem reversibel durchlaufenen Strich ausartet. Will man nun den Punkt A ($J = 0$ bei $H = 0$) wieder erreichen, so muß man das Material *entmagnetisieren*. Das geschieht technisch durch Einwirkung eines Wechselfeldes, dessen Amplitude man allmählich von $H > H_S$ bis auf 0 abnehmen läßt.

Angesichts dieses komplizierten Verhaltens ist es natürlich nicht möglich, ohne Willkür von einer Permeabilität des Eisens schlechthin zu sprechen. Tatsächlich gibt es eine ganze Reihe von „Permeabilitäten". Einige von ihnen werden in folgender Weise definiert:

1. Man benutzt formal die Gleichung (9a) und setzt $\mu = B/H$. Um diese Definition eindeutig zu machen, muß man hinzusetzen, auf welcher Kurve B gemessen werden soll. Es ist üblich, hierfür die Neukurve zu wählen. Wir nennen dieses μ die *totale Permeabilität* und kennzeichnen es durch den Index tot:

Abb. 6. Zur Definition der reversiblen Permeabilität.

$$\mu_{\text{tot}} = \left(\frac{B}{H}\right), \text{ gemessen auf der Neukurve.}$$

Natürlich ist μ_{tot} selbst wieder von H abhängig. Es hat ein Maximum am oberen Knie der Neukurve und geht für sehr große H gegen 1.

2. Die *differentielle Permeabilität* μ_{diff} in einem bestimmten Zustand definiert man durch die Steilheit der B-H-Kurve, setzt also

$$\mu_{\text{diff}} = \frac{dB}{dH}, \text{ gemessen auf der Magnetisierungskurve.}$$

3. Man definiert eine *reversible Permeabilität* in folgender Weise: Hat man auf irgendeiner Schleife (Abb. 6) den Punkt A (H_1, B_1) erreicht, so überlagert man dem Feld H_1 ein Wechselfeld von möglichst kleiner Amplitude H'. B beschreibt dann in der Nähe von A eine kleine Lanzette, welche im Limes $H' = 0$ zu einem reversibel durchlaufenen Strich ausartet. Die reversible Permeabilität im Punkte A ist jetzt die Steilheit dieses Striches:

$$\mu_{\text{rev}} = \frac{dB}{dH}, \text{ gemessen mit kleinem überlagertem Wechselfeld.}$$

Es ist stets μ_{rev} kleiner als μ_{diff}, denn bei μ_{diff} werden außer der reversiblen B-Änderung stets irreversible Anteile (Barkhausensprünge) mitgemessen, so daß man geradezu unterteilen kann:

$$(10) \qquad \mu_{\text{diff}} = \mu_{\text{rev}} + \mu_{\text{irrev}} .$$

μ_{irrev} kann man entsprechend die irreversible Permeabilität nennen.

4. Als *Anfangspermeabilität* μ_a definieren wir die reversible Permeabilität im entmagnetisierten Zustand. Am Beginn der Neukurve sind μ_a, μ_{diff} und μ_{tot} einander gleich. Es zeigt sich, daß die reversible Permeabilität entlang der Neukurve im allgemeinen monoton abnimmt. Die Abb. 7 mag eine ungefähre Vorstellung von ihrem Verlauf geben.

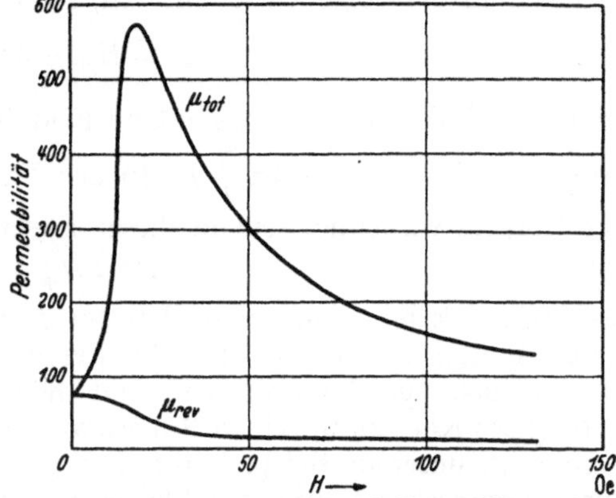

Abb. 7. Die reversible und die totale Permeabilität, auf der Neukurve gemessen [Kohlenstoffstahl. Nach R. Gans: Ann. Phys. IV, Bd. 33 (1910) S. 1065.]

d) Der Entmagnetisierungsfaktor und die Scherung.

In den soeben gegebenen Beschreibungen des magnetischen Verhaltens haben wir unter H stets das von „außen angelegte Feld" verstanden. Diese Definition ist aber nur in Ausnahmefällen streng richtig. Im allgemeinen wird durch die Magnetisierung selbst nach (7) ein Feld $\mathfrak{H}_J$ erzeugt, welches sich dem äußeren Feld überlagert. Auf das Material wirkt daher neben der äußeren Feldstärke (das ist diejenige, welche bei Abwesenheit des magnetisierbaren Materials an der betreffenden Stelle herrschen würde) noch das durch die Quellen $\varrho_m = -\operatorname{div}\mathfrak{J}$ erzeugte Feld $\mathfrak{H}_J$. Nur dann, wenn $\mathfrak{H}_J$ gleich Null ist, ist das für den Magnetisierungszustand maßgebende Feld mit dem äußeren identisch. Sonst ist eine entsprechende, unter Umständen sehr erhebliche Korrektur anzubringen. Wir behandeln diese speziell für den Fall des geschlitzten Ringes sowie für das Ellipsoid. Das äußere Feld denken wir uns durch eine Stromspule erzeugt. Der Deutlichkeit halber

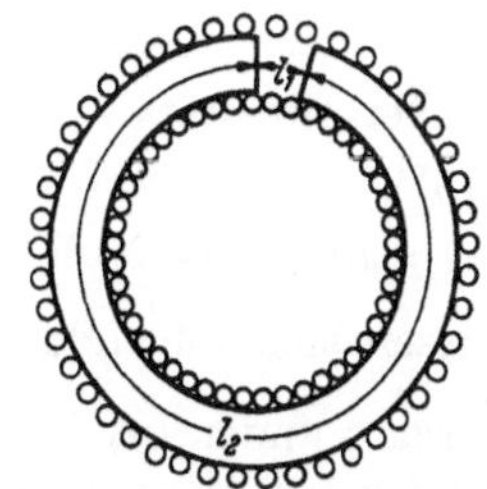

Abb. 8. Ringspule mit geschlitztem Eisenkern.

nennen wir H_{sp} das Feld, welches bei Abwesenheit des Ferromagnetikums in der Stromspule herrschen würde. In einer Ringspule (Abb. 8) mit n Windungen und mit der auf ihrer Achse gemessenen Länge l herrscht bei der Stromstärke i auf der Achse das Feld

$$H_{\text{sp}} = \frac{4\pi}{c}\,\frac{n}{l}\,i .$$

Wir nehmen an, daß der Wicklungsdurchmesser klein ist im Vergleich zum Ringdurchmesser. Dann dürfen wir das Feld innerhalb der Spule als homogen ansehen. Ist das Innere der Spule von einem geschlossenen Eisenring erfüllt, so ist überall $\operatorname{div}\mathfrak{J} = 0$, also ist wirklich das Feld im Eisen $H = H_{\text{sp}}$. Nun sei aber im Eisenring ein Schlitz von der Länge l_1 angebracht. Der verbleibende Eisenweg sei l_2, also $l_1 + l_2 = l$. Ist H_1 das Feld im Luftspalt, H dasjenige im Eisen, so gilt nach dem Durchflutungsgesetz

$$H_1 l_1 + H l_2 = H_{\text{sp}} l .$$

Der Schlitz sei so schmal, daß eine merkliche Streuung der von den Polen ausgehenden Feldlinien noch nicht erfolgt. Wegen der Quellenfreiheit von $\mathfrak{B}$

sind die Induktionen $\mathfrak{B}_1$ und $\mathfrak{B}_2$ im Luftspalt und im Eisen gleich. Im Luftspalt ist $B_1 = H_1$ im Eisen dagegen $B_2 = H + 4\pi J$, also $H_1 = H + 4\pi J$. Setzt man das in die obige Gleichung ein, so wird

$$H = H_{sp} - 4\pi \frac{l_1}{l} J.$$

In diesem Fall wird also das äußere Feld H_{sp} geschwächt um das „entmagnetisierende Feld" $H_J = -4\pi \frac{l_1}{l} J$. In den Fällen, in welchen man das im Innern des Körpers wirkende Feld in dieser Form

$$(11) \qquad\qquad H = H_{sp} - N J$$

beschreiben kann, nennt man den bei J stehenden Faktor den „Entmagnetisierungsfaktor". Eine so einfache Beschreibung des Gegenfeldes $H_J = -N J$ ist natürlich nur dann sinnvoll und möglich, wenn eine homogene Magnetisierung des Körpers in seinem Innern auch ein homogenes Gegenfeld H_J erzeugt. Bereits an unserem Beispiel mit dem geschlitzten Ring war diese Bedingung nur näherungsweise (für sehr kleines l_1) erfüllt. Streng gilt sie nur bei einem Ellipsoid. Wir verweisen hinsichtlich des Beweises dieses Satzes sowie der Berechnung der Entmagnetisierungsfaktoren auf die Lehrbuchliteratur[1]. Hier seien nur einige Angaben zusammengestellt. Sind a, b, c die drei Hauptachsen des Ellipsoids und N_a, N_b, N_c die zugehörigen Entmagnetisierungsfaktoren, so gilt bei der homogenen Magnetisierung mit den Komponenten J_x, J_y, J_z nach den Richtungen von a, b, c:

$$(12) \qquad \begin{cases} (H_J)_x = -N_a J_x \\ (H_J)_y = -N_b J_y \\ (H_J)_z = -N_c J_z. \end{cases}$$

Dabei gilt stets

$$(13) \qquad\qquad N_a + N_b + N_c = 4\pi.$$

N_a geht gegen Null, wenn a unendlich groß gegenüber b oder c wird. Damit lassen sich folgende N-Werte direkt angeben: Kugel: $N = \dfrac{4\pi}{3}$,

Kreiszylinder bei Magnetisierung senkrecht zu seiner Achse: $N = 2\pi$,
Platte bei Magnetisierung senkrecht zur Plattenebene: $N = 4\pi$.
Für ein *gestrecktes Rotationsellipsoid* $c = b$, $a > b$ gelten bei Magnetisierung in Richtung der Rotationsachse die in Tabelle 2 mitgeteilten Werte (nach KOHLRAUSCH[2]):

Tabelle 2. Der Entmagnetisierungsfaktor N von Rotationsellipsoiden mit dem Achsenverhältnis a/b bei Magnetisierung in Richtung der Rotationsachse.

a/b	N	a/b	N	a/b	N
5	0,7015	40	0,0266	100	0,0054
10	0,2549	50	0,0181	150	0,0026
15	0,1350	60	0,0132	200	0,0016
20	0,0848	70	0,0101	300	0,0008
25	0,0587	80	0,0080		
30	0,0432	90	0,0065		

Scherung der gemessenen Magnetisierungskurve. Bei der experimentellen Aufnahme einer Magnetisierungskurve bestimmt man zunächst J als Funktion von H_{sp}, während zur Kennzeichnung des Materials J als Funktion der inneren

---

[1] Vgl. BECKER, R.: Theorie der Elektrizität, 10. Aufl. Berlin 1933, S. 135.
[2] KOHLRAUSCH, F.: Lehrbuch der praktischen Physik, 17. Aufl. (1935).

Feldstärke $H = H_{\mathrm{sp}} - NJ$ interessiert. Die Umzeichnung der Kurve, welche diesem Wechsel der unabhängigen Variablen entspricht, nennt man Scherung.

Zeichnet man (Abb. 9a) zunächst die gemessene Kurve J über H_{sp}, so zeichne man dazu die Gerade OS nach der Gleichung $J = H/N$. Betrachtet man jetzt irgendeinen Punkt A der Kurve, dem die Magnetisierung J_1 entspricht, so wird der zugehörige Wert $\overline{J_1 A}$ von H_{sp} durch die Scherungsgerade in die beiden Abschnitte NJ_1 und H unterteilt. Der horizontale Abstand des Punktes A von OS gibt also das im Innern des Materials herrschende Feld. Die Scherung der Kurve besteht demnach darin, daß man jeden ihrer Punkte um die Strecke NJ nach links verschiebt. Um direkt die gescherte Kurve (Abb. 9b) zu erhalten, zeichne man zunächst die Scherungsgerade OS' nach der Gleichung $J = -H/N$ und trage nun den zu einem gemessenen Werte J_1 gehörigen Wert H_{sp} von dieser Geraden nach rechts ab.

Man überzeugt sich leicht, daß der Flächeninhalt einer geschlossenen Kurve durch die Scherung nicht geändert wird. Die Koerzitivkraft wird ebenfalls nicht beeinflußt. Dagegen wird die Remanenz und die Anfangspermeabilität unter Umständen wesentlich verändert. Der letztere Einfluß sei noch kurz erläutert. Ist χ_a die Anfangssuszeptibilität, so gilt für kleine H

$$J = \chi_a H,$$

also

$$J = \chi_a (H_{\mathrm{sp}} - NJ).$$

Nach J aufgelöst, ergibt diese Gleichung

$$J = \frac{1}{\dfrac{1}{\chi_a} + N} H_{\mathrm{sp}}.$$

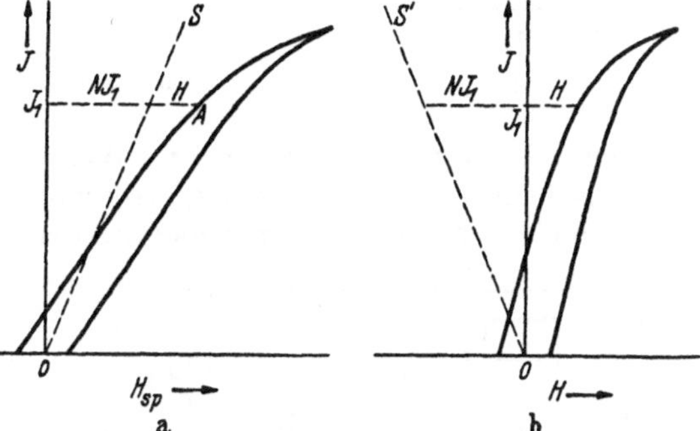

Abb. 9a u. b. Die Scherung einer Magnetisierungskurve. a) Die ungescherte Kurve, b) dieselbe Kurve nach Scherung.

Der Anstieg von J als Funktion von H_{sp} ist also gegeben durch die „ungescherte Suszeptibilität" $\bar{\chi} = \dfrac{\chi_a}{1 + \chi_a N}$. Wenn $\chi_a N$ groß gegen 1 ist, so wird $\bar{\chi} \cong \dfrac{1}{N}$, also praktisch unabhängig von χ_a. Die gescherte Kurve steigt in diesem Fall fast senkrecht aufwärts. Dieser Umstand wird von besonderer Bedeutung bei Messungen an magnetisch sehr weichen Materialien mit großen Werten von χ_a. Nur wenn die Proben so lang und dünn sind, daß N kleiner als $1/\chi_a$ wird, ist eine genaue Messung der Suszeptibilität möglich.

e) Meßmethoden.

Jede Methode zur Messung der Magnetisierung beruht auf einer der drei Grundeigenschaften des Dipols, welche in den Gleichungen (3), (4) und (5) zum Ausdruck gebracht sind, d. h. man mißt entweder das vom Körper ausgehende Feld oder das von einem äußeren Feld auf ihn ausgeübte Drehmoment oder die von einem inhomogenen Feld bewirkte translatorische Kraft. Als Beispiele wollen wir hier einige der üblichsten Meßmethoden in ihren Grundzügen kurz beschreiben. Wir verzichten dabei auf Vollständigkeit. Zudem wollen wir bei den geschilderten Verfahren von einer Beschreibung der verschiedenartigen Ausführungen und der besonderen technischen Einzelheiten absehen. Wir verweisen dazu auf die Spezialliteratur[1].

---

[1] KOHLRAUSCH, F.: Lehrbuch der praktischen Physik. — STEINHAUS, W., E. GUMLICH: In Handbuch der Physik, Bd. 16. — STONER, E. C.: Magnetism and Matter. Daselbst Hinweise auf weitere Literatur.

Das *vom magnetisierten Körper selbst erzeugte Magnetfeld* ist nur bei ferromagnetischen Stoffen groß genug, um darauf eine Messung der Magnetisierung zu gründen. Man mißt entweder mit einem ballistischen Galvanometer die Änderung des Feldes und damit diejenige von J oder aber mit dem Magnetometer das Feld selbst.

Eine für Messungen an langen dünnen Stäben zweckmäßige Schaltung ist in Abb. 10 angegeben. Der zu prüfende Probestab P ist umgeben von zwei Spulen S_1 und S_2. Die Feldspule S_1 dient zur Erzeugung eines möglichst homogenen Feldes. Sie ist über die eine Spule einer variablen Gegeninduktivität L, einen Regulierwiderstand R, Stromwender U und Amperemeter A mit der Gleichstromquelle V verbunden. Die Induktionsspule S_2 dient zur Messung

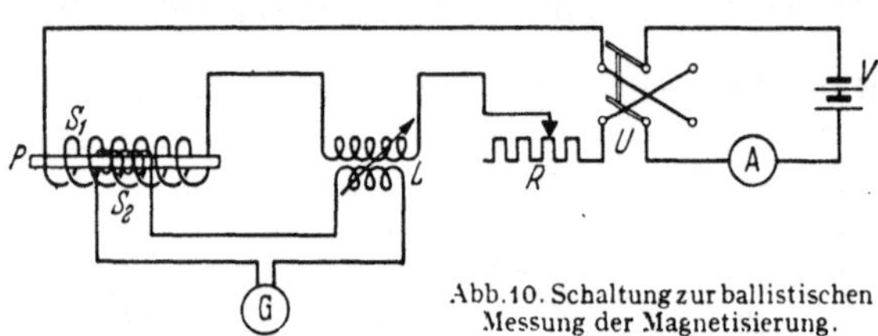

Abb. 10. Schaltung zur ballistischen Messung der Magnetisierung.

der Magnetisierungsänderung. Sie führt über die andere Spule der Gegeninduktivität L zum ballistischen Galvanometer G. Die Gegeninduktivität L wird so eingestellt, daß ein Stromstoß durch S_1 keinen Galvanometerausschlag erzeugt, wenn die Probe aus der Spule entfernt ist. Wenn jetzt nach dem Einschieben der Probe das Galvanometer bei einer Stromänderung in S_1 ausschlägt, so rührt dieser Ausschlag allein von der Änderung der Magnetisierung J der Probe her.

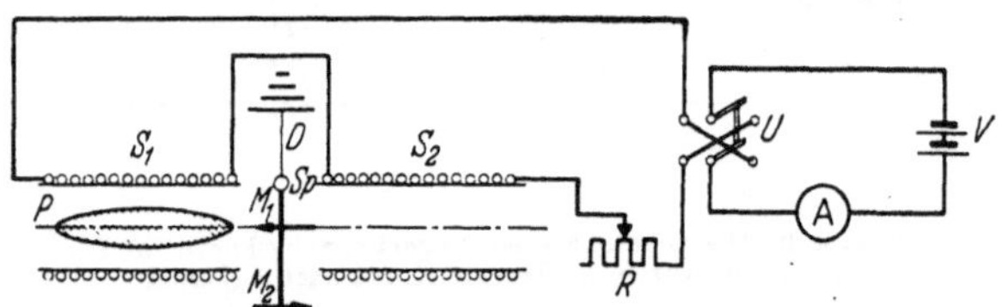

Abb. 11. Anordnung zur magnetometrischen Messung der Magnetisierung (schematisch).

Eine Ausführungsform der Magnetometermethode zeigt schematisch unsere Abb. 11. Zwei gleichartige Spulen S_1 und S_2 liegen in einigem Abstand so nebeneinander, daß ihre Achsen auf derselben Geraden liegen. Zwischen ihnen hängt die eine Nadel M_1 des astatischen, am Torsionsfaden D aufgehängten Nadelpaares $M_1 M_2$. Die beiden Spulen werden in solcher Richtung vom Strom durchflossen und in solcher Weise justiert, daß sie am Ort von M_1 kein Feld erzeugen. Wird jetzt in die Spule S_1 die zu untersuchende Probe P eingeführt, so gelangt am Magnetometer allein das von der Magnetisierung des Körpers ausgehende Feld zur Wirkung. Der Vorzug der magnetometrischen Methode gegenüber der ballistischen liegt darin, daß sie auch sehr langsam erfolgende Änderungen von J zu verfolgen gestattet. Ihr großer Nachteil besteht in der Empfindlichkeit gegen äußere Störungen (Streufelder von Motoren, Lichtleitungen u. dgl.).

Eine andere Meßmethode, die insbesondere bei para- und diamagnetischen Stoffen gebräuchlich ist, benutzt die *Kraftwirkung im inhomogenen Feld*. Für einen Körper vom Moment $\mathfrak{p}$ ist nach (5) die x-Komponente der Kraft gegeben durch

$$K_x = p_x \frac{\partial H_x}{\partial x} + p_y \frac{\partial H_x}{\partial y} + p_z \frac{\partial H_x}{\partial z}$$

Diese Formel gilt nicht nur für einen elementaren Dipol, sondern auch für einen endlich ausgedehnten Körper, solange die Größen $\dfrac{\partial H_x}{\partial x}$, $\dfrac{\partial H_x}{\partial y}$ und $\dfrac{\partial H_x}{\partial z}$ innerhalb seiner Abmessungen als konstant angesehen werden können. Hat der Körper das Volumen V und die Suszeptibilität χ, so wird $\mathfrak{p} = V \chi \mathfrak{H}$. Wir nehmen den Körper als so klein an, daß auch $\mathfrak{H}$ innerhalb des Körpers sich nur wenig ändert. Dann wird die x-Komponente der Kraft

$$K_x = V \chi \left(H_x \frac{\partial H_x}{\partial x} + H_y \frac{\partial H_x}{\partial y} + H_z \frac{\partial H_x}{\partial z} \right).$$

Nun liegen die Wirbel von H sicher außerhalb des Versuchskörpers. Also ist hier

$$\frac{\partial H_x}{\partial y} = \frac{\partial H_y}{\partial x} \quad \text{und} \quad \frac{\partial H_x}{\partial z} = \frac{\partial H_z}{\partial x}.$$

Damit wird aber die x-Komponente der Kraft

$$K_x = \frac{1}{2} V \chi \frac{\partial (H^2)}{\partial x}$$

und

(14) $$\mathfrak{K} = \frac{1}{2} V \chi \operatorname{grad} (H^2).$$

Die Kraft fällt also nicht in die Richtung der Feldlinien, sondern in diejenige Richtung, in welcher der *Betrag* der Feldstärke am stärksten ansteigt. Eine häufig benutzte Anordnung, um die in (14) gegebene Kraft zu messen, ist die magnetische Waage. Eine Ausführungsform zeigt das Schema der Abb. 12. Zwischen den Polen NS eines starken Elektromagneten hängt die Probe P an dem einen Arm eines Waagebalkens W, dessen Drehungen man mit Hilfe des auf ihm befestigten Spiegels S durch Fernrohr und Skala beobachtet. Am anderen

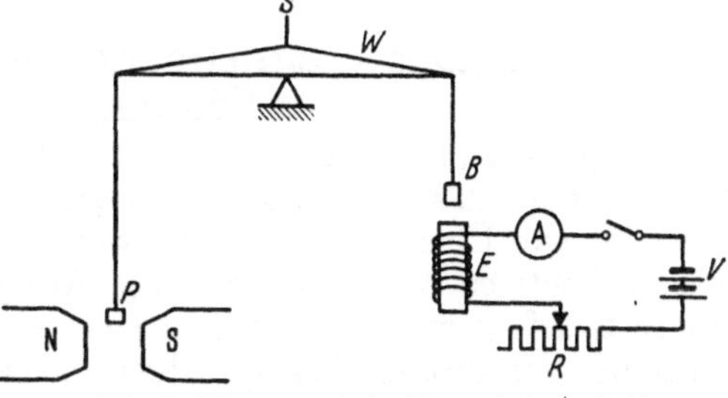

Abb. 12. Die magnetische Waage (schematisch).

Arm von W hängt ein Eisenstückchen B, auf welches mit Hilfe der Stromspule E durch Betätigung des Regulierwiderstandes R eine meßbar veränderliche Kraft ausgeübt werden kann. Die Waage sei zunächst bei abgeschaltetem Elektromagneten in Ruhe. Wird dieser jetzt erregt, so wird die Probe in den Raum größerer Feldstärke, in der Figur also nach unten gezogen. Die auf die Probe ausgeübte Kraft wird dadurch gemessen, daß man den in E fließenden Strom solange steigert, bis die Waage wieder auf Null steht. Die Probe befindet sich dann wieder an der alten Stelle. Von dieser Stelle muß man dann noch die Größe von $\frac{\partial (H^2)}{\partial x}$ ermitteln, entweder durch direktes Ausmessen des Feldes oder mit Hilfe eines Probekörpers von bekannter Suszeptibilität.

Bei ferromagnetischen Körpern ist die Verwendung einer magnetischen Waage dann zweckmäßig, wenn nur kleine Proben des Materials vorliegen. Eine besonders leistungsfähige Form wurde von McKEEHAN[1] zur Untersuchung von magnetischen Einkristallen entwickelt.

Das *auf einen magnetisierten Körper ausgeübte Drehmoment*

$$\mathfrak{D} = [\mathfrak{p} \, \mathfrak{H}]$$

ist nur dann von Null verschieden, wenn das äußere Feld H und die Magnetisierung des Körpers verschiedene Richtungen haben. Es gibt drei praktisch wichtige Fälle, in welchen dies der Fall ist. Der erste Fall liegt vor bei den permanenten Magneten, in denen die Richtung von J im Körper festliegt,

---

[1] McKEEHAN, L. W.: Rev. sci. Instrum. Bd. 6 (1934) S. 265.

wenigstens solange, als das äußere Feld nicht zu stark wird. Der bereits oben
besprochene Fundamentalversuch II von GAUSS stellt ein Beispiel für diesen Fall
dar. Zweitens kann das entmagnetisierende Feld ein Abweichen von J aus der
Richtung von H bewirken. Bei einem Ellipsoid aus einem paramagnetischen
oder ferromagnetischen Material, bei dem das äußere Feld nicht in Richtung
einer der Hauptachsen liegt, bildet die Magnetisierung mit der Richtung des
geringsten Entmagnetisierungsfaktors stets einen kleineren Winkel als das
Feld. Das entstehende Drehmoment hat also die Tendenz, die größte Achse
des Ellipsoids in die Feldrichtung zu drehen. Wie man sich leicht überlegt.
ist es bei einem diamagnetischen Körper im homogenen Feld genau ebenso.
Zur Messung ist dieses Drehmoment aber bisher selten benutzt worden.

Drittens tritt eine Abweichung zwischen der Magnetisierungsrichtung und
der Feldrichtung auf, wenn der Körper eine Anisotropie als Materialeigenschaft
besitzt. Dies ist insbesondere bei Einkristallen aus ferromagnetischen Materialien
der Fall. Aus dem Drehmoment ergibt sich dann die Komponente der Magnetisierung senkrecht zum Feld, und aus deren Größe kann man die Art und die
Stärke der Anisotropie ermitteln. In dem Kapitel über die Kristallenergie
(Kap. 10, S. 121) werden wir näher darauf eingehen.

2. Das magnetische Moment der Atome.
Diamagnetismus.

In der rein phänomenologischen Betrachtung des Kap. 1, S. 3 haben wir
$\mathfrak{J}$ definiert als das magnetische Moment der Volumeneinheit. Wir geben jetzt
einen kurzen Überblick darüber, worin eigentlich die Magnetisierung nach
unseren heutigen Vorstellungen vom Atombau besteht. Dazu betrachten wir
zunächst das magnetische Moment eines einzelnen Atoms. Bereits von AMPÈRE
wurde die Vermutung ausgesprochen, daß innerhalb des Atoms widerstandslose
elektrische Ringströme fließen. Diese Auffassung erfuhr eine tiefere modellmäßige Begründung durch die Elektronentheorie und das Bohrsche Atom-
modell, nach welchem die Elektronen den positiven Kern auf stationären Bahnen
umkreisen. Wir nennen das durch die Bewegung der Elektronen auf ihrer Bahn
erzeugte magnetische Moment das „Bahnmoment". Eine große Anzahl von
experimentellen Erfahrungen hat zu der Annahme geführt, daß jedem Elektron
neben diesem Bahnmoment noch ein dem Elektron eigentümliches und von
seiner Bahnbewegung unabhängiges eigenes Moment zukommt, welches man
als „Spinmoment" bezeichnet. Wir begnügen uns hier mit einigen orientieren-
den Angaben über diese Momente.

a) Bahn- und Spinmoment.

Bahnmoment. Wir haben bereits oben die Formel für das magnetische
Moment eines Ringstroms i angegeben, welcher die Fläche f umrandet:

$$p_{\mathrm{mag}} = \frac{1}{c}\, if.$$

Es ist leicht, von hier aus einen Ausdruck für das Bahnmoment eines Elektrons
zu gewinnen. Betrachten wir zunächst eine ebene Kreisbahn vom Radius a,
welche mit der Winkelgeschwindigkeit ω durchlaufen wird. Durch einen hervorgehobenen Punkt der Bahn tritt das Elektron in der Sekunde $\frac{\omega}{2\pi}$-mal
hindurch, die Stromstärke beträgt also $i = e\frac{\omega}{2\pi}$; andererseits ist $f = \pi a^2$. Somit wird

(1)
$$p_{\mathrm{mag}} = \frac{e\,\omega\,a^2}{2c}.$$

Zu einer auch für andere Bahnformen gültigen Formel gelangen wir durch folgende Überlegung: Ist τ die Umlaufdauer, so ist $i = e/\tau$. Somit wird

$$p_{\mathrm{mag}} = \frac{e}{c} \frac{f}{\tau}.$$

Dieser Ausdruck führt sogleich auf den fundamentalen und sehr allgemeinen Zusammenhang mit dem mechanischen Drehimpuls p_{mech}. Bedeutet m die Elektronenmasse, so ist dieser bekanntlich gleich dem $2\,m$-fachen der Flächengeschwindigkeit, d. h. der vom Fahrstrahl in der Zeiteinheit überstrichenen Fläche. Diese ist in unserer Bezeichnung f/τ, also wird

$$p_{\mathrm{mech}} = 2\,m\,\frac{f}{\tau}.$$

Als Zusammenhang zwischen den Vektoren des mechanischen und magnetischen Moments erhalten wir daher:

$$(2) \qquad p_{\mathrm{mag}} = \frac{e}{2\,m\,c}\,p_{\mathrm{mech}}.$$

Dieser Ausdruck gilt nun nicht allein für das einzelne Elektron. Er bleibt richtig, wenn wir über alle Elektronenbahnen nicht nur des einzelnen Atoms, sondern sogar über alle Bahnen innerhalb eines makroskopischen Probekörpers summieren. Er ist daher einer direkten experimentellen Prüfung zugänglich, welche zuerst von BARNETT und danach — unabhängig von ihm — von EINSTEIN und DE HAAS ausgeführt wurde. Auf diese Versuche werden wir in Kap. 7, S. 72 zurückkommen.

Nach der Quantentheorie ist nun stets der mechanische Drehimpuls ein ganzzahliges Vielfaches von $\dfrac{h}{2\pi}$. Das magnetische Bahnmoment sollte also nach (2) ein Vielfaches von

$$(3) \qquad \mu_B = \frac{e\,h}{4\pi\,m\,c}$$

sein. Zum Drehimpuls $j\,\dfrac{h}{2\pi}$ gehört also das magnetische Moment

$$(3\,\mathrm{a}) \qquad p = j\,\mu_B.$$

Die Größe μ_B bildet nach der Entdeckung des Bohrschen Atommodells die natürliche Einheit des magnetischen Moments. Wir nennen diese Einheit ein Bohrsches Magneton. Multiplizieren wir μ_B mit der Loschmidtschen Zahl L der Moleküle im Mol ($L = 6{,}06 \cdot 10^{23}$), so erhält man als Zahlenwert für das Bohrsche Magneton pro Mol

$$(4) \qquad M_B = L\,\frac{e\,h}{4\pi\,m\,c} = 5590.$$

Seine Größe sei durch die Angabe illustriert, daß im Zustand der ferromagnetischen Sättigung beim Nickel auf jedes Atom durchschnittlich 0,6 und beim Eisen 2,2 Bohrsche Magnetonen entfallen.

Spinmoment. Jedes Elektron besitzt, unabhängig von seiner Bahnbewegung, ein magnetisches Spinmoment

$$(5) \qquad \mu_B = \frac{e\,h}{4\pi\,m\,c}$$

und ein mechanisches Spinmoment

$$(5\mathrm{a}) \qquad \frac{1}{2}\,\frac{h}{2\pi}.$$

Das für Bahnmomente charakteristische universelle Verhältnis $\dfrac{e}{2mc}$ von magnetischem zu mechanischem Moment gilt nicht für das Spinmoment. Hier ist das Verhältnis gerade doppelt so groß

$$(6) \qquad \left(\frac{p_{\text{mag}}}{p_{\text{mech}}}\right)_{\text{Spin}} = \frac{e}{mc}.$$

Das resultierende Moment des einzelnen Atoms oder Ions schließlich entsteht durch vektorielle Addition aller Bahn- und Spinmomente. Wir werden darauf in Kap. 3, S. 16 zurückkommen.

b) Diamagnetismus.

Wir haben oben die Körper in dia- und paramagnetische eingeteilt, je nach dem Vorzeichen der Suszeptibilität. Vom Standpunkt des Einzelatoms ergibt sich ein zunächst ganz anderes Prinzip der Einteilung, welches aber, wie eine nähere Betrachtung zeigt, mit dem obigen praktisch immer zusammenfällt. Dieses andere Einteilungsprinzip geht von der Frage aus, ob die Einzelatome schon vor dem Einschalten des Feldes ein (permanentes) magnetisches Moment besitzen oder nicht.

Diamagnetismus. Das Atom hat vor dem Einschalten des Feldes kein magnetisches Moment. Dieses wird erst beim Einschalten des Feldes im Atom induziert.

Paramagnetismus. Die einzelnen Atome besitzen ein permanentes magnetisches Moment. Infolge der Temperaturbewegung sind die Richtungen der einzelnen Momente statistisch ungeordnet, so daß der Körper im ganzen unmagnetisch erscheint. Die Feldwirkung besteht in einer teilweisen Ausrichtung der Elementarmagnete gegen die desorientierende Wirkung der Temperaturbewegung.

Hinsichtlich der quantitativen Behandlung des Diamagnetismus können wir uns hier kurz fassen. Er läßt sich am einfachsten beschreiben mit Hilfe des Larmor-Theorems:

Die Wirkung des Magnetfeldes auf ein Atom besteht darin, daß sich über die bereits vorhandene Bewegung der Elektronen eine Rotation des ganzen Atoms um die Richtung des Feldes als Drehachse überlagert. Die Winkelgeschwindigkeit $\mathfrak{v}_L$ dieser „Larmorpräzession" beträgt

$$(7) \qquad \mathfrak{v}_L = -\frac{e}{2mc}\,\mathfrak{H}$$

($\mathfrak{v}_L$ sei der Vektor der Winkelgeschwindigkeit, ω_L dagegen ihr Betrag).

Das Zustandekommen dieser Drehung kann man verstehen, wenn man die Zeit während des Einschaltens von $\mathfrak{H}$ ins Auge faßt. Diese ist technisch immer viel größer als die Dauer eines Elektronenumlaufs. Solange sich nun $\mathfrak{H}$ zeitlich ändert, herrscht im Atom (etwa entlang einer Elektronenbahn) nach dem Induktionsgesetz eine elektrische Ringfeldstärke, für welche nach dem Induktionsgesetz gilt:

$$\oint \mathfrak{E}\,d\mathfrak{s} = -\frac{1}{c}\,\dot{\mathfrak{H}}\,\mathfrak{f}.$$

Durch sie wird die Bewegung des Elektrons gebremst oder beschleunigt, je nach dessen Umlaufsinn. In summa erzeugt sie in jedem Fall einen Ringstrom, dessen magnetisches Moment der Richtung von $\mathfrak{H}$ entgegengesetzt gerichtet ist. Auf eine strenge Ableitung des Larmor-Theorems (7) wollen wir hier verzichten[1]. Für den Fall der Kreisbahn, deren Ebene senkrecht zum Feld liegt,

---

[1] Vgl. BECKER, R.: Theorie der Elektrizität, Bd. 2. — VAN VLECK, J. H.: The Theory of Electric and Magnetic Susceptibilities.

kann man es in folgender Weise plausibel machen: v sei die Bahngeschwindigkeit des Elektrons vor dem Einschalten des Magnetfeldes. Ist a der Bahnradius, so ist also $\frac{m v^2}{a}$ gleich der anziehenden Kraft des Kernes. Nach Einschalten von $\mathfrak{H}$ habe sich v in v' geändert. Die Zentrifugalkraft ist jetzt $\frac{m v'^2}{a}$. Gleichzeitig wirkt seitens des Feldes $\mathfrak{H}$ auf das Elektron die Lorentz-Kraft $\frac{e}{c} v' H$. Da die Kernanziehung die gleiche geblieben ist, muß jetzt im Gleichgewicht gelten:

$$\frac{m v^2}{a} = \frac{m v'^2}{a} + \frac{e}{c} v' H.$$

Da v' von v nur wenig verschieden ist, können wir setzen

$$\frac{v'^2 - v^2}{a} = \frac{v' - v}{a} (v' + v) \approx \omega_L \cdot 2 v.$$

Dabei haben wir $\frac{v' - v}{a}$ als zusätzliche Winkelgeschwindigkeit mit ω_L bezeichnet. In der gleichen Näherung können wir $v' H$ durch $v H$ ersetzen und haben damit

$$\omega_L = \frac{e}{2 m c} H,$$

wie es vom Larmor-Theorem behauptet wird. Unbewiesen bleibt bei dieser Überlegung die Tatsache, daß sich der Bahnradius a dabei nicht ändert. Mit dem Auftreten von ω_L ist nach (1) die Entstehung eines zusätzlichen magnetischen Momentes verknüpft von der Größe

$$\mathfrak{p}_{\mathrm{mag}} = \omega_L \frac{e a^2}{2 c},$$

also mit dem Wert (7) für ω_L

$$\mathfrak{p}_{\mathrm{mag}} = -\frac{e^2 a^2}{4 m c^2} \mathfrak{H}.$$

Hier ist a^2 das Quadrat des Abstandes des Elektrons von der Drehachse. Enthält das Atom Z Elektronen, so ergibt sich das induzierte Moment des ganzen Atoms durch Addition der Z Einzelmomente zu

$$-\frac{Z e^2 \overline{a^2}}{4 m c^2} \mathfrak{H}.$$

Der Strich über a^2 soll dabei die Mittelung über die Werte von a^2 der einzelnen Elektronen andeuten. Ist das Atom im ganzen kugelsymmetrisch, so kann man statt a (Abstand von der Drehachse) den Abstand r vom Kern einführen. Offenbar ist dann $\overline{a^2} = \frac{2}{3} \overline{r^2}$. Sind schließlich im Kubikzentimeter n Atome enthalten, so bekommen wir als endgültigen Ausdruck für die diamagnetische Suszeptibilität

$$(8) \qquad \chi = - n \frac{Z e^2 \overline{r^2}}{6 m c^2}.$$

In der Literatur wird meistens die auf 1 Grammatom bezogene Suszeptibilität χ_{mol} angegeben. Sie ergibt sich, wenn wir in (8) n durch die Loschmidtsche Zahl L ersetzen. Man erhält dann zahlenmäßig

$$\chi_{\mathrm{mol}} = - 2{,}83 \cdot 10^{10} \cdot Z \, \overline{r^2}.$$

Z ist bei neutralen Atomen die Nummer im periodischen System. Die einzige Größe, welche noch tiefergehende Rechnungen erfordert, ist das mittlere Abstandsquadrat $\overline{r^2}$. r liegt etwa zwischen 10^{-8} und 10^{-9}. Die diamagnetische

Suszeptibilität ist daher, in Übereinstimmung mit der Erfahrung, in der Regel kleiner als 10^{-6}. Wegen der Berechnungen von $\overline{r^2}$ und der mannigfaltigen experimentellen Bestätigungen von (8) verweisen wir auf die ausgedehnte Literatur[1].

3. Paramagnetismus.
a) Qualitative Übersicht.

In einer paramagnetischen Substanz besitzen die einzelnen Atome bereits ein permanentes magnetisches Moment, dessen Größe wir wieder mit p bezeichnen wollen. In den für eine theoretische Behandlung einfachsten Fällen ist die Orientierung des Moments eines einzelnen Atoms unabhängig von der Orientierung der übrigen Atome. Dieser Fall ist am vollkommensten realisiert in einem verdünnten Gas, mit einer leidlichen Näherung auch in verdünnten wäßrigen Lösungen von paramagnetischen Ionen, sowie in solchen Kristallen, in welchen die einzelnen paramagnetischen Ionen vollständig von anderen Atomen ohne magnetisches Moment, z. B. denen des Kristallwassers, umgeben sind. In diesem Fall besteht zwar ein inniger Kontakt mit den umgebenden diamagnetischen Molekülen, unter deren Einfluß sich der Zustand des Ions von dem des freien Ions erheblich unterscheiden kann. Wesentlich für die in diesem Kapitel gegebene Theorie des Paramagnetismus ist jedoch, daß die Wechselwirkung zwischen den verschiedenen paramagnetischen Ionen vernachlässigbar klein ist. An solchen Ionen sind denn auch die meisten zur Prüfung der Theorie geeigneten Messungen durchgeführt worden.

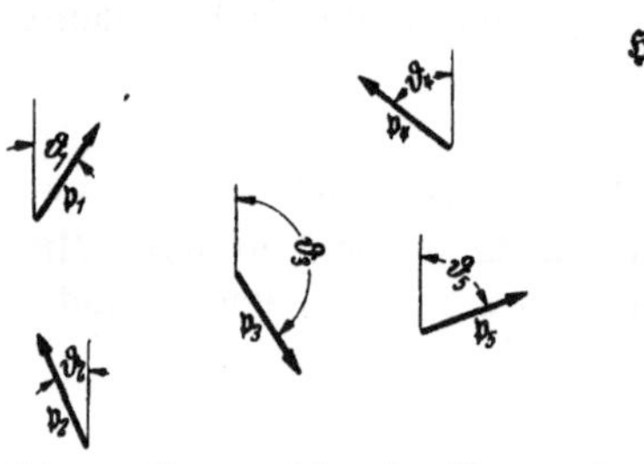

Abb. 13. Zum resultierenden Moment eines paramagnetischen Gases.

Wir betrachten eine Substanz, welche im Kubikzentimeter n paramagnetische Atome oder Ionen enthält. Das Moment eines einzelnen Atoms bilde mit einer bestimmten, willkürlich herausgegriffenen Raumrichtung den Winkel ϑ. Dann ist $p \cos \vartheta$ sein Beitrag zur Magnetisierung in dieser Richtung (Abb. 13). Sind $\vartheta_1, \vartheta_2, \ldots, \vartheta_n$ die Winkel, welche das 1-te, 2-te, $\ldots$, n-te Atommoment mit dieser Richtung einschließen, so ist die Komponente der Magnetisierung in dieser Richtung

$$J = p\,(\cos \vartheta_1 + \cos \vartheta_2 + \cdots + \cos \vartheta_n).$$

Statt dessen können wir auch schreiben

$$(1) \qquad J = n \cdot p \cdot \overline{\cos \vartheta},$$

wo der Querstrich die Mittelung über alle Atome des Kubikzentimeters andeutet. J kann nicht unbegrenzt wachsen; bei vollständiger Ausrichtung erreicht J die Sättigung

$$(2) \qquad J_\infty = n \cdot p$$

Nach (1) gibt also

$$(3) \qquad \overline{\cos \vartheta} = \frac{J}{J_\infty}$$

an, welcher Bruchteil der Sättigung erreicht ist.

Im allgemeinen ist $\overline{\cos \vartheta}$ infolge der unregelmäßigen Wärmebewegung gleich Null. Erst durch ein von außen angelegtes Feld kann eine teilweise Ausrichtung erzwungen werden. Wir wollen zunächst ihre Größenordnung in roher Weise

[1] Van Vleck, J. H.: The Theory of Electric and Magnetic Susceptibilities. — Stoner, E. C.: Magnetism and Matter, dort Hinweise auf weitere Literatur.

abschätzen. Gegenüber einem in der betrachteten Richtung wirkenden Feld H besitzt ein Magnet mit dem Richtungswinkel ϑ die potentielle Energie $-pH\cos\vartheta$. Speziell ist pH die Arbeit, die man aufwenden muß, um den Magneten aus der Richtung des Feldes ($\vartheta = 0$) in eine zu ihr senkrechte Richtung zu drehen. Andererseits ist die thermische Energie, welche bei einem atomaren Zusammenstoß zum Herauswerfen des Magneten aus der Feldrichtung zur Verfügung steht, im Durchschnitt gleich kT (k Boltzmann-Konstante). Für die richtende Wirkung des Feldes wird es also darauf ankommen, ob pH groß oder klein gegen kT ist. Im Falle $pH \gg kT$ ist praktisch Sättigung zu erwarten, im entgegengesetzten Fall $pH \ll kT$ dagegen nur eine sehr bescheidene Ausrichtung. Für das in der ganzen weiteren Theorie wichtige Verhältnis von pH zu kT führen wir sogleich einen besonderen Buchstaben ein:

$$(4) \qquad \alpha = \frac{pH}{kT}.$$

Betrachten wir zunächst die Größenordnung von α. Wie bereits in Kap. 2, S. 13 erwähnt, haben die magnetischen Atommomente stets die Größenordnung von einem oder einigen Bohrschen Magnetonen. Setzen wir also für p ein Bohrsches Magneton ein, so wird nach Erweiterung mit der Loschmidtschen Zahl

$$(4a) \qquad \alpha = \frac{M_B H}{RT} = \frac{5590 \cdot H}{8{,}31 \cdot 10^7 \cdot T} = \frac{H}{14\,900\,T} \qquad (H \text{ in Oersted}).$$

Diese Abschätzung genügt bereits, um zu zeigen, daß α in allen praktischen Fällen sehr klein gegen 1 bleiben muß. Nur bei ganz extrem hohen Feldern und bei Temperaturen des flüssigen Heliums ist es möglich, daß α den Wert 1 überschreitet. Beschränken wir uns auf die Fälle, wo α klein gegen 1 ist, so erwarten wir demnach größenordnungsmäßig für den Grad der Ausrichtung

$$\overline{\cos\vartheta} \approx \frac{pH}{kT}$$

und damit nach (1) für die paramagnetische Magnetisierung

$$J = J_\infty \cdot \overline{\cos\vartheta} \approx n\,\frac{p^2}{kT} \cdot H.$$

Die auf ein Mol bezogene Suszeptibilität wird demnach

$$(5) \qquad \chi_{\text{mol}} \approx \frac{P^2}{RT},$$

wenn $P = 6{,}06 \cdot 10^{23} \cdot p$ das molare Moment der Atome bedeutet. Zu der solcherweise erratenen Formel wird die nachfolgende strengere Behandlung nur noch einen Zahlenfaktor hinzufügen, welcher je nach dem Charakter des Atoms zwischen $1/_3$ und 1 liegt. Wir sehen an (5) zunächst die theoretische Begründung für das von P. CURIE zuerst experimentell entdeckte Gesetz, daß die Suszeptibilität der absoluten Temperatur umgekehrt proportional ist:

$$(6) \qquad \chi = \frac{C}{T}.$$

Die dabei auftretende Konstante C heißt die Curiesche Konstante. Sodann können wir nach (5) die Größenordnung von χ_{mol} angeben. Mit $P = 1\,M_B = 5590$, $R = 8{,}3 \cdot 10^7$ und $T = 300$ erhält man

$$\chi \approx 0{,}0013,$$

also einen etwa 1000mal größeren Wert als für die diamagnetische Suszeptibilität. Wenn also ein Körper überhaupt paramagnetisch ist, so wird dadurch meist der gleichzeitig vorhandene Diamagnetismus völlig überdeckt.

An Hand unserer Überlegung können wir bereits zwei wichtige Fälle angeben, in welchen das Curiesche Gesetz (6) versagen muß. Der eine liegt dann vor, wenn die verschiedenen Elementarmagnete sich gegenseitig beeinflussen, wenn also die Energie eines einzelnen Dipols nicht nur von seiner Orientierung gegen das Feld, sondern auch von derjenigen seiner Nachbarn abhängt. Dieser Fall wird uns späterhin ausführlich beschäftigen, da er die Grundlage für jede Theorie des Ferromagnetismus bildet. Aber auch ohne Wechselwirkung mit den Nachbarn können erhebliche Abweichungen von (6) dann auftreten, wenn der erste *angeregte Zustand* des Ions energetisch so dicht über dem Grundzustand liegt, daß die Anregungsenergie ε nicht mehr groß gegen kT ist. In diesem Fall besteht der Körper aus einem Gemisch von Ionen in zwei Anregungszuständen; ist etwa der Bruchteil a_1 der Ionen im Grundzustand mit dem Moment P_1, der Bruchteil a_2 im angeregten Zustand mit dem Moment P_2, so erwarten wir für die Mol-Suszeptibilität

$$(7) \qquad \chi_{\mathrm{mol}} \approx a_1 \frac{P_1^2}{RT} + a_2 \frac{P_2^2}{RT},$$

wo nun a_1 und a_2 in solcher Weise von der Temperatur abhängen, daß mit wachsenden Temperaturen a_2 wächst und a_1 abnimmt. Mit den statistischen Gewichten g_1 und g_2 würde gelten:

$$(7\,\mathrm{a}) \qquad a_1 = \frac{g_1}{g_1 + g_2 e^{-\frac{\varepsilon}{kT}}}; \qquad a_2 = \frac{g_2 e^{-\frac{\varepsilon}{kT}}}{g_1 + g_2 e^{-\frac{\varepsilon}{kT}}}.$$

Wenn nun P_1 und P_2 wesentlich verschieden sind, so kann offenbar ein vom Curie-Gesetz gänzlich abweichendes Verhalten zustande kommen. Im periodischen System der Elemente tritt dieser Fall z. B. bei Eu^{+++}-Ionen auf, wo P_1 gleich Null ist, ein paramagnetisches Verhalten also überhaupt erst durch den zweiten Summanden in (7) entsteht.

b) Statistische Mechanik.

Nach dieser qualitativen Übersicht wollen wir die nach (3) entscheidende Größe $\overline{\cos \vartheta}$ wirklich nach den Regeln der statistischen Mechanik berechnen. Das Grundgesetz der statistischen Mechanik lautet im Rahmen der *klassischen Physik*: Gegeben sei ein mechanisches System von f Freiheitsgraden. Sein momentaner Zustand sei gekennzeichnet durch f Koordinaten $q_1, \ldots, q_f$ und f Impulse $p_1, \ldots, p_f$. Der Mechanismus werde beschrieben durch eine Hamilton-Funktion $\varepsilon = \varepsilon(q_1, \ldots, p_f)$ der $2f$ Variablen $q_1, \ldots, p_f$. Ist dieses System in „Berührung" mit einem Bad von der Temperatur T, so wird es im Laufe der Zeit die verschiedensten Zustände annehmen. Wir fassen nun eine $2f$-dimensionale Zelle q_1 bis $q_1 + dq_1 \ldots p_f$ bis $p_f + dp_f$ des Phasenraums vom Volumen $d\pi = dq_1 \ldots dp_f$ ins Auge. Im Laufe einer hinreichend langen Beobachtungszeit τ_0 sec möge das System sich im ganzen τ sec lang in er hervorgehobenen Zelle befinden. Man nennt dann τ/τ_0 die Wahrscheinlichkeit $W\,d\pi$ dafür, daß das System sich in dieser Zelle befindet. Über diese Wahrscheinlichkeit sagt die statistische Mechanik aus:

$$(8) \qquad W(q_1, \ldots, p_f)\,d\pi = C \cdot e^{-\frac{\varepsilon}{kT}}\,d\pi,$$

wo die von den $q_1, \ldots, p_f$ unabhängige Größe C dadurch festgelegt ist, daß $\int W\,d\pi = 1$ sein muß, also

$$(8\,\mathrm{a}) \qquad C = \frac{1}{\int \ldots \int e^{-\frac{\varepsilon}{kT}}\,d\pi}.$$

In der *Quantentheorie* hat man dem Umstand Rechnung zu tragen, daß es verschiedene stationäre Zustände gibt mit ausgezeichneten diskreten Werten der Energie. Es seien $\varepsilon_1, \varepsilon_2, \ldots, \varepsilon_r, \ldots$ die möglichen Werte der Energie des Systems und $g_1, g_2, \ldots, g_r, \ldots$ die zugehörigen „statistischen Gewichte". g_r bedeutet z. B. die Anzahl der voneinander verschiedenen Zustände der gleichen Energie ε_r. Wir fragen jetzt nach der Wahrscheinlichkeit W_r dafür, daß bei der Temperatur T das System in einem der Zustände mit der Energie ε_r angetroffen wird. Die statistische Mechanik gibt hierauf die Antwort:

$$(9) \qquad W_r = C \cdot g_r \cdot e^{-\frac{\varepsilon_r}{kT}}.$$

Dabei ist natürlich $\sum_r W_r = 1$, also

$$(9a) \qquad C = \frac{1}{\sum g_r e^{-\frac{\varepsilon_r}{kT}}}.$$

c) Theorie des Paramagnetismus.

Wir wenden zunächst die klassische Statistik, also (8) und (8a), auf ein einzelnes Atom mit dem Moment p im Magnetfeld H an. Seine potentielle Energie ist dann $\varepsilon_{\text{pot}} = -pH \cos\vartheta$. Der gesuchte Mittelwert $\overline{\cos\vartheta}$ ist natürlich definiert durch $\int\ldots\int \cos\vartheta \cdot W d\pi$. Nach einfacher Zwischenrechnung ergibt sich

$$(10) \qquad \overline{\cos\vartheta} = \frac{\int\limits_0^\pi \cos\vartheta\, e^{+\frac{pH}{kT}\cos\vartheta} \sin\vartheta\, d\vartheta}{\int\limits_0^\pi e^{+\frac{pH}{kT}\cos\vartheta} \sin\vartheta\, d\vartheta}.$$

Mit den Abkürzungen $\dfrac{pH}{kT} = \alpha$, $\cos\vartheta = x$ wird also

$$\overline{\cos\vartheta} = \frac{\int\limits_{-1}^{+1} x\, e^{+\alpha x}\, dx}{\int\limits_{-1}^{+1} e^{+\alpha x}\, dx} = \frac{d}{d\alpha}\, lg \int\limits_{-1}^{+1} e^{\alpha x}\, dx.$$

Die Ausführung der Integration liefert

$$(11) \qquad \overline{\cos\vartheta} = \operatorname{ctgh}\alpha - \frac{1}{\alpha}.$$

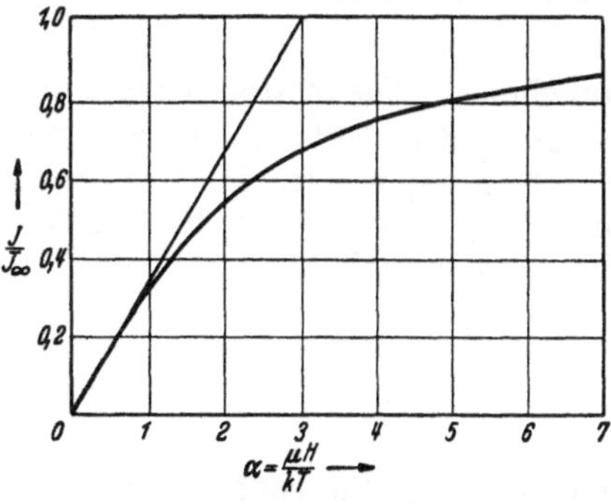

Abb. 14.

Die Langevin-Kurve $L_\infty(\alpha) = \operatorname{ctgh}\alpha - \frac{1}{\alpha}$.

Wir nennen die hier auftretende Funktion von α Langevin-Funktion $L_\infty(\alpha)$. Der Index ∞ wird nachher begründet werden. Der Verlauf von $L_\infty(\alpha)$ ist in Abb. 14 dargestellt. Für kleine Werte von α, die unter üblichen Bedingungen ja allein wichtig sind, wird

$$(12) \qquad L_\infty(\alpha) = \frac{\alpha}{3} - \frac{\alpha^3}{45} + \cdots (\alpha \ll 1),$$

für große α dagegen

$$(12) \qquad L_\infty(\alpha) = 1 - \frac{1}{\alpha} \qquad (\alpha \gg 1).$$

Qualitativ ist der Verlauf so, wie wir ihn erwarten. Er beginnt mit einem linearen Anstieg bei kleinem α und biegt bei großem α in die Sättigung ein. Für die Molsuszeptibilität erhalten wir anstatt der rohen Schätzung (5) einen um den Faktor $\tfrac{1}{3}$ abweichenden Wert:

$$(13) \qquad \chi_{\text{mol}} = \frac{P'^2}{3RT}.$$

Wir haben in (13) für das Molmoment P' an Stelle von P geschrieben, und zwar aus folgendem Grunde: Wie die sogleich mitzuteilende quantenmäßige Behandlung zeigt, ist der von der klassischen Theorie gelieferte Faktor $^1/_3$ nicht allgemein richtig; vielmehr ist er durch eine, von dem speziellen Typus des Atoms abhängige und zunächst nicht bekannte Zahl zu ersetzen. Es ist nun üblich, für Substanzen, welche überhaupt dem Curie-Gesetz (6) genügen, ein Moment P' durch Gleichung (13) zu definieren, also durch

$$(13\,\text{a}) \qquad\qquad P' = \sqrt{3\,RT \cdot \chi_{\text{mol}}}\,.$$

Gelegentlich nennt man P' auch das „effektive Moment". Die Aufgabe der strengeren Behandlung nach der Quantentheorie besteht dann darin, einen theoretischen Zusammenhang zwischen dem durch (13 a) definierten P' und dem wirklichen Moment P herzustellen.

Nach der *Quantentheorie* wird der Drehimpuls des Atoms durch eine „innere Quantenzahl" j gekennzeichnet, welche ganzzahlig oder halbzahlig sein kann. Der größte Wert, welchen die Komponente des Drehimpulses nach einer bestimmten Richtung, etwa der des äußeren Feldes, annehmen kann, beträgt $j\,\dfrac{h}{2\pi}$. Im ganzen gibt es $2j+1$ mögliche Einstellungen, welche man durch die „magnetische Quantenzahl" m' kennzeichnet. Die Komponente des Drehimpulses nach der Richtung von H beträgt bei einer Einstellung $m'\,\dfrac{h}{2\pi}$. m' kann die $2j+1$ Werte

$$-j,\,-(j-1),\dots,\,+(j-1),\,j$$

annehmen. Die statistischen Gewichte aller dieser Zustände sind gleich 1.

Besonders einfach und wichtig ist der Fall $j=\tfrac12$, wie er für einen einzelnen Elektronenspin gilt. Hier existieren nur die beiden Einstellungen $m'=\tfrac12$ und $m'=-\tfrac12$, entsprechend den Werten $+1$ und -1 von $\cos\vartheta$. Nach (9) ist dann die Wahrscheinlichkeit für $\cos\vartheta=+1$

$$W_{(+1)} = \frac{e^{\frac{pH}{kT}}}{e^{+\frac{pH}{kT}} + e^{-\frac{pH}{kT}}}$$

und diejenige für $\cos\vartheta=-1$

$$W_{(-1)} = \frac{e^{-\frac{pH}{kT}}}{e^{+\frac{pH}{kT}} + e^{-\frac{pH}{kT}}}\,,$$

im Mittel also

$$\overline{\cos\vartheta} = \frac{e^{\alpha}-e^{-\alpha}}{e^{\alpha}+e^{-\alpha}}\,, \qquad \alpha = \frac{pH}{kT}\,.$$

Wir bezeichnen:

$$(14) \qquad\qquad L_{1/_2}(\alpha) = \operatorname{tgh}\alpha\,.$$

Zur Berechnung von $\overline{\cos\vartheta}$ nach (9) mit beliebigem j ist in einem bestimmten Zustand m' sinngemäß zu setzen $\cos\vartheta = \dfrac{m'}{j}$ und $\varepsilon_{m'} = -\dfrac{m'}{j}\,pH$. Mit der alten Abkürzung (4) wird also

$$\frac{J}{J_\infty} = \frac{\displaystyle\sum_{m'=-j}^{m'=+j} \frac{m'}{j}\, e^{\frac{m'}{j}\alpha}}{\displaystyle\sum_{m'=-j}^{m'=+j} e^{\frac{m'}{j}\alpha}}\,.$$

Diesen Ausdruck bezeichnen wir mit $L_j(\alpha)$. Er läßt sich elementar auswerten, wenn man beachtet, daß aus dem Nenner durch Differenzieren nach α der Zähler entsteht, und daß

$$\sum_{-j}^{+j} x^{m'} = x^{-j}(1 + x + \cdots x^{2j}) = \frac{x^{-j} - x^{j+1}}{1 - x}$$

ist. Man erhält dann

$$(15) \qquad L_j(\alpha) = \frac{2j+1}{2j} \operatorname{ctgh} \frac{2j+1}{2j} \alpha - \frac{1}{2j} \operatorname{ctgh} \frac{1}{2j} \alpha.$$

Der Verlauf von L_j für einige Werte von j ist in Abb. 15 dargestellt. Für die beiden Extremwerte $j = \frac{1}{2}$ und $j = \infty$ folgen aus (15) die bereits bekannten Werte:

$$L_\infty(\alpha) = \operatorname{ctgh} \alpha - \frac{1}{\alpha}$$

und

$$(16) \qquad L_{\frac{1}{2}}(\alpha) = \operatorname{tgh} \alpha.$$

Für das paramagnetische Verhalten interessiert der Verlauf von $L_j(\alpha)$ für kleine Werte von α. Mit Hilfe der Entwicklung $\operatorname{ctgh} x = \frac{1}{x} + \frac{x}{3} - \frac{x^3}{45}$ findet man

$$(17) \qquad \begin{cases} L_j(\alpha) = \alpha \dfrac{j+1}{3j} \\ \qquad - \alpha^3 \dfrac{\{(j+1)^2 + j^2\}\{j+1\}}{90 j^3}, \end{cases}$$

also

$$(18) \qquad \chi_{\mathrm{mol}} = \frac{P^2}{RT} \frac{j+1}{3j}.$$

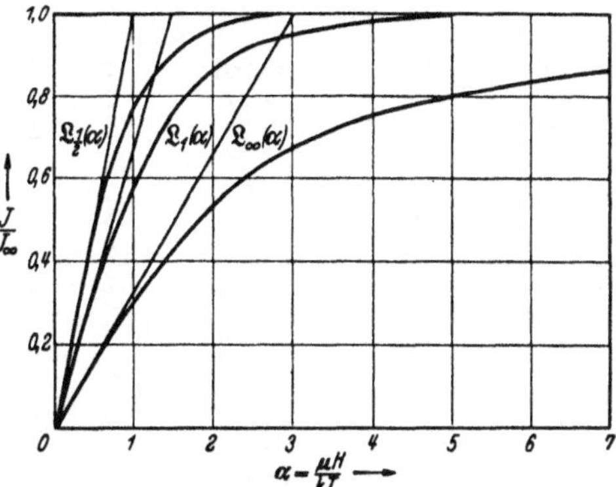

Abb. 15. Die Langevin-Kurven $L_{1/2}(\alpha)$, $L_1(\alpha)$ und $L_\infty(\alpha)$.

Unter Verwendung einer in der Spektroskopie üblichen Ausdrucksweise gibt man dieser Gleichung häufig eine andere Formulierung. Wenn der Drehimpuls j ausschließlich durch die Bahnbewegung der Elektronen entstünde, so wäre nach (2.3 a) $P = jM_B$, wo M_B ein Bohrsches Magneton bedeutet. Im Fall von lauter Spinmomenten dagegen wäre $P = 2jM_B$. In der Regel hat man aber eine Kombination von Spin und Bahn, welche zu dem allgemeinen Ausdruck

$$(19) \qquad P = gj M_B$$

führt. Man nennt g den Landé-Faktor. g ist gleich 1 für reine Bahnmomente und gleich 2 für reine Spinmomente. Damit ist der theoretische Zusammenhang zwischen dem in (13 a) experimentell definierten effektiven Moment und den für den Zustand charakteristischen Größen j und g hergestellt:

$$(20) \qquad P' = M_B g \sqrt{j(j+1)}.$$

d) Paramagnetismus im periodischen System der Elemente.

Bei einer Übersicht über das Auftreten des Paramagnetismus im periodischen System der Elemente zeigt sich, daß er wesentlich geknüpft ist an das Vorhandensein von nicht abgeschlossenen Schalen. In abgeschlossenen edelgasähnlichen Schalen sind alle Spin- und Bahnmomente gegeneinander kompensiert. Für ein Gas von freien H- oder Na-Atomen wäre wohl mit Sicherheit ein paramagnetisches Verhalten zu erwarten. Jedoch liegen darüber keine Versuche vor. Die meisten Messungen beziehen sich auf Ionen, entweder in wäßriger Lösung oder in kristallwasserhaltigen Salzen. Die Ionen sind aber in der Regel durch eine edelgasähnliche Konfiguration ausgezeichnet. Man kann ja ihre Entstehung geradezu durch ein Streben nach einer abgeschlossenen Anordnung

Tabelle 3. Die Schalenbesetzung der ersten 46 Elemente im periodischen System. Z Ordnungszahl, A mittleres Atomgewicht.

	Z	A	$1s$	$2s$	$2p$	$3s$	$3p$	$3d$	$4s$	$4p$	$4d$	$5s$
H	1	1,0078	1									
He	2	4,002	2									
Li	3	6,940	2	1								
Be	4	9,02	2	2								
B	5	10,82	2	2	1							
C	6	12,000	2	2	2							
N	7	14,008	2	2	3							
O	8	16,000	2	2	4							
F	9	19,00	2	2	5							
Ne	10	20,183	2	2	6							
Na	11	22,997	2	2	6	1						
Mg	12	24,32	2	2	6	2						
Al	13	26,97	2	2	6	2	1					
Si	14	28,06	2	2	6	2	2					
P	15	31,02	2	2	6	2	3					
S	16	32,06	2	2	6	2	4					
Cl	17	35,457	2	2	6	2	5					
A	18	39,944	2	2	6	2	6					
K	19	39,096	2	2	6	2	6		1			
Ca	20	40,08	2	2	6	2	6		2			
Sc	21	45,10	2	2	6	2	6	1	2			
Ti	22	47,90	2	2	6	2	6	2	2			
V	23	50,95	2	2	6	2	6	3	2			
Cr	24	52,01	2	2	6	2	6	5	1			
Mn	25	54,93	2	2	6	2	6	5	2			
Fe	26	55,84	2	2	6	2	6	6	2			
Co	27	58,94	2	2	6	2	6	7	2			
Ni	28	58,69	2	2	6	2	6	8	2			
Cu	29	63,57	2	2	6	2	6	10	1			
Zn	30	65,38	2	2	6	2	6	10	2			
Ga	31	69,72	2	2	6	2	6	10	2	1		
Ge	32	72,60	2	2	6	2	6	10	2	2		
As	33	74,91	2	2	6	2	6	10	2	3		
Se	34	78,96	2	2	6	2	6	10	2	4		
Br	35	79,916	2	2	6	2	6	10	2	5		
Kr	36	83,7	2	2	6	2	6	10	2	6		
Rb	37	85,44	2	2	6	2	6	10	2	6		1
Sr	38	87,63	2	2	6	2	6	10	2	6		2
Y	39	88,92	2	2	6	2	6	10	2	6	1	2
Zr	40	91,22	2	2	6	2	6	10	2	6	2	2
Nb	41	92,91	2	2	6	2	6	10	2	6	4	1
Mo	42	96,0	2	2	6	2	6	10	2	6	5	1
Ma	43		2	2	6	2	6	10	2	6	(6)	(1)
Ru	44	101,7	2	2	6	2	6	10	2	6	7	1
Rh	45	102,9	2	2	6	2	6	10	2	6	8	1
Pd	46	106,7	2	2	6	2	6	10	2	6	10	

kennzeichnen. In der Tabelle 3 sind die Besetzungszahlen der ersten 46 Elemente des periodischen Systems angegeben. Man erkennt, in welcher Weise beim schrittweisen Aufbau die einzelnen Schalen zum Abschluß gelangen. Bis herauf zum Argon ($Z = 18$) werden nacheinander die Schalen $1s$, $2s$, $2p$, $3s$, $3p$ aufgefüllt. Eine chemische Betätigung oder Ionenbildung der zwischen Neon und Argon stehenden Elemente besteht darin, daß Na, Mg und Al ihre außerhalb der $2p$-Schale liegenden 1, 2, 3 Elektronen abgeben. Ihre Ionen sind sämtlich vom Bau des Neons. Si, P, S kommen als freie Ionen nicht vor. Cl ergänzt die $3p$-Schale zum Argontyp. Hinter dem Argon wird zunächst mit dem Ausbau der $4s$-Schale begonnen. K (19) und Ca (20) sind als K^+-Ionen und Ca^{++}-Ionen vom Argontyp und daher ebenfalls diamagnetisch. Wenn man an die Energieniveaus des H-Atoms denkt, so könnte es überraschen, daß das 19. und 20. Elektron in einer $4s$-Schale gebunden wird. Denn beim H-Atom ist die Bindung in der $3d$-Bahn wesentlich fester als in einer $4s$-Bahn. Durch die in K und Ca bereits vorhandenen 18 Argonelektronen werden aber die Energieverhältnisse so verschoben, daß die Bindung in der $4s$-Bahn die festere ist. Erst bei Sc (21) beginnt der Aufbau der $3d$-Schale, welche im ganzen 10 Elektronen aufzunehmen imstande ist. Die Konkurrenz zwischen den energetisch benachbarten Plätzen der $3d$- und $4s$-Schale ist nun beherrschend für das ganze Verhalten der jetzt folgenden 10 Elemente, welche man als „Eisengruppe" zusammenfaßt. Sie äußert sich in der Mannigfaltigkeit der chemischen Valenz. Neben den $4s$-Elektronen können sich auch noch ein oder mehrere der $3d$-Elektronen als Valenzelektronen betätigen. Das Vorhandensein verhältnismäßig dicht benachbarter Energiewerte kommt auch zum Ausdruck in der Farbigkeit der Lösungen dieser Elemente. Schließlich haben wir hier Ionen mit einer nicht abgeschlossenen $3d$-Schale, welche zu einem permanenten magnetischen Moment und somit zum Paramagnetismus Veranlassung gibt. Tatsächlich ist Sc^{++} in der Reihe der Elemente das erste paramagnetische Ion. Alle folgenden Elemente bis

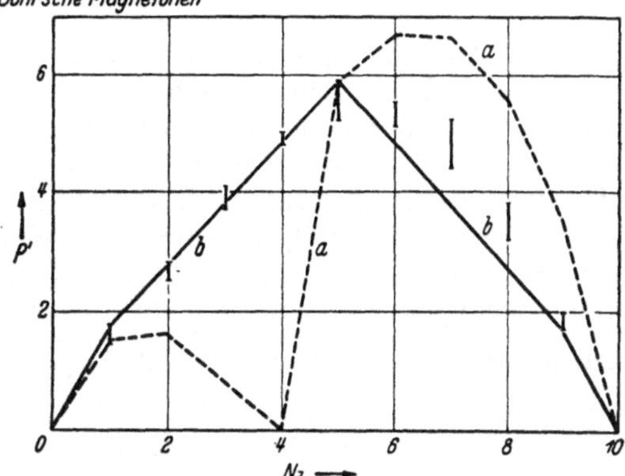

Abb. 16. Die magnetischen Momente der Ionen der Eisengruppe. *a*) berechnet für freie Ionen (F. Hund), *b*) berechnet unter der Annahme, daß die Bahnmomente ausgelöscht sind. (Nach E. C. Stoner: Magnetisme and Matter, London (1934) S. 313).

zum Cu^{++} liefern paramagnetische Ionen. Der Fall des Kupfers ist besonders instruktiv. Beim einwertigen Kupfer Cu^+ enthält die $3d$-Schale noch ihre 10 Elektronen. In der Tat sind die Cuprosalze *farblos* und *diamagnetisch*. Beim zweiwertigen Ion Cu^{++} dagegen ist noch ein $3d$-Elektron abdissoziiert. Die $3d$-Schale ist nicht mehr geschlossen. Cuprisalze sind daher farbig und paramagnetisch.

Als Beispiel für die Anwendung der Theorie vergleichen wir in der Abb. 16 einige Meßergebnisse mit den zugehörigen Formeln der Theorie. Als Abszisse dient die Zahl N_d der Elektronen in der $3d$-Schale. Ordinate ist das oben erklärte „effektive" magnetische Moment P', gemessen in Bohrschen Magnetonen. Die vertikalen Striche über jedem Wert von N_d geben die Lage und den Streubereich der nach (13 a) experimentell ermittelten Werte. In Tabelle 4 ist angegeben, auf welche Ionen sich die Messungen jeweils beziehen. Zum Vergleich mit den gemessenen Werten sind zwei theoretische Kurven angegeben. Zu ihrer Berechnung braucht man nach (20) die Zahlen j und g. In Tabelle 4 ist in der üblichen Bezeichnungsweise, die wir hier nicht weiter erläutern wollen, die spektroskopische Kennzeichnung des betreffenden freien Ions im Grundzustand angegeben. Die daraus nach (20) berechneten Werte von P' sind in der Kurve a (gestrichelt) wiedergegeben. Die Übereinstimmung ist für N_d von 1 bis 4 ausgesprochen schlecht, etwas besser bei N_d von 5 bis 9. Eine bessere, aber immer noch unbefriedigende Übereinstimmung erhält man bei Berück-

Tabelle 4. Die Ionen der Eisengruppe. (Nach E. C. Stoner, zit. S. 25.)
N_d Anzahl der Elektronen in der $3d$-Schale.

N_d	Ionen	Grundzustand der freien Ionen	j	s	l	Effektives Moment in Bohrschen Magnetonen		
						Freie Ionen	Nur Spin	Experimentell
0	K^+, Ca^{++}	$^1S_0$	0	0	0	0,0	0,0	Diam.
1	Sc^{++}, Ti^{+++}, V^{++++}	$^2D_{3/2}$	$^3/_2$	$^1/_2$	2	1,55	1,73	1,5÷1,8
2	Ti^{++}, V^{+++}	$^3F_2$	2	1	3	1,63	2,83	2,5÷2,85
3	V^{++}, Cr^{+++}, Mn^{++++}	$^4F_{3/2}$	$^3/_2$	$^3/_2$	3	0,77	3,87	3,7÷4,1
4	Cr^{++}, Mn^{+++}	$^5D_0$	0	2	2	0,0	4,90	4,8÷5,0
5	Mn^{++}, Fe^{+++}	$^6S_{5/2}$	$^5/_2$	$^5/_2$	0	5,92	5,92	5,2÷5,95
6	Fe^{++}	$^5D_4$	4	2	2	6,70	4,90	5,1÷5,55
7	Co^{++}	$^4F_{9/2}$	$^9/_2$	$^3/_2$	3	6,64	3,87	4,4÷5,25
8	Ni^{++}	$^3F_4$	4	1	3	5,59	2,83	3,2÷3,85
9	Cu^{++}	$^2D_{5/2}$	$^5/_2$	$^1/_2$	2	3,55	1,73	1,7÷2,05
10	Cu^+, Zn^{++}	$^1S_0$	0	0	0	0,0	0,0	Diam.

sichtigung des nächst höheren Niveaus nach dem in Gleichung (7) angedeuteten Schema. Eine wesentliche Ursache für die noch verbleibende Diskrepanz besteht sicher in der Störung der Bahnbewegung durch die im Kristall benachbarten Atome, insbesondere des Kristallwassers. Erfahrungen an Ionenkristallen auch auf anderen Gebieten sprechen dafür, daß durch diese Störung das Bahnmoment nicht zur vollen Entfaltung kommt, sondern mehr oder weniger ausgelöscht wird. Die Kurve b ist nun unter der extremen Annahme berechnet, daß ein Bahnmoment überhaupt nicht mehr vorhanden ist, daß also nur die Spins zum Moment beitragen. Das in Einheiten $\frac{h}{2\pi}$ gemessene Spinmoment s der Ionen ist in der Tabelle angegeben. Da in diesem Fall $g = 2$ ist, bekommt man nach (20) bei völlig ausgelöschtem Bahnmoment

$$P' = \sqrt{4s(s+1)}\, M_B,$$

welches in der Kurve b wiedergegeben ist und leidlich mit den Meßergebnissen übereinstimmt. Die Bahnmomente scheinen demnach im kristallisierten Zustand nur eine untergeordnete Rolle zu spielen.

Wir werden später sehen, daß auch bei den ferromagnetischen Metallen das magnetische Moment allein durch den Elektronenspin bedingt ist, daß also hier die Bahnmomente ganz bedeutungslos geworden sind. Die Möglichkeit einer unmittelbaren experimentellen Kontrolle bietet hier der Barnett-Einstein-de Haas-Effekt, welcher eine direkte Messung des Landé-Faktors g ermöglicht. Wir kommen darauf in Kap. 7, S. 72 zurück.

Wir haben die Elemente der Eisengruppe etwas ausführlicher behandelt, weil ihr die ferromagnetischen Metalle angehören. Gehen wir von dort aus im periodischen System weiter, so begegnen wir paramagnetischen Ionen erst wieder beim Ausbau der analogen $4d$-Schale bei den Elementen Y (39) bis Pd (46). Die Verhältnisse liegen hier ganz ähnlich wie bei der Eisengruppe. Als weitere paramagnetische Gruppe folgt dann die der seltenen Erden von Ce (58) ab, in welcher die $4f$-Schale aufgefüllt wird, nachdem bereits vorher die $5s$-, $5p$-Schalen bei X (54) voll besetzt sind. Für die Theorie des Paramagnetismus waren die seltenen Erden besonders ergiebig, weil bei ihnen die unabgeschlossene $4f$-Schale verhältnismäßig tief im Innern des Atoms liegt und daher den Störungen durch das benachbarte Kristallwasser viel weniger ausgesetzt ist als die $3d$-Schale bei den Elementen der Eisengruppe. Bei ihnen tritt keine Auslöschung der Bahnmomente mehr auf. Daher hat sich bei ihnen auch eine praktisch vollkommene Übereinstimmung zwischen Beobachtung und Theorie erzielen lassen. Wir können hier nicht näher darauf eingehen und müssen uns mit einem Hinweis auf die ausführlichen Darstellungen bei VAN VLECK und STONER begnügen[1].

II. Allgemeine Theorie des Ferromagnetismus.
4. Die Weißsche Theorie des Ferromagnetismus.
a) Qualitatives Verhalten der Ferromagnetika.

Die hervorstechendsten Eigenschaften eines Ferromagnetikums sind seine im Vergleich zu allen anderen Stoffen ungeheuer große Permeabilität, ferner die mit technischen Mitteln leicht zu erreichende Sättigung und schließlich der Umstand, daß diese Eigenschaften oberhalb einer als „Curie-Punkt" bezeichneten Temperatur verloren gehen. Eine qualitative Übersicht über dieses Verhalten gibt die Abb. 17, in welcher nach Messungen von WEISS und FORRER für Nickel die Magnetisierung als Funktion der Feldstärke bei verschiedenen Temperaturen angegeben ist. Man beachte den Maßstab der Abszisse, welche bis 20000 Oe reicht. Das bei der technischen Magnetisierung interessierende Verhalten bei einigen Oersted wird dadurch vollkommen unterdrückt. Bei 20° C beobachtet man eine Sättigung bei etwa $J_s = 500$. Bei Steigerung der Temperatur sinkt zunächst die Sättigung. Zugleich sieht man aber, daß bei weiterer Erhöhung der Temperatur (etwa in der Gegend von 300° C) keine eigentliche Sättigung mehr

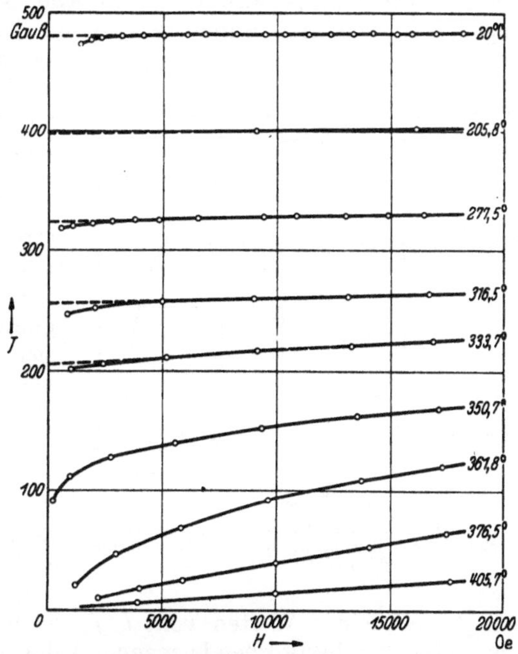

Abb. 17. Die Magnetisierung von Nickel bei verschiedenen Temperaturen. [Nach P. WEISS u. R. FORRER: Ann. Phys., Paris 10. Ser. Bd. 5 (1926) S. 153.]

erreicht wird, sondern daß J auch bei hohen Feldern noch ansteigt. Bei 362° kann von einer Sättigung überhaupt nicht mehr die Rede sein und schließlich bei 406° haben wir einen schwachen, mit H linearen Anstieg von J, also ein typisch paramagnetisches Verhalten. Wir geben sogleich die anschauliche, auf WEISS zurückgehende Deutung für dieses Bild. Danach schreiben wir den Elementarmagneten die Neigung zu, sich untereinander parallel zu stellen. Diese Neigung kann sich beim absoluten Nullpunkt ungehemmt auswirken und führt zur absoluten Sättigung, die wir mit J_∞ bezeichnen. Mit wachsender Temperatur wird die Parallelstellung in zunehmendem Maße gestört. Zu jeder Temperatur gehört somit eine *spontane Magnetisierung* J_s, welche mit wachsender Temperatur von J_∞ (bei $T = 0$) immer mehr absinkt. Der scheinbar unmagnetische Zustand eines ausgeglühten Stücks Nickel rührt daher, daß in ihm der Vektor $\mathfrak{J}_s$ nicht überall die gleiche Richtung hat. Das Material enthält viele Bereiche, von denen jeder einzelne bis zur Sättigung magnetisiert ist. Nur

---

[1] VAN VLECK, J. H.: The Theory of Electric and Magnetic Susceptibilities. — STONER, E. C.: Magnetism and Matter.

kommen die verschiedensten Richtungen gleich häufig vor, so daß sich ihre Wirkung nach außen im Durchschnitt aufhebt. Wir nennen einen in sich homogen magnetisierten Bereich einen „Weißschen Bezirk". Die Magnetisierung im technischen Sinn besteht lediglich darin, daß die Magnetisierung innerhalb der einzelnen Bereiche in die Feldrichtung eingestellt wird. Die Ausrichtung der Weißschen Bezirke ist erfahrungsgemäß bei Feldern von der Größenordnung 1000 Oe beendet. Erst bei wesentlich höheren Feldern macht sich der Umstand bemerkbar, daß die oben geschilderte Tendenz zur spontanen Magnetisierung durch das Feld noch unterstützt wird, daß also J noch über J_s hinaus gesteigert wird. Dieser Effekt kommt in der Abb. 17 durch die mit wachsender Temperatur zunehmende Steigung der J-H-Kurve im Bereich von 10000 bis 20000 Oe zum Ausdruck. In der Abb. ist durch die gestrichelten Geraden angedeutet, wie man durch rückwärtige Extrapolation des für hohe Felder beobachteten geradlinigen Teils der J-H-Kurve auf den Wert $H = 0$ die spontane Magnetisierung J_s bestimmen kann. Bei Zimmertemperatur verläuft J im Sättigungsgebiet fast horizontal. J_s ist also mit der bei $H \approx 5000$ Oe erreichten Sättigung praktisch identisch, so daß es hier keinen Unterschied macht, ob man J_s als „Sättigungsmagnetisierung" oder als spontane Magnetisierung definiert. Bei höheren Temperaturen wird die Extrapolation auf $H = 0$ immer wesentlicher.

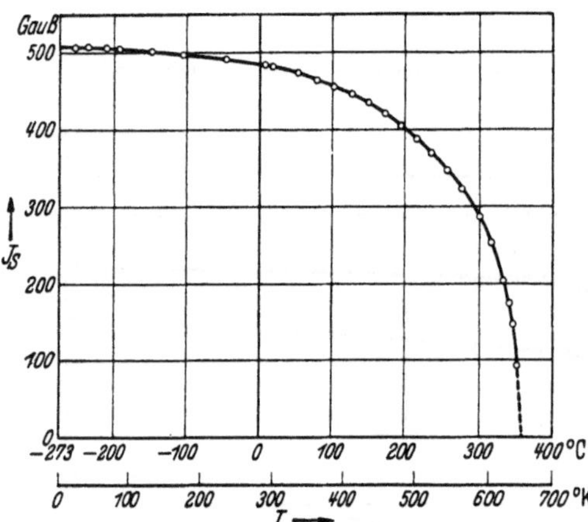

Abb. 18. Die spontane Magnetisierung von Nickel. [Nach P. Weiss u. R. Forrer: Ann. Phys., Paris 10. Ser. Bd. 5 (1926) S. 153.]

Wie man an dem Verlauf der J-H-Kurve sieht, wird die Bestimmung von J_s mit zunehmender Temperatur durch die Krümmung dieser Kurven erschwert. Auf die hierdurch bedingte Unsicherheit in der experimentellen Definition von J_s bei kleinen Werten von J_s/J_∞ wollen wir hier nicht näher eingehen. Der später zu besprechende magnetokalorische Effekt bietet die Möglichkeit, auch in diesem Gebiet J_s noch sicher zu messen. Der in dieser Weise für Nickel ermittelte Verlauf von J_s als Funktion von T ist in Abb. 18 dargestellt. Er ist — abgesehen vom Maßstab — für die drei ferromagnetischen Metalle Fe, Co, Ni im wesentlichen der gleiche, zunächst ein langsamer Abfall und schließlich ein steiler Absturz. Die Temperatur, bei welcher $J_s = 0$ wird, heißt Curie-Temperatur.

Für das paramagnetische Verhalten oberhalb der Curie-Temperatur (Beispiel 405,7° in Abb. 17) gilt in guter Näherung das Curie-Weißsche Gesetz:

$$(1) \qquad\qquad \chi = \frac{C}{T-\Theta}.$$

$1/\chi$ als Funktion von T ist danach ebenso wie beim Curieschen Gesetz eine Gerade. Sie schneidet aber die Abszissenachse nicht mehr bei $T = 0$, sondern beim Curie-Punkt Θ. Einige Meßergebnisse sind nach Sucksmith und Pearce in den beiden Abb. 19 und 20 für Nickel und Eisen dargestellt. Beim Eisen springt die von 920° bis 1390° C reichende Lücke ins Auge, innerhalb welcher das Eisen als γ-Phase ein kubisch-flächenzentriertes, nicht ferromagnetisches Gitter besitzt.

Zur Gleichung (1) muß sogleich eine einschränkende Bemerkung gemacht werden. Tatsächlich beginnt ein geradliniger Verlauf der $\frac{1}{\chi}$-T-Kurve erst bei Temperaturen, die wesentlich oberhalb des Curie-Punktes liegen (bei Nickel etwa bei 450° C). Vorher zeigt sie eine Krümmung in dem aus Abb. 21 und 22 ersichtlichen Sinne. Man

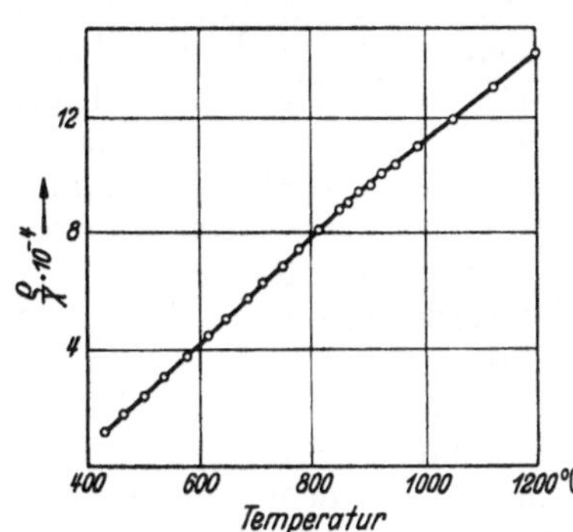

Abb. 19. $\frac{\varrho}{\chi}$ als Funktion von T bei Nickel.

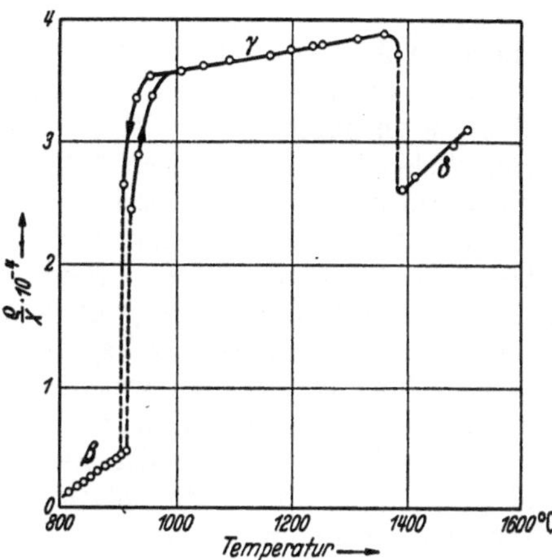

Abb. 20. $\frac{\varrho}{\chi}$ als Funktion von T bei Eisen.

[Nach W. Sucksmith u. R. R. Pearce: Proc. roy. Soc., Lond. A Bd. 167 (1938) S. 189.]

pflegt einen paramagnetischen Curie-Punkt Θ_p zu definieren durch Extrapolationen des geradlinigen Teiles. Wie bei dem gezeichneten Verlauf zu erwarten ist, liegt der so definierte Curie-Punkt über dem „ferromagnetischen" Curie-Punkt Θ_f, welcher durch Extrapolation der J_s-T-Kurve gewonnen wird.

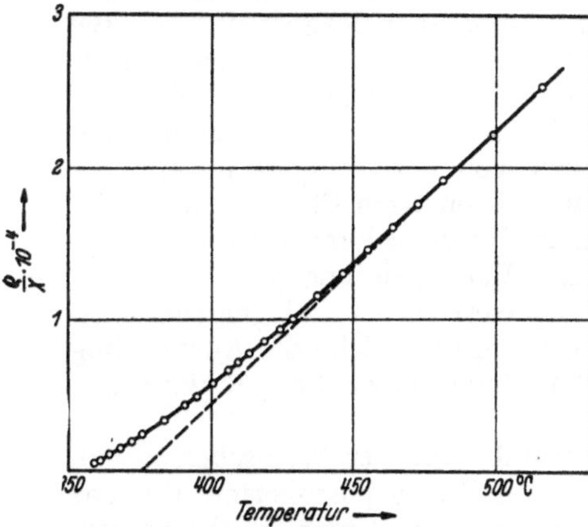

Abb. 21. $\frac{\varrho}{\chi}$ in der Nähe des Curie-Punktes bei Nickel.
[Nach P. Weiss u. R. Forrer: Ann. Phys., Paris 10. Ser. Bd. 5 (1926) S. 153.]

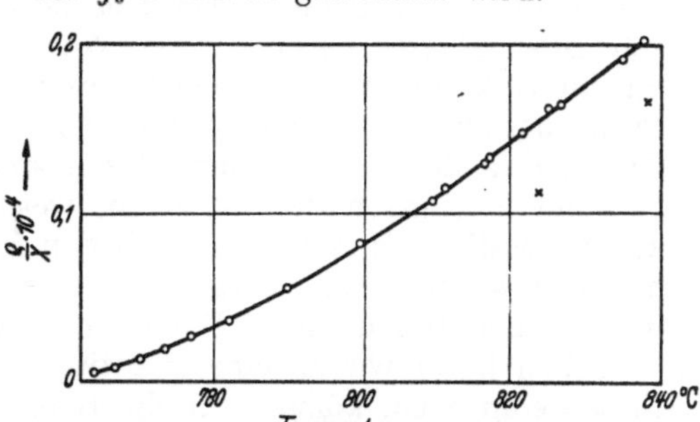

Abb. 22. $\frac{\varrho}{\chi}$ in der Nähe des Curie-Punktes bei Eisen.
[Nach H. H. Potter: Proc. roy. Soc., Lond. A Bd. 146 (1934) S. 362.] × Die beiden ersten Meßpunkte von W. Sucksmith und R. R. Pearce (vgl. Abb. 20).

Tabelle 5. **Charakteristische Konstanten der drei ferromagnetischen Elemente.**

	z	A	ϱ	Θ_f °K	Θ_f °C	J_∞	$\dfrac{J_\infty}{\varrho}$	$s = \dfrac{J_\infty A}{\varrho M_B}$	Θ_p °K	$\dfrac{C}{\varrho}$	$W = \dfrac{\Theta_p}{C}$
Fe	26	55,84	7,86	1043	770	1740	221,7	2,22	1101	0,0227	6160
Co	27	58,97	8,8	1393	1120	1430	162,2	1,71	1403—1428	0,0208	7700
Ni	28	58,68	8,85	631	358	510	57,60	0,606	650	0,00548	13400

In der vorstehenden Tabelle geben wir einige Zahlen für die Werte von J_∞, Θ sowie der durch (1) definierten Curie-Konstanten. Die Tabelle enthält

Atomnummer Z, Atomgewicht A, Dichte ϱ, den ferromagnetischen Curie-Punkt in Grad Kelvin sowie in Celsiusgraden, sodann die Sättigungsmagnetisierung J_∞ und die auf 1 g bezogene Sättigung J_∞/ϱ. Die nächste Zahl

$$s = \frac{J_\infty\, A}{\varrho\, M_B}$$

gibt die auf 1 Atom des Metalls bei der Sättigung entfallende Anzahl von Bohrschen Magnetonen. Die Zahlen dieser Spalten sind einer Zusammenstellung von STONER entnommen. Es ist zu beachten, daß s in keinem Fall ganzzahlig ist: Bei Nickel 0,606, bei Eisen 2,22. Die nächsten beiden Spalten enthalten die beiden, für das paramagnetische Verhalten nach (1) entscheidenden Größen Θ_p und C nach neueren Messungen von SUCKSMITH und PEARCE[1]. C/ϱ ist die auf 1 g bezogene Curie-Konstante. Beim Eisen bietet eine exakte Bestimmung von C eine besondere Schwierigkeit, weil der geradlinige Verlauf von $1/\chi$ einerseits erst merklich oberhalb Θ beginnt und andererseits bereits bei 920° C die β-γ-Umwandlung erfolgt, bei welcher die $1/\chi$-T-Gerade abbricht. SUCKSMITH und PEARCE verwandten den Kunstgriff, durch Zulegieren von Vanadium zum Eisen die γ-Phase zu unterdrücken. Durch Messungen bei verschiedenen Vanadiumgehalten und Extrapolation auf den Gehalt Null erhielten sie die angegebenen Werte für C und Θ. Ältere Messungen, von denen insbesondere diejenigen von WEISS und FOËX genannt seien, ergaben wesentlich andere Werte für Eisen, während beim Nickel die Übereinstimmung der verschiedenen Autoren recht gut ist. Die in der letzten Spalte mitgeteilte Größe $W = \Theta_p/C$ ist der späterhin erläuterte Weißsche Faktor des inneren Feldes.

Nach der Weißschen Auffassung besteht also die übliche pauschale Magnetisierung von Eisen im wesentlichen nur in einer Parallelstellung der in den einzelnen Bezirken ohnehin schon vorhandenen spontanen Magnetisierung. Bei dieser Auffassung ergeben sich für die ferromagnetische Forschung zwei große Problemgruppen, die bis zu einem gewissen Grade unabhängig voneinander behandelt werden können. Die eine bezieht sich auf das Zustandekommen der spontanen Magnetisierung, deren Abhängigkeit von der Temperatur und die mit ihr verknüpften thermischen, elektrischen und sonstigen Phänomene. Diese Problemgruppe soll in diesem und den nächsten Kapiteln kurz dargestellt werden. Die andere Gruppe nimmt die spontane Magnetisierung J_s als gegeben hin und fragt nach den Gesetzen, welche die Gestalt der „Magnetisierungskurve" bestimmen, sowie nach all den Erscheinungen, welche die Ausrichtung der Weißschen Bezirke begleiten. Die Behandlung dieser Fragen wird den wesentlichen Inhalt dieses Buches bilden.

Schon bevor wir an eine quantitative Formulierung der Weißschen Hypothese herangehen, können wir die Größe der von WEISS postulierten Tendenz zur gegenseitigen Ausrichtung der Elementarmagnete zahlenmäßig abschätzen. Nach Gleichung (4) und (4a) des vorigen Kapitels sind nämlich die ausrichtende Wirkung eines Feldes H und die desorientierende Wirkung der Temperaturbewegung dann von gleicher Größenordnung, wenn pH ungefähr gleich kT ist. Nun wird beim Ferromagnetikum die Ausrichtung erst bei der Curie-Temperatur Θ zerstört. Wir können also schließen, daß die ausrichtende Tendenz äquivalent ist einer Feldstärke H_w von der Größenordnung

$$(2) \qquad\qquad H_w \approx \frac{k}{p}\,\Theta.$$

Setzen wir für p ein Bohrsches Magneton und für Θ den bei Eisen beobachteten Wert 1043° K, so wird das „Weißsche Feld"

$$(2a) \qquad\qquad H_w = 14900 \cdot 1043 \approx 1{,}5 \cdot 10^7\ \text{Oe},$$

---

[1] SUCKSMITH, W. and R. R. PEARCE: Proc. roy. Soc., Lond. Bd. 167 (1938) S. 189.

also viele Zehnerpotenzen größer als die höchsten technisch erreichbaren Feldstärken. Aus dieser Größenordnungsbeziehung geht hervor, daß bei Temperaturen wesentlich unterhalb Θ die äußere Feldstärke neben dem Weißschen Feld verschwindend klein ist. Erst dadurch wird die Vorstellung gerechtfertigt, daß bei der technischen Magnetisierung der Betrag von J_s überhaupt nicht geändert wird.

b) Quantitative Formulierung der Weißschen Theorie.

Hinsichtlich der quantitativen Formulierung macht WEISS den denkbar einfachsten Ansatz, daß nämlich das zu H hinzukommende Feld der Magnetisierung J direkt proportional sei. Im übrigen wird einfach die Grundformel der Langevinschen Theorie

$$(3) \qquad \frac{J}{J_\infty} = L(\alpha)$$

übernommen. Nur soll jetzt α nicht mehr gleich $\dfrac{pH}{kT}$ sein. Vielmehr wird H ersetzt durch $H + WJ$. Wir ergänzen somit (3) durch

$$(4) \qquad \alpha = \frac{p\,(H + WJ)}{kT}\,.$$

Wir nennen den zunächst ad hoc eingeführten Zusatz WJ das „Weißsche Feld" und den Faktor W den Weißschen Faktor. Es wird ausdrücklich angenommen, daß W weder von J noch von H oder T abhängt.

Bevor wir noch über die spezielle Gestalt der in (3) auftretenden Langevinschen Funktion verfügen, ist es zweckmäßig, den Inhalt der Gleichungen (3)

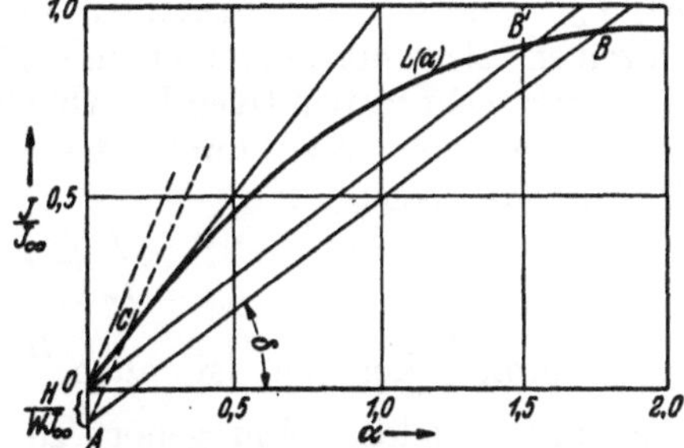

Abb. 23. Graphische Bestimmung der Magnetisierung J für gegebene Werte von H und T nach P. WEISS.

und (4) an Hand der Abb. 23 qualitativ zu diskutieren. Zu dem Zweck lösen wir (4) nach J auf:

$$(4a) \qquad \frac{J}{J_\infty} = \alpha\,\frac{kT}{p\,WJ_\infty} - \frac{H}{WJ_\infty}\,.$$

Sowohl in (3) wie in (4a) erscheint jetzt J/J_∞ als Funktion des Parameters α. Beide Funktionen sind in der Abb. 23 zur Anschauung gebracht. Die durch (3) gegebene Kurve $L(\alpha)$ ist ein für allemal gegeben. Die Gleichung (4a) liefert eine Gerade, welche auf der negativen Ordinatenachse den Abschnitt $OA = \dfrac{H}{WJ_\infty}$ macht und deren Neigung gegen die α-Achse $\operatorname{tg}\delta = \dfrac{kT}{p\,WJ_\infty}$ ist. Der Schnittpunkt B beider Kurven liefert den zu H und T gehörigen Wert von J/J_∞. Offenbar ist WJ_∞ im wesentlichen identisch mit der in (2) abgeschätzen Größe H_w. Das Verhältnis $\dfrac{H}{WJ_\infty}$ ist also bei allen technisch erreichbaren Feldstärken so klein, daß bei maßstäblicher Zeichnung der Abb. 23 die Strecke OA unterhalb der Strichbreite liegen würde. Wir übersehen jetzt, wie sich J/J_∞ mit T und H ändert. Einer Erhöhung von T bei konstantem H entspricht eine Drehung der Geraden AB um den Punkt A im Sinne wachsender Steilheit. Der Schnittpunkt mit $L(\alpha)$ wandert dabei nach links. J/J_∞ nimmt stetig bis auf Null bei $T = \infty$ ab. Andererseits bedeutet eine Änderung von H bei konstantem T eine Parallelverschiebung der Geraden AB. Wir fragen insbesondere nach dem Verhalten von J bei unbegrenzt abnehmender Feldstärke. Hier ergeben sich zwei ganz verschiedene Fälle, je nachdem, ob AB

flacher oder steiler verläuft als die Anfangstangente der Langevin-Kurve. Wenn AB flacher verläuft, so geht beim Übergang zu $H=0$ der Punkt B nur bis zum Punkt B'. Die Magnetisierung hat nur wenig abgenommen; es bleibt auch im Fall $H=0$ der durch B' gegebene Wert von J zurück. Wir bezeichnen ihn als *spontane Magnetisierung* J_s. Anders dagegen, wenn die Gerade steiler verläuft als die Anfangstangente von $L(\alpha)$. In diesem durch die gestrichelte Gerade AC der Abb. 23 beschriebenen Fall geht auch J mit H gegen Null. Die Grenze zwischen beiden Fällen liegt bei derjenigen Temperatur, bei welcher AB die Richtung der Anfangstangente hat. Diese Temperatur ist die Curie-Temperatur Θ. Sie ist also gegeben durch

$$(5) \qquad \frac{k\,\Theta}{p\,W J_\infty} = L'(0).$$

Für Temperaturen oberhalb Θ erhalten wir somit Paramagnetismus, unterhalb Θ eine durch das Weißsche Feld erzwungene Magnetisierung. An Hand von (5) bestätigt man die bereits in (2a) vorgenommene Abschätzung des Weißschen Feldes $W J_\infty$ für den Fall $p=1$ Magneton, $L'(0)=1$. Der Inhalt von (5) läßt sich auch so beschreiben: Bis auf den Faktor $L'(0)$ ist $k\,\Theta$ gleich der Arbeit $p W J_\infty$, welche man aufwenden muß, um im Zustand der Sättigung einen einzelnen Elementarmagneten um $90°$ zu drehen.

Einen recht instruktiven Überblick über den Inhalt der Grundgleichungen (3) und (4) gewinnt man durch die Konstruktion der Linien $J=\text{const}$ in der $H\text{-}T$-Ebene. Nach

$$\frac{J}{J_\infty} = L\left(\frac{p\,(H+WJ)}{kT}\right)$$

muß, damit J konstant ist, auch $\dfrac{H+WJ}{T}$ konstant sein. Alle Linien $J=\text{const}$ sind also Geraden. Nun gehört zu jedem J eine Temperatur T_J, für welche J sich ohne Feld als spontane Magnetisierung einstellt. Der konstante Wert von $\dfrac{H+WJ}{T}$ beträgt also $\dfrac{WJ}{T_J}$. Damit erhalten wir

$$\frac{H+WJ}{T} = \frac{WJ}{T_J}.$$

Nach Multiplikation mit $\dfrac{T}{W J_\infty}$ und unter Einführung der relativen Größen

$$\vartheta = \frac{T}{\Theta}, \qquad \eta = \frac{J}{J_\infty}, \qquad \vartheta_\eta = \frac{T_J}{\Theta}$$

wird

$$(6) \qquad \frac{H}{W J_\infty} = \eta\left(\frac{\vartheta}{\vartheta_\eta} - 1\right).$$

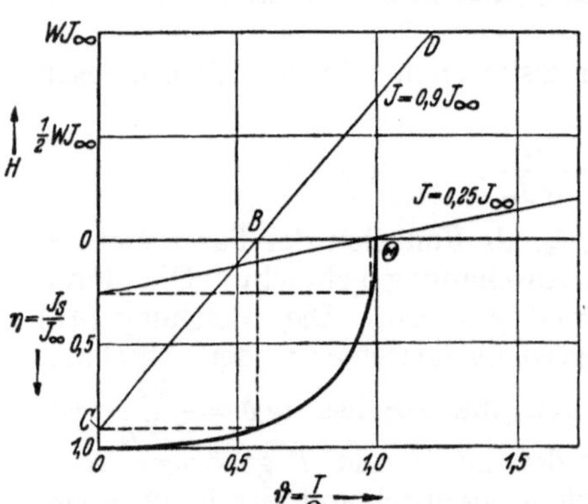

Abb. 24. Konstruktion der Geraden $J=\text{const}$ in der $H\text{-}T$-Ebene.

Die hierdurch gegebene Gerade in einer $\dfrac{H}{W J_\infty}$-ϑ-Ebene geht durch den Punkt $\vartheta=\vartheta_\eta$ der Abszissenachse und macht auf der negativen Ordinatenachse den Abschnitt η. Daraus ergibt sich die folgende Konstruktion (Abb. 24): In der H-ϑ-Ebene zeichne man unterhalb der ϑ-Achse, also nach unten geklappt, die Kurve $\eta(\vartheta)$ der spontanen Magnetisierung. Fällt man jetzt von einem beliebigen Punkt dieser Kurve die Lote auf die Abszissen- und Ordinatenachse, mit den Fußpunkten B und C, so liefert die Gerade CB, über B hinaus verlängert, eine der gesuchten Linien $J=\text{const}$. Man erhält auch numerisch richtige Werte von H, wenn man beachtet, daß diejenige Länge, welche auf der negativen Ordinatenachse die Sättigung ($\eta = 1$) angibt, auf der positiven Achse einem Feld $W J_\infty$ ($\approx 10^7$ Oe) entspricht. Bemerkenswert ist der Verlauf der ganz flachen Geraden für kleine Werte von η. Von diesen geht nur die Horizontale ($\eta = 0$) streng durch den Curie-Punkt. Alle anderen schneiden die Abszisse in verschiedenen Punkten links von ihm. Weiterhin sieht man, wie eine Unstetigkeit im Verhalten der Funktion $\eta(H, \vartheta)$ nur auf der ϑ-Achse selbst, also für $H = O$ auftritt. Läßt man ϑ bei irgendeinem endlichen Feld anwachsen, so hat man eine vollkommen stetige Abnahme von J.

c) Die spontane Magnetisierung.

Wir haben nun alle diejenigen Eigenschaften, welche wir an Hand der Abb. 23 und 24 qualitativ übersehen, exakt zu formulieren und mit den Messungen zu vergleichen. Wir beginnen mit der Temperaturabhängigkeit der spontanen Magnetisierung, also dem Verlauf der J_s-T-Kurve beim Feld $H = O$. Nach (3) und (4) ist dieser Verlauf implizit gegeben durch

$$(7) \qquad \frac{J_s}{J_\infty} = L\left(\frac{p\,W J_s}{k\,T}\right).$$

Wir führen hier die Curie-Temperatur nach (5) ein. Außerdem bezeichnen wir wie in (6) mit η die relative Sättigung und mit ϑ die auf die Curie-Temperatur als Einheit bezogene Temperatur. Dann lautet (7)

$$(7\,\mathrm{a}) \qquad \eta = L\left(\frac{1}{L'(0)}\,\frac{\eta}{\vartheta}\right).$$

Für $L(\alpha)$ hat man jetzt eine der Langevin-Funktionen $L_j(\alpha)$ einzuführen, und zwar wird man $j = \frac{1}{2}$, 1, $\frac{3}{2}$ zu wählen haben, je nachdem, ob der Elementarmagnet p aus ein, zwei oder drei Elektronenspins besteht. (In der ursprünglichen Langevin-Weißschen Theorie, welche vor der Quantentheorie entwickelt wurde, wird natürlich die klassische Form L_∞ benutzt.) Zur Berechnung von η als Funktion von ϑ geht man zweckmäßig so vor, daß man zunächst die zu verschiedenen Werten von $\alpha = \frac{1}{L'(0)}\frac{\eta}{\vartheta}$ gehörigen η-Werte nach (7a) ermittelt und danach die zu den einzelnen η-Werten gehörigen Werte von $\vartheta = \frac{\eta}{L'(0)\,\alpha}$. In dieser Weise sind die in den ersten drei Spalten der Tabelle 6 angegebenen Werte von J_s/J_∞ für die Fälle $j = \infty$, $j = 1$, $j = \frac{1}{2}$ berechnet. Die entsprechenden Funktionen $L_j(\alpha)$ sind in (3.15) und (3.16) angegeben. Für $L'(0)$ fanden wir in Kap. 3, S. 21 $L_j'(0) = \frac{j+1}{3j}$, also $L'_{1/2}(0) = 1$, $L_1'(0) = \frac{2}{3}$, $L'_\infty(0) = \frac{1}{3}$. Die nächsten Spalten der Tabelle enthalten die für Nickel und Eisen beobachteten Werte von J_s/J_∞.

Tabelle 6. Berechnung der Sättigungsmagnetisierung für verschiedene j-Werte und Vergleich mit den Messungen an Nickel [nach Weiss u. Forrer: Ann. Phys., Paris 10. Ser. Bd. 5 (1926) S. 153] und an Eisen [nach H. H. Potter: Proc. roy. Soc., Lond. Bd. 146 (1934) S. 362].

$\dfrac{T}{\Theta}$	$\left(\dfrac{J_s}{J_\infty}\right)$ berechnet			$\left(\dfrac{J_s}{J_\infty}\right)$ beobachtet	
	$j = \infty$	$j = 1$	$j = \frac{1}{2}$	Nickel	Eisen
0,0	1,00	1,00	1,0000	1,00	1,00
0,1	0,97	1,00	1,0000	0,997	
0,2	0,93	0,99	0,9999	0,991	0,981
0,3	0,89	0,99	0,9974	0,979	0,972
0,4	0,84	0,97	0,9856	0,961	0,955
0,5	0,79	0,93	0,9575	0,937	0,935
0,6	0,73	0,87	0,9073	0,895	0,90
0,7	0,66	0,80	0,8287	0,837	0,84
0,8	0,55	0,67	0,7104	0,742	0,76
0,9	0,40	0,49	0,5256	0,595	0,62
1,0	0,0	0,0	0,0	0,0	0,0

Die drei berechneten Kurven sind zugleich mit den beobachteten Werten in der Abb. 25 dargestellt. Man erkennt, daß die beobachteten Werte am besten mit der Annahme $j = \frac{1}{2}$, also mit Einzelspins als Elementarmagneten übereinstimmen. Bis herauf zu etwa $\vartheta = 0{,}8$ beträgt die Abweichung nur wenige Prozent. Geht man näher an den Curie-Punkt heran, so liegen die beobachteten Werte von η

höher als alle drei theoretischen. Die Art der Abweichung ist in Abb. 26 deutlicher zum Ausdruck gebracht, in welcher das Verhältnis der beobachteten zu den für $j = \frac{1}{2}$ berechneten η-Werten dargestellt ist. Wir werden noch mehrmals darauf hinzuweisen haben, daß die unmittelbare Umgebung des Curie-Punktes von der Weißschen Theorie nicht richtig dargestellt wird. Wenn wir somit — wenigstens bis zu $\vartheta = 0{,}8$ — mit der Annahme $j = \frac{1}{2}$ eine brauchbare Beschreibung der $J_s(T)$-Kurve gefunden haben, so muß man sich doch hüten, daraus zu weitgehende theoretische Folgerungen zu ziehen. Einmal werden wir nachher sehen, daß das paramagnetische Verhalten des Nickels viel besser durch $j = 1$, also gekoppelte Paare von Spins, beschrieben wird, andererseits werden die $J_s(T)$-Kurven von Eisen und Kobalt ebenso gut durch $j = \frac{1}{2}$ dargestellt wie diejenigen von Nickel, obwohl doch beim Eisen nach Tabelle 5 (S. 27) mehr als 2 Spins auf das Eisenatom entfallen, von denen man erwarten könnte, daß sie miteinander gekoppelt sind. Schließlich dürfen wir ja überhaupt die Weißsche Hypothese nur als eine erste rohe Annäherung an eine exakte Behandlung betrachten, welche von der Quantenmechanik zu erwarten ist, aber bisher noch nicht geliefert wurde.

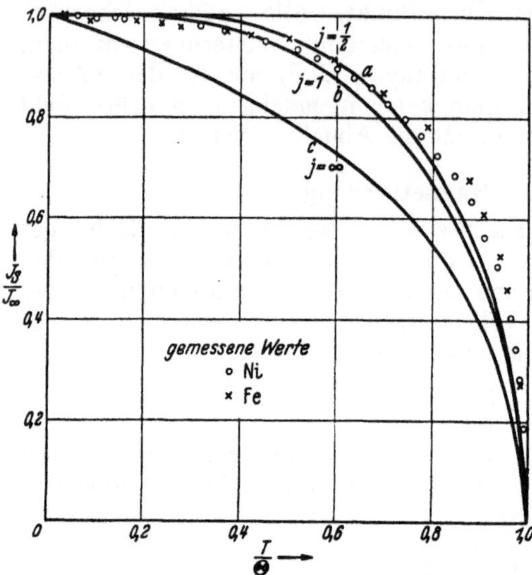

Abb. 25. Die Abhängigkeit der spontanen Magnetisierung von der Temperatur berechnet nach (7a) mit: a) $j = \frac{1}{2}$, b) $j = 1$, c) $j = \infty$. ⊙ Meßwerte von Nickel. [Nach P. Weiss u. R. Forrer: Ann. Phys., Paris 10. Ser. Bd. 5 (1926) S. 153.] × Meßwerte von Eisen. [Nach H. H. Potter: Proc. roy. Soc., Lond. A Bd. 146 (1934) S. 362.]

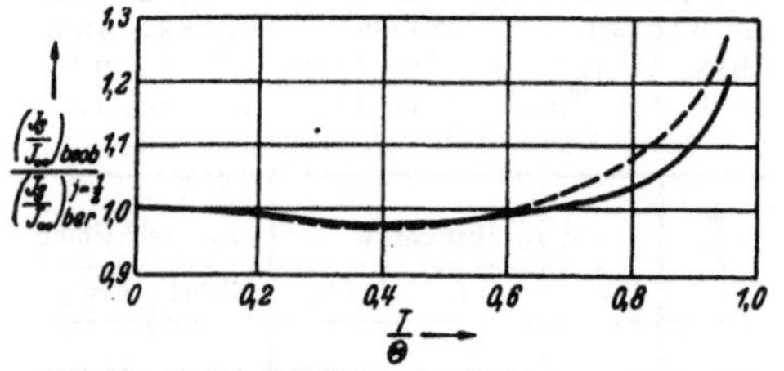

Abb. 26. Das Verhältnis der beobachteten und der mit $j = \frac{1}{2}$ berechneten Werte von J_s/J_∞. ——— bei Nickel; — — — bei Eisen.

Eine einfache analytische Auflösung der Gleichung (7a) nach η ist näherungsweise möglich für sehr kleine Werte von η. Wir erhalten damit das Gesetz für die *Einmündung der η-ϑ-Kurve in den Curie-Punkt*. Unter Benutzung der Entwicklung (3.17) für $L_j(\alpha)$ erhalten wir aus (7a)

$$\eta = \frac{\eta}{\vartheta} - \frac{\eta^3}{\vartheta^3} \frac{3}{10} \frac{(j+1)^2 + j^2}{(j+1)^2} + \cdots.$$

Unter Ausschluß der physikalisch instabilen Lösung $\eta = 0$ wird in dieser Näherung

$$(8) \qquad \eta^2 = (1 - \vartheta)\, \vartheta^2 \cdot \frac{10}{3} \frac{(j+1)^2}{j^2 + (j+1)^2},$$

somit

$$\left(\frac{d\eta^2}{d\vartheta}\right)_{\vartheta=1} = -\frac{10}{3} \frac{(j+1)^2}{j^2 + (j+1)^2}.$$

In den beiden Extremfällen $j = \infty$ und $j = \frac{1}{2}$ ergibt sich daher:

$$(8a) \qquad j = \infty: \qquad \left(\frac{d\eta^2}{d\vartheta}\right)_{\vartheta=1} = -\frac{5}{3},$$

$$j = \frac{1}{2}: \qquad \left(\frac{d\eta^2}{d\vartheta}\right)_{\vartheta=1} = -3.$$

Während also die η-ϑ-Kurven bei $\vartheta = 1$ senkrecht zur Abszisse abstürzen, mündet η^2 mit einer endlichen, durch (8) gegebenen Neigung ein.

Qualitativ bestätigen die Experimente diesen Verlauf. Das Quadrat der Sättigungsmagnetisierung ist in der Nähe des Curie-Punktes tatsächlich proportional zu $\Theta - T$, aber die Neigung stimmt nicht mit einem der obigen Werte überein. Wie schon aus Abb. 25 hervorgeht, ist sie stets noch wesentlich größer als für $j = \tfrac{1}{2}$ errechnet wurde. In Abb. 27 sind die Messungen an Eisen und Nickel mit dem theoretischen Verlauf verglichen. Die experimentellen Werte sind bei Eisen von POTTER und bei Nickel von WEISS und FORRER aus

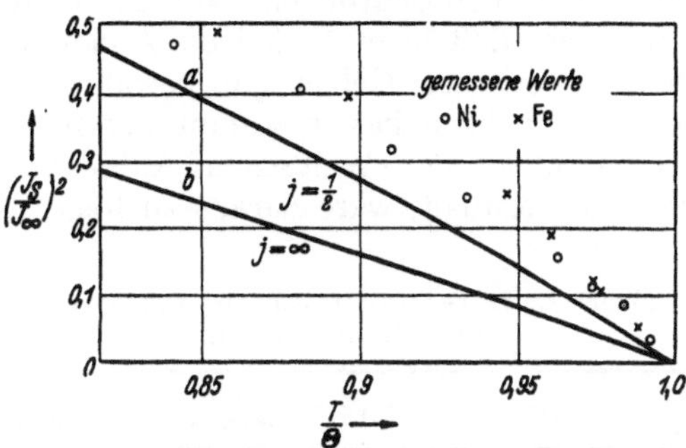

Abb. 27. Das Quadrat der spontanen Magnetisierung in Abhängigkeit von der Temperatur in der Nähe des Curie-Punktes. *a)* Theoretischer Verlauf für $j = \tfrac{1}{2}$. *b)* Theoretischer Verlauf für $j = \infty$. ○ Meßwerte für Nickel (P. WEISS und R. FORRER, s. Abb. 25). × Meßwerte für Eisen (H. H. POTTER, s. Abb. 25).

Messungen des magnetokalorischen Effektes bestimmt worden. Für Eisen ergibt sich angenähert $\left(\dfrac{d\eta^2}{d\vartheta}\right)_{\vartheta=1} \approx -5$ und für Nickel $\left(\dfrac{d\eta^2}{d\vartheta}\right)_{\vartheta=1} \approx -4,3$. Auf die Ursache dieser Abweichungen werden wir im nächsten Kapitel eingehen.

d) Der Paramagnetismus oberhalb des Curie-Punktes.

Im paramagnetischen Gebiet ist J/J_∞ stets klein gegen 1. Wir können uns demnach in (3) und (4) auf die in α lineare Näherung beschränken und $L(\alpha)$ ersetzen durch $\alpha L'(0)$. Damit wird

$$\frac{J}{J_\infty} = L'(0)\left[\frac{pH}{kT} + \frac{pWJ}{kT}\right].$$

Unter Einführung der Curie-Temperatur $k\Theta = pWJ_\infty L'(0)$ erhalten wir daraus

$$(9)\qquad \frac{J}{J_\infty} = \frac{L'(0)pH}{k(T-\Theta)}.$$

Wir haben damit das Gesetz von CURIE-WEISS (1)

$$J = \frac{C}{T-\Theta}\,H$$

abgeleitet, welches oben bereits besprochen wurde. Durch Vergleich mit (9) erhalten wir für die Curie-Konstante C die beiden äquivalenten theoretischen Ausdrücke:

$$(10a)\qquad C = \frac{L'(0)\,pJ_\infty}{k}$$

und

$$(10b)\qquad C = \frac{\Theta}{W}.$$

Wir benutzen (10a) zum Vergleich mit dem Experiment. Unter der Annahme, daß der Elementarmagnet aus parallel stehenden Spins besteht, ist $2j$ gleich der Zahl der Spins im Elementarmagneten, also $p = 2jM_B$. Wegen $L_j'(0) = \dfrac{j+1}{3j}$ und $\dfrac{M_B}{k} = \dfrac{1}{14\,900}$ wird die auf 1 g Substanz bezogene Curie-Konstante nach (10a)

$$(11)\qquad \frac{C}{\varrho} = \frac{J_\infty}{\varrho}\,\frac{2}{3}\,(j+1)\,\frac{1}{14\,900}.$$

In der folgenden Tabelle wird die für verschiedene Werte von j nach (11) berechnete Curie-Konstante von Eisen und Nickel den aus Tabelle 5 entnommenen Beobachtungen von SUCKSMITH und PEARCE gegenübergestellt: Wir sehen, daß beim Nickel die Annahme $j = \frac{1}{2}$ (freie Spins), welche sich im ferromagnetischen Gebiet gut bewährte, einen wesentlich zu kleinen C-Wert liefert. Erheblich besser stimmt der für $j = 1$ berechnete Wert. Soweit man überhaupt an der Weißschen Auffassung von lauter isolierten Elementarmagneten festhält, wäre daraus zu folgern, daß diese aus je 2 Elektronenspins bestehen. Da Nickel im ganzen 0,6 Magnetonen pro Atom besitzt, müßten dann 30% seiner Atome das Moment $2\,M_B$ besitzen, die restlichen 70% dagegen das Moment Null tragen. Diese Auffassung wird insbesondere von MOTT und JONES vertreten und an Hand des Termschemas von Nickel plausibel gemacht. Beim Eisen liegt der neue Wert von SUCKSMITH und PEARCE etwas oberhalb des für $j = 1$ zu erwartenden. Die Übereinstimmung mit der Theorie ist erheblich besser als mit dem älteren Wert von WEISS und FOËX.

Tabelle 7. Berechnete und beobachtete Curie-Konstanten.

	J_∞/ϱ	j	$\frac{2}{3}(j+1)$	C/ϱ berechnet	C/ϱ beobachtet
Ni	57,6	$\frac{1}{2}$	1	0,00387	0,00548
		1	$\frac{4}{3}$	0,00516	
Fe	222	1	$\frac{4}{3}$	0,0199	0,0227
		$\frac{3}{2}$	$\frac{5}{3}$	0,0249	

Der von (9) gelieferte geradlinige Verlauf der $1/\chi$-T-Kurve wird übrigens auch bei Nickel nur in einem begrenzten Temperaturintervall vom Experiment bestätigt, etwa im Bereich von 450° bis 800° C. Oberhalb 800° C biegt sie in eine weniger geneigte Gerade um, wie man an der obigen Abb. 19 erkennt. Eine befriedigende Erklärung für dieses Abbiegen liegt noch nicht vor. Unterhalb 450° erfolgt ein Abkrümmen von der in Abb. 21 bereits angegebenen Art, welches bewirkt, daß in der Nähe des Curie-Punktes die Suszeptibilität kleiner ist als man nach (9) erwarten sollte. Infolge dieser Abkrümmung liegt auch die durch Extrapolation des geradlinigen Teils gemessene „paramagnetische" Curie-Temperatur über der ferromagnetischen. Dieses Verhalten werden wir später (Kap. 5) zu deuten versuchen. Der zweite oben (10b) angegebene Ausdruck für die Curie-Konstante gibt einen sehr einfachen Ausdruck für die Konstante W des Weißschen Feldes. Wir haben in Tabelle 5 ihren Zahlenwert bereits angegeben; er liegt in der Größenordnung 10000. Diese Größenordnung von W ist für die Weiterentwicklung der Theorie bedeutungsvoll geworden. Es ist nämlich schlechthin unmöglich, durch eine magnetische Wechselwirkung einen so großen Wert des inneren Feldes verständlich zu machen. Eine solche liefert im einfachsten Fall ein „inneres Feld" von der Größe $\frac{4\pi}{3}\,J$; das sind aber nur Bruchteile eines Promilles des Feldes $W\,J$. Wie HEISENBERG zeigte, ist erst die Quantenmechanik imstande, die Größenordnung des inneren Feldes plausibel zu machen. Es ist danach überhaupt nicht magnetischen, sondern elektrostatischen Ursprungs.

e) Differentialbeziehungen im ferromagnetischen Gebiet.

Für viele Anwendungen der Theorie braucht man zahlenmäßige Angaben über die Änderung von J bei gegebener kleiner Änderung von H oder T. Wir wollen einige in diesem Zusammenhang nützliche Formeln zusammenstellen.

Dabei beschränken wir uns sogleich auf die spezielle Langevin-Funktion $L_{\frac{1}{2}}(\alpha)$ $=\operatorname{tgh}\alpha$ mit $L'_{\frac{1}{2}}(0)=1$. Mit dieser lautet unsere Grundgleichung

$$\frac{J}{J_\infty}=L(\alpha)\qquad \alpha=\frac{p(H+WJ)}{kT}.$$

Bei einer kleinen Änderung von J, H, T ist also

$$\frac{dJ}{J_\infty}=L'(\alpha)\left[\frac{p}{kT}\,dH-\frac{p(H+WJ)}{kT^2}\,dT+\frac{pW}{kT}\,dJ\right].$$

Daraus wird mit $k\Theta=pWJ_\infty$

$$(12)\qquad \frac{dJ}{J_\infty}\left[1-\frac{\Theta L'(\alpha)}{T}\right]=L'(\alpha)\left[\frac{p}{kT}\,dH-\frac{p(H+WJ)}{kT^2}\,dT\right].$$

Wir entnehmen aus (12) drei wichtige Differentialbeziehungen, indem wir jeweils eines der drei Differentiale dJ, dH, dT gleich Null setzen. Dabei führen wir zur Abkürzung die Größe

$$(13)\qquad \Lambda=\frac{L'(\alpha)}{\dfrac{T}{\Theta}-L'(\alpha)}$$

ein. Man bestätigt dann leicht:

$$(14)\qquad \left(\frac{\partial H}{\partial T}\right)_J=\frac{H+WJ}{T},$$

$$(15)\qquad \left(\frac{\partial J}{\partial H}\right)_T=\frac{1}{W}\,\Lambda,$$

$$(16)\qquad \left(\frac{\partial J}{\partial T}\right)_H=-\frac{J}{T}\left(1+\frac{H}{WJ}\right)\Lambda.$$

Im eigentlich ferromagnetischen Gebiet ist stets $H\ll WJ$, also

$$(16a)\qquad \left(\frac{\partial J}{\partial T}\right)_H=-\frac{J}{T}\,\Lambda.$$

In der nachstehenden Tabelle sind einige Werte von Λ in Abhängigkeit von der relativen Temperatur $\vartheta=T/\Theta$ zusammengestellt. Mit

$$L=\operatorname{tgh}\alpha,\qquad L'=\frac{1}{\cosh^2\alpha},\qquad \alpha=\frac{\eta}{\vartheta}$$

ist Λ als Funktion von ϑ gegeben durch

$$\Lambda(\vartheta)=\frac{1}{\vartheta\cosh^2\left(\dfrac{\eta}{\vartheta}\right)-1},$$

wo für η jeweils die durch die Gleichung

$$\eta=\operatorname{tgh}\left(\frac{\eta}{\vartheta}\right)$$

sich ergebenden Werte einzusetzen sind.

Als primitive Anwendung fragen wir z. B. nach der Steilheit der Sättigungsgeraden bei Nickel für $\vartheta=0{,}5$ und $\vartheta=0{,}9$. Nach der Tabelle und mit $W=13\,000$ für Nickel erhalten wir

bei $\vartheta=0{,}5$, d. h. $T=317°\,\mathrm{K}$: $\quad\dfrac{dJ}{dH}=\dfrac{0{,}202}{13\,000}$,

bei $\vartheta=0{,}9$, d. h. $T=571°\,\mathrm{K}$: $\quad\dfrac{dJ}{dH}=\dfrac{4{,}16}{13\,000}$.

Tabelle 8. Die in den Differentialbeziehungen (15) und (16) auftretende Temperaturfunktion Λ

$\vartheta=\dfrac{T}{\Theta}$	$\eta=\dfrac{J}{J_\infty}$	$\Lambda=\dfrac{L'}{\vartheta-L'}$	$\eta\Lambda$	$\eta^2\Lambda$
0	1	0	0	0
0,20	0,99991	0,001	0,001	0,001
0,30	0,997	0,018	0,018	0,018
0,40	0,986	0,078	0,077	0,075
0,50	0,958	0,202	0,193	0,187
0,60	0,907	0,431	0,391	0,352
0,70	0,829	0,783	0,649	0,553
0,80	0,710	1,57	1,11	0,808
0,90	0,526	4,16	2,19	1,14
0,95	0,380	8,90	3,38	1,28
1,0	0	∞	∞	1,50

Zu einer Steigerung von J um 1%, also bei Nickel von 500 auf 505, würde man demnach bei $\vartheta = 0{,}5$ ein Feld von

$$\frac{5 \cdot 13\,000}{0{,}2} = 325\,000 \text{ Oe}$$

brauchen.

Ohne Beweis sei noch das Verhalten von $\varLambda$ bei Annäherung an den Curie-Punkt angegeben: Bezeichnet man mit $\xi = 1 - \vartheta$ den Abstand vom Curie-Punkt, so erhält man bei Entwicklung nach Potenzen von ξ:

$$\eta^2 = 3\,\xi\,(1 - 0{,}8\,\xi)$$

und

(17)
$$\eta^2\,\varLambda = \tfrac{3}{2}\,(1 - 2{,}6\,\xi).$$

5. Die Berücksichtigung der Anordnung in der Weißschen Theorie.

a) Die Langevinsche und Weißsche Theorie nach der statistischen Mechanik.

Wir haben in den letzten Kapiteln gesehen, wie die Hypothese des Weißschen Feldes $H_w = W J$ in einfacher Weise einen überraschend vollständigen Überblick über die verschiedenartigsten Erscheinungen gestattet. In quantitativer Hinsicht fanden wir jedoch wiederholt, daß in der Umgebung des Curie-Punktes das wirkliche Verhalten erheblich von den Aussagen der Theorie abweicht. Wir heben insbesondere zwei Punkte hervor: Die zu steile Einmündung der J_s-T-Kurve in den Curie-Punkt (Abb. 25 und 27) und die Krümmung der $\frac{1}{\chi}$-T-Kurve im paramagnetischen Gebiet (Abb. 21 und 22). Als dritter Punkt kommt noch hinzu die im nächsten Kapitel zu erörternde Fortsetzung der Anomalie der spezifischen Wärme über den Curie-Punkt hinaus, wie sie z. B. in der späteren Abb. 47 (S. 68) wiedergegeben ist.

Wir wollen hier zeigen, daß auch von der theoretischen Seite her die Weißsche Theorie in sich eine Inkonsequenz enthält, durch deren Beseitigung ihre Aussagen in derjenigen Richtung korrigiert werden, welche durch die erwähnten Versuche gefordert wird. Die Inkonsequenz der Weißschen Annahme $H_w = W J$ besteht darin, daß sie das innere Feld der pauschalen Magnetisierung direkt proportional setzt. Die dadurch vorausgesetzte gleichmäßige Wechselwirkung eines hervorgehobenen Elementarmagneten mit allen übrigen Magneten des Körpers ist sehr wenig plausibel. Wir werden vielmehr erwarten, daß es für das Verhalten eines Spins im wesentlichen nur auf den magnetischen Zustand seiner Umgebung ankommt, wobei es noch von der Reichweite der richtenden Kraft abhängt, wie man diese „Umgebung" abgrenzen soll. Wir wissen heute aus der Quantentheorie, daß das Weißsche Feld einem Austauschphänomen seine Entstehung verdankt, und daß die Reichweite dieser Austauschkraft vergleichsweise klein ist. Sie fällt exponentiell mit der Entfernung ab, während magnetische Dipolkräfte nur wie $1/r^3$ abnehmen. Dadurch sind wir berechtigt, jene wirksame Umgebung ziemlich eng um den betrachteten Elementarmagneten herum zu wählen. Wir wollen sogleich einen Extremfall ins Auge fassen und annehmen, ein hervorgehobener Spin stehe nur mit denjenigen Spins in Wechselwirkung, welche ihm im Raumgitter am nächsten benachbart sind. Die Zahl der nächsten Nachbarn heiße z. Sie ist allein durch den Gittertyp bestimmt und beträgt 6 im einfach kubischen, 8 im raumzentrierten und 12 im flächenzentrierten kubischen Gitter. Der andere Extremfall, den WEISS seinem Ansatz zugrunde legt, ist derjenige, daß jeder Spin mit allen anderen Spins des Gitters gleichmäßig in Wechselwirkung steht, daß also alle Spins die Rolle der „nächsten

Nachbarn" spielen. Wir führen eine Austauschenergie A ein, welche den Energie-unterschied zwischen Parallel- und Antiparallelstellung von zwei Nachbarn bedeuten soll. In der symbolischen Schreibweise einer chemischen Gleichung ist die Bedeutung von A also:

$$(1) \qquad \uparrow\uparrow + A = \uparrow\downarrow.$$

Am einfachsten ist auf Grund der Nachbarwirkung die Anomalie der spezifischen Wärme oberhalb des Curie-Punktes zu deuten: Auch nach Verschwinden einer spontanen Magnetisierung oberhalb Θ wird jeder einzelne Spin noch die Tendenz haben, sich mit seinen Nachbarn parallel zu stellen. Es ist daher die Ausbildung von Schwärmen mehr oder weniger gleichgerichteter Spins zu erwarten. Auch bei der Gesamtmagnetisierung Null wird man im Durchschnitt in der Umgebung eines einzelnen Spins mehr parallele als antiparallele Nachbarn antreffen. So entsteht eine wolkige Struktur, welche sich mit steigender Temperatur immer mehr der statistischen Verteilung annähern wird. Die zur Auflösung dieser Wolken erforderliche Energie muß, auch oberhalb der Curie-Temperatur, als erhöhte spezifische Wärme in Erscheinung treten.

Es war bisher nicht möglich, die Theorie der Nachbarwirkung einer strengen rechnerischen Behandlung zu unterziehen. Wir wollen uns daher auf die mathematische Formulierung der Fragestellung beschränken und einige Ansätze zur Lösung bzw. Umgehung der auftretenden Schwierigkeiten aufzählen. Da es uns nur auf das Prinzip ankommt, betrachten wir 1 cm³ eines kubischen Gitters von n einzelnen Spins vom Moment p, von denen jeder einzelne entweder nach rechts oder links hin orientiert ist. Ein äußeres Magnetfeld H sei nach rechts hin gerichtet. r sei die Zahl der Rechtsspins, $l = n - r$ diejenige der Linksspins. Durch r ist auch die Magnetisierung J gegeben:

$$(2) \qquad J(r) = p(r - l) = p(2r - n); \qquad J_\infty = pn.$$

Daraus folgt auch

$$(2\,\mathrm{a}) \qquad \begin{cases} \dfrac{r}{n} = \dfrac{1}{2}\left(1 + \dfrac{J(r)}{J_\infty}\right), \\[2mm] \dfrac{n - r}{n} = \dfrac{1}{2}\left(1 - \dfrac{J(r)}{J_\infty}\right). \end{cases}$$

Die Energie $E_H(r)$ gegenüber dem äußeren Feld ist

$$(3) \qquad E_H(r) = -JH = -pH(2r - n).$$

Wir werden in diesem Kapitel die potentielle Energie gegenüber dem Magnetfeld mit zur Energie rechnen. Bezeichnen wir die wechselseitige Energie der Spins mit $E(J, T)$, so ist also die Gesamtenergie $E_H(r) + E(J, T)$ (vgl. Kap. 6, S. 53 ff.).

Wenn neben $E_H(r)$ keine wechselseitige Energie der Spins existiert, so muß aus diesen Angaben die Langevinsche Theorie folgen. Wir wollen die zugehörige Rechnung, als Vorbereitung auf das Weitere, kurz durchführen.

Nach der statistischen Mechanik [vgl. Kap. 3 b, S. 18 (9)] tritt bei gegebenem T und H in dem System von n Spins ein Zustand mit r Rechtsspins mit der relativen Häufigkeit

$$(4) \qquad W(r) = C\,G(r)\,e^{-\frac{E_H(r)}{kT}}$$

auf. Dabei gibt $G(r)$ an, auf wieviel verschiedene Weisen man von den n Spins gerade r herausgreifen kann. Die elementare Kombinatorik gibt dafür

$$G(r) = \binom{n}{r} \equiv \frac{n!}{r!\,(n - r)!}.$$

Die zu r gehörige Magnetisierung $J(r)$ ist durch (2) gegeben. Die durchschnittliche Magnetisierung wird also

$$(5) \qquad \bar{J} = \frac{\sum\limits_{r} J(r)\, G(r)\, e^{-\frac{E_H(r)}{kT}}}{\sum\limits_{r} G(r)\, e^{-\frac{E_H(r)}{kT}}}\,.$$

Wie man unmittelbar sieht, ist dieser Ausdruck gleichbedeutend mit

$$(6) \qquad \bar{J} = kT\, \frac{\partial}{\partial H}\, \lg \sum\limits_{r} G(r)\, e^{-\frac{E_H(r)}{kT}}\,.$$

Zur Berechnung von $\bar{J}$ genügt also die Kenntnis der sog. Zustandssumme

$$(7) \qquad \sum (H,\,T) = \sum\limits_{r} G(r)\, e^{-\frac{E_H(r)}{kT}}\,,$$

deren exakte Auswertung hier keine Schwierigkeit macht. Mit der Abkürzung

$$\frac{pH}{kT} = \alpha$$

wird

$$\sum = \sum\limits_{r} \binom{n}{r} (e^{2\alpha})^r\, e^{-n\alpha} = (e^{\alpha} + e^{-\alpha})^n\,,$$

also

$$\lg \sum = n \lg (e^{\alpha} + e^{-\alpha})\,.$$

Wegen $\dfrac{\partial \alpha}{\partial H} = \dfrac{p}{kT}$ wird also aus (6):

$$\bar{J} = n\,p\, \frac{e^{\alpha} - e^{-\alpha}}{e^{\alpha} + e^{\alpha}}$$

oder

$$\frac{\bar{J}}{J_{\infty}} = \operatorname{tgh} \alpha\,.$$

Das ist aber genau die Langevinsche Formel für den Fall $j = \tfrac{1}{2}$.

Auch ohne Auswertung der Zustandssumme kann man zum gleichen Ziel kommen. Das ist deshalb wichtig, weil die strenge Berechnung von Σ nur in Ausnahmefällen möglich ist. Die Zahlen r und n sind stets ungeheuer groß. Dann hat aber die in (4) gegebene Wahrscheinlichkeit $W(r)$, als Funktion von r betrachtet, bei einem bestimmten Wert von r, den wir r^* nennen wollen, ein sehr steiles Maximum. Das entspricht der Tatsache, daß wir in einem makroskopischen Stück bei gegebenen Werten von H und T immer eine bestimmte Magnetisierung J^* finden werden. Wesentliche Abweichungen davon sind so ungeheuer selten, daß sie praktisch nie in Betracht kommen. Um diesen wahrscheinlichsten Wert J^* zu finden, brauchen wir also nur denjenigen Wert r zu ermitteln, für welchen $W(r)$ sein Maximum besitzt. Es ist praktisch bequemer, das Maximum von $\lg W$ zu berechnen. Zur Bestimmung von r haben wir also zu setzen

$$(8) \qquad \frac{\partial \lg W}{\partial r} = \frac{\partial \lg G(r)}{\partial r} - \frac{1}{kT}\, \frac{\partial E_H(r)}{\partial r} = 0\,.$$

Mit der Stirlingschen Formel $\lg n! \approx n\,(\lg n - 1)$ findet man leicht

$$\frac{\partial}{\partial r}\, \lg \binom{n}{r} = \lg \frac{n-r}{r}\,.$$

Andererseits ist nach (3) $\frac{1}{kT}\frac{\partial E_H(r)}{\partial r} = -2\alpha$. Somit ist r^* bestimmt durch

$$\text{(8a)} \qquad \lg \frac{n-r^*}{r^*} = -2\alpha.$$

Nach (2) wird also

$$\frac{1-\dfrac{J^*}{J_\infty}}{1+\dfrac{J^*}{J_\infty}} = e^{-2\alpha}.$$

Für J^*/J_∞ ergibt sich daraus wieder die Langevinsche Formel.

Wir haben nun (3) zu ergänzen durch Einführung der wechselseitigen Energie der Spins, unter Benutzung der in (1) erklärten Nachbarenergie A, wobei wir annehmen, daß diese Energie nur zwischen nächsten Nachbarn auftritt. Wir denken uns im Schema der Abb. 28 zu dem Zweck jeden Spin durch einen Strich mit seinen sämtlichen nächsten Nachbarn verbunden. Jeden Strich nennen wir eine Bindung. Offenbar gibt es im ganzen $\frac{n\,z}{2}$ Bindungen, wenn wir von „Randeffekten" absehen. Wir unterteilen die Bindungen in die drei Sorten rl, rr, ll, je nach der Orientierung der durch sie verbundenen Spins. In der (ebenen) Abb. 28 treten z. B. 6 rl-, 1 ll- und 5 rr-Bindungen auf. Auf Grund unseres Schemas (1) kommt jeder rl-Bindung die Energie A zu, den anderen dagegen die Energie Null. Wir bezeichnen mit

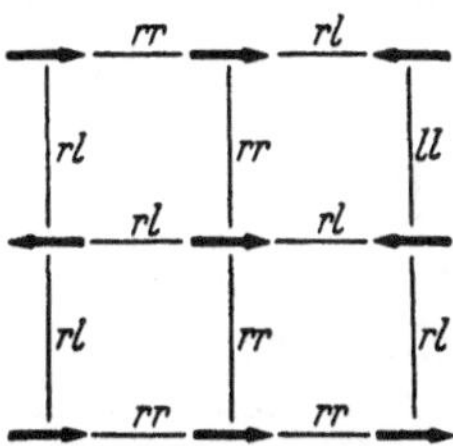

Abb. 28. Ebenes Gitter von Rechts- und Linksspins. Zur Definition der „Bindungen" rr, ll und rl.

$$\text{(9)} \qquad g \text{ die Zahl der im cm}^3 \text{ vorhandenen } rl\text{-Bindungen.}$$

Dann ist, wie man sich leicht überzeugt,

$$\text{(9a)} \quad \left\{ \begin{aligned} &\tfrac{1}{2}(z\,l-g) \text{ die Zahl der } ll\text{-Bindungen und} \\ &\tfrac{1}{2}(z\,r-g) \text{ die Zahl der } rr\text{-Bindungen.} \end{aligned} \right.$$

Für die wechselseitige Energie E ist allein die Zahl g maßgebend, und zwar wird

$$\text{(10)} \qquad E = g\,A.$$

Die Gesamtenergie

$$-p\,(2\,r-n)\,H + g\,A$$

hängt jetzt von den beiden Zahlen r (Zahl der Rechtsspins) und g (Zahl der rl-Bindungen) ab. Die Wahrscheinlichkeit eines speziellen Wertepaares r, g ist jetzt

$$\text{(11)} \qquad W(r,g) = C\,G_n(r,g)\,e^{\frac{p\,(2\,r-n)\,H - g\,A}{kT}}.$$

$$\text{(12)} \quad \left\{ \begin{aligned} &\textit{Hier gibt } G_n(r,g) \textit{ an, auf wieviel verschiedene Weisen man } r \textit{ Rechtsspins} \\ &\textit{und } n-r \textit{ Linksspins in dem gegebenen Gitter von } n \textit{ Plätzen so anordnen} \\ &\textit{kann, daß gerade } g \textit{ rl-Bindungen auftreten.} \end{aligned} \right.$$

Wenn diese Aufgabe gelöst wäre, dann bekäme man die zu gegebenem H und T gehörigen Werte von r und g aus der Forderung, daß W für diese Werte seinen größten Wert annehmen soll:

$$\text{(13)} \qquad \frac{\partial \lg G}{\partial r} + \frac{2p\,H}{kT} = 0 \quad \text{und} \quad \frac{\partial \lg G}{\partial g} - \frac{A}{kT} = 0.$$

Auflösen dieser Gleichungen nach r und g würde dann mit (3) und (10) sowohl $J(H,T)$ wie auch $E(H,T)$ liefern. Leider sind bisher alle Versuche zur direkten Berechnung der in (12) erklärten Funktion $G_n(r,g)$ gescheitert. Nur in zwei

Extremfällen kennen wir die strenge Lösung. Der eine ist derjenige mit $z = n - 1$, wo also alle Spins benachbart sind. Das ist der Fall der ursprünglichen Weißschen Theorie. Der andere ist der Fall $z = 2$, d. h. die lineare Kette.

Wir wollen hier noch zeigen, wie man aus (11) zur Weißschen Theorie gelangt. Wir haben oben gesehen, daß die Annahme von Nachbarbindungen eine Neigung zur Ausbildung von Schwärmen gleichgerichteter Spins zur Folge hat. Denkt man sich die Zahl r, also die Magnetisierung, fest gegeben, so kann die Zahl g der energiehaltigen Bindungen noch sehr verschiedene Werte annehmen. Wenn durch eine hinreichend hohe Temperatur die Schwarmbildung verhindert wird, werden die Rechts- und Linksspins rein statistisch verteilt sein. Für diese statistische Anordnung können wir den Wert von g unmittelbar angeben. Wir nennen ihn $\bar{g}_r$. Unter den z Bindungen, die von einem Rechtsspin ausgehen, sind dann im Durchschnitt $z\frac{r}{n}$ Bindungen vom Typus rr und $z\frac{l}{n}$ vom Typus rl. Da im ganzen r Rechtsspins vorhanden sind, wird also

$$(14) \qquad \bar{g}_r = z\frac{r(n-r)}{n}.$$

Mit abnehmender Temperatur wird durch die Schwarmbildung auch bei festgehaltenem r die Zahl g immer mehr unter den durch (14) gegebenen Mittelwert sinken. Nur im Grenzfall der Weißschen Theorie ($z = n - 1$) muß g stets den Wert (14) behalten, da ja dann jeder Rechtsspins mit jedem Linksspins, unabhängig von der räumlichen Anordnung, in Wechselwirkung steht. In diesem Fall können wir also im Exponenten des Wahrscheinlichkeitsausdrucks (11) g durch $z\frac{r(n-r)}{n}$ ersetzen. Da es zu gegebenem r gerade $\binom{n}{r}$ verschiedene Anordnungen gibt, tritt jetzt an die Stelle von (11):

$$(15) \qquad \binom{n}{r} e^{\dfrac{p(2r-n)H - Az\frac{r(n-r)}{n}}{kT}}.$$

Das Maximum von (15) muß auf die Formeln der Weißschen Theorie führen. Wie in (8) und (8a) erhalten wir den zu T und H gehörigen Wert von r^* aus

$$(16) \qquad \lg\frac{n - r^*}{r^*} = -2\alpha,$$

wo nun 2α die Ableitung des Exponenten in (15) nach r ist, also

$$\alpha = \frac{pH + \frac{1}{2}Az\left(2\frac{r}{n} - 1\right)}{kT}.$$

Nach (2) und mit der Abkürzung

$$(17) \qquad W = \frac{1}{2}\frac{Az}{pJ_\infty}$$

erhält α die in der Weißschen Theorie übliche Gestalt

$$\alpha = \frac{p(H + WJ)}{kT}.$$

Auflösen von (16) ergibt, ebenso wie oben (8a):

$$\frac{J^*}{J_\infty} = \operatorname{tgh}\alpha.$$

Für die Curie-Temperatur Θ folgt gemäß der bekannten Relation $k\Theta = pWJ_\infty$ (4. 5) und dem Wert (17) des Weißschen Faktors

$$(18) \qquad 2k\Theta = Az.$$

Zugleich mit g kennen wir nach (10) auch die innere Energie $E = gA$. Bei Beschränkung auf den Fall der statistischen Unordnung hängt g nach (14) nur von r und nicht von T ab. Mit Rücksicht auf (2a) wird also

$$\overline{E} = n\,A\,z\,\tfrac{1}{4}\left(1 - \frac{J^2}{J_\infty^2}\right).$$

Wir können hier (nach 17) den Faktor W des inneren Feldes einführen. Wegen $J_\infty = n\,p$ ergibt sich dann

$$(19) \qquad\qquad E = \tfrac{1}{2} W\,(J_\infty^2 - J^2)$$

für die Abhängigkeit der Energie von der Magnetisierung bei statistischer Unordnung. Danach ist $\tfrac{1}{2}W J_\infty^2$ der Unterschied zwischen der Energie im Zustand der Sättigung und im unmagnetischen Zustand. Wir werden diese Gleichung im nächsten Kapitel auf thermodynamischem Wege aus der Weißschen Theorie ableiten (S. 60).

b) Vermutung über den Einfluß der Schwarmbildung auf die E(J, T)-Kurve und deren Bedeutung für die Zustandsgleichung.

Wir stellen uns nun die Aufgabe, Angaben darüber zu machen, in welchem Sinne der Wert (14) von g und der damit gleichbedeutende Wert von E in (19) zu korrigieren ist, wenn z nicht mehr ungeheuer groß ist. Wenn wir auch nicht imstande sind, $g(r, T)$ als Lösung der zweiten Gleichung (13) allgemein zu berechnen, so können wir doch in qualitativer Hinsicht das in Abb. 29 angedeutete Verhalten erwarten. Für unendlich hohe Temperaturen wird der statistische Wert

$$g = n\,z\,\frac{r}{n}\,\frac{n-r}{n}$$

gelten, welcher durch die Kurve 1 dargestellt ist. Mit abnehmender Temperatur wird auch bei gegebenem r infolge der Schwarmbildung g abnehmen, und zwar relativ am stärksten bei der 50%igen Mischung von r- und l-Spins, also bei $r = n/2$ oder $J = 0$. Je näher wir an die Sättigung ($r \to n$, $J \to J_\infty$) herankommen, um so weniger wird sich die Neigung zur Schwarmbildung auswirken können. Mit abnehmender Temperatur erwarten wir daher den durch die Kurven 2 und 3 angedeuteten Verlauf. Diese qualitativen Aussagen werden wir nachher für die lineare Kette auch rechnerisch präzisieren. Vorher zeigen wir noch, daß zugleich mit $g(r, T)$ auch die magnetische Zustandsgleichung bekannt ist.

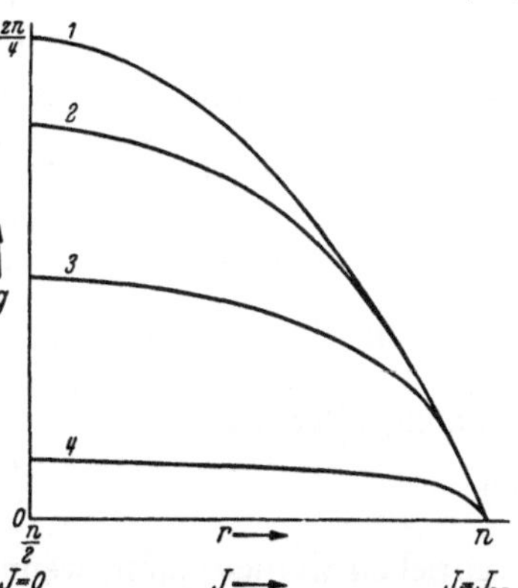

Abb. 29. Zahl g der $r\,l$-Bindungen in Abhängigkeit von r bei verschiedenen Temperaturen. Kurve 1 gilt für statistische Unordnung ($T \to \infty$). Die Kurven 2, 3, 4 entsprechen immer tieferen Temperaturen. Die Abbildung gibt lediglich eine qualitative Darstellung dessen, was wegen der Schwarmbildung zu erwarten ist.

Berechnung der magnetischen Zustandsgleichung aus $E = E(J, T)$.

Die innere Energie

$$E = g\,A$$

ist bis auf einen Faktor mit der Zahl g gleichbedeutend. Die obige Figur gibt also zugleich unsere Vermutung über die Abhängigkeit der Energie von J bei verschiedenen Temperaturen wieder. Wir wissen, daß für sehr hohe Temperaturen diese Abhängigkeit durch

$$(20) \qquad\qquad E_{T\to\infty} = \tfrac{1}{2} W\,(J_\infty^2 - J^2)$$

zu beschreiben ist, wo W den Weißschen Faktor des inneren Feldes bezeichnet. Wir zeigen zunächst, wie aus der Kenntnis von $E(J, T)$ zusammen mit (20) die allgemeine magnetische Zustandsgleichung abzuleiten ist. Dazu bedienen wir uns der im nächsten Kapitel bewiesenen thermodynamischen Gleichung (6.14, kombiniert mit 6.16):

$$\frac{\partial}{\partial T}\left(\frac{H}{T}\right)_J = -\frac{1}{T^2}\frac{\partial E}{\partial J}\,.$$

Aus ihr folgt durch Integration

$$(21)\qquad \frac{H}{T} = \int_T^\infty \frac{1}{T^2}\frac{\partial E}{\partial J}\,dT + \frac{k}{p}\,\Phi\left(\frac{J}{J_\infty}\right),$$

wo Φ zunächst eine beliebige, nur von J abhängige Funktion bedeutet. Mit Hilfe von (20) können wir aber diese Funktion sogleich ermitteln. Denn für hohe Temperaturen folgt aus (20) und (21)

$$\frac{H}{T} = -\frac{WJ}{T} + \frac{k}{p}\,\Phi\left(\frac{J}{J_\infty}\right)$$

oder

$$\Phi\left(\frac{J}{J_\infty}\right) = \frac{p\,(H+WJ)}{kT}\,.$$

Wir wissen aber, daß in diesem Fall die Weißsche Formel

$$\frac{J}{J_\infty} = \mathrm{tgh}\,\frac{p\,(H+WJ)}{kT}$$

herauskommen muß. $\Phi(x)$ muß also die Umkehrfunktion des tgh sein, welche man durch Auflösen von $x = \dfrac{e^{2\alpha}-1}{e^{2\alpha}+1}$ nach α erhält. Also wird

$$\Phi(x) = \frac{1}{2}\ln\frac{1+x}{1-x}\,.$$

Da Φ von T nicht abhängt, muß es auch in der allgemeinen Gleichung (21) diesen Wert haben. Zugleich erkennen wir, daß die magnetische Zustandsgleichung allgemein in der Form

$$(22)\qquad \frac{J}{J_\infty} = \mathrm{tgh}\,\frac{p\,(H+W'J)}{kT}$$

geschrieben werden kann, wenn man nur den „Weißschen Faktor" W' definiert durch

$$(23)\qquad W' = -T\int_T^\infty \frac{1}{T^2}\cdot 2\,\frac{\partial E}{\partial (J^2)}\,dT\,.$$

Natürlich wird in dem Grenzfall (20) $W' = W$.

Wir werden nachher an (23) anknüpfen, um den Einfluß der Schwarmbildung qualitativ zu diskutieren. Offenbar kommt es darauf an, eine begründete Vorstellung von $E(J, T)$ zu finden, also eine bessere Rechtfertigung des in Abb. 29 skizzierten Kurvenverlaufs. Da die unmittelbare Ausrechnung nicht gelingt, sehen wir uns nach anderen Erfahrungstatsachen um, welche uns hier einen Anhalt bieten. Solche Erfahrungen liegen tatsächlich vor im Gebiet der Legierungskunde bei übersättigten binären Mischkristallen; die hier auftretenden Probleme haben in der Tat eine so überraschend nahe Verwandtschaft zu denen des Ferromagnetismus, daß uns eine kurze Abschweifung auf dieses Gebiet lohnend erscheint.

c) Die Ausscheidung bei binären Mischkristallen.

Es gibt eine große Zahl von festen metallischen Legierungen zweier Komponenten A und B, in denen bei höherer Temperatur A und B in jedem Verhältnis miteinander mischbar sind, während bei tieferen Temperaturen ein

Zerfall in zwei Phasen eintritt, von denen die eine reicher, die andere ärmer an A ist als die ursprüngliche Legierung. Die Legierung Gold—Nickel bietet einen besonders einfachen Fall dieser Art, insofern als hier alle Phasen dem gleichen (kubisch-flächenzentrischen) Gittertyp angehören. In der Metallkunde pflegt man dieses Verhalten durch das sog. Zustandsdiagramm zu beschreiben, wie es in der Abb. 30 in stark schematisierter Weise wiedergegeben ist. Abszisse ist die Zusammensetzung, gekennzeichnet durch den Molenbruch β der Komponente B. Die Anzahlen der Moleküle A und B verhalten sich wie $(1-\beta):\beta$. Ordinate ist die Temperatur. Die eingezeichnete „Grenzkurve" $ACDB$ hat folgende Bedeutung:

Oberhalb der Grenzkurve (z. B. Punkt F) ist der Mischkristall stabil. Bei Abkühlung auf einen Punkt (etwa G) unterhalb der Grenzkurve zerfällt die Legierung in Kristallite von den durch die Punkte G_1 und G_2 der Grenzkurve gegebenen Zusammensetzungen. Zustände unterhalb der Grenzkurve sind immer instabil; bei tiefen Temperaturen besteht somit die Legierung im Gleichgewicht aus 2 Kristallsorten, von denen die eine fast nur aus A und die andere fast nur aus B besteht.

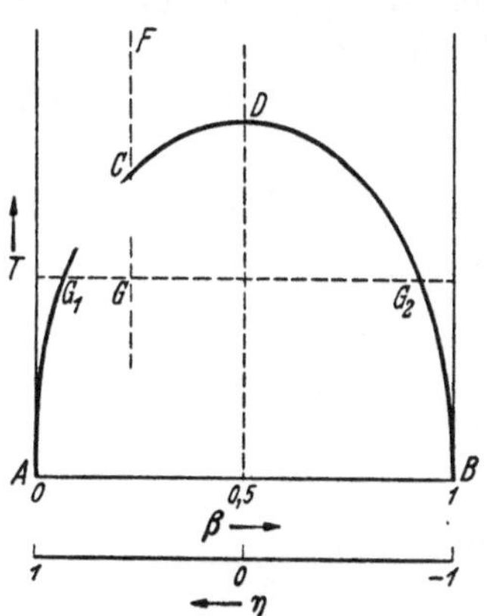

Abb. 30. Zustandsdiagramm einer ausscheidungsfähigen binären Legierung. Oberhalb der Grenzkurve $ACDB$ ist der Mischkristall stabil.

Ein zum mindesten qualitativ zutreffendes Bild von diesem Vorgang gelingt durch folgende Annahme: Jedes Atom ist an seine z nächsten Nachbarn gebunden in solcher Weise, daß es an gleichartige Nachbarn fester gebunden ist als an ungleichartige. Daher sucht sich jedes Atom möglichst mit gleichartigen zu umgeben; dieser Tendenz entgegen wirkt die Temperaturbewegung, welche eine statistische Mischung anstrebt. Die quantitative Formulierung dieses Bildes läuft den obigen Ansätzen völlig parallel: n sei die Gesamtzahl der Atome, also $n(1-\beta)$ die der A-Atome und $n\beta$ die der B-Atome. V_{aa} sei der Energieinhalt der Bindung $A—A$, entsprechend V_{bb} bzw. V_{ab} derjenige einer Bindung $B—B$ bzw. $A—B$. Ferner sei, wie auf S. 39:

$$g = \text{Zahl der Bindungen } A—B,$$
$$\tfrac{1}{2}\left(z\,n\,(1-\beta)-g\right) = \text{Zahl der Bindungen } A—A,$$
$$\tfrac{1}{2}\left(z\,n\,\beta-g\right) = \text{Zahl der Bindungen } B—B.$$

Wir wollen hier vollständige Symmetrie zwischen den Partnern A und B voraussetzen. Da es überdies nur auf die Energieunterschiede ankommt, können wir $V_{aa}=V_{bb}=0$ setzen. Dann ist V_{ab} eine positive Größe. Der ganze Energieinhalt wird, wenn wir einfach V anstatt V_{ab} schreiben,

$$(24) \qquad E = g\,V,$$

wie beim Ferromagnetismus. Zur weiteren Behandlung wird angenommen, daß die Atome im Mischkristall statistisch geordnet sind; es wird also — ebenso wie in der Weißschen Theorie — die sicher vorhandene Tendenz zur Schwarmbildung innerhalb der einzelnen Phase ignoriert. Dann können wir für g wieder den statistischen Mittelwert

$$(25) \qquad \bar{g} = n\,z\,\beta\,(1-\beta)$$

einsetzen. Wir wollen nun nach der schon früher benutzten Methode der statistischen Mechanik die auf der Grenzkurve liegende Zusammensetzung in den

Punkten G_1 und G_2 ermitteln. Die diesen beiden Phasen entsprechende Zusammensetzung sei β_1 und β_2,. Die Gesamtzahlen der Atome dieser Phasen seien n_1 und n_2. Natürlich ist, da n und β von vornherein gegeben sind,

$$(26) \qquad \left\{ \begin{aligned} n_1 + n_2 &= n \\ n_1 \beta_1 + n_2 \beta_2 &= n\beta. \end{aligned} \right.$$

Die Wahrscheinlichkeit für die Koexistenz der beiden Phasen ist nun offenbar gegeben durch

$$W(n_1 n_2 \beta_1 \beta_2) = \binom{n_1}{n_1 \beta_1} \binom{n_2}{n_2 \beta_2} e^{-\frac{V z n_1 \beta_1 (1 - \beta_1) + V z n_2 \beta_2 (1 - \beta_2)}{kT}}$$

Dieser Ausdruck muß für die „richtigen", der Gleichung (26) genügenden Werte von n_1, n_2, β_1, β_2 zum Maximum werden. Mit der Stirlingschen Formel lautet der lg von W:

$$\lg W = n_1 \lg W_1 + n_2 \lg W_2,$$

mit

$$\lg W_1 = -\beta_1 \lg \beta_1 - (1 - \beta_1) \lg (1 - \beta_1) - \frac{V z \beta_1 (1 - \beta_1)}{kT}.$$

Wegen (26) lauten die beiden Maximumbedingungen:

$$\frac{\partial \lg W}{\partial n_1} = \frac{\partial \lg W}{\partial n_2}$$

und

$$\frac{1}{n_1} \frac{\partial \lg W}{\partial \beta_1} = \frac{1}{n_2} \frac{\partial \lg W}{\partial \beta_2}.$$

Also folgt

$$\lg W_1 = \lg W_2$$

und

$$\lg \frac{1 - \beta_1}{\beta_1} - \frac{V z (1 - 2\beta_1)}{kT} = \lg \frac{1 - \beta_2}{\beta_2} - \frac{V z (1 - 2\beta_2)}{kT}.$$

Da $\lg W_1$ sich nicht ändert, wenn man β_1 durch $1 - \beta_1$ ersetzt, so wird die erste Gleichung befriedigt durch $\beta_2 = 1 - \beta_1$. Das heißt, G_1 und G_2 liegen, wie zu erwarten war, symmetrisch zur Mittellinie. Die beiden Seiten der zweiten Gleichung haben entgegengesetztes Vorzeichen, wenn man auf der rechten Seite β_2 durch $1 - \beta_1$ ersetzt. Also müssen beide Seiten gleich Null sein, d. h.

$$\lg \frac{1 - \beta_1}{\beta_1} = \frac{V z (1 - 2\beta_1)}{kT}.$$

Ist β_1 eine Lösung dieser Gleichung, so ist $1 - \beta_1$ auch eine Lösung. Um nun die Beziehung zum Ferromagnetismus hervortreten zu lassen, führen wir anstatt β_1 den Abstand

$$(27) \qquad \eta = 1 - 2\beta_1$$

der Grenzkurve von der Vertikalen $\beta = 0.5$ ein. Damit wird wegen $\beta_1 = \frac{1}{2}(1 - \eta)$ und $1 - \beta_1 = \frac{1}{2}(1 + \eta)$

$$\frac{1}{2} \lg \frac{1 + \eta}{1 - \eta} = \frac{V z \eta}{2kT}$$

oder

$$(28) \qquad \eta = \operatorname{tgh} \frac{\Theta \eta}{T} \quad \text{mit} \quad 2k\Theta = V z.$$

Diese Gleichung, durch welche die Grenzkurve als Funktion von T festgelegt wird, stimmt aber völlig überein *mit der Weißschen Formel für die spontane Magnetisierung*. Der linke Ast der Grenzkurve sollte also — nach Drehung der ganzen Figur um 90° — mit der J_s-T-Kurve identisch sein. Die „Curie-Temperatur" Θ, bei welcher die beiden Äste der Grenzkurve zusammenstoßen, hat die folgende einfache Bedeutung: $2 k\Theta$ ist diejenige Arbeit, die man im ganzen leisten muß, um aus dem reinen A-Kristall ein A-Atom herauszunehmen und durch ein B-Atom zu ersetzen.

d) Ferromagnetismus als Problem der Ausscheidung.

Die Übertragung dieses Bildes auf den Ferromagnetismus liegt auf der Hand. Wir haben dazu nur die Worte A- und B-Atome durch Rechtsspins und Linksspins zu ersetzen und η durch J/J_∞.

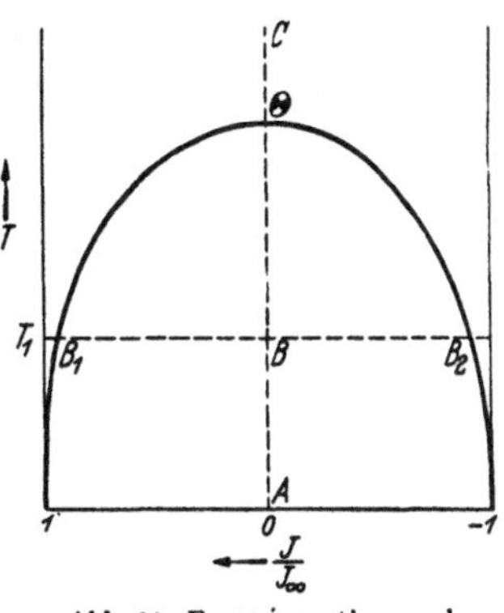

Abb. 31. Ferromagnetismus als Ausscheidungsphänomen.

Der wesentliche Unterschied besteht darin, daß eine Verwandlung von A-Atomen in B-Atome nicht möglich ist, während eine Umwandlung von Rechtsspins in Linksspins durch geeignete Magnetfelder leicht erfolgen kann. Solange wir aber nur Zustände mit gegebener Magnetisierung, d. h. mit gegebenem Mischungsverhältnis der beiden Spinsorten betrachten, läßt sich die Analogie beider Fälle zwanglos durchführen.

Wir betrachten zunächst ein Ferromagnetikum mit der Magnetisierung Null, unterhalb des Curie-Punktes, also etwa den Punkt B der Abb. 31. Dieses muß dann je zur Hälfte aus Gebieten bestehen, deren Zusammensetzung durch B_1 und B_2 gegeben sind. Beide Gebiete sind bis zur Höhe $\eta_1 = J/J_\infty$ spontan magnetisiert, das eine nach rechts, das andere nach links. Der Energieinhalt beider Teilgebiete ist aus Symmetriegründen natürlich derselbe. Der Unterschied gegen den Fall der Legierung besteht jetzt darin, daß man durch ein sehr kleines, nach rechts gerichtetes Magnetfeld die nach links magnetisierten Gebiete von der Sorte B_2 zum Umklappen bringen, also in Gebiete der Sorte B_1 verwandeln kann. Dieser Vorgang verläuft ohne merkliche Änderung der Energie. Bei Anwesenheit des Feldes wird somit allein der linke Ast der Grenzkurve realisiert. Für die Frage nach dem Energieinhalt ist aber dieses Umklappen belanglos. Wir kommen somit zu dem Ergebnis, daß bei $T = T_1$ für Magnetisierungen, welche zwischen B_1 und B_2 liegen, die Energie von der Magnetisierung unabhängig ist. Erst durch sehr starke Felder kann man, unter Erhöhung der Energie, die „Zusammensetzung" B_1 noch weiter ändern,

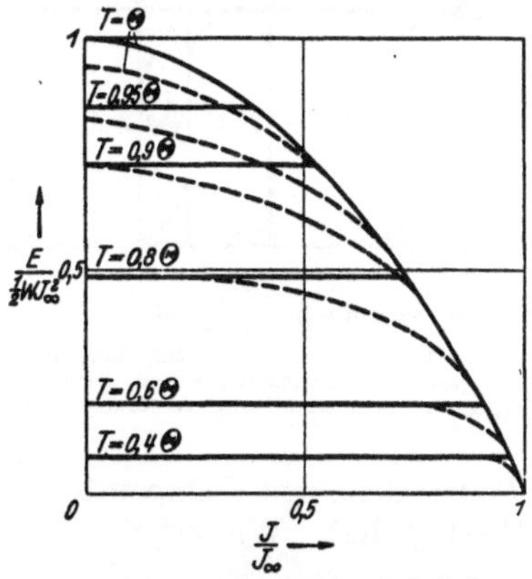

Abb. 32. Abhängigkeit der Energie $E\,(J,\,T)$ von der Magnetisierung bei verschiedenen Temperaturen auf Grund des Ausscheidungsbildes Abb. 31. Die gestrichelten Kurven geben qualitativ die wegen der Schwarmbildung zu fordernde Korrektur an.

was einer Verschiebung von B_1 nach links hin entsprechen würde. Bei Annäherung an die Curie-Temperatur werden die Unterschiede zwischen den beiden Gleichgewichtszuständen immer geringer. Oberhalb Θ haben wir „unbegrenzte Mischbarkeit" der beiden Spinsorten.

Es sei darauf hingewiesen, daß wir bisher — ebenso wie bei den Mischkristallen — innerhalb der homogenen Gebiete stets statistische Unordnung angenommen haben. Auf die — auch innerhalb dieser Gebiete — vorhandene Tendenz zur Schwarmbildung kommen wir noch zurück. Vorerst betrachten wir noch die Abhängigkeit der Energie von der Magnetisierung, wie sie sich nach dieser Auffassung der Weißschen Theorie ergibt (Abb. 32). Für $T \geq \Theta$

gilt ohne Veränderung die Weißsche Kurve $E = \frac{1}{2} W (J_\infty^2 - J^2)$. Dagegen ist für tiefere Temperaturen die Energie stets gleich derjenigen, welche der Sätti-

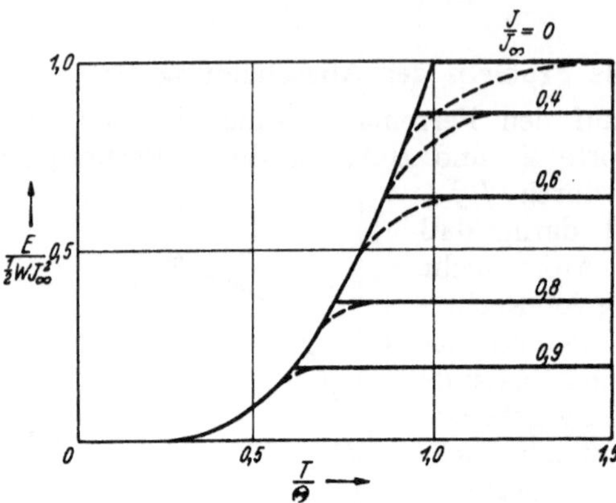

Abb. 33. Abhängigkeit der Energie $E(J, T)$ von der Temperatur bei verschiedener Magnetisierung. Die gestrichelten Kurven geben qualitativ die wegen der Schwarmbildung zu fordernde Korrektur an.

gungsmagnetisierung J_s bei dieser Temperatur entspricht, solange J kleiner als J_s ist. Für $J > J_s$ dagegen fällt die E-J-Kurve mit derjenigen für $T > \Theta$ zusammen. Auf diese Weise kommt das in Abb. 32 skizzierte Kurvenbild zustande. Denselben Tatbestand bringen wir nochmals in Abb. 33 zur Anschauung, in welcher E als Funktion von T dargestellt ist, mit verschiedenen Werten von J als Parameter. Wenn E von J allein abhängen würde, so würden sich dabei lauter parallele Geraden ergeben. In unserem Bilde ist dies aber erst oberhalb Θ der Fall. Für $J = 0$ ist $E(T)$ identisch mit $\frac{1}{2} W (J_\infty^2 - J_s^2)$;

für $J > 0$ verläuft $E(T)$ horizontal bis zum Auftreffen auf die für $J = 0$ gültige Kurve; für tiefere Temperaturen fällt $E(T)$ mit ihr zusammen.

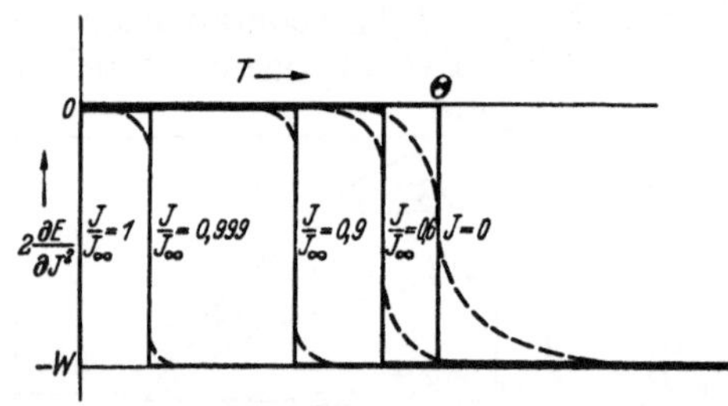

Abb. 34. Verlauf von $2\dfrac{\partial E}{\partial (J^2)}$ als Funktion von T für verschiedene Werte von J [zur Berechnung von W' nach (23)]. Die gestrichelten Kurven geben qualitativ die wegen der Schwarmbildung zu fordernde Korrektur an.

Für die Frage nach dem wirksamen Weißschen Faktor W' in der allgemeinen Zustandsgleichung (22) kommt es nach (23) auf die Temperaturabhängigkeit der Größe $2\dfrac{\partial E}{\partial (J^2)}$ an. Nach der Abb. 32 läßt sie sich unmittelbar angeben. Man erhält:

$$2\frac{\partial E}{\partial (J^2)} = 0 \qquad \text{für} \quad T < T_J,$$

$$2\frac{\partial E}{\partial (J^2)} = -W \qquad \text{für} \quad T > T_J.$$

T_J ist diejenige Temperatur, bei welcher die spontane Magnetisierung den Wert J hat. Wir erhalten also den in Abb. 34 wiedergegebenen geknickten Verlauf. Für W' erhalten wir damit aus (23)

$$(29) \qquad \begin{cases} W' = W & \text{für} \quad T > T_J \\ W' = W \dfrac{T}{T_J} & \text{für} \quad T < T_J. \end{cases}$$

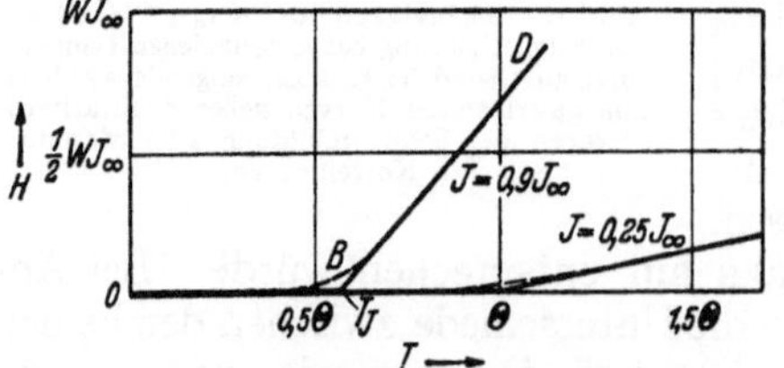

Abb. 35. Der durch (29) und (30) gegebene, geknickte Verlauf der Kurven $J = $ const in der H-T-Ebene.

Der in der Abb. 32 dargestellte Verlauf von E sieht wesentlich anders aus als in der Weißschen Theorie. Trotzdem ergeben sich daraus, wie wir uns überzeugen wollen, keinerlei Abweichungen. Das erkennen wir am einfachsten aus der allgemeinen Zustandsgleichung (21)

$$(30) \qquad H = -W'J + \frac{kT}{p}\, \Phi\!\left(\frac{J}{J_\infty}\right),$$

deren Inhalt wir in Kap. 4, S. 30 für den Weißschen Fall $W' = W$ durch Konstruktion der Geraden $J = \text{const}$ in der H-T-Ebene diskutiert haben (Abb. 24). Setzen wir nun den neuen Wert (29) für W' ein, so bleibt der Teil BD der $H(T)$-Geraden ungeändert. Für $T < T_J$ dagegen wird jetzt dauernd $H = 0$, so daß die Kurve $H(T)$ nunmehr den geknickten Verlauf OBD erhält (vgl. Abb. 35). Für $H > 0$ wird also am alten Bild (Abb. 24) nichts geändert.' Nur der Grenzfall $H = 0$ erscheint insofern entartet, als hier die Magnetisierung jeden zwischen 0 und J liegenden Wert annehmen kann, entsprechend einer beliebigen Mischung zwischen den Zuständen B_1 und B_2 der Abb. 31.

e) Einfluß der Schwarmbildung auf den Faktor W des Weißschen Feldes.

Durch den Vergleich mit der Ausscheidung haben wir bisher keine wirkliche Abweichung von der Weißschen Theorie gefunden. Diese tritt erst ein, wenn wir jetzt die Annahme von der statistischen Anordnung innerhalb der einzelnen Phasen fallen lassen, also der Tendenz zur Schwarmbildung Rechnung tragen.

Betrachten wir an Hand des Zustandsdiagramms (Abb. 31) die Abkühlung eines nicht magnetisierten Eisenstücks unter den Curie-Punkt. Im Punkte C, weit oberhalb Θ, mag die statistische Anordnung weitgehend realisiert sein. Bei Annäherung an Θ wird sich aber die Neigung zur Ausscheidung bereits durch Ausbildung von Schwärmen gleichgerichteter Spins bemerkbar machen. Das muß sich an der $E(T)$-

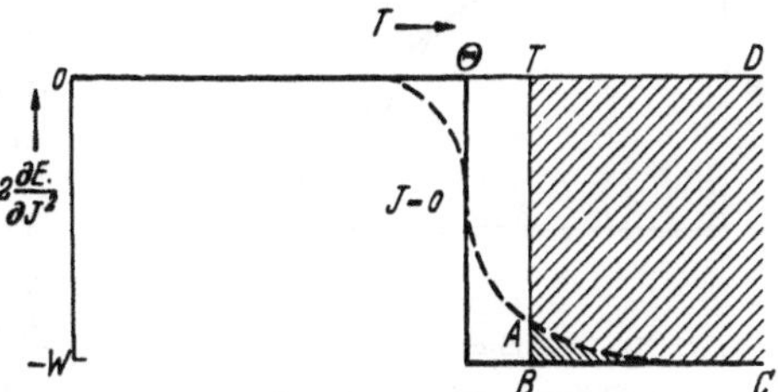

Abb. 36. **Zur Berechnung des Einflusses der Schwarmbildung auf die Größe W'.**

Kurve in Abb. 33 dahin auswirken, daß die Energie nicht erst bei $T = \Theta$ ihren Abfall beginnt, sondern schon etwas vorher. Die wirkliche $E(T)$-Kurve wird also bei $T = \Theta$ keinen scharfen Knick haben, sondern einen mehr abgerundeten Verlauf zeigen, wie er durch die gestrichelte Kurve angedeutet ist. Entsprechend erwarten wir auch für andere Werte von J bei Annäherung an die Grenzkurve eine Erniedrigung der Energie durch die Schwarmbildung. In der gleichen Weise haben wir also auch die $E(J)$-Kurven der Abb. 32 im Sinne des gestrichelten Verlaufs abzurunden. Wir überlegen, wie sich diese Abrundung auf den Weißschen Faktor

$$W' = -T \int_{T}^{\infty} \frac{1}{T^2}\, 2\, \frac{\partial E}{\partial (J^2)}\, dT$$

auswirken muß. Wir haben in Abb. 36 den Verlauf der von $2\dfrac{\partial E}{\partial (J^2)}$ als Funktion von T für $J = 0$ nochmals eingetragen. Zur Berechnung von W' haben wir über die nach rechts hin ins Unendliche erstreckte Fläche $DTAC$ (unter Multiplikation mit $1/T^2$) zu integrieren, während wir in (29) über die volle Rechteckfläche $DTBC$ integriert hatten. *Die Schwarmbildung wirkt also auf W' stets im Sinne einer Verkleinerung*, gegenüber dem für große T gültigen Weißschen Wert, da ja der Integrant in W' seinem Betrage nach um den Inhalt der Fläche ABC verkleinert wird. Das gleiche gilt natürlich für alle Werte von J. Mit abnehmender Temperatur sinkt, bei Annäherung an Θ, W' unter den „normalen" Wert W. Die magnetische Zustandsgleichung (30) gibt jetzt nicht mehr den geradlinig-geknickten Verlauf der Abb. 35, sondern den durch die gestrichelte Kurve gegebenen gekrümmten Verlauf. wie er von WEISS und

FORRER[1] bei Nickel tatsächlich beobachtet wurde. Nach der allgemeinen Zustandgleichung

$$\frac{J}{J_\infty} = \mathrm{tgh}\,\frac{p\,(H + W'J)}{kT}$$

bedeutet eine Verkleinerung von W' stets eine Erniedrigung von J gegenüber dem Wert der Weißschen Theorie bei gleichem H und T, also speziell eine Verkleinerung von J und eine Vergrößerung von $1/\chi$. In der Abb. 37 haben wir den hiernach zu erwartenden Einfluß der Schwarmbildung qualitativ zum Ausdruck gebracht. Die ausgezogene Kurve unterhalb $T = \Theta$ sei die $J_s(T)$-Kurve der Weißschen Theorie; oberhalb Θ ist außerdem die $\frac{1}{\chi}$-T-Gerade eingezeichnet. Gestrichelt ist der Verlauf der entsprechenden Kurven mit Schwarmbildung angedeutet. Es folgt daraus, daß die $\frac{1}{\chi}$-T-Kurve über der

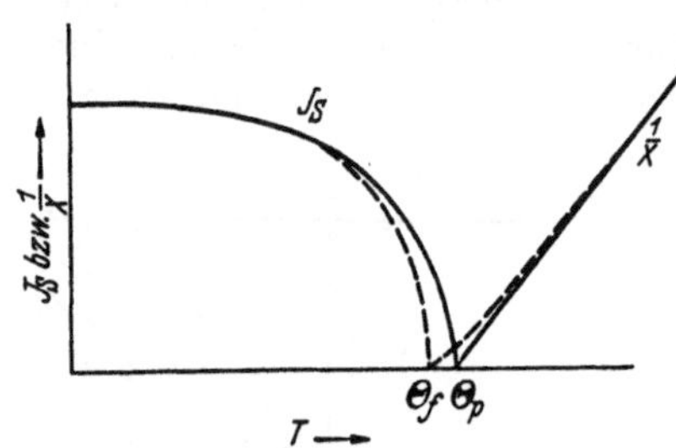

Abb. 37. Der Einfluß der Schwarmbildung auf die J_s-T-Kurve und die $\frac{1}{\chi}$-T-Kurve.

Weißschen Geraden verläuft, die J_s-T-Kurve aber unter der entsprechenden Weißschen Kurve. Da überdies für $T > \Theta$ und für $J \approx J_\infty$ beide Kurven (die ausgezogene und die gestrichelte) zusammenfallen sollen, so ist qualitativ der Verlauf in dem Sinne festgelegt, wie ihn die Abb. 37 wiedergibt. Wir haben damit gerade diejenigen Abweichungen von den Aussagen der Weißschen Theorie erhalten, von denen zu Beginn dieses Kapitels die Rede war: Das Abkrümmen der $\frac{1}{\chi}$-T-Kurve von der Geraden sowie die steilere Einmündung der J_s-T-Kurve in den ferromagnetischen Curie-Punkt Θ_f, welcher wesentlich unterhalb des aus dem geradlinigen Teil der $\frac{1}{\chi}$-T-Kurve extrapolierten paramagnetischen Curie-Punkt Θ_p liegt. Natürlich bietet unsere Betrachtung noch keine Handhabe zu quantitativen Aussagen, etwa über den wirklichen Wert von $\Theta_p - \Theta_f$. Dazu wäre es nötig, den oben vermuteten Verlauf der Funktion $g(J, T)$ (vgl. Abb. 29) oder, was aufs gleiche herauskommt, den von $E(J, T)$ wirklich zu berechnen. Das scheitert aber bisher an dem in (12) formulierten statistischen Problem.

f) Die lineare Kette[2].

Der einzige Fall, in welchem sich die Berechnung der Nachbarwirkung streng durchführen läßt, ist derjenige der linearen Kette, in welchem jedes Atom 2 Nachbarn besitzt ($z = 2$). Dieser Fall ist zwar in der Natur nicht realisiert, wo wir es stets mit mindestens 8 nächsten Nachbarn zu tun haben. Immerhin bildet er einen ersten Schritt vom Langevinschen Fall des Paramagnetismus freier Elementarmagnete in Richtung auf den uns eigentlich interessierenden Fall des Ferromagnetismus.

Wir denken uns also eine lineare Kette von r Rechtsspins und l Linksspins. Die in (12) formulierte Aufgabe ist hier in einfacher Weise zu lösen. Wir wollen noch festsetzen, daß der letzte Spin der Kette an den ersten „zyklisch" gebunden ist. Dadurch wird die Rechnung wesentlich vereinfacht. Praktisch kann bei sehr großen Werten von r und l (die uns allein interessieren) die eine, durch diese Festsetzung willkürlich hinzugefügte Bindung das Resultat nicht

[1] WEISS, P. u. R. FORRER: Ann. Phys., Paris 10. Ser. Bd. 5 (1926) S. 153.
[2] Die lineare Kette wurde zuerst behandelt von E. ISING: Z. Phys. Bd. 31 (1925) S. 253.

merklich beeinflussen. Zum Zweck der Abzählung denken wir uns zunächst die r Rechtsspins und die l Linksspins auf je einem Kreise angeordnet. Von den r Bindungen des Ringes der Rechtsspins wählen wir h Bindungen aus, welche durchschnitten werden. Die h Schnitte werden, von Beginn der Kette anfangend mit $1, 2, \ldots, h$ durchnumeriert. Offenbar gibt es $\binom{r}{h}$ verschiedene Möglichkeiten, die h Schnitte anzubringen. Nun zerteilen wir den Ring der Linksspins, ebenfalls durch h Schnitte, in h Teilketten, welche wieder von 1 bis h durchnumeriert werden. Sodann schieben wir jede Teilkette der Linksspins in die entsprechende Lücke des Ringes der Rechtsspins. Dadurch entsteht eine Anordnung mit $g = 2h$ Bindungen von Typus rl. Da der l-Ring auf $\binom{l}{h}$ verschiedene Weisen in Teilketten zerlegt werden kann, haben wir als Gesamtzahl der Anordnungen im ganzen (wegen $l = n - r$):

$$(31) \qquad G_n(r, g) = \binom{r}{h}\binom{n-r}{h}; \qquad g = 2h.$$

Damit ist nach (11) die relative Wahrscheinlichkeit eines speziellen Wertepaares r, h bekannt:

$$W(r, h) = C\binom{r}{h}\binom{n-r}{h}\, e^{\frac{p(2r-n)H - 2hA}{kT}}$$

Die Bestimmung der wahrscheinlichsten Werte von r und g erfolgt aus $\dfrac{\partial \lg W}{\partial r} = 0$ und $\dfrac{\partial \lg W}{\partial h} = 0$. Mit Hilfe der Stirlingschen Formel verifiziert man leicht die dazu benötigten Relationen:

$$\frac{\partial}{\partial h}\lg\binom{r}{h} = \lg\frac{r-h}{h}$$

und

$$\frac{\partial}{\partial r}\lg\binom{r}{h} = \lg\frac{r}{r-h}.$$

Man bekommt zunächst:

$$(32) \qquad \frac{(r-h)(l-h)}{h^2} = e^{\frac{2A}{kT}} \quad \text{und} \quad \frac{r}{l}\frac{l-h}{r-h} = e^{-\frac{2pH}{kT}}.$$

Eliminiert man h aus beiden Gleichungen, so erhält man nach einfacher Rechnung

$$\frac{(r-l)^2}{rl} = e^{\frac{2A}{kT}}\cdot\left(e^{\frac{pH}{kT}} - e^{-\frac{pH}{kT}}\right)^2.$$

Nun ist nach (2a)

$$\frac{r}{n} = \frac{1}{2}\left(1 + \frac{J}{J_\infty}\right); \qquad \frac{l}{n} = \frac{1}{2}\left(1 - \frac{J}{J_\infty}\right).$$

Die Magnetisierung J als Funktion von H und T ist also gegeben durch

$$(33) \qquad \frac{\dfrac{J}{J_\infty}}{\sqrt{1 - \left(\dfrac{J}{J_\infty}\right)^2}} = e^{\frac{A}{kT}}\sinh\frac{pH}{kT}.$$

Auflösung nach J/J_∞ liefert

$$(33\,\text{a}) \qquad \frac{J}{J_\infty} = \frac{\sinh\dfrac{pH}{kT}}{\sqrt{\sinh^2\dfrac{pH}{kT} + e^{-\frac{2A}{kT}}}}.$$

Die innere Energie als Funktion von J und T ergibt sich unmittelbar aus der ersten Gleichung (32) durch Auflösen nach h. Mit der Abkürzung

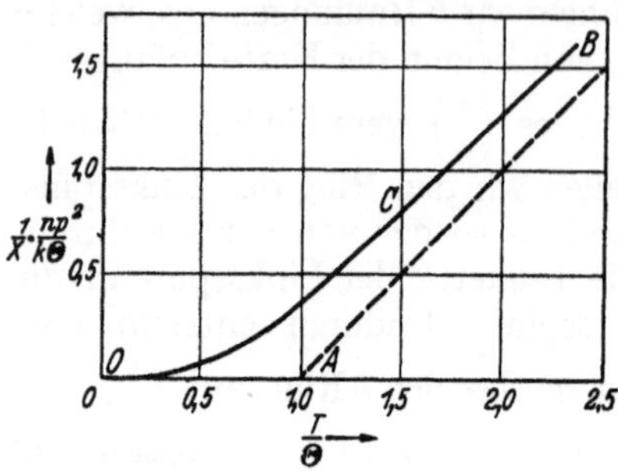

Abb. 38. Die $\frac{1}{\chi}$-T-Kurve für die lineare Kette.

$$\beta = e^{\frac{2A}{kT}} - 1 \qquad \text{und} \qquad x = 1 - \frac{J^2}{J_\infty^2}$$

findet man für die innere Energie $E(J, T)$:

$$(34) \qquad E = 2hA = nA \cdot \frac{\sqrt{1 + \beta x} - 1}{\beta} .$$

Speziell für den unmagnetischen Zustand ($J = 0$, $x = 1$) wird

$$(35) \qquad E_{(J=0)} = \frac{nA}{e^{\frac{A}{kT}} + 1} .$$

Wir diskutieren die Anfangssuszeptibilität nach (33a). Für kleine Werte von H und J wird

$$(36) \qquad \frac{J}{J_\infty} = \frac{pH}{kT} e^{\frac{A}{kT}} .$$

Wegen $J_\infty = np$ lautet also die Suszeptibilität

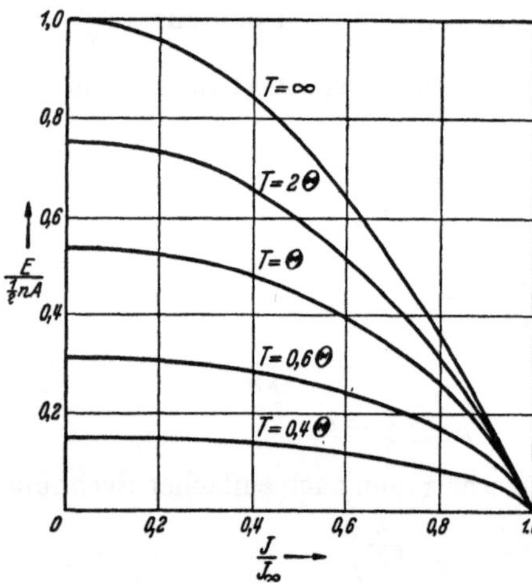

Abb. 39. Abhängigkeit der Energie $E(J, T)$ von der Magnetisierung bei verschiedenen Temperaturen für die lineare Kette, berechnet nach (34).

$$(37) \qquad \chi = \frac{np^2}{kT} e^{\frac{A}{kT}} .$$

Mit der Abkürzung $2k\Theta = 2A$ ergibt sich

$$(37a) \qquad \frac{1}{\chi} \frac{np^2}{k\Theta} = \frac{T}{\Theta} e^{-\frac{\Theta}{T}} .$$

Wir haben diese Form der graphischen Darstellung (Abb. 38) zugrunde gelegt. Die Kurve nähert sich für sehr große Werte von T der Curie-Weißschen Geraden $\frac{T}{\Theta} - 1$. Man erkennt das an Hand der für kleine Werte von Θ/T gültigen Näherungsformel:

$$\frac{1}{\chi} \frac{np^2}{k\Theta} = \frac{T}{\Theta} - 1 + \frac{1}{2} \frac{\Theta}{T} - + \cdots .$$

Eine spontane Magnetisierung wird von der linearen Kette natürlich nicht geliefert. Die $\frac{1}{\chi}$-T-Kurve weicht von ihrer durch $T = \Theta$ gehenden Asymptoten viel stärker ab, als es beim wirklichen Ferromagnetikum der Fall ist. Es ist zu erwarten, daß mit steigender Anzahl an Nachbarn (Ebenes Gitter → Raumgitter) die Kurve OCB sich mehr und mehr dem geknickten Verlauf OAB annähert.

Von Interesse ist noch der durch (34) gegebene Ausdruck für die innere Energie (vgl. Abb. 39). Für kleine Werte des Produktes βx wird daraus

$$E = \frac{nA}{2} x \left[1 - \tfrac{1}{4}\beta x + \cdots\right],$$

also $E = \frac{nA}{2}\left(1 - \frac{J^2}{J_\infty^2}\right)$. Das ist der Verlauf, welcher der Kurve 1 in der Abb. 29

entspricht. βx ist aber klein erstens für hohe Temperaturen, d. h. für $T \gg \Theta$, und zweitens für kleine x, d. h. für $J \approx J_\infty$. Das sind aber gerade die beiden Grenzfälle, welche der qualitativen Konstruktion jener Figur zugrunde lagen.

g) Die Ansätze von Néel und Bethe.

Unter den Versuchen, auch den Fall von mehr als zwei Nachbarn rechnerisch zu behandeln, ist besonders ein interessanter Aufsatz von Néel[1] hervorzuheben. Néel betrachtet in seiner ersten Arbeit nicht das räumliche Gitter, sondern wieder eine lineare Kette. Er setzt aber fest, daß ein hervorgehobenes Glied der Kette nicht nur mit seinen beiden nächsten Nachbarn in Wechselwirkung steht, sondern nach jeder Seite mit den nächsten q Gliedern der Kette; damit werden im ganzen $2q$ Spins zu nächsten Nachbarn. Gegenüber der einfachen linearen Kette ($q = 1$) wird dadurch die Annäherung an das wirkliche Raumgitter offenbar wesentlich verbessert. Durch eine Reihe von geistreichen Näherungsmethoden gelingt es Néel, für dieses Modell Anfangssusptibilität, Energieinhalt usw. zu berechnen. Seine Ergebnisse für die Anfangssuszeptibilität sind in Abb. 40 wiedergegeben. Sie entsprechen durchaus dem, was wir oben bereits erwarteten: Zunehmende Annäherung an den geknickten Curie-Weißschen Verlauf mit zunehmenden Werten von q. Jedoch tritt bei diesem

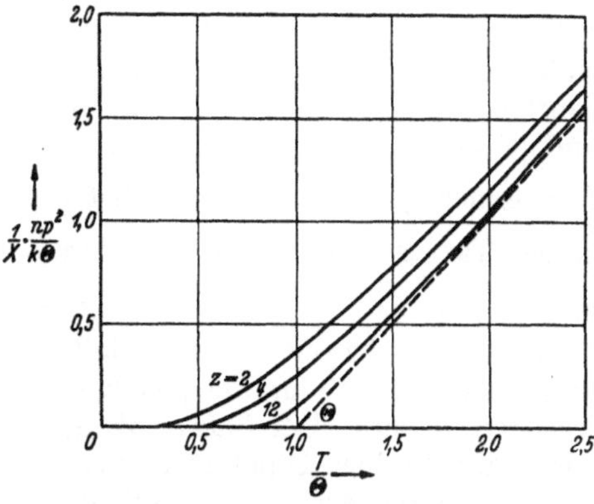

Abb. 40. Die $\frac{1}{\chi}$-T-Kurve für die Néelsche Kette bei 2, 4 und 12 Nachbarn. (Nach L. Néel: Thèses Strasbourg, Paris 1932.)

Modell nie eine spontane Magnetisierung auf. Die Kurve bleibt bei jeder endlichen Temperatur oberhalb der T-Achse, wenn sie sich ihr auch immer enger anschmiegt. Wenn auch diese Néelsche Kette ein recht instruktives Modell darstellt, so muß man doch betonen, daß es keineswegs als Ersatz für das statistische Verhalten des räumlichen Gitters mit der gleichen Anzahl von Nachbarn angesehen werden kann. Man sieht das insbesondere dann, wenn man nach der Mindestenergie fragt, welche nötig ist, um den Zustand $J = 0$ herzustellen. Die Néelsche Kette würde in diesem Fall z. B. auf der ersten Hälfte aus lauter Linksspins und auf der zweiten Hälfte nur aus Rechtsspins bestehen. Dabei wären also im ganzen $\dfrac{q\,(q+1)}{2}$ rl-Bindungen herzustellen, unabhängig von der Kettenlänge. Bei räumlichen Gittern dagegen (etwa einem Würfel mit n Atomen) wächst bei der Unterteilung in eine Rechts- und eine Linkshälfte die Zahl der rl-Bindungen wie $n^{2/3}$ an; sie ist ungeheuer viel größer als im Fall der Kette. Daher ist es sehr wohl möglich, daß beim räumlichen Gitter allein durch die Nachbarwirkung eine spontane Magnetisierung existiert, während Néel sie bei seiner Kette erst durch ein zusätzliches Weißsches Feld WJ erreichen kann. Tatsächlich gibt Néel keine Vergleiche mit experimentellen Daten an. Sein Kettenmodell scheint sich also in quantitativer Hinsicht nicht bewährt zu haben.

Eine sehr vollständige Beschreibung des Verhaltens von Nickel in der Umgebung der Curie-Temperatur gelingt Néel in einer zweiten Arbeit, welche von einem ganz anderen, in theoretischer Hinsicht allerdings wenig befriedigenden

---

[1] Néel, L.: Thèses Strasbourg, Paris 1932. — J. Phys. Radium (7) Bd. 5 (1934) S. 104.

Modell ausgeht. Hier werden die Spins des Nickels in Gruppen von je N Spins unterteilt. Es wird angenommen, daß alle N Spins eine Gruppe untereinander in gleicher Weise in Wechselwirkung stehen sollen, wie wir es oben für die nächsten Nachbarn gefordert haben, dagegen nicht mit den Spins der anderen Gruppen. Bedeuten wieder r und l die Zahl der Rechts- und Linksspins $(r + l = N)$, so ist danach die Energie einer Gruppe

$$U = -(r - l)\,pH + rl\cdot A$$

und die Wahrscheinlichkeit eines speziellen Wertes von r:

$$W(r) = \frac{\binom{N}{r} e^{-\frac{U}{kT}}}{\sum_r \binom{N}{r} e^{-\frac{U}{kT}}}.$$

Neben dieser Wechselwirkung wird nun ein Weißsches Feld WJ als pauschaler Einfluß der übrigen Gruppen auf die hervorgehobene eingeführt. Die Zahlen N und W werden dann so bestimmt, daß der Verlauf der von WEISS und FORRER gemessenen $\frac{1}{\chi}$-T-Kurve möglichst gut wiedergegeben wird. Das gelingt nun in der Tat erstaunlich gut mit den Zahlen

$$N = 750;\ W = 270.$$

Es muß aber betont werden, daß diese Zahlen beide höchst unbefriedigend sind. Die Zahl N für die „nächsten Nachbarn" ist sehr viel größer als man erwarten möchte. Der Faktor W des inneren Feldes, für welches man doch die rein magnetischen Dipolkräfte verantwortlich machen möchte, sollte von der Größenordnung $4\pi/3$ sein, erscheint also ebenfalls viel zu groß.

Eine ausführliche und lehrreiche Diskussion des vorliegenden Problems findet sich noch bei F. BITTER[1], welcher ebenfalls qualitativ zu den Kurven unserer Abbildung gelangt.

Weitaus die gründlichste Behandlung des hier in Frage stehenden Problems der statistischen Mechanik findet sich in einer Reihe von Arbeiten über die regelmäßige Atomanordnung in metallischen Mischkristallen, also einem Gebiet, in welchem explizit von Ferromagnetismus überhaupt nicht die Rede ist. Hier ist in erster Linie eine Arbeit von BETHE[2] zu nennen, welche an Untersuchungen von BRAGG und WILLIAMS[3] anschließt. Eine vollständige Übersicht über dieses Gebiet liefert ein Referat von NIX und SHOCKLEY[4]. Diesen Arbeiten liegt die Beobachtung zugrunde, daß in manchen binären Mischkristallen (z. B. CuAu, Cu_3Au, CuZn) die Atome bei hohen Temperaturen statistisch über die Gitterplätze verteilt sind, daß aber bei tieferer Temperatur statt dessen eine regelmäßige, im einfachsten Fall alternierende Besetzung der Gitterplätze Platz greift; bei vollständiger Ausbildung der Überstruktur besteht dann das Gesamtgitter aus mehreren ineinandergestellten Gittern, die je mit einer Atomsorte besetzt sind. Nach BETHE kann man diesen Vorgang dadurch beschreiben, daß man in der oben für den Fall der Ausscheidung geschilderten Weise Bindungsenergien eines jeden Atomes zu seinen nächsten Nachbarn einführt, nur mit dem Unterschied, daß die Energie V für die Bindung ungleicher Atome jetzt negativ ist.

Bedeutet nun g die Zahl der Bindungen von Typus AB bei einer gegebenen Anordnung, so ist die innere Energie dieser Anordnung $U = -Vg$. Bezeichnet

[1] BITTER, F.: Introduction to Ferromagnetism, London 1937.
[2] BETHE, H. A.: Proc. roy. Soc., Lond. A Bd. 150 (1935) S. 552 und R. PEIERLS: Proc. roy. Soc., Lond. Bd. 154 (1936) S. 207.
[3] BRAGG, W. L. u. E. J. WILLIAMS: Proc. roy. Soc., Lond. Bd. 145 (1934) S. 699.
[4] NIX, F. C. u. W. SHOCKLEY: Rev. mod. Phys. Bd. 10 (1938) S. 1.

man wieder mit n die Gesamtzahl der Atome, mit r die Zahl der A-Atome in dieser Legierung, also $n-r$ die Zahl der B-Atome, so ist bei gegebener Temperatur die relative Wahrscheinlichkeit eines bestimmten g-Wertes gegeben durch

$$W(g) = C\, G_n(r, g)\, e^{\frac{Vg}{kT}},$$

wo $G_n(r, g)$ angibt, auf wieviel verschiedene Weisen man die r A-Atome und die $(n-r)$ B-Atome auf die n Gitterplätze so verteilen kann, daß gerade g Bindungen von Typus $A\,B$ entstehen. Das Maximum von W gibt dann den wahrscheinlichsten Wert von g und damit auch die Temperaturabhängigkeit der Ordnungsenergie $U=-V\,g$. Wie man sieht, ist hier die mathematische Fragestellung identisch mit der oben in (12) formulierten. Aus diesem Grund sei hier auf die von BETHE benutzten Näherungsmethoden zur Bewältigung dieses Problems nachdrücklich hingewiesen. Da aber eine Anwendung der Betheschen Gedankengänge auf den Ferromagnetismus bisher nicht vorliegt, würde es zu weit führen, an dieser Stelle weiter darauf einzugehen.

6. Energetische und thermische Beziehungen.

a) Die Magnetisierungsarbeit.

Für viele theoretische Betrachtungen spielt der Begriff der Magnetisierungsarbeit eine beherrschende Rolle; das ist diejenige Arbeit, welche man zu leisten hat, um die Magnetisierung eines Körpers um einen bestimmten Betrag zu ändern. Um diese Arbeit zu ermitteln, muß man grundsätzlich die Apparatur ins Auge fassen, mit deren Hilfe man die Magnetisierung ausführt. Dabei ergibt sich nun das im ersten Augenblick überraschende Resultat, daß die aufzuwendende Arbeit weitgehend von der speziellen Art abhängt, in welcher man das Magnetfeld erzeugt, insbesondere, ob man es durch permanente Magnete oder durch eine Stromspule herstellt. Daher ist es unmöglich, ohne Willkür die Magnetisierungsarbeit zu definieren. Selbstverständlich dürfen die experimentell prüfbaren Folgerungen der Theorie durch diese Willkür nicht berührt werden; trotzdem haben die — inhaltlich gleichen — Formeln häufig ein ganz verschiedenes Aussehen, je nach der zugrunde gelegten Definition der Magnetisierungsarbeit.

Bei Verwendung einer *Stromspule* zur Erzeugung des Feldes wird die Magnetisierungsarbeit von der Stromquelle geleistet, welche den Spulenstrom liefert. Wenn wir von dem Ohmschen Widerstand der Spule absehen und die Spuleninduktivität mit L bezeichnen, so beträgt die Gegenspannung $E = L\,\dfrac{di}{dt}$ und die Leistung der Stromquelle $E\,i$. Ist der Innenraum der Spule von einem Eisenkern ganz erfüllt, so ist L im allgemeinen wieder von i abhängig. Mit Windungszahl n, Querschnitt q, Länge l der Spule wird nach dem Induktionsgesetz die Gegenspannung $E = \dfrac{1}{c}\,n\,q\,\dot{B}$; nach dem Durchflutungsgesetz ist das Feld $H = \dfrac{n}{l}\,\dfrac{4\pi}{c}\,i$. Die Leistung der Stromquelle wird also

$$E\,i = q\,l\,\frac{1}{4\pi}\,H\,\dot{B}.$$

$q\,l$ ist aber das Volumen des magnetischen Eisenkerns. Um ihn von $B=0$ auf $B=B_1$ zu magnetisieren, verbrauchen wir pro cm³ die Arbeit

$$(1) \qquad \frac{1}{q\,l}\int E\,i\,dt = \frac{1}{4\pi}\int_0^{B_1} H\,dB.$$

Es ist nicht üblich, diesen Ausdruck als Magnetisierungsarbeit zu bezeichnen. Wenn man nämlich in der gleichen Spule, jedoch ohne Eisenkern, den gleichen Strom erzeugen will, so hat man die Arbeit

$$(2) \qquad \frac{1}{4\pi} \int\limits_0^{H_1} H\,dH = \frac{1}{8\pi} H^2$$

pro cm³ des Spulenvolumens zu leisten. Als Magnetisierungsarbeit wollen wir den Überschuß von (1) über (2) definieren, also das Mehr an Arbeit, welches man in der Spule mit Eisenkern gegenüber der eisenfreien Spule zu leisten hat. Wegen der stets gültigen Beziehung $B = H + 4\pi J$ gelangen wir so zur

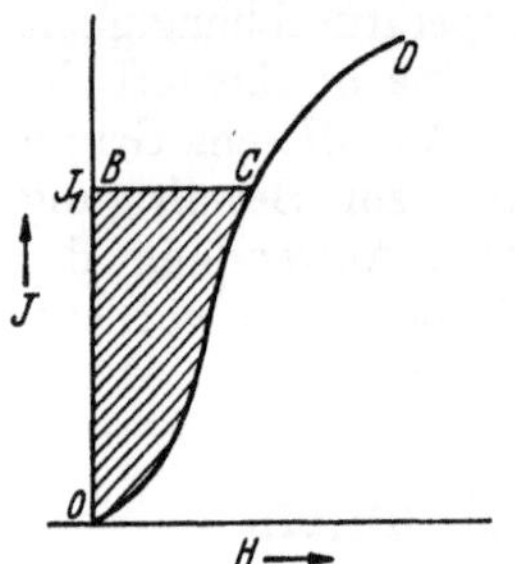

Abb. 41. Arbeit bei der Magnetisierung von $J = 0$ bis J_1.

$$(3) \qquad \text{Magnetisierungsarbeit } A = \int\limits_0^{J_1} H\,dJ.$$

Wenn also (Abb. 41) die Magnetisierungskurve gezeichnet vorliegt, so ist A gegeben durch die Fläche OBC.

Diese Ableitung bezieht sich zunächst nur auf den Fall, daß das Feld H nicht durch die Magnetisierung selbst beeinflußt wird, d. h. also auf eine unendlich lange oder besser auf eine Ringspule, in welcher J überall quellenfrei ist. In diesem Fall ist in (3) H direkt gleich der Feldstärke H_{sp}, welche beim gleichen Strom i am Ort des Eisens herrschen würde, wenn der Eisenkern nicht vorhanden wäre. Sobald aber das Feld infolge der Magnetisierung selbst verändert wird, würde man nach (3) einen von der Gestalt des Eisens abhängigen Wert der Magnetisierungsarbeit erhalten. Hat z. B. das Eisen die Gestalt eines Ellipsoids, so pflegt man zu sagen: Das „wahre" Feld im Innern des Eisens wird durch die Wirkung des Entmagnetisierungsfaktors N um NJ verkleinert, die Magnetisierungsarbeit wird also jetzt

$$(4) \qquad \int\limits_0^{J_1} H\,dJ \text{ mit } H = H_{\mathrm{sp}} - N J.$$

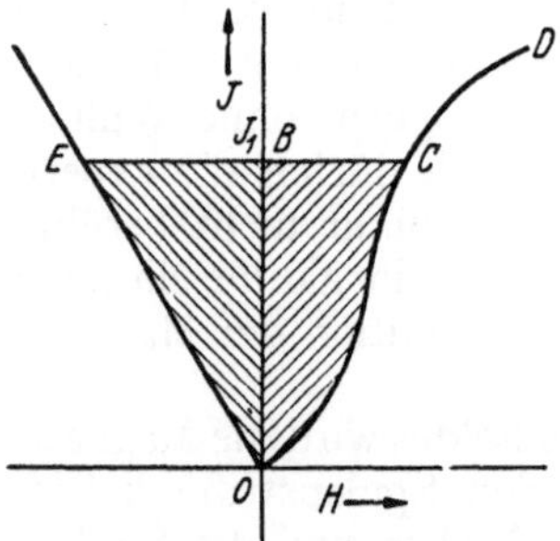

Abb. 42. Einfluß des Entmagnetisierungsfaktors auf die Magnetisierungsarbeit. Fläche OBE: Energie des entmagnetisierenden Feldes.

Bedeutet in Abb. 42 OCD die „gescherte" Magnetisierungskurve $J = J(H)$ und die Gerade OE die Scherungsgerade $H = -NJ$, so ist für den Wert OB von J die Strecke $EC = H_{\mathrm{sp}}$, $EB = NJ$, also $BC = H_{\mathrm{sp}} - NJ$. Die wegen der Anwesenheit des Ellipsoids wirklich aufgewandte Arbeit beim Magnetisieren ist durch die Fläche OEC gegeben, welche wir unterteilen in die eigentliche, nur vom Material abhängige Magnetisierungsarbeit OBC und die wesentlich durch die Gestalt bestimmte Arbeit $OEB = \frac{1}{2} N J^2$, welche man als „Energie des entmagnetisierenden Feldes" bezeichnet, und welche wir grundsätzlich nicht mit zur Magnetisierungsarbeit zählen.

Um diesen Betrachtungen eine allgemeine Grundlage zu geben, gehen wir aus von den Maxwellschen Gleichungen

$$\operatorname{rot} \mathfrak{H} = \frac{4\pi}{c}\,\mathfrak{i}$$

$$\operatorname{rot} \mathfrak{E} = -\frac{1}{c}\,\dot{\mathfrak{B}},$$

welche nach Multiplikation mit $-\frac{c}{4\pi}\,\mathfrak{E}$ und $-\frac{c}{4\pi}\,\mathfrak{H}$, Addition und Integration über den ganzen Raum ergeben:

$$\int \mathfrak{j}\,\mathfrak{E}\,dV + \frac{1}{4\pi}\int \mathfrak{H}\,\dot{\mathfrak{B}}\,dV = 0.$$

Wenn der Ohmsche Widerstand der Spule gleich Null, die elektrische Feldstärke $\mathfrak{E}$ also rein induktiven Ursprungs ist, so ist $-\int \mathfrak{j}\,\mathfrak{E}\,dV$ gleich der Leistung der Stromquellen, welche den Strom speisen und welche wir oben mit Ei bezeichnet haben. Bei einer endlichen Änderung von $\mathfrak{B}$, welches nun noch beliebig vom Ort abhängen kann, haben die Stromquellen also im ganzen die Arbeit

$$(5) \qquad A_{\text{tot}} = \int dV\,\frac{1}{4\pi}\int \mathfrak{H}\,d\mathfrak{B}$$

zu leisten. Wir erkennen in (5) die Verallgemeinerung von (1). Zur Umformung von (5) zerlegen wir nun $\mathfrak{H}$ und $\mathfrak{B}$ in die Summanden

$$(6) \qquad \begin{cases} \mathfrak{H} = \mathfrak{H}_{\text{sp}} + \mathfrak{H}_J \\ \mathfrak{B} = \mathfrak{H}_{\text{sp}} + \mathfrak{H}_J + 4\pi\,\mathfrak{J}. \end{cases}$$

Dabei soll $\mathfrak{H}_{\text{sp}}$ das von dem Spulenstrom erzeugte Feld sein, welches eindeutig gegeben ist durch

$$\text{rot } \mathfrak{H}_{\text{sp}} = \frac{4\pi}{c}\,\mathfrak{j}; \quad \text{div } \mathfrak{H}_{\text{sp}} = 0.$$

Dagegen ist $\mathfrak{H}_J$ das vom magnetischen Eisen selbst erzeugte Feld. Es ist bestimmt durch

$$\text{rot } \mathfrak{H}_J = 0; \quad \text{div } \mathfrak{H}_J = -4\pi \text{ div } \mathfrak{J}.$$

Nun ist stets das über den ganzen Raum erstreckte Integral eines Skalarproduktes aus einem quellenfreien und einem wirbelfreien Vektor gleich Null, also $\int \mathfrak{H}_{\text{sp}}\,\mathfrak{H}_J\,dV = 0$. Daher wird, wenn man (6) in (5) einsetzt:

$$(7) \qquad A_{\text{tot}} = \frac{1}{8\pi}\int \mathfrak{H}_{\text{sp}}^2\,dV + \frac{1}{8\pi}\int \mathfrak{H}_J^2\,dV + \int dV \int (\mathfrak{H}_{\text{sp}} + \mathfrak{H}_J)\,d\mathfrak{J}.$$

Die drei Summanden, in welche hier A_{tot} zerlegt erscheint, sind die allgemeinen Ausdrücke, von welchen oben in speziellen Fällen die Rede war. Der erste Summand gibt die Arbeit, welche man bei der eisenfreien Spule aufzuwenden hätte; den zweiten haben wir oben als Energie des entmagnetisierten Feldes bezeichnet; der dritte endlich enthält die eigentliche Magnetisierungsarbeit. Speziell im Fall des homogen nach einer Hauptachse magnetisierten Ellipsoids ist ja innerhalb des Ellipsoids, d. h. überall, wo J von Null verschieden ist, $\mathfrak{H}_J = -N\mathfrak{J}$, so daß (7) tatsächlich den Wert (4) für die Magnetisierungsarbeit liefert. Übrigens gestattet (7) eine in formaler Hinsicht einfachere Schreibweise: Da $\mathfrak{H}_J$ wirbelfrei ist, $\mathfrak{H}_J + 4\pi\mathfrak{J}$ dagegen quellenfrei, so ist

$$\int dV\,\mathfrak{H}_J\,d(\mathfrak{H}_J + 4\pi\,\mathfrak{J}) = 0,$$

also auch

$$(8) \qquad A_{\text{tot}} = \frac{1}{8\pi}\int \mathfrak{H}_{\text{sp}}^2\,dV + \int dV \int \mathfrak{H}_{\text{sp}}\,d\mathfrak{J}.$$

Damit werden die beiden letzten Summanden in (7) zusammen also einfach $\int dV \int \mathfrak{H}_{\text{sp}}\,d\mathfrak{J}$. In dem Fall des Ellipsoids (Abb. 42) entspricht diese Größe der Fläche OEC, während wir in (7) die Unterteilung dieser Fläche in OEB und OBC bevorzugt haben.

Wir betrachten nun die Arbeit für den Fall, daß wir das erregende Magnetfeld mit Hilfe eines *permanenten Magneten* erzeugen, etwa nach dem Schema der Abb. 43. Die Magnetisierungsarbeit tritt hier unmittelbar als mechanische Arbeit, d. h. in Form von gehobenen Gewichten in Erscheinung. Es sei P der negative Pol eines starken permanenten stabförmigen Magneten. Entlang der x-Achse ist dann ein nach $+x$ gerichtetes Feld $H(x)$ vorhanden, dessen Intensität nach links hin beliebig klein wird und bei Annäherung an den Pol monoton anwächst. Ein Eisenkörper, dessen magnetisches Moment M ebenfalls nach $+x$ gerichtet ist, erfährt durch den Pol eine anziehende Kraft $K = M\,\dfrac{\partial H}{\partial x}$. Dabei ist H das Feld, welches an der betreffenden Stelle herrschte, bevor der Eisenkörper dorthin gebracht wurde. Eine Rückwirkung des Körpers auf die Polstärke von P soll nicht vorhanden sein. Außerdem soll der Körper so klein sein, daß innerhalb des von ihm erfüllten Raumes $\dfrac{\partial H}{\partial x}$ als konstant angesehen werden kann. Um nun den Körper zu magnetisieren, nähern wir ihn dem Magnetpol. Da er von diesen angezogen wird, *gewinnen* wir bei diesem Prozeß Arbeit, und zwar gewinnen wir bei Verschiebung um die Strecke dx die Arbeit $K\,dx = M\,dH$. Die aufzuwendende Arbeit bei der Verschiebung von einer Stelle $H=0$ bis zu derjenigen Stelle, an welcher das Feld H herrscht, wird also negativ und beträgt pro cm³ des Körpers:

$$(9) \qquad A^* = -\int_0^{H_1} J\,dH.$$

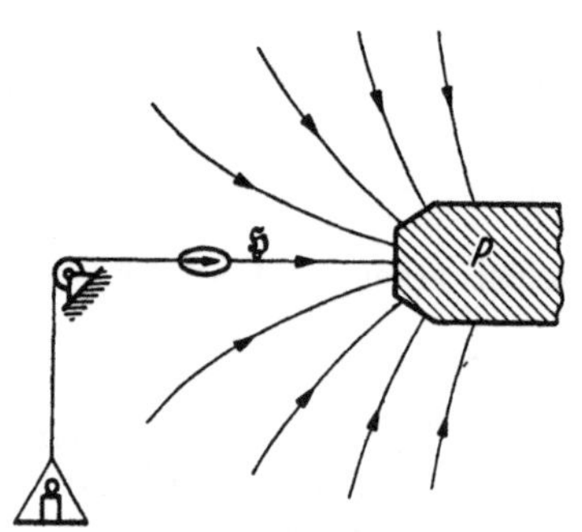

Abb. 43. Zur Berechnung der Magnetisierungsarbeit bei Verwendung eines permanenten Magneten.

Diese Arbeit ist offenbar von derjenigen im Fall der Spule $\left(A = \int_0^{J_1} H\,dJ\right)$ wesentlich verschieden. Ein Vergleich mit (3) lehrt, daß

$$A^* = A - J_1 H_1$$

ist, also

$$\delta A^* = \delta A - \delta(JH).$$

Der Unterschied A und A^* besteht in der Wechselwirkungsenergie mit der jeweilig benutzten Apparatur. Von diesem Unterschied würden wir unabhängig werden, wenn es möglich wäre, den Prozeß so zu leiten, daß am Schluß der magnetisierte Körper einerseits und der zur Felderzeugung benutzte Apparat andererseits räumlich getrennt vorgezeigt werden könnten. Das läßt sich praktisch nicht durchführen, weil die Magnetisierung bei Entfernung aus dem Feld wieder zurückgehen würde. Wenn wir uns trotzdem vorstellen, es wäre möglich, die Magnetisierung in dem einmal erreichten Zustand zu fixieren, so können wir jene Trennung als Gedankenversuch sehr wohl durchführen. Grob anschaulich kann man sich diese Fixierung so vorstellen, daß die einzelnen Elementarmagnete in ihrer momentanen Lage bei der Magnetisierung J_1 mechanisch festgeklemmt werden. Befindet sich dieser Körper mit der fixierten Magnetisierung im Innern der Spule, so ist überall $dJ = 0$, also $dB = dH_{\mathrm{sp}}$; die Induktivität der Spule wird somit durch die Anwesenheit des Körpers überhaupt nicht mehr beeinflußt. Bringen wir also ihren Strom von i auf 0, so wird dabei von der ursprünglich aufgewandten Arbeit $\dfrac{1}{4\pi}\int H\,dB$ der Teil $\dfrac{1}{8\pi}\int H\,dH$ zurückgewonnen. Es bleibt also wirklich nur der Teil $\int H\,dJ$ als Arbeit übrig. Nach dem Abschalten kann man den Körper mit seiner fixierten Magnetisierung J_1 ohne Arbeitsleistung aus der Spule herausziehen.

Beim Arbeiten mit dem permanenten Magneten hatten wir zunächst die Arbeit $-A^* = \int\limits_0^{H_1} J\,dH$ gewonnen. Um jetzt den Körper mit der festgefrorenen Magnetisierung J_1 aus dem Bereich des Pols zu entfernen, hat man die Arbeit $J_1 \int\limits_0^{H_1} dH = J_1 H_1$ aufzuwenden. Die im ganzen geleistete Arbeit beträgt also

$$J_1 H_1 - \int J\,dH = \int H\,dJ,$$

genau wie im Fall der Spule.

b) Die innere Energie.

Der erste Hauptsatz der Wärmelehre. Wir können jedem Körper eine nur von seinem momentanen Zustand abhängige Energie U zuschreiben, welche sich lediglich bei einer Wechselwirkung mit seiner Umgebung ändert. Als Ursachen für die Änderung fassen wir speziell am Körper geleistete Arbeiten δA und zugeführte Wärmemengen δQ ins Auge. Dann erfährt sein Energieinhalt die Änderung

$$(10) \qquad\qquad dU = \delta A + \delta Q.$$

Die oben besprochene Willkür in der Wahl von δA überträgt sich dadurch auf diejenige von U. Erzeugen wir die Magnetisierung durch die Verschiebung des Körpers im Felde eines permanenten Magneten und wählen für δA entsprechend (9) den Ausdruck $-J\,dH$, so ist bei U die potentielle Energie $-JH$ des magnetisierten Körpers gegenüber dem permanenten Magneten mitzuzählen. Entscheiden wir uns aber — wie wir es hier tun wollen — für $H\,dJ$ als Arbeitsausdruck, so ist die potentielle Energie $-JH$ in U nicht mit enthalten.

Die einfachste Anwendung des Satzes (10) erhält man bei Ausführung eines Prozesses, bei welchem der Körper selbst am Ende im gleichen Zustand vorliegt wie zu Anfang. Alsdann ist

$$\int\limits_1^2 dU = U_2 - U_1 = 0$$

und

$$(11) \qquad\qquad \oint \delta A = - \oint \delta Q.$$

In Worten: Die am Körper im ganzen geleistete Arbeit ist gleich der von ihm im ganzen abgegebenen Wärme. Besteht der Prozeß im einmaligen Durchlaufen der magnetischen Hystereseschleife, so ist $\oint \delta A = \oint H\,dJ$ gleich dem Flächeninhalt der Schleife. Hält man durch ein Bad die Temperatur des Körpers konstant, so wird also beim einmaligen Durchlaufen der Schleife eine ihrem Flächeninhalt gleiche *„Hysteresewärme"* an das Bad abgeben. Wir werden sie in Kap. 20, S. 267 einer näheren Betrachtung unterziehen. Dieser Satz wurde zuerst von WARBURG [1] gefunden.

Man überzeugt sich leicht, daß in diesen Satz die oben besprochene Willkür in der Definition der Magnetisierungsarbeit nicht eingeht. Denn für die geschlossene Schleife ist offenbar

$$\oint H\,dJ = - \oint J\,dH$$

und auch

$$\oint H\,dJ = \oint (H - N\,J)\,dJ.$$

Der Warburgsche Satz gilt mit Exaktheit lediglich als Integralsatz hinsichtlich der gesamten Energiebilanz bei einem vollen Magnetisierungszyklus.

---

[1] WARBURG, E.: Ann. Phys., Lpz. III Bd. 13 (1881) S. 141.

Er sagt nichts darüber aus, an welchen Stellen der Schleife die Wärmeentwicklung stattfindet. Dazu bedarf es weiterer Überlegungen, auf die wir in Kap. 20 zurückkommen werden.

Der *zweite Hauptsatz* liefert eine Aussage über die bei einem reversiblen Vorgang dem Körper zuzuführende Wärme. Bringt man ihn reversibel von einem Zustand 1 in einen Zustand 2, so ist die ihm dabei im ganzen zugeführte Wärme $\int_1^2 \delta Q$. Diese Größe ist im allgemeinen von dem Weg abhängig, auf welchem der Übergang von 1 nach 2 erfolgt. Es ist daher nicht sinnvoll, zu sagen, der Körper enthielte im Zustand 2 eine bestimmte Wärmemenge mehr als im Zustand 1. Der zweite Hauptsatz besagt nun, daß die Größe $\int_1^2 \dfrac{\delta Q}{T}$ bei reversiblen Prozessen nicht vom Wege abhängt. Mit ihrer Hilfe läßt sich also wirklich ein zahlenmäßiger Unterschied zwischen den beiden Zuständen definieren. Es existiert somit eine neue Zustandsfunktion, welche wir Entropie nennen und mit S bezeichnen. Wenn ihr Zahlenwert für einen Zustand 1 mit S_1 willkürlich angenommen wird, so liegt damit durch

$$S_2 = S_1 + \int_1^2 \frac{\delta Q}{T}$$

ihr Wert für jeden Zustand 2 fest, der von 1 aus reversibel erreicht werden kann. Die infinitesimale Änderung von S ist also gegeben durch

$$(12) \qquad\qquad d S = \frac{\delta Q}{T}.$$

Die für uns wichtigste Anwendung dieses Satzes besteht in der Ableitung eines Ausdruckes für die *Abhängigkeit der Energie von der Magnetisierung*. Aus dem ersten Hauptsatz $dU = \delta Q + \delta A$ folgt, wenn wir den Zustand durch die Angabe von J und T charakterisieren und δA durch $H\,dJ$ ersetzen,

$$(13) \qquad\qquad \delta Q = \left(\frac{\partial U}{\partial T}\right)_J d T + \left(\left(\frac{\partial U}{\partial J}\right)_T - H\right) d J.$$

Nach dem zweiten Hauptsatz existiert also eine Zustandsfunktion $S(J, T)$, deren Differential gegeben ist durch

$$d S = \frac{1}{T}\left(\frac{\partial U}{\partial T}\right)_J d T + \frac{1}{T}\left(\left(\frac{\partial U}{\partial J}\right)_T - H\right) d J.$$

Hier bedeuten die Faktoren von dT und dJ die partiellen Ableitungen von S nach T und J. Durch Anwendung der Identität

$$\frac{\partial}{\partial J}\left(\frac{\partial S}{\partial T}\right) = \frac{\partial}{\partial T}\left(\frac{\partial S}{\partial J}\right)$$

erhält man daher:

$$(14) \qquad\qquad \left(\frac{\partial U}{\partial J}\right)_T = H - T\left(\frac{\partial H}{\partial T}\right)_J.$$

Für die bei einem reversiblen Prozeß zugeführte Wärme gibt also jetzt (13):

$$(15) \qquad\qquad \delta Q = \left(\frac{\partial U}{\partial T}\right)_J d T - T\left(\frac{\partial H}{\partial T}\right)_J d J.$$

Das ist die Grundgleichung für alle in diesem Kapitel zu besprechenden Effekte.

Bevor wir auf diese eingehen, betrachten wir die durch (14) gegebene Abhängigkeit der inneren Energie von der Magnetisierung für drei spezielle Fälle der „Magnetischen Zustandsgleichung" $J = J(H, T)$. Dabei erwarten wir allgemein für $U(J, T)$ einen Ausdruck der Form

$$(16) \qquad U(J, T) = f(T) + E(J, T),$$

wobei der zweite Summand denjenigen Teil der Energie angeben soll, welcher von der Wechselwirkung der verschiedenen Elementarmagnete herrührt. $f(T)$ soll den Anteil der Energie enthalten, welcher nichtmagnetischen Ursprungs ist, also im wesentlichen die Energie der Gitterschwingungen.

Erstens: J hängt nur von H, nicht aber von T ab, es sei also $\left(\dfrac{\partial J}{\partial T}\right)_H = 0$. Dann ist auch $\left(\dfrac{\partial H}{\partial T}\right)_J = 0$. (14) ergibt dann

$$\frac{\partial U}{\partial J} = H$$

und

$$U(T, J) = f(T) + \int_0^J H\, dJ,$$

wo $f(T)$ eine von J unabhängige Temperaturfunktion bedeutet. In diesem Fall — und nur in diesem — ist der mit einer isothermen Magnetisierung verknüpfte Energiezuwachs gleich der Magnetisierungsarbeit A.

Zweitens: J hängt nur von dem Quotienten H/T ab, wie es z. B. beim Curieschen Gesetz $J = \dfrac{C}{T} H$ der Fall ist. Dann muß, damit J konstant ist, auch $H/T = \text{const}$ sein. Dann wird aber $H = T\left(\dfrac{\partial H}{\partial T}\right)_J$, also

$$\frac{\partial U}{\partial J} = 0.$$

Die Energie ist unabhängig von J, also $U = f(T)$.

Nach der Langevinschen Theorie des Curieschen Gesetzes war dies Ergebnis zu erwarten. Denn bei lauter voneinander unabhängigen, frei drehbaren Dipolen muß ja die Energie von der Einstellung der Dipole unabhängig sein. (Man beachte, daß wir hier die energetische Wechselwirkung mit dem äußeren Feld verabredungsgemäß nicht mit zur Energie zählen!)

Drittens: Beim Ferromagnetismus muß man zunächst eine Entscheidung darüber treffen, ob man unter J die pauschale Magnetisierung des ganzen Stückes oder diejenige der einzelnen Weißschen Bezirks verstehen will. Selbst unter den Voraussetzungen der ursprünglichen Weißschen Theorie (statistische Unordnung innerhalb der einzelnen Bezirke) ergeben sich in beiden Fällen verschiedene Ausdrücke für $E(J, T)$.

In der bisher üblichen Darstellungsweise versteht man unter J die Magnetisierung eines homogenen Bezirks; speziell für $H = 0$ wird also $J = J_s$. Dann hängt J lediglich von der einen Variabeln $\dfrac{H + WJ}{T}$ ab, mit konstantem W. Die Zustandsgleichung gestattet also die Schreibweise

$$(17) \qquad H + WJ = T\,\varphi(J),$$

wo φ eine Funktion von J allein ist. Somit wird

$$(18) \qquad \left(\frac{\partial H}{\partial T}\right)_J = \varphi(J) = \frac{H + WJ}{T},$$

also nach (14)

$$(19) \qquad \frac{\partial U}{\partial J} = -WJ; \quad U = f(T) + \tfrac{1}{2} W (J_\infty^2 - J^2).$$

Wir haben die Konstante $\frac{1}{2} W J_\infty^2$ hinzugefügt, damit

$$(19\,\mathrm{a}) \qquad E\,(J,\,T) = \tfrac{1}{2} W\,(J_\infty^2 - J^2)$$

im Zustand der Sättigung, also bei $T = 0$, gleich Null wird.

Diese Anwendung der Formel (14) auf einen einzelnen Bezirk ist nicht unbedenklich, weil die Thermodynamik grundsätzlich nur Aussagen über makroskopische Gebilde macht. Man kann auf zweierlei Weise versuchen, die soeben mitgeteilte Ableitung von (19) zu rechtfertigen. Entweder man nimmt die Bezirke als so groß an, daß sie bereits einzeln als Objekte der Thermodynamik betrachtet werden können. Oder aber man erklärt, daß man ja — bei Abwesenheit aller Richtkräfte, welche für die Gestalt der technischen Magnetisierungskurve maßgebend sind — durch ein beliebig kleines Feld die Bezirke ausrichten und damit das ganze Materialstück zu einem homogen magnetisierten Bezirk

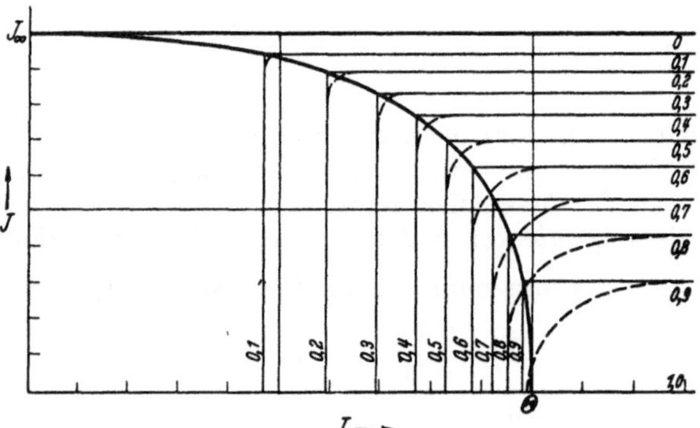

Abb. 44. Kurven konstanter Energie in der J-T-Ebene nach (21 a). Die angeschriebenen Zahlen geben die Energie in Einheiten $\frac{1}{2} W J_\infty^2$.

machen kann. In dieser Weise kann bei tiefen Temperaturen, d. h. weit unterhalb Θ, die Anwendung· der Thermodynamik auf einen einzelnen Bezirk tatsächlich gerechtfertigt werden. Bei Annäherung an den Curie-Punkt jedoch werden die einzelnen Bezirke immer kleiner und zugleich weniger scharf voneinander getrennt; bei Einwirkung eines Feldes läßt sich die Ausrichtung der Bezirke und die Steigerung von J über J_s hinaus nicht mehr trennen. Hier ist es also in einer thermodynamischen Behandlung nicht mehr statthaft, unter J die Magnetisierung eines einzelnen Bezirks zu verstehen. Durch eine solche, nur in Extremfällen gerechtfertigte Festsetzung verbaut man den Zugang zur sinnvollen Behandlung derjenigen Zustände, in denen die Begrenzung der Bezirke unscharf wird.

Aus diesen Gründen ist es vorzuziehen, von vornherein, auch beim Ferromagnetikum, unter J die pauschale Magnetisierung des ganzen Stücks zu verstehen. Dadurch ändert sich die magnetische Zustandsgleichung in dem bereits in Kap. 5, S. 45 besprochenen Sinn. Es wird

$$(20) \qquad \left\{ \begin{aligned} H + W J &= T\,\varphi\,(J) && \text{für } T > T_J, \\ H &= 0 && \text{für } T < T_J. \end{aligned} \right.$$

Diese Zustandsfunktion unterscheidet sich von (17) dadurch, daß für $H = 0$ J nicht mehr den zu T gehörigen Sättigungswert J_s ·besitzt, sondern jeden zwischen 0 und J_s liegenden Wert annehmen kann. Die Thermodynamik liefert für den zu (20) gehörigen Wert von U:

$$(21) \qquad \left\{ \begin{aligned} \frac{\partial U}{\partial J} &= -W J && \text{für } T > T_J, \\ \frac{\partial U}{\partial J} &= 0 && \text{für } T < T_J. \end{aligned} \right.$$

Integration dieser Gleichungen gibt den in Abb. 33 des Kap. 5, S. 46 dargestellten Verlauf: Es wird

$$U = f(T) + E(J, T),$$

wobei

$$(21\,\text{a}) \qquad \begin{cases} E = \tfrac{1}{2} W (J_\infty^2 - J^2) & \text{für } J > J_s, \\ \text{dagegen} \quad E = \tfrac{1}{2} W (J_\infty^2 - J_s^2) & \text{für } J < J_s. \end{cases}$$

Nach (21a) zeigen die Kurven $E = $ const in der T-J-Ebene den in Abb. 44 dargestellten Verlauf. Es sind lauter Geraden, die auf der Kurve der spontanen Magnetisierung um 90° geknickt sind. Für $J > J_s$ hängt E nur von J, dagegen für $J < J_s$ nur von T ab. Die durch (21a) und Abb. 44 gegebene Beschreibung der Funktion $E(J, T)$ ist zwar inhaltlich von der ursprünglichen Weißschen Form (19a) nicht verschieden. Sie hat aber vor ihr den großen Vorzug, daß die in der Umgebung des Curie-Punktes wegen der Schwarmbildung erforderlichen Korrekturen sich bei ihr zwanglos einführen lassen, wie wir das in Kap. 5, S. 47 gesehen haben. Sie bestehen in einer Abrundung des auf der Sättigungskurve liegenden Knickes; diese Abrundung ist in Abb. 44 gestrichelt angedeutet. Wir wollen der weiteren Diskussion die korrektere Auffassung von J als der pauschalen Magnetisierung zugrunde legen.

_____

c) Die freie Energie und das thermodynamische Potential.

Die freie Energie und das thermodynamische Potential werden wir zwar im vorliegenden Kapitel noch nicht brauchen. Sie werden aber im Abschnitt III ausgiebig benutzt werden. Daher soll ihr Zusammenhang mit den allgemeinen Sätzen der Wärmelehre hier erläutert werden. Unter Einführung der in (12) definierten Entropie S erhält der erste Hauptsatz (10) die Gestalt

$$dU = T\,dS + \delta A.$$

Man definiert nun die freie Energie durch:

$$(22) \qquad F = U - TS.$$

Damit erhalten wir

$$(23) \qquad dF = -S\,dT + \delta A$$

gültig für jede reversible Zustandsänderung. Besonders wichtig ist das Verhalten von F bei reversiblen Änderungen bei konstanter Temperatur. Aus (23) folgt nämlich

$$(24) \qquad {}_{(T)}\!\int_1^2 \delta A = F_2 - F_1.$$

In Worten besagt (24): Wird das System isotherm und reversibel von einem Zustand (1) in einen Zustand (2) gebracht, so ist die dabei an dem System geleistete Arbeit gleich der Zunahme der freien Energie F. Insbesondere ist diese Arbeit, wenn der Prozeß nur isotherm und reversibel geleitet wird, gänzlich unabhängig von dem Wege und den technischen Hilfsmitteln, mit denen der Übergang bewerkstelligt wird, da ja der Wert von $F_2 - F_1$ lediglich von dem End- und Anfangszustand abhängt.

Bei Anwendung auf einen magnetisierten Körper vom Volumen 1 cm³, dessen Zustand durch J und T gekennzeichnet sei, wird auch F eine Funktion dieser Variablen. Wegen $\delta A = H\,dJ$ wird

$$(25) \qquad dF = -S\,dT + H\,dJ.$$

Ist also $F(J, T)$ bekannt, so ist damit sowohl die Entropie S wie auch das Feld H als Funktionen von J und T bekannt. Denn nach (25) ist

$$(26) \qquad \begin{cases} \dfrac{\partial F}{\partial T} = -S \\[2mm] \dfrac{\partial F}{\partial J} = H. \end{cases}$$

Die späteren Betrachtungen im Abschnitt III bestehen zum wesentlichsten Teil darin, daß wir theoretisch begründete Ansätze für $F(J, T)$ aufsuchen, woraus dann nach (26) die Funktion $H = H(J, T)$, d. h. die Magnetisierungskurve abzuleiten ist. Dabei ist es unwesentlich, daß in jenen Betrachtungen häufig an Stelle von J die Richtung der spontanen Magnetisierung oder die Lage einer „Wand" zwischen zwei Bezirken in den Formeln auftreten.

Eine andere Schreibweise von (26) erhalten wir durch Einführung des *thermodynamischen Potentials*. Es ist nützlich, zwei verschiedene Ausdrücke für das Potential, welche wir mit Ψ_H^0 und Φ kennzeichnen wollen, streng auseinanderzuhalten. Die *erste* Definition lautet

$$(27) \qquad \Psi_H^0(J, T) = F(J, T) - HJ,$$

wo $F(J, T)$ die oben erklärte freie Energie bedeutet. Ψ_H^0 ist als Funktion von J und T zu betrachten. H spielt die Rolle eines Parameters, dessen Wert fest gegeben sei. Unter allen möglichen Werten von J gibt es einen, der sich bei gegebenem H und T wirklich einstellen wird. Nach (26) und (27) ist dieser Wert dadurch gegeben, daß

$$(28) \qquad \frac{\partial \Psi_H^0(J, T)}{\partial J} = \frac{\partial F}{\partial J} - H = 0$$

wird. *Der in diesem Sinne „richtige" J-Wert macht das Potential* zum Extremum, und zwar — wie wir nachher zeigen werden — *zum Minimum*.

Die *zweite Definition* des Potential ergibt sich in folgender Weise: Wir lösen die Gleichung (28) nach J auf und setzen die so erhaltene Funktion $J(H, T)$ in (27) ein. Dabei ergibt sich eine Funktion $\Phi(H, T)$, in welcher J nicht mehr vorkommt. Sie hat die Eigenschaft, daß

$$(29) \qquad \frac{\partial \Phi}{\partial H} = -J$$

ist, wie man unmittelbar bestätigt, wenn man J in (27) als Funktion von H und T auffaßt und das so entstehende $\Phi(H, T)$ unter Berücksichtigung von (28) nach H differenziert. In formal einfacherer Weise hätte man (29) auch direkt aus (25) gewinnen können. Unter Einführung von $\Phi = F - HJ$ geht nämlich (25) über in

$$(30) \qquad d\Phi = -S\, dT - J\, dH.$$

Faßt man dieses Φ als Funktion T und H auf, so ergibt sich daraus unmittelbar (29).

Der Unterschied zwischen den durch (30) und (27) gegebenen Potentialfunktionen läßt sich auch so beschreiben: In (30) sehen wir den mathematischen Zusammenhang $J = J(H, T)$ als vorgegeben an. Es ist dann ganz unwesentlich, ob man den Zustand durch Angabe von J und T oder von H und T beschreibt. Bei Wahl von J und T ist es wegen (26) zweckmäßig, die freie Energie zur charakteristischen Zustandsfunktion zu machen. Wählt man aber H und T als unabhängige Variable, so ist Φ wegen der einfachen Relation (30) vorzuziehen. Ganz anders ist die Auffassung bei der Funktion Ψ_H^0 in (27). Hier treten J und H zunächst ganz unabhängig nebeneinander auf. Wir betrachten

J als charakteristisch für den inneren Zustand, also z. B. für die Orientierung der einzelnen Elementarmagnete. Diesen Zustand kann man beschreiben, ohne daß dabei von einem Feld H die Rede ist. Andererseits kann man den Körper in ein Feld H bringen, etwa durch Heranführen an einen permanenten Magneten, ohne sich dabei um den Wert von J zu kümmern. H ist eine z. B. durch den Abstand vom Pol des permanenten Magneten gegebene Größe, welche zunächst mit dem Zustand des Systems nichts zu tun hat. Erst durch die Forderung (28) wird ein Zusammenhang zwischen J und H hergestellt.

Die *Minimumseigenschaft* von Ψ_H^0 wollen wir durch folgenden Gedankenversuch erläutern: Wir betrachten ein System, welches durch ein Temperaturbad auf der konstanten Temperatur T gehalten wird, aber sonst mit der Außenwelt nicht in Wechselwirkung steht. Das System sei zunächst in einem durch den Index 2 gekennzeichneten Zustand, welcher noch kein Gleichgewichtszustand sei. Im Laufe der Zeit gehe es „von selbst“ in den Zustand 1 über; dieser Übergang wird im allgemeinen irreversibler Natur sein. Wenn 1 erreicht ist, wollen wir durch Eingriffe von außen her in reversibler und isothermer Weise den Zustand 2 wieder herstellen und danach das System wieder sich selbst überlassen, wobei es nach Voraussetzung spontan wieder in 1 übergehen wird. Wenn man beim reversiblen Übergang von 1 nach 2 Arbeit gewinnt, so wäre offenbar das Perpetuum mobile zweiter Art realisiert. *Wenn also 1 ein Gleichgewichtszustand sein soll, so muß die zur Überführung von 1 nach 2 aufzuwendende Arbeit A_{12} positiv oder mindestens Null sein für jeden Zustand 2, der spontan in 1 übergehen kann.*

Wir wenden diesen Satz auf die Magnetisierung an: Das System bestehe aus einem permanenten Magneten P und dem zu magnetisierenden Körper vom Volumen 1 cm³, welcher in gegebenem Abstand von P befestigt, also einem bestimmten Feld H ausgesetzt sei. Seine Magnetisierung sei zunächst J_2. Unter der Wirkung von H gehe sie in J_1 über. Zur Berechnung von A_{12} führen wir folgenden Prozeß aus: Die Magnetisierung J_1 werde „fixiert“. Dann wird der Körper mit der fixierten Magnetisierung aus dem Feld herausgezogen. Dazu ist der Arbeitsaufwand $H J_1$ nötig. Dann wird — außerhalb der Reichweite von P — die Magnetisierung reversibel von J_1 auf J_2 gebracht. Den Weg, auf welchem das geschieht, brauchen wir nicht anzugeben. Die dazu erforderliche reversible Arbeit ist nach (24) auf jeden Fall gleich $F(J_2) - F(J_1)$. Danach wird die so erreichte Magnetisierung J_2 wieder fixiert und der Körper unter Gewinn der Arbeit $H J_2$ an seinen alten Platz vor P gebracht. Hier wird die Fixierung von J aufgehoben, wonach sich „von selbst“ wieder J_1 herstellt. Die im ganzen aufgewandte Arbeit ist

$$A_{12} = H J_1 + F(J_2) - F(J_1) - H J_2.$$

Wenn sich also die Magnetisierung J_1 von selbst einstellt, so muß wegen (27)

$$A_{12} = \Psi_H^0(J_2, T) - \Psi_H^0(J_1, T) \geq 0$$

erfüllt sein für jeden Wert J_2, von welchem aus J_1 spontan erreicht wird. Die Funktion $\Psi_H^0(J, T)$ wird also tatsächlich durch den richtigen Wert J_1 zum Minimum gemacht.

Die Berücksichtigung von weiteren Freiheitsgraden. Wir betrachten, als Vorbereitung auf den Abschnitt III, ferner den Fall, daß außer dem Magnetfeld noch mechanische Kräfte auf den Körper wirken. Während später auch allgemeine Spannungszustände auftreten werden, wollen wir uns hier — um das prinzipiell Wesentliche hervortreten zu lassen — auf eine einfache Zugbeanspruchung beschränken. Dabei tritt eine häufig lästige Komplikation dadurch auf, daß sich unter Umständen das Volumen des betrachteten Körpers ändern kann. Es ist dann nicht mehr sinnvoll, ein cm^3 des Körpers der Betrachtung zugrunde zu legen. Vielmehr bezieht sich die ganze Überlegung stets auf ein bestimmtes materielles Stück. Am einfachsten vermeiden wir diese Komplikation, wenn wir nicht von dem magnetischen Moment J der Volumeneinheit, sondern von dem Moment M des ganzen Körpers sprechen; dieser habe die Gestalt eines langgestreckten Zylinders. Wir bezeichnen mit L seine Länge und mit Z die auf ihn wirkende Zugkraft. Die zu einer Vergrößerung von M und L aufzuwendende Arbeit ist jetzt

$$\delta A = H\,dM + Z\,dL.$$

Die freie Energie F wird daher eine Funktion der drei Variablen T, M und L. Sie genügt der Differentialbeziehung

(31) $$dF = -S\,dT + H\,dM + Z\,dL.$$

Weiter bedeutet

$$F(T, M_2, L_2) - F(T, M_1, L_1)$$

die Arbeit zur isothermen reversibeln Überführung von (M_1, L_1) in (M_2, L_2). Aus

$$\frac{\partial F}{\partial M} = H \quad \text{und} \quad \frac{\partial F}{\partial L} = Z$$

folgt, daß jetzt das Potential

(32) $$\Psi^0_{H,Z}(M, L) = F(T, M, L) - HM - ZL$$

bei gegebenen Werten von T, H, Z durch die „richtigen" Werte von M und L zum Minimum gemacht wird. Es ist lehrreich, den obigen Gedankenversuch an Hand der Abb. 45 auf die Änderung von L auszudehnen.

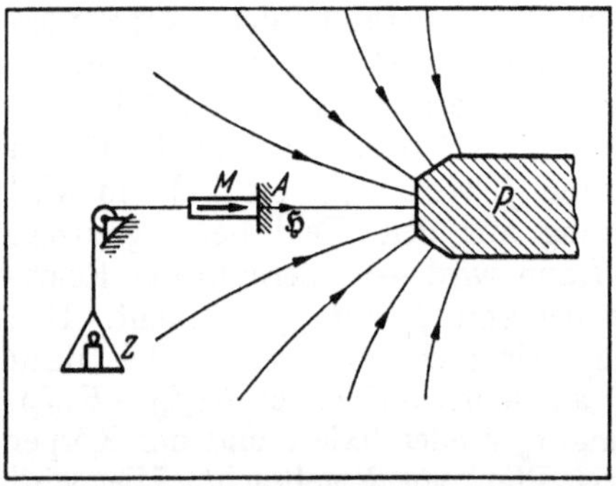

Der Körper M sei in seiner Lage zum permanenten Magneten durch die Halterung A befestigt. Auf das andere Ende wirkt über eine Rolle die Zugkraft Z. Diese ganze Anordnung betrachten wir als abgeschlossenes System, in welches der Körper zunächst mit dem Moment M_2 und der Länge L_2 hineingebracht sei. Im Laufe der Zeit soll dann von selbst M_2 in M_1 und L_1 (unter Verschiebung des Gewichtes Z) in L_1 übergehen. Zum Zweck der reversiblen Zurückführung in M_2 und L_2 haben wir zunächst nicht nur M_1, sondern auch L_1 (etwa durch eine unendlich harte Klammer) und die Stellung von Z zu fixieren. Dann können wir den Körper mit M_1 und L_1 aus dem System entfernen, ihn draußen reversibel in den Zustand M_2, L_2 bringen und dann an seine alte Lage zurückführen. Außerdem müssen wir jetzt noch das Gewicht Z unter Aufwand der Hubarbeit $Z(L_1 - L_2)$ wieder in die zu L_2 passende Stellung zurückbringen. Die Gesamtarbeit beträgt also jetzt

$$HM_1 + F(M_2, L_2) - F(M_1, L_1) - HM_2 + Z(L_1 - L_2).$$

Abb. 45. Zum Beweis der Minimumseigenschaft des thermodynamischen Potentials bei Anwesenheit einer Zugspannung.

Nach (32) ist das aber gerade die Differenz der entsprechenden $\Psi^0_{H,Z}$-Funktionen. Wir können also wieder schließen, daß M_1, L_1 nur dann die zu gegebenen Werten von T, H, Z gehörigen Gleichgewichtswerte sind, wenn

$$\Psi^0_{H,Z}(M_2, L_2, T) - \Psi^0_{H,Z}(M_1, L_1, T) \geqq 0$$

ist für jeden Zustand M_2, L_2, der spontan in $M_1 L_1$ übergehen kann.

Entsprechend der zweiten Formulierung des Potentials folgern wir jetzt aus (31), daß die Zustandsfunktion

$$\Phi(H, Z, T) = F - H M - Z L$$

der Gleichung

$$d\Phi = - S\, dT - M\, dH - L\, dZ$$

genügt. Da hiernach

$$\frac{\partial \Phi}{\partial H} = - M \quad \text{und} \quad \frac{\partial \Phi}{\partial Z} = - L$$

ist, so folgt durch nochmaliges Differenzieren

$$(33) \qquad \left(\frac{\partial M}{\partial Z}\right)_H = \left(\frac{\partial L}{\partial H}\right)_Z.$$

Hier sind M wie auch L als Funktion von T, H und Z aufzufassen. Gleichung (33) spielt für den Zusammenhang zwischen Magnetostriktion und Magnetisierungskurve eine grundlegende Rolle. Sie besagt: Wenn die Länge bei konstant gehaltenem Zug durch Einschalten eines Magnetfeldes anwächst („positive Magnetostriktion"), so muß das magnetische Moment durch eine Zugspannung bei festgehaltenem H vergrößert werden.

Der Zusammenhang mit der statistischen Mechanik. Die beiden durch (27) und (30) gegebenen Ausdrücke für das Potential sind uns bereits in Kap. 5, S. 38 f. bei der statistischen Behandlung der Langevin-Kurve begegnet, ohne daß dort explizit auf thermodynamische Größen verwiesen wurde. Dieser Zusammenhang sei hier kurz nachgetragen. In den statistischen Formeln benutzen wir an Stelle der Magnetisierung die Zahl r der Rechtsspins, deren Angabe ja wegen $\frac{r}{n} = \frac{1}{2}\left(1 + \frac{J}{J_\infty}\right)$ mit derjenigen von J äquivalent ist. Wir beschränken uns hier auf den Fall, daß auch die innere Energie E allein von r (und nicht von T) abhängt. Dann war die Wahrscheinlichkeit eines „Zustandes r" gegeben durch $W(r) = C\, w(r)$, wobei

$$(34) \qquad w(r) = G_n(r)\, e^{-\frac{E(r) - p H (2r - n)}{kT}}$$

Zur Ableitung der Zustandsgleichung, d. h. des bei gegebenen H und T zu erwartenden Wertes von r gaben wir oben zwei Verfahren an. *Entweder* bildet man die Zustandssumme

$$\Sigma = \sum_r w(r)$$

und berechnet den Durchschnittswert $\bar J$ von J aus

$$\bar J = k T \frac{\partial}{\partial H} \lg \Sigma$$

oder man sucht den wahrscheinlichsten Wert J^* durch Berechnung desjenigen Wertes r^* von r, welcher $w(r)$ zum Maximum macht:

$$\left(\frac{\partial \lg w(r)}{\partial r}\right)_{r = r^*} = 0.$$

Die Verknüpfung mit unseren beiden Funktionen Ψ_H^0 und Φ liegt nun auf der Hand: Offenbar ist

$$(35\,\text{a}) \qquad \Phi(H, T) = - k T \lg \sum_r w(r)$$

und

$$(35\,\text{b}) \qquad \Psi_H^0(J, T) = - k T \lg w(r).$$

In dem so definierten $\Phi(H, T)$ kommt wegen der Summation über r die Magnetisierung nicht mehr vor; in dem Ausdruck für Ψ_H^0 ist natürlich r durch $\frac{n}{2}\left(1 + \frac{J}{J_\infty}\right)$ ersetzt zu denken.

Bis auf den Faktor $-kT$ *ist* $\Phi(H, T)$ *der Logarithmus der ganzen Zustandssumme,* Ψ_H^0 *dagegen der Logarithmus eines einzelnen Summanden.* Unsere thermodynamische Forderung (28), daß $\Psi_H^0(J, T)$ für das richtige J zum Minimum werden soll, ist also identisch mit der anderen, daß $w(r)$ für das richtige r ein Maximum wird.

Nach Einführung von J an Stelle von r lautet (34) auch

$$w(J) = G(J)\, e^{-\frac{E(J) + JH}{kT}}.$$

Nach (35 b) ist also

$$(36) \qquad \Psi_H^0(J, T) = E(J) - kT \lg G(J) - JH.$$

Das ist in der Tat die durch (22) und (27) definierte Funktion, wenn wir der Entropie S den Wert

$$(37) \qquad S(J) = k \lg G(J)$$

zuschreiben, wo also $G = \binom{n}{r}$ angibt, auf wieviel verschiedene Weisen sich die Magnetisierung J (durch Auswahl der r Rechtsspins) herstellen läßt.

d) Die Anomalie der spezifischen Wärme.

Wir diskutieren nun die verschiedenen Anwendungen der Gleichung (15). Unter der *spezifischen Wärme* γ, welche wir hier auf 1 cm³ beziehen wollen, versteht man den Quotienten $\frac{\delta Q}{\partial T}$ von zugeführter Wärme δQ und der gleichzeitigen Temperaturerhöhung δT. Man erhält verschiedene Werte für γ, je nachdem, ob man bei der Erwärmung das Feld H oder die Magnetisierung J konstant hält. Die zugehörigen Werte von γ nennen wir γ_H und γ_J. Zur Berechnung von γ_H hat man in (15) J als Funktion von T und H aufzufassen also

$$dJ = \frac{\partial J}{\partial H}\, dH + \frac{\partial J}{\partial T}\, dT.$$

Dann folgt aus (15):

$$\gamma_J = \left(\frac{\partial U}{\partial T}\right)_J \quad \text{und} \quad \gamma_H = \left(\frac{\partial U}{\partial T}\right)_J - T\left(\frac{\partial H}{\partial T}\right)_J \left(\frac{\partial J}{\partial T}\right)_H.$$

Entsprechend der Zerlegung (16) von U in den Gitteranteil $f(T)$ und den magnetischen Anteil $E(J, T)$ zerfallen auch die spezifischen Wärmen in mehrere Summanden. Wir nennen $\gamma_0 = \frac{\partial f}{\partial T}$ den von den Gitterschwingungen herrührenden Teil der spezifischen Wärmen und haben dann

$$(38) \qquad \gamma_J = \gamma_0 + \left(\frac{\partial E}{\partial T}\right)_J; \quad \gamma_H = \gamma_0 + \left(\frac{\partial E}{\partial T}\right)_J - T\left(\frac{\partial H}{\partial T}\right)_J \left(\frac{\partial J}{\partial T}\right)_H.$$

Experimentell mißt man stets die spezifische Wärme bei konstantem Feld, in der Regel bei $H = 0$. Man nennt die Größe $\gamma_H - \gamma_0$ die *Anomalie der spezifischen Wärme.* Sie ist stets positiv und läßt sich anschaulich verstehen als diejenige Wärme, welche man zum Aufbrechen der spontanen Magnetisierung gegen das innere Feld aufzuwenden hat. Tatsächlich zeigen alle Ferromagnetika in der Umgebung des Curie-Punktes einen abnormen Verlauf der spezifischen Wärme, wie er z. B. in der späteren Abb. 47 für den Fall des Nickels wiedergegeben ist.

Um konkretere Aussagen zu machen, wollen wir der weiteren Diskussion die Weißsche Zustandsgleichung in der Form (20) zugrunde legen. Dann ist — unabhängig von der speziellen Gestalt der Langevin-Funktion —

$$(39) \quad \text{und} \quad \begin{cases} T \dfrac{\partial H}{\partial T} = H + WJ & \text{für } J > J_s \\[2mm] T \dfrac{\partial H}{\partial T} = 0 & \text{für } J < J_s. \end{cases}$$

Zusammen mit (21a) erhält man also

$$\gamma_H - \gamma_0 = - WJ_s \frac{dJ_s}{dT} \qquad \text{für } J < J_s$$

und

$$\gamma_H - \gamma_0 = - (H + WJ) \left(\frac{\partial J}{\partial T} \right)_H \qquad \text{für } J > J_s.$$

Somit ergibt sich für die *Anomalie der spezifischen Wärme beim Feld* $H = 0$, also $J \leq J_s$ stets

$$(40) \qquad \gamma_H - \gamma_0 = - \tfrac{1}{2} W \frac{dJ_s^2}{dT}.$$

Man bemerke übrigens, daß für den Fall $J = 0$ (J ist stets pauschale Magnetisierung!) nach (38) γ_J und γ_H identisch werden, da ja dann auch $\left(\frac{\partial J}{\partial T} \right)_H = 0$ ist.

Nach dem bekannten Verlauf der J_s-T-Kurve erwartet man nach (40) einen Anstieg von γ_H bei der Annäherung an den Curie-Punkt und danach einen plötzlichen Absturz auf den Wert γ_0, also einen Verlauf, wie er schematisch Abb. 46 dargestellt ist. Der in Wirklichkeit stets vorhandene Anstieg von γ_0 mit wachsender Temperatur wurde in der schematischen Abb. 46 nicht berücksichtigt. Für den Sprung der spezifischen Wärme am Curie-Punkt liefert (20) einen einfachen Ausdruck. Nach Gleichung (4.8) ist am Curie-Punkt

$$\frac{dJ_s^2}{dT} = - \frac{J_\infty^2}{\Theta} \frac{10}{3} \frac{(j+1)^2}{j^2 + (j+1)^2}.$$

Wir schreiben damit (40) nach Erweiterung mit $p\,k$ in der Form

$$\gamma_H - \gamma_0 = k \frac{J_\infty}{p} \frac{p W J_\infty}{k \Theta} \frac{5}{3} \frac{(j+1)^2}{j^2 + (j+1)^2}.$$

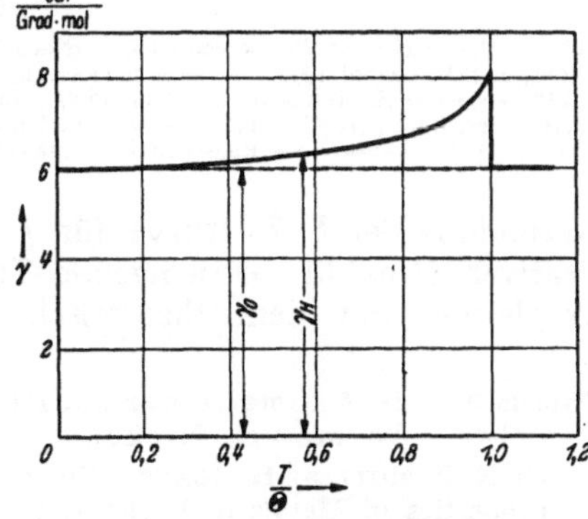

Abb. 46. Die Anomalie der spezifischen Wärme nach der Weißschen Theorie [nach (40)].

Hier ist J_∞/p gleich der Zahl ν der im cm³ enthaltenen Elementarmagnete. Nach (4.5) und (3.17) ist $\dfrac{p W J_\infty}{k \Theta} = \dfrac{3j}{j+1}$. Damit wird $\gamma_H - \gamma_0$ pro Elementarmagnet am Curie-Punkt

$$(41) \qquad \frac{\gamma_H - \gamma_0}{\nu} = k \cdot \frac{5j(j+1)}{j^2 + (j+1)^2},$$

$$(41\,\mathrm{a}) \qquad \text{also } \frac{\gamma_H - \gamma_0}{\nu} = \begin{cases} \tfrac{3}{2} k & \text{für } j = \tfrac{1}{2} \\[1mm] \tfrac{4}{3} k & \text{für } j = 1 \\[1mm] \tfrac{5}{3} k & \text{für } j = \infty. \end{cases}$$

Der experimentell von verschiedenen Autoren ermittelte Verlauf der spezifischen Wärme von Nickel ist in Abb. 47 dargestellt. Man findet den erwarteten Anstieg zum Curie-Punkt durchaus bestätigt; dagegen ist der Absturz keineswegs so steil, wie man nach der schematischen Abb. 46 erwarten sollte. Man beobachtet vielmehr ein durchaus stetiges Absinken, das sich über 20 bis 50° erstreckt. Eine Fortsetzung der Anomalie über den Curie-Punkt hinaus ist nach den Erörterungen des Kap. 5, S. 47 als Folge der Schwarmbildung durchaus zu erwarten. Sie folgt ja direkt aus der in Abb. 33 gestrichelt eingetragenen

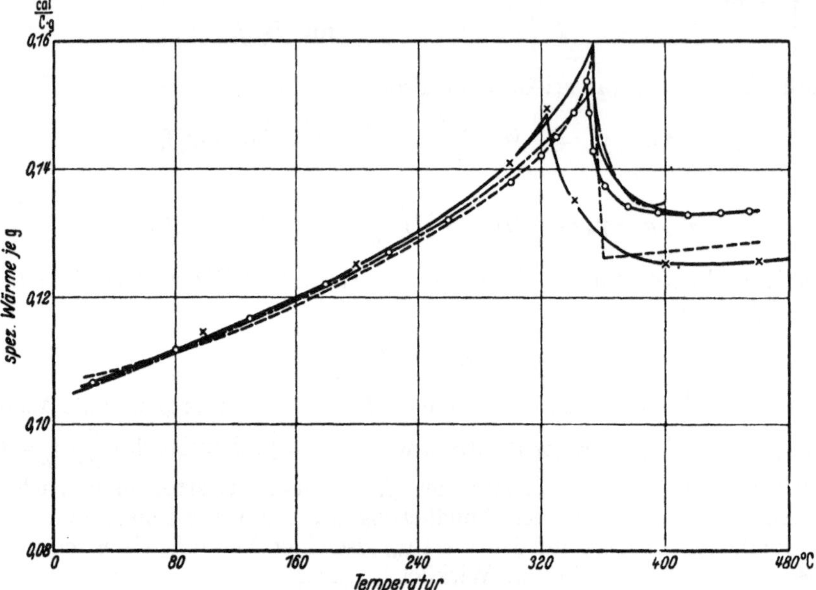

Abb. 47. Die spezifische Wärme von Nickel. (Nach N. F. Mott u. H. Jones: Theory of the Properties of Metals and Alloys, S. 228. Oxford 1937.) ——·—— Sucksmith, W. u. H. H. Potter: Proc. roy. Soc., Lond. A Bd. 112 (1926) S. 157. —×—×— Klinkhardt, H.: Ann. Phys., Lpz. IV Bd. 84 (1927) S. 167. ——— Lapp, E.: Ann. Phys., Paris 10 Ser. Bd. 12 (1929) S. 442. ———— Karbonyl-Nickel. Ahrens, E.: Ann. Phys., Lpz. V Bd. 21 (1934) S. 169. —o—o—o— Reines Nickel. Ahrens, E.: Ann. Phys., Lpz. V Bd. 21 (1934) S. 169.

Abrundung der $E(T)$-Kurve für $J=0$. Leider existiert noch keine in quantitativer Hinsicht befriedigende Theorie dieses Effektes. Zum Zweck eines Vergleiches mit dem theoretisch vorausgesagten Absturz könnte man die Differenz zwischen dem Höchstwert von γ_H und dem Minimum hinter dem Curie-Punkt heranziehen. In der Tabelle 9 sind die Differenzen $C_{max} - C_{min}$ für die Molwärmen angegeben, welche von den verschiedenen Autoren gefunden wurden. Aus (41) erhalten wir dafür, wenn wir mit s die in Tabelle 5 (S. 27) gegebene Zahl der Magnetonen pro Atom bei $J = J_\infty$ bezeichnen:

$$(C_H - C_0)_{max} = s \cdot \tfrac{3}{2} R \qquad \text{für } j = \tfrac{1}{2}$$

und

$$(C_H - C_0)_{max} = \frac{s}{2} \cdot \tfrac{4}{2} R \qquad \text{für } j = 1.$$

Tabelle 9. Die Anomalie der spezifischen Wärme von Nickel.

(Nach N. F. Mott u. H. Jones: Theory of the Properties of Metals and Alloys. S. 228. Oxford 1937.)

Gemessen [1]	C_{max}	C_{min}	$C_{max} - C_{min}$
Sucksmith-Potter	8,9	7,9	1,0
Lapp	9,3	7,4	1,9
Klinkhardt . . .	8,8	7,3	1,5
Ahrens	9,0	7,8	1,2
Grew	8,5	7,5	1,0
Theoretisch {			$j = \tfrac{1}{2}$: 1,8
			$j = 1$: 1,2

Für Nickel ($s = 0,6$) ergeben sich also 1,8 g cal/Mol bei $j = \tfrac{1}{2}$ und 1,2 g cal/Mol bei $j = 1$.

---

[1] Vgl. die Zitate in der Unterschrift zu Abb. 47, außerdem K. E. Grew: Proc. roy. Soc., Lond. A, Bd. 145 (1933) S. 509.

Die in Tabelle 9 wiedergegebenen Messungen streuen in einem Bereich von 1,0 bis 1,9. Eine genauere Diskussion dieser Zahlen dürfte sich erübrigen, da ja der Verlauf von C_H oberhalb des Curie-Punktes (ebenso wie die Abkrümmung der $\frac{1}{\chi}$-T-Kurve) darauf hinweist, daß in der Umgebung von $T = \Theta$ die Weißsche Theorie einer Modifikation bedarf.

e) Der magnetokalorische Effekt.

Eine adiabatische Zustandsänderung ist durch die Bedingung $\delta Q = 0$ gekennzeichnet. Aus (15) entnimmt man, daß eine solche Änderung im allgemeinen mit einer Temperaturänderung verknüpft ist. Diese Erscheinung heißt der „magnetokalorische Effekt". Seine Größe ergibt sich unmittelbar aus (15) zu

$$(42) \qquad \gamma_J\, dT = T \left(\frac{\partial H}{\partial T}\right)_J dJ.$$

Anstatt der Zunahme von T mit J kann man auch diejenigen mit H angeben. Dazu hat man in (42) $dJ = \frac{\partial J}{\partial H}\, dH + \frac{\partial J}{\partial T}\, dT$ zu setzen. Unter Berücksichtigung der Identität $\left(\frac{\partial H}{\partial T}\right)_J \left(\frac{\partial J}{\partial H}\right)_T = -\left(\frac{\partial J}{\partial T}\right)_H$ und der Gleichung (38) für γ_H findet man den mit (42) äquivalenten Ausdruck

$$(43) \qquad \gamma_H\, dT = -T \left(\frac{\partial J}{\partial T}\right)_H dH.$$

Je nachdem, ob man die gemessene Temperaturerhöhung als Funktion von J oder von H aufträgt, ergeben sich aus (42) und (43) verschiedene Möglichkeiten zur Prüfung der Theorie. Wir beginnen mit der Diskussion von (43) im ferromagnetischen Gebiet. Bei Feldstärken, welche zur technischen Sättigung ausreichen, ist J praktisch gleich J_s und von H nur wenig abhängig. Dann kann man in (43) die Größe $\left(\frac{\partial J}{\partial T}\right)_H$ durch die Steilheit $\frac{dJ_s}{dT}$ der J_s-Kurve ersetzen. (43) gibt also in diesem Gebiet einen mit H linearen Temperaturanstieg. Durch Messung der Steilheit dieses Anstiegs gewinnt man aus (43) einen Wert für die spezifische Wärme γ_H, welche sich mit den direkt gemessenen Werten vergleichen läßt. Diese Kontrolle wurde von WEISS und FORRER (s. Abb. 48) an Nickel und von POTTER (s. Abb. 49) an Eisen mit befriedigendem Erfolg durchgeführt.

Einer weiteren quantitativen Diskussion legen wir die Formel (42) für den magnetokalorischen Effekt zugrunde, welche zunächst noch allgemein gilt. Setzen wir wieder speziell die Gültigkeit der Zustandsgleichung (20) voraus, so wird

$$\gamma_J\, dT = 0 \qquad\qquad \text{für } J < J_s$$
$$\gamma_J\, dT = (H + WJ)\, dJ \qquad \text{für } J > J_s.$$

Nun ist $WJ_\infty \approx 10^7$ Oe. Also ist bis herunter zu $\frac{J}{J_\infty} \approx 10^{-2}$ stets H neben WJ zu vernachlässigen. Wir erhalten also im *ferromagnetischen* Gebiet:

$$\gamma_J\, dT = 0 \qquad\qquad \text{für } J < J_s$$
$$\gamma_J\, dT = \tfrac{1}{2} W\, d(J^2) \qquad \text{für } J > J_s,$$

nach Integration also

$$(44) \qquad \gamma_J\, \Delta T = \tfrac{1}{2} W\, (J^2 - J_s^2).$$

Im *paramagnetischen* Gebiet können wir der Gleichung (42) eine andere Gestalt geben, welche noch für jede Zustandsgleichung Gültigkeit besitzt. Hier ist nämlich J proportional zu H, also $H = \frac{1}{\chi} J$. Aus (42) folgt somit streng

$$(45) \qquad \gamma_J \, dT = T \frac{d}{dT} \left(\frac{1}{\chi} \right) \frac{1}{2} \, d(J^2).$$

Der magnetokalorische Effekt ist hier also direkt gegeben durch die Steilheit der $\frac{1}{\chi}$-T-Kurve. Eine Bestätigung dieser Voraussage wird uns nachher

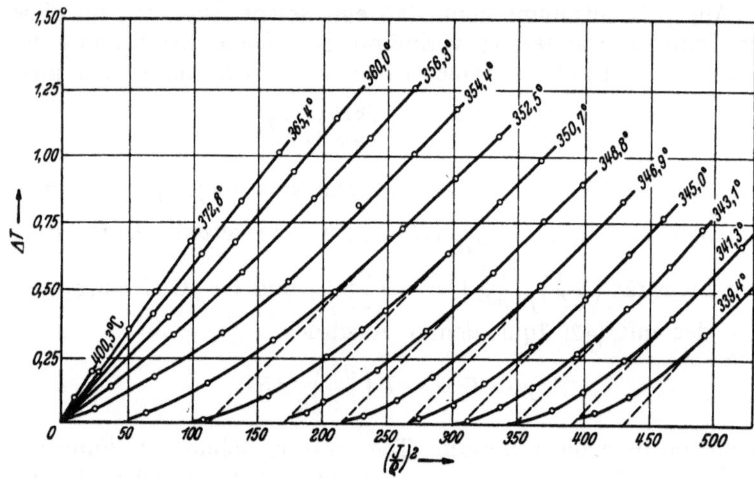

Abb. 48. Der magnetokalorische Effekt bei Nickel, aufgetragen über dem Quadrat der Magnetisierung. [Nach P. WEISS u. R. FORRER: Ann. Phys., Paris 10. Ser. Bd. 5 (1926) S. 153.]

beschäftigen. Bei Gültigkeit des Curie-Weißschen Gesetzes

$$J = \frac{\Theta}{W} \frac{H}{T - \Theta}$$

wäre $\frac{1}{\chi} = \frac{W}{\Theta} (T - \Theta)$. In diesem speziellen Fall wird also aus (45)

$$(45\,\mathrm{a}) \qquad \gamma_J \, dT = \frac{T}{\Theta} \tfrac{1}{2} W \, d(J^2).$$

(Den Faktor T auf der rechten Seite darf man als konstant ansehen, da die beobachteten Temperaturänderungen höchstens einen Grad erreichen.) Trägt man also die Temperaturerhöhung über dem Quadrat der Magnetisierung auf, so erhält man gerade Linien, deren Neigung für $T < \Theta$ gleich $\dfrac{W}{2\gamma_J}$ sein sollte. Zudem sollen nach (44) diese Geraden die Abszissenachse beim Wert J_s^2 treffen. Für $T > \Theta$ ergeben sich ebenfalls Geraden, welche etwas steiler verlaufen und sämtlich durch den Ursprung gehen. Experimentell bleibt man aber stets bei Temperaturen, die sich prozentisch nur wenig von Θ unterscheiden, so daß die Steilheit in beiden Fällen praktisch durch $\dfrac{W}{2\gamma_J}$ gegeben ist.

Wir vergleichen diese Behauptung der Theorie mit Messungen von WEISS und FORRER an Nickel (Abb. 48) (Felder bis 20000 Oe). Ganz ähnliche Kurven erhielt POTTER an Eisen mit Feldstärken bis zu 11000 Oe. Der geradlinige Verlauf der ΔT-J^2-Kurven wird oberhalb des Curie-Punktes voll bestätigt. Unterhalb der Curie-Temperatur haben wir zunächst einen gekrümmten Verlauf, der sich erst bei höheren Werten von J^2 der durch (44) gegebenen Geraden asymptotisch nähert. Die Abweichung von dem geknickt-geradlinigen Verlauf ist durchaus verständlich. Denn bei der zugrunde gelegten Zustandsgleichung (20) haben wir angenommen, daß die technische Sättigung bereits bei beliebig kleinem Feld erreicht ist. In Wirklichkeit wird aber bei mittleren Feldstärken, noch bevor alle Weißschen Bezirke in die Richtung des Feldes eingestellt sind, schon eine Steigerung von J über J_s hinaus eintreten. Daher beginnt der Temperaturanstieg bereits, ehe noch die pauschale Magnetisierung den Wert J_s erreicht hat. Wir sind somit berechtigt, anzunehmen, daß die rückwärtige Verlängerung des geraden Stückes der ΔT-Kurve den zu der betreffenden Temperatur gehörigen Wert der spontanen Magnetisierung liefert. Diese Methode zur Messung J_s dicht unterhalb des Curie-Punktes ist deshalb so wichtig, weil hier die unmittelbare magnetische Methode mit großen Unsicherheiten behaftet ist. Die in Abb. 25 und 27 des Kap. 4, S. 32 und 33 angegebenen Werte von J_s wurden tatsächlich auf diese Weise gewonnen. Abgesehen von allen Einzelheiten

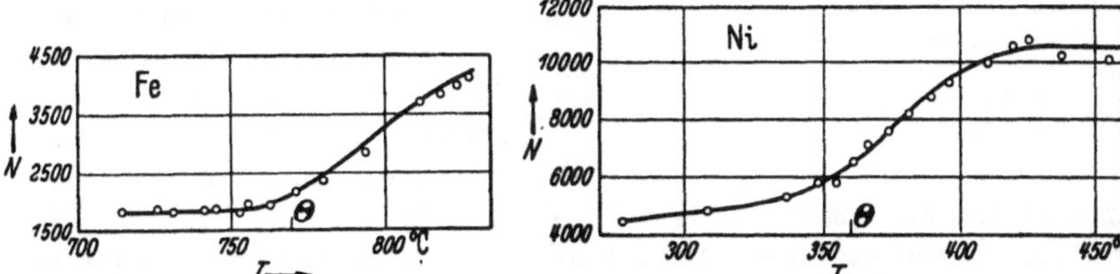

Abb. 49. Der Faktor W (in der Abb. mit N bezeichnet) des Weißschen Feldes aus Messungen am magnetokalorischen Effekt unter Zugrundelegung von (44) und (45a). [Nach H. H. Potter: Proc. roy. Soc., Lond. A Bd. 146 (1934) S. 362.]

der theoretischen Deutung erblicken wir in diesem Verhalten der ΔT-Kurven einen der eindrucksvollsten experimentellen Beweise für die Realität der spontanen Magnetisierung.

Wir vergleichen weiterhin die Neigung der ΔT-J^2-Kurven mit der von (44) und (45) geforderten. Schon der Anblick der Abbildungen lehrt, daß die von der Theorie geforderte Parallelität der Geraden untereinander zwar unterhalb des Curie-Punktes vorhanden ist. Oberhalb Θ jedoch werden die Geraden immer steiler, und zwar in viel stärkerem Maße, als durch den von 1 stets nur wenig verschiedenen Faktor T/Θ in (45a) gerechtfertigt wäre. Dieser Umstand kommt in der nachfolgenden Abb. 49 deutlich zum Ausdruck. Hier wurde unter Zugrundelegung der Formeln (44) und (45a) für die jeweils benutzte Temperatur der zugehörige Wert von W aus der beobachteten Steilheit der ΔT-Geraden ermittelt.

Die Behauptung einer Temperaturabhängigkeit von W ist natürlich lediglich eine Beschreibung des experimentellen Tatbestandes. In Wirklichkeit folgt auch hier wieder die Unzulänglichkeit der Weißschen Theorie für die feineren Züge des Verhaltens in der Gegend $T \approx \Theta$. Übrigens ist qualitativ dieser Verlauf von W vorauszusehen aus der (oberhalb Θ) strengen Formel (45).

Für die mit Hilfe von (45a) aus dem magnetokalorischen Effekt ermittelte Größe W gilt demnach

$$(46) \qquad \frac{2\gamma_J \Delta T}{\Delta J^2}\,\frac{\Theta}{T} = W = \Theta\,\frac{d}{dT}\left(\frac{1}{\chi}\right).$$

Nach dem Curie-Weißschen Gesetz sollte $\dfrac{d}{dT}\left(\dfrac{1}{\chi}\right)$ temperaturunabhängig sein.

In Wirklichkeit wird aber, wie wir oben (Abb. 21 und 22) gesehen haben, $\dfrac{d}{dT}\left(\dfrac{1}{\chi}\right)$ erst weiter oberhalb von Θ konstant, während es bei Annäherungen an Θ zu kleineren Werten abbiegt. Die Kurven der Abb. 49 sollten im wesentlichen die Ableitungen der $\frac{1}{\chi}$-T-Kurve bilden. Eine Bestätigung der Weißschen Theorie ist überhaupt erst zu erwarten in einem Gebiet, in welchem die $\frac{1}{\chi}$-T-Kurve geradlinig, also die W-Werte konstant sind. Wir entnehmen somit aus Abb. 49 für Nickel den Wert $W = 11\,000$. Beim Eisen reichen die Messungen nicht ganz bis zum Konstantwerden von W. Der höchste gemessene Wert von 4500 dürfte daher noch etwas unter dem richtigen liegen.

Wir stellen den aus drei verschiedenen Messungen abgeleiteten Wert von W noch einmal in Tabelle 10 zusammen.

Es ist sehr auffällig, daß auch beim Nickel die Annahme $j = 1$, d. h. also Spinpaare, wesentlich bessere Übereinstimmung liefert. Das gleiche sahen wir oben bei Besprechung der Konstanten C des Curie-Weißschen Gesetzes (S. 34).

Übrigens muß betont werden, daß die Übereinstimmung der W-Werte der zweiten und dritten Spalte nichts über die Richtigkeit der Weißschen Theorie aussagt. Sie müssen wegen der aus den allgemeinen Sätzen der Thermodynamik folgenden Gleichung (46) exakt übereinstimmen. Bei ihnen kann also eine Differenz lediglich durch Ungenauigkeit der Messungen entstehen.

Tabelle 10. Der Faktor W des Weißschen inneren Feldes bei Eisen und Nickel, nach verschiedenen Methoden ermittelt.

	Aus J_∞ und Θ_f		Aus $\frac{1}{\chi} - T$-Kurve	Aus magnetokalorischem Effekt
Fe	$j = \frac{1}{2}$	8360	6100	> 4500
	$j = 1$	6300		
Ni	$j = \frac{1}{2}$	18400	13300	11000
	$j = 1$	13800		

7. Die gyromagnetischen Effekte [1].

Nach der in Kap. 2, S. 13 entwickelten Vorstellung entsteht das magnetische Moment der einzelnen Atome durch die Bahnbewegung von Elektronen sowie durch das mit dem Spin der einzelnen Elektronen verknüpfte magnetische Moment. In beiden Fällen besteht ein enger Zusammenhang zwischen dem mechanischen Drehimpuls und dem magnetischen Moment, welcher nicht nur für das Einzelatom, sondern auch für das ganze magnetisierte Material gelten sollte. Wir benutzen in diesem Kapitel die folgenden Bezeichnungen:

$\mathfrak{N}$ (Komponenten N_x, N_y, N_z) mechanischer Drehimpuls.
$\mathfrak{M}$ (Komponenten M_x, M_y, M_z) magnetisches Moment.
$\mathfrak{D}$ (Komponenten D_x, D_y, D_z) Drehmoment der äußeren Kräfte.

Der mechanische Drehimpuls setzt sich zusammen aus demjenigen der sichtbaren Drehbewegung des Körpers sowie aus dem „verborgenen Drehimpuls" $\mathfrak{N}_m$ der Elementarmagnete, die wir als in den Körper eingebaute kleine Kreisel ansehen dürfen. Nach den Betrachtungen von Kap. 2 erwarten wir eine Proportionalität zwischen $\mathfrak{N}_m$ und $\mathfrak{M}$:

$$(1) \qquad \mathfrak{N}_m = \varrho\,\mathfrak{M},$$

und zwar sollte sein:

$$(2) \qquad \begin{cases} \varrho = 2\,\dfrac{m\,c}{e}, & \text{wenn } M \text{ nur von Bahnmomenten herrührt,} \\[2ex] \varrho = \dfrac{m\,c}{e}, & \text{wenn } M \text{ nur von Spinmomenten herrührt.} \end{cases}$$

---

[1] Ein ausführlicher Bericht über diesen Effekt findet sich bei S. J. BARNETT: Rev. mod. Phys. Bd. 7 (1935) S. 129.

Die Verknüpfung (1) zwischen $\mathfrak{N}_m$ und $\mathfrak{M}$ gibt Veranlassung zu den verschiedensten gyromagnetischen Effekten. Die Grundlage aller dieser Effekte ist die Bewegungsgleichung für die Drehung eines materiellen Körpers:

$$(3) \qquad \frac{d\mathfrak{N}}{dt} = \mathfrak{D}.$$

Die große Bedeutung der Versuche zur experimentellen Prüfung von (1) liegt darin, daß die Messung der Größe ϱ uns eine Auskunft über die physikalische Natur der Elementarmagnete vermittelt. Das wichtige Ergebnis der in diesem Kapitel zu besprechenden Versuche lautet: Bei ferromagnetischen Stoffen sowohl unterhalb wie auch oberhalb der Curie-Temperatur ist die Größe $\varrho \, \dfrac{e}{mc}$ sehr nahe gleich 1. Das bedeutet: Die Magnetisierung dieser Körper kommt praktisch allein durch die Einstellung von Elektronenspins zustande.

Wir besprechen im folgenden vier verschiedene Anordnungen, welche sämtlich ausgehen von den Gleichungen (1) und (3).

a) Der ganze Magnet als Gyrostat. Diese Anordnung wurde von MAXWELL [1] (1861) benutzt. Wenn sie auch keinen meßbaren Effekt lieferte, so ist es doch historisch von großem Interesse, daß MAXWELL bereits einen Zusammenhang der Art (1) vermutete. Natürlich waren ihm die erst von der Elektronentheorie gelieferten speziellen Werte von (2) nicht bekannt.

b) Magnetisierung durch Rotation. Hier wird der einzelne Elementarmagnet als Gyrostat behandelt. Die Idee, daß ein um seine Längsachse rotierender Eisenstab infolge der Rotation magnetisiert werden müßte, taucht bereits 1890 bei PERRY [2] auf. Der erste erfolgreiche Versuch dieser Art und damit die erste experimentelle Bestätigung von (1) überhaupt wurde von S. J. BARNETT [3] (1914) ausgeführt.

c) Rotation durch Magnetisierung. Wird ein Eisenstab nach seiner Längsachse magnetisiert, so bekommt er dadurch einen Drehimpuls um eben diese Achse. Dieser Effekt ist die direkte Umkehrung des unter b) genannten Barnett-Effektes. Die Idee zu diesem Versuch wurde zuerst von O. W. RICHARDSON [4] (1907) ausgesprochen. Mit Erfolg ausgeführt wurde er erstmalig von EINSTEIN und DE HAAS [5] (1915).

d) Längsmagnetisierung durch rotierende Quermagnetisierung. Diese zuerst von FISHER [6] ausgeführte Anordnung gab keinen nachweisbaren gyromagnetischen Effekt.

Wir gehen nun zur näheren Besprechung der vier Anordnungen über.

a) Der Maxwell-Effekt.

Wir beginnen mit der Theorie des Maxwell-Versuches und betrachten zu dem Zweck (in Anlehnung an eine Darstellung von BARNETT) die in Abb. 50 skizzierte Anordnung:

Ein Grundbalken P trägt eine Säule G, auf welcher der Eisenstab A so befestigt ist, daß er sich um die durch seinen Schwerpunkt gehende Achse B frei drehen kann. Fest mit A verbunden sind die symmetrisch angeordneten Stäbe C aus unmagnetischem Material mit verschiebbaren Gewichten, mit deren

---

[1] MAXWELL, J. L.: Electricity and Magnetism, § 575.
[2] PERRY, JOHN: Spinning Tops, 1890, S. 112.
[3] BARNETT, S. J.: Phys. Rev. Bd. 6 (1915) S. 171 u. 239.
[4] RICHARDSON, O. W.: Phys. Rev. Bd. 26 (1908) S. 248.
[5] EINSTEIN, A. u. W. J. DE HAAS: Verh. dtsch. phys. Ges. Bd. 17 (1915) S. 152. — EINSTEIN, A.: Verh. dtsch. phys. Ges. Bd. 18 (1916) S. 173. — HAAS, W. J. DE: Verh. dtsch. phys. Ges. Bd. 18 (1916) S. 423.
[6] FISHER, J. W.: Proc. roy. Soc., Lond. A Bd. 109 (1925) S. 7.

Hilfe das Trägheitsmoment um A variiert werden kann. Wir bezeichnen mit den Buchstaben A und C zugleich die Trägheitsmomente um die mit A und C gekennzeichneten Achsen. Die beiden Enden von A sind durch Federn S_1 und S_2 mit P verbunden. Durch diese Federn — und nur durch sie — wird ein Drehmoment auf A ausgeübt. Diese ganze Anordnung soll mit der Winkelgeschwindigkeit ω um die Vertikale, welche wir zur Z-Achse wählen, rotieren, wobei im stationären Zustand A mit der Z-Achse den Winkel ϑ bilden möge. Wenn jetzt — während der Rotation — der Eisenstab in seiner Längsrichtung magnetisiert wird und dadurch einen „verborgenen" Drehimpuls $\mathfrak{N}_m$ erhält, so hat die Achse die Tendenz, sich in die Richtung der Drehachse Z einzustellen. Der Winkel ϑ müßte sich also verkleinern. Zur quantitativen Beschreibung geben wir die auf ein ortsfestes Koordinatensystem bezogenen Komponenten des Drehimpulses $\mathfrak{N}$ an. Mit dem magnetischen Moment $\mathfrak{M}$ in Richtung A und den Trägheitsmomenten A und C erhalten wir zunächst für die auf die Richtungen A und C bezogenen Komponenten von N:

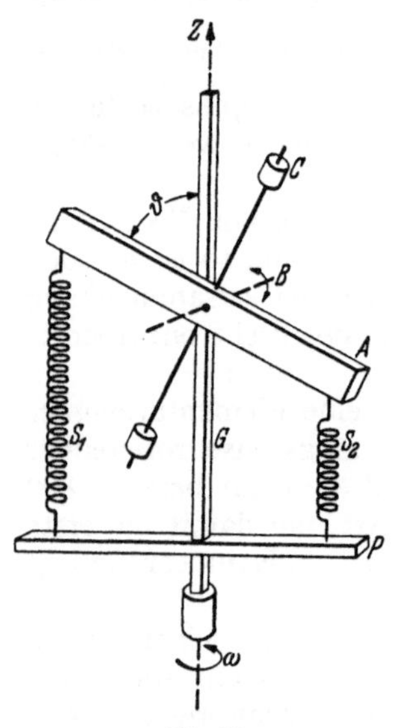

Abb. 50.
Modell zum gyromagnetischen Effekt.

$$N_A = \varrho M + \omega A \cos\vartheta$$
$$N_C = \qquad \omega C \sin\vartheta.$$

Ist noch $\alpha = \omega t$ der Winkel, welchen die Z-A-Ebene mit der x-Achse einschließt, so wird

$$N_z = N_A \cos\vartheta + N_C \sin\vartheta$$
$$N_x = (N_A \sin\vartheta - N_C \cos\vartheta) \cos\alpha$$
$$N_y = (N_A \sin\vartheta - N_C \cos\vartheta) \sin\alpha.$$

Mit den angegebenen Werten von N_A und N_C wird also

$$N_z = \varrho M \cos\vartheta + \omega (A \cos^2\vartheta + C \sin^2\vartheta)$$
$$N_x = \{ \varrho M + \omega (A - C) \cos\vartheta \} \sin\vartheta \cos\alpha$$
$$N_y = \{ \varrho M + \omega (A - C) \cos\vartheta \} \sin\vartheta \sin\alpha.$$

Bei der Rotation mit konstantem ϑ und mit $\alpha = \omega t$ wird die zeitliche Änderung von N also

$$\dot{N}_z = 0$$
$$\dot{N}_x = -\{ \omega \varrho M + \omega^2 (A - C) \cos\vartheta \} \sin\vartheta \sin\omega t$$
$$\dot{N}_y = \quad \{ \omega \varrho M + \omega^2 (A - C) \cos\vartheta \} \sin\vartheta \cos\omega t.$$

Die beschriebene Bewegung ist nach (3) nur dann stabil, wenn seitens der mitrotierenden Federn S_1 und S_2 ein Drehmoment von der Größe

(4) $$D = \{ \omega \varrho M + \omega^2 (A - C) \cos\vartheta \} \sin\vartheta$$

um B als Achse ausgeübt wird. Dabei bedeutet positives D ein Drehmoment im Sinne einer Vergrößerung von ϑ.

Wir besprechen eine mögliche Ausführungsform des Maxwellschen Versuches. Bei dieser seien die Federn S_1 und S_2 entfernt, also $D = 0$. Der Stab sei zunächst unmagnetisch, also auch $M = 0$. Dann ist nach (4) $D = 0$ sowohl für $\vartheta = 0$ wie auch für $\vartheta = 90°$.

Welcher von beiden Werten einer stabilen Rotation entspricht, hängt von dem Vorzeichen der Größe $A - C$ ab. Wir nehmen an, daß $C > A$ ist. Dann ist die Rotation mit $\cos\vartheta = 0$, d. h. mit horizontaler Lage des Stabes A stabil. Wird nun die Magnetisierung von 0 auf M gesteigert, so muß, damit $D = 0$ bleibt, $\varrho M + \omega (A - C) \cos\vartheta = 0$ sein. Der Stab wird sich also um einen Winkel

$\varepsilon = \dfrac{\pi}{2} - \vartheta$ aus der Horizontalen aufrichten. Bei kleinen Werten von ε ist $\cos\vartheta = \sin\varepsilon \approx \varepsilon$, also

$$\varepsilon = \frac{\varrho\,M}{\omega\,(C - A)}.$$

Ändert man nun das Vorzeichen von M durch Kommutieren des die Magnetisierung erzeugenden Stromes, so müßte dasjenige Ende von A, welches sich zuerst um den Winkel ε aufgerichtet hat, sich um den gleichen Winkel unter die Horizontale senken. Wie bereits oben erwähnt wurde, ist es bisher nicht gelungen, diesen Effekt zu beobachten. Wegen der unvermeidlichen Störungen dürfte eine Beobachtung des „Maxwell-Effektes" mit den heute zur Verfügung stehenden Mitteln kaum durchführbar sein[1].

b) Der Barnett-Effekt.

Beim eigentlichen Barnett-Effekt wird ein Eisenstab dadurch magnetisiert, daß man ihn um seine Längsachse rotieren läßt. Die Theorie dieses Effektes läßt sich in einfachster Weise an Hand der obigen Abb. 50 und der Gleichung (4) erläutern. Nur haben wir uns jetzt vorzustellen, daß A einen einzelnen Elementarmagneten im Inneren des Eisens repräsentiert, welcher bei der Rotation des ganzen Eisenstücks eine Tendenz zur Parallelstellung mit der Drehachse Z erhält. Die Federn S_1 und S_2 sind in diesem Fall wesentlich. Sie sind ein mechanisches Abbild der Richtkräfte, welche die Orientierung des Elementarmagneten fixieren und die wir später durch die Begriffe „Kristallenergie" und „Spannungsenergie" näher charakterisieren werden. Das von ihnen ausgeübte Drehmoment ist beim ruhenden und keinem äußeren Magnetfeld ausgesetzten Eisen gleich Null. Wird nun der Eisenstab in Rotation versetzt, so muß sich eine solche Änderung der Neigung ϑ einstellen, daß das von den Federn ausgeübte Drehmoment gerade den Wert (4) annimmt. Bei Anwendung auf einen Elementarmagneten vereinfacht sich diese Gleichung insofern, als bei technisch erreichbaren Geschwindigkeiten hier stets $\omega\,(A - C)$ verschwindend klein neben ϱM ist. Als magnetisches Moment haben wir das Moment p des Elementarmagneten einzusetzen. Damit wird aus (4)

$$(5) \qquad\qquad D = \omega\,\varrho\,p\,\sin\vartheta.$$

Experimentell wird die Änderung von ϑ dadurch beobachtet, daß man die bei der Rotation erzeugte Magnetisierung mißt. Nach Beendigung des Rotationsversuches magnetisiert man den ruhenden Stab mit Hilfe einer ihn umgebenden Stromspule. Dabei reguliert man das magnetisierende Feld H so ein, daß dadurch die gleiche Magnetisierung erregt wird, wie vorher bei der Rotation. Nun ist das vom Magnetfeld H ausgeübte D' gegeben durch

$$D' = -p\,H\,\sin\vartheta.$$

Die Drehung erfolgt so weit, bis D' gerade kompensiert wird durch ein von den Federn ausgeübtes Moment $D'' = -D'$, also

$$(6) \qquad\qquad D'' = p\,H\,\sin\vartheta.$$

Aus einem Vergleich von (5) und (6) entnimmt man, daß hinsichtlich der Wirkung auf die Einstellung der Elementarmagnete die Rotationsgeschwindigkeit ω völlig äquivalent ist einem Magnetfeld H von der Größe

$$(7) \qquad\qquad H = \varrho\,\omega.$$

Mißt man also einmal die von der Rotation ω erzeugte Magnetisierung und dann dasjenige Feld H, welches die gleiche Magnetisierung bewirkt, so ist der Quotient H/ω direkt gleich dem gesuchten Proportionalitätsfaktor ϱ in (1).

---

[1] DE HAAS, W. J. und G. J. DE HAAS-LORENTZ: Proc. Acad. Sci., Amst. Bd. 19 (1915) S. 248.

Die Schwierigkeit der Durchführung liegt vor allem in der Kleinheit des ganzen Effekts. Setzt man nämlich für ϱ den für Spins zu erwartenden Wert $\dfrac{m\,c}{e}$ $= \dfrac{1}{1{,}76 \cdot 10^7}$ und, entsprechend einer sekundlichen Drehzahl von 100, $\omega = 2\pi \cdot 100$,

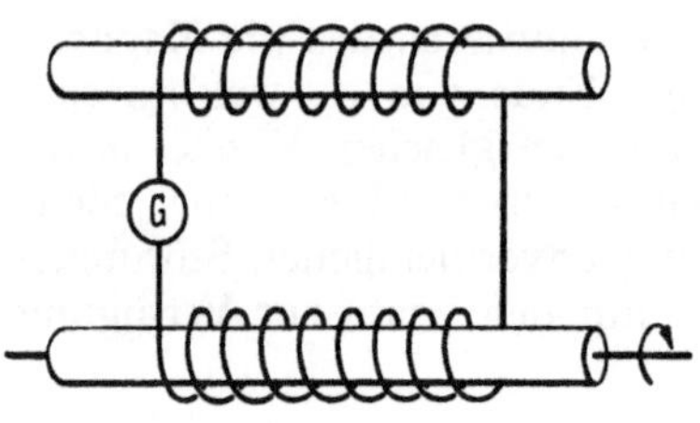

Abb. 51.
Die ballistische Messung des Barnett-Effektes.

so ergibt sich nach (7) als äquivalente Feldstärke

$$H = 0{,}36 \cdot 10^{-4}\ \text{Oe}.$$

Das ist ungefähr der 6000. Teil der Horizontalkomponente des Erdfeldes! Störfelder von dieser Größenordnung würden also schon eine Messung von ϱ unmöglich machen, wenn nicht ganz besondere Vorkehrungen zu ihrer Kompensation getroffen werden.

Der Nachweis der durch die Rotation erzeugten Magnetisierung geschah in den ersten erfolgreichen Versuchen von BARNETT durch ihre Induktionswirkung, mit der in Abb. 51 schematisch skizzierten Anordnung. Zwei möglichst gleiche Eisenstäbe A und B liegen parallel nebeneinander. Jeder ist von einer Induktionsspule umgeben. Beide Spulen sind über ein Galvanometer so gegeneinander geschaltet, daß bei gleicher Magnetisierung beider Stäbe das Galvanometer in Ruhe bleibt. Wird nun ein Stab in Rotation versetzt, während der andere in Ruhe bleibt, so kann die durch die Rotation bewirkte Magnetisierung am Galvanometerausschlag abgelesen werden. Bei Umkehr der Drehrichtung muß dieser Ausschlag sein Vorzeichen wechseln. Diese ersten Meßreihen ergaben für $\varrho\,\dfrac{e}{m\,c}$ Werte zwischen 0,95 und 1,01.

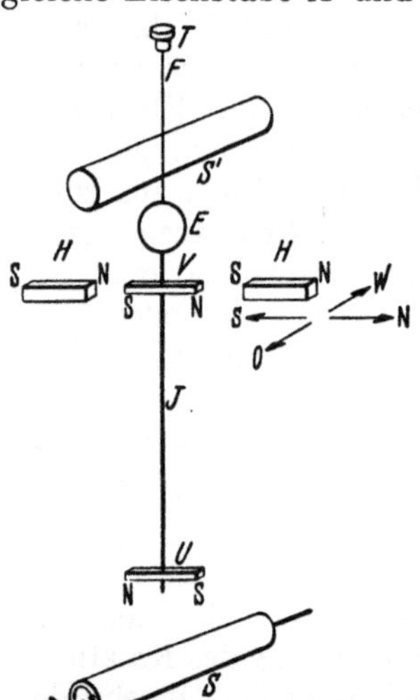

Abb. 52. Die magnetometrische Messung des Barnett-Effektes.

Eine erhebliche Steigerung der Genauigkeit erzielte BARNETT in späteren Arbeiten durch Verwendung eines Magnetometers zum Nachweis der Magnetisierung. Ein rohes Schema der Methode gibt unsere Abb. 52. Über dem durch Rotation zu magnetisierenden Eisenstab S hängt das Magnetometer, bestehend aus dem durch einen starren Stab J verbundenen astatischen Nadelpaar U und V. Oberhalb V befindet sich noch der Spiegel E und eine Dämpfungsscheibe. Das Magnetometer hängt mit dem Quarzfaden F am Torsionskopf T. Die Magnetisierung von S wirkt im wesentlichen auf die untere Nadel U. Mit Hilfe der auf die obere Nadel V wirkenden Kontrollmagnete H kann sowohl die Empfindlichkeit wie die Nullstellung des Magnetometers variiert werden. Ein dem Stab S ähnlicher, aber ruhender Stab S' ist, parallel zu S, in dem gleichen Abstand oberhalb der Nadel V angebracht, in welchem sich S unterhalb U befindet. Dadurch werden die Schwankungen des Erdfeldes hinsichtlich ihres Einflusses auf das Magnetometer weitgehend kompensiert. Es würde zu weit führen, an dieser Stelle die verschiedenen Fehlerquellen im einzelnen zu diskutieren. Wir beschränken uns auf die Angabe einiger, nach diesem Verfahren von BARNETT erhaltenen Werte:

Armco-Eisen 1,024		Kobalt II 1,094	
Stahl I 1,046		Heusler-Leg. I . . . 1,022	
Nickel I 1,034		Permalloy 1,046	

Als Mittelwert aus allen Messungen gibt BARNETT 1,051 für $\varrho \frac{e}{m\,c}$ an, mit einer Unsicherheit von höchstens 2%. Danach liegt also ϱ etwas oberhalb des für reine Spinmagnete zu erwartenden Wertes, was auf eine wenn auch geringe Mitwirkung der Bahnen hinweisen würde.

c) Der Einstein-de Haas-Effekt.

Bei den jetzt zu besprechenden Versuchen wird durch die Magnetisierung eine Rotation erzeugt. Ein Eisenstab (vgl. Abb. 53) hänge vertikal an einem Faden. Sein Trägheitsmoment um die vertikale Achse sei A. Ist wieder M sein magnetisches Moment in der gleichen Richtung und α der Drehwinkel, so ist sein ganzer Drehimpuls um diese Achse nach (1):

$$(8) \qquad N = A\frac{d\alpha}{dt} + \varrho\,M.$$

Mit dem Drehmoment D der äußeren Kräfte um diese Achse wird also $\frac{dN}{dt} = D$ oder

$$(9) \qquad A\frac{d^2\alpha}{dt^2} = D - \varrho\frac{dM}{dt}.$$

Bei einer zeitlichen Änderung von M ist also $-\varrho\frac{dM}{dt}$ völlig äquivalent mit einem auf den Stab ausgeübten Drehmoment. Dieser einfache Satz enthält die Theorie aller in diesem Abschnitt zu besprechenden Versuche. Für das weitere dividieren wir (9) durch A und zerlegen D/A in die drei Summanden

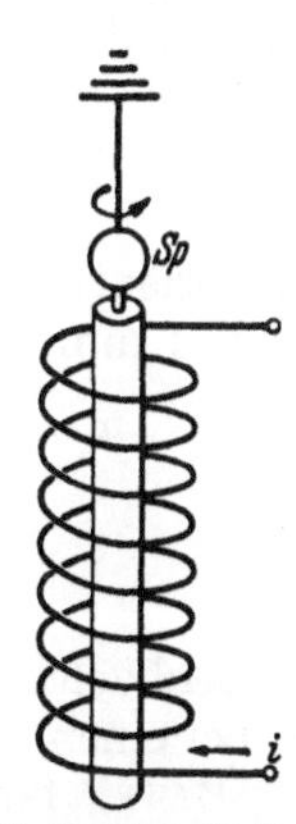

Abb. 53. Die ballistische Messung des Einstein-de Haas-Effektes.

$$\frac{D}{A} = -q_0^2\,\alpha - 2\,k\,\dot\alpha + \frac{D'}{A}.$$

$-q_0^2\,\alpha$ rührt her von der Direktionskraft des Aufhängefadens, $-2\,k\,\dot\alpha$ von der Reibung der Drehschwingungen. Unter D' fassen wir die übrigen Drehmomente zusammen. Darin sind sowohl die Störeffekte enthalten wie auch diejenigen Momente, welche man noch zusätzlich wirken läßt.

Unsere Bewegungsgleichung lautet jetzt:

$$(10) \qquad \ddot\alpha + 2\,k\,\dot\alpha + q_0^2\,\alpha = \frac{D'}{A} - \frac{\varrho}{A}\frac{dM}{dt}.$$

Für die freie Torsionsschwingung ($D' = 0$, $M = 0$) folgt aus (10) in bekannter Weise mit zwei Integrationskonstanten C und ε:

$$(11) \qquad \alpha = C\,e^{-kt}\sin(q\,t + \varepsilon); \qquad q = \sqrt{q_0^2 - k^2}.$$

Bei den Versuchen ist stets $k \ll q_0$. Das logarithmische Dekrement λ ergibt sich aus (11) zu

$$(11\,a) \qquad \lambda = \frac{\pi\,k}{q}.$$

Wir unterscheiden je nach der experimentellen Anordnung die *ballistische Methode, die Methode der erzwungenen Schwingungen* und *die Nullmethode.*

Die ballistische Methode wurde zuerst ausgeführt von J. Q. STEWART[1] (1918) und später mit besonderer Sorgfalt von CHATTOCK und BATES[2] (1923). Bei ihr wird durch Kommutieren des Stroms in einer den Stab umgebenden Spule sein magnetisches Moment in kurzer Zeit von $-M$ in $+M$ geändert. D' in (10)

---

[1] STEWART, J. Q.: Phys. Rev. Bd. 11 (1918) S. 100.
[2] CHATTOCK, A. P. u. L. F. BATES: Phil. Trans. roy. Soc., Lond. A Bd. 233 (1923) S. 257.

ist — abgesehen von Störungen — gleich Null. Wenn der Stab vor dem Umschalten in Ruhe war, so beginnt er nach dem Umpolen eine freie Schwingung mit der Anfangsgeschwindigkeit

$$\dot{\alpha}_{t=0} = -\frac{2\varrho M}{A}.$$

Hiermit und durch $\alpha_{t=0} = 0$ sind die Konstanten C und ε in (11) festgelegt. Man findet

$$\alpha = -\frac{2\varrho M}{q A} e^{-kt} \sin q t.$$

Beobachtet wird der erste Ausschlag $\bar{\alpha}$. Bei hinreichend kleinem Dekrement λ (11 a) wird

$$(12) \qquad\qquad \bar{\alpha} = -\frac{2\varrho M}{q A}\left(1 - \frac{\lambda}{2}\right).$$

Zur Orientierung über die Größenordnung setzen wir den Trägheitsradius gleich 1 mm, die auf die Masseneinheit bezogene Magnetisierung gleich 200. Mit $q = 2\pi$, d. h. einer Eigenfrequenz von $1\ s^{-1}$ und $\varrho = \dfrac{1}{1{,}76 \cdot 10^7}$ wird dann

$$\bar{\alpha} \approx -\frac{2 \cdot 200}{1{,}76 \cdot 10^7 \cdot 2\pi \cdot (0{,}1)^2} = -3{,}5 \cdot 10^{-4}.$$

Bei Beobachtung mit einem auf dem Stäbchen angebrachten Spiegel entspricht das bei einem Skalenabstand von 5 m einem Ausschlag von 3,5 mm. CHATTOCK und BATES fanden bei sorgfältigster Vermeidung aller systematischen Fehler für die Größe $\varrho\,\dfrac{e}{m\,c}$ beim Eisen den Wert 1,005, beim Nickel 1,01, also innerhalb einer auf 1 % geschätzten Genauigkeit den nach (2) für Spins zu erwartenden Wert.

Die Methode der erzwungenen Schwingung. Diese Methode wurde bei der Entdeckung des Effektes durch EINSTEIN und DE HAAS verwandt. Diese Versuche lieferten den ersten positiven Nachweis des Effektes; sie waren jedoch noch so ungenau, daß sie den Faktor ϱ nur der Größenordnung nach zu bestimmen erlaubten. Die besten Messungen der gyromagnetischen Konstante bei ferromagnetischen Substanzen wurden nach der später zu besprechenden Nullmethode durchgeführt. Die Methode der erzwungenen Schwingungen ist dagegen unentbehrlich zur Messung von ϱ an paramagnetischen Substanzen. Die dazu erforderlichen Verfeinerungen wurden im wesentlichen durch SUCKSMITH[1] ausgeführt.

Zur Berechnung der erzwungenen Schwingungen hat man die Gleichung (10) zu integrieren. Für den Wechselstrom, der die Magnetisierung erzeugt, wählt man zweckmäßig keinen Sinusverlauf, sondern einen periodisch umgepolten Gleichstrom. Denn bei einem Sinusstrom hätte man wegen der Hystere des Eisens einen recht komplizierten Verlauf von $M(t)$ zu erwarten, während beim umgepolten Gleichstrom auch $M(t)$ die Gestalt einer Rechteckkurve annehmen muß (Vorzeichenwechsel der dem Betrage nach konstanten Magnetisierung nach jeder Halbperiode).

M läßt sich dann leicht als Fourier-Summe

$$M(t) = \sum_{r}{}' M_r \cos r\omega t$$

[1] SUCKSMITH, W.: Proc. roy. Soc., Lond. A Bd. 128 (1930) S. 276; Bd. 133 (1931) S. 179 und Bd. 135 (1932) S. 276 sowie Helv. phys. Acta Bd. 8 (1935) S. 205.

darstellen. Für die Grundperiode ω wählt man stets einen in der Nähe der Eigenfrequenz q des Torsionssystems liegenden Wert. Dann überwiegt die Wirkung der Grundperiode M_1 in der Fouriersumme diejenige aller anderen Summanden, so daß wir nur diesen einen Summanden zu berücksichtigen brauchen. Damit wird aus (10)

$$(13) \qquad \ddot{\alpha} + 2\,k\,\dot{\alpha} + q_0^2\,\alpha = \frac{\varrho\,\omega}{A}\,M_1 \sin \omega t + \frac{D'}{A},$$

wo unter D' die Störeffekte zusammengefaßt sind. So ziemlich die wesentlichste Störung rührt von der Horizontalkomponente des Erdfeldes her. Der Eisenstab ist nämlich niemals exakt axialsymmetrisch. Seine Magnetisierung hat daher stets eine — wenn auch nur schwache — Komponente in horizontaler Richtung, auf welche das Erdfeld ein Drehmoment ausübt. Dieses Moment ist aber in Phase mit M, verläuft also zeitlich wie $\cos \omega t$. Wenn auch durch eine besondere Gleichstromspule das Erdfeld weitgehend kompensiert ist, so wird immer noch ein Restdrehmoment D' verbleiben. Mit den Abkürzungen

$$\frac{\varrho\,\omega}{A}\,M_1 = f; \qquad \frac{D'}{A} = d' \cos \omega t$$

wird also aus (13)

$$(13\,\text{a}) \qquad \ddot{\alpha} + 2\,k\,\dot{\alpha} + q_0^2\,\alpha = f \sin \omega t + d' \cos \omega t.$$

Bei Abwesenheit von d' würde die Lösung dieser Gleichung lauten

$$\alpha = \frac{f \sin \gamma}{2\,k\,\omega} \sin (\omega t - \gamma) \quad \text{mit} \quad \operatorname{tg} \gamma = \frac{2\,k\,\omega}{q_0^2 - \omega^2}.$$

In der Resonanzlage $q_0 = \omega$ wäre $\gamma = \dfrac{\pi}{2}$, also

$$(14) \qquad \alpha_{\text{res}} = -\frac{\varrho\,M_1}{2\,k\,A} \cos \omega t \qquad [\text{bei } d' = 0].$$

Man erkennt durch Vergleich mit (12) die Vergrößerung des Ausschlages gegenüber der ballistischen Methode. An Stelle der Eigensequenz q in (12) steht in (14) die Dämpfungskonstante k im Nenner. Durch Herabsetzung des Dekrements (Aufhängung im Vakuum!) auf etwa 0,002 konnte SUCKSMITH die Empfindlichkeit so weit steigern, daß auch paramagnetische Körper der Messung zugänglich wurden. Nun gilt aber (14) nur unter idealen Versuchsbedingungen. Bei Anwesenheit der Störung d' lautet die allgemeine Lösung der Schwingungsgleichung (13 a)

$$(15) \qquad \alpha = \frac{f}{2\,k\,\omega}\,\frac{\sin \gamma}{\cos \delta} \sin (\omega t - \gamma + \delta) \quad \text{mit} \quad \operatorname{tg} \delta = \frac{d'}{f}.$$

Bei der idealen Resonanzschwingung (14) ist die Torsionsschwingung des Eisenstäbchens in Phase mit dem die Magnetisierung erzeugenden Strom, dessen Kommutierung in der Anordnung von SUCKSMITH durch ein Uhrpendel bewirkt wird. Durch Projektion der Torsionsschwingungen und der Schwingungen des Pendels auf die gleiche Skala kann man diese Phasenbeziehung recht genau kontrollieren. Bei der wirklichen Schwingung (15) wird die Phasengleichheit zunächst nicht vorhanden sein. Wenn man nun die Kompensation des Erdfeldes, also den Winkel δ solange variiert, bis der anfängliche Phasenunterschied verschwindet, so wird $\gamma - \delta = \dfrac{\pi}{2}$, also $\sin \gamma = \cos \delta$. In diesem Fall wird aber (15) mit (14) identisch! Durch die Einstellung auf Phasengleichheit zwischen $\alpha(t)$ und $M(t)$ läßt sich also die ideale Resonanzschwingung (14) realisieren, ohne daß es nötig wäre, die wirkliche Resonanz aufzusuchen oder die Störung D' völlig zu beseitigen.

Sucksmith ermittelte nach dieser Methode zunächst die $\varrho\,\frac{e}{mc}$-Werte für einige paramagnetische Salze. Er fand z. B.:

	Cr^{+++}	Mn^{++}	Fe^{++}	Co^{++}
$\varrho\,\dfrac{e}{mc}$	1,0	1,0	1,05	1,3

Für die ersten drei Ionen bedeutet die Messung also eine Bestätigung der in Kap. 3, S. 23 dargelegten Auffassung von Stoner, nach welcher bei diesen Ionen die Bahnmomente nur noch eine untergeordnete Rolle spielen, da sie durch das Kristallgitter zum größten Teil vernichtet werden.

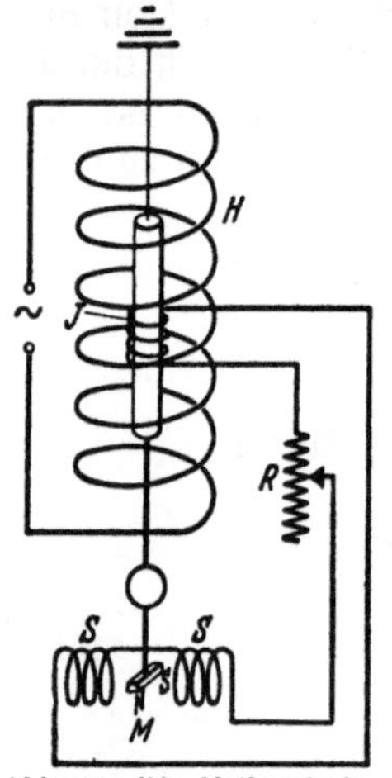

Abb. 54. Die Nullmethode zur Messung des Einstein-de Haas-Effektes.

In einer späteren Arbeit führte Sucksmith[1] Messungen an einem *ferromagnetischen Metall oberhalb des Curie-Punktes* aus. Da es technisch unmöglich ist, die Versuche bei erhöhter Temperatur durchzuführen, mußte der Curie-Punkt durch Zulegieren von unmagnetischem Material erniedrigt werden. Gemessen wurde eine Ni-Cu-Legierung mit 56,5% Ni. Dabei ergaben sich für $\varrho\,\dfrac{e}{mc}$-Werte zwischen 0,95 und 1,1. Wir dürfen daraus schließen, daß auch oberhalb des Curie-Punktes die Magnetisierung fast allein auf dem Spin der Elektronen beruht.

Die Nullmethode. Diese geistreiche und zur Messung von ϱ an ferromagnetischen Körpern genaueste Methode wurde zuerst von Sucksmith und Bates[2] benutzt. Bei ihr (Abb. 54) befindet sich unterhalb des Eisenstabes und starr mit ihm verbunden eine kleine Magnetnadel M, auf welche durch die neben ihr angeordneten Stromspulen S ein Drehmoment ausgeübt werden kann. Der Eisenstab ist — außer von der Magnetisierungsspule H — noch von einer ortsfesten Induktionsspule J umgeben, welche über einen induktionsfreien variablen Widerstand R mit den Spulen S in Verbindung steht. In dem so gebildeten Stromkreis entsteht bei einer Änderung von J eine mit dJ/dt proportionale elektromagnetische Kraft. Eigentlich ist der Induktionsstrom nicht durch die Änderung der Magnetisierung J allein, sondern durch diejenige der Induktion $B = H + 4\pi J$ bestimmt. Der H-Anteil läßt sich aber exakt dadurch wegkompensieren, daß man den Induktionsstromkreis durch eine Gegeninduktivität mit dem Magnetisierungskreis koppelt und die Gegeninduktivität so einstellt, daß bei Abwesenheit des Eisenstabes eine Änderung des Magnetisierungsstromes keinen Strom im Induktionskreis erzeugt. Wenn diese in der Abbildung nicht mitgezeichnete Kompensation ausgeführt und der Ohmsche Widerstand R des Induktionskreises groß gegenüber seinem induktiven Widerstand ist, so ist auch der in ihm fließende Strom und damit das auf M ausgeübte Drehmoment proportional zu dJ/dt. Durch richtige Wahl der Induktionsspule und Einstellung des Widerstandes R muß es also möglich sein, das gyromagnetische Moment $-\varrho\,\dfrac{dM}{dt}$ vollkommen zu kompensieren, und zwar, was bei der komplizierten Gestalt der Hystereschleife besonders wesentlich ist, unabhängig von dem speziellen Verlauf der Zeitfunktion $M(t)$.

---

[1] Zit. S. 78.

[2] Sucksmith, W. u. L. F. Bates: Proc. roy. Soc., Lond. A, Bd. 104 (1923) S. 499.

In der Gleichung (10) enthält jetzt D' neben den unvermeidlichen Störungen D'' das induktiv erzeugte Drehmoment

$$\frac{C}{R}\frac{dM}{dt},$$

wo die Konstante C lediglich von den Abmessungen des Stabes, der Spulen J und S sowie dem Moment der Nadel M abhängt. Sie läßt sich also in einfacher Weise unabhängig von der eigentlichen gyromagnetischen Messung bestimmen. Die Gleichung (10) lautet nunmehr

$$\ddot{\alpha} + 2k\dot{\alpha} + q_0^2 \alpha = \frac{D''}{A} + \frac{1}{A}\left(\frac{C}{R} - \varrho\right)\frac{dM}{dt}.$$

Da D'' in der Hauptsache mit M und nicht mit dM/dt in Phase ist, wirkt die Störung nach (15) stets im Sinne einer Vergrößerung der Schwingungsamplitude $\bar{\alpha}$.

Die Beobachtung geht so vor sich, daß man die Magnetisierungsspule mit einem Wechselstrom speist, dessen Periode möglichst nahe gleich der Eigenschwingung des Torsionssystems ist. Man beobachtet die Amplitude $\bar{\alpha}$ der erzwungenen Schwingung, zunächst ohne Mitwirkung des Induktionsstromes, d. h. also mit $R = \infty$. Jetzt läßt man den Widerstand R allmählich kleiner werden. Dann muß auch der Ausschlag abnehmen, bis er beim Wert $R_0 = \dfrac{C}{\varrho}$ des Widerstandes ein Minimum erreicht. Bei weiter abnehmendem R muß $\bar{\alpha}$ wieder ansteigen. In Abhängigkeit von $1/R$ muß $\bar{\alpha}$ den in Abb. 55 dargestellten Verlauf zeigen. Durch die Störungsmomente D'' wird der sonst zu erwartende geradlinige Verlauf (mit Nullstelle bei $1/R_0$) in der angedeuteten Weise ab-

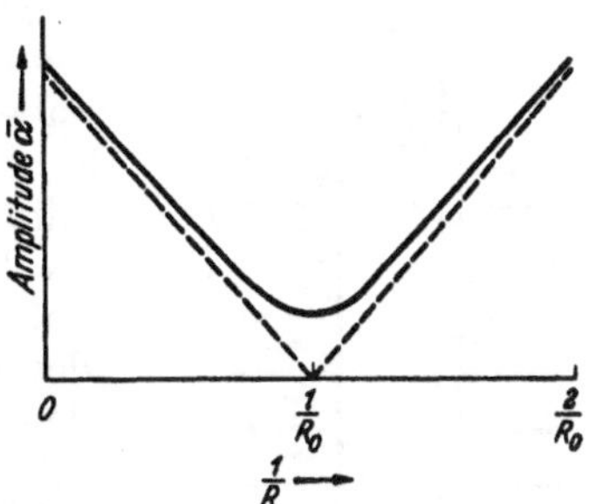

Abb. 55. Die Amplitude der erzwungenen Schwingung bei Änderung des Widerstandes R in der Anordnung von Abb. 54.

gerundet. Gemessen wird entweder direkt der Wert R_0, bei dem $\bar{\alpha}$ sein Minimum besitzt, oder aber (bei BARNETT[1]) der Wert $R_0/2$, bei welchem $\bar{\alpha}$ wieder denselben Wert hat wie bei $R = \infty$.

Mit dieser Methode erhielten SUCKSMITH und BATES an Stäben von etwa 15 cm Länge und 1,5 mm Durchmesser für $\varrho\,\dfrac{e}{mc}$:

Eisen: $1{,}006 \pm 0{,}01$,

Nickel: $1{,}002 \pm 0{,}004$,

Heusler-Leg.: $1{,}002 \pm 0{,}006$,

innerhalb ihrer Versuchsgenauigkeit also exakt den für Elektronenspins zu erwartenden Wert von ϱ.

Dieses Ergebnis steht nicht in völliger Übereinstimmung mit den oben beschriebenen Versuchen von BARNETT, nach denen ϱ den für Spins geltenden Wert um wenigstens 3% überschreiten sollte. Diese Diskrepanz veranlaßte BARNETT[1] zu einer weiteren ausführlichen Versuchsreihe, in der er sich ebenfalls der Nullmethode bediente. Ganz besondere Sorgfalt wurde auf die Auffindung und Beseitigung der systematischen Fehler verwandt. Eine wichtige Verbesserung gegenüber SUCKSMITH und BATES bestand darin, daß die Magnetisierungsspule fest auf den Eisenstab aufgewickelt wurde und mit ihm zusammen einen starren Körper bildete. Durch diesen — schon früher von DE HAAS

---

[1] BARNETT, S. J.: Phys. Rev. Bd. 42 (1932) S. 147. — Proc. Amer. Acad. Bd. 66 (1931) S. 273; Bd. 69 (1934) S. 119.

benutzten Kunstgriff — werden alle unliebsamen Kräfte elektrischen oder
magnetischen Ursprungs zwischen Stab und Magnetisierungsspule unschädlich
gemacht. Die Versuche wurden auf die verschiedensten Materialien und
Legierungen ausgedehnt. Als Durchschnittswert ergab sich, in naher Übereinstimmung mit den oben, S. 76, beschriebenen Versuchen $\varrho \dfrac{e}{mc} = 1{,}047$ mit
einer Unsicherheit von höchstens 1%. Die BARNETTschen Versuche sind fraglos
die sorgfältigsten, welche bisher zum gyromagnetischen Effekt der Ferromagnetika durchgeführt wurden. Danach besteht also das magnetische Moment
zwar zum überwiegenden Teil aus Spinmomenten, zu einem geringen Teil
jedoch auch aus nicht völlig ausgelöschten Bahnmomenten.

d) Längsmagnetisierung durch rotierende Quermagnetisierung.
(Fisher-Effekt).

In Abb. 56 ist das Schema einer von FISHER[1] durchgeführten und später
von BARNETT[2] mit großen Mitteln wiederholten Versuchsreihe dargestellt:

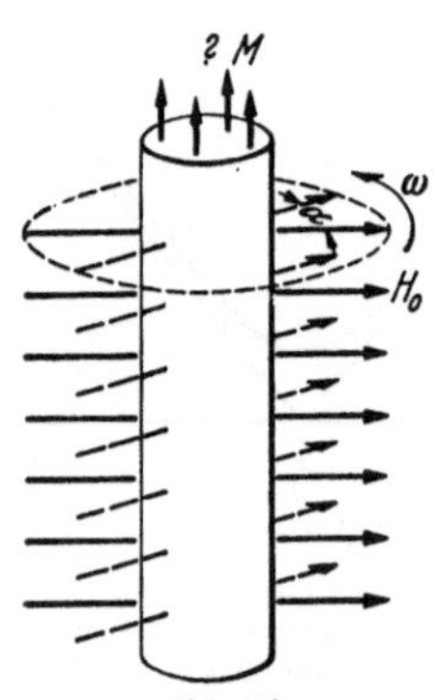

Abb. 56.
Schema zum Nachweis einer
Längsmagnetisierung als Folge
eines rotierenden Querfeldes
(Fisher-Effekt).

Ein ruhender Eisenstab steht unter der Wirkung eines
Magnetfeldes H_0, welches stets senkrecht zur Achse des
Stabes gerichtet sein soll. Dieses Feld H_0 wird nun mit
der Kreisfrequenz ω in die Ebene senkrecht zur Achse
gedreht. Untersucht wird, ob als Folge dieser Rotation
eine Magnetisierung des Stabes in seiner Achsenrichtung
beobachtbar wird. Diesem Versuch liegt die folgende
Idee zugrunde: Wenn bei der Drehung von H_0 diejenigen
Elementarmagnete, welche die Quermagnetisierung bewirken, sich mit dem Feld wirklich mitdrehen würden,
so könnte man erwarten, daß sie — ebenso wie beim
eigentlichen Barnett-Effekt — die Tendenz zeigen, ihre
Kreiselachse in die Richtung der Drehachse zu stellen.
Sie würden sich dann so verhalten, als ob sie der Wirkung eines axialen gyromagnetischen Feldes $H = \omega \varrho$
unterworfen wären. Wenn sogar alle Elementarmagnete
die Rotation des Feldes mitnehmen würden, so müßte
bei diesem Versuch die gleiche Längsmagnetisierung auftreten, welche nach
BARNETT durch die Rotation des Stabes bei der gleichen Frequenz auftritt.
Das Verlockende der Anordnung besteht darin, daß man durch zweckmäßige
elektrotechnische Schaltungen die Frequenz des Drehfeldes leicht auf ein Vielfaches der praktisch erreichbaren mechanischen Drehzahlen steigern kann. Die
Durchführung der Versuche ergab sowohl bei FISHER wie auch bei BARNETT
keinen Effekt von der Größenordnung des Barnett-Effektes. Verwandt wurden
Frequenzen von etwa $\dfrac{\omega}{2\pi} = 20000$ s⁻¹ und Feldstärken H_0 von etwa 15 Oe.
Der negative Ausfall dieser Versuche ist im Hinblick auf das später zu ent-
werfende Bild vom Wesen der technischen Magnetisierung von großem Interesse.
Wir befinden uns nämlich bei der benutzten Feldstärke von 15 Oe durchaus
im Anfangsteil der Magnetisierungskurve, besonders da durch den großen
Entmagnetisierungsfaktor (2π bei der Quermagnetisierung) dieses Feld noch zum
größten Teil abgeschirmt wird. Die Magnetisierung besteht hier im wesentlichen
aus einem reversiblen Hin- und Herschieben von Wänden oder — bei überwiegender Spannungsenergie in harten Materialien — aus einem Pendeln des

[1] FISHER, J. W.: Proc. roy. Soc., Lond. A Bd. 109 (1925) S. 7.
[2] BARNETT, S. J.: Phys. Rev. Bd. 27 (1926) S. 115 und Proc. Amer. Acad. Bd. 68
(1933) S. 229.

Vektors $\mathfrak{J}_s$ um seine Gleichgewichtslage. In beiden Fällen kann von einer monotonen Rotation von $\mathfrak{J}_s$ an keiner Stelle des Materials die Rede sein. Der negative Ausfall der Fisher-Barnett-Versuche ist also nach diesem Bilde durchaus zu erwarten.

Ein positiver Effekt der gleichen Versuche müßte dann auftreten, wenn es möglich wäre, die Querfeldstärke H_0 so zu steigern, daß *innerhalb* des Stabes das Feld zur technischen Sättigung in der Querrichtung ausreicht, also etwa gleich $H_s \approx 500$ Oe wird. Dazu müßte allerdings H_0 gleich $2\pi J_s + H_s$ werden, also bei Nickel ($J_s = 500$) etwa 4000 Oe betragen. Erst bei einem Feld von dieser Größenordnung kann man sicher sein, daß die einzelnen Elementarmagnete tatsächlich die Drehung von H_0 mitmachen. Aber auch in diesem Fall würde die gyromagnetische Längsmagnetisierung wesentlich unterhalb derjenigen liegen, die man durch mechanische Rotation erhält. Es würde zwar das volle Längsfeld $H = \varrho\omega$ zu erwarten sein. Die Suszeptibilität $\chi_{\shortparallel}$ für Magnetisierung in der Längsrichtung ist jedoch durch das starke Querfeld H_s erheblich herabgesetzt. Unter der Wirkung des kleinen Längsfeldes H würde der Kosinus des Winkels ϑ zwischen $\mathfrak{J}_s$ und der Längsachse den Wert $\cos\vartheta = \dfrac{H}{\sqrt{H^2 + H_s^2}} \approx \dfrac{H}{H_s}$

annehmen. Man erhält somit $J = \dfrac{J_s}{H_s} H$. Bei Nickel sind H_s und J_s beide etwa gleich 500, so daß man für die Suszeptibilität $\chi_{\shortparallel}$ hier nur etwa den Wert 1 erhalten würde. Bei Substanzen mit kleinerer Kristallenergie und größerer Sättigung wären entsprechend höhere Werte von $\chi_{\shortparallel}$ zu erwarten. Leider scheint es technisch nicht möglich zu sein, mit Drehfeldern von der Größenordnung 4000 Oe und Frequenzen von einigen 1000 s^{-1} den Fisherschen Versuch durchzuführen.

8. Über die Quantentheorie des Ferromagnetismus.

HEISENBERG[1] zeigte im Jahre 1928, wie man auf Grund der Quantentheorie zu einer grundsätzlich befriedigenden Deutung des Ferromagnetismus gelangen kann. Die quantitative Durchführung der Heisenbergschen Idee ist jedoch mit so großen rechnerischen Schwierigkeiten verknüpft, daß exakte, zahlenmäßige Aussagen über die ferromagnetischen Konstanten aus ihr bisher nicht abgeleitet werden konnten. Wir beschränken uns hier auf einen kurzen Bericht über die in diesem Zusammenhang wichtigen theoretischen Ansätze. Hinsichtlich einer genaueren Durchführung verweisen wir insbesondere auf den ausgezeichneten Handbuchartikel von SOMMERFELD und BETHE[2], sowie auf die Darstellungen von BLOCH[3] und MOTT und JONES[4].

a) Elektronenspin, Pauli-Prinzip, Störungstheorie.

Die Grundlage der quantenmechanischen Deutung des Ferromagnetismus bilden die Theorie des *Elektronenspins* und das *Paulische Ausschließungsprinzip*. Die Methode zur Behandlung ist die zuerst von SCHRÖDINGER entwickelte *Störungstheorie*.

Den einfachsten empirischen Ausgangspunkt der **Theorie des Elektronenspins** bildet der Stern-Gerlach-Versuch über die Aufspaltung von Wasserstoff-Atomstrahlen im inhomogenen Magnetfeld. Die Ablenkung kommt dadurch

---

[1] HEISENBERG, W.: Z. Phys. Bd. 49 (1928) S. 619.

[2] SOMMERFELD, A. u. H. BETHE: Handbuch der Physik, 2. Aufl., Bd. 24, Teil 2. Berlin 1933.

[3] BLOCH, F.: Handbuch der Radiologie, Bd. 6, Teil 2. Leipzig 1934.

[4] MOTT, N. F. u. H. JONES: The Theory of the Properties of Metals and Alloys. Oxford 1936.

zustande, daß in einem Magnetfeld das Moment des Elektronenspins entweder in Richtung des Feldes steht oder in der dazu antiparallelen Richtung. Die Komponente des Drehimpulses in Richtung des Feldes hat entweder den Wert $+\frac{1}{2}\hbar$ oder $-\frac{1}{2}\hbar$; gleichzeitig hat das magnetische Moment in der Richtung von $\mathfrak{H}$ die Werte $+\mu_B$ oder $-\mu_B$. PAULI hat gezeigt, daß es möglich ist, den Zustand des Spins eines Elektrons durch eine Spinfunktion $u(s)$ der Spinvariablen s zu beschreiben, welche jedoch nur für die beiden Werte $s=+1$ und $s=-1$ definiert ist. $u(s)$ ist somit vollständig gegeben durch die beiden Zahlen $u(+1)=a$ und $u(-1)=b$ oder auch $u=\begin{pmatrix} a \\ b \end{pmatrix}$. Die Bedeutung der Zahlen a und b ist die folgende: Bringt man das durch $u(s)$ gekennzeichnete Elektron in ein nach der $+z$-Achse gerichtetes Magnetfeld, so bedeutet $|a|^2$ die Wahrscheinlichkeit dafür, daß es sich in die $+z$-Richtung einstellt, $|b|^2$ dagegen die Wahrscheinlichkeit für die Einstellung in die $-z$-Richtung. Nach der Aufspaltung des H-Atomstrahls im Magnetfeld befinden sich also die Elektronen des einen Strahls im Zustand $\begin{pmatrix} 1 \\ 0 \end{pmatrix}$, die des anderen im Zustand $\begin{pmatrix} 0 \\ 1 \end{pmatrix}$. Es ist ein typisch quantenmechanischer Zug, daß man durch Addition von zwei Zuständen wieder einen Zustand erhält. Umgekehrt kann man jeden Zustand auch als Überlagerung von mehreren Zuständen auffassen. Daher kann man einen beliebigen Spinzustand $\begin{pmatrix} a \\ b \end{pmatrix}$ beschreiben durch

$$a \begin{pmatrix} 1 \\ 0 \end{pmatrix} + b \begin{pmatrix} 0 \\ 1 \end{pmatrix}.$$

Die Aufspaltung des Strahls im Magnetfeld bedeutet nicht eine Drehung des Spins in die Feldrichtung, was nur sehr langsam erfolgen könnte; vielmehr sind im Zustande $\begin{pmatrix} a \\ b \end{pmatrix}$ gemäß obiger Gleichung die beiden Zustände $\begin{pmatrix} 1 \\ 0 \end{pmatrix}$ und $\begin{pmatrix} 0 \\ 1 \end{pmatrix}$ mit den relativen Häufigkeiten $|a|^2$ und $|b|^2$ unmittelbar vorhanden.

Wir wollen weiterhin die beiden Spinfunktionen $\alpha(s)$ und $\beta(s)$ benutzen, welche durch

$$(1) \qquad \alpha(s) = \begin{pmatrix} 1 \\ 0 \end{pmatrix} \quad \text{und} \quad \beta(s) = \begin{pmatrix} 0 \\ 1 \end{pmatrix}$$

definiert sind und durch deren Kombination sich jede Spinfunktion eines Elektrons darstellen läßt. Das skalare Produkt von zwei Spinfunktionen $u(s)=\begin{pmatrix} a \\ b \end{pmatrix}$ und $v(s) = \begin{pmatrix} a' \\ b' \end{pmatrix}$ ist definiert durch

$$\sum_s u^*(s)\, v(s) = a^*\, a' + b^*\, b'.$$

(a^* bedeutet das konjugiert Komplexe von a.) Unsere Funktionen $\alpha(s)$ und $\beta(s)$ sind also orthogonal und normiert:

$$(2) \qquad \sum_s \alpha^*(s)\, \beta(s) = 0; \qquad \sum_s |\alpha(s)|^2 = \sum_s |\beta(s)|^2 = 1.$$

Der allgemeine Zustand eines Elektrons ist nunmehr gegeben durch eine Funktion $\varphi(x, y, z, s)$ der drei Ortsvariablen x, y, z und der Spinvariablen s. Es bedeutet dann z. B. $|\varphi(x, y, z, +1)|^2\, dx\, dy\, dz$ die Wahrscheinlichkeit, daß bei einem daraufhin angestellten Versuch das Elektron im Volumen $dx\, dy\, dz$ mit dem Spin in der $+z$-Richtung angetroffen wird.

Wir betrachten speziell die Lösung der Schrödinger-Gleichung

$$H\psi = E \cdot \psi,$$

wo der Hamilton-Operator H auf den Spin nicht wirkt, also z. B. etwa die Gleichung für das Wasserstoffatom

$$\left(-\frac{\hbar^2}{2m}\,\Delta - \frac{e^2}{r}\right)\psi = E_0 \cdot \psi.$$

Ohne Berücksichtigung des Spins laute die zum Eigenwert E_0 gehörige Eigenfunktion $\psi = \varphi_0(x, y, z)$. Auch dann, wenn (bis auf einen Zahlenfaktor) φ_0 die einzige Lösung ist, können wir doch bei Berücksichtigung der Spinvariablen zwei linear unabhängige und orthogonale Lösungen angeben, nämlich die beiden Eigenfunktionen

$$\varphi_0\,(x, y, z)\,\alpha\,(s) \quad \text{und} \quad \varphi_0\,(x, y, z)\,\beta\,(s),$$

welche zwar hinsichtlich der Bahnbewegung übereinstimmen, sich jedoch in der Orientierung des Spins unterscheiden. Diese Spinentartung kann erst aufgehoben werden, wenn der Hamilton-Operator auch auf den Spin wirkt. Wenn z. B. neben der Coulombschen Zentralkraft noch ein nach $+z$ gerichtetes Magnetfeld H wirkt, gehören die beiden vorher miteinander entarteten Funktionen zu den verschiedenen Eigenwerten $E_0 - \mu_B H$ und $E_0 + \mu_B H$ der Energie.

Das **Pauli-Prinzip** ist der mathematische Ausdruck für die beiden Erfahrungstatsachen, daß es unmöglich ist, zwei Elektronen individuell zu unterscheiden, und daß ein bestimmter Quantenzustand (etwa eine „Bahn" im Atom) von höchstens einem Elektron besetzt werden kann. Es sei etwa der Zustand eines aus zwei Elektronen bestehenden Systems gegeben durch die Zustandsfunktion $\psi(\mathfrak{r}_1, \mathfrak{r}_2, s_1, s_2)$, worin $\mathfrak{r}_1$ der Ortsvektor und s_1 die Spinkoordinate des ersten Elektrons und $\mathfrak{r}_2$ und s_2 diejenigen des zweiten sind. Dann verlangt die erste Erfahrungstatsache, daß der Zustand sich bei Vertauschung der beiden Elektronen nicht ändert. Da durch einen physikalischen Zustand die Zustandsfunktion nur bis auf einen Zahlenfaktor vom Absolutbetrag 1 definiert ist, so folgt aus der Ununterscheidbarkeit der Elektronen

$$\psi\,(\mathfrak{r}_2, \mathfrak{r}_1, s_2, s_1) = c \cdot \psi\,(\mathfrak{r}_1, \mathfrak{r}_2, s_1, s_2);\; |c| = 1.$$

Da eine nochmalige Vertauschung die ursprüngliche Funktion wieder herstellt, muß überdies $c^2 = 1$ sein. Zwischen den noch verbleibenden beiden Möglichkeiten $c = +1$ und $c = -1$ wird durch das Ausschließungsprinzip eindeutig der Wert $c = -1$ gefordert. Denn durch die Bedingung

$$(3) \qquad\qquad \psi\,(\mathfrak{r}_2, \mathfrak{r}_1, s_2, s_1) = -\psi\,(\mathfrak{r}_1, \mathfrak{r}_2, s_1, s_2)$$

werden solche Zustandsfunktionen, welche sich bei der Vertauschung von zwei Elektronen überhaupt nicht ändern, aus der Betrachtung ausgeschlossen, da sie überall gleich Null sein müßten.

Als wichtiges Beispiel behandeln wir den Fall von zwei Wasserstoffatomen, also zwei im Abstand r_{ab} befindliche Protonen a und b mit je einem Elektron. $\mathfrak{r}_1$ und $\mathfrak{r}_2$ seien die Ortsvektoren der beiden Elektronen, $\varphi_a(\mathfrak{r})$ bzw. $\varphi_b(\mathfrak{r})$ die Eigenfunktionen des Grundzustandes des Atoms a bzw. b. Sie genügen den Differentialgleichungen

$$(4) \quad \text{und} \quad \begin{cases} \left(-\dfrac{\hbar^2}{2m}\,\Delta - \dfrac{e^2}{r_a}\right)\varphi_a\,(\mathfrak{r}) = E_0\,\varphi_a\,(\mathfrak{r}) \\[2mm] \left(-\dfrac{\hbar^2}{2m}\,\Delta - \dfrac{e^2}{r_b}\right)\varphi_b\,(\mathfrak{r}) = E_0\,\varphi_b\,(\mathfrak{r}). \end{cases}$$

Dabei bedeuten r_a und r_b die Abstände vom Kern a bzw. b. Solange zwischen den Atomen keinerlei Wechselwirkung besteht, würde derjenige Zustand des Gesamtsystems, bei welchem Elektron Nr. 1 beim Kern a sitzt und den

Spinzustand $u(s_1)$ hat, während sich Elektron Nr. 2 beim Kern b mit dem Spinzustand $v(s_2)$ befindet, gekennzeichnet sein durch

$$\varphi_a(\mathfrak{r}_1)\, u(s_1)\, \varphi_b(\mathfrak{r}_2)\, v(s_2).$$

Eine solche Funktion widerspricht aber den obengenannten Forderungen des Pauli-Prinzips. Tatsächlich hat die Aussage, das Elektron Nr. 1 befände sich beim Kern a, physikalisch keinen Sinn. Der Gesamtzustand ist vielmehr so zu beschreiben: Beim Kern a und b befindet sich je ein Elektron; zudem ist der Spin bei a durch $u(s)$, derjenige bei b durch $v(s)$ gegeben. Die in den beiden Elektronen antisymmetrische Funktion, welche diesen Tatbestand beschreibt, ist gegeben durch die Determinante:

$$\Psi(\mathfrak{r}_1, \mathfrak{r}_2, s_1, s_2) = \frac{1}{\sqrt{2}} \begin{vmatrix} \varphi_a(\mathfrak{r}_1)\, u(s_1) & \varphi_b(\mathfrak{r}_1)\, v(s_1) \\ \varphi_a(\mathfrak{r}_2)\, u(s_2) & \varphi_b(\mathfrak{r}_2)\, v(s_2) \end{vmatrix}.$$

Je nachdem, ob wir für u und v eine der beiden oben erklärten Spinfunktionen α oder β wählen, erhalten wir zur Beschreibung des Zustandes der beiden H-Atome bei großem gegenseitigem Abstand vier linear unabhängige Eigenfunktionen zum Eigenwert $2E_0$ des Hamilton-Operators. Schreiben wir vorübergehend zur Abkürzung $\varphi_a\alpha(1)$ an Stelle von $\varphi_a(\mathfrak{r}_1)\alpha(s_1)$ usw., so lauten diese vier Funktionen

$$(5)\quad \begin{cases} \Psi_0 = \dfrac{1}{\sqrt{2}} \begin{vmatrix} \varphi_a\,\alpha(1) & \varphi_b\,\alpha(1) \\ \varphi_a\,\alpha(2) & \varphi_b\,\alpha(2) \end{vmatrix} & \Psi_{ab} = \dfrac{1}{\sqrt{2}} \begin{vmatrix} \varphi_a\,\beta(1) & \varphi_b\,\beta(1) \\ \varphi_a\,\beta(2) & \varphi_b\,\beta(2) \end{vmatrix} \\[2.5em] \Psi_a = \dfrac{1}{\sqrt{2}} \begin{vmatrix} \varphi_a\,\beta(1) & \varphi_b\,\alpha(1) \\ \varphi_a\,\beta(2) & \varphi_b\,\alpha(2) \end{vmatrix} & \Psi_b = \dfrac{1}{\sqrt{2}} \begin{vmatrix} \varphi_a\,\alpha(1) & \varphi_b\,\beta(1) \\ \varphi_a\,\alpha(2) & \varphi_b\,\beta(2) \end{vmatrix}. \end{cases}$$

Der Index bei dem einzelnen Ψ gibt an, bei welchem Kern sich ein Spin in β-Stellung befindet. Wenn wir jetzt die beiden H-Atome einander nähern, so bleibt die Energie nicht mehr gleich $2E_0$. Sie wird sich vielmehr wegen der Coulombschen Wechselwirkung ändern, und zwar im allgemeinen verschieden für die vier verschiedenen Ψ-Funktionen (5). Der Energiewert „spaltet auf". Solange diese Wechselwirkung noch gering ist, kann man diese Aufspaltung näherungsweise berechnen nach dem zuerst von Schrödinger angegebenen Verfahren.

Störungsrechnung. Wir stellen zunächst das allgemeine Schema der hier zu verwendenden Störungsrechnung für den Fall auf, daß ohne Störung eine r-fache Entartung vorliege. $\psi_1, \psi_2, \dots, \psi_r$ seien r linear unabhängige Eigenfunktionen eines Hamilton-Operators mit dem gleichen Eigenwert W_0. Der Hamilton-Operator H des wirklichen Systems sei von jenem nur wenig verschieden, so daß die Funktionen

$$(6)\qquad (H - W_0)\,\psi_k = V\psi_k; \quad k = 1, 2, \dots, r$$

als kleine Größe angesehen werden können. Wir suchen die Gleichung

$$(7)\qquad H\Psi = E\Psi$$

zu befriedigen durch den Ansatz

$$(8)\qquad \Psi = \sum_{\nu=1}^{r} c_\nu\,\psi_\nu + \psi',$$

wo ψ' orthogonal zu den ψ_ν sei. Mit

$$(9)\qquad E = W_0 + \varepsilon$$

wird dann aus (7) unter Vernachlässigung des von zweiter Ordnung kleinen Gliedes $\varepsilon\,\psi'$

$$\sum_{\nu=1}^{r} c_\nu\,(H - W_0)\,\psi_\nu + H\psi' = \varepsilon \sum_{\nu=1}^{r} c_\nu\,\psi_\nu + W_0\,\psi'.$$

Wir multiplizieren diese Gleichung von links mit einem der ψ_ν^*, etwa $\psi_{\nu'}^*$, und integrieren über den ganzen Konfigurationsraum. Da H hermitisch ist, so wird dabei

$$\int \psi_{\nu'}^* H \psi' \, d\tau = \int \psi' \, (H \psi_{\nu'})^* \, d\tau = W_0 \int \psi' \, \psi_{\nu'}^* \, d\tau + \int \psi' \, V \psi_{\nu'}^* \, d\tau .$$

Hier verschwindet der erste Summand wegen der Orthogonalität von ψ' und $\psi_{\nu'}$. Der zweite ist klein von zweiter Ordnung. Zur Berechnung der Energiestörung erster Näherung können wir ihn vernachlässigen. Mit den Abkürzungen

$$(10) \qquad V_{\nu'\nu} = \int \psi_{\nu'}^* \, (H - W_0) \, \psi_\nu \, d\tau$$

und

$$(11) \qquad S_{\nu'\nu} = \int \psi_{\nu'}^* \, \psi_\nu \, d\tau$$

erhalten wir dann für die c_ν die r linearen homogenen Gleichungen

$$(12) \qquad \sum_{\nu=1}^{r} c_\nu V_{\nu'\nu} = \varepsilon \sum_{\nu=1}^{r} c_\nu S_{\nu'\nu} , \qquad\qquad \nu' = 1, 2, \ldots, r ,$$

welche nur dann eine von Null verschiedene Lösung besitzen, wenn die Determinante

$$\| V_{\nu'\nu} - \varepsilon S_{\nu'\nu} \|$$

verschwindet, oder ausgeschrieben, wenn

$$(13) \qquad \begin{vmatrix} V_{11} - \varepsilon S_{11} & V_{12} - \varepsilon S_{12}, \ldots, & V_{1r} - \varepsilon S_{1r} \\ \vdots & & \\ V_{r1} - \varepsilon S_{r1}, & \ldots \ldots \ldots, & V_{rr} - \varepsilon S_{rr} \end{vmatrix} = 0$$

ist. Das ist eine Gleichung r-ten Grades in ε, deren r Wurzeln die möglichen Energiestörungen in erster Näherung liefern. Aus (12) ergeben sich die zu jedem ε gehörigen Werte der c_ν und damit nach (8) die richtigen Linearkombinationen. Wenn die ψ_ν orthogonal und normiert wären, so wäre $S_{\nu'\nu} = \delta_{\nu'\nu}$, wo $\delta_{\nu'\nu}$ in üblicher Weise die Einheitsmatrix bedeutet, d. h. $\delta_{\nu'\nu} = 1$ für $\nu' = \nu$, $\delta_{\nu'\nu} = 0$ für $\nu' \neq \nu$. Unsere vier Funktionen (5) sind aber nicht orthogonal. Daher müssen wir hier die $S_{\nu'\nu}$ beibehalten.

b) Das H$_2$-Molekül.

Zur Anwendung der skizzierten Theorie auf das H$_2$-Molekül bezeichnen wir mit r_{ab} den Abstand der beiden als fest angesehenen Kerne, mit r_{12} den Abstand der beiden Elektronen voneinander, mit r_{a1} denjenigen des ersten Elektrons vom Kern a usw. Dann lautet der Hamilton-Operator des Moleküls

$$(14) \qquad H = - \frac{\hbar^2}{2m} (\Delta_1 + \Delta_2) + e^2 \left[\frac{1}{r_{ab}} + \frac{1}{r_{12}} - \frac{1}{r_{a1}} - \frac{1}{r_{a2}} - \frac{1}{r_{b1}} - \frac{1}{r_{b2}} \right] .$$

Die Energie des ungestörten Systems beträgt $W_0 = 2E_0$. Wir haben mit den vier Funktionen (5) die Größen $V_{\nu'\nu}$ und $S_{\nu'\nu}$ zu berechnen. Integration über den Konfigurationsraum bedeutet dabei stets Integration über x_1, y_1, z_1 sowie x_2, y_2, z_2 und Summation über die beiden zugelassenen Werte der Spinvariablen s_1 und s_2. Damit erhalten wir z. B.

$$(15) \qquad V_{0,0} = \sum_{s_1, s_2} \int \Psi_0^* (H - 2E_0) \Psi_0 \, d\tau .$$

Nun besteht Ψ_0 aus den beiden Summanden

$$\Psi_0 = \frac{1}{\sqrt{2}} \, \varphi_a \, \alpha(1) \, \varphi_b \, \alpha(2) - \frac{1}{\sqrt{2}} \, \varphi_b \, \alpha(1) \, \varphi_a \, \alpha(2) ,$$

von denen der zweite durch Vertauschen der Variablen 1 und 2 sowie durch Vorzeichenumkehr aus dem ersten entsteht. Da bei Vertauschen von 1 und 2

$H - 2E_0$ sich nicht ändert, Ψ_0^* dagegen ebenfalls sein Vorzeichen umkehrt, so gibt der zweite Summand zu $V_{0,0}$ genau den gleichen Beitrag wie der erste. Also wird

$$V_{0,0} = \sum_{s_1 s_2} \alpha(s_1)\,\alpha(s_2)\,\frac{2}{\sqrt{2}} \int \Psi_0^*\,(H - 2E_0)\,\varphi_a(\mathfrak{r}_1)\,\varphi_b(\mathfrak{r}_2)\,d\tau .$$

Wegen (4) und (14) ist aber

$$(H - 2E_0)\,\varphi_a(\mathfrak{r}_1)\,\varphi_b(\mathfrak{r}_2) = e^2\left(\frac{1}{r_{ab}} + \frac{1}{r_{12}} - \frac{1}{r_{a2}} - \frac{1}{r_{b1}}\right)\varphi_a(\mathfrak{r}_1)\,\varphi_b(\mathfrak{r}_2) .$$

Mit den Abkürzungen

$$(16) \quad \begin{cases} \text{und} \\[2pt] \end{cases}
\begin{aligned}
C &= \int |\varphi_a(\mathfrak{r}_1)|^2\,|\varphi_b(\mathfrak{r}_2)|^2\, e^2\left(\frac{1}{r_{ab}} + \frac{1}{r_{12}} - \frac{1}{r_{a2}} - \frac{1}{r_{b1}}\right) d\tau \\[6pt]
A &= \int \varphi_a(\mathfrak{r}_1)\,\varphi_b(\mathfrak{r}_2)\,\varphi_a(\mathfrak{r}_2)\,\varphi_b(\mathfrak{r}_1)\, e^2\left(\frac{1}{r_{ab}} + \frac{1}{r_{12}} - \frac{1}{r_{a2}} - \frac{1}{r_{b1}}\right) d\tau
\end{aligned}$$

erhält man also

$$(17) \qquad V_{0,0} = C - A \quad \text{und ebenso} \quad V_{ab,ab} = C - A .$$

Hier ist C als Coulombsche Energie unmittelbar verständlich. A ist das Austauschintegral, welches den wesentlich quantenmechanischen Charakter der Rechnung zum Ausdruck bringt. Ferner wird

$$V_{a,a} = \sum_{s_1 s_2} \beta(s_1)\,\alpha(s_2)\,\frac{2}{\sqrt{2}} \int \Psi_a^*\,(H - 2E_0)\,\varphi_a(\mathfrak{r}_1)\,\varphi_b(\mathfrak{r}_2)\,d\tau .$$

Von den beiden Summanden, aus denen Ψ_a^* besteht, liefert derjenige mit $\alpha(s_1)\,\beta(s_2)$ wegen der Orthogonalität der Spinfunktionen keinen Beitrag. Entsprechendes gilt für $V_{b,b}$. Also wird

$$(18) \qquad V_{a,a} = V_{b,b} = C .$$

Von den Nichtdiagonalelementen $V_{\nu',\nu}$ $(\nu' \neq \nu)$ werden nur $V_{a,b}$ und $V_{b,a}$ von 0 verschieden. Man findet nach dem obigen Verfahren leicht

$$(19) \qquad V_{a,b} = V_{b,a} = -A .$$

Man beachte, daß $V_{\nu',\nu}$ stets gleich 0 ist, wenn die Zahl der Rechtsspins in den Zuständen ν' und ν verschieden ist. Wenn ferner die $\varphi_a(\mathfrak{r})$ und $\varphi_b(\mathfrak{r})$ auf eins normiert sind, erhält man bei Einführung des Nichtorthogonalitätsintegrals

$$(20) \qquad S = \int \varphi_a(\mathfrak{r})\,\varphi_b(\mathfrak{r})\,d\tau :$$

$$(21) \qquad \begin{cases} S_{0,0} = S_{ab,ab} = 1 - S^2 \\[3pt] S_{a,b} = S_{b,a} = -S^2 \\[3pt] S_{a,a} = S_{b,b} = 1 . \end{cases}$$

Die Säkulargleichung zur Berechnung von ε lautet also

$$\begin{vmatrix} C - A - \varepsilon(1 - S^2) & 0 & 0 & 0 \\ 0 & C - \varepsilon & -A + \varepsilon S^2 & 0 \\ 0 & -A + \varepsilon S^2 & C - \varepsilon & 0 \\ 0 & 0 & 0 & C - A - \varepsilon(1 - S^2) \end{vmatrix} = 0 .$$

Zwei Wurzeln dieser Gleichung lauten

$$\varepsilon = \frac{C - A}{1 - S^2} .$$

Das ist die Energiestörung der Zustände Ψ'_0 und Ψ_{ab}. Die anderen beiden Wurzeln ergeben sich aus

$$(C - \varepsilon)^2 = (A - \varepsilon S^2)^2.$$

Also

$$\varepsilon_t = \frac{C - A}{1 - S^2} \quad \text{und} \quad \varepsilon_s = \frac{C + A}{1 + S^2}.$$

Wir erhalten so

$$(22) \quad \begin{cases} \text{drei Zustände mit der Energie } \varepsilon_t = \dfrac{C - A}{1 - S^2} \text{ (Triplett)} \\[2mm] \text{und einen Zustand mit } \varepsilon_s = \dfrac{C + A}{1 + S^2} \text{ (Singulett).} \end{cases}$$

Die Gleichungen (12) zur Bestimmung der richtigen Linearkombination

$$\Psi = c_1 \Psi_0 + c_2 \Psi_a + c_3 \Psi_b + c_4 \Psi_{ab}$$

lauten also

$$\begin{aligned} (C - A - \varepsilon (1 - S^2))\, c_1 &= 0 \\ (C - \varepsilon)\, c_2 + (-A + \varepsilon S^2)\, c_3 &= 0 \\ (-A + \varepsilon S^2)\, c_2 + (C - \varepsilon)\, c_3 &= 0 \\ (C - A - \varepsilon (1 - S^2))\, c_4 &= 0. \end{aligned}$$

Man entnimmt diesen Gleichungen direkt die folgenden vier Lösungen für Ψ':

$$(23) \quad \begin{cases} \begin{rcases} \Psi'_0 \\[1mm] \Psi_t = \dfrac{1}{\sqrt{2}}\,(\Psi_a + \Psi_b) \\[2mm] \Psi_{ab} \end{rcases} \text{mit } \varepsilon = \varepsilon_t \\[4mm] \Psi_s = \dfrac{1}{\sqrt{2}}\,(\Psi_a - \Psi_b) \quad \text{mit } \varepsilon = \varepsilon_s. \end{cases}$$

Ausführlich geschrieben lauten diese vier Funktionen:

$$(24) \quad \begin{cases} \Psi_0 = \dfrac{1}{\sqrt{2}}\,\{\varphi_a(1)\,\varphi_b(2) - \varphi_a(2)\,\varphi_b(1)\}\,\alpha(1)\,\alpha(2) \\[2mm] \Psi_t = \dfrac{1}{2}\,\{\varphi_a(1)\,\varphi_b(2) - \varphi_a(2)\,\varphi_b(1)\}\,\{\beta(1)\,\alpha(2) + \alpha(1)\,\beta(2)\} \\[2mm] \Psi_{ab} = \dfrac{1}{\sqrt{2}}\,\{\varphi_a(1)\,\varphi_b(2) - \varphi_a(2)\,\varphi_b(1)\}\,\beta(1)\,\beta(2) \\[2mm] \Psi_s = \dfrac{1}{2}\,\{\varphi_a(1)\,\varphi_b(2) + \varphi_a(2)\,\varphi_b(1)\}\,\{\beta(1)\,\alpha(2) - \alpha(1)\,\beta(2)\}. \end{cases}$$

Jede der vier Funktionen besteht aus einem Produkt von einer Koordinatenfunktion und einer Spinfunktion. Das Pauli-Prinzip äußert sich darin, daß jeweils eine der beiden Funktionen symmetrisch, die andere antisymmetrisch in den Elektronenkoordinaten ist. Die drei Funktionen Ψ_0, Ψ_t, Ψ_{ab} sind symmetrisch in den Spinkoordinaten. Das bedeutet, daß die beiden Spins unter sich parallel stehen, und zwar stehen sie in Ψ_0 nach der $+z$-Richtung, bei Ψ_{ab} nach der $-z$-Richtung und bei Ψ_t in einer im übrigen unbestimmten Richtung senkrecht zu z. Sie repräsentieren bis auf eine gemeinsame Drehung der beiden Spins den gleichen physikalischen Zustand mit der Energiestörung $\dfrac{C - A}{1 - S^2}$. Die vierte Funktion ist in den Spins antisymmetrisch, ihr resultierendes Spinmoment ist Null, ihre Energie beträgt $\dfrac{C + A}{1 + S^2}$.

Für die Frage, ob im normalen H_2-Molekül die Spins parallel stehen oder nicht, kommt es darauf an, ob ε_t kleiner oder größer ist als ε_s. Die zuerst von

HEITLER und LONDON [1] und danach genauer von SUGIURA [2] durchgeführte Rechnung ergab, daß die Differenz

$$(25) \qquad \varepsilon_t - \varepsilon_s = 2\,\frac{C\,S^2 - A}{1 - S^4}$$

positiv ist, der Singuletterm also tiefer liegt. Dies Resultat kommt wesentlich dadurch zustande, daß das Austauschintegral A, nach (16) berechnet, negativ ist und absolut genommen wesentlich größer als $C\,S^2$. Man pflegt diesen Tatbestand häufig dadurch wiederzugeben, daß man sagt: Für die Frage, ob im tiefsten Term die Spins parallel stehen oder nicht, kommt es wesentlich auf das Vorzeichen von

$$A = \int \varphi_a\,(1)\,\varphi_b\,(2)\,\varphi_a\,(2)\,\varphi_b\,(1)\,e^2 \left(\frac{1}{r_{ab}} + \frac{1}{r_{12}} - \frac{1}{r_{a2}} - \frac{1}{r_{b1}} \right) d\,\tau$$

an, da die Funktionen φ_a und φ_b „fast" orthogonal seien, man also das Nichtorthogonalitätsintegral

$$S = \int \varphi_a\,(\mathfrak{r})\,\varphi_b\,(\mathfrak{r})\,d\,\mathfrak{r}$$

für eine erste Orientierung gleich Null setzen könne. Diese Beschreibung ist sehr irreführend. Wenn nämlich $S = 0$ wäre, so würde sich A auf das stets positive Integral über e^2/r_{12} reduzieren. A kann also überhaupt nur dann negativ werden, wenn S von Null verschieden ist. In diesem Fall ist das Vorzeichen von A dadurch bestimmt, ob in (16) der positive Teil des Integranden $\frac{1}{r_{ab}} + \frac{1}{r_{12}}$ oder der negative $-\frac{1}{r_{a2}} - \frac{1}{r_{b1}}$ den größeren Beitrag liefert.

In der Übertragung der Theorie auf das Problem des Ferromagnetismus spielt die Frage der Nichtorthogonalität eine wesentliche Rolle. Die Säkulardeterminante (13) nimmt beim Vielelektronenproblem durch die $S_{\nu'\nu}$ eine so komplizierte Gestalt an, daß eine unserer Gleichung (22) beim H_2-Molekül entsprechende Auflösung unmöglich ist. Es ist daher üblich, zwar die $S_{\nu'\nu} = \delta_{\nu'\nu}$ zu setzen, jedoch inkonsequenterweise den Ausdruck (16) als Austauschintegral beizubehalten, dessen Vorzeichen dann als für das Verhalten der Spins entscheidend betrachtet wird.

Wir fügen noch eine Bemerkung an zu dem Wort Austauschintegral für den Ausdruck A in (16). Es ist nicht sinnvoll, von einem Austausch der Elektronen zu reden, da ja eine solche Vertauschung grundsätzlich nicht beobachtbar ist. Wohl aber kann man davon reden, daß die beiden Atome ihren Spin austauschen, daß also der Zustand Ψ_a im Laufe der Zeit in den Zustand Ψ_b übergeht und umgekehrt. Wir wollen uns davon überzeugen, daß die Frequenz dieses Spinaustausches tatsächlich durch A gegeben ist.

Unter Berücksichtigung der durch den Zeitfaktor $e^{-\frac{i}{\hbar}E\,t}$ bestimmten Zeitabhängigkeit lauten die aus Ψ_a und Ψ_b hervorgehenden beiden stationären Lösungen

$$\frac{1}{\sqrt{2}}\,(\Psi_a + \Psi_b)\,e^{-\frac{i}{\hbar}(2E_0 + \varepsilon_t)\,t} \qquad \text{und} \qquad \frac{1}{\sqrt{2}}\,(\Psi_a - \Psi_b)\,e^{-\frac{i}{\hbar}(2E_0 + \varepsilon_s)\,t}$$

Durch Addition dieser beiden (mit $\frac{1}{\sqrt{2}}$ multiplizierten) Lösungen erhält man eine (energetisch nicht mehr scharfe) Lösung der zeitabhängigen Schrödinger-Gleichung. Wir schreiben sie in der Form

$$\Phi = \tfrac{1}{2}\,e^{-\frac{i}{\hbar}\left[2E_0 + \frac{\varepsilon_t + \varepsilon_s}{2}\right]t}\left[(\Psi_a + \Psi_b)\,e^{-\frac{i}{\hbar}\frac{\varepsilon_t - \varepsilon_s}{2}t} + (\Psi_a - \Psi_b)\,e^{+\frac{i}{\hbar}\frac{\varepsilon_t - \varepsilon_s}{2}t}\right].$$

[1] HEITLER, W. u. F. LONDON: Z. Phys. Bd. 44 (1927) S. 455.
[2] SUGIURA, J.: Z. Phys. Bd. 45 (1927) S. 484.

Diese Funktion beschreibt einen Zustand, welcher für $t=0$ mit Ψ_a identisch ist. Mit der Abkürzung $\frac{\varepsilon_t - \varepsilon_s}{2\,\hbar} = \eta$ wird

$$(26) \qquad \Phi = e^{-\frac{i}{\hbar}\left[2E_0 + \frac{\varepsilon_t + \varepsilon_s}{2}\right]t} \left[\Psi_a \cos\eta\,t - i\,\Psi_b \sin\eta\,t\right].$$

Durch (26) wird beschrieben, daß der anfangs beim Atom a befindliche Linksspin mit der Frequenz η zwischen den beiden Atomen hin- und herpendelt. Nach (25) ist diese Frequenz in der Tat gerade gleich $A/\hbar$, wenn man $S^2 = 0$ setzt.

c) Anwendung der Heitler-London-Methode auf das Metall.

Wir beschreiben nun die Übertragung der Theorie des H_2-Moleküls auf ein aus N Atomen bestehendes Metall. Im freien Zustand soll jedes der Atome aus einem Atomrumpf und einem s-Elektron bestehen, dessen Spin entweder nach $+z$ oder nach $-z$ orientiert sein kann. Wir numerieren sowohl die Elektronen wie die Atome von 1 bis N. Die Funktion $\varphi_m(\mathfrak{r}_\nu)\,\alpha(s_\nu)$ oder kürzer $\varphi_m\,\alpha(\nu)$ bedeute denjenigen Zustand, in welchem sich das ν-te Elektron beim m-ten Kern befindet und einen $+$ Spin besitzt. Dem Zustand des Gesamtsystems, in welchem sich bei den Atomen Nr. n_1, n_2, ... ein Linksspin, bei den übrigen Atomen ein Rechtsspin befindet, entspricht die dem Pauli-Prinzip genügende Determinantenfunktion

$$(27) \qquad \Psi_{n_1 n_2 \dots} = \frac{1}{\sqrt{N!}} \begin{vmatrix} \varphi_1\,\alpha\,(1) \; \dots \; \varphi_{n_1}\,\beta\,(1) \; \dots \; \varphi_{n_2}\,\beta\,(1) \; \dots \; \varphi_N\,\alpha\,(1) \\ \varphi_1\,\alpha\,(2) \\ \vdots \qquad\qquad\qquad\qquad\qquad\qquad \vdots \\ \varphi_1\,\alpha\,(N) \dots \varphi_{n_1}\,\beta\,(N) \dots \varphi_{n_2}\,\beta\,(N) \dots \varphi_N\,\alpha\,(N) \end{vmatrix}$$

Hier steht in den Spalten n_1, n_2, ... die Spinfunktion β, in den übrigen Spalten α. Bei weiter Trennung der Atome ist jede solche Funktion eine Eigenfunktion zum Energiewert NE_0. Bedeutet l die Anzahl der Linksspins, also die Anzahl der Indizes von $\Psi_{n_1 n_2 \dots}$, so ist die z-Komponente des magnetischen Momentes

$$M = \mu_B\,[N - 2\,l].$$

Wir haben nun nach (13) die Energiestörung ε zu berechnen für den Fall, daß diese Atome zum Metall zusammentreten. An die Stelle des einen Index ν tritt jetzt die Folge der Zahlen $n_1 n_2 \dots$. Wegen der Orthogonalität der Spinfunktionen werden alle diejenigen Matrixelemente $V_{\nu',\nu}$ und $S_{\nu',\nu}$ gleich Null, bei denen sich ν' und ν auf verschiedene Werte von l beziehen. Wir nehmen weiterhin an, daß die φ_n orthogonal und normiert seien, also

$$\int \varphi_n(\mathfrak{r})\,\varphi_m(\mathfrak{r})\,d\tau = \delta_{mn}.$$

Dann gilt das gleiche auch für die $\Psi_{n_1 n_2 \dots}$. Ferner wird $S_{\nu',\nu} = \delta_{\nu'\nu}$. Die Berechnung der $V_{\nu',\nu}$ geht im Prinzip genau so wie oben beim H_2-Molekül. Wir haben also zu bilden

$$(28) \qquad V_{n_1' n_2' \dots,\; n_1 n_2 \dots} = \sum_{s_1 s_2 \dots} \int \Psi_{n_1' n_2' \dots}^* (H - N E_0)\,\Psi_{n_1 n_2 \dots}\,d\tau.$$

Der Hamilton-Operator H selbst lautet jetzt

$$H = -\frac{\hbar^2}{2\,m} \sum_\nu \Delta_\nu + e^2\left[\sum_{m>n} \frac{1}{r_{mn}} + \sum_{\mu>\nu} \frac{1}{r_{\mu\nu}} - \sum_{m,\nu} \frac{1}{r_{m\nu}}\right].$$

Von den Indizes an den Abständen r beziehen sich die lateinischen auf die Nummer des Atoms, die griechischen auf diejenige des Elektrons.

$\varphi_m(\mathfrak{r}_\nu)$ genügt der Gleichung

$$\left(-\frac{\hbar^2}{2\,m}\,\Delta_\nu - \frac{e^2}{r_{m\nu}}\right)\varphi_m(\mathfrak{r}_\nu) = E_0 \cdot \varphi_m(\mathfrak{r}_\nu).$$

Wie oben beim H_2-Molekül gibt in (28) jeder der $N!$ Summanden, aus denen $\Psi_{n_1 n_2 \ldots}$ besteht, den gleichen Beitrag zu $V_{n_1' n_2' \ldots, n_1 n_2 \ldots}$. Wir dürfen also für jeden der $N!$ Summanden das Diagonalglied von (27) setzen. Dann wird mit der Abkürzung

$$R = e^2 \left[\sum_{m>n} \frac{1}{r_{mn}} + \sum_{\mu>\nu} \frac{1}{r_{\mu\nu}} - \sum_{\substack{m,\nu \\ m \neq \nu}} \frac{1}{r_{m\nu}} \right]:$$

$$V_{n_1' n_2' \ldots, n_1 n_2 \ldots} =$$
$$= \sum_{s_1 s_2 \ldots} \alpha(1) \ldots \beta(n_1) \ldots \beta(n_2) \ldots \alpha(N) \cdot \sqrt{N!} \int \Psi_{n_1' n_2' \ldots}^* \, R \, \varphi_1(1) \, \varphi_2(2) \ldots \varphi_N(N) \, d\tau.$$

Von den $N!$-Summanden, aus denen jetzt $\Psi_{n_1' n_2' \ldots}^*$ noch besteht, liefern lediglich einen Beitrag: 1. das Diagonalelement, in welchem jedes Elektron bei seinem Atom sitzt, 2. diejenigen Elemente, bei denen zwei Elektronen (etwa p und q) vertauscht sind. Da nämlich jeder Summand von R von höchstens zwei Elektronen abhängt, so ergibt die Integration bei Vertauschung von mehr als zwei Elektronen wegen der Orthogonalität der φ_m stets Null. Bezeichnen wir noch $s_{n_1 n_2 \ldots} = \alpha(1) \ldots \beta(n_1) \ldots \beta(n_2) \ldots \alpha(N)$, so wird danach

$$V_{n_1' n_2' \ldots, n_1 n_2 \ldots} = \sum_{s_1 s_2 \ldots} s_{n_1 n_2 \ldots} \, s_{n_1' n_2' \ldots} \int |\varphi_1(1)|^2 \cdot |\varphi_2(2)|^2 \ldots |\varphi_N(N)|^2 \, R \, d\tau$$

$$- \sum_{p q} \sum_{s_1 s_2 \ldots} s_{n_1 n_2 \ldots} \, s_{n_1' n_2' \ldots}^{pq} \int \varphi_1(1) \ldots \varphi_p(q) \ldots \varphi_q(p) \ldots R \, \varphi_1(1) \ldots \varphi_N(N) \, d\tau.$$

Hier bedeutet $s_{n_1' n_2' \ldots}^{pq}$ diejenige Spinfunktion, welche aus $s_{n_1' n_2' \ldots}$ durch Vertauschen der Elektronen p und q hervorgeht. Wir schreiben nun R als

$$\sum_{\substack{m>n}} e^2 \left(\frac{1}{r_{mn}} + \frac{1}{r_{\mu\nu}} - \frac{1}{r_{m\nu}} - \frac{1}{r_{n\mu}} \right)_{\substack{\nu=n \\ \mu=m}}.$$

Dabei soll also in jedem Summanden $\nu = n$ und $\mu = m$ gewählt sein. Die beiden in $V_{n_1' n_2' \ldots, n_1 n_2 \ldots}$ auftretenden Integrale erfahren dann eine entsprechende Zerlegung. Zudem wird beim zweiten Integral nur derjenige Summand von Null verschieden, welcher die Elektronen p und q enthält. Mit den Abkürzungen

$$(29) \quad \begin{cases} C_{pq} = \int |\varphi_p(1)|^2 \, |\varphi_q(2)|^2 \, e^2 \left(\frac{1}{r_{pq}} + \frac{1}{r_{12}} - \frac{1}{r_{p2}} - \frac{1}{r_{q1}} \right) d\tau \\[2ex] A_{pq} = \int \varphi_p(1) \, \varphi_q(2) \, \varphi_p(2) \, \varphi_q(1) \, e^2 \left(\frac{1}{r_{pq}} + \frac{1}{r_{12}} - \frac{1}{r_{p2}} - \frac{1}{r_{q1}} \right) d\tau \end{cases}$$

wird daher

$$(30) \quad V_{n_1' n_2' \ldots, n_1 n_2 \ldots} = \sum_{s_1 s_2 \ldots} s_{n_1 n_2 \ldots} \, s_{n_1' n_2' \ldots} \sum_{p>q} C_{pq} - \sum_{p>q} \sum_{s_1 s_2 \ldots} s_{n_1 n_2 \ldots} \, s_{n_1' n_2' \ldots}^{pq} \, A_{pq}.$$

Da die Funktionen φ_p und φ_q mit wachsender Entfernung vom Atom exponentiell verschwinden, dürfen wir annehmen, daß die C und A nur dann von Null verschieden sind, wenn die Atome p und q benachbarte Plätze im Gitter einnehmen. Wir setzen also $C_{pq} = C$ und $A_{pq} = A$, wenn p und q nächste Nachbarn sind, sonst $C_{pq} = A_{pq} = 0$. Nennen wir wie früher jeden Strich, den man zwischen zwei nächsten Nachbarn zeichnen kann, eine „Bindung", so läuft die $\sum\limits_{p>q}$ über alle $\frac{Nz}{2}$ Bindungen, wenn z die Zahl der Nachbarn eines Atoms bedeutet. Im Diagonalelement von (30) ist die erste $\sum\limits_{s_1 s_2 \ldots}$ stets gleich 1, die zweite $\sum\limits_{s_1 s_2 \ldots}$ dagegen nur dann, wenn die Atome p und q den gleichen Spin besitzen. Nennen wir noch

$$(31) \quad \begin{cases} f = \text{Zahl der Bindungen zwischen gleichen Spins,} \\ g = \dfrac{Nz}{2} - f = \text{Zahl der Bindungen zwischen ungleichen Spins,} \end{cases}$$

so wird also das Diagonalelement

$$(32) \qquad V_{n_1 n_2 \dots, \, n_1 n_2 \dots} = \frac{Nz}{2} C - f A = \frac{Nz}{2} (C - A) + g A .$$

Bei den Nichtdiagonalelementen wird die erste $\sum\limits_{s_1 s_2 \dots}$ in (30) stets gleich Null.

Die zweite dagegen kann gleich 1 werden, wenn $s_{n_1' n_2'} \dots$ durch die Vertauschung des p-ten und q-ten Elektrons gerade wieder in $s_{n_1 n_2} \dots$ übergeht. Wir haben also

$$(33) \qquad V_{n_1' n_2' \dots, \, n_1 n_2 \dots} = - A ,$$

wenn die Ziffernfolge $n_1' n_2' \dots$ durch Vertauschung zweier benachbarter ungleicher Spins aus den $n_1 n_2 \dots$ hervorgeht.

Das Diagonalelement (32) ist der Erwartungswert der Energie des Zustandes mit der durch die Ziffernfolge $n_1 n_2 \dots$ gegebenen Spinverteilung. Er ist in seiner Abhängigkeit von g identisch mit dem in Kapitel 5 benutzten Ausdruck (5.10) für die Energie dieses Zustandes. Insofern könnte man von einer quantentheoretischen Rechtfertigung unseres früheren Ansatzes und der daraus gezogenen Folgerungen sprechen. In Wirklichkeit liegen jedoch die Verhältnisse wegen der Nichtdiagonalelemente (33) wesentlich komplizierter. Der Zustand $\Psi_{n_1 n_2} \dots$ ist kein stationärer Zustand im Sinne der Quantenmechanik, ebensowenig wie die Zustände Ψ_a und Ψ_b beim H_2-Molekül. An die Stelle der oben benutzten Funktionen Ψ_s und Ψ_t tritt im Fall des Metalls als stationärer Zustand eine Linearkombination

$$\Psi = \sum_{n_1 n_2 \dots} a_{n_1 n_2} \dots \Psi_{n_1 n_2} \dots ,$$

entsprechend der Tatsache, daß eine gegebene Spinverteilung sich im Laufe der Zeit ändert. Erst dieser Funktion entspricht — bei richtiger Wahl der $a_{n_1 n_2} \dots$ — eine bestimmte Störenergie. Die Wanderung des Spins (Spinwellen) und die dadurch bedingte Energieaufspaltung wollen wir nur näher betrachten in dem denkbar einfachsten Fall, nämlich dem der linearen Kette ($z = 2$) mit nur einem nach links gerichteten Spin ($l = 1$). Ψ_n ist dann derjenige Zustand, in welchem am n-ten Atom der Spin nach links orientiert ist. Nach (32) und (33) werden die Matrixelemente

$$V_{n,n} = N (C - A) + 2 A$$
$$V_{n-1,n} = V_{n,n+1} = - A .$$

Die Koeffizienten a_n der richtigen Linearkombination

$$\Psi = \sum_n a_n \Psi_n$$

müssen den Gleichungen

$$V_{n,n} a_n + V_{n,n-1} a_{n-1} + V_{n,n+1} a_{n+1} = \varepsilon a_n$$

genügen. Mit dem Ansatz

$$(34) \qquad a_n = e^{i k n}$$

ergibt sich

$$(35) \qquad \varepsilon = N (C - A) + 2 A (1 - \cos k) .$$

Man pflegt der endlichen Länge der Kette dadurch Rechnung zu tragen, daß man für k nur die N verschiedenen Werte

$$k = \frac{2\pi}{N} \varkappa \qquad \left(\varkappa = - \frac{N}{2}, - \frac{N}{2} + 1, \dots, \frac{N}{2} - 1, \frac{N}{2} \right)$$

zuläßt. Der Durchschnittswert von (35) für alle k ist $N(C-A)+2A$, wie es nach (32) zu erwarten war. Je nach der Größe von k kann aber ε die Werte zwischen

$$\varepsilon = N(C-A) \qquad \text{für } k=0; \quad \Psi = \Psi_1 + \Psi_2 + \cdots + \Psi_N$$

und

$$\varepsilon = N(C-A)+4A \quad \text{für } k=\pi; \quad \Psi = \Psi_1 - \Psi_2 + \Psi_3 \ldots - \Psi_N$$

annehmen. Die Übertragung dieser Rechnung auf den Fall mehrerer Linksspin und auf das räumliche Gitter begegnet unüberwindlichen rechnerischen Schwierigkeiten. Immerhin ist es BLOCH[1] gelungen, die Rechnung für den Fall nur weniger Linksspins näherungsweise durchzuführen. Das Metall ist dann nach rechts hin fast gesättigt. Man darf die vereinzelten Linksspins als voneinander unabhängige Gebilde betrachten, von denen jeder einzelne durch eine Spinwelle vom Typus (34) zu beschreiben ist. Das wesentliche Ergebnis der Blochschen Theorie besteht darin, daß bei tiefen Temperaturen die T-Abhängigkeit von J_s gegeben ist durch ein Gesetz von der Form

$$J_s = J_\infty (1 - \text{const} \cdot T^{3/2}).$$

Dieses Gesetz der Sättigungsmagnetisierung ist bisher das einzige gesicherte Ergebnis der Quantentheorie des Ferromagnetismus, welches wesentlich von den Aussagen der klassischen Theorie abweicht.

Eine experimentelle Prüfung des $T^{3/2}$-Gesetzes wurde von FALLOT[2] durchgeführt. Frühere Messungen von WEISS und FORRER[3], die sich bis zur Temperatur der flüssigen Luft erstreckten, ließen sich befriedigend durch ein Gesetz der Form

$$J_s = J_\infty (1 - A T^2)$$

darstellen. Bei Ausdehnung der Messungen bis 20° K (flüssiger Wasserstoff) fand jedoch FALLOT bei Eisen deutliche Abweichungen vom T^2-Gesetz. Dagegen ergab J_s, als Funktion von $T^{3/2}$ aufgetragen, innerhalb der Meßgenauigkeit einen geradlinigen Verlauf von 20° K bis etwa 250° K. Das Blochsche $T^{3/2}$-Gesetz wurde somit bei Eisen gut bestätigt. Das Verhalten von Nickel ist ähnlich, wenn auch die experimentellen Abweichungen vom T^2-Gesetz hier nicht so ausgeprägt sind wie bei Eisen.

Die vorstehend skizzierte Theorie ist nach verschiedenen Richtungen hin unbefriedigend. Zunächst wird das zugrunde gelegte Modell den wirklich vorliegenden Verhältnissen nicht gerecht. Der Ferromagnetismus ist nicht an die äußeren s-Elektronen geknüpft, sondern wesentlich an die unvollständige innere d-Schale. Aber auch abgesehen von dieser starken Schematisierung ist die rechnerische Methode selbst inkonsequent. Dabei ist zuerst die Nichtorthogonalität der Grundfunktionen $\varphi_m(\mathfrak{r})$ zu erwähnen. Eigentlich müßte man

a) wie beim H_2-Molekül noch Nichtorthogonalitätsintegrale vom Typus $S_{ij}^2 = \int \varphi_i \varphi_j \, d\tau$ in die Rechnung einführen,

b) bei der Berechnung der Matrixelemente $V_{n_1' n_2' \ldots, n_1 n_2 \ldots}$ auch solche Elemente berücksichtigen, welche der Vertauschung von mehr als zwei Elektronen entsprechen.

INGLIS[4] zeigte, daß die Korrektur a) allein zu physikalisch unsinnigen Resultaten führt, während nach VAN VLECK[5] die gleichzeitige Berücksichtigung von a) und b) Ergebnisse liefert, welche in wesentlichen Zügen mit den oben erhaltenen übereinstimmt. Weiterhin ist, worauf besonders SLATER[6] hingewiesen

[1] BLOCH, F.: Z. Phys. Bd. 61 (1930) S. 206.
[2] Nach P. WEISS: C. R. Acad. Sci., Paris Bd. 198 (1934) S. 1893.
[3] WEISS, P. u. R. FORRER: Ann. Phys., Paris Bd. 12 (1929) S. 279.
[4] INGLIS, D. R.: Phys. Rev. Bd. 46 (1934) S. 135.
[5] VAN VLECK, J. H.: Phys. Rev. Bd. 49 (1936) S. 232.
[6] SLATER, J. C.: Phys. Rev. Bd. 52 (1937) S. 198.

hat, zu beanstanden, daß durch den Ansatz (27) von vornherein die polaren
Zustände aus der Rechnung ausgeschlossen werden; das sind solche Zustände,
bei denen an einzelnen Atomen zwei Elektronen sitzen und dafür an anderen
keines. Solche Zustände kommen zwar beim H_2-Molekül wegen ihrer viel
höheren Energie nicht in Betracht, beim Metall jedoch können sie möglicherweise eine wesentliche Rolle spielen. Schließlich bietet die skizzierte Theorie
keinen unmittelbaren Anschluß an die sonst so erfolgreiche Art zur Beschreibung
der Metallelektronen, welche ausgeht von der Vorstellung eines freien Elektrons,
das durch das periodische Potential der Ionen und der übrigen Elektronen
im Gitter gestört ist, und welche zu der bekannten Beschreibung der Metallelektronen mit Hilfe der Energiebänder geführt hat.

d) Beschreibung des Ferromagnetismus mit Hilfe der Energiebänder.

Wenn auch eine wirklich durchgeführte Theorie dieser Art nicht vorliegt,
so ermöglicht doch die Vorstellung der Energiebänder eine recht instruktive
Beschreibung des Ferromagnetismus.

Bei der unter c) gegebenen Behandlung waren die Ausgangsfunktionen der
ganzen Rechnung die Eigenfunktionen der einzelnen, getrennt gedachten Atome
$\varphi_m(r_\nu)\,\alpha(s_\nu)$; eine solche Funktion besagte, daß sich das Elektron ν beim Kern m
befindet. In der Theorie der Energiebänder geht man aus von der Funktion $e^{i(\mathfrak{k}\mathfrak{r})}$
eines freien, gleichmäßig über das ganze Metall verteilten Elektrons. Durch
das periodische Potentialfeld erfährt diese eine Modifizierung zu

$$\psi_{\mathfrak{k}} = \frac{1}{\sqrt{N}}\, e^{i(\mathfrak{k}\mathfrak{r})}\, u_{\mathfrak{k}}(\mathfrak{r}),$$

wo $u_{\mathfrak{k}}(\mathfrak{r})$ periodisch mit der Gitterperiode ist und N die Zahl der Elementar-
zellen im Metall bedeutet. Bei Beschränkung auf ein einfach kubisches Gitter
ist der Ausbreitungsvektor $\mathfrak{k}$ in einem würfelförmigen Metallstück von der
Kantenlänge $N^{1/3}$ Gitterkonstanten der folgenden N Werte fähig:

$$k_x = \frac{2\pi}{N^{1/3}}\, n_1, \qquad k_y = \frac{2\pi}{N^{1/3}}\, n_2, \qquad k_z = \frac{2\pi}{N^{1/3}}\, n_3.$$

Dabei können n_1, n_2, n_3 unabhängig voneinander alle ganzzahligen Werte
zwischen $-\frac{1}{2} N^{1/3}$ und $+\frac{1}{2} N^{1/3}$ annehmen. Wir erhalten so die $2N$ Ausgangsfunktionen $\psi_{\mathfrak{k}}\alpha(j)$ und $\psi_{\mathfrak{k}}\beta(j)$, von denen eine einzelne besagt, daß das Elektron j
mit dem Ausbreitungsvektor $\mathfrak{k}$ über das ganze Metall ausgebreitet ist, und daß
sein Spin entweder nach $+z$ oder nach $-z$ orientiert ist. Aus diesen Funktionen könnte man wieder die dem Pauli-Prinzip genügenden Funktionen

$$\Phi_{n_1 n_2 \ldots} = \begin{vmatrix} \psi_{\mathfrak{k}_1}\alpha(1)\ldots\psi_{\mathfrak{k}_{n_1}}\beta(1)\ldots\psi_{\mathfrak{k}_{n_2}}\beta(1)\ldots\varphi_{\mathfrak{k}_N}\alpha(1) \\ \vdots \\ \varphi_{\mathfrak{k}_1}\alpha(N)\ldots\ldots\ldots\ldots\ldots\ldots\varphi_{\mathfrak{k}_N}\alpha(N) \end{vmatrix}$$

aufbauen und mit diesen $\Phi_{n_1 n_2}$ nach dem obigen Schema in die Störungsrechnung eintreten. Da aber eine befriedigende Durchführung dieses Ansatzes
bisher nicht vorliegt, wollen auch wir dieses Verfahren hier nicht weiter verfolgen.

Einen gewissen Ersatz für die nicht quantitativ durchgeführte Theorie bietet
die folgende qualitative und anschauliche Überlegung. Einer Quantenbahn
des freien Atoms kann man in dem aus N Atomen bestehenden Metall N Werte
des Ausbreitungsvektors $\mathfrak{k}$ und bei Berücksichtigung des Spins entsprechend
$2N$ Werte der Energie zuordnen, welche zusammen das diesem Atomzustand
entsprechende Energieband ausmachen. So spricht man beim Nickel von
einem $3d$-Band mit $10N$ erlaubten Zuständen und einem $4s$-Band mit $2N$
Zuständen. Die Energiebänder sind um so breiter, je stärker die Elektronen

der verschiedenen Atome miteinander in Wechselwirkung stehen. Ein mit Elektronen vollbesetztes Band kann nie zu Ferromagnetismus Veranlassung geben, da dann jeder spinfreie Zustand mit zwei entgegengesetzt orientierten Spins besetzt ist. Anders dagegen bei einem nicht vollbesetzten Band. Betrachten wir als Beispiel ein Band, welches ohne Berücksichtigung des Spins P erlaubte

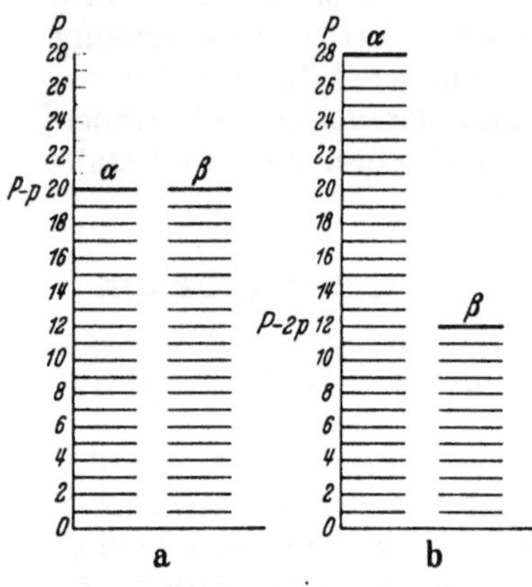

Plätze enthält. Bei Berücksichtigung des Spins kann jeder dieser Plätze von zwei Elektronen mit entgegengesetztem Spin besetzt sein. Das Band möge $2(P-p)$ Elektronen enthalten. Ohne Berücksichtigung des Austausches würden im energetisch tiefsten Zustand die $P-p$ tiefsten der P Niveaus mit je einem α- und β-Elektron besetzt sein. Dieser Zustand ist in der schematischen Abb. 57 für die willkürlichen Zahlenwerte $P=28$ und $p=8$ zur Anschauung gebracht. Da wir es hier stets mit streng orthogonalen Eigenfunktionen zu tun haben, ist das Austauschintegral (16) stets positiv, also ist auch stets eine gewisse Tendenz zur Parallelstellung vorhanden. Dieser Tendenz steht aber

Abb. 57. Schema für die Energieniveaus eines nicht vollbesetzten Bandes. a Kein Ferromagnetismus. b Ferromagnetikum am absoluten Nullpunkt.

der Umstand entgegen, daß ein β-Elektron nur dann in die α-Stellung übergehen kann, wenn damit ein Übergang zu einem der p höheren, bisher unbesetzten Niveaus verknüpft ist. Der dazu erforderliche Energieaufwand ist um so größer, je breiter das Energieband ist. Tatsächlich ist bei den eigentlichen Leitungselektronen das Band so breit, daß das Austauschintegral nicht ausreicht, um die zu diesem Übergang erforderliche Energie zu liefern. Anders ist es dagegen, wenn das Band nur schmal, der Energieunterschied zwischen der Mitte und dem oberen Rande des Bandes also nur gering ist. Dann kann unter Umständen die Anordnung b) der Abb. 57 die stabilere sein, d. h. es würde Ferromagnetismus vorliegen.

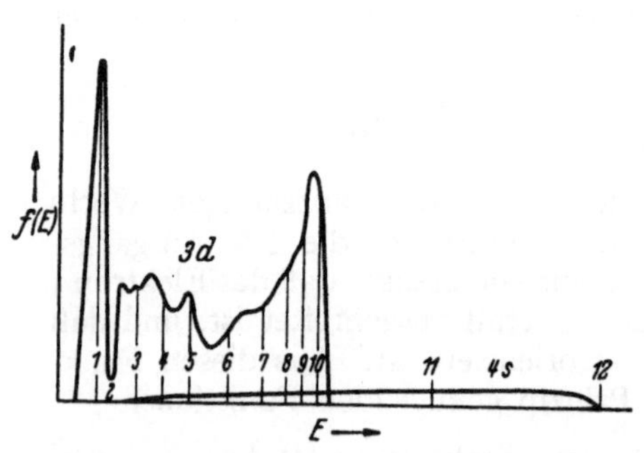

Solche Verhältnisse scheinen tatsächlich bei dem $3d$-Band von Nickel vorhanden zu sein. In Abb. 58 ist nach Rechnungen von SLATER die Breite und gegenseitige Lage des $3d$-Bandes und des $4s$-Bandes bei Nickel zur Anschauung gebracht. Die dort gezeichneten Funktionen $f(E)$ haben die Bedeutung daß $f(E)\,dE$ die Zahl

Abb. 58. Die Dichte der Energieniveaus im $3d$- und $4s$-Band für Nickel. [Nach J. C. SLATER: Phys. Rev. Bd. 49 (1936) S. 537.] Die Ziffern 1 bis 12 geben an, wie weit die Bänder aufgefüllt sind, wenn in beiden Bändern zusammen pro Atom die entsprechende Anzahl von Elektronen unterzubringen sind.

der erlaubten Plätze im Intervall dE angibt. Die typische Überlappung der beiden Bänder hat zur Folge, daß sie beide nur teilweise aufgefüllt sind. Beim Nickel sind in beiden Bändern zusammen gerade $10\,N$ Elektronen unterzubringen. Diese verteilen sich bis zu der in der Abbildung mit 10 bezeichneten Vertikalen etwa so, daß das $3d$-Band $(10-0{,}6)\,N$ Elektronen und das $4s$-Band die restlichen $0{,}6\,N$ Elektronen enthält. (Beim nächsten Element des periodischen Systems, dem Kupfer, ist das $3d$-Band voll besetzt, das $4s$-Band enthält genau N Elektronen.) Bei dem verhältnismäßig schmalen, noch unbesetzten Teil des $3d$-Bandes liegen nun die zum Eintreten des Ferromagnetismus günstigen Verhältnisse vor. Unter der Wirkung des Austauschintegrals werden die 0,6 N freien Plätze der $3d$-Schale zur Hälfte mit 0,3 N β-Elektronen aus den tieferen Niveaus aufgefüllt, welche dabei in die α-Stellung übergehen und gleichzeitig in den von ihnen verlassenen Niveaus ihre 0,3 N α-Partner unkompensiert zurücklassen. Damit ergibt sich eine spontane Magnetisierung von 0,6 Magnetonen pro Atom, wie sie bei Nickel beobachtet wird.

Dieses Bild ist durch seine Anschaulichkeit sehr bestechend und für heuristische Zwecke unter Umständen nützlich. Eine besonders erfolgreiche Anwendung dieser Beschreibung bietet die Betrachtung der Sättigungsmagnetisierung von Legierungen aus Nickel mit einem geringen Zusatz eines im periodischen System benachbarten Elements. Wenn wir annehmen, daß der in Abb. 58 dargestellte Verlauf der Funktion $f(E)$ bei allen in Betracht kommenden Elementen im wesentlichen der gleiche ist, daß also diese Elemente sich nur durch die Zahl der in beiden Bändern unterzubringenden Elektronen unterscheiden, so erhalten wir z. B. für die Ni-Cu-Legierungen das folgende Bild: Außerhalb der Argonschale enthält das Nickel 10 und das Kupfer 11 Elektronen. Eine im ganzen aus N Atomen mit a Atomprozenten Kupfer bestehende Ni-Cu-Legierung enthält also

$$11\,N\,\frac{a}{100} + 10\,N\left(1 - \frac{a}{100}\right) = 10\,N + \frac{a}{100}\,N$$

Elektronen außerhalb der Argonschale.   Aus dem Sättigungsmoment von 0,6 Bohrschen Magnetonen pro Atom beim reinen Nickel wissen wir, daß mit 10,6 N Elektronen das d-Band gerade aufgefüllt ist. In unserer Ni-Cu-Legierung verbleiben also pro Atom noch

$$0,6 - \frac{a}{100}$$

freie Plätze im $3d$-Band, welche bei der absoluten Sättigung zu ebensoviel Magnetonen pro Atom Veranlassung geben müßten. Das Sättigungsmoment sollte mit wachsendem Kupfergehalt in solcher Weise linear abnehmen, daß bei $a = 60\%$ gerade der Wert Null erreicht ist. Natürlich ist nicht zu erwarten, daß diese einfache Regel bis zu so hohen Konzentrationen gilt. Man sieht aber aus Abb. 59, daß für geringe Kupferzusätze die theoretische Erwartung überraschend gut bestätigt wird. Darüber hinaus erkennt man aus der Abb. 59, daß nach der gleichen Regel der Einfluß geringer Zusätze der Elemente vom Mn bis Zn beschrieben werden kann.

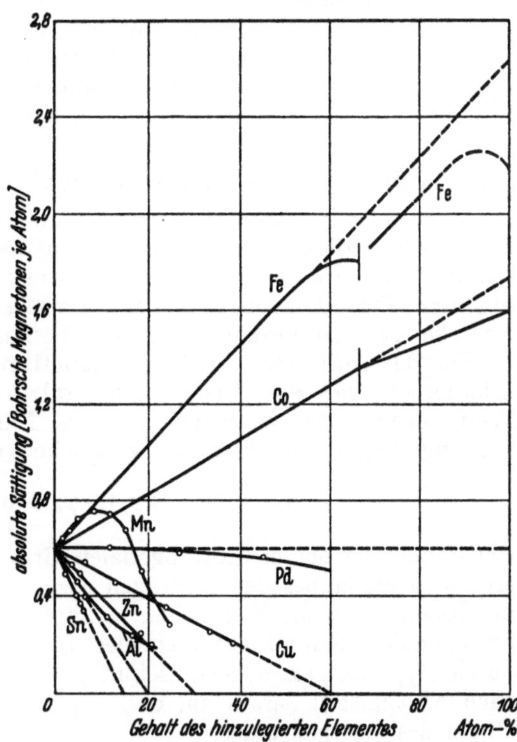

Abb. 59. Die Sättigungsmagnetisierung von Nickellegierungen in Bohrschen Magnetonen pro Atom in Abhängigkeit von den Atomprozenten des hinzulegierten Elementes. (Nach N. F. Mott u. H. Jones: Theory of Properties of Metals and Alloys. Oxford 1936.)

Stets ist bei geringen Konzentrationen von a Atomprozenten des Zusatzelementes die Sättigungsmagnetisierung in Bohrschen Magnetonen pro Atom gegeben durch

$$0{,}6 - n \cdot \frac{a}{100},$$

wobei $n = Z_M - Z_{Ni}$ gleich der Differenz der Kernladungszahlen zwischen dem zugesetzten Element und Nickel bedeutet, also $n = -3$ für Mn, -2 für Fe, -1 für Co, $+1$ für Cu und $+2$ für Zn. Weiterhin fügen sich noch Al mit $n = 3$ und Sn mit $n = 4$ in diese Reihe ein. Interessant ist weiterhin, daß Pd mit 10 Elektronen außerhalb der Kryptonschale sich bei geringen Zusätzen ebenso verhält wie Nickel selbst, also die Sättigungsmagnetisierung von 0,6 μ_B pro Atom überhaupt nicht ändert.

Derartige Erfolge dürfen jedoch nicht darüber hinwegtäuschen, daß eine strenge theoretische Begründung dieser ganzen Beschreibung noch fehlt. Die wirklichen Verhältnisse liegen sicher wesentlich komplizierter. Der Ferromagnetismus ist nicht als Problem des einzelnen Elektrons zu behandeln, sondern nur als Vielelektronenproblem, wie es z. B. durch die Determinantenfunktion (27) angedeutet ist. Auf neuere aussichtsreiche Ansätze zu einer strengeren Behandlung bei SLATER[1] wollen wir nur hinweisen, ohne hier näher darauf einzugehen.

Auf Grund der vorliegenden quantentheoretischen Untersuchungen kann man grundsätzlich die Heisenbergsche Deutung des Weißschen inneren Feldes als gesichert ansehen. Eine exakte Berechnung der ferromagnetischen Konstanten, insbesondere eine einwandfreie theoretische Begründung für das Auftreten des Ferromagnetismus bei den einzelnen Elementen und Legierungen ist jedoch bisher nicht möglich gewesen. Deshalb werden wir in diesem Buche, in dem es uns wesentlich auf eine Deutung der verschiedenen, mit der Magnetisierung verknüpften Phänomene ankommt, von der quantentheoretischen Beschreibung kaum Gebrauch zu machen haben.

e) Das Auftreten des Ferromagnetismus im periodischen System der Elemente.

Wenn auch die oben skizzierte Quantentheorie des Ferromagnetismus noch recht unbefriedigend ist, so lassen sich doch aus ihr bereits eine Reihe von qualitativen Gesichtspunkten zur Beurteilung von Metallen und Legierungen ableiten. Diese können zwar auf Strenge keinen Anspruch machen; sie haben sich aber doch zur Ordnung des Tatsachenmaterials als recht fruchtbar erwiesen.

Für das Auftreten von Ferromagnetismus ist es nach der Quantentheorie erforderlich, daß das Austauschintegral A einen möglichst großen positiven Wert besitzt. Der wesentlich positive Teil von A ist der auf der Wechselwirkung e^2/r_{12} der Elektronen bezügliche Teil, also die Größe

$$A_{12} = \int \varphi_a(1)\, \varphi_b(2)\, \varphi_a(2)\, \varphi_b(1)\, \frac{e^2}{r_{12}}\, d\tau_1\, d\tau_2.$$

Bei Benutzung der nichtorthogonalen Grundfunktionen (Abschnitt c) muß A_{12} groß sein gegenüber den Beiträgen e^2/r_{a2} und e^2/r_{b1}, welche durch die Energie der Ionen gegen die Elektronen bedingt sind. Arbeitet man dagegen mit den orthogonalen Grundfunktionen des Elektronenbandes (Abschnitt d), so ist durch A_{12} das ganze Austauschintegral gegeben. In diesem Fall kommt es nach Abschnitt d darauf an, daß A_{12} möglichst groß wird verglichen mit der Breite des Energiebandes.

Führt man eine Ladungsdichte $\varrho(\mathfrak{r}) = e\, \psi_a(\mathfrak{r})\, \varphi_b(\mathfrak{r})$ ein, so ist offenbar A_{12} gleichbedeutend mit der potentiellen Energie dieser Ladungsverteilung:

$$A_{12} = \int \frac{\varrho(\mathfrak{r}_1)\, \varrho(\mathfrak{r}_2)}{r_{12}}\, d\tau_1\, d\tau_2.$$

---

[1] SLATER, J. C.: Phys. Rev. Bd. 52 (1937) S. 198.

Bleiben wir bei der in Abschnitt c gegebenen Beschreibung, so muß A_{12} groß sein gegenüber $\int \frac{\varrho(\mathfrak{r}_1)\,\varrho(\mathfrak{r}_2)}{r_{a1}} \, d\tau_1 \, d\tau_2$. Dazu ist es nötig, daß ϱ in der Nähe der Kerne klein wird und seinen größten Wert im Raum zwischen den Ionen annimmt. Die erste Bedingung ist um so besser erfüllt, je größer die Gitterkonstante und je höher die Azimutalquantenzahl l ist. Natürlich muß überdies die für den Ferromagnetismus entscheidende Schale des Atoms unabgeschlossen sein. Durch diese qualitative Überlegung gelangte SLATER zu den folgenden Bedingungen:

1. Es muß eine unabgeschlossene Schale mit hoher Azimutalquantenzahl (d- oder f-Schale) existieren.

2. Der Schalenradius muß klein gegenüber dem Atomabstand sein.

Während die erste Bedingung für alle Elemente der Übergangsgruppen erfüllt ist, erlaubt die zweite innerhalb dieser Gruppen noch eine weitere Differenzierung. Wir geben im folgenden eine berühmte, auf SLATER zurückgehende Abschätzung des Verhältnisses vom Atomabstand zum Radius der unabgeschlossenen Schale.

Metall	Ti	Cr	Mn	Fe	Co	Ni	Pd	Pt	Ce	Yb
$v = \dfrac{\text{Atomabstand}}{\text{Schalenradius}}$	2,24	2,36	2,94	3,26	3,64	3,96	2,82	2,46	3,20	5,28

Wenn wir zunächst von den seltenen Erden absehen, so ist dieses Verhältnis tatsächlich bei Fe, Co und Ni größer als bei allen übrigen Elementen. Insofern wird der Ferromagnetismus gerade bei diesen Elementen verständlich. Weiterhin ist es plausibel, daß ein zu großer Wert des genannten Verhältnisses wieder ungünstig wirken muß, da dann A zwar sicher positiv ist, sein Betrag jedoch so klein wird, daß er zur Erzeugung von Ferromagnetismus nicht mehr ausreicht.

Diese qualitativen Vermutungen über das Verhalten von A sind in Abb. 60 dargestellt, welche die Abhängigkeit des Austauschintegrals

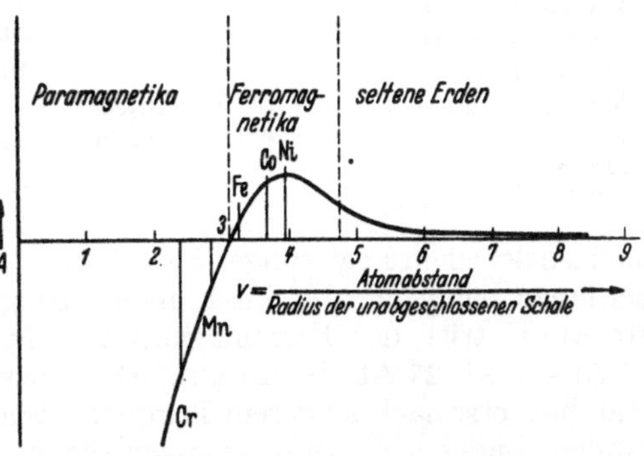

Abb. 60. Das Austauschintegral in Abhängigkeit vom Verhältnis Atomabstand zu Schalenradius (grob schematisch).

von dem Verhältnis $v = \dfrac{\text{Atomabstand}}{\text{Schalenradius}}$ zum Ausdruck bringt. Die mutmaßliche Lage der ferromagnetischen Elemente Fe, Co, Ni ist auf dieser Kurve angegeben. Außer bei diesen drei Elementen tritt Ferromagnetismus auch noch bei den seltenen Erden auf. Das ist sicher nachgewiesen für das Gadolinium durch URBAIN, WEISS und TROMBE[1]. Das metallische Gadolinium hat eine Curie-Temperatur von 16° C und eine absolute Sättigungsmagnetisierung von $\sigma_0 = 253$ pro Gramm oder 7,1 Bohrschen Magnetonen pro Atom. Weiterhin sprechen Untersuchungen von KLEMM und BOMMER[2] dafür, daß auch Dysprosium und Erbium bei tiefen Temperaturen ferromagnetisch werden. Es ist also mit der Möglichkeit zu rechnen, daß unter den seltenen Erden noch mehrere Ferromagnetika vorkommen.

[1] URBAIN, G., P. WEISS u. F. TROMBE: C. R. Acad. Sci., Paris Bd. 200 (1935) S. 2132.
[2] KLEMM, W. u. H. BOMMER: Z. anorg. allg. Chem. Bd. 231 (1937) S. 138.

Besonders interessant ist das Verhalten des Mangans. Nach seiner Lage auf der Kurve in Abb. 60 ist es „beinahe" ferromagnetisch. In der Tat findet man, daß der Einbau von nur wenigen Prozent von anderen Elementen in das Mangangitter bei ihm Ferromagnetismus hervorrufen kann. So sind z. B. die Mangan-Stickstoff-Legierungen mit mehr als 4 At.-% N ferromagnetisch mit einem Curie-Punkt bei etwa 500° C[1]. Ferner beobachteten WEISS und KAMERLING-ONNES[2], daß ein Manganpulver durch Glühen im Wasserstoffstrom ferromagnetisch wurde, was möglicherweise auf die Entstehung einer ferromagnetischen Mn-H-Legierung zurückzuführen ist. Außerdem ist an zahlreichen Manganlegierungen mit anderen, nichtferromagnetischen Elementen das Auftreten von Ferromagnetismus festgestellt worden. In Tabelle 11 sind die bisher bekannten binären Manganlegierungen und ihre Curie-Punkte, soweit sie bekannt sind, zusammengestellt. Von diesen sind am längsten bekannt die Mangan-Zinn-Legierungen, deren Ferromagnetismus schon im Jahre 1898 von FR. HEUSLER[3] entdeckt wurde. Die obigen Angaben sind teilweise noch recht unsicher. Manche der aufgeführten Verbindungen zeigen noch Anomalien, die bisher nicht geklärt sind. Es ist auch nicht sicher, ob die Entstehung des ferromagnetischen MnN in allen Fällen einwandfrei ausgeschlossen war.

Tabelle 11. Die ferromagnetischen binären Manganlegierungen. (Zusammengestellt nach den Angaben bei W. S. MESSKIN u. A. KUSSMANN: Ferromagnetische Legierungen. Berlin 1932.)

Legierungsreihe	Gehalt des Zusatzelementes in At.-%	Curie-Punkt °C
Mn-N	4—10	$\sim 500°$
Mn-P	30—50	$\sim 20°$ bei Mn_5P_2
Mn-As	40—50	$\sim 130°$ bei MnAs
Mn-Sb	30—50	315° für Mn_2Sb
		315° für Mn_3Sb_2
		330° für MnSb
Mn-Bi	bei 50	$\sim 370°$
Mn-S	bei 50	
Mn-Se	?	
Mn-Te	?	
Mn-C	25	
Mn-Si	?	
Mn-Sn	20—30	150° für Mn_4Sn
		$\sim 0°$ für Mn_2Sn
Mn-H	?	
Mn-B	~ 50	

Die stärkste Magnetisierbarkeit unter den Manganlegierungen weisen die ternären Mn-Al-Cu- und Mn-Cu-Sn-Legierungen auf, die man speziell als die Heuslerschen Legierungen bezeichnet. Die Sättigungsmagnetisierung erreicht bei ihnen bei geeigneter Zusammensetzung nahezu diejenige des Nickels. Beim Mn-Al-Cu tritt der Ferromagnetismus in der Umgebung der Legierung mit 25 At.-% Al, 25 At.-% Mn auf. Den höchsten Wert der Magnetisierung erhält man hier erst nach längerem Tempern. Wie PERSSON, POTTER und O. HEUSLER[4] fanden, bildet sich beim Anlassen dieser Legierung eine Überstruktur, welche der stöchiometrischen Zusammensetzung $AlMnCu_2$ entspricht. Vermutlich ist der Ferromagnetismus notwendig an das Auftreten dieser Überstruktur geknüpft. Bei den Mn-Cu-Sn-Legierungen tritt Ferromagnetismus an zwei Stellen auf, in der Umgebung der Zusammensetzung $MnSnCu_2$ und $SnMn_3Cu_6$. POTTER[5] fand neuerdings auch an den Ag-Mn-Al-Legierungen ein ferromagnetisches Gebiet in der Umgebung der Zusammensetzung Ag_5MnAl. Die Magnetisierung ist aber bei dieser Legierung nur gering, nur etwa $J = 40$.

Außer an den Manganverbindungen ist auch noch an einigen Chromlegierungen mit nichtferromagnetischen Elementen Ferromagnetismus gefunden

[1] OCHSENFELD, R.: Ann. Phys., Lpz. V, Bd. 12 (1932) S. 353. — ISHIWARA, T.: Sci. Rep. Tôhoku Univ. Bd. 5 (1916) S. 53. — WEDEKIND, E. u. TH. VEIT: Chem. Ber. Bd. 41 (1908) S. 3769.
[2] WEISS, P. u. K. KAMERLING ONNES: C. R. Acad. Sci., Paris Bd. 150 (1910) S. 687.
[3] HEUSLER, FR.: Verh. dtsch. phys. Ges. Bd. 5 (1903) S. 219. — Schr. d. Ges. z. Bef. ges. Naturwiss. Marburg, Nov. 1905.
[4] PERSSON, E.: Z. Phys. Bd. 57 (1929) S. 115. — POTTER, H. H.: Proc. phys. Soc., Lond. Bd. 41 (1929) S. 135. — HEUSLER, O.: Ann. Phys., Lpz. V, Bd. 19 (1934) S. 155.
[5] POTTER, H. H.: Phil. Mag. VII, Bd. 12 (1931) S. 255.

worden, insbesondere bei den Legierungen Cr-Te und Cr-Pt. Wir wollen darauf aber nicht näher eingehen. Auch die ferromagnetischen Oxyde Fe_3O_4 (Magnetit), γ-Fe_2O_3 sowie das Chromoxyd Cr_5O_6 seien hier nur erwähnt. Von einem Verständnis der Ursachen für das Auftreten des Ferromagnetismus auf Grund der Eigenschaften der Atome sind wir bei ihnen noch weit entfernt.

Zum Schluß sei noch darauf hingewiesen, daß in letzter Zeit bei extrem tiefen Temperaturen eine neue Art von Ferromagnetismus experimentell nachgewiesen wurde. Nach KÜRTI und SIMON[1] ist Eisen-Ammonium-Alaun $(FeNH_4(SO_4)_2 + 12\,H_2O)$ ferromagnetisch mit einer Curie-Temperatur von $0{,}03^\circ$ K. Dieser Ferromagnetismus kommt dadurch zustande, daß bei so tiefen Temperaturen das magnetische innere Feld $\dfrac{4\pi}{3}\,J$ die gleiche Rolle spielt wie das Weißsche Feld $W\,J$ bei den normalen Ferromagnetika.

III. Die Vorgänge bei der Magnetisierung.

9. Übersicht über den Magnetisierungsvorgang.

Bei der Magnetisierung eines ferromagnetischen Körpers spielen so viele verschiedene Erscheinungen eine Rolle, daß es selbst in einfachen Extremfällen nicht leicht ist, zu einem wirklichen Verständnis des Vorganges zu gelangen, wenn man nicht bereits eine gewisse Vorstellung von der Gesamtheit der möglichen Vorgänge hat. Es soll deshalb zunächst in groben Zügen das Bild gezeichnet werden, das wir uns heute auf Grund vielfacher Erfahrungen von dem Magnetisierungsverlauf machen. Wir wollen dabei in diesem Kapitel ganz darauf verzichten, die Richtigkeit der Einzelheiten dieses Bildes zu beweisen. Das soll in den späteren Abschnitten geschehen. Die meisten Behauptungen, die wir hier aufstellen werden, sind durch so viele Tatsachen belegt, daß selbst die Andeutung aller Beweise den Rahmen dieser Übersicht sprengen würde.

a) Die Vorzugsrichtungen der spontanen Magnetisierung.
Kristallenergie, Spannungsenergie und Feldenergie.

Wir nehmen heute im Sinne der Weißschen Theorie an, daß ein Ferromagnetikum bei Temperaturen, die wesentlich unter der Curie-Temperatur liegen, stets spontan magnetisiert ist. Die beobachtete Magnetisierungskurve kommt danach allein durch ein Ausrichten der spontan magnetisierten Bezirke nach der Richtung des angelegten Feldes zustande. Innerhalb eines Bezirkes ändert sich bei der Magnetisierung nur die Richtung des Vektors $\mathfrak{J}_s$, während sein Betrag J_s konstant bleibt. Aus der Existenz einer endlichen Magnetisierungsarbeit folgt dann notwendig, daß im Material bestimmte Richtungen der Magnetisierung energetisch bevorzugt sind, aus denen sie erst durch das vom Feld ausgeübte Drehmoment herausgedreht werden kann. Wir müssen also zunächst die Abhängigkeit der freien Energie von der Richtung der spontanen Magnetisierung kennen lernen. Die Minima der freien Energie stellen dann die *Vorzugslagen der Magnetisierung* dar. Die Differenz der freien Energie für zwei verschiedene Richtungen gibt die Arbeit an, die zum Drehen der Magnetisierung aus der einen Richtung in die andere aufzuwenden ist.

Eine Ursache für die Richtungsabhängigkeit der freien Energie läßt sich sogleich angeben, nämlich diejenige, welche durch die Gestalt des zu magnetisierenden Körpers bedingt ist und welche insbesondere beim Ellipsoid durch das

[1] KÜRTI, N., B. V. ROLLIN u. F. SIMON: C. R. Acad. Sci., Paris Bd. 202 (1936) S. 1576. — KÜRTI, N., P. LAINÉ u. F. SIMON: C. R. Acad. Sci., Paris Bd. 204 (1937) S. 675.

Wort „Entmagnetisierungsfaktor" gekennzeichnet ist. Die Richtung der größten Halbachse ist beim Ellipsoid zugleich eine Vorzugslage der Magnetisierung. Diesen Einfluß der äußeren Gestalt des Körpers denken wir uns bei den folgenden Betrachtungen bereits eliminiert. Hier wollen wir nur diejenigen Vorzugslagen kennenlernen, welche allein durch die innere Struktur des Materials an der betrachteten Stelle selbst gegeben sind. Dann können die Vorzugslagen für $\mathfrak{J}_s$ nur solche Richtungen sein, welche vor anderen irgendwie physikalisch ausgezeichnet sind. Bei einem unverzerrten Kristallgitter kommen dafür nur die verschiedenen kristallographischen Richtungen in Frage. Eine solche Bevorzugung gewisser Kristallrichtungen hat erstmalig K. Beck[1] im Jahre 1918 an Fe-Si-Kristallen nachgewiesen. Zur Veranschaulichung sind in Abb. 61 die Magnetisierungskurven von verschieden orientierten Einkristallen aus Eisen, Nickel und Kobalt bei Zimmertemperatur nach Messungen von S. Kaya wiedergegeben. Bei Eisen ist die Würfelkantenrichtung ([100]) die Richtung der

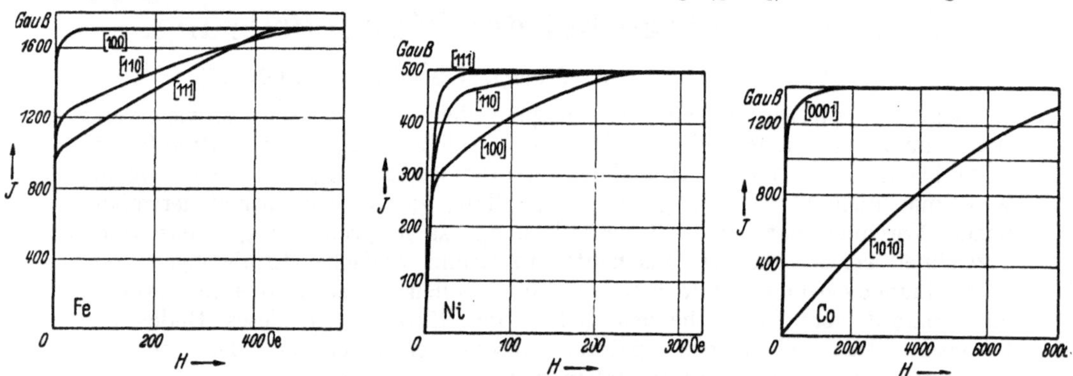

Abb. 61. Magnetisierungskurven, gemessen an Einkristallen von Eisen, Nickel und Kobalt in verschiedenen kristallographischen Richtungen. [Nach K. Honda u. S. Kaya: Sci. Rep. Tôhoku Univ. Bd. 15 (1926) S. 721. — S. Kaya: Sci. Rep. Tôhoku Univ. Bd. 17 (1928) S. 639, 1157.]

leichtesten Magnetisierbarkeit. In den anderen Richtungen ist die Magnetisierungsarbeit erheblich größer. Wir schließen daraus, daß im unverspannten Kristall ohne Feld die Magnetisierung bei Eisen stets in einer [100]-Richtung liegt. Erst ein Feld von etwa 500 Oe ist imstande, die magnetische Bevorzugung dieser Richtung ganz zu überwinden und die Einstellung in Feldrichtung zu erzwingen. Bei Nickel ist umgekehrt die Würfeldiagonale ([111]) die „leichte Richtung" für die Magnetisierbarkeit, während [100] eine „schwere Richtung" darstellt. Ohne Feld liegt bei Nickel die Magnetisierung stets in einer der acht Würfeldiagonalenrichtungen. Bei Kobalt ist entsprechend die hexagonale Achse [0001] bei Zimmertemperatur energetisch bevorzugt. Den für diese Energieunterschiede maßgebenden Anteil der freien Energie nennt man die *Kristallenergie*. Wie wir später sehen werden, kann bei kubischen Kristallen die Richtungsabhängigkeit dieses Energieanteils in einer für die meisten Fälle ausreichenden Näherung durch die Formel

$$(1) \qquad F_K = K\,(\alpha_1^2\,\alpha_2^2 + \alpha_2^2\,\alpha_3^2 + \alpha_3^2\,\alpha_1^2)$$

beschrieben werden. Dabei sind α_1, α_2, α_3 die Richtungskosinus der Magnetisierungsrichtung in bezug auf die Würfelkanten als Koordinatenachsen. F_K ist die pro cm³ aufzuwendende Arbeit, um die Magnetisierung aus der Richtung [100] in die Richtung α_1, α_2, α_3 zu drehen. Die Materialkonstante K nennt man Anisotropiekonstante oder auch die Konstante der Kristallenergie. In einigen Fällen ist zur Beschreibung der beobachteten Abhängigkeit in obigem Ausdruck noch

---

[1] Beck, K.: Diss. Zürich 1918. — Vjschr. naturforsch. Ges. Zürich, Jahrg. 63 (1918).

ein Zusatzterm notwendig, der die α_i in sechster Potenz enthält. In dieser Übersicht wollen wir davon absehen. Ist K positiv, so ist die Würfelkante

energetisch am günstigsten wie bei Eisen; bei negativem K ist die Würfeldiagonale die energetische Vorzugsrichtung wie bei Nickel. Man erhält für K bei Eisen etwa $4 \cdot 10^5$ erg/cm³, bei Nickel dagegen ungefähr $- 0{,}5 \cdot 10^5$ erg/cm³, also rund eine Zehnerpotenz weniger. Für Kobalt gilt in gleicher Näherung für die Kristallenergie

$$(1\,a)\quad F_K = K_1' \cdot \sin^2 \psi + K_2' \cdot \sin^4 \psi,$$

wobei ψ der Winkel gegen die hexagonale Achse ist. K_1' und K_2' sind zwei Konstanten.

Bei einem unverzerrten Kristall ist auf diese Weise die Richtungsabhängigkeit der freien Energie erschöpfend beschrieben. Wenn aber der Kristall elastischen Spannungen unterworfen ist, tritt zu der Kristallenergie noch ein weiterer Energieanteil hinzu, den wir die *Spannungsenergie* nennen wollen. Daß äußere Spannungen die Magnetisierungskurve verändern,

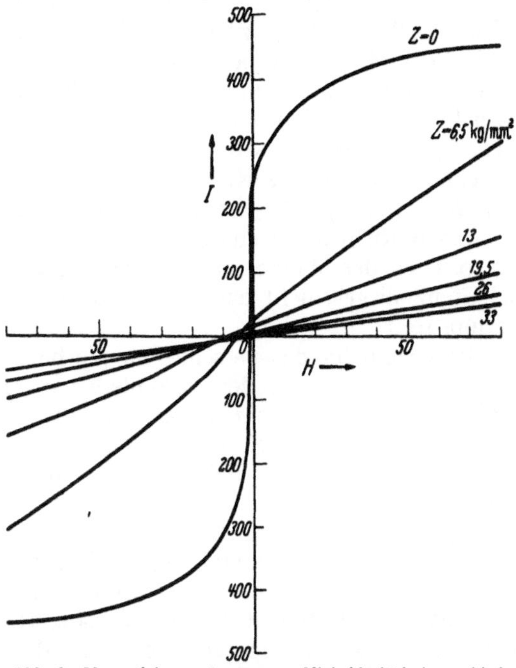

Abb. 62. Magnetisierungskurven von Nickeldraht bei verschiedenen Zugspannungen Z. (Es ist nur die obere Hälfte der Hystereseschleife dargestellt.) [Nach R. BECKER u. M. KERSTEN: Z. Phys. Bd. 64 (1930) S. 660.]

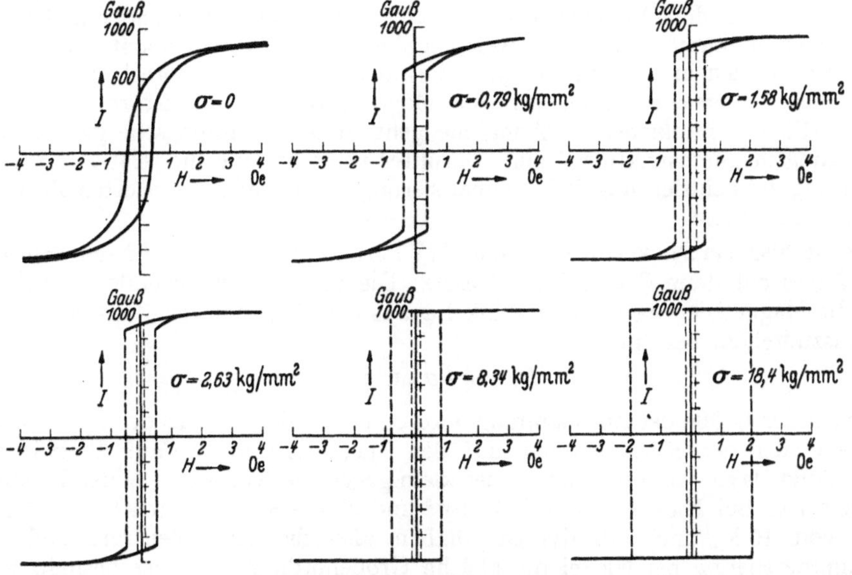

Abb. 63. Magnetisierungskurven von Permalloydraht bei verschiedenen Zugspannungen. [Nach F. PREISACH: Phys. Z. Bd. 33 (1932) S. 913.]

ist schon vor 1850 festgestellt worden. Zwei besonders markante Beispiele sind in Abb. 62 und 63 zur Anschauung gebracht. Abb. 62 zeigt Magnetisierungskurven von Nickel unter einem in der Richtung des Feldes wirkenden Zug. Mit zunehmendem Zuge wird das Material immer schwerer magnetisierbar. Die Zugrichtung wird mit wachsender Zugspannung energetisch immer ungünstiger. Ohne Feld liegen die Magnetisierungsrichtungen der Weißschen Bezirke in diesem Falle offenbar alle senkrecht zum Zug. Ganz anders ist das Verhalten von Permalloy (Abb. 63). Hier wird bei wachsendem Zug die Magnetisierungskurve immer steiler unter Annäherung an die Rechtecksform, die bei 8 kg/mm² praktisch erreicht ist. Von einer eigentlichen Magnetisierungsarbeit kann überhaupt nicht mehr gesprochen werden. Durch den Zug wird der Magnetisierung in den einzelnen Bezirken die Richtung der Zugspannung aufgezwungen, wobei natürlich vom Standpunkt der Zugspannung die beiden um 180° gegeneinanderstehenden Richtungen energetisch gleichwertig sind. Das Feld bewirkt nur ein Umspringen der Magnetisierung von der einen Richtung in die Gegenrichtung. Im Grenzfall geschieht das in der ganzen Probe in einem einzigen großen Umklappprozeß.

Der Grund für das verschiedene Verhalten von Nickel und Permalloy unter Zugspannung liegt in der verschiedenen *Magnetostriktion* dieser Materialien. Mit Magnetostriktion bezeichnet man die bei der Magnetisierung auftretenden Längenänderungen. Bei Nickel ist mit der Ausrichtung der Bezirke durch ein Feld eine Verkürzung in Feldrichtung, eine Dehnung senkrecht dazu verbunden. Die Volumenänderung ist in erster Näherung Null. Permalloy verlängert sich im Gegensatz dazu in Feldrichtung und verkürzt sich in Richtung senkrecht zum Feld. Mit der Querstellung der Bezirke, die bei Nickel unter Zug eintritt, ist demnach ebenso wie mit der entsprechenden Längsstellung der Bezirke bei Permalloy unter Zug stets eine Verlängerung verbunden. Unter Zug stellen sich also die Bezirke immer so ein, daß die durch den Zug bewirkte Dehnung durch eben diese Einstellung noch vergrößert wird. Die genauere Behandlung dieses Zusammenhanges wird im allgemeinen dadurch erheblich kompliziert, daß die Magnetostriktion in verschiedenen Kristallrichtungen verschieden ist, bei Eisen sogar dem Vorzeichen nach. Nickel und Permalloy sind nur deshalb so einfach in ihrem Verhalten, weil bei ihnen diese Abhängigkeit nur gering ist. Wir werden in Kap. 11, S. 137f. darauf ausführlich zu sprechen kommen. Für diese Übersicht wollen wir die Magnetostriktion als isotrop ansehen. Unter dieser vereinfachenden Annahme geht in die Spannungsenergie nur die Sättigungsmagnetostriktion λ ein. Darunter versteht man die relative Längenänderung in Feldrichtung bei Magnetisierung vom entmagnetisierten Zustand bis zur Sättigung.

λ ist also bei Nickel negativ und bei Permalloy positiv. Für den Einfluß des Zuges gilt dann das einfache Gesetz: Die pro cm³ aufzuwendende Arbeit, um die Magnetisierung um den Winkel φ aus der Richtung der Zugspannung σ herauszudrehen, beträgt

$$(2) \qquad F_\sigma = \tfrac{3}{2}\,\lambda\,\sigma\,\sin^2\varphi\,.$$

Je nach der Größe der Zugspannung wird demnach der Einfluß der Spannungsenergie oder der Kristallenergie auf den Magnetisierungsverlauf überwiegen. Das hängt davon ab, ob $\lambda\sigma$ groß oder klein gegen die Konstante K der Kristallenergie ist. Bei Nickel ist $\lambda \sim -3 \cdot 10^{-5}$ und $K = -5 \cdot 10^4$ erg/cm³. Bei einem Zug von 10 kg/mm² $= 10^9$ dyn/cm² haben also die Kristallenergie und die Spannungsenergie bei Nickel die gleiche Größenordnung. Es ist deshalb verhältnismäßig leicht zu erreichen, daß der Spannungseinfluß überwiegt. Bei Permalloy, wo die Kristallenergie erheblich kleiner ist, ist es noch leichter möglich. Deshalb sind die in Abb. 62 und 63 dargestellten Extremfälle an diesen Materialien so sauber zu realisieren. Bei Eisen ist die Kristallenergie um eine Zehnerpotenz größer und die Magnetostriktion von der gleichen Größenordnung; daher ist der entsprechende Grenzfall überwiegender Spannungsenergie niemals zu erhalten, da vor Erreichung der dazu nötigen Spannung die Zerreißfestigkeit überschritten wird.

Zur Kristallenergie und Spannungsenergie kommt als dritter Energieanteil nun noch die *Feldenergie*. Die Arbeit pro cm³ zum Herausdrehen der Magnetisierung um den Winkel ϑ aus der Feldrichtung ist, wenn sonst keine Richtkräfte vorhanden sind, einfach:

$$(3) \qquad F_H = - H J_s \cos \vartheta .$$

Das Zusammenwirken von Kristallenergie, Spannungsenergie und Feldenergie ist für die Richtung der spontanen Magnetisierung an jeder Stelle maßgebend. Sie stellt sich stets in eine solche Richtung ein, in welcher die Summe $F_K + F_\sigma + F_H$ ein Minimum gegenüber benachbarten Richtungen besitzt. Dadurch ist aber die Richtung im allgemeinen nicht eindeutig bestimmt. Meist gibt es mehrere solche Vorzugslagen. Zum Beispiel sind ohne Feld und Spannung bei Eisen die 6 Kantenrichtungen und bei Nickel die 8 Würfeldiagonalen energetisch gleich günstig. Bei Überlagerung eines kleinen Zuges oder kleinen Feldes wird sich im wesentlichen nur die Tiefe der Minima etwas ändern und ein wenig auch die Richtung. Die Zahl der Vorzugslagen ist nach wie vor 6 bzw. 8. Bei Überlagerung eines starken Zuges ist ohne Feld immer noch zu jeder Richtung die antiparallele gleichwertig, so daß also mindestens zwei Vorzugslagen existieren. Nur wenn die Feldenergie die beiden anderen Energieanteile weit überwiegt, ist die Magnetisierungsrichtung eindeutig festgelegt; in jedem anderen Fall gibt es mehrere Minima der freien Energie. Zwar wird, wenn nicht gerade das Feld Null ist, stets eine dieser Vorzugslagen das tiefste Energieminimum haben. Aber bei Temperaturen, die wesentlich unterhalb des Curie-Punktes liegen, kann ein Weißscher Bezirk nicht ohne weiteres aus einer Vorzugslage in eine andere, energetisch tiefer liegende übergehen. Ein einzelner Spin würde zwar wegen der thermischen Energieschwankungen dazu imstande sein, denn die Kristallenergie oder Spannungsenergie pro Atom ist stets klein gegen kT. Aber durch das hohe Weißsche Feld wird ein einzelner Elementarmagnet ja sehr stark an die Richtung der Nachbarn gekettet; für einen ganzen Weißschen Bezirk reichen jedoch die thermischen Schwankungen bei weitem nicht aus, um ein gleichzeitiges Herüberdrehen aller in ihm enthaltenen Spins über den Potentialberg zwischen den Vorzugslagen zu bewirken. Mancherlei Unklarheit ist in die Literatur dadurch hereingekommen, daß die Unmöglichkeit eines derartigen gleichzeitigen Umklappens nicht klar erkannt wurde. In dieser Tatsache ist letzten Endes die ganze Kompliziertheit der ferromagnetischen Erscheinungen, insbesondere die der Hysterese begründet. In welcher von den Vorzugslagen sich die Magnetisierung eines Bezirkes befindet, hängt eben außer von der energetischen Bevorzugung auch noch von der Vorgeschichte ab.

b) Die Elementarvorgänge bei Änderungen der Magnetisierung.
Reversible und irreversible Drehungen und Wandverschiebungen.

Eine Magnetisierungsänderung kann demnach im Rahmen unserer Vorstellungen nur durch zwei wesentlich verschiedene Vorgänge vor sich gehen, für die wir die Namen *Drehungen* und *Wandverschiebungen* wählen.

Zur Erläuterung dieser Begriffe diene die Abb. 64. Sie stellt schematisch zwei benachbarte Bezirke dar, in denen die Lage von $\mathfrak{J}_s$ durch die Pfeile gekennzeichnet ist. V_1 und V_2 seien die Volumina der Bezirke und ϑ_1 und ϑ_2 die Winkel, welche die Magnetisierung in diesen Bezirken mit der x-Achse einschließt. Eine differentielle Änderung der x-Komponente der Magnetisierung kann nun in diesen Bezirken auf zwei Weisen zustande kommen:

1. Durch eine *Drehung* (Abb. 64b), bei der sich die beiden Winkel ϑ_1 und ϑ_2 etwas ändern. Die zugehörige Magnetisierungsänderung in x-Richtung beträgt dann

$$\delta J = V_1 J_s \, \delta \left(\cos \vartheta_1\right) + V_2 J_s \, \delta \left(\cos \vartheta_2\right).$$

Dieser Prozeß tritt immer auf, wenn durch Änderung des Feldes oder Zuges die Richtung der magnetischen Vorzugslage, die vorher in Richtung ϑ_1 bzw. ϑ_2 lag, ein wenig geändert wird.

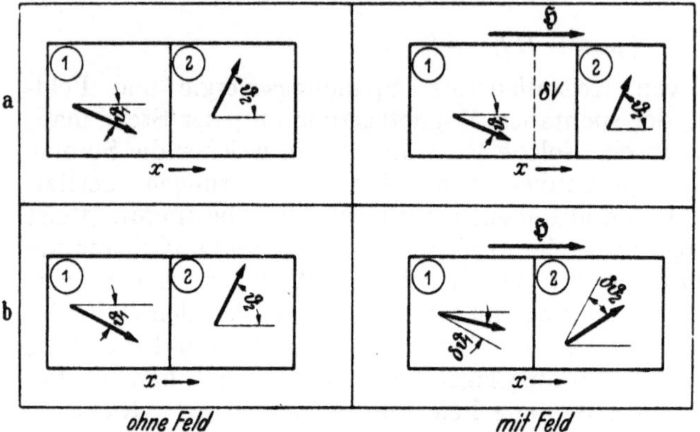

2. Durch *Wandverschiebung* (Abb. 64a), bei welcher sich das Volumen V_1 auf Kosten des Volumens V_2 vergrößert. Ist das von der Wand überstrichene Volumen δV, so ist die Magnetisierungsänderung

$$\delta J = J_s \left(\cos \vartheta_1 - \cos \vartheta_2\right) \cdot \delta V.$$

Diese Verschiebung der Wand widerspricht nicht der obigen Feststellung über die Unmöglichkeit des Umklappens eines ganzen Bezirkes. Die Spins an der Stelle der Wand haben die Wahl, ob sie der Austauschwirkung der rechts oder links liegenden Nachbarn folgen wollen. Sie können also einzeln durch die thermischen Schwankungen von der einen Vorzugslage in die andere hinübergeworfen werden. Dabei werden aber mehr Spins aus der ungünstigeren in die günstigere Vorzugslage übergehen als umgekehrt. Insgesamt wird also die Wand in einer solchen Richtung wandern, daß das Gebiet der energetisch günstigeren Vorzugslage wächst.

Abb. 64. Änderung der pauschalen Magnetisierung, a durch Verschiebung der Wand zwischen zwei benachbarten, verschieden orientierten Weißschen Bezirken, b durch Drehung der spontanen Magnetisierung in den einzelnen Bezirken.

Die weiteren Betrachtungen wollen wir an Hand eines speziellen Beispiels durchführen; die daran geknüpften Überlegungen sind jedoch von viel allgemeinerer Gültigkeit. Wir wollen einen Eisenkristall mit geringen unregelmäßigen Verspannungen betrachten. Dieser Fall entspricht etwa dem Zustand, in dem weich ausgeglühte Materialien meist vorliegen. Denn teils wegen geringer Verunreinigungen, teils wegen plastischer Verformungen sind in jedem Material stets kleine innere Spannungen wechselnder Richtung und Größe vorhanden. Ganz kann man diese niemals ausschließen, denn selbst bei sehr vorsichtiger Behandlung treten beim Abkühlen wegen der Entstehung der Magnetostriktion am Curie-Punkt Deformationen auf, die von Bezirk zu Bezirk wechseln und somit innere Spannungen hervorrufen. Die Mindestgröße der inneren Spannungen ist danach leicht abzuschätzen. Sie ist so groß, daß die dadurch hervorgerufene

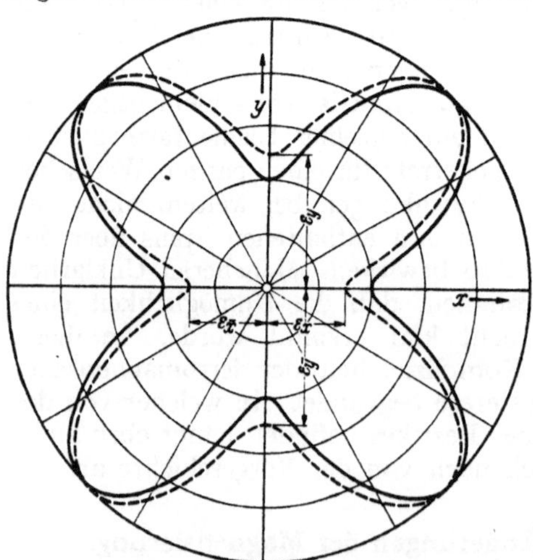

Abb. 65. Polardiagramm für die Richtungsabhängigkeit der freien Energie. ———— Kristallenergie allein. ---- Mit überlagerter kleiner Spannungsenergie.

Dehnung von der Größenordnung der Magnetostriktion ist, also $\sigma_i \sim \lambda E$, wobei E der Elastizitätsmodul ist. Bei Eisen ergibt sich daraus etwa $\sigma_i \sim 1 \text{ kg/mm}^2$. Die in magnetisch weichen Materialien beobachteten Spannungen sind in der Tat von dieser Größenordnung.

In diesem Falle ist die Kristallenergie sehr groß gegen die Spannungsenergie. Ohne Feld liegen daher die Vorzugslagen der Magnetisierung überall in der nächsten Nähe der 6 Würfelkantenrichtungen. Wir wollen diese Richtungen mit x, $\bar{x}$, y, $\bar{y}$, z und $\bar{z}$ bezeichnen. Die inneren Spannungen bewirken, daß die Tiefe der Minima der freien Energie in diesen Vorzugslagen etwas verschieden ist. Die Abhängigkeit der freien Energie von der Richtung ist demnach etwa so, wie es in Abb. 65 schematisch als Polardiagramm in der x-y-Ebene dargestellt ist.

Die Differenzen zwischen den Minimumswerten ε_x, ε_y und ε_z sind von der Größenordnung $\lambda\sigma_i$. Die $+$- und $-$-Richtungen sind ohne Feld immer noch energetisch gleichwertig. Wir wollen annehmen, daß die Magnetisierung im Ausgangszustand sich überall in der günstigsten Vorzugslage befindet und auf die $+$- und $-$-Richtungen statistisch verteilt ist. Die Form der

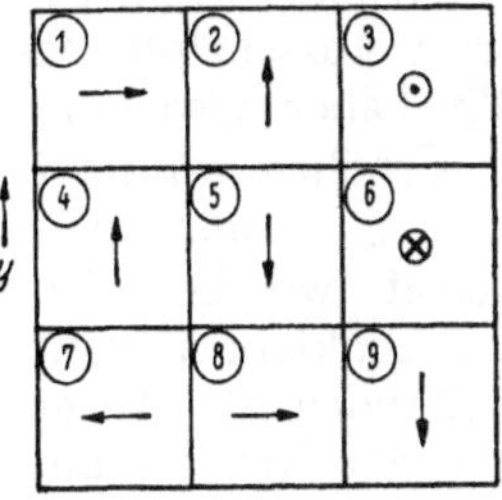

Abb. 66. Schematische Darstellung der Weißschen Bezirke innerhalb eines Eisenkristalls.

einheitlich orientierten Bezirke ist für das Folgende belanglos. Wir wollen sie deshalb einfach würfelförmig annehmen. Als Ausgangszustand erhalten wir dann ein Schema der Bezirke, wie es in Abb. 66 dargestellt ist.

Denken wir uns jetzt ein kleines Feld in der x-Richtung angelegt, so werden Drehungen und Wandverschiebungen auftreten. Solange F_H noch klein gegen die Kristallenergie ist, sind die Drehungen geringfügig. Wir können deshalb zunächst von ihnen absehen. Die Wandverschiebungen können dagegen erheblich sein; denn für diese ist der Energieunterschied zwischen verschiedenen Vorzugslagen maßgebend, der durch die Spannungsenergie bedingt ist. Obwohl also die Kristallenergie weit überwiegt, ist in diesem Fall der Magnetisierungsablauf von dem Verhältnis der Feldenergie zur Spannungsenergie bedingt.

Nach ihrem Verhalten bei einer Feldänderung sind nun zwei Arten von Wänden zu unterscheiden, nämlich solche zwischen Bezirken, deren Magneti-

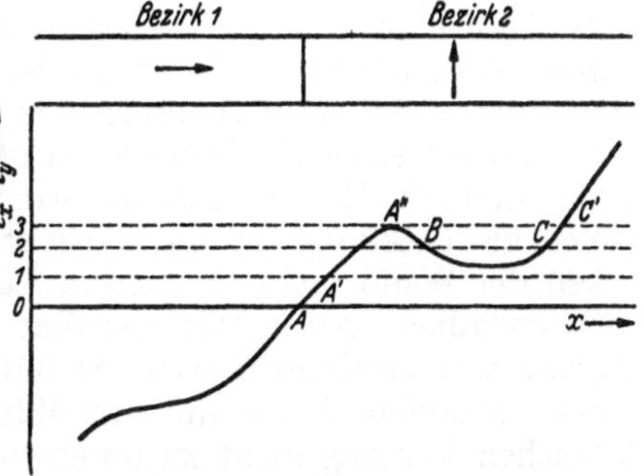

Abb. 67. Zu den reversiblen und irreversiblen Verschiebungen einer 90°-Wand.

sierungsrichtungen einen Winkel von 90° miteinander bilden und solche zwischen Bezirken mit entgegengesetzt gleicher Magnetisierungsrichtung. Zu der ersten Art, den 90°-Wänden, gehören in Abb. 66 die Wände zwischen Bezirk (1) und (2), (2) und (3) und vielen anderen; zu der zweiten Art, den 180°-Wänden, gehören die zwischen Bezirk (4) und (5), (7) und (8) usw.

Betrachten wir zunächst eine 90°-Wand, etwa die zwischen Bezirk (1) und (2). Nach unseren Annahmen ist ohne Feld in Bezirk (1) das Energieminimum in der Nähe der x-Richtung tiefer als das in der Nähe der y-Richtung. In Bezirk (2) ist dagegen umgekehrt die y-Vorzugslage energetisch stärker begünstigt als die x-Lage. Tragen wir also längs eines Querschnittes durch die Bezirke parallel zur x-Achse die Differenz $\varepsilon_x - \varepsilon_y$ zwischen den Minimumsenergien in der x- und y-Vorzugslage auf, so erhalten wir etwa einen Verlauf, wie er in Abb. 67 dargestellt ist.

Im Punkt A, wo die Kurve durch Null geht, liegt die Wand. Legen wir nun ein kleines Feld H in x-Richtung an, so kommt zur Energie an jeder Stelle noch der Betrag $-H J_s \cos \vartheta$ hinzu, wo ϑ der Winkel zwischen $\mathfrak{H}$ und $\mathfrak{J}_s$ ist. Für die y-Richtung von $\mathfrak{J}_s$ ist $\cos \vartheta = 0$, für die x-Richtung dagegen $\cos \vartheta = 1$. Die obige Energiedifferenz $\varepsilon_x - \varepsilon_y$ wird also dadurch im ganzen Bereich um $H J_s$ kleiner, was man in Abb. 67 durch eine Verschiebung der Nullinie nach oben, etwa in die gestrichelte Lage (Lage 1), zum Ausdruck bringen kann. Der Punkt, wo die Energiedifferenz Null ist, rückt von A nach A'. Die Wand verschiebt sich daher beim Anlegen des Feldes um die Strecke $A A'$. Beim Ausschalten des Feldes geht diese Verschiebung ebenso wieder zurück. Wir haben also eine reversible Wandverschiebung einer 90°-Wand vor uns.

Erhöhen wir jetzt das Feld weiter, so daß die Nullinie in Abb. 67 in die Lage 2 kommt, so entsteht innerhalb des Bezirkes 2 zwischen B und C ein Gebiet, wo die x-Vorzugslage günstiger ist als die dort vorhandene y-Lage. Ein Umklappen kann aber zunächst nicht stattfinden, weil eine Wand nicht vorhanden ist. An einer solchen Stelle könnte jedoch eine solche Wand durch eine Art Keimbildungsprozeß entstehen. Es könnte sich irgendwie eine kleine Insel mit anders gerichteter Magnetisierung bilden, die dann durch Wandverschiebung auswächst. Die ersten Schritte dieses Vorganges sind aber energetisch sehr ungünstig, weil zunächst dabei eine neue Wand geschaffen werden muß, wozu die Aufbringung der in ihr enthaltenen Oberflächenenergie nötig ist. Diese Sachlage entspricht völlig den in der physikalischen Chemie bekannten Keimbildungsschwierigkeiten bei der Entstehung neuer Phasen. Wir werden später Näherungsformeln für die Größe der Wandenergie ableiten. Dabei wird sich zeigen, daß solche Keimbildungen wohl nur in seltenen Extremfällen von Bedeutung sind und bei dem Magnetisierungsverlauf normaler Materialien keine Rolle spielen.

Schließt man also eine Keimbildung als unwahrscheinlich aus, so hat diese weitere Felderhöhung keine besonderen Folgen. Etwas Neues tritt erst auf, wenn durch noch weitere Steigerung des Feldes die Nullinie in Abb. 67 das Maximum A'' erreicht. Dann kann offenbar, ohne daß das Feld weiter erhöht werden muß, die Wand die ganze Strecke von A'' bis C' durchlaufen. Das ganze Gebiet bis C' klappt in die x-Richtung um. Natürlich geschieht dies Vorrücken der Wand nicht momentan. Das ist schon deshalb nicht möglich, weil dann unendlich große Wirbelströme auftreten müßten. Diese bremsen den Vorgang und bestimmen seine Ablaufgeschwindigkeit. Trotzdem wird er aber so rasch ablaufen, daß er mit den üblicherweise benutzten Methoden von einem plötzlichen Vorgang nicht zu unterscheiden ist. Man nennt solch einen Prozeß einen Barkhausen-Sprung, obwohl strenggenommen dabei nichts Sprunghaftes geschieht. Rein äußerlich ist er gekennzeichnet durch eine Änderung der Magnetisierung bei festgehaltener Feldstärke, die sich in der Magnetisierungskurve durch eine kleine Unstetigkeit bemerkbar macht. Wenn nun die Feldstärke wieder vermindert wird, so daß die Nullinie in Abb. 67 wieder die Lage 2 annimmt, so geht diese Magnetisierungsänderung nicht zurück. Die Wand geht nur von C' nach C. Wir haben also hier eine *irreversible Wandverschiebung* vor uns. Erst wenn die Feldstärke so klein geworden ist, daß die Nullinie unter das Minimum zwischen B und C sinkt, geht der irreversible Barkhausen-Sprung zurück.

Ganz anders sind jedoch die Verhältnisse bei einer 180°-Wand. Wir wollen etwa eine Wand wie die zwischen Bezirk (4) und (5) betrachten, wo ein x- und ein $\bar{x}$-Bezirk zusammenstoßen. Ohne Feld ist in diesem Falle die Lage der Spins in den beiden angrenzenden Bezirken energetisch genau gleichwertig, für die Lage der Wand ist daher keine Stelle bevorzugt. Sobald aber ein kleines

Feld angelegt wird, entsteht ein Energieunterschied $2\,HJ_s$ zwischen den beiden Vorzugslagen. Demnach sollte die Wand bei dem geringsten Feld sofort durchlaufen und der eine Bezirk ganz auf Kosten des anderen verschwinden. Das ist aber, wie die Experimente zeigen, nicht der Fall. Zum Durchtreiben einer 180°-Wand ist die Überschreitung einer bestimmten kritischen Feldstärke nötig. Unterhalb dieses Wertes bleibt die Wand liegen. Man deutet dies folgendermaßen: Die Wand stellt keine mathematisch scharfe Grenze dar, sondern eine endliche Übergangsschicht zwischen den entgegengesetzt magnetisierten Gebieten. Eine Abschätzung, die wir in Kap. 15, S. 189 geben werden, liefert für ihre Dicke einen Wert von etwa 30 bis 100 Gitterkonstanten. Die Oberflächenenergie der Wand hängt nun von dem physikalischen Zustand in diesem Übergangsgebiet ab und ist wegen der wechselnden inneren Spannungen von Ort zu Ort verschieden. Die Wand wird deshalb im Felde Null stets an einer solchen Stelle liegen bleiben, an welcher ihr Energieinhalt gegenüber benachbarten Lagen ein Minimum besitzt. In einem kleinen Felde wird zunächst nur eine geringe reversible Wandverschiebung eintreten, deren Größe von der Schärfe des Energieminimums der Wandenergie abhängt. Die kritische Feldstärke, die das Durchlaufen der 180°-Wand bewirkt, ist hiernach diejenige Feldstärke, die die Wand über ihre energetisch ungünstigsten Stellungen hinwegzudrücken vermag. Die Analogie dieser Verhältnisse zu der Bewegung mit kleinen Bewegungshindernissen liegt auf der Hand. Wenn etwa ein Wagen auf einer Straße mit holprigem Pflaster steht, werden seine Räder stets in einer Mulde zwischen den Steinen ruhen bleiben. Ein kleiner Zug vermag ihn vielleicht ein wenig an den hemmenden Unebenheiten emporzudrücken, aber beim Loslassen rollt er wieder zurück. Ein gewisser Mindestzug ist nötig, um den Wagen wirklich über die Unebenheiten hinweg in Bewegung zu setzen.

Die reversiblen Verschiebungen der 180°-Wände spielen bei der normalen Magnetisierungskurve nur in Ausnahmefällen eine wesentliche Rolle. Die irreversiblen Verschiebungen beim Überschreiten der kritischen Feldstärke sind dagegen sehr wesentlich. Die Mehrzahl der Barkhausen-Sprünge scheint von dieser Art zu sein.

Mit zunehmender Feldstärke wird in der beschriebenen Weise durch reversible und irreversible 90°- und 180°-Wandverschiebungen die Magnetisierung aller Bezirke allmählich in die zum Feld am günstigsten gelegene Vorzugslage übergehen. Bei Magnetisierung in Richtung [100] ist dann nach Ablauf aller dieser Prozesse der Magnetisierungsvorgang beendet. Bei Magnetisierung in [110] werden die ersten Schritte ganz ähnlich ablaufen. In diesem Falle ist jedoch nach Beendigung aller Wandverschiebungen die Sättigung noch nicht erreicht. Es wird die Hälfte der Bezirke in der y-Vorzugslage und die andere Hälfte in die x-Vorzugslage liegen, die ja in diesem Falle energetisch gleich günstig sind.

Die weitere Magnetisierung muß dann durch Drehungen geschehen. Zu deren Ablauf sind aber bei Eisen mit kleinen inneren Spannungen wesentlich höhere Felder nötig als zu den bisher betrachteten Wandverschiebungen. Diese letzteren sind beendet, wenn die Feldenergie merklich größer als die Spannungsenergie geworden ist, d. h. $HJ_s > \lambda\sigma_i$. Bei $\sigma_i = 1$ kg/mm² ergibt sich daraus für H ungefähr 1 Oe. Die Wandverschiebungen erfolgen also bei den Einkristallkurven von Abb. 61 auf dem steilen Teil der Magnetisierungskurve, der bei dem in der Abbildung gewählten Maßstab von der Ordinatenachse fast nicht zu unterscheiden ist. Nach Ablauf der Wandverschiebungen tritt ein deutlicher Knick in der Kurve auf, weil nunmehr die Drehprozesse gegen die Kristallenergie beginnen, die eine sehr viel flachere Magnetisierungszunahme bedingen. Liegt das Feld in der [110]-Richtung, so dreht sich die Lage des Energieminimums, das vorher in der y- oder x-Richtung lag, mit zunehmendem Felde stetig in die Feldrichtung hinein, und entsprechend dreht sich die Magnetisierung mit. Erst bei etwa 500 Oe ist die Sättigung erreicht. Diese Drehungen sind völlig reversibel.

Allerdings ist, rein theoretisch, auch ein irreversibler Drehprozeß denkbar. Es könnte z. B. der Fall eintreten, daß durch irgendwelche Vorgänge die Wandverschiebungen ungeheuer stark gehemmt sind. Betrachten wir etwa unter der Annahme, daß gar keine Wandverschiebungen vorkommen, einen y-Bezirk unter der Wirkung eines Feldes in der x-Richtung. Mit zunehmendem Feld wird sich das y-Minimum allmählich nach x hin drehen. Zugleich wird die Tiefe des x-Minimums immer ausgeprägter. Bei einem schon ziemlich hohen Feld hat dann die freie Energie als Funktion des Winkels mit der x-Richtung einen Verlauf, wie ihn Abb. 68 schematisch darstellt. Bei A liegt das Minimum, das bei der Felderhöhung stetig aus dem y-Minimum hervorgegangen ist. Bei geringer weiterer Felderhöhung verschwindet das Minimum bei A überhaupt, weil dann die Kurve die gestrichelt eingetragene Form annimmt. Dann geht natürlich die Magnetisierung durch einen Drehprozeß, an dem alle Spins des Bezirkes gleichzeitig teilnehmen, in die Lage B über. Wenn sich bei Feldverminderung danach aufs neue bei A ein Minimum bildet, geht die Magnetisierungsrichtung natürlich nicht dahin zurück. Das Vorkommen solcher irreversiblen Drehungen im tatsächlichen Magnetisierungsablauf ist sehr selten. Vermutlich geht stets vor Erreichung der Feldstärke, die das Minimum bei A verschwinden läßt, der Bezirk von A nach B durch Wandverschiebung über. Trotzdem ist diese Überlegung von einiger Bedeutung, denn, wie wir später sehen werden, ermöglicht sie eine Angabe über den Höchstwert der Koerzitivkraft bei gegebenen inneren Spannungen.

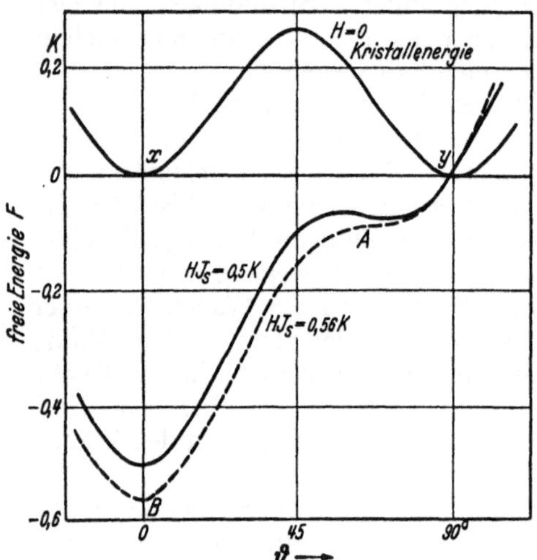

Abb. 68. Das Verschwinden eines Energieminimums bei einer Felderhöhung.

Wir haben nunmehr alle Elementarprozesse kennengelernt, die bei der Magnetisierung vorkommen. Wir hatten sie reversible und irreversible Drehungen und Wandverschiebungen von 90°- und 180°-Wänden genannt, wozu allenfalls noch die Keimbildung hinzuzunehmen ist. Der Name 90°-Wand darf dabei im allgemeinen Fall nicht allzu streng genommen werden. Wir werden damit jede Wand zwischen zwei Bezirken bezeichnen, in denen die Magnetisierungsrichtungen nicht gerade entgegengesetzt gerichtet sind. Im Falle des Eisens unter schwachen Verspannungen ist der Winkel wirklich nahezu 90°. Bei Nickel unter kleineren inneren Spannungen beträgt er stets ungefähr 71° oder 109°. Bei starken inneren Verspannungen kann jeder beliebige Winkel vorkommen.

c) Das Auftreten der verschiedenen Elementarvorgänge auf den verschiedenen Abschnitten der Magnetisierungskurve.

Je nach dem Zustand des Materials und der Größe der Feldstärke sind nun bei dem Magnetisierungsablauf die einzelnen Prozesse verschieden bedeutsam. Um uns einen Überblick zu verschaffen, wollen wir die wichtigsten Fälle unter diesem Gesichtspunkt kurz durchgehen. Beim Studium der einzelnen Prozesse hatten wir uns im wesentlichen an das Verhalten von Eiseneinkristallen mit geringen inneren Verspannungen gehalten. Ausgehend von dem entmagnetisierenden Zustand sind dabei auf der Neukurve zunächst die reversiblen Wandverschiebungen überwiegend. Sie bestimmen die Größe der Anfangspermeabilität. Dann folgen mit wachsendem Feld mehr und mehr irreversible Wandverschiebungen. Ob dabei die 90°- oder 180°-Sprünge zuerst ablaufen, kann man allgemein nicht sagen. Die Magnetisierungskurven nehmen in diesem Gebiet mit wachsendem Feld zunächst an Steilheit zu, bis zu Feldern von etwa der Größe der Koerzitivkraft. Dann werden weiterhin die irreversiblen Wandverschiebungen wieder seltener, die Steilheit wird wieder kleiner, bis die Wandverschiebungen im wesentlichen abgelaufen sind. Dann liegt die Magnetisierung überall in der zum Feld günstigsten Würfelkantenrichtung. Diese Wandverschiebungen verlaufen im polykristallinen Material ganz ähnlich wie im Einkristall. Die gelegentlich ausgesprochene Behauptung, daß hinsichtlich der Anfangspermeabilität und Koerzitivkraft ein prinzipieller Unterschied zwischen Einkristall und Polykristall bestünde, beruht auf einem Mißverständnis.

An das Gebiet der überwiegenden Wandverschiebungen schließt sich mit wachsendem Feld das Gebiet überwiegender Drehungen gegen die Kristallenergie an, wenn nicht gerade ein Einkristall vorliegt, der in der leichten Richtung magnetisiert wird. In diesem Sonderfall finden Drehungen nicht statt. Die Sättigung ist bei Eisen in Feldern von etwa 500 Oe erreicht. Eine Sonderstellung nehmen die Einkristalle insofern ein, als sich bei ihnen der Übergang von den Wandverschiebungen zu den Drehungen in einem deutlichen „Knick“ der Magnetisierungskurve ausprägt. Bei polykristallinen Materialien sind zwar die Vorgänge nicht wesentlich verschieden; da aber der „Knick“ bei verschiedenen Kristalliten bei verschiedenen Werten von J liegt, tritt er viel weniger in die Erscheinung.

Beim Zurückgehen der Magnetisierung von der Sättigung werden zunächst die Drehungen zurückgehen und dann auch die Mehrzahl der irreversiblen und reversiblen 90°-Wandverschiebungen. Dagegen besteht keine Veranlassung zum Ablaufen von 180°-Wandverschiebungen. Im Remanenzpunkt wird daher die Magnetisierung ähnlich wie im entmagnetisierten Ausgangszustand überall in der energetisch tiefsten Vorzugslage liegen. Aber von den beiden, im Feld Null gleichwertigen, entgegengesetzt gleichen Richtungen wird diejenige bevorzugt eingenommen, die der vorhergehenden Feldrichtung am nächsten liegt. Denkt man sich also für ein polykristallines Material die Magnetisierungsrichtungen aller Bezirke als Einheitsvektoren mit gemeinsamem Anfangspunkt dargestellt, so füllen ihre Spitzen im entmagnetisierten Zustand die volle Kugel, im Remanenzpunkt nur die eine Halbkugel, deren Pol die vorhergehende Magnetisierungsrichtung bildet. Die Magnetisierung im Remanenzpunkt ist dann, wie man sofort übersieht, gerade gleich der halben Sättigung. Abweichungen von diesem Wert deuten dann sofort auf eine Anisotropie der Vorzugslagen. Das geschilderte Verhalten ist typisch für alle weichen Materialien, d. h. solche mit kleinen inneren Spannungen.

Die Wirkung *starker Spannungen* ist am einfachsten zu übersehen in den Extremfällen von Abb. 62 und 63, weil hier die Spannungen im Material homogen sind und ihr Einfluß gegenüber demjenigen der Kristallenergie überwiegt. Bei Nickel unter Zug besteht die ganze Magnetisierung aus reversiblen Drehprozessen aus der durch den Zug geschaffenen Vorzugslage senkrecht zum Feld ins Feld hinein. Bei Permalloy unter Zug sind nur die zwei entgegengesetzt gerichteten Vorzugslagen in Zugrichtung vorhanden. Die gesamte Magnetisierung geschieht durch irreversible Verschiebung einer 180°-Wand. Im Extremfall der reinen Rechteckschleife überstreicht dabei die Wand das gesamte Material. An solchen Proben ist die „Reibung" der Wand, d. h. die kritische Feldstärke, sowie die Fortschreitungsgeschwindigkeit leicht meßbar (vgl. Kap. 14, S. 184 f.).

Bei einem Material mit starken, inhomogenen Spannungen, wie bei gehärtetem Stahl oder gar den Werkstoffen für permanente Magnete, ist dagegen zum Unterschied von den bisher betrachteten Fällen eine Trennung der Elementarprozesse bei der Magnetisierung nicht mehr möglich. Da dann die Energieunterschiede zwischen den einzelnen Vorzugslagen sehr groß sind und sich auch sehr schroff mit dem Ort ändern, sind die reversiblen Wandverschiebungen im Anfangsteil gering, so daß schon im Gebiet der Anfangspermeabilität die Drehungen neben den Wandverschiebungen wesentlich sein können oder gar überwiegen. Ebenso werden die irreversiblen Wandverschiebungen erst bei verhältnismäßig großen Feldern ablaufen und sich auf ein breites Feldstärkengebiet verteilen, so daß sie in der Magnetisierungskurve völlig mit den Drehungen vermischt auftreten.

Zum Schluß sei nun noch auf zwei Dinge hingewiesen, die bei diesen ganzen Betrachtungen vernachlässigt wurden, aber vielleicht nicht unwesentlich sind. Wir haben völlig die magnetische Wechselwirkung zwischen den einzelnen Bezirken außer Betracht gelassen. Ebenso wie es unregelmäßige innere Spannungen gibt, muß es aber auch ein inneres Streufeld geben. Dessen Einfluß kann unter Umständen in die ganzen Betrachtungen deshalb stark hineinspielen, weil es sich beim Magnetisierungsvorgang ändert. Zum Beispiel kann durch das Ablaufen eines Barkhausen-Sprunges das Streufeld in der Umgebung so verändert werden, daß nun auch ein anderer starten kann. Auf diese Weise würden gekoppelte Sprünge entstehen. Durch diese Änderung des Streufeldes können auch in der Umgebung reversible Wandverschiebungen veranlaßt werden. Zweitens haben wir nicht berücksichtigt, daß sich die inneren Spannungen bei dem Magnetisierungsvorgang wegen der Magnetostriktion ändern. Auch das kann, ebenso wie das Streufeld, zu gekoppelten Sprüngen Anlaß geben, allerdings nicht bei 180°-Wandverschiebungen, da diese ohne Magnetostriktion erfolgen. Diese beiden Dinge sind bisher in der Literatur noch nicht befriedigend behandelt.

10. Die Kristallenergie.

a) Zur theoretischen Deutung der Kristallenergie.

Die Erfahrung zeigt uns, daß in einem unverzerrten Kristall im Felde Null nicht alle Richtungen der spontanen Magnetisierung energetisch gleichwertig sind. Den hierfür maßgebenden Teil der freien Energie nennt man die Kristallenergie. Von einer theoretischen Berechnung ihrer Größe sind wir noch ziemlich weit entfernt. Immerhin gibt es einen Ansatz von BLOCH und GENTILE[1], der aber im wesentlichen nur ihre mutmaßliche Ursache aufzeigt und ihre Größenordnung roh abzuschätzen gestattet. Eine ausführliche Diskussion über die verschiedenen Möglichkeiten zur Deutung der Kristallenergie wird von VAN VLECK[2] gegeben. Danach wird durch die magnetische Wirkung der Spinmomente die Elektronenbahn etwas deformiert, so daß ein magnetisches Bahnmoment induziert wird. Ohne einen solchen Einfluß muß, wegen der Kristallsymmetrie, das Bahnmoment Null sein. Die magnetische Wechselwirkung zwischen Spinmoment und Bahnmoment, deren Größe noch von der Richtung der Spins abhängt, ist danach als Ursache der Kristallenergie zu betrachten.

[1] BLOCH, F. u. G. GENTILE: Z. Phys. Bd. 70 (1931) S. 395.

[2] VAN VLECK, J. H.: Phys. Rev. Bd. 52 (1937) S. 1178.

Von verschiedenen Forschern ist versucht worden, die Kristallenergie durch ein besonderes klassisches Modell zu deuten. Der erste Ansatz in dieser Richtung stammt von MAHAJANI[1] und ist später von R. BECKER[2], AKULOV[3] und neuerdings von McKEEHAN[4] wieder aufgegriffen worden. Dabei wird angenommen, daß die Elementarmagnete, die in den Gitterpunkten ruhend angenommen werden, nicht nur Träger eines Dipolmomentes sind, sondern noch höhere Momente wie Quadrupolmomente usw. besitzen. Man stellt sich etwa die Elementarmagnete als Stäbchen endlicher Länge oder als kleine Stromkreise vor. Die magnetische Wechselwirkung der höheren Momente mit den benachbarten Elementarmagneten gibt dann zu einer Wechselwirkungsenergie Anlaß, die der Kristallenergie entsprechen könnte. Aus ihrer experimentell bekannten Größe läßt sich das dazu nötige Quadrupolmoment berechnen. Es ergibt sich in einer Größenordnung, wie sie bei Stäbchen oder Stromkreisen von der Ausdehnung etwa der halben Gitterkonstanten tatsächlich zu erwarten wäre.

Trotz dieses plausiblen Ergebnisses glauben wir heute auf Grund unserer Vorstellungen über den Aufbau der Metalle, daß dieser Rechnung kein wirklicher physikalischer Inhalt zukommt; denn es bereitet ernste Schwierigkeiten, das Bestehen eines Quadrupolmomentes zu erklären, das mit dem Elektronenspin gekoppelt und mit ihm frei drehbar ist. Den Elektronen als solchen können wir neben dem Spin das Quadrupolmoment nicht zuschreiben. Das Quadrupolmoment müßte vielmehr durch die Bahnbewegung verursacht sein; in der Tat ist bei freien Atomen mit magnetischem Elektronenbahnmoment auch ein Quadrupolmoment in der zu fordernden Größenordnung zu erwarten. Aber im Gitter ist ja das Atom stark durch die Nachbaratome gestört. Diese Störung bewirkt, daß sowohl das Dipolmoment wie auch das Quadrupolmoment der Bahn verschwindet. Selbst wenn ein Bahnmoment vorhanden wäre, könnte dies jedoch zur Deutung in der dargestellten Weise nicht herangezogen werden, da es wegen der elektrischen Wechselwirkung mit den Nachbaratomen sicher stärker an die Gitterrichtungen gebunden ist als auf Grund der magnetischen Wechselwirkung an den Spin.

Da es also eine befriedigende Theorie der Kristallenergie noch nicht gibt, müssen wir alle quantitativen Angaben über sie den Experimenten entnehmen. Durch einfache Symmetrieüberlegungen lassen sich bereits Aussagen über die Art ihrer Abhängigkeit von der Kristallrichtung machen. Die Mannigfaltigkeit der möglichen Funktionen wird dadurch erheblich eingeschränkt und daher auch die Zahl der zu ihrer Bestimmung nötigen Messungen. Man braucht die Kristallenergie nur für einige wenige Richtungen zu kennen, um ihren Wert in einer beliebigen Richtung anzugeben. Wir betrachten zunächst kubische Kristalle. Die Richtung von J_s sei durch ihre Richtungskosinus α_1, α_2, α_3 in bezug auf die Würfelkanten als Achsen festgelegt. Die Kristallenergie F_K ist eine Funktion der α_i, die aber wegen der kubischen Symmetrie den gleichen Wert haben muß für alle Richtungen, welche kristallographisch gleichwertig sind, d. h. auseinander hervorgehen durch irgendwelche Drehungen oder Spiegelungen, die das Gitter wieder mit sich selbst zu Deckung bringen. F_K muß also unverändert bleiben, wenn man von einer speziellen Richtung α_1, α_2, α_3 zu einer solchen übergeht, deren Richtungskosinus durch eine beliebige Vertauschung der α_i oder Vorzeichenumkehr von einem oder mehreren derselben erhalten werden. Zu einer gegebenen Richtung gibt es daher im allgemeinen 47 andere, die mit ihr gleichwertig sind. Denkt man sich nun F_K nach Potenzen der α_i entwickelt,

---

[1] MAHAJANI, G. S.: Phil. Trans. roy. Soc., Lond. (A) Bd. 228 (1929) S. 63.
[2] BECKER, R.: Theorie der Elektrizität, Bd. II.
[3] AKULOV, N. S.: Z. Phys. Bd. 57 (1929) S. 249.
[4] McKEEHAN, L. W.: Phys. Rev. Bd. 52 (1937) S. 18.

so müssen wegen dieser Symmetrie alle ungeraden Potenzen fehlen. Bei Berücksichtigung der Glieder bis zur sechsten Potenz der α_i erhält man unter Benutzung der Identität $\alpha_1^2 + \alpha_2^2 + \alpha_3^2 = 1$ dann als allgemeinsten Ausdruck

$$(1) \qquad F_K = K_0 + K_1 (\alpha_1^2 \alpha_2^2 + \alpha_2^2 \alpha_3^2 + \alpha_3^2 \alpha_1^2) + K_2 \alpha_1^2 \alpha_2^2 \alpha_3^2$$

mit drei verfügbaren Konstanten K_0, K_1, K_2. Da wir uns nur für Unterschiede der freien Energie in verschiedenen Richtungen interessieren, können wir K_0 fortlassen. Die Messungen zeigen, daß die Entwicklung bis zum Glied mit K_2 im Rahmen der Meßgenauigkeit in allen Fällen zur Darstellung ausreicht.

Entsprechende Überlegungen kann man beim hexagonalen Gitter durchführen. Zur Anpassung genügt auch dabei eine Formel mit zwei Konstanten von der Form

$$(2) \qquad F_K = K_1' \sin^2 \vartheta + K_2' \sin^4 \vartheta,$$

wobei ϑ der Winkel gegen die hexagonale Achse ist.

b) Messungen in den kristallographischen Hauptrichtungen. Magnetisierungsarbeit. Verlauf der Magnetisierungskurve.

Die Aufgabe des Experimentes ist es nun, diese Konstanten für verschiedene Temperaturen zu bestimmen. Dazu ist eine notwendige Vorarbeit, genügend große Einkristalle herzustellen. Es gibt dafür bei Metallen zwei wesentlich verschiedene Verfahren. Bei dem einen wird der Kristall aus der Schmelze erhalten, indem man sie durch langsames, von unten her fortschreitendes Abkühlen erstarren läßt. Bei passender Wahl der Abkühlungsbedingungen kann man es erreichen, daß nur ein einziger oder höchstens einige wenige große Kristalle auswachsen. Das zweite Verfahren besteht darin, daß man das Material im festen Zustand kalt reckt und danach rekristallisieren läßt. Letzteres ist besonders für Eisen angewandt worden, wo das erste Verfahren wegen der Gitterumwandlungen im festen Zustand nicht brauchbar ist[1].

Die ausführlichsten Messungen zur Kristallenergie stammen von den japanischen Forschern HONDA, MASUMOTO und KAYA[2] sowie neuerdings aus dem McKeehanschen Laboratorium an der Yale-University in USA[3]. In der Regel dienen als Versuchsobjekte flache Rotationsellipsoide, die aus einem großen Einkristall herausgeschnitten sind und in verschiedenen, in der Scheibenebene liegenden Richtungen magnetisiert werden. Bei kubischen Kristallen schneidet man das Ellipsoid am vorteilhaftesten so aus, daß die Scheibenebene senkrecht zu einer Flächendiagonalen steht, da dann in ihr die drei Hauptrichtungen [100], [110] und [111] vertreten sind. Die Messung der Magnetisierung erfolgte bei den japanischen Forschern durch Induktionsspulen, bei den amerikanischen dagegen durch die Kraft, welche ein zusätzliches inhomogenes Feld auf die Probe ausübt. Bei der von MCKEEHAN zu diesem Zweck entwickelten Meß-

---

[1] Weitere Angaben darüber sind in den folgenden Arbeiten zu finden: C. A. EDWARDS u. L. B. PFEIL: J. Iron Steel Inst. Bd. 109 (1924) S. 129 (Fe). — S. KAYA: Sci. Rep. Tôhoku Univ. Bd. 17 (1928) S. 639, 1157 (Ni und Co). — F. LICHTENBERGER: Ann. Phys., Lpz. V, Bd. 15 (1932) S. 45 (Fe-Ni-Legierungen). — L. GRAF: Z. Phys. Bd. 67 (1931) S. 388. (Dort weitere Literatur.)

[2] HONDA, K. u. S. KAYA: Sci. Rep. Tôhoku Univ. Bd. 15 (1926) S. 721 (Fe). — HONDA, K., H. MASUMOTO u. S. KAYA: Sci. Rep. Tôhoku Univ. Bd. 17 (1928) S. 111 (Fe). KAYA, S.: Sci. Rep. Tôhoku Univ. Bd. 17 (1928) S. 639, 1157 (Ni und Co). — HONDA, K. u. H. MASUMOTO: Sci. Rep. Tôhoku Univ. Bd. 20 (1931) S. 323. — HONDA, K., H. MASUMOTO u. Y. SHIRAKAWA: Sci. Rep. Tôhoku Univ. Bd. 24 (1935) S. 391.

[3] SHIH, J. W.: Phys. Rev. Bd. 46 (1934) S. 139 (Fe-Co-Legierungen) und Bd. 50 (1936) S. 376 (Ni-Co-Legierungen). — PIETY, R. G.: Phys. Rev. Bd. 50 (1936) S. 1173 (Fe). — KLEIS, J. D.: Phys. Rev. Bd. 50 (1936) S. 1178 (Fe-Ni-Legierungen). — MCKEEHAN, L. W.: Phys. Rev. Bd. 51 (1937) S 136 (Fe-Ni-Co-Legierungen).

methode ist die Probe an einem Pendel befestigt, dessen Ausschlag gemessen wird. Diese Methode bietet den großen Vorteil, daß sie noch exakte Messungen an relativ kleinen Kriställchen gestattet. Die von ihm benutzten ellipsoidischen Scheiben hatten einen Durchmesser von etwa 3 mm und eine Dicke von 0,3 mm. Dadurch werden auch solche Substanzen der Messung zugänglich, bei denen die Herstellung größerer Einkristalle nicht gelingt.

In die Auswertung der Messungen wird eine gewisse Unsicherheit durch den Entmagnetisierungsfaktor N des Ellipsoids hineingebracht. Es interessiert ja die Magnetisierung als Funktion der inneren Feldstärke $H_i = H - NJ$. Da N bei solchen Ellipsoiden recht groß ist, kann im steilen Teil der Magnetisierungskurve, wo H und NJ fast gleich sind, ein kleiner Fehler in N sich erheblich bemerkbar machen. Man kann N aus den Abmessungen des Ellipsoids berechnen oder — und das scheint der exaktere Weg zu sein — aus den Messungen selbst entnehmen unter der Annahme, daß der Anfangsteil der Magnetisierungskurve praktisch senkrecht emporsteigt.

Zur Ermittlung der Kristallenergie aus solchen gemessenen Magnetisierungskurven bieten sich nun verschiedene Wege. Der direkteste Weg besteht darin, daß man die zur Magnetisierung aufgewandte Arbeit $\int H_i\, dJ$ durch Ausmessung der Flächen zwischen der Magnetisierungskurve und der Ordinate bestimmt. Wenn wirklich außer der Kristallenergie und dem Feld keine weiteren Ursachen für eine energetische Auszeichnung bestimmter Richtungen der Magnetisierung vorhanden wären, müßte die Magnetisierungsarbeit in der leichten Richtung verschwinden. Wegen der inneren Spannungen ist das nicht der Fall. Dieser Fehler ist aber leicht zu eliminieren, da die gegen die Spannungsenergie geleistete Magnetisierungsarbeit von der Feldrichtung unabhängig ist. Denn man darf annehmen, daß durch die unregelmäßigen inneren Spannungen im Mittel keine Richtung bevorzugt wird. Die Differenz der Magnetisierungsarbeiten für zwei verschiedene Richtungen ist dann gleich der Differenz der Kristallenergie zwischen diesen Richtungen. Wir wollen mit W_{100}, W_{110} und W_{111} die Magnetisierungsarbeiten in den drei kristallographisch wichtigsten Richtungen bezeichnen. Die entsprechenden Wertetripel der α_i sind

$$(1;0;0); \qquad \left(\frac{1}{\sqrt{2}};\frac{1}{\sqrt{2}};0\right) \quad \text{und} \quad \left(\frac{1}{\sqrt{3}};\frac{1}{\sqrt{3}};\frac{1}{\sqrt{3}}\right).$$

Dann erhalten wir aus (1)

$$W_{110} - W_{100} = \frac{1}{4} K_1$$

und

$$W_{111} - W_{100} = \frac{1}{3} K_1 + \frac{1}{27} K_2.$$

Daraus folgt:

$$(3) \quad \begin{cases} & K_1 = 4\,(W_{110} - W_{100}) \\[2mm] \text{und} & \\[2mm] & K_2 = 27\,(W_{111} - W_{100}) - 36\,(W_{110} - W_{100}). \end{cases}$$

Als Beispiel seien die Zahlen angegeben, die PIETY[1] an zwei Proben der gleichen reinen Eisensorte fand (in 10^4 erg/cm^3):

	W_{100}	W_{110}	W_{111}
Probe I . . .	2,48	13,16	16,10
Probe II . . .	1,33	12,38	16,59

[1] PIETY: s. S. 114[3].

Daraus folgen nach (3) für K_1 und K_2 die Werte

	K_1	K_2
Probe I . . .	42,7	—17
Probe II . . .	44,2	+14

Man sieht, daß eine gute Übereinstimmung lediglich hinsichtlich der Werte von K_1 erzielt wird, welches in der Tat die eigentliche Anisotropiekonstante des Eisens darstellt. Das mit K_2 behaftete Glied sechsten Grades bildet hier nur eine kleine Korrektur (in die obige Formel für W_{111} geht nur der 27. Teil davon ein), welche die Ungenauigkeit der Energiemessung in diesem Fall nicht überschreitet.

Eine andere Methode zur Bestimmung der Konstanten K_1 und K_2 besteht darin, daß man den ganzen Verlauf der Magnetisierungskurve des Einkristalls, soweit er durch Drehungen bedingt ist, berechnet und mit den Messungen vergleicht.

Wir wollen dies am Beispiel des Eisens durchführen. Wir denken uns die ganzen Wandverschiebungen bereits abgelaufen, bevor wirklich Drehungen eingesetzt haben. Nach Kap. 9, S. 109 sind die Wandverschiebungen beendet, wenn HJ_s merklich größer als $\lambda\sigma_i$ geworden ist. Bei inneren Spannungen von 1 bis 2 kg/mm², wie sie bei weichen Einkristallen vorliegen, ist das bei Feldern von einigen Oersted der Fall. Bei einer solchen Feldstärke findet in der Tat praktisch noch kein Herausdrehen der Magnetisierung aus der leichten Richtung statt. Der Ausgangszustand für unsere Rechnung ist also der, bei dem die Magnetisierung in allen Bezirken in der zur Feldrichtung nächsten leichten Richtung liegt, oder, wenn mehrere gleich günstige [100]-Richtungen vorhanden sind, zu gleichen Teilen auf diese verteilt ist. Bei Magnetisierung in der Richtung [100] ist dann der Kristall magnetisch gesättigt. Weitere Felderhöhung bewirkt keine Magnetisierungsänderung mehr. Liegt das Feld in Richtung [110], so liegt die Magnetisierung in der Hälfte der Bezirke in der $+ x$-Richtung und in der anderen Hälfte in der $+ y$-Richtung. Die pauschale Magnetisierung bei Beginn der Drehungen beträgt $\dfrac{1}{\sqrt{2}} J_s$. Ist die Feldrichtung [111], so ist die Magnetisierung gleichmäßig auf die drei positiven Koordinatenachsenrichtungen verteilt. Die Drehungen beginnen hier bei $J = \dfrac{1}{\sqrt{3}} J_s$.

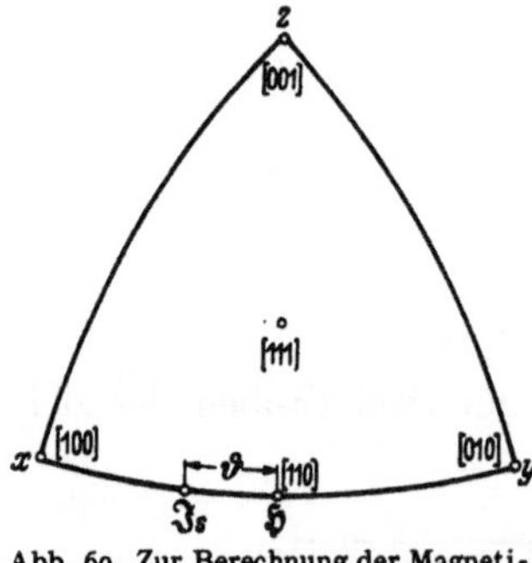

Abb. 69. Zur Berechnung der Magnetisierungskurve bei einem Feld $\mathfrak{H}$ in Richtung [110].

Der weitere Magnetisierungsablauf folgt nun daraus, daß sich mit zunehmendem Felde die Richtung der Vorzugslage allmählich in die Feldrichtung hineindreht. Die Vorzugslage ist die Richtung des Minimums von $U = F_K - HJ_s \cos\vartheta$, wobei ϑ der Winkel zwischen Feld und Magnetisierung ist. Für den Fall, daß das Feld in [110] und in [111] liegt, wollen wir die Rechnung ausführen.

1. *Eisen. Feld H in Richtung* [110]. Wir verfolgen nur die Änderung derjenigen Vorzugslage, die ohne Feld in der $+ x$-Richtung lag. Für die aus der $+ y$-Richtung sich herausdrehende Vorzugsrichtung ist die Komponente von J parallel zum Feld stets genau so groß (vgl. Abb. 69). Aus der Symmetrie folgert man sofort, daß die Vorzugsrichtung mit zunehmendem Felde in der x-y-Ebene bleibt.

Der Winkel ϑ nimmt von $45°$ auf $0°$ ab. In einer Zwischenstellung ist

$$\alpha_1 = \cos(45° - \vartheta) = \frac{1}{\sqrt{2}} (\cos\vartheta + \sin\vartheta)$$

$$\alpha_2 = \cos(45° + \vartheta) = \frac{1}{\sqrt{2}} (\cos\vartheta - \sin\vartheta)$$

$$\alpha_3 = 0.$$

Somit folgt

$$\alpha_1^2 = \tfrac{1}{2} + \cos\vartheta \sin\vartheta$$
$$\alpha_2^2 = \tfrac{1}{2} - \cos\vartheta \sin\vartheta$$
$$\alpha_3^2 = 0$$

und daher

$$\alpha_1^2 \alpha_2^2 + \alpha_2^2 \alpha_3^2 + \alpha_3^2 \alpha_1^2 = \tfrac{1}{4} - \cos^2\vartheta (1 - \cos^2\vartheta) = (\tfrac{1}{2} - \cos^2\vartheta)^2$$
$$\alpha_1^2 \alpha_2^2 \alpha_3^2 = 0.$$

Bei gegebenem H stellt sich also J so ein, daß

$$U(\vartheta) = K_1 (\tfrac{1}{2} - \cos^2\vartheta)^2 - H J_s \cos\vartheta$$

zum Minimum wird. Bezeichnen wir zur Abkürzung

$$\cos\vartheta = \frac{J}{J_s} = \eta,$$

so wird

$$U = K_1 (\tfrac{1}{2} - \eta^2)^2 - H J_s \eta.$$

Der Zusammenhang zwischen η und H ist somit durch $dU/d\eta = 0$ oder

$$(4) \qquad 4 K_1 \eta (\eta^2 - \tfrac{1}{2}) = H J_s$$

völlig festgelegt. Insbesondere folgt für die Sättigungsfeldstärke $(\eta = 1)$

$$(4a) \qquad H_{\text{Sätt [110]}} = \frac{2 K_1}{J_s}.$$

2. *Eisen. Feld H in Richtung* [111]. Nach Ablauf der Wandverschiebungen, also nach Erreichung der Magnetisierung $\frac{1}{\sqrt{3}} J_s$, erfolgt in diesem Falle die weitere Steigerung von J durch Drehung von J_s aus den drei Ecken des positiven Oktanten auf dessen Zentrum hin (vgl. Abb. 70). Wir betrachten wieder nur die Vorzugslage, die aus der $+x$-Richtung hervorgeht. Diese bleibt bei der Drehung in der durch die x-Achse und die Feldrichtung festgelegten Ebene, wie aus der Symmetrie sofort zu folgern ist. Für den Winkel s zwischen $\mathfrak{H}$ und der x-Achse gilt $\cos s = \frac{1}{\sqrt{3}}$; $\sin s = \sqrt{\frac{2}{3}}$. Daher wird in einer Zwischenlage

$$\alpha_1 = \cos(s - \vartheta) = \frac{1}{\sqrt{3}} \cos\vartheta + \sqrt{\frac{2}{3}} \sin\vartheta,$$

mit der Abkürzung $J/J_s = \cos\vartheta = \eta$ also auch:

$$\alpha_1^2 = \tfrac{1}{3}\left(2 - \eta^2 + 2\sqrt{2}\,\eta\sqrt{1 - \eta^2}\right)$$

und ferner

$$\alpha_2^2 = \alpha_3^2 = \tfrac{1}{2}(1 - \alpha_1^2).$$

Abb. 70. Zur Berechnung der Magnetisierungskurve bei einem Feld $\mathfrak{H}$ in Richtung [111].

Wir wollen das Glied $K_2 \alpha_1^2 \alpha_2^2 \alpha_3^2$ in der Kristallenergie der Einfachheit halber vernachlässigen. Dann ergibt sich

$$F_K = K_1 (\alpha_1^2 \alpha_2^2 + \alpha_2^2 \alpha_3^2 + \alpha_3^2 \alpha_1^2) = \frac{K_1}{4} (1 + 2\alpha_1^2 - 3\alpha_1^4).$$

Fassen wir F_K als Funktion von η auf, so wird

$$\frac{dF_K}{d\eta} = \frac{dF_K}{d\alpha_1} \cdot \frac{d\alpha_1}{d\eta} = K_1(\alpha_1 - 3\,\alpha_1^3) \cdot \frac{d\alpha_1}{d\eta}.$$

Mit den obigen Ausdrücken für α_1 und α_1^2 erhalten wir daher

$$(5)\quad
\begin{aligned}
\frac{dF_K}{d\eta} &= \frac{K_1}{\sqrt{3}}\left(\eta + \sqrt{2}\sqrt{1-\eta^2}\right)\left(-1+\eta^2-2\sqrt{2}\eta\sqrt{1-\eta^2}\right)\frac{1}{\sqrt{3}}\left(1-\sqrt{2}\frac{\eta}{\sqrt{1-\eta^2}}\right)\\
&= \frac{K_1}{3}\left(\eta+\sqrt{2}\sqrt{1-\eta^2}\right)\left(2\sqrt{2}\eta+\sqrt{1-\eta^2}\right)\left(\sqrt{2}\eta-\sqrt{1-\eta^2}\right).
\end{aligned}$$

Die Magnetisierungskurve folgt jetzt aus der Minimumsbedingung

$$(5\,\mathrm{a})\qquad\qquad\qquad \frac{dF_K}{d\eta} = HJ_s.$$

Diese Kurve besitzt eine merkwürdige Eigentümlichkeit. Mit wachsender Magnetisierung, also wachsendem η, ist kurz vor Erreichung der Sättigung ($\eta = 1$) eine Abnahme von H verbunden. Diese „Rückläufigkeit" würde bedeuten, daß kurz vor der Sättigung ($\eta = 1$) nochmal ein kleines Feldstärkenintervall durchschritten wird, in dem Wandverschiebungen und kleine Barkhausensprünge auftreten könnten. In den experimentell gemessenen Kurven tritt eine solche Unstetigkeit nicht auf, was vermutlich dem störenden Einfluß der inneren Spannungen zuzuschreiben ist.

Zum Zweck eines Vergleiches der theoretischen Kurven mit dem Experiment ist es nötig, den Einfluß der stets vorhandenen inneren Spannungen zu berücksichtigen. Nach GANS und CZERLINSKI[1] kann man das in der Weise tun, daß man zu dem oben berechneten Wert von H als Funktion von J einfach den Wert derjenigen Feldstärke addiert, die bei Magnetisierung in Richtung [100] beim gleichen Wert der pauschalen Magnetisierung beobachtet wird. In bezug auf die Magnetisierungsarbeit bis zur Sättigung ist diese Korrektur einwandfrei. Es wird dadurch einfach zur Magnetisierungsarbeit gegen die Kristallenergie die gegen die Spannungsenergie geleistete Arbeit addiert, wobei letztere als unabhängig von der Feldrichtung angenommen wird. Ob damit der gesamte Kurvenverlauf richtig korrigiert wird, ist fraglich. Da aber die Korrektur nicht sehr wesentlich ist, wollen wir uns diesem Verfahren anschließen.

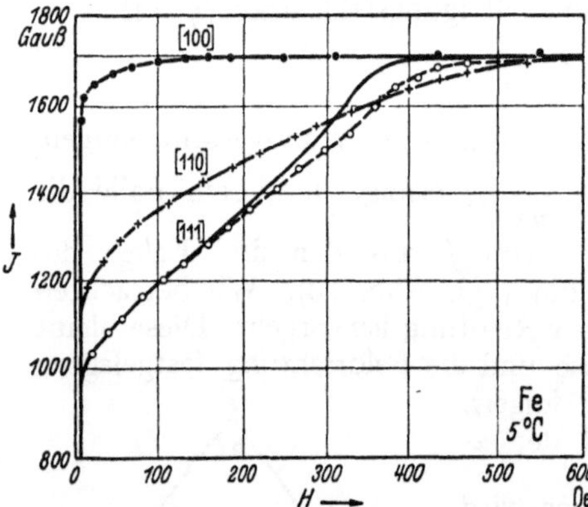

Abb. 71. Vergleich zwischen dem berechneten und experimentell ermittelten Verlauf der Magnetisierungskurve von Eiseneinkristallen bei der Feldrichtung [110] und [111]. ⊙ Meßwerte nach K. HONDA, H. MASUMOTO und S. KAYA: Sci. Rep. Tôhoku Univ. Bd. 17 (1928) S. 111. ⸺ Theoretische Kurven für die Feldrichtungen [110] und [111], ohne Berücksichtigung des Gliedes mit K_2. ⸺⸺ Theoretische Kurve für die Feldrichtung [111] mit Berücksichtigung des Gliedes mit K_2.

Abb. 71 gibt für Eisen den Vergleich mit dem Experiment. Die ausgezogenen Kurven sind die theoretischen Kurven, die unter Benutzung der experimentellen [100]-Kurve korrigiert wurden. Die erwähnte Rückläufigkeit verwischt sich dadurch. Die experimentellen Meßpunkte stammen von S. KAYA. Zur Anpassung der theoretischen Kurve an die Beobachtung wurde $K_1 = 4{,}0 \cdot 10^5$ erg/cm³ gewählt. Die [110]-Kurve wird, wie man sieht, vorzüglich wiedergegeben. Die [111]-Kurve stimmt im großen und ganzen mit den

[1] GANS, R. u. E. CZERLINSKI: Schr. Königsberg. gel. Ges., Naturwiss. Kl. Bd. 9 (1932) S. 1.

Experimenten ebenfalls recht gut überein. Vor allem liefert sie die auf den ersten Blick überraschende Überschneidung mit der [110]-Kurve. In der Nähe der Sättigung treten jedoch noch systematische Abweichungen auf, die aber, wie GANS und CZERLINSKI[1] zeigten, durch Berücksichtigung des Gliedes mit $K_2 \alpha_1^2 \alpha_2^2 \alpha_3^2$ zu beseitigen sind. Zur weiteren Anpassung benutzten sie den Wert $K_2 = + 2{,}9 \cdot 10^5$ erg/cm³. Die theoretische Kurve nimmt damit den gestrichelt eingetragenen Verlauf an. Der auf diesem Weg gewonnene Wert von K_2 dürfte sehr viel genauer sein als derjenige, den R. G. PIETY in der oben erörterten Weise aus der Magnetisierungsarbeit erhielt.

c) Messungen bei beliebiger Richtung des Feldes. Remanenz. Querkomponente in hohen Feldern.

Für andere Richtungen außer den eben behandelten Hauptrichtungen läßt sich der Magnetisierungsablauf zwar prinzipiell ebenso berechnen, doch treten dabei einige Komplikationen auf. In den behandelten Fällen war es stets so, daß die pauschale Magnetisierung die Richtung des Feldes hatte und keine Komponente senkrecht dazu. Das wird bei einer allgemeinen Richtung nicht mehr der Fall sein. Wegen des entmagnetisierenden Feldes ist dann das innere Feld H nicht mehr gleichgerichtet mit dem äußeren. Die Größe der Abweichung hängt ihrerseits wieder von der erreichten Magnetisierung und außerdem von dem Entmagnetisierungsfaktor in Feldrichtung und senkrecht dazu ab. Das macht die Verhältnisse recht verwickelt.

Verhältnismäßig leicht ist noch anzugeben, bei welchem Wert der Magnetisierung die Drehungen einsetzen müssen. Wir wollen die Lage dieses Knickpunktes am Beispiel des Eisens berechnen. Solange man noch im Gebiet der Wandverschiebungen ist, ist die innere Feldstärke nicht größer als 1 bis 2 Oe. Da der Entmagnetisierungsfaktor in Richtung senkrecht zum Feld meist recht groß ist, kann sich infolgedessen in diesem Feldstärkenbereich eine merkliche Magnetisierung senkrecht zum äußeren Feld nicht ausbilden, da sonst das innere Feld eine große Normalkomponente haben würde. Die pauschale Magnetisierung ist also beim Beginn der Magnetisierungskurve stets parallel zum äußeren Feld. Wir wollen mit $\alpha_1, \alpha_2, \alpha_3$ die Richtungskosinus der Feldrichtung bezeichnen, wobei wir annehmen wollen, daß sie alle positiv sind. Ferner seien

$$v_{+x},\ v_{-x},\ v_{+y},\ v_{-y},\ v_{+z},\ v_{-z}$$

die Bruchteile des Volumens, in denen die Magnetisierung in der entsprechenden Vorzugslage liegt. Dann muß demnach gelten:

$$(v_{+x} - v_{-x}) : (v_{+y} - v_{-y}) : (v_{+z} - v_{-z}) = \alpha_1 : \alpha_2 : \alpha_3.$$

Nennt man den Proportionalitätsfaktor C, so folgt

$$v_{+x} - v_{-x} = C\,\alpha_1$$
$$v_{+y} - v_{-y} = C\,\alpha_2$$
$$v_{+z} - v_{-z} = C\,\alpha_3$$

und daher für den Wert der pauschalen Magnetisierung

$$J = (v_{+x} - v_{-y})\,J_s\,\alpha_1 + (v_{+y} - v_{-y})\,J_s\,\alpha_2 + (v_{+z} - v_{-z})\,J_s\,\alpha_3 = C\,J_s.$$

Mit wachsendem äußeren Felde wird nun durch Wandverschiebungen C wachsen, indem die Volumina $v_{+x},\ v_{+y},\ v_{+z}$ zunehmen auf Kosten der Volumina $v_{-x},\ v_{-y},\ v_{-z}$. Wandverschiebungen sind aber nur solange möglich, bis $v_{-x} = v_{-y} = v_{-z} = 0$ geworden ist. Dann müssen die Drehungen einsetzen. Da die Summe der v_i gleich 1 sein muß, gilt also an dem Punkt, wo dies eintritt:

$$v_{+x} + v_{+y} + v_{+z} = C\,(\alpha_1 + \alpha_2 + \alpha_3) = 1$$

[1] Siehe Fußnote S. 118.

und demnach

$$(6) \qquad J = C\,J_s = \frac{J_s}{\alpha_1 + \alpha_2 + \alpha_3}.$$

Setzt man die Wertetripel für die oben behandelten einfachen Richtungen [100], [110] und [111] ein, so erhält man natürlich die dort berechneten Werte für die Lage des Knickpunktes wieder.

Natürlich ist an den gemessenen Magnetisierungskurven der „Knickpunkt" niemals ganz scharf, sondern stets etwas abgerundet. Trotzdem ist aber eine ziemlich exakte Prüfung dieser Formel möglich, indem man nicht die mit wachsendem Feld gemessene Magnetisierungskurve heranzieht, sondern den absteigenden Ast der Hystereseschleife. Die Voraussetzung unserer Rechnung, daß die innere Feldstärke vernachlässigbar klein ist, ist dort im Remanenzpunkt streng erfüllt. Eigentlich haben wir also eine Formel für die Remanenz des Einkristalls abgeleitet. Erfahrungsgemäß setzen beim Überschreiten des Remanenzpunktes an guten Einkristallen die Wand-

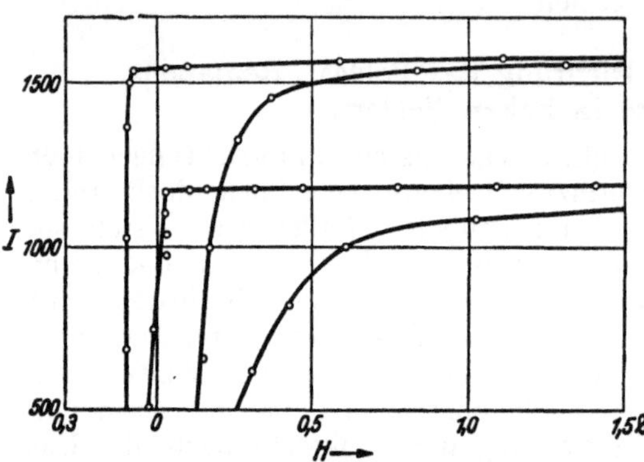

Abb. 72. Die Hystereseschleife von 2 Eiseneinkristallen mit dem scharfen Knick in der Nähe des Remanenzpunktes. [Nach S. Kaya: Z. Phys. Bd. 84 (1935) S. 705.]

verschiebungen meist sehr plötzlich ein, so daß in der Magnetisierungskurve ein scharfer Knick auftritt. Ein Beispiel für dieses Verhalten geben nach Messungen von Kaya die in Abb. 72 wiedergegebenen Ausschnitte aus zwei Hysteresekurven. Wie man sieht, läßt sich der Remanenzpunkt sehr genau festlegen, ohne daß die Unsicherheit in der Bestimmung des Entmagnetisierungsfaktors eingeht. In dieser Weise stellte S. Kaya durch Messungen an stabförmigen Eisenkristallen fest, daß die oben abgeleitete Formel für die Remanenz recht gut erfüllt ist. Die von ihm an 11 verschiedenen Eisenkristallen erhaltenen Werte von J_R sind in Abb. 73 in Abhängigkeit von $\dfrac{1}{\alpha_1 + \alpha_2 + \alpha_3}$ dargestellt, zusammen mit der durch (6) gelieferten Geraden.

Es sei hier noch darauf hingewiesen, daß man durch Mittelung der obigen Formel (6) über alle Kristallrichtungen keine richtige Formel für die Remanenz des *Polykristalls* erhält. Denn jenes Ergebnis kam ja durch die Wirkung der Entmagnetisierung zustande, welche eine Magnetisierungskomponente senk-

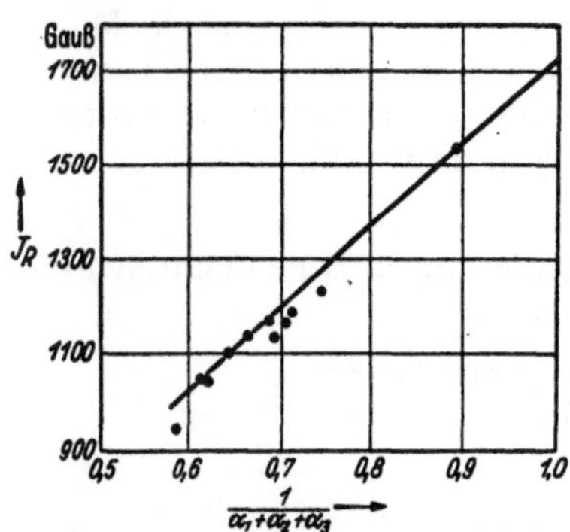

Abb. 73. Die Remanenz von 11 Eiseneinkristallen in Abhängigkeit von $\dfrac{1}{\alpha_1 + \alpha_2 + \alpha_3}$. [Nach S. Kaya: Z. Phys. Bd. 84 (1933) S. 705.]

recht zum Feld im Remanenzpunkt ausschließt. Im Einkristall ist dadurch die Verteilung der Magnetisierung auf die verschiedenen leichten Richtungen in diesem Punkt bestimmt, nicht dagegen im Polykristall. Die Bedingung, daß die pauschale Magnetisierung im vielkristallinen Material keine Normalkomponente zum äußeren Feld hat, läßt die Verteilung im Einzelkristallit noch ziemlich willkürlich. Daher ist beim Polykristall die Verteilung der inneren Spannungen wesentlich, während diese hier gar keine Rolle spielt. So erklärt es sich, daß wir für ein pauschal isotropes Material unter Vernachlässigung des inneren Streufeldes in Kap. 9, S. 111 für die Remanenz als theoretischen Wert 0,5 J_s erhielten, während sich nach (6) in jeder Kristallrichtung ein größerer Wert ergibt.

Qualitativ läßt sich nach diesen Betrachtungen der weitere Ablauf des Magnetisierungsvorganges im Einkristall mit einem Feld von beliebiger Richtung leicht übersehen. Nachdem durch die Wandverschiebungen der oben berechnete Zustand erreicht ist, in dem die Magnetisierung im Verhältnis $\alpha_1 : \alpha_2 : \alpha_3$ auf die drei Achsenrichtungen verteilt ist, bleibt bei weiterer Felderhöhung die innere Feldstärke nicht mehr klein. Es setzen Drehprozesse ein, aber bei den drei aus den Achsenrichtungen hervorgehenden Vorzugslagen verschieden stark. Außerdem entstehen mit wachsendem Feld immer stärkere energetische Unterschiede zwischen ihnen. Durch Wandverschiebung wird sich deshalb die Verteilung der Magnetisierung auf die drei Vorzugsrichtungen ändern und mehr und mehr von dem Verhältnis $\alpha_1 : \alpha_2 : \alpha_3$ abweichen, und zwar wird bei festgehaltener äußerer Feldstärke die Magnetisierung solange von der ungünstigeren in die günstigere Vorzugslage übergehen, als der damit verbundene Energiegewinn größer ist als der Aufwand zur Vermehrung der Feldenergie des entmagnetisierenden Feldes. Wegen dessen Einfluß ist es bei mittleren Feldern energetisch nicht günstig, daß alle Spins in eine Vorzugsrichtung hineinklappen. Man übersieht, daß es infolge dieser Koppelung zwischen Wandverschiebungen und Drehungen etwas verwickelt ist, den Verlauf auszurechnen. Erst bei ziemlich hohen Feldern wird der Energieunterschied zwischen den drei durch Drehung aus den positiven Achsenrichtungen hervorgegangenen Vorzugslagen so groß, daß trotz

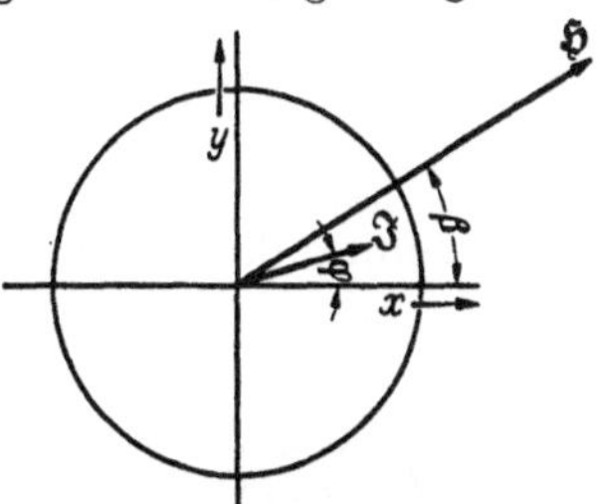

Abb. 74. Zur Berechnung der Querkomponente von J beim Einkristall.

des Einflusses der Scheerung die gesamte Magnetisierung in einer von ihnen liegt. Dann wird die Rechnung auch für schiefe Richtungen des Feldes wieder verhältnismäßig einfach.

Durch Vergleich zwischen Rechnung und Experiment in diesem Feldstärkengebiet kann man nach neuen, von den vorigen unabhängigen Methoden die Kristallenergie bestimmen. Da die Abweichung von der absoluten Sättigung bei hohen Feldern nur noch gering ist, ist es nicht zweckmäßig, das Bestimmungsverfahren auf die Messung dieser kleinen Abweichung aufzubauen. Es ist praktischer, die Größe der Normalkomponente der Magnetisierung senkrecht zum Feld zu benutzen. Wie man leicht übersieht, wird bei einer von den drei Hauptrichtungen abweichenden Feldrichtung die Sättigung nur asymptotisch erreicht. Ebenso geht auch die Normalkomponente nur asymptotisch gegen Null. Wie wir gleich sehen werden, ist in hohen Feldern die Abweichung der Longitudinalkomponente von der Sättigung proportional mit $1/H^2$, die Normalkomponente dagegen proportional zu $1/H$. Sie ist also im Verhältnis viel größer als die geringe Abweichung von der Sättigung und daher besser zu messen.

Als Beispiel wollen wir wieder einen Eiseneinkristall betrachten, der in Form eines scheibenförmigen Rotationsellipsoids vorliegen möge, dessen Ebene senkrecht zu einer Würfelkantenrichtung liegt. Das äußere Feld liege in der Scheibenebene. Aus Symmetriegründen folgt dann, daß die Magnetisierung ebenfalls in dieser Ebene liegt.

Wenn die Magnetisierung mit der x-Achse den Winkel φ einschließt (Abb. 74), übt das Gitter wegen der Kristallenergie ein Drehmoment auf sie aus, und zwar ist dies pro cm³ offenbar $\dfrac{dF_K}{d\varphi}$. Wenn die Magnetisierung in dieser Stellung im Gleichgewicht sein soll, muß das Feld das gleiche Drehmoment in der entgegengesetzten Richtung ausüben. Wegen der Rotationssymmetrie ist das entmagnetisierende Feld antiparallel zu J, übt also kein Drehmoment aus. Bei der Berechnung des Drehmomentes ist es daher gleichgültig, ob man das innere Feld $H - NJ$ oder das äußere Feld H einsetzt. Bildet nun das äußere Feld mit der x-Achse den Winkel β, so folgt als Gleichgewichtsbedingung

$$(7) \qquad H J_s \sin (\beta - \varphi) = \frac{d F_K}{d \varphi}.$$

In dem angenommenen Fall ist $\alpha_3 = 0$, also

$$F_K = K_1 \cos^2 \varphi \, (1 - \cos^2 \varphi) - \frac{K_1}{4} \sin^2 2 \varphi$$

und somit

$$\frac{d F_K}{d \varphi} = K_1 \sin 2 \varphi \cos 2 \varphi = \frac{K_1}{2} \sin 4 \varphi.$$

Für die Komponente J_n der Magnetisierung senkrecht zum Feld erhalten wir also:

$$(8) \qquad J_n = J_s \sin (\beta - \varphi) = \frac{K_1}{2 H} \sin 4 \varphi.$$

Daraus folgt bei gegebenem H und β der Winkel φ und damit J_n. Man übersieht sofort, daß bei großem H annähernd φ gleich β wird und daher J_n proportional mit $1/H$. Bezeichnen wir mit J_t die Komponente von J_s parallel zum Feld, so folgt wegen

$$J_t = \sqrt{J_s^2 - J_n^2} \approx J_s \left(1 - \frac{1}{2} \left(\frac{J_n}{J_s} \right)^2 \right)$$

auch sofort, daß die Differenz $J_s - J_t$ proportional mit $1/H^2$ gegen Null geht, wie vorn bereits behauptet wurde.

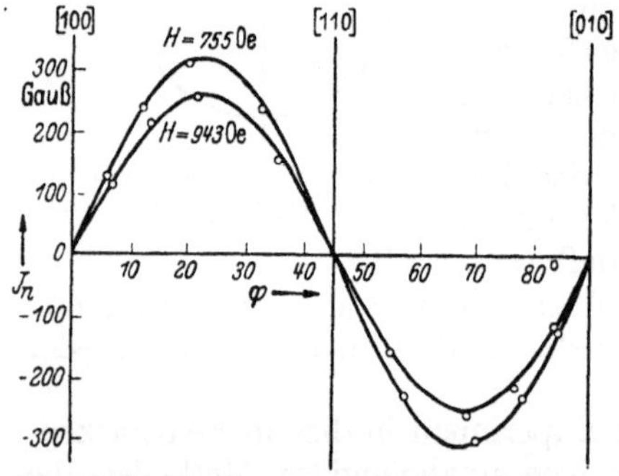

Die Messung der Normalkomponente kann man entweder ballistisch mit Hilfe einer Induktionsspule parallel zum Feld durchführen oder durch Messung des Drehmomentes $H J_n$ des Feldes auf die Kristallscheibe, etwa durch Aufhängung an einen Torsionsfaden und Messung des Torsionswinkels. Als Ergebnis solcher Messungen wird meist J_n als Funktion von β bei festgehaltenem H angegeben. Zum Vergleich mit der Theorie rechnet man zweckmäßig mit Hilfe der Gleichung

$$J_n = J_s \sin (\beta - \varphi)$$

Abb. 75. Die Querkomponente der Magnetisierung an einer Eiseneinkristallscheibe mit der Ebene (001). [Nach R. Gans u. E. Czerlinsky: Ann. Phys., Lpz. V, Bd. 16 (1933) S. 625.] Messungen von K. Honda u. S. Kaya: Sci. Rep. Tôhoku Univ. Bd. 15 (1926) S. 721. φ ist der Winkel der Magnetisierung gegen die [100]-Richtung.

den Winkel φ aus und trägt J_n über φ auf. Nach (8) muß diese Kurve ein Vielfaches von $\sin 4 \varphi$ sein. Der Proportionalitätsfaktor ist $K_1/2 H$. Ein solcher Vergleich für Eisen nach Messungen von Honda und Kaya ist in Abb. 75 wiedergegeben. Zur Anpassung wurde $K_1 = 4{,}78 \cdot 10^5$ erg/cm^3 gewählt. Durch entsprechende Messungen in anderen Ebenen ist ebenso die Konstante K_2 bestimmbar. Solche Kurven liefern wohl die direkteste Methode, um zu entscheiden, wie weit man zur Anpassung an die Messungen in der Entwicklung der Kristallenergie nach den Potenzen der α_i mindestens gehen muß. Wenn in der Fourier-Entwicklung einer derartigen Kurve für J_n noch Glieder mit $\sin 8 \varphi$ oder $\cos 8 \varphi$ wesentlich sind, so ist das ein unmittelbares Kennzeichen dafür, daß in der Entwicklung der Kristallenergie noch Glieder mit der achten Potenz der α_i wesentlich sind.

d) Übersicht über die Zahlenwerte der Kristallenergie.

Wir haben nunmehr die Methoden zur Bestimmung der Kristallenergie kennengelernt. Die erste und einfachste Methode (Nr. 1) war die Bestimmung der Magnetisierungsarbeit in einigen kristallographisch einfachen Richtungen. Bei der zweiten (Nr. 2) wurde die Kristallenergie gewonnen durch Anpassung der theoretisch für einfache Richtungen berechneten Magnetisierungskurven an den gemessenen Verlauf. Bei der dritten (Nr. 3) wurde die Messung der Normalkompo-

Tabelle 12. Die Kristallenergie von Eisen und Nickel bei Zimmertemperatur, ermittelt nach den verschiedenen, im Text angegebenen Methoden.

Element	K_1	K_2	Methode Nr.	Messung von	Auswertung durch
	in erg/cm³				
Eisen	$4,0 \cdot 10^5$	$2,9 \cdot 10^5$	2	K. Honda, H. Masumoto, S. Kaya: Sci. Rep. Tôhoku Univ. Bd. 17 (1928) S. 111	R. Gans, E. Czerlinski: Schr. Königsberg. gel. Ges., Naturwiss. Kl. Bd. 9 (1932) S. 1
	$4,1 \cdot 10^5$	$1,4 \cdot 10^5$	1	K. Honda, H. Masumoto, S. Kaya: Sci. Rep. Tôhoku Univ. Bd. 17 (1928) S. 111	R. G. Piety: Phys. Rev. Bd. 50 (1936) S. 1173
	$4,27 \cdot 10^5$	$-1,7 \cdot 10^5$	1	R. G. Piety: Phys. Rev. Bd. 50 (1936) S. 1173	R. G. Piety: Phys. Rev. Bd. 50 (1936) S. 1173
	$4,42 \cdot 10^5$	$+1,4 \cdot 10^5$	1		
	$4,78 \cdot 10^5$	?	3	K. Honda, S. Kaya: Sci. Rep. Tôhoku Univ. Bd. 15 (1926) S. 721	R. Gans, E. Czerlinski: Ann. Phys., Lpz. V, Bd. 16 (1933) S.625
	$4 28 \cdot 10^5$	$2,35 \cdot 10^5$	3		
Eisen	$4,36 \cdot 10^5$	0	2	K. Honda, H. Masumoto, S. Kaya: Sci. Rep. Tôhoku Univ. Bd. 17 (1928) S. 111	E. Czerlinski: Ann. Phys., Lpz. V, Bd. 13 (1932) S. 80
Nickel	$-5,12 \cdot 10^4$	0	2	S. Kaya: Sci. Rep. Tôhoku Univ. Bd. 17 (1928) S. 639	R. Gans, E. Czerlinski: Schr. Königsberg. gel. Ges., Naturwiss. Kl. Bd. 9 (1932) S. 1
	$-4,7 \cdot 10^4$	0	3	W. Sucksmith, H. H. Potter, L. Broadway: Proc. roy. Soc., Lond. A, Bd. 117 (1928) S. 476 (4 Proben)	R. Gans, E. Czerlinski: Ann. Phys., Lpz. V, Bd.16 (1933) S.625
	$-5,8 \cdot 10^4$	0	3		
	$-4,0 \cdot 10^4$	0	3		
	$-4,7 \cdot 10^4$	0	3		

nente der Magnetisierung im Gebiet hoher Felder herangezogen. Alle gemessenen Kristallenergien sind nach einem von diesen Verfahren ermittelt worden. Wir wollen uns nun der Besprechung der Ergebnisse zuwenden und geben zunächst in Tabelle 12 eine Zusammenstellung der bisher ermittelten Werte für die reinen Elemente Eisen und Nickel bei Zimmertemperatur. Bei Eisen liegen eine ganze Reihe Bestimmungen nach allen drei Verfahren vor. Die entscheidende Konstante K_1 ergibt sich für Eisen stets als positiv zu etwa 4 bis $4,5 \cdot 10^5$ erg/cm³. Hinsichtlich der Konstanten K_2 sind die Abweichungen jedoch recht groß. Ihr Einfluß macht sich nur wenig bemerkbar. Daher ist es eine für viele Zwecke ausreichende Näherung, K_2 überhaupt fortzulassen. Man muß dann versuchen, mit nur einer Konstanten K_1 eine möglichst gute Anpassung an die Messungen zu erreichen. Eine solche Rechnung hat für Eisen Czerlinski durchgeführt. Die letzte Zeile von Eisen in Tabelle 12 gibt sein Ergebnis.

In der Regel macht sich auch bei anderen kubischen Kristallen die Konstante K_2 nur wenig bemerkbar, so daß je nach dem Vorzeichen von K_1 die Extremwerte von F_K in [100] oder [111] liegen. Neuerdings sind jedoch einige Fälle gefunden, in denen der Extremwert in [110] liegt, und zwar ist nach

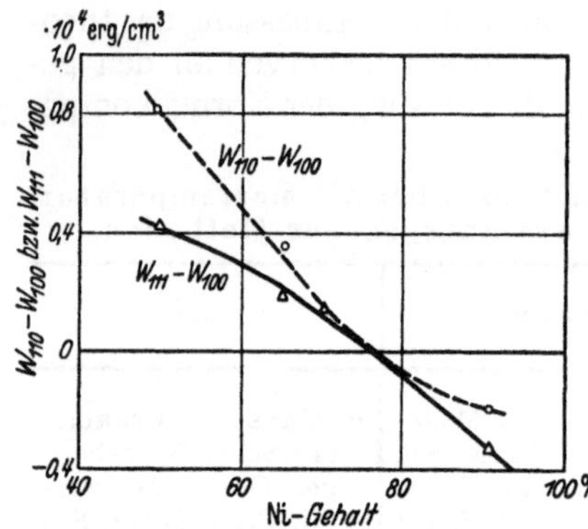

Abb. 76. Die Magnetisierungsarbeit in den kristallographischen Hauptrichtungen bei den Eisen-Nickel-Legierungen. [Nach J. D. KLEIS: Phys. Rev. Bd. 50 (1936) S. 1178.]

BOZORTH[1] bei Ni oberhalb 100° C [110] die leichteste, dagegen bei Fe-Ni-Legierungen mit 50 bis 76% Ni nach KLEIS[2] [110] die schwerste Richtung, ein Verhalten, was durch geeignete Wahl von K_2 formal ohne weiteres beschrieben werden kann.

Für die Fe-Ni-Legierungen sind in Abb. 76 nach den Messungen von KLEIS die Differenzen der Magnetisierungsarbeiten $W_{111} - W_{100}$ und $W_{110} - W_{100}$ bei Zimmertemperatur in Abhängigkeit vom Nickelgehalt dargestellt. Die Legierung mit 76% Ni ist danach magnetisch isotrop. K_1 und K_2 gehen gleichzeitig durch Null. Bei höheren Nickelgehalten ist [111] die leichteste und [100] die schwerste Richtung; bei kleinerem Nickelgehalt dagegen ist [100] die leichteste und [110] die schwerste Richtung. Bei Nickel ist bei Zimmertemperatur K_1 negativ, so daß die Würfeldiagonale die leichte Richtung ist. Der Zahlenwert ist etwa $-5 \cdot 10^4$ erg/cm³, also rund 10mal kleiner als bei Eisen.

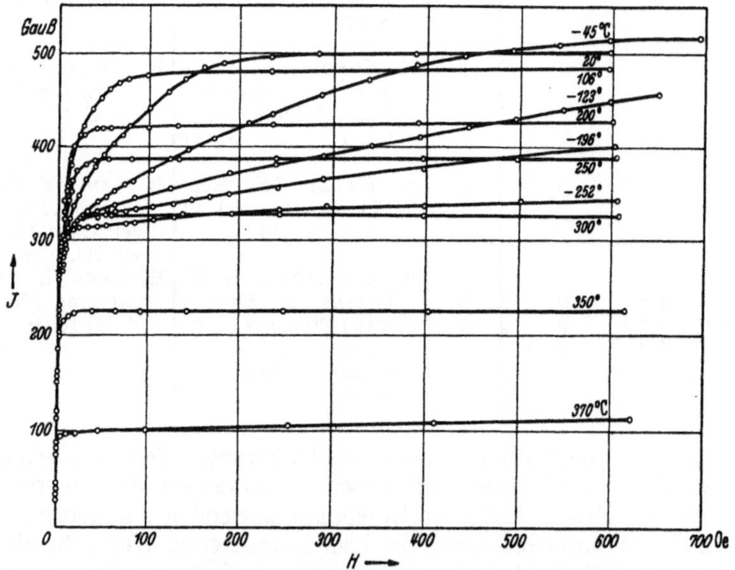

Abb. 77. Magnetisierungskurven von Nickel in Richtung [100] bei verschiedenen Temperaturen. [Nach K. HONDA, H. MASUMOTO u. Y. SHIRAKAWA: Sci. Rep. Tôhoku Univ. Bd. 24 (1935) S. 391.]

Mit wachsender Temperatur nehmen die Konstanten dem Betrag nach stets ab, so daß in der Nähe des Curie-Punktes die kristallographische Anisotropie verschwindet. Sehr auffallend ist das verschiedene Verhalten von Eisen und Nickel bei tieferen Temperaturen. Während bei Eisen bei Abkühlung bis auf

[1] BOZORTH, R. M.: Phys. Rev. Bd. 50 (1936) S. 1076.

—190° C K_1 nur noch wenig zunimmt, steigt die Kristallenergie bei Nickel ungeheuer an. Man sieht dies schon unmittelbar anschaulich an dem Verlauf der Magnetisierungskurven in der schweren Richtung [100], die nach den Messungen von HONDA, MASUMOTO und SHIRAKAWA in Abb. 77 für verschiedene Temperaturen dargestellt sind. Bei der Temperatur des flüssigen Wasserstoffes, —252°C ist die Kristallenergie so groß, daß nach dem Ablauf der Wandverschiebungen die Magnetisierung nur noch ganz langsam mit dem Feld ansteigt. Bei dem höchsten, hier benutzten Feld von 600 Oe ist man daher bei Magnetisierung in Richtung [100] noch weit von der Sättigung entfernt, während in der leichten Richtung [111] schon bei etwa 50 Oe der Kristall gesättigt ist. Durch Auswertung dieser Kurven nach der Methode von GANS und CZERLINSKI ergibt sich nach POLLEY (bisher unveröffentlicht) der in Abb. 78 dargestellte Verlauf der Konstanten K_1 mit der Temperatur. Zum Vergleich sind in Abb. 78 auch noch die Ergebnisse der russischen Forscher BRUKHATOV und KIRENSKY eingetragen. Deren Messungen reichen aber nicht bis zu so tiefen Temperaturen herab wie die der Japaner. In einer neueren Messung wurde von POLLEY die Kristallenergie des Nickels am polykristallinen Material aus dem Einmündungsgesetz in die Sättigung (vgl. Kap. 13, S. 173 f.) ermittelt. Das Ergebnis seiner Messungen ist in Abb. 78 ebenfalls angegeben.

Neuerdings wurden auch Messungen im Gebiet der binären und ternären Legierungen der drei ferromagnetischen Elemente Fe, Ni, Co ausgeführt. Wir beschränken uns hier auf die Wiedergabe einer Abbildung, in welcher

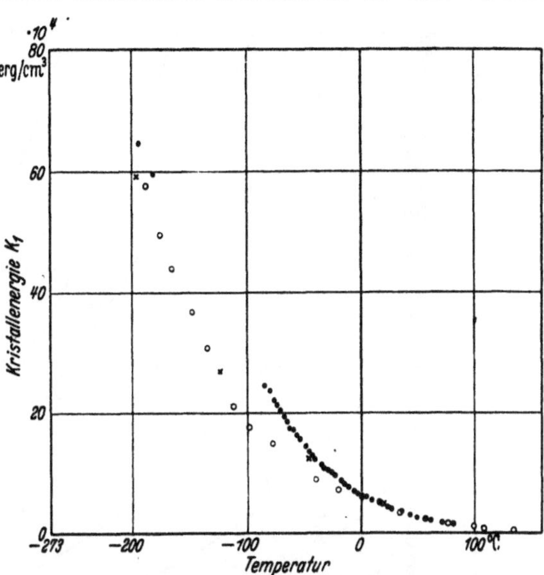

Abb. 78. Die Temperaturabhängigkeit der Anisotropiekonstante K_1 von Nickel. × × Nach K. HONDA, H. MASUMOTO u. Y. SHIRAKAWA Sci. Rep. Tôhoku Univ. Bd. 24 (1935) S. 391 (ausgewertet von: H. POLLEY). (Der letzte Meßpunkt liegt außerhalb der Abbildung: $K_1 \approx 100$ bei —252° C.) ••• Nach N. L. BRUKHATOV u. L. V. KIRENSKY: Phys. Z. Sowjet. Bd. 12 (1937) S. 602. o o o Nach H. POLLEY (bisher unveröffentlicht).

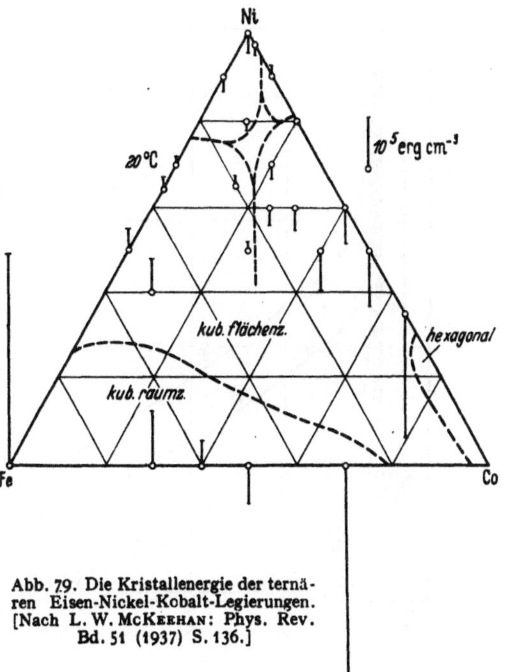

Abb. 79. Die Kristallenergie der ternären Eisen-Nickel-Kobalt-Legierungen. [Nach L. W. McKEEHAN: Phys. Rev. Bd. 51 (1937) S. 136.]

McKEEHAN diese Messungen zusammengestellt hat. Darin kennzeichnet jeder Punkt die Stelle des Legierungsdreiecks, für den Messungen ausgeführt wurden.

Die Länge des an ihn angehefteten Striches gibt den Betrag von K_1 an. Für positives K_1 ist der Strich nach oben, für negatives nach unten gezeichnet.

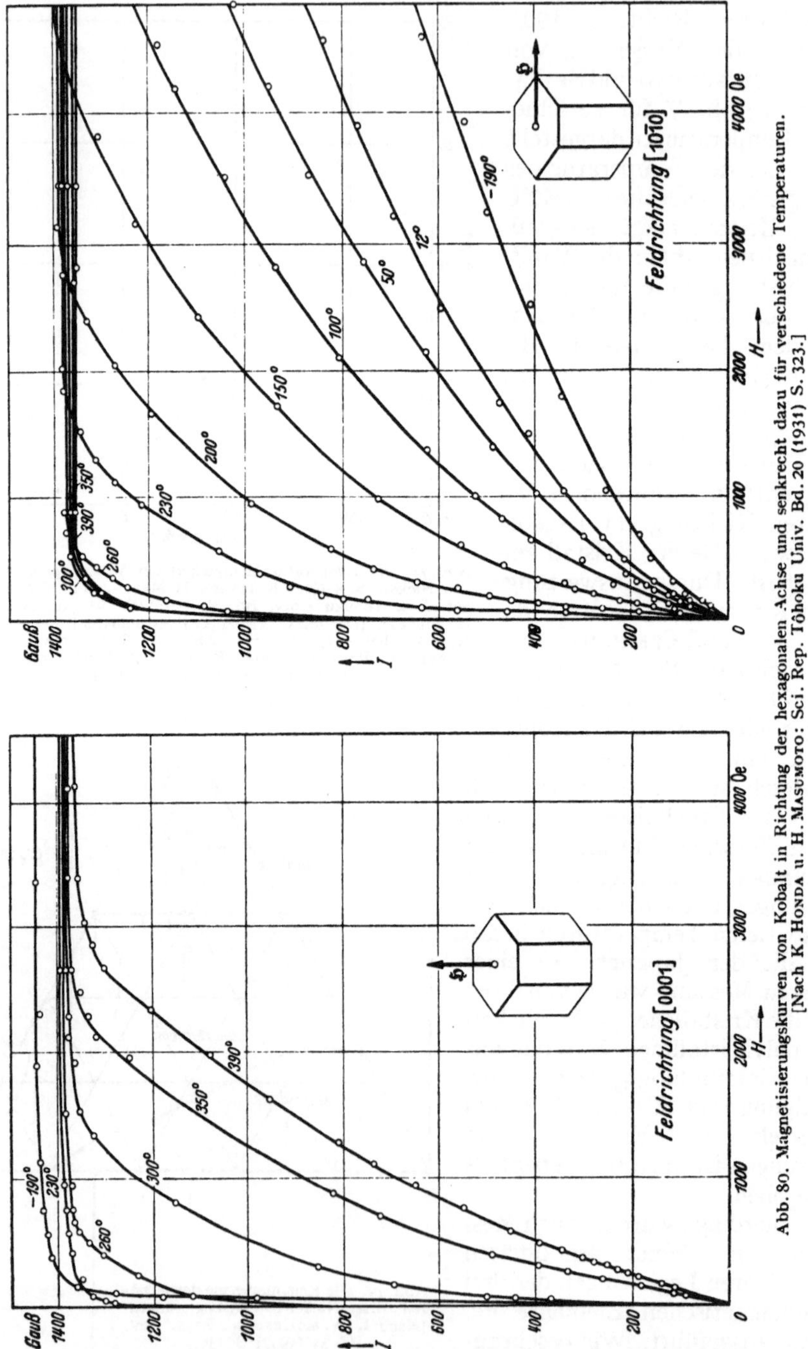

Abb. 80. Magnetisierungskurven von Kobalt in Richtung der hexagonalen Achse und senkrecht dazu für verschiedene Temperaturen. [Nach K. Honda u. H. Masumoto: Sci. Rep. Tôhoku Univ. Bd. 20 (1931) S. 323.]

Beim hexagonal kristallisierenden Kobalt ist die kristallographische Anisotropie naturgemäß viel stärker ausgeprägt als bei kubischen Kristallen. Die Kristallenergie ist hier wesentlich abhängig vom Winkel ϑ gegen die hexagonale

Achse. Sie kann quantitativ beschrieben werden durch

$$F_K = K_1' \cos^2 \vartheta + K_2' \cos^4 \vartheta .$$

K_1' und K_2' sind bei Zimmertemperatur positiv, d. h. die hexagonale Achse ist eine Vorzugsrichtung der Magnetisierung. Nach GANS und CZERLINSKI [1] erhält man aus der Größe der Querkomponente in hohen Feldern und aus dem Verlauf der Magnetisierungskurve

$$K_1' = 4{,}1 \cdot 10^6 \ \text{erg/cm}^3 \ \text{und} \ K_2' = 1{,}0 \cdot 10^6 \ \text{erg/cm}^3 .$$

Diese Werte sind rund eine Zehnerpotenz größer als bei Eisen. Infolge dieses großen Zahlenwertes kann bei Zimmertemperatur in der schweren Richtung die Sättigung erst bei etwa 10000 Oe erzwungen werden. Mit wachsender Temperatur nehmen die Konstanten aber ab und werden oberhalb 300° C negativ. Bei 300° C ist daher der Kobaltkristall magnetisch fast isotrop. Man sieht das anschaulich an den in Abb. 80 dargestellten Magnetisierungskurven in Richtung der hexagonalen Achse und senkrecht dazu bei verschiedenen Temperaturen. Oberhalb 400° tritt beim Kobalt eine Gitterumwandlung auf. Die bei höheren Temperaturen stabile Modifikation ist kubisch. Messungen der Kristallenergie liegen für diesen Temperaturbereich nicht vor.

e) Die Magnetisierungsarbeit in der leichten Richtung.

Zum Schluß seien noch einige Betrachtungen angefügt über die Magnetisierungsarbeit bei Magnetisierung in der leichten Richtung, also bei Eisen in der [100]-Richtung. Dabei wird eine Arbeit gegen die Kristallenergie überhaupt nicht geleistet. Die für W_{100} bei Eisen gemessenen Werte scheinen weitgehend von der speziellen Beschaffenheit der Probe (Verunreinigung, Spannungen) abzuhängen. Zudem ist die experimentelle Bestimmung unsicher, da das Endresultat der Messung stark von der richtigen Abschätzung des Entmagnetisierungsfaktors abhängt. Nach der Zusammenstellung von PIETY [2] liegt W_{100} für Eisen bei Zimmertemperatur zwischen 0,6 und $2{,}4 \cdot 10^4$ erg/cm³. Mit wachsender Temperatur nimmt W_{100} zunächst ab. Kurz vorm Curie-Punkt, wo die Anisotropie praktisch verschwunden ist, steigt es jedoch wieder auf $0{,}3 \cdot 10^4$ erg/cm³.

Bisher hatten wir für diese Arbeit stets die unregelmäßigen inneren Spannungen verantwortlich gemacht. Das ist bei Zimmertemperatur sicherlich auch richtig. Die inneren Spannungen erzeugen kleine energetische Unterschiede zwischen den verschiedenen leichten Richtungen. Bezeichnen wir — zur pauschalen Abschätzung dieses Effektes — mit σ_i die innere Spannung. so wäre nach dieser Deutung

$$W_{100} \approx \lambda\, \sigma_i$$

zu erwarten, wo $\lambda = 2 \cdot 10^{-5}$ die Magnetostriktion des Eisens in der leichten Richtung bedeutet. Zur Erklärung von $W_{100} = 10^4$ erg/cm³ müßte also

$$\sigma_i \approx \tfrac{1}{2} \cdot 10^9 \ \text{dyn/cm}^2 = 5 \ \text{kg/mm}^2$$

sein, ein Betrag, der an weichem Eisen auch sonst beobachtet wird.

Neben dieser energetischen Deutung besteht noch die Möglichkeit, die Arbeit W_{100} auf statistischer Grundlage zu erklären. Dazu fassen wir die Weißschen Bezirke als voneinander unabhängige Gebilde auf, welche — jeder für sich — die Wahl zwischen den energetisch gleichberechtigten 6 Richtungen leichtester Magnetisierbarkeit besitzen. Dann würde sich der ganze Körper ähnlich

[1] GANS, R. u. E. CZERLINSKI: s. Fußnote bei Abb. 75, S. 122; in Tab. 12, S. 123.

[2] PIETY, R. G.: s. S. 115.

[3] KERSTEN, M.: Z. Phys. Bd. 76 (1932) S. 505; ETZ Bd. 60 (1939) S. 498 und 532.

verhalten wie ein paramagnetisches Gas, in dem jeder Bezirk ein Riesenmolekül vom Moment M darstellt. Eine ähnliche Betrachtungsweise wurde in anderem Zusammenhang bereits von DEBYE[1] vorgeschlagen. Damals handelte es sich um eine Theorie der reversiblen Permeabilität, welche heute wohl nicht mehr aufrecht zu erhalten ist. Diese Deutung müßte also einen Zusammenhang zwischen W_{100} und der Größe der Weißschen Bezirke liefern. Die quantitative Durchführung gelingt am einfachsten mit Hilfe des Entropiebegriffes. Bedeutet v die Zahl der Weißschen Bezirke im cm³, so haben wir im cm³ im ganzen 6^v verschiedenen Möglichkeiten der Einstellung, während der Zustand der Sättigung nur auf eine einzige Art zu realisieren ist. Der Entropieverlust des Materials bei der Magnetisierung beträgt also mit der Boltzmannschen Konstanten k:

$$S = k \ln 6^v = k\, v \ln 6.$$

Da nach Voraussetzung eine Energieänderung mit der Magnetisierung nicht verbunden sein soll, haben wir also als Arbeit aufzuwenden

$$W_{100} = T\, S = k\, T\, v \ln 6.$$

Die Zahl der Eisenatome im cm³ beträgt ungefähr $\frac{1}{10} L$ $(L = 6 \cdot 10^{23})$. Bedeutet *z die Zahl der Atome in einem Weißschen Bezirk*, so ist also $v z = \dfrac{L}{10}$, mithin

$$W_{100} \approx \frac{RT}{10z} \ln 6,$$

wo nun $R = L k$ die gewöhnliche Gaskonstante $(8{,}3 \cdot 10^7$ erg/Grad$)$ bedeutet. Zur Erklärung von $K_0 = 10^4$ erg/cm³ müßte also sein

$$z = \frac{R\, T \ln 6}{10^5},$$

für $T = 300°\,$C also etwa $z = 4 \cdot 10^5$, während in Wirklichkeit z wesentlich größer sein dürfte. Allerdings ist zu vermuten, daß der wirkliche Wert von z mit wachsender Temperatur stark abnimmt, so daß der gefundene Anstieg von W_{100} bei höherer Temperatur vielleicht doch durch diese statistische Deutung zu erklären ist.

11. Die Spannungsenergie.

a) Isotrope Magnetostriktion.

Den Einfluß einer Zugspannung auf die Magnetisierungskurve hatten wir in Kapitel 9 an den beiden Extremfällen von „Nickel unter Zug" und „Permalloy unter Zug" kennengelernt. Wir hatten gesehen, daß man daraus die folgende Regel ableiten kann:

Unter Zug stellen sich die Magnetisierungsrichtungen der Weißschen Bezirke so ein, daß die mit dieser Einstellung verbundene Magnetostriktion die von der Spannung herrührende Dehnung noch vergrößert. Bei Nickel ist mit der Ausrichtung der Bezirke durch ein Feld eine Verkürzung in Feldrichtung, eine Ausdehnung senkrecht dazu verbunden. Also stellen sich die Bezirke unter Zug senkrecht zur Zugrichtung ein. Bei Permalloy, bei welchem umgekehrt bei der Magnetisierung bis zur Sättigung eine Dehnung in Feldrichtung auftritt, tritt unter Zug eine Längsstellung der Bezirke ein.

Die thermodynamische Begründung für dieses Verhalten haben wir oben in Kapitel 6, S. 65 bereits kennengelernt. Die dort abgeleitete Gleichung (6.33)

$$\left(\frac{\partial M}{\partial Z}\right)_H = \left(\frac{\partial L}{\partial H}\right)_Z$$

---

[1] DEBYE, P. im Handbuch der Radiologie, hersg. v. E. MARX, Bd. 6, S. 722ff. Leipzig 1925.

besagt nämlich: Wenn bei gegebener Zugspannung bei einer Felderhöhung eine Verkürzung in Feldrichtung eintritt, wie das bei Nickel der Fall ist, $\left[\left(\dfrac{\partial L}{\partial H}\right)_z < 0\right]$, so bewirkt bei festgehaltenem Feld eine Erhöhung der Zugspannung eine Abnahme der Komponente der Magnetisierung in Feldrichtung. Wenn nun eine Änderung von M nur durch Drehung des Vektors $\mathfrak{J}_s$ möglich ist, so muß der Winkel zwischen $\mathfrak{J}_s$ und $\mathfrak{H}$ mit zunehmender Zugspannung größer werden, d. h. mit wachsendem Zuge wird die Querlage immer stärker energetisch begünstigt. Umgekehrt müssen sich bei positiver Magnetostriktion $\left[\left(\dfrac{\partial L}{\partial H}\right)_z > 0\right]$ die Bezirke in Zugrichtung einstellen.

Dem dieser Regel entsprechenden Einfluß einer von außen angelegten Zugspannung werden die Bezirke aber nur dann ungehindert folgen können, wenn nicht andere Kräfte vorhanden sind, die die Magnetisierungsrichtung stärker festlegen. Zunächst ist hier die Kristallenergie zu berücksichtigen. Wir sahen in Kapitel 9, S. 104, daß die Spannungen gegen ihren Einfluß überwiegen, wenn $\lambda \sigma > K$ ist ($\lambda = $ Sättigungsmagnetostriktion, $K = $ Konstante der Kristallenergie). Bei Eisen kann wegen der Größe der Kristallenergie dieser Zustand kaum erreicht werden, da die Elastizitätsgrenze vorher überschritten wird. Bei Nickel und Permalloy ist die Kristallenergie jedoch so klein, daß das Überwiegen von $\lambda \sigma$ gegenüber K leicht zu erzielen ist.

Ferner wirken die unregelmäßigen inneren Spannungen σ_i störend auf eine saubere Ausrichtung der Bezirke durch von außen angelegte Spannungen. Eine solche ist nur möglich, wenn $\sigma > \sigma_i$ ist. Aber auch wenn diese Bedingungen erfüllt sind, ist in manchen Fällen das Verhalten noch recht kompliziert, weil die Magnetostriktion von der Richtung der Magnetisierung gegen die kristallographischen Achsen abhängt. So ist λ z. B. bei Eisen in der [100]-Richtung positiv und in der [111]-Richtung negativ, so ·daß bei polykristallinem Eisen unter Zug recht unübersichtliche Verhältnisse vorliegen. Nickel und Permalloy stellen nur deshalb so einfache Fälle dar, weil bei ihnen das Vorzeichen der Magnetostriktion nicht mit der Kristallrichtung wechselt. Zum Zweck einer vorläufigen quantitativen Theorie von Nickel unter Zug wollen wir deshalb die Verhältnisse noch weiter idealisieren und nicht nur die Kristallenergie vernachlässigen, sondern auch noch die Magnetostriktion als isotrop ansehen. Die allgemeine Theorie werden wir später (S. 132) zu betrachten haben.

Unter diesen Annahmen wollen wir die Längenänderungen berechnen, die bei der Drehung der spontanen Magnetisierung auftreten. Wenn wir eine Kugel aus Nickel von hohen Temperaturen her abkühlen, so tritt bis zum Curie-Punkt nur eine gleichmäßige Kontraktion auf. Beim Unterschreiten der Curie-Temperatur entsteht die spontane Magnetisierung und damit eine Deformation des Gitters. Nehmen wir an, daß die Magnetisierung in der ganzen Kugel gleichgerichtet ist, so wird diese Deformation sich dadurch äußern, daß die Kugelgestalt verlorengeht. Die Länge $l_{(\vartheta)}$ eines Radius hängt dann von dem Winkel ϑ ab, den er mit der Magnetisierung bildet. Wenn wir eine Abhängigkeit von der Kristallrichtung ausschließen, so ist das einzig mögliche Gesetz für diese Abhängigkeit, wie wir später (S. 142) zeigen werden:

$$(1) \qquad l_{(\vartheta)} = A + B \cos^2 \vartheta .$$

B ist dabei eine gegen A kleine Konstante. Bei Nickel ist B negativ. Beim Abkühlen kontrahiert sich Nickel in Richtung der Magnetisierung stärker als senkrecht dazu. Die Länge in der Magnetisierungsrichtung ist $l_\| = A + B$. Die mittlere Länge eines Radius ist $l_0 = A + B/3$. Führen wir diese Größen statt der Konstanten A und B ein, so erhalten wir

$$(2) \qquad l_{(\vartheta)} = l_0 + \tfrac{3}{2}(l_\| - l_0)(\cos^2 \vartheta - \tfrac{1}{3}) .$$

Wenn die Magnetisierungsrichtungen der Bezirke isotrop auf alle Richtungen in der Kugel verteilt sind, ist die Länge des Radius in jeder Richtung gleich der mittleren Länge l_0. Unter der Sättigungsmagnetostriktion λ versteht man nun die relative Längenänderung in Richtung des Feldes bei Magnetisierung vom entmagnetisierten Zustand bis zur Sättigung. Diese beträgt also in unserem Fall

$$\lambda = \frac{l_{||} - l_0}{l_0};$$

(2) nimmt damit die Gestalt an

$$(3) \qquad \frac{l_{(\vartheta)} - l_0}{l_0} = \frac{3}{2}\,\lambda\left(\cos^2\vartheta - \frac{1}{3}\right).$$

Durch diesen Ausdruck sind die relativen Längenänderungen einer im Material festliegenden Strecke bei Änderung des Winkels ϑ der Magnetisierung gegeben. Bei Nickel ist λ negativ und beträgt etwa $3,4 \cdot 10^{-5}$.

Nach diesen Vorbereitungen können wir den Einfluß einer Zugspannung auf die Magnetisierungskurve leicht übersehen. Betrachten wir etwa einen

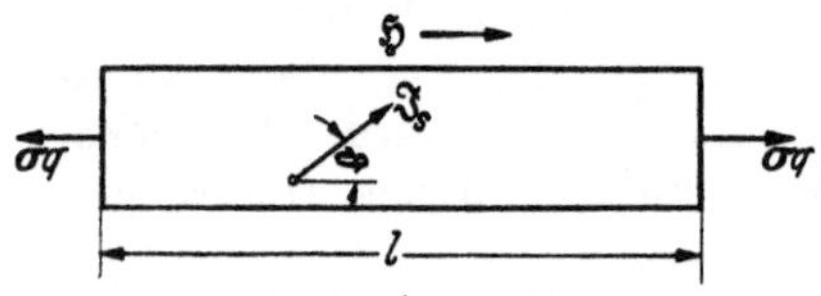

Abb. 81. Zur Berechnung der Magnetisierungskurve von Nickel unter Zug.

Nickelstab von der Länge l und dem Querschnitt q (vgl. Abb. 81). Beim Anlegen der Zugspannung σ wird sich die Magnetisierung quer stellen wollen. Wenn wir sie unter einem von 90° verschiedenen Winkel ϑ gegen die Zugrichtung festhalten wollen, müssen wir auf sie von außen ein Drehmoment M_σ ausüben. Die Größe dieses Drehmomentes folgt am einfachsten aus dem Energiesatz. Bei einer Änderung des Winkels ϑ um $d\vartheta$ muß die Arbeit, die von dem von außen wirkenden Drehmoment geleistet wird, gleich der gegen die Zugspannung geleisteten Arbeit sein. Wir erhalten also

$$(4) \qquad M_\sigma\, d\vartheta = \sigma\, q\, dl.$$

Wegen (3) ist

$$(5) \qquad dl = -3\,\lambda\,l_0 \cos\vartheta \sin\vartheta\, d\vartheta.$$

Also wird

$$(6) \qquad M_\sigma = q\,l_0 \cdot \sigma \cdot 3\,(-\lambda)\cos\vartheta \sin\vartheta.$$

Tatsächlich wird nun vom Magnetfeld ein Drehmoment auf die Magnetisierung ausgeübt. Die Gleichgewichtslage in einem Feld parallel zum Zug folgt dann daraus, daß dieses zum Festhalten nötige Drehmoment gerade gleich dem vom Feld ausgeübten Drehmoment ist:

$$M_\sigma = M_H = V\,J_s\,H \sin\vartheta.$$

$V = l_0 q$ ist das Volumen des Stabes. Daraus ergibt sich

$$(7) \qquad \cos\vartheta = \frac{J_s\,H}{3\,\sigma\,(-\lambda)}.$$

Für die in die Richtung von H fallende Komponente der Magnetisierung $J = J_s \cos\vartheta$ ergibt sich somit

$$(8) \qquad J = \frac{J_s^2}{3\,\sigma\,(-\lambda)} \cdot H.$$

Die Komponente senkrecht zum Feld wird im Mittel über viele Bezirke natürlich Null, da alle Lagen unter dem gleichen Winkel ϑ hiernach energetisch gleichwertig sind.

Bei Verwendung der in Kapitel 6, S. 61 eingeführten Begriffe „freie Energie" und „Potential" kann man (7) in folgender Weise ableiten:

Nach (6) ist

$$\int_{\vartheta_1}^{\vartheta_2} \delta A = \int_{\vartheta_1}^{\vartheta_2} M_\sigma \, d\vartheta = \tfrac{3}{2} \, V \, \sigma \, (-\lambda) \, (\sin^2 \vartheta_1 - \sin^2 \vartheta_2)$$

die Arbeit, die man aufwenden muß, um die Magnetisierung von dem Winkel ϑ_1 in den Winkel ϑ_2 zu drehen. Nach Kapitel 6 ist diese Arbeit gleich der Differenz der freien Energie in den beiden Zuständen. Da eine additive Konstante in der freien Energie unwesentlich ist, setzen wir $F = 0$ für $\vartheta = 0$. Dann wird die auf 1 cm³ bezogene freie Energie

$$(9) \qquad\qquad F(\vartheta) = -\tfrac{3}{2} \, (-\lambda) \, \sigma \, \sin^2 \vartheta \, .$$

Zur Bildung des in (6.27) definierten Potentials Ψ_H^0 haben wir davon die Größe $H J$ abzuziehen. Wegen $J = J_s \cos \vartheta$ lautet also das Potential

$$\Psi_H^0(\vartheta) = -\tfrac{3}{2} \, (-\lambda) \, \sigma \, \sin^2 \vartheta - J_s \, H \cos \vartheta \, .$$

Nach Kapitel 6, S. 64 muß sich bei gegebenem H nun derjenige Wert von ϑ einstellen, welcher Ψ_H^0 zum Minimum macht. Daraus ergibt sich wieder unsere Gleichung (7).

Damit haben wir ein erstes Verständnis für die Magnetisierungskurven von Nickel unter Zug gewonnen. Der Verlauf sollte nach dieser Theorie exakt geradlinig sein und mit einem Knick in die Sättigung einmünden. Die Neigung der Geraden ist umgekehrt proportional der Zugspannung

$$(10) \qquad\qquad \chi = \frac{J}{H} = \frac{C}{\sigma} \, ,$$

wobei die Proportionalitätskonstante C den Wert

$$(11) \qquad\qquad C = \frac{J_s^2}{3\,(-\lambda)}$$

hat. Experimentell wird der geradlinige Verlauf recht gut bestätigt, wie Abb. 62 (Kap. 9, S. 103) zeigt.

Auch die Proportionalität der Neigung mit $1/\sigma$ ist vorzüglich erfüllt. Zum Vergleich ist nach Versuchen von KERSTEN in Abb. 82 die Anfangsneigung in Abhängigkeit von $1/\sigma$ aufgetragen. Abgesehen von kleinen Werten der Spannung, bei welchen die Kristallenergie und die wilden inneren Spannungen noch eine Rolle spielen, ist der Verlauf genau linear. Nach KERSTEN[1] liegt die Konstante C experimentell bei verschiedenen Probestücken zwischen 23 kg/mm² und 26 kg/mm². Der Vergleich mit der Theorie ist in diesem Punkte dadurch etwas erschwert, daß in Wirklichkeit bei Nickel λ noch von der Kristallrichtung abhängt. Nach den Messungen von MASIYAMA[2] ist $\lambda_{100} = -5 \cdot 10^{-5}$ und $\lambda_{111} = -2{,}7 \cdot 10^{-5}$. In verschiedenen Kristalliten wird also der Wert von C noch etwas verschieden sein. Da man experimentell den Mittelwert $J = J_s \cos \vartheta$ mißt, ist sinngemäß in (11) die Größe $1/-\lambda$ über alle Kristallrichtungen zu mitteln. Nach KERSTEN ergibt sich $\dfrac{1}{-\lambda} = \dfrac{1}{3{,}4 \cdot 10^{-5}}$. Bei Nickel ist $J_s = 500$. Also folgt theoretisch

$$C = 24 \ \text{kg/mm}^2,$$

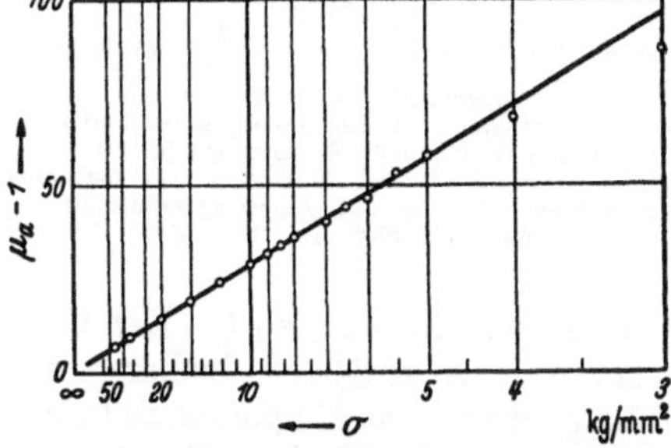

Abb. 82. Die Anfangspermeabilität von Nickel unter der Zugspannung σ, aufgetragen in Abhängigkeit von $1/\sigma$. [Nach M. KERSTEN: Z. Phys. Bd. 71 (1931) S. 553.] (Nickeldraht, 2 Stunden bei 900° in H₂ geglüht.) Die ausgezogene Gerade stellt den theoretischen Verlauf $\chi_a = \dfrac{\mu_a - 1}{4\,\pi} = \dfrac{C}{\sigma}$ mit $C = 23$ kg/mm² dar.

[1] KERSTEN, M.: Z. Phys. Bd. 71 (1931) S. 553.
[2] MASIYAMA, Y.: Sci. Rep. Tôhoku Univ. Bd. 17 (1928) S. 945.

in vorzüglicher Übereinstimmung mit dem Experiment. Kleine Abweichungen sind natürlich noch zu erwarten. Die Experimente zeigen, daß der geradlinige Verlauf nicht bis zur Sättigung erhalten bleibt. Das ist vermutlich in der Anisotropie der Magnetostriktion begründet, denn die verschiedenen Kristallite erreichen bei verschiedener Feldstärke die Sättigung. Der Verlauf ist auch nicht völlig reversibel, sondern eine kleine Hysterese und auch eine geringe Remanenz wird stets beobachtet.

Zur weiteren Prüfung von (8) wurde neuerdings von SCHARFF[1] die Anfangssuszeptibilität von Nickel unter Zug in Abhängigkeit von der Temperatur untersucht. Es zeigte sich, daß die Proportionalität zwischen χ_a und $1/\sigma$ bei genügend großen Spannungen bis zum Curie-Punkt erhalten bleibt. Für den Proportionalitätsfaktor C ergab sich experimentell der in Abb. 83 wiedergegebene Verlauf. Die Übereinstimmung mit dem theoretischen Wert (11) von C ist jedoch ziemlich schlecht. Denn nach den neuesten Messungen der Sättigungsmagnetostriktion an Nickel von DÖRING ist $J_s^2/-\lambda$ nahezu temperaturunabhängig, wenn man für λ die mittlere Magnetostriktion des polykristallinen Materials einsetzt. Die gestrichelte Kurve in Abb. 83 ist der nach (11) berechnete Verlauf der Konstanten C.

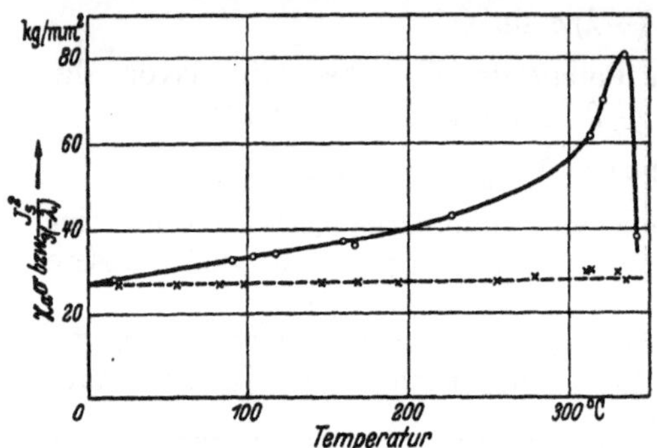

Abb. 83. Die Größe $C = \chi_a \cdot \sigma = \dfrac{J_s^2}{3\,(-\lambda)}$ bei Nickel in Abhängigkeit von der Temperatur.
o—o—o Ermittelt aus der Anfangssuszeptibilität unter Zug. [Nach G. SCHARFF: Z. Phys. Bd. 97 (1935) S. 73.]
×--×--× Ermittelt aus Messungen der Sättigungsmagnetostriktion und der Sättigungsmagnetisierung. [Nach W. DÖRING: Z. Phys. Bd. 103 (1936) S. 560.]

Der Grund für die Diskrepanz zwischen den beiden Kurven in Abb. 83 ist bisher noch nicht aufgeklärt. Die Kristallrichtungsabhängigkeit der Magnetostriktion von Nickel ist bei höheren Temperaturen nicht untersucht worden. Es ist jedoch unwahrscheinlich, daß darin die Ursache für diese Abweichung liegt. Erst durch weitere Untersuchungen wird sich feststellen lassen, ob hier ein Versagen der einfachen Vorstellung von einer Drehung der spontanen Magnetisierung bei Temperaturen dicht unterhalb des Curie-Punktes vorliegt, oder ob etwa die Magnetostriktionsmessungen noch fehlerhaft sind.

b) Allgemeine Form der Spannungsenergie.

Während der Spezialfall isotroper Magnetostriktion in der geschilderten Weise recht einfach zu behandeln ist, erfordert der allgemeinere Fall, dem wir uns nun zuwenden wollen, teilweise recht umständliche Rechnungen. Hauptsächlich brauchen wir die allgemeine Theorie nur zur Rechtfertigung vieler schon benutzter Vereinfachungen. Neue, zahlenmäßig prüfbare Ergebnisse sind nur in geringem Maße aus ihr hervorgegangen. Deshalb wollen wir uns hier in der Behandlung auf das Wichtigste beschränken. Wir werden nur kubische Kristalle betrachten und auch bei diesen an vielen Stellen nur den zu beschreitenden Weg angeben, ohne die Rechnung in allen Einzelheiten wirklich durchzuführen.

1. Die Abhängigkeit der freien Energie von den Verzerrungen und der Magnetisierungsrichtung. Die Verzerrung eines Gitters wird in allgemeiner Weise beschrieben durch die Angabe der 6 Komponenten des symmetrischen

---

[1] SCHARFF, G.: Z. Phys. Bd. 97 (1935) S. 73.

Verzerrungstensors A_{ik} ($i, k = 1, 2, 3$). Dieser ist folgendermaßen definiert: Wir fassen zwei Atome des Gitters ins Auge und betrachten den Fahrstrahl $\mathfrak{r}$, welcher von dem ersten Atom (P) zum zweiten Atom (Q) führt (Abb. 84). Im unverzerrten Gitter habe dieser Vektor den Wert $\mathfrak{r}_0$ mit den Komponenten x_0, y_0, z_0. Sein Wert $\mathfrak{r}$ (Komponenten x, y, z) im verzerrten Gitter ist dann gegeben durch

$$(12) \qquad \begin{cases} x = x_0 + A_{11}\,x_0 + A_{12}\,y_0 + A_{13}\,z_0 \\ y = y_0 + A_{21}\,x_0 + A_{22}\,y_0 + A_{23}\,z_0 \\ z = z_0 + A_{31}\,x_0 + A_{32}\,y_0 + A_{33}\,z_0 \,. \end{cases}$$

Von einem „homogen verzerrten Bereich" sprechen wir, wenn innerhalb dieses Bereiches die Gleichungen (12) mit denselben Werten der A_{ik} für zwei beliebig herausgegriffene Atompaare gelten. Die A_{ik} sollen auch im allgemeineren Fall so langsam mit dem Ort veränderlich sein, daß in der Umgebung jedes Atoms noch sehr viele Atome liegen, welche mit ihm zusammen als homogen verzerrter Bereich aufgefaßt werden können. Wir nehmen weiter an, daß der Tensor A_{ik} symmetrisch ist: $A_{ik} = A_{ki}$. Sollte das zunächst nicht der Fall sein, so würde das bedeuten, daß der Bereich als ganzes eine räumliche Drehung erfahren hat; eine solche soll aber nicht als Verzerrung bezeichnet werden. Nach dem Schema $T_{ik} = \frac{1}{2}(T_{ik} + T_{ki}) + \frac{1}{2}(T_{ik} - T_{ki})$ kann man jeden Tensor in einen symmetrischen Teil (reine Verzerrung) und einen antisymmetrischen Teil (reine Drehung) aufspalten. Uns interessiert nur der symmetrische Teil. Weiterhin nehmen wir stets an, daß die A_{ik} sehr klein gegen 1 sind.

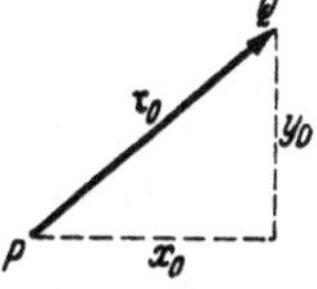

Abb. 84. Zur Definition des Verzerrungstensors.

Für spätere Anwendungen notieren wir sogleich die durch (12) gegebenen Längen- und Volumenänderungen. Wir bezeichnen mit $\beta_1 = x_0/r_0$; $\beta_2 = y_0/r_0$; $\beta_3 = z_0/r_0$ die Richtungskosinus des Vektors $\mathfrak{r}_0$. Dann lauten die Komponenten x, y, z des Vektors $\mathfrak{r}$:

$$x = r_0\left(\beta_1 + \sum_i A_{1i}\beta_i\right)$$
$$y = r_0\left(\beta_2 + \sum_i A_{2i}\beta_i\right)$$
$$z = r_0\left(\beta_3 + \sum_i A_{3i}\beta_i\right).$$

Die Länge r des Vektors nach der Verzerrung ist also bei Vernachlässigung von Gliedern mit A_{ik}^2

$$r^2 = r_0^2\left(1 + 2\sum_{i,k=1}^{3} A_{ki}\beta_k\beta_i\right)$$

oder in der gleichen Näherung

$$r - r_0 = r_0\sum_{i,k} A_{ik}\,\beta_i\beta_k.$$

Die Änderung δl einer Strecke l mit den Richtungskosinus β_1, β_2, β_3 ist also gegeben durch

$$(13) \qquad \frac{\delta l}{l} = \sum_{i,k=1}^{3} A_{ik}\beta_i\beta_k.$$

In ähnlicher Weise findet man für die Änderung δV eines Volumens V bei der Verzerrung (12):

$$(13\,\text{a}) \qquad \frac{\delta V}{V} = A_{11} + A_{22} + A_{33} = \omega.$$

ω benutzen wir weiterhin oft als Abkürzung für die „Spur" $A_{11}+A_{22}+A_{33}$ der Verzerrungsmatrix. Durch die Verzerrung geht also ein Volumen V_0 über in

$$V = V_0\,(1 + \omega).$$

Eine Bemerkung ist noch erforderlich über den Begriff des „unverzerrten Gitters". Welchem Zustand sollen wir die Verzerrung A_{ik} gleich Null zuordnen? Beim nichtferromagnetischen Gitter ist es natürlich der Zustand ohne Spannungen. Das ferromagnetische Gitter ist aber wegen der Magnetostriktion auch bei Abwesenheit von Spannungen bereits gegenüber dem kubischen Gitter verzerrt. In diesem Fall nennen wir unverzerrt dasjenige kubische Gitter, dessen Volumen gleich dem Volumen des wirklichen Gitters ist, wenn dessen spontane Magnetisierung in der leichten Richtung liegt.

Die Grundlage unserer weiteren Betrachtung bildet die freie Energie F^0 in ihrer Abhängigkeit von den Verzerrungen A_{ik} und der Richtung α_i der spontanen Magnetisierung. Die Bedeutung von $F^0_{(A_{ik};\,\alpha_i)}$ ist die folgende: F^0 soll die Arbeit bezeichnen, um isotherm-reversibel den Zustand A_{ik}, α_i herzustellen, ausgehend vom Zustand $A_{ik}=0$ und einem festgewählten Wert der Richtung α_i. Als Substanzmenge, auf die sich unsere Energiegrößen beziehen, wählen wir diejenige, welche im unverzerrten Zustand das Volumen 1 cm³ besitzt.

Die Auffindung der Funktion $F^0_{(A_{ik};\,\alpha_i)}$ wird wesentlich erleichtert durch Betrachtung der *Symmetrieeigenschaften des kubischen Gitters*. Wählen wir speziell als Koordinatenachsen die Richtungen der Würfelkanten, so gibt es eine ganze Reihe von Operationen, durch welche das Gitter in sich übergeht. Als solche betrachten wir insbesondere: Spiegelung an einer (100)-Ebene oder an einer (110)-Ebene. Wenn nun ein beliebiger, durch A_{ik} und α_i gekennzeichneter Zustand gegeben ist, so können wir daraus einen anderen erzeugen, indem wir das Gitter z. B. an der y-z-Ebene spiegeln. Statt durch Spiegelung kann man diesen neuen Zustand aber auch durch eine andere Deformation des unverzerrten Gitters und andere Drehung von J_s herstellen. Wie man sich leicht zeichnerisch klar macht, unterscheiden sich diese neuen Zustandsgrößen von den alten nur dadurch, daß

α_1 ersetzt ist durch $-\alpha_1$,

A_{12} ,, ,, ,, $-A_{12}$ und

A_{13} ,, ,, ,, $-A_{13}$,

während die anderen Zustandsgrößen in beiden gleich sind. Bei einer Spiegelung kann sich aber die Energie eines Gitters nicht ändern. Also darf sich auch $F^0_{(A_{ik};\,\alpha_i)}$ nicht ändern, wenn man gleichzeitig bei *allen* Zustandsgrößen α_i, A_{ik}, welche den Index 1 einmal enthalten, das Vorzeichen umkehrt. Das gleiche gilt natürlich auch für die Indizes 2 und 3. Wir betrachten ferner die Spiegelung an der (110)-Ebene $x=y$, welche die z-Achse enthält und den Winkel zwischen der x- und y-Richtung halbiert. Spiegelung unseres Zustandes ist gleichbedeutend mit

Vertauschen von α_1 und α_2,

,, ,, A_{11} ,, A_{22},

,, ,, A_{13} ,, A_{23}.

Invarianz von F^0 gegenüber dieser Spiegelung bedeutet also, daß auch bei der Vertauschung der Indizes 1 und 2 bei allen Zustandsgrößen F^0 sich nicht ändern kann.

Als erste Anwendung betrachten wir eine Funktion $G(\alpha_i)$, welche nur von den Richtungskosinus α_1, α_2, α_3 abhängen und der Symmetrie des kubischen

Gitters genügen soll. Hinsichtlich einer solchen Funktion sind dann alle diejenigen Richtungen gleichwertig, welche aus $(\alpha_1, \alpha_2, \alpha_3)$ durch Vorzeichenumkehr an einzelnen α_i oder durch Vertauschen von zweien unter ihnen hervorgehen. Man zählt leicht ab, daß so zu einer gegebenen Richtung α_i im allgemeinen noch 47 andere, mit ihr gleichwertige Richtungen existieren. Die Gesamtheit dieser 48 gleichwertigen Richtungen nennen wir einen α_i-Stern. Nun ist *eine* Richtung im allgemeinen durch zwei Zahlenangaben festgelegt. Wir bemerken aber, daß man auch dem ganzen Stern zwei Zahlen eindeutig zuordnen kann. Zu dem Zweck betrachten wir die beiden Richtungsfunktionen

$$(14) \qquad \text{und} \qquad \begin{aligned} s &= \alpha_1^2\,\alpha_2^2 + \alpha_2^2\,\alpha_3^2 + \alpha_3^2\,\alpha_1^2 \\ p &= \alpha_1^2\,\alpha_2^2\,\alpha_3^2, \end{aligned}$$

welche beide die Symmetrie des kubischen Gitters zeigen; d. h. allen 48 Strahlen des Sternes entsprechen dieselben Zahlen s und p. Sind umgekehrt s und p gegeben, so gibt die Auflösung der obigen Gleichungen (zusammen mit der Gleichung $\alpha_1^2 + \alpha_2^2 + \alpha_3^2 = 1$) nach den $\alpha_1, \alpha_2, \alpha_3$ im allgemeinen gerade 48 verschiedene Lösungen, welche zusammen den α_i-Stern bilden. Somit kann G stets aufgefaßt werden als Funktion von s und p allein.

Zwecks Auffindung eines allgemeinen Ausdrucks für $F^0_{(A_{ik};\,\alpha_i)}$ denken wir uns nun F^0 nach steigenden Potenzen von A_{ik} entwickelt. Wir brechen diese Reihe ab mit solchen Gliedern, welche höchstens quadratisch in den Verzerrungen sind. Die Vernachlässigung höherer Potenzen der A_{ik} ist gleichbedeutend mit der Annahme, daß wir uns noch im Gültigkeitsbereich des Hookeschen Gesetzes befinden. Dadurch zerfällt F^0 in drei Summanden, die wir gesondert zu betrachten haben, und welche wir in folgender Weise bezeichnen:

$$(15) \qquad F^0_{(A_{ik};\,\alpha_i)} = F^0_K + F^0_A + F^0_{\mathrm{El}}.$$

Von diesen drei Summanden soll F^0_K die A_{ik} nicht enthalten. Wir nennen F^0_K den „Kristallanteil" von F^0. F^0_A enthält die A_{ik} in erster Potenz und heißt „Magnetostriktionsanteil". F^0_{El} schließlich ist quadratisch in den A_{ik} und heißt „elastischer Anteil" von F^0.

Die allgemeinste Form von F^0_K haben wir bereits vorhin kennengelernt. F^0_K muß sich stets schreiben lassen als Funktion der durch (14) definierten Größen s und p allein:

$$(16) \qquad F^0_K = F^0_K(s;\,p).$$

Alle bisher vorliegenden Beobachtungen können befriedigend wiedergegeben werden, wenn man (16) nach Potenzen der α_i entwickelt und dabei nach den Gliedern sechsten Grades in den α_i abbricht. In dieser Näherung lautet der allgemeinste Ausdruck für F^0_K

$$(16\,\mathrm{a}) \qquad F^0_K = K^0_1\,s + K^0_2\,p$$

mit zwei Materialkonstanten K^0_1 und K^0_2, welche mit den experimentell beobachtbaren Konstanten K_1 und K_2 der Kristallenergie nahe zusammenhängen, aber doch — wie nachher gezeigt wird — nicht ganz mit ihnen übereinstimmen.

Das in den A_{ik} lineare Glied F^0_A besteht aus sechs Summanden:

$$\begin{aligned} F^0_A = {}& U(\alpha_i)\,A_{11} + U'(\alpha_i)\,A_{22} + U''(\alpha_i)\,A_{33} \\ &+ \alpha_1\alpha_2\,V(\alpha_i)\,A_{12} + \alpha_2\alpha_3\,V'(\alpha_i)\,A_{23} + \alpha_3\alpha_1\,V''(\alpha_i)\,A_{31}, \end{aligned}$$

wo die $U(\alpha_i)$ und $V(\alpha_i)$ noch zu bestimmende Funktionen der Richtung α_i sind. Wir betrachten zunächst den ersten Summanden $U(\alpha_i)\,A_{11}$. Nach den Überlegungen auf S. 134 bleibt A_{11} unverändert bei Spiegelungen an den Würfelebenen und an der Ebene (011). Also darf sich bei diesen Operationen auch $U(\alpha_i)$ nicht ändern. Invarianz gegenüber Spiegelung an den Würfelebenen fordert, daß $U(\alpha_i)$ die α_i nur in der Form α_1^2, α_2^2, α_3^2 enthält. Invarianz gegen Spiegelung an (011) verlangt ferner, daß $U(\alpha_i)$ symmetrisch in α_2^2 und α_3^2 ist. Nun ist durch Vorgabe von α_1^2 und s gerade die Summe u und das Produkt v von α_2^2 und α_3^2 festgelegt:

$$u = \alpha_2^2 + \alpha_3^2 = 1 - \alpha_1^2$$
$$v = \alpha_2^2 \alpha_3^2 = s - \alpha_1^2(1 - \alpha_1^2).$$

Daraus folgt für die Differenz $\alpha_2^2 - \alpha_3^2 = \pm \sqrt{u^2 - 4v}$, d. h. die Werte α_2^2 und α_3^2 selbst sind durch α_1^2 und s nur bis auf eine Vertauschung der beiden festgelegt. Da aber eine solche Vertauschung den Wert von $U(\alpha_i)$ nicht ändern darf, muß $U(\alpha_i)$ sich stets darstellen lassen als

$$U(\alpha_i) = U(\alpha_1^2; s).$$

Durch entsprechende Überlegungen findet man, daß $U'(\alpha_i)$ aus $U(\alpha_i)$ hervorgehen muß, wenn man α_1 und α_2 vertauscht. Also wird $U'(\alpha_i) = U(\alpha_2^2; s)$ und ebenso $U''(\alpha_i) = U(\alpha_3^2; s)$. Durch eine analoge Überlegung findet man, daß die Größe V in $\alpha_1 \alpha_2 V(\alpha_i) A_{12}$ nur die Quadrate der α_i enthalten kann und symmetrisch in α_1 und α_2 sein muß, daß also $V(\alpha_i)$ sich schreiben läßt als $V(\alpha_3^2; s)$. Die allgemeinste Form von F_A^0 lautet also

$$(17) \qquad \left\{ \begin{aligned} F_A^0 &= U(\alpha_1^2; s) A_{11} + U(\alpha_2^2; s) A_{22} + U(\alpha_3^2; s) A_{33} \\ &\quad + \alpha_2 \alpha_3 V(\alpha_1^2; s) A_{23} + \alpha_3 \alpha_1 V(\alpha_2^2; s) A_{13} + \alpha_1 \alpha_2 V(\alpha_3^2; s) A_{12}. \end{aligned} \right.$$

Beschränken wir uns weiterhin auf Glieder, welche die α_i höchstens in vierter Potenz enthalten, so lautet der allgemeine Ausdruck für U

$$U(\alpha_1^2; s) = C + C' \alpha_1^2 + C'' \alpha_1^4 + C''' s$$

mit vier verfügbaren Konstanten. Ferner erhalten wir für $\alpha_2 \alpha_3 V$:

$$\alpha_2 \alpha_3 V(\alpha_1^2; s) = \alpha_2 \alpha_3 (C^{(4)} + C^{(5)} \alpha_1^2)$$

mit weiteren zwei Konstanten. Durch zweckmäßige Gruppierung der Summanden erhalten wir mit den sechs Konstanten b_0, b_1, b_2, b_3, b_4, b_5 den allgemeinen Ansatz für F_A^0:

$$(17a) \qquad \left\{ \begin{aligned} F_A^0 = \; & b_0 (A_{11} + A_{22} + A_{33}) \\ & + b_1 ((\alpha_1^2 - \tfrac{1}{3}) A_{11} + (\alpha_2^2 - \tfrac{1}{3}) A_{22} + (\alpha_3^2 - \tfrac{1}{3}) A_{33}) \\ & + b_2 (2\alpha_1 \alpha_2 A_{12} + 2\alpha_2 \alpha_3 A_{23} + 2\alpha_3 \alpha_1 A_{13}) \\ & + b_3 s (A_{11} + A_{22} + A_{33}) \\ & + b_4 [(\alpha_1^4 + \tfrac{2}{3} s - \tfrac{1}{3}) A_{11} + (\alpha_2^4 + \tfrac{2}{3} s - \tfrac{1}{3}) A_{22} + (\alpha_3^4 + \tfrac{2}{3} s - \tfrac{1}{3}) A_{33}] \\ & + b_5 [2\alpha_1 \alpha_2 \alpha_3^2 A_{12} + 2\alpha_2 \alpha_3 \alpha_1^2 A_{23} + 2\alpha_3 \alpha_1 \alpha_2^2 A_{13}]. \end{aligned} \right.$$

Die Gruppierung ist hier so gewählt, daß bei einer einfachen Dilatation $(A_{11} = A_{22} = A_{33} = \tfrac{1}{3} \omega; \; A_{12} = A_{23} = A_{31} = 0)$ F_A^0 besonders einfach von ω abhängt. In diesem Fall werden nämlich die Faktoren von b_1, b_2, b_4, b_5 zu Null. Es bleibt einfach

$$(17b) \qquad\qquad F_K^0(\omega) = (b_0 + b_3 s) \omega.$$

Der Koeffizient b_3 wird uns später (in Kap. 21, S. 296) in der Form $\varkappa K_1^0$ beim Volumeneffekt der Magnetostriktion wieder begegnen als Volumenabhängigkeit der Kristallenergie.

Hinsichtlich des dritten Summanden in (15), welcher quadratisch in den A_{ik} sein soll, können wir uns kurz fassen. Wir nehmen hier an, daß seine Koeffizienten die α_i nicht mehr enthalten. Dann kann F_{El}^0 nur drei verfügbare Konstanten enthalten, etwa in der Form:

$$(18) \qquad \left\{ \begin{aligned} F_{El}^0 &= \tfrac{1}{2} C_1 (A_{11} + A_{22} + A_{33})^2 + C_2 (A_{11}^2 + A_{22}^2 + A_{33}^2) \\ &\quad + 2 C_3 (A_{12}^2 + A_{23}^2 + A_{13}^2). \end{aligned} \right.$$

Die drei Konstanten C_1, C_2, C_3 haben die Bedeutung von Elastizitätsmoduln, welche wir nachher noch näher angeben wollen. Die Annahme, daß F^0_{El} die α_i nicht enthält, bedeutet physikalisch, daß die bei festgehaltener Richtung der spontanen Magnetisierung gemessenen Elastizitätsmoduln von der Richtung der Magnetisierung nicht mehr abhängen.

2. Die Verzerrungen bei gegebener Richtung der Magnetisierung und gegebenen Spannungen. Die physikalische Bedeutung der so gewonnenen Funktion $F^0_{(A_{ik};\,\alpha_i)}$ besteht darin, daß wir mit ihrer Hilfe die Änderungen der Magnetisierungsrichtung α_i und der Verzerrungen A_{ik} bei äußerer Beanspruchung des Materials berechnen können. Als solche Beanspruchungen kommen für uns in Frage erstens mechanische Spannungen, gekennzeichnet durch den Spannungstensor π_{ik}, und zweitens ein Magnetfeld, gekennzeichnet durch seinen Betrag H und die Richtungskosinus η_1, η_2, η_3 der Feldrichtung. Hinsichtlich der π_{ik} erinnern wir an folgende Definition dieser Größe: Wir denken uns aus dem Innern des Materials einen kleinen Körper herausgeschnitten und das übrige Material entfernt. Wenn dieser Körper von diesem Herausschneiden nichts merken soll, sein Zustand sich also nicht ändern soll, müssen wir an seiner Oberfläche gewisse Kräfte anbringen, die auf ihn genau so wirken, wie vorher das umgebende Material. Wir betrachten von seiner Ober-

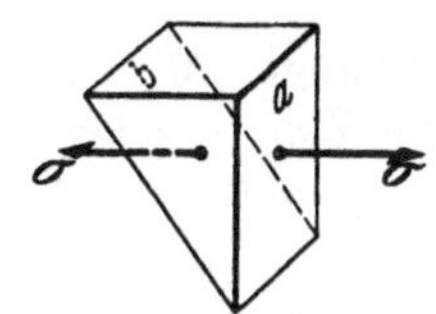

Abb. 85. Zur Berechnung des Spannungstensors bei einfacher Zugspannung.

fläche speziell ein Flächenelement df mit der äußeren Normalrichtung ζ_1, ζ_2, ζ_3. Dann hat die bei dem angedeuteten Verfahren an dem Flächenelement df anzubringende Kraft die Komponenten k_1, k_2, k_3, wo k_j gegeben ist durch

$$(19) \qquad k_j = df \sum_{r=1}^{3} \zeta_r \pi_{rj}.$$

Die Betrachtung des mechanischen Gleichgewichts des so herausgeschnittenen Körpers ergibt, daß der Spannungstensor π_{ik} symmetrisch sein muß: $\pi_{ik} = \pi_{ki}$. Ein besonders wichtiger Spezialfall ist der eines allseitigen Druckes p. In diesem Fall wird $\pi_{11} = \pi_{22} = \pi_{33} = -p$; $\pi_{12} = \pi_{23} = \pi_{31} = 0$. Denn dann wird nach (19) $k_j = -df\,p\,\zeta_j$: Die Kraft k_j wirkt senkrecht auf das Flächenelement und hat den Betrag $p\,df$.

Ferner betrachten wir eine einfache, in der Richtung γ_1, γ_2, γ_3 wirkende Zugspannung vom Betrage σ. Wir suchen die zugehörigen Werte der π_{ik}. Zu dem Zweck denken wir uns einen Keil aus dem Material herausgeschnitten, dessen eine Fläche (a) senkrecht zum Zug steht und die Größe 1 hat (vgl. Abb. 85). Auf sie wirkt die Kraft σ mit den Komponenten $\sigma\gamma_1$, $\sigma\gamma_2$, $\sigma\gamma_3$. Auf die Fläche b des Keiles, deren Normale die Richtung ζ_1, ζ_2, ζ_3 habe, muß dann im Gleichgewicht dieselbe Kraft bewirken. Die Fläche df von b ist aber gleich $\dfrac{1}{\gamma_1\zeta_1 + \gamma_2\zeta_2 + \gamma_3\zeta_3}$. Ersetzen wir also in (19) k_j durch $\sigma\gamma_j$ und $1/df$ durch $\sum_{i=1}^{3} \gamma_i\zeta_i$, so erhalten wir

$$\sigma\gamma_j \sum_i \gamma_i\zeta_i = \sum_r \zeta_r \pi_{rj}.$$

Setzen wir hier eines der ζ, etwa $\zeta_r = 1$, die übrigen gleich Null, so haben wir

$$(20) \qquad \pi_{rj} = \sigma\gamma_r\gamma_j$$

für den durch den einfachen Zug σ in der Richtung γ_r erzeugten Spannungstensor.

Wirken auf die Oberfläche eines Körpers äußere Kräfte, so leisten diese bei einer Änderung der in (12) definierten Verzerrungsgrößen A_{ik} um δA_{ik} pro cm³ des Materials die

$$(21) \qquad \textit{Arbeit der elastischen Kräfte} \; \sum_{i,\,k=1}^{3} \pi_{ik}\,\delta A_{ik}.$$

Weiterhin brauchen wir die vom Magnetfeld H geleistete Arbeit. Wir bezeichnen mit M_s das magnetische Moment derjenigen Substanzmenge, welche im unverzerrten Zustand das Volumen von 1 cm³ besitzt. Mit der üblichen auf die Volumeneinheit bezogenen Magnetisierung J_s hängt M_s zusammen durch

$$M_s = \frac{V}{V_0} J_s = J_s(1 + \omega).$$

Wir nehmen an, daß M_s von den A_{ik} nur in der Form

$$(22) \qquad M_s = M_s^0\,(1 + \varepsilon\,(A_{11} + A_{22} + A_{33}))$$

abhängt. M_s soll also *nur* vom Volumen abhängen, und zwar in einer durch die Zahl ε gekennzeichneten Weise. Die Arbeit, welche vom Magnetfeld bei einer Änderung der Magnetisierung geleistet wird, ist

$$(23) \qquad \textit{Arbeit des Magnetfeldes}\; H\,\delta\,(M_s\cos\vartheta),$$

wenn ϑ den von $\mathfrak{H}$ und $\mathfrak{M}_s$ eingeschlossenen Winkel bezeichnet:

$$\cos\vartheta = \alpha_1\,\eta_1 + \alpha_2\,\eta_2 + \alpha_3\,\eta_3.$$

Aus der Bedeutung unserer Funktion $F^0_{(A_{ik};\,\alpha_i)}$ folgt, daß bei gegebenen Spannungen und gegebenem Magnetfeld im Gleichgewicht für jede kleine Änderung der α_i und A_{ik}

$$\delta F^0 = \sum_{i,\,k=1}^{3} \pi_{ik}\,\delta A_{ik} + H\,\delta\,(M_s\cos\vartheta)$$

sein muß. Gleichbedeutend damit ist der folgende Satz:

Bei gegebenen Werten von H, η_1, η_2, η_3 und der π_{ik} werden sich solche Werte von A_{ik} und α_i einstellen, welche das *Potential*

$$(24) \qquad \Psi^0 = F^0_{(A_{ik};\,\alpha_i)} - \sum_{i,\,k=1}^{3} \pi_{ik}\,A_{ik} - H\,M_s(\alpha_1\,\eta_1 + \alpha_2\,\eta_2 + \alpha_3\,\eta_3)$$

zum Minimum machen.

Die allgemeine Lösung des vorliegenden Problems ist also durch acht Gleichungen gegeben, nämlich sechs für die Verzerrungen A_{ik} und zwei für die Richtung α_i der Magnetisierung. Die ersten sechs lauten

$$(25\,\text{a}) \qquad \frac{\partial \Psi^0}{\partial A_{ik}} = 0 \quad (6\text{ Gleichungen}).$$

Bei den Bedingungen für die α_i ist zu beachten, daß nur solche Variationen von α_i zugelassen werden, welche mit $\sum \alpha_i^2 = 1$ verträglich sind. Solche sind z. B.:

$$\begin{aligned}
\alpha_1 \quad &\text{ersetzen durch} \quad \alpha_1 + \eta\,\alpha_2 \\
\alpha_2 \quad &,, \qquad\qquad ,, \quad \alpha_2 - \eta\,\alpha_1 \quad (\eta \ll 1) \\
\alpha_3 \quad &,, \qquad\quad ,, \quad \alpha_3.
\end{aligned}$$

Faßt man nach dieser Substitution in Ψ^0 dieses als Funktion von η auf, so lautet die Gleichgewichtsbedingung $\left(\dfrac{d\Psi^0}{d\eta}\right)_{\eta=0} = 0$, also $\dfrac{\partial\Psi^0}{\partial\alpha_1}\cdot\alpha_2 - \dfrac{\partial\Psi^0}{\partial\alpha_2}\cdot\alpha_1 = 0$. Die beiden Minimumsbedingungen für die Richtung α_i lassen sich also schreiben:

$$(25\,\text{b}) \qquad \frac{1}{\alpha_1}\frac{\partial\Psi^0}{\partial\alpha_1} = \frac{1}{\alpha_2}\frac{\partial\Psi^0}{\partial\alpha_2} = \frac{1}{\alpha_3}\frac{\partial\Psi^0}{\partial\alpha_3} \quad (2\text{ Gleichungen}).$$

Wir wollen hier das Problem in dieser Allgemeinheit nicht weiter behandeln, sondern in zwei Schritten vorgehen, indem wir zunächst die α_i in (24) als gegeben ansehen und nach der Verzerrung fragen, welche — im Sinne von (25a) — zu diesen Werten von α_i gehören.

Zu dem Zweck schreiben wir die Gleichungen (25a) explizit an. Mit Rücksicht auf (15), (17a), (18) und (22) erhalten wir

$$(26)\begin{cases}
\dfrac{\partial \Psi^0}{\partial A_{11}} = b_0 + b_1(\alpha_1^2 - \tfrac{1}{3}) + b_3 s + b_4(\alpha_1^4 + \tfrac{2}{3} s - \tfrac{1}{3}) + C_1(A_{11} + A_{22} + A_{33}) \\
\qquad\qquad\qquad\qquad\qquad\qquad + 2 C_2 A_{11} - \pi_{11} - H M_s^0 \varepsilon \cos\vartheta = 0 \\[4pt]
\dfrac{\partial \Psi^0}{\partial A_{22}} = b_0 + b_1(\alpha_2^2 - \tfrac{1}{3}) + b_3 s + b_4(\alpha_2^4 + \tfrac{2}{3} s - \tfrac{1}{3}) + C_1(A_{11} + A_{22} + A_{33}) \\
\qquad\qquad\qquad\qquad\qquad\qquad + 2 C_2 A_{22} - \pi_{22} - H M_s^0 \varepsilon \cos\vartheta = 0 \\[4pt]
\dfrac{\partial \Psi^0}{\partial A_{33}} = b_0 + b_1(\alpha_3^2 - \tfrac{1}{3}) + b_3 s + b_4(\alpha_3^4 + \tfrac{2}{3} s - \tfrac{1}{3}) + C_1(A_{11} + A_{22} + A_{33}) \\
\qquad\qquad\qquad\qquad\qquad\qquad + 2 C_2 A_{33} - \pi_{33} - H M_s^0 \varepsilon \cos\vartheta = 0 \\[4pt]
\dfrac{\partial \Psi^0}{\partial A_{12}} = 2 b_2 \alpha_1 \alpha_2 + 2 b_5 \alpha_1 \alpha_2 \alpha_3^2 + 4 C_3 A_{12} - 2\pi_{12} = 0 \\[4pt]
\dfrac{\partial \Psi^0}{\partial A_{23}} = 2 b_2 \alpha_2 \alpha_3 + 2 b_5 \alpha_2 \alpha_3 \alpha_1^2 + 4 C_3 A_{23} - 2\pi_{23} = 0 \\[4pt]
\dfrac{\partial \Psi^0}{\partial A_{12}} = 2 b_2 \alpha_1 \alpha_3 + 2 b_5 \alpha_1 \alpha_3 \alpha_2^2 + 4 C_3 A_{13} - 2\pi_{13} = 0 .
\end{cases}$$

Addition der ersten drei Gleichungen liefert direkt die Volumenänderung:

$$(26a)\quad 3(b_0 + b_3 s) + (3 C_1 + 2 C_2)(A_{11} + A_{22} + A_{33}) = \pi_{11} + \pi_{22} + \pi_{33} + 3 H M_s^0 \varepsilon \cos\vartheta.$$

Diese Gleichung gestattet uns zunächst die Festlegung der Konstanten b_0, sodann eine Aussage über die experimentelle Bedeutung von b_3, $3 C_1 + 2 C_2$ und ε.

Wir hatten oben als Volumen V_0 dasjenige definiert, welches der Kristall im Fall $\pi_{ik} = 0$ und $H = 0$ besitzt, wenn der Vektor $\mathfrak{M}_s$ in einer leichten Richtung liegt. Beim Eisen ist für die leichte Richtung (Würfelkante) $s = 0$, bei Nickel (Raumdiagonale) $s = \tfrac{1}{3}$. Damit in diesem Fall $A_{11} + A_{22} + A_{33} = 0$ ist, muß

$$\text{für Eisen}\quad b_0 = 0$$
$$\text{für Nickel}\quad b_0 = -\tfrac{1}{3} b_3$$

gesetzt werden.

Bei Beanspruchung durch einen hydrostatischen Druck $p = -\pi_{11} = -\pi_{22} = -\pi_{33}$ liefert dann (26a) für die Volumenänderung $\omega = A_{11} + A_{22} + A_{33}$ im Fall des Eisens:

$$(27)\qquad \omega = \frac{1}{K}\left(-p + H M_s^0 \varepsilon \cos\vartheta - b_3 s\right)$$

mit der Abkürzung

$$(28)\qquad K = \frac{3 C_1 + 2 C_2}{3}.$$

Der erste Summand auf der rechten Seite rechtfertigt für K die Bezeichnung *Kompressionsmodul*.

Der zweite Summand läßt für hohe Felder ($\cos\vartheta \approx 1$) ein lineares Anwachsen von ω mit H erwarten:

$$(29)\qquad \frac{\partial \omega}{\partial H} = \frac{M_s^0 \varepsilon}{K}.$$

Durch diesen Effekt werden wir in Kapitel 21, S. 298 die Größe ε zahlenmäßig bestimmen. Wir finden dort für Eisen $\varepsilon = 0{,}6$. Der dritte Summand $-b_3 s$ liefert eine Volumenänderung beim Herausdrehen aus der leichten Richtung. Für polykristallines Eisen ist im Zustand der Sättigung bei Mittelung über alle Richtungen $\bar{s} = \tfrac{1}{5}$. Somit erhalten wir beim Übergang von der pauschalen Magnetisierung $J = 0$ ($s = 0$) bis zur Sättigung den Volumenzuwachs

$$(30)\qquad \omega_K = -\frac{b_3}{5 K},$$

den wir später bei der Behandlung der Volumenmagnetostriktion als Kristalleffekt bezeichnen werden. Experimentell ergibt sich für Eisen $\omega_K = -5 \cdot 10^{-7}$. Für Nickel wird der entsprechende Effekt (Übergang von $s = \frac{1}{3}$ bei $J = 0$ zu $\bar{s} = \frac{1}{5}$ in der Sättigung) $\omega_K = \frac{2 b_3}{15 \mathrm{K}}$; gemessen wurde $\omega_K = -0,7 \cdot 10^{-7}$. Die Größenordnung der Zahlen ε und b_3 für Eisen kann man sich auch dadurch vergegenwärtigen, daß gemäß (27) hinsichtlich der Volumenänderung ein Feld von $H = 10000$ Oe einem negativen Druck von etwa 10 Atm., ein Herausdrehen von $\mathfrak{M}_s$ aus der [100]- in eine [111]-Richtung dagegen einem Druck von etwa 1,3 Atm. äquivalent ist.

Die spontanen Verzerrungen A_{ik}^0 als Funktionen der α_i. Als spontane Verzerrungen A_{ik}^0 bezeichnen wir die Lösung der Gleichungen (26) für den Fall $\pi_{ik} = 0$ und $H = 0$. Für diese gilt nach (26a)

$$A_{11}^0 + A_{22}^0 + A_{33}^0 = -(b_0 + b_3 s) \cdot \frac{3}{3 C_1 + 2 C_2},$$

also nach (26) mit der Abkürzung (28):

$$(31) \quad \begin{cases}
-A_{11}^0 = (b_0 + b_3 s) \dfrac{1}{3 \mathrm{K}} + \dfrac{b_1}{2 C_2} (\alpha_1^2 - \tfrac{1}{3}) + \dfrac{b_4}{2 C_2} (\alpha_1^4 + \tfrac{2}{3} s - \tfrac{1}{3}) \\[2mm]
-A_{22}^0 = (b_0 + b_3 s) \dfrac{1}{3 \mathrm{K}} + \dfrac{b_1}{2 C_2} (\alpha_2^2 - \tfrac{1}{3}) + \dfrac{b_4}{2 C_2} (\alpha_2^4 + \tfrac{2}{3} s - \tfrac{1}{3}) \\[2mm]
-A_{33}^0 = (b_0 + b_3 s) \dfrac{1}{3 \mathrm{K}} + \dfrac{b_1}{2 C_2} (\alpha_3^2 - \tfrac{1}{3}) + \dfrac{b_4}{2 C_2} (\alpha_3^4 + \tfrac{2}{3} s - \tfrac{1}{3}) \\[2mm]
-A_{12}^0 = \dfrac{b_2}{2 C_3} \alpha_1 \alpha_2 + \dfrac{b_5}{2 C_3} \alpha_1 \alpha_2 \alpha_3^2 \\[2mm]
-A_{23}^0 = \dfrac{b_2}{2 C_3} \alpha_2 \alpha_3 + \dfrac{b_5}{2 C_3} \alpha_2 \alpha_3 \alpha_1^2 \\[2mm]
-A_{13}^0 = \dfrac{b_2}{2 C_3} \alpha_1 \alpha_3 + \dfrac{b_5}{2 C_3} \alpha_1 \alpha_3 \alpha_2^2 .
\end{cases}$$

Mit diesen Werten der A_{ik}^0 berechnen wir nun die Dehnung einer Strecke in der Richtung $\beta_1, \beta_2, \beta_3$. Nach (13) ist allgemein

$$\left(\frac{\delta l}{l} \right)_{\alpha_i, \beta_i} = \sum_{i, k=1}^{3} A_{ik}^0 \beta_i \beta_k .$$

Wir erhalten

$$(32) \quad \begin{cases}
\left(\dfrac{\delta l}{l} \right)_{\alpha_i, \beta_i} = \; h_1 (\alpha_1^2 \beta_1^2 + \alpha_2^2 \beta_2^2 + \alpha_3^2 \beta_3^2 - \tfrac{1}{3}) \\[1mm]
\qquad + h_2 (2 \alpha_1 \alpha_2 \beta_1 \beta_2 + 2 \alpha_2 \alpha_3 \beta_2 \beta_3 + 2 \alpha_3 \alpha_1 \beta_3 \beta_1) \\[1mm]
\qquad + h_4 (\alpha_1^4 \beta_1^2 + \alpha_2^4 \beta_2^2 + \alpha_3^4 \beta_3^2 + \tfrac{2}{3} s - \tfrac{1}{3}) \\[1mm]
\qquad + h_5 (2 \alpha_1 \alpha_2 \alpha_3^2 \beta_1 \beta_2 + 2 \alpha_2 \alpha_3 \alpha_1^2 \beta_2 \beta_3 + 2 \alpha_3 \alpha_1 \alpha_2^2 \beta_3 \beta_1). \\[1mm]
\qquad + \tfrac{5}{3} \omega_K s \quad \text{(bei Eisen)} \quad \Big| \quad + \tfrac{5}{2} \omega_K (\tfrac{1}{3} - s) \quad \text{(bei Nickel)}.
\end{cases}$$

Die h_i hängen mit den in (17) eingeführten b_i zusammen durch

$$(32a) \quad h_1 = -\frac{b_1}{2 C_2}; \qquad h_2 = -\frac{b_2}{2 C_3}; \qquad h_4 = -\frac{b_4}{2 C_2}; \qquad h_5 = -\frac{b_5}{2 C_3}.$$

Für die Anwendung ist es wichtig zu bemerken, daß wir durch Dehnungsmessungen am unverspannten Material $\left(\dfrac{\delta l}{l} \right)_{\alpha_i, \beta_i}$ nicht ohne weiteres messen können, da wir den unverzerrten Ausgangszustand nicht herstellen können. Nun ist aber die mittlere Dehnung $\overline{\left(\dfrac{\delta l}{l} \right)}$ für alle Beobachtungsrichtungen β^i nach (32) gleich Null, wenn die Magnetisierungsrichtungen α_i in den einzelnen

Bezirken des Kristalls gleichmäßig auf alle leichten Richtungen verteilt sind. Denn in dem Fall ergibt die Mittelung über die α_i

für Eisen (α_i = Würfelkante):

$$\overline{\alpha_1^2} = \overline{\alpha_2^2} = \overline{\alpha_3^2} = \tfrac{1}{3}; \qquad \overline{\alpha_1\,\alpha_2} = \overline{\alpha_2\,\alpha_3} = \overline{\alpha_3\,\alpha_1} = 0; \qquad \overline{\alpha_1^4} = \overline{\alpha_2^4} = \overline{\alpha_3^4} = \tfrac{1}{3}; \qquad s = 0,$$

für Nickel (α_i = Würfeldiagonale):

$$\overline{\alpha_1^2} = \overline{\alpha_2^2} = \overline{\alpha_3^2} = \tfrac{1}{3}; \qquad \overline{\alpha_1\,\alpha_2} = \overline{\alpha_2\,\alpha_3} = \overline{\alpha_3\,\alpha_1} = 0; \qquad \overline{\alpha_1^4} = \overline{\alpha_2^4} = \overline{\alpha_3^4} = \tfrac{1}{9}; \qquad s = \tfrac{1}{3},$$

so daß man in (32) tatsächlich $\overline{\left(\dfrac{\delta l}{l}\right)}_{\alpha_i,\,\beta_i} = 0$ erhält für jede Beobachtungsrichtung β_i.

Man beobachtet — für eine gegebene Meßrichtung — also dann die durch (32) gegebene Längenänderung, wenn man in einem Kristall die spontane Magnetisierung aus der isotropen Verteilung über die leichten Richtungen in eine vorgegebene Richtung hineindreht. Wenn man nicht sicher ist, daß im Ausgangszustand die Verteilung in diesem Sinne wirklich isotrop ist, darf man (32) nur in der Weise verwenden, daß man Zustände vergleicht, in denen man die α_i wirklich kennt (z. B. Sättigung in Quer- und Längsrichtung). Auf die Messungen im einzelnen kommen wir im Kapitel 21 noch zurück. Hier genügt die Bemerkung, daß man durch solche Messungen die in (32) auftretenden Konstanten h_1, h_2, h_4, h_5 wirklich bestimmen kann. Allerdings ist Nickel die einzige Substanz, bei welcher die vorliegenden Messungen ausreichen, um diese Magnetostriktionskonstanten mit einiger Sicherheit sämtlich anzugeben. Die Zahlenwerte betragen hier:

$$h_1 = -2{,}4 \cdot 10^{-5}; \qquad h_2 = -4{,}7 \cdot 10^{-5}; \qquad h_4 = -5{,}1 \cdot 10^{-5}; \qquad h_5 = 5{,}2 \cdot 10^{-5}.$$

Bereits beim Eisen reichen die vorhandenen Messungen nicht aus, um alle Konstanten zu bestimmen, besonders deswegen, weil bei den meisten Messungen keine Sättigung erreicht wurde.

Für die weiteren Überlegungen dieses Kapitels wollen wir die Glieder mit h_4 und h_5 in (32) vernachlässigen, weil über diese (außer beim Nickel) doch kaum etwas bekannt ist, desgleichen das Glied mit ω_K, dessen Einfluß im allgemeinen gegen die übrigen sehr klein ist. Dann bleiben als wesentlich nur die ersten beiden Zeilen in (32) mit den beiden Konstanten h_1 und h_2 stehen. Wir betrachten hier zunächst den Longitudinaleffekt der Magnetostriktion, in welchem die Beobachtungsrichtung β_i mit der Magnetisierungsrichtung α_i zusammenfällt. Mit $\alpha_i = \beta_i$ ergibt sich dann unter Berücksichtigung der Identität

$$1 = (\alpha_1^2 + \alpha_2^2 + \alpha_3^2)^2 = \alpha_1^4 + \alpha_2^4 + \alpha_3^4 + 2\,(\alpha_1^2\,\alpha_2^2 + \alpha_2^2\,\alpha_3^2 + \alpha_3^2\,\alpha_1^2)$$

$$\left(\frac{\delta l}{l}\right)_{\text{long}} = \tfrac{2}{3}\,h_1 + 2\,(h_2 - h_1)\,(\beta_1^2\,\beta_2^2 + \beta_2^2\,\beta_3^2 + \beta_3^2\,\beta_1^2)\,.$$

Wir bezeichnen mit λ_{100} und λ_{111} die Longitudinaleffekte in den durch die Indizes angegebenen Richtungen. Dann wird also

$$(33) \qquad \lambda_{100} = \tfrac{2}{3}\,h_1; \qquad \lambda_{111} = \tfrac{2}{3}\,h_2$$

und damit die longitudinale Dehnung:

$$(34) \qquad \left(\frac{\delta l}{l}\right)_{\text{long}} = \lambda_{100} + 3\,(\lambda_{111} - \lambda_{100})\,(\beta_1^2\,\beta_2^2 + \beta_2^2\,\beta_3^2 + \beta_3^2\,\beta_1^2)\,.$$

Mit der in (33) eingeführten Bezeichnung lautet unter Berücksichtigung der Vernachlässigung von h_4, h_5 und ω_K die allgemeine Formel (32) auch:

$$(35) \qquad \left(\frac{\delta l}{l}\right)_{\alpha_i,\,\beta_i} = \tfrac{3}{2}\,\lambda_{100}\,(\alpha_1^2\,\beta_1^2 + \alpha_2^2\,\beta_2^2 + \alpha_3^2\,\beta_3^2 - \tfrac{1}{3}) + \tfrac{3}{2}\,\lambda_{111}\,(2\,\alpha_1\,\alpha_2\,\beta_1\,\beta_2$$
$$+ 2\,\alpha_2\,\alpha_3\,\beta_2\,\beta_3 + 2\,\alpha_3\,\alpha_1\,\beta_3\,\beta_1)\,.$$

Im Spezialfall der isotropen Magnetostriktion ($\lambda_{100} = \lambda_{111} = \lambda$) wird daraus

$$\left(\frac{\delta l}{l}\right) = \tfrac{3}{2}\,\lambda\,(\cos^2\vartheta - \tfrac{1}{3}); \qquad \cos\vartheta = \alpha_1\beta_1 + \alpha_2\beta_2 + \alpha_3\beta_3,$$

wie bereits oben angegeben wurde (3).

Soweit haben wir die Lösung der Gleichungen (26) für den Fall $\pi_{ik} = 0$ und $H = 0$ ausführlich diskutiert; für sie wurde die Bezeichnung A^0_{ik} eingeführt. Wenn nun die π_{ik} und H von Null verschieden sind, so treten noch neue Verzerrungsanteile hinzu. Wegen der Linearität der Gleichungen (26) können wir in diesem allgemeineren Fall den Lösungen die Form geben:

$$(36) \qquad A_{ik} = A_{ik}^{(0)} + A_{ik}^{(H)} + A_{ik}^{(\pi)}.$$

Hier soll $A_{ik}^{(H)}$ proportional zum Feld sein; $A_{ik}^{(\pi)}$ soll linear von den Spannungen abhängen. Den Anteil $A_{ik}^{(H)}$ haben wir oben bereits als „Volumeneffekt" bei starken Feldern [Gleichung (27)] behandelt. Es ist

$$(37) \qquad A_{11}^{(H)} = A_{22}^{(H)} = A_{33}^{(H)} = \frac{HM_s^0\,\varepsilon\,\cos\vartheta}{3\,\mathrm{K}}; \quad A_{12}^{(H)} = A_{23}^{(H)} = A_{31}^{(H)} = 0.$$

Die $A_{ik}^{(\pi)}$ sind die durch die äußeren Spannungen (immer noch bei festen Werten der α_i) erzwungenen Dehnungen. Es sind das diejenigen elastischen Verzerrungen, welche mit den spezifischen ferromagnetischen Eigenschaften des Materials nichts zu tun haben. Aus (26) ergeben sich dafür die Gleichungen:

$$(38) \qquad \left\{ \begin{aligned} C_1(A_{11}^{(\pi)} + A_{22}^{(\pi)} + A_{33}^{(\pi)}) + 2C_2 A_{11}^{(\pi)} &= \pi_{11} \\ C_1(A_{11}^{(\pi)} + A_{22}^{(\pi)} + A_{33}^{(\pi)}) + 2C_2 A_{22}^{(\pi)} &= \pi_{22} \\ C_1(A_{11}^{(\pi)} + A_{22}^{(\pi)} + A_{33}^{(\pi)}) + 2C_2 A_{33}^{(\pi)} &= \pi_{33} \\ 2C_3 A_{12}^{(\pi)} &= \pi_{12} \\ 2C_3 A_{23}^{(\pi)} &= \pi_{23} \\ 2C_3 A_{13}^{(\pi)} &= \pi_{13}. \end{aligned} \right.$$

Addition der ersten drei Gleichungen (38) ergibt für die Volumenänderung

$$(39) \qquad (3\,C_1 + 2\,C_2)\,(A_{11}^{(\pi)} + A_{22}^{(\pi)} + A_{33}^{(\pi)}) = \pi_{11} + \pi_{22} + \pi_{33}.$$

Bei *allseitig gleichem Druck* p ist $\pi_{11} = \pi_{22} = \pi_{33} = -p$ also

$$\frac{\delta V}{V} = -\frac{3}{3C_1 + 2C_2}\,p,$$

mithin der

$$(40) \qquad \text{Kompressionsmodul } \mathrm{K} = \frac{3C_1 + 2C_2}{3},$$

wie bereits oben abgeleitet wurde. Mit (39) folgt aus (38) für die durch π_{ik} erzeugte Verzerrung:

$$(41) \qquad \left\{ \begin{aligned} A_{11}^{(\pi)} &= \frac{1}{2C_2}\,\pi_{11} - \frac{C_1}{2C_2(3C_1 + 2C_2)}\,(\pi_{11} + \pi_{22} + \pi_{33}) \\ A_{22}^{(\pi)} &= \frac{1}{2C_2}\,\pi_{22} - \frac{C_1}{2C_2(3C_1 + 2C_2)}\,(\pi_{11} + \pi_{22} + \pi_{33}) \\ A_{33}^{(\pi)} &= \frac{1}{2C_2}\,\pi_{33} - \frac{C_1}{2C_2(3C_1 + 2C_2)}\,(\pi_{11} + \pi_{22} + \pi_{33}) \\ A_{12}^{(\pi)} &= \frac{1}{2C_3}\,\pi_{12} \\ A_{23}^{(\pi)} &= \frac{1}{2C_3}\,\pi_{23} \\ A_{13}^{(\pi)} &= \frac{1}{2C_3}\,\pi_{13}. \end{aligned} \right.$$

Wir berechnen daraus den Dehnungsmodul $E(\gamma_1, \gamma_2, \gamma_3)$ für den Fall, daß unter der Richtung $\gamma_1, \gamma_2, \gamma_3$ gegen die tetragonalen Achsen ein einfacher Zug σ wirkt. In diesem Fall wird $\pi_{ik} = \sigma \gamma_i \gamma_k$. Dann ergibt sich nach (13) für die zugehörige Dehnung

$$\frac{\delta l}{l} = \sum_{i,k=1}^{3} A_{ik}^{\pi} \gamma_i \gamma_k = \frac{\sigma}{E(\gamma_1, \gamma_2, \gamma_3)},$$

wo $\dfrac{1}{E(\gamma_1, \gamma_2, \gamma_3)}$ als Abkürzung steht für

$$(42) \qquad \frac{1}{E(\gamma_1, \gamma_2, \gamma_3)} = \frac{C_1 + C_2}{C_2(3C_1 + 2C_2)} + \left(\frac{1}{C_3} - \frac{1}{C_2}\right)(\gamma_1^2 \gamma_2^2 + \gamma_2^2 \gamma_3^2 + \gamma_3^2 \gamma_1^2).$$

Nach Messungen von KIMURA und OHNO[1] ist die elastische Anisotropie gerade für Eisen sehr erheblich. Sie geben an:

$$E_{100} = 1{,}31 \cdot 10^{12} \text{ dyn/cm}^2$$
$$E_{111} = 2{,}77 \cdot 10^{12} \text{ dyn/cm}^2.$$

Ungefähr die gleichen Werte erhielten GOENS und SCHMID[2].

C_2 und C_3 haben beide die Bedeutung von Schubmoduln. Eine grundsätzlich mögliche Methode zu ihrer Messung ist durch die Abb. 86a und 86b angedeutet; in beiden Fällen wirkt auf die Kanten einer quadratischen, senkrecht zur z-Achse geschnittenen Platte die Schubspannung S. Im Fall a (Kanten der Platte parallel zu x und y) wird die Winkelverzerrung

$$\gamma = \frac{S}{C_3} \quad \text{(Fall a)}.$$

In Fall b schließen die Kanten einen Winkel von 45° mit den Achsen ein. Hier wird

$$\gamma = \frac{S}{C_2} \quad \text{(Fall b)}.$$

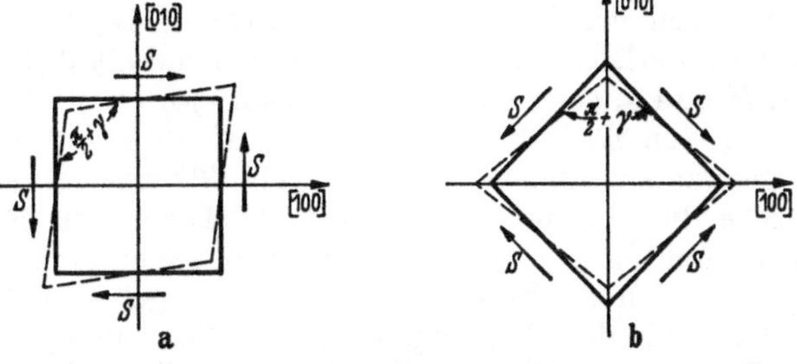

Abb. 86. Schubbeanspruchung einer rechtwinkligen, in der (001)-Ebene liegenden Platte bei verschiedener Orientierung gegen die Würfelkanten.

Die Bedeutung von γ ist die, daß bei der Verzerrung aus dem Quadrat ein Rhombus mit den Winkeln $\dfrac{\pi}{2} \pm \gamma$ entsteht. Die wirkliche Messung wird in der Regel so ausgeführt, daß man zylindrische, nach einer Richtung $\gamma_1, \gamma_2, \gamma_3$ geschnittene Stäbchen um ihre Längsachse tordiert. Wir verzichten darauf, den Zusammenhang mit dem so zu ermittelnden Schubmodul $G(\gamma_1, \gamma_2, \gamma_3)$ an dieser Stelle auszurechnen.

GOENS und SCHMID fanden für Eisen

$$G_{100} = 1{,}18 \cdot 10^{12} \text{ dyn/cm}^2$$
$$G_{111} = 0{,}61 \cdot 10^{12} \text{ dyn/cm}^2.$$

Für unsere Konstanten C_1, C_2, C_3 folgt aus den angegebenen Zahlen beim Eisen in dyn/cm²:

$$C_1 = 1{,}46 \cdot 10^{12}; \qquad C_2 = 0{,}48 \cdot 10^{12}; \qquad C_3 = 1{,}12 \cdot 10^{12}.$$

Für spätere Anwendungen stellen wir mit Hilfe von (41) noch einige Formeln der Elastizitätstheorie zusammen, wobei wir uns auf den Fall der elastischen

[1] KIMURA, R. u. K. OHNO: Sci. Rep. Tôhoku Univ. Bd. 23 (1934/35) S. 359.
[2] GOENS. E. u. E. SCHMID: Naturwiss. Bd. 19 (1931) S. 520.

Isotropie $(C_2 = C_3)$ beschränken. Bei einfacher Zugspannung σ in der x-Richtung ist $\pi_{11} = \sigma$, alle anderen $\pi_{ik} = 0$. Nach (41) ist dann

$$A_{11}^{(\pi)} = \sigma \frac{C_1 + C_2}{C_2 (3 C_1 + 2 C_2)},$$

$$A_{22}^{(\pi)} = -\sigma \cdot \frac{C_1}{2 C_2 (3 C_1 + 2 C_2)}.$$

Auf Grund der Definition von Dehnungsmodul E und Querkontraktion μ durch die Gleichungen

$$A_{11}^{(\pi)} = \frac{\sigma}{E}, \qquad A_{22}^{(\pi)} = -\mu \frac{\sigma}{E}$$

wird also

$$(43) \qquad E = \frac{C_2 (3 C_1 + 2 C_2)}{C_1 + C_2} \quad \text{und} \quad \mu = \frac{C_1}{2 (C_1 + C_2)}.$$

Löst man diese beiden Gleichungen nach C_1 und C_2 auf und setzt die so erhaltenen Werte in die Ausdrücke für den Schubmodul $G = C_2$ und den durch (40) gegebenen Kompressionsmodul K ein, so folgen die bekannten Zusammenhänge zwischen den verschiedenen elastischen Konstanten

$$(44) \qquad \left\{ \begin{array}{l} G = \dfrac{E}{2 (1 + \mu)}, \\[2ex] K = \dfrac{E}{3 (1 - 2\mu)}. \end{array} \right.$$

3. Ermittlung der Spannungsenergie. Bis hierhin haben wir nur den ersten Teil des durch die Gleichungen (25a) und (25b) gegebenen Minimalproblems erledigt, indem wir entsprechend (25a) die zu gegebenen Werten von π_{ik}, H und α_i gehörigen Verzerrungen (36) ermittelten. Um nun die zugehörige Lage α_i von $\mathfrak{M}_s$ zu berechnen, haben wir diese Funktionen $A_{ik}(\pi_{ik}, H, \alpha_i)$ in (24) eingesetzt zu denken. Dadurch geht Ψ^0 über in eine Funktion $\Psi(\alpha_i, \pi_{ik}, H)$, welche die A_{ik} nicht mehr enthält. Diejenigen Richtungen α_i, welche diese neue Funktion zum Minimum machen, geben dann die Richtung von $\mathfrak{M}_s$ unter Wirkung von gegebener Spannung und gegebenem Feld. Die neue Funktion Ψ bildet somit den Ausgangspunkt zur Berechnung von Magnetisierungskurven.

Bei der Angabe von Ψ wollen wir alle diejenigen Summanden fortlassen, welche die α_i nicht mehr enthalten, weil diese bei der Berechnung der Magnetisierungskurven nicht von Interesse sind. Außerdem vernachlässigen wir wieder in F_λ^0 die Glieder mit b_3, b_4, b_5, desgleichen die durch ε gekennzeichnete Volumenabhängigkeit der Magnetisierung. In dieser Näherung wird nach (31), (32a) und (41):

$$(45) \quad \left\{ \begin{array}{l} A_{11} = -\dfrac{b_0}{3\,\mathrm{K}} + h_1 (\alpha_1^2 - \tfrac{1}{3}) + \dfrac{1}{2 C_2} \pi_{11} - \dfrac{C_1}{2 C_2 (3 C_1 + 2 C_2)} (\pi_{11} + \pi_{22} + \pi_{33}) \\[2ex] A_{22} = -\dfrac{b_0}{3\,\mathrm{K}} + h_1 (\alpha_2^2 - \tfrac{1}{3}) + \dfrac{1}{2 C_2} \pi_{22} - \dfrac{C_1}{2 C_2 (3 C_1 + 2 C_2)} (\pi_{11} + \pi_{22} + \pi_{33}) \\[2ex] A_{33} = -\dfrac{b_0}{3\,\mathrm{K}} + h_1 (\alpha_3^2 - \tfrac{1}{3}) + \dfrac{1}{2 C_2} \pi_{33} - \dfrac{C_1}{2 C_2 (3 C_1 + 2 C_2)} (\pi_{11} + \pi_{22} + \pi_{33}) \\[2ex] A_{12} = h_2 \alpha_1 \alpha_2 + \dfrac{1}{2 C_3} \pi_{12} \\[2ex] A_{23} = h_2 \alpha_2 \alpha_3 + \dfrac{1}{2 C_3} \pi_{23} \\[2ex] A_{13} = h_2 \alpha_1 \alpha_3 + \dfrac{1}{2 C_3} \pi_{13}. \end{array} \right.$$

Diese Werte haben wir einzusetzen in (24). $F_{(\alpha_i;\, A_{ik})}^0$ ist in unserer Näherung gegeben durch

$$(46)\ F_R^0 + b_0 (A_{11} + A_{22} + A_{33}) - 2 C_2 h_1 \{(\alpha_1^2 - \tfrac{1}{3}) A_{11} + \cdots\} - 2 C_3 h_2 \{2 \alpha_1 \alpha_2 A_{12} + \cdots\} + F_{EL}^0$$

Mit (45) und (46) wird aus $\Psi^0(\alpha_i, A_{ik}, \pi_{ik}, H)$ in (24) nach einfacher Rechnung die neue Funktion

$$\Psi(\alpha_i, \pi_{ik}, H) = F_K + F_\sigma - H M_s \cos\vartheta.$$

Darin bedeutet

(47)
$$F_K = F_K^0 + \tfrac{9}{2}(\lambda_{100}^2 C_2 - \lambda_{111}^2 C_3)\, s$$

und

(48)
$$F_\sigma = -\tfrac{3}{2}\lambda_{100}(\pi_{11}\alpha_1^2 + \pi_{22}\alpha_2^2 + \pi_{33}\alpha_3^2) - \tfrac{3}{2}\lambda_{111}(2\alpha_1\alpha_2\pi_{12} + 2\alpha_2\alpha_3\pi_{23} + 2\alpha_3\alpha_1\pi_{13}).$$

Wir nennen F_K die Kristallenergie. Wie man sieht, ist F_K von der oben (15) eingeführten Größe F_K^0 ein wenig verschieden, weil F_K^0 sich auf den Fall konstanter Verzerrungen bezog, während in Wirklichkeit die Drehung von $\mathfrak{M}_s$ mit magnetostriktiven Verzerrungen verknüpft ist. Diese geben zu dem zweiten Summanden in F_K Veranlassung.

Die Spannungsenergie F_σ in (47) schreiben wir noch für den Spezialfall auf, daß im Material ein einfacher Zug σ in der Richtung $\gamma_1, \gamma_2, \gamma_3$ wirkt. Dann wird $\pi_{ik} = \sigma\gamma_i\gamma_k$, also

(49)
$$\begin{cases} F_\sigma = -\tfrac{3}{2}\sigma\,[\lambda_{100}(\alpha_1^2\gamma_1^2 + \alpha_2^2\gamma_2^2 + \alpha_3^2\gamma_3^2) + \lambda_{111}(2\alpha_1\alpha_2\gamma_1\gamma_2 \\ \qquad\qquad + 2\alpha_2\alpha_3\gamma_2\gamma_3 + 2\alpha_3\alpha_1\gamma_3\gamma_1)]. \end{cases}$$

Ist schließlich — noch spezieller — die Magnetostriktion isotrop, also $\lambda_{100} = \lambda_{111} = \lambda$, so wird einfach

(49a)
$$F_\sigma = -\tfrac{3}{2}\lambda\sigma\cos^2\varphi, \quad \text{mit} \quad \cos\varphi = \alpha_1\gamma_1 + \alpha_2\gamma_2 + \alpha_3\gamma_3.$$

Bis auf eine belanglose Konstante haben wir damit den bereits oben (9) benutzten Ausdruck für die freie Energie wiedergefunden. Für die Theorie der Wandverschiebungen ist noch der Spezialfall von (49) wichtig, daß α_i in einer der leichten Richtungen liegt. An der allgemeinen Formel

$$\cos^2\varphi = \alpha_1^2\gamma_1^2 + \alpha_2^2\gamma_2^2 + \alpha_3^2\gamma_3^2 + 2\alpha_1\alpha_2\gamma_1\gamma_2 + 2\alpha_2\alpha_3\gamma_2\gamma_3 + 2\alpha_3\alpha_1\gamma_3\gamma_1$$

erkennt man:

Bei Eisen (ein $\alpha_i = \pm 1$, die übrigen $= 0$) ist $\cos^2\varphi = \alpha_1^2\gamma_1^2 + \alpha_2^2\gamma_2^2 + \alpha_3^2\gamma_3^2$.

Bei Nickel $\left(\text{alle } \alpha_i = \pm\dfrac{1}{\sqrt{3}}\right)$ ist $\cos^2\varphi = \tfrac{1}{3} + 2(\alpha_1\alpha_2\gamma_1\gamma_2 +$
$$+ \alpha_2\alpha_3\gamma_2\gamma_3 + \alpha_3\alpha_1\gamma_3\gamma_1).$$

Bis auf eine belanglose additive Konstante ist also bei Magnetisierung in einer leichten Richtung und bei einer Zugspannung σ, deren Richtung mit J_s den Winkel φ einschließt,

(50)
$$\begin{cases} \text{für Eisen:} \quad F_\sigma = -\tfrac{3}{2}\lambda_{100}\sigma\cos^2\varphi \\ \text{für Nickel:} \quad F_\sigma = -\tfrac{3}{2}\lambda_{111}\sigma\cos^2\varphi. \end{cases}$$

Solange also nur Magnetisierungen in der leichten kristallographischen Richtung in Frage kommen, darf man auch im Fall beliebig anisotroper Magnetostriktion mit der vereinfachten Formel (49a) rechnen, nur hat man dann für λ den in der leichten Richtung gemessenen Wert der longitudinalen Magnetostriktion einzusetzen.

Die einfachen Formeln (49a) und (50) bilden die wesentliche Grundlage für unsere späteren Überlegungen.

Wenn der Leser die Ableitung dieser Formeln als das einzige Ziel dieses Kapitels ansieht, so wird er sich mit Recht über die Mühsal des zurückgelegten Weges beschweren. Der Wert unserer Betrachtung besteht vielmehr darin, daß wir nun übersehen, unter welchen Annahmen man mit diesen Formeln rechnen darf, und welche Abweichungen von ihnen bei einer Verfeinerung der Messungen zu erwarten sind.

Zusammenstellung der wichtigsten Formeln.

1. Die freie Energie F^0. F^0 ist definiert als die Arbeit, um von einem Nullzustand ausgehend isotherm in dem Körper die Verzerrung A_{ik} herzustellen und die Magnetisierung in die Richtung α_1, α_2, α_3 zu drehen. Sie wird bezogen auf diejenige Substanzmenge, die im Nullzustand in 1 cm³ enthalten ist.

$$F^0 = F_K^0 + F_A^0 + F_{El}^0.$$

Kristallanteil F_K^0: Funktion von $s = \alpha_1^2 \alpha_2^2 + \alpha_2^2 \alpha_3^2 + \alpha_3^2 \alpha_1^2$ und $p = \alpha_1^2 \alpha_2^2 \alpha_3^2$. $F_K^0 = K_1^0 s + K_2^0 p$ genügt stets zur Darstellung der Meßergebnisse; K_1^0, K_2^0: Konstanten.

Magnetostriktionsanteil $F_A^0 = U(\alpha_1^2; s) A_{11} + U(\alpha_2^2; s) A_{22} + U(\alpha_3^2; s) A_{33}$ $+ 2\alpha_1\alpha_2 V(\alpha_3^2; s) A_{12} + 2\alpha_2\alpha_3 V(\alpha_1^2; s) A_{23} + 2\alpha_3\alpha_1 V(\alpha_2^2; s) A_{31}$. U und V sind zwei auf Grund von Symmetriebetrachtungen nicht festzulegende Funktionen.

1. Sonderfall: Magnetostriktion isotrop. Elastisch isotroper Körper. Keine Volumenmagnetostriktion.

$$F_A^0 = -3 G \lambda \left[(\alpha_1^2 - \tfrac{1}{3}) A_{11} + (\alpha_2^2 - \tfrac{1}{3}) A_{22} + (\alpha_3^2 - \tfrac{1}{3}) A_{33} \right.$$
$$\left. + 2\alpha_1\alpha_2 A_{12} + 2\alpha_2\alpha_3 A_{23} + 2\alpha_3\alpha_1 A_{31}\right].$$

Bei homogener Dehnung ε in Richtung β_1, β_2, β_3 ohne Querkontraktion gilt $A_{ik} = \varepsilon \beta_i \beta_k$, also

$$F_A^0 = -3 G \lambda \varepsilon (\cos^2 \eta - \tfrac{1}{3}); \qquad \cos \eta = \alpha_1 \beta_1 + \alpha_2 \beta_2 + \alpha_3 \beta_3.$$

2. Sonderfall: Mit zwei Magnetostriktionskonstanten λ_{100} und λ_{111}. Keine Volumenmagnetostriktion.

$$F_A^0 = -3 C_2 \lambda_{100} \left[(\alpha_1^2 - \tfrac{1}{3}) A_{11} + (\alpha_2^2 - \tfrac{1}{3}) A_{22} + (\alpha_3^2 - \tfrac{1}{3}) A_{33}\right]$$
$$- 3 C_3 \lambda_{111} \left[2\alpha_1\alpha_2 A_{12} + 2\alpha_2\alpha_3 A_{23} + 2\alpha_3\alpha_1 A_{31}\right].$$
$$C_2, C_3: \text{Schubmoduln.}$$

Elastischer Anteil $F_{El}^0 = \tfrac{1}{2} C_1 (A_{11} + A_{22} + A_{33})^2 + C_2 (A_{11}^2 + A_{22}^2 + A_{33}^2)$ $+ 2 C_3 (A_{12}^2 + A_{23}^2 + A_{31}^2)$.

Kompressionsmodul $K = \dfrac{3 C_1 + 2 C_2}{3}$.

Elastizitätsmodul für einen Zug in [100]-Richtung $E_{100} = \dfrac{C_2 (3 C_1 + 2 C_2)}{C_1 + C_2}$.

Elastizitätsmodul für einen Zug in [111]-Richtung $E_{111} = \dfrac{3 C_3 (3 C_1 + 2 C_2)}{3 C_1 + 2 C_2 + C_3}$.

Sonderfall: Elastisch isotroper Körper: $C_2 = C_3$.

Elastizitätsmodul $E = \dfrac{C_2 (3 C_1 + 2 C_2)}{C_1 + C_2}$.

Schubmodul $G = C_2 = C_3$.

2. Die Spannungsenergie F_σ. F_σ ist definiert als der von den Spannungen abhängige Anteil der Arbeit, um 1 cm³ der Magnetisierung bei gegebenen Spannungen aus einer Nullage in die Richtung α_1, α_2, α_3 zu drehen.

1. Sonderfall: Magnetostriktion isotrop.

$$F_\sigma = -\tfrac{3}{2} \lambda (\alpha_1^2 \pi_{11} + \alpha_2^2 \pi_{22} + \alpha_3^2 \pi_{33} + 2\pi_{12} \alpha_1 \alpha_2 + 2\pi_{23} \alpha_2 \alpha_3 + 2\pi_{31} \alpha_3 \alpha_1).$$

Liegt eine einfache Zugspannung σ in Richtung β_1, β_2, β_3 vor, so gilt $\pi_{ik} = \sigma \beta_i \beta_k$, also

$$F_\sigma = -\tfrac{3}{2} \lambda \sigma \cos^2 \varphi; \qquad \cos \varphi = \alpha_1 \beta_1 + \alpha_2 \beta_2 + \alpha_3 \beta_3.$$

2. Sonderfall: Mit zwei Magnetostriktionskonstanten λ_{100} und λ_{111}. Keine Volumenmagnetostriktion.

$$F_\sigma = -\tfrac{3}{2} \lambda_{100} (\alpha_1^2 \pi_{11} + \alpha_2^2 \pi_{22} + \alpha_3^2 \pi_{33}) - 3 \lambda_{111} (\alpha_1 \alpha_2 \pi_{12} + \alpha_2 \alpha_3 \pi_{23} + \alpha_{31} \pi_{31}).$$

12. Die Anfangspermeabilität.

Eine theoretische Berechnung der Magnetisierungskurve aus den Materialkonstanten der Kristallenergie und Magnetostriktion ist uns bisher im wesentlichen nur in zwei Fällen gelungen, nämlich einmal im oberen Teil der Einkristallkurven, wo die Magnetisierung allein durch Drehungen gegen die Kristallenergie vor sich geht, und bei Nickel unter Zug, wo nur Drehungen gegen die Spannungsenergie vorkommen. Außer in diesen und einigen wenigen, ähnlich liegenden Fällen, bei denen starke äußere Spannungen vorhanden sind, ist eine direkte Berechnung des Magnetisierungsablaufes nach dem heutigen Stande der Theorie nicht möglich. Vor allem sind die Magnetisierungskurven in den technisch wichtigen Fällen nicht streng berechenbar.

Wir betrachten im folgenden speziell den Anfangsteil der Magnetisierungskurve. Bereits in Kapitel 9 sahen wir, daß im Gebiet kleiner Felder, wenn äußere Spannungen fehlen, die unregelmäßigen inneren Spannungen für die Magnetisierungsvorgänge auch dann maßgebend sind, wenn die Kristallenergie überwiegt. Eine direkte theoretische Berechnung der Permeabilität in diesem Gebiet ist deshalb nicht ohne weiteres möglich. Die inneren Verspannungen sind uns ja in einem vorliegenden Material nicht bekannt. Sie hängen in unübersichtlicher Weise von kleinen verunreinigenden Beimengungen und von der thermischen und mechanischen Vorbehandlung der Probe ab. Wenn wir daher im folgenden einen Zusammenhang zwischen der Anfangspermeabilität und einem geeignet zu definierenden Mittelwert der inneren Spannungen ableiten, so liegt der Wert dieser Überlegungen nicht in einer exakten theoretischen Voraussage der Größe der Permeabilität. Vielmehr gestatten sie, durch Messung der Permeabilität die Größe der inneren Spannungen zu bestimmen. Da nun verschiedene andere magnetische Eigenschaften ebenfalls von den inneren Spannungen abhängen, lassen sich dadurch quantitative Beziehungen zwischen ihnen und der Anfangspermeabilität herstellen, welche experimentell prüfbar sind und eine Kontrolle der Richtigkeit unserer Ansätze vermitteln.

a) Der Zusammenhang zwischen der Anfangspermeabilität und den inneren Spannungen.

Wir wollen uns bei den folgenden Betrachtungen auf die beiden Extremfälle beschränken, daß die von den inneren Spannungen herrührende Spannungsenergie entweder sehr klein oder sehr groß gegen die Kristallenergie ist. Die Vorgänge, die für die Anfangspermeabilität maßgebend sind, sind in diesen beiden Fällen ganz verschieden. Bei überwiegender Kristallenergie liegt die Magnetisierung bei kleinen Feldern überall nahezu in einer der von der Kristallenergie bestimmten leichten Richtungen. Drehungen aus diesen Richtungen heraus können wir dann ganz vernachlässigen. Die Magnetisierung bei kleinen Feldern geschieht praktisch allein durch Wandverschiebungen. Überwiegt dagegen der Einfluß der Spannungsenergie, so können wir die Kristallenergie vernachlässigen. Die Vorzugsrichtungen sind dann durch die inneren Spannungen bestimmt, und zwar sind es bei isotroper Magnetostriktion, je nach deren Vorzeichen, die Richtungen der größten oder der kleinsten Hauptspannung des Tensors der inneren Spannungen. Da diese Richtungen sich von Punkt zu Punkt stetig ändern, sind in diesem Fall Wände im eigentlichen Sinn gar nicht vorhanden, höchstens 180°-Wände. Die Magnetisierung geschieht in diesem Fall durch Drehungen.

In dem mittleren Gebiet, in dem die von den inneren Spannungen herrührende Spannungsenergie von der gleichen Größenordnung wie die Kristallenergie ist, sind die Vorzugsrichtungen in unübersichtlicher Weise durch das

Zusammenwirken von Kristallenergie und inneren Spannungen bestimmt. Entsprechend sind bei kleinen Feldern die Wandverschiebungen und die Drehungen gleich wichtig. Dann sind die Vorgänge so kompliziert, daß eine theoretische Behandlung bisher nicht gelungen ist.

Anfangspermeabilität bei kleinen Spannungen. Betrachten wir zunächst den Fall kleiner innerer Spannungen. Wie wir in Kap. 9, S. 107f. bereits erläuterten, verhalten sich bei den Wandverschiebungen die 180°-Wände, an denen Bezirke mit entgegengesetzt gleichen Magnetisierungsrichtungen aneinandergrenzen, grundsätzlich verschieden von den 90°-Wänden; der Kürze halber sprechen wir immer dann von 90°-Wänden, wenn die Magnetisierungsrichtungen der angrenzenden Bezirke einen von 0° oder 180° wesentlich verschiedenen Winkel miteinander bilden. Wir werden im folgenden meistens voraussetzen, daß die 180°-Wände keinen merklichen Beitrag zur Anfangspermeabilität liefern. Eine gewisse Berechtigung zu dieser Annahme gibt uns die Überlegung, daß im energetisch tiefsten Zustand im Felde Null 180°-Wände überhaupt nicht vorhanden sind, sofern man von dem Einfluß des inneren magnetischen Streufeldes absehen kann. Denn im Felde Null ist zum Umklappen eines Bezirkes um 180° kein Energieaufwand nötig, so daß der Energieinhalt der Wände gewonnen wird, wenn man sie zum Verschwinden bringt. Ganz stichhaltig ist es jedoch nicht, daraus auf das Fehlen der 180°-Wände im entmagnetisierten Zustand zu schließen, denn wir wissen, daß zum Verschieben der 180°-Wände eine endliche Feldstärke nötig ist. Es können also trotzdem „eingefrorene" 180°-Wände vorhanden sein, weil sich der energetisch tiefste Zustand eben wegen der Reibung, die die Wand erfährt, nicht einstellen kann. Wir haben aber gar keine Möglichkeit, abzuschätzen, wieviel 180°-Wände in einem speziellen Fall vorliegen werden. Ihre Anzahl könnte beispielsweise noch von der Art des Entmagnetisierungsprozesses abhängen, ob man den pauschal unmagnetischen Zustand durch Erwärmen über den Curie-Punkt oder durch Wechselstromentmagnetisierung hergestellt hat. Wir wollen deshalb versuchen, zunächst von ihnen überhaupt abzusehen, müssen jedoch darauf gefaßt sein, daß wir dadurch in Widerspruch mit den Experimenten· geraten.

Als Beispiel für die Berechnung der Anfangspermeabilität unter Berücksichtigung der 90°-Wände allein wollen wir kubische Kristalle behandeln, bei denen wie bei Eisen die Würfelkanten die leichten Richtungen darstellen. Falls die Würfeldiagonale die leichte Richtung ist wie bei Nickel, verlaufen die Überlegungen ganz analog. Für diesen Fall werden wir deshalb nur die Ergebnisse mitteilen, soweit sie von den hier abgeleiteten abweichen. Wir bezeichnen die 6 Würfelkantenrichtungen mit x, $\bar{x}$, y, $\bar{y}$, z und $\bar{z}$. Wegen des Vorhandenseins der inneren Spannungen sind diese Vorzugsrichtungen nicht genau energetisch gleichwertig, da der kleine Beitrag der Spannungsenergie in den verschiedenen Vorzugsrichtungen verschieden ist. Bezeichnen wir mit $F_x (=F_{\bar{x}})$, $F_y (=F_{\bar{y}})$ und $F_z (=F_{\bar{z}})$ die Größe der von den inneren Spannungen herrührenden Spannungsenergie in den 6 leichten Richtungen, so ist z. B. $F_x - F_y$ die pro cm³ aufzuwendende Arbeit, um die Magnetisierung aus der y- in die x-Richtung zu drehen. Bezeichnen wir mit $\pi_{ik}^{(i)}$ die Komponenten des Tensors der inneren Spannung, so gilt nach Kapitel 11, Gleichung (48):

$$(1) \qquad \begin{cases} F_x = -\tfrac{3}{2}\,\lambda_{100}\,\pi_{11}^{(i)} \\ F_y = -\tfrac{3}{2}\,\lambda_{100}\,\pi_{22}^{(i)} \\ F_z = -\tfrac{3}{2}\,\lambda_{100}\,\pi_{33}^{(i)}. \end{cases}$$

Da die $\pi_{ik}^{(i)}$ vom Ort abhängen, sind natürlich auch F_x, F_y und F_z Funktionen **des Ortes.**

Wir wollen voraussetzen, daß im entmagnetisierten Ausgangszustand an jeder Stelle die Magnetisierung in der energetisch günstigsten Vorzugsrichtung liegt, also in derjenigen, deren F-Wert am kleinsten ist. Diese Voraussetzung ist gleichbedeutend mit der Annahme, daß durch den Entmagnetisierungsprozeß das Material in den energetisch tiefsten unmagnetischen Zustand gebracht worden ist. Auf die $+$- und $-$-Richtungen, die ohne Feld energetisch gleichwertig sind, sei die Magnetisierung zu gleichen Teilen verteilt. Wände liegen demnach überall dort, wo zwei F-Werte gleich werden und dabei kleiner sind als der dritte. Zum Beispiel grenzen dort, wo $F_x = F_y < F_z$ ist, ein x- oder $\bar{x}$-Bezirk an einen y- oder $\bar{y}$-Bezirk. Dort liegt also eine Wand von einer der vier Sorten xy, $\bar{x}y$, $x\bar{y}$, $\bar{x}\bar{y}$.

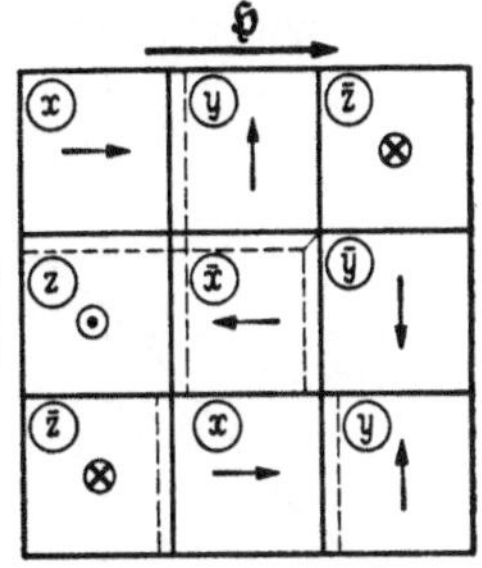

Abb. 87. Die verschiedenen Magnetisierungsrichtungen innerhalb eines Kristalls bei vorherrschender Kristallenergie (schematisch). —— Grenzen der Bezirke bei $H = 0$. – – – Grenzen der Bezirke in einem schwachen Feld in x-Richtung.

Legen wir nun ein kleines Feld an, so verschieben sich die Wände etwas in einer solchen Richtung, daß die zum Feld günstiger gelegenen Bezirke wachsen. Zur Veranschaulichung diene das Schema der Abb. 87 mit quadratisch angenommenen Bezirken. In einem nach $+x$ gerichteten Feld verschieben sich die Wände aus der ausgezogen gezeichneten Lage in die gestrichelte Lage. Die x-Bezirke wachsen auf Kosten der angrenzenden y-, z-, $\bar{y}$- und $\bar{z}$-Bezirke. Die Wände zwischen y- und z-Bezirken haben bei dieser Feldrichtung keine Veranlassung zu einer Verschiebung, da die angrenzenden Magnetisierungsrichtungen gleich günstig liegen. Eine 180°-Wand, sofern sie überhaupt vorhanden ist, nehmen wir im Rahmen dieser Rechnung als unverschiebbar an.

Wenn wir die Größen F_x, F_y und F_z als Funktionen des Ortes kennen, ist die Größe der Verschiebung leicht zu berechnen. Greifen wir etwa eine xy-Wand heraus. Die Richtungskosinus der Feldrichtung seien β_1, β_2, β_3. Verschieben wir die Wand ein wenig, so daß der x-Bezirk um das Volumen dV wächst, so leistet das äußere Magnetfeld dabei die Arbeit $HJ_s(\beta_1 - \beta_2)\,dV$, denn in dem Volumen dV geht die in die Richtung von H fallende Komponente der Magnetisierung von dem Wert $J_s\beta_2$ in $J_s\beta_1$ über. Diese Arbeit ist völlig unabhängig von der Orientierung der Wand und der Gestalt des Volumens dV. *Die Feldstärke wirkt also auf die Wand genau so wie eine hydrostatische Druckdifferenz von der Größe* $p = HJ_s(\beta_1 - \beta_2)$ *zwischen dem x- und y-Bezirk*

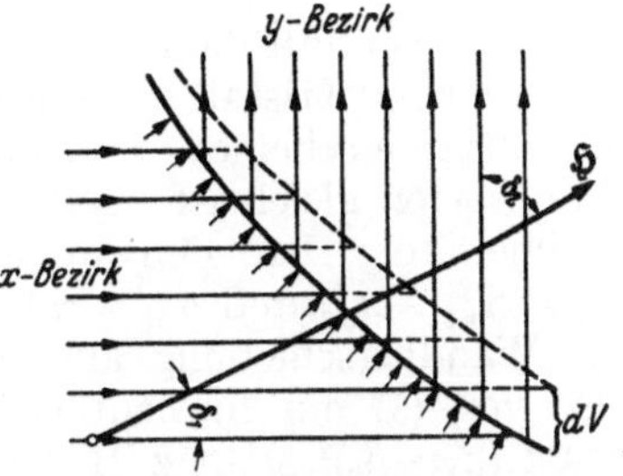

Abb. 88. Die Feldstärke wirkt auf eine xy-Wand ebenso wie ein hydrostatischer Druck $p = HJ_s(\beta_1 - \beta_2)$ ($\beta_1 = \cos\delta_1$; $\beta_2 = \cos\delta_2$).

(vgl. Abb. 88). Die Wand verschiebt sich unter diesem Druck so weit, bis die von der Feldstärke geleistete Arbeit bei einer weiteren differentiellen Verschiebung um dV gleich ist der gegen die inneren Spannungen zu leistenden Arbeit. Im Feld ist also die Wand an derjenigen Stelle im Gleichgewicht, an welcher

$$(2) \qquad HJ_s(\beta_1 - \beta_2)\,dV = (F_x - F_y)\,dV$$

ist. Schematisch ist dieser Tatbestand in Abb. 89 angedeutet, in welcher der Verlauf von $F_x - F_y$ längs einer Geraden normal zur Wand dargestellt ist. Die Wand verschiebt sich von A nach A' um die kleine Strecke a.

Ist die Verschiebung genügend klein, so können wir den Verlauf von $F_x - F_y$ zwischen A und A' natürlich durch die Tangente im Punkte A ersetzen. Deren Steilheit ist gleich dem Betrag des Gradienten von $F_x - F_y$ an dieser Stelle.

Für die Verschiebung a folgt demnach

$$(3) \qquad a = \frac{H J_s (\beta_1 - \beta_2)}{|\mathrm{grad}\,(F_x - F_y)|} \,.$$

Nach (1) ist

$$F_x - F_y = \tfrac{3}{2}\,\lambda_{100}\,(\pi_{22}^{i} - \pi_{11}^{i}) \,.$$

Setzen wir zur Abkürzung $\sigma_{21} = \pi_{22}^{i} - \pi_{11}^{i}$, so erhalten wir

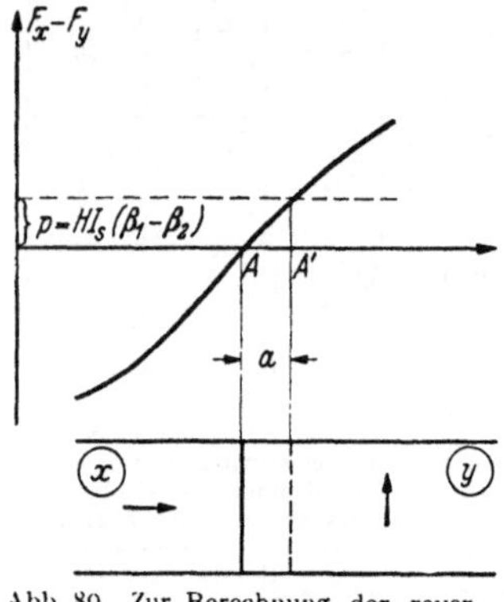

Abb. 89. Zur Berechnung der reversiblen Wandverschiebung durch ein Magnetfeld.

$$(3\,\mathrm{a}) \qquad a = \frac{H J_s (\beta_1 - \beta_2)}{\tfrac{3}{2}\,\lambda_{100}\,|\mathrm{grad}\,\sigma_{21}|} \,.$$

Das Vorzeichen von a ist positiv, wenn der x-Bezirk auf Kosten des y-Bezirkes wächst. Das gesamte Volumen V_{xy}, das in 1 cm³ beim Einschalten des Feldes H von den xy-Wänden überstrichen wird, erhalten wir nun, indem wir die Größe a über die gesamte Oberfläche O_{xy} aller xy-Wände eines cm³ integrieren. Ist $\dfrac{1}{|\mathrm{grad}\,\sigma_{21}|}$ der Mittelwert der reziproken Steilheit der Spannungsgröße σ_{21} an diesen Wänden, so folgt demnach

$$(4) \qquad V_{xy} = O_{xy}\,\frac{1}{\mathrm{grad}\,\sigma_{21}}\cdot\frac{H J_s (\beta_1 - \beta_2)}{\tfrac{3}{2}\,\lambda_{100}} \,.$$

In diesem Volumen geht die Magnetisierung aus der y- in die x-Richtung über. Der Beitrag J_{xy} zur Komponente der Magnetisierung in Feldrichtung infolge der Wandverschiebung der xy-Wände im Feld ist somit

$$(5) \qquad J_{xy} = V_{xy}\,J_s (\beta_1 - \beta_2) = O_{xy}\,\frac{1}{|\mathrm{grad}\,\sigma_{21}|}\cdot\frac{H J_s^2 (\beta_1 - \beta_2)^2}{\tfrac{3}{2}\,\lambda_{100}} \,.$$

Genau so verläuft die Berechnung auch bei den anderen Sorten von 90°-Wänden. Da in einem Kristall ohne äußere Spannungen alle leichten Richtungen gleichberechtigt erscheinen, können wir annehmen, daß auch die Oberfläche aller Wandsorten gleich ist. Natürlich ist dann auch der Mittelwert der reziproken Steilheit der bei den anderen Wänden vorkommenden Spannungsgrößen $\sigma_{13} = \pi_{11}^{i} - \pi_{33}^{i}$ und $\sigma_{23} = \pi_{22}^{i} - \pi_{33}^{i}$ der gleiche. Der Ausdruck für den Beitrag der Wandverschiebung anderer Wände zur Magnetisierung unterscheidet sich also von (5) nur hinsichtlich des die Richtungskosinus enthaltenden Faktors. Statt $(\beta_1 - \beta_2)^2$ steht z. B. bei einer xy-Wand $(\beta_1 + \beta_2)^2$ usw. Man hat jeweils das Quadrat der Differenz der Kosinus derjenigen Winkel einzusetzen, welche das Feld mit den Magnetisierungsrichtungen in den beiden angrenzenden Bezirken bildet. In Tabelle 13 sind diese Faktoren für die 12 Sorten der 90°-Wände

Tabelle 13. Die im Sinne der Gleichung (5) bei den 12 verschiedenen Sorten von 90°-Wänden auftretenden Richtungsfaktoren.

	x $\bar{x}$	y	$\bar{y}$	z	$\bar{z}$
x $\bar{x}$	180°-Wände	$(\beta_1 - \beta_2)^2$ $(-\beta_1 - \beta_2)^2$	$(\beta_1 + \beta_2)^2$ $(-\beta_1 + \beta_2)^2$	$(\beta_1 - \beta_3)^2$ $(-\beta_1 - \beta_3)^2$	$(\beta_1 + \beta_3)^2$ $(-\beta_1 + \beta_3)^2$
y $\bar{y}$		180°-Wände		$(\beta_2 - \beta_3)^2$ $(-\beta_2 - \beta_3)^2$	$(\beta_2 + \beta_3)^2$ $(-\beta_2 + \beta_3)^2$
z $\bar{z}$				180°-Wände	

zusammengestellt. Die Summation über alle diese Faktoren ergibt gerade 8. Somit beträgt die gesamte Magnetisierung infolge der Wandverschiebung der 90°-Wände

$$J_{90°} = O_{90°}\, \frac{1}{|\mathrm{grad}\,\sigma|} \cdot \frac{H J_s^2}{\frac{3}{2}\,|\lambda_{100}|} \cdot 8.$$

Dabei ist $O_{90°}$ die Oberfläche einer der 12 Sorten von 90°-Wänden im cm³.

Für die Anfangssuszeptibilität erhalten wir demnach

$$(6) \qquad\qquad \chi_a = \frac{16}{3}\, \frac{J_s^2}{|\lambda_{100}|} \cdot \frac{1}{|\mathrm{grad}\,\sigma|} \cdot O_{90°}.$$

Als erstes Ergebnis entnehmen wir aus dieser Formel, daß die Anfangspermeabilität von der Kristallrichtung unabhängig ist. Die Richtungskosinus β_1, β_2, β_3 fallen bei der Summation über die Beiträge der verschiedenen Wandsorten zur Magnetisierung heraus. Dieses Ergebnis bleibt auch erhalten, wenn wir noch Verschiebungen von 180°-Wänden mit in Betracht ziehen. Wie wir bereits auf S. 109 erläuterten, sind im Prinzip auch reversible Wandverschiebungen von 180°-Wänden denkbar. Denn da die Wandenergie der 180°-Wand von den Spannungen abhängt, ist sie von Ort zu Ort kleinen Schwankungen unterworfen. Im Felde Null bleibt die Wand an einer Stelle minimaler Wandenergie stecken. Bei genügend kleinen Feldern ist die Verschiebung aus dieser günstigsten Lage reversibel. Wir wollen darauf erst später (S. 209 f.) ausführlich eingehen. Für den Beweis der Unabhängigkeit der Anfangspermeabilität von der Kristallrichtung genügt die Feststellung, daß das von einer 180°-Wand überstrichene Volumen bei kleinen Feldern proportional ist zu ihrer Oberfläche und dem Druck, den die Feldstärke auf die Wand ausübt. Bei einer $x\dot{x}$-Wand beträgt dieser Druck $p_{x\bar{x}} = 2 H J_s \beta_1$. Somit folgt für das pro cm³ von $x\dot{x}$-Wänden überstrichene Volumen

$$V_{x\bar{x}} = C \cdot O_{x\bar{x}} \cdot 2 H J_s \beta_1,$$

wobei C ein Proportionalitätsfaktor ist und $O_{x\bar{x}}$ die gesamte Oberfläche der $x\dot{x}$-Wände im cm³. Der Beitrag zur Komponente der Magnetisierung in Feldrichtung infolge dieser Wandverschiebungen ist demnach

$$(7) \qquad\qquad J_{x\bar{x}} = V_{x\bar{x}} \cdot 2 J_s \beta_1 = C \cdot O_{x\bar{x}} \cdot 4 H J_s^2 \beta_1^2.$$

Entsprechend folgt für den Beitrag der $y\dot{y}$-Wände

$$(7\,a) \qquad\qquad J_{y\bar{y}} = C \cdot O_{y\bar{y}} \cdot 4 H J_s^2 \beta_2^2$$

und für denjenigen der $z\dot{z}$-Wände

$$(7\,b) \qquad\qquad J_{z\bar{z}} = C \cdot O_{z\bar{z}} \cdot 4 H J_s^2 \beta_3^2.$$

Sind alle drei Sorten von 180°-Wänden gleich häufig, d. h. $O_{x\bar{x}} = O_{y\bar{y}} = O_{z\bar{z}}$, so folgt daraus für die Magnetisierung infolge Wandverschiebung der 180°-Wände insgesamt

$$J_{180°} = C \cdot O_{180°} \cdot 4 H J_s^2,$$

unabhängig von der Feldrichtung.

Dieses Ergebnis, daß die Anfangspermeabilität richtungsunabhängig ist, folgt aber nicht nur aus dem hier behandelten speziellen Modell der Wandverschiebungen, sondern gilt ganz allgemein, wie man folgendermaßen einsehen kann: Im Gebiet ganz kleiner Felder, in welchem die Magnetisierung proportional zu H ist, kann man die Wirkung verschiedener Felder einfach superponieren. Die Magnetisierung, die ein Feld H in Richtung β_1, β_2, β_3 erzeugt, kann man sich daher zusammengesetzt denken aus den Magnetisierungen, die ein Feld $H\beta_1$ in Richtung [100] und ein Feld $H\beta_2$ in Richtung [010] und ein Feld $H\beta_3$ in Richtung [001] je einzeln erzeugen. Das erste Feld erzeugt eine Magnetisierung

$J_{100} = H\beta_1\chi_{100}$ in x-Richtung, das zweite eine Magnetisierung $J_{010} = H\beta_2\chi_{010}$ in y-Richtung und das dritte eine Magnetisierung $J_{001} = H\beta_3\chi_{001}$. Dabei sind χ_{100}, χ_{010} und χ_{001} die Anfangssuszeptibilitäten in den Achsenrichtungen. Wenn nun durch die inneren Spannungen keine Richtung bevorzugt ist und die Magnetisierung auf alle leichten Richtungen zu gleichen Teilen verteilt ist, muß die Anfangssuszeptibilität in allen tetragonalen Richtungen gleich sein: $\chi_{100} = \chi_{010} = \chi_{001}$. Addition der obigen drei Magnetisierungsvektoren gibt daher einen Magnetisierungsvektor in Feldrichtung vom Betrage

$$J = J_{100}\beta_1 + J_{010}\beta_2 + J_{001}\beta_3$$
$$= H\chi_{100}(\beta_1^2 + \beta_2^2 + \beta_3^2)$$
$$= H\chi_{100}.$$

Das bedeutet also, daß χ in allen Richtungen gleich ist. Das gegenteilige Ergebnis, das BOZORTH[1] kürzlich gewonnen hat, beruht auf einem Trugschluß. Wie BOZORTH richtig folgert, ist es für die Komponente der Magnetisierung in Richtung [100] gleichgültig, ob man ein Feld H in Richtung [110] oder ein Feld $H/\sqrt{2}$ in Richtung [100] anlegt. Aber bei der Berechnung der gesamten Magnetisierung darf man natürlich die anderen Komponenten des Feldes und der Magnetisierung nicht vernachlässigen, wie das BOZORTH

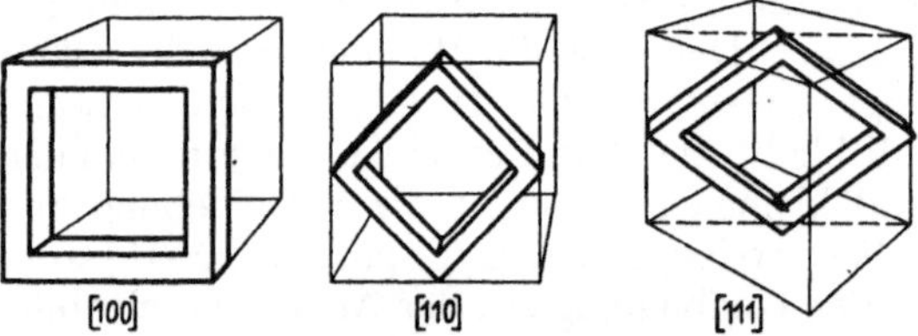

Abb. 90. Die Lage der drei von H. J. WILLIAMS hergestellten Rahmeneinkristalle im kubischen Kristall. (Nach R. M. BOZORTH: J. app. Phys. Bd. 8 (1937) S. 575).

irrtümlicherweise getan hat. Die Magnetisierung, die ein Feld H in Richtung [110] erzeugt, kann man nach obiger Überlegung zusammengesetzt denken aus dem Teil, den die Feldkomponente $H/\sqrt{2}$ in x-Richtung erzeugt und einem zweiten Teil, den die Feldkomponente $H/\sqrt{2}$ in y-Richtung erzeugt. Dadurch, daß BOZORTH diesen zweiten Teil fortläßt, erhält er für die Suszeptibilität in [110]-Richtung nur $\frac{1}{2}\chi_{100}$ und entsprechend in Richtung [111] nur $\frac{1}{3}\chi_{100}$.

Die experimentelle Prüfung dieser Aussage, daß die Anfangspermeabilität von der Kristallrichtung unabhängig ist, ist leider dadurch sehr erschwert, daß an den in der Regel benutzten Einkristallstäben die Entmagnetisierung viel zu groß ist, um eine Messung der Anfangspermeabilität zu gestatten. Erst neuerdings hat H. J. WILLIAMS[2] durch einen Kunstgriff diese Schwierigkeiten überwunden. Er machte die Entmagnetisierung dadurch zu Null, daß er aus einem großen Einkristall aus Siliziumeisen einen rahmenförmigen Streifen herausschnitt (vgl. Abb. 90), der dann längs der Rahmenkanten magnetisiert wurde, so daß der magnetische Kreis geschlossen war. Er stellte drei solche Rahmenkristalle her, von denen bei dem einen die Seiten jeweils einer [100]-Richtung, bei dem zweiten einer [110]-Richtung und bei dem dritten einer [111]-Richtung parallel waren. Bis auf die Ecken lag so das Feld auch überall in der gleichen kristallographischen Richtung. Leider ist es auch auf diese Weise nicht möglich, die Anfangspermeabilität am gleichen Stück in verschiedenen Richtungen zu messen, so daß gefundene Unterschiede noch auf Verschiedenheiten der Kristalle zurückgeführt werden können. Um die inneren Spannungen bei allen drei Rahmenkristallen möglichst klein und gleich zu machen, wurden die Kristalle nach dem Herausschneiden noch einer längeren Glühbehandlung unterworfen. An solchen Kristallen fand nun WILLIAMS die

[1] BOZORTH, R. M.: J. app. Phys. Bd. 8 (1937) S. 575.
[2] WILLIAMS, H. J.: Phys. Rev. Bd. 52 (1937) S. 747 u. 1004.

ın Abb. 91 wiedergegebenen Werte der Permeabilität. Von einer Gleichheit der Anfangspermeabilitäten kann danach keine Rede sein. Sie verhalten sich vielmehr recht genau wie $1 : {}^1\!/_2 : {}^1\!/_3$. Nach den Bozorthschen Überlegungen, die aber, wie wir oben zeigten, einen Irrtum enthalten, schien dieses Ergebnis trivial. Nach unseren obigen theoretischen Überlegungen müssen wir daraus schließen, daß sich die drei Rahmenkristalle irgendwie unterscheiden. Verschiedenheiten der inneren Spannungen von solcher Größe, daß sie gerade dieses Verhältnis bedingen, wollen wir als unwahrscheinlich ausschließen. Ebenso erscheint es unwahrscheinlich, daß etwa die Gesamtoberfläche aller Wände zusammen gerade in solcher Weise verschieden ist. Vielmehr scheinen hier charakteristische Unterschiede in der Verteilung der Wände auf die verschiedenen Wandsorten vorhanden zu sein. Das beobachtete Verhältnis ergibt sich nämlich unter

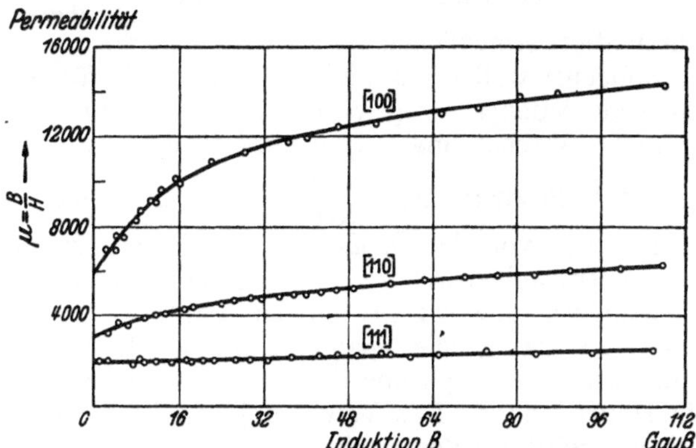

Abb. 91. Die Permeabilität der Rahmeneinkristalle für kleine Werte der Induktion B. [Nach H. J. WILLIAMS: Phys. Rev. Bd. 52 (1937) S. 1004.]

der Annahme, daß nur die 180°-Wandverschiebungen wesentlich sind, und daß außerdem im Ausgangszustand die Magnetisierung bevorzugt in denjenigen leichten Richtungen liegt, die mit der Richtung der Rahmenkanten den kleinsten Winkel bilden. Beim [100]-Kristall ist unter dieser Voraussetzung nur die x- und $\bar{x}$-Richtung besetzt, so daß es nur $x\bar{x}$-Wände gibt. Beim [110]-Kristall gibt es nur $x\bar{x}$- und $y\bar{y}$-Wände, deren Oberfläche zusammen genau so groß ist wie die der $x\bar{x}$-Wände beim [100]-Kristall. Entsprechend sind beim [111]-Kristall alle drei Sorten von 180°-Wänden gleich häufig. Eine Verteilung der Magnetisierungsrichtungen, die diesen Annahmen entsprechen würde und praktisch nur 180°-Wände aufweist, ist in Abb. 92 für den [110]-Kristall schematisch angedeutet. Wie man sich an Hand von Gleichung (7) leicht klarmacht,

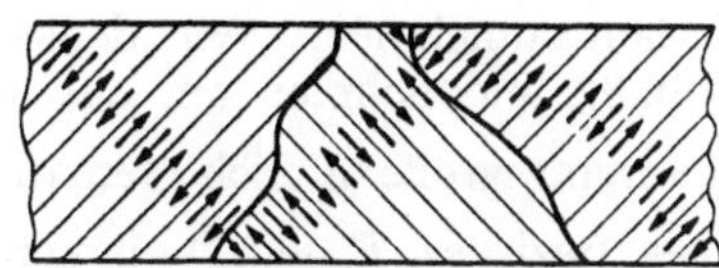

Abb. 92. Die vermutete Verteilung der Magnetisierungsrichtungen in dem Williamschen [110]-Rahmeneinkristall.

ergibt sich unter diesen Voraussetzungen gerade das Verhältnis $1 : {}^1\!/_2 : {}^1\!/_3$ für die Anfangspermeabilität. Diese Deutung, die auch KONDORSKY[1] kürzlich vorgeschlagen hat, wird noch gestützt durch die Beobachtung, daß die Hystereseschleife beim [100]-Rahmenkristall eine ausgesprochene Rechtecksform aufweist. Ein solches Verhalten ist gerade dann zu erwarten, wenn die parallel zur Rahmenkante liegende Würfelkante energetisch vor den anderen beiden bevorzugt ist. Es wird übrigens häufig beobachtet, daß an gut ausgeglühten Einkristallen diejenige leichte Richtung, die der Richtung mit dem kleinsten Entmagnetisierungsfaktor am nächsten liegt, von der Magnetisierung bevorzugt eingenommen wird. Wir werden später bei der Besprechung der Magnetostriktion gelegentlich noch einmal darauf hinweisen (S. 283).

Während hiernach bei den Williamsschen Einkristallen die 180°-Wandverschiebungen von überwiegendem Einfluß zu sein scheinen, sind nach unseren

---

[1] KONDORSKY, E.: Phys. Rev. Bd. 53 (1938) S. 1022.

bisherigen Erfahrungen beim polykristallinen Material meist die 90°-Wand-verschiebungen viel wichtiger für die Anfangspermeabilität. Eine Entscheidung darüber sowie eine weitergehende Prüfung unserer Formeln scheint auf den ersten Blick unmöglich, weil wir weder von der Oberfläche der Wände, noch von der mittleren Steilheit $|\operatorname{grad}\sigma|$ eine ausreichend begründete Vorstellung haben. Wir werden jedoch später sehen, daß es andere magnetische Größen gibt, die von demselben Ausdruck $O_{90°} \cdot \dfrac{1}{|\operatorname{grad}\sigma|}$ abhängen und somit seine Elimination ermöglichen.

Zunächst wollen wir hier die Formel (6) für die von den 90°-Wänden her-rührende Anfangssuszeptibilität noch etwas umformen, so daß sie eine für die weiteren Abschätzungen geeignete Gestalt annimmt. Es zeigt sich nämlich, daß das Produkt $O_{90°} \cdot \dfrac{1}{|\operatorname{grad}\sigma|}$ bei gegebener Absolutgröße der inneren Spannungen von der Größe der Bezirke weitgehend unabhängig ist. Um das einzusehen, wollen wir in Gedanken die gegebene Spannungsverteilung $\sigma(x, y, z)$ so abändern, daß wir sie um den Faktor 2 „dehnen", d. h. wir ordnen dem Punkt $2x$, $2y$, $2z$ die Spannung zu, welche vorher der Punkt x, y, z besaß. Dann wird die Amplitude der Spannung die gleiche bleiben, $|\operatorname{grad}\sigma|$ wird auf die Hälfte sinken. Das Volumen jedes Bezirkes einheitlicher Magnetisierungs-richtung wird auf das 8fache anwachsen, seine Oberfläche auf das 4fache. Da aber die Zahl der im cm³ enthaltenen Bezirke auf den achten Teil sinkt, wird bei dieser Dehnung der Spannungsverteilung die Oberfläche $O_{90°}$ der im cm³ enthaltenen 90°-Wände einer Sorte auf die Hälfte sinken. Das Produkt $O_{90°} \dfrac{1}{\operatorname{grad}\sigma}$ bleibt also von der Dehnung unberührt. Es ist somit im wesent-lichen durch die Amplitude σ_i' der inneren Spannungen bestimmt und nicht durch deren räumliche Wellenlänge.

Dieser Tatbestand wird auch formelmäßig deutlich, wenn wir, um zu einer rohen Abschätzung zu gelangen, für die innere Spannung einen sinusförmigen Verlauf annehmen. Wir denken uns etwa die Bezirke würfelförmig wie in Abb. 87 und nehmen an, daß entlang einer Strecke parallel zur x-Achse die Spannungsgröße σ sich gemäß $\sigma = \sigma_i' \sin \pi \dfrac{x}{l}$ ändert. l ist die Kantenlänge eines Bezirkes, l^3 sein Volumen, $6\,l^2$ seine Oberfläche. $1/l^3$ ist die Zahl der Bezirke pro cm³. Die gesamte Oberfläche aller 90°-Wände im cm³ ist also $\dfrac{1}{2} \cdot 6\,l^2 \cdot \dfrac{1}{l^3} = \dfrac{3}{l}$. Davon entfällt auf jede Sorte $^1/_{12}$. Also folgt $O_{90°} \approx \dfrac{1}{4\,l}$. Andererseits liefert unsere Sinusformel

$$|\operatorname{grad}\sigma|_{\sigma=0} = \sigma_i' \cdot \frac{\pi}{l}.$$

Somit ergibt sich

(8)
$$\chi_a = \frac{4}{3\pi} \cdot \frac{J_s^2}{|\lambda_{100}|\,\sigma_i'}.$$

Diese Formel enthält weder die Oberfläche noch die Steilheit $|\operatorname{grad}\sigma|$, wie nach obiger Überlegung zu erwarten war. An Strenge hat sie dafür gegen Formel (6) sehr verloren. Auf den genauen Wert der Zahlenfaktoren ist kein großer Wert mehr zu legen.

Anfangspermeabilität bei großen Spannungen. Es ist nun höchst bemer-kenswert, daß man praktisch zur gleichen Formel für die Anfangssuszeptibilität gelangt, wenn man den entgegengesetzten Extremfall betrachtet, daß $\lambda\sigma_i$ groß gegen die Kristallenergie ist. In diesem Fall erfolgt die Magnetisierung im Anfangsteil allein durch Drehungen aus den durch die inneren Spannungen festgelegten Vorzugsrichtungen heraus. Diese Modellvorstellung lag der Rechnung zugrunde, durch die erstmalig der Zusammenhang zwischen der Anfangspermeabilität und den inneren Spannungen aufgedeckt wurde[1]. Zur Vereinfachung wollen wir für die Berechnung die Magnetostriktion als isotrop und positiv ansehen und ferner annehmen, daß die innere Spannung eine reine Zugspannung von konstantem Betrage σ_i, aber von Ort zu Ort wechselnder Richtung sei. An einer herausgegriffenen Stelle sei ε der Winkel von σ_i gegen die Feldrichtung.

Bildet die Magnetisierung mit der Spannungsrichtung den Winkel β, so ist nach (11.6) das Drehmoment, das durch die Spannung auf die Volumeneinheit der Magnetisierung ausgeübt wird,

$$M_\sigma = 3\,\lambda\,\sigma_i \sin\beta \cos\beta.$$

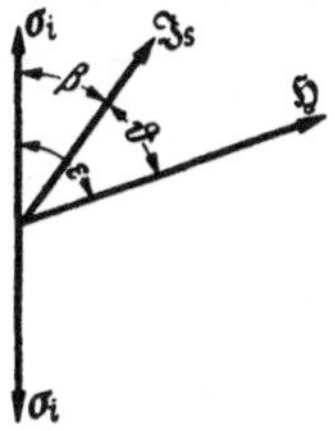

Das Drehmoment des Feldes ist $M_H = H J_s \sin\vartheta$, wenn ϑ der Winkel zwischen J_s und H ist. Wegen $\beta = \varepsilon - \vartheta$ folgt also als Gleichgewichtsbedingung

$$(9) \qquad 3\,\lambda\,\sigma_i \sin(\varepsilon-\vartheta)\cos(\varepsilon-\vartheta) = H J_s \sin\vartheta.$$

Für die Änderung der Komponente der Magnetisierung in Feldrichtung für kleine Felder folgt nunmehr

$$\left(\frac{dJ}{dH}\right)_{H=0} = J_s \left(\frac{d}{dH}\cos\vartheta\right)_{\vartheta=\varepsilon} = -J_s \sin\varepsilon \left(\frac{d\vartheta}{dH}\right)_{\vartheta=\varepsilon}.$$

Abb. 93. Drehung des Magnetisierungsvektors aus der Vorzugslage in die Feldrichtung.

Aus (9) ergibt sich durch Differenzieren

$$3\,\lambda\,\sigma_i \left(\sin^2(\varepsilon-\vartheta) - \cos^2(\varepsilon-\vartheta)\right)\frac{d\vartheta}{dH} = J_s \sin\vartheta + H J_s \cos\vartheta \cdot \frac{d\vartheta}{dH},$$

im Grenzfall $\vartheta \to \varepsilon$ und $H \to 0$ also

$$\left(\frac{d\vartheta}{dH}\right)_{\vartheta=\varepsilon} = -\frac{J_s \sin\varepsilon}{3\,\lambda\,\sigma_i}$$

und somit

$$(10) \qquad \left(\frac{dJ}{dH}\right)_{H=0} = \frac{J_s^2}{3\,\lambda\,\sigma_i}\sin^2\varepsilon.$$

Das wäre die Anfangssuszeptibilität für den Fall, daß alle Bezirke die Richtung ε gegen das Feld einschließen. Für $\varepsilon = 90°$ erhält man offenbar wieder das bekannte Ergebnis von Nickel unter Zug. Bei völlig statistischer Verteilung der inneren Spannungen über alle Raumrichtungen ist $\sin^2\varepsilon$ über die Einheitskugel zu mitteln. Das ergibt $\overline{\sin^2\varepsilon} = \tfrac{2}{3}$ und somit

$$(11) \qquad \chi_a = \frac{2}{9}\frac{J_s^2}{\lambda\,\sigma_i}.$$

Beachten wir noch, daß σ_i' in (8) die Spannungsamplitude war, σ_i in (11) dagegen nach der Herleitung eine mittlere Spannung, also etwa nur halb so groß, so haben wir in (8) und (11) zwei im Rahmen unserer Abschätzung identische Ausdrücke, obwohl die der Rechnung zugrunde liegenden Vorgänge gänzlich verschieden sind. Auf Zahlenfaktoren von der Größenordnung 1 ist dabei kein Wert zu legen. Formel (11) gibt ebenso wie (8) nur eine Abschätzung. Es ist ohne Schwierigkeit möglich, die obige, für den Fall starker innerer Spannungen durchgeführte Rechnung zu verallgemeinern und die vereinfachenden Annahmen hinsichtlich λ und σ_i fallen zu lassen. Wir wollen jedoch die in diesem Sinne strengere Rechnung hier nicht durchführen. Durch sie wird im wesentlichen nur geklärt, welcher Mittelwert der Magnetostriktion und inneren Spannungen

---

[1] RECKER, R. u. M. KERSTEN: Z. Phys. Bd. 64 (1930) S. 660. — KERSTEN, M.: Z. Phys. Bd. 71 (1931) S. 553.

in (11) eigentlich eingeht. Die Rechnung ist aber etwas mühsam und bringt nichts prinzipiell Neues. Ihr Ergebnis verhält sich zu (11) so ähnlich wie im Falle kleiner innerer Spannungen die strenge Formel (6) zu·unserer Abschätzung (8). Sie enthält ebenfalls einen Mittelwert über eine von den inneren Spannungen abhängige Größe, deren Wert aber nicht ohne weiteres zu übersehen ist. Es sei deshalb auf die Spezialliteratur[1] verwiesen.

b) Der Höchstwert der Anfangspermeabilität.

Eine wichtige Anwendung[2] unserer Formel (11) bzw. (8) ist die Frage nach dem Höchstwert von χ_a, den man durch extrem sorgfältige Behandlung des Materials erreichen kann. In einem ferromagnetischen Material kann man

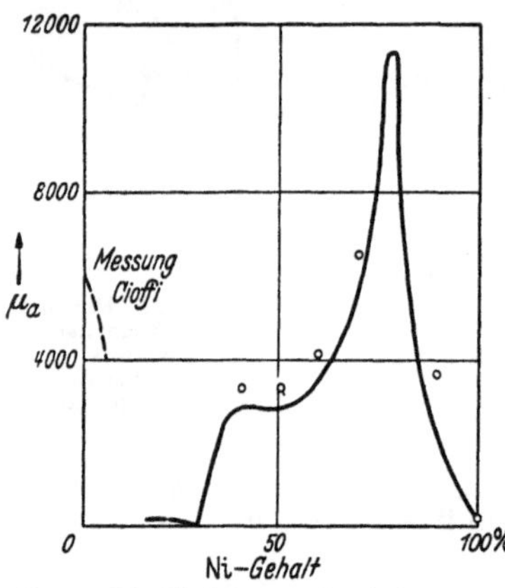

Abb. 94. Die Höchstwerte der Anfangspermeabilität in der Eisen-Nickel-Reihe. [Nach M. Kersten: Z. techn. Phys. Bd. 12 (1931) S. 665.] ———— Gemessene Höchstwerte. ooo Nach Gleichung (12) berechnete Höchstwerte.

nämlich wegen des Auftretens der Magnetostriktion selbst bei größter chemischer Reinheit die inneren Spannungen nicht ganz vermeiden. Wenn in einem anfänglich völlig spannungsfreien Kristall beim Abkühlen unter den Curie-Punkt die spontane Magnetisierung entsteht, so ist es für sie zunächst energetisch völlig gleichgültig, welche der leichten Richtungen sie sich auswählt. Sie wird aber nicht in der ganzen Probe die gleiche Richtung wählen. Das ist statistisch sehr unwahrscheinlich und wäre außerdem bei jedem endlichen Stück wegen der Entmagnetisierung energetisch ungünstig. Wenn nun bei weiterem Anwachsen der spontanen Magnetisierung auch die Magnetostriktion wächst, so entsteht somit eine von Ort zu Ort wechselnde Deformation und daher auch eine unregelmäßige Spannung. Unter ihrem Einfluß wird vielleicht die Magnetisierung teilweise in andere leichte Richtungen übergehen. Jedenfalls aber bewirkt sie, daß die Richtung, die die spontane Magnetisierung schließlich eingenommen hat, nun auch energetisch günstiger ist als die anderen leichten Richtungen. Die in solcher Weise durch die Magnetostriktion hervorgerufenen Spannungen sind offenbar von solcher Größe, daß die durch sie hervorgerufenen Dehnungen von der Größenordnung der Magnetostriktion sind. Wir erhalten somit als Mindestwert der inneren Spannungen in einem ferromagnetischen Material

$$\sigma_{i\,min} \approx \lambda E$$

($E=$ Elastizitätsmodul) und daher als Maximalwert der Anfangspermeabilität nach (11)

$$(12) \qquad \mu_{a\,max} = 1 + 4\pi\,\chi_{a\,max} = 1 + \frac{8\pi}{9}\cdot\frac{J_s^2}{\lambda^2 E}.$$

Wenn die Magnetostriktion stark richtungsabhängig ist, ist sinngemäß hier die Magnetostriktion in der leichten Richtung einzusetzen. Es ist angesichts der rohen Art unserer Berechnung sehr überraschend, daß durch die so gewonnene Formel tatsächlich die in der ganzen Eisen-Nickel-Reihe bisher gemessenen Höchstwerte von μ_a richtig wiedergegeben werden, wie aus der Abb. 94 hervorgeht (nach Kersten). In dieser Abbildung ist in der ausgezogenen Kurve über der Zusammensetzung jeweils die höchste bisher gemessene Permeabilität

[1] Becker, R.: Wiss. Veröff. Siemens-Werk Bd. 11 (1932) S. 1.
[2] Kersten, M.: Z. techn. Phys. Bd. 12 (1931) S. 665.

eingesetzt. Durch kleine Kreise sind diejenigen Werte bezeichnet, welche man nach (12) mit den bekannten Werten von J_s, E, λ berechnet. Die Berechnung muß natürlich an denjenigen Stellen versagen, wo die Magnetostriktion ihr Vorzeichen wechselt. Das ist der Fall beim Permalloy mit etwa 80% Nickel, wo unsere Formel einen unendlich großen Wert ergeben würde. Von besonderem Interesse ist der Fall des reinen Eisens, bei welchem geringe chemische Verunreinigungen erfahrungsgemäß von ungewöhnlich starkem Einfluß auf die Anfangspermeabilität sind. Nach der von KERSTEN angegebenen Formel (12) würde sich als Höchstwert für Eisen mit $E = 2 \cdot 10^{12}$ dyn/cm², $J_s = 1700$, $\lambda_{100} = 1{,}8 \cdot 10^{-5}$ ergeben:

$$\mu_{a\,\mathrm{max}} \approx 12000.$$

Der höchste experimentelle Wert, welcher zur Zeit der Kerstenschen Veröffentlichung im Jahre 1931 vorlag, war 6000. Diesen Wert beobachtete CIOFFI[1] an einer besonders reinen Eisenprobe, welche er sehr lange bei hohen Temperaturen im Wasserstoffstrom geglüht hatte. Inzwischen hat CIOFFI[2] seine Versuche zur Herstellung extrem reinen Eisens mit bewundernswerter Ausdauer weitergeführt und im Jahre 1934 den Wert 14000 erreicht, also praktisch den von KERSTEN vorausgesagten Höchstwert. Man wird noch einige Jahre warten müssen, bevor man diese Tatsache als endgültigen Erfolg von KERSTENs Formel ansieht. Denn vom theoretischen Standpunkt aus ist es keineswegs ausgeschlossen, noch wesentlich höhere Werte für μ_a zu erreichen. Insbesondere sind es zwei Gründe, welche den Höchstwert von KERSTEN als nicht zwingend erscheinen lassen. Einmal haben wir bei unserer ganzen Betrachtung über die Anfangspermeabilität die 180°-Wände völlig außer acht gelassen und nur die quasielastische Verschiebung der 90°-Wände betrachtet. Tatsächlich aber muß man mit der Möglichkeit rechnen, daß auch die 180°-Wände sich unter Umständen an der reversiblen Magnetisierung sehr wesentlich beteiligen können. Für den Beitrag der 180°-Wände, der zu dem hier berechneten Beitrag der 90°-Wände hinzukäme, ist ein theoretischer Höchstwert bisher nicht angebbar. Auf der anderen Seite bietet sich experimentell eine Möglichkeit, bei der Herstellung des Materials magnetostriktive Spannungen weitgehend zu vermeiden. Wenn man nämlich die Abkühlung unter den Curie-Punkt in einem so starken Magnetfeld vornimmt, daß im ganzen Versuchsstück der spontanen Magnetisierung die Richtung des Feldes aufgezwungen wird, so würden sich die magnetostriktiven unregelmäßigen Eigenspannungen weitgehend vermeiden lassen. Tatsächlich haben BOZORTH und DILLINGER[3] durch ein derartiges Verfahren Materialien von abnormen Eigenschaften, insbesondere von extrem kleiner Koerzitivkraft erzeugen können (vgl Kap. 30d). Allerdings ist bisher nicht bekannt geworden, daß die Anfangspermeabilität bei diesem Verfahren besonders groß geworden ist. Immerhin muß man aber mit der Möglichkeit rechnen, daß auf diesem oder einem ähnlichen Wege der durch (12) gegebene Kerstensche Grenzwert erheblich überschritten werden kann.

c) Die inneren Spannungen.

Wenn wir über die in der Berechnung des Höchstwertes $\chi_{a\,\mathrm{max}}$ liegende Kontrolle hinaus noch weiterhin unsere Formeln prüfen wollen, müssen wir andere Methoden zur Bestimmung der inneren Spannungen heranziehen. Bei den dafür in Frage kommenden Verfahren müssen wir in dieser Hinsicht zwei

[1] CIOFFI, P. P.: Nature, Lond. Bd. 126 (1930) S. 200.
[2] CIOFFI, P. P.: Phys. Rev. Bd. 45 (1934) S. 742.
[3] DILLINGER, J. F. u. R. M. BOZORTH: Physics Bd. 6 (1935) S. 279 u. 285. — BOZORTH, R. M.: Phys. Rev. Bd. 46 (1934) S. 232.

Gruppen unterscheiden, nämlich solche, die einen anderen Mittelwert von σ_i enthalten als unsere obigen Formeln, und solche, die auf den gleichen Mittelwert ansprechen. Bei den Methoden der ersten Gruppe kann man von vornherein nur eine angenäherte Übereinstimmung erwarten. Wenn sich aus ihnen bis auf 50% die gleiche innere Spannung ergibt wie aus μ_a, muß man es noch als ausreichend bezeichnen. Bei den Methoden der zweiten Gruppe, die ausschließlich magnetische Meßverfahren umfaßt, wird man dagegen eine sehr viel schärfere Bestätigung erwarten können. Sie sind besonders wichtig als Kontrolle für die Richtigkeit unserer Ansätze, z. B. hinsichtlich der Beteiligung der 180°-Wände an der Anfangspermeabilität.

Zu der ersten Gruppe gehören alle Methoden, die auch bei nichtferromagnetischen Stoffen anwendbar sind. Daß man in der technischen Materialprüfung innere Spannungen nachweisen kann, die in größeren Bereichen homogen sind, ist ja bekannt. Wenn z. B. in einem gezogenen Stab die äußere Schicht unter Zugspannung steht, der Kern dagegen unter Druckspannung, so weist man diesen Zustand dadurch nach, daß man eine dünne Schicht der Oberfläche durch Abdrehen oder Abätzen entfernt und die dabei auftretende Längenänderung mißt. Es würde eine Dehnung resultieren, da ja die durch einen Querschnitt übertragene resultierende Kraft stets gleich Null bleiben muß. Derartige Methoden sind aber zum Nachweis unserer in kleinen Bereichen veränderlichen Spannungen σ_i nicht brauchbar. Des weiteren käme eine Messung von σ_i mit Hilfe von Röntgeninterferenzen in Frage, etwa aus der Breite der Linien im Debye-Scherrer-Diagramm. Diese im Prinzip sicher nicht aussichtslose Methode ist im vorliegenden Fall noch nicht angewandt worden. Als weitere nicht magnetische Verfahren zur σ_i-Bestimmung kämen noch in Betracht: Messung des Wärmeinhalts oder des elektrochemischen Potentials des verspannten Materials im Vergleich gegen das spannungsfreie. Solche Messungen sind aber in unserem Zusammenhang bisher nicht durchgeführt. Die magnetischen Größen, aus denen sich σ_i entnehmen läßt, sind dagegen ungleich mannigfaltiger. Wir wollen sie nacheinander durchgehen. Die hier auftretenden Zusammenhänge sind fast alle erstmalig von KERSTEN[1] angegeben und zum vorliegenden Zwecke untersucht worden.

Als erste Größe, die hier in Frage kommt, sei die *reversible Magnetisierungsarbeit* betrachtet. Wir haben bereits in Kapitel 10 erörtert, daß bei Einkristallen die Magnetisierungsarbeit in der leichten Richtung ein Maß für die inneren Spannungen ist. Bei Polykristallen ist das ebenfalls der Fall, wenn die Spannungsenergie gegen die Kristallenergie überwiegt. Bei kleinen inneren Spannungen ist dagegen die Magnetisierungsarbeit im wesentlichen durch die Kristallenergie gegeben; der kleine, durch die inneren Spannungen gelieferte Beitrag verschwindet demgegenüber. Bei starken inneren Spannungen ist jedoch der Beitrag der Kristallenergie zur freien Energie im Mittel über alle Bezirke im magnetisch gesättigten Zustand der gleiche wie im Felde $H = 0$. Weil bei den verschiedenen Kristalliten alle Orientierungen gleich wahrscheinlich sind, treten in der Sättigung alle Magnetisierungsrichtungen relativ zu den Kristallachsen gleich häufig auf. Dasselbe ist auch im Felde $H = 0$ der Fall, da dann die inneren Spannungen die Magnetisierungsrichtungen bestimmen und durch sie keine Kristallrichtung bevorzugt ist. Die Größe der Magnetisierungsarbeit bei großem σ_i ist leicht zu berechnen unter der schon oben benutzten vereinfachenden Annahme, daß λ isotrop und σ_i eine Zugspannung konstanten Betrages und wechselnder Richtung ist. In einem Bezirk, dessen Gleichgewichts-

---

[1] KERSTEN, M.: Z. Phys. Bd. 71 (1931) S. 553; Bd. 76 (1932) S. 505; Bd. 82 (1933) S. 723; Bd. 85 (1933) S. 708.

lage den Winkel ε mit der Feldrichtung einschließt, ist nach Kapitel 11 die zur Sättigung aufzuwendende Magnetisierungsarbeit pro cm³

$$U_\varepsilon = \tfrac{3}{2}\,\lambda\,\sigma_i \sin^2 \varepsilon.$$

Bei isotroper Verteilung der Richtungen von σ_i wird im Mittel $\overline{\sin^2 \varepsilon} = \tfrac{2}{3}$; also erhalten wir für das polykristalline Material den einfachen Zusammenhang

$$(13) \qquad\qquad\qquad U = \lambda\,\sigma_i.$$

Natürlich ist diese Arbeit nur der reversible Anteil der Magnetisierungsarbeit. Erfahrungsgemäß wird nun der Kurvenzweig zwischen Sättigung und Remanenz nahezu reversibel durchlaufen. Beim Zurückgehen der Magnetisierung aus der Feldrichtung in die durch σ_i vorgeschriebene günstigste leichte Richtung besteht ja keine Veranlassung zu 180°-Wandverschiebungen, welche bei starken inneren Spannungen den wesentlichsten Bestandteil der irreversiblen Vorgänge bilden. Der reversible Anteil der Magnetisierungsarbeit wird also einigermaßen richtig durch die in Abb. 95 schraffierte Fläche $RS'S$ zwischen der Ordinatenachse und dem absteigenden Hystereseast von der Sättigung bis zur Remanenz gegeben. Nach KERSTEN ergab die Ausmessung an der in Abb. 95 dargestellten Kurve (Nickeldraht, plastisch gereckt bis 26 kg/mm²) für die Magnetisierungsarbeit

$$U = 25\,000 \text{ erg/cm}^3.$$

Mit $|\lambda| = 3{,}6 \cdot 10^{-5}$ folgt daraus

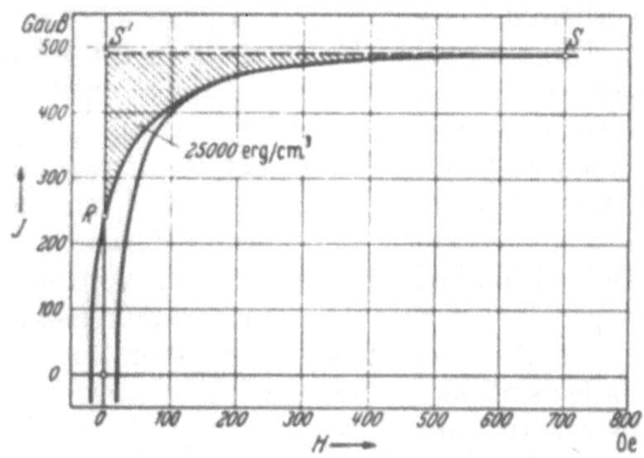

Abb. 95. Die reversible Magnetisierungsarbeit (Nickeldraht, 0,8 mm ⌀, 1 Stunde bei 900° in H_2 geglüht, bis 26 kg/mm² plastisch gereckt). [Nach M. KERSTEN: Z. Phys. Bd. 76 (1932) S. 505.]

$$(\sigma_i)_U = \frac{25000}{3{,}6 \cdot 10^{-5}} = 7 \cdot 10^8 \text{ dyn/cm}^2 = 7 \text{ kg/mm}^2.$$

Wenn die Anfangssuszeptibilität nach (11) durch das gleiche σ_i bestimmt ist, müßte sie bei diesem Draht

$$\chi_a = \frac{2}{9} \cdot \frac{J_s^2}{\lambda\,\sigma_i} = \frac{2}{9}\,\frac{J_s^2}{U} = \frac{2}{9}\,\frac{(500)^2}{25000} = 2{,}2$$

sein.

Die wirkliche Messung ergab $\mu_a = 32$, also $\chi_a = \frac{\mu_a - 1}{4\,\pi} = 2{,}5$. Das ist im Rahmen der zu erwartenden Genauigkeit eine weit ausreichende Übereinstimmung.

Von den magnetischen Eigenschaften, die in gleicher Weise wie χ_a auf die inneren Spannungen ansprechen, wollen wir zwei genauer betrachten, nämlich die *reversible Permeabilität im Remanenzpunkt* und die *Veränderung der Remanenz durch eine kleine überlagerte äußere Spannung*. Wir erörterten bereits in Kap. 9, S. 111, daß der Zustand im Remanenzpunkt sich von dem entmagnetisierten Zustand im wesentlichen dadurch unterscheidet, daß von den beiden, im Felde Null energetisch gleichwertigen, entgegengesetzt gerichteten günstigsten Vorzugslagen diejenige eingenommen wird, die mit der vorhergehenden Feldrichtung den kleineren Winkel bildet. Wenn also ε der Winkel der Magnetisierungsrichtung mit der Feldrichtung ist, so sind beim polykristallinen Material im entmagnetisierten Zustand alle Winkel ε vertreten, im Remanenzpunkt nur Werte $\varepsilon < 90°$. Die Größe der demnach zu erwartenden remanenten Magnetisierung erhalten wir durch Mittelung von $J_s \cos \varepsilon$ über die positive Halbkugel

$$(14) \qquad J_R = J_s \, \overline{\cos \varepsilon} = \tfrac{1}{2} J_s.$$

Ganz streng stimmt das wirkliche Verhalten mit dieser Annahme aber nicht überein. Denn erstens ist in einem polykristallinen Material, selbst wenn man durch Ausglühen systematische, von der Bearbeitung herrührende innere Spannungen möglichst beseitigt hat, die Remanenz selten gleich 0,5 J_s. Sie ist meist höher und streut unregelmäßig zwischen 0,3 J_s bis 0,8 J_s. Zweitens sollte, wenn diese Vorstellung richtig ist, die Magnetostriktion und die ferromagnetische Widerstandsänderung keine Remanenz zeigen. Tatsächlich ist eine solche aber stets vorhanden, wenn sie auch meist verhältnismäßig klein ist. Für die im folgenden abzuleitenden Beziehungen ist daher eine strenge Gültigkeit nicht zu erwarten. Immerhin liefern sie eine brauchbare Übersicht über das wirkliche Verhalten.

Die reversible Permeabilität im Remanenzpunkt. Man übersieht sofort, daß bei starken inneren Spannungen die reversible Suszeptibilität χ_R im Remanenzpunkt gleich der Anfangssuszeptibilität χ_a sein sollte. Der Unterschied ist ja nur, daß in der Remanenz in einigen Bezirken die Magnetisierung in der entgegengesetzt gleichen Richtung liegt wie im entmagnetisierten Zustand, also der Winkel ε gegen die Feldrichtung durch $180° - \varepsilon$ ersetzt ist. Da aber nach (10) die Permeabilität nur von $\sin^2 \varepsilon$ abhängt, ändert sie sich dadurch nicht. Bei starken inneren Spannungen erwarten wir also $\chi_R = \chi_a$.

Anders ist es bei kleinen inneren Spannungen, wenn die Wandverschiebungen maßgebend sind. Nehmen wir die Richtungskosinus der Feldrichtung β_1, β_2, β_3 als positiv an, so besteht im Fall des Eisens der Unterschied zwischen entmagnetisiertem Zustand und Remanenz darin, daß die $\bar{x}$-, $\bar{y}$- und $\bar{z}$-Bezirke in x-, y- und z-Bezirke verwandelt worden sind. Die Fläche der 90°-Wände insgesamt ändert sich dadurch nicht. Nur ihre Verteilung auf die verschiedenen Sorten wird anders. Es treten nur noch drei Sorten auf, nämlich xy-Wände, yz-Wände und zx-Wände; ihre Fläche ist je viermal größer geworden als im entmagnetisierten Zustand. Wir erhalten also die Formel für die Suszeptibilität im Remanenzpunkt, wenn wir die Summe über alle Richtungsfaktoren in Tabelle 13, die damals 8 betrug, ersetzen durch das Vierfache der Summe über die Richtungsfaktoren für die obigen drei Wandsorten. Also folgt

$$(15) \qquad \begin{cases} \dfrac{\chi_R}{\chi_a} = \dfrac{4\,((\beta_1 - \beta_2)^2 + (\beta_2 - \beta_3)^2 + (\beta_3 - \beta_1)^2)}{8} \\[2mm] \qquad = 1 - (\beta_1 \beta_2 + \beta_2 \beta_3 + \beta_3 \beta_1). \end{cases}$$

Das Mittel über alle Kristallite erhalten wir, indem wir $\beta_1 \beta_2 + \beta_2 \beta_3 + \beta_3 \beta_1$ über den positiven Quadranten mitteln. Das ergibt $\overline{\beta_1 \beta_2 + \beta_2 \beta_3 + \beta_3 \beta_1} = 2/\pi$ und somit für Eisen

$$(16) \qquad \frac{\chi_R}{\chi_a} = 1 - \frac{2}{\pi} = 0{,}364.$$

Wenn die leichten Richtungen nicht mehr in den Würfelkanten liegen, wird dieses Ergebnis ein wenig geändert. Bei Nickel, wo die Raumdiagonale die leichte Richtung darstellt, gibt es nicht mehr 6 Vorzugsrichtungen wie hier, sondern 8 und entsprechend nicht mehr 12, sondern 24 Sorten von „90°-Wänden". Die Winkel zwischen den Magnetisierungsrichtungen der angrenzenden Bezirke sind aber an diesen Wänden nicht mehr 90°. Die Tabelle 13 der Richtungsfaktoren ändert sich grundlegend. Die entsprechenden Rechnungen sind aber ebenfalls elementar durchführbar. Es ergibt sich $\chi_R/\chi_a = 0{,}328$, also ein nur wenig verschiedenes Ergebnis.

Wir können aber ein Verhältnis χ_R/χ_a von etwa 0,3 bis 0,4 an weichen Materialien nur dann erwarten, wenn die 180°-Wände bei der Anfangspermeabilität keine Rolle spielen. Wenn sie dagegen wesentlich beteiligt sind, muß χ_R/χ_a kleiner sein. Denn da nach den oben erläuterten Vorstellungen im Remanenzpunkt 180°-Wände nicht vorhanden sind, macht ihr Einfluß sich bei χ_R nicht bemerkbar. Es wird nur χ_a größer, als in der obigen Rechnung vorausgesetzt worden ist. Der Bruch χ_R/χ_a wird also kleiner.

Messungen von χ_R/χ_a sind von DAHL, PFAFFENBERGER und SPRUNG[1] an vielen Materialien ausgeführt worden. Neben der Anfangspermeabilität und den Verlustgrößen ist auch diese Größe bei der Beurteilung der Eignung eines Materials für den Kern von Pupinspulen von großem Interesse. Von solchen Spulen verlangt man auch eine möglichst große Stabilität. Das heißt, durch Störströme, die kurzzeitig eine starke Magnetisierung bewirken, soll ihre Induktivität eine möglichst geringe bleibende Änderung erfahren. Als Maß für die Instabilität benutzt man die Größe $s = \dfrac{\mu_a - \mu_R}{\mu_a}$, wobei μ_R die nach Magnetisierung bis zur Sättigung im Remanenzpunkt gemessene Permeabilität ist. DAHL, PFAFFENBERGER und SPRUNG haben vor allem den Einfluß des Kaltwalzens auf die Größe s an vielen Materialien untersucht. Ihre

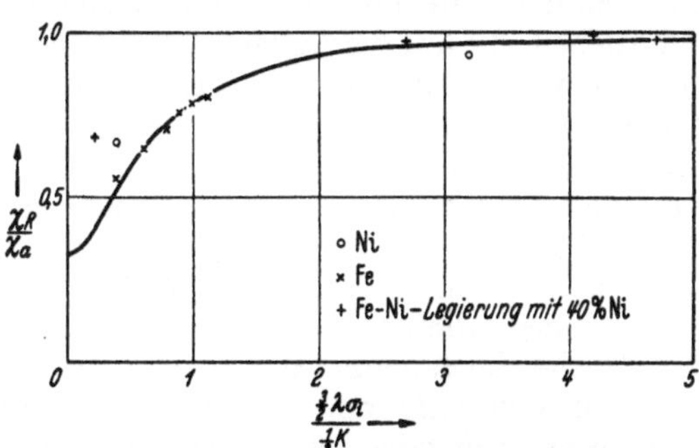

Abb. 96. Das Verhältnis χ_R/χ_a in Abhängigkeit von dem Verhältnis zwischen der Spannungsenergie und Kristallenergie. [Berechnet nach Messungen von O. DAHL, J. PFAFFENBERGER u. H. SPRUNG: Elektr. Nachr.-Techn. Bd. 10 (1933) S. 317.] (Die ausgezogene Kurve entspricht qualitativ der theoretischen Erwartung.)

Meßergebnisse sind zur Zeichnung von Abb. 96 verwandt worden. Dort ist das Verhältnis χ_R/χ_a aufgetragen in Abhängigkeit von der Größe $x = \dfrac{\frac{3}{2}\lambda\,\sigma_i}{\frac{1}{3}K}$. K ist die Konstante der Kristallenergie, $1/3\,K$ ist also der Energieunterschied zwischen der leichten und schweren Richtung. $\frac{3}{2}\lambda\,\sigma_i$ ist die von den inneren Spannungen herrührende Spannungsenergie. Sie wurde nach der Kerstenschen Formel aus der Anfangssuszeptibilität ermittelt. Je nachdem, ob die Größe $x = \dfrac{\frac{3}{2}\lambda\,\sigma_i}{\frac{1}{3}K}$ groß oder klein gegen 1 ist, überwiegt der Einfluß der inneren Spannungen oder der Kristallenergie auf die Magnetisierungsrichtung. Wir erwarten also nach obigen theoretischen Überlegungen, daß χ_R/χ_a bei großem x annähernd 1 ist, mit abnehmendem x dagegen abnimmt und bei sehr kleinem x einen Wert von etwa 0,3 erreicht. Wenn die 180°-Wände eine erhebliche Rolle spielen, kann dieses Verhältnis auch noch kleiner werden. Man sieht, daß die Meßergebnisse dieser Erwartung im großen und ganzen recht gut entsprechen. Die Punkte passen sich, wenn auch mit ziemlich großen Streuungen, einem Kurvenzug an, der bei ungefähr $\chi_R/\chi_a = 0,3$ beginnt und für große x asymptotisch gegen 1 geht. Unterschreitungen des Wertes 0,3 kommen bei den genannten Messungen nicht vor. Von anderen Forschern sind solche jedoch beobachtet worden. So sind z. B. von SCHULZE[2] an rekristallisiertem Karbonyleisen Werte von $\chi_R/\chi_a = 0,17$ bis 0,25, je nach der Wärmebehandlung, gemessen worden. Dort scheint also unzweifelhaft die Anfangssuszeptibilität zum erheblichen Teil

[1] DAHL, O., J. PFAFFENBERGER u. H. SPRUNG: Elektr. Nachr.-Techn. Bd. 10 (1933) S. 317.

[2] SCHULZE, H.: Wiss. Veröff. Siemens-Werk Bd. 17 (1938) S. 151; ferner in: Probleme der technischen Magnetisierungskurve. Berlin 1938.

durch reversible Wandverschiebungen von 180°-Wänden bedingt zu sein. Systematische Untersuchungen darüber, unter welchen Umständen ihre Beteiligung wesentlich ist, sind bisher aber noch nicht durchgeführt.

Die Beeinflussung der Remanenz durch äußeren Zug. Eine gegen die inneren Spannungen kleine, von außen angelegte Zugspannung ruft in einem ferromagnetischen Material ähnlich wie ein kleines Magnetfeld Wandverschiebungen und Drehungen hervor. So liegt es nahe, zur Prüfung unserer Überlegungen die Wirkung einer äußeren Spannung zu vergleichen mit der Wirkung des Feldes, die sich ja in der Größe der Anfangspermeabilität ausprägt. Leider ist aber im entmagnetisierten Zustand die Wirkung eines Zuges magnetisch nicht beobachtbar, denn die pauschale Magnetisierung bleibt auch unter Zug Null. Man könnte höchstens, um seinen Einfluß festzustellen, andere Effekte heranziehen, die auf die Änderung der Verteilung der Magnetisierungsrichtungen ansprechen. Dafür kommt einerseits die Änderung des elektrischen Widerstandes in Frage, die uns in Kapitel 22 beschäftigen wird und andererseits die Magnetostriktion. Dieser letzte Effekt, die von einer Spannung hervorgerufene Magnetostriktion, ist die Ursache des ΔE-Effektes, den wir in Kapitel 24 behandeln wollen. Magnetisch kann man den Einfluß eines Zuges nur verfolgen, wenn bereits ohne Zug eine Magnetisierung vorhanden ist. Wegen der besprochenen Ähnlichkeit mit dem entmagnetisierten Zustand betrachten wir deshalb die Remanenz. Wir wollen die Überlegungen wieder in den beiden Grenzfällen durchführen, in denen der Einfluß der inneren Spannungen entweder sehr groß oder sehr klein gegen die Kristallenergie ist. Die angelegte Spannung σ sei stets klein gegen die inneren Spannungen. Dann ist von vornherein zu erwarten, daß die Änderung der prozentualen Remanenz J_R/J_s durch die Spannung proportional zu σ/σ_i sein wird, also

$$(17) \qquad \delta\left(\frac{J_R}{J_s}\right) = C \cdot \frac{\sigma}{\sigma_i}$$

oder

$$(17\,\text{a}) \qquad \left(\frac{dJ_R}{d\sigma}\right)_{\sigma=0} = C \cdot \frac{J_s}{\sigma_i}.$$

Eine solche Beziehung wird in beiden Extremfällen gelten. Es handelt sich nur noch um die Berechnung des Proportionalitätsfaktors C, der die Größenordnung 1 und das gleiche Vorzeichen wie die Magnetostriktion haben muß; denn bei positiver Magnetostriktion erhöht ja ein Zug die Remanenz und bei negativer erniedrigt er sie, wie aus den Kurven von Nickel und Permalloy unter Zug (Abb. 62 und 63) sofort einleuchtet.

Im Fall kleiner innerer Spannungen wollen wir die Rechnung wieder nur für ein Material durchführen, bei dem wie bei Eisen die Würfelkante die leichte Richtung ist. Wir wollen zunächst die Wandverschiebungen in einem Einzelkristallit betrachten, in dem die Richtung der von außen angelegten Zugspannung σ die Richtungskosinus β_1, β_2, β_3 in bezug auf die tetragonalen Achsen hat. Ferner wollen wir annehmen, daß sich diese Spannung σ den inneren Spannungen einfach an jeder Stelle mit gleicher Größe überlagert. Diese Annahme kann aus zwei Gründen nicht streng richtig sein. *Erstens* erzeugen die Wandverschiebungen selbst zusätzliche magnetostriktive Spannungen. Da aber die kleine Inhomogenität der zusätzlichen Spannung hier auf das Ergebnis keinen Einfluß hat, wollen wir an dieser Stelle nicht näher darauf eingehen. Bei der Behandlung des ΔE-Effektes werden wir diese Frage ausführlich zu erörtern haben. *Zweitens* verhindert die elastische Anisotropie des Eisenkristalls eine gleichförmige Verteilung der von außen angelegten Zugspannung auf die einzelnen Kristallite des Polykristalls. Auf diesen Punkt kommen wir nachher zurück. Nach Kapitel 11 beträgt die Spannungsenergie, die beim Anlegen der äußeren Spannung σ an jeder Stelle zu der von den inneren Spannungen herrührenden Spannungsenergie hinzukommt:

$$F_\sigma = -\tfrac{3}{2}\lambda_{100}\,\sigma\,(\alpha_1^2\beta_1^2 + \alpha_2^2\beta_2^2 + \alpha_3^2\beta_3^2) - 3\,\lambda_{111}\,\sigma\,(\alpha_1\alpha_2\beta_1\beta_2 + \alpha_2\alpha_3\beta_2\beta_3 + \alpha_3\alpha_1\beta_3\beta_1)$$

(α_1, α_2, α_3: Richtungskosinus der Magnetisierungsrichtung).

Die gegen die äußere Spannung zu leistende Arbeit, um in dem Volumen dV die Magnetisierung aus der x- in die y-Richtung zu drehen, beträgt demnach

$$[F_\sigma(0,1,0) - F_\sigma(1,0,0)]\,dV = \tfrac{3}{2}\lambda_{100}\,\sigma\,(\beta_1^2 - \beta_2^2)\,dV\,.$$

Das ist andererseits aber auch die Arbeit, die von der äußeren Spannung geleistet wird, wenn durch Verschiebung einer xy-Wand in dem Volumen dV die Magnetisierung aus der y- in die x-Richtung übergeht. Durch die entsprechende Überlegung, die wir auf S. 149 über die Wirkung eines Feldes auf die Wände anstellten, folgt daraus sofort, daß die Zugspannung σ auf eine xy-Wand genau so wirkt wie ein hydrostatischer Druck von der Größe $\tfrac{3}{2}\lambda_{100}\,\sigma\,(\beta_1^2 - \beta_2^2)$ (vgl. Abb. 97). Man erhält daher für das Volumen, in dem die Magnetisierung infolge der Verschiebungen der xy-Wände in 1 cm³ unter dem Einfluß des Zuges von der y- in die x-Richtung umklappt:

$$(18)\quad V_{xy} = O_{xy}\cdot\frac{1}{|\mathrm{grad}\,\sigma_{21}|}\cdot\frac{\lambda_{100}}{|\lambda_{100}|}\,\sigma\,(\beta_1^2 - \beta_2^2)\,.$$

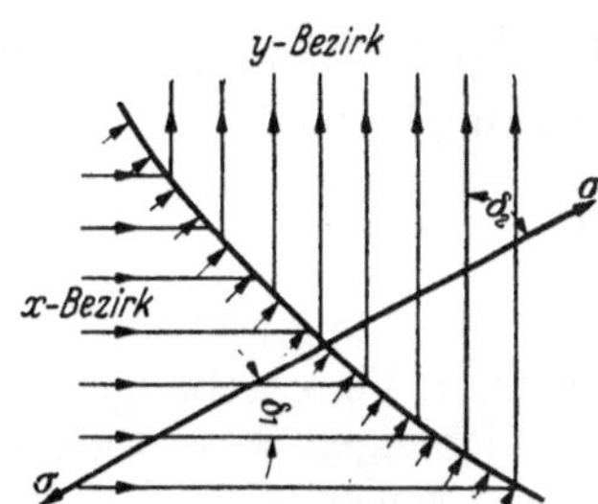

Abb. 97. Eine Zugspannung σ wirkt auf eine xy-Wand ebenso wie ein hydrostatischer Druck $p = \tfrac{3}{2}\lambda_{100}\,\sigma\,(\beta_1^2 - \beta_2^2)$ (vgl. Abb. 88) ($\beta_1 = \cos\delta_1$; $\beta_2 = \cos\delta_2$).

V_{xy} ist positiv, wenn die x-Bezirke wachsen. O_{xy} ist die Oberfläche der xy-Wände eines Kubikzentimeters.

Wir betrachten speziell den Einfluß des Zuges auf das Verhalten im Remanenzpunkt. Die Zugrichtung sei mit der Richtung der vorhergehenden Magnetisierung identisch. β_1, β_2, β_3 setzen wir als positiv voraus. Auf S. 160 hatten wir schon erörtert, daß unter diesen Annahmen im Remanenzpunkt von den 12 Sorten von 90°-Wänden, die im entmagnetisierten Zustand vorhanden sind, nur noch die drei Sorten xy, yz und xz vertreten sind. Deren Oberfläche ist dafür 4mal größer geworden als im entmagnetisierten Zustand. Wenn wir wieder, wie auf S. 151 mit $O_{90°}$ die Oberfläche der 90°-Wände einer Sorte im cm³ im entmagnetisierten Zustand bezeichnen, so haben wir hier also

$$O_{xy} = O_{yz} = O_{zx} = 4\,O_{90°}$$

zu setzen. Die Komponente der Magnetisierung in Zugrichtung ändert sich demnach infolge der Wandverschiebung der xy-Wände um den Betrag

$$(19)\quad (\delta J_R)_{xy} = J_s(\beta_1 - \beta_2)\,V_{xy} = 4\cdot O_{90°}\,\frac{1}{|\mathrm{grad}\,\sigma|}\cdot J_s\,\sigma\,\frac{\lambda_{100}}{|\lambda_{100}|}\cdot(\beta_1^2 - \beta_2^2)(\beta_1 - \beta_2)\,.$$

Entsprechende Ausdrücke erhalten wir auch für die anderen Wandsorten. Für die gesamte Änderung der Magnetisierung folgt daraus nach einer kurzen Umformung

$$(20)\quad \delta J_R = 4\cdot O_{90°}\,\frac{1}{|\mathrm{grad}\,\sigma|}\cdot J_s\,\sigma\,\frac{\lambda_{100}}{|\lambda_{100}|}\cdot[3\,(\beta_1^3 + \beta_2^3 + \beta_3^3) - (\beta_1 + \beta_2 + \beta_3)]\,.$$

Durch Mittelung der eckigen Klammer über alle Richtungen des positiven Oktanten erhält man daraus für den Polykristall

$$(21)\qquad \frac{dJ_R}{d\sigma} = O_{90°}\,\frac{1}{|\mathrm{grad}\,\sigma|}\cdot J_s\,\frac{\lambda_{100}}{|\lambda_{100}|}\cdot 3\,.$$

Bei der Berechnung der Anfangssuszeptibilität hatten wir nun schon abgeleitet, daß das Produkt $O_{90°} \cdot \dfrac{1}{|\overline{\mathrm{grad}\,\sigma}|}$ größenordnungsmäßig durch die Amplitude der inneren Spannungen σ_i' gegeben ist. Wir hatten gefunden (S. 154)

$$O_{90°} \cdot \frac{1}{|\overline{\mathrm{grad}\,\sigma}|} \approx \frac{1}{4\pi} \cdot \frac{1}{\sigma_i'}.$$

Damit erhalten wir näherungsweise

$$(22) \qquad \frac{dJ_R}{d\sigma} = \frac{3}{4\pi} \frac{\lambda_{100}}{|\lambda_{100}|} \cdot \frac{J_s}{\sigma_i'}.$$

Dieser Ausdruck hat in der Tat die vermutete Gestalt (17). Zur experimentellen Prüfung unserer Überlegungen ist es aber zweckmäßiger, nicht die inneren Spannungen einzuführen, sondern die Anfangssuszeptibilität, die ja auch von dem Produkt $O_{90°} \cdot \dfrac{1}{|\overline{\mathrm{grad}\,\sigma}|}$ abhängt. Dividiert man Gleichung (22) durch die Gleichung (6) (S. 151), so folgt

$$(23) \qquad \frac{dJ_R}{d\sigma} = \frac{9}{16} \frac{\lambda_{100}}{J_s} \chi_a.$$

Diese Gleichung ist jedoch nur gültig, wenn die Anfangspermeabilität wirklich nur durch Verschiebungen von 90°-Wänden zustande kommt. Sind 180°-Wandverschiebungen wesentlich beteiligt, so sollte $dJ_R/d\sigma$ kleiner sein.

Wir wollen nun den Einfluß der elastischen Anisotropie des Einkristalls auf den Wert der Remanenzverschiebung abschätzen. Bei der Gewinnung der für den Polykristall gültigen Gleichung (21) hatten wir einfach in Gleichung (20) die eckige Klammer, die die Richtungskosinus β_1, β_2, β_3 der Zugrichtung enthielt, über alle Richtungen des positiven Oktanten gemittelt. Das ist aber nur dann richtig, wenn man annehmen kann, daß die Spannung σ bei allen Kristalliten gleich und innerhalb der Kristallite homogen ist. Sobald aber der Elastizitätsmodul anisotrop ist, ist diese Voraussetzung nicht mehr erfüllt. Wenn z. B. wie bei Eisen der Elastizitätsmodul in der [111]-Richtung wesentlich größer ist als in der [100]-Richtung, so stehen diejenigen Kristallite, bei denen die Zugrichtung eine [111]-Richtung ist, im Mittel unter einer höheren Spannung als diejenigen, bei denen die [100]-Richtung parallel zur Zugrichtung liegt. Zur Remanenzänderung tragen aber im wesentlichen nur die letzteren bei. Nach Gleichung (20) ist die Remanenzänderung beim Einzelkristallit Null, wenn die Zugrichtung in die [111]-Richtung fällt. Das ist auch unmittelbar verständlich. Denn die [111]-Richtung bildet mit allen leichten Richtungen den gleichen Winkel. Durch die Zugspannung wird also in diesem Falle keine von ihnen begünstigt. Wandverschiebungen können dann beim Anlegen der Zugspannung gar nicht auftreten, nur Drehungen gegen die Kristallenergie, welche wir wegen ihrer Geringfügigkeit von vornherein außer Betracht gelassen haben. Die Remanenzänderung wird also im wesentlichen durch diejenigen Kristallite verursacht, bei denen die Zugrichtung nahezu eine Würfelkantenrichtung ist, und da bei Eisen diese im Mittel unter einer kleineren Zugspannung als σ stehen, gibt also für Eisen unser Ausdruck (23) für die Remanenzänderung einen zu großen Wert, weil wir die elastische Anisotropie nicht genügend berücksichtigt haben.

Es ist sehr schwierig, die Berechnung der Remanenzverschiebung richtig unter Vermeidung dieses Fehlers durchzuführen. Man kann aber seinen Einfluß auf das Ergebnis leicht abschätzen, indem man den entgegengesetzten Extremfall durchrechnet, unter der Annahme, daß nicht die Spannung, sondern die Deformation bei allen Kristalliten gleich und homogen ist. Zwar ist in

Wirklichkeit diese Voraussetzung auch nicht erfüllt, aber das wirkliche Verhalten liegt in gewisser Hinsicht in der Mitte zwischen diesen beiden Extremfällen, und deshalb kann man annehmen, daß auch die Ergebnisse das richtige Ergebnis einschließen. Wir wollen die Rechnung für diesen zweiten Fall aber hier nicht durchführen. Das Resultat unterscheidet sich von Gleichung (23) nur um den Faktor C_2/G. Hier ist G der Schubmodul des Polykristalls und C_2 die auf S. 143 erklärte Elastizitätskonstante des Einkristalls. Bei Eisen ist $C_2/G \approx 0{,}65$. Das theoretische Ergebnis ist dort also um 35 % unsicher. Bei elastischer Isotropie ist $C_2 = G$. Dann ergeben, wie zu erwarten, beide Rechnungen das gleiche Resultat.

Im Fall *starker innerer Spannungen* sind zwar die magnetischen Vorgänge beim Anlegen der Zugspannungen ganz anders. Dann kann man die Kristallenergie vernachlässigen und braucht nur Drehungen aus der von den inneren Spannungen bestimmten Vorzugsrichtung zu betrachten. Trotzdem ist aber das formelmäßige Ergebnis für die Remanenzänderung fast das gleiche. Wir wollen in diesem Fall wieder nur den Fall isotroper positiver Magnetostriktion betrachten und σ_i als reine Zugspannung konstanten Betrages und örtlich wechselnder Richtung ansehen. Der überlagerte Zug bewirkt, daß die Magnetisierung etwas aus der Richtung von σ_i herausgedreht wird.

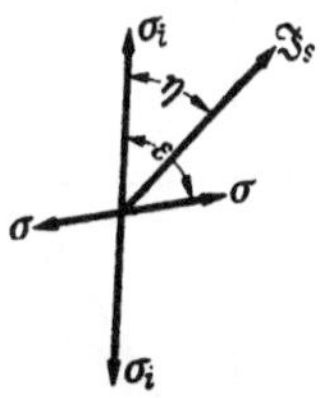

Es sei ε der Winkel zwischen σ und σ_i an einer Stelle (vgl. Abb. 98). Aus Symmetriegründen bleibt die Magnetisierung beim Anlegen von σ in der Ebene von σ_i und σ. Ist η der Winkel zwischen Magnetisierung und σ_i, so ist die freie Energie, soweit sie von σ_i und σ herrührt, in dieser Ebene gegeben durch

Abb. 98. Drehung des Magnetisierungsfaktors aus der Vorzugslage in die Richtung eines überlagerten Zuges σ.

$$(24) \qquad F_\sigma = -\tfrac{3}{2}\lambda\,\sigma_i\cos^2\eta - \tfrac{3}{2}\lambda\,\sigma\cos^2(\varepsilon-\eta).$$

Die neue Vorzugslage ist diejenige Richtung η, die F_σ zum Minimum macht. Daraus folgt als Zusammenhang zwischen η und σ

$$\sigma_i \sin 2\eta - \sigma \sin 2(\varepsilon - \eta) = 0$$

oder auch

$$(25) \qquad \operatorname{tg} 2\eta = \dfrac{\dfrac{\sigma}{\sigma_i}\sin 2\varepsilon}{1 + \dfrac{\sigma}{\sigma_i}\cos 2\varepsilon}.$$

Für kleine Werte von σ/σ_i wird also die Gleichgewichtslage durch überlagerten Zug um den Winkel

$$(26) \qquad \eta = \frac{1}{2}\frac{\sigma}{\sigma_i}\sin 2\varepsilon = \frac{\sigma}{\sigma_i}\sin\varepsilon\cos\varepsilon$$

verdreht. Die Komponente der Magnetisierung in der Richtung des Zuges, die mit der Richtung des vorher angelegten Feldes übereinstimmen soll, ist an der betrachteten Stelle $J_s\cos(\varepsilon-\eta)$. Ihre Änderung beträgt also

$$\left(\frac{dJ}{d\sigma}\right)_{\sigma=0} = J_s \cdot \left(\frac{d\cos(\varepsilon-\eta)}{d\sigma}\right)_{\eta=0} = J_s \sin\varepsilon\left(\frac{d\eta}{d\sigma}\right)_{\sigma=0} = \frac{J_s}{\sigma_i}\sin^2\varepsilon\cos\varepsilon.$$

Die Änderung der pauschalen Remanenz folgt daraus durch Mittelung über die positive Halbkugel. Bei dieser Mittelung ergibt sich $\overline{\sin^2\varepsilon\cos\varepsilon} = \tfrac{1}{4}$; also wird

$$(27) \qquad \left(\frac{dJ_R}{d\sigma}\right)_{\sigma=0} = \frac{1}{4\,\sigma_i}\cdot J_s.$$

Führt man darin statt σ_i die Anfangssuszeptibilität mit Hilfe von (11) ein, so erhält man

$$\frac{dJ_R}{d\sigma} = \frac{9}{8}\frac{\lambda}{J_s}\chi_a.$$

Man kann diese Rechnung natürlich auch durchführen, ohne so spezielle Annahmen über die inneren Spannungen zu machen. Wir wollen jedoch diese etwas mühsame Rechnung hier übergehen und nur das Ergebnis mitteilen. Nimmt man an, daß der Elastizitätsmodul isotrop ist, so ergibt sich für den Fall $\lambda\,\sigma_i \gg K$ allgemein

$$(28) \qquad \frac{dJ_R}{d\sigma} = \frac{9}{8}\,\frac{\chi_a}{J_s}\cdot\frac{2\,\lambda_{100}+3\,\lambda_{111}}{5}.$$

Statt λ tritt also die mittlere Magnetostriktion $\bar{\lambda} = \dfrac{2\,\lambda_{100}+3\,\lambda_{111}}{5}$ auf. Ist der Elastizitätsmodul anisotrop, so kann man, genau wie im Fall kleiner innerer Spannungen, die Rechnung nur durchführen, wenn man entweder die Spannung oder die Dehnung bei allen Kristalliten als gleich und homogen annimmt. Das richtige Ergebnis liegt dann zwischen den Ergebnissen in diesen Extremfällen. Unter der Annahme homogener Spannung erhält man Formel (28). Unter der Voraussetzung homogener Dehnung ergibt sich statt dessen

$$(29) \qquad \frac{dJ_R}{d\sigma} = \frac{9}{8}\,\frac{\chi_a}{J_s}\cdot\frac{2\,C_2\,\lambda_{100}+3\,C_3\,\lambda_{111}}{5\,G},$$

wobei G der Schubmodul des Polykristalls und C_2 und C_3 die auf S. 143 erklärten Elastizitätskonstanten des Einkristalls sind.

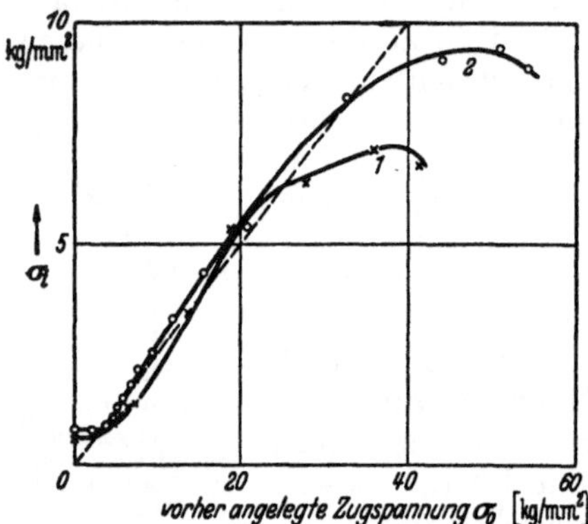

Abb. 99. Eigenspannungsgröße σ_i nach plastischem Recken bis zum Zug σ_0 für weich geglühtes Nickel. Kurve 1: ermittelt aus der Remanenzänderung durch Zug nach (27). Kurve 2: ermittelt aus der Anfangspermeabilität nach (11). — — — Die Gerade $\sigma_i = \tfrac{1}{4}\,\sigma_0$. [Nach M. Kersten: Z. Phys. Bd. 82 (1933) S. 723.]

Der Vergleich mit dem Experiment ist bisher leider niemals so durchgeführt worden, daß χ_a und $dJ_R/d\sigma$ am gleichen Stück gemessen wurden. Es liegt in der Literatur bisher lediglich eine experimentelle Prüfung von Kersten vor auf Grund von Messungen an zwei verschiedenen Nickeldrähten von möglichst gleicher Vorbehandlung. Es wurde die Remanenz bei verschiedenen kleinen Zugspannungen gemessen und $dJ_R/d\sigma$ durch Extrapolation auf $\sigma=0$ bestimmt. Daraus wurde nach (27) σ_i berechnet. Der Vergleich mit dem aus der Anfangspermeabilität berechneten Wert ist in Abb. 99 zur Anschauung gebracht. Die Nickeldrähte wurden bis zu einer an der Abszissenachse angegebenen Zugspannung σ_0 über die Elastizitätsgrenze hinaus gereckt. Nach Aufhören dieser großen Zugspannung wurden die magnetischen Messungen gemacht. Abb. 99 gibt die σ_i-Werte als Funktion der vorhergehenden Zugbelastung σ_0. Aus der Anfangspermeabilität ergaben sich die auf Kurve 2 liegenden Werte für σ_i, dagegen aus der Remanenzänderung die von Kurve 1. Besonders im ersten Teil der Kurven ist die Übereinstimmung vorzüglich. Die Abweichung bei hohen Reckgraden ist sicherlich in Verschiedenheiten der beiden Drähte begründet, die eine merkwürdig verschiedene Zerreißfestigkeit aufwiesen.

In Abb. 99 beginnt der Verlauf von σ_i mit dem Wert $\sigma_i = 0{,}6$ kg/mm² für den ungereckten Draht. Das ist angenähert der nach Kersten zu erwartende Mindestwert $\sigma_{i\,\mathrm{min}} \approx \lambda E$, für welchen sich theoretisch mit den Werten $\lambda = 3{,}5 \cdot 10^{-5}$ und $E = 2 \cdot 10^4$ kg/mm² $\sigma_{i\,\mathrm{min}} = 0{,}7$ kg/mm² ergibt. Bis zur Streckgrenze, die etwa bei $\sigma_0 = 5$ kg/mm² liegt, bleibt, wie zu erwarten, σ_i konstant. Dann steigt σ_i beim weiteren Recken ungefähr proportional mit der vorher angelegten Spannung σ_0 an. Abgesehen von dem Gebiet kurz vor der Zerreißgrenze gilt angenähert $\sigma_i = \tfrac{1}{4}\,\sigma_0$. Es ist bemerkenswert, daß man an weich geglühten

Kupferdrähten röntgenographisch aus der Verbreiterung der Debye-Scherrer-Linien ebenfalls für σ_i ungefähr Werte von $\frac{1}{3}$ bis $\frac{1}{4}\sigma_0$ gefunden hat [1]. Qualitativ befindet sich also die magnetische Methode zur Bestimmung von σ_i in guter Übereinstimmung mit der röntgenographischen Methode.

13. Die Einmündung in die Sättigung J_s.

Der Verlauf der Magnetisierungskurve wird im allgemeinen durch die Überlagerung von reversiblen und irreversiblen Vorgängen so kompliziert, daß eine einfache mathematische Beschreibung nur in Grenzfällen gelingt. Zu diesen gehört zunächst das Gebiet der Anfangspermeabilität, welches wir in Kapitel 12 ausführlich betrachtet haben. Wenn wir nun das Feld wesentlich über H_c hinaus steigern, kommen wir wieder in ein Gebiet, in welchem verhältnismäßig einfache Gesetzmäßigkeiten zu erwarten sind. Nach Ablauf aller irreversiblen Prozesse und aller Wandverschiebungen bleiben am Schluß nur noch reversible Drehungen in die Feldrichtung übrig. Wir erwarten, daß diese Drehungen maßgebend sind für die Art, in welcher die Kurve in die Sättigung einmündet. Für den speziellen Fall der Einkristallkurven in den ausgezeichneten Richtungen [100], [110], [111] haben wir die entsprechenden Rechnungen bereits in Kapitel 11 durchgeführt. Es ergab sich, daß in diesen Fällen die Sättigung bei einer endlichen Feldstärke erreicht sein sollte, wenn neben der Feldstärke allein die Kristallenergie für die Orientierung der Bezirke bestimmend wäre. Bereits bei den Einkristallkurven wiesen wir darauf hin, daß die Kristallenergie nicht zur vollständigen Beschreibung der Magnetisierungskurven ausreicht. Denn auch bei Magnetisierung in der leichten Richtung war noch eine durchaus endliche reversible Magnetisierungsarbeit vorhanden, deren Deutung bisher noch nicht gesichert ist. Derselben Unsicherheit werden wir begegnen, wenn wir jetzt untersuchen, nach welchem Gesetz die Einmündung erfolgen muß, wenn man nach einer willkürlichen kristallographischen Richtung magnetisiert. Aus einem solchen Gesetz müßte sich durch Mittelung das Einmündungsgesetz für den Polykristall ergeben. Auch eine etwa vorhandene Spannungsenergie würde sich bei unserem Verfahren leicht berücksichtigen lassen.

Die naturgemäße Beschreibung der Einmündung stellt sich dar als eine Entwicklung von J nach steigenden Potenzen von $1/H$. Daneben haben wir bei großen Feldern noch mit der Möglichkeit zu rechnen, daß eine Steigerung von J über J_s hinaus auftritt, etwa nach der in Kapitel 4 gegebenen Formel (4.15). Als formalen Ansatz zur Beschreibung der Einmündung erhalten wir dann ein Gesetz von der Form:

$$(1) \qquad J = J_s\left(1 - \frac{a}{H} - \frac{b}{H^2} - \frac{c}{H^3} - \cdots\right) + \chi_0 H.$$

Das Glied $\chi_0 H$ ist meist unwesentlich. Wir lassen es bei der folgenden Betrachtung deshalb zunächst außer acht. Aufgabe der Theorie ist es, die Zahlenwerte von a, b, c... zu ermitteln. Bei ganz hohen Feldern ist praktisch nur die niedrigste Potenz von $1/H$ wirksam. Aus den Betrachtungen dieses Kapitels wird sich ergeben: Berücksichtigt man nur die Drehungen gegen Kristall- und Spannungsenergie, so findet man stets $a = 0$, d. h. die Reihe (1) lautet $J = J_s\left(1 - \frac{b}{H^2} - \frac{c}{H^3} - \cdots\right)$. Die Koeffizienten b und c lassen sich eindeutig aus Kristall- und Spannungsenergie berechnen. Experimentell wird aber stets gefunden, daß für extrem hohe Felder sich J darstellen läßt durch

$$(2) \qquad J = J_s\left(1 - \frac{a}{H}\right).$$

[1] CAGLIOTI V. u. G. SACHS: Z. Phys. Bd. 74 (1932) S. 647.

Wir verdanken insbesondere Weiss und Forrer[1] sowie Steinhaus, Kussmann und Schoen[2] sorgfältige Messungen über das Verhalten bei ganz großen Feldern. Da innere Richtkräfte allein stets zu $a = 0$ führen, müssen wir zur theoretischen Deutung dieses ersten Gliedes in (1) einen ganz anderen Mechanismus annehmen. Eine exakte Theorie liegt bisher nicht vor. Wir werden zunächst den Einfluß der Kristallenergie berechnen und dadurch einen theoretischen Ausdruck für die Größen b und c ableiten. Der Vergleich mit dem Experiment wird sich insbesondere auf das Glied b/H^2 erstrecken.

a) Theorie des Einmündungsgesetzes bei Drehungen.

Die Richtung α_i des Vektors $\mathfrak{J}_s$ bei gegebenem Felde H in der Richtung β_i ist festgelegt durch das Minimum des Potentials

$$(3) \qquad \Psi(\alpha_i) = F(\alpha_i) - H J_s (\alpha_1 \beta_1 + \alpha_2 \beta_2 + \alpha_3 \beta_3).$$

Dabei gibt $F(\alpha_i)$ die Abhängigkeit der freien Energie von der Richtung α_i des Vektors $\mathfrak{J}_s$. Berücksichtigt man nur das Glied vierten Grades der Kristallenergie, so wird z. B. $F(\alpha_i) = K(\alpha_1^2 \alpha_2^2 + \alpha_2^2 \alpha_3^2 + \alpha_3^2 \alpha_1^2)$. Für unsere Zwecke etwas bequemer ist die Schreibweise

$$(4) \qquad F(\alpha_i) = \tfrac{1}{2} K \left(1 - (\alpha_1^4 + \alpha_2^4 + \alpha_3^4)\right).$$

Um bei dem Minimumsproblem von der Nebenbedingung $\sum \alpha_i^2 = 1$ frei zu werden, addieren wir zu $\Psi(\alpha_i)$ noch $\tfrac{1}{2} L (\alpha_1^2 + \alpha_2^2 + \alpha_3^2)$ mit dem Lagrangeschen Faktor L. Wir haben dann die Aufgabe,

$$G(\alpha_i) = F(\alpha_i) - H J_s (\alpha_1 \beta_1 + \alpha_2 \beta_2 + \alpha_3 \beta_3) + \tfrac{1}{2} L (\alpha_1^2 + \alpha_2^2 + \alpha_3^2)$$

zum absoluten Minimum zu machen. Die vier Unbekannten α_1, α_2, α_3, L sind zu berechnen aus den vier Gleichungen

$$(5) \qquad \frac{\partial G}{\partial \alpha_i} = 0 \; (i = 1, 2, 3) \quad \text{und} \quad \sum_i \alpha_i^2 = 1.$$

Bezeichnen wir zur kürzeren Schreibweise:

$$(6) \qquad \frac{1}{H J_s} = \eta, \qquad \frac{L}{H J_s} = \nu,$$

so lauten die Gleichungen (5):

$$(7) \qquad \begin{cases} \eta \dfrac{\partial F}{\partial \alpha_i} + \nu \alpha_i = \beta_i, & (i = 1, 2, 3) \\[2mm] \sum_i \alpha_i^2 = 1. \end{cases}$$

Für extrem große Felder ($\eta \to 0$) wird $\alpha_i = \beta_i$ und $\nu = 1$. Im Sinne unserer Gleichung (1) suchen wir eine Näherungslösung von (7) durch den Ansatz

$$(8) \qquad \begin{cases} \alpha_i = \beta_i + \eta A_i + \eta^2 B_i + \eta^3 C_i + \cdots, \\[1mm] \nu = 1 + \eta \nu^{(1)} + \eta^2 \nu^{(2)} + \cdots, \end{cases}$$

wo die Koeffizienten $A_i, B_i, C_i, \nu^{(1)} \nu^{(2)} \ldots$ nun aus (7) zu bestimmen sind. Setzt man zunächst α_i aus (8) in $\sum \alpha_i^2 = 1$ ein, so findet man

$$(9) \qquad \begin{cases} \sum \beta_i A_i = 0, \\[1mm] \sum \beta_i B_i = -\tfrac{1}{2} \sum A_i^2, \\[1mm] \sum \beta_i C_i = -\sum A_i B_i. \end{cases}$$

[1] Weiss, P. u. R. Forrer: Ann. Phys., Paris (10) Bd. 12 (1929) S. 279, 316.
[2] Steinhaus, W., A. Kussmann u. E. Schoen: Phys. Z. Bd. 38 (1937) S. 777.

Wir suchen den Winkel ϑ zwischen $\mathfrak{J}_s$ und $\mathfrak{H}$, also $\cos\vartheta = \sum \alpha_i \beta_i$. Nach (8) ist

$$\cos\vartheta = 1 + \eta \sum \beta_i A_i + \eta^2 \sum \beta_i B_i + \eta^3 \sum \beta_i C_i + \cdots.$$

Nach (9) wird daraus

$$(10) \qquad \cos\vartheta = 1 - \eta^2 \tfrac{1}{2} \sum A_i^2 - \eta^3 \sum A_i B_i - \cdots.$$

Hier haben wir bereits das oben erwähnte Resultat, daß die Reihe für J/J_s anfängt wie $1 - \dfrac{\text{const}}{H^2}$, ganz unabhängig von der speziellen Gestalt der freien Energie $F(\alpha_i)$. Zur Berechnung der in (10) auftretenden Koeffizienten setzen wir α_i und ν aus (8) in die erste Gleichung (7) ein. Bei Entwicklung von $F(\alpha_i)$ nach Taylor wird

$$F(\alpha_1,\alpha_2,\alpha_3) = F(\beta_1,\beta_2,\beta_3) +$$
$$+ \sum_k \left(\frac{\partial F}{\partial \alpha_k}\right)_{\alpha_i = \beta_i} (\alpha_k - \beta_k) + \frac{1}{2} \sum_{k,i} \left(\frac{\partial^2 F}{\partial \alpha_k \partial \alpha_i}\right)_{\alpha_i = \beta_i} (\alpha_k - \beta_k)(\alpha_i - \beta_i) + \cdots.$$

Mit der Abkürzung

$$(11) \qquad \left(\frac{\partial F}{\partial \alpha_i}\right)_{\alpha_i = \beta_i} = F_i; \quad \left(\frac{\partial F}{\partial \alpha_i \partial \alpha_k}\right)_{\alpha_i = \beta_i} = F_{ik}$$

wird somit

$$\frac{\partial F}{\partial \alpha_1} = F_1 + F_{11}(\alpha_1 - \beta_1) + F_{12}(\alpha_2 - \beta_2) + F_{13}(\alpha_3 - \beta_3) + \cdots.$$

Brechen wir die Entwicklung von $\partial F/\partial \alpha_i$ mit der ersten Potenz von η ab, so wird also nach (8)

$$\frac{\partial F}{\partial \alpha_1} = F_1 + \eta \sum_k F_{1k} A_k + \cdots.$$

Bis zur Ordnung η^2 wird somit aus (7):

$$\eta\left[F_i + \eta \sum_k F_{ik} A_k\right] + (1 + \eta\nu^{(1)} + \eta^2\nu^{(2)})(\beta_i + \eta A_i + \eta^2 B_i) = \beta_i.$$

Hier müssen auf der linken Seite die Faktoren von η und η^2 einzeln verschwinden. Also muß sein:

$$(12) \qquad F_i + \nu^{(1)}\beta_i + A_i = 0, \qquad\qquad i = 1, 2, 3$$
$$(13) \qquad \sum_k F_{ik} A_k + \nu^{(2)}\beta_i + \nu^{(1)} A_i + B_i = 0. \qquad i = 1, 2, 3$$

Aus (12) folgt, wegen der ersten Gleichung (9):

$$\nu^{(1)} = - \sum_i F_i \beta_i$$

und damit

$$(14) \qquad A_i = \beta_i \sum_k F_k \beta_k - F_i.$$

Durch Quadrieren folgt daraus

$$(15) \qquad \sum_i A_i^2 = \sum_i F_i^2 - (\sum_i F_i \beta_i)^2 = \sum_i F_i^2 - (\nu^{(1)})^2.$$

Damit ist der erste Koeffizient der Entwicklung (10) bestimmt. Für den zweiten in (10) benötigten Koeffizienten folgt aus (13) durch Multiplikation mit A_i

$$\sum_i A_i B_i = -\nu^{(1)} \sum_i A_i^2 - \sum_{i,k} A_i A_k F_{ik},$$

nach Einsetzen der soeben ermittelten Werte für die A_i also

$$\sum_i A_i B_i = -\nu^{(1)}\left[\sum_i F_i^2 - (\nu^{(1)})^2\right] - \sum_{i,k}(\beta_i \nu^{(1)} + F_i)(\beta_k \nu^{(1)} + F_k) F_{ik}$$

oder — nach Potenzen von $\nu^{(1)}$ geordnet —

$$(16) \qquad \sum_i A_i B_i = -\sum_{i,k} F_i F_k F_{ik} - \nu^{(1)}\left[\sum_i F_i^2 + 2 \sum_{i,k} \beta_i F_k F_{ik}\right] - \nu^{(1)2} \sum_{i,k} \beta_i \beta_k F_{ik} + \nu^{(1)3}.$$

Unter Zugrundelegung des Ausdruckes (4) für F wird

$$F_i = -2K\beta_i^3$$
$$F_{ii} = -6K\beta_i^2, \qquad F_{ik} = 0 \text{ für } i \neq k.$$

Die oben auftretenden Ausdrücke werden dann:

$$v'^{\,\Gamma} = 2K\sum_i \beta_i^4$$

$$\sum_i F_i^2 = 4K^2 \sum_i \beta_i^6$$

$$\sum_{i,k} F_i F_k F_{ik} = \sum_i F_i^2 F_{ii} = -24K^3 \sum \beta$$

$$2\sum_{i,k} \beta_i F_k F_{ik} = 24K^2 \sum_i \beta_i^6$$

$$\sum_{i,k} \beta_i \beta_k F_{ik} = -6K\sum_i \beta_i^4.$$

Bezeichnen wir noch:

(17) $$S_4 = \sum_i \beta_i^4; \quad S_6 = \sum_i \beta_i^6; \quad S_8 = \sum_i \beta_i^8,$$

so erhalten wir aus (15) und (16):

(18) $$\left\{ \begin{aligned} \sum_i A_i^2 &= 4K^2(S_6 - S_4^2) \\ \sum A_i B_i &= 8K^3(3S_8 - 7S_4 S_6 + 4S_4^3). \end{aligned} \right.$$

Wir sahen in Kapitel 11, daß Einkristalle bei Magnetisierung nach einer der drei Hauptrichtungen [100], [110], [111] auf Grund der Drehtheorie bereits bei einem endlichen Feld gesättigt sein sollen. Man bestätigt leicht, daß, in Übereinstimmung damit, beide Ausdrücke (18) für diese drei Richtungen verschwinden. Zur Anwendung auf einen Polykristall mit isotroper Verteilung der Kristallite haben wir diese Ausdrücke über die Einheitskugel zu mitteln. Bei Einführung von Polarkoordinaten ϑ, φ wird

$$\beta_1 = \sin\vartheta\cos\varphi$$
$$\beta_2 = \sin\vartheta\sin\varphi$$
$$\beta_3 = \cos\vartheta.$$

Bei Mittelung über die Kugel ist natürlich $\overline{\beta_1^4} = \overline{\beta_2^4} = \overline{\beta_3^4}$ und $\overline{\beta_1^2\beta_2^2} = \overline{\beta_2^2\beta_3^2}$ usw. Man findet leicht $\overline{S_4} = \overline{\beta_1^4} + \overline{\beta_2^4} + \overline{\beta_3^4} = 3\overline{\beta_3^4} = \frac{3}{5}$ und entsprechend $\overline{S_6} = \frac{3}{7}$ und $\overline{S_8} = \frac{3}{9}$. Ferner wird

$$\overline{S_4^2} = 3\overline{\beta_3^8} + 6\overline{\beta_3^4\beta_2^4},$$
$$\overline{S_6 S_4} = 3\overline{\beta_3^{10}} + 6\overline{\beta_3^6\beta_2^4},$$
$$\overline{S_4^3} = 3\overline{\beta_3^{12}} + 18\overline{\beta_3^8\beta_2^4} + 6\overline{\beta_1^4\beta_2^4\beta_3^4}.$$

Nach elementarer Rechnung findet man durch Integration über die Einheitskugel

$$\overline{\beta_3^4\beta_2^4} = \overline{\cos^4\vartheta\sin^4\vartheta\sin^4\varphi} = \frac{1}{3\cdot 5\cdot 7},$$

$$\overline{\beta_3^6\beta_2^4} = \overline{\cos^6\vartheta\sin^4\vartheta\sin^4\varphi} = \frac{1}{3\cdot 7\cdot 11},$$

$$\overline{\beta_3^8\beta_2^4} = \overline{\cos^8\vartheta\sin^4\vartheta\sin^4\varphi} = \frac{1}{3\cdot 11\cdot 13},$$

$$\overline{\beta_1^4\beta_2^4\beta_3^4} = \overline{\cos^4\vartheta\sin^8\vartheta\sin^4\varphi\cos^4\varphi} = \frac{1}{5\cdot 7\cdot 11\cdot 13}.$$

Damit wird

$$\overline{S_4^2} = \frac{41}{3\cdot 5\cdot 7}; \qquad \overline{S_6\,S_4} = \frac{23}{7\cdot 11}; \qquad \overline{S_4^3} = \frac{3}{11}\left(1 + \frac{2}{5\cdot 7\cdot 13}\right).$$

Die in (18) zu bildenden Mittelwerte werden danach

$$(19)\quad \text{und} \quad \begin{cases} \overline{S_6} - \overline{S_4^3} = \dfrac{4}{105} \\[2mm] 3\,\overline{S_8} - 7\,\overline{S_4\,S_6} + 4\,\overline{S_4^3} = \dfrac{24}{5\cdot 7\cdot 11\cdot 13}. \end{cases}$$

Nach (10) erhalten wir also für den isotropen Polykristall

$$\cos\vartheta = 1 - (\eta\,K)^2\,\frac{8}{105} - (\eta\,K)^3\,\frac{8\cdot 24}{5\cdot 7\cdot 11\cdot 13} - \cdots.$$

Nach (6) ist $\eta = \dfrac{1}{J_s H}$, außerdem ist $\cos\vartheta = \dfrac{J}{J_s}$. Wir haben somit als Einmündungsgesetz, wenn wir nur die Drehungen gegen die Kristallenergie berücksichtigen:

$$J = J_s\left(1 - \frac{b}{H^2} - \frac{c}{H^3} - \cdots\right)$$

mit den Konstanten

$$(20)\qquad b = \frac{K^2}{J_s^2}\cdot 0{,}0762 \quad \text{und} \quad c = \frac{K^3}{J_s^3}\cdot 0{,}0384.$$

Damit haben wir für weiches Material die Konstanten b und c des Einmündungsgesetzes in dem Ansatz (1) theoretisch abgeleitet. Die experimentellen Prüfungen der Theorie haben sich bisher darauf beschränkt, die theoretische Verknüpfung (20) von b mit der Konstanten K der Kristallenergie zu messen.

b) Experimentelles zum Einmündungsgesetz.

Für ganz hohe Felder sollte man nach (1) ein Gesetz der Form

$$(21)\qquad J = J_s\left(1 - \frac{a}{H}\right)$$

erwarten. Dieses Einmündungsgesetz wurde zuerst von WEISS[1] beobachtet und in späteren Untersuchungen von STEINHAUS und GUMLICH[2], WEISS und FORRER[3], sowie von STEINHAUS, KUSSMANN und SCHOEN[4] bestätigt. Wir beschränken uns auf die Wiedergabe von einigen Meßresultaten der zuletzt genannten Autoren. Von diesen wurde mit der Joch-Isthmus-Methode die zu einem gegebenen Feld gehörige Magnetisierung gemessen. Aus ihren Messungen entnahmen sie die pauschale Suszeptibilität J/H als Funktion von J. Nach (21) würde für diese Größe folgen

$$\frac{J}{H} = \frac{J}{J_s}\cdot\frac{J_s - J}{a}.$$

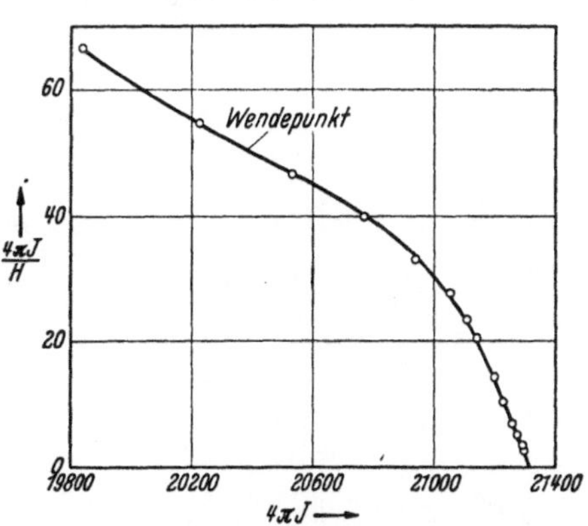

Abb. 100. $\dfrac{4\,\pi\,J}{H}$ in Abhängigkeit von der Magnetisierung für ein technisches Flußeisen. [Nach W. STEINHAUS, A. KUSSMANN u. E. SCHOEN: Phys. Z. Bd. 38 (1937) S. 777.]

In Abb. 100 und 101 sind die Meßergebnisse an Flußeisen wiedergegeben. Der geradlinige Verlauf von J/H in der Nähe der Sättigung wird vorzüglich bestätigt.

[1] WEISS, P.: J. Phys. 4. Ser. Bd. 9 (1910) S. 386.
[2] STEINHAUS, W. u. E. GUMLICH: Verh. dtsch. phys. Ges. Bd. 17 (1915) S. 281. — Arch. Elektrotechn. Bd. 4 (1915) S. 89.
[3] WEISS, P. u. R. FORRER: s. S. 168.
[4] STEINHAUS, W., A. KUSSMANN u. E. SCHOEN: s. S. 168.

Offenbar gestattet die Extrapolation auf $J/H = 0$ eine sehr genaue Bestimmung von J_s. Wie bereits oben bemerkt wurde, liegt eine theoretische Deutung für den Summanden a/H des Einmündungsgesetzes bisher nicht vor.

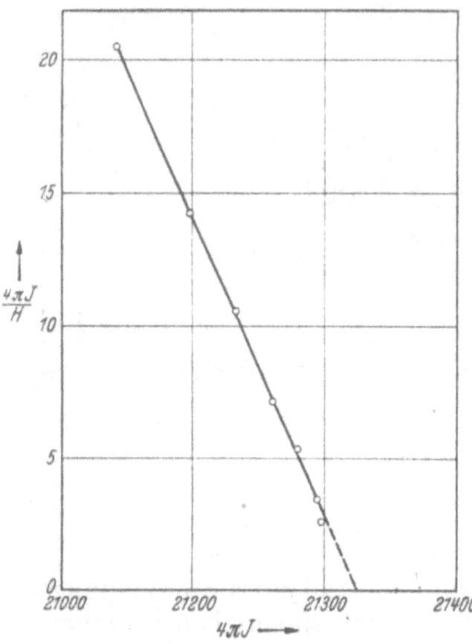

Abb. 101. Endabschnitt der Kurve von Abb. 100 in vergrößertem Maßstab.

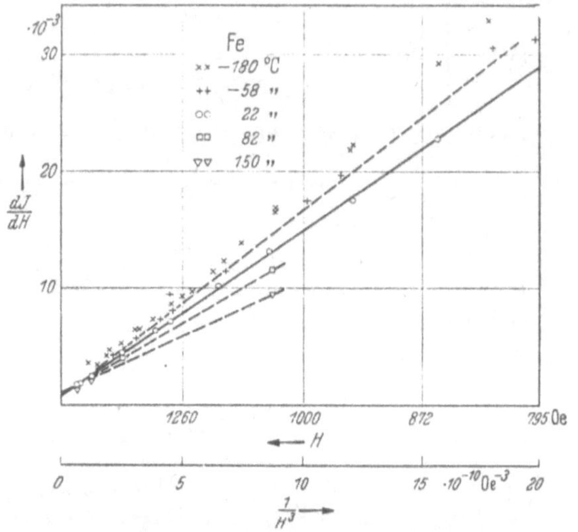

Abb. 102. Die differentielle Suszeptibilität von Eisen in Abhängigkeit von $1/H^3$ bei verschiedenen Temperaturen. [Nach E. CZERLINSKY: Ann. Phys., Lpz. V, Bd. 13 (1932) S. 80.]

Die erste Untersuchung, welche den Zusammenhang (20) mit der Konstanten b der Kristallenergie experimentell bestätigte, stammt von CZERLINSKY[1].

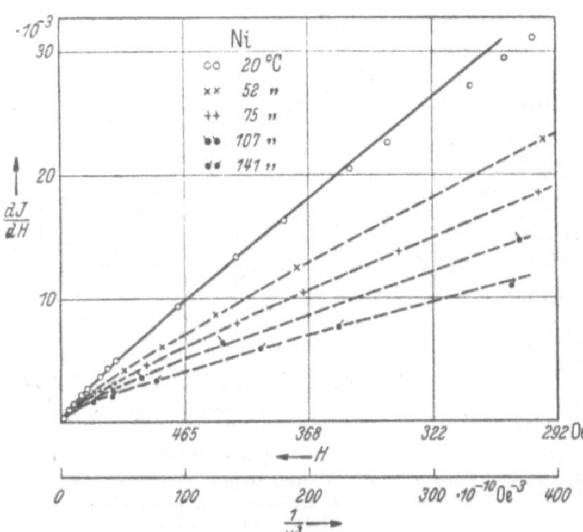

Abb. 103. Die differentielle Suszeptibilität von Nickel in Abhängigkeit von $1/H^3$ bei verschiedenen Temperaturen. [Nach E. CZERLINSKY: Ann. Phys., Lpz. V, Bd. 13 (1932) S. 80.]

Von ihm wurde die differentielle Suszeptibilität dJ/dH im Gebiet der Einmündung gemessen. Die Messung dieser Größe ist zur Analyse des Ansatzes (1) deshalb vorteilhaft, weil bei der Messung von J selbst eine sehr große relative Genauigkeit erforderlich ist. Denn bei der Prüfung kommt es ja auf die gegen J_s stets kleine Differenz $J_s - J$ an. Für dJ/dH folgt aus (1)

$$(22) \quad \begin{cases} \dfrac{dJ}{dH} = J_s \left(\dfrac{a}{H^2} + \dfrac{2b}{H^3} + \\ \qquad + \dfrac{3c}{H^4} + \cdots \right) + \chi_0. \end{cases}$$

Die Messungen von CZERLINSKY an Eisen und Nickel ergaben nun, daß es einen mittleren Feldstärkenbereich gibt, in welchem dJ/dH linear von $1/H^3$ abhängt. Als Beispiel geben wir in Abb. 102 (Eisen) und Abb. 103 (Nickel) nach CZERLINSKY die Werte von dJ/dH in Abhängigkeit von $1/H^3$, beidemal bei verschiedenen Temperaturen. Bei Eisen

---

[1] CZERLINSKY, E.: Ann. Phys., Lpz. V, Bd. 13 (1932) S. 80.

ist in dem dargestellten Feldstärkenbereich von 800 bis 2500 Oe die lineare Abhängigkeit von $1/H^3$ überraschend gut erfüllt, bei Nickel dagegen ist der Verlauf bei höheren Feldstärken schon merklich gekrümmt. Aus dem geradlinigen Teil dieser Kurven errechnet CZERLINSKY nach (20) für die Kristallenergie bei Zimmertemperatur an je zwei Proben

$$\text{für Eisen } K = 4{,}14 \cdot 10^5 \quad \text{und} \quad 3{,}98 \cdot 10^5$$
$$\text{für Nickel } K = -5{,}0 \cdot 10^4 \quad \text{und} \quad -4{,}66 \cdot 10^4.$$

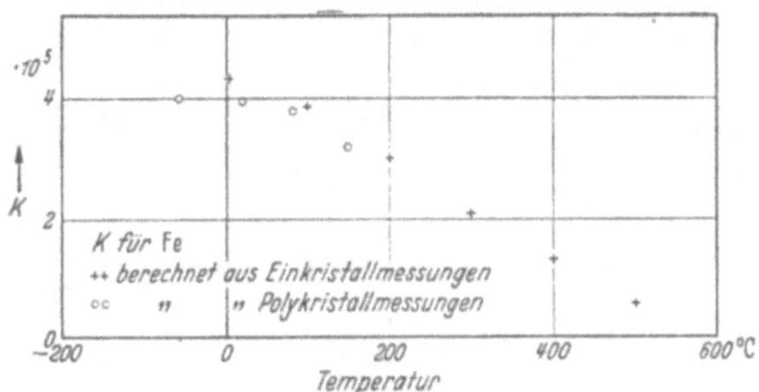

Abb. 104. Die Kristallenergie K von Eisen in Abhängigkeit von der Temperatur. [Nach E. CZERLINSKY: Ann. Phys., Lpz. V, Bd. 13 (1932) S. 80.]

Das Vorzeichen von K kann natürlich aus der Konstanten b nicht entnommen werden, da sie quadratisch in K ist. Ein Versuch, auch noch das Glied c in (20) experimentell zu bestimmen und damit auch das Vorzeichen von K aus dem Einmündungsgesetz zu ermitteln, liegt bisher nicht vor.

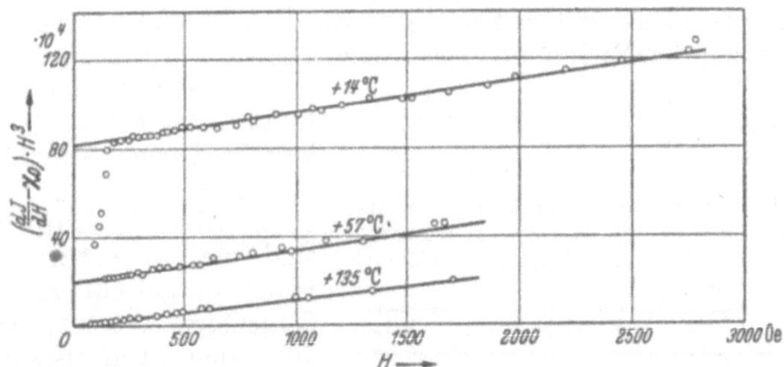

Abb. 105. $\left(\dfrac{dJ}{dH} - \chi_0\right) \cdot H^3$ in Abhängigkeit von der Feldstärke bei 14° C, 57° C, 135° C für Nickel. Die Steigung der Geraden liefert die Größe a, der Ordinatenabschnitt 2b nach (23). (Nach H. POLLEY: Noch nicht veröffentlicht.)

Auch die Temperaturabhängigkeit von K konnte nach diesem Verfahren für Eisen in befriedigender Übereinstimmung mit den Einkristallmessungen ermittelt werden. In Abb. 104 stellen die Kreise die aus dem Einmündungsgesetz durch CZERLINSKY erhaltenen Werte von K dar, die Kreuze dagegen .diejenigen, welche sich aus den Einkristallmessungen von HONDA, MASUMOTO und KAYA[1] ergeben. Das Einmündungsgesetz an Nickel wurde neuerdings von POLLEY[2] in einem größeren Temperaturbereich untersucht. Dabei wurde besonders eine möglichst vollständige Messung der verschiedenen in (22) auftretenden Konstanten angestrebt. Es zeigte sich, daß bei höheren Feldstärken

---

[1] HONDA, K., H. MASUMOTO u. S. KAYA: Sci. Rep. Tôhoku Univ. Bd. 17 (1928) S. 111.
[2] POLLEY, H.: Bisher unveröffentlicht.

die Messungen recht gut durch die aus (22) folgende Formel

$$(23) \qquad \left(\frac{dJ}{dH} - \chi_0\right) H^3 = a\,H + 2\,b$$

wiedergegeben werden können. Dabei ist für jede Temperatur χ_0 so zu bestimmen, daß für hohe Felder (gemessen wurde bis 3000 Oe) das lineare Gesetz (23) für $(dJ/dH - \chi_0)\,H^3$ erfüllt ist. In Abb. 105 und 106 sind als Erläuterung zu (23) einige Messungen von Polley wiedergegeben. Die in solcher Weise für verschiedene Temperaturen ermittelten Werte von a und χ_0 sowie die mit Hilfe von (20) aus b errechneten Werte von K sind in Tabelle 14 zusammengestellt.

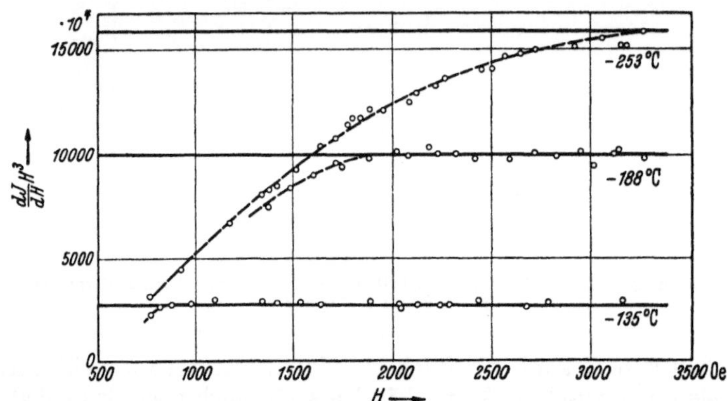

Abb. 106. Dieselbe Darstellung wie Abb. 105, jedoch für tiefere Temperaturen. Die Größe χ_0 ist hier nicht merkbar.

Für tiefe Temperaturen (etwa unterhalb $-50°$ C) sind keine Werte für a und χ_0 mehr angegeben, da hier bei den großen Werten von b ihr Einfluß innerhalb der Streuung der Meßpunkte liegt. Die Abb. 107 bringt zur Anschauung, in welcher Weise sich die Suszeptibilität dJ/dH bei 14° C aus den verschiedenen Anteilen zusammensetzt.

In Abb. 78 (Kap. 10, S. 125) sind die so ermittelten Werte von K dargestellt, zusammen mit denjenigen Werten, welche sich aus den Einkristallmessungen von Brukhatov und Kirensky sowie von Honda, Masumoto und Shirakawa ergeben haben. Die Formel (20) für b erfährt dadurch eine vorzügliche Bestätigung. Die Deutung der anderen beiden Konstanten χ_0 und a ist wesentlich

Tabelle 14. Die Konstanten des Einmündungsgesetzes $J = J_s\left(1 - \dfrac{a}{H} - \dfrac{b}{H^2}\right) + \chi_0 H$ von Nickel bei verschiedenen Temperaturen. K ist die nach (20) aus b berechnete Kristallenergie. (Nach H. Polley: bisher unveröffentlicht.)

$T°$C	$\chi_0 \cdot 10^4$	a	$2\,b \cdot 10^{-4}$	J_s	$K \cdot 10^{-4}$	K/J_s
135	2,7	110	0,5	442	0,38	8,6
57	1,6	147	20	472	2,48	53
14	1,3	145	82	482	5,1	106
— 20	(1,0)	(143)	170	489	7,4	151
—135			2750	501	30,0	600
—188			9960	504	57,4	1140
—253			16050	507	74,0	1460

unsicherer. Die „wahre" Suszeptibilität ist etwa 10mal größer, als sie es nach Formel (4.15) auf Grund der Weißschen Theorie sein sollte. Ein χ_0-Wert von ähnlicher Größe wurde an verschiedenen Nickelproben von Weiss und Forrer[1] gefunden. Nach Kapitza[2] dagegen ist χ_0 für sehr reines Nickel wesentlich kleiner; Kapitza vermutet, daß geringe restliche Verunreinigungen zu einem zu großen Wert Veranlassung geben. Im übrigen entspricht die Temperatur-

[1] Weiss, P. u. R. Forrer: s. S. 168.
[2] Kapitza, P.: Proc. roy. Soc., Lond. Bd. 131 (1931) S. 224, 243.

abhängigkeit der von POLLEY erhaltenen χ_0-Werte durchaus derjenigen, welche nach der Weißschen Theorie zu erwarten wäre.

Damit dürfte der Zusammenhang zwischen der Konstanten b in der Entwicklung (1) und der Kristallenergie als geklärt gelten. Es darf jedoch nicht verschwiegen werden, daß die Deutung der übrigen Konstanten noch wenig befriedigend ist. Zunächst ist zu bemerken, daß das Glied c/H^3 der Entwicklung in den Meßergebnissen, wie sie in Abb. 105 und 106 dargestellt sind, viel weniger zum Ausdruck kommt, als es nach dem theoretischen Wert (20) der Fall sein sollte. Die Beiträge der b- und c-Glieder zusammen zur differentiellen Suszeptibilität lauten nach (20) und (22): $\dfrac{2\,b\,J_s}{H^3}\left(1+\dfrac{K}{J_s H}\cdot 0{,}75\right)$. Mit den in der

Tabelle angegebenen Werten von K/J_s sollte die Abkrümmung von der Geraden (23) bereits bei wesentlich höheren Feldern einsetzen, als es nach den Abb. 105 und 106 der Fall ist. Die Ursache dieser Diskrepanz ist nicht bekannt. Möglicherweise ließe sich die Übereinstimmung verbessern bei Berücksichtigung des Gliedes $K_2\,\alpha_1^2\,\alpha_2^2\,\alpha_3^2$ in der Kristallenergie. Jedoch liegen darüber keine Untersuchungen vor.

Völlig im unklaren sind wir hinsichtlich der Deutung des ersten Gliedes a/H in der Entwicklung (1). Nach STEINHAUS und GUMLICH[1] besteht bei einigen magnetisch harten Materialien

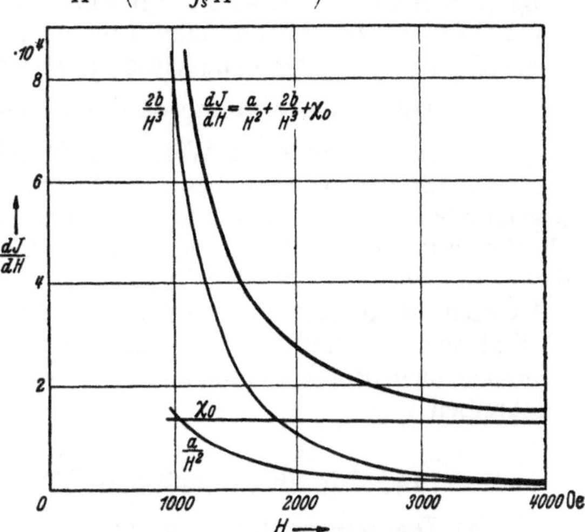

Abb. 107. Die Zerlegung der bei 14° C gemessenen Suszeptibilität in ihre drei Bestandteile nach (22).

(Stahl, Gußeisen, Heuslersche Legierung) ein einfacher Zusammenhang zwischen der Konstanten a und der Anfangssuszeptibilität χ_a, und zwar gilt nach diesen Autoren in der Nähe der Sättigung

$$(24)\qquad \frac{J}{J_s}=1-\frac{J_s}{3\,\chi_a\cdot H}.$$

Ein solches Gesetz erscheint gerade für harte Materialien auf den ersten Blick recht verlockend. Wenn nämlich die inneren Spannungen groß sind gegenüber der Kristallenergie, so besteht die Magnetisierungsänderung sowohl im Gebiet der Anfangssuszeptibilität wie auch im Gebiet der Einmündung aus Drehungen gegen die inneren Spannungen. Je kleiner also χ_a ist, um so schwerer sollte auch die Sättigung zu erreichen sein. Das ist aber qualitativ gerade die Aussage der Beziehung (24). Andererseits führt nach den allgemeinen Entwicklungen am Anfang dieses Kapitels jedes Modell, bei dem die Einmündung durch Drehungen beschrieben wird, auf ein Gesetz von der Form $\dfrac{J}{J_s}=1-\dfrac{\text{const}}{H^2}$, so daß also dies so verlockende und experimentell von STEINHAUS und GUMLICH bestätigte Gesetz (24) vorerst unverständlich bleibt. Historisch geht die Gleichung (24) auf eine ältere Vermutung von GANS zurück, nach welcher die reversible Suszeptibilität beschrieben werden soll durch ein Gesetz der Form

$$(25)\qquad \frac{J}{J_s}=\cotgh\frac{H}{a}-\frac{a}{H}.$$

---

[1] STEINHAUS, W. u. E. GUMLICH: s. S. 171.

Wenn dieses Gesetz für die ganze Magnetisierungskurve gültig wäre, so würde daraus für kleine Felder folgen: $\dfrac{J}{J_s} = \dfrac{H}{3a}$. Die Konstante a hätte dann also die Bedeutung $a = \dfrac{J_s}{3\chi_a}$. Mit diesem Wert von a geht aber (25) für große Werte von H direkt in das Gesetz (24) über. Nun liegt aber eine wirkliche Begründung für den Ansatz (25) nicht vor, so daß wir in dieser Überlegung auch keine theoretische Rechtfertigung für (24) zu erblicken vermögen.

Eine formale, aber mit den Versuchen nicht verträgliche Begründung für (25) (wenigstens im Gebiet hoher Feldstärken) könnte man in folgender Weise versuchen. Faßt man die einzelnen Weißschen Bezirke als voneinander unabhängige Riesenmoleküle auf, deren Einstellung lediglich durch die Konkurrenz der Feldstärke H und der ungeordneten Temperaturbewegung bestimmt ist, so würde man nach der Langevinschen Theorie zu einem Gesetz der Form (25) gelangen. Die Größe a müßte dann den Wert $a = \dfrac{kT}{M}$ besitzen, wo M das magnetische Moment eines Weißschen Bezirkes bedeuten würde. Nun haben wir zwar für die im Sinn dieser Auffassung „effektive" Größe von M keinen begründeten Ansatz. Man sollte aber erwarten, daß M und erst recht a mit abnehmender Temperatur stark anwächst. Nach Ausweis der Tabelle 14 ist aber davon in dem dort erfaßten Temperaturgebiet nicht die Rede. Zudem kann auf diesem Wege eine Verknüpfung der Einmündung mit der Anfangssuszeptibilität nicht begründet werden, da diese nach den Darlegungen von Kapitel 12 sicherlich nicht durch Temperaturbewegungen im Sinne der Gleichung (25) zu beschreiben ist.

14. Die irreversiblen Wandverschiebungen.

a) Die irreversiblen Vorgänge in gewöhnlichen Materialien.

Bei der Magnetisierung eines Körpers überlagern sich im allgemeinen reversible und irreversible Vorgänge. Es ist jedoch ziemlich einfach, experimentell zu entscheiden, welcher Bruchteil der gesamten Magnetisierungsänderung reversibel und welcher irreversibel ist. Die Möglichkeit dazu bietet die in Kapitel 1 beschriebene Methode zur Messung der reversiblen Permeabilität. Ihre Größe gibt den Anteil der reversiblen Magnetisierungsvorgänge an der gesamten Magnetisierungsänderung an. Man kann die bei einer Änderung des Feldes um dH auftretende Induktionsänderung dB dementsprechend zerlegen in

$$dB = \mu_{\mathrm{rev}}\,dH + (dB)_{\mathrm{irr}}.$$

Die Differenz zwischen dB und $\mu_{\mathrm{rev}}\,dH$ gibt also den Anteil der irreversiblen Vorgänge an der betrachteten Stelle der Kurve an. Die Messungen ergeben, daß μ_{rev} fast immer kleiner als μ_a ist und mit zunehmender Magnetisierung abnimmt. Abb. 7 (S. 7) zeigt ein Beispiel für μ_{rev} als Funktion von H längs der Hystereseschleife. Die totale Steilheit der Magnetisierungskurve ist dagegen in der Nähe der Koerzitivkraft stets sehr viel größer als die Anfangspermeabilität, meist um einen Faktor 10 bis 100. Infolgedessen besteht also im steilen Teil der Magnetisierungskurve praktisch der ganze Magnetisierungsvorgang aus irreversiblen Prozessen. Ihnen gegenüber sind in diesem Gebiet die reversiblen Vorgänge fast zu vernachlässigen. Nur bei sehr kleinen und bei großen Feldern ist ihre Beteiligung überwiegend.

Wir hatten in Kapitel 9 bereits gesehen, daß der Elementarprozeß eines irreversiblen Vorganges in dem Vorrücken einer Wand zwischen verschieden magnetisierten Bezirken über ein endliches Gebiet hinweg besteht, ohne daß eine weitere Felderhöhung zum Ablauf dieses Prozesses nötig ist. In der

Magnetisierungskurve muß also bei solch einem Vorgang immer eine Stufe auftreten. Im steilen Teil sollten demnach die Magnetisierungskurven keine glatten Kurven sein, sondern aus lauter kleinen Sprüngen bestehen, zwischen denen praktisch horizontale Stücke liegen. Das ist in der Tat der Fall, nur sind die „Treppenstufen" normalerweise so klein, daß sie sich bei magnetometrischer oder ballistischer Aufnahme der Hystereseschleife der Beobachtung entziehen. Gelegentlich findet man aber auch Fälle, wo sie sich unmittelbar ausprägen. Abb. 108 zeigt einen solchen Fall, der von FORRER und MARTAK magnetometrisch an einer kleinen Probe von Elektrolyteisen aufgenommen wurde. Sehr große Sprünge haben wir auch schon an Permalloy unter Zug kennengelernt.

Trotz ihrer Kleinheit in normalen Materialien kann man aber das Vorhandensein solcher Sprünge in jeder Magnetisierungskurve sehr leicht demonstrieren durch die sog. Barkhausen-Geräusche. Verbindet man eine Induktionsspule, die einen ferromagnetischen Kern enthält, über einen Verstärker mit einem Lautsprecher, so hört man bei stetiger Feldänderung — etwa durch Annähern eines permanenten Magneten — einzelne Knacke oder bei rascher Änderung ein Prasseln oder Rauschen, das durch die raschen, unregelmäßigen Induktionsstöße beim Ablaufen der Sprünge verursacht wird. Auf diese Weise entdeckte BARKHAUSEN[1] im Jahre 1919 die ersten Anzeichen für diese Vorgänge. Ersetzt man den Lautsprecher durch einen Oszillographen, so kann man die Sprünge auch meßbar verfolgen. Jeder Sprung erzeugt dann einen gewissen Ausschlag. Abb. 109

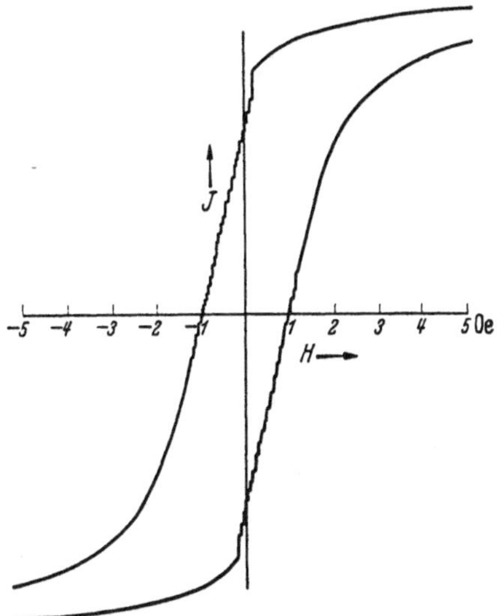

Abb. 108. Eine Hystereseschleife mit makroskopisch sichtbaren Barkhausen-Sprüngen. [Nach R. FORRER u. J. MARTAK: J. Phys. Radium (7) Bd. 3 (1932) S. 434.]

zeigt ein auf diese Weise gewonnenes Oszillogramm der Sprünge. Man sieht deutlich, daß große und kleine Sprünge unregelmäßig aufeinanderfolgen. Daß bei dieser Kurve auch Ausschläge in der negativen Richtung auftreten, liegt daran, daß an den Verstärkereingang zwei Induktionsspulen angelegt waren, die sich über verschiedenen Teilen desselben Probedrahtes befanden und gegeneinander geschaltet waren. Diese Anordnung ist aus Gründen der Verstärkertechnik für genaue Messungen von Vorteil. Die positiven Ausschläge rühren also von Sprüngen in der einen Spule her, die negativen von denen in der anderen.

Wir hatten oben schon bemerkt, daß im steilen Teil der Magnetisierungskurve nahezu die gesamte Magnetisierungsänderung in irreversibler Weise erfolgt. Wenn es richtig ist, daß alle irreversiblen Prozesse aus solchen Barkhausen-Sprüngen bestehen, sollte man demnach in diesem Gebiet durch Addieren aller sprunghaften Änderungen bei einer gewissen Feldänderung nahezu die gesamte Magnetisierungsänderung erhalten. Das ist auch mehrfach experimentell bestätigt worden. Man kann dabei in verschiedener Weise vorgehen. Die Fläche unter einer Zacke im Oszillogramm oder auch das Stromintegral $\int i\,dt$ im Oszillographen ist proportional der Flußänderung $\varDelta\varPhi$ in der Induktionsspule am Verstärkereingang beim Ablaufen des Barkhausen-Sprunges:

$$(1) \qquad \int i\,dt = A\cdot\varDelta\varPhi.$$

---

[1] BARKHAUSEN, H.: Phys. Z. Bd. 20 (1919) S. 401.

Die Proportionalitätskonstante A ist experimentell leicht zu bestimmen aus der Wirkung bekannter Flußänderungen.

Man kann danach durch Ausmessen des Oszillogrammes das mittlere Stromintegral über eine Zacke bestimmen und die Zahl der Zacken bei einer Feldänderung auszählen. Die daraus berechnete Flußänderung infolge von Sprüngen ist dann zu vergleichen mit der gesamten Flußänderung, die man etwa nach der üblichen ballistischen Methode bestimmen kann. In dieser Weise wurde von PREISACH[1] der aus Barkhausen-Sprüngen bestehende Anteil der Magnetisierungsänderung gemessen. Eine gewisse Unsicherheit liegt bei diesem Vorgehen in der richtigen Berücksichtigung der vielen, sehr kleinen Zacken.

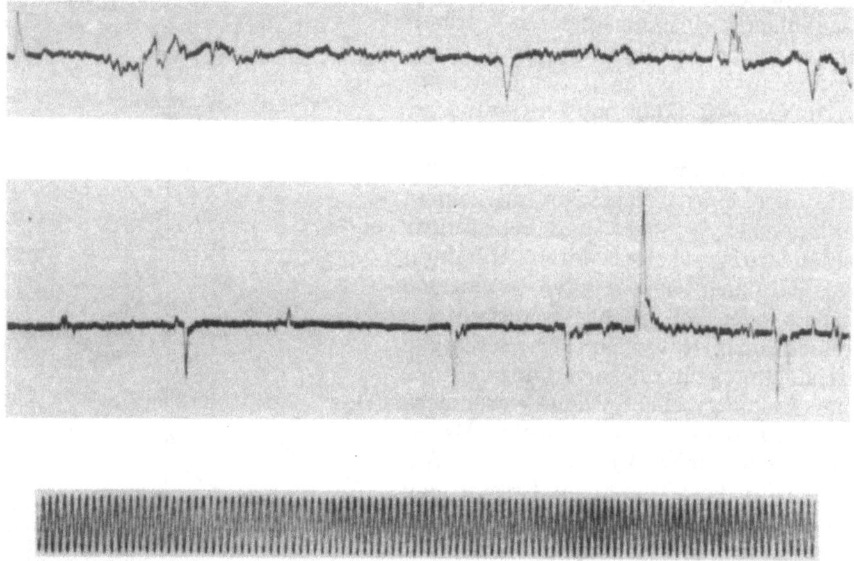

Abb. 109. Oszillographische Aufnahme des Barkhausen-Geräusches. Obere Kurve: Drahtdurchmesser 2 mm, 78% Ni, 22% Fe. Mittlere Kurve: Drahtdurchmesser 1 mm, 81% Ni, 19% Fe. Unterste Kurve: Wechselstrom mit 1000 Perioden/sec als Zeitmarke. [Nach R. M. BOZORTH u. J. F. DILLINGER: Phys. Rev. Bd. 35 (1930) S. 733.]

Deshalb ist ein etwas anderes Verfahren, das BOZORTH und DILLINGER[2] angewandt haben, wohl besser geeignet. Durch einen Gleichrichter unterdrückten sie die negativen Stromausschläge in dem Oszillogramm Abb. 109, die von den Barkhausen-Sprüngen in der zweiten Spule herrühren. Dann kann man mit einem genügend trägen Strommesser sofort das Stromintegral über sehr viele Zacken messen. Wenn die Feldänderung so langsam erfolgt, daß ein Überlappen von Sprüngen in der einen primären Induktionsspule mit solchen in der anderen sehr selten vorkommt, erhält man auf diese Weise aus dem Stromwert unmittelbar die Flußänderung pro Zeiteinheit infolge der Barkhausen-Sprünge in der einen Spule. Dabei ist natürlich vorausgesetzt, daß der Verstärker die Sprünge nicht verzerrt, also in weitem Bereich frequenzunabhängig arbeitet. Nur die stetigen reversiblen Magnetisierungsänderungen werden auf diese Weise nicht miterfaßt, da die ganz kleinen Frequenzen nicht mehr verstärkt werden. Um den Einfluß des Überlappens zu eliminieren, führten BOZORTH und DILLINGER die Messung bei verschiedenen Änderungsgeschwindigkeiten des Feldes durch

---

[1] PREISACH, F.: Ann. Phys., Lpz. V, Bd. 3 (1929) S. 737.

[2] BOZORTH, R. M.: Phys. Rev. Bd. 34 (1929) S. 772. — BOZORTH, R. M. u. J. F. DILLINGER: Phys. Rev. Bd. 35 (1930) S. 733.

und extrapolierten auf die Geschwindigkeit Null. Sie fanden, daß tatsächlich im steilen Teil der Magnetisierungskurve nahezu die gesamte Induktionsänderung in solcher Weise gemessen wird. Wir sind demnach zu der Ansicht berechtigt, daß alle irreversiblen Magnetisierungsvorgänge in normalen Materialien in Barkhausen-Sprüngen bestehen.

Es ist für unsere Vorstellungen von den Magnetisierungsvorgängen von Interesse, die Größe der Bezirke zu kennen, die bei solch einem Barkhausen-Sprung irreversibel von der Wand überstrichen werden. Wir sahen bereits, daß sie bei Permalloy unter Zug die gesamte Probe umfassen können. Daraus folgt bereits, daß es sich bei dieser Größe nicht um eine dem Material eigentümliche Konstante handeln kann. Es zeigt sich aber, daß sie — abgesehen von solchen Extremfällen — in normalen Materialien ohne gerichtete äußere Spannungen nur verhältnismäßig wenig variiert. In solchen Fällen ist sie im wesentlichen gegeben durch die Größe der Homogenitätsbereiche der inneren Spannungen. Eine Übereinstimmung in der Größe der Barkhausen-Sprünge weist demnach auf eine Ähnlichkeit in der Verteilung der Eigenspannungen hin.

Bei den größten Barkhausen-Sprüngen kann man das umklappende Volumen direkt durch Ausmessen der Fläche der großen Zacken in einem Oszillogramm wie in Abb. 109 erhalten. Nach (1) ist damit die mit einem elementaren Barkhausen-Sprung verknüpfte Flußänderung $\Delta\Phi$ in der primären Induktionsspule gegeben. $\Delta\Phi$ hängt bei gegebenem umklappenden Volumen natürlich noch von der Lage des umspringenden Bezirkes relativ zur Spule ab. Zur Abschätzung wollen wir annehmen, daß innerhalb eines gewissen Volumens V des Materials alle gleich großen Bezirke gleich stark wirken und außerhalb gar nicht. Wenn die Meßspule dicht auf den Probedraht gewickelt ist, wird V ungefähr gleich dem Materialvolumen innerhalb der Spule sein. Bozorth und Dillinger haben das wirksame Volumen bei ihren Messungen noch genauer bestimmt durch Beobachtungen über die Abnahme der Wirkung eines bestimmten Induktionssprunges mit der Entfernung. Wenn nun in dem Volumen v die Magnetisierungsrichtung bei einem Sprung von der Gegenfeldrichtung in die Feldrichtung umklappt, so wird sich die dadurch hervorgerufene Flußänderung $\Delta\Phi$ zu der beim Ummagnetisieren der ganzen Probe auftretenden Flußänderung verhalten wie das Volumen v zu V. Ist q der Drahtquerschnitt, so ist die Flußänderung beim vollständigen Ummagnetisieren $8\pi J_s \cdot q$. Also erhalten wir

$$(2) \qquad \frac{\Delta\Phi}{8\pi J_s \cdot q} = \frac{v}{V}$$

und somit für den Zusammenhang zwischen dem umklappenden Volumen v und dem Stromintegral über einen Ausschlag im Oszillographen

$$(3) \qquad \int i\, dt = A \cdot \frac{8\pi J_s q}{V} \cdot v.$$

Durch solche Messungen bestimmte bereits Tyndall[1] im Jahre 1924 das Volumen der bei den größten Sprüngen umklappenden Bezirke zu etwa 10^{-6} cm³. Nimmt man sie als würfelförmig an, so entspricht das einer linearen Ausdehnung von etwa $1/10$ mm. Die meisten Bezirke sind aber sehr viel kleiner.

Um das mittlere umklappende Volumen zu erfassen, haben Bozorth und Dillinger[2] bei ihren umfangreichen Untersuchungen auf diesem Gebiet eine mehr indirekte, aber experimentell einfachere Methode angewandt. Da ja der zeitliche Ablauf der Flußänderung in der primären Induktionsspule durch das Abklingen der Wirbelströme bedingt ist, ist es vernünftig, anzunehmen, daß dieser Ablauf für alle Sprünge ungefähr der gleiche ist, und daß sich die von den

---

[1] Tyndall, E. P. T.: Phys. Rev. Bd. 24 (1924) S. 439.
[2] Bozorth, R. M. u. J. F. Dillinger: Phys. Rev. Bd. 41 (1932) S. 345.

einzelnen Sprüngen herrührenden Oszillographenausschläge nur durch einen Zahlenfaktor unterscheiden. Während des Umspringens des Volumens v ist dann der Strom im Verstärkerausgang gegeben durch

$$(4) \qquad i = A \cdot \frac{8\pi J_s q}{l} \cdot v \cdot f(t),$$

wobei in $f(t)$ das für die Probe charakteristische Abklinggesetz der Wirbelströme steckt. Wegen (3) muß gelten $\int_{-\infty}^{+\infty} f(t)\,dt = 1$. Die großen Zacken des Oszillogrammes zeigen, daß $f(t)$ mit einem sehr steilen Anstieg beginnt und etwa exponentiell abklingt, so wie es in Abb. 110 dargestellt ist. Die Zeitkonstante des Abklingens kann man entweder durch Ausmessen der großen Sprünge im Oszillogramm oder durch Berechnung der Wirbelströme ermitteln. $f(t)$ kann also als bekannt angesehen werden. Ist nun die Zahl der Sprünge in der Zeiteinheit gleich τ, so gilt unter der Annahme, daß ein Überlappen der einzelnen Impulse nicht stattfindet, für den linearen Mittelwert des Stromes nach Unterdrückung der negativen Ausschläge durch einen Gleichrichter

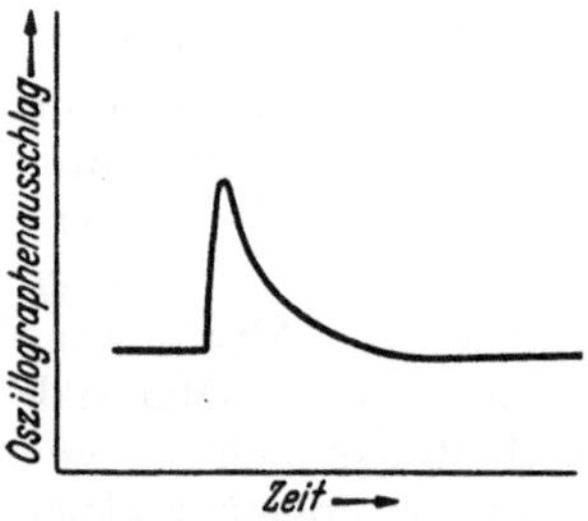

$$(5) \qquad i = A \cdot \frac{8\pi J_s q}{V} \cdot v \cdot \tau.$$

Andererseits kann man durch Messung der Stromwärme, etwa mit einem Thermokreuz, auch den quadratischen Mittelwert des Stromes bestimmen. Dafür gilt entsprechend

$$(6) \qquad \overline{i^2} = \left(A \cdot \frac{8\pi J_s q}{V} \right)^2 \cdot \overline{v^2} \cdot \tau \cdot \int_{-\infty}^{+\infty} f^2(t)\,dt.$$

Abb. 110. Stromverlauf im Oszillographen, herrührend von einem einzelnen Barkhausen-Sprung.

Bei Division der beiden Gleichungen fällt die unbekannte Zahl τ heraus und man erhält aus $\bar{i}$ und $\overline{i^2}$ den Wert von $\overline{v^2}/\bar{v}$. Das Quadratmittel $\overline{v^2}$ ist stets größer als das Quadrat des linearen Mittels $\bar{v}^2$, und zwar um so mehr, je stärker die Streuung in der Größe der Volumina ist. Auf Grund einer von Tyndall ausgeführten Auszählung der Größenverteilung der Bezirke setzen Bozorth und Dillinger $\overline{v^2} = 0.7\,\bar{v}^2$, also

$$(7) \qquad \frac{\overline{v^2}}{\bar{v}} = 1.4\,\bar{v}.$$

Somit ist $\bar{v}$ aus $\overline{i^2}$ und $\bar{i}$ bestimmbar. Nach dieser Methode haben Bozorth und Dillinger $\bar{v}$ bei vielen Materialien längs der Hystereseschleife bestimmt. Sie fanden bei fast allen Proben für $\bar{v}$ etwa 10^{-9} bis 10^{-8} cm³. Die größten Werte wurden an einer Eisen-Nickel-Legierung mit 50% Ni beobachtet und betrugen im Maximum etwa $4 \cdot 10^{-8}$. An Eisen wurden besonders kleine Werte für v gefunden. Im flachen Teil der Hystereseschleife war $\bar{v} < 10^{-11}$ cm³ und stieg an der steilsten Stelle nur bis etwa $v = 1 \cdot 10^{-9}$ cm³.

Bemerkenswert ist der Verlauf von $\bar{v}$ mit H bei der Magnetisierung. Bei kleinen Feldern ist zunächst $\bar{v}$ sehr klein, nimmt dann rasch an Größe zu und durchläuft in der Nähe der Koerzitivkraft ein ziemlich ausgeprägtes Maximum, um dann mit wachsender Feldstärke wieder zu kleinen Werten abzusinken. Im großen und ganzen findet man das bei allen Materialien. Als Beispiel ist die von Bozorth und Dillinger an Eisen gemessene Kurve in Abb. 111 wiedergegeben. Qualitativ kann man dieses Verhalten wohl verstehen. Bei kleinen Feldern vermag die Wand nur kleine Bewegungshindernisse zu überwinden und wird sich deshalb nach einem kurzen Weg vor dem nächsthöheren Hindernis wieder festlaufen. Bei größeren Feldern kann sie nur noch durch große Hindernisse aufgehalten werden. Deren Abstand wird im Durchschnitt gewiß größer sein als derjenige der kleinen Hemmnisse. Also wird die Wand bei stärkeren Feldern im Mittel ein größeres Gebiet irreversibel überstreichen. Bei ganz starken Feldern bleiben schließlich nur noch kleine, besonders ungünstig gelegene Bezirke übrig, deren Umklappen nur noch kleine Sprünge hervorruft. Im Bereich der großen und häufigen Barkhausen-Sprünge ist ferner zu erwarten, daß ein Bezirk wegen der Änderung seines Streufeldes in der Umgebung beim Umklappen andere Bezirke mitreißt. Das wird um so häufiger auftreten, je mehr Bezirke vorhanden sind, die schon beinahe umklappen können und nur noch eines kleinen Anstoßes bedürfen. Diese Erscheinung muß also im steilsten Teil der Magnetisierungskurve am stärksten auftreten und dort zu große Volumina vortäuschen. Die Schärfe des in Abb. 111 auftretenden Maximums ist sicherlich zum Teil durch solche Mehrfachsprünge bedingt.

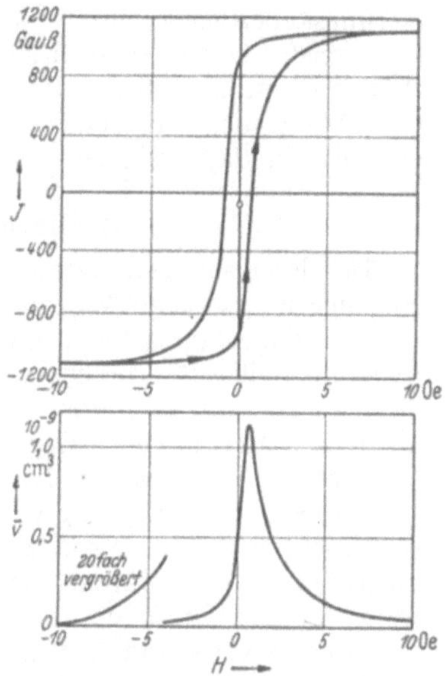

Abb. 111. Durchschnittliche Größe der Barkhausen-Sprünge in weichem Eisen. Oben: Hystereseschleife. Unten: v in Abhängigkeit von H, gemessen auf dem aufsteigenden Ast der Schleife. [Nach R. M. BOZORTH u. J. F. DILLINGER: Phys. Rev. Bd. 41 (1932) S. 345.]

Das Auftreten von derart gekoppelten Sprüngen macht sich auch in den Versuchen von McKEEHAN, BECK und CLASH[1] über die Richtungsverteilung der Sprünge an Siliziumeiseneinkristallen bemerkbar. Diese Forscher benutzten ein flaches, scheibenförmiges Rotationsellipsoid mit der Ebene parallel (100), welches sich in einem Drehfeld befand. Um die Richtung der Magnetisierungsänderung beim Ablaufen eines Sprunges messen zu können, waren zwei gekreuzte Spulen um das Ellipsoid angebracht (vgl. Abb. 112). Diese waren über zwei gleiche Verstärker an die beiden zueinander senkrechten Ablenkplattenpaare eines Kathodenstrahloszillographen angeschlossen, so daß die Bewegungsrichtung des abgelenkten Kathodenstrahles direkt die Richtung der Induktionsänderung bei dem Barkhausen-Sprung anzeigte. Wenn das Magnetfeld so klein ist, daß Drehungen zu vernachlässigen sind, so sollte die Magnetisierungsänderung bei einem elementaren Barkhausen-Sprung parallel [100] sein, wenn eine

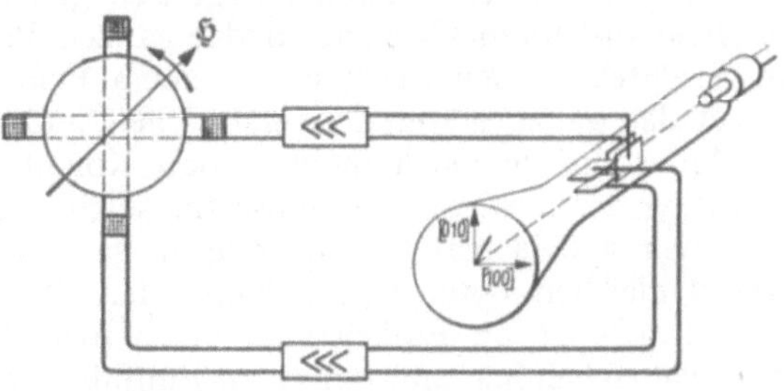

Abb. 112. Messung der Richtungsverteilung der Barkhausen-Sprünge an einer Einkristallscheibe im Drehfeld. [Nach R. F. CLASH u. F. BECK: Phys. Rev. Bd. 47 (1935) S. 158.]

180°-Wand durchläuft, dagegen unter 45° dazu, wenn eine 90°-Wand sich bewegt. McKEEHAN, CLASH und BECK konnten aber bei kleinen Magnetisierungsintensitäten keine Bevorzugung solcher Richtungen feststellen. Bei größeren Feldern, die allerdings in gewissen Kristallrichtungen schon Drehungen aus

<hr>

[1] BECK, F. J. u. L. W. McKEEHAN: Phys. Rev. Bd. 42 (1932) S. 714. — McKEEHAN, L. W. u. R. F. CLASH: Phys. Rev. Bd. 45 (1934) S. 839. — CLASH, R. F. u. F. BECK: Phys. Rev. Bd. 47 (1935) S. 158.

der leichten Richtung heraus bewirkt haben müssen, fanden sie eine Bevorzugung der [100]-Richtung, die aber recht wenig ausgeprägt war. Gelegentlich beobachteten sie auch Zickzackbahnen des Kathodenstrahls, die darauf hindeuten, daß während des Ablaufens des Sprunges die Richtung der Magnetisierungsänderung wechselte, also ein Sprung einen anderen, anders gerichteten hervorrief. Durch diese Erscheinungen ist es sehr wahrscheinlich gemacht, daß bei einem größeren Barkhausen-Sprung in einem gewöhnlichen Material die Wand nicht nur einen einzigen Bezirk durchläuft, sondern ein gleichzeitiges Umklappen einer ganzen Gruppe von Bezirken stattfindet.

b) Die großen Barkhausen-Sprünge.

Bei der bisherigen Betrachtung der Versuche über die kleinen Barkhausen-Sprünge in normalen Materialien sind wir den Beweis schuldig geblieben, daß es sich dabei tatsächlich um Wandverschiebungen handelt. Dieser konnte experimentell erst erbracht werden, nachdem es gelungen war, künstlich sehr große Barkhausen-Sprünge zu erzeugen. Erstmalig wurden solche großen Unstetigkeiten in der Magnetisierungskurve von FORRER[1] im Jahre 1926 beobachtet, und zwar an Nickeldrähten mit komplizierter mechanischer Vorbehandlung. Später gelang es PREISACH[2], Materialien zu finden, an denen unter durchsichtigen und reproduzierbaren Bedingungen große Barkhausen-Sprünge auftraten. Damit wurden sie weiteren Experimenten zugänglich. Den Nachweis, daß der Umklappprozeß in Form einer Wandverschiebung abläuft, erbrachten SIXTUS und TONKS[3] im Jahre 1930.

Auf Grund unserer heutigen Kenntnisse von den Magnetisierungsvorgängen ist es natürlich leicht möglich, die Bedingungen anzugeben, unter denen man große Barkhausen-Sprünge erwarten kann. Bei der Würdigung ihrer Entdeckung muß man sich jedoch vergegenwärtigen, daß diese Vorstellungen damals noch nicht bekannt waren. Damit bei einem irreversiblen Umklappprozeß die Wand ein sehr großes Gebiet überstreichen kann, ist es notwendig, daß in einem großen Bezirk die Magnetisierungsrichtung einheitlich in der gleichen Vorzugsrichtung liegt. So kann man z. B. durch äußere Spannungen erreichen, daß überhaupt nur eine Vorzugsrichtung in dem ganzen Material vorhanden ist, wobei natürlich im Feld Null die beiden entgegengesetzt gleichen Richtungen energetisch gleichwertig sind. Wenn dann durch ein Feld die Magnetisierung in der ganzen Probe in dem einen Richtungssinn ausgerichtet worden ist, kann in einem Feld in der Gegenrichtung eine 180°-Wand das ganze Material überstreichen und die Ummagnetisierung bewirken.

Man sollte demnach meinen, daß Kobalteinkristalle bei Magnetisierung in Richtung der hexagonalen Achse für solche Versuche sehr geeignet seien, denn bei ihnen sind ja bereits ohne Zug im ganzen Körper nur die beiden entgegengesetzt gleichen Vorzugslagen vorhanden. Tatsächlich sind jedoch große Barkhausen-Sprünge an Einkristallen noch niemals beobachtet worden. Das liegt sehr wahrscheinlich nur an dem Einfluß der Entmagnetisierung, die an den meist benutzten Einkristallstäbchen verhältnismäßig stark ist. Denn wegen des entmagnetisierenden Feldes ändert sich beim Ablaufen des Sprunges infolge der Änderung der pauschalen Magnetisierung das innere wirksame Feld. Während des Vorrückens der Wand nimmt die treibende Feldstärke ab, und infolgedessen wird die Wand bald nach Beginn des Umklappprozesses stecken bleiben, weil die Feldstärke zum weiteren Vortreiben nicht mehr ausreicht. Ein großer

[1] FORRER, R.: J. Phys. Radium (6) Bd. 7 (1926) S. 109.
[2] PREISACH, F.: Ann. Phys., Lpz. V Bd. 3 (1929) S. 737.
[3] SIXTUS, K. J. u. L. TONKS: Phys. Rev. Bd. 37 (1931) S. 930; Bd. 39 (1932) S. 357; Bd. 42 (1932) S. 419; Bd. 43 (1933) S. 70, 931.

Sprung muß sich dadurch in viele kleine auflösen. Große Barkhausen-Sprünge findet man daher nur in solchen Fällen, in denen das entmagnetisierende Feld bei Magnetisierung in der Vorzugsrichtung verschwindet. Aus diesem Grunde sind sie bisher nur an polykristallinen dünnen Drähten beobachtet worden, bei denen durch äußere Spannungen eine Vorzugslage in der Drahtrichtung oder, wie bei den Versuchen unter Torsion, in einer solchen Richtungsverteilung erzeugt worden ist, daß die Entmagnetisierung verschwindet.

An Drähten aus Materialien mit negativer Magnetostriktion wie Nickel ist eine Vorzugsrichtung parallel der Drahtachse nicht ohne weiteres zu erreichen, da man einen Draht nicht einfach unter longitudinalen Druck setzen kann. Durch einen Kunstgriff gelingt dies teilweise trotzdem, indem man den Draht plastisch biegt und ihn dann durch Einführen in ein dünnes gerades Rohr ohne Anwendung von Zugspannungen elastisch gerade richtet. Dann entsteht in der einen Drahthälfte ein Druckgebiet. Dort stimmt somit die Vorzugsrichtung mit der Drahtrichtung überein, so daß für diese Hälfte die Magnetisierungskurve zu einer Rechteckschleife mit großen Barkhausen-Sprüngen wird. Dieser überlagert sich natürlich die Magnetisierung der anderen Drahthälfte, die eine flache Kurve wie Nickel unter Zug aufweist (Kapitel 9, Abb. 62). Die gesamte Magnetisierungskurve hat also eine Gestalt, wie sie in Abb. 113 dargestellt ist. Die von FORRER 1926 beobachteten Barkhausen-Sprünge sind durch eine ähnliche mechanische Behandlung zustande

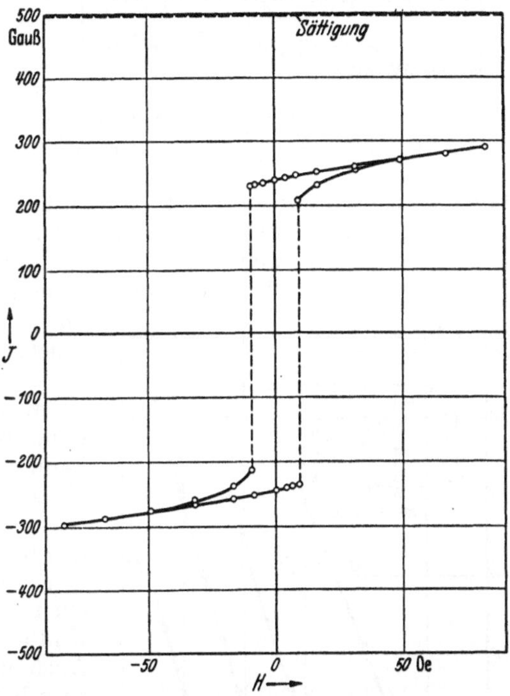

Abb. 113. Die Hystereseschleife von Nickel unter Biegung (Nickeldraht, 0,5 mm ∅, elastisch gestreckt nach plastischer Biegung mit dem Krümmungsradius $\varrho = 8$ cm). [Nach M. KERSTEN: Z. Phys. Bd. 71 (1931) S. 553.]

gekommen. Daß sich das Verhalten solcher Nickeldrähte „unter Biegung" vollständig in der geschilderten Weise verstehen läßt, wurde jedoch erst viel später durch KERSTEN geklärt. Die abgebildete Kurve ist seiner Arbeit entnommen.

Sehr viel einfacher läßt sich eine Vorzugsrichtung in der Drahtrichtung an Drähten aus Materialien mit positiver Magnetostriktion erzielen, an denen man nur einen longitudinalen Zug anzuwenden braucht. Positive Magnetostriktion beobachtet man an den binären Eisen-Nickel-Legierungen zwischen etwa 5% und 81% Ni. An solchen Drähten unter Zug entdeckte PREISACH das Auftreten großer Barkhausen-Sprünge. Am besten sind die Legierungen in der Umgebung von 75% Ni geeignet, weil bei diesen zugleich die Kristallenergie klein ist, so daß ein verhältnismäßig kleiner Zug zur vollständigen Ausrichtung der Bezirke genügt. Bei ihnen kann man unter genügend großem Zug sogar eine Rechteckschleife erhalten mit einem einzigen Barkhausen-Sprung, der innerhalb der Meßgenauigkeit von der Sättigung in der einen Richtung in die entgegengesetzte Sättigung springt.

Von Sixtus und Tonks wurde erstmalig experimentell der Nachweis erbracht, daß dabei die Ummagnetisierung an einer Stelle startet und von da aus durch den Draht hindurchläuft, wie wir es in Kapitel 9 bereits schilderten. Ihre Versuchsanordnung ist in Abb. 114 schematisch dargestellt. Der gespannte Probedraht befindet sich in einer etwa 60 cm langen Feldspule, die der Über-

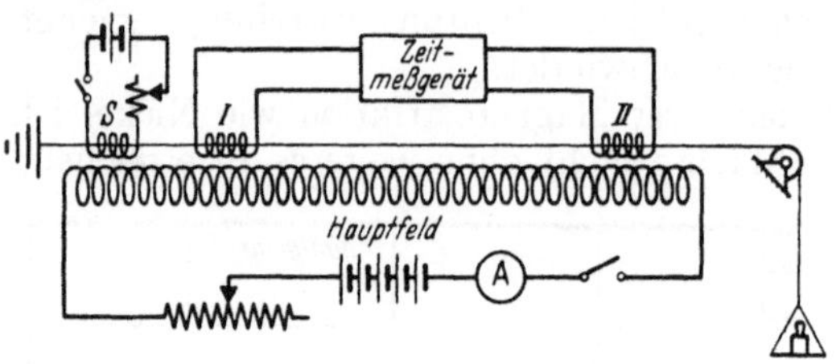

Abb. 114. Anordnung von Sixtus und Tonks zur Messung der Ausbreitungsgeschwindigkeit der Ummagnetisierung (schematisch). S Startspule. I, II Suchspulen.

sichtlichkeit halber neben den Draht gezeichnet ist. Außerdem sind auf dem Draht drei weitere kurze Spulen angebracht, die Startspule S und die beiden Suchspulen I und II. Zur Messung wird der Draht zunächst in der einen Richtung, sagen wir nach links, bis zur Sättigung magnetisiert. Beim Ausschalten des Feldes bleibt die Magnetisierung praktisch vollständig in der vorhergehenden Feldrichtung liegen. Ein kleines positives Feld nach rechts verursacht ebenfalls noch kein Umklappen der Magnetisierung, weil zunächst noch gar keine Wand zum Durchlaufen vorhanden ist. Damit der Umklappvorgang beginnen kann, muß sich erst eine 180°-Wand bilden. Es muß zunächst innerhalb des negativ bis zur Sättigung magnetisierten Materials ein kleines positiv magnetisiertes Gebiet entstehen, das dann durch Wandverschiebung anwachsen kann. Wir nennen solch ein Gebiet einen Keim. Seiner Entstehung stehen energetische Schwierigkeiten entgegen, die völlig den Keimbildungsschwierigkeiten bei Kondensation übersättigter Dämpfe entsprechen. Beide haben ihre Ursache in dem Einfluß der Oberflächenenergie des Keimes. Auch in unserem Fall kommt der Wand zwischen den entgegengesetzt magnetisierten Bezirken ein Energieinhalt zu. Wir werden darauf später genauer eingehen. Im vorliegenden Fall kann man die „Übersättigung" dadurch aufheben, daß man in der Startspule S die Feldstärke genügend weit erhöht. Beim Überschreiten der *Startfeldstärke H_s* bildet sich dann in der Startspule ein Keim, dessen Wand beim

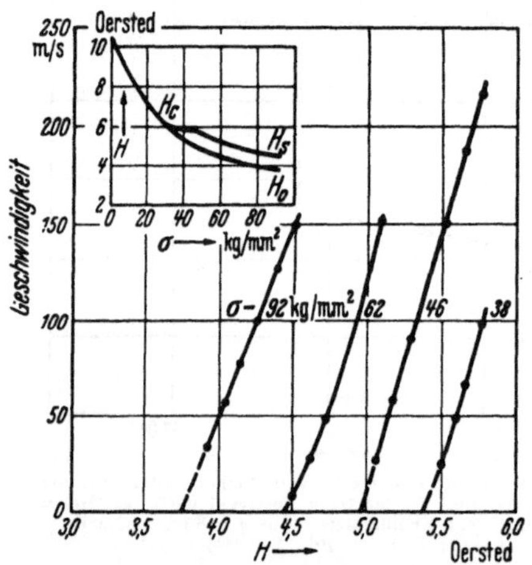

Abb. 115. Die Ausbreitungsgeschwindigkeit in Abhängigkeit vom Hauptfeld bei verschiedenen Zugspannungen, gemessen an hartem Eisen-Nickel-Draht mit 14°/₀ Ni. Darüber die Änderung von H_0 und H_s mit der Zugspannung. (Nach K. Sixtus: Probleme der technischen Magnetisierungskurve. Berlin 1938.)

weiteren Anwachsen schließlich den ganzen Draht überstreicht, und zwar auch dann, wenn außerhalb der Startspule die Feldstärke kleiner als H_s ist. Die Wand wird dabei zuerst Spule I und danach Spule II erreichen. Durch Messung des Zeitintervalls zwischen den Induktionsstößen in I und II kann man die Ausbreitungsgeschwindigkeit dieses Ummagnetisierungsvorganges messen. Die Geschwindigkeit ist von der angelegten Feldstärke abhängig. Bei den zuerst untersuchten Drähten mit 14% Ni fanden Sixtus und Tonks ein angenähert lineares Gesetz, wie aus Abb. 115 hervorgeht:

$$(8) \qquad v = A\,(H - H_0).$$

Die Konstante A betrug im dargestellten Fall etwa 25000 cm/sec pro Oe. Sie war nur wenig von der angelegten Zugspannung abhängig. H_0 nennt man die *Grenzfeldstärke*. Bei Feldern unterhalb H_0 kann auch durch ein starkes Feld innerhalb der Startspule S der Ummagnetisierungsvorgang nicht mehr zum Ablauf gebracht werden. H_0 ist demnach die Feldstärke, die mindestens zum Vorwärtstreiben einer Wand nötig ist. Wie Abb. 115 zeigt, ist H_0 stark von der äußeren Zugspannung abhängig, und zwar nimmt sie mit zunehmender Spannung ab. Das ist qualitativ leicht verständlich, wenn man bedenkt, daß H_0 ja ein Maß für den „Reibungswiderstand" der Wand darstellt. In einem Draht, bei dem die Rechteckschleife der Magnetisierungskurve noch nicht voll-

ständig erreicht ist, sind immer noch kleinere Gebiete vorhanden, in denen wegen der unregelmäßigen inneren Spannungen die Vorzugsrichtung von der Richtung des äußeren Zuges stark abweicht. Solche Störstellen wirken sicherlich hemmend auf den Ausbreitungsvorgang. Mit zunehmendem Zug wird das Volumen dieser Störgebiete abnehmen und damit auch der durch H_0 gekennzeichnete Reibungswiderstand. Messungen von PREISACH[1] an Permalloy zeigten jedoch, daß H_0 nicht auf Null abnimmt, wenn das Volumen der falsch orientierten Gebiete gleich Null geworden ist, sondern einen unteren Grenzwert erreicht. Bei weiterer Erhöhung der Zugspannung ändert sich H_0 dann nicht mehr, solange man die Elastizitätsgrenze nicht überschreitet. Das Ergebnis einer seiner Meßreihen an Permalloy ist in Abb. 116 wiedergegeben. Sie zeigt den Verlauf der Grenzfeldstärke H_0, der Startfeldstärke H_s und der relativen Remanenz J_R/J_s in Abhängigkeit von der Zugspannung. Wenn die Remanenz 100% geworden ist, sind keine Gebiete mehr vorhanden, in denen die Vorzugslage nicht mit der Zugrichtung übereinstimmt. Gleichzeitig hat H_0 auch seinen unteren Grenzwert erreicht. Es müssen also außer diesen groben

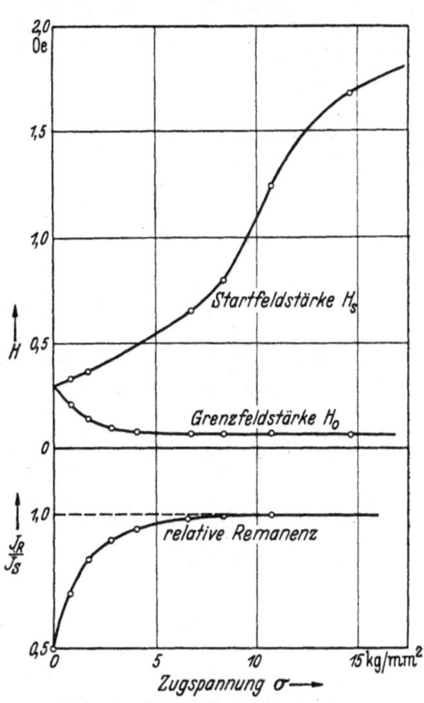

Abb. 116. Die Grenzfeldstärke H_0 und die Startfeldstärke H_s in Abhängigkeit von der Zugspannung σ an Permalloy. Darunter die relative Remanenz. [Nach F. PREISACH: Phys. Z. Bd. 33 (1932) S. 913.]

Störstellen noch weitere Hindernisse für die Wandbewegung vorhanden sein. Nach unseren heutigen Vorstellungen sind diese darin zu suchen, daß der Energieinhalt der Wand zwischen den entgegengesetzt magnetisierten Bezirken von Ort zu Ort etwas schwankt. Wir werden darauf in Kapitel 15 zurückkommen (S. 203).

An diesen Permalloydrähten ist, wie Abb. 116 zeigt, das Intervall zwischen H_0 und H_s, in welchem Sixtus-Tonks-Wellen auftreten können, außerordentlich groß. Maximal betrug bei PREISACH H_s das 28fache von H_0, während bei dem von SIXTUS und TONKS anfänglich benutzten Material aus 14% Ni, 86% Fe H_s prozentual nur wenig größer als H_0 war (vgl. Abb. 115, oberer Teil). Nach neueren Messungen von SIXTUS ist an Permalloy kein linearer Zusammenhang zwischen der Ausbreitungsgeschwindigkeit v und der Feldstärke H mehr vorhanden. Die von ihm an Permalloy gemessenen v-H-Kurven, die in Abb. 117 wiedergegeben sind, haben fast die Gestalt von Parabeln. Eine theoretische Deutung für dieses Verhalten ist bisher noch nicht gegeben worden.

---

[1] PREISACH, F.: Phys. Z. Bd. 33 (1932) S. 913.

Außer der Ausbreitungsgeschwindigkeit haben Sixtus und Tonks auch die Zeit gemessen, während welcher in einer Suchspule eine Induktionsänderung zu merken war. Diese Zeitdauer ergab sich als überraschend groß. Sie ist im wesentlichen bedingt durch die Wirbelströme, welche beim Fortschreiten der Wand im Draht entstehen und stets so gerichtet sind, daß die im Innern wirkende Feldstärke durch sie vermindert wird. Daher wird in der Drahtmitte die Wand bei ihrem Vorrücken gebremst. Im stationären Ausbreitungsvorgang muß sie sich beutelförmig ausbreiten, wie es schematisch in Abb. 118 dargestellt ist. Aus der Zeit δt, während der an einer Suchspule eine Induktionsänderung bemerkbar ist, und der Ausbreitungsgeschwindigkeit v ergibt sich die Tiefe $\lambda = v\,\delta t$ des Beutels. Sixtus und Tonks fanden für λ Werte von 60 cm bis 1 m, während der Drahtdurchmesser nur etwa 0,3 mm betrug. Die Front ist bei diesem Umklappvorgang also außerordentlich lang auseinandergezogen. Sixtus und Tonks konnten zeigen, daß größenordnungsmäßig dieses Verhalten durch den Einfluß der Wirbelströme erklärt werden kann, wenn auch im einzelnen noch starke Abweichungen zwischen der berechneten und beobachteten Eindringzeit δt auftraten.

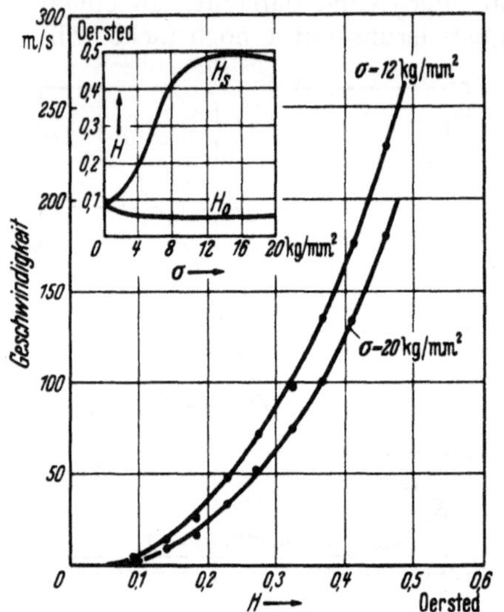

Abb. 117. Ausbreitungsgeschwindigkeit in Abhängigkeit vom Feld am Permalloydraht. (Nach K. Sixtus: Probleme der technischen Magnetisierungskurve. Berlin 1938.)

Das erste Vordringen des Umklappvorganges findet also in einer sehr dünnen Schicht in der Oberfläche des Drahtes statt. Das ist wichtig für die weitergehenden Untersuchungen über den *Einfluß der Torsion*[1] auf die Ausbreitung der Ummagnetisierung. In diesem Fall ist der Zustand nicht mehr über den Drahtquerschnitt homogen. Man kann aber annehmen, daß für die Ausbreitungsgeschwindigkeit im wesentlichen die Verhältnisse an der Drahtoberfläche maßgebend sein werden. Wenn man den Draht einer reinen Torsion unterwirft, entsteht durch die Spannungen eine Vorzugslage der Magnetisierung unter 45° zur Drahtachse. Die Magnetisierungsvektoren ordnen sich also schraubenförmig an. Überlagert man der Torsion noch eine Zugspannung, so nimmt bei positiver Magnetostriktion der

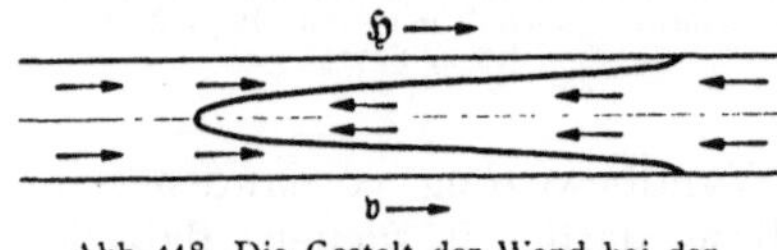

Abb. 118. Die Gestalt der Wand bei der Sixtus-Tonks-Welle (schematisch).

Winkel zwischen der Vorzugsrichtung und der Drahtachse ab. Bei Versuchen an derartig beanspruchten Drähten wurde meist gleichzeitig mit dem longitudinalen Feld H_l noch ein Ringfeld angewandt, welches mittels eines den Draht durchfließenden Stromes erzeugt wurde. Wir wollen den Betrag des Ringfeldes in der Oberfläche mit H_R bezeichnen. Die Ergebnisse der Versuche über Barkhausen-Sprünge bringt man dann zweckmäßig in der H_l-H_R-Ebene zur Veranschaulichung. Die Verbindungslinie des Ursprunges mit einem Punkt in dieser Ebene gibt nach Größe und Richtung den Vektor der magnetischen Feldstärke in der Drahtoberfläche an. In Abb. 119 sind die Resultate einiger Meßreihen von Reinhart zur Darstellung gebracht. Die durch eine Kurve

---

[1] Sixtus, K. J. u. L. Tonks: Phys. Rev. Bd. 43 (1933) S. 70. — Reinhart, R. E.: Phys. Rev. Bd. 45 (1934) S. 420; Bd. 46 (1934) S. 483.

verbundenen Meßpunkte geben die verschiedenen Feldvektoren in der Oberfläche, die bei einem gegebenen Spannungszustand die gleiche Ausbreitungsgeschwindigkeit von 5000 cm/sec ergaben. Die mit $\sigma = 0$ bezeichnete Kurve ist bei einer Torsion von 12°/cm ohne überlagerten Zug aufgenommen worden.

Bei den weiteren Kurven ist außer der Torsion eine Zugspannung der angeschriebenen Größe angewandt worden. Die entsprechend markierten Pfeile geben für die Oberfläche des Drahtes die Richtungen der Vorzugslage der Magnetisierung, die bei diesem Material gleich der Richtung der größten Dehnung ist.

Man sieht, daß die Kurven konstanter Ausbreitungsgeschwindigkeit recht genau gerade Linien sind, die nahezu senkrecht zur Vorzugsrichtung stehen. Das bedeutet also, daß zwei Feldvektoren dann die gleiche Fortschreitungsgeschwindigkeit des Umklappvorganges bewirken, wenn ihre Komponenten parallel zur Vorzugsrichtung gleich sind. Von dem Feld ist sozusagen nur die Komponente parallel der Richtung der Magnetisierung wirksam. Dieses Verhalten ist energetisch sofort verständlich. Denn der Druck der Feldstärke auf eine 180°-Wand ist ja gleich dem doppelten skalaren Produkt zwischen der Feldstärke und der Magnetisierung:

$$p = 2\,(\mathfrak{I}_s\,\mathfrak{H})\,.$$

Das Ergebnis der Torsionsversuche besagt also einfach, daß bei gleichem Druck p auch die Fortschreitungsgeschwindigkeit gleich ist. Daß in Abb. 119 die Geraden konstanter Ausbreitungsgeschwindigkeit nicht genau senkrecht auf der Vorzugsrichtung stehen, liegt vermutlich daran, daß das Drahtinnere noch ein wenig von Einfluß ist. Ähnliche Versuche sind auch an Nickeldrähten unter Torsion

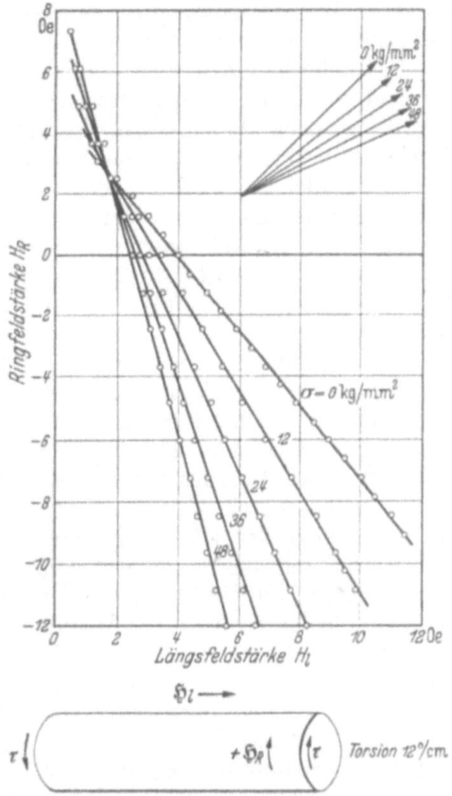

Abb. 119. Zusammenhang zwischen Längsfeld und Ringfeld bei konstanter Ausbreitungsgeschwindigkeit von 5000 cm/sec an Eisen-Nickel-Draht mit 10% Fe (Durchmesser 0,33 mm) unter einer Torsion von 12°/cm und verschiedenen Zugspannungen σ. [Nach R. E. Reinhart: Phys. Rev. Bd. 45 (1934) S. 420.] Die Pfeile rechts oben geben die Vorzugsrichtung in der Oberfläche für die angeschriebenen Werte der Zugspannung an.

ausgeführt worden. Dann ist die Vorzugsrichtung der Magnetisierung die der größten Druckspannung. Auch hier bestätigte es sich, daß die Ausbreitungsgeschwindigkeit angenähert nur von der in die Vorzugsrichtung fallenden Komponente der Feldstärke in der Drahtoberfläche abhängt. Diese Versuche bilden zugleich eine gute Bestätigung der theoretischen Überlegungen über die Einstellung der spontanen Magnetisierung unter äußeren Spannungen.

15. Die Wandenergie der 180°-Wände.

a) Theoretische Berechnung der Wandenergie.

Bei den großen Barkhausen-Sprüngen spielt die der Wand selbst zukommende Energie eine wesentliche Rolle. Durch sie werden z. B. das Zustandekommen der „Reibung" der Wand, die sich in dem Auftreten der Grenzfeldstärke H_0

ausprägt, und die Versuche über das Anwachsen der Ummagnetisierungskeime erst verständlich.

Eine theoretische Abschätzung der auf 1 cm² Wandfläche entfallenden Oberflächenenergie ist bereits von BLOCH[1] im Jahre 1932 gegeben worden; aber erst neuerdings ist auf Grund der theoretischen Auswertung der Versuche von SIXTUS[2] über die Ummagnetisierungskeime die Möglichkeit einer experimentellen Bestimmung erkannt worden[3].

Es ist leicht einzusehen, daß der Übergang von der einen Magnetisierungsrichtung in die entgegengesetzte in der Wand nicht ganz schroff erfolgen kann. Denn zwischen den Elektronenspins, die die Träger des Ferromagnetismus sind, besteht ja die Austauschwechselwirkung, die die Spinrichtungen möglichst parallel zu stellen sucht. Sie bewirkt, daß ein plötzlicher Übergang der Spinrichtung in der Wand energetisch ungünstig ist; denn sie hat die Tendenz, die Winkel zwischen benachbarten Spins in der Wand möglichst klein zu machen. Wenn der Austausch die einzige Kraft auf die Spins wäre, würde sich ein möglichst sanfter Übergang in einer sehr dicken Übergangszone einstellen.

Der Einfluß der äußeren Zugspannung wirkt im entgegengesetzten Sinne. Die Spannungsenergie ist nämlich umgekehrt bestrebt, die Dicke der Übergangsschicht möglichst klein zu machen; denn je dicker die Wand ist, um so mehr Spins stehen in ihr unter einem Winkel gegen die durch die Spannung hervorgerufene Vorzugslage der Magnetisierung. Als Ergebnis der Konkurrenz zwischen Austauschenergie und Spannungsenergie wird sich deshalb eine solche mittlere Dicke der Übergangszone einstellen, daß die Summe der von beiden gelieferten Beiträge zur Wandenergie, möglichst klein wird.

Man kann auf Grund dieser Überlegung leicht die Dicke δ der Übergangsschicht und die Größe γ der Wandenergie pro cm² berechnen. Wir legen dieser Betrachtung das Heisenbergsche Modell des Ferromagnetikums zugrunde. Bei jedem Atom befinde sich ein Elektronenspin. Die Austauschwechselwirkung wird nur zwischen nächsten Nachbarn berücksichtigt. Wir beschränken die Rechnung auf den Fall des einfach kubischen Gitters. Die Kristallenergie soll gegen die Spannungsenergie vernachlässigt werden. Bevor wir die genauere Rechnung beginnen, wollen wir ganz roh und unter Verzicht auf Zahlenfaktoren von der Größenordnung 1 die Werte von δ und γ abschätzen. Um dabei einfache Verhältnisse zu haben, nehmen wir an, daß die durch die Spannung geschaffene Vorzugslage mit der z-Achse zusammenfällt. Die Wand soll eben und parallel zur y-z-Ebene sein, so daß die Spinrichtung in der Übergangsschicht nur von der x-Koordinate abhängt.

Zur Abkürzung bezeichnen wir mit $C = \frac{3}{2}\lambda\sigma$ die pro cm³ aufzuwendende Arbeit, um die spontane Magnetisierung aus der Vorzugsrichtung in die dazu senkrechte Richtung zu drehen. Der Beitrag der Spannungsenergie zur Wandenergie γ ist dann, bis auf einen Zahlenfaktor von der Größenordnung 1, gleich $C\,\delta$; denn bei der Herstellung von 1 cm² der Übergangsschicht muß ungefähr das Volumen δ der Magnetisierung aus der Vorzugsrichtung herausgedreht werden. Der Beitrag der Spannungsenergie zur Wandenergie ist also um so kleiner, je kleiner δ ist, je plötzlicher der Übergang erfolgt. Die Quantentheorie liefert für die Arbeit, um zwei Spins gegen die Wirkung der Austauschenergie aus der Parallelstellung in eine Lage mit dem Winkel ε zwischen den Spinrichtungen zu drehen, den Wert $A\,\dfrac{1-\cos\varepsilon}{2}$, wobei A das Austauschintegral

[1] BLOCH, F.: Z. Phys. Bd. 74 (1932) S. 295.
[2] SIXTUS, K. J.: Phys. Rev. Bd. 48 (1935) S. 425.
[3] DÖRING, W.: Z. Phys. Bd. 108 (1938) S. 137. — Probleme der technischen Magnetisierungskurve. Berlin 1938.

ist. Da in unserem Fall die Winkel zwischen benachbarten Spins klein sind, können wir dafür näherungsweise $A\,\frac{\varepsilon^2}{4}$ setzen. Wegen unserer vereinfachenden Annahmen über die Lage der Wand ist nun der Winkel ε nur für solche Spinpaare von Null verschieden, bei denen die x-Koordinaten der beiden Partner verschieden sind.

Auf der Strecke δ muß der Winkel gegen die Vorzugsrichtung von 0 bis π wachsen. Ist a die Gitterkonstante, so verteilt sich dieses Anwachsen auf δ/a Schritte. Also ist der mittlere Winkel zwischen zwei benachbarten Spins in der Übergangsschicht ungefähr $\pi\,\frac{a}{\delta}$. Die Zahl von in x-Richtung benachbarten Spins pro cm² der Wand beträgt δ/a^3. Also ist der Beitrag der Austauschenergie zur Wandenergie bis auf einen Zahlenfaktor gegeben durch $A\cdot\left(\frac{a}{\delta}\right)^2\cdot\frac{\delta}{a^3}=\frac{A}{\delta a}$. Diese Größe nimmt mit wachsendem δ ab, ist also um so kleiner, je sanfter der Übergang erfolgt. Für die gesamte Wandenergie erhalten wir demnach

$$(1)\qquad\qquad \gamma = C\,\delta + \frac{A}{a\,\delta}.$$

Die tatsächliche Dicke stellt sich nun so ein, daß γ ein Minimum wird. Aus $\partial\gamma/\partial\delta = 0$ folgt

$$(2)\qquad\qquad \delta \approx \sqrt{\frac{A}{a\,C}}.$$

Führen wir statt A die *Austauschenergie pro cm³*

$$(3)\qquad\qquad I = \frac{1}{a^3}\,A$$

ein, so wird

$$(2a)\qquad\qquad \frac{\delta}{a} \approx \sqrt{\frac{I}{C}}.$$

Die Dicke der Übergangszone ist demnach, in Gitterkonstanten gemessen, angenähert gleich der Wurzel aus dem Verhältnis von Austauschenergie zur Spannungsenergie. Diese Energien verhalten sich nun ungefähr wie das Weißsche innere Feld WJ zu derjenigen Feldstärke, welche zur Sättigung in der zum Zug senkrechten Richtung nötig ist, also unter normalen Verhältnissen etwa wie 1000 bis 10000 zu 1; dementsprechend erhält man für δ Werte von ungefähr 30 bis 100 Gitterkonstanten. Für die Wandenergie pro cm² erhält man mit dem soeben berechneten δ

$$(4)\qquad\qquad \gamma \approx 2\sqrt{\frac{A\,C}{a}} = 2a\,\sqrt{IC} = 2\,\frac{A}{a^2}\cdot\frac{a}{\delta}.$$

An der letzten Schreibweise sieht man deutlich, daß dieser Wert γ wesentlich kleiner ist, als er bei einem sehr schroffen Übergang sein würde. Wenn die Spinrichtung an der y-z-Ebene plötzlich von der einen Vorzugsrichtung in die entgegengesetzte Richtung übergehen würde, so müßten zur Erzeugung von 1 cm² der Wand $1/a^2$ Spinpaare gegen die Wirkung des Austauschintegrals antiparallel gestellt werden, so daß der Energieaufwand A/a^2 betrüge. Der oben berechnete Wert ist um den Faktor $2\,\frac{a}{\delta}$ kleiner. Da man das Austauschintegral angenähert aus der Curie-Temperatur entnehmen kann, ist γ ohne weiteres berechenbar. Man erhält in normalen Fällen ungefähr 1 bis 3 erg/cm², also etwas kleinere Werte als für die Oberflächenenergie gewöhnlicher Flüssigkeiten.

Man kann diese Rechnung natürlich ohne Schwierigkeit allgemeiner und strenger durchführen. Wir beschreiben die Spinrichtung durch den Winkel ϑ

gegen die Vorzugsrichtung und den Winkel φ, der die von der Vorzugsrichtung und der Spinrichtung aufgespannte Ebene festlegt (vgl. Abb. 120). In der Übergangsschicht sind ϑ und φ Funktionen des Ortes. Der Winkel ε zwischen zwei Spinrichtungen, deren Winkel ϑ und φ sich um $d\vartheta$ und $d\varphi$ unterscheiden, ist

$$(5) \qquad \varepsilon = \sqrt{d\vartheta^2 + \sin^2\vartheta\, d\varphi^2}.$$

Da der Abstand zweier benachbarter Spins im einfach kubischen Gitter stets gleich der Gitterkonstanten a ist, liefern somit zwei in x-Richtung benachbart liegende Spins zur Austauschenergie den Beitrag

$$(6) \qquad A\,\frac{\varepsilon^2}{4} = \frac{A}{4}\left[\left(\frac{\partial\vartheta}{\partial x}\right)^2 + \sin^2\vartheta\left(\frac{\partial\varphi}{\partial x}\right)^2\right]\cdot a^2.$$

Entsprechendes ergibt sich für die anders gelegenen Spinpaare. Da die Zahl der Nachbarn jeder Sorte pro cm³ $1/a^3$ beträgt, folgt für die gesamte Austauschenergie der Wand

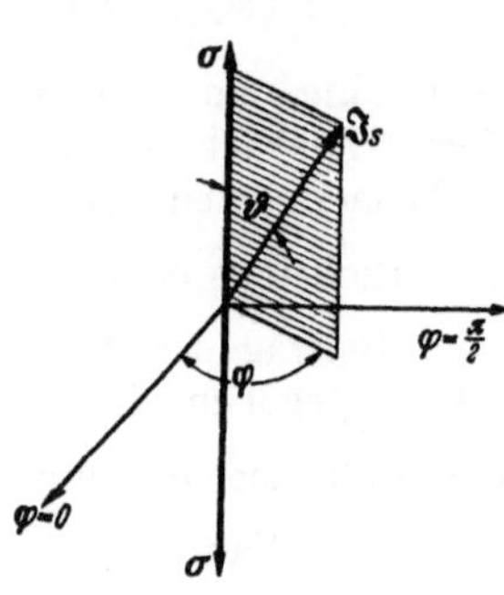

Abb. 120. Beschreibung der Spinrichtung innerhalb der Wand durch die vom Ort abhängigen Winkel ϑ und φ.

$$(7) \qquad \int\limits_{\text{Wand}} \frac{A}{4a}\left[\left(\frac{\partial\vartheta}{\partial x}\right)^2 + \left(\frac{\partial\vartheta}{\partial y}\right)^2 + \left(\frac{\partial\vartheta}{\partial z}\right)^2 + \sin^2\vartheta\left(\left(\frac{\partial\varphi}{\partial x}\right)^2 + \left(\frac{\partial\varphi}{\partial y}\right)^2 + \left(\frac{\partial\varphi}{\partial z}\right)^2\right)\right] dv.$$

Die Spannungsenergie pro cm³ hat nach Kapitel 11 den Wert $C\sin^2\vartheta$. Daher ist der Beitrag der Spannungsenergie zur Wandenergie

$$(8) \qquad \int\limits_{\text{Wand}} C\sin^2\vartheta\, dv.$$

ϑ und φ sind darin Funktionen des Ortes, die so zu bestimmen sind, daß die Summe der beiden Integrale ein Minimum wird. Wir wollen verlangen, daß die Wand eben ist. Die Richtungskosinus der Normalen seien α_1, α_2, α_3. Das bedeutet, daß ϑ und φ nicht beliebig von x, y, z abhängen, sondern nur von der einen Variablen

$$\eta = \alpha_1\, x + \alpha_2\, y + \alpha_3\, z.$$

Damit vereinfachen sich die Integrale erheblich, denn wegen $\alpha_1^2 + \alpha_2^2 + \alpha_3^2 = 1$ folgt

$$\left(\frac{\partial\vartheta}{\partial x}\right)^2 + \left(\frac{\partial\vartheta}{\partial y}\right)^2 + \left(\frac{\partial\vartheta}{\partial z}\right)^2 = \left(\frac{d\vartheta}{d\eta}\right)^2\left(\frac{\partial\eta}{\partial x}\right)^2 + \left(\frac{d\vartheta}{d\eta}\right)^2\left(\frac{\partial\eta}{\partial y}\right)^2 + \left(\frac{d\vartheta}{d\eta}\right)^2\left(\frac{\partial\eta}{\partial z}\right)^2 = \left(\frac{d\vartheta}{d\eta}\right)^2.$$

Ferner verlangen wir, daß für große positive Werte von η der Winkel $\vartheta = \pi$ und für große negative Werte $\vartheta = 0$ sei, denn die Wand soll ja einen Übergang von der einen Vorzugsrichtung in die andere darstellen. Außerdem ist zu fordern, daß $(d\vartheta/d\eta)^2$ für große positive und negative η genügend stark gegen Null geht, da ja der Übergang praktisch auf eine endliche Übergangsschicht beschränkt sein soll. Zur Gewinnung der Wandenergie pro cm² können wir daher die Integration über eine Säule parallel der Wandnormalen vom Querschnitt 1 erstrecken und für die Integrationsgrenzen $\eta = -\infty$ und $\eta = +\infty$ setzen, da für große η der Integrand verschwindet. Da das Volumenelement dann einfach $dv = d\eta$ ist, erhalten wir somit:

$$(9) \qquad \gamma = \int\limits_{\eta=-\infty}^{+\infty}\left\{\frac{A}{4a}\left[\left(\frac{d\vartheta}{d\eta}\right)^2 + \sin^2\vartheta\left(\frac{d\varphi}{d\eta}\right)^2\right] + C\sin^2\vartheta\right\} d\eta.$$

Die Spinverteilung, die sich tatsächlich in der Übergangszone einstellt, wird durch diejenigen Funktionen $\vartheta(\eta)$ und $\varphi(\eta)$ geliefert, die dieses Integral unter gehöriger Berücksichtigung der Randbedingungen zum Minimum machen. Da φ in diesen Randbedingungen nicht vorkommt, ergibt sich für $\varphi(\eta)$ die Bedingung $d\varphi/d\eta = 0$. Dann fällt nämlich der zweite, stets positive Summand, der als einziger von φ abhängt, fort. Wenn man also die Spinvektoren innerhalb der Übergangsschicht von einem gemeinsamen Anfangspunkt aus.aufträgt, liegen sie alle in einer Ebene $\varphi = \mathrm{const}$. Welche dieser Ebenen sich die Spins aussuchen, ist im Rahmen dieser Rechnung unbestimmt, da γ davon nicht abhängt. Dafür sind die hier vernachlässigten Energiebeträge maßgebend, wahrscheinlich vor allem die Kristallenergie und das Magnetfeld.

Zur Abkürzung führen wir nun die Größe $\delta^2 = \dfrac{A}{a\,C}$ ein. δ ist genau die Dicke der Übergangsschicht, die sich aus unserer ersten Abschätzung (2) ergab. $\vartheta\,(\eta)$ folgt nunmehr daraus, daß die Variation des Integrals

$$\int\limits_{-\infty}^{+\infty} \left\{ \frac{\delta^2}{4} \left(\frac{d\vartheta}{d\eta} \right)^2 + \sin^2 \vartheta \right\} d\eta$$

verschwindet. Der Integrand F ist eine Funktion von ϑ und $\vartheta' = d\vartheta/d\eta$. Die Euler-Lagrangesche Differentialgleichung dieses Variationsproblems lautet

$$\frac{d}{d\eta} \left(\frac{\partial F}{\partial \vartheta'} \right) = \frac{\partial F}{\partial \vartheta}$$

oder

$$\frac{\delta^2}{4} \cdot 2 \frac{d^2\vartheta}{d\eta^2} = \sin 2\,\vartheta.$$

Zur Integration multiplizieren wir diese Gleichung mit $d(2\vartheta)/d\eta$. Dann erhält man auf beiden Seiten eine vollständige Ableitung nach η:

$$\frac{\delta^2}{8} \frac{d}{d\eta} \left(\frac{d(2\vartheta)}{d\eta} \right)^2 = \frac{d}{d\eta} (-\cos 2\,\vartheta).$$

Somit folgt

$$\frac{\delta^2}{8} \left(\frac{d(2\vartheta)}{d\eta} \right)^2 = -\cos 2\vartheta + C_1.$$

Da im Limes $|\eta| \to \infty$ der Winkel ϑ gegen 0 oder π gehen soll, also $\cos 2\,\vartheta$ gegen 1, ferner aber $d\vartheta/d\eta$ gegen Null konvergieren soll, folgt für die Integrationskonstante C_1 der Wert 1. Demnach erhalten wir

$$\frac{\delta^2}{8} \left(\frac{d(2\vartheta)}{d\eta} \right)^2 = 1 - \cos 2\,\vartheta = 2\sin^2\vartheta$$

oder

$$\frac{\delta}{2} \frac{d\vartheta}{d\eta} = \sin\vartheta.$$

Wir haben dabei das positive Zeichen gewählt, da ϑ mit η wachsen soll. Trennung der Variablen gibt

$$\frac{\delta}{2} \int \frac{d\vartheta}{\sin\vartheta} = \frac{\delta}{2} \ln \mathrm{tg} \frac{\vartheta}{2} = \eta + C_2.$$

Diese neue Integrationskonstante C_2 bestimmt nur die Lage der Übergangsschicht auf der η-Achse. Wir legen sie in die Nähe von $\eta = 0$. Dem entspricht $C_2 = 0$. Somit folgt schließlich

$$(10) \qquad\qquad \vartheta = 2\,\mathrm{arc}\,\mathrm{tg}\,e^{\frac{2\eta}{\delta}}.$$

Der Verlauf dieser Funktion ist in Abb. 121 dargestellt. Im mittleren Teil ist der Verlauf ziemlich geradlinig; für große η mündet ϑ exponentiell in die Werte $\vartheta = 0$ bzw. π ein. Setzt man den obigen Ausdruck für ϑ als Funktion von η in das Integral (9) ein, so erhält man für γ

$$(11) \qquad\qquad \gamma = 2 \sqrt{\frac{A\,C}{a}},$$

also zufälligerweise genau den Wert, den wir auch bei der ersten rohen Abschätzung erhielten.

Abgesehen von der etwas genaueren Bestimmung der Zahlenfaktoren und des Verlaufes von ϑ in der Übergangsschicht ist das wichtigste Ergebnis dieser strengeren Rechnung die Erkenntnis, daß γ unabhängig ist von der Richtung der Wand. Die Richtungskosinus α_1, α_2, α_3 der Wandnormalen fallen heraus. Das hat seinen eigentlichen Grund darin, daß die Austauschenergie nur von dem Winkel zwischen den Spinrichtungen, nicht von der Richtung der Verbindungslinie relativ zur Spinrichtung abhängt.

Die Rechnung läßt sich ganz entsprechend auch für andere Gittertypen durchführen. Im kubisch-raumzentrierten Gitter erhält man $\gamma = 2\sqrt{\dfrac{2AC}{a}}$, im flächenzentrierten Gitter $\gamma = 4\sqrt{\dfrac{AC}{a}}$, wenn man mit A stets das Austauschintegral zwischen nächstbenachbarten Atomen bezeichnet. Abgesehen vom Zahlenfaktor ist also das Ergebnis das gleiche. Statt A wollen wir auch hier die Austauschenergie pro cm³ I einführen, die für alle drei kubischen Gitter definiert wird als das Produkt aus dem Austauschintegral A mit der

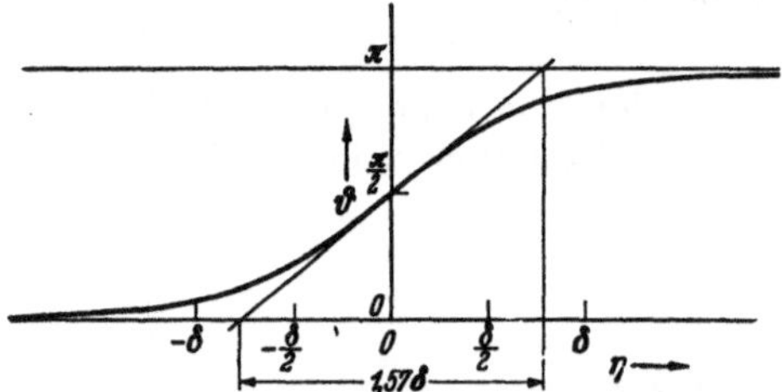

Abb. 121. Der Winkel ϑ der Spinrichtung gegen die Vorzugsrichtung innerhalb der Wand.

Zahl der Atome im cm³. Im einfach kubischen Gitter gilt also

$$(12) \qquad I = A \cdot \frac{1}{a^3},$$

im kubisch-raumzentrierten Gitter

$$(12\,\text{a}) \qquad I = A \cdot \frac{2}{a^3}$$

und im kubisch-flächenzentrierten Gitter

$$(12\,\text{b}) \qquad I = A \cdot \frac{4}{a^3}.$$

Dann erhält man für diese drei Gittertypen übereinstimmend

$$(13) \qquad \gamma = 2a\sqrt{IC}.$$

Zu dieser Rechnung ist zu bemerken, daß wir von der Anwesenheit eines Magnetfeldes stets abgesehen haben. Im allgemeinen ist aber mit der Entstehung einer Wand gleichzeitig das Auftreten eines Magnetfeldes verknüpft. Denn außer in dem Sonderfall, daß die Wandnormale senkrecht auf der Vorzugsrichtung steht, ist die Divergenz der Magnetisierung in der Übergangsschicht nicht Null. Infolgedessen muß wegen $\operatorname{div}\mathfrak{B} = 0 = \operatorname{div}\mathfrak{H} + 4\pi\operatorname{div}\mathfrak{J}$ ein Magnetfeld vorhanden sein, das in der Übergangsschicht entsprechende Quellen wie $\mathfrak{J}$ besitzt. Bei der Vergrößerung der Oberfläche einer Wand ist daher im allgemeinen außer der hier berechneten Wandenergie auch noch ein gewisser Energiebetrag zur Vermehrung der Feldenergie aufzuwenden. Bei der Betrachtung der Keimbildungsversuche werden wir in einem Sonderfall sehen, wie sich diese Energieänderung bemerkbar macht.

b) Die großen Ummagnetisierungskeime.

Eine entscheidende Rolle spielt die Wandenergie bei den Versuchen von Sixtus[1] über das Anwachsen der Ummagnetisierungskeime. Diese sind deshalb

---

[1] Sixtus, K. J.: Phys. Rev. Bd. 48 (1935) S. 425.

besonders wichtig, weil sich aus ihnen experimentell die Größe der Wandenergie ermitteln läßt, so daß sich daraus eine Prüfungsmöglichkeit der obigen
theoretischen Resultate ergibt. Bei den beschriebenen Versuchen von SIXTUS
und TONKS (S. 184) wurde der Ummagnetisierungsvorgang dadurch eingeleitet,
daß in der Startspule S das Startfeld H_s überschritten wurde (Abb. 114). Dann
entsteht dort auf irgendeine Weise ein kleines Gebiet, in dem die Magnetisierung
aus der Gegenfeldrichtung in die Feldrichtung umgeklappt ist. Wie dieser
erste kleine Keim entsteht, ist bis heute noch nicht völlig geklärt. Wir werden
darauf später noch einmal zurückkommen. Durch Wandverschiebung wächst
dann dieser Keim aus und verursacht schließlich die Ummagnetisierung im
ganzen Draht. SIXTUS fand nun, daß bei nur kurzzeitigem Überschreiten der
Startfeldstärke H_s in der Startspule zwar ein Keim entsteht, aber solange dieser

nicht zu groß ist, vermag er beim Ausschalten des Zusatzfeldes nicht weiter
zu wachsen, auch wenn das Hauptfeld,
in dem er sich befindet, etwas größer
als H_0 ist. Diese Keime bleiben dann
in dem Draht beliebig lange in unver-
änderter Größe erhalten, sie sind „eingefroren". Man kann das von ihnen
erzeugte Feld leicht ausmessen und dadurch ihre Größe bestimmen. Es zeigt
sich, daß es sich stets um sehr langge-
streckte, dünne Gebilde handelt. Ihren
Querschnitt an einer bestimmten Stelle
kann man sehr einfach messen, indem
man eine Induktionsspule von dieser
Stelle rasch abzieht bis über das Ende
des Keimes hinaus. Aus dem dabei auf-

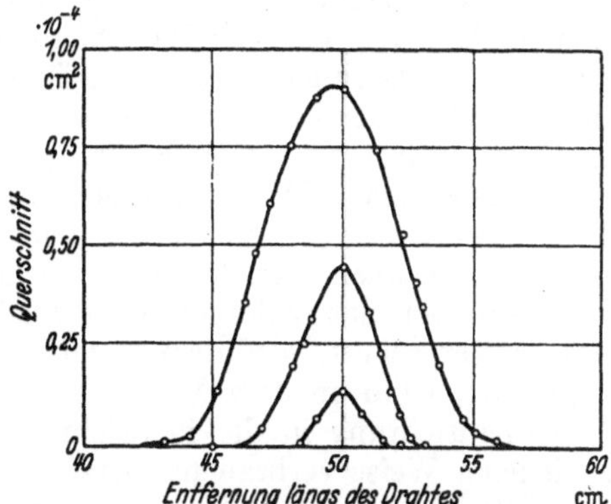

Abb. 122. Der Querschnitt von drei großen einge-
frorenen Keimen in Abhängigkeit von der Länge.
[Nach K. J. SIXTUS: Phys. Rev. Bd. 48 (1935) S. 425.
Ni-Fe-Draht mit 15% Ni-Gehalt, weich geglüht.]

tretenden Spannungsstoß in der Spule folgt die Flußänderung. Diese ist bis
auf Korrekturen einfach $8\pi J_s \cdot q$, wenn q der Keimquerschnitt ist. Abb. 122
zeigt den auf diese Weise ermittelten Verlauf des Keimquerschnittes über der
Länge an den drei größten von SIXTUS ausgemessenen Keimen. Die Länge
der Keime ist also recht beträchtlich, bei dem größten etwa 13 cm. Nimmt
man den Querschnitt als kreisförmig an, so beträgt der größte Durchmesser
beim größten Keim etwa 0,1 mm, also etwa $^1/_3$ des Drahtdurchmessers. Vor
allem ist daran überraschend, daß ihre Länge sehr viel größer ist als die
Länge der Startspule, welche bei diesen Versuchen nur etwa 1 cm betrug. Die
Spitze des Keimes ist also weit aus dem Zusatzfeld herausgewachsen in ein
Gebiet hinein, wo von diesem Feld direkt nichts mehr zu merken ist. Trotzdem kann der Keim an der Spitze beim Ausschalten des Startfeldes nicht
weiterwachsen. Wie es zustande kommt, daß das Zusatzfeld indirekt das
Längenwachstum ermöglicht, wird sich nachher zwanglos erklären lassen.

Zunächst wollen wir die Frage erörtern, weshalb diese großen eingefrorenen
Keime nicht im Hauptfeld wachsen können. Das hat seine Ursache in dem
Zusammenwirken des Einflusses der Oberflächenenergie und des entmagneti-
sierenden Feldes, welches sich in der Umgebung des Keimes ausbildet. Im
Inneren des Keimes und an seiner Seite ist ja das von den „freien Polen" an der
Keimoberfläche herrührende entmagnetisierende Feld dem äußeren Feld ent-
gegengerichtet. Dadurch wird an der Seite des Keimes das Vorrücken der
Wand gehemmt, so daß er nicht dicker werden kann. An der Spitze dagegen
ist das Wachstum gehemmt, weil dort mit einem Vorrücken der Wand eine starke
Oberflächenvergrößerung verbunden ist. Man kann statt dessen auch sagen:

Wegen der starken Krümmung der Oberfläche an der Spitze wird dort ein Druck auf das Keiminnere ausgeübt. Die Wand kann erst dann vorrücken, wenn der vom Feld ausgeübte Druck $p = 2 J_s H$ größer als dieser von der Oberflächenspannung herrührende Binnendruck ist. Bei Erhöhung des Hauptfeldes setzt bei einer gewissen Feldstärke H_s' das Wachstum ein. H_s' ist von der Größe der·Keime abhängig und natürlich stets kleiner als H_s und größer als H_0.

Zur genaueren Deutung betrachten wir die energetischen Bedingungen, die erfüllt sein müssen, damit die Wand eines Keimes unter Vergrößerung des Keimvolumens vorrücken kann. Es möge ein langer dünner Keim vorliegen vom Volumen V. Wir wollen annehmen, daß er rotationssymmetrisch mit der Achse parallel zur Drahtachse ist. Bei den langen Keimen können die Abweichungen von dieser Gestalt jedenfalls nicht sehr groß sein. Für die Rechnung werden wir nachher speziell den Keim als ein Rotationsellipsoid behandeln. Die in Abb. 122 dargestellte Abhängigkeit des Querschnittes von der Länge entspricht tatsächlich etwa dieser Form. Die Abweichungen von dieser Gestalt liegen in dem Sinne, daß der Querschnitt nach den Enden hin rascher abnimmt als beim Ellipsoid. Große. Fehler können aber aus dieser Näherungsannahme nicht resultieren. Die Länge der Keime bezeichnen wir mit l, den größten Durchmesser mit d. Wir setzen stets $l \gg d$ voraus. Bei den von SIXTUS hergestellten Keimen war l/d immer größer als 500.

Wenn sich das Volumen eines solchen Keimes durch Vorrücken der Wand um dV vergrößert, wird dem Material dabei durch das Feld die Arbeit $2 H J_s\, dV$ zugeführt, denn in dem Volumen dV geht ja die Magnetisierung J_s von der Gegenfeldrichtung in die Feldrichtung über. Diese Energie wird nun in verschiedener Weise verbraucht. Erstens ist mit dem Vorrücken eine Oberflächenvergrößerung dO verbunden, wozu der Energieaufwand $\gamma\, dO$ nötig ist. Außerdem wird sich die Feldenergie des entmagnetisierenden Feldes verändern. Ihre Größe wollen wir mit W bezeichnen, ihre Veränderung mit dW. Für die Differenz zwischen der zugeführten Energie $2 H J_s\, dV$ und der Summe der aufzuwendenden Energien wollen wir die Bezeichnung

$$(14) \qquad dU = 2 H J_s\, dV - \gamma\, dO - dW$$

benutzen. Wenn das Vorrücken der Wand nun. ohne Energieverluste möglich wäre, würde das Keimwachstum einsetzen können, sobald die zugeführte Energie $2 H J_s\, dV$ den Energieaufwand $\gamma\, dO + dW$ übersteigt, sobald also dU sich bei positivem dV als positiv ergibt. Das Vorhandensein der Grenzfeldstärke H_0 zeigt nun aber, daß selbst bei sehr langsamem Vorrücken der Wand mindestens der Energiebetrag $2 H_0 J_s$ pro cm³ des überstrichenen Gebietes irreversibel vergeudet wird. Infolge des Vorhandenseins dieser Reibung kann daher der Keim nur wachsen, wenn

$$(15) \qquad dU > 2 H_0 J_s\, dV \qquad (dV > 0)$$

ist, wenn also dU den Mindestbetrag der durch Reibung vernichteten Energie beim Vorrücken der Wand übersteigt.

Bei einem langen dünnen Keim gibt es nur zwei wesentlich verschiedene Arten des Wachstums, nämlich ein Wachstum der Länge l oder der Dicke d. Natürlich können auch l und d gleichzeitig wachsen, aber da bei diesen beiden Wachstumsarten das Vorrücken der Wand an ganz verschiedenen Stellen der Keimoberfläche stattfindet, das eine Mal im wesentlichen nur an der Spitze, das andere Mal nur an der Seite, kann ein gleichzeitiges Wachsen von l und d nur stattfinden, wenn sowohl für das Längenwachstum bei festgehaltener Dicke wie auch für das Dickenwachstum bei festgehaltener Länge die Ungleichung (15) erfüllt ist. Wir können also die beiden Wachstumsarten als unabhängig voneinander ansehen. Bei einem sehr langen dünnen Keim ist nun das Volumen proportional ld^2. Wir setzen $V = C_1 l d^2$. Beim Rotationsellipsoid ist der Proportionalitätsfaktor $C_1 = \pi/6$; bei den wirklich vorliegenden Keimen kann er nicht sehr viel verschieden davon sein, denn in dem Grenzfall eines Zylinders ist er $\pi/4$, beim Doppelkegel $\pi/12$. Für die Oberfläche kann man entsprechend einen Ausdruck $O = C_2 l d$ schreiben, wobei C_2 für das Rotationsellipsoid $\pi^2/4$ ist, für den Zylinder bei Vernachlässigung der Stirnflächen π, für den Doppelkegel in entsprechender Näherung $\pi/2$. Der für das Rotationsellipsoid gültige Wert stellt also einen recht guten Mittelwert dar.

Betrachten wir nun zunächst so lange dünne Keime, daß wir die Feldenergie W des entmagnetisierenden Feldes vernachlässigen können, so ist die Größe U, deren Differential in (14) steht:

$$(16) \qquad U = 2 C_1 H J_s \cdot l d^2 - C_2 \gamma \cdot l d.$$

Die Bedingung dafür, daß das Längenwachstum möglich ist, lautet

$$(17) \qquad \frac{\partial U}{\partial l} > 2 H_0 J_s \frac{\partial V}{\partial l}.$$

Durch Einsetzen des obigen Näherungsausdruckes für U folgt daraus

$$(18) \qquad d > \frac{\gamma C_2}{2 J_s (H - H_0) C_1}.$$

Es gibt also für das Längenwachstum eine gewisse kritische Dicke $d_K = \dfrac{\gamma C_2}{2 J_s (H - H_0) C_1}$, oberhalb der ein Längenwachstum möglich ist. Bei kleineren Dicken ist es gehemmt. d_K ist umgekehrt proportional der Feldstärkendifferenz $H - H_0$:

$$(19) \qquad d_K = \frac{\beta}{H - H_0}.$$

β ist die kritische Dicke beim Feld $H - H_0 = 1$ Oe. Beim Rotationsellipsoid gilt dafür

$$(20) \qquad \beta = \frac{3 \pi \gamma}{4 J_s}.$$

Entsprechend findet man als Bedingung für das Wachstum der Dicke

$$(21) \qquad \frac{\partial U}{\partial d} > 2 H_0 J_s \frac{\partial V}{\partial d}.$$

Daraus folgt bei Vernachlässigung von W

$$(22) \qquad d > \frac{1}{2} \frac{\gamma C_2}{2 J_s (H - H_0) C_1}$$

oder

$$(23) \qquad d > \tfrac{1}{2} d_K.$$

Dickenwachstum ist also schon möglich, wenn die Dicke größer ist als $\tfrac{1}{2} d_K$. Daß das Dickenwachstum bei sehr langen dünnen Keimen schon eher einsetzt als das Längenwachstum, liegt daran, daß das Volumen quadratisch mit der Dicke zunimmt, dagegen nur linear mit der Länge. Bei prozentual gleicher Änderung der Oberfläche ist daher beim Dickenwachstum die Volumenzunahme größer als beim Längenwachstum.

Qualitativ ist nun auch leicht zu übersehen, in welcher Weise sich das entmagnetisierende Feld bei kürzeren Keimen bemerkbar macht. Beim Dickenwachstum rückt die Wand im wesentlichen an der Seite der Keime vor. Da dort, wie wir uns bereits überlegten, das entmagnetisierende Feld dem äußeren Feld entgegengerichtet ist, wirkt es wie eine Verminderung der äußeren Feldstärke.

Mit abnehmendem Dimensionsverhältnis l/d muß also die Dicke, unterhalb der das Dickenwachstum gehemmt ist, zunehmen. Ist das Dimensionsverhältnis so klein geworden, daß das entmagnetisierende Feld H_d an der Seite des Keimes gleich der Feldstärkendifferenz $H - H_0$ geworden ist, so ist das gesamte Feld an dieser Stelle gleich H_0. Dann ist bei keiner Keimgröße ein Dickenwachstum mehr möglich.

Anders ist es beim Längenwachstum. An der Spitze des Keimes wirkt das entmagnetisierende Feld nicht hemmend, sondern fördernd, denn mit zunehmender Länge nimmt bei festgehaltener Keimdicke die Feldenergie W des entmagnetisierenden Feldes ab. Mit abnehmendem Dimensionsverhältnis muß also die Dicke, oberhalb der ein Längenwachstum energetisch möglich ist, vom Wert d_K zu kleineren Werten abnehmen.

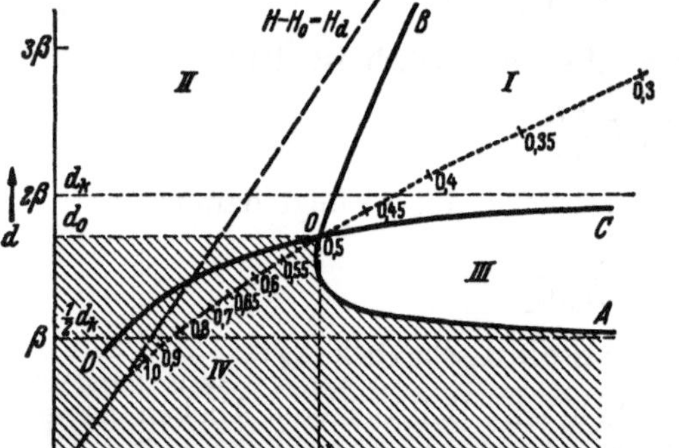

Abb. 123. Zur Beschreibung der Wachstumsfähigkeit von Keimen der Länge l und der Dicke d in einem Feld $H - H_0$ = 0,5 Oe. AOB Grenze des Dickenwachstums. COD Grenze des Längenwachstums. Punktiert: Bahn des Punktes O bei Veränderung des Feldes. Die im schraffierten Gebiet liegenden Keime können keine Sixtus-Tonks-Welle starten.

Am besten bringt man dieses Verhalten in der l-d-Ebene zur Darstellung, wie es in Abb. 123 geschehen ist. Jeder Keim wird in dieser Ebene durch einen Punkt dargestellt. Die eingezeichneten Kurven geben die Grenzen der Gebiete, in denen bei den zugehörigen Keimen das Längenwachstum oder Dickenwachstum gehemmt ist. Die Kurven sind berechnet für die Feldstärke $H - H_0 = 0,5$ Oe unter der Annahme, daß die Keime die Gestalt von Rotationsellipsoiden haben. Die Kurve AOB ist die Grenzkurve für das Dickenwachstum. Sie steigt vom Wert $d_K/2$ mit abnehmender Länge l an und schmiegt sich asymptotisch an einen Strahl durch den Ursprung an, dessen Neigung durch die Gleichung $H - H_0 = H_d$ gegeben ist. Rechts oberhalb dieser Kurve ist Dickenwachstum möglich, unterhalb ist es gehemmt. Entsprechend ist COD die Grenzkurve für das Längenwachstum. Sie fällt vom Wert d_K mit abnehmender Länge ab, wie wir es qualitativ bereits erörterten. Die beiden Grenzkurven schneiden sich im Punkt O. Sie zerlegen die l-d-Ebene in 4 Teile, in denen entweder beide Wachstumsarten (I) oder nur Längenwachstum (II) oder nur Dickenwachstum (III) oder keines von beiden (IV) möglich ist.

Für die genaue Berechnung der Grenzkurve muß man vor allem die Feldenergie W des entmagnetisierenden Feldes kennen. Diese ist nur für das Rotationsellipsoid ohne Schwierigkeit berechenbar und beträgt dann $W = 2 N J_s^2 V$. Darin bedeutet V das Keimvolumen und N den Entmagnetisierungsfaktor. Zum Beweise denke man sich dazu die Magnetisierung im Ellipsoid herumgedreht aus der Lage in der negativen Sättigung über die Lage senkrecht dazu in die entgegengesetzte Richtung und berechne die dabei aufzuwendende Arbeit gegen das vom entmagnetisierenden Felde ausgeübte Drehmoment. Da in der Anfangslage die Magnetisierung im ganzen Körper homogen, also $W = 0$ ist, ist diese Arbeit offenbar die zur Erzeugung des entmagnetisierenden Feldes nötige Arbeit. In einer Zwischenlage sei der Winkel der Magnetisierung im Ellipsoid mit der negativen x-Achse gleich α (Abb. 124). Das Feld im Inneren des Ellipsoids setzt sich in dieser Lage aus zwei Teilen zusammen, nämlich aus dem Feld, das die Magnetisierung des Ellipsoids selbst erzeugt und demjenigen, das die Magnetisierung der Umgebung erzeugt. Da in der Umgebung die Magnetisierung J_s in Richtung der negativen x-Achse liegt, ist dieses letztere Feld entgegengesetzt gleich dem Feld, das im Innern des Ellipsoids herrschen würde, wenn das Ellipsoid allein bis J_s in x-Richtung magnetisiert wäre und die Umgebung unmagnetisch wäre; denn diese beiden Magnetisierungszustände überlagert ergeben ja das entmagnetisierende Feld Null. Die

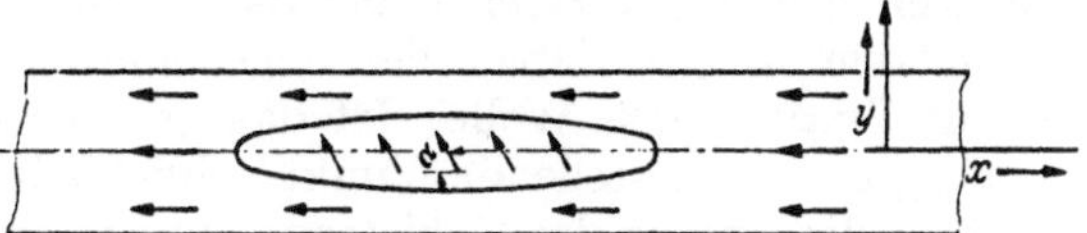

Abb. 124. Zur Berechnung der Energie des entmagnetisierenden Feldes eines Keimes.

Umgebung erzeugt also in dem Raum des Ellipsoids das homogene Feld NJ_s in Richtung der negativen x-Achse. Ist N' der Entmagnetisierungsfaktor in y-Richtung, so hat demnach das Feld im Innern des Ellipsoids die Komponenten

$$H_x = -NJ_s + NJ_s \cos\alpha$$
$$H_y = -N' J_s \sin\alpha.$$

Also ist das Drehmoment M pro Volumeneinheit

$$M = -H_x J_s \sin\alpha - H_y J_s \cos\alpha$$
$$= N J_s^2 \sin\alpha - J_s^2 (N - N') \sin\alpha \cos\alpha.$$

Daraus folgt für die Feldenergie

$$(24) \qquad W = V \int_{\alpha=0}^{\pi} M \, d\alpha = 2 N J_s^2 V.$$

Beim langgestreckten Rotationsellipsoid ist nun $N = \dfrac{4\pi}{k^2} (\lg 2k - 1)$, wenn wir zur Abkürzung für das Dimensionsverhältnis $l/d = k$ setzen. Die Größe U lautet somit für das Rotationsellipsoid

$$(25) \qquad U = \frac{\pi}{3} J_s H l d^2 - \frac{\pi^2}{4} \gamma l d - \frac{4\pi^2}{3} J_s^2 \frac{d^4}{l} \left(\lg 2 \frac{l}{d} - 1 \right).$$

Setzt man diesen Ausdruck ein in die Gleichung der Grenzkurve des Gebietes des Längenwachstums

$$\frac{\partial U}{\partial l} = 2 H_0 J_s \frac{\partial V}{\partial l},$$

so erhält man

$$(26) \qquad d = \frac{\beta}{H - H_0} \cdot \frac{1}{1 + \dfrac{4\pi J_s}{H - H_0} \cdot \dfrac{\lg 2k - 2}{k^2}}.$$

Entsprechend folgt aus

$$\frac{\partial U}{\partial d} = 2 H_0 J_s \frac{\partial V}{\partial d}$$

für die Grenzkurve des Dickenwachstums

$$(27) \qquad d = \frac{1}{2} \cdot \frac{\beta}{H - H_0} \cdot \frac{1}{1 - \dfrac{8\pi J_s}{H - H_0} \dfrac{\lg 2k - 1{,}25}{k^2}}.$$

Das sind die in Abb. 123 dargestellten Kurven, deren Verlauf wir qualitativ bereits diskutiert haben.

Man kann nunmehr das Verhalten eines jeden Keimes ohne Schwierigkeiten angeben. Fällt der darstellende Punkt des Keimes in das Gebiet I der l-d-Ebene (Abb. 123), so kann sowohl seine Länge als auch seine Dicke wachsen. Der Zustandspunkt bewegt sich nach rechts oben in der l-d-Ebene mit einer Geschwindigkeit, die durch die Wirbelströme bedingt ist. Der Keim kann beliebig groß werden und zur Ummagnetisierung des ganzen Drahtes Veranlassung geben. Fällt der darstellende Punkt in das Gebiet II der l-d-Ebene,

so kann der Keim zwar länger, aber nicht dicker werden. Der darstellende
Punkt bewegt sich horizontal nach rechts. Dabei sind zwei Fälle zu unterscheiden. Ist die Dicke des Keimes größer als die Dicke d_0 des zum Punkt O
gehörigen Keimes, so erreicht der darstellende Punkt schließlich die Kurve OB
und gelangt in das Gebiet des ungehemmten Wachstums. Der Keim startet
also die Sixtus-Tonks-Welle. Ist dagegen seine Dicke kleiner als die Dicke d_0,
so gelangt der darstellende Punkt schließlich an die Kurve OD und kommt
damit an die Grenze des Gebietes völlig gehemmten Wachstums. Sein Längenwachstum hört somit auf. Ganz analog liegen die Verhältnisse in Gebiet III,
wo das Dickenwachstum möglich ist, aber kein Längenwachstum. Die Zustandspunkte bewegen sich in diesem Gebiet parallel zur Ordinatenachse nach oben,
bis sie schließlich die Grenzkurve OC erreichen und in das Gebiet I gelangen.
Dann setzt auch das Längenwachstum ein. Die Keime, deren Zustandspunkte
in Gebiet IV fallen, können nicht wachsen. In diesem Gebiet müssen also die
„eingefrorenen" Keime liegen. Das Gebiet der Zustandspunkte derjenigen
Keime, die nicht im ganzen Draht die Ummagnetisierung bewirken, ist in
Abb. 123 schraffiert. Außer Gebiet IV umfaßt es auch denjenigen Teil von Gebiet II, in welchem $d < d_0$ ist.

Genau so, wie wir hier die energetischen Bedingungen für das Wachstum
der Keime aufgestellt haben, läßt sich auch untersuchen, in welchen Gebieten
ein Abnehmen der Keimgröße eintreten kann. Man findet durch entsprechende
Überlegung als Bedingung für ein Abnehmen der Länge

$$(28) \qquad \frac{\partial U}{\partial l} < -2 H_0 J_s \frac{\partial V}{\partial l}$$

und für ein Abnehmen der Dicke

$$(28a) \qquad \frac{\partial U}{\partial d} < -2 H_0 J_s \frac{\partial V}{\partial d}.$$

Die Gleichungen für diese Grenzkurven erhält man also, indem man in (26)
und (27) H_0 durch $-H_0$ ersetzt. Wenn also $H_0 = 0$ wäre, würde es „eingefrorene"
Keime überhaupt nicht geben, sondern jeder Keim, der nicht wachsen kann,
würde kleiner werden können und verschwinden. Da das Schrumpfen der
Keime bisher experimentell noch nicht untersucht worden ist, wollen wir darauf
aber nicht weiter eingehen.

Die Grenzen der in Abb. 123 dargestellten Gebiete sind noch von der Feldstärke H abhängig. Es zeigt sich aber, daß qualitativ ihre Form bei anderen
Feldstärken die gleiche bleibt. Eine Feldstärkenerhöhung bewirkt im wesentlichen nur eine ähnliche Verkleinerung der ganzen Figur. Man erhält deshalb
schon einen recht guten Überblick, wenn man nur die Lage des Punktes O
bei anderen Feldern kennt. Aus diesem Grunde ist in Abb. 123 die Bahn des
Punktes O bei Veränderung des Feldes punktiert eingetragen, wobei als Para-
meterwert die Größe $H - H_0$ an den entsprechenden Punkten angegeben ist.

Die Koordinaten von O erhält man durch Gleichsetzen von (26) und (27):

$$(29) \qquad \frac{k_0^2}{\lg 2 k_0 - 1{,}4} = \frac{20 \pi J_s}{H - H_0} \; ; \; k_0 = \frac{l_0}{d_0}$$

mit

$$(29a) \qquad d_0 = \frac{5}{6} \frac{\beta}{H - H_0} \frac{\ln 2 k_0 - 1{,}4}{\ln 2 k_0 - 1{,}5}.$$

Da k_0 stets sehr groß ist, kann man in der zweiten Gleichung den letzten Bruch
gleich 1 setzen und erhält dann

$$(30) \qquad d_0 \approx \frac{5}{6} \frac{\beta}{H - H_0} = \frac{5 \pi \gamma}{8 J_s (H - H_0)}.$$

Wir können nunmehr angeben, wie weit man das Hauptfeld erhöhen muß, damit ein vorgegebener eingefrorener Keim zu wachsen beginnt. Durch Vergrößerung des Feldes wird das Gebiet, in welchem das Wachstum gehemmt ist, verkleinert. Wenn die Grenze den darstellenden Punkt erreicht, beginnt sein Wachstum. Wir hatten die Feldstärke, bei der ein Keim den Ummagnetisierungsvorgang startet, mit H_s' bezeichnet. Bei der Berechnung des Zusammenhanges zwischen H_s' und den Keimabmessungen sind nun zwei Fälle zu unterscheiden:

1. Der darstellende Punkt des Keimes liegt oberhalb der Bahn des Punktes O. Bei Erhöhung des Feldes erreicht ihn zunächst die Grenzkurve OD. Dann beginnt für den Keim ein Längenwachstum; dieses führt aber noch nicht zu einem unbegrenzten Auswachsen des Keimes, sondern sein Zustandspunkt bewegt sich nur solange nach rechts, bis er auf der neuen, zu dem höheren Feld gehörigen Grenzkurve OD liegt. Den Ummagnetisierungsvorgang ruft ein solcher Keim erst dann hervor, wenn sein Zustandspunkt bei dem Längenwachstum nicht mehr die Kurve OD, sondern die Kurve OB trifft, wenn also die Dicke des zum Punkte O gehörigen Keimes kleiner als die Dicke des vorgegebenen Keimes geworden ist. In diesem Fall ist also H_s' nur von der Keimdicke abhängig. Nach (30) gilt angenähert

$$(31) \qquad H_s' - H_0 = \frac{5\,\pi\,\gamma}{8\,J_s} \cdot \frac{1}{d}.$$

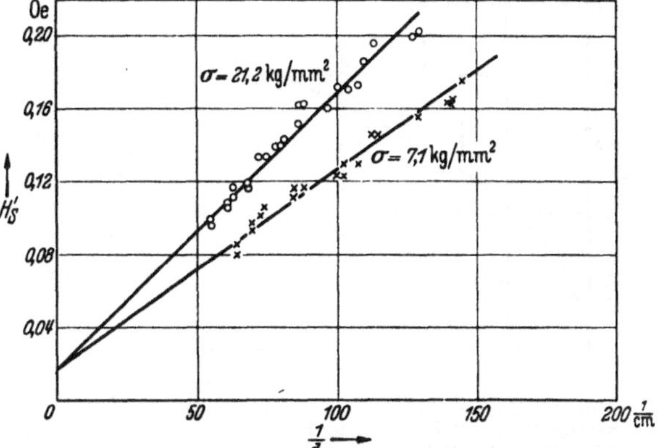

Abb. 125. Die Startfeldstärke H_s' in Abhängigkeit von der reziproken Keimdicke $1/d$ für zwei verschiedene Zugspannungen σ (Nach W. Döring und H. Haake, Phys. Z. Bd. 39 (1938) S. 865. Fe-Ni-Draht mit 60% Ni-Gehalt, 0,3 mm Durchmesser, weich geglüht.)

Die Feldstärkendifferenz $H_s' - H_0$ ist umgekehrt proportional der Keimdicke. Der Proportionalitätsfaktor enthält an Materialkonstanten außer der Sättigungsmagnetisierung nur noch die Größe der Wandenergie.

2. Der darstellende Punkt liegt unterhalb der Bahn des Punktes O. Wenn man davon absieht, daß in Gebiet III ein kleines Stück vorhanden ist, wo $l < l_0$ ist, gilt in diesem Falle einfach: Der Keim startet bei derjenigen Feldstärke den Ummagnetisierungsvorgang, bei der die Kurve OA durch seinen Zustandspunkt hindurchgeht. Es setzt bei ihm dann zunächst ein Dickenwachstum und danach ein Längenwachstum ein.

Bei den großen künstlichen Keimen ist stets der Fall 1 verwirklicht. Den Grund für dieses Verhalten werden wir nachher zu erörtern haben. Es ist also zu erwarten, daß H_s' linear von der reziproken Keimdicke abhängt. Die Auswertung[1] der Messungen von Sixtus ergab bereits eine überraschend gute Bestätigung dieses Gesetzes, obwohl dabei noch nicht Materialien benutzt worden sind, bei denen die Rechteckform der Hystereseschleife exakt verwirklicht war. Eine sehr eingehende Prüfung wurde neuerdings von Haake[2] an Drähten aus Fe-Ni-Legierungen mit 60% Ni ausgeführt. Dieses Material besitzt eine ziemlich große und isotrope positive Magnetostriktion. Da die Kristallenergie nicht sehr groß ist, ist es daher für solche Versuche besonders geeignet. In Abb. 125 sind zwei von Haake an einem Draht mit 0,3 mm Durchmesser aufgenommene

---

[1] Döring, W.: Z. Phys. Bd. 108 (1938) S. 137.
[2] Döring, W. u. H. Haake: Phys. Z. Bd. 39 (1938) S. 865.

Meßreihen für die Startfeldstärke H_s' in Abhängigkeit von $1/d$ aufgetragen. Der theoretisch geforderte lineare Zusammenhang ist, wie man sieht, recht gut erfüllt. Die starke Streuung der Meßpunkte ist nicht verwunderlich. Denn die von den örtlichen Schwankungen der Wandenergie herrührenden Bewegungshindernisse der Wand sind von Keim zu Keim etwas verschieden und lassen sich nur roh durch eine konstante Grenzfeldstärke H_0 beschreiben. Aus der Neigung der Geraden in Abb. 125 läßt sich nach (31) die Wandenergie entnehmen. Die Unsicherheit infolge der Streuung beträgt dabei etwa 10%.

Der Zusammenhang zwischen H_s' und d ist von HAAKE insgesamt für 5 verschiedene Werte der äußeren Zugspannung am gleichen Draht untersucht worden. In Abb. 125 sind nur zwei Meßreihen davon dargestellt. Die daraus entnommenen Werte der Wandenergie sind in Abb. 126 in Abhängigkeit von der Zugspannung dargestellt. Durch die vertikalen Striche ist die Fehlerbreite von 10% angedeutet. Diese Werte sind nun zu vergleichen mit der theoretischen Formel (13). Das Austauschintegral A kann man aus der Curie-Temperatur Θ entnehmen. Nach HEISENBERG[1] besteht zwischen beiden der Zusammenhang

$$k\Theta = \frac{2A}{1 - \sqrt{1 - 8/z}}.$$

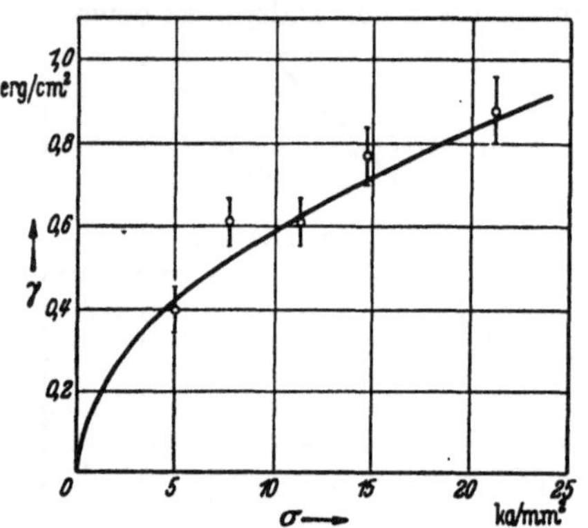

Abb. 126. Die spezifische Wandenergie γ in Abhängigkeit von der Zugspannung σ. —— Theoretischer Verlauf nach (13). o o o Meßwerte, entnommen aus der Neigung der $H_s' \cdot \frac{1}{d}$-Geraden von Abb. 125. (Nach W. DÖRING und H. HAAKE: s. Abb. 125.)

Dabei bedeutet z die Zahl der nächsten Nachbarn eines Atoms. Für das kubisch-flächenzentrierte Gitter ($z = 12$) gilt also

$$k\Theta = \frac{2A}{1 - \frac{1}{3}\sqrt{3}} = 4,73\, A.$$

Man erhält damit für die spezifische Wandenergie unter Berücksichtigung von (12b)

$$\gamma = 2,26 \sqrt{\frac{k\Theta\lambda\sigma}{a}}.$$

Unter Benutzung der Zahlen $\Theta = 850°$ K, $\lambda = 2 \cdot 10^{-5}$, $a = 3,59$ Å ergibt sich

$$\gamma = 0,18_5 \sqrt{\sigma}\ \text{erg/cm}^2 \qquad (\sigma \text{ in kg/mm}^2).$$

Diese Kurve ist in Abb. 126 ausgezogen dargestellt. Die Bestätigung der theoretischen Formel durch die Experimente ist, wie man sieht, überraschend gut. In Anbetracht der rohen Annahmen, die der theoretischen Rechnung zugrunde liegen, war eine so gute Übereinstimmung kaum zu erwarten. BLOCH selbst hat seine Formel nur als eine Abschätzung betrachtet, bei welcher auf einen Zahlenfaktor 2 kein großer Wert zu legen ist. Ein solcher Faktor würde hier aber die Übereinstimmung mit dem Experiment bereits völlig zerstören.

Es bleibt noch zu erörtern, wie die großen Keime entstehen, vor allem wie es möglich ist, daß durch Überschreiten des Startfeldes in einer kurzen Spule von nur 1 cm Länge ein sehr viel längerer Keim wachsen kann, der aber nach Ausschalten des Zusatzfeldes nicht wachstumsfähig ist. Das ist an Hand von Abb. 123 jetzt ebenfalls verständlich. Da ohne Zusatzfeld der Keim nicht wächst, muß der darstellende Punkt dieses Keimes für das Hauptfeld in dem Gebiet IV des völlig gehemmten Wachstums liegen. Das Zusatzfeld wird nun die Wirkung haben, daß die Hemmung des Dickenwachstums aufgehoben wird,

---

[1] HEISENBERG, W.: Z. Phys. Bd. 49 (1928) S. 619.

denn dabei rückt die Wand im wesentlichen nur an der Seite vor, wo das Zusatzfeld vorhanden ist. Wenn aber der Keim schon sehr viel länger als das Zusatzfeld ist, kann die Hemmung des Längenwachstums, das sich hauptsächlich an der Spitze vollzieht, dadurch nicht aufgehoben werden. Infolgedessen wandert der darstellende Punkt unter der Wirkung des Zusatzfeldes zunächst senkrecht nach oben. Schließlich überschreitet er aber die Grenzkurve OD. Dann ist im Hauptfeld das Längenwachstum möglich. Nach Ausschalten des Zusatzfeldes wird das Dickenwachstum wieder gehemmt; dagegen wächst die Länge im Hauptfeld noch so lange an, bis der Zustandspunkt wieder an der Grenzkurve OD angelangt ist. Das Wachsen der Länge kommt also dadurch zustande, daß infolge des Dickenwachstums unter der Wirkung des Zusatzfeldes der Keim in ein Gebiet gelangt, wo im Hauptfeld ein beschränktes Längenwachstum möglich ist.

Wenn diese Vorstellung richtig ist, müssen die darstellenden Punkte der größten Keime, die wesentlich länger als die Zusatzspule sind, in der l-d-Ebene alle auf derjenigen Kurve OD liegen, die dem während ihrer Entstehung vorhandenen Hauptfeld entspricht. Das ist in der Tat bei den größten Keimen, die SIXTUS ausgemessen hat, der Fall. Bei den drei größten Keimen, deren Abmessungen in Abb. 122 dargestellt sind, war bei ihrer Erzeugung $H - H_0 = 0{,}28$ Oe. In Abb. 127 ist der Kurvenzweig OD für diesen Feldwert eingezeichnet,

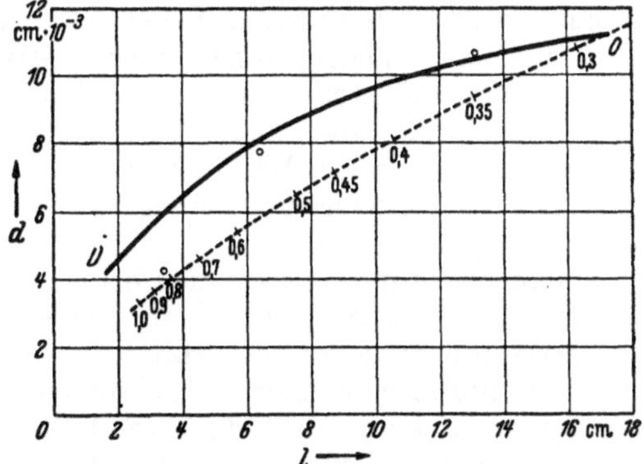

Abb. 127. Die Lage der drei großen Keime von Abb. 122 in der l-d-Ebene und die Grenzkurve des Längenwachstums für $H - H_0 = 0{,}28$ Oe.

wobei für γ der aus den Keimversuchen von SIXTUS am gleichen Draht ermittelte Wert benutzt wurde. Die den beiden größten Keimen entsprechenden Punkte liegen recht gut auf der Kurve. Der dritte Keim ist schon zu kurz und ragt zu wenig aus der Zusatzspule heraus, so daß diese Theorie nicht anwendbar ist. Infolge der geschilderten Entstehungsart ist es selbstverständlich, daß die Zustandspunkte der großen Keime stets oberhalb der Bahn des Punktes O liegen, worauf wir oben schon hingewiesen haben (S. 199).

Es bleibt hiernach noch ungeklärt, wie der allererste kleine wachstumsfähige Keim innerhalb der Zusatzspule entsteht. Seiner Entstehung im homogenen Material, in dem keine Störstellen mit unvollständiger Ausrichtung der Magnetisierung in der Zugrichtung vorhanden sind, stehen nämlich energetische Schwierigkeiten entgegen. Denn ganz kleine Keime haben stets die Tendenz zu verschwinden und nicht zu wachsen. Vergleicht man Keime gleichen Dimensionsverhältnisses miteinander, so ist in dem Ausdruck für U das erste und dritte Glied, $2 H J_s V$ und W, proportional dem Volumen, geht also mit abnehmender Keimgröße proportional der dritten Potenz von l gegen Null, während das zweite Glied γO proportional mit l^2 ist. Bei genügend kleinen Keimen überwiegt also stets die Oberflächenenergie.

Von $l = d = 0$ an nimmt demnach U mit zunehmender Keimgröße zunächst ab und erst von einer kritischen Größe an steigt U wieder. Da die Änderung von U die beim Wachsen freiwerdende Energie ist, bedeutet dies, daß anfangs zur Vergrößerung eines Keimes stets ein Energieaufwand nötig ist. Bei strenger Gültigkeit des zweiten Hauptsatzes würde also im ungestörten Material ein Keim niemals entstehen können, da mit den ersten Schritten stets eine Vermehrung der freien Energie verbunden wäre. In Wirklichkeit ist aber im Kleinen der zweite Hauptsatz nicht gültig. Infolge der Schwankungen der freien Energie können sich deshalb gelegentlich Keime bilden. Mit merklicher Häufigkeit tritt dies aber erst ein, wenn der Energieaufwand zur Schaffung eines wachstumsfähigen Keimes vergleichbar mit der Größe kT der thermischen Energie geworden ist.

Diese Verhältnisse sind offenbar ganz analog denen bei der Kondensation eines übersättigten Dampfes. Dort haben wegen der Oberflächenenergie die kleinsten Tröpfchen ebenfalls stets die Tendenz zu verdampfen und nicht zu wachsen. Zu jeder Übersättigung gibt es daher eine bestimmte kritische Tröpfchengröße, die mit dem Dampf im Gleichgewicht ist. Nur für größere Tröpfchen ist der Dampf übersättigt, für kleinere nicht. Die Kondensation kann erst einsetzen, wenn auf irgendeine Weise Tröpfchen von der kritischen Größe entstanden sind. In normalen Fällen setzt deshalb die Kondensation im Dampfraum an Staubteilchen, Ionen oder sonstigen Stellen ein, wo solche Keimbildungsschwierigkeiten nicht vorhanden oder zum mindestens herabgesetzt sind. Wenn man aber alle keimbildungserleichternde Substanzen sorgfältig entfernt, kann man bei Dämpfen die Übersättigung auch soweit steigern, daß spontane Keimbildung im homogenen Dampfraum infolge der thermischen Schwankungen einsetzt.

Entsprechend müssen wir auch beim Ummagnetisierungsvorgang annehmen, daß die Keime normalerweise an Stellen entstehen, wo die Keimbildungsschwierigkeit herabgesetzt ist. Hauptsächlich sind das vermutlich solche Stellen, an denen infolge einer Spitze der inneren Spannungen die Vorzugslage parallel zum äußeren Zug unvollständig hergestellt ist. An solchen Stellen ist ja die totale Spannung sehr viel kleiner als die angelegte Zugspannung, und infolgedessen ist γ dort herabgesetzt. Vielleicht ist auch in Betracht zu ziehen, daß kleine Bezirke wegen einer besonders starken Hemmung der Wand beim vorhergehenden Magnetisierungsvorgang nicht mit umgeklappt sind und dann beim Ummagnetisieren als Keime wirken. Wir wissen darüber noch verhältnismäßig wenig. Da mit zunehmender Zugspannung das Volumen der Störstellen jedenfalls abnehmen wird, muß man erwarten, daß die Startfeldstärke H_s mit zunehmender Zugspannung zunimmt. Das ist in der Tat auch beobachtet Die Abb. 116 in Kapitel 14 zeigt eine von PREISACH an Permalloy gemessene Kurve für H_s als Funktion der angelegten Spannung. Bei $\sigma = 8$ kg/mm² waren die nicht ausgerichteten Bezirke bereits so klein, daß innerhalb der Meßgenauigkeit die Remanenz 100% betrug. Während sich oberhalb dieser Spannung die Remanenz und die Grenzfeldstärke H_0 nicht mehr ändern, wächst die Startfeldstärke H_s bei weiterer Erhöhung der Zugspannung noch um mehr als das Doppelte an. Isolierte Störstellen von so geringer Ausdehnung, daß sie sich in H_0 und in der Remanenz nicht mehr bemerkbar machen, sind offenbar für die Startfeldstärke von entscheidender Bedeutung.

Eine „homogene" Keimbildung an ungestörten Stellen infolge von thermischen Schwankungen liegt hier sicherlich noch nicht vor. Denn in Analogie zu den Verhältnissen beim Dampf kann man erwarten, daß derartige Keimbildungen mit merklicher Häufigkeit erst dann auftreten, wenn die Arbeit zur Erzeugung des kleinsten wachstumsfähigen Keimes höchstens das 50- bis 100fache von kT beträgt. In unserem Falle ist unter den kleinsten Keimen, die ohne weitere energetische Hemmung wachsen können, der dem Punkt O zugeordnete Keim derjenige, der den kleinsten Energieaufwand zu seiner Erzeugung bedarf. Diese Energie ist gleich dem negativen Wert der Größe U an diesem Punkt. Wie man aber an Hand der Größenordnung von γ und J_s leicht überschlägt, beträgt die Feldstärke, bei der diese Arbeit 50 bis 100mal kT

ist, 100 bis 1000 Oe. Das sind weit höhere Werte als die tatsächlich beobachteten Startfeldstärken H_s. Man muß also schließen, daß „homogene" Keimbildung für den Mechanismus der Keimentstehung in diesen Fällen nicht in Frage kommt.

c) Die Grenzfeldstärke H_0.

Die Grenzfeldstärke H_0 bei den großen Barkhausen-Sprüngen ist diejenige Feldstärke, die mindestens zum Durchtreiben der Wand nötig ist. In einem kleineren Feld bleibt die Wand stecken. H_0 stellt also ein Maß für die der Wandbewegung entgegenstehenden Hindernisse dar. Die Versuche von SIXTUS, TONKS und PREISACH ergeben, daß H_0 mit wachsender Zugspannung zunächst stets abnimmt. Man erklärt diese Tatsache damit, daß das Volumen der Gebiete, in welchen die Vorzugsrichtung der Magnetisierung noch wesentlich von der Zugrichtung abweicht, mit zunehmender longitudinaler Zugspannung abnimmt.

PREISACH[1] fand aber, daß H_0 auch dann nicht Null wird, wenn keine solchen falsch orientierten Gebiete mehr im Material vorhanden sind. An den von PREISACH untersuchten Permalloydrähten, an denen unter Zug die Rechteckschleife vollständig verwirklicht werden kann, wird zwar H_0 sehr klein, bleibt aber endlich. Die restliche „Reibung", die die Wand auch noch bei vollständiger Ausrichtung der Vorzugsrichtungen im ganzen Material erfährt, führt man darauf zurück, daß die Wandenergie γ in unregelmäßiger Weise von Ort zu Ort etwas schwankt. Es lassen sich verschiedene Gründe dafür angeben, weshalb γ nicht genau örtlich konstant sein kann. Wir hatten oben (13) gefunden:

$$\gamma = 2a\sqrt{IC}.$$

Erstens muß die Spannungsenergie $C = \frac{3}{2}\lambda\sigma$ von Punkt zu Punkt etwas variieren, denn die unregelmäßigen inneren Spannungen überlagern sich ja der äußeren Zugspannung σ. Deshalb ist die gesamte resultierende Spannung nicht an allen Stellen genau gleich; sie ist nur im Mittel gleich der von außen angelegten Spannung. Auf diese Ursache einer örtlichen Schwankung von γ hat zum ersten Male KONDORSKY[2] hingewiesen. Seine Überlegungen sind neuerdings von KERSTEN[3] aufgegriffen und bis zu einer Abschätzung der Größe von H_0 weiterentwickelt worden.

Außerdem muß man aber auch in Betracht ziehen, daß die Austauschenergie I örtlich variieren kann. Denn I hängt ja sehr empfindlich von der Gitterkonstanten ab. Da die inneren Spannungen eine örtlich wechselnde Verzerrung des Gitters bewirken, könnte sich ihr Einfluß auch auf dem Umweg über die Größe I auf die Schwankungen von γ auswirken. Diese Möglichkeit hat bereits BLOCH[4] erwähnt in der Arbeit, in welcher er die erste Abschätzung der Wandenergie gab. Im allgemeinen scheint aber dieser Einfluß gegenüber dem ersten geringfügig zu sein. Aus den Messungen der Volumenmagnetostriktion von KORNETZKI[5] kennen wir die Abhängigkeit des Austauschintegrals vom Volumen. Für Eisen gilt

$$\frac{1}{I}\frac{\partial I}{\partial \omega} = -14,$$

wie wir in Kapitel 21 zeigen werden. Darin ist ω die relative Volumendehnung $\frac{V-V_0}{V_0}$. Da der Kompressionsmodul von Eisen $K = 1,5 \cdot 10^6$ Atm. beträgt, bewirkt ein allseitiger Druck von $1\ \text{kg/mm}^2 = 100$ Atm. eine relative Volumen-

---

[1] Vgl. Abb. 116.

[2] KONDORSKY, E.: Phys. Z. Sowjet. Bd. 11 (1937) S. 597.

[3] KERSTEN, M.: Probleme der technischen Magnetisierungskurve. Berlin 1938.

[4] BLOCH, F.: s. S. 188.

[5] KORNETZKI, M.: Z. Phys. Bd. 98 (1935) S. 289.

änderung von $\omega = p/K = 0{,}67 \cdot 10^{-4}$ und somit eine relative Änderung von I um etwa $1 \cdot 10^{-3}$. Eine einseitige Zugspannung ist sicher weniger wirksam. Schwankungen der Spannung um $1\ \mathrm{kg/mm^2}$ verändern also I um weniger als $1^0/_{00}$. Die Spannungsenergie C dagegen wird dabei um 10% bis 1% geändert, da die äußere Zugspannung selbst nur 10 bis 100 $\mathrm{kg/mm^2}$ beträgt. Bei Eisen wird man daher die örtlichen Schwankungen von I wohl im allgemeinen gegenüber denjenigen von C vernachlässigen können. Vermutlich sind die Verhältnisse bei anderen Materialien nicht wesentlich anders. Denn bei allen anderen Stoffen, an denen KORNETZKI die Volumenmagnetostriktion untersucht hat, ist die Größe $\dfrac{1}{I}\dfrac{\partial I}{\partial \omega}$ nicht größenordnungsmäßig von dem obigen Wert für Eisen verschieden, auch nicht bei den Eisen-Nickel-Legierungen in der Umgebung von 30% Nickelgehalt, bei denen die Volumenmagnetostriktion so extrem groß ist. Bei Legierungen ist allerdings zu berücksichtigen, daß I auch wegen örtlicher Schwankungen der Zusammensetzung von Punkt zu Punkt variieren kann. Die darauf beruhenden Änderungen können sehr viel größer werden. Ob sie in gewissen Fällen eine Rolle spielen, wissen wir nicht.

Eine dritte Möglichkeit für örtliche Schwankungen von γ liegt bei einem polykristallinen Material noch in dem Einfluß der Kristallenergie. Bei den bisherigen Betrachtungen über die Wandenergie hatten wir diese ganz vernachlässigt. Solange sie klein gegen die Spannungsenergie ist, ist das bei der Berechnung der Verteilung der Spins innerhalb der Wand und des Mittelwertes von γ auch berechtigt. Aber hier, wo wir die Schwankungen von γ betrachten, kann sie sich bemerkbar machen. Denn je nach der Richtung der Zugspannung relativ zu den Kristallachsen bewirkt sie eine Vergrößerung oder Verkleinerung von γ. Liegt die Zugspannung in einer im Sinne der Kristallenergie leichten Richtung an dem Kristallit, so macht die Kristallenergie die Lage der Spins in der Übergangsschicht energetisch noch ungünstiger als die Spannungsenergie allein; sie wirkt also wie eine Vergrößerung von C. Ist dagegen die Zugrichtung eine schwere Richtung der Kristallenergie, so wirkt sie im gleichen Sinne wie eine Verkleinerung von C. Im polykristallinen Material sollte demnach γ von Kristallit zu Kristallit kleine Unterschiede aufweisen. In der Literatur ist bisher diese Frage noch nicht diskutiert worden. Wir wollen auch hier davon absehen. Bei den folgenden Betrachtungen nehmen wir, im Anschluß an die Überlegungen von KERSTEN, an, daß praktisch nur die Schwankungen von C eine Ortsabhängigkeit von γ verursachen.

Qualitativ ist nun ohne weiteres zu verstehen, weshalb eine endliche Feldstärke H_0 zum Durchtreiben der Wand erforderlich ist. An einer Stelle, an welcher γ beim Vorrücken der Wand zunimmt, muß ja das Feld die Arbeit zur Vergrößerung von γ aufbringen. Es muß einen gewissen Druck auf die Wand ausüben, um sie auf den Energieberg hinaufzuschieben. Ist dann diese Stelle überwunden, so läuft die Wand ohne Hemmung weiter, wobei die überschüssige Wandenergie durch Wirbelströme vernichtet wird. Um auf Grund dieser Überlegung zu einer quantitativen Abschätzung der Größe von H_0 zu gelangen, wollen wir die Verhältnisse etwas vereinfachen durch die Annahme, daß γ nur von der Koordinate x senkrecht zur Wand abhängig ist, und daß die Wand genau eben ist. Wenn die Wand vorrücken soll, muß die Arbeit $2\,H J_s\,dx$, die das äußere Feld H pro $\mathrm{cm^2}$ der Wandfläche beim Verschieben der Wand um dx leistet, mindestens gleich der Zunahme der Wandenergie $\dfrac{d\gamma}{dx}\,dx$ auf dieser Strecke sein. Also folgt als energetische Bedingung für das Fortschreiten der Wand

(32)
$$2 H J_s > \frac{d\gamma}{dx}.$$

Die Grenzfeldstärke H_0, bei der gerade alle Hindernisse genommen werden
können, ist dann durch den Maximalwert von $d\gamma/dx$ gegeben:

$$(33) \qquad H_0 = \frac{1}{2 J_s} \left(\frac{d\gamma}{dx} \right)_{\max}.$$

Streng genommen ist nicht genau der Maximalwert des Gradienten von γ
für H_0 maßgebend. Das wäre nur der Fall, wenn die Wand wirklich genau
eben wäre. Tatsächlich wird aber die Wand kleine Beulen aufweisen. Sie wird
an Stellen, wo γ anwächst, etwas zurückbleiben und dort, wo γ abnimmt,
vorauseilen. Dadurch wird diese Bedingung etwas gemildert. In einem bestimmten Augenblick wird die Wand etwa eine Gestalt haben, wie sie in
Abb. 128 durch die dicke Linie angedeutet ist. Die schraffierten Gebiete sind
dabei Stellen, an denen die Wandenergie besonders groß sein würde. Zwischen
diesen Bergen, wo die Bewegung nicht gehemmt ist, beult sich die Wand durch
und legt sich um die einzelnen Hindernisse herum.

Abb. 128. Gestalt der Bloch-Wand
bei isolierten Hindernissen (schematisch). In den schraffierten
Gebieten würde die Wandenergie
besonders groß sein.

Dadurch wird an den Stellen, an denen γ stark ansteigt, noch ein zusätzlicher Druck der Oberflächenspannung infolge der Krümmung der Oberfläche wirksam. Bei kugelförmiger Krümmung mit dem Krüm-
mungsradius r beträgt dieser $\dfrac{2\gamma}{r}$. An einem isolierten
Hindernis kommt sozusagen nicht nur der Druck
der Feldstärke an der betrachteten Stelle selbst zur
Geltung, sondern durch die Oberflächenspannung wird
auch noch der Druck auf die benachbarten Wand-
teile, deren Bewegung nicht durch einen Anstieg von
γ gehemmt ist, zum Teil dorthin übertragen. Das ist
genau so wie bei einer Zeltbahn, die durch einzelne
Pfosten gestützt wird und etwa durch eine Schnee-
decke gleichmäßig belastet wird. Die Last auf einem einzelnen Pfosten kann
dabei um ein Vielfaches größer werden als die Schneelast, die auf den Pfosten-
querschnitt entfällt. Infolge der Wirkung der Oberflächenspannung kann daher
die Wand über einzelne, isolierte Hindernisse hinübergedrückt werden, ohne daß
dabei Gleichung (32) an jeder Stelle erfüllt ist. Man darf also den Maximalwert $(d\gamma/dx)_{\max}$ in Formel (33) nicht zu wörtlich verstehen. Bei strenger Rechnung wäre an dieser Stelle ein Mittelwert über den Gradienten von γ einzusetzen, für dessen Größe die größten Werte von $\operatorname{grad}\gamma$ am entscheidendsten
sind. Da wir hier sowieso nur ganz rohe Abschätzungen geben wollen, hat es
keinen Sinn, auf solche Feinheiten genauer einzugehen.

Wenn nun in der Formel für γ nur C örtlich variabel ist, so erhalten wir

$$(34) \qquad \frac{d\gamma}{dx} = a \sqrt{\frac{I}{C}} \frac{dC}{dx}.$$

Führen wir die Wanddicke $\delta = a \sqrt{\dfrac{I}{C}}$ ein, so folgt wegen $C = \tfrac{3}{2}\lambda\sigma$

$$\frac{d\gamma}{dx} = \frac{3}{2}\lambda\delta\frac{d\sigma}{dx}$$

und somit

$$(35) \qquad H_0 = \frac{3}{4}\frac{\lambda\delta}{J_s}\left(\frac{d\sigma}{dx}\right)_{\max}.$$

Diese letzte Formel gilt aber nur, wenn die Spannung σ innerhalb der Wand
als praktisch konstant angesehen werden kann. Denn in die Formel (13) für
die Wandenergie γ geht ja ein Mittelwert von σ über das Volumen der Wand
ein. Nur, wenn die Änderung von σ auf einer Strecke der Länge δ noch

sehr klein gegenüber den gesamten Schwankungen von σ ist, kann man die Ableitung des Mittelwertes über σ in (35) dem Differentialquotienten $d\sigma/dx$ gleichsetzen. (35) gilt also nur für eine solche Verteilung der Spannungsschwankungen, wie sie in Abb. 129 angedeutet ist, bei der die mittlere „Wellenlänge" der Störungen groß gegen δ ist.

Da die Wanddicke aber in gewissen Fällen 1000 Atomabstände und mehr betragen kann, wird es sicher auch praktisch wichtige Verteilungsformen der Eigenspannungen geben, bei denen die obige Bedingung nicht erfüllt ist. Wir wollen deshalb als Beispiel für das entgegengesetzte Extrem eine Spannungsverteilung wie in Abb. 130 behandeln, bei der sich über die konstante Spannung an einer Stelle eine kleine Spannungszacke überlagert, deren Breite klein gegen die Wanddicke ist. Wir können dann innerhalb der Zacke die Richtung der spontanen Magnetisierung als konstant ansehen. Die Zunahme der Wandenergie durch diese Spannungszacke ist gleich der Vermehrung der Spannungsenergie an dieser Stelle. Sie beträgt daher

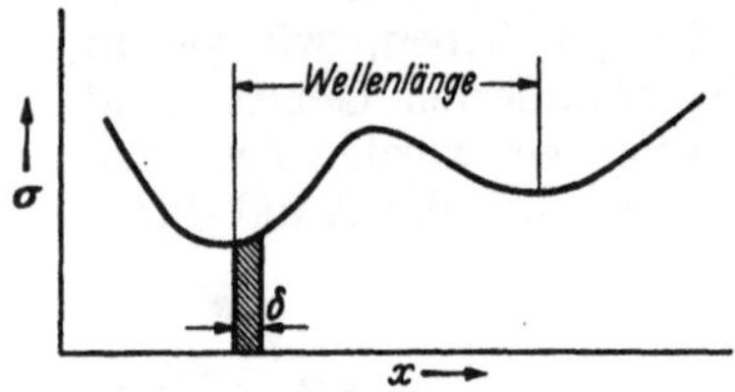

Abb. 129. Örtlicher Verlauf der inneren Spannungen mit einer Bloch-Wand, deren Dicke klein gegen die mittlere Wellenlänge der Störungen ist.

$$(36) \qquad \Delta\gamma = \tfrac{3}{2}\,\lambda\,\sin^2\vartheta \cdot \int\limits_{\text{Zacke}} (\sigma - \sigma_0)\,dx.$$

Darin bedeutet $\sigma - \sigma_0$ die Erhöhung der Spannung an der Störungsstelle über den konstanten Wert σ_0 in der Umgebung und ϑ den Winkel zwischen der spontanen Magnetisierung und der Vorzugsrichtung an dieser Stelle. Wir können annehmen, daß diese kleine Störung die Verteilung der Magnetisierungsrichtungen innerhalb der Übergangszone nicht verändert. Befindet sich die Spannungszacke im Abstand η von der Wandmitte, so ist nach Formel (10)

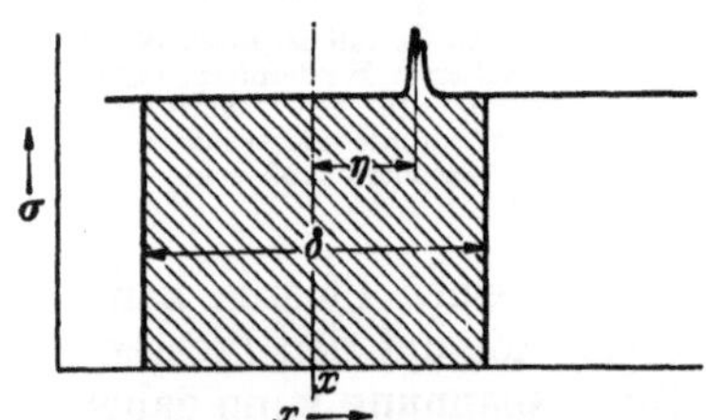

Abb. 130. Eine gegen die Ausdehnung der Bloch-Wand schmale Spannungszacke. η Abstand der Spannungszacke von der an der Stelle x liegenden Wandmitte.

$$\vartheta = 2\,\text{arc tg}\,e^{\frac{2\eta}{\delta}}$$

oder

$$\sin^2\vartheta = \frac{1}{\cosh^2 \dfrac{2\eta}{\delta}}.$$

Schreiben wir zur Abkürzung für das Integral über die Spannungszacke

$$(37) \qquad \int\limits_{\text{Zacke}} (\sigma - \sigma_0)\,dx = f,$$

so erhalten wir

$$(38) \qquad \Delta\gamma = \frac{3}{2}\,\lambda\,f\,\frac{1}{\cosh^2 \dfrac{2\eta}{\delta}}.$$

Wenn sich die Wandmitte nun um die Strecke dx verschiebt, ändert sich η um $d\eta = -dx$. Somit folgt

$$(39) \qquad \frac{d\gamma}{dx} = -\frac{d(\Delta\gamma)}{d\eta} = \frac{3}{2}\,\lambda\,f\cdot\frac{4}{\delta}\cdot\frac{\sinh \dfrac{2\eta}{\delta}}{\cosh^3 \dfrac{2\eta}{\delta}}.$$

Diese Größe erreicht ihr Maximum bei $\sinh\dfrac{2\eta}{\delta} = \dfrac{1}{\sqrt{2}}$ oder $\eta = 0{,}329\,\delta$. Die größte Hemmung des Vorrückens der Wand tritt also auf, wenn sich die Zacke noch um etwa $0{,}3\,\delta$ vor der Wandmitte befindet. Der Maximalwert von $d\gamma/dx$ beträgt

$$\left(\frac{d\gamma}{dx}\right)_{\max} = \frac{4}{\sqrt{3}}\cdot\frac{\lambda f}{\delta}$$

und daher

$$(40)\qquad H_0 = \frac{1}{2 J_s}\left(\frac{d\gamma}{dx}\right)_{\max} = 1{,}15\,\frac{\lambda f}{J_s\,\delta}.$$

Um dieses Ergebnis noch besser mit Formel (35) vergleichen zu können, wollen wir die Spannungsverteilung noch weiter schematisieren. Wir wollen die wirkliche Spannungsverteilung ersetzen durch „Spannungshürden" von dreieckiger Gestalt, wie sie in Abb. 131 dargestellt sind. Wir betrachten dabei die Höhe $\Delta\sigma$ und die Breite l noch als veränderlich. Ist l sehr groß gegen δ, so folgt wegen $\dfrac{d\sigma}{dx}=\dfrac{2\Delta\sigma}{l}$ in diesem Falle aus (35)

$$(41\,\text{a})\qquad H_0 = \frac{3}{2}\,\frac{\lambda\,\Delta\sigma}{J_s}\cdot\frac{\delta}{l}\qquad (\delta\ll l).$$

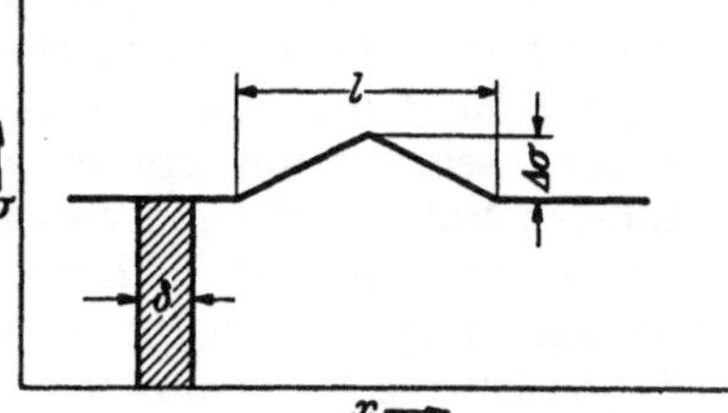

Abb. 131. Eine Spannungshürde von der Höhe $\Delta\sigma$ und der Breite l.

H_0 nimmt also mit abnehmendem l zu. Wird aber l sehr klein gegen δ, so wird aus der Spannungshürde schließlich eine Zacke der Fläche $f=\tfrac{1}{2}\Delta\sigma\cdot l$. Dann ergibt sich aus (40)

$$(41\,\text{b})\qquad H_0 = 0{,}58\,\frac{\lambda\,\Delta\sigma}{J_s}\cdot\frac{l}{\delta}\qquad (\delta\gg l).$$

H_0 nimmt also schließlich mit abnehmendem l wieder ab. Insgesamt hat demnach H_0 in Abhängigkeit von l/δ einen Verlauf, wie er in Abb. 132 dargestellt ist. H_0 hat ein Maximum, wenn l annähernd gleich δ ist, und fällt sowohl zu größerem wie zu kleinerem l hin ab. Der Maximalwert ist bis auf einen Faktor, der nicht sehr viel von 1 verschieden sein kann,

$$(42)\qquad H_{0\,\max} \approx \frac{\lambda_s\,\Delta\sigma}{J_s}.$$

Es lohnt nicht, den genauen Verlauf von H_0 in der Umgebung des Maximums zu berechnen. Er ist in Abb. 132 nur geschätzt. Denn in Anbetracht der schematischen Annahmen über die Verteilung der inneren Spannungen darf man in quantitativer Hinsicht auf unsere Ergebnisse nicht allzu großes Gewicht legen.

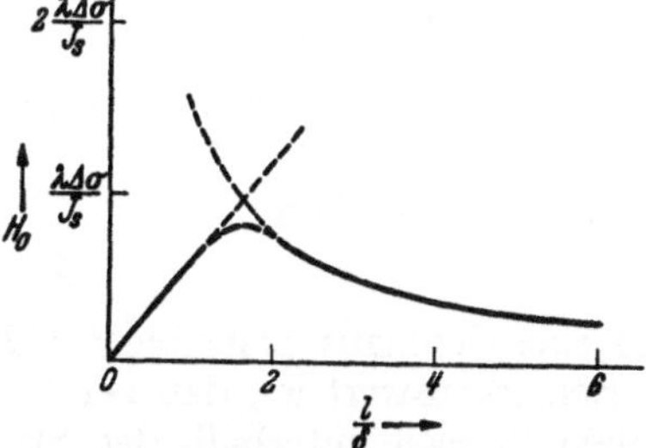

Abb. 132. Die Grenzfeldstärke H_0 in Abhängigkeit von l/δ für Spannungshürden mit konstanter Höhe $\Delta\sigma$ nach (41 a) und (41 b.)

Qualitativ werden sie aber auch für die in Wirklichkeit vorliegende Verteilung der Störungen richtig sein.

Wir erhalten also für den Zusammenhang zwischen H_0 und der Größe $\Delta\sigma$ der Spannungsschwankungen eine Formel der Gestalt

$$(43)\qquad H_0 = p_0\,\frac{\lambda\,\Delta\sigma}{J_s},$$

wobei p_0 ein Zahlenfaktor ist, der von der räumlichen Verteilung der inneren Spannungen abhängt. Maximal kann p_0 ungefähr gleich 1 werden, wenn die mittlere „Wellenlänge" der Spannungsstörungen etwa mit der Wanddicke δ übereinstimmt. Ist $l\ll\delta$, so ist p_0 größenordnungsmäßig gegeben durch $p_0\approx l/\delta$; für $l\gg\delta$ gilt angenähert $p_0\approx\delta/l$.

Zu einer experimentellen Prüfung dieses Ergebnisses wäre es nötig, sich anderweitig eine Kenntnis von $\Delta\sigma$ und der Größe p zu verschaffen. Solange die äußere Zugspannung noch kleiner als die Streckgrenze ist, kann man wohl mit einigem Recht annehmen, daß sich die inneren Spannungen, die vor Anlegen des äußeren Zuges im Material vorhanden waren, einfach der außen angelegten Spannung überlagern. Dann ist $\Delta\sigma$ angenähert gleich dem Mittelwert der inneren Spannung im unverspannten Zustand und könnte z. B. aus der Anfangspermeabilität bestimmt werden. Dabei ist aber zu beachten, daß auch unterhalb der Streckgrenze durch eine kleine äußere Zugspannung zusätzliche Spannungsschwankungen erzeugt werden können. Denn einzelne Kristallite werden ja auch schon bei kleinen Zugspannungen plastisch zu fließen beginnen. In deren Umgebung sind dann sehr starke Spannungsschwankungen zu erwarten. Da für H_0 die Höhe der Spannungsspitzen entscheidend ist, kann das für H_0 von Bedeutung sein. Außerdem ist wegen der elastischen Anisotropie im polykristallinen Material die von außen angelegte Spannung nicht streng homogen, und daher sind Spannungsschwankungen auch dann zu erwarten, wenn innere Spannungen ursprünglich gar nicht vorhanden waren. Über die von der mittleren „Wellenlänge" der inneren Spannungen abhängige Größe p_0 können wir zunächst keine theoretischen Aussagen machen. Aus der Kenntnis von anderen Materialeigenschaften können wir daher nur eine angenäherte Angabe über den Maximalwert von H_0 ableiten.

Außer in Arbeiten von PREISACH[1] und KERSTEN[2] liegen bisher in der Literatur keine Meßergebnisse über die Größe von H_0 an Materialien vor, an denen unter Zug die vollständige Rechteckschleife verwirklicht ist, und nur für solche sind ja die obigen theoretischen Überlegungen gültig. Bei PREISACH war an Permalloy nach der sog. Permalloyglühung $H_0 = 0{,}02$ Oe und bei etwas anderer Glühbehandlung $H_0 = 0{,}08$ Oe. Man weiß, daß an diesen Materialien die ohne äußeren Zug gemessene Anfangspermeabilität μ_a maximal bei ähnlicher Behandlung etwa 10000 beträgt. Daraus folgt für die inneren Spannungen im unverspannten Zustand nach (12.11)

$$\sigma_i = \frac{8\pi}{9} \cdot \frac{J_s^2}{\lambda\,\mu_a} = 0{,}5 \ \text{kg/mm}^2 \qquad (J_s = 910; \ \lambda = 0{,}5 \cdot 10^{-5}).$$

Nach (43) wird damit:

$$p_0 \approx 0{,}1 \ \text{bis} \ 0{,}4,$$

also eine durchaus plausible Größenordnung.

Bemerkenswert ist, daß bei PREISACH bei der einen Probe H_0 in einem sehr großen Bereich unterhalb der Streckgrenze von der äußeren Spannung unabhängig ist (vgl. Abb. 116). Nimmt man an, daß die Spannungsschwankungen von σ unabhängig sind, so bedeutet das, daß p_0 von σ nicht abhängt. Nun enthält aber p_0 entweder im Zähler oder im Nenner die Wanddicke δ und sollte deshalb entweder proportional zu $\sqrt{\sigma}$ oder proportional zu $1/\sqrt{\sigma}$ sein, es sei denn, daß p_0 gerade seinen Maximalwert erreicht hat, was hier aber wohl nicht der Fall war. In Anbetracht der Unsicherheit über die Konstanz der Spannungsschwankungen ist diese Diskrepanz aber nicht schwerwiegend. In der Tat fand KERSTEN[2], daß bei anderen Materialien mit genau rechteckiger Hystereseschleife H_0 durchaus von σ abhängen kann, und zwar wird in einigen Fällen ein Anstieg, in anderen ein Abfall mit wachsendem σ beobachtet. Eine genaue Proportionalität mit $\sqrt{\sigma}$ oder $1/\sqrt{\sigma}$ tritt jedoch niemals auf.

[1] PREISACH, F.: Phys. Z. Bd. 33 (1932) S. 913.
[2] KERSTEN, M.: Probleme der technischen Magnetisierungskurve. Berlin 1938. — Phys. Z. Bd. 39 (1938) S. 860.

d) Die reversiblen Verschiebungen der 180°-Wände.

Die Tatsache, daß die Wandenergie γ ortsabhängig ist, hat nicht nur das Auftreten einer endlichen Grenzfeldstärke H_0 zur Folge, sondern bewirkt auch, daß in kleinen Feldern reversible Verschiebungen von 180°-Wänden möglich sind. Im Felde Null wird eine solche Wand stets an eine solche Stelle rücken, wo γ ein Minimum hat. In einem genügend kleinen Feld tritt dann zunächst nur eine reversible Verschiebung der Wand auf. Erst wenn das Feld die Wand über ein erstes Maximum von $d\gamma/dx$ hinweggedrückt hat, kehrt sie nach dem Fortnehmen des Feldes nicht mehr in ihre Lage zurück.

Auf diese Möglichkeit einer reversiblen Permeabilität infolge von Verschiebungen der 180°-Wände hat erstmalig KERSTEN[1] hingewiesen. Wir halten uns im folgenden an seine Überlegungen. Zur Vereinfachung nehmen wir an, daß die Wand eben sei. Die Koordinate senkrecht zur Wand nennen wir x. Die Wandenergie γ und ihre Ableitung $d\gamma/dx$ habe etwa einen Verlauf, wie er in Abb. 133 dargestellt ist. Im Felde Null liegt dann die Mitte der Wand an der Stelle x_1, wo $d\gamma/dx = 0$ ist und γ ein Minimum hat. Ein kleines Feld H verschiebt die Wand soweit, bis der Druck $2HJ_s$ der Feldstärke gleich dem Anstieg $d\gamma/dx$ ist. Die Gleichgewichtsbedingung lautet also:

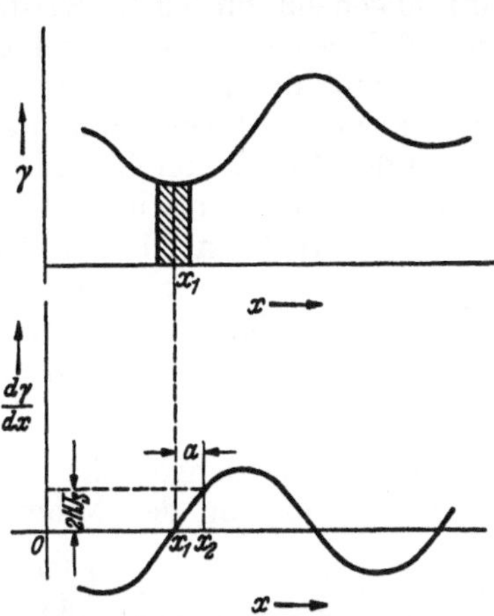

Abb. 133. Schema zur Berechnung der reversiblen Verschiebungen der 180°-Wände. Oben: γ als Funktion von x. Unten: $\dfrac{d\gamma}{dx}$ als Funktion von x.

$$(44) \qquad \frac{d\gamma}{dx} = 2HJ_s.$$

Sie sei etwa an der Stelle x_2 erfüllt. Solange nun die Verschiebung klein ist, kann man den Verlauf von $d\gamma/dx$ zwischen x_1 und x_2 als geradlinig ansehen. Bei x_1 ist $d\gamma/dx = 0$. Also folgt

$$\left(\frac{d\gamma}{dx}\right)_{x_2} = \left(\frac{d^2\gamma}{dx^2}\right)_{x_1} (x_2 - x_1).$$

Für die Verschiebung $a = x_2 - x_1$ erhält man demnach

$$(45) \qquad a = \frac{2J_s}{\left(\dfrac{d^2\gamma}{dx^2}\right)_{x_1}} H.$$

Die Oberfläche aller 180°-Wände im cm³ wollen wir mit $O_{180°}$ bezeichnen. Unter $\left(\overline{\dfrac{1}{\dfrac{d^2\gamma}{dx^2}}}\right)$ sei der Mittelwert der reziproken zweiten Ableitung von γ an diesen Wänden verstanden. Mit diesen Bezeichnungen erhalten wir demnach für den Beitrag der reversiblen Verschiebungen der 180°-Wände zur Magnetisierung in kleinen Feldern

$$(46) \qquad J_{180°} = 2J_s O_{180°} \cdot \bar{a} = 4J_s^2 O_{180°} \cdot \left(\overline{\frac{1}{\dfrac{d^2\gamma}{dx^2}}}\right) \cdot H.$$

Ihr Beitrag zur Anfangssuszeptibilität ist somit

$$(47) \qquad \chi_{180°} = 4J_s^2 O_{180°} \cdot \left(\overline{\frac{1}{\dfrac{d^2\gamma}{dx^2}}}\right).$$

---

[1] Siehe Fußnote S. 208.

Dabei ist vorausgesetzt, daß die Vorzugsrichtung an allen 180°-Wänden mit der Feldrichtung übereinstimmt, wie es z. B. bei Drähten mit positiver Magnetostriktion unter starkem Zug bei Magnetisierung in Zugrichtung der Fall ist. Bei einem Eiseneinkristall, wo drei Sorten von 180°-Wänden auftreten können, gilt jedoch unter der Voraussetzung, daß alle drei Wandsorten gleich häufig vorkommen, dieselbe Formel; nur bedeutet dann $O_{180°}$ die Oberfläche einer der drei Wandsorten. Für die Feldrichtung [100] sieht man das unmittelbar ein, denn dann verschieben sich im Feld nur die $x\bar{x}$-Wände. Da wir aber in Kapitel 12 ganz allgemein für einen Kristall, bei dem die drei Richtungen [100], [010] und [001] gleichberechtigt sind, die Isotropie der Anfangssuszeptibilität bewiesen haben, muß die Formel auch für eine beliebige Feldrichtung gelten. Durch direktes Nachrechnen kann man sich ohne Schwierigkeit davon überzeugen.

Um den Inhalt von Gleichung (47) besser zu übersehen, wollen wir sie etwas umformen unter der schematischen Annahme, daß $d\gamma/dx$ sinusförmig mit dem Ort veränderlich ist. Das Ergebnis wird etwa den gleichen Grad von Strenge haben wie der in Kapitel 12 abgeleitete Zusammenhang (12.8) zwischen Anfangssuszeptibilität und inneren Spannungen. Wir setzen also

$$(48) \qquad \frac{d\gamma}{dx} = \left(\frac{d\gamma}{dx}\right)_{\mathrm{max}} \cdot \sin\frac{2\pi}{l}x.$$

l ist die „Wellenlänge" der Spannungsschwankungen. Daraus folgt für die zweite Ableitung an den Minimumstellen von γ

$$(49) \qquad \left(\frac{d^2\gamma}{dx^2}\right)_{x=0} = \left(\frac{d\gamma}{dx}\right)_{\mathrm{max}} \cdot \frac{2\pi}{l}.$$

$\left(\frac{d\gamma}{dx}\right)_{\mathrm{max}}$ können wir auf Grund von Gleichung (33) durch die Grenzfeldstärke H_0 ersetzen. Dann folgt

$$(50) \qquad \frac{d^2\gamma}{dx^2} = \frac{4\pi}{l}J_s H_0.$$

Ist nun jedes Minimum der Wandenergie mit einer 180°-Wand besetzt, so ist $O_{180°} = 1/l$. Dann erhalten wir

$$(51) \qquad \chi_{180°} = 4J_s^2\frac{1}{l}\frac{l}{4\pi J_s H_0} = \frac{J_s}{\pi H_0}.$$

Tatsächlich wird aber die reversible Suszeptibilität der 180°-Wände sicher kleiner sein, denn voraussichtlich werden nicht alle Minima mit einer 180°-Wand besetzt sein. In diesem Punkt unterscheiden sich die Verhältnisse hier ganz wesentlich von denen bei den 90°-Wänden. Im Felde Null muß im energetisch tiefsten Zustand an jeder Stelle, wo eine 90°-Wand im Gleichgewicht liegen kann, tatsächlich eine solche Wand vorhanden sein. Denn nur dann liegt die Magnetisierung an jeder Stelle in der energetisch tiefsten Vorzugslage. Aber 180°-Wände brauchen überhaupt nicht zu existieren, und trotzdem kann überall die günstigste Vorzugslage der Magnetisierung verwirklicht sein. Energetisch ist es sogar günstig, wenn keine 180°-Wände vorhanden sind, weil ihre Wandenergie gewonnen wird, wenn man sie zum Verschwinden bringt. Ist also nur der Bruchteil α der Minima von γ tatsächlich mit 180°-Wänden besetzt, so ist ihr Beitrag zur Anfangssuszeptibilität um den gleichen Faktor kleiner. Dann gilt

$$(52) \qquad \chi_{180°} = \frac{\alpha J_s}{\pi H_0}.$$

Wenn man experimentell die Richtigkeit dieser Überlegungen prüfen und die Größe von α ermitteln will, muß man die Anfangssuszeptibilität an einem Material messen, bei dem·man sicher ist, daß nur 180°-Wände vorhanden sein können. Solche stehen uns in den Eisen-Nickel-Legierungen mit positiver Magnetostriktion unter Zug zur Verfügung. KERSTEN[1] und GOTTSCHALT haben kürzlich Messungen dieser Art durchgeführt. Sie benutzten die Legierung 60% Ni, 40% Fe. Der unmagnetische Zustand wurde erzielt, indem der ungespannte Draht bis über den Curie-Punkt erhitzt wurde. Beim Abkühlen wurde das Erdfeld sehr sorgfältig abgeschirmt, um eine Magnetisierung zu vermeiden. Dann wurde eine so große Zugspannung angelegt, daß die Hystereseschleife genaue Rechteckform annahm. An den so vorbereiteten Drähten wurde die Anfangspermeabilität gemessen und die Neukurve aufgenommen. Abb. 134 zeigt ein Beispiel einer derartigen Kurve. Der allererste Anfang ist reversibel. Dann folgen immer größere Barkhausen-Sprünge, und etwa bei der Feldstärke H_0 springt die Magnetisierung auf den Sättigungswert. H_0 ergab sich bei diesen Proben

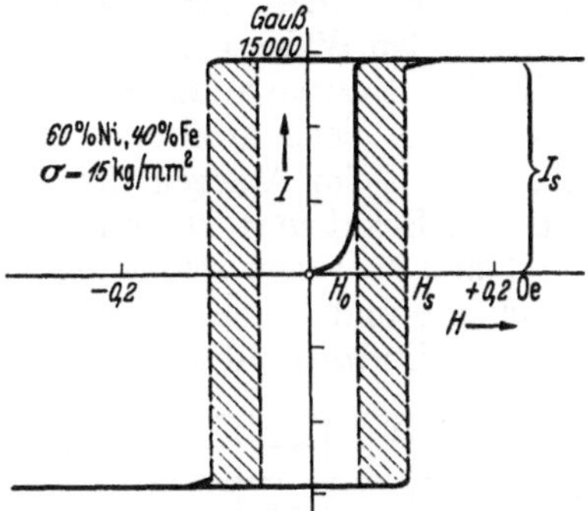

Abb. 134. Die Neukurve und die Hystereseschleife an einem gespannten Eisen-Nickel-Draht mit 60% Ni. [Nach M. KERSTEN: Phys. Z. Bd. 39 (1938) S. 860.]

stets als sehr klein, in der Größenordnung von 0,01 Oe, also rund $^1/_{20}$ der Horizontalkomponente des Erdfeldes. Man sieht, wie wichtig die Abschirmung des Erdfeldes für diese Versuche ist. KERSTEN und GOTTSCHALT haben sich durch Messung überzeugt, daß bei ihren Experimenten eine wesentliche Magnetisierung vor Beginn der eigentlichen Messung nicht eingetreten war. Aus den gemessenen Werten von $\chi_{180°}$ und H_0 kann man α auf Grund von Gleichung (52) bestimmen. Bei allen Versuchen dieser Forscher lag α in der Größenordnung von 1 bis 2%. In Abb. 135 ist die gemessene Abhängigkeit der Größe α von der Zugspannung wiedergegeben. Unterhalb der Streckgrenze ist α praktisch unabhängig von σ, obwohl χ_a und H_0 einzeln sich in diesem Bereich etwa um einen Faktor 4 ändern. Dabei ist noch zu berücksichtigen, daß dieser Wert α eher zu groß als zu klein sein

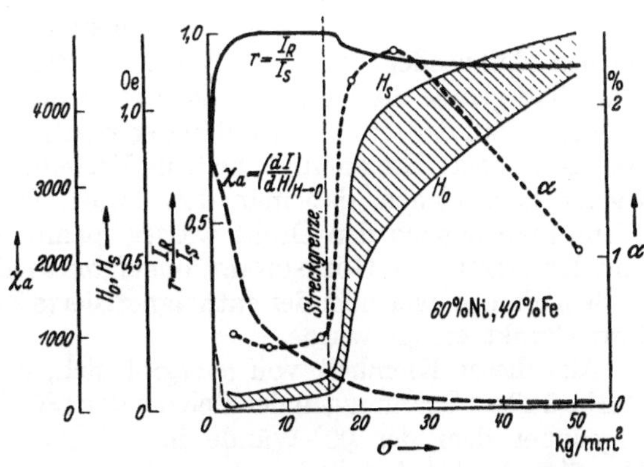

Abb. 135. Die Grenzfeldstärke H_0, die Anfangssuszeptibilität $\chi_{180°}$ und die Besetzungszahl α in Abhängigkeit von der Zugspannung an Fe-Ni-Drähten mit 60% Ni. (Nach M. KERSTEN.)

wird. Denn infolge unserer schematischen Annahme, daß $d\gamma/dx$ sinusförmig verläuft, haben wir alle Maxima von $d\gamma/dx$ als gleich hoch vorausgesetzt. Tatsächlich werden diese aber in ihrer Größe streuen. Für H_0 ist nun das größte Maximum von allen maßgebend, für $\chi_{180°}$ dagegen ein gewisser Mittelwert von ihnen. Nun folgt für α aus (52)

$$(52a) \qquad \alpha = \frac{\pi \chi_{180°} H_0}{J_s}.$$

Dadurch, daß wir darin im Zähler die wirkliche beobachtete Grenzfeldstärke einsetzen, machen wir also α zu groß.

Aus der Tatsache, daß sich bei diesen Versuchen α nur zu etwa 1% ergab, darf man schließen, daß α auch in anderen Materialien, in denen nicht durch

---

[1] KERSTEN, M.: Phys. Z. Bd. 39 (1938) S. 860.

eine starke Zugspannung eine einheitliche Vorzugsrichtung geschaffen worden ist, nicht größer ist. Man muß sogar annehmen, daß es eher noch viel kleiner ist. Denn wenn man durch Anlegen der Zugspannung die 90°-Wände zum Verschwinden bringt, kann dabei die Oberfläche der 180°-Wände zwar wesentlich größer werden, aber nicht kleiner. Das macht man sich leicht an Hand des folgenden Bildes klar (Abb. 136). Das obere Schema soll die Verteilung der Weißschen Bezirke andeuten, wie sie ohne äußere Zugspannung vorhanden ist. Daß sie alle gleich groß und quadratisch gezeichnet sind, ist für das Folgende belanglos. Beim Anlegen der Zugspannung schrumpfen nun die Querbezirke. Von den Bezirken 1, 2 und 3 nimmt also das Volumen von 2 ab zugunsten von 1 und 3. Wenn schließlich Bezirk 2 vollständig verschwunden ist, ist dort zwischen 1 und 3 eine neue 180°-Wand entstanden, die vorher nicht vorhanden war. Der Endzustand unter starkem Zug ist in dem unteren Schema in Abb. 136

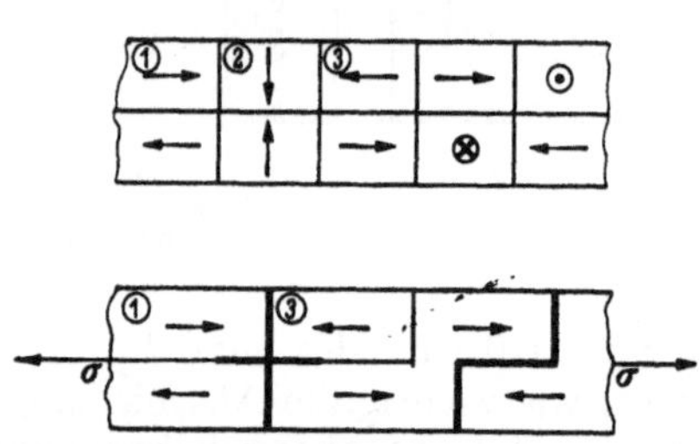

Abb. 136. Die Vermehrung der 180°-Wände beim Anlegen einer starken Zugspannung. Oben: Schema der Bezirke ohne Zug. Unten: Schema der Bezirke mit Zug. Die neu entstandenen 180°-Wände sind stark hervorgehoben.

dargestellt. Alle neu entstandenen 180°-Wände sind darin durch starke Linien hervorgehoben. Diese 180°-Wände sind aber nur deshalb vorhanden, weil sie wegen ihrer Reibung erst durch ein Magnetfeld zum Verschwinden gebracht werden können. Der energetisch tiefste Zustand ist es nicht. Das sieht man deutlich daran, daß es nicht möglich ist, derartige Drähte im gespannten Zustand in üblicher Weise zu entmagnetisieren. Denn wegen der Rechtecksform der Hystereseschleife kann man auch mit einem Wechselfeld nicht erreichen, daß wieder viele kleine Weißsche Bezirke auftreten. Bestenfalls erreicht man, daß gerade die Ummagnetisierungsfront in der Mitte des Drahtes steckenbleibt, so daß der eine Drahtteil in der positiven und der andere in der negativen Sättigung liegt. Die anfängliche feine Verteilung der 180°-Wände ist nur dadurch wieder zu erreichen, daß man den Draht entlastet und dann entmagnetisiert. Wenn man danach den Draht wieder spannt, erhält man nach den Messungen von KERSTEN und GOTTSCHALT ungefähr wieder den gleichen Wert für α wie in dem Fall, in welchem der entmagnetisierte Zustand durch Erhitzen über dem Curie-Punkt erzielt wurde.

Aus dieser Kleinheit von α ergibt sich, daß in normalen Materialien ohne starke äußere Spannungen der Beitrag der 180°-Wände zur Anfangssuszeptibilität gegenüber dem der 90°-Wände im allgemeinen vernachlässigt werden kann. Um diese beiden Anteile besser vergleichen zu können, wollen wir in (52) für H_0 den Ausdruck (43) einsetzen. Beim Fehlen äußerer Spannungen kann man angenähert die Spannungsschwankung $\Delta\sigma$ durch den Mittelwert der inneren Spannungen σ_i ersetzen. Damit folgt

$$(53) \qquad \chi_{180°} = \frac{J_s^2}{\lambda\,\sigma_i} \cdot \frac{\alpha}{\pi\,p_0}.$$

Für den Beitrag der 90°-Wände hatten wir auf S. 154 erhalten

$$\chi_{90°} = \frac{4}{3\,\pi} \frac{J_s^2}{\lambda\,\sigma_i}.$$

Beide sind erst dann von der gleichen Größenordnung, wenn $\alpha/p_0 \approx 1$ ist. Da nun α kleiner als etwa 1%, meist wahrscheinlich erheblich kleiner ist, wird also $\chi_{180°}$ nur dann gegenüber $\chi_{90°}$ merklich, wenn p_0 extrem klein wird. In normalen Materialien scheinen aber Werte von p_0, die wesentlich kleiner als 0,1 sind, nicht vorzukommen.

Natürlich ist damit nicht ausgeschlossen, daß in abnormen Fällen, wenn 90°-Wände aus irgendeinem Grunde extrem selten sind, $\chi_{180°}$ von entscheidender Bedeutung wird. Einen solchen Fall haben wir bereits auf S. 152 an den Williamschen Rahmeneinkristallen aus Si-Eisen kennengelernt. Unter der Annahme, daß dort wirklich nur die 180°-Wände in der auf S. 153 geschilderten Weise eine Rolle spielen, kann man an Hand der Williamschen Messungen auch dafür die Besetzungszahl α berechnen. An dem [100]-Rahmenkristall war $\mu_a = 6000$. H_0 wird angenähert mit der Koerzitivkraft gleichzusetzen sein. Diese betrug $H_c = 0{,}028$ Oe. Damit ergibt sich nach (52a) $\alpha = 0{,}025$. Das ist die gleiche Größenordnung wie bei KERSTEN und GOTTSCHALT. Auch das spricht für die Richtigkeit der Annahmen, die wir über die Magnetisierung an diesen Kristallen gemacht haben.

16. Die Koerzitivkraft.

Im remanent magnetisierten Zustand liegt die Magnetisierung in den meisten Weißschen Bezirken, ebenso wie im entmagnetisierten Zustande, in der energetisch günstigsten Vorzugslage, aber von den beiden, einander entgegengesetzten Richtungen, die im Felde Null energetisch gleichwertig sind, nimmt sie bevorzugt diejenige ein, die mit der Richtung des vorher angelegten Feldes den kleineren Winkel bildet. Trägt man also, um einen Überblick über die Richtungsverteilung zu erhalten, die Magnetisierungsvektoren sämtlicher Bezirke alle mit gemeinsamem Anfangspunkt auf, so liegen

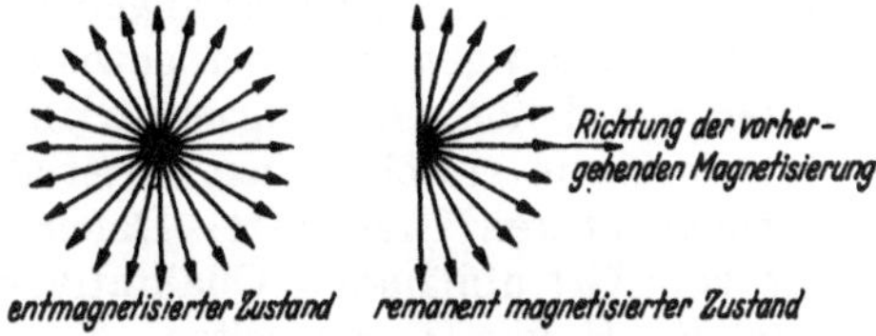

Abb. 137. Richtungsverteilung der Magnetisierungsvektoren beim Polykristall im entmagnetisierten Zustand und in der Remanenz.

ihre Spitzen auf der einen Halbkugel, deren Pol die vorhergehende Magnetisierungsrichtung bildet (Abb. 137). Legt man nun ein kleines Gegenfeld an, so ist überall die entgegengesetzte Magnetisierungsrichtung energetisch günstiger als die vorhandene Richtung. Wenn also das Umklappen der Magnetisierung um 180° überhaupt nicht gehemmt wäre, würde beim kleinsten Feld die Magnetisierung von dem Remanenzwert auf den entgegengesetzten Wert springen. Die Koerzitivkraft wäre dann Null. Tatsächlich tritt das Umspringen aber erst bei einer gewissen endlichen Gegenfeldstärke ein, die natürlich von Bezirk zu Bezirk etwas verschieden ist. Die pauschal gemessene Koerzitivkraft ist ein gewisses Mittel über die Feldstärken, bei denen in den einzelnen Bezirken der Übergang der Magnetisierung in die Gegenrichtung stattfindet.

Wir hatten in den vorigen beiden Kapiteln gesehen, daß ein solcher Übergang im allgemeinen in Form einer Wandverschiebung abläuft. Wir sahen, daß zum Durchtreiben der Wand eine gewisse Grenzfeldstärke H_0 überschritten werden muß. Bei kleineren Feldern bleibt die Wand stecken. Ob aber bei einem Feld größer als H_0 dieser Prozeß stattfindet, hängt noch davon ab, ob ein geeigneter Ummagnetisierungskeim vorhanden ist, an dem der Vorgang beginnen kann.

Die Startfeldstärke H_s, bei welcher die Ummagnetisierung spontan an einem natürlichen Keim beginnt, kann bei den großen Barkhausen-Sprüngen sehr viel größer als H_0 sein. Im Extremfall betrug H_s bei PREISACH das 28fache von H_0. Wir wollen hier aber unsere Betrachtungen auf gewöhnliche Materialien beschränken, bei denen keine starke systematische Zugspannung vorhanden ist, und welche daher viele kleine Weißsche Bezirke mit statistisch verteilten Vorzugsrichtungen enthalten. Bei den kleinen Barkhausen-Sprüngen, die in diesen Materialien auftreten, ist wahrscheinlich eine wesentliche Überschreitung der Grenzfeldstärke in den einzelnen Bezirken nicht möglich, denn die Wände mit den Nachbarbezirken und die sonstigen Störungen werden sicherlich bei den meisten Bezirken die Keimbildungsschwierigkeit soweit herabsetzen, daß keine erhebliche „Übersättigung" erreicht werden kann. Eine so starke Überschreitung von H_0, wie sie PREISACH beobachtete, scheint tatsächlich nur in einem sehr störungsfreien Material möglich zu sein. Bei allen Proben von SIXTUS, TONKS und PREISACH, bei denen die Rechteckschleife noch nicht vollständig verwirklicht war, in welchen also noch nicht überall die Vorzugsrichtung in der Zugrichtung lag, war stets H_s nur verhältnismäßig wenig größer als H_0. Es erscheint demnach berechtigt, anzunehmen, daß in gewöhnlichen Materialien für die Größe der Koerzitivkraft die Grenzfeldstärke H_0 in den einzelnen Bezirken maßgebend ist, und daß die mit der Keimentstehung zusammenhängenden Fragen, die bei den großen Barkhausen-Sprüngen sehr wesentlich sind, hier keine große Rolle spielen.

Im vorigen Kapitel hatten wir bereits überlegt, in welcher Weise H_0 von den Materialeigenschaften abhängt. Qualitativ lassen sich diese Überlegungen hier ohne weiteres übertragen. In einigen wesentlichen Punkten bestehen jedoch Unterschiede. Wir hatten dort angenommen, daß die Spannung σ nur prozentual kleine Schwankungen um einen gewissen Mittelwert aufweist. Die Wanddicke δ konnten wir daher näherungsweise als konstant ansehen. Hier gilt das nicht mehr. In einem gewöhnlichen Material schwankt die Spannung zwischen Null und einem oberen Grenzwert. Daher ist δ selbst in höchst unübersichtlicher Weise vom Ort abhängig. Qualitativ wird aber sicher hier eine ganz ähnliche Formel für H_0 wie (15.43) gelten. Nur ist die Spannungsschwankung $\Delta\sigma$ durch einen Mittelwert über die inneren Spannungen zu ersetzen, also

$$(1) \qquad H_0 = p_0 \frac{\lambda\,\sigma_i}{J_s}.$$

Die Größe des Faktors p_0, der von der Verteilung der inneren Spannungen abhängt, ist aber kaum noch zu übersehen. Zwar wird auch jetzt noch gelten, daß p_0 bei sehr feindispersen Störungen sowie bei sehr sanft verlaufenden Schwankungen der inneren Spannungen klein ist und dazwischen bei einer gewissen mittleren Dispersität der inneren Spannungen ein Maximum von der Größenordnung 1 hat. Aber es ist schwer zu sagen, wie diese kritische Spannungsverteilung mit maximalem p_0 beschaffen sein muß.

In Anbetracht dieser theoretischen Unsicherheit in der Bestimmung von H_0 lohnt es nicht, genauer zu überlegen, in welcher Weise nun die pauschale Koerzitivkraft H_c mit dem Wert von H_0 in den einzelnen Bezirken zusammenhängt. H_c muß etwas größer sein als der Mittelwert von H_0; denn bei der Abschätzung von H_0 hatten wir stets angenommen, daß die Feldstärke zur Vorzugsrichtung parallel ist. In denjenigen Bezirken, in denen die Vorzugsrichtung einen Winkel mit der Feldrichtung bildet, ist aber die zum Umklappen nötige Feldstärke größer, denn für den Druck auf die Wand ist nur die Komponente des Feldes parallel zur Vorzugsrichtung maßgebend. Die Berücksichtigung der verschiedenen Orientierung der Bezirke macht etwa einen Faktor $\frac{3}{2}$ aus. Wir setzen deshalb für die pauschale Koerzitivkraft

$$(2) \qquad H_c = p_c \frac{3}{2} \cdot \frac{\lambda\,\sigma_i}{J_s},$$

wobei für den Faktor p_c qualitativ das gleiche gilt wie für den Faktor p_0. Führt man statt σ_i nach (12.11) die Anfangssuszeptibilität ein, so erhält man

$$(2a) \qquad H_c = p_c \frac{1}{3} \cdot \frac{J_s}{\chi_a}.$$

Wir verwenden diese Beziehung zur experimentellen Bestimmung von p_c. Die anschauliche Bedeutung der durch (2a) definierten Größe p_c geht aus Abb. 138 hervor. Zeichnet man im Punkte $H = H_c$ die Parallele zur J-Achse, so schneidet die Anfangstangente an die Neukurve auf ihr die Strecke $\frac{p_c}{3} J_s$ ab.

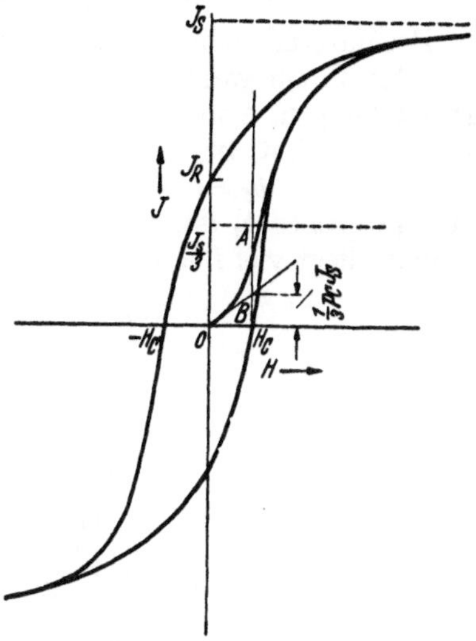

Die Richtigkeit der Gleichung (2) wird durch mancherlei experimentelle Befunde bestätigt. Man findet in vielen Fällen, daß die Koerzitivkraft proportional den inneren Spannungen ist, daß aber der Proportionalitätsfaktor noch von der Art abhängt, wie die Spannungen entstanden sind. In Abb. 139 ist der Zusammenhang zwischen H_c und σ_i an zwei Proben von Nickel dargestellt. Die Abbildung ist einer Arbeit von KERSTEN entnommen. Die verschiedenen Beträge der Eigenspannungen sind im Fall a durch stufenweises plastisches Strecken eines gut ausgeglühten Drahtes bis zum Riß erzeugt worden. Im Fall b sind die verschiedenen Spannungsbeträge σ_i durch unvollständiges und vollständiges Rekristallisieren eines im Ausgangszustand gewalzten Nickelstabes entstanden. In dem einen Fall beträgt $p_c \approx 0{,}27$, in dem andern $p_c \approx 0{,}09$. Daß auch die Größe der Magnetostriktion für H_c maßgebend ist, zeigt sich unmittelbar auf Grund der Tatsache, daß die Koerzitivkraft an Permalloyproben, wo λ sehr klein ist, im allgemeinen ungefähr um eine Zehnerpotenz kleiner ist als bei Nickel.

Abb. 138. Der durch die Zahl p_c vermittelte Zusammenhang zwischen Anfangssuszeptibilität und Koerzitivkraft. p_c ist das Verhältnis der Strecken BH_c zu AH_c.

Die oben definierte Zahl p_c ist ebenso wie der Mittelwert der inneren Spannungen σ_i eine wichtige Zahl zur Kennzeichnung der magnetischen Eigenschaften einer ferromagnetischen Substanz. Wenn man absieht von anomalen Fällen und solchen, in denen starke äußere Zugspannungen vorliegen, sind nämlich die Hystereseschleifen von Materialien mit gleichem p-Wert, aber verschiedenen Werten von σ_i, im großen und ganzen ähnlich und lassen sich durch eine Maßstabsänderung in groben Zügen zur Deckung bringen. Trägt man nicht J über H, sondern J/J_s über H/H_c auf, so fallen die Remanenzwerte angenähert zusammen, weil in normalen Fällen stets $J_R/J_s \approx 0{,}5$ ist. Außerdem wird aber bei gleichem p_c auch die Anfangsneigung der Neukurve gleich. Denn aus der Formel für die Anfangs-

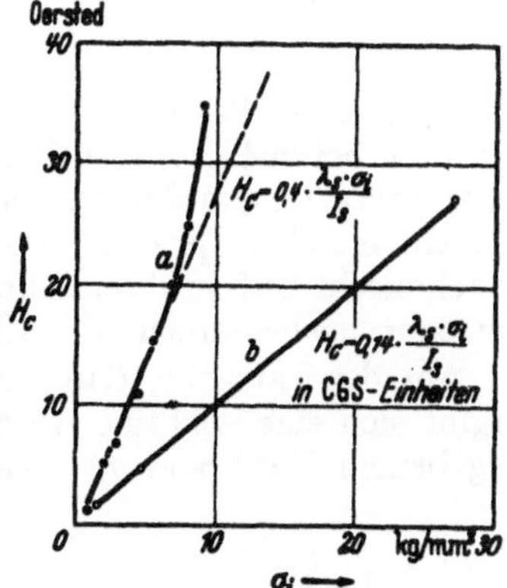

Abb. 139. Die Koerzitivkraft in Abhängigkeit von den inneren Spannungen an Nickel. a: weich geglühter Nickeldraht, plastisch gereckt. b: hartes Material, stufenweise rekristallisiert. (Nach M. KERSTEN: Probleme der technischen Magnetisierungskurve. Berlin 1938.)

suszeptibilität

$$\chi_a = \frac{2}{9} \frac{J_s^2}{\lambda \, \sigma_i}$$

folgt für den Beginn der jungfräulichen Kurve

$$\frac{J}{J_s} = \frac{2}{9} \cdot \frac{J_s}{\lambda \, \sigma_i} H = \frac{1}{3} p_c \cdot \frac{H}{H_c}.$$

Bei dieser Art der Auftragung ist also die Neigung der Anfangstangente unmittelbar $\frac{1}{3}\,p_c$. Tatsächlich geht aber die Ähnlichkeit meist noch viel weiter, als man hiernach vermuten sollte.

Bei Materialien mit verschiedenem p_c unterscheiden sich dagegen die Hystereseschleifen ihrem ganzen Charakter nach. Das sieht man deutlich an der Gegenüberstellung in Abb. 140, in der zwei Hystereseschleifen der gleichen Legierung dargestellt sind, bei denen durch verschiedenartige Wärmebehandlung einmal ein Wert von $p_c = 0{,}6$ und das andere Mal der Wert $p_c = 0{,}13$ erzielt worden ist. Je größer p_c ist, um so weniger ist die Neukurve gekrümmt. Die ganze Schleife liegt viel flacher und ist nicht mehr so rechteckähnlich wie im Falle

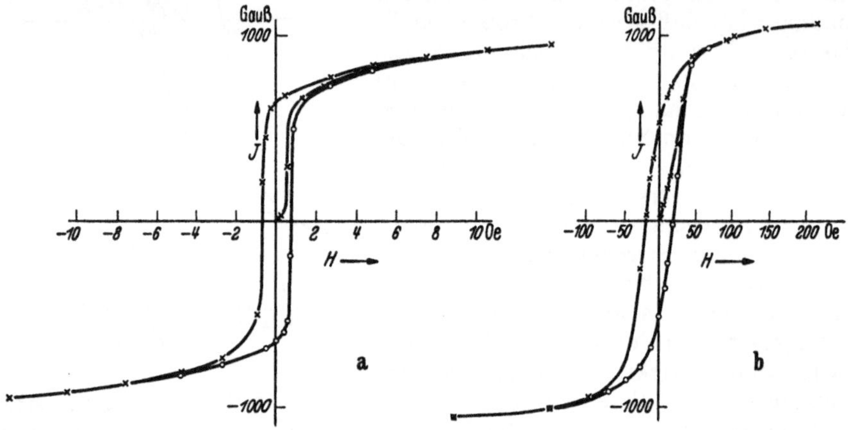

Abb. 140. Zwei Hystereseschleifen mit verschiedenem p-Wert. a: $p_c = 0{,}13$. b: $p_c = 0{,}6$. [Nach F. Preisach: Z. Phys. Bd. 93 (1935) S. 245.]

eines kleinen p_c-Wertes. Das liegt eben daran, daß bei großem p_c die Barkhausen-Sprünge bei viel größeren Werten der Feldenergie $H\,J_s$ im Vergleich zur Spannungsenergie $\lambda\sigma_i$ ablaufen als bei kleinem p_c. Deshalb treten im ersteren Fall die irreversiblen Sprünge und die Drehungen längs der Hystereseschleife stark durchmischt auf, während im zweiten Fall, bei kleinem p_c, die Prozesse fast getrennt nacheinander ablaufen.

Aus der Tatsache, daß die Zahl p_c im Maximum die Größenordnung 1 hat, ergibt sich eine wichtige Abschätzung des Höchstwertes der Koerzitivkraft bei gegebenem Wert von σ_i. Wir erhalten

$$(3) \qquad H_{c_{\mathrm{max}}} \approx \frac{3}{2} \cdot \frac{\lambda\,\sigma_i}{J_s}.$$

Zu derselben Näherungsformel kann man noch auf ganz anderem Wege gelangen; diese zweite Überlegung ist sehr viel einwandfreier als die obige. Die Abschätzung des Maximalwertes von p_c bei der Berechnung von H_0 beruhte auf der Annahme, daß die Schwankungen der Wandenergie γ allein von den Schwankungen von C herrühren, und daß die Schwankungen des Austauschintegrals A keine Rolle spielen. Die folgende Überlegung ist von dieser Annahme ganz unabhängig. Sie betrachtet gar nicht die Wandverschiebungen, sondern nur die Drehungen. Ist an einer Stelle die innere Spannung eine reine Zugspannung vom Betrage σ_i, die eine Vorzugsrichtung parallel zum Feld hervorruft, so ist die gesamte freie Energie pro cm³ im Felde H an dieser Stelle gegeben durch

$$F = \tfrac{3}{2}\,\lambda\,\sigma_i \sin^2\vartheta - H\,J_s\cos\vartheta.$$

Diese Funktion ist in Abb. 141 als Polardiagramm dargestellt. Ist nun H genügend groß, so stellt die Richtung $\vartheta = \pi$ kein Minimum der freien Energie mehr dar. Ein Minimum ist nur vorhanden, wenn

$$\left(\frac{d^2 F}{d\vartheta^2}\right)_{\vartheta=\pi} = 3\,\lambda\,\sigma_i - H J_s$$

positiv ist, also nur für $H J_s < 3\,\lambda\sigma_i$. Wenn somit bei Erreichung der Feldstärke $H = \dfrac{3\,\lambda\,\sigma_i}{J_s}$ die Magnetisierung noch nicht durch eine Wandverschiebung aus der Gegenfeldrichtung in die Feldrichtung übergegangen ist, so muß sie bei Überschreitung dieser Feldstärke durch einen irreversiblen Drehprozeß umspringen.

Entsprechend läßt sich auch bei einem beliebigen Winkel zwischen der Vorzugsrichtung und dem Feld der Maximalwert der Koerzitivkraft ermitteln, indem man die Hystereseschleife unter Berücksichtigung von Drehungen allein berechnet. Dies ist bereits in der ersten Arbeit von R. BECKER[1] über die Spannungsbeeinflussung der Magnetisierungskurve durchgeführt worden. Bildet die Spannung einen Winkel von 45° mit dem Feld, so tritt das Umspringen spätestens bei Erreichung des Feldes $H = \dfrac{3}{2}\dfrac{\lambda\,\sigma_i}{J_s}$ ein. Bei einem Winkel von 90° ist die Koerzitivkraft Null, da dann eine reversibel durchlaufene Magnetisierungskurve wie bei Nickel unter Zug auftritt. Im Mittel über alle Bezirke ergibt sich also ungefähr für den Maximalwert der Koerzitivkraft

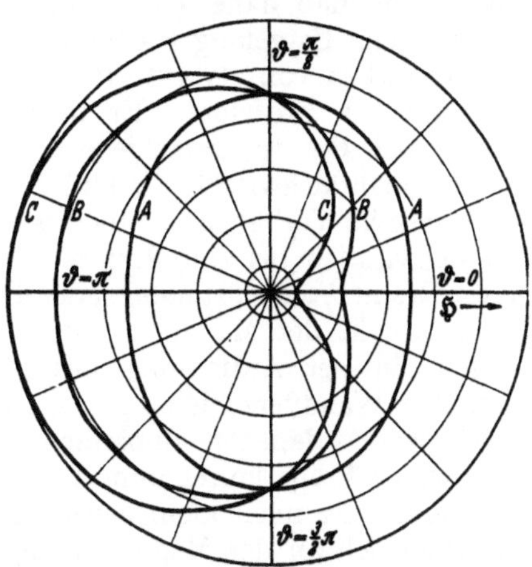

Abb. 141. Polardiagramm für die Richtungsabhängigkeit der freien Energie bei Zugspannung in horizontaler Richtung. *A* Ohne Feld. *B* Mit einem Feld $H = 2{,}25\,\dfrac{\lambda\sigma_i}{J_s}$. *C* Mit einem Feld $H = 3{,}75\,\dfrac{\lambda\sigma_i}{J_s}$. Das bei $\vartheta = \pi$ liegende Minimum ist bei *B* noch vorhanden, bei *C* nicht mehr.

$$(4) \qquad H_{c\,\mathrm{max}} \approx \frac{3}{2}\frac{\lambda\,\sigma_i}{J_s}.$$

Dieses Ergebnis ist mit obiger Formel (3) identisch.

Wir haben bei dieser Ableitung angenommen, daß die Spannungsenergie gegen die Kristallenergie überwiegt. Bei sehr kleinen inneren Spannungen, wenn die Kristallenergie erheblich größer als die Spannungsenergie ist, gilt diese Überlegung über die irreversiblen Drehungen nicht mehr. Theoretisch träte dann an die Stelle des hier abgeleiteten $H_{c\,\mathrm{max}}$ ein anderer Maximalwert, der statt $\lambda\sigma_i$ die Kristallenergie enthält. Diese Feldstärke, bei der die irreversiblen Drehungen gegen die Kristallenergie stattfinden, ist erstmalig von AKULOV[2] berechnet worden. Eine praktische Bedeutung kommt ihr aber wahrscheinlich nicht zu, denn in Materialien mit kleinen inneren Spannungen geht lange vor Erreichung dieser Feldstärke die Magnetisierung durch Wandverschiebungen in die magnetisch günstigste Vorzugslage über, und dann gilt eben für den Höchstwert von H_c der für Wandverschiebungen abgeleitete Ausdruck (3) und nicht der für irreversible Drehungen erhaltene Wert. Die Frage nach dem Höchstwert von H_c ist bei permanenten Magneten von besonderer Wichtigkeit. Dort liegen stets extrem große innere Spannungen vor, so daß die Kristallenergie sowieso keine Rolle spielt. Wir kommen darauf ausführlich in Kapitel 28 zurück.

---

[1] BECKER, R.: Z. Phys. Bd. 62 (1930) S. 253.
[2] AKULOV, N.: Z. Phys. Bd. 81 (1933) S. 790.

17. Die Magnetisierung bei schwachen Feldern.

a) Die Rayleigh-Schleife.

Unsere Kenntnis über das Verhalten von Eisen bei schwachen Feldern geht zurück auf eine Arbeit von Lord RAYLEIGH[1], welche nun schon über ein halbes Jahrhundert alt ist. Trotzdem ist sie heute noch in ihrer experimentellen Durchführung vorbildlich. Ihre Ergebnisse sind an Genauigkeit von späteren Arbeiten kaum übertroffen worden.

RAYLEIGH behandelte zunächst die Frage, ob auch bei extrem kleinen Feldstärken eine Proportionalität zwischen B und H besteht, ob also die Gleichung $B = \mu H$ für hinreichend kleine H mit einem von H unabhängigen μ tatsächlich erfüllt ist. Man könnte nämlich, veranlaßt durch die Existenz der Hysterese, denken, daß der Magnetisierung eine Art von Haftreibung entgegenstände, und daß daher ein endliches Feld nötig wäre, um eine Magnetisierung zu bewirken. Es gelang RAYLEIGH, Messungen von B durchzuführen bis herab zu Feldstärken von etwa $2 \cdot 10^{-5}$ Oe, d. h. bis zum 10000. Teil der Horizontalintensität des Erdfeldes. Er beobachtete in einem Feldbereich von $2 \cdot 10^{-5}$ bis $4 \cdot 10^{-2}$ Oe an verschiedenen Eisensorten eine praktisch vollkommene Proportionalität zwischen B und H. Nachdem diese somit bei Änderungen der Feldstärke im Verhältnis $1 : 1000$ bestätigt ist, sind wir berechtigt zu behaupten, daß sie wirklich bis zum Limes $H \rightarrow O$ gilt. Für unser theoretisches Bild ist dieses Resultat von grundlegender Bedeutung. Bei hinreichend kleinen Amplituden besteht der Magnetisierungsvorgang ausschließlich aus reversiblen Vorgängen; in der Auffassung des obigen Kapitels 9 existieren zunächst nur reversible Wandverschiebungen oder Drehungen. Erst mit wachsender Feldstärke werden daneben allmählich auch die irreversiblen Vorgänge bemerkbar. Die nächste Frage lautet nun, nach welchem Gesetz mit steigender Feldstärke, die aber immer noch klein gegen die Koerzitivkraft sein soll, die irreversiblen Vorgänge sich an der Magnetisierung beteiligen. Auch diese Frage wurde von RAYLEIGH in der gleichen Arbeit in so vollständiger Weise beantwortet, daß keine der späteren Untersuchungen etwas wesentlich Neues hat hinzufügen können. Das Gesetz von RAYLEIGH lautet: Wenn man nach einer Verringerung des Feldes einen Wert B' der Induktion beim Feld H' erreicht hat und nun das Feld um den *positiven* Betrag $H - H'$ erhöht, so gehört dazu eine Änderung von B, die gegeben ist durch

$$(1) \qquad B - B' = \mu_a (H - H') + \tfrac{1}{2} \alpha (H - H')^2 .$$

Im umgekehrten Fall, also für *negative* Werte von $H - H'$ nach vorhergehender Erhöhung ist dagegen $\tfrac{1}{2} \alpha (H - H')^2$ zu ersetzen durch $-\tfrac{1}{2} \alpha (H - H')^2$. Hier ist μ_a die *Anfangspermeabilität* und α eine neue Materialkonstante, die wir die *Rayleighsche Konstante* nennen wollen. Die Beziehung (1) stellt nach den vorliegenden Messungen ein wirkliches Naturgesetz dar. Es könnte nämlich so aussehen, als wäre diese Gleichung nur eine nach dem zweiten Gliede abgebrochene Entwicklung nach steigenden Potenzen von $(H - H')$ und somit eine mathematische Trivialität. Tatsächlich werden aber, wie insbesondere JORDAN[2] zeigte, die Messungen durch (1) sehr viel exakter dargestellt, als man es bei einer formal abgebrochenen Reihenentwicklung erwarten sollte. ELLWOOD[3] findet in einer neueren Untersuchung Abweichungen von dem einfachen quadratischen Gesetz, welche aber bisher von anderen Forschern nicht bestätigt wurden. Für den Fall $B' = H' = O$ lautet die Gleichung (1):

$$(1a) \qquad B = \mu_a H + \tfrac{1}{2} \alpha H^2 .$$

---

[1] LORD RAYLEIGH: Phil. Mag. Bd. 23 (1887) S. 225.

[2] JORDAN, H.: Elektr. Nachr.-Techn. Bd. 1 (1924) S. 7.

[3] ELLWOOD, W. B.: Physics Bd. 6 (1935) S. 215.

Über den durch μ_a bedingten linearen Anstieg überlagert sich also ein durch irreversible Vorgänge erzeugtes quadratisches Anwachsen von B mit H (Abb. 142). Das Verhältnis $B_{\mathrm{irr}} : B_{\mathrm{rev}}$ wächst linear mit H an:

$$\frac{B_{\mathrm{irr}}}{B_{\mathrm{rev}}} = \frac{\alpha}{2\,\mu_a}\,H.$$

Von großer praktischer Bedeutung ist der durch (1) gelieferte Zusammenhang zwischen B und H für den Fall eines *periodisch wechselnden Feldes*, in welchem H z. B. zwischen $+H_1$ und $-H_1$ hin- und hergeht. Wir betrachten die zum Nullpunkt symmetrische Schleife, in der auch B zwischen entgegengesetzt gleichen Werten, etwa $+B_1$ und $-B_1$, oszilliert. Für den aufsteigenden, in $-H_1$, $-B_1$ beginnenden Ast erhalten wir aus (1), wenn wir darin $B' = -B_1$, $H' = -H_1$ setzen:

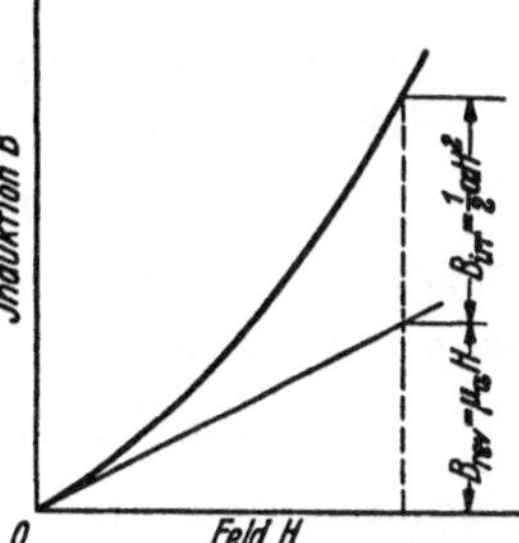

Abb. 142. Die Zerlegung der Induktion in den reversiblen Anteil $\mu_a H$ und den irreversiblen Anteil $\tfrac{1}{2}\,\alpha H^2$.

$$(2) \qquad B + B_1 = \mu_a (H + H_1) + \tfrac{1}{2}\alpha (H + H_1)^2.$$

Nach der erwähnten Symmetrieforderung muß dieser Ast für $H = H_1$ den Wert $B = B_1$ erreichen, d. h. es muß sein

$$B_1 = \mu_a H_1 + \alpha H_1^2.$$

Setzt man diesen Wert von B_1 in die vorhergehende Gleichung ein, so erhält man für den aufsteigenden Ast:

$$(2a) \qquad B = (\mu_a + \alpha H_1)\,H - \frac{\alpha}{2}\,(H_1^2 - H^2).$$

Entsprechend ergibt sich für den absteigenden Ast:

$$(2b) \qquad B = (\mu_a + \alpha H_1)\,H + \frac{\alpha}{2}\,(H_1^2 - H^2).$$

Die in Abb. 143 abgebildete und durch diese Gleichungen beschriebene „Rayleigh-Schleife" ist eine Lanzette, deren große Achse die Neigung $\mu = \mu_a + \alpha H_1$ besitzt. Wir werden sogleich sehen, daß dadurch zugleich das Anwachsen der bei Wechselstrombetrieb wirksamen Permeabilität mit wachsender „Aussteuerung" H_1 gegeben ist. Für die *Remanenz B_R* folgt aus (2b)

$$(3) \qquad B_R = \tfrac{1}{2}\alpha H_1^2,$$

für die relative Remanenz also

$$(3a) \qquad \frac{B_R}{B_1} = \frac{\tfrac{1}{2}\alpha H_1}{\mu_a + \alpha H_1}.$$

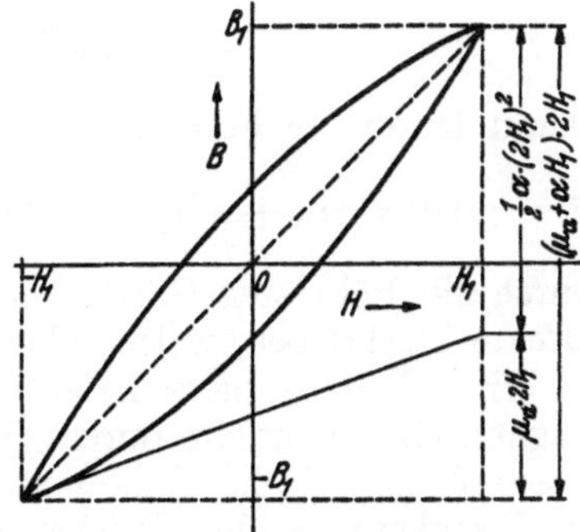

Abb. 143. Die Rayleighsche Hystereseschleife im Gebiet kleiner Feldstärken.

Der Energieverlust W beim einmaligen Durchlaufen der Schleife muß mit der dritten Potenz von H_1 anwachsen, da die Länge proportional zu H_1, die Breite dagegen wie die Remanenz, d. h. wie H_1^2 anwächst. Tatsächlich erhalten wir durch Berechnung der Fläche unserer Schleife nach (2a) und (2b):

$$(4) \qquad W = \frac{1}{4\pi}\oint B\,dH = \frac{\alpha}{4\pi}\int\limits_{-H_1}^{+H_1}(H_1^2 - H^2)\,dH = \frac{\alpha}{3\pi}\,H_1^3.$$

Im Hinblick auf das Verhalten eines durch die Gleichungen (2a) und (2b) beschriebenen Ferromagnetikums im Wechselstrombetrieb ermitteln wir noch die Fourier-Zerlegung von B für den Fall, daß H rein periodisch mit der Zeit variiert. Mit

$$H = H_1 \cos \omega t$$

findet man bei Berücksichtigung von $\cos^2 \omega t = \tfrac{1}{2}(1 + \cos 2\omega t)$ für $B = B(t)$:

$$(5) \quad \begin{cases} B = (\mu_a + \alpha H_1)\, H_1 \cos \omega t + \dfrac{\alpha}{4} H_1^2 (1 - \cos 2\omega t) & \text{für } t = 0 \ \text{ bis } \ t = \dfrac{\pi}{\omega}, \\[2ex] B = (\mu_a + \alpha H_1)\, H_1 \cos \omega t - \dfrac{\alpha}{4} H_1^2 (1 - \cos 2\omega t) & \text{für } t = \dfrac{\pi}{\omega} \ \text{bis}\ t = \dfrac{2\pi}{\omega}. \end{cases}$$

Mit den zunächst unbestimmten Koeffizienten a, b_1, b_2, ... schreiben wir die Entwicklung von B:

$$(6) \qquad B(t) = a \cos \omega t + b_1 \sin \omega t + \cdots + b_\nu \sin \nu \omega t + \cdots.$$

(Glieder mit $\cos 2\omega t$, $\cos 3\omega t$, ... treten nicht auf. Wir haben sie daher gleich beiseite gelassen.)

Nach Multiplikation mit $\sin \nu \omega t$ und Integration von 0 bis $\dfrac{2\pi}{\omega}$ folgt in bekannter Weise aus (6):

$$b_\nu = \frac{\omega}{\pi} \cdot \int\limits_0^{\frac{2\pi}{\omega}} B(t) \sin \nu \omega t\, dt,$$

mit dem durch (5) gegebenen Verlauf von $B(t)$ also

$$b_\nu = \frac{\omega}{\pi} \cdot \frac{\alpha H_1^2}{4} \left\{ \int\limits_0^{\frac{\pi}{\omega}} (1 - \cos 2\omega t) \sin \nu \omega t\, dt - \int\limits_{\frac{\pi}{\omega}}^{\frac{2\pi}{\omega}} (1 - \cos 2\omega t) \sin \nu \omega t\, dt \right\}.$$

Die Integrationen bieten keine Schwierigkeit [man beachte z. B. $\cos 2\alpha \sin \nu \alpha = \tfrac{1}{2}\{\sin(\nu + 2)\alpha + \sin(\nu - 2)\alpha\}$].
Es ergibt sich:

$$b_\nu = 0 \qquad\qquad\qquad\qquad \text{für gerade } \nu,$$

$$b_\nu = -\frac{4}{\pi} \alpha H_1^2 \frac{1}{(\nu - 2)\,\nu\,(\nu + 2)} \qquad \text{für ungerade } \nu.$$

Damit lautet die Fourier-Darstellung der Rayleigh-Schleife

$$(7) \qquad B(t) = (\mu_a + \alpha H_1)\, H_1 \cos \omega t + \frac{4}{\pi} \alpha H_1^2 \left\{ \frac{\sin \omega t}{3} - \frac{\sin 3\omega t}{1\cdot 3 \cdot 5} - \frac{\sin 5\omega t}{3 \cdot 5 \cdot 7} - \cdots \right\}.$$

Durch die drei ersten Glieder dieser Entwicklung werden drei ganz verschiedene Effekte beschrieben, welche alle von der einen Konstanten α veranlaßt werden.

Wir erläutern diese Effekte für den Fall einer Ringspule mit einem in magnetischer Hinsicht durch (7) gekennzeichneten Eisenkern. Es sei V das Eisenvolumen, ζ die Windungszahl pro cm, q und l Querschnitt und Länge des Eisenkerns, r_0 der Gleichstromwiderstand der Wicklung. Durch den Draht fließe der Wechselstrom

$$j = j_1 \cos \omega t \ \ [\text{A}].$$

Dieser erzeugt im Eisen nach dem Durchflutungsgesetz ein Feld

$$(8) \qquad H = H_1 \cos \omega t \ \text{mit}\ H_1 = 0{,}4\pi \zeta j_1 \ [\text{Oe}].$$

Nach dem Ohmschen und Induktionsgesetz entsteht dann an den Enden der Spule ein Spannungsabfall von

$$(9) \qquad E = r_0 j_1 \cos \omega t + V \zeta \frac{dB}{dt} \cdot 10^{-8} \ [\text{V}].$$

Setzt man (7) und (8) in diese Gleichung ein, so läßt sie sich mit den Abkürzungen

$$(10) \quad \begin{cases} L_0 = 0,4\pi\,10^{-8}\,\mu_a\,\zeta^2\,V \\[2mm] \dfrac{r_h}{\omega L_0} = \dfrac{4}{3\pi}\dfrac{\alpha H_1}{\mu_a} \\[2mm] \dfrac{r_{3\omega}}{\omega L_0} = \dfrac{4}{5\pi}\dfrac{\alpha H_1}{\mu_a} \end{cases}$$

in folgender Form schreiben:

$$(11) \quad E = (r_0 + r_h)\,j_1\cos\omega t - \omega L_0\left(1 + \frac{\alpha H_1}{\mu_a}\right)j_1\sin\omega t - r_{3\omega}j_1\cos 3\,\omega t.$$

Die Glieder mit $\sin 5\,\omega t$, $\sin 7\,\omega t$ usw. sind dabei vernachlässigt worden.

Aus dieser Gleichung liest man die drei verschiedenen Auswirkungen der Rayleigh-Konstanten α unmittelbar ab:

1. Die Induktivität L wächst von dem Wert L_0, den sie im Grenzfall $H_1 \to O$ besitzt, linear mit der Aussteuerung an:

$$(12) \quad L = L_0\left(1 + \frac{\alpha H_1}{\mu_a}\right).$$

Dieser Effekt rührt von der durch das erste Glied in (7) beschriebenen linearen Zunahme der wirksamen Permeabilität μ her:

$$(13) \quad \mu = \mu_a + \alpha H_1.$$

2. Es tritt eine mit der Aussteuerung linear anwachsende scheinbare Vergrößerung des Ohmschen Widerstandes um den sog. Hysteresewiderstand r_h auf. Das Verhältnis des Hysteresewiderstandes r_h zu ωL ist nach (7) gleich dem Tangens des Phasenwinkels ε_h zwischen Induktion und Feld

$$(14) \quad \operatorname{tg}\varepsilon_h = \frac{4}{3\pi}\frac{\alpha H_1}{\mu_a + \alpha H_1} = \frac{r_h}{\omega L}.$$

In allen praktisch vorkommenden Fällen kann man im Nenner αH_1 als klein gegen μ_a fortlassen.

3. Die Spannung ist bei sinusförmigem Strom mit der Kreisfrequenz ω nicht mehr sinusförmig, sondern es tritt die dritte Oberwelle mit einer mit dem Strom quadratisch anwachsenden Amplitude auf. In der Elektrotechnik nennt man das Dreifache des Verhältnisses der Amplituden von dritter Oberwelle zur Grundwelle der Induktion den Klirrfaktor k. Nach (7) und (10) gilt unter Vernachlässigung von αH_1 gegen μ_a:

$$(15) \quad k = \frac{3 B_{3\omega}}{B_\omega} = \frac{4}{5\pi}\frac{\alpha H_1}{\mu_a} = \frac{r_{3\omega}}{\omega L_0}.$$

Den gemeinsamen Ursprung von Klirrfaktor, Hysteresewiderstand und Erhöhung der Induktivität aus der einen Rayleigh-Konstante α kommt dadurch zum Ausdruck, daß nach (10), (12) und (15) gelten sollte:

$$(16) \quad \frac{r_h}{\omega L_0} = \frac{4}{3\pi}\frac{L - L_0}{L_0} = \frac{5}{3}\,k.$$

Eine wirkliche Theorie der Rayleigh-Konstanten α liegt zur Zeit nicht vor. Immerhin wollen wir kurz ein von PREISACH[1] angegebenes schematisches Modell betrachten, welches wesentliche Züge der Beobachtung zu beschreiben gestattet. Zu dem Zweck unterteilen wir die Bezirke in reversible, welche zu der Magnetisierung $\mu_a H$ Veranlassung geben, und irreversible, denen wir der Einfachheit halber eine Rechteckschleife zuschreiben. Natürlich beschreibt die Rechteckschleife eigentlich den Verlauf von J mit H. Im Interesse einer einfachen

---

[1] PREISACH, F.: Z. Phys. Bd. 94 (1935) S. 277.

Formulierung werden wir aber so rechnen, als ob $4\pi J$ mit B identisch wäre und daher auch B als Funktion von H als Rechteckschleife mit der „Sättigungsinduktion" $B_s = 4\pi J_s$ beschrieben werden könnte.

Ein einzelner dieser Bezirke soll — abgesehen von seinem Volumen — gekennzeichnet sein durch zwei Zahlen a und b. Die Größe a bedeute die indi

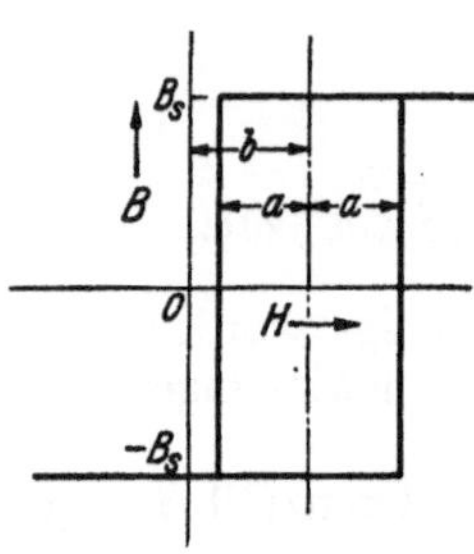

Abb. 144. Schema einer Rechteckschleife mit der Koerzitivkraft a und der Vorspannung b.

viduelle Koerzitivkraft, $2a$ also die Breite der Rechteckschleife, b dagegen eine „magnetische Vorspannung", durch welche eine Asymmetrie der Schleife hinsichtlich der B-Achse erzwungen wird (vgl. Abb. 144). Als physikalische Ursache der Vorspannung b kommen in Betracht die unregelmäßigen Streufelder der benachbarten Bezirke sowie spezielle Formen der lokalen Spannungsverteilung, wie wir sie z. B. in Kapitel 9, Abb. 67 betrachtet haben. Das Vorzeichen von b sei so gewählt, daß ein positives b der positiven Richtung des äußeren Feldes entgegengesetzt gerichtet ist. In Abhängigkeit vom äußeren Feld H hat die so gekennzeichnete Schleife die in Abb. 144 wiedergegebene Gestalt. Die Induktion springt von $-B_s$ nach $+B_s$ beim Feld $H = b + a$, dagegen von $+B_s$ nach $-B_s$ bei $H = b - a$. Bei $H = 0$ sind Bezirke mit $b > a$ stets negativ, solche mit $b < -a$ stets positiv magnetisiert. Bei den Bezirken mit $-a < b < +a$ hängt der Zustand von der Vorgeschichte ab. Wir nehmen weiterhin an, es

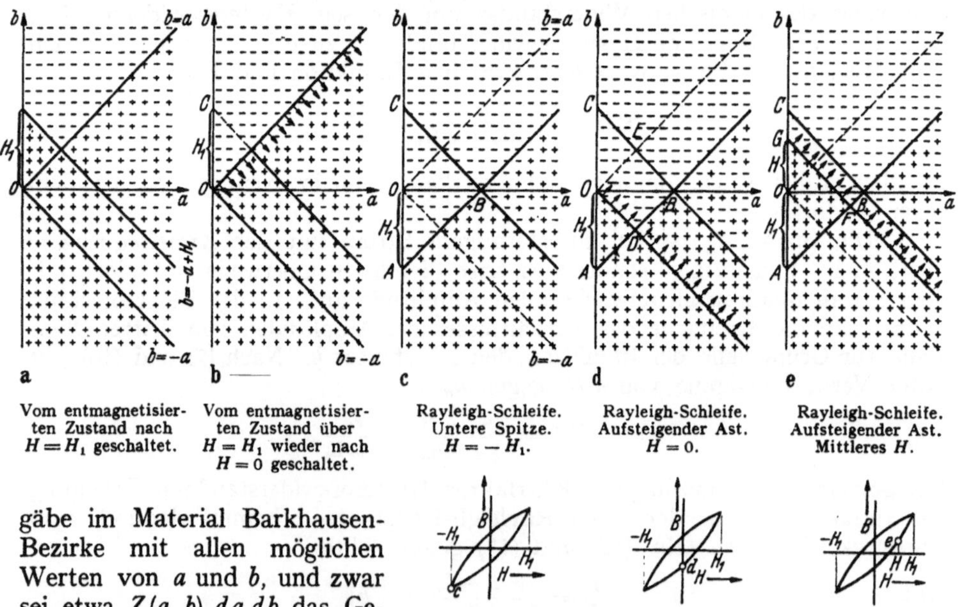

a	b ——	c	d	e

Vom entmagnetisierten Zustand nach $H = H_1$ geschaltet.

Vom entmagnetisierten Zustand über $H = H_1$ wieder nach $H = 0$ geschaltet.

Rayleigh-Schleife. Untere Spitze. $H = -H_1$.

Rayleigh-Schleife. Aufsteigender Ast. $H = 0$.

Rayleigh-Schleife. Aufsteigender Ast. Mittleres H.

Abb. 145. Zur Beschreibung des irreversiblen Anteiles der Rayleigh-Schleife in der a-b-Ebene.

gäbe im Material Barkhausen-Bezirke mit allen möglichen Werten von a und b, und zwar sei etwa $Z(a, b)\, da\, db$ das Gesamtvolumen aller in einem cm³ liegenden Bezirke, soweit ihre Koerzitivkraft zwischen a und $a + da$ und ihre Vorspannung zwischen b und $b + db$ liegt. a ist wesentlich positiv, während b ebensogut positiv wie negativ sein kann.

Um das Verhalten dieser Bezirke bei einem Schaltvorgang zu übersehen, bedienen wir uns einer Darstellung in der a-b-Ebene. Jedem Bezirk ist ein Punkt in dieser Ebene zugeordnet. Bei $H = 0$ sind alle Bezirke oberhalb der Geraden $b = a$ negativ, alle Bezirke unterhalb der Geraden $b = -a$ dagegen

positiv magnetisiert, während der Zustand im Bereich zwischen diesen beiden
Geraden unbestimmt ist. Schaltet man jetzt das positive Feld H_1 ein, so erleiden
alle diejenigen Bezirke einen Sprung von $-B_s$ nach $+B_s$, welche zwischen
den Geraden $b = -a$ und $b = -a + H_1$ liegen und vor dem Einschalten nach $-B_s$
magnetisiert waren. Es wird also der in Abb. 145a dargestellte Zustand erreicht.
Geht man jetzt über $H = 0$ und $H = -H_1$ wieder zu $H = 0$ über, so erhält man
nacheinander die in Abb. 145 b, c und d dargestellten Verteilungen der Magnetisierung. Die in der Abbildung rechts vom Punkt B liegende Fläche wird von
diesem Schaltvorgang überhaupt nicht berührt. Bei Fortsetzung der zyklischen
Schaltung zwischen H_1 und $-H_1$ betätigen sich nur die innerhalb des Dreiecks
ABC mit der Fläche H_1^2 liegenden Bezirke. Wenn nun für kleine Werte von a
und b die Belegung der Fläche mit Bezirken überall die gleiche ist, d. h. wenn
hier die oben eingeführte Funktion $Z(a, b)$ den konstanten Wert z hat, so erhält man gerade die Rayleighschen Beziehungen: Nach (2) und nach Abb. 143
ist bei der Rayleigh-Schleife die gesamte irreversible Magnetisierung gegeben
durch $\frac{1}{2}\alpha(2H_1)^2$, nach unserem Schema aber durch $2B_s z \cdot H_1^2$. Die Rayleigh-
Konstante hat also die Bedeutung $\alpha = z B_s$. Die Remanenz wird, wie man aus
Abb. 145d unmittelbar erkennt, geliefert durch die Fläche $\frac{1}{2}H_1^2$ des Quadrates
$OEBD$. Also folgt $B_R = \frac{1}{2} H_1^2 \cdot z B_s$. Mit dem oben gewonnenen Wert von α wird
daher $B_R = \frac{1}{2}\alpha H_1^2$, wie es nach (3) sein soll. Darüber hinaus liefert unser Modell
genau die Form (2) der Rayleigh-Parabel, wie man aus der Abb. 145e erkennt,
welche sich auf den Punkt e des aufsteigenden Astes bezieht. Beim Anwachsen
des Feldes von $-H_1$ auf den durch die Strecke OG gegebenen Wert H sind
die in dem Dreieck AFG mit der Fläche $\frac{1}{4}(H + H_1)^2$ liegenden Bezirke umgeklappt und haben damit eine irreversible Änderung der Induktion um
$2 B_s z \cdot \frac{1}{4}(H + H_1)^2 = \frac{1}{2}\alpha(H + H_1)^2$ bewirkt. Das ist aber genau der in (2) auftretende irreversible Bestandteil der B-Änderung.

Dieses Dreieckschema liefert also in der Tat eine recht anschauliche
Beschreibung der Rayleigh-Schleife. Es muß aber betont werden, daß für die
dazu erforderliche Konstanz der Verteilungsfunktion $Z(a, b)$ eine tiefere theoretische Begründung bisher nicht gefunden wurde. Immerhin wird uns das
skizzierte Schema bei der Diskussion der Nachwirkung gelegentlich von
Nutzen sein.

b) Wechselstromuntersuchungen im Rayleigh-Gebiet.

Die durch RAYLEIGH erschlossenen Gesetze der Magnetisierung bei schwachen
Feldern sind von besonderer Bedeutung für die Fernmeldetechnik und hier
vor allem für den Bau von Pupinspulen. Die immer steigenden Anforderungen,
welche an die Qualität dieser Spulen hinsichtlich Kleinheit der Verluste und
der Verzerrungen gestellt werden, veranlaßten zahlreiche wertvolle Forschungsarbeiten, in denen mit Wechselstrommethoden die magnetischen Eigenschaften
bei schwachen Feldern sowie ihre Beeinflussung durch verschiedene Bearbeitung
und Zusammensetzung des Kernmaterials untersucht wurde. Obwohl diese
Untersuchungen zunächst in technischer Absicht und in technischen Laboratorien
durchgeführt wurden, so haben sie doch soviel neue Einblicke in das Verhalten
bei schwachen Wechselfeldern eröffnet, daß ihre Besprechung auch in diesem
Buche gerechtfertigt sein dürfte. Den Ausgangspunkt aller dieser systematischen
Untersuchung des Rayleigh-Gebietes mit Wechselstrommethoden bildet eine
grundlegende Arbeit von H. JORDAN[1].

Um für das Weitere klare Verhältnisse vor Augen zu haben, betrachten
wir zunächst das Schema einer Brückenschaltung, wie sie zur Messung an

---

[1] JORDAN, H.: Elektr. Nachr.-Techn. Bd. 1 (1924) S. 7.

Pupinspulen benutzt wird (Abb. 146). Eine Wechselstromquelle liefere reinen Sinusstrom, mit welchem die Brücke gespeist wird. Zwei von den vier Brückenzweigen (*I* und *II*) bestehen aus den unter sich gleichen Widerständen *W*, ein Zweig (*IV*) enthält die gleichmäßig bewickelte Ringprobe des zu untersuchenden Materials, die letzte Seite (*III*) schließlich die variable Induktivität *L* sowie die beiden variablen Ohmschen Widerstände r_0 und *r*.

Das Nullinstrument *F* sei so beschaffen, daß es auch beim Auftreten von Oberwellen auf das Verschwinden der Grundwelle allein einzustellen gestattet. Die Messung geht nun so vor sich, daß zunächst mit einer (im Schema nicht gezeichneten) Gleichstromquelle und einem Gleichstrom-Nullinstrument die Brücke abgeglichen wird. Dabei bleibt der Widerstand *r* kurzgeschlossen. Die Nulleinstellung erfolgt allein mit Hilfe des Widerstandes r_0, welcher so den Gleichstromwiderstand der Spule liefert. Bei der nun folgenden Wechselstrom-

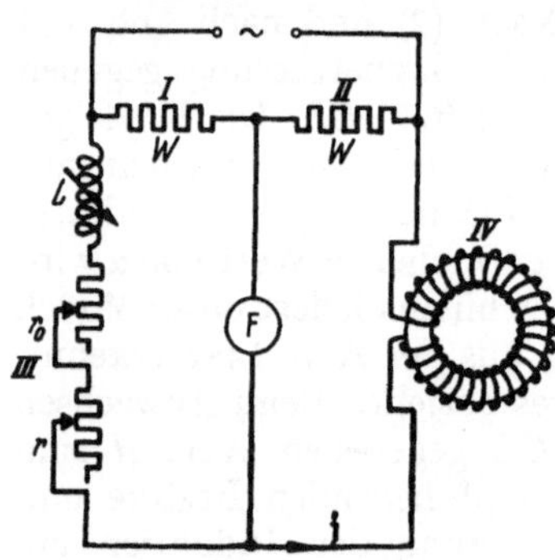

Abb. 146. Schema einer Wechselstrombrücke zur Messung der Eisenverluste und der Induktivität.

messung wird r_0 nicht mehr verändert. Bei einem Wechselstrom von der Amplitude j_1 und der Frequenz ω in den Zweigen III und IV wird die Brücke abgeglichen durch Einstellen der Induktivität *L* und des Widerstandes *r*. Den so ermittelten Wert von *r* nennen wir Eisenverlustwiderstand. Allerdings beruht ein Teil von *r* darauf, daß der Widerstand der Kupferwicklung durch Stromverdrängung gegenüber dem Gleichstrom erhöht ist. Ferner tragen die dielektrischen Verluste im Isolationsmaterial etwas zu dem Verlustwiderstand *r* bei. Diese Effekte wollen wir hier aber ignorieren (vgl. Kap. 31a). Zu anderen Werten von j_1 und ω findet man andere Werte für *L* und *r*. Die in solcher Weise beobachtete Abhängigkeit der Größen *L* und *r* von j_1 und ω bildet die Grundlage für unsere weiteren Überlegungen. Im abgeglichenen Zustand besteht mit dem Strom

$$j = j_1 \cos \omega t$$

an den Enden des Brückenzweiges III der Spannungsabfall

$$E_{III} = j(r_0 + r) + L \frac{dj}{dt}$$

oder

$$E_{III} = j_1(r_0 + r) \cos \omega t - j_1 \omega L \sin \omega t.$$

Diese Spannung ist in jedem Augenblick gleich derjenigen Spannung, welche im Brückenzweig IV durch die Probespule erzeugt wird. Ist der Induktionsfluß Φ im Eisenring in seiner Zeitabhängigkeit gegeben durch

$$\Phi = \Phi_1 \cos \omega t + \Phi_2 \sin \omega t \; [\text{Gauß} \cdot \text{cm}^2],$$

so herrscht im Zweig IV (mit der Windungszahl *Z* der Spule) der Spannungsabfall

$$E_{IV} = r_0 j + Z \frac{d\Phi}{dt} 10^{-8} \; [\text{V}],$$

also

$$E_{IV} = [r_0 j_1 + \omega Z \Phi_2 \cdot 10^{-8}] \cos \omega t - \omega Z \Phi_1 \cdot 10^{-8} \sin \omega t.$$

Aus $E_{III} = E_{IV}$ folgt, daß der Quotient

$$(17) \qquad \frac{r}{\omega L} = \frac{\Phi_2}{\Phi_1} = \operatorname{tg} \varepsilon$$

sein muß, wenn ε den Phasenwinkel bedeutet, um welchen der Induktionsfluß Φ hinter dem erregenden Strom zurückbleibt.

Eine Ursache für einen von Null verschiedenen Verlustwinkel ε haben wir oben [Gleichung (7)] bereits in der Gestalt der Rayleigh-Schleife erkannt. Wir fanden für den Hystereseanteil des Verlustwinkels in (14)

$$\operatorname{tg} \varepsilon_h = \frac{4}{3\pi}\,\frac{\alpha H_1}{\mu_a}.$$

Um aber aus den Messungen wirklich die Rayleigh-Konstante α entnehmen zu können, müssen wir noch die anderen Verlustanteile ermitteln, welche — unabhängig von der Hysterese — zu Eisenverlusten Veranlassung geben. Es sind das insbesondere die *Wirbelstrom-* und die *Nachwirkungsverluste*. Da es sich in allen Fällen bei technisch brauchbaren Materialien um kleine Verlustwinkel handelt (10^{-3} bis 10^{-2}), werden wir die einzelnen Verlustsorten so behandeln, als ob die anderen nicht vorhanden wären.

Wir erörtern zunächst den *Wirbelstromverlust*[1] eines Bleches von der Dicke d und der Permeabilität μ_a. Wir betrachten das Blech als unendlich ausgedehnt; die x-Achse unseres Koordinatensystems stehe senkrecht auf der Blechebene; die Oberflächen des Bleches seien durch die Ebenen $x=d/2$ und $x=-d/2$ gegeben. Das Feld H von der Kreisfrequenz ω habe überall die Richtung der y-Achse. Seine Amplitude an der Blechoberfläche habe den gegebenen Wert H_1.

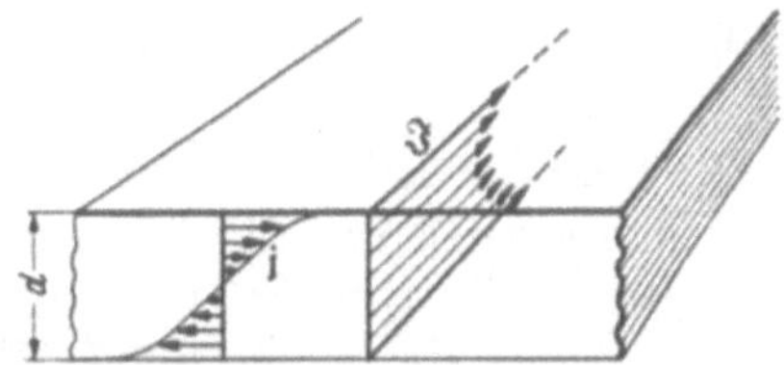

Abb. 147. Zur Berechnung der Wirbelstromverluste in einem Blech von der Dicke d.

Die Wirbelstromdichte hat dann überall die Richtung der z-Achse. Wir nennen sie i_z. Die Größen H_y und i_z sind Funktionen von x und t. Nach den Maxwellschen Gleichungen muß gelten:

$$\frac{\partial H_y}{\partial x}=\frac{4\pi i_z}{c};\qquad \frac{\partial i_z}{\partial x}=\frac{\mu_a}{c\varrho}\,\frac{\partial H_y}{\partial t}$$

($\varrho=$ spezifischer Widerstand). Nach Elimination von i_z ergibt sich:

$$\frac{\partial^2 H_y}{\partial x^2}=\frac{4\pi\mu_a}{\varrho c^2}\,\frac{\partial H_y}{\partial t}.$$

Wir versuchen die Lösung

$$H_y=\text{const}\cdot e^{i\omega t}\cdot e^{(1+i)\frac{x}{\delta}}.$$

Für δ erhalten wir durch Einsetzen die Bedingung:

$$\frac{(1+i)^2}{\delta^2}=\frac{4\pi\mu_a i\omega}{c^2\varrho}\qquad\text{oder}\qquad \delta=\frac{c\sqrt{\varrho}}{\sqrt{2\pi\mu_a\omega}}.$$

δ hat die Bedeutung einer Eindringtiefe. Bei einem sehr dicken Blech ($d\gg\delta$) ist die Amplitude von H in der Tiefe δ auf dem e-ten Teil abgeklungen. Verstehen wir unter δ speziell den positiven Wert der Wurzel, so gibt $-\delta$ eine zweite Lösung. Von den beiden Integrationskonstanten wird eine durch die Forderung festgelegt, daß unsere Lösung symmetrisch in x sein muß: $H(x)=H(-x)$. Damit haben wir als Lösung mit einer Konstanten A:

$$H_y=A\,e^{i\omega t}\left(e^{(1+i)\frac{x}{\delta}}+e^{-(1+i)\frac{x}{\delta}}\right).$$

Der Induktionsfluß $\varPhi$ durch einen Blechstreifen von 1 cm Breite ist also

$$\varPhi=\mu_a\int\limits_{-\frac{d}{2}}^{+\frac{d}{2}}H_y\,dx=A\,e^{i\omega t}\mu_a\,2\,\frac{e^{(1+i)\frac{d}{2\delta}}-e^{-(1+i)\frac{d}{2\delta}}}{\dfrac{1+i}{\delta}}.$$

---

[1] Vgl. etwa W. WOLMAN: Z. techn. Phys. Bd. 10 (1929) S. 595.

Zur Abkürzung führen wir eine Zahl p ein und eine „*Grenzfrequenz*" ω_g durch

$$(18) \qquad p = \frac{d}{2\,\delta} = \sqrt{\frac{\pi\,\mu_a\,d^2\,\omega}{2\,\varrho\,c^2}} = \sqrt{\frac{\omega}{\omega_g}};$$

$$(18a) \qquad \omega_g = \frac{2\,c^2\,\varrho}{\pi\,\mu_a\,d^2}.$$

Dann wird der Induktionsfluß

$$\Phi = \mu_a\,d \cdot A\,e^{i\,\omega\,t}\,\frac{e^{(1+i)\,p} - e^{-(1+i)\,p}}{(1+i)\,p}.$$

Andererseits ist das Feld H_0 an der Blechoberfläche $(x = d/2;\ x/\delta = p)$ gegeben durch

$$H_0 = A\,e^{i\,\omega\,t}\,\left(e^{(1+i)\,p} + e^{-(1+i)\,p}\right).$$

Damit resultiert als Zusammenhang zwischen dem Fluß Φ und dem Feld H_0 an der Oberfläche:

$$(19) \qquad \Phi = \mu_a\,d\,H_0\,\frac{e^{(1+i)\,p} - e^{-(1+i)\,p}}{\left[e^{(1+i)\,p} + e^{-(1+i)\,p}\right](1+i)\,p}.$$

Der Faktor bei $\mu_a\,d\,H_0$ wird gleich 1 für $p \to 0$, dagegen gleich $\dfrac{1-i}{2p}$ für $p \gg 1$. Wir interessieren uns für Frequenzen ω, welche noch klein gegen die Grenzfrequenz sind, also $p \ll 1$. Durch Entwicklung nach steigenden Potenzen von p erhalten wir für den Faktor von $\mu_a\,d\,H_0$:

$$\frac{(1+i)\,p + \dfrac{1}{3!}\,(1+i)^3\,p^3}{\left(1 + \dfrac{1}{2!}\,(1+i)^2\,p^2\right)(1+i)\,p} = \left(1 - \frac{2}{3}\,i\,p^2\right).$$

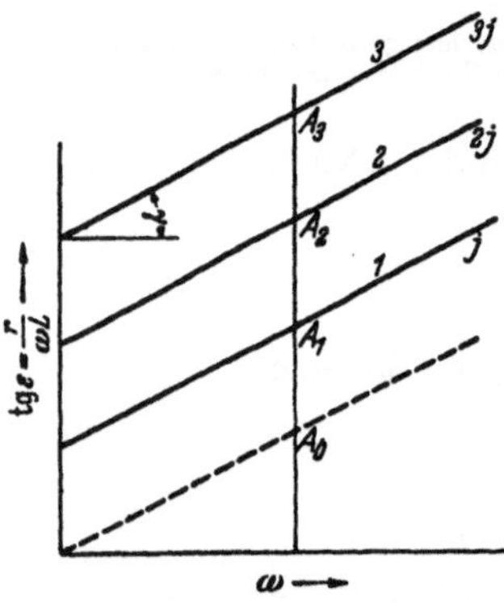

Abb. 148. Schema zur Trennung der verschiedenen Verlustanteile. Der Verlustwinkel in Abhängigkeit von der Frequenz bei verschiedenen Stromstärken.

In dieser Näherung folgt mit $H_0 = H_1\,e^{i\,\omega\,t}$ für den Realteil von Φ:

$$\Phi = \mu_a\,d\,H_1\,\left(\cos\omega t + \tfrac{2}{3}\,p^2\,\sin\omega t\right).$$

Der Phasenwinkel ε_w, um welchen der Induktionsfluß dem erregenden Feld H_0 und damit dem Spulenstrom wegen der im Blech entstehenden Wirbelströme nacheilt, ist also gegeben durch $\mathrm{tg}\cdot\varepsilon_w = \tfrac{2}{3}\,p^2$ oder auch [nach (18)]:

$$(20) \qquad \mathrm{tg}\,\varepsilon_w = \frac{2}{3}\,\frac{\omega}{\omega_g} \qquad (\text{für } \omega \ll \omega_g).$$

Wenn nun die Verluste im Eisen vollkommen durch Hystereseverluste [Gleichung (14)] und Wirbelstromverluste [Gleichung (20)] beschrieben wären, so müßte der nach Gleichung (17) gemessene Verlustwiderstand bei kleinen Werten von ε $(\mathrm{tg}\,\varepsilon \approx \varepsilon)$ durch die Gleichung

$$(21) \qquad \frac{r}{\omega L} = \varepsilon_w + \varepsilon_h = \frac{2}{3}\,\frac{\omega}{\omega_g} + \frac{4\,\alpha}{3\,\pi\,\mu_a}\,H_1$$

beschrieben werden. Hier ist ω_g die durch (18a) gegebene Grenzfrequenz des Eisenblechs, α die Hysteresekonstante, H_1 die Amplitude des Magnetfeldes, welche dem in der Spule fließenden Strom j proportional ist. In Abhängigkeit von Stromstärke j und Frequenz ω erwarten wir nach (21) das in Abb. 148 dargestellte Verhalten der Größe $\dfrac{r}{\omega L}$.

Betrachtet man die Werte von $\dfrac{r}{\omega L}$ bei verschiedenen Frequenzen, aber der gleichen Stromstärke j, so erhält man eine Gerade, welche mit der ω-Achse den durch $\operatorname{tg}\gamma = \dfrac{2}{3}\dfrac{1}{\omega_g}$ gegebenen Winkel γ einschließt und auf der Ordinaten-

achse das Stück $\dfrac{4\,\alpha}{3\,\pi\,\mu_a}\,H_1$ abschneidet. Geht man jetzt zur doppelten Strom-

stärke $2\,j$ (Gerade 2 in Abb. 148), so erhält man eine Parallele zur ersten Geraden und entsprechend die Gerade 3 für den Strom $3\,j$. Hat man nun für eine bestimmte Frequenz ω z. B. die Punkte A_1, A_2, A_3 gemessen, so kann man daraus durch Extrapolation auf $j = 0$, d. h. also $H_1 = 0$ den Punkt A_0 ermitteln, welcher nun nach (21) den Wirbelstromanteil allein liefern würde. Die solcherweise vom Hystereseverlust befreite, in der Abbildung gestichelte Gerade müßte nach (21) durch den Nullpunkt gehen und durch $\dfrac{r}{\omega L} = \dfrac{2\,\omega}{3\,\omega_g}$ gegeben sein.

Bei der wirklichen Durchführung dieses Verfahrens stellte nun JORDAN fest, daß bei dieser

Extrapolation der gemessenen $\dfrac{r}{L\omega}$-Werte auf

$\omega = 0$ und $H = 0$ keineswegs der Nullpunkt erreicht wird; er schloß daraus, daß (21) noch
nicht alle Verlustanteile erfaßt. Seine Messungen konnten wiedergegeben werden, wenn er
zu den durch ε_h und ε_w gegebenen Verlustwinkeln
noch einen weiteren von ω und H_1 unabhängigen
Verlustwinkel hinzufügte, den er mit ε_n bezeichnete und der *Nachwirkung* zuschrieb. Dabei er-
wies sich in dem von JORDAN erfaßten Meß-
bereich ε_n als unabhängig sowohl von ω wie auch
von der Feldamplitude H_1. Damit erhalten wir
die vollständige Formel

$$(22) \qquad \frac{r}{\omega L} = \frac{2}{3}\frac{\omega}{\omega_g} + \frac{4\,\alpha}{3\,\pi\,\mu_a}\,H_1 + \varepsilon_n,$$

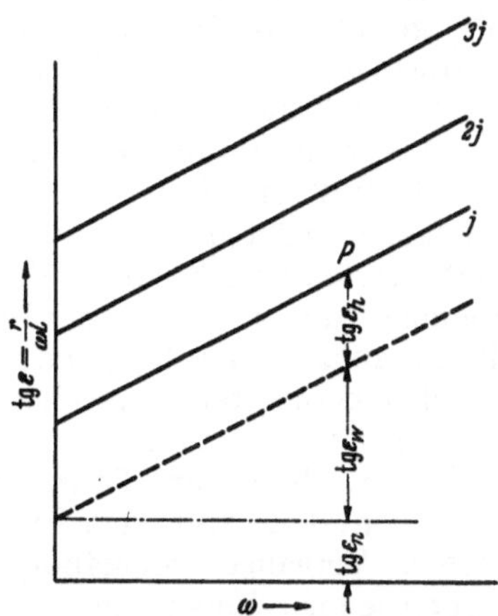

Abb. 149. Aufteilung der Eisenverluste in Hystereseanteil, Wirbelstromanteil und Nachwirkungsanteil. [Nach H. JORDAN: Elektr. Nachr.-Techn. Bd. 1 (1924) S. 7.]

welche sich bei der Darstellung der von JORDAN durchgeführten Messungen vorzüglich bewährte. Die Gleichung (22) wird seither in der praktischen Prüfung von ferromagnetischem Material für die Fernmeldetechnik allgemein angewandt. ε_n bedeutet technisch also denjenigen Verlustwinkel, welcher bei der oben ge-schilderten Extrapolation auf $\omega = 0$ und $H_1 = 0$ noch übrigbleibt (vgl. Abb. 149). Inwieweit ε_n wirklich auf Nachwirkung, d. h. auf einer zeitlichen Verzögerung in der Einstellung des zu einem gegebenen H-Werte gehörigen Wertes von B beruht, soll später (Kap. 19, S. 242) erörtert werden.

Um den Anschluß an die ausgedehnte technische Literatur zu vermitteln, wollen wir noch (22) auf die dort übliche Bezeichnung umschreiben. In (22) bedeutet H_1 die Amplitude des in Oersted gemessenen Feldes. Wir führen statt dessen den Effektivwert H^* des Feldes, gemessen in Amp.-Windungen pro cm ein:

$$H_1 = \sqrt{2}\cdot 0{,}4\pi\,H^*.$$

Wir erweitern ferner alle drei Summanden auf der rechten Seite von (22) mit der festen Frequenz $\omega_1 = 2\pi\cdot 1000$ (das ist etwa die Frequenz der menschlichen Sprache). Schließlich führt man die drei „Verlustkonstanten" w, h, n ein durch:

$$(23)\quad \left\{ \begin{aligned} &\text{Wirbelstromkonstante}\quad && w = \frac{2}{3}\frac{\omega_1^2}{\omega_g}\\[2mm] &\text{Hysteresekonstante}\quad && h = \frac{4}{3\,\pi}\frac{\alpha}{\mu_a}\,\omega_1\,0{,}4\pi\,\sqrt{2},\\[2mm] &\text{Nachwirkungskonstante}\quad && n = \varepsilon_n\,\omega_1. \end{aligned} \right.$$

Mit diesen Konstanten lautet der in Ohm pro Henry gemessene Eisenverlust:

$$(24) \qquad \frac{r}{L} = w \cdot \frac{\omega^2}{\omega_1^2} + h\,H^* \frac{\omega}{\omega_1} + n\,\frac{\omega}{\omega_1}.$$

Die Größen w, hH^*, n messen also direkt die Verluste in Ohm pro Henry bei der Sprachfrequenz $\omega_1 = 2\pi \cdot 1000$.

18. Die Permeabilität bei hohen Frequenzen.

Bei der Behandlung der von Drehungen und Wandverschiebungen herrührenden reversiblen Permeabilität in Kap. 12 haben wir uns stets darauf beschränkt, die zu einem gegebenen Feld gehörigen Gleichgewichtslagen zu ermitteln. Dagegen haben wir die Geschwindigkeit, mit welcher bei einer Feldänderung die geänderten Gleichgewichtslagen angenommen werden, gänzlich außer Betracht gelassen. Wir haben also stets so langsame Feldänderungen vorausgesetzt, daß die Einstellgeschwindigkeit des Gleichgewichts groß ist gegenüber der Änderungsgeschwindigkeit des Feldes. Damit erhebt sich die Frage: Wie schnell muß die Änderung des Feldes erfolgen, damit die ferromagnetischen Vorgänge „nicht mehr mitkommen"? Wir erwarten jedenfalls, daß bei immer weiter gesteigerter Frequenz des Magnetfeldes die ferromagnetische Permeabilität abnimmt, um schließlich den Wert $\mu = 1$ zu erreichen. Unsere Kenntnisse über diesen Abfall von μ bei ganz hohen Frequenzen sind leider äußerst lückenhaft. Bei den berühmten Versuchen von HAGEN und RUBENS[1] über das Reflexionsvermögen von Metallen im langwelligen Ultraroten verhielten sich Eisen und Nickel so, als ob ihre Permeabilität 1 wäre. Danach fallen bei einer Wellenlänge von 30 μ, also einer Wechselfrequenz von $\nu = 10^{13}$ sec^{-1} die ferromagnetischen Vorgänge vollständig aus. Andererseits folgt aus den später zu besprechenden Versuchen mit kurzen elektrischen Wellen, daß bis herab zu Wellen von etwa 3 m, d. h. also bis zu $\nu = 10^8$ sec^{-1} die reversible Permeabilität noch praktisch unverändert ist. Das Übergangsgebiet liegt also in dem experimentell nur schwer zugänglichen Gebiet der Wellenlänge von der Größenordnung 1 cm. Für die theoretische Bedeutung derartiger Versuche ist noch auf die beherrschende Rolle des Skineffektes hinzuweisen: Es ist grundsätzlich unmöglich, das Innere eines massiven Materialstückes der Wirkung eines hochfrequenten Wechselfeldes auszusetzen. Die Eindringungstiefe δ, bis zu der das Feld auf den e-ten Teil abgeklungen ist, kann z. B. für Eisen mit $\mu = 100$ aus den auf S. 231 angegebenen Zahlen entnommen werden. Danach wird bei $\lambda = 3 \cdot 10^{-3}$ cm nur eine Oberflächenschicht von einigen Atomlagen überhaupt vom Feld erreicht. Da aber Ferromagnetismus eine Eigenschaft der Materie en bloc und nicht der einzelnen Atome ist, so könnte der Wert $\mu = 1$ bei ganz kurzen Wellen auch dahin gedeutet werden, daß eine so dünne Oberflächenschicht eben nicht mehr ferromagnetisch ist. Man hätte dann als kritische Größe nicht mehr die Zeit (Periodendauer), sondern die Länge (Eindringungstiefe) anzusehen.

Etwas günstiger liegen die Verhältnisse hinsichtlich der irreversiblen Bestandteile der Magnetisierung, welche im Bereich schwacher Felder durch die Rayleighsche Konstante α gekennzeichnet werden. Wir deuten diese Bestandteile durch kleine Barkhausen-Sprünge, die einen oder mehrere Bezirke durchlaufen und dazu natürlich eine gewisse Zeit brauchen. In diesem Bilde ist zu erwarten, daß bei zunehmender Frequenz die irreversiblen Anteile eher ausfallen als die reversiblen, nämlich dann, wenn die Periode des Wechselfeldes kleiner wird als die Laufzeit der Barkhausen-Sprünge. Diese Erwartung wird durch den

---

[1] HAGEN, E. u. H. RUBENS: Ann. Phys., Lpz. IV, Bd. 1 (1900) S. 352; Bd. 8 (1902) S. 1; Bd. 11 (1903) S. 873.

Versuch vollkommen bestätigt. Sie kommt in der späteren Abb. 156 dadurch zum Ausdruck, daß der Anstieg von μ mit wachsendem Feld schon bei Wellen von etwa 40 m zum größten Teil ausbleibt.

a) Der Skineffekt.

Die Grundlage für die Messung von μ bei großen Frequenzen bildet die Theorie des Skineffektes an Drähten von kreisförmigem Querschnitt. Wir wollen die zum Verständnis nötigen Formeln kurz ableiten: Wir benutzen (Abb. 150) Zylinderkoordinaten z, r, φ, deren z-Achse in der Drahtachse liegt. Das elektrische Feld $\mathfrak{E}$ sei rein longitudinal, $E_z = E$, das Magnetfeld rein zirkular, $H_\varphi = H$. Wir berechnen den Skineffekt zunächst für den idealen Fall, daß $B = \mu H$ mit konstantem μ gilt. Dann lauten die Maxwellschen Gleichungen

$$(1) \qquad \left|\begin{aligned} \frac{1}{r} \frac{\partial}{\partial r}(r H) &= \frac{4\pi}{c\varrho} E \\ \frac{\partial E}{\partial r} &= \frac{\mu}{c} \dot{H}. \end{aligned}\right.$$

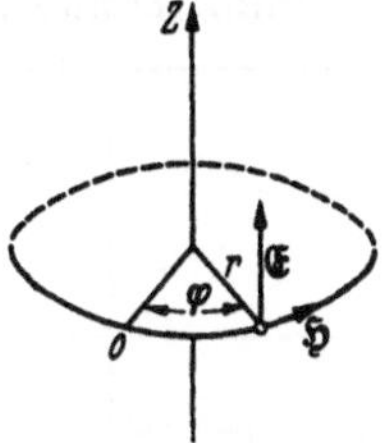

Abb. 150. Zur Berechnung des Skineffektes am runden Draht.

Dabei ist ϱ der spezifische elektrische Widerstand, E/ϱ die Stromdichte. Bei zeitlich periodischen Vorgängen (Kreisfrequenz ω) wird in komplexer Schreibweise $\dot{H} = i\omega H$, also

$$(1\,a) \qquad \frac{\partial E}{\partial r} = \frac{i\omega\mu}{c} H.$$

Die Gleichungen (1) und (1a) werden gelöst durch die Besselschen Funktionen J_0 und J_1. Ist nämlich β eine beliebige Zahl, so gilt

$$(2) \qquad \text{und} \qquad \begin{aligned} \frac{d}{dr}(r J_1(\beta r)) &= \beta r J_0(\beta r) \\ \frac{d}{dr}(J_0(\beta r)) &= -\beta J_1(\beta r). \end{aligned}$$

Wir setzen versuchsweise mit den Konstanten e, h, β:

$$(3) \qquad \text{und} \qquad \begin{aligned} E &= e \cdot J_0(\beta r) \\ H &= h \cdot J_1(\beta r) \end{aligned}$$

in (1) und (1a) ein. Bei Benutzung der angegebenen Relationen heben sich dann die Funktionen J_0 und J_1 heraus. Es ergeben sich die Gleichungen

$$h\beta = e\,\frac{4\pi}{c\varrho}$$

$$-e\beta = h\,\frac{i\omega\mu}{c}$$

zur Berechnung von β sowie des Verhältnisses $e : h$. Wir brauchen für das Folgende nur die Größe β, für welche sich ergibt

$$(4) \qquad \beta^2 = -i\,\frac{4\pi\omega\mu}{c^2\varrho}.$$

Der effektive Widerstand R und die innere Induktivität L_i eines Drahtes mit dem Radius r_0 sind meßtechnisch definiert durch

$$(5) \qquad E_0 = j \cdot (R + i\omega L_i).$$

Hier ist E_0 die Feldstärke an der Drahtoberfläche $(r = r_0)$ und j die gesamte Stromstärke. Nun ist nach (1)

$$E_0 = \frac{c\,\varrho}{4\pi\,r_0}\left(\frac{\partial}{\partial r}\,(r\,H)\right)_{r=r_0}$$

und

$$j = \int\limits_{r=0}^{r_0} \frac{E}{\varrho}\,2\pi\,r\,dr = \frac{c}{2}\,(r\,H)_{r=r_0}.$$

Unter Einführung des Gleichstromwiderstandes $R_0 = \dfrac{\varrho}{\pi\,r_0^2}$ wird dadurch aus (5)

$$(6) \qquad \frac{R + i\,\omega\,L_i}{R_0} = \frac{1}{2}\left[\frac{1}{H}\,\frac{\partial}{\partial r}\,(r\,H)\right]_{r=r_0}$$

als unmittelbare Folge von (1) und (1 a). Mit unserer Lösung (3) erhalten wir also

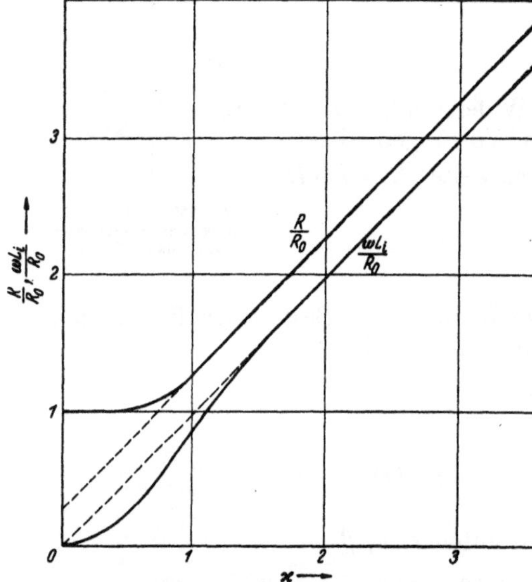

Abb. 151. Der Skineffekt. Abhängigkeit des Widerstandes R und der inneren Induktivität L_i vom Verhältnis $x = r_0/2\delta$ (Drahtradius r_0 zur doppelten Eindringtiefe 2δ) (R_0: Gleichstromwiderstand).

$$(7) \qquad \frac{R + i\,\omega\,L_i}{R_0} = \frac{\beta\,r_0}{2}\cdot\frac{J_0(\beta\,r_0)}{J_1(\beta\,r_0)}.$$

Wir schreiben zur Abkürzung

$$(7a) \qquad x = \frac{|\beta|\,r_0}{2\sqrt{2}} = \frac{r_0}{2}\,\frac{\sqrt{2\pi\,\omega\,\mu}}{c\,\sqrt{\varrho}}.$$

Die bei der Aufspaltung von (7) in Real- und Imaginärteil folgenden Ausdrücke für R und L_i sind bei Jahnke und Emde, 1. Aufl., S. 144 tabelliert. Näherungsweise gilt für $x \ll 1$ (schwacher Skineffekt):

$$(8a) \quad \begin{cases} \dfrac{R}{R_0} = 1 + \dfrac{x^4}{3}; \\[2mm] \dfrac{\omega\,L_i}{R_0} = x^2\left(1 - \dfrac{x^4}{6}\right). \end{cases}$$

Für $x \gg 1$ (starker Skineffekt) gilt:

$$(8b) \quad \begin{cases} \dfrac{R}{R_0} = x + \dfrac{1}{4} + \dfrac{3}{64\,x}; \\[2mm] \dfrac{\omega\,L_i}{R_0} = x - \dfrac{3}{64\,x}. \end{cases}$$

Im Bereich $1{,}5 < x < 10$ gilt nach Zenneck[1] mit guter Genauigkeit

$$(8c) \qquad \frac{R}{R_0} = 0{,}997\,x + 0{,}277; \qquad \frac{\omega\,L_i}{R_0} = 1{,}007\,x - 0{,}040.$$

Die ganze, durch (7) gegebene Abhängigkeit der Größen $\dfrac{R}{R_0}$ und $\dfrac{\omega\,L_i}{R_0}$ von x ist in Abb. 151 dargestellt, in welcher auch die Zenneckschen Geraden gestrichelt angegeben sind. Die für die Stärke des Skineffektes entscheidende Größe x schreiben wir nach (7a) in der Form $x = \dfrac{r_0}{2\delta}$, wo $\delta = \dfrac{c\,\sqrt{\varrho}}{\sqrt{2\pi\,\omega\,\mu}}$ die bereits in Kapitel 17 eingeführte Eindringungstiefe der elektromagnetischen Wellen bedeutet (S. 225). Mit

$$\varrho\,c^2 = 10^4, \qquad \mu = 100, \qquad \omega = 2\pi\,\frac{c}{\lambda}$$

---

[1] Zenneck, J.: Ann. Phys., Lpz. IV, Bd. 11 (1903) S. 1135.

wird für Eisen etwa

$$\delta_{cm} \approx 0{,}9 \cdot 10^{-5} \sqrt{\lambda_{cm}},$$

also z. B. für

λ	1 cm	1 m	100 m
δ	$0{,}9 \cdot 10^{-5}$	$0{,}9 \cdot 10^{-4}$	$0{,}9 \cdot 10^{-3}$ cm

In diesem Wellenlängenbereich ist also bei üblichen Drahtstärken $\varkappa$ stets sehr groß gegen 1, so daß (8b) die einfache Schreibweise

$$(8\,\mathrm{d}) \qquad \frac{R}{R_0} = \frac{\omega L_i}{R_0} = \varkappa$$

zuläßt.

b) Der Skineffekt bei Berücksichtigung von Hysterese und Nachwirkung[1].

Wir haben soeben die strenge Theorie des Skineffektes entwickelt für den Fall, daß die Induktion an jeder Stelle des Materials exakt durch $B = \mu H$ mit der konstanten Permeabilität μ beschrieben werden kann. Aus unserer Betrachtung über die Rayleigh-Schleife wissen wir, daß dieser Ansatz nur eine erste Näherung darstellt. Der Einfluß der Hysterese, sowie derjenige der Nachwirkung bedingen einen wesentlich komplizierteren Zusammenhang zwischen B und H. Beschreibt man das Feld durch

$$H(t) = H_1 \cos \omega t,$$

so gilt im Bereich der in Kapitel 17 behandelten Rayleigh-Schleife bei Beschränkung auf die Grundwelle (17.7 ergänzt durch das Nachwirkungsglied)

$$(9) \qquad B(t) = (\mu_a + \alpha H_1)\, H_1 \cos \omega t + \left(\frac{4}{3\pi} \alpha H_1 + \mu_a \varepsilon_n \right) H_1 \sin \omega t.$$

Hier bedeutet α die Rayleighsche Konstante und ε_n den im Bereich der Jordanschen Beschreibung konstanten Nachwirkungswinkel. Der Übergang zu der für Wechselstrom bequemen komplexen Schreibweise erfordert hier besondere Vorsicht, da B nicht mehr linear von H abhängt. Setzt man für das Feld $H\, e^{i\omega t}$ und für die Induktion $B\, e^{i\omega t}$, so ist der Zusammenhang zwischen den komplexen Amplituden B und H nunmehr gegeben durch

$$(10) \qquad B = \left[\mu_a + \alpha |H| - i \left(\frac{4}{3\pi} \alpha |H| + \mu_a \varepsilon_n \right) \right] H.$$

$|H|$ bedeutet den Absolutbetrag von H. Die Gleichungen (1) und (1a) für die Feldstärken E und H können wir jetzt unverändert übernehmen, nur ist die Größe μ in (1a) nach (10) zu ersetzen durch die komplexe Permeabilität

$$(11) \qquad \mu = \mu_a (1 - i\,\varepsilon_n) - i\,\alpha\, |H| \left(i + \frac{4}{3\pi} \right).$$

Durch das Auftreten von $|H|$ werden jedoch die Gleichungen so kompliziert, daß wir uns von vornherein auf den Fall des starken Skineffektes beschränken wollen, in welchem die Dicke der stromführenden Haut klein ist gegen den Drahtradius.

In diesem Fall können wir die Oberfläche als eben betrachten. Anstatt r führen wir die von der Oberfläche ins Innere weisende Koordinate $x = r_0 - r$

---

[1] Vgl. dazu E. Hinze: Ann. Phys., Lpz. V, Bd. 19 (1934) S. 143. — Becker, R.: Ann. Phys., Lpz. V, Bd. 27 (1936) S. 123.

in die Gleichungen ein. Damit erhalten wir an Stelle von (1) und (1a) die beiden Gleichungen

$$(12) \quad \text{und} \quad \begin{cases} -\dfrac{\partial H}{\partial x} = \dfrac{4\pi}{c\varrho}\, E \\[2mm] -\dfrac{\partial E}{\partial x} = \dfrac{i\,\omega\,\mu}{c}\, H. \end{cases}$$

Aus beiden folgt durch Elimination von E

$$(13) \qquad \frac{\partial^2 H}{\partial x^2} = i\,\frac{4\pi\,\omega\,\mu}{c^2\varrho}\, H,$$

nach deren Integration die gesuchten Werte von R und L_i sich ergeben aus

$$(14) \qquad \frac{R + i\,\omega\,L_i}{R_0} = \frac{r_0}{2}\left(-\frac{1}{H}\,\frac{\partial H}{\partial x}\right)_{x=0}.$$

Mit dem Wert (11) für μ lautet die zu lösende Differentialgleichung (13):

$$(15) \qquad \frac{\partial^2 H}{\partial x^2} - i\,\frac{4\pi\,\omega\,\mu_a}{c^2\varrho}\,(1 - i\,\varepsilon_n)\,H = \frac{4\pi\,\omega\,\alpha}{c^2\varrho}\left(i + \frac{4}{3\pi}\right)|H|\,H.$$

Zur Abkürzung setzen wir vorübergehend

$$\text{und} \qquad \frac{4\pi\,\omega\,\mu_a}{c^2\varrho} = u$$

$$(16) \qquad i\,u\,(1 - i\,\varepsilon_n) = (a + i\,b)^2,$$

d. h. also, wenn wir wegen der Kleinheit von ε_n näherungsweise $\sqrt{1 - i\,\varepsilon_n} = 1 - \dfrac{i}{2}\,\varepsilon_n$ schreiben,

$$(16a) \qquad \begin{cases} a = \sqrt{\dfrac{u}{2}}\,(1 + \tfrac{1}{2}\,\varepsilon_n) \\[2mm] b = \sqrt{\dfrac{u}{2}}\,(1 - \tfrac{1}{2}\,\varepsilon_n). \end{cases}$$

Auf der rechten Seite setzen wir

$$(16b) \qquad u\,\frac{\alpha}{\mu_a}\left(i + \frac{4}{3\pi}\right) = \eta.$$

Mit diesen Abkürzungen lautet (15)

$$(17) \qquad \frac{\partial^2 H}{\partial x^2} - (a + i\,b)^2\,H = \eta\,|H|\cdot H.$$

Wir lösen diese Gleichung, indem wir η als eine kleine Größe betrachten und dementsprechend H als Potenzreihe nach η entwickeln:

$$(18) \qquad H = H_1 + \eta\,H_2 + \eta^2\,H_3 + \cdots.$$

Mit diesem Ansatz erhält man aus (17) für die beiden ersten Schritte der Näherung

$$(19) \qquad \begin{cases} \dfrac{\partial^2 H_1}{\partial x^2} - (a + i\,b)^2\,H_1 = 0 \\[2mm] \dfrac{\partial^2 H_2}{\partial x^2} - (a + i\,b)^2\,H_2 = |H_1|\,H_1. \end{cases}$$

Sofern überhaupt die Entwicklung (18) konvergiert, lassen sich so nacheinander H_1, H_2, H_3, ... berechnen. Wir begnügen uns mit dem in η linearen Glied. Aus der ersten Gleichung (19) folgt mit der Integrationskonstanten C, welche wir ohne Einschränkung der Allgemeinheit als reell ansehen können,

$$H_1 = C\,e^{-(a+ib)\,x}.$$

Damit wird

$$(20) \qquad |H_1|\,H_1 = C^2\,e^{-(2a+ib)\,x}.$$

Setzt man das in die zweite Gleichung (19) rechts ein und setzt versuchsweise

$$H_2 = U\, e^{-(2a+ib)\,x},$$

so ergibt sich für U:

$$U = \frac{C^2}{(2a+ib)^2 - (a+ib)^2} = \frac{C^2}{3a^2 + 2iab}.$$

Unsere Lösung lautet also

$$(21) \qquad H = C\left[e^{-(a+ib)\,x} + \frac{\eta\, C}{3a^2 + 2iab}\cdot e^{-(2a+ib)\,x}\right].$$

Bezeichnen wir durch den Index 0 die Werte an der Drahtoberfläche, so erhalten wir

$$-\left(\frac{\partial H}{\partial x}\right)_0 = (a+ib)\, H_0 + \frac{a\eta\, C^2}{3a^2 + 2iab}.$$

Im Sinne unserer Näherung können wir im zweiten Summanden, der wegen des Faktors η ohnehin klein ist, $C \approx H_0$ und nach (16a) $a \approx b \approx \sqrt{u/2}$ setzen. Dann wird

$$-\frac{1}{H_0}\left(\frac{\partial H}{\partial x}\right)_0 = \sqrt{\frac{u}{2}}\left[\left(1+\frac{\varepsilon_n}{2}\right) + \left(1-\frac{\varepsilon_n}{2}\right)i + \frac{\eta\, C}{\dfrac{u}{2}(3+2i)}\right].$$

Setzen wir noch den Wert (16b) für η ein, so wird wegen

$$\frac{i+\dfrac{4}{3\pi}}{3+2i} = \frac{\left(i+\dfrac{4}{3\pi}\right)(3-2i)}{9+4} = \frac{1}{13}\left(2+\frac{4}{\pi}+i\left(3-\frac{8}{3\pi}\right)\right)$$

nach (14) und wegen der Bedeutung von u

$$22)\qquad \frac{R+iwL_i}{R_0} = \frac{r_0}{2}\cdot\frac{\sqrt{2\pi\omega\mu_a}}{c\sqrt{\varrho}}\left\{\left(1+\frac{\varepsilon_n}{2}\right) + i\left(1-\frac{\varepsilon_n}{2}\right) + \frac{2\alpha C}{13\mu_a}\left[2+\frac{4}{\pi}+i\left(3-\frac{8}{3\pi}\right)\right]\right\}.$$

Der Inhalt der Gleichung läßt sich in folgender Weise beschreiben: Bei der üblichen Auswertung der Versuche, wie wir sie im nächsten Abschnitt beschreiben werden, pflegt man von der einfachen Skineffekttheorie mit konstantem μ auszugehen und μ aus den gemessenen Werten von R oder L_i zu berechnen. Den aus der Messung von R gewonnenen Wert von μ nennen wir μ_R, den aus L_i ermittelten dagegen μ_L. Im Fall des starken Skineffektes ($\varkappa \gg 1$) sind also μ_R und μ_L entsprechend den Gleichungen (7a) und (8d) definiert durch

$$(23)\qquad \frac{r_0}{2}\frac{\sqrt{2\pi\omega\mu_R}}{c\sqrt{\varrho}} = \frac{R}{R_0}\,;\qquad \frac{r_0}{2}\frac{\sqrt{2\pi\omega\mu_L}}{c\sqrt{\varrho}} = \frac{\omega L_i}{R_0}.$$

Wenn nun jene einfache Theorie nicht mehr zutrifft, so kann sich das dadurch äußern, daß man für μ_R und μ_L verschiedene Zahlen erhält, die nunmehr rein experimentell durch die Gleichungen (23) definiert sind. Einen theoretisch begründeten Ausdruck für diese Größen erhalten wir durch Einsetzen der Ausdrücke (23) für $\frac{R}{R_0}$ und $\frac{\omega L_i}{R_0}$ in die linke Seite von (22). Dabei ergibt sich

$$\sqrt{\mu_R} + i\sqrt{\mu_L} = \sqrt{\mu_a}\left\{\left(1+\frac{\varepsilon_n}{2}\right) + i\left(1-\frac{\varepsilon_n}{2}\right) + \frac{2\alpha C}{13\mu_a}\left[2+\frac{4}{\pi}+i\left(3-\frac{8}{3\pi}\right)\right]\right\}.$$

Berücksichtigt man, daß ε_n und $\dfrac{\alpha C}{\mu_a}$ nach Voraussetzung kleine Größen sind, so erhält man leicht

$$(24)\qquad \left|\begin{aligned} \mu_R &= \mu_a\,(1+\varepsilon_n) + \alpha\, C\cdot 1{,}006\\ \mu_L &= \mu_a\,(1-\varepsilon_n) + \alpha\, C\cdot 0{,}662 \end{aligned}\right.$$

für die durch (23) definierten Größen μ_R und μ_L. Hier bedeutet ε_n den Phasenwinkel der Nachwirkung, α die Rayleighsche Hysteresekonstante und C die Amplitude des Magnetfeldes an der Drahtoberfläche. Für die Differenz folgt

$$(24\,a) \qquad \mu_R - \mu_L = 2\,\mu_a\,\varepsilon_n + \alpha\,C \cdot 0{,}344 .$$

Wir werden nachher einige Versuchsergebnisse besprechen, in welchen der Unterschied zwischen μ_R und μ_L deutlich hervortritt. Von einer wirklichen Bestätigung der Gleichungen (24) kann aber bisher noch nicht gesprochen werden, da direkte Messungen der entscheidenden Größen ε_n und α für die Materialien, welche zu den Hochfrequenzversuchen benutzt wurden, nicht vorliegen.

c) Messungen von R und L_i bei kurzen Wellen.

Die oben abgeleiteten Formeln (8) bieten die Möglichkeit, durch Beobachtung von Widerstand R oder innerer Induktivität L_i an wechselstromdurchflossenen Drähten die Permeabilität μ in hochfrequenten Feldern zu messen. Die dazu geeigneten Methoden mögen an Hand von zwei neueren Untersuchungen von MICHELS[1] und KREIELSHEIMER[1] kurz besprochen werden.

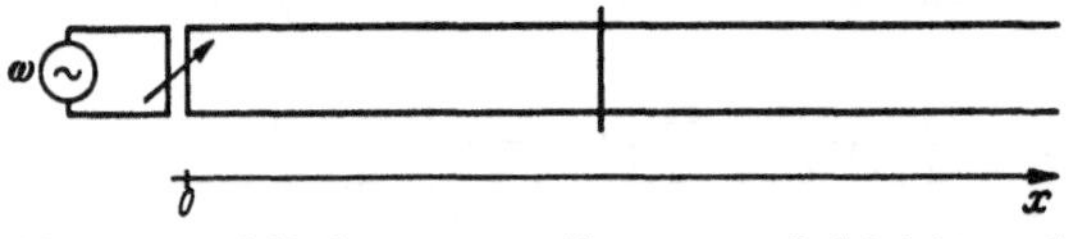

Abb. 152. Paralleldrahtsystem zur Messung von Induktivität und Widerstand bei kurzen Wellen.

Bei der von MICHELS· benutzten Methode der Lecherdrähte (vgl. Abb. 152) wird durch Ankoppelung eines geeigneten Senders am Anfang des Paralleldrahtsystems eine EMK von der Kreisfrequenz ω erzeugt. Man beobachtet *entweder* an sehr langen Drähten die Dämpfung der bei $x = 0$ aufgedrückten Welle, d. h. die Abnahme des in den Drähten fließenden Stromes mit wachsendem Abstand, *oder* aber man erzeugt durch Überbrücken der Doppelleitung stehende Wellen und mißt deren Wellenlänge. Bezeichnet man mit R, L, K die Werte von Widerstand, Induktivität und Kapazität pro cm der Doppelleitung, so gilt im Fall $\omega L \gg R$ für den Strom bei unendlich langer Leitung

$$\overline{j^2} = \overline{j_0^2} \cdot e^{-\gamma x}$$

mit

$$\gamma = R \sqrt{\frac{K}{L}} .$$

Andererseits wird die Phasengeschwindigkeit w in erster Näherung nicht von R beeinflußt, also

$$w = \frac{1}{\sqrt{KL}}$$

und daher die Wellenlänge der stehenden Wellen

$$\lambda = \frac{2\pi}{\omega \sqrt{KL}} .$$

Die Induktivität L setzt sich additiv aus zwei Anteilen zusammen:

$$L = L_a + 2\,L_i .$$

Dabei rührt L_a von dem Feld im Dielektrikum, $2\,L_i$ dagegen vom Feld innerhalb der beiden Drähte her. Die im Fall $L_i = 0$ auftretende Wellenlänge λ_0 ist gegeben durch

$$\lambda_0 = \frac{2\pi}{\omega \sqrt{KL_a}} .$$

[1] MICHELS, R.: Ann. Phys., Lpz. V, Bd. 8 (1931) S. 877. — KREIELSHEIMER, K.: Ann. Phys., Lpz. V ,Bd. 17 (1933) S. 293. Vgl. dazu auch G. POTAPENKO u. R. SÄNGER: Z. Phys. Bd. 104 (1937) S. 779.

Somit wird

$$\lambda_{Fe} = \lambda_0 \Big/ \sqrt{1 + \frac{2L_i}{L_a}}.$$

λ_0 selbst läßt sich z. B. dadurch messen, daß die Eisendrähte durch Kupferdrähte ersetzt werden, bei welchen sich L_i exakt berechnen läßt:

$$\lambda_0 = \lambda_{Cu} \sqrt{1 + \left(\frac{2L_i}{L_a}\right)_{Cu}}.$$

In dieser Weise können durch Messung der Dämpfung γ und der Wellenlänge λ die Größen R und L_i bestimmt werden, aus denen sich dann nach (23) je ein Wert von μ ermitteln läßt. Die beiden so erhaltenen Werte haben wir dort durch μ_R und μ_L bezeichnet. Die im Bereich von 4 bis 14 m Wellenlänge von MICHELS erhaltenen Resultate sind in Abb. 153 wiedergegeben. Die aus den Messungen von R und L sich ergebenden Werte von μ stimmen nicht miteinander überein, vielmehr liegt

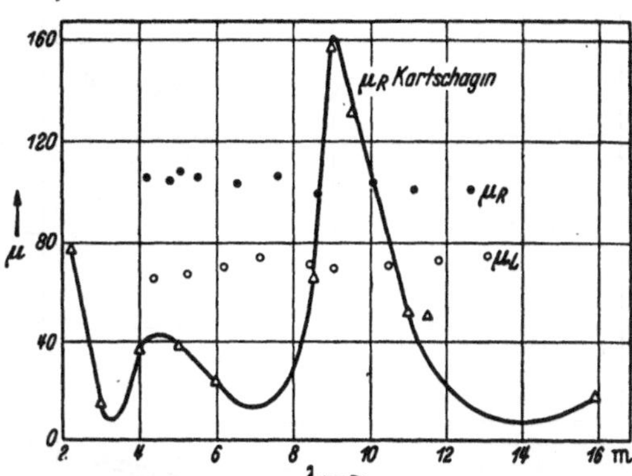

Abb. 153. μ_R ($\bullet\,\bullet\,\cdot\cdot$) und μ_L (ooo) in Abhängigkeit von der Wellenlänge an einem Eisendraht von 0,051 cm Durchmesser. [Nach MICHELS: Ann. Phys., Lpz. Bd. 8 (1931) S. 877.] (Die ausgezogene Kurve für μ_R wurde 4 Jahre vorher am gleichen Draht durch KARTSCHAGIN gemessen.)

μ_R etwas über 100, μ_L etwas unter 80. Im übrigen folgt aus diesen Messungen, daß die reversible Permeabilität noch bis herunter zu Wellen von 3 m Wellenlänge nahezu den gleichen Wert besitzt wie bei Tonfrequenz. MICHELS fand nämlich durch besondere Messung am gleichen Draht $\mu = 110$ für $\nu = 1024\ \mathrm{sec}^{-1}$. Die unter Berücksichtigung von Nachwirkung und Hysterese abgeleiteten Formeln (24) werden durch diese Messungen insofern bestätigt, als tatsächlich μ_R merklich größer als μ_L ist. Ob die in (24a) vermutete Abhängigkeit der Differenz $\mu_R - \mu_L$ von der Amplitude des Feldes wirklich vorhanden ist, läßt sich aus diesen Messungen nicht entnehmen, da hier das Feld nicht variiert wurde. Zudem ist die Messung der räumlichen Ab-

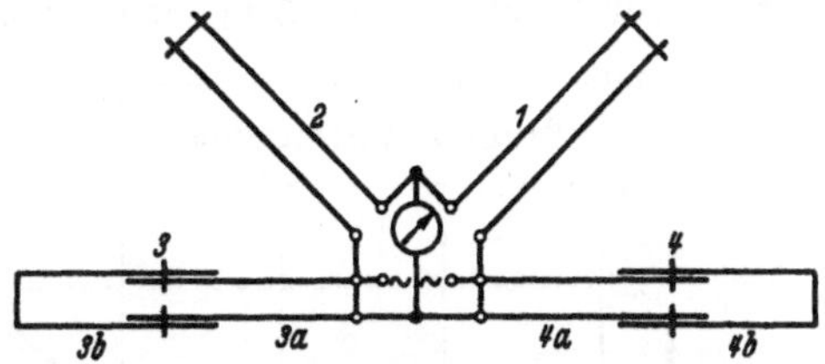

Abb. 154. Brückenanordnung zur Messung bei kurzen Wellen.

klingung am „unendlich langen" Drahtsystem nicht geeignet, die Amplitudenabhängigkeit hervortreten zu lassen. Zu dem Zweck müßte man eine innerhalb der Versuchsanordnung konstante Amplitude haben und diese dann systematisch variieren.

In diesem Sinne bedeuten die Messungen von KREIELSHEIMER einen wesentlichen Fortschritt, welcher in einer Brückenanordnung die Abhängigkeit der Größen μ_R und μ_L von der Amplitude und der Frequenz untersuchte. Jedoch hat die Brückenmethode den Nachteil, daß hier die Wellenlänge groß gegenüber den Abmessungen der Brücke sein muß. Daher konnte KREIELSHEIMER nicht zu so kurzen Frequenzen vordringen wie MICHELS. Die kürzeste von ihm noch verwandte Wellenlänge beträgt 46 m. Die 4 Brückenzweige (vgl. Abb. 154) bestehen aus Doppelschleifen in möglichst symmetrischer Anordnung. Die Zweige 1 und 2 bestehen aus Manganindrähten von etwa 1 m Länge, 0,5 mm Durchmesser und 2 mm Abstand. Sie sollen in ihren elektrischen Eigenschaften nach Möglichkeit identisch sein. Der Zweig 3 ist zusammengesetzt: 3a ist ein

Drahtpaar aus Manganin, 3 b aus Kupfer. Durch zwei Schieber, welche die Länge der Manganin- sowie der Kupferdrähte unabhängig zu variieren gestatten, können die Werte von R und L im Zweig 3 getrennt eingestellt werden. Zweig 4

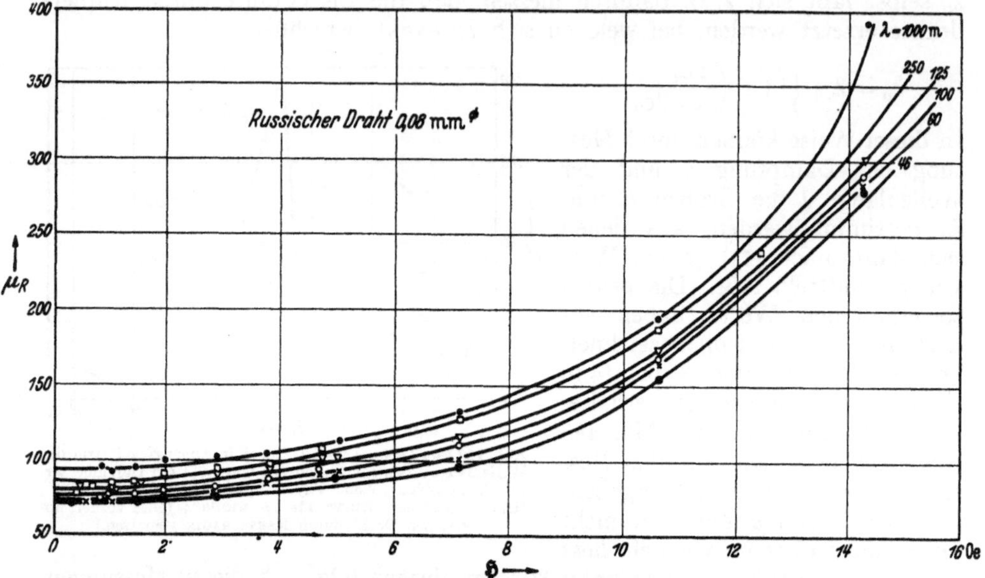

Abb. 155. μ_R in Abhängigkeit von der Feldstärke bei verschiedenen Wellenlängen. [Nach K. KREIELSHEIMER: Ann. Phys., Lpz. V, Bd. 17 (1933) S. 293.]

ist ähnlich gebaut wie 3, nur daß 4a jetzt aus dem zu untersuchenden Eisendraht besteht. Die verwandten Eisendrähte, „Blumendraht" und „russischer Draht" hatten Durchmesser von 0,15 bzw. 0,08 mm. Von den Versuchsergebnissen

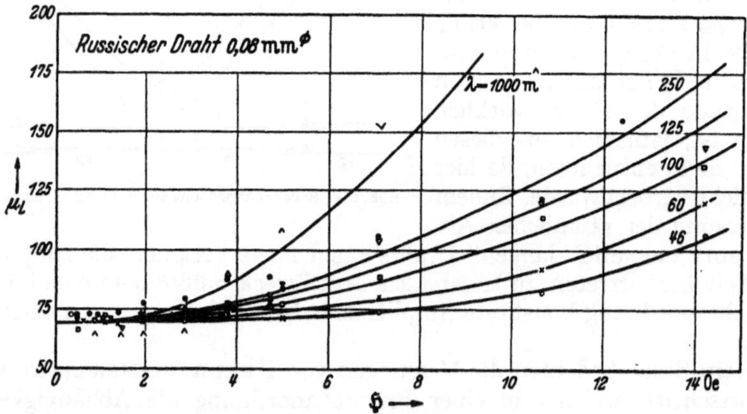

Abb. 156. μ_L in Abhängigkeit von der Feldstärke bei verschiedenen Wellenlängen. (Nach K. KREIELSHEIMER.)

seien diejenigen am russischen Draht in Abb. 155 und 156 wiedergegeben. Besonders instruktiv hinsichtlich der Feldstärkenabhängigkeit sind die Kurven für μ_L. Die Permeabilität ist hier bis zu 2 Oe unabhängig von der Wellenlänge im Bereich von 46 bis 1000 m. Bei größerer Feldstärke beginnt ein Anstieg von μ_L, für den wir die dann merklich einsetzenden irreversiblen Vorgänge verantwortlich machen. Dieser Anstieg ist jedoch bei $\lambda = 46$ m noch sehr gering bis etwa $H = 8$ Oe, während bei $\lambda = 1000$ m hier bereits eine Verdoppelung von μ eingetreten ist. Die naheliegende Deutung dieses eindrucksvollen Kurvenbildes besteht darin, daß den reversiblen und den irreversiblen Bestandteilen der Magnetisierungskurve eine gänzlich verschiedene Frequenzabhängigkeit zukommt: Die reversiblen Vorgänge (Wandverschiebungen und Drehungen, welche in stetiger Weise von der Feldstärke abhängen) sind entscheidend für die Anfangspermeabilität μ_a, wie sie bei sehr kleinen Feldern zur Beobachtung gelangt. Diese Vorgänge zeigen bis herunter zu 46 m-Wellen noch keinerlei Frequenzabhängigkeit; nehmen wir die Messungen von MICHELS hinzu, so gilt dies noch bis zu 3 m-Wellen. Ein merklicher Abfall von μ_a ist somit erst bei Frequenzen zu erwarten, welche wesentlich über 10^8 Hz liegen. Ganz anders verhalten sich die irreversiblen Vorgänge (Barkhausen-Sprünge), welche im Bereich des Rayleigh-Gebietes durch die Hysteresekonstante α quantitativ beschrieben werden. Diese sind für den Anstieg von μ mit wachsendem Feld verantwortlich. Sie sind offenbar wesentlich träger als die reversiblen Prozesse. Nach

Ausweis der Abb. 156 sind sie bei $\lambda = 1000$ m noch voll entwickelt, während sie bei 46 m bereits zum größten Teil ausfallen. Die Periode der 46 m-Welle beträgt etwa $1,5 \cdot 10^{-7}$ sec. Wir werden im nächsten Abschnitt sehen, daß wegen der Bremsung durch mikroskopische Wirbelströme ein einzelner Barkhausen-Sprung in der

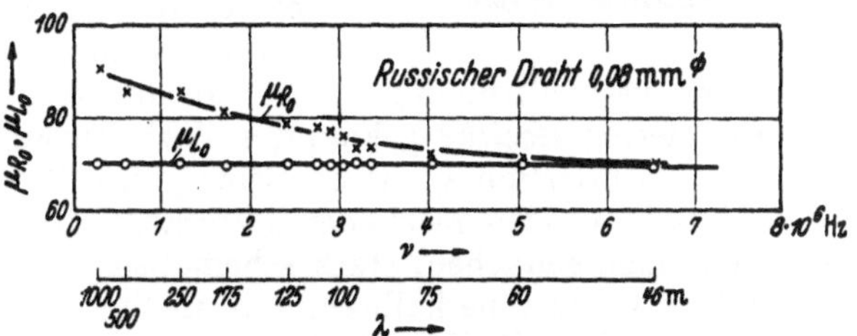

Abb. 157. Die auf das Feld $H = 0$ extrapolierten Werte von μ_R und μ_L. (Nach K. KREIELSHEIMER.)

Tat eine Zeit von dieser Größenordnung zu seinem Ablauf benötigt. In unserer obigen Formel (24), welche nur einen konstanten Nachwirkungswinkel und eine Hysteresekonstante enthält, ist explizit eine Frequenzabhängigkeit nicht enthalten. Es ist durchaus plausibel, daß bei hohen Frequenzen sowohl die Nachwirkung wie die Hysterese nicht mehr mitkommt, was sich darin äußern müßte, daß der Anstieg von μ_R und μ_L mit wachsendem Feld ausbleibt, und daß beide Größen unter sich gleich werden. Die erstere Erwartung wird hinsichtlich μ_L gut erfüllt, weniger gut bei dem durch Abb. 155 gegebenen Verlauf von μ_R. Die Differenz $\mu_R - \mu_L$ (auf $H = 0$ extrapoliert) ist aus Abb. 157 zu entnehmen, nach welcher bei 46 m μ_R bereits gleich μ_L wird. Das würde zwar theoretisch verständlich sein, widerspricht aber durchaus den Ergebnissen von MICHELS, bei welchen diese Differenz noch bei 3 m-Wellen recht erheblich ist. Von einer endgültigen Klärung kann also noch nicht die Rede sein. Es ist sehr zu bedauern, daß die bisher vorliegenden Versuche stets mit einer recht wenig definierten Drahtsorte vorgenommen wurden, so daß man nicht sagen kann, ob abweichende Resultate verschiedener Forscher auf Unterschiede des Materials oder auf die Ungenauigkeit der experimentellen Methode zurückzuführen sind.

d) Die Bremsung durch mikroskopische Wirbelströme[1].

Als wichtigste und zur Deutung der bisherigen Beobachtungen ausreichende Ursache für das Ausfallen des Ferromagnetismus bei sehr hohen Frequenzen betrachten wir die mikroskopischen Wirbelströme, welche bei allen Drehungen und Wandverschiebungen in der Umgebung induziert werden, und deren Stärke der Geschwindigkeit der Magnetisierungsänderung proportional ist. Das von diesen Wirbelströmen erzeugte Magnetfeld ist stets so gerichtet, daß es die

---

[1] Vgl dazu R. BECKER: Phys. Z. Bd. 39 (1938) S. 856.

Magnetisierungsänderung, der es seine Entstehung verdankt, zu bremsen trachtet.
Betrachten wir die Magnetisierung speziell unter dem Bild der Wandverschiebung,
so erhalten wir für die Wandbewegung einen charakteristischen, der Geschwindigkeit proportionalen Reibungswiderstand, dessen Betrag dafür entscheidend ist,
ob die Wand bei einer gegebenen Frequenz des äußeren Feldes noch mitkommt
oder nicht. Das Auftreten dieser Bremsfeldstärke ist ferner innig verknüpft
mit der endlichen Ausdehnung der Weißschen Bezirke. Wir werden uns überzeugen, daß bei der aus anderen Versuchen bekannten Größe der Weißschen

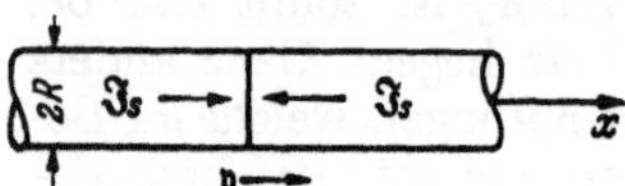

Abb. 158. Zur Berechnung des Reibungs-
widerstands, den die mit der Geschwindigkeit v bewegte Blochwand durch
Wirbelströme erfährt.

Bezirke dieser Wirbelstromeffekt ausreicht, um
das Verschwinden des Ferromagnetismus bei
extrem kurzen Wellen zumindest größenordnungsmäßig richtig zu beschreiben. Danach hat z. B.
das Ausbleiben des Ferromagnetismus bei den
Reflexionsversuchen von HAGEN und RUBENS
nichts zu tun mit einer atomaren Trägheit in
der Einstellung der einzelnen Spins; es ist viel-
mehr ein verhältnismäßig grobes, an die endliche Ausdehnung der homogen
magnetisierten Bezirke geknüpftes Wirbelstromphänomen.

Zur Rechtfertigung dieser Behauptung brauchen wir einen quantitativen
Ausdruck für das Bremsfeld der mikroskopischen Wirbelströme. Wir beschränken
uns auf einen einfachen, stark schematisierten Fall, nämlich das Fortschreiten
einer 180°-Wand innerhalb eines Weißschen Bezirkes von kreisförmigem Querschnitt mit dem Radius R. Die Wand möge sich mit der Geschwindigkeit v
in Richtung der positiven x-Achse bewegen (vgl. Abb. 158).
Die durch ihre Bewegung innerhalb des leitenden Materials
induzierten Wirbelströme erzeugen am Ort der Wand ein
magnetisches Gegenfeld, dessen Betrag wir hier nur in roher
Weise abschätzen wollen. Eine genauere Berechnung wurde
von R. BECKER und G. RICHTER[1] durchgeführt. Die Wand
selbst bildet einen magnetischen Pol mit der Flächendichte
$2 J_s$; sie führt somit im ganzen die magnetische Ladung

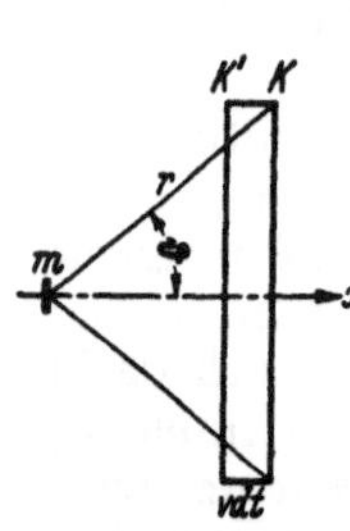

Abb. 159.

$$(25) \qquad\qquad m = 2 J_s \pi R^2$$

mit sich. Nach dem Coulombschen Gesetz erzeugt sie in Ent-
fernungen, welche groß gegen R sind, ein radial von ihr aus-
gehendes Magnetfeld $\mathfrak{H}_1$ vom Betrage $H_1 = m/r^2$. Wir betrachten die zeitliche
Änderung des Flusses durch eine Kreisscheibe K, welche durch die Polarkoordinaten r, ϑ gekennzeichnet ist (vgl. Abb. 159). Ihr Umfang ist also gleich
$2 \pi r \sin \vartheta$. Für die zirkular verlaufende elektrische Feldstärke E auf diesem
Kreisring gilt dann nach dem Induktionsgesetz

$$E \, 2 \pi r \sin \vartheta = -\frac{1}{c} \iint_K \dot{\mathfrak{H}} \, df.$$

Verschieben wir die Kreisscheibe um die Strecke $v \, dt$ nach links in die
Lage K', so sieht man, daß zur Zeit $t + dt$ durch K der gleiche Fluß hindurchgeht wie zur Zeit t durch K'. Die zeitliche Änderung des Flusses durch K
während dt ist also gleich dem momentanen Unterschied der Flüsse durch die
Scheiben K und K'. Denken wir uns nun die beiden Scheiben durch einen
schmalen Randstreifen zu einer geschlossenen Dose verbunden, so ist wegen
der Quellenfreiheit des Coulombschen Feldes jener Unterschied gleich dem
Fluß, welcher durch diesen Randstreifen hindurchtritt. Die Fläche des Rand-

---

[1] BECKER, R. u. G. RICHTER: Bisher unveröffentlicht.

streifens beträgt $2 \pi r \sin \vartheta \, v \, dt$, die Komponente von $\mathfrak{H}_1$ senkrecht zu seiner Fläche ist $\frac{m}{r^2} \sin \vartheta$. Damit erhalten wir

$$2 \pi r \sin \vartheta \, E = \frac{1}{c} \, 2 \pi r \sin \vartheta \, v \, \frac{m}{r^2} \sin \vartheta$$

oder

$$(26) \qquad E = \frac{m \, v \, \sin \vartheta}{c \, r^2}.$$

Innerhalb des zwischen r und $r + dr$ sowie ϑ und $\vartheta + d\vartheta$ liegenden Ringes fließt daher ein Ringstrom von der Stromstärke

$$(27) \qquad J' = \frac{1}{\varrho} \, E \, r \, dr \, d\vartheta.$$

Dieser erzeugt am Ursprung nach dem Biot-Savartschen Gesetz ein Magnetfeld in der x-Richtung von der Größe $\frac{2\pi J'}{c r} \sin^2 \vartheta$. Setzt man J' nach (27) und E nach (26) ein, so erhält man zunächst für das gesamte Bremsfeld

$$H_{\mathrm{br}} = \frac{2 \pi m v}{c^2 \varrho} \iint \frac{\sin^3 \vartheta}{r^2} \, dr \, d\vartheta.$$

Das Integral über ϑ ergibt $\frac{4}{3}$. Die obere Grenze von r ist praktisch ∞. Hinsichtlich der unteren Grenze ist zu beachten, daß die ganze Betrachtung streng nur gilt für $r > R$. Wir setzen zum Zweck einer rohen Abschätzung die untere Grenze gleich R, d. h. wir rechnen so, als ob außerhalb einer Kugel vom Radius R unsere magnetische Scheibe so wirkt, als wenn ihre ganze Ladung im Ursprung vereinigt wäre. Gleichzeitig vernachlässigen wir die Wirkung derjenigen Wirbelströme, welche innerhalb dieser Kugel fließen. Damit wird $\int \frac{dr}{r^2} = \frac{1}{R}$. Mit dem durch (25) gegebenen Wert von m erhalten wir dann für das Bremsfeld den Wert

$$H_{\mathrm{br}} = \frac{16 \pi^2}{3} \, \frac{J_s R}{c^2 \varrho} \, v.$$

Bei genauerer Rechnung erhält man einen etwas anderen Zahlenfaktor, nämlich 8 an Stelle von 16/3. Die Änderung der Magnetisierung beim Vorbeistreichen der Wand beträgt $\Delta J = 2 J_s$. Wir legen unseren weiteren Betrachtungen den Ausdruck mit dem korrigierten Zahlenfaktor in der Form

$$H_{\mathrm{br}} = 4 \pi^2 \Delta J \, \frac{R}{c^2 \varrho} \, v$$

zugrunde. Den Faktor in diesem Widerstandsgesetz bezeichnen wir zur Abkürzung mit Ω, also

$$(28) \qquad H_{\mathrm{br}} = \Omega v; \qquad \Omega = 4 \pi^2 \Delta J \, \frac{R}{c^2 \varrho}.$$

Wir wollen nun überlegen, in welcher Weise sich die so ermittelte Bremsfeldstärke bei der Magnetisierung mit hochfrequenten Wechselfeldern bemerkbar machen muß. Dazu betrachten wir nacheinander die reversiblen und die irreversiblen Wandverschiebungen.

Zur Berechnung des Wirbelstromeinflusses auf die *reversible Permeabilität* stellen wir uns vor, die Wand sei durch innere Spannungen in solcher Weise an ihre Gleichgewichtslage gebunden, daß zu einer Verschiebung um die Strecke x die Feldstärke $H = K x$ erforderlich ist. Durch K kennzeichnen wir also die Festigkeit der Gleichgewichtslage. Erfolgt die Verschiebung mit der endlichen Geschwindigkeit $v = \dot{x}$, so wirkt nach (28) neben dem äußeren Feld H noch das Bremsfeld $-\Omega \dot{x}$, so daß die Verschiebung x im ganzen gegeben ist durch

$$(29) \quad \left\{ \quad \text{oder} \quad \begin{aligned} K x &= H - \Omega \dot{x} \\ K x + \Omega \dot{x} &= H. \end{aligned} \right.$$

Wechselt nun H periodisch mit der Zeit nach dem Gesetz $H = H_0\, e^{i\,\omega\,t}$, so folgt nach (29) für die Wandverschiebung in bekannter Weise

$$x = H_0 \frac{e^{i\,\omega\,t}}{K + i\,\omega\,\Omega}.$$

Mit der Abkürzung

$$(30) \qquad \omega_1 = \frac{K}{\Omega}$$

wird also auch

$$(31) \qquad x = \frac{H_0\, e^{i\,\omega\,t}}{K} \cdot \frac{1}{1 + i\,\dfrac{\omega}{\omega_1}}.$$

Man sieht bei dieser Schreibweise, daß ω_1 die Bedeutung einer kritischer. Frequenz für die reversible Magnetisierung besitzt. Für $\omega < \omega_1$ folgt die Wand dem magnetisierenden Feld quasistatisch. Für $\omega = \omega_1$ ist die Verschiebung der Wand um den Phasenwinkel von 45° gegenüber dem Feld verzögert. Gleichzeitig hat sich ihr Betrag um den Faktor $1/\sqrt{2}$ verkleinert. Wächst ω über ω_1 hinaus, so geht der Phasenwinkel gegen 90° und der Betrag der Wandverschiebung gegen Null. Da es uns hier nur auf eine rohe Abschätzung ankommt, kann man sagen, daß ω_1 diejenige Frequenz bedeutet, bei welcher ein Absinken der ferromagnetischen Permeabilität bemerkbar wird. Zum Zweck einer zahlenmäßigen Aussage müssen wir noch die Größe K durch beobachtbare Größen ersetzen. Nach ihrer Definition ist

$$x = \frac{H}{K}$$

die statisch durch ein Feld H bewirkte Wandverschiebung. Wir wollen speziell 90°-Wände annehmen. Dann ändert sich in dem von der Wand überstrichenen Volumen die Magnetisierung um J_s. Also ist $J_s x = \frac{J_s}{K} H$ die von 1 cm² Wandfläche erzeugte Änderung des magnetischen Moments. Wir haben noch zu ermitteln, wieviel cm² Wandfläche in 1 cm³ enthalten sind. Betrachten wir die Weißschen Bezirke als würfelförmig mit der Kantenlänge l, so beträgt nach S. 154 die Oberfläche aller 90°-Wände im cm³ im ganzen $3/l$ cm². Sehen wir alle diese Oberflächen als elastisch verschiebbar an, so haben wir also pro cm³ die Magnetisierung

$$\frac{3\,J_s}{l} x = \frac{3\,J_s}{K\,l} H.$$

Der Faktor bei H hat die Bedeutung der Suszeptibilität χ. Daraus ergibt sich der gesuchte Ausdruck für K:

$$(32) \qquad K = \frac{3\,J_s}{\chi\,l}.$$

Der Ausdruck (28) für Ω gilt zunächst für Wände mit kreisförmiger Begrenzung vom Radius R. Für quadratische Wände mit der Kantenlänge l ersetzen wir in (28) R durch $l/2$, also

$$(33) \qquad \Omega = 2\,\pi^2\, J_s\, \frac{l}{c^2\,\varrho}.$$

Für die kritische Kreisfrequenz $\omega_1 = K/\Omega$ haben wir somit

$$(34) \qquad 2\,\pi\,\nu_1 \equiv \omega_1 \approx \frac{3}{2\,\pi^2}\, \frac{c^2\,\varrho}{\chi\,l^2}.$$

Setzen wir hier als Werte für Eisen $c^2\,\varrho = 10^4$, ferner $\chi = 10$, so bleibt als unsicherste Größe die Ausdehnung l der Weißschen Bezirke. Nach den Versuchen über Barkhausen-Sprünge (vgl. Kapitel 14) würde aus der Größe der gleichzeitig umklappenden Bezirke etwa $l = 10^{-2}$ bis 10^{-3} folgen. Wir wiesen in Kapitel 14 bereits darauf hin, daß bei solchen Versuchen wahrscheinlich kleine Lawinen von umklappenden Bezirken gleichzeitig gemessen werden, daß also l in Wirklichkeit erheblich kleiner sein wird. Setzen wir daher $l = 10^{-4}$ cm in (34) ein, so erhalten wir mit den angegebenen Zahlen

$$\nu_1 = 2 \cdot 10^9 \ \text{sec}^{-1},$$

entsprechend einer Wellenlänge von

$$\lambda_1 = 15 \ \text{cm}.$$

Mit $l = 10^{-3}$ cm würde man statt dessen $\lambda_1 = 15$ m bekommen, im Widerspruch mit den Versuchen MICHELS, nach welchen bei 3 m-Wellen noch praktisch die normale Permeabilität beobachtet wird.

Einwandfreie Messungen von μ bei Dezimeterwellen liegen bisher noch nicht vor[1]. Immerhin kann man sagen, daß unsere Formel (34) eine plausible Abschätzung der Grenzfrequenz gestattet. Von besonderem Interesse ist, daß Messungen über die Permeabilität bei hohen Frequenzen auf einem ganz neuen Wege zu Aussagen über die Ausdehnung der Weißschen Bezirke führen.

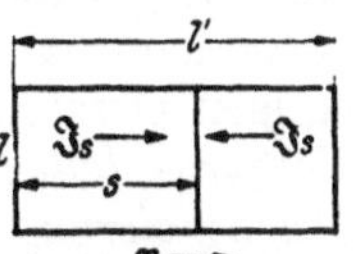

Abb. 160. Schema eines Barkhausen-Sprunges (Verkürzung der Laufstrecke von l' auf s bei hohen Frequenzen).

Die Wirkung der Bremsfeldstärke (28) *auf die irreversiblen Magnetisierungsvorgänge* wollen wir in folgender Weise abschätzen. Als Elementarvorgang der irreversiblen Magnetisierung betrachten wir einen Barkhausen-Sprung, bei dem eine Wand von der Querdimension l eine Strecke l' hemmungslos durchlaufen kann, solange man von dem Bremsfeld (28) absieht (Abb. 160). Wegen dieses Bremsfeldes kann ihre Geschwindigkeit $\dot{x}$ jedoch höchstens so groß werden, daß die Reibungskraft $\Omega\dot{x}$ gleich der äußeren Feldstärke H wird. Wir beschreiben somit ihre Bewegung wieder durch Gleichung (29), jedoch mit dem Unterschied, daß wir die Bindung K gleich Null setzen. Bei einem Wechselfeld $H_0 \cos\omega t$ würde also die Bewegung einer völlig freien Wand beschrieben werden durch

$$\dot{x} = \frac{H_0}{\Omega}\cos\omega t$$

oder

$$x = \frac{H_0}{\omega\Omega}\sin\omega t + \text{const}.$$

D. h. die Wand würde mit der Amplitude

$$s = \frac{H_0}{\omega\Omega}.$$

hin und her oszillieren. In Wirklichkeit ist ihre Bewegung jedoch durch „Anschläge" bei $x = 0$ und $x = l'$ begrenzt. Für das Zustandekommen des Barkhausen-Sprunges ist es somit entscheidend, ob s größer oder kleiner als l' ist. Im Fall $s > l'$ kommt der Sprung voll zur Wirkung. Wenn aber s kleiner als l' wird, so kann nur der Bruchteil

$$(35) \qquad \frac{s}{l'} = \frac{H_0}{\omega\Omega l'}$$

des bei langsamer Feldänderung auftretenden irreversiblen Vorganges wirksam werden. Wir können also wieder eine kritische Frequenz angeben durch

$$\omega_2 = \frac{H_0}{\Omega l'}$$

[1] Neuerdings wurden von LINDMANN Messungen mitgeteilt [K. F. LINDMANN: Z. techn. Phys. Bd. 19 (1938) S. 158; Acta Acad. Abo XII, 4 (1939)], nach welcher tatschlich bei Wellen unterhalb 50 cm Wellenlänge ein steiler Absturz der Permeabilität beginnt. in vorzüglicher Übereinstimmung mit unserer Abschätzung.

mit der Bedeutung, daß bei Frequenzen oberhalb ω_2 die irreversiblen Vorgänge nicht mehr voll zur Entwicklung kommen. Mit dem Wert (33) für Ω ergibt sich

$$\omega_2 = \frac{1}{2\pi^2}\,\frac{H_0}{J_s}\,\frac{c^2\varrho}{l\,l'}$$

für die kritische Frequenz der irreversiblen Vorgänge. Wir vergleichen ω_2 mit der durch (34) gegebenen kritischen Frequenz ω_1 für reversible Vorgänge. Für unsere Abschätzung wird man $l \approx l'$ setzen dürfen. Dann ergibt sich für das Verhältnis beider Frequenzen

$$\frac{\omega_1}{\omega_2} \approx 3\,\frac{J_s/H_0}{\chi},$$

mit $J_s = 1700$, $\chi = 10$ also etwa

$$\frac{\omega_1}{\omega_2} \approx \frac{500}{H}.$$

Auf die genauen Zahlenwerte ist bei dieser rohen Abschätzung natürlich kein besonderer Wert gelegt. Immerhin können wir schließen, daß bei Feldern von einigen Oersted größenordnungsmäßig $\omega_1 : \omega_2 \approx 100$ ist. D. h. *die irreversiblen Vorgänge fallen bereits bei etwa 100mal längeren Wellen aus als die reversible Magnetisierung.*

Legt man speziell unsere obige Abschätzung für $\lambda_1 = 15$ cm zugrunde, so würde man ein $\lambda_2 \approx 75/H_0$ m erwarten, also ein Zurückbleiben der irreversiblen Magnetisierung bei 75, 25, 15 m Wellenlänge für $H_0 = 1$, 3, 5 Oe. Qualitativ wird diese Prognose aufs beste bestätigt durch die in Abb. 156 wiedergegebenen Messungen von KREIELSHEIMER. — Eine weitere Konsequenz der Formel (35) sei noch besonders hervorgehoben. Ändert man bei fester Amplitude H_0 des äußeren Feldes seine Wellenlänge, so sollte nach (35) im Bereich $s < l'$ der Bruchteil s/l' der mitgehenden irreversiblen Vorgänge proportional mit der Wellenlänge anwachsen. Diese Voraussage findet man in der angegebenen Abbildung von KREIELSHEIMER recht gut bestätigt, wenn man etwa die irreversiblen Anteile von μ bei $H = 10$ Oe und verschiedenen Wellenlängen vergleicht.

19. Die magnetische Nachwirkung.

Die magnetische Nachwirkung besteht darin, daß der magnetische Gleichgewichtszustand nach einer Feldänderung sich nicht sofort einstellt, sondern erst mit einer gewissen Verzögerung. Dabei sollen jedoch die rein elektrotechnisch bedingten Verzögerungen, welche z. B. durch Wirbelströme und Induktivitäten bewirkt werden, nicht mit zur Nachwirkung gerechnet werden. Diejenigen magnetischen Größen, deren Zeitabhängigkeit nach einer Feldänderung beobachtet wird, sind insbesondere die *Induktion* und die *reversible Permeabilität*. Wir betrachten zunächst die Nachwirkung der Induktion, welche in der Regel gemeint ist, wenn man von der Nachwirkung schlechthin spricht.

Die Versuche zur Nachwirkung kann man grundsätzlich einteilen in Schaltversuche und Wechselstromversuche. Bei den *Schaltversuchen* wird das Feld sprunghaft geändert und die zeitliche Änderung der Induktion beobachtet, welche danach — bei konstant gehaltenem Feld — noch stattfindet. Entdeckt wurde die Nachwirkung von EWING[1] in den Jahren 1881—1883. Er beobachtete mit Hilfe eines in der Nähe der stabförmigen Probe befindlichen Magnetometers zeitliche Änderungen der Induktion, die er noch über Zeiten von etwa 10 Minuten verfolgen konnte. Weitere Beobachtungen über langzeitliche Nachwirkungen nach prinzipiell der gleichen Methode liegen vor von LORD RAYLEIGH[2] (1887),

[1] EWING, J. A.: Phil. Trans. roy. Soc., Lond. Bd. 176 (1885) S. 554, 569; Proc. roy. Soc., Lond. Bd. 46 (1889) S. 269; Electrician Bd. 25 (1890) S. 222, 250.

[2] LORD RAYLEIGH: Phil. Mag. Bd. 23 (1887) S. 225.

Martens[1] (1897), Holborn[2] (1897), Klemenčič[3] (1897), Tobusch[4] (1908), G. Richter[5] (1937). Die 30jährige Pause (1908—1937) in der Anwendung der magnetometrischen Methode ist für die Entwicklung dieses Gebietes höchst charakteristisch. Alle während dieser Zeit ausgeführten Untersuchungen benutzen nämlich die ballistische Methode, deren Prinzip aus der Schaltskizze in Abb. 161 ersichtlich ist: Die mit Fe bezeichnete Probe des zu untersuchenden Materials trägt zwei Wicklungen P und S, von denen die Primärwicklung P über den Schalter K_1, den Regulierwiderstand R und das Amperemeter A mit der Batterie E verbunden ist, die Sekundärwicklung S dagegen über den Schalter K_2 mit dem ballistischen Galvanometer G. Der Schalter K_2 ist zunächst offen. Beim Einschaltversuch wird zuerst K_1 geschlossen, eine bestimmte Zeit τ danach der Schalter K_2 und der Ausschlag von G beobachtet. Wenn die Schwingungsdauer des Galvanometers groß ist gegenüber der Zeit, während welcher die Nachwirkung abläuft, so erhält man auf diese Weise denjenigen Teil der Induktionsänderung, welcher von der Zeit τ ab noch vor sich geht. Die Vorzüge dieses Verfahrens gegenüber dem magnetometrischen liegen einmal darin, daß das Galvanometer durch magnetische Streufelder von Motoren, Straßenbahnen usw. nicht so gestört wird wie das Magnetometer. Sodann läßt sich die ballistische Methode auch auf geschlossene Ringe anwenden, bei denen das Magnetometer grundsätzlich versagt. Der große Nachteil des

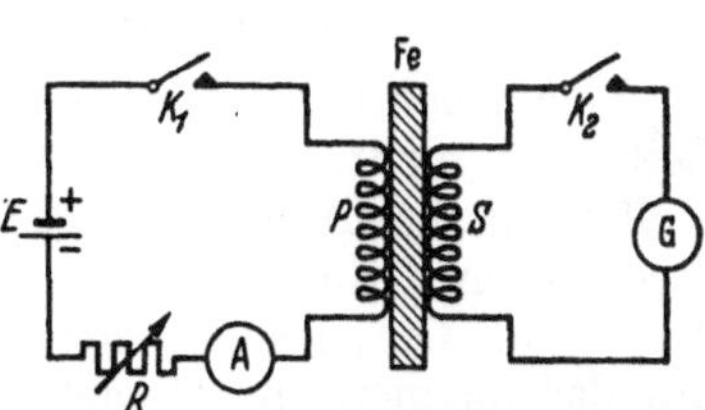

Abb. 161. Anordnung zur ballistischen Messung der Nachwirkung (Schema).

ballistischen Verfahrens besteht aber darin, daß es nur Vorgänge innerhalb der Schwingungsdauer des Galvanometers erfassen kann, also auf relativ schnell verlaufende Erscheinungen beschränkt bleibt. Nun ist aber die verzögerte Einstellung der Induktion unmittelbar nach der Feldänderung in erster Linie durch Wirbelströme bestimmt. Erst nachdem diese in der Hauptsache abgeklungen sind, werden die eigentlichen Nachwirkungsvorgänge der Beobachtung zugänglich. Dieser Umstand wurde nicht immer gebührend berücksichtigt. Viele in der Literatur angegebene Messungen über den ballistischen Nachweis der magnetischen Nachwirkung haben im wesentlichen nur Wirbelströme erfaßt, wie insbesondere von Wwedensky[6] und Bozorth[7] gezeigt wurde. Auch spätere Versuche von Kühlewein[8] und Kiessling[9] ließen sich im wesentlichen als Wirbelstromeffekt deuten. Infolgedessen wurde zeitweise die Realität der magnetischen Nachwirkung überhaupt angezweifelt. Erst die neueren Messungen von Preisach[10], Wittke[11], Mitkevitch[12] und G. Richter[5] liefern auch nach der ballistischen Methode einwandfreie Aussagen über die eigentliche Nachwirkung.

Während die Schaltversuche unmittelbar die zeitliche Verzögerung in der Einstellung der Induktion erfassen, schließt man bei der *Wechselstrommethode* nach dem Vorgang von Jordan[13] in ziemlich indirekter Weise auf die

[1] Martens, F. F.: Wied. Ann. Bd. 60 (1897) S. 61.
[2] Holborn, L.: Wied. Ann. Bd. 61 (1897) S. 281.
[3] Klemenčič, I.: Wied. Ann. Bd. 62 (1897) S. 68.
[4] Tobusch, H.: Ann. Phys., Lpz. IV, Bd. 26 (1908) S. 439.
[5] Richter, G.: Ann. Phys., Lpz., V, Bd. 29 (1937) S. 605.
[6] Wwedensky, B.: Ann. Phys., Lpz. IV Bd. 64 (1921) S. 609; Bd. 66 (1921) S. 110.
[7] Bozorth, R. M.: Phys. Rev. Bd. 32 (1928) S. 124.
[8] Kühlewein, H.: Phys. Z. Bd. 32 (1931) S. 472.
[9] Kiessling, G.: Ann. Phys., Lpz. V Bd. 32 (1935) S. 402.
[10] Preisach, F.: Z. Phys. Bd. 94 (1935) S. 277.
[11] Wittke, H.: Ann. Phys., Lpz. V, Bd. 23 (1935) S. 442.
[12] Mitkevitch, A.: J. Phys. Radium, Ser. 7, Bd. 7 (1936) S. 133.
[13] Jordan, H.: Elektr. Nachr.-Techn. Bd. 1 (1924) S. 7.

Nachwirkung. Wir haben gesehen (Kap. 17, S. 227), daß JORDAN denjenigen Anteil der Eisenverluste, der sich weder durch Wirbelströme noch durch Hysterese erklären ließ, als „Nachwirkungsverlust" bezeichnete. Ob diese „Jordansche Nachwirkung" ihre Ursache wirklich in einer zeitlichen Verzögerung der B-Einstellung hat, blieb lange Zeit offen und umstritten. Die Entscheidung zugunsten der Jordanschen Auffassung kann am besten dadurch erbracht werden, daß man am gleichen Material in Schaltversuchen die zeitliche Verzögerung in der Einstellung unmittelbar mißt und durch Wechselstromversuche den Jordanschen Nachwirkungsverlust ermittelt. Wenn JORDANs Deutung richtig ist, so muß es grundsätzlich möglich sein, aus den Schaltversuchen den Nachwirkungsverlust quantitativ vorauszusagen. Solche Versuche wurden von PREISACH[1], G. RICHTER[2], H. SCHULZE[3] durchgeführt. Sie lieferten im wesentlichen eine endgültige Bestätigung der Jordanschen Auffassung.

a) Theorie der dielektrischen Nachwirkung.

Eine eigentliche Theorie der magnetischen Nachwirkung besitzen wir zur Zeit noch nicht. Wir werden später einige in dieser Hinsicht mögliche Vorstellungen diskutieren. Dagegen liegen Theorien der dielektrischen sowie der mechanischen Nachwirkung vor, die auch eine plausible modellmäßige Deutung gestatten. Durch eine mehr oder weniger formale Übertragung dieser Theorien auf das magnetische Gebiet gelangt man zu Beziehungen, welche durch Versuche an wenigstens einem Material (weiches Karbonyleisen) vorzüglich bestätigt wurden. Wir wollen daher so vorgehen, daß wir zunächst die Grundzüge einer Theorie der dielektrischen Nachwirkung entwickeln. Durch formale Übertragung auf den magnetischen Fall erhalten wir Aussagen, welche sich mit dem Experiment vergleichen lassen. Am übersichtlichsten ist die Beschreibung der Nachwirkungsphänomene im dielektrischen Fall mit Hilfe des von K. W. WAGNER[4] angegebenen Modells. Während das ideale Dielektrikum durch eine Dielektrizitätskonstante und die Leitfähigkeit Null gekennzeichnet wird, sollen nach dieser Vorstellung innerhalb der wirklichen Substanz einzelne, voneinander isolierte Bereiche mit einer endlichen, wenn auch geringen Leitfähigkeit vorhanden sein. Wir bringen ein solches Dielektrikum zwischen die Platten eines Kondensators mit dem Plattenabstand d, an den wir eine konstante Spannung E anlegen. Unmittelbar nach dem Einschalten wird überall im Dielektrikum die durch E/d gegebene Feldstärke herrschen und damit eine bestimmte Ladung auf den Belegungen sitzen. Wegen der endlichen Leitfähigkeit der oben genannten Bereiche kann sich aber die Feldstärke in diesen nicht halten. Es entstehen Ströme, die so lange fließen, bis innerhalb jener Bereiche das Feld auf Null abgesunken ist. Gleichzeitig erhöht sich die Ladung auf den Belegungen, da ja bei konstant gehaltener Spannung das Feld in dem isolierenden Teil des Dielektrikums wachsen muß, wenn es in den leitenden Bereichen zusammenbricht. Offenbar kann man dieses Verhalten durch die folgende „Ersatzschaltung" beschreiben (Abb. 162). Parallel zu einem idealen Kondensator mit der Kapazität C_0 liegen eine große Anzahl von kleinen Teilkapazitäten $C_1, C_2, C_3, \ldots$ mit den Vorschaltwiderständen $R_1, R_2, R_3, \ldots$. Verbindet man zur Zeit $t = 0$ durch Schließen von K die Batterie der Spannung E mit C_0, so kann man mit Hilfe eines zwischengeschalteten Meßinstrumentes Z die jeweils auf dem

---

[1] PREISACH, F.: s. S. 243[10].

[2] RICHTER, G.: s. S. 243[5], ferner: Probleme der technischen Magnetisierungskurve. Berlin 1938.

[3] SCHULZE, H.: Wiss. Veröff. Siemens-Werk Bd. 17 (1938) S. 39, 59 u. 68; Probleme der technischen Magnetisierungskurve. Berlin 1938.

[4] WAGNER, K. W.: Ann. Phys., Lpz. IV, Bd. 40 (1913) S. 817.

Kondensatorsystem befindliche Ladung Q kontrollieren. Im ersten Augenblick ist $Q = C_0 E$. Im Laufe der Zeit wird Q in einem durch die Größe der Widerstände $R_1, R_2, \ldots$ vorgeschriebenen Tempo auf den Endwert $Q = (C_0 + C_1 + C_2 + \cdots) E$ anwachsen. Bezeichnen wir mit γ den Bruchteil der nachwirkenden Kapazitäten, also

$$(1) \qquad C_1 + C_2 + \cdots = \gamma \cdot C_0,$$

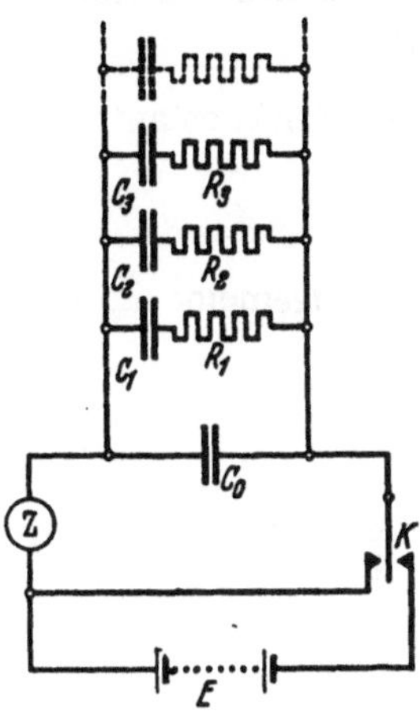

so steigt Q im Laufe der Zeit von $C_0 E$ auf $C_0(1 + \gamma) E$, wie es in Abb. 163 angedeutet ist. Schließt man nun, nachdem die Ladung ihren Endwert erreicht hat, zur Zeit $t = t_1$ den Kondensator kurz, etwa durch Umlegen des Schalters K in Abb. 162, so sinkt die Ladung zunächst wieder um $C_0 E$, während die restliche Ladung $\gamma C_0 E$ erst allmählich abfließt. Abb. 163 zeigt den schematischen Verlauf des Einschalt- und Ausschaltversuches der Nachwirkung. Es ist für solche Nachwirkungskurven charakteristisch, daß die Endwerte nur sehr zögernd erreicht werden. Sie verlaufen innerhalb eines beträchtlichen Bereiches von t etwa proportional zum Logarithmus von t.

Abb. 162. Ersatzschaltung zur modellmäßigen Beschreibung der dielektrischen Nachwirkung.

Das Verhalten unseres Modells beim Anlegen einer Wechselspannung ist qualitativ leicht zu übersehen. Bezeichnen wir mit $\tau_j = R_j C_j$ die Zeitkonstante des j-ten Teilkondensators und mit ω die Kreisfrequenz der Spannung, so werden die Teilkondensatoren mit $\tau \gg 1/\omega$ überhaupt nicht aufgeladen werden; dagegen werden diejenigen mit kleiner Zeitkonstante ($\tau \ll 1/\omega$) der erregenden Spannung praktisch ohne Verzögerung folgen. Dazwischen liegen diejenigen Teilkondensatoren, für welche τ von der Größenordnung $1/\omega$ ist. Diese werden nur teilweise und mit einer Phasenverschiebung aufgeladen. Sie geben zu „Nachwirkungsverlusten" Veranlassung. Nun besagt eine weitere, für die Nachwirkungsphänomene typische Erfahrungstatsache, daß innerhalb eines weiten Frequenzbereiches der Nachwirkungsverlustwinkel von der Frequenz unabhängig ist. Ein solches Verhalten ist bei unserem Modell zu erwarten, wenn die Teilkapazitäten so über die verschiedenen Zeitkonstanten verteilt sind, daß jeweils

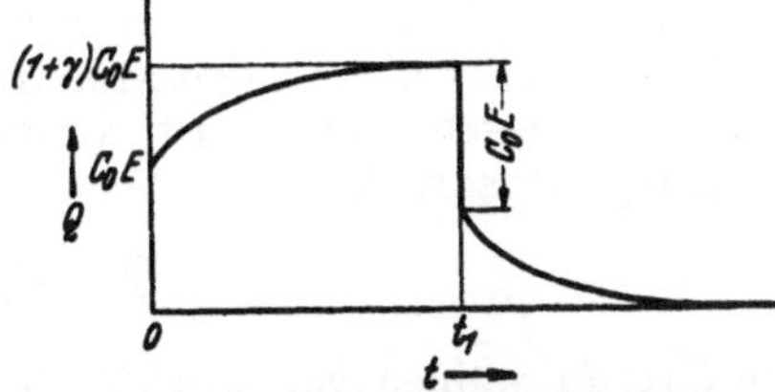

Abb. 163. Zeitabhängigkeit der Ladung Q bei Einschalt- und Ausschaltversuch nach dem Schema der Abb. 162.

„pro Oktave" die gleiche Teilkapazität entfällt. Wir werden in der folgenden quantitativen Behandlung sehen, daß sowohl das logarithmische Kriechen der Nachwirkungskurve wie auch die Frequenzunabhängigkeit des Verlustwinkels eine solche Verteilung fordern.

An Hand des Schemas der Abb. 162 kann man leicht in Verallgemeinerung der soeben angestellten Überlegung auch bei beliebig vorgegebener zeitlicher Variation der angelegten Spannung $E(t)$ die in jedem Augenblick auf dem Gesamtkondensator befindliche Ladung Q als Funktion der Zeit angeben. Wir setzen

$$(2) \qquad Q = Q_0 + Q_1 + Q_2 + \cdots$$

und berechnen zunächst die Ladung $Q_j(t)$ des j-ten Teilkondensators. Im Widerstand R_j fließt der Strom $\dfrac{1}{R_j}\left[E - \dfrac{Q_j}{C_j}\right]$. Dieser ist gleich der sekundlichen

Zunahme der Ladung Q_j, also

$$\frac{dQ_j}{dt} = \frac{1}{R_j C_j}\left[E(t)\,C_j - Q_j\right].$$

Bezeichnen wir mit

(3)
$$\tau_j = R_j C_j$$

die „Zeitkonstante" der j-ten Teilkapazität, so wird

(4)
$$\frac{dQ_j}{dt} = \frac{1}{\tau_j}\left[E(t)\,C_j - Q_j\right].$$

Die allgemeine Lösung von (4) lautet bei beliebig gegebenem $E(t)$

$$Q_j(t) = \frac{C_j}{\tau_j}\int\limits_{\vartheta=-\infty}^{t} e^{-\frac{t-\vartheta}{\tau_j}}\,E(\vartheta)\,d\vartheta$$

oder auch, wenn man die Integrationsvariable ϑ durch $t-\vartheta$ ersetzt:

(5)
$$Q_j(t) = \frac{C_j}{\tau_j}\int\limits_{0}^{\infty} e^{-\frac{\vartheta}{\tau_j}}\,E(t-\vartheta)\,d\vartheta.$$

Für $j=0$ ist nach Voraussetzung $\tau_j=0$, also $Q_0(t)=C_0\,E(t)$. Als allgemeinsten, durch das Schema zugelassenen Ausdruck für die Nachwirkung erhalten wir somit

(6)
$$Q(t) = C_0\,E(t) + \sum_{j=1}^{\infty} \frac{C_j}{\tau_j}\int\limits_{0}^{\infty} e^{-\frac{\vartheta}{\tau_j}}\,E(t-\vartheta)\,d\vartheta.$$

Für die Anwendung ersetzen wir die Summe über die Teilkapazitäten durch ein Integral, indem wir uns vorstellen, daß sehr viele kleine Kapazitäten vorhanden sind, und zwar sei durch $C(\tau)\,d\tau$ die Kapazität und durch $q(\tau)\,d\tau$ die Ladung aller Teilkondensatoren gegeben, deren Zeitkonstanten zwischen τ und $\tau+d\tau$ liegen. Damit tritt an die Stelle von (2) für die momentane Ladung der Integralausdruck

(7)
$$Q = Q_0 + \int\limits_{0}^{\infty} q(\tau)\,d\tau.$$

Für $C(\tau)\,d\tau$ wählen wir speziell die Form

(8)
$$C(\tau)\,d\tau = \gamma\,C_0\,g(\tau)\,d(\lg \tau).$$

Die Wahl von $d(\lg \tau)$ auf der rechten Seite ist deshalb zweckmäßig, weil erfahrungsgemäß bei Nachwirkungsphänomenen das so definierte $g(\tau)$ für einen großen Bereich von τ nahezu konstant ist. Konstantes g bedeutet nämlich, daß auf jede Oktave der Zeitkonstanten die gleiche Teilkapazität entfällt. Da nach (1) $\int\limits_{0}^{\infty} C(\tau)\,d\tau = \gamma\,C_0$ sein soll, so muß also unsere Verteilungsfunktion $g(\tau)$ der Bedingung

$$\int\limits_{0}^{\infty} g(\tau)\,d(\lg \tau) = 1$$

genügen.

Bei beliebig gegebenem $E(t)$ wird jetzt die zeitliche Änderung von $q(\tau)$ geregelt durch

$$\frac{dq}{dt} = -\frac{1}{\tau}\left(q - \gamma\,C_0\,E\,\frac{g(\tau)}{\tau}\right).$$

Mit (8) lautet der allgemeine Nachwirkungsausdruck (6) auch

$$Q(t) = C_0 \left[E(t) + \gamma \int_0^\infty \int_0^\infty \frac{1}{\tau} g(\tau) \, e^{-\frac{\vartheta}{\tau}} \, d(\lg \tau) \, E(t-\vartheta) \, d\vartheta \right].$$

Unter Einführung der Funktion

$$(9) \qquad \varphi(\vartheta) = \int_0^\infty \frac{1}{\tau} g(\tau) \, e^{-\frac{\vartheta}{\tau}} \, d(\lg \tau)$$

gestattet die letzte Gleichung die Schreibweise

$$(10) \qquad Q(t) = C_0 \left[E(t) + \gamma \int_0^\infty \varphi(\vartheta) \, E(t-\vartheta) \, d\vartheta \right].$$

Die durch (10) gegebene Beschreibung der Nachwirkung ist sehr viel älter als ihre modellmäßige Interpretation. Sie besagt: Die Ladung Q zur Zeit t ist nicht allein bestimmt durch die momentane Spannung, sondern auch durch alle zeitlich vorhergegangenen Spannungen und zwar macht sich eine von dem Zeitpunkt t der Beobachtung um die Zeit ϑ zurückliegende und während der Zeit $d\vartheta$ wirksam gewesene Spannung $E(t-\vartheta)$ zur Zeit t noch durch eine Ladung

$$(11) \qquad dQ = C_0 \gamma \varphi(\vartheta) \, E(t-\vartheta) \, d\vartheta$$

bemerkbar. BOLTZMANN[1] beschrieb diesen Tatbestand durch ein „Erinnerungsvermögen" der Substanz an frühere Belastungen; die Funktion $\varphi(\vartheta)$ gibt an, in welchem Maße die Erinnerung im Laufe der Zeit verblaßt. Charakteristisch für die Formel (10) ist, daß sich nach ihr die Wirkungen aller früheren Spannungen ungestört superponieren.

Es erübrigt sich, an dieser Stelle spezielle Fälle der dielektrischen Nachwirkung an Hand von (10) zu erörtern, da wir praktisch die gleiche Formel zur Beschreibung der magnetischen Nachwirkung benutzen und für diesen Fall ausführlich diskutieren werden.

b) Formale Übertragung auf die magnetische Nachwirkung.

In enger Anlehnung an das skizzierte Bild der dielektrischen Nachwirkung geben wir nun eine formale Beschreibung der magnetischen Nachwirkung, welche zumindest einen Teil der beobachtbaren Phänomene richtig wiedergibt. Dazu stellen wir uns vor, das Material bestehe aus einer großen Zahl von Weißschen Bezirken, von denen die Mehrzahl einer Änderung des Feldes praktisch momentan folgt, während die übrigen dies mit einer gewissen, durch eine Zeitkonstante τ gekennzeichneten Verzögerung tun. Es ist für unsere Beschreibung charakteristisch, daß wir Bezirke mit den verschiedensten Zeitkonstanten im Material annehmen. Wir kennzeichnen den Bruchteil der überhaupt nachwirkenden Bezirke durch γ in folgender Weise: Wenn ein konstantes Feld H lange genug wirkt, stellt sich schließlich eine Induktion ein, die aus den beiden Anteilen $\mu_0 H$ und $\gamma \mu_0 H$ besteht, also

$$(12) \qquad B = \mu_0 (1 + \gamma) H,$$

wobei der Teil $\mu_0 H$ sich beim Einschalten von H sofort, der Teil $\gamma \mu_0 H$ dagegen erst allmählich, nach Maßgabe der verschiedenen Zeitkonstanten, einstellen soll. Ebenso wird beim Abschalten des Feldes der erste Teil sofort, der zweite dagegen erst verzögert zurückgehen. Zur Vervollständigung des Bildes brauchen wir

---

[1] BOLTZMANN, L.: Ann. Phys., Lpz. Erg.-Bd. 7 (1876) S. 624 (Ges. Abh. I, Nr. 30)

eine Aussage über die vorkommenden Zeitkonstanten. Dazu führen wir eine Verteilungsfunktion $g(\tau)$ mit der Nebenbedingung

$$(13) \qquad \int_0^\infty \frac{g(\tau)}{\tau}\, d\tau = 1$$

ein. $g(\tau)\, d(\lg \tau) = \frac{g(\tau)}{\tau}\, d\tau$ soll derjenige Bruchteil der nachwirkenden Bezirke sein, deren Zeitkonstanten im Intervall τ bis $\tau + d\tau$ liegen. Der Beitrag dieser Bezirke zur Induktion heiße $b\, d\tau$, so daß im ganzen gilt

$$(14) \qquad B = \mu_0 H + \int_0^\infty b\, d\tau.$$

Im Fall eines konstanten Gleichfeldes H hat b nach hinreichend langer Zeit den Wert

$$(15) \qquad b_\infty = \gamma \mu_0 H \frac{g(\tau)}{\tau}.$$

Nach (13) ist dann, wie es sein muß,

$$\int_0^\infty b_\infty\, d\tau = \gamma \mu_0 H.$$

Die Bedeutung der Zeitkonstanten τ liegt nun darin, daß b bei einer zeitlichen Änderung von H nicht mehr durch den Sollwert b_∞ gegeben ist. Für die zeitliche Veränderung von b in diesem Fall machen wir den Ansatz

$$(16) \qquad \frac{db}{dt} = -\frac{1}{\tau}(b - b_\infty),$$

welcher zum Ausdruck bringt, daß b sich in jedem Augenblick mit der Zeitkonstanten τ seinem Sollwert nähert. Hat man durch Integration von (16) $b(t)$ bestimmt, so ergibt sich die Induktion $B(t)$ selbst aus (14). Für die Anwendungen wird besonders wichtig der einfache Schaltversuch sowie der Versuch mit periodisch variierendem Feld.

Beim *Ausschaltversuch* werde das Gleichfeld zur Zeit $t=0$ abgeschaltet; es sei also

$$H = H_0 \quad \text{für} \ -\infty < t < 0$$
$$\text{und } H = 0 \quad \text{für} \ 0 < t.$$

In diesem Fall folgt aus (16) für $t > 0$

$$b(t) = \gamma \mu_0 H_0 \frac{g(\tau)}{\tau}\, e^{-\frac{t}{\tau}}$$

und somit nach (14)

$$(17) \qquad B(t) = \gamma \mu_0 H_0 \int_0^\infty \frac{g(\tau)}{\tau}\, e^{-\frac{t}{\tau}}\, d\tau.$$

Das zeitliche Abklingen der Induktion wird hier beschrieben durch die *Nachwirkungsfunktion*

$$(17\text{a}) \qquad \psi(t) = \int_0^\infty \frac{g(\tau)}{\tau}\, e^{-\frac{t}{\tau}}\, d\tau,$$

deren Analyse den wesentlichen Inhalt vieler Arbeiten über Nachwirkung bildet.

Im *Wechselstromversuch* sei $H = H_0 \cdot \cos \omega t$. Auch hiermit läßt sich (16) ohne weiteres integrieren. Man erhält

$$b(t) = \gamma \mu_0 H_0 \frac{g(\tau)}{\tau} \left[\frac{1}{1 + (\omega\tau)^2} \cos \omega t + \frac{\omega\tau}{1 + (\omega\tau)^2} \sin \omega t \right],$$

also nach (14):

$$(18) \quad B(t) = \mu_0 H_0 \left\{ \left(1 + \gamma \int_0^\infty \frac{g(\tau)}{1 + (\omega\tau)^2} \frac{d\tau}{\tau} \right) \cos\omega t + \gamma \int_0^\infty \frac{\omega\tau \cdot g(\tau)}{1 + (\omega\tau)^2} \frac{d\tau}{\tau} \cdot \sin\omega t \right\}.$$

Hier gibt der Faktor bei $\cos\omega t$ an, um wieviel die wirksame Permeabilität μ gegenüber μ_0 vergrößert erscheint:

$$(19) \quad \mu = \mu_0 \left(1 + \gamma \int_0^\infty \frac{g(\tau)}{1 + (\omega\tau)^2} \frac{d\tau}{\tau} \right).$$

Wie zu erwarten, wird $\mu \to \mu_0$ für $\omega \to \infty$ und $\mu \to \mu_0(1+\gamma)$ für $\omega \to 0$. Der Faktor bei $\sin\omega t$ liefert eine Phasenverzögerung gegenüber dem Feld, d. h. also einen Verlustwinkel ε_n. Wenn wir zum Zweck einer ersten Orientierung den Faktor bei $\cos\omega t$ gleich 1 setzen, also $\gamma \ll 1$ annehmen, so folgt aus (18)

$$(20) \quad \operatorname{tg}\varepsilon_n = \gamma \int_0^\infty g(\tau) \frac{d(\omega\tau)}{1 + (\omega\tau)^2}.$$

Nun ist der Nachwirkungsverlustwinkel erfahrungsgemäß innerhalb weiter Grenzen unabhängig von der Frequenz. Wir leiten aus dieser Beobachtungstatsache einen Ansatz für die Verteilungsfunktion $g(\tau)$ ab. Wenn nämlich $g(\tau)$ überhaupt konstant wäre, etwa gleich g', so würde man aus (20) $\operatorname{tg}\varepsilon_n = g'\frac{\pi}{2}$ erhalten, unabhängig von ω. Der Ansatz $g(\tau) = g'$ ist aber mit der Forderung (13) $\int_0^\infty g\frac{d\tau}{\tau} = 1$ im Widerspruch. Wir schränken ihn daher ein durch die Annahme, daß g einen konstanten Wert haben soll für alle Größen von τ, welche zwischen einer unteren Grenze τ_1 und einer oberen Grenze τ_2 liegen, dagegen Null für alle τ unterhalb τ_1 und oberhalb τ_2. Mit diesen beiden Grenzen wird also, bei Berücksichtigung von (13)

$$(21) \quad \begin{cases} g(\tau) = \dfrac{1}{\lg\dfrac{\tau_2}{\tau_1}} & \text{für } \tau_1 \leq \tau \leq \tau_2 \\[2ex] g(\tau) = 0 & \text{für } \tau < \tau_1 \text{ und } \tau > \tau_2. \end{cases}$$

An der in (21) gewählten Rechteckform für $g(\tau)$ ist nur wesentlich, daß g in einem größeren Bereich nahezu konstant ist und außerhalb desselben hinreichend stark gegen Null geht. Sie ist praktisch äquivalent mit einer von K. W. Wagner[1] vorgeschlagenen Funktion, in welcher die Ecken abgerundet sind. Wir erwarten, daß (20) auch jetzt noch eine Frequenzunabhängigkeit von ε_n liefert, solange wenigstens $1/\omega$ groß gegen τ_1 und klein gegen τ_2 ist. In der Tat bekommen wir

$$\operatorname{tg}\varepsilon_n = \frac{\gamma}{\lg\dfrac{\tau_2}{\tau_1}} \int_{\tau_1}^{\tau_2} \frac{d(\omega\tau)}{1 + (\omega\tau)^2}$$

oder

$$(22) \quad \operatorname{tg}\varepsilon_n = \frac{\gamma}{\lg\dfrac{\tau_2}{\tau_1}} \{\operatorname{arc\,tg}(\omega\tau_2) - \operatorname{arc\,tg}(\omega\tau_1)\}.$$

---

[1] Wagner, K. W.: s. S. 244.

Wenn $\tau_2 > \tau_1$ ist, so liefert (22) einen weiten, durch $\tau_1 < \dfrac{1}{\omega} < \tau_2$ gekennzeichneten Bereich, in welchem tg ε_n, unabhängig von ω, den Wert

$$(23) \qquad (\text{tg } \varepsilon_n)_{\text{max}} = \frac{\gamma}{\lg \dfrac{\tau_2}{\tau_1}} \cdot \frac{\pi}{2}$$

besitzt. An den Grenzen des Bereiches, d. h. für $\omega = 1/\tau_1$ wie auch für $\omega = 1/\tau_2$
wird tg ε_n gerade halb so groß. Wenn dagegen τ_2/τ_1 nicht extrem groß gegen 1
ist, schrumpft auch das Gebiet, in welchem tg ε als konstant angesehen werden
kann, immer mehr zusammen. Allgemein folgt für die Frequenz ω_m, bei
welcher ε_n seinen größten Wert besitzt, aus (22)

$$(23\,\text{a}) \qquad \omega_m = \frac{1}{\sqrt{\tau_1 \cdot \tau_2}}$$

und für den Höchstwert von tg ε selber

$$(23\,\text{b}) \; (\text{tg } \varepsilon_n)_{\text{max}} = \frac{\gamma}{\lg \dfrac{\tau_2}{\tau_1}} \left\{ \text{arc tg} \sqrt{\frac{\tau_2}{\tau_1}} - \text{arc tg} \sqrt{\frac{\tau_1}{\tau_2}} \right\} = \frac{\gamma}{\lg \dfrac{\tau_2}{\tau_1}} \, \text{arc tg} \, \tfrac{1}{2} \left(\sqrt{\frac{\tau_2}{\tau_1}} - \sqrt{\frac{\tau_1}{\tau_2}} \right).$$

Der einfache, durch (17) gegebene Schaltversuch läßt sich mit (21) natürlich
auch quantitativ auswerten. Wir erhalten

$$(24) \qquad B(t) = \mu_0 H_0 \frac{\gamma}{\lg \dfrac{\tau_2}{\tau_1}} \int\limits_{\tau_1}^{\tau_2} \frac{e^{-\frac{t}{\tau}}}{\tau} \, d\tau,$$

also für die Nachwirkungsfunktion (17a):

$$\psi(t) = \frac{1}{\lg \dfrac{\tau_2}{\tau_1}} \int\limits_{\tau_1}^{\tau_2} \frac{e^{-\frac{t}{\tau}}}{\tau} \, d\tau.$$

Mit der Substitution $t/\tau = y$ wird

$$(24\,\text{a}) \qquad \psi(t) = \frac{1}{\lg \dfrac{\tau_2}{\tau_1}} \int\limits_{t/\tau_2}^{t/\tau_1} \frac{e^{-y}}{y} \, dy.$$

Zur Darstellung von $\psi(t)$ brauchen wir die transzendente Funktion

$$(25) \qquad N(\alpha) = \int\limits_{\alpha}^{\infty} \frac{e^{-y}}{y} \, dy,$$

welche identisch ist mit der in Tabellen, z. B. bei JAHNKE-EMDE[1], ausführlich
behandelten Funktion $-Ei(-\alpha)$. Sie fällt für wachsende α monoton von ∞
auf 0. Für große und kleine Werte ihres Argumentes gelten die Entwicklungen:

$$(25\,\text{a}) \quad \left\{ \begin{aligned} &\alpha < 1: \; N(\alpha) = -0{,}577\ldots - \lg \alpha + \alpha - \frac{1}{2}\frac{\alpha^2}{2!} + \frac{1}{3}\frac{\alpha^3}{3!} - + \cdots \\ &\alpha > 1: \; N(\alpha) = \frac{e^{-\alpha}}{\alpha} \left(1 - \frac{1!}{\alpha} + \frac{2!}{\alpha^2} - + \cdots \right) \\ &\text{für } \alpha = 1 \;\; \text{wird} \;\; N(1) = 0{,}219\ldots \end{aligned} \right.$$

---

[1] JAHNKE, E. u. F. EMDE: Funktionstafeln, 3. Aufl., S. 1. Berlin 1938.

Die Reihe für $\alpha > 1$ ist nur semikonvergent, man darf in ihr summieren nur solange die Reihenglieder noch abnehmen. Der Fehler wird kleiner als das erste nichtbenutzte Reihenglied. Wir erhalten somit für unsere Nachwirkungsfunktion (24a)

$$(26) \qquad \psi(t) = \frac{1}{\lg \frac{\tau_2}{\tau_1}} \left(N\left(\frac{t}{\tau_2}\right) - N\left(\frac{t}{\tau_1}\right) \right).$$

Mit Hilfe von (25a) entnehmen wir daraus für den Fall $\tau_2 > \tau_1$ das folgende Verhalten: Für $t < \tau_1$, also bei Beginn der Nachwirkung, gilt:

$$\psi(t) \cong \frac{1}{\lg \frac{\tau_2}{\tau_1}} \left[\lg \frac{\tau_2}{\tau_1} - t\left(\frac{1}{\tau_1} - \frac{1}{\tau_2}\right) \right] \cong 1 - t \cdot \frac{1}{\tau_1 \lg \frac{\tau_2}{\tau_1}} \cdot$$

Dieser in t lineare Abfall wird sich außer bei extrem langsamen Vorgängen der Beobachtung entziehen, da für kurze Beobachtungszeiten die Nachwirkung durch Wirbelströme verdeckt wird. Er setzt sich noch fast linear fort bis $t = \tau_1$, wo ψ den Wert

$$\psi(\tau_1) = \frac{1}{\lg \frac{\tau_2}{\tau_1}} \left[-0{,}577\ldots - \lg \frac{\tau_1}{\tau_2} - 0{,}219\ldots \right]$$

$$= 1 - \frac{0{,}796}{\lg \frac{\tau_2}{\tau_1}}$$

erreicht. — Besonders wichtig ist das Intervall $\tau_1 < t < \tau_2$ zwischen den beiden Grenzzeitkonstanten. Hier ist $t/\tau_2 < 1$ und $t/\tau_1 > 1$, also

$$\psi(t) = \frac{1}{\lg \frac{\tau_2}{\tau_1}} \left[-0{,}577\ldots - \lg \frac{t}{\tau_2} \right].$$

In diesem Intervall nimmt $B(t)$ proportional zu $\lg t$ ab, und zwar wird hier

$$B(t) = \frac{\gamma \mu_0 H_0}{\lg \frac{\tau_2}{\tau_1}} \left[\lg \tau_2 - 0{,}577 - \lg t \right].$$

Bei Versuchen, in welchen die Registrierung der eigentlichen Nachwirkung erst für $t > \tau_1$ einsetzt, beobachtet man demnach

$$(27) \qquad B(t) = \text{const} - \frac{\gamma \mu_0 H_0}{\lg \frac{\tau_2}{\tau_1}} \cdot \lg t.$$

Vergleichen wir dieses Gesetz mit dem — in diesem Bereich frequenzunabhängigen — Nachwirkungswinkel (23), so ergibt sich ein äußerst einfacher Zusammenhang zwischen der Steilheit der B-$\lg t$-Geraden und jenem Winkel. Stellt man den Verlauf von B dar durch

$$(28) \qquad \frac{B}{\mu_0 H_0} = \text{const} - \beta \lg t,$$

so hat β die Bedeutung

$$(28a) \qquad \beta = \frac{\gamma}{\lg \frac{\tau_2}{\tau_1}}.$$

Also erhält man für den Nachwirkungswinkel

$$(29) \qquad \operatorname{tg} \varepsilon_n = \beta \frac{\pi}{2}.$$

Im Gebiet der mechanischen Nachwirkung wurde dieser Zusammenhang bereits von BOLTZMANN[1] angegeben und experimentell bestätigt.

Für $t = \tau_2$ ist der größte Teil der Nachwirkung bereits vorüber. Es wird

$$\psi(\tau_2) = \frac{0{,}219}{\lg \dfrac{\tau_2}{\tau_1}}.$$

In dem allgemeineren Fall, daß $H = H(t)$ in einer willkürlich vorgegebenen Weise von der Zeit abhängt, lassen sich natürlich die oben für das nachwirkende Dielektrikum angegebenen allgemeinen Formeln (9) und (10) direkt übertragen. Man erhält mit der durch (9) gegebenen Erinnerungsfunktion $\varphi(\vartheta)$:

$$B(t) = \mu_0 \left[H(t) + \gamma \int\limits_0^\infty \varphi(\vartheta)\, H(t-\vartheta)\, d\vartheta \right].$$

Ein Feld $H(t-\vartheta)$, welches zu einer um ϑ zurückliegenden Zeit während der Dauer $d\vartheta$ gewirkt hat, hat zur Zeit t noch eine nachwirkende Induktion vom Betrage $\mu_0 \gamma \varphi(\vartheta)\, H(t-\vartheta)\, d\vartheta$ zur Folge.

Eine wichtige Prüfung auf die praktische Gültigkeit des hierdurch zum Ausdruck gebrachten Superpositionsprinzips bildet der folgende Überlagerungsversuch, bei welchem ein Gleichfeld H_0 nur während einer bestimmten Zeit t_0, etwa von $t = -t_0$ bis $t = 0$ eingeschaltet ist. Nach dem Abschalten, d. h. für $t > 0$ ist dann

$$H(t-\vartheta) = H_0 \qquad \text{für } t < \vartheta < t + t_0$$
$$H(t-\vartheta) = 0 \qquad \text{für } \vartheta < t \text{ und } \vartheta > t + t_0.$$

Das Integral über ϑ gibt also

$$H_0 \int\limits_t^{t+t_0} e^{-\frac{\vartheta}{\tau}}\, d\vartheta = \tau H_0 \left[e^{-\frac{t}{\tau}} - e^{-\frac{t+t_0}{\tau}} \right].$$

Damit wird für $t > 0$

$$(30) \qquad B(t) = \gamma \mu_0 H_0 \left[\psi(t) - \psi(t + t_0) \right],$$

wo $\psi(t)$ die in (17a) eingeführte Nachwirkungsfunktion bedeutet. Durch (30) ist das

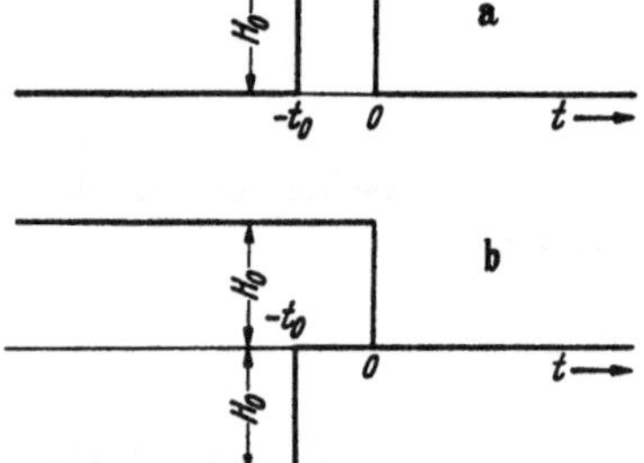

Abb. 164. Ersatz der Schaltzacke in (a) durch Superposition von zwei, seit $t = -\infty$ wirkenden Feldern.

Superpositionsprinzip in besonders drastischer Weise zum Ausdruck gebracht. Die Wirkung der Schaltzacke (Abb. 164a) wird durch (30) beschrieben als diejenige, welche von der Überlagerung der beiden, in Abb. 164b dargestellten Felder erzeugt wird: Ein Feld $+H_0$, wirkend von $-\infty$ bis 0, und ein Feld $-H_0$, wirkend von $-\infty$ bis $-t_0$.

Nach den bisher vorliegenden experimentellen Resultaten sieht es so aus, als ob mindestens zwei verschiedene Arten von magnetischer Nachwirkung existierten, von denen die eine weitgehend durch die vorstehend entwickelte Theorie beschrieben wird (quantitativer Zusammenhang zwischen Schaltversuch und Wechselstromversuch, Gültigkeit des Superpositionsprinzips, ausgeprägte Frequenzabhängigkeit), während für die andere diese Gesetze nur unvollkommen oder gar nicht zutreffen.

c) Die frequenz- und temperaturabhängige Nachwirkung.

Am vollständigsten untersucht ist der Fall des gut ausgeglühten Karbonyleisens durch die Schaltversuche von G. RICHTER[2] und die Wechselstromversuche

[1] BOLTZMANN, L.: s. S. 247.

[2] RICHTER, G.: Ann. Phys., Lpz. V, Bd. 29 (1937) S. 605. Probleme der technischen Magnetisierungskurve. Berlin 1938.

von H. Schulze[1]. Aus der Arbeit von Richter entnehmen wir zunächst die Abb. 165 und 166. Eine einzelne dieser Kurven wurde so gewonnen, daß zur Zeit $t = 0$ das bis dahin herrschende Gleichfeld abgeschaltet und der zeitliche Verlauf der Induktion beim Feld Null beobachtet wurde. Die beim Abschalten im ganzen erfolgende Induktionsänderung ist mit $\varDelta B \; [= (1 + \gamma)\, \mu_0\, H_0$ in der Schreibweise unserer Gleichungen] bezeichnet; in den Abbildungen ist nur der nachwirkende Teil $B_n(t)$ dargestellt. Die verschiedenen Kurven beziehen sich auf verschiedene Temperaturen. An diesen Meßergebnissen fällt zunächst die ungeheuer starke Temperaturabhängigkeit auf: Bei $-12{,}6°$ C benötigt die Nachwirkung viele Minuten zu ihrem Ablauf, bei $+97{,}3°$ ist sie bereits nach $^1/_{100}$ sec im wesentlichen erledigt. Diese verschiedene Größenordnung in der Geschwindigkeit erfordert natürlich experimentell auch verschiedene Beobachtungsmethoden. Dementsprechend wurden die Kurven der Abb. 165 magnetometrisch, diejenigen der Abb. 166 dagegen ballistisch aufgenommen. Weiterhin erkennt man, daß die verschiedenen Kurven bei der

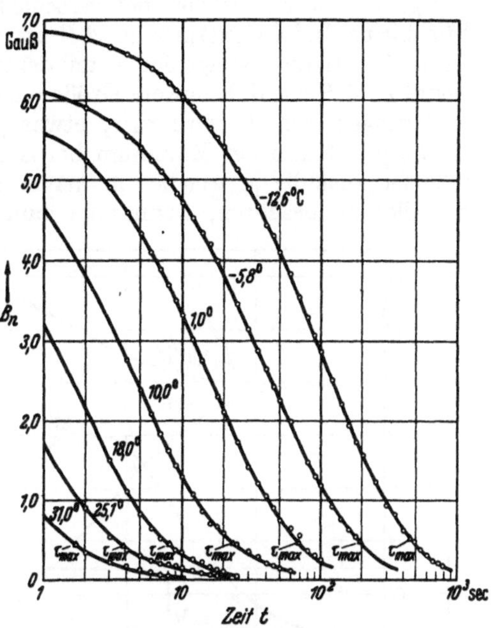

Abb. 165. Nachwirkungskurven $B_n(t) = B_0 \cdot \psi(t)$ für $\varDelta B = 83$ Gauß bei verschiedenen Temperaturen an einem Bündel aus 0,1 mm-Band von Karbonyleisen. Magnetometrisch gemessen. [Nach G. Richter: Ann. Phys., Lpz. V, Bd. 29 (1937) S. 605.]

logarithmischen Darstellung im wesentlichen (bis auf einen konstanten Faktor in den Ordinaten) durch einfache Parallelverschiebung in horizontaler Richtung miteinander zur Deckung gebracht werden können. Eine einzelne Kurve kann innerhalb der Meßgenauigkeit mittels unserer oben (26) besprochenen Nachwirkungsfunktion

$$\psi(t) = \frac{1}{\lg \frac{\tau_2}{\tau_1}} \left[N\left(\frac{t}{\tau_2}\right) - N\left(\frac{t}{\tau_1}\right) \right],$$

also mit Hilfe einer oberen Grenze τ_2 und einer unteren Grenze τ_1 für die Zeitkonstanten nach der Formel $B_n(t) = B_0 \cdot \psi(t)$ beschrieben werden. B_0 ist der Wert von B_n für $t \to 0$, also das $\gamma\, \mu_0\, H_0$ von früher.

Der Versuch zeigt einen schwachen Abfall von B_0, d.h. von γ, mit steigender Temperatur um etwa 0,4% pro Grad. Weiterhin ergibt die Konstruktion der reinen $\psi(t)$-Kurven durch Bildung von $B_n(t)/B_0$, daß diese nun durch eine bloße Parallelverschiebung entlang der $\lg t$-Achse miteinander zur Deckung gebracht werden können. Diese Tatsache bedeutet, daß bei einer Temperatur-

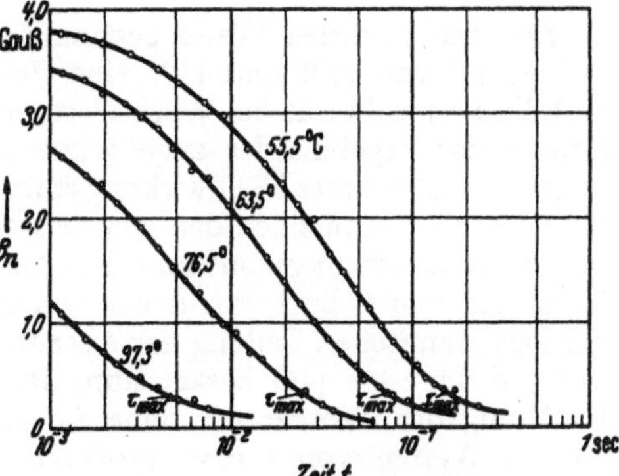

Abb. 166. Wie Abb. 165, nur bei höheren Temperaturen und ballistisch gemessen. Man beachte den um den Faktor 1000 veränderten Zeitmaßstab.

---

[1] Schulze, H.: Wiss. Veröff. Siemens-Werk Bd. 17 (1938) S. 39, 59 u. 68, ferner: Probleme der technischen Magnetisierungskurve. Berlin 1938.

erhöhung alle Zeitkonstanten um den gleichen Faktor verkleinert werden. Für das Verhältnis τ_2/τ_1 ergibt sich somit im ganzen untersuchten Temperaturgebiet der gleiche Wert, welcher bei verschiedenen Proben zwischen 17 und 60 lag. Für kleine Induktionssprünge ΔB ist zudem τ_2/τ_1 unabhängig von ΔB. In demselben Bereich steigt der Anteil der nachwirkenden Induktion genau proportional zu ΔB an; d. h. unsere Größe γ ist für kleine ΔB konstant. Bei größeren Änderungen von B wird τ_2/τ_1 etwas größer, während γ stark abfällt. Die Größe γ hat also ein Maximum bei $\Delta B \to 0$, welches erfahrungsgemäß um so schärfer ausfällt, je weicher in magnetischer Hinsicht das Material ist. Man hat dies zu beachten, wenn man zum Zweck einer Voraussage des Verlustwinkels die Größe γ auf den Fall $\Delta B \to 0$ extrapoliert.

Die starke Temperaturabhängigkeit wird quantitativ beschrieben durch eine Exponentialfunktion:

$$(31) \quad \tau_2 \approx 5 \cdot 10^{-15}\, e^{\frac{\Theta}{T}}\ \text{sec}$$

mit $\Theta = 10\,300°$. Schreibt man den Exponenten in der Form Q/RT, wo $R = 2\ \text{gcal/Mol} \cdot \text{Grad}$ die allgemeine Gaskonstante bedeutet, so gelangt man zu der Aussage, daß die Nachwirkung in diesem Fall durch eine Aktivierungswärme von $Q = 20\,000\ \text{gcal/Mol}$ charakterisiert ist.

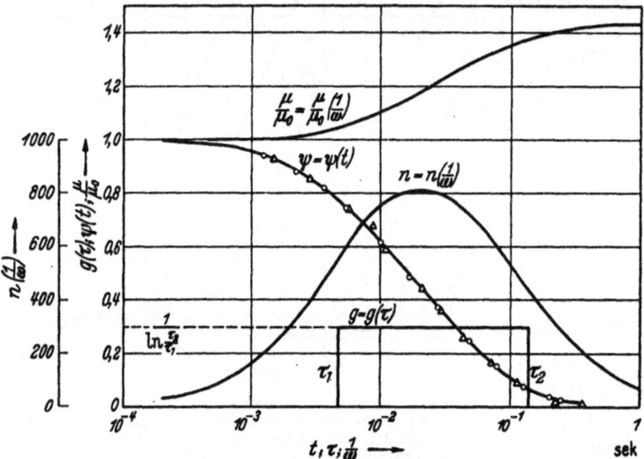

Abb. 167. 1. Die Nachwirkungsfunktion $\psi(t)$ bei 55,1° C., ballistisch gemessen an einem Ringkern aus 0,1 mm starkem Karbonyleisen-Band (2 Stunden bei 1000° C geglüht). o o Meßpunkte; △ △ berechnet nach Gleichung (26). 2. Die an $\psi(t)$ angepaßte Verteilungsfunktion $g(\tau)$. $\tau_2/\tau_1 = 29$. $\tau_1 = 0,14$ sec. 3. Jordansche Verlustziffer n in Abhängigkeit von $1/\omega$, berechnet aus $g(\tau)$ nach Gleichung (20) mit dem Meßwert $\gamma = 0,43$. 4. Das Permeabilitätsverhältnis μ/μ_0 als Funktion von $1/\omega$, berechnet aus $g(\tau)$ nach Gleichung (19) mit $\gamma = 0,43$.

Aus den in dieser Weise bestimmten Werten von τ_1 und τ_2 läßt sich nun auf Grund von (20) und (19) eine Voraussage über den Nachwirkungswinkel und die Permeabilität bei Wechselstromversuchen machen. Für einen speziellen Fall ist das Ergebnis der zugehörigen Rechnung in Abb. 167 dargestellt. Man sieht die beobachtete Nachwirkungskurve $\psi(t)$, die daraus ermittelte Verteilungsfunktion $g(\tau)$, schließlich den aus dieser nach (20) und (19) berechneten Verlauf für die Nachwirkungskonstante $n = 2\pi\, 10^8\, \text{tg}\, \varepsilon_n$ und die Permeabilität μ. Das Maximum von n liegt, wenn wir von der μ-Änderung absehen, nach (23a) bei der logarithmischen Teilung der Abszisse in der Mitte zwischen τ_1 und τ_2. Unser Temperaturgesetz (31) besagt nun, daß sich die Kurven für $\psi(t)$ und $g(\tau)$ bei Erhöhung der Temperatur ohne Änderung ihrer Gestalt nach links, d. h. zu kleinen Werten von t bzw. größeren Werten von ω verschieben. Auch die Kurven für n und μ müssen diese Verschiebung mitmachen; die Verlusthöhe verkleinert sich hierbei etwas, da der Faktor γ, wie oben erwähnt, selbst mit steigender Temperatur abfällt.

An Hand der Abb. 167 übersieht man auch leicht die Temperaturabhängigkeit des Verlustwinkels und der Permeabilität bei gegebener Frequenz. Bei tiefen Temperaturen sind sowohl τ_1 wie τ_2 wesentlich größer als $1/\omega$. Bei der mit wachsender Temperatur erfolgenden Linksverschiebung des $g(\tau)$-Rechtecks wächst die Nachwirkung so lange, bis die Mitte des Rechtecks die Stelle $1/\omega$ erreicht hat. Danach muß n wieder abnehmen. Die Hälfte des Maximums von n

ist dann zu erwarten, wenn $1/\tau_1 = \omega$ oder $1/\tau_2 = \omega$ wird. Nach dem Temperaturgesetz (31) gilt bei dem Verhältnis $\tau_2/\tau_1 \approx 29$ für die Temperaturen T_1 und T_2, bei denen die Hälfte des Maximalwertes auftritt,

$$29 \approx e^{\Theta\left(\frac{1}{T_1} - \frac{1}{T_2}\right)},$$

woraus folgt

$$T_2 - T_1 \approx \frac{T_1 \cdot T_2}{\Theta}\, \lg 29.$$

Danach erhalten wir z. B. für die Halbwertsbreite der $n(T)$-Kurve bei $T \approx 100°$ C $= 373°$ K etwa

$$T_2 - T_1 \approx \frac{140\,000}{10\,300} \cdot 3,4 = 46°\ \text{C}.$$

Für den Zusammenhang zwischen der Temperatur und der Kreisfrequenz ω_m des Verlustmaximums erhalten wir leicht nach (23a) und (31) mit dem obigen Wert für τ_2/τ_1 die Beziehung

$$(32)\quad \lg \omega_m = 34,8 - \frac{10\,300}{T}.$$

Die bei konstanter Frequenz gemessene Permeabilität μ sollte mit der Temperatur zunächst monoton ansteigen, da immer mehr Bezirke dem Wechselfeld folgen können. Später kann sie allerdings wieder absinken, wenn der Abfall von γ den ersten Effekt überkompensiert. Von dieser γ-Änderung abgesehen geht die Abb. 167 direkt über in eine

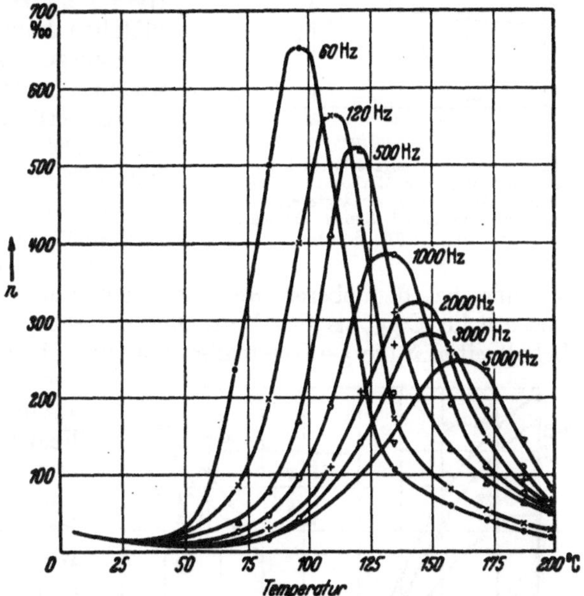

Abb. 168. Nachwirkungskonstante n von ausgeglühtem Karbonyleisen in Abhängigkeit von der Temperatur bei verschiedenen Frequenzen. (Nach H. Schulze: Probleme der technischen Magnetisierungskurven, Berlin 1938, S. 114.)

Darstellung von n und μ bei einer bestimmten Frequenz ω_0 als Funktion der Temperatur, wenn man entlang der Abszissenachse an Stelle von $\lg 1/\omega$ die Temperaturskala in der Form const $- 1/T$ abträgt.

Wir vergleichen diese theoretischen Voraussagen mit dem Ergebnis der Wechselstrommessungen, welche durch H. Schulze durchgeführt wurden. Die Meßergebnisse sind in Abb. 168 dargestellt. Eine einzelne Kurve beschreibt die Veränderung von n mit der Temperatur bei der angeschriebenen Frequenz. Für jede Frequenz existiert ein ausgesprochenes Maximum, dessen Lage vollständig der soeben erörterten theoretischen Erwartung entspricht. Denn für den Zusammenhang zwischen der Frequenz und derjenigen Temperatur, bei der n seinen Maximalwert erreicht, ergibt sich aus Abb. 168

$$\lg \omega_m = 34,7 - \frac{10\,600}{T}.$$

Auch die Halbwertsbreite ist in befriedigender Übereinstimmung mit den Aussagen des Schaltversuchs. Für die Temperaturabhängigkeit der Permeabilität bei einer bestimmten Frequenz ω gibt eine Arbeit von Snoek ein gutes Beispiel (Abb. 169). Diese bei der Frequenz $38\ \text{sec}^{-1}$ ausgeführte Messung zeigt, soweit die Beobachtung reicht, in besonders eindrucksvoller Weise den theoretisch zu fordernden Verlauf von μ und tg ε.

Für die Deutung der hier beschriebenen Nachwirkung ist es weiterhin wichtig, daß das Superpositionsprinzip nach den Messungen von G. RICHTEI

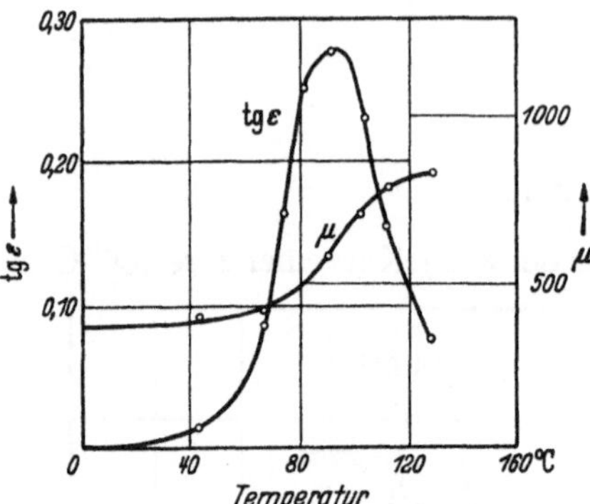

Abb. 169. Nachwirkungsverlustwinkel tg ε und Permeabilität μ von Karbonyleisen bei der Frequenz 38 sec⁻¹ in Abhängigkeit von der Temperatur. [Nach J. L. SNOEK: Physica, Haag Bd. 5 (1938) S. 663.]

weitgehend erfüllt ist. Dies tritt besonder; kraß in Erscheinung bei der sog. anomaler Nachwirkung, bei welcher die Magnetisierung ohne äußere Einwirkung erst zu- und später wieder abnimmt. Sie wird in folgender Weise beobachtet: Nachdem während einer sehr langen Zeit ein bestimmtes positives Feld H_{max} eingeschaltet war, werde es plötzlich kommutiert und dann nach ϑ sec ganz ausgeschaltet. Die darauffolgende Nachwirkung zeigt Abb. 170. Die beiden Hilfsfiguren erläutern nochmals den Schaltvorgang. Die Zeit zählt vom Moment des Abschaltens des kommutierten Feldes. Als Nullpunkt der Induktion gilt jetzt die untere Remanenz der quasistatischen Schleife. Zum Vergleich ist die gewöhnliche Ausschaltnachwirkung bei der oberen Remanenz als Kurve für $\vartheta = 0$ mitgezeichnet. Das wesentliche Ergebnis des Versuches besteht darin, daß bei genügend kleinen Schaltzeiten ϑ die gewissermaßen von der oberen Spitze der Hysteresisschleife

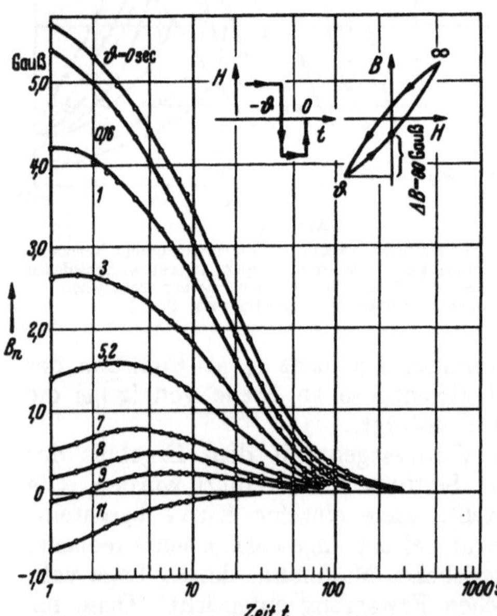

Abb. 170. Verlauf der „anomalen" Nachwirkung B_n (t) nach dem rechts oben dargestellten Schaltvorgang. Bei 0,3° C magnetometrisch gemessen an 0,1 mm starkem Karbonyleisen-Band. Die Zahlen an den verschiedenen Kurven geben die Zeit ϑ an, während welcher das Gegenfeld eingeschaltet war.

herrührende positive Nachwirkung kaum durch den entgegengesetzten Feldstoß beeinträchtigt wird, obgleich man hierdurch auf der Hysteresisschleife von der oberen auf die untere Remanenz gelangt. Der Verlauf der Kurven mit ϑ zeigt eindeutig, daß man im Grenzfall $\vartheta \rightarrow 0$ bei der unteren Remanenz fast die gesamte früher am oberen Remanenzpunkt beobachtete Nachwirkung erhält. Dies deutet an, daß die hier betrachtete Nachwirkung und die gewöhnliche Hysterese weitgehend voneinander unabhängig sind. Für größere ϑ, besonders zwischen $\vartheta = 5$ und 9 sec, sieht man den angekündigten An- und Abstieg der Induktion. Bei noch längerer Schaltdauer nimmt dann die Nachwirkung den üblichen monotonen Charakter an.

Diese Erscheinung wurde übrigens zuerst von MITKEVITCH[1] bei ballistischen Messungen bemerkt und als „anomale" Nachwirkung bezeichnet. Sie läßt sich wiederum mit Hilfe des Superpositionsprinzips verstehen. Den beobachteten Effekt kann man z. B. als die Überlagerung der Wirkungen des positiven Feldes $2 H_{max}$ von $t = -\infty$ bis $t = -\vartheta$ und des negativen $-H_{max}$ von $t = -\infty$ bis $t = 0$ auffassen. Für die resultierende „anomale" Nachwirkung ist dann zu erwarten

$$(33) \qquad B_n(t) = B_0 \cdot \psi_{anom}(t) = B_0 [2\psi(t + \vartheta) - \psi(t)],$$

[1] MITKEVITCH, A.: J. Phys. Radium, Ser. 7, Bd. 7 (1936) S. 133.

wenn wir die kleine Remanenz von etwa 3% der Spitzeninduktion gegen diese vernachlässigen. Beide Anteile rechter Hand sind uns bekannt. Die Differenzbildung ergibt in der Tat ein An- und Absteigen des ψ_{anom}, das zwar den beobachteten Verlauf nicht quantitativ, aber doch wenigstens qualitativ und größenordnungsmäßig richtig wiedergibt. Dabei ist es wesentlich, daß die Nachwirkungsfunktion ψ keine reine Exponentialfunktion ist, denn erst wenn sie aus einer Summe von mindestens zwei solchen Funktionen besteht, kann die zeitliche Ableitung von (33) das Vorzeichen wechseln.

Zusammenhang mit der mechanischen Nachwirkung. Wenn auch im vorstehenden eine recht befriedigende mathematische Beschreibung der beobachteten Nachwirkung gelungen ist, so bleibt doch die Frage nach ihrer eigentlichen physikalischen Ursache noch ungeklärt. Offenbar hat die Zeitkonstante τ die Bedeutung, daß einem momentanen Fortschreiten der Magnetisierung eine Hemmung entgegensteht, die erst allmählich mit der Abklingkonstanten τ verschwindet. Auf der Suche nach dem Wesen dieser Hemmung wird man zunächst an die bremsende Wirkung mikroskopischer Wirbelströme denken, welche wir in anderem Zusammenhang (Kapitel 18d, S. 237) besprochen haben, und welche auch als Ursache für die Nachwirkung gelegentlich vorgeschlagen wurden. Im vorliegenden Fall kann aber diese Deutung nicht in Betracht kommen, weil sie erstens die Größe der Nachwirkungszeiten nicht erklärt und zweitens mit der starken Temperaturabhängigkeit von τ nicht verträglich ist. Eine andere Möglichkeit besteht darin, daß die Hemmung mechanischer Natur ist. Die Zeitkonstante τ wäre dann durch die Geschwindigkeit mechanischer Vorgänge, also etwa der inneren Diffusion oder des plastischen Fließens, gegeben. Es ist bekannt, daß solche Vorgänge erst durch die Temperaturbewegung der Moleküle ermöglicht werden und daher größenordnungsmäßig in ähnlich starker Weise mit wachsender Temperatur beschleunigt werden, wie wir es oben für τ_1 und τ_2 gesehen haben (z. B. beträgt nach Jost[1] die Aktivierungsenergie für die Diffusion etwa 10^4 bis $5 \cdot 10^4$ gcal/Mol). Modellmäßig könnte man sich eine mechanische Hemmung sowohl bei reversiblen wie auch bei irreversiblen Vorgängen durchaus vorstellen. Bei reversiblen Vorgängen etwa in folgender Weise: Durch eine plötzliche Magnetisierung entstehen im Innern des Ferromagnetikums magnetostriktive Spannungen, die eine weitere Zunahme der Magnetisierung zu verhindern suchen. Wenn nun durch plastisches Fließen diese Magnetostriktionsspannungen allmählich verschwinden, so muß die Magnetisierung auch bei konstantem Feld noch etwas anwachsen. Zur genaueren Lokalisierung dieser magnetostriktiven Verspannungen sind noch zwei Vorstellungen möglich. Denkt man an 90°-Wände, so hat man als Ort der Verspannung das beim Fortschreiten der Wand magnetisch frisch umgeklappte Volumen zu betrachten. Auch bei 180°-Wänden ist, nach einem Vorschlag von Snoek[2], eine Verspannung der Wandumgebung vorstellbar, wenn man die endliche Dicke der Bloch-Wand berücksichtigt. In dieser Übergangsschicht kommen alle „Spinrichtungen" zwischen 0° und 180° vor, somit auch solche, die magnetostriktiv verspannend wirken. Man hat sich dann vorzustellen, daß, wenn die Wand an einem Orte lange ruht, sie vermöge des mechanisch bedingten Rückganges der Verspannung sich allmählich eine Potentialmulde gräbt, in die sie sich einbettet. Die Wandenergie ist dann zeitabhängig, was zu Nachwirkungserscheinungen Anlaß gibt. Unsere Zeitkonstanten bedeuten dann die Abklingdauer dieses mechanisch-magnetostriktiven Zusatzes zur Blochschen Wandenergie. Wir werden nachher (S. 262) auf diese Deutung zurückkommen.

---

[1] Jost, W.: Diffusion und chemische Reaktion in festen Stoffen. Leipzig 1937.
[2] Snoek, J. L.: Physica, Haag Bd. 8 (1938) S. 663.

Eine andere Möglichkeit besteht in der Vorstellung, daß einem Fortschreiten der Wandverschiebung lokale, durch Gitterfehler bedingte Hindernisse entgegenstehen. Eine gestörte Gitterstelle wird immer dann als Hemmung wirken, wenn der Durchgang durch diese Stelle mit einer Vergrößerung der Wandenergie verknüpft ist. Unter den lokalen Gitterfehlern gibt es nun aber auch solche, welche durch thermische Schwankungen erzeugt sind. Diese werden in unregelmäßiger Weise entstehen und vergehen, und zwar in einem Tempo, welches wesentlich durch die Aktivierungsenergie der atomaren Platzwechsel bedingt ist. Die an einer solchen Störstelle festsitzende Wand muß in diesem Bilde darauf warten, bis durch die thermischen Schwankungen das Hindernis beseitigt ist. Die beiden angedeuteten mechanischen Bilder unterscheiden sich dadurch, daß im ersten Fall das mechanische Hindernis erst durch das Vorrücken der Wand erzeugt wird, während es im zweiten Fall unabhängig davon vorhanden ist.

Wenn auch eine brauchbare Durchführung dieser theoretischen Vorstellungen bisher nicht existiert, so sprechen doch die ebenfalls von G. RICHTER[1] ausgeführten Versuche über *mechanische Nachwirkung* sehr für die enge Koppelung zwischen mechanischen und magnetischen Vorgängen. Bei diesen Versuchen wurde ein frei hängender Draht um einen bestimmten Winkel tordiert und danach sich selbst überlassen. Die elastische Verdrillung geht dann nicht sogleich zurück, es bleibt vielmehr eine gewisse Verdrillung φ_n zurück, welche erst allmählich verschwindet. Bei Beobachtung des zeitlichen Verlaufes dieser restlichen Verdrillung ergeben sich Kurven, welche mit den in Abb. 165 und 166 für die magnetische Nachwirkung dargestellten im wesentlichen identisch sind. Sie lassen sich insbesondere im ganzen untersuchten Temperaturbereich durch fast dieselben beiden Zeitkonstanten. τ_1 und τ_2 mit derselben Temperaturabhängigkeit (31) darstellen. Weiterhin wurde beobachtet, daß der zeitliche Ablauf des Nachwirkungswinkels $\varphi_n(t)$ praktisch der gleiche war, wenn sich der Draht in einem starken axialen Magnetfeld befand. Daraus geht eindeutig hervor, daß der durch die Aktivierungsenergie $Q = 20\,000$ cal/Mol gekennzeichnete Elementarprozeß primär nichtmagnetischer Natur ist. Beim Torsionsversuch ohne äußeres Feld könnte man wegen der bekannten magnetostriktiven Koppelung zwischen mechanischen und verborgenen magnetischen Vorgängen noch daran denken, daß die Nachwirkung auch hier primär magnetischer Natur ist und sich erst mittels einer magnetostriktiven Koppelung als mechanische Nachwirkung bemerkbar macht. Wenn aber der Vorgang bei einem starken äußeren Feld, durch welches innere Magnetisierungsprozesse praktisch unterbunden werden, im wesentlichen unverändert abläuft, so ist damit bewiesen, daß er primär nicht durch magnetische Prozesse bedingt sein kann.

d) Die Jordansche Nachwirkung.

Es muß betont werden, daß die beschriebene Form der magnetischen Nachwirkung bisher nur an einem Material, nämlich Karbonyleisen, beobachtet ist und auch hier nur im gut ausgeglühten Zustand. Aber schon hier deutet sich eine zweite Art der Nachwirkung an. Nach der Abb. 168 von SCHULZE und der Abb. 169 von SNOEK wird der Verlauf von n als Funktion von T in der Umgebung des Maximums recht gut durch die obige Theorie wiedergegeben. Nach dieser Theorie müßte aber n bei tieferen Temperaturen praktisch auf Null absinken. Nach Ausweis der Abb. 168 ist davon nicht die Rede. Bei Temperaturen unterhalb 20° C bleibt eine merkliche, mit weiter abnehmender

<hr>

[1] RICHTER, G.: Probleme der technischen Magnetisierungskurve. Berlin 1938. — Ann. Phys., Lpz. V, Bd. 32 (1938) S. 683.

Temperatur sogar noch etwas ansteigende Nachwirkung übrig, welche obendrein von der Frequenz im untersuchten Intervall nicht abhängt. Man hat den Eindruck, daß das stark frequenzabhängige und im vorigen Abschnitt allein diskutierte Nachwirkungsgebirge aufgebaut ist auf einen frequenzunabhängigen Untergrund. Die physikalische Verschiedenheit dieser beiden Sorten von Nachwirkung tritt besonders bei einer plastischen Verformung hervor. Z. B. wurde bei einer Versuchsreihe[1] das Material um 0,9% gereckt. Dadurch sank die Höhe des „Gebirges" auf etwa die Hälfte, während der Untergrund praktisch nicht beeinflußt wurde. Nach Reckung um 2,3% war die frequenzabhängige Nachwirkung praktisch verschwunden; es blieb allein der frequenzunabhängige Untergrund übrig, den wir als eigentliche „Jordansche Nachwirkung" bezeichnen wollen. Bei den meisten technischen Messungen und Anwendungen dürfte es sich in der Regel um diesen Jordanschen Untergrund handeln. Seine physikalische Natur ist noch wesentlich ungeklärter als diejenige der frequenzabhängigen Nachwirkung. Will man auch ihn im Rahmen der obigen formalen Theorie beschreiben, so ist man zu der Annahme gezwungen, daß die Grenzzeitkonstanten τ_1 und τ_2 um viele Zehnerpotenzen auseinanderliegen, und zwar muß τ_2 so groß, τ_1 so klein sein, daß sich beide meßtechnisch nicht unmittelbar erfassen lassen. In diesem Fall würde man nach (28) beim Schaltversuch einen rein logarithmischen Verlauf $\dfrac{B_n(t)}{\Delta B} = \text{const} - \beta \lg t$ (für $\tau_1 < t < \tau_2$) beobachten und nach (29) einen frequenzunabhängigen Nachwirkungswinkel

$$\operatorname{tg} \varepsilon_n = \frac{\pi}{2}\,\beta.$$

In diesen klassischen Zusammenhang zwischen Steilheit von $\dfrac{B_n(t)}{\Delta B}$ in der logarithmischen Darstellung und dem Nachwirkungswinkel ε_n gehen die Grenzzeiten τ_1 und τ_2 überhaupt nicht ein. Auch eine Temperaturabhängigkeit von τ_1 und τ_2 würde sich der Beobachtung entziehen, so lange sowohl t als auch $1/\omega$ wesentlich innerhalb des von τ_1 bis τ_2 reichenden Zeitintervalls bleiben.

Eine Prüfung dieses Zusammenhanges im Gebiet der Jordanschen Nachwirkung wurde von PREISACH[2] an Bandkernen und Massekernen der Legierung 40% Ni, 60% Fe durchgeführt. Es ergab sich nur eine größenordnungsmäßige Übereinstimmung: Der Schaltversuch lieferte ein β von $1 \cdot 10^{-3}$, der Wechselstromversuch dagegen ein ε_n von $3,2 \cdot 10^{-3}$, d. h. ein β von $2 \cdot 10^{-3}$, also einen etwa doppelt so großen Wert wie die erste Methode. Jedoch schon diese größenordnungsmäßige Übereinstimmung muß als ein wesentlicher Fortschritt bewertet werden, da er zum erstenmal experimentell einen Zusammenhang des Jordanschen Winkels ε_n mit wirklicher zeitlicher Nachwirkung aufzeigte. Auch abgesehen von dieser zahlenmäßigen Unstimmigkeit konstatierte PREISACH wesentliche Abweichungen von den Voraussagen der formalen Theorie durch das vollständige Versagen des Superpositionsprinzips. Bei einem Schaltversuch, in welchem das Feld nur während der kurzen Zeit t_0 von $t = -t_0$ bis $t = 0$ einwirkt, sollte nach (30) der Induktionsverlauf gegeben sein durch

$$B_n(t) = \gamma\,\mu_0\,H_0\,[\psi(t) - \psi(t + t_0)].$$

Im logarithmischen Gebiet müßte also gemäß (28) für $t > t_0$ etwa

$$\frac{B_n(t)}{\mu_0\,H_0} = \beta \lg\left(1 + \frac{t_0}{t}\right) \approx \beta\,\frac{t_0}{t}$$

gelten. Es ergab sich jedoch, daß der Verlauf von B_n von t_0 praktisch unabhängig war und einfach durch $\gamma\,\mu_0\,H_0 \cdot \psi(t)$, unabhängig von t_0, wiedergegeben

[1] SCHULZE, H.: s. S. 253.
[2] PREISACH, F.: Z. Phys. Bd. 94 (1935) S. 277.

werden konnte, im Gegensatz zu den Messungen von RICHTER, die am Karbonyleisen die strenge Gültigkeit des Superpositionsprinzips nachwiesen. Die von PREISACH selbst gegebene Deutung seiner Versuchsergebnisse weist möglicherweise einen Weg zum Verständnis dieser Unterschiede. Diese wären nämlich dann verständlich, wenn es sich im Preisachschen Fall um eine Nachwirkung der irreversiblen, im Richterschen dagegen um eine solche der reversiblen Vorgänge handelte. Um das einzusehen, betrachten wir die Schleife der Abb. 171 a. Das Gleichfeld H_0 möge während der Zeit t_0 wirken (Punkt 2 der Schleife). Danach werde abgeschaltet und die Nachwirkung im Punkte 3 beobachtet. Wenn die Nachwirkung an die reversible Wandverschiebung geknüpft ist, so ist es klar, daß sie um so ausgeprägter wird, je länger das Feld im Punkte 2 wirkt. Wenn t_0 sehr klein ist, werden nur Wandverschiebungen von einer entsprechend kleinen Zeitkonstanten eintreten, welche nach Abschalten des Feldes

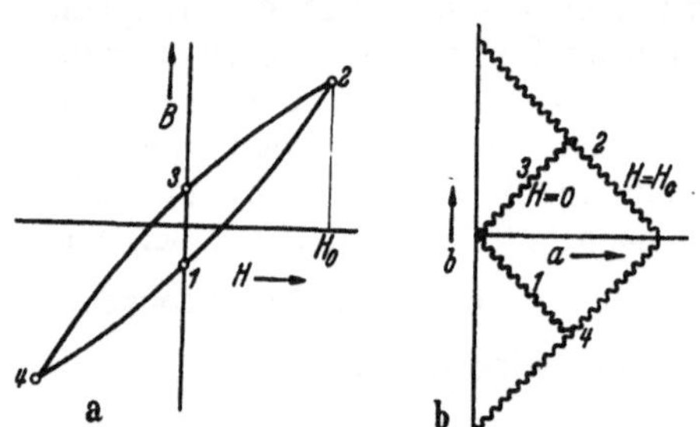

Abb. 171. b gibt die Lagen der H-Front in der a-b-Ebene an den Stellen 1, 2, 3, 4 der Schleife a (vgl. die Beschreibung der a-b-Ebene in Kapitel 17, Abb. 145).

ebenso schnell wieder zurückgehen. In 3 müssen dieselben reversiblen Wandverschiebungen wieder rückgängig gemacht werden, welche in 2 durch H_0 erzwungen wurden. Anders ist es, wenn wir die irreversiblen Vorgänge für die Nachwirkung verantwortlich machen, d. h. wenn wir ihre Ursache in einem verzögerten Ablauf der Barkhausen-Sprünge erblicken. Das S. 222 besprochene Dreieckschema der im Rayleigh-Gebiet auftretenden Barkhausen-Sprünge läßt erkennen, daß in diesem

Fall das Superpositionsprinzip vollständig versagen muß. Beim zyklischen Schalten der Schleife von 1 über 2 und 3 nach 4 liegen nämlich diejenigen Bezirke, welche an den betreffenden Stellen gerade daran sind, einen Barkhausen-Sprung auszuführen, in der a-b-Ebene jeweils auf den durch 1, 2, 3, 4 gekennzeichneten schmalen Streifen (Abb. 171 b). Für eine Nachwirkung im Remanenzpunkt (3) sind also im allgemeinen individuell andere Bezirke maßgebend als im Punkte 2. Für die in 3 beobachtbare Nachwirkung wird es danach unwesentlich sein, ob die auf dem Streifen 2 liegenden Bezirke vorher ihren Barkhausen-Sprung ausgeführt haben oder nicht. Das entspricht aber gerade der Preisachschen Beobachtung, daß die Nachwirkung in 3 unabhängig von der Zeitdauer ist, während welcher vorher das Feld H_0 gewirkt hat.

e) Nachwirkung der Permeabilität.

Wir haben bisher als magnetische Nachwirkung lediglich die zeitliche Veränderung der Induktion nach einem Schaltvorgang betrachtet. Daneben

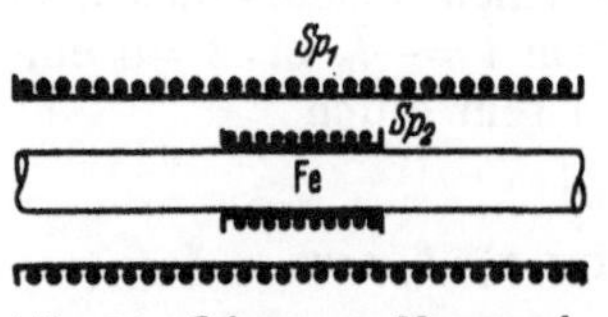

Abb. 172. Schema zur Messung der Nachwirkung der Permeabilität.

beobachtet man jedoch auch Veränderungen anderer Größen, von denen diejenige der Permeabilität noch kurz besprochen sei. Wir beziehen uns dabei insbesondere auf Arbeiten von ATORF[1] und SNOEK[2]. Die experimentelle Methode besteht im Schema darin, daß man das zu prüfende Stück mit zwei Spulen Sp_1 und Sp_2 umgibt (Abb. 172). Mit Hilfe von Sp_1 erzeugt man das „erregende" Feld H_1, welches man sprunghaft oder kontinuierlich verändern kann. Sp_2 dient zur Messung der Permeabilität mit Hilfe eines Wechselstroms. Die Amplitude des

---

[1] ATORF, H.: Z. Phys. Bd. 76 (1932) S. 513.
[2] SNOEK, J. L.: s. S. 257.

von diesem Wechselstrom erzeugten Feldes soll so klein sein gegenüber den mit Hilfe von Sp_1 erzeugten Feldänderungen, daß der aus der Induktivität von Sp_2 ermittelte Wert von μ als reversible Permeabilität μ_r betrachtet werden kann. Bei einer solchen Messung ergibt sich nun stets eine zeitliche *Abnahme* der reversiblen Permeabilität nach einem Schaltvorgang, unabhängig davon, ob dabei die erregende Feldstärke vergrößert oder verkleinert wurde. Die Abnahme von μ_r (bei konstant gehaltenem H_1) besteht in einem logarithmischen Kriechen, wie man es bei anderen Nachwirkungsphänomenen gewohnt ist. Von besonderem Interesse ist die Beobachtung von ATORF, daß man das Absinken von μ_r zum Stillstand bringen kann, wenn man das überlagerte Gleichfeld H_1 kontinuierlich ändert. Für den Effekt ist dabei maßgebend die Änderungsgeschwindigkeit dH_1/dt des Gleichfeldes. Als Beispiel sei folgender Versuch wiedergegeben: Nach dem Einschalten des Gleichfeldes (Punkt P, Abb. 173b) beobachtet man ein durch die Kurve 0 (Abb. 173a) wiedergegebenes zeitliches

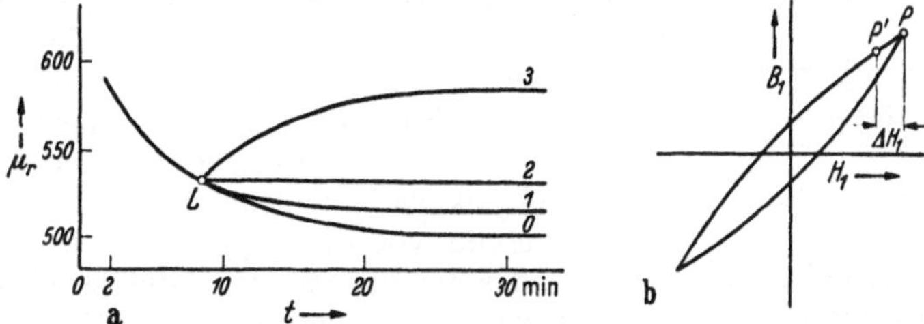

Abb. 173a. Zeitliches Absinken der Permeabilität (Kurve 0) und deren „Auffrischung" durch ein verschieden starkes, im Punkte L eingeschaltetes $\dfrac{\Delta H}{\Delta t}$. (Kurven 1, 2, 3). [Nach H. ATORF: Z. Phys. Bd. 76 (1932) S. 513.]

Abb. 173b. Zur Lage des Meßpunktes P und des „Auffrischungsfeldes" ΔH auf der B-H-Schleife bei ATORFS Versuchen.

Absinken von μ_r. Bei einer Wiederholung läßt man H_1 nur solange konstant, bis etwa der Punkt L der Abklingkurve erreicht ist. Von da ab wird H_1 mit einer bestimmten Geschwindigkeit $w = dH_1/dt$ geändert, und zwar hin- und hergehend zwischen den Punkten P und P' der Hystereseschleife. Je nach der Größe von w verläuft μ_r dann von L nach den Kurven *1, 2* oder *3*. Bei einem bestimmten w wird der in L erreichte Wert gerade stabilisiert. Bei größerem w dagegen wird das Material gemäß Kurve *3* aufgefrischt.

Zu bemerken ist hierzu noch, daß diese Auffrischung ausfällt, falls die Feldänderung ΔH_1 zwischen P und P' zu klein gemacht wird, selbst wenn man durch gleichzeitige Steigerung der Frequenz die Geschwindigkeit dH/dt beibehält. Hierdurch wird es möglich, den Meßstrom in Sp_2 so klein zu wählen, daß die μ-Messung selber den Effekt nicht stört. Einen ähnlichen Einfluß auf μ_r wie die Änderungen von H kann man nach ATORF bei mechanischen Erschütterungen beobachten.

Sehr bemerkenswert ist die von SNOEK gefundene Temperaturabhängigkeit des μ-Abfalls, wie sie in Abb. 174 nach einer Messung an Karbonyleisen dargestellt ist. Der Temperatureffekt erweist sich als ebenso stark wie bei der oben betrachteten Nachwirkung der Induktion. Der Zeitverlauf von μ_r läßt sich innerhalb des Meßintervalls mit Hilfe einer einzigen Zeitkonstanten τ recht gut darstellen durch

$$(34) \qquad \frac{1}{\mu_r} = \frac{1}{\mu_0(1+\gamma)} + \left(\frac{1}{\mu_0} - \frac{1}{\mu_0(1+\gamma)}\right)\left(1 - e^{-\frac{t}{\tau}}\right).$$

$\mu_0(1+\gamma)$ bedeutet den Wert von μ_r für $t=0$, μ_0 den Wert für $t \to \infty$. Nimmt man als Temperaturgesetz für τ unsere alte Formel $\tau = \text{const} \cdot e^{\frac{Q}{RT}}$ an, so erhält man aus den zwei Kurven der Abb. 174 $Q \approx 18000$ gcal/Mol. Diese Zahl gewinnt an Bedeutung durch die Tatsache, daß bis auf wenige Prozent derselbe Wert am gleichen Meßobjekt aus Messungen des Verlustwinkels, also durch Beobachtung der Induktionsnachwirkung erhalten wurde. Auch weicht sie nicht erheblich von unserem früheren Wert (S. 254) von 20000 ab. Dieser Befund dürfte ein deutlicher Hinweis darauf sein, daß die Nachwirkung der Permeabilität und die temperatur- und frequenzabhängige Nachwirkung der Induktion einen gemeinsamen Ursprung besitzen. Damit scheint die Frage der Verknüpfung des μ-Effektes mit der reversiblen oder irreversiblen Wandverschiebung von vornherein zugunsten der ersteren entschieden zu sein, da wir früher die temperaturabhängige Nachwirkung auf diese zurückführten.

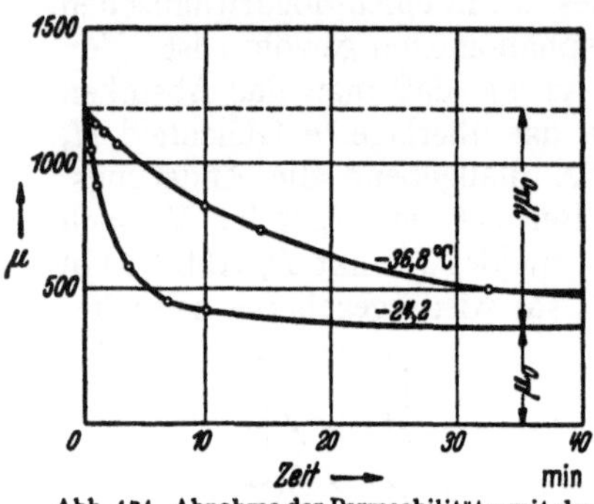

Abb. 174. Abnahme der Permeabilität μ mit der Zeit bei $-24{,}2°$ C und bei $-36{,}8°$ C. [Nach J. L. Snoek: Physica, Haag Bd. 8 (1938) S. 663.]

Zunächst erscheint aber auch eine Deutung mittels der irreversiblen Wandverschiebungen durchaus möglich: Die auf S. 260 erwähnte Preisachsche Auffassung der Jordanschen Nachwirkung führt diese zurück auf verspätete Barkhausen-Sprünge. Es ist nun physikalisch einleuchtend, daß ein Bezirk gerade vor dem Sprung, etwa im Punkte L (Abb. 175), besonders labil wird und entsprechend der differentiellen Steilheit der Hysteresekurve in L einen großen Beitrag zur Permeabilität liefert. Nach dem Sprung, in M, wird dieser Beitrag praktisch verschwunden sein. In dem Maße also, wie nach einem Schaltvorgang die Jordansche Nachwirkung abläuft, d. h. also durch spontane Barkhausen-Sprünge der Vorrat an labilen Bezirken sich erschöpft, muß μ absinken, wie es die Beobachtung ergibt. Auch die Atorfsche Auffrischung durch ein überlagertes dH/dt wird unmittelbar verständlich. Denn durch die Feldänderung werden immer neue labile Wände vom Typus L erzeugt. Aber hier zeigt sich, daß das „Dreiecksmodell" der Barkhausen-Sprünge (nach Abb. 171) wegen seiner Grundeigenschaft der Nichtsuperponierbarkeit, deretwegen es ersonnen wurde, in unserem Fall ausscheiden muß. Im Widerspruch mit der Tatsache, daß der Auffrischungseffekt nach Einschalten des dH/dt sich erst allmählich einstellt, läßt das Preisachsche Modell eine unverzügliche Erreichung des Endzustandes erwarten. Weiterhin würde, wie es sich leicht an Abb. 171b übersehen läßt, der ganze

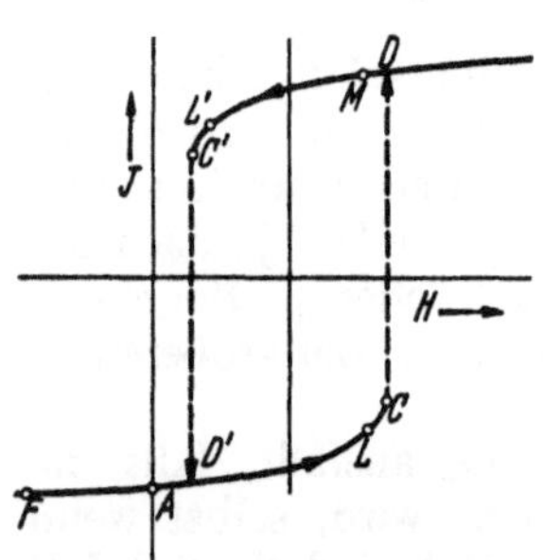

Abb. 175. Zur Deutung der μ-Nachwirkung durch die abnorm große differentielle Permeabilität in einem Punkt L unmittelbar vor einem Barkhausen-Sprung.

Effekt zerstört, wenn nach einem kleinen Schaltvorgang in P nur ein sehr kleines negatives ΔH_1 eingeschaltet wird. Auch dies widerspricht den Tatsachen. Schließlich steht noch die Größe des Effektes im starken Mißverhältnis zu der üblichen Kleinheit der Jordanschen Nachwirkung, als deren Attribut hier der μ-Abfall erscheint.

f) Die Snoeksche Theorie der magnetischen Nachwirkung[1].

Die Snoeksche Beobachtung des Temperatureinflusses legt es nahe, den μ-Effekt gemeinsam mit der temperaturabhängigen Nachwirkung der Induktion an die reversiblen Wandverschiebungen zu knüpfen. Über den Mechanismus

---

[1] Snoek, J. L.: Physica, Haag Bd. 5 (1938) S. 663.

dieser Wandverschiebung gibt ferner die oben erwähnte Parallelität mit der mechanischen Nachwirkung einen weiteren Fingerzeig. Zwar gibt es hierüber noch keine quantitativ durchgeführte Theorie, jedoch ist nach SNOEK die auf S. 257 angedeutete Vorstellung der magnetostriktiven Verspannung der Übergangsschicht in den 180°-Wänden geeignet, die drei Nachwirkungserscheinungen der Induktion, der Permeabilität und der mechanischen Deformation in einen geeigneten Zusammenhang zu bringen.

Die erwähnte Vorstellung besagt, daß eine solche Wand bei längerem Aufenthalt an einer bestimmten Stelle durch das Verschwinden der magnetostriktiven Spannungsenergie eine Potentialmulde erzeugt, in die sie sich gewissermaßen absetzt und dadurch an Beweglichkeit verliert. Die räumliche Ausdehnung dieser Mulde ist von der Größenordnung der Wanddicke. In Abb. 176 sind die Verhältnisse schematisch erläutert. x sei die Koordinate der Wandmitte, $F(x)$ die freie Energie der Wand pro cm² ihrer Oberfläche. Die Kurve O stelle den Verlauf von F nach Ausgleich der Verspannungsenergie dar; sie entspricht einer sehr langsamen Änderung von x. Die Kurve $U(x)$ bedeutet die freie Energie vor Ausgleich der Spannungen. Im feldfreien Zustand befindet sich die Wand bei $x=0$. Nach hinreichend langer Zeit hat dann F an dieser Stelle den durch die O-Kurve gegebenen Wert. Verschiebt man nun durch ein schnell eingeschaltetes Feld die Wand aus dieser Lage, so wächst F entlang der ge-

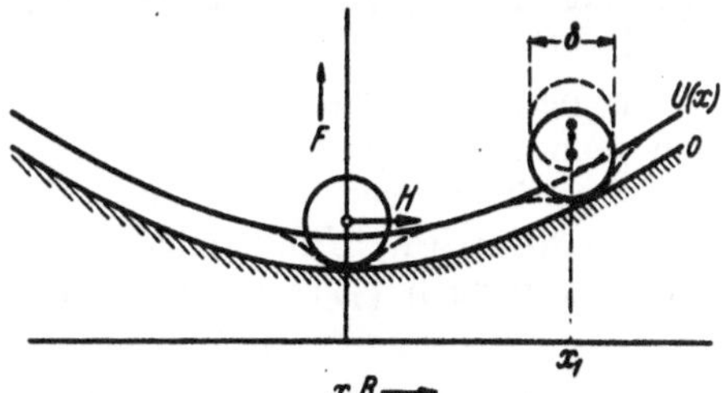

Abb. 176. Die Bloch-Wand als Walze auf einer harten Straße (O) mit plastischer Oberschicht $U(x)$ (zur Snoekschen Theorie der Nachwirkung).

strichelten Kurve, um nach einer Verschiebung von der Größenordnung der Wanddicke in die $U(x)$-Kurve überzugehen. Der ganze Vorgang läßt sich vergleichen mit dem Rollen einer Walze auf einer festen Straße mit plastischer Oberschicht. In diesem Bilde würde der Abstand der $U(x)$-Kurve von der O-Kurve der Dicke dieser Oberschicht entsprechen, in welche die Walze bei längerem Verweilen an einem Ort einsinkt.

Wir zeigen, wie man auf diese Weise sowohl die Nachwirkung der Permeabilität wie auch diejenige der Induktion beschreiben kann. Zu dem Zweck müssen wir die Eigenschaften des Modells durch einige Zusatzannahmen genauer festlegen. Es bedeute $W(x, t)$ den Betrag, um welchen $F(x)$ zur Zeit t an der Stelle x unterhalb der Kurve $U(x)$ liegt, also

$$(35) \qquad F(x) = U(x) - W(x, t).$$

Wenn die Wand sehr lange an der Stelle x_1 ruht, so soll sich schließlich ein Verlauf

$$(36) \qquad F(x) = U(x) - E(x - x_1) \qquad x_1 \text{ konstant}, \qquad t \to \infty$$

einstellen, welcher für $x_1 = 0$ durch die in Abb. 176 gestrichelte Kurve angedeutet ist. $E(x)$ hat die Form einer Glockenkurve, deren Halbwertsbreite mit der Wanddicke vergleichbar ist. Für den Wert Null ihres Argumentes ist $E'(0) = 0$. Außerdem ist $E''(0)$ negativ. Bringen wir also die Wand plötzlich von $x = 0$ an die Stelle x_1 und halten sie dort fest, so geht $W(x, t)$ im Laufe der Zeit von $W = 0$ in $E(x - x_1)$ über. Für das Zeitgesetz dieses Überganges machen wir die für das ganze Modell grundlegende Annahme:

$$(37) \qquad \frac{\partial W(x, t)}{\partial t} = -\frac{1}{\tau} [W(x, t) - E(x - x_1)].$$

Für den Fall, daß die Wand an der Stelle x_1 ruht, ergibt sich daraus als Bildungsgesetz der Potentialmulde

$$(37a) \qquad W(x,t) = E(x - x_1)\left[1 - e^{-\frac{t}{\tau}}\right] \qquad \begin{array}{l} x_1 \text{ konstant,} \\ W = 0 \text{ für } t = 0. \end{array}$$

Wir wollen aber (37) auch dann noch als gültig ansehen, wenn der Ort x_1 der Wand sich mit der Zeit ändert. Die Mulde soll also in jedem Augenblick nach dem durch die momentane Lage der Wand gegebenen „Sollwert" $E(x - x_1(t))$ hinstreben. Wirkt nun noch ein Feld H auf die Wand, so erfährt diese einen Druck von der Größe $2 J_s H$. Die momentane Lage x_1 der Wand ist dann mit dem Wert (35) von F gegeben durch

$$(38) \qquad \left(\frac{\partial F}{\partial x}\right)_{x = x_1} \equiv U'(x_1) - W'(x_1, t) = 2 J_s H.$$

(Wir bezeichnen hier und im folgenden mit ′ und ″ die erste und zweite partielle Ableitung nach x.) Zusammen mit (37) ist durch (38) grundsätzlich $x_1(t)$ bekannt, sobald $H(t)$ gegeben ist.

Wir betrachten zunächst den von SNOEK genauer untersuchten Fall, daß nach dem Entmagnetisieren das Material während der Zeit t_0 (etwa 3 min) sich selbst überlassen bleibt, und daß dann plötzlich ein kleines Gleichfeld H eingeschaltet wird. Unmittelbar vor Einschalten des Feldes hat die Potentialmulde dann nach (37a) die Gestalt

$$F(x) = U(x) - E(x)\left[1 - e^{-\frac{t_0}{\tau}}\right].$$

$x = 0$ ist die Gleichgewichtslage ohne Feld; also ist für kleine x.

$$F'(x) = F''(0) \cdot x.$$

Beim Einschalten von H geht nach (38) die Wand in die durch

$$(39) \qquad \left\{ U''(0) - E''(0)\left(1 - e^{-\frac{t_0}{\tau}}\right)\right\} x_1(t_0) = 2 J_s H$$

gegebene Lage $x_1(t_0)$ über. Im weiteren Verlauf (bei konstant gehaltenem H) muß sich die Mulde an der Stelle x_1 abflachen. Damit ist eine weitere Verschiebung der Wand verbunden, welche schließlich zu der Gleichgewichtslage $x_1 = \dfrac{2 J_s H}{U''(0)}$ führt. Die Zeit dieser Verschiebung wird im wesentlichen ebenfalls durch die Konstante τ bestimmt sein. Um danach das Verhalten der Induktion B zu übersehen, multiplizieren wir die Gleichung (39) mit $2 J_s O$, worin $O/4\pi$ die Wandfläche pro cm³ der Substanz bedeutet. $2 J_s x_1$ ist die Magnetisierung pro cm² der Wandfläche, $2 J_s x_1 O$ also gleich $B - H$. Wir vernachlässigen hier H neben B, setzen also $B(t) = 2 J_s O x_1(t)$. Mit den Abkürzungen

$$(40) \qquad \left\{ \begin{array}{l} \dfrac{1}{\mu_0(1 + \gamma)} = \dfrac{U''(0)}{4 J_s^2 O}; \qquad \dfrac{1}{\mu_0} = \dfrac{U''(0) - E''(0)}{4 J_s^2 O}; \\[3mm] \dfrac{1}{\mu_r} = \dfrac{1}{\mu_0(1 + \gamma)} + \left(\dfrac{1}{\mu_0} - \dfrac{1}{\mu_0(1 + \gamma)}\right)\left(1 - e^{-\frac{t_0}{\tau}}\right) \end{array} \right.$$

wird also aus (39)

$$B(t_0) = \mu_r H.$$

Ferner wird für $t \to \infty$: $B(\infty) = \mu_0(1 + \gamma) H$.

μ_r hat in Abhängigkeit von t_0 genau den in Abb. 174 und Gleichung (34) angegebenen Verlauf. Es sinkt im Laufe der Zeit nach Maßgabe der Zeitkonstanten τ von $\mu_0(1 + \gamma)$ auf μ_0 ab. Der weitere Verlauf von $B(t)$ von t_0 ab bis zum Endwert $\mu_0(1 + \gamma) H$ ist für verschiedene Werte von τ in Abb. 177 zur Anschauung gebracht:

Für $\tau \gg t_0$, d. h. für sehr tiefe Temperaturen, wird bereits bei $t = t_0$ der Endwert erreicht, der sich weiterhin nicht mehr ändert. Für $\tau = t_0$ wird $B(t_0) = \dfrac{\mu_0 (1 + \gamma)}{1 + 0{,}63\,\gamma}\,H$, danach geht entsprechend der Kurve $B - B'$ in Abb. 177 $B(t)$ mit der Zeitkonstanten t_0 in $\mu_0(1 + \gamma)\,H$ über. Mit weiter abnehmenden Werten von τ, d. h. bei Übergang zu immer höheren Temperaturen rückt $B(t_0)$ in den Punkt D ($B = \mu_0 H$) hinein, von dem aus es immer steiler in den Endwert einläuft. Mißt man jetzt die Permeabilität μ bei diesem Schaltversuch mit einem ballistischen Galvanometer von der Schwingungsdauer t_1 (z. B. 27 sec), so beobachtet man im wesentlichen den Wert von B zur Zeit $t_0 + t_1$. Solange noch $\tau \gg t_1$ ist, also etwa bis zur Kurve $C - C'$ der Abb. 177, mißt man praktisch den Wert $B(t_0)$. Man beobachtet also eine Abnahme von μ mit wachsender Temperatur, unabhängig von t_1. Wenn aber bei weiterer Temperaturerhöhung τ kleiner als t_1 wird, so muß μ wieder ansteigen, da jetzt ein Teil des Überganges von $\mu_0 H$ in $\mu_0(1 + \gamma)\,H$, d. h. also von der Nachwirkung der Induktion, mitgemessen wird. Wird schließlich $\tau < t_1$, so erreicht man wieder $\mu = \mu_0(1 + \gamma)$, d. h. also den gleichen Wert wie bei ganz tiefen Temperaturen im Falle $\tau \gg t_0$. Die Abb. 178 gibt die Messungen von SNOEK wieder, welche vollständig diesem Bild entsprechen. Der Abfall von μ bis etwa $T = -10°$ C und der darauffolgende Wiederanstieg haben also ganz verschiedene Ursachen: Der abfallende Teil mißt die in $t_0 = 3$ min erfolgende Abnahme der Permeabilität, der ansteigende Teil dagegen den innerhalb der Meßzeit t_1 ablaufenden Teil der Nachwirkung. Bei kleinerem t_1 (kürzere Schwingungsdauer des Galvanometers) muß der aufsteigende Teil der μ-T-Kurve nach rechts verschoben werden. Auch das wurde von SNOEK beobachtet. Die einfache Kurve der Abb. 178 bringt in reizvoller Weise gleichzeitig die Nachwirkung der Permeabilität und diejenige der Induktion zur Anschauung.

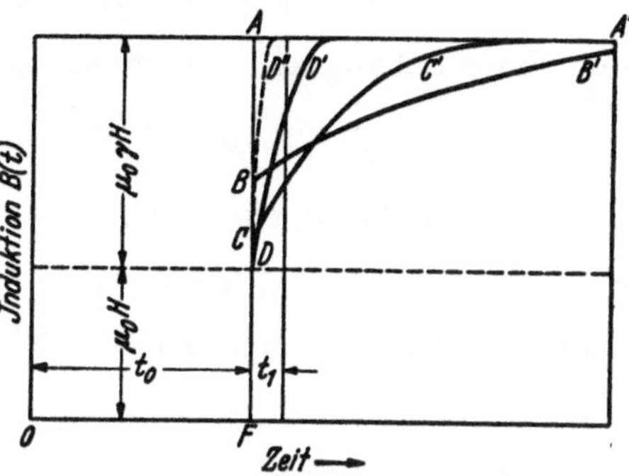

Abb. 177. Zeitlicher Verlauf der Induktion, wenn zur Zeit t_0 nach dem Entmagnetisieren ein kleines Feld H eingeschaltet wird. Die verschiedenen Kurven beziehen sich auf verschiedene Werte der Zeitkonstanten τ: $OFAA'$ $\tau \gg t_0$ $OFBB'$ $\tau \approx t_0$; $OFCC'A'$ $\tau \approx \frac{1}{2} t_0$; $OFDD'A'$ $\tau \approx \frac{1}{5} t_0$; $OFDD''A'$ $\tau \gg t_0$.

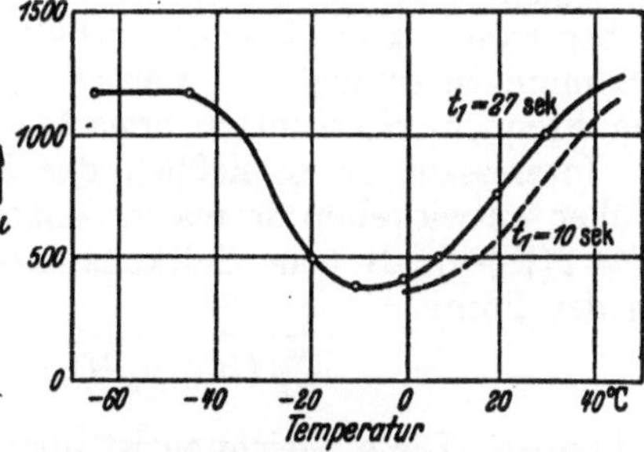

Abb. 178. Permeabilität von Karbonyleisen bei $H = 0{,}01$ Oe, gemessen 3 Minuten nach der Entmagnetisierung mit einem ballistischen Galvanometer der Schwingungsdauer $t_1 = 27$ sec, in Abhängigkeit von der Temperatur. Abfall bis etwa $-10°$ C wegen Absinken von μ (vgl. Abb. 174), danach Wiederanstieg wegen Nachwirkung. [Nach J. L. SNOEK: Physica, Haag Bd. 8 (1938) S. 663.]

Zum Schluß geben wir noch das allgemeine Zeitgesetz für die Änderung von B bei beliebiger H-Änderung an, soweit es durch den Snoekschen Ansatz (37) und (38) beschrieben wird. Durch Differenzieren von (38) nach t erhält man zunächst

$$(U''(x_1) - W''(x_1, t))\frac{d x_1}{d t} - \frac{\partial W'(x_1, t)}{\partial t} = 2 J_s \frac{d H}{d t}.$$

Wegen $E'(0) = 0$ folgt aber aus (37)

$$(41) \qquad \frac{\partial W'(x_1, t)}{\partial t} = -\frac{1}{\tau}\,W'(x_1, t),$$

nach (38) also auch

$$\frac{\partial W'(x_1, t)}{\partial t} = \frac{1}{\tau}\,(2\,J_s\,H - U'(x_1)).$$

$U(x)$ soll die Gestalt einer Parabel $U(x) = U(0) + \frac{1}{2}\,U''(0)x^2$ besitzen. Dann ist $U'(x_1) = U''(0)\cdot x_1$ und $U''(x_1) = U''(0)$. Somit wird:

$$(U''(0) - W''(x_1, t))\,\frac{d\,x_1}{d\,t} = 2\,J_s\,\frac{d\,H}{d\,t} - \frac{1}{\tau}\,(U''(0)\cdot x_1 - 2\,J_s\,H).$$

Zur Umschreibung auf $B(t)$ multiplizieren wir wie oben mit $2\,J_s\,O$ und führen neben

$$\mu_0(1 + \gamma) = \frac{4\,J_s^2\,O}{U''(0)} \quad \text{und} \quad \mu_0 = \frac{4\,J_s^2\,O}{U''(0) - E''(0)}$$

noch eine Größe γ^* ein durch

$$(42) \qquad\qquad \mu_0(1 + \gamma^*) = \frac{4\,J_s^2\,O}{U''(0) - W''(x_1, t)}.$$

Damit wird aus unserer letzten Gleichung

$$(43) \qquad \frac{d\,B}{d\,t} = \mu_0\,(1 + \gamma^*)\,\frac{d\,H}{d\,t} - \frac{1 + \gamma^*}{\tau\,(1 + \gamma)}\,(B - \mu_0\,(1 + \gamma)\,H).$$

Eine allgemeine Diskussion von (43) würde sich recht kompliziert gestalten, da γ^* nach (42) sowohl von B wie auch explizit von der Zeit t abhängt. Bei unserem oben besprochenen Snoekschen Schaltversuch war bis $t = t_0$ sowohl $B = 0$ wie auch $H = 0$. Beim Einschalten von H geht B zunächst auf $\mu_0(1 + \gamma^*)\,H$, wobei $\mu_0(1 + \gamma^*)$ im Moment t_0 gleich dem durch (40) gegebenen μ_r ist. Von da ab war $dH/dt = 0$. Wir sehen, daß nach (43) der Übergang von B in den Endwert nicht rein exponentiell mit der Zeitkonstanten τ erfolgt, sondern nach einem komplizierteren Gesetz, in dem τ ersetzt ist durch die sowohl von t wie von B abhängige Größe $\tau^* = \tau \cdot \dfrac{1 + \gamma}{1 + \gamma^*}$. Dadurch wird zwar qualitativ an unserer Abb. 177 nichts geändert. Man sieht jedoch, daß man bereits mit einem einzelnen Wert von τ innerhalb des Materials sehr verschiedene Werte von τ^* haben kann, da ja die in γ^* enthaltene Größe $U(x)$ durch unregelmäßige innere Spannungen erzeugt ist. Für τ^* haben wir daher auch bei scharfem τ bereits ein Frequenzspektrum zu erwarten.

Interessant ist schließlich der Zusammenhang zwischen (43) und unserer früher entwickelten formalen Theorie. Wenn man in (43) $\gamma^* = 0$ setzt und $\tau' = \tau(1 + \gamma)$ als neue Zeitkonstante betrachtet, so läßt sich diese Gleichung in der Form

$$\frac{d}{d\,t}\,(B - \mu_0\,H) = -\frac{1}{\tau'}\,(B - \mu_0\,H - \gamma\,\mu_0\,H)$$

schreiben. Diese Gleichung ist aber identisch mit der Grundgleichung (16) für die nachwirkende Induktion $b = B - \mu_0\,H$ der früheren formalen Theorie.

In dem für die Meßtechnik besonders wichtigen Fall eines periodischen Feldes von verschwindend kleiner Amplitude ist der Anschluß an die formale Theorie sogar vollkommen. Betrachtet man nämlich $x_1(t)$ als gegebene Funktion der Zeit, so lautet die allgemeine Lösung von (37)

$$W(x, t) = \frac{1}{\tau}\int\limits_{-\infty}^{t} e^{-\frac{t - \vartheta}{\tau}}\,E\,(x - x_1(\vartheta))\,d\vartheta.$$

Also wird $W''(x_1, t)$ am momentanen Ort der Wand

$$(44) \qquad W''(x_1, t) = \frac{1}{\tau}\int\limits_{-\infty}^{t} e^{-\frac{t - \vartheta}{\tau}}\,E''\,(x_1(t) - x_1(\vartheta))\,d\vartheta.$$

Wenn nun die Amplitude der Wandbewegung stets klein bleibt gegenüber der Wanddicke, so darf man auch die Glockenkurve $E(x)$ durch die Parabel $E(x) = \frac{1}{2}E''(0) \cdot x^2$ approximieren. Damit wird aber nach (44) $W''(x_1, t) = E''(0)$, also wirklich $\gamma^* = 0$, wie es zum Anschluß von (43) an die formale Theorie erforderlich war.

Einen wichtigen Fortschritt enthält eine neue Arbeit von SNOEK[1]. Danach bleiben die Nachwirkungserscheinungen vollkommen aus, wenn man das Eisen sorgfältig reinigt, etwa durch fünfstündiges Glühen bei 850° C in einem Strom von sehr reinem Wasserstoff. Sie treten wieder auf, wenn man Kohlenstoff oder Stickstoff in das Eisengitter einführt, etwa durch Glühen in einer CO- oder NH_3-haltigen Atmosphäre. Ein Gehalt von etwa 0,008% C oder 0,007% N genügt, um die in Abb. 178 dargestellte typische Temperaturabhängigkeit der Permeabilität zu erzeugen. Bei der Temperatur des Minimums von μ sinkt dadurch die Permeabilität auf den vierten Teil ihres Wertes. Durch diese Entdeckung ergibt sich eine sehr verlockende modellmäßige Interpretation der Snoekschen Theorie. Wenn nämlich im Fall der Stickstoffverunreinigung die Energie der Bloch-Wand von dem N-Gehalt des Metalls abhängt, etwa in dem Sinne, daß die Energie mit steigendem N-Gehalt abnimmt, so ist eine Anreicherung des Stickstoffs innerhalb der Wand zu erwarten. Nach einer Verschiebung der Wand an eine andere Stelle muß dann eine Diffusion des Stickstoffs aus der Umgebung in das von der Wand eingenommene Volumen hinein erfolgen, solange bis eine neue Gleichgewichtskonzentration hergestellt ist. Der wirkliche Vorgang, welcher dem Einsinken der Walze in Abb. 176 entspricht, wäre demnach diese Diffusion der Verunreinigungen in die Wand hinein.

Eine Erniedrigung der Wandenergie durch unmagnetische Verunreinigungen erscheint sehr plausibel. Denkt man sich im Extremfall innerhalb der Wand und parallel zu ihrer Oberfläche eine Stickstoffschicht, deren Dicke nur ein oder zwei Atomlagen zu betragen braucht, so wird die Austauschenergie zwischen zwei durch diese Schicht getrennten Eisenatomen bereits praktisch verschwunden sein. Die Magnetisierung kann daher zu beiden Seiten der Wand antiparallel sein, ohne daß dadurch ein nennenswerter Betrag an Austauschenergie auftritt. Die Spannungsenergie ist aber in diesem Falle ebenfalls Null. Somit ermöglicht eine solche Stickstoffschicht den Aufbau einer 180°-Wand von sehr kleiner Dicke ohne nennenswerte Energie. Bei einer gegenüber den Diffusionsvorgängen schnellen Verschiebung der Wand müßte in diesem Extremfall das Feld die gesamte Wandenergie γ neu erzeugen. Ausgehend von dieser Überlegung kann man sich leicht vorstellen, daß auch bei geringen Stickstoffgehalten, welche zum Aufbau einer solchen Trennschicht nicht ausreichen, durch eine Erhöhung der Stickstoffkonzentration innerhalb der Wand sowohl die Wanddicke wie auch die Wandenergie herabgesetzt wird.

IV. Die Begleiterscheinungen der Magnetisierung.

20. Die thermischen Effekte bei der Magnetisierung.

In Kapitel 6 (S. 69 f) hatten wir bereits die Temperaturänderungen betrachtet, die bei einem adiabatischen Magnetisierungsvorgang auftreten. Wir hatten uns dabei auf den verhältnismäßig großen magnetokalorischen Effekt beschränkt, der mit der Zunahme der spontanen Magnetisierung in starken Feldern verknüpft ist. Er tritt besonders in der Nähe des Curie-Punktes hervor und kann dort in den technisch leicht erreichbaren Feldern ein Grad und mehr betragen.

---

[1] SNOEK, J. L.: Physica, Haag Bd. 6 (1939) S. 161.

Hier wollen wir uns nun mit den sehr viel kleineren Temperaturänderungen beschäftigen, die bei dem Vorgang des Ausrichtens der spontan magnetisierten Bezirke auftreten. In Kapitel 6 hatten wir diese vernachlässigt. Sie betragen selten mehr als $^1/_{1000}$°. Daher sind sie nur weit unterhalb des Curie-Punktes

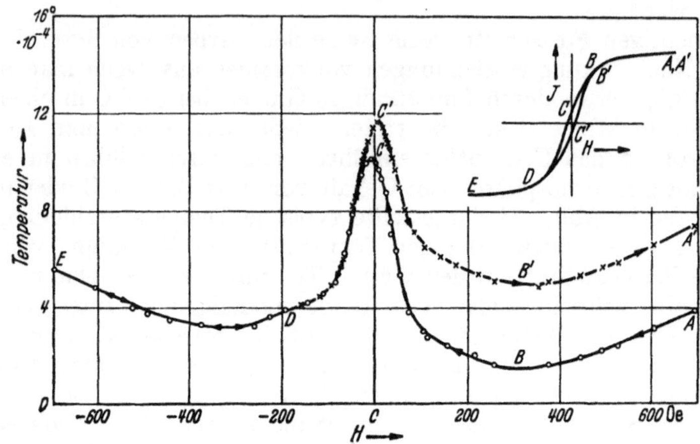

Abb. 179. Temperaturverlauf längs der Hystereseschleife bei Armco-Eisen bei adiabatischer Magnetisierung.
[Nach T. Okamura: Sci. Rep. Tôhoku Univ. Bd. 24 (1935) S. 745.]

einwandfrei beobachtbar. In seiner Nähe werden sie von dem gewöhnlichen magnetokalorischen Effekt völlig überdeckt.

Die geringfügigen Temperaturänderungen, um die es sich hier handelt, sind nur meßbar, indem man eine größere Anzahl von Thermoelementen hintereinanderschaltet, so daß ihre Thermokräfte sich addieren. Jede zweite Lötstelle der Thermokette muß sich im thermischen Kontakt mit der Probe befinden. Man kann sie entweder nach Townsend[1] elektrisch gegen die Probe isolieren, oder man muß nach Ellvood[2] das Material der Probe unterteilen. In dieser Weise sind bis zu 100 Thermoelementen benutzt worden. In Verbindung mit einem empfindlichen Galvanometer sind dann Temperaturänderungen von 10^{-6} Grad noch meßbar.

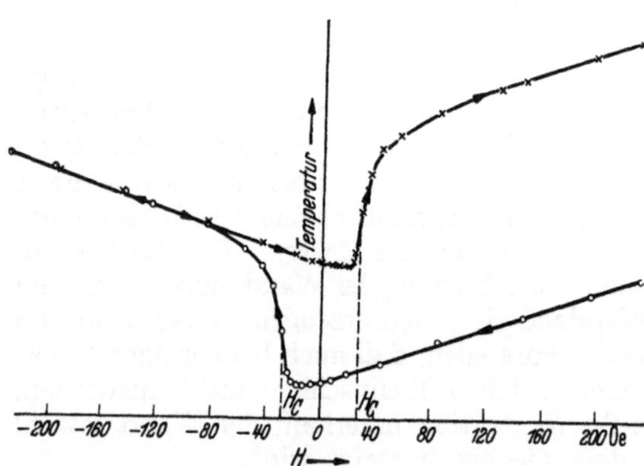

Abb. 180. Temperaturverlauf längs der Hystereseschleife bei adiabatischer Magnetisierung für hart verspanntes Nickel.
[Nach A. Townsend: Phys. Rev. Bd. 47 (1935) S. 306.]

Selbstverständlich ist weitgehendste thermische Isolierung der Proben nötig, um diese Empfindlichkeit ausnutzen zu können.

Abb. 179 und 180 zeigen zwei Beispiele der Temperaturänderungen beim adiabatischen Durchlaufen der Hysteresekurve. Die eine ist von Okamura an weichem reinem Eisen aufgenommen worden, die andere von Townsend an stark verspanntem reinem Nickel. In Abb. 179 sind an der schematisch

---

[1] Townsend, A.: Phys. Rev. Bd. 47 (1935) S. 306.
[2] Ellwood, E. B.: Nature, London Bd. 123 (1927) S. 797. Phys. Rev. Bd. 36 (1930) S. 1066.

daneben gezeichneten Magnetisierungskurve die entsprechenden Stellen durch
die gleichen Buchstaben gekennzeichnet.

Wir wollen nun versuchen, die Ursachen für diese verschiedenen Kurven-
formen zu verstehen. Wie man sieht, bleibt beim Durchlaufen der Hystereseschleife von A über B, C, D, E, C', B' nach A' eine irreversible Erwärmung
zurück. Das ist wegen des Auftretens der Hysterese sofort verständlich. Beim
Durchlaufen des vollständigen Magnetisierungszyklus wird dem Material pro cm^3
eine Arbeit W zugeführt, die durch die Fläche der Hystereseschleife gegeben ist:

$$(1) \qquad W = \int\limits_{A \text{ bis } A'} H \, dJ.$$

Die innere Energie muß sich also um diesen Betrag vermehrt haben, da Wärme-
ableitung ausgeschlossen worden ist. Da der magnetische Zustand vorher und
nachher der gleiche ist, kann das nur durch Erhöhung der Temperatur geschehen
sein. Es muß demnach die Temperaturänderung zwischen A und A', multipliziert mit der spezifischen Wärme pro cm^3
gleich der Fläche der umschlossenen Hystereseschleife sein (vgl. Kap. 6, S. 57). Dies
von WARBURG[1] aufgestellte Gesetz wird von
den Messungen aufs genaueste bestätigt.

Auf Grund unserer Vorstellung über den
Magnetisierungsvorgang werden wir vermuten, daß diese irreversible Erwärmung an
denjenigen Stellen der Magnetisierungskurve

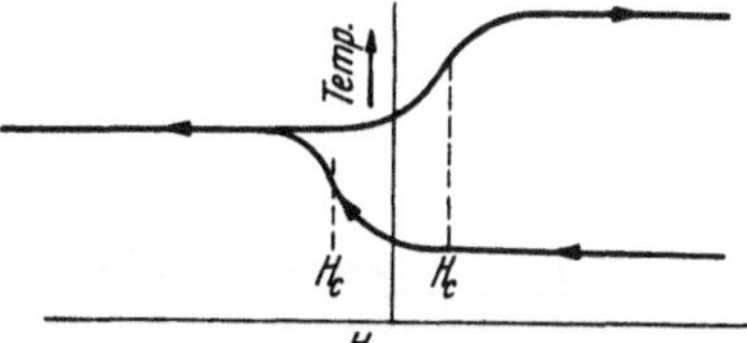

Abb. 181. Der Verlauf der irreversiblen Erwärmung längs der Hystereseschleife (schematisch).

eintreten wird, wo die irreversiblen Wandverschiebungen ablaufen, also auf
den steilen Teilen der Hystereseschleife in der Umgebung der Koerzitivkraft.
Wenn nur diese irreversible Hystereseerwärmung bei dem Magnetisierungszyklus auftreten würde, erwarten wir also einen Temperaturverlauf, wie er
schematisch in Abb. 181 dargestellt ist. Im Gebiet der reversiblen Drehungen
und in der Sättigung findet keine irreversible Erwärmung statt. Sie ist am
stärksten bei einer Feldstärke, die etwa gleich der Koerzitivkraft ist. Wir
sehen, daß bei hartem Nickel (Abb. 180) schon fast dieser Temperaturverlauf
realisiert ist. An Magnetstählen mit sehr großer Koerzitivkraft und sehr großer
Hysterese ist dieser Fall der überwiegenden Hystereseerwärmung noch viel
ausgeprägter beobachtet worden[2].

In magnetisch weichen Materialien bestimmen dagegen die reversiblen
Temperaturänderungen das Bild. Ihren Verlauf übersieht man am einfachsten
an Hand der in (6.43) gewonnenen thermodynamischen Gleichung für die
Temperaturänderung dT bei einer adiabatischen Änderung des Feldes um dH:

$$(2) \qquad dT = -\frac{T}{\gamma_H} \left(\frac{\partial J}{\partial T}\right)_H \cdot dH.$$

Darin ist γ_H die spezifische Wärme pro cm^3, bei konstantem Feld gemessen.
Ist also $(\partial J/\partial T)_H$ negativ, so wird die Temperatur mit wachsendem Feld
zunehmen; ist $(\partial J/\partial T)_H$ positiv, so nimmt sie ab.

Im Gebiet der magnetischen Sättigung ist $J = J_s$. Da die spontane Magnetisierung mit der Temperatur abnimmt, wird dort die Temperatur bei wachsendem
Felde zunehmen. In genügendem Abstand vom Curie-Punkt ist J_s und demnach
auch $(\partial J_s/\partial T)_H$ praktisch unabhängig von H. Daher ist diese adiabatische
Temperaturzunahme im Sättigungsgebiet proportional zu H. Diese mit H

---

[1] WARBURG, E.: Ann. Phys., Lpz. III, Bd. 13 (1881) S. 141.
[2] ADELSBERGER, U.: Ann. Phys., Lpz. IV, Bd. 83 (1927) S. 184. — CONSTANT, F. W.:
Phys. Rev. Bd. 32 (1928) S. 486. — HONDA, K., J. ORUBO, T. HIRONE: Sci. Rep. Tôhoku
Univ. Bd. 18 (1929) S. 409.

lineare Temperaturzunahme ist der normale magnetokalorische Effekt, den wir bereits in Kapitel 6 für Temperaturen in der Umgebung des Curie-Punktes betrachtet haben.

Im Gebiet der Drehungen unterhalb der magnetischen Sättigung ist nun in einem magnetisch weichen Material die Magnetisierung außer durch J_s noch durch die Kristallenergie bestimmt. Da die Kristallenergie mit der Temperatur abnimmt, nimmt in diesem Gebiet J mit der Temperatur zu. Bei gegebener Feldstärke ist die Ausrichtung der spontan magnetisierten Bezirke um so vollständiger, je kleiner die Kristallenergie ist. Im Gebiet der Drehungen wird also bei wachsendem Feld eine reversible Abkühlung auftreten. Für die reversiblen Temperaturänderungen erwarten wir also einen Verlauf, wie er in Abb. 182 schematisch dargestellt ist. Die Untersuchungen von OKAMURA[1] an sehr vielen Materialien haben gezeigt, daß in der Tat alle von ihm gemessenen Kurven eine Überlagerung einer Kurve vom Typ der Abb. 182 mit einer vom Typ der Abb. 181 darstellen. Durch geeignete Zerlegung der gemessenen Kurven in den reversiblen und irreversiblen Anteil hat OKAMURA auch die Erfüllung der thermodynamischen Gleichung (2) bestätigt. Die in Abb. 179 dargestellte Kurve von Armco-Eisen zeigt den reversiblen Anteil am deutlichsten. Bei weichem Nickel findet man einen qualitativ ähnlichen Verlauf. Bei hartem Nickel, Abb. 180, fehlt offenbar der Abkühlungseffekt, der den Drehungen zuzuordnen ist. Das ist hiernach ebenfalls verständlich, denn bei hartem Nickel wird die Magnetisierung im Gebiet der Drehungen nicht durch die Kristallenergie, sondern durch die inneren Spannungen bestimmt. Da die inneren Spannungen von der Temperatur nicht wesentlich abhängen, machen sich die Drehungen thermisch nicht bemerkbar. So kommt es, daß in Abb. 180 außer der irreversiblen Hystereseerwärmung nur die mit dem Feld proportionale Temperaturzunahme des normalen magnetokalorischen Effektes zu sehen ist. Besonders deutlich sieht man an diesen Kurven, daß die irreversible Erwärmung fast ausschließlich in der Umgebung der Koerzitivkraft auftritt.

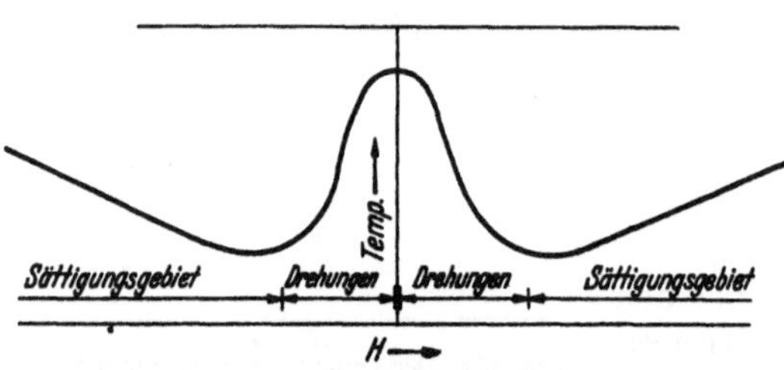

Abb. 182. Der Verlauf der reversiblen Temperaturänderung längs der Hystereseschleife beim magnetisch weichen Material (schematisch).

21. Die Magnetostriktion.

JOULE[2] beobachtete im Jahre 1842 zum ersten Male, daß sich die Länge eines ferromagnetischen Körpers beim Magnetisieren ändert. Er fand bereits, daß bei Eisen in Feldrichtung eine Verlängerung und senkrecht dazu eine solche Verkürzung auftritt, daß das Volumen dabei nahezu unverändert bleibt. Seitdem ist dieser Effekt und auch der dazu reziproke Effekt, die Beeinflussung der Magnetisierung durch Spannungen, in zahlreichen Arbeiten untersucht worden. 1865 bemerkte VILLARI[3], daß ein longitudinaler Zug bei Eisen in kleinen Feldern eine Erhöhung der Magnetisierung, in großen dagegen eine Verminderung bewirkt. Man nennt diese Erscheinung nach ihm Villari-Umkehr. Auf Grund des allgemeinen Zusammenhanges zwischen der Magnetisierungsänderung durch

[1] OKAMURA, T.: Sci. Rep. Tôhoku Univ. Bd. 24 (1935) S. 745; vgl. dazu T. C. HARDY u. S. L. QUIMBY: Phys. Rev. Bd. 54 (1938) S. 217.

[2] JOULE, J. P.: Phil. Mag. III, Bd. 30 (1847) S. 76, 225.

[3] VILLARI, E.: Pogg. Ann. Bd. 126 (1865) S. 87.

Zug und der Längsmagnetostriktion ist daraus zu folgern, daß auch die Magnetostriktion bei Eisen ihr Vorzeichen wechselt. Nach einer anfänglichen Verlängerung in Feldrichtung sollte in höheren Feldern eine Verkürzung auftreten. Dies wurde bald nach VILLARIs Entdeckung auch durch direkte Messung bestätigt. Eine wesentliche Erweiterung unserer Kenntnisse über den Magnetostriktionseffekt brachten dann die ausführlichen und sorgfältigen Untersuchungen des japanischen Forschers NAGAOKA und seiner Schüler HONDA und SHIMIZU[1] in den Jahren 1894 bis 1904. Durch deren Arbeiten wurde einwandfrei sichergestellt, daß auch die Magnetostriktion eine Hysterese aufweist, und zwar auch dann, wenn man sie als Funktion der Magnetisierung aufträgt. Die Messungen der Magnetostriktion wurden erstmalig bis zur Sättigung ausgedehnt. Außer der Längsmagnetostriktion wurden auch die Torsionsmagnetostriktion im Schraubenfeld und die dazu reziproken Effekte, die Magnetisierungsänderungen unter Zug und Torsion gemessen und ferner die Längsmagnetostriktion unter

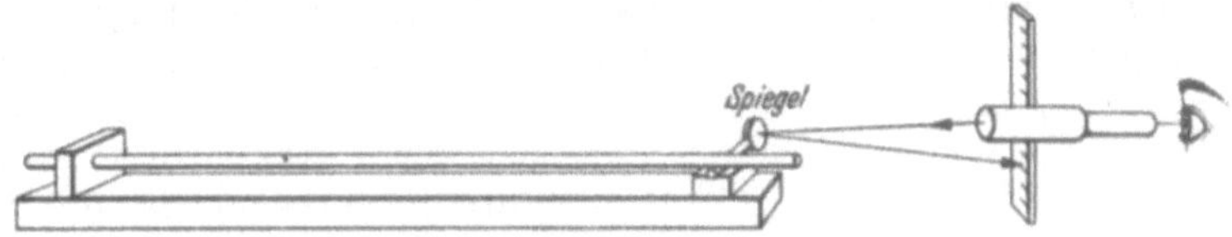

Abb. 183. Anordnung zur Messung der Längsmagnetostriktion.

Zug. Durch dilatometrische Messung wurde die erheblich kleinere Volumenmagnetostriktion sauber erfaßt und dabei festgestellt, daß bei ihr im allgemeinen, im Gegensatz zu dem Verhalten der gewöhnlichen Magnetostriktion bei Eisen und Nickel, keine Sättigung auftritt. Nicht nur die reinen Metalle Eisen, Nickel und Kobalt, sondern auch die binären Eisen-Nickel-Legierungen wurden von diesen Forschern untersucht. Insbesondere wurde die große Volumenmagnetostriktion der Invarlegierungen mit etwa 30% Ni entdeckt. Wesentlich neue Erkenntnisse über die Magnetostriktion brachten danach erst die Untersuchungen an Einkristallen in den Jahren 1925[2] und später. Eine weitgehende Klärung der Erscheinungen wurde jedoch erst durch die Entwicklung der Theorie der Ferromagnetika in den Jahren 1930 bis 1934 möglich.

Die Methoden, die von den einzelnen Forschern zur Messung der verhältnismäßig kleinen Längenänderungen bei der Magnetostriktion benutzt worden sind, sind sehr verschieden. Am häufigsten und in mannigfaltigen Ausführungsformen wurde die von HONDA erstmalig benutzte Anordnung verwendet, die schematisch in Abb. 183 dargestellt ist. Der zu untersuchende Körper, der an einem Ende befestigt ist, ruht mit dem anderen Ende oder mit einem daran befestigten nichtferromagnetischen Verlängerungsstab auf einer dünnen Walze, die ihrerseits einen Spiegel trägt. Mit Fernrohr und Skala werden dann die Drehungen des Spiegels beim Magnetisieren des Körpers gemessen. An Einfachheit und Betriebssicherheit wird diese Anordnung von keinem der anderen

[1] NAGAOKA, H.: Ann. Phys., Lpz. III, Bd. 53 (1894) S. 487; Phil. Mag. V, Bd. 37 (1894) S. 131. — NAGAOKA, H. u. K. HONDA: Phil. Mag. V, Bd. 46 (1898) S. 261; Bd. 49 (1900) S. 329; VI, Bd. 4 (1902) S. 45; J. Coll. Sci., Tokio Bd. 16 (1903) Art. 8; J. Phys., Paris 4. Ser., Bd. 1 (1902) S. 627; Bd. 3 (1904) S. 613. — HONDA, K. u. S. SHIMIZU: Phil. Mag. VI, Bd. 6 (1903) S. 392; J. Coll. Sci., Tokio Bd. 19 (1903) Art. 10; Phys. Z. Bd. 3 (1902) S. 378; Phil. Mag. VI, Bd. 4 (1902) S. 378; J. Coll. Sci., Tokio Bd. 16 (1903) Art. 9.

[2] WEBSTER, W. L.: Proc. roy. Soc. Lond. Bd. 109 (1925) S. 570 (Fe). — HONDA, K. u. Y. MASIYAMA: Sci. Rep. Tôhoku Univ. Bd. 15 (1926) S. 755 (Fe). — MASIYAMA, Y.: Sci. Rep. Tôhoku Univ. Bd. 17 (1928) S. 945 (Ni). — NISHIYAMA, Z.: Sci. Rep. Tôhoku Univ. Bd. 18 (1929) S. 341 (Co). — LICHTENBERGER, F.: Ann. Phys., Lpz. V, Bd. 15 (1932) S. 45 (Fe-Ni-Legierungen).

Verfahren übertroffen. Ihre Empfindlichkeit reicht für die Messung der gewöhnlichen Magnetostriktion völlig aus, abgesehen von Sonderfällen, wenn etwa aus besonderen Gründen die Meßlänge sehr klein sein muß. Hinsichtlich der in solchen Fällen angewandten Meßmethoden sei auf die Literatur[1] verwiesen.

Zur Messung der Volumenmagnetostriktion schließt man den Körper am einfachsten in ein Dilatometergefäß ein, das an einer Seite in eine Kapillare ausläuft. Man füllt dieses blasenfrei soweit mit einer Flüssigkeit, daß der Meniskus in der Kapillare steht und beobachtet dann mit dem Mikroskop dessen Bewegung (Abb. 184).

Bei der Deutung der Magnetostriktionserscheinungen müssen wir nach unseren heutigen Vorstellungen drei Ursachen unterscheiden, die eine Längen- und Volumenänderung beim Magnetisieren bewirken. Wir wollen sie kurz mit „spontane Gitterverzerrung", „erzwungene Magnetostriktion" und „Formeffekt" bezeichnen.

Unter der *spontanen Gitterverzerrung* verstehen wir die Deformation des Gitters, die spontan auch bei Abwesenheit eines äußeren Feldes im ungespannten Gitter vorhanden ist. Sie bildet sich beim Abkühlen unterhalb des Curie-Punktes zugleich mit der spontanen Magnetisierung aus. Z. B. ist bei Nickel die Gitterkonstante in Richtung der spontanen Magnetisierung stets etwas kleiner als in Richtung senkrecht zu ihr. Diese spontane Gitterverzerrung hängt von

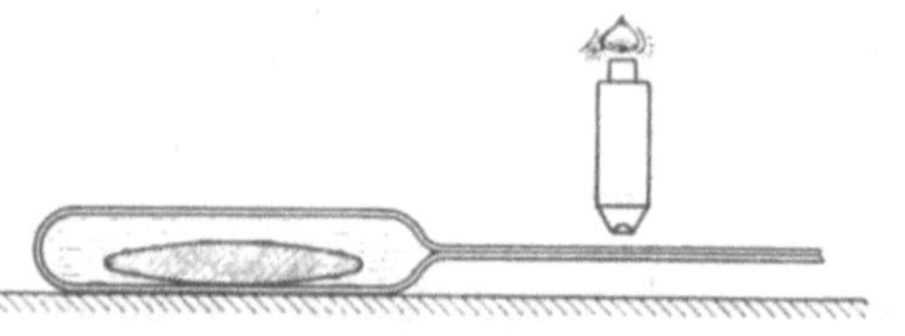

Abb. 184. Messung der Volumenmagnetostriktion mit dem Dilatometer (schematisch).

der Richtung der spontanen Magnetisierung ab. Sie ändert sich also, wenn die Magnetisierungsvektoren durch ein Feld gedreht werden. Diese Änderung beobachtet man als Magnetostriktion. Eine unmittelbare Messung der spontanen Verzerrung am gesättigten Einkristall ist bisher nicht gelungen. Bei der Behandlung der Längsmagnetostriktion in den ersten beiden Abschnitten dieses Kapitels können wir als Näherung annehmen, daß die spontane Gitterverzerrung der einzige Grund für die Magnetostriktion ist. Denn bei der Längsmagnetostriktion machen sich die anderen Anteile verhältnismäßig wenig bemerkbar. Die relativen Volumenänderungen sind in der Regel erheblich kleiner als die Längenänderungen. Zu ihrer Deutung werden wir die anderen Effekte wesentlich mit heranziehen müssen.

Unter der *erzwungenen Magnetostriktion* verstehen wir diejenige Verzerrung des Gitters, die vom Felde erst erzeugt wird. Ein Magnetfeld beeinflußt im Ferromagnetikum nicht nur die Richtung der spontanen Magnetisierung, sondern erhöht auch etwas ihren Betrag. Diese Änderung konnte zwar magnetisch bei Zimmertemperatur bisher bei den reinen Metallen nicht mit Sicherheit festgestellt werden. Aber da eine Änderung des Betrages der spontanen Magnetisierung mit einer Änderung der Gitterkonstanten verbunden ist, macht sie sich indirekt an der von ihr hervorgerufenen Magnetostriktion bemerkbar. Nach unseren bisherigen Kenntnissen tritt bei dieser erzwungenen Magnetostriktion stets eine in allen Richtungen gleiche Kontraktion oder Dilatation auf, die bei Temperaturen wesentlich unterhalb des Curie-Punktes linear mit dem Feld verläuft. Am besten ist diese Magnetostriktion am Volumeneffekt zu beobachten. Sie

[1] NAGAOKA, H.: Phil. Mag. V, Bd. 37 (1894) S. 131. — McKEEHAN, L. W.: u. P. P. CIOFFI: Phys. Rev. Bd. 28 (1926) S. 146. — SCHULZE, A.: Z. Phys. Bd. 50 (1928) S. 448. — LICHTENBERGER, F.: s. S. 271[2]. — FRICKE, W.: Z. Phys. Bd. 80 (1933) S. 324. — KORNETZKI, M.: Z. Phys. Bd. 87 (1933) S. 560. — DÖRING, W.: Z. Phys. Bd. 103 (1936) S. 560.

bewirkt, daß die Volumenänderungen im Magnetfeld keine Sättigung erreichen, sondern im Gebiet der magnetischen Sättigung in einen linear mit H verlaufenden Anstieg oder Abfall einmünden. In der Längsmagnetostriktion beobachtet man nur deshalb eine Sättigung, weil die erzwungene Magnetostriktion meist sehr klein gegenüber der gesamten Längenänderung ist. Bei genügend genauer Messung kann man aber auch im Längseffekt im Gebiet der Sättigung den linearen Anstieg oder Abfall feststellen, dessen Steilheit dann gleich $1/_3$ der Steilheit des Volumeneffektes ist. Nur in Ausnahmefällen wie bei den Invarlegierungen mit etwa 30% Ni, 70% Fe ist die erzwungene Magnetostriktion so groß, daß sie sich ohne besondere Schwierigkeit auch in der Längsmagnetostriktion beobachten läßt.

Das Vorhandensein der erzwungenen Magnetostriktion macht sich auch noch in anderer Weise bemerkbar. Viel stärker als durch ein Feld kann man den Betrag der spontanen Magnetisierung durch Änderung der Temperatur beeinflussen. Auch das bewirkt eine magnetostriktive Änderung der Gitterkonstanten, welche sich der gewöhnlichen thermischen Dehnung überlagert. In der Nähe des Curie-Punktes, wo die spontane Magnetisierung sich besonders stark mit der Temperatur ändert, bewirkt diese Erscheinung einen anomalen Verlauf der thermischen Dehnung, und zwar ist sie anomal klein, unter Umständen sogar negativ, wenn im Magnetfeld eine Zunahme des Volumens eintritt, dagegen anomal groß, wenn das Volumen im Feld abnimmt. Dieser letztere Fall ist bei Nickel realisiert, der erstere dagegen bei den Invarlegierungen. Die Invareigenschaft ist also ursächlich mit der großen Volumenmagnetostriktion verknüpft.

Die dritte Ursache für eine Magnetostriktion, *der Formeffekt*, ist in gewissem Sinne trivial, insofern, als seine Größe nicht von den Atom- und Gittereigenschaften abhängt, sondern nur von der pauschalen Magnetisierung, den pauschalen elastischen Konstanten und der äußeren Form des Körpers. Das entmagnetisierende Feld, das sich um jeden endlichen, magnetisierten Körper herum ausbildet, hat auf den Körper selbst eine Rückwirkung. Es deformiert ihn in einer solchen Weise, daß die Feldenergie des entmagnetisierenden Feldes abnimmt. Im Gleichgewicht stellt sich schließlich diejenige Deformation ein, welche die Summe der elastischen Verzerrungsenergie und der Feldenergie des entmagnetisierenden Feldes zum Minimum macht. Bei einem Ellipsoid ist der Formeffekt streng berechenbar. Er ist proportional dem Entmagnetisierungsfaktor und macht bei einem kurzen dicken Ellipsoid die Längsmagnetostriktion in Richtung der Magnetisierung größer und senkrecht dazu kleiner als bei einem sehr langen dünnen Ellipsoid. Bei der gewöhnlichen Magnetostriktion ist sein Einfluß gering. Es gelang bisher nur bei Eisen, sein Vorhandensein experimentell nachzuweisen. Dagegen macht er sich beim Volumeneffekt ziemlich stark bemerkbar. Wir werden ihn deshalb im Abschnitt c) dieses Kapitels im Zusammenhang mit der Volumenmagnetostriktion behandeln.

a) Die spontane Verzerrung des Gitters.

Zu einer theoretischen Berechnung der Magnetostriktion aus den atomaren Eigenschaften der ferromagnetischen Metalle sind wir bisher nicht in der Lage. Jedoch liegt in der Literatur eine Rechnung vor, die uns wenigstens qualitativ verständlich macht, wieso die spontane Magnetisierung eine Verzerrung des Gitters bewirkt. In dieser theoretischen Überlegung, die zuerst von AKULOV[1] angegeben worden ist und später von R. BECKER[2] nochmals aufgegriffen wurde,

---

[1] AKULOV, N.: Z. Phys. Bd. 52 (1928) S. 389.
[2] BECKER, R.: Z. Phys. Bd. 62 (1930) S. 253.

wird als Modell des Ferromagnetikums ein Gitter angenommen, in dem sich an den Gitterpunkten lauter unter sich parallele Dipole befinden. Man denkt sich dieses Gitter deformiert und berechnet die magnetische Wechselwirkungsenergie zwischen den Elementarmagneten. Es zeigt sich, daß dieser Energieanteil linear von den Komponenten des Verzerrungstensors A_{ik} abhängt. Um die gesamte freie Energie zu erhalten, muß man dazu noch die gewöhnliche elastische Verzerrungsenergie hinzufügen, die quadratisch in den A_{ik} ist. Infolge des linearen Zusatzterms liegt dann das Minimum nicht mehr bei der Verzerrung Null, d. h. das ungespannte Gitter ist bereits spontan verzerrt. Größenordnungsmäßig liefert diese Rechnung mit einem verzerrten Dipolgitter die Magnetostriktion richtig, aber hinsichtlich des Vorzeichens und der Abhängigkeit von der Richtung der spontanen Magnetisierung bestehen noch Widersprüche mit der Erfahrung. Man kann bei solch einem rohen Modell auch kaum ein besseres Ergebnis erwarten. Es berechtigt uns jedoch zu der Vermutung, daß die magnetische Wechselwirkung der Elementarmagnete untereinander die Ursache für die Magnetostriktion ist. Wahrscheinlich würde man einen sehr viel besseren Anschluß an die Erfahrung erhalten, wenn man bei einer derartigen Rechnung der „Verschmierung" der Elektronenspins, die den Ferromagnetismus bewirken, sowie ihrer Wechselwirkung mit dem von ihnen induzierten magnetischen Bahnmoment gebührend Rechnung tragen könnte.

Bisher sind die einzig sicheren theoretischen Aussagen über die spontane Gitterverzerrung diejenigen, die aus der Symmetrie folgen[1]. Wir beschränken uns hier auf kubische Kristalle. Da diese Überlegungen vollständig bereits in Kapitel 11 enthalten sind, wollen wir uns hier darauf beschränken, die Ergebnisse noch einmal kurz zusammenzustellen. Wir beschreiben die spontane Verzerrung des Gitters, die infolge der spontanen Magnetisierung bei Abwesenheit von Spannungen vorhanden ist, durch die 6 Komponenten des Verzerrungstensors A^0_{ik}, bezogen auf die tetragonalen Achsen als Koordinatenrichtungen. Die A^0_{ik} sind Funktionen der Richtungskosinus α_1, α_2, α_3 der spontanen Magnetisierung. Diese Funktionen müssen mit der kubischen Symmetrie des Gitters verträglich sein. Unterwirft man den Vektor der spontanen Magnetisierung einer Symmetrieoperation des kubischen Gitters, wie z. B. Spiegelung an der y-z-Ebene, was einer Vorzeichenumkehr bei α_1 entspricht, so muß die spontane Gitterverzerrung in den entsprechenden gespiegelten Verzerrungszustand übergehen. In dem herausgegriffenen Beispiel muß A^0_{12} und A^0_{13} sein Vorzeichen wechseln, während die anderen Komponenten unverändert bleiben. Aus solchen Überlegungen folgt, daß z. B. A^0_{11} invariant gegen Vorzeichenwechsel eines der α_i und gegen Vertauschung von α_2 und α_3 sein muß. A^0_{11} kann demnach als eine Funktion der Größen α_1^2 und $s = \alpha_1^2 \alpha_2^2 + \alpha_2^2 \alpha_3^2 + \alpha_3^2 \alpha_1^2$ allein aufgefaßt werden:

$$A^0_{11} = S\,(\alpha_1^2; s).$$

In analoger Weise folgt dann

$$(1) \qquad A^0_{22} = S\,(\alpha_2^2; s), \qquad A^0_{33} = S\,(\alpha_3^2; s)$$

und durch ähnliche Schlußfolgerung

$$(1\,\text{a}) \qquad A^0_{12} = \alpha_1 \alpha_2\, T\,(\alpha_3^2; s); \quad A^0_{23} = \alpha_2 \alpha_3\, T\,(\alpha_1^2; s); \quad A^0_{31} = \alpha_3 \alpha_1\, T\,(\alpha_2^2; s).$$

Über die beiden Funktionen S und T kann auf Grund der Symmetrie keine Aussage mehr gemacht werden. Wir wollen sie in Potenzreihen nach ihren Argumenten entwickelt denken und machen dann die durch die Experimente gerechtfertigte Annahme, daß die Glieder von höherem als viertem Grade in α_i

---

[1] Ähnliche Überlegungen wie die folgenden finden sich bereits bei R. Gans u. J. v. Harlem: Ann. Phys., Lpz. V, Bd. 15 (1932) S. 516; Bd. 16 (1933) S. 162.

keine Rolle mehr spielen. Als unverzerrtes Gitter wollen wir dasjenige kubische Gitter wählen, das das gleiche Volumen hat wie das wirkliche, verzerrte Gitter, wenn die spontane Magnetisierung in der leichten Richtung liegt. Wir erhalten also als Zusatzbedingung

$$A^0_{11} + A^0_{22} + A^0_{33} = 0$$

für die leichte Richtung.

Bei Nickel ist in den leichten Richtungen $\alpha_1^2 = \alpha_2^2 = \alpha_3^2 = \frac{1}{3}$. Somit folgt:

$$S\left(\tfrac{1}{3};\tfrac{1}{3}\right) = 0.$$

Bei Eisen ist in den entsprechenden Richtungen jeweils ein $\alpha_i^2 = 1$ und die anderen gleich Null. Das ergibt

$$S(1;0) + 2\,S(0;0) = 0.$$

Für die relative Dehnung des verzerrten Gitters gegenüber dem so festgelegten unverzerrten Gitter in Richtung $\beta_1, \beta_2, \beta_3$ folgt dann in der oben geschilderten Weise (Kapitel 11, S. 133)

$$
\begin{aligned}
(2)\qquad
\left(\frac{\delta l}{l}\right)_{\alpha_i,\beta_i} &= \sum_{i,\,k=1}^{3} A^0_{ik}\,\beta_i\,\beta_k \\
&= h_1\left(\alpha_1^2\beta_1^2 + \alpha_2^2\beta_2^2 + \alpha_3^2\beta_3^2 - \tfrac{1}{3}\right) \\
&+ h_2\left(2\,\alpha_1\alpha_2\beta_1\beta_2 + 2\,\alpha_2\alpha_3\beta_2\beta_3 + 2\,\alpha_3\alpha_1\beta_3\beta_1\right) \\
&+ h_4\left(\alpha_1^4\beta_1^2 + \alpha_2^4\beta_2^2 + \alpha_3^4\beta_3^2 + \tfrac{2}{3}s - \tfrac{1}{3}\right) \\
&+ h_5\left(2\,\alpha_1\alpha_2\alpha_3^2\beta_1\beta_2 + 2\,\alpha_2\alpha_3\beta_2\beta_3\alpha_1^2 + 2\,\alpha_3\alpha_1\alpha_2^2\beta_3\beta_1\right) \\
&+ h_3\left(s - \tfrac{1}{3}\right)\ \text{bei Nickel} \quad\Big|\quad + h_3\,s\ \text{bei Eisen.}
\end{aligned}
$$

Für die Volumendehnung folgt entsprechend

$$
\begin{aligned}
(3)\qquad \left(\frac{\delta V}{V}\right)_{\alpha_i} = \omega = A^0_{11} + A^0_{22} + A^0_{33} &= 3\,h_3\left(s - \tfrac{1}{3}\right) \quad \text{bei Nickel} \\
&= 3\,h_3\,s \qquad\qquad \text{bei Eisen.}
\end{aligned}
$$

Die Konstanten h_1 bis h_5 sind, in geeigneter Zusammenfassung, die Entwicklungskoeffizienten der Funktionen S und T. Sie sind durch die Experimente zu bestimmen.

Die Erfahrung zeigt, daß die Volumenänderungen bei der Magnetisierung in den meisten Fällen klein gegen die Längenänderungen sind. Das bedeutet, daß die Konstante h_3 klein ist gegen die anderen Konstanten h_1, h_2, h_4 und h_5. Wir wollen deshalb in diesem Abschnitt näherungsweise $h_3 = 0$ setzen. Bei der Behandlung des Volumeneffektes im dritten Abschnitt werden wir diese Vereinfachung wieder fallen lassen.

Bei der Bestimmung der Konstanten h_i aus Messungen muß man nun beachten, daß wir den als unverzerrt bezeichneten Zustand gar nicht realisieren können. Solange eine spontane Magnetisierung vorhanden ist, ist ein Gitter ohne Spannungen immer verzerrt. Wenn aber die Magnetisierung gleichmäßig auf alle leichten Richtungen verteilt ist, ist die mittlere Dehnung $\overline{\dfrac{\delta l}{l}} = 0$ (vgl. S. 141). Wenn also im entmagnetisierten Zustand diese Gleichverteilung verwirklicht ist, so gibt (2) die relative Dehnung einer in Richtung $\beta_1, \beta_2, \beta_3$ liegenden Strecke, wenn man den Kristall in Richtung $\alpha_1, \alpha_2, \alpha_3$ bis zur Sättigung magnetisiert. In vielen Fällen ist aber, wie die Erfahrung zeigt, die wirkliche Verteilung im entmagnetisierten Zustand von der Gleichverteilung weit entfernt. Als Ursache dafür kommt zunächst eine Anisotropie der inneren Spannungen in Betracht. Ferner beobachtet man einen gewissen Einfluß des Entmagnetisierungsfaktors. An weichen Einkristallstäbchen wird nämlich häufig die der Stabachse benachbarte leichte Richtung bevorzugt.

Zur fehlerfreien Ermittlung der Konstanten h_i darf man deshalb nur die Differenz zwischen zwei relativen Längenänderungen bei Magnetisierung bis zur Sättigung bei gleicher Meßrichtung und verschiedenen Magnetisierungsrichtungen heranziehen. Z. B. muß man die Längenänderungen eines Stabes bei Längs- und Quermagnetisierung messen. Erst die Differenz der beiden Dehnungen ist von der Verteilung der Magnetisierungsvektoren im Ausgangszustand unabhängig.

Die bisherigen Beobachtungen über die Magnetostriktion von Einkristallen reichen nur bei Nickel dazu aus, die Konstanten h_i zu bestimmen. Bei Eisen ist bei den vorliegenden Messungen an Einkristallen[1] entweder die Sättigung nicht erreicht worden oder es ist nur die Magnetostriktion in Feldrichtung gemessen worden. Daraus lassen sich wegen der erwähnten Unsicherheit über den entmagnetisierten Zustand keine genauen Zahlenwerte entnehmen. Die vollständigsten Messungen an Nickel sind von MASIYAMA[2] ausgeführt worden. Er benutzte drei flache Ellipsoide, deren Ebenen parallel zu den drei einfachen Kristallebenen (001), (011) und (111) waren. Die Magnetostriktion wurde in verschiedenen Richtungen in dieser Ebene gemessen. Die Ellipsoide wurden ebenfalls in ihrer Ebene magnetisiert, und zwar entweder parallel oder senkrecht zur Meßrichtung.

Betrachten wir als Beispiel den (001)-Kristall. Die Meßrichtung bilde etwa den Winkel φ mit der in der Kristallebene liegenden Richtung [100]. Dann ist

$$\beta_1 = \cos\varphi; \; \beta_2 = \sin\varphi; \; \beta_3 = 0.$$

Bei Magnetisierung parallel zur Meßrichtung ist in der Sättigung

$$\alpha_1 = \beta_1; \; \alpha_2 = \beta_2; \; \alpha_3 = \beta_3.$$

Bei Magnetisierung senkrecht dazu ist

$$\alpha_1 = -\sin\varphi; \; \alpha_2 = \cos\varphi; \; \alpha_3 = 0.$$

Mit diesen Werten erhält man aus (2) für die Differenz der Sättigungsmagnetostriktionen unter Vernachlässigung des Gliedes mit h_3

$$(4) \quad \left[\left(\frac{\delta l}{l}\right)_{\text{long}} - \left(\frac{\delta l}{l}\right)_{\text{trans}}\right]_{(001)\text{-Ebene}} = \frac{h_1}{2} + \frac{h_2}{2} + \frac{h_4}{2} + \cos 4\varphi \left(\frac{h_1}{2} - \frac{h_2}{2} + \frac{h_4}{2}\right).$$

Die gemessenen Werte für verschiedene Richtungen φ sind in Abb. 185 nach den Messungen von MASIYAMA dargestellt (Teilabbildung (001)). Der Verlauf ist angenähert so, wie ihn die Theorie verlangt. Man kann die Messungen recht gut darstellen durch die Formel

$$\left[\left(\frac{\delta l}{l}\right)_{\text{long}} - \left(\frac{\delta l}{l}\right)_{\text{trans}}\right]_{(001)\text{-Ebene}} = -61{,}3 \cdot 10^{-6} - 14{,}2 \cdot 10^{-6} \cos 4\varphi.$$

Setzt man diesen Verlauf dem theoretischen gleich, so erhält man daraus zwei Gleichungen für die h_i:

$$\frac{h_1}{2} + \frac{h_2}{2} + \frac{h_4}{2} = -61{,}3 \cdot 10^{-6}$$

und

$$\frac{h_1}{2} - \frac{h_2}{2} + \frac{h_4}{2} = -14{,}2 \cdot 10^{-6}.$$

In dieser Weise kann man auch die Messungen an den anderen Kristallen auswerten. Aus dem Verlauf beim (011)-Kristall ergeben sich drei Gleichungen, aus dem beim (111)-Kristall noch eine. Insgesamt erhält man also 6 Bestimmungs-

---

[1] WEBSTER, W. L.: Proc. roy. Soc., Lond. Bd. 109 (1925) S. 570. — HONDA, K. u. Y. MASIYAMA: Sci. Rep. Tôhoku Univ. Bd. 15 (1926) S. 755.

[2] MASIYAMA, Y.: Sci. Tôhoku Univ. Bd. 17 (1928) S. 945.

gleichungen für die 4 Konstanten h_1, h_2, h_4, h_5. Eine gute Kontrolle der Brauchbarkeit unseres Verfahrens liegt darin, daß es möglich sein muß, durch geeignete Wahl der 4 Konstanten alle 6 Gleichungen angenähert zu befriedigen. Dies gelingt recht gut durch die Zahlenwerte:

$$h_1 = -24 \cdot 10^{-6}; \quad h_2 = -47 \cdot 10^{-6}; \quad h_4 = -51 \cdot 10^{-6}; \quad h_5 = +52 \cdot 10^{-6}.$$

Daraus kann man nun umgekehrt den theoretischen Verlauf berechnen. Dieser ist in die Abb. 185 zum Vergleich mit den gemessenen Werten dargestellt. Im großen und ganzen ist die Übereinstimmung recht gut. Man muß berücksichtigen, daß die Messungen nicht sehr genau sind, denn die Meßlänge war bei Masiyama nur etwa 2 cm. Außerdem ist man nicht ganz sicher, ob auch in

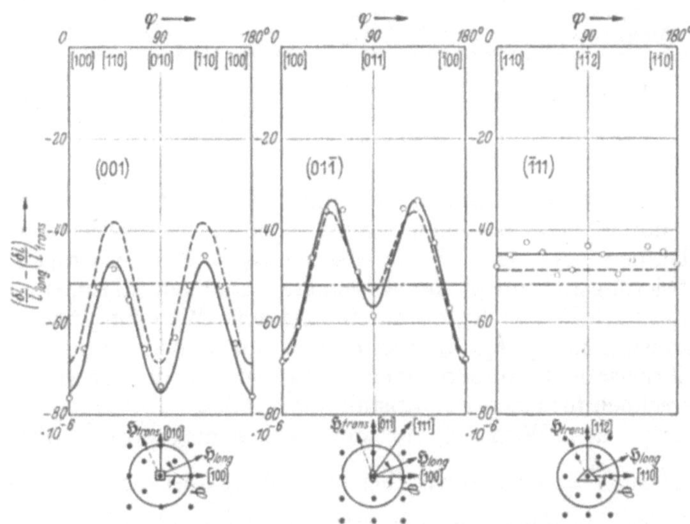

Abb. 185. Differenz $\left(\dfrac{\delta l}{l}\right)_{\text{long}} - \left(\dfrac{\delta l}{l}\right)_{\text{trans}}$ der longitudinalen und transversalen Sättigungsmagnetostriktion an Einkristallscheiben von Nickel in Abhängigkeit vom Winkel. ⊙ ⊙ ⊙ ⊙ Meßwerte nach Y. Masiyama: Sci. Rep. Tôhoku Univ. Bd. 17 (1928) S. 945. ——— Beste Anpassung mit 4 Konstanten h_1, h_2, h_4 und h_5. — — — Beste Anpassung mit 2 Konstanten h_1 und h_2. —·—·—· Beste Anpassung mit isotrop angenommener Magnetostriktion ($h_1 = h_2$).

allen Richtungen die Sättigung vollständig erreicht war. Beim (111)-Kristall machen sich aber noch Abweichungen bemerkbar, die wohl nicht auf Meßfehler zurückgeführt werden können. In dem gemessenen Verlauf ist deutlich noch eine Welle der Periode 60° enthalten. Eine solche kann durch den theoretischen Verlauf nur wiedergegeben werden, wenn man in dem Ansatz (2) noch Glieder vom sechsten Grade in α_i berücksichtigt, die hier fortgelassen sind. Abgesehen von diesem kleinen Fehler kann man also einen guten Anschluß an die Erfahrung erzielen, wenn man in der Reihenentwicklung von S und T alle Glieder von höherem als vierten Grade in α_i streicht. Versucht man auch noch die Glieder vom vierten Grade fortzulassen, also $h_4 = h_5 = 0$ zu setzen, so ist mit nur noch zwei Konstanten h_1 und h_2 eine so gute Anpassung an die Messungen nicht mehr zu erzielen. Bei bester Wahl der Konstanten erhält man in dieser Näherung $h_1 = -69 \cdot 10^{-6}$ und $h_2 = -38 \cdot 10^{-6}$. Die Abweichungen von den Messungen betragen an einigen Stellen noch 20%.

Sehr viel größer werden die Fehler bei Nickel auch nicht, wenn man überhaupt isotrope Magnetostriktion annimmt. Dann wäre $h_2 = h_1$ zu setzen, also $\dfrac{\delta l}{l} = h_1(\cos^2 \vartheta - \tfrac{1}{3})$, wobei ϑ der Winkel zwischen der Magnetisierung und der Meßrichtung ist. In dieser Näherung sind alle drei Kurven in Abb. 185 durch dieselbe gerade Linie zu ersetzen, also etwa $h_1 = -51 \cdot 10^{-6}$.

In Tabelle 15 sind noch die Sättigungswerte für die gewöhnliche Längsmagnetostriktion in den drei einfachen Kristallrichtungen [100], [110] und [111] zusammengestellt, wie sie sich unter der Annahme isotroper Magnetostriktion, aus der theoretischen Anpassung mit 2 oder 4 Konstanten und aus den Messungen ergeben. Dabei ist für den entmagnetisierten Zustand die Gleichverteilung der Magnetisierungsvektoren vorausgesetzt. Es sieht hiernach fast so aus, insbesondere für die [111]-Richtung, als ob die Anpassung mit nur 2 Konstanten

Tabelle 15. **Die berechneten und gemessenen Sättigungswerte der Längsmagnetostriktion an Nickelkristallen in den kristallographischen Hauptrichtungen.**

	Isotrope Magnetostriktion	Anpassung mit 2 Konstanten	Anpassung mit 4 Konstanten	Experiment
[100]	$-34 \cdot 10^{-6}$	$-49 \cdot 10^{-6}$	$-54{,}7 \cdot 10^{-6}$	$-54{,}4 \cdot 10^{-6}$
[110]	$-34 \cdot 10^{-6}$	$-35 \cdot 10^{-6}$	$-35{,}4 \cdot 10^{-6}$	$-33{,}9 \cdot 10^{-6}$
[111]	$-34 \cdot 10^{-6}$	$-30 \cdot 10^{-6}$	$-19{,}5 \cdot 10^{-6}$	$-27 \cdot 10^{-6}$

die Messungen besser wiedergibt als die mit 4 Konstanten. Man darf sich aber natürlich dadurch nicht täuschen lassen; denn nach Ausweis der Messungen ist gerade bei dem (111)-Kristall die Abweichung von der isotropen Verteilung der Magnetisierungsrichtungen im Ausgangszustand am stärksten.

Es ist nun natürlich leicht, durch eine einfache Mitteilung über (2) aus den Einkristallkonstanten h_1, h_2, h_4 und h_5 den am Polykristall zu erwartenden Magnetostriktionseffekt auszurechnen. Wir wollen die Sättigungsmagnetostriktion berechnen für einen Polykristall mit regelloser Verteilung der Kristallitlagen, der unter dem Winkel ϑ zur Meßrichtung magnetisiert wird. Im Ausgangszustand ist $\dfrac{\overline{\delta l}}{l} = 0$, wenn wir Gleichverteilung über die leichten Richtungen annehmen. Um das Mittel für den Sättigungszustand zu erhalten, hat man zunächst für alle Kristallite, bei denen die Meßrichtung die gleiche kristallographische Orientierung β_1, β_2, β_3 hat, über diejenigen Magnetisierungsrichtungen α_i zu mitteln, die den gleichen Winkel ϑ mit der festgehaltenen Meßrichtung β_i bilden. Alsdann hat man noch die β_i über alle Richtungen der Einheitskugel zu mitteln. Man erhält dann

$$(5) \qquad \frac{\overline{\delta l}}{l} = B \left(\cos^2 \vartheta - \tfrac{1}{3}\right),$$

wobei

$$(6) \qquad B = \frac{2}{5} h_1 + \frac{3}{5} h_2 + \frac{12}{35} h_4 + \frac{3}{35} h_5 = -51 \cdot 10^{-6}$$

ist. Für den Sättigungswert der gewöhnlichen Längsmagnetostriktion am Polykristall folgt daraus ($\vartheta = 0$)

$$\lambda = \tfrac{2}{3} B = -34 \cdot 10^{-6}.$$

Diesen Wert mißt man aber nur dann, wenn tatsächlich im entmagnetisierten Ausgangszustand die angenommene Gleichverteilung der Magnetisierung über alle leichten Richtungen erfüllt ist. In Wirklichkeit ist das nicht immer der Fall. Dadurch erklärt sich die große Streuung der Werte, die von verschiedenen Forschern an verschiedenen Proben durch direkte Messung erhalten wurden. In Tabelle 16 sind sämtliche Werte zusammengestellt, die in der Literatur für die Sättigungsmagnetostriktion von polykristallinem Nickel angegeben worden sind. Diejenigen Messungen, bei denen die Sättigung nicht erreicht wurde, sind fortgelassen. In einigen Fällen, in denen zwar nicht ganz bis zur Sättigung

Tabelle 16. Die Sättigungsmagnetostriktion von Nickel bei Zimmertemperatur
nach verschiedenen Autoren.

$-\lambda \cdot 10^6$	Verfasser und Literaturstelle	Bemerkungen
31	NAGAOKA: Ann. Phys., Lpz. III, Bd. 53 (1894) S. 487	In der $\frac{\delta l}{l}$-J-Kurve etwas extrapoliert.
22,5	NAGAOKA, H. u. K. HONDA: Phil. Mag. V, Bd. 46 (1898) S. 261	
36	NAGAOKA, H.u. K. HONDA: Phil. Mag. V, Bd. 49 (1900) S. 329	Sehr stark verspanntes Material 1—2% Fe-Gehalt
38	NAGAOKA, H. u. K. HONDA: Phil. Mag. VI, Bd. 4 (1902) S. 45	
36,9	NAGAOKA, H. u. K. HONDA: J. Coll. Sci., Tokio Bd. 16 (1903) Art. 8	
24,2	BIDWELL, S.: Phil. Trans. A Bd. 179 (1888) S. 205	
37	HONDA, K. u. S. SHIMIZU: J. Coll. Sci., Tokio Bd. 19 (1903) Art. 10; Phil. Mag. VI, Bd. 6 (1903) S. 392	Schwacher Längszug
32	McKEEHAN, L. W. u. P. P. CIOFFI: Phys. Rev. Bd. 28 (1926) S. 146	In der $\frac{\delta l}{l}$-J-Kurve extrapoliert.
46,8	MASUMOTO, H.: Sci. Rep. Tôhoku Univ. Bd. 16 (1927) S. 321	
32	SCHULZE, A.: Z. Phys. Bd. 50 (1928) S. 448	In der $\frac{\delta l}{l}$-J^2-Kurve extrapoliert; Stäbe verschiedener thermischer Vorbehandlung
25	SCHULZE, A.: Ann. Phys., Lpz. V, Bd. 11 (1931) S. 937; Z. Phys. Bd. 82 (1933) S. 674	
31		
23		
29		
40,2	MASIYAMA, Y.: Sci. Rep. Tôhoku Univ. Bd. 20 (1931) S. 574; Bd. 22 (1933) S. 338	
42,2		
29,7	DÖRING, W.: Z. Phys. Bd. 103 (1936) S. 560	
Mittel: 32,8		

magnetisiert worden ist, aber der Zusammenhang zwischen $\frac{\delta l}{l}$ und der pauschalen Magnetisierung angegeben ist, wurde der Verlauf ein wenig bis zur Sättigungsmagnetisierung extrapoliert. Bei den älteren Messungen ist zu beachten, daß der Reinheitsgrad der Metalle damals noch zu wünschen übrig ließ. Die ungeheure Streuung von λ ist nur zu verstehen durch Verschiedenheiten in der Verteilung der Magnetisierungsvektoren im Ausgangspunkt. Leider sind bisher an polykristallinem Material keine Magnetostriktionsmessungen ausgeführt worden, bei denen bei gleicher Meßrichtung longitudinal und transversal magnetisiert worden wäre. Es liegen zwar Messungen der longitudinalen und transversalen Magnetostriktion vor, aber bei diesen ist die Meßrichtung, nicht die Magnetisierungsrichtung variiert worden. Magnetisiert wurde stets in der gleichen Richtung. Aus solchen Messungen kann man allenfalls, wenn auch nur ungenau, die Volumenmagnetostriktion ermitteln; die Unsicherheit, die durch die unbekannte Richtungsverteilung im Ausgangszustand hineinkommt, ist bei ihnen nicht eliminiert. Es fehlt uns daher eine Kontrolle des oben berechneten Wertes $\lambda = -34 \cdot 10^{-6}$ durch direkte Messungen am Polykristall. Das ist sehr bedauerlich, da diese Zahl wegen ihrer indirekten Ermittlung aus Einkristallmessungen nicht sehr genau ist.

Bei anderen Stoffen sind unsere Kenntnisse über die Konstanten der spontanen Gitterverzerrung sehr viel mangelhafter als bei Nickel. HONDA und MASIYAMA[1] haben zwar an flachen Eisenellipsoiden entsprechende Messungen wie bei Nickel ausgeführt, aber da sie in den schweren Richtungen die Sättigung nicht erreicht haben, ist eine Analyse, wie wir sie an Nickel durchgeführt haben, in diesem Fall nicht möglich. Aus diesem Grunde hat es keinen Zweck, weiterhin mit der komplizierten Formel (2) zu rechnen. Eine ausreichende Wiedergabe der Messungen an Eisen gelingt schon bei Beschränkung auf die ersten beiden Glieder mit den Konstanten h_1 und h_2. Mit den Bezeichnungen $\lambda_{100} = \tfrac{2}{3} h_1$ und $\lambda_{111} = \tfrac{2}{3} h_2$ lautet dann (2):

$$(7) \quad \left| \begin{aligned} \left(\frac{\delta l}{l}\right)_{\alpha_i,\,\beta_i} &= \tfrac{3}{2}\,\lambda_{100}\,(\alpha_1^2\,\beta_1^2 + \alpha_2^2\,\beta_2^2 + \alpha_3^2\,\beta_3^2 - \tfrac{1}{3}) \\ &\quad + 3\,\lambda_{111}\,(\alpha_1\alpha_2\beta_1\beta_2 + \alpha_2\alpha_3\beta_2\beta_3 + \alpha_3\alpha_1\beta_3\beta_1). \end{aligned} \right.$$

λ_{100} und λ_{111} bedeuten offenbar die Sättigungswerte der longitudinalen Magnetostriktion in Richtung [100] und [111].

In der Richtung [100] erhalten HONDA und MASIYAMA $\lambda_{100} = 17 \cdot 10^{-6}$. Eine andere Messung von WEBSTER ergab $\lambda_{100} = 19{,}5 \cdot 10^{-6}$. Solche Unterschiede sind nach obigen Bemerkungen verständlich. Bei neueren Messungen von KAYA und TAKAKI[2] ist versucht worden, die durch den Ausgangszustand bedingte Unsicherheit auf folgende Weise zu eliminieren. Bei guten Einkristallstäbchen prägt sich, wie wir in Kapitel 10 (S. 120) erörtert haben, auf dem absteigenden Ast der Hystereseschleife der Remanenzpunkt durch einen scharfen Knick aus. Sind β_1, β_2, β_3 die Richtungskosinus der Stabachse, so verteilen sich bei Eisen in diesem Punkt die Magnetisierungsvektoren im Verhältnis $\beta_1 : \beta_2 : \beta_3$ auf die drei der vorhergehenden Feldrichtung am nächsten liegenden leichten Richtungen, da sonst eine Querkomponente der pauschalen Magnetisierung auftreten würde. Die mittlere spontane Gitterverzerrung an diesem Zustande beträgt also nach (7) wegen $\overline{\alpha_1^2} = \dfrac{\beta_1}{\beta_1 + \beta_2 + \beta_3}$ und $\overline{\alpha_1\alpha_2} = 0$

$$\left(\frac{\delta l}{l}\right)_{\text{Rem}} = \frac{3}{2}\,\lambda_{100}\left(\frac{\beta_1^3 + \beta_2^3 + \beta_3^3}{\beta_1 + \beta_2 + \beta_3} - \frac{1}{3}\right).$$

In der Sättigung ist $\alpha_i = \beta_i$, also

$$(9) \quad \left(\frac{\delta l}{l}\right)_{\text{Sätt}} = \frac{3}{2}\,\lambda_{100}\,(\beta_1^4 + \beta_2^4 + \beta_3^4 - \tfrac{1}{3}) + 3\,\lambda_{111}\,(\beta_1^2\beta_2^2 + \beta_2^2\beta_3^2 + \beta_3^2\beta_1^2).$$

KAYA und TAKAKI haben nun an verschiedenen Kristallen die Magnetostriktion zwischen Sättigung und Remanenz gemessen und aus ihnen λ_{100} und λ_{111} zu bestimmen gesucht. Sie erhalten $\lambda_{111} = -18{,}8 \cdot 10^{-6}$ und $\lambda_{100} = 25{,}5 \cdot 10^{-6}$. Der Wert von λ_{111} ist sehr viel zuverlässiger als der für λ_{100}, denn in die Bestimmungsgleichungen geht λ_{100} nur mit sehr kleinen Koeffizienten ein und ist daher sehr empfindlich gegen kleine Meßfehler. Der angegebene Wert von λ_{100} ist sicher zu groß. Denn damit erhält man für die mittlere Längsmagnetostriktion des Polykristalls

$$\overline{\lambda} = \frac{2\,\lambda_{100} + 3\,\lambda_{111}}{5} = -1 \cdot 10^{-6}.$$

Die Messungen am Polykristall ergaben aber durchweg größere negative Werte. Ein Wert $\lambda_{100} \approx +19 \cdot 10^{-6}$ scheint deshalb zunächst noch wahrscheinlicher. Die bei HONDA und TAKAKI gemessene Sättigungsmagnetostriktion an den Kristallen, deren Achse nahe [100] lag, ist durchweg noch erheblich kleiner.

[1] HONDA, K. u. Y. MASIYAMA: Sci. Rep. Tôhoku Univ. Bd. 15 (1926) S. 755.

[2] KAYA, S. u. H. TAKAKI: Anniv. Vol. dedicated to Prof. K. HONDA, S. 314. Sendai 1936.

Das liegt daran, daß im Ausgangszustand bei ihnen offensichtlich eine starke Bevorzugung der longitudinal liegenden Vorzugsrichtung vorhanden war. Wir werden das im nächsten Abschnitt noch zu besprechen haben.

Außer bei den reinen Elementen Eisen, Nickel und Kobalt sind Magnetostriktionsmessungen an Einkristallen noch von LICHTENBERGER an den Eisen-Nickel-Legierungen ausgeführt worden. Er hat nur die gewöhnliche Längsmagnetostriktion gemessen. Seine Ergebnisse sind in Abb. 186 wiedergegeben. Bei den Legierungen in der Umgebung von 30% Ni sind seine Resultate ein wenig durch den Volumeneffekt gefälscht. Dort ist die erzwungene Magnetostriktion so stark, daß man in der Längsmagnetostriktion keine Sättigung erhält, sondern in hohen Feldern einen mit H linearen Anstieg. Wenn man die spontane Gitterverzerrung ermitteln will, muß man die erzwungene Magnetostriktion aus den Messungen eliminieren, indem man diesen linearen Anstieg rückwärts auf $H = 0$ extrapoliert. LICHTENBERGER war die Deutung dieses Anstieges noch nicht bekannt. Deshalb hat er diese Korrektur nicht angebracht.

Die Sättigungsmagnetostriktion des polykristallinen Materials von Eisen-Nickel-Legierungen ist nach Messungen verschiedener Forscher in Abb. 187 wiedergegeben. An diesen Messungen konnte nachträglich die Korrektur wegen der erzwungenen Magnetostriktion angebracht werden. Wichtig ist an diesen Kurven vor allem die Tatsache, daß die Magnetostriktion bei 81% Ni durch Null geht, und zwar in allen Kristallrichtungen. Darauf beruht, wie wir in Kapitel 12 erläuterten, die hohe Permeabilität in diesem Legierungsgebiet (vgl. Kap. 30b).

b) Der Verlauf der Magnetostriktion bei der Magnetisierung.

Nachdem wir in der erläuterten Weise aus den Sättigungswerten der Magnetostriktion die Größe der spontanen Gitterverzerrung in Abhängigkeit von der Richtung der spontanen Magnetisierung bestimmt haben, könnten wir nun auch ohne Schwierigkeit den Verlauf der Magnetostriktion beim Magnetisieren berechnen, wenn uns in jedem Zustand die Richtungsverteilung der

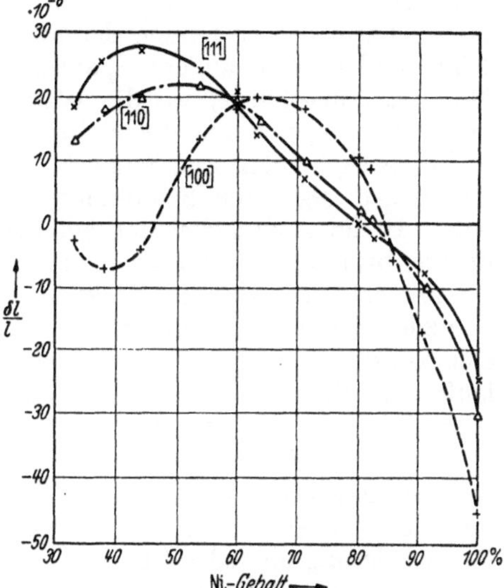

Abb. 186. Sättigungsmagnetostriktion von Einkristallen der Nickel-Eisen-Legierungen zwischen 30% und 100% Nickel für die drei kristallographischen Hauptrichtungen. [Nach F. LICHTENBERGER: Ann. Phys., Lpz. V, Bd. 10 (1932) S. 45.]

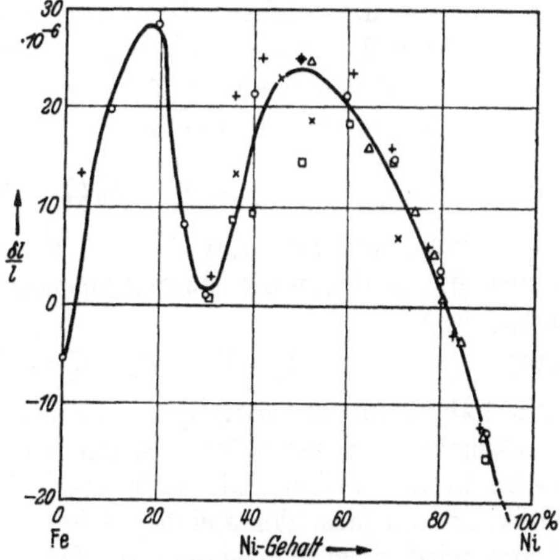

Abb. 187. Sättigungsmagnetostriktion von polykristallinen Nickel-Eisen-Legierungen nach verschiedenen Autoren.

× × NAGAOKA, H. u. K. HONDA: J. Phys., Paris 4. Ser. Bd. 3 (1904) S. 613.

△ △ McKEEHAN, L. W. u. P. P. CIOFFI: Phys. Rev. Bd. 28 (1926) S. 146.

▫ ▫ MASUMOTO, H. u. S. NARA: Sci. Rep. Tôhoku Univ. Bd. 16 (1927) S. 333.

+ + SCHULZE, A.: Z. Phys. Bd. 50 (1928) S. 448.

○ ○ MASIYAMA, Y.: Sci. Rep. Tôhoku Univ. Bd. 20 (1931) S. 574.

Magnetisierungsvektoren bekannt wäre. Wir haben dann nur noch die spontane Gitterverzerrung über diese Verteilung zu mitteln. Wie wir bei der Behandlung der Magnetisierungsvorgänge sahen, sind wir aber nur in wenigen Spezialfällen in der Lage, die Verteilung der Magnetisierungsrichtungen zu berechnen. Bei Einkristallen ohne äußere Spannungen gelingt dies nur im oberen Teil der Magnetisierungskurve, wo die Wandverschiebungen abgelaufen sind und nur noch Drehungen gegen die Kristallenergie stattfinden. Bei Polykristallen ist es bei Nickel unter Zug möglich, wo der Magnetisierungsvorgang nur durch Drehungen gegen die Spannungsenergie geschieht. In vielen anderen Fällen wie z. B. im Anfangsteil der Magnetisierungskurve von Einkristallen reichen unsere bisherigen Kenntnisse nicht aus, um einen theoretisch begründeten Zusammenhang zwischen Magnetostriktion und Magnetisierung abzuleiten. Trotzdem ist es nicht unwichtig, gerade diese Fälle zu studieren, in denen uns eine vollständige Theorie fehlt, denn dort vermag uns die Messung des Verlaufes der Magnetostriktion neue Aufschlüsse zu geben, während sie in den berechenbaren Fällen lediglich als eine Kontrolle unserer Vorstellungen wichtig ist.

Als erstes Beispiel behandeln wir den Verlauf der Magnetostriktion von weichen Eiseneinkristallen, bei welchen der Einfluß der Kristallenergie über den der inneren Spannungen überwiegt. Ohne Magnetfeld liegt daher die Magnetisierung an jeder Stelle in einer der 6 leichten Richtungen x, $\bar{x}$, y, $\bar{y}$, z oder $\bar{z}$. Die Abhängigkeit der magnetostriktiven Dehnung $\frac{\delta l}{l}$ einer parallel zur Richtung β_1, β_2, β_3 liegenden Strecke bei Magnetisierung in Richtung α_1, α_2, α_3 wird durch (7) gegeben. Bei Eisen ist $\lambda_{100} = +19 \cdot 10^{-6}$ und $\lambda_{111} = -18{,}8 \cdot 10^{-6}$.

Im Gebiet der Wandverschiebungen bei kleinen Feldern findet ein Herausdrehen aus der leichten Richtung praktisch nicht statt. Dann sind also an jeder Stelle 2 der α_i gleich Null. Die zweite Klammer in Gleichung (7) verschwindet demnach an jeder Stelle. In diesem Gebiet macht sich also nur die positive Magnetostriktion λ_{100} bemerkbar. Für die mittlere Dehnung gilt einfach

$$(10) \qquad \frac{\delta l}{l} = \tfrac{3}{2}\,\lambda_{100}\left(\overline{\alpha_1^2}\,\beta_1^4 + \overline{\alpha_2^2}\,\beta_2^2 + \overline{\alpha_3^2}\,\beta_3^2 - \tfrac{1}{3}\right) = \tfrac{3}{2}\,\lambda_{100}\left(\overline{\cos^2\vartheta} - \tfrac{1}{3}\right).$$

Bezeichnen wir nun mit V_x, $V_{\bar{x}}$, V_y, $V_{\bar{y}}$, V_z und $V_{\bar{z}}$ das Volumen der Bezirke eines cm³, in denen die Magnetisierung in der entsprechenden leichten Richtung liegt, so ist

$$(11) \qquad \overline{\alpha_1^2} = V_x + V_{\bar{x}}; \quad \overline{\alpha_2^2} = V_y + V_{\bar{y}}; \quad \overline{\alpha_3^2} = V_z + V_{\bar{z}}.$$

Wir haben nun zu überlegen, wie sich die Volumina der Bezirke durch Wandverschiebungen verändern, wenn wir ein Magnetfeld einschalten. Zunächst betrachten wir den Fall, daß das Feld in $+x$-Richtung liegt. Die Magnetostriktion werde in der gleichen Richtung gemessen. Also ist $\beta_1 = 1$; $\beta_2 = \beta_3 = 0$. Dann wird beim Einsetzen von (11) in (10)

$$(12) \qquad \frac{\delta l}{l} = \tfrac{3}{2}\,\lambda_{100}\left(V_x + V_{\bar{x}} - \tfrac{1}{3}\right).$$

In einem Feld in $+x$-Richtung hat eine Wand zwischen zwei quer zum Feld magnetisierten Bezirken y, $\bar{y}$, z und $\bar{z}$ keine Veranlassung zur Verschiebung, denn in diesen bildet J_s überall den gleichen Winkel von 90° mit dem Feld. Die Wand eines Querbezirks wird sich also nur dort verschieben, wo sie an einen x- oder $\bar{x}$-Bezirk angrenzt. Nun wird sich z. B. eine xy-Wand so verschieben, daß der y-Bezirk schrumpft zugunsten des x-Bezirks. Eine $\bar{x}y$-Wand wird sich dagegen so verschieben, daß der y-Bezirk wächst. Da nun im entmagnetisierten Zustand gleichviel x- und $\bar{x}$-Bezirke vorhanden sind und daher auch gleichviel xy- und $\bar{x}y$-Wände, wird das Volumen der y-Bezirke bei ganz kleinen Feldern gerade ebensoviel auf Kosten der $\bar{x}$-Bezirke wachsen wie es zugunsten der x-Bezirke abnimmt; es ändert sich also im ganzen nicht. Das gilt genau so für alle anderen Querbezirke. Wegen $V_x + V_{\bar{x}} + V_y + V_{\bar{y}} + V_z$ $+ V_{\bar{z}} = 1$ bleibt somit auch die Summe $V_x + V_{\bar{x}}$ in ganz kleinen Feldern unverändert. Denken wir uns $\frac{\delta l}{l}$ als Funktion von J aufgetragen, so erwarten wir deshalb wegen (12) auf jeden Fall eine Kurve, welche mit horizontaler Tangente beginnt. Es sieht so aus, als ob im Anfangsteil nur 180°-Wandverschiebungen stattfänden. In Wirklichkeit kann aber davon gar keine Rede sein.

Das Verschwinden der Magnetostriktion in ganz kleinen Feldern läßt sich allgemein, nicht nur für diesen Spezialfall beweisen. Wie wir in Kapitel 11 bewiesen haben, folgt aus thermodynamischen Überlegungen die Gleichung

$$\frac{1}{l_0}\left(\frac{\partial l}{\partial H}\right) = \frac{\partial J}{\partial \sigma}.$$

Nun kann aber ein pauschal unmagnetischer Körper durch einen Zug σ nicht magnetisiert werden. Das folgt schon allein aus der Symmetrie, denn zwei

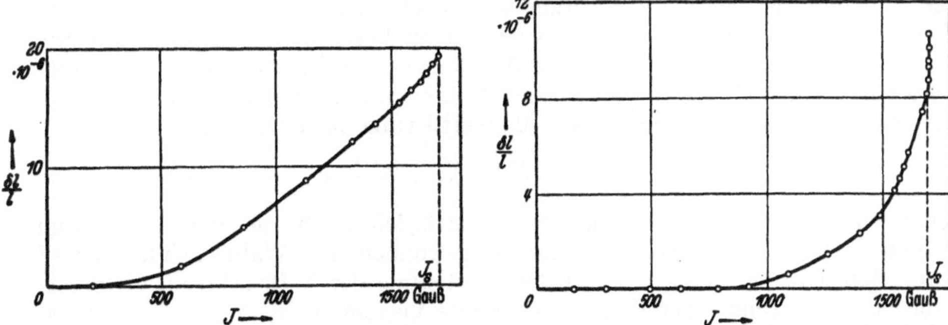

Abb. 188 und 189. Magnetostriktion in Richtung [100] an Eisen in Abhängigkeit von der pauschalen Magnetisierung.

Abb. 188. [Nach W. L. Webster: Proc. roy. Soc., Lond. A, Bd. 109 (1925) S. 570.]

Abb. 189. [Nach S. Kaya u. H. Takaki: J. Fac. Sci Hok. Univ. II, Bd. 1 (1935) S. 227; Anniv. Vol. dedicated to Prof. K. Honda, S. 314. Sendai 1936].

entgegengesetzt gleiche Richtungen sind unter Zug völlig gleichwertig. Also ist im entmagnetisierten Zustand $\partial J/\partial \sigma = 0$ und daher auch $\partial l/\partial H = 0$. Da die Anfangssuszeptibilität $\partial J/\partial H$ nicht Null ist, ist somit im Anfang auch $\partial l/\partial J = 0$.

Der weitere Verlauf von $\frac{\delta l}{l}$ als Funktion von J bei einem Feld in x-Richtung ist nun entscheidend dadurch bestimmt, wie groß die kritische Feldstärke H_0 ist, bei der die irreversiblen Wandverschiebungen der 180°-Wände ablaufen. Wenn dies erfolgt, bevor noch eine wesentliche Verschiebung der 90°-Wände stattgefunden hat, so wird sich eine Magnetostriktion erst bei relativ hohen Werten von J bemerkbar machen. Denn ein 180°-Barkhausen-Sprung macht sich in der Magnetostriktion nicht bemerkbar. Im Extremfall eines sehr kleinen H_0 ist $V_{\bar{x}} = 0$ geworden und V_x auf den doppelten Anfangswert angewachsen, bevor noch V_y, $V_{\bar{y}}$, V_z und $V_{\bar{z}}$ sich merklich verändert haben. Waren alle Magnetisierungsrichtungen im Anfang gleich häufig, so entspricht das einer Magnetisierung von $J = \frac{1}{3} J_s$.

Das wirkliche Verhalten scheint weitgehend von der individuellen Beschaffenheit der Versuchsprobe abhängig zu sein. Als Beispiele geben wir in Abb. 188 eine Messung von Webster und in Abb. 189 eine neuere Messung von Kaya und Takaki für die Längsmagnetostriktion von Eisen bei Magnetisierung in der [100]-Richtung wieder. Bei Webster ist schon ein frühzeitiges

Abkrümmen der $\frac{\delta l}{l}$-J-Kurve bemerkbar. Dagegen ist $\frac{\delta l}{l}$ bei KAYA und TAKAKI unmeßbar klein bis zu J-Werten, die sogar den Betrag $\frac{1}{3} J_s$ erheblich übersteigen, ein Verhalten, welches darauf hinweist, daß schon im Ausgangszustand die x- und $\bar{x}$-Richtung gegenüber der Querlage bevorzugt war, und daß weiterhin H_0 im Vergleich zur Beweglichkeit der 90°-Wände hier abnorm klein war.

Es fehlt nicht an Versuchen, den Verlauf der $\frac{\delta l}{l}$-J-Kurven vom Typus unserer Abbildung im einzelnen theoretisch zu berechnen, ohne genauer auf die oben geschilderten Wandverschiebungsvorgänge einzugehen. Besonders durchsichtig ist hier eine von HEISENBERG vorgeschlagene Betrachtungsweise, von der wir allerdings glauben, daß sie den wirklich vorliegenden Verhältnissen nicht gerecht wird. HEISENBERG versucht, die Verteilung der Magnetisierung auf die verschiedenen leichten Richtungen durch eine Wahrscheinlichkeitsbetrachtung ohne Rücksicht auf etwa vorhandene energetische Unterschiede zu bestimmen. Zur Vereinfachung der rechnerischen Durchführung nimmt er an, daß die Größe aller Weißschen Bezirke gleich und unveränderlich ist, und daß die Orientierung eines Bezirkes statistisch unabhängig ist von der der übrigen. Der Zustand des Materials wird dann beschrieben durch die Angabe der 6 Zahlen N_x, $N_{\bar{x}}$, N_y, $N_{\bar{y}}$, N_z und $N_{\bar{z}}$, welche die Zahl der Bezirke im cm³ angeben sollen, die nach der durch den Index angegebenen Richtung magnetisiert sind. Die zu einer gegebenen Magnetisierung in x-Richtung

$$J = J_s \frac{N_x - N_{\bar{x}}}{N} \qquad (N = N_x + N_{\bar{x}} + N_y + N_{\bar{y}} + N_z + N_{\bar{z}})$$

gehörigen Zahlen N_x bis $N_{\bar{z}}$ und damit natürlich auch die Magnetostriktion werden durch eine Statistik folgender Art gewonnen: Die Wahrscheinlichkeit W dafür, daß bei einer völlig willkürlichen Verteilung der N Bezirke auf die 6 verschiedenen Richtungen gerade eine bestimmte Verteilung N_x, $N_{\bar{x}}$, ..., $N_{\bar{z}}$ herauskommt, ist gegeben durch

$$W = \left(\tfrac{1}{6}\right)^{N_x} \cdots \left(\tfrac{1}{6}\right)^{N_{\bar{z}}} \cdot \frac{N!}{N_x! \, N_{\bar{x}}! \cdots N_{\bar{z}}!}.$$

Zu einem gegebenen Wert von J sollen jetzt die wahrscheinlichsten Werte der Zahlen N_x, ..., $N_{\bar{z}}$ gehören, d. h. diejenigen, welche W zu einem Maximum machen unter den beiden Nebenbedingungen

$$N_x - N_{\bar{x}} = N \frac{J}{J_s}$$

und

$$N_x + N_{\bar{x}} + \cdots + N_{\bar{z}} = N.$$

Unter Durchführung dieser Rechnung erhielt HEISENBERG den in Abb. 190 durch die ausgezogene Kurve wiedergegebenen Verlauf von $\frac{\delta l}{l}$ gegen J. Darin sind als Punkte die Messungen von WEBSTER zum Vergleich eingetragen. Die Sättigungswerte der experimentellen und theoretischen Kurve stimmen

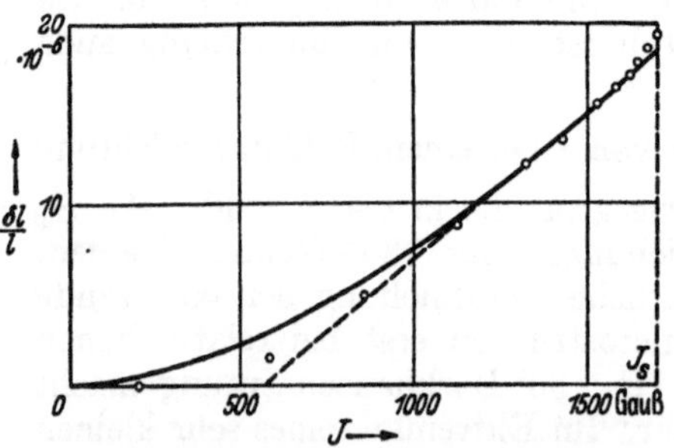

Abb. 190. Die Magnetostriktion über der Magnetisierung in der Richtung [100] für Eisen. ——— Berechnet nach W. HEISENBERG: Z. Phys. Bd. 69 (1931) S. 287. – – – Berechnet nach N. AKULOV: Z. Phys. Bd. 69 (1931) S. 78. ○ ○ Meßwerte nach W. L. WEBSTER: Proc. roy. Soc., Lond. A Bd. 109 (1925) S. 570.

überein, weil der in die Rechnung eingehende Faktor λ_{100} aus dem Experiment entnommen wurde.

Die qualitative Übereinstimmung im ganzen Verlauf der Kurven scheint zunächst stark zugunsten dieser statistischen Auffassung zu sprechen. Wie vorsichtig man aber bei einer solchen Schlußfolgerung sein muß, zeigt deutlich eine Abbildung von AKULOV, welche fast gleichzeitig mit HEISENBERGs Arbeit im gleichen Band der Zeitschrift für Physik veröffentlicht wurde. In dieser Arbeit leitet AKULOV entsprechende Kurven ab unter der Annahme, daß die 180°-Wandverschiebungen zeitlich vor den 90°-Wandverschiebungen ablaufen, daß demnach die $\frac{\delta l}{l}$-Kurve mit einem endlichen horizontalen Stück anfangen müßte. Es ist interessant, daß AKULOV als Bestätigung für seine Betrachtungsweise die gleichen Websterschen Messungen heranzieht und in seine Abbildung einträgt. Der von AKULOV angegebene geknickte Verlauf ist in Abb. 190 gestrichelt eingetragen.

Die theoretische Begründung ist weder bei AKULOV noch bei HEISENBERG einwandfrei. Die Annahme von AKULOV, daß 180°-Umklappungen in beliebig kleinen Feldern ablaufen können, ist, wie wir heute wissen, sicher falsch. Andererseits muß man gegen HEISENBERGs statistischen Ansatz ebenfalls schwere Bedenken geltend machen. Die wesentlichen magnetischen Vorgänge in Materialien mit kleinen inneren Spannungen bestehen in Wandverschiebungen, also in Änderungen der Größe der Weißschen Bezirke. Für deren Ablauf sind die inneren Spannungen entscheidend. HEISENBERG dagegen benutzt ein Modell mit unveränderlich angenommenen Bezirken und statistisch verteilten Magnetisierungsrichtungen, in welchem die von den inneren Spannungen herrührenden energetischen Unterschiede zwischen den verschiedenen leichten Richtungen vernachlässigt werden. Es erscheint höchst unwahrscheinlich, daß zwei so verschiedene Modelle miteinander gleichwertig sind. Die Gegenüberstellung der an verschiedenen Proben gemessenen Kurven in Abb. 188 und 189 zeigt außerdem, daß dieser Kurvenverlauf nicht von den Materialeigenschaften unabhängig ist. Er muß insbesondere abhängen von dem Verhältnis der kritischen Feldstärke H_0, bei der die 180°-Barkhausen-Sprünge ablaufen, zu der Feldstärke $\frac{\lambda \sigma_i}{J_s}$, bei der die 90°-Wandverschiebungen hauptsächlich stattfinden. Der Verlauf wird im wesentlichen durch die Größe $p_0 = \frac{H_0 J_s}{\lambda \sigma_i}$ bestimmt, wenn auch darüber nur qualitative Aussagen möglich sind. Ein allgemein gültiger Verlauf, wie ihn AKULOV und HEISENBERG zu berechnen versuchen, existiert wahrscheinlich gar nicht. Neuerdings sind von W. F. BROWN[1] umfangreiche Rechnungen angegeben worden, die alle auf dem Heisenbergschen statistischen Ansatz basieren. Außer dem Verlauf der Magnetostriktion hat er den ΔE-Effekt, den Verlauf der reversiblen Permeabilität beim Magnetisieren und einige andere Effekte behandelt. Wenn auch in vielen Fällen eine angenäherte Übereinstimmung mit den Experimenten gefunden wird, so darf man sich durch diese Tatsache doch nicht darüber hinwegtäuschen lassen, daß eine theoretische Begründung des Ansatzes bisher nicht vorliegt und wohl kaum gegeben werden kann.

Für die Längsmagnetostriktion bei Magnetisierung in der Richtung [110] gilt für den ersten Teil der Kurve, wo die Wandverschiebungen ablaufen, das gleiche wie für die [100]-Richtung. Eine allgemeine Berechnung des Verlaufes von $\frac{\delta l}{l}$ als Funktion von J ist dort nicht möglich. In diesem Fall sind die Wandverschiebungen beendet, wenn sich überall die günstigste leichte Richtung eingestellt hat. Dann ist $\frac{J}{J_s} = \cos \vartheta = \frac{1}{\sqrt{2}}$.

---

[1] BROWN, W. F.: Phys. Rev. Bd. 52 (1937) S. 325; Bd. 53 (1938) S. 482; Bd. 54 (1938) S. 279.

Bis dahin ist allein die positive Magnetostriktion λ_{100} wirksam. Also steigt $\frac{\delta l}{l}$ an bis zum Wert $\frac{\delta l}{l} = \frac{3}{2}\lambda_{100}(\cos^2\vartheta - \frac{1}{3}) = \frac{1}{4}\lambda_{100}$, sofern im Ausgangszustand eine Gleichverteilung auf alle leichten Richtungen vorlag. Dann aber macht sich beim Einsetzen der Drehungen bei Eisen die negative Magnetostriktion λ_{111} in dem zweiten Glied von (7) bemerkbar. Mit $\beta_1 = \beta_2 = \frac{1}{\sqrt{2}}$; $\beta_3 = 0$ ergibt sich aus (7)

$$(13) \qquad \left(\frac{\delta l}{l}\right)_{\alpha_i\,[110]} = -\frac{1}{2}\lambda_{100} + \frac{3}{4}\lambda_{100}(\alpha_1^2 + \alpha_2^2) + \frac{3}{2}\lambda_{111}\alpha_1\alpha_2.$$

In einem mittleren Feld (vgl. Abb. 191) ist entweder $\alpha_1 = \cos(45° - \vartheta)$; $\alpha_2 = \cos(45° + \vartheta)$; $\alpha_3 = 0$ oder $\alpha_1 = \cos(45° + \vartheta)$, $\alpha_2 = \cos(45° - \vartheta)$, $\alpha_3 = 0$, je nachdem, ob sich an der entsprechenden Stelle die Magnetisierung aus der x- oder aus der y-Richtung in die Feldrichtung eindreht. Also folgt für das Gebiet der Drehungen $\left(J > \frac{1}{\sqrt{2}}J_s\right)$

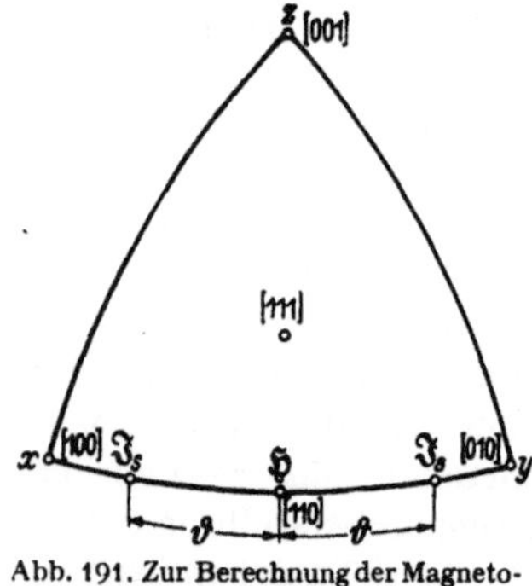

Abb. 191. Zur Berechnung der Magnetostriktion von Eisen in der [110]-Richtung.

$$(14) \qquad \begin{cases} \left(\frac{\delta l}{l}\right)_{\alpha_i\,[110]} = \frac{1}{4}\lambda_{100} + \frac{3}{4}\lambda_{111}(\cos^2\vartheta - \sin^2\vartheta) \\ \qquad\qquad = \frac{1}{4}\lambda_{100} + \frac{3}{4}\lambda_{111}\left(2\frac{J^2}{J_s^2} - 1\right). \end{cases}$$

Für die Sättigung erhalten wir

$$\lambda_{110} = \frac{\lambda_{100} + 3\lambda_{111}}{4} = -2\cdot 10^{-6}.$$

Bei Magnetisierung in Richtung der Würfeldiagonale [111] kann eine Längsmagnetostriktion überhaupt nicht auftreten, solange keine eigentlichen Drehungen aus der leichten Richtung heraus erfolgen. Denn wegen der besonderen Lage der Meßrichtung $\beta_1 = \beta_2 = \beta_3 = \frac{1}{\sqrt{3}}$ verschwindet das erste Glied in (7), während das zweite Glied für die leichten Richtungen stets gleich Null ist. Eine Längenänderung beginnt erst, wenn die Wandverschiebungen beendet sind, bei einer Magnetisierung von $J = \frac{1}{\sqrt{3}}J_s$. Dann aber macht sich gleich die negative Magnetostriktion bemerkbar. Mit obigen β-Werten gilt

$$\left(\frac{\delta l}{l}\right)_{\alpha_i\,[111]} = \lambda_{111}(\alpha_1\alpha_2 + \alpha_2\alpha_3 + \alpha_3\alpha_1).$$

In diesem Fall gilt aber für den Winkel ϑ zwischen der Magnetisierung und dem Feld

$$\cos\vartheta = \alpha_1\beta_1 + \alpha_2\beta_2 + \alpha_3\beta_3 = \frac{\alpha_1 + \alpha_2 + \alpha_3}{\sqrt{3}},$$

woraus durch Quadrieren folgt

$$\cos^2\vartheta = \frac{1}{3}[\alpha_1^2 + \alpha_2^2 + \alpha_3^2 + 2(\alpha_1\alpha_2 + \alpha_2\alpha_3 + \alpha_3\alpha_1)]$$

und somit

$$2(\alpha_1\alpha_2 + \alpha_2\alpha_3 + \alpha_3\alpha_1) = 3\cos^2\vartheta - 1,$$

also

$$(15) \qquad \left(\frac{\delta l}{l}\right)_{[111]} = \frac{1}{2}\lambda_{111}\left(3\frac{J^2}{J_s^2} - 1\right).$$

Dieser berechnete Verlauf der Magnetostriktion im Gebiet der Drehungen gegen die Kristallenergie für die Feldrichtung [110] und [111] ist in Abb. 192 und 193 dargestellt und mit den Messungen von Kaya und Takaki verglichen. Bei dem [110]-Kristall sind die theoretischen und gemessenen Kurven bei $J = 1300$ zur Deckung gebracht, denn bei diesem Kristall war offenbar ebenso wie beim [100]-Kristall in Abb. 189 eine Bevorzugung der Längslage im Ausgangszustand vorhanden. Dadurch erscheint die Kurve im Gebiet der Drehungen um einen bestimmten Betrag nach unten verschoben. Die Abweichungen der experimentellen Kurven von dem theoretischen Verlauf in Abb. 192 und 193 beruhen zum Teil noch darauf, daß die Feldrichtung nicht ganz exakt mit der Richtung [110] bzw. [111] übereinstimmte.

Beim *polykristallinen* Material erwarten wir, solange die Kristallenergie wesentlich größer ist als die Verzerrungsenergie, ein Verhalten, welches sich durch Überlagerung desjenigen der einzelnen Kristallite ergibt: Bei wachsendem Feld stellt sich zunächst in jedem Kristalliten die günstigste leichte Lage her, d. h. beim Eisen diejenige Würfelkantenrichtung, welche den kleinsten Winkel mit dem Feld einschließt. Bezeichnen wir diesen Winkel mit ϑ, so ist in diesem Augenblick die Magnetisierung $J = \overline{J_s \cos \vartheta}$ erreicht zugleich mit einer Längsdehnung

$$\overline{\frac{\delta l}{l}} = \tfrac{3}{2} \lambda_{100} \left(\overline{\cos^2 \vartheta} - \tfrac{1}{3} \right).$$

Bei völlig isotroper Richtungsverteilung der einzelnen Kristallite lassen sich die entsprechenden Mittelwerte leicht angeben:

Sei $\varkappa$ in dem Diagramm der Abb. 194 (Oberfläche der Einheitskugel) die Richtung von J_s, so sind für die Richtung von H offenbar alle Punkte gleich wahrscheinlich, welche in dem schraffierten sphärischen Dreieck $\varkappa — A — B$ liegen, wo A und B die Durchstoßpunkte der [111]- und der [110]-Richtungen bedeuten. Mit den von $\varkappa$ aus gezählten

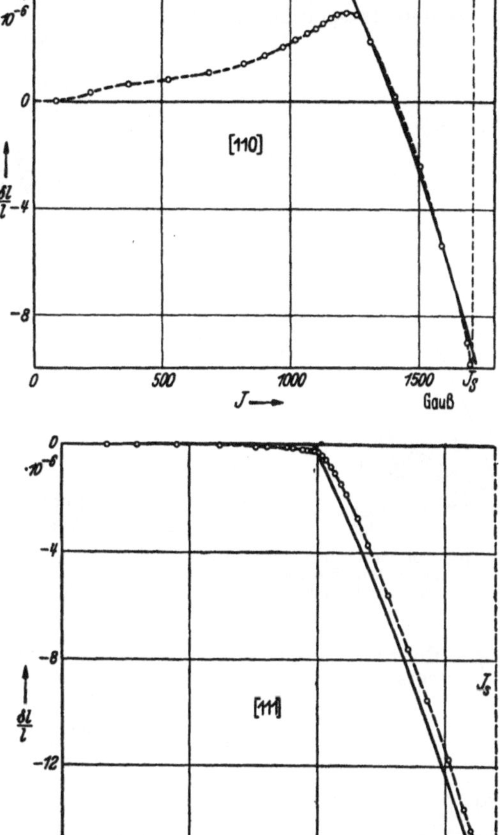

Abb. 192 und 193. Die Magnetostriktion in Richtung [110] und [111] an Eisen in Abhängigkeit von der pauschalen Magnetisierung. — O — O — Experimentelle Kurven nach S. Kaya u. H. Takaki: J. Fac. Sci. Hok. Univ. II, Bd. 1 (1935) S. 227. ——— Theoretischer Verlauf im Gebiet der Drehungen. Bei der [110]-Kurve sind bei $J = 1300$ die Ordinaten der experimentellen und theoretischen Kurve gleichgesetzt.

Polarkoordinaten ϑ und φ wird das Flächenelement auf der Einheitskugel $d\omega = \sin\vartheta \, d\vartheta \, d\varphi$.

Auf dem Großkreis AB wird $\cos\vartheta = \sin\vartheta \cos\varphi$, oder $\cos\vartheta = \dfrac{\cos\varphi}{\sqrt{1 + \cos^2\varphi}}$.

Also wird

$$\overline{\cos\vartheta} = \frac{48}{4\pi} \int\limits_0^{\pi/4} d\varphi \int\limits_{\cos\vartheta = 1}^{\cos\vartheta = \frac{\cos\varphi}{\sqrt{1 + \cos^2\varphi}}} \cos\vartheta \sin\vartheta \, d\vartheta.$$

Das Integral über ϑ läßt sich mit $\cos\vartheta = x$ schreiben

$$\int\limits_{x=\dfrac{\cos\varphi}{\sqrt{1+\cos^2\varphi}}}^{x=1} x\,dx = \frac{1}{2}\,\frac{1}{1+\cos^2\varphi}.$$

Die weitere Integration gibt dann

$$\overline{\cos\vartheta} = \frac{24}{4\pi}\int\limits_0^{\pi/4}\frac{d\varphi}{1+\cos^2\varphi}.$$

Nun ist

$$\frac{d\varphi}{1+\cos^2\varphi} = \frac{1}{\dfrac{1}{\cos^2\varphi}+1}\,\frac{d\varphi}{\cos^2\varphi} = \frac{1}{\operatorname{tg}^2\varphi+2}\,d(\operatorname{tg}\varphi).$$

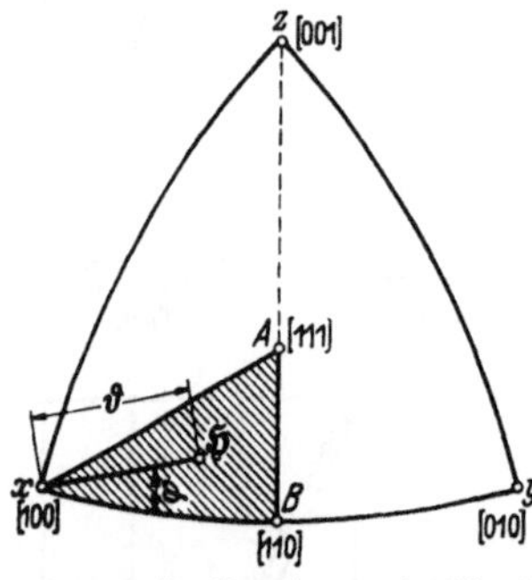

Abb. 194. Zur Berechnung des Mittelwertes der Magnetostriktion am Polykristall.

Nennt man also $\operatorname{tg}\varphi = z\sqrt{2}$, so ist zu berechnen

$$\int\limits_0^{1/\sqrt{2}}\frac{\sqrt{2}\,dz}{2\,(z^2+1)} = \frac{1}{\sqrt{2}}\operatorname{arc\,tg}\frac{1}{\sqrt{2}}.$$

Somit wird

$$\overline{\cos\vartheta} = \frac{6}{\pi\sqrt{2}}\operatorname{arc\,tg}\frac{1}{\sqrt{2}} = 0{,}835.$$

Bei der Berechnung von $\overline{\cos^2\vartheta}$ erhält man zunächst in analoger Weise

$$\overline{\cos^2\vartheta} = \frac{48}{4\pi}\cdot\frac{1}{3}\left(\frac{\pi}{4} - \int\limits_0^{\pi/4}\frac{\cos^3\varphi}{(1+\cos^2\varphi)^{3/2}}\,d\varphi\right).$$

Durch die Substitution $\sin\varphi = u\sqrt{2}$ und dann die weitere Substitution $u = \sin t$ wird das Integral zu:

$$\int\limits_0^{\sin t=\frac{1}{2}}\frac{-\frac{1}{2}+\cos^2 t}{\cos^2 t}\,dt = -\frac{1}{2\sqrt{3}}+\frac{\pi}{6},$$

also

$$\overline{\cos^2\vartheta} = \tfrac{1}{3} + \frac{2}{\pi\sqrt{3}},$$

somit

$$\frac{\delta l}{l} = \tfrac{3}{2}\lambda_{100}\left(\overline{\cos^2\vartheta} - \tfrac{1}{3}\right)$$

$$= \lambda_{100}\frac{\sqrt{3}}{\pi} = 0{,}55\cdot\lambda_{100}.$$

Wenn die Wandverschiebungen abgelaufen sind, bevor noch die Drehungen beginnen, erwarten wir eine positive Magnetostriktion vom Betrage $\lambda_{100}\cdot 0{,}55$ bei der Magnetisierung $J_s\cdot 0{,}83$. Bei den darauf einsetzenden Drehungen verkürzt sich die Probe wieder, bis bei völliger Sättigung eine negative Magnetostriktion $\bar\lambda = \dfrac{2\lambda_{100}+3\lambda_{111}}{5}$ resultiert. Dieses mit Villari-Umkehr beim Eisen bezeichnete Phänomen findet so eine einfache Deutung. Bei den wirklichen Messungen an Eisen wird allerdings der obengenannte Maximalwert $0{,}55\cdot\lambda_{100}$ niemals erreicht. Das ist verständlich, wenn die Drehungen schon beginnen, bevor noch die Einrichtung in die dem Feld benachbarte Würfelkante vollkommen hergestellt ist.

Sehr lehrreich ist es, wie sich dieser Magnetostriktionsverlauf von weichem Eisen unter longitudinalem Zug ändert. In Abb. 195 ist nach Messungen von

Honda und Shimizu die Magnetostriktion als Funktion der Feldstärke bei verschiedenen Zugspannungen dargestellt. Da die Magnetostriktion in der leichten Richtung positiv ist, werden bei wachsendem Zug schon beim Feld $H = 0$ die Querbezirke immer mehr zugunsten der Längsbezirke schrumpfen, bis bei einer Zugspannung, die die inneren Spannungen merklich übersteigt, überall die Magnetisierung in derjenigen Würfelkante liegt, welche der Zug- und Feldrichtung am nächsten benachbart ist, in dieser allerdings zu je 50% in der $+$- und $-$-Richtung. Das Magnetfeld bewirkt dann beim Magnetisieren zunächst nur 180°-Wandverschiebungen, die aber ohne Magnetostriktion verlaufen. D. h. die Verlängerung OA, welche das Feld bei Abwesenheit des Zuges im Anfangsteil infolge von 90°-Wandverschiebungen hervorruft, wird durch den Zug zum Teil oder ganz vorweggenommen und bleibt daher beim Magnetisieren aus. Bei den stärksten Spannungen in Abb. 195 a ist schließlich nur

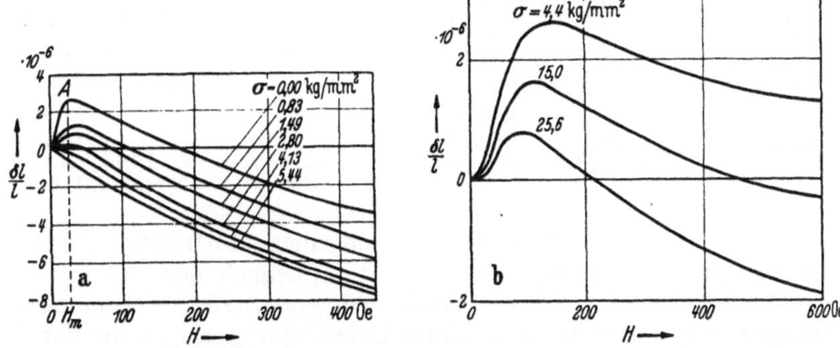

Abb. 195 a u. b. Die Magnetostriktion in Abhängigkeit vom Feld bei verschiedenen Zugspannungen. [Nach K. Honda u. S. Shimizu: Phys. Z. Bd. 3 (1902) S. 378.] a Weiches Eisen. b Wolfram-Stahl.

noch die Magnetostriktion übrig geblieben, welche mit dem Herausdrehen von J_s aus der Würfelkante verbunden ist. Diese Deutung des Kurvenbildes in Abb. 195 a gestattet eine halbquantitative Kontrolle, indem wir aus der Kurve $\sigma = 0$ allein bereits den Zug abschätzen können, welcher nötig ist, um die positive Magnetostriktion völlig zu unterdrücken: Das Feld H_m, bei welchem das Maximum A der Kurve erreicht ist, muß ungefähr gegeben sein durch $\frac{3}{2}\lambda_{100}\,\sigma_i = H_m\,J_s$, da bei diesem Feld der Energiebetrag $H_m\,J_s$ ausreicht, um den Energieunterschied $\frac{3}{2}\lambda_{100}\,\sigma_i$ zwischen den verschiedenen leichten Richtungen zu decken. Andererseits ist der Zug $\sigma \approx \sigma_i$ nötig, um die Querlagen zum Verschwinden zu bringen. Wir brauchen also ungefähr den Zug $\sigma = \dfrac{H_m\,J_s}{\frac{3}{2}\lambda_{100}}$, um zu erreichen, daß die Magnetostriktionskurve gleich mit negativen Werten beginnt. Mit $H_m = 20$ Oe; $J_s = 1700$ und $\lambda_{100} = 19 \cdot 10^{-6}$ erhalten wir ungefähr

$$\sigma = \frac{20 \cdot 1700}{1,5 \cdot 19 \cdot 10^{-6}}\ \text{dyn/cm}^2 = 11\ \text{kg/mm}^2.$$

Experimentell ist dies schon bei etwa 5 kg/mm² erreicht. Zum weiteren Vergleich sind in Abb. 195 b die entsprechenden Kurven für ein sehr hartes Material (Wolfram-Stahl) wiedergegeben. Dort sind die inneren Spannungen viel größer, wie wir aus dem viel höheren Wert von H_m entnehmen. Dementsprechend sind auch die Zugspannungen weniger wirksam als in Abb. 195 a.

Ganz anders ist das Verhalten von Nickel mit seiner in allen Richtungen negativen Magnetostriktion. Wir wollen sie für diese qualitative Betrachtung näherungsweise als isotrop ansehen. Dann gilt einfach

$$(16) \qquad \frac{\overline{\delta l}}{l} = \tfrac{3}{2}\lambda\left(\overline{\cos^2\vartheta} - \tfrac{1}{3}\right). \qquad (\lambda = -34 \cdot 10^{-6}).$$

Im ungespannten Material wächst beim Magnetisieren der Mittelwert von $\cos^2\vartheta$ von dem Wert $\frac{1}{3}$, den es im Anfangszustand bei isotroper Verteilung hat, auf den Wert 1 in der Sättigung, so daß der Betrag der relativen Längenänderung gleich λ ist. Unter Zug tritt aber eine Querstellung der Bezirke ein. Bei genügend starker Zugspannung ist im Felde Null überall $\cos\vartheta = 0$. Beim Magnetisieren wächst dann $\overline{\cos^2\vartheta}$ nicht von $\frac{1}{3}$,

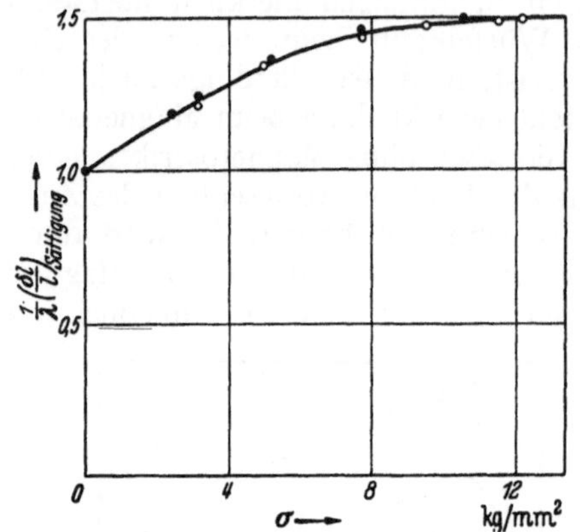

Abb. 196. Die Sättigungsmagnetostriktion von Nickel in Abhängigkeit von der Zugspannung σ. [Nach H. KIRCHNER: Ann. Phys., Lpz. V, Bd. 27 (1926) S. 49.]

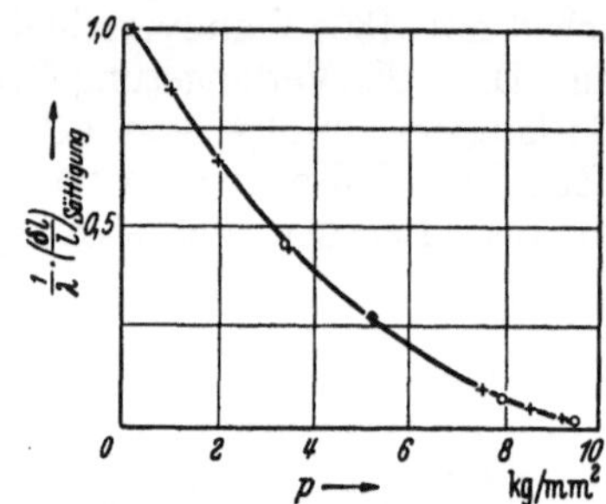

Abb. 197. Die Sättigungsmagnetostriktion von Nickel in Abhängigkeit von der Druckspannung p. [Nach H. KIRCHNER, s. Abb. 196.]

sondern von 0 auf 1. Der Betrag der Sättigungsmagnetostriktion steigt daher mit zunehmender Zugspannung und erreicht schließlich den Wert $\frac{3}{2}\,\lambda$; denn im Magnetfeld muß die durch den Zug bewirkte magnetostriktive Dehnung von $\frac{1}{3}\,\lambda$ wieder rückgängig gemacht werden. Unter Druck nimmt umgekehrt der Betrag der Sättigungsmagnetostriktion ab, da ja der Druck die Längsstellung schon vorwegnimmt. Unter sehr starkem

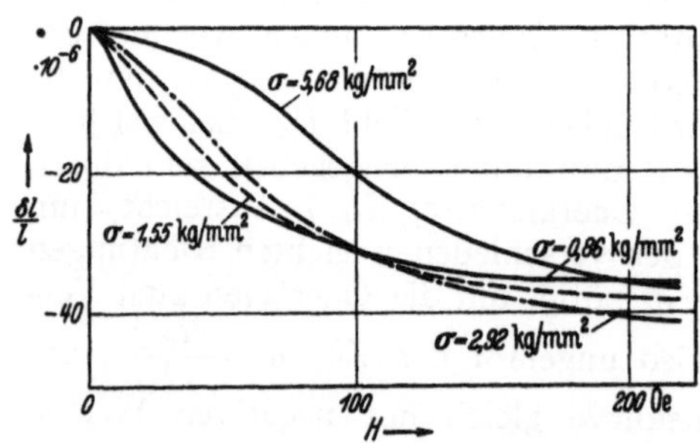

Abb. 198. Die Magnetostriktion von Nickel in Abhängigkeit vom Feld bei verschiedenen Zugspannungen. [Nach K. HONDA u. S. SHIMIZU: Phys. Z. Bd. 3 (1902) S. 378.]

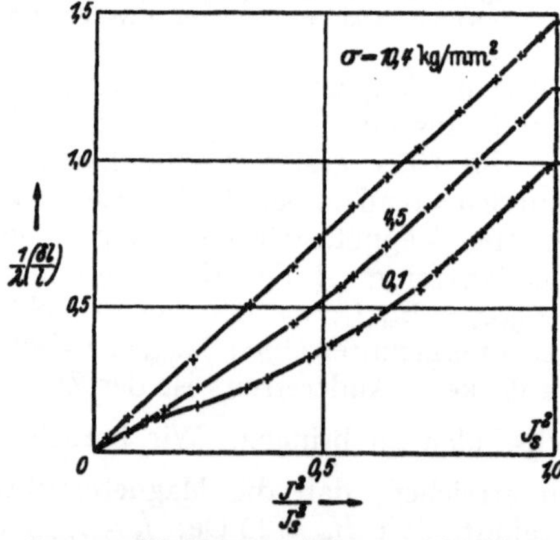

Abb. 199. Die Magnetostriktion von Nickel in Abhängigkeit vom Quadrat der Magnetisierung bei verschiedenen Zugspannungen σ. [Nach H. KIRCHNER: Ann. Phys., Lpz. V, Bd. 27 (1936) S. 49.]

longitudinalem Druck muß die Magnetostriktion im Magnetfeld völlig verschwinden. Dann treten beim Magnetisieren nur noch 180°-Wandverschiebungen auf. Abb. 196 und 197 zeigen nach Messungen von KIRCHNER, daß die Experimente unsere Erwartung völlig bestätigen. Trägt man den Verlauf der Magnetostriktion als Funktion der Feldstärke für verschiedene Zugspannungen auf, so erhält man ein Bild wie in Abb. 198. Bei großen Feldern ist die Magnetostriktion unter Zug größer als ohne Zug, weil der Sättigungswert wächst. In kleinen Feldern nimmt sie dagegen unter Zug ab, denn mit zunehmender Zugspannung wird die Festhaltung der Magnetisierung in der Querlage immer stärker. Die bei einer gewissen Feldstärke erreichte Magnetisierung nimmt also ab. So erklärt sich zwanglos die in die Augen springende Überschneidung der $\frac{\delta l}{l}$-H-Kurve in Abb. 198. Diese Überschneidung verschwindet, wenn man die Magnetostriktion als Funktion der Magnetisierung aufträgt. Bei sehr starkem Zug ist bei Nickel $\cos \vartheta$ im ganzen Material gleich. Es gilt somit $\overline{\cos^2 \vartheta} = \overline{\cos \vartheta}^2 = \frac{J^2}{J_s^2}$. Für die Magnetostriktion als Funktion der Magnetisierung erhalten wir daher, wenn wir von der im Feld Null vorhandenen Querstellung als Nullpunkt ausgehen,

$$\frac{\delta l}{l} = \tfrac{3}{2}\, \lambda \cos^2 \vartheta = \tfrac{3}{2}\, \lambda\, \frac{J^2}{J_s^2}\,.$$

Wir erwarten also einen linearen Zusammenhang zwischen $\frac{\delta l}{l}$ und J^2, der durch die in Abb. 199 wiedergegebenen Messungen von KIRCHNER exakt bestätigt wird. Bei 10,4 kg/mm² verläuft die Magnetostriktion streng linear mit J^2 und erreicht in der Sättigung das $\tfrac{3}{2}$fache des Wertes für sehr kleine Zugspannungen.

c) Die Volumenmagnetostriktion.

Wir haben bisher bei der Behandlung der Magnetostriktion eine etwa auftretende Volumenänderung vernachlässigt. Das war insofern berechtigt, als tatsächlich im allgemeinen bei der Magnetisierung eine Querkontraktion beobachtet wird, welche nahezu halb so groß ist wie die Dilatation in Magnetisierungsrichtung. Die relative Volumenänderung ist in der Regel um etwa 2 Zehnerpotenzen kleiner als die relative Längenänderung. Deshalb konnten wir bei der Betrachtung der spontanen Gitterverzerrung auf S. 275 das Glied $h_3(s - \tfrac{1}{3})$ bzw. $h_3\, s$, das eine Volumenänderung beim Magnetisieren bedingen würde, als klein streichen. Nunmehr wollen wir gerade diese kleinen Volumenänderungen genauer betrachten. Neben der auf der Änderung der spontanen Gitterverzerrung beruhenden Volumenmagnetostriktion sind der Formeffekt und die erzwungene Magnetostriktion von der gleichen Größenordnung. Man kann also hier nicht mehr wie bisher die beiden letzteren Anteile vernachlässigen. Das macht die Verhältnisse etwas kompliziert, aber andererseits auch wieder besonders interessant, weil wir daraus Aufschluß über diese weiteren Magnetostriktionseffekte erhalten.

Die bis vor kurzem in der Literatur vorliegenden Angaben über die mit der Magnetisierung des Eisens verbundenen Volumenänderungen waren sehr widerspruchsvoll. Sogar das Vorzeichen dieser Änderungen wird von verschiedenen Autoren verschieden angegeben. Diese Widersprüche wurden weitgehend aufgeklärt durch eine Arbeit von KORNETZKI[1], in welcher gezeigt wurde, daß die Dilatation eines Ellipsoids in einer zunächst recht kompliziert anmutenden Weise von der Feldstärke und vom Dimensionsverhältnis abhängt. Eine Vorstellung davon geben die nachstehenden Abb. 200 bis 202, in denen die relative Volumenänderung in Abhängigkeit von der Feldstärke beim gleichen Material aufgetragen ist, und zwar für Ellipsoide aus reinem Eisen mit den Dimensionsverhältnissen 1, 3, 16,9 und 41,6. Der merkwürdig gekrümmte Verlauf dieser Kurven deutet darauf hin, daß sich hier verschiedene Effekte überlagern, deren saubere Trennung wir jedoch an Hand einer theoretischen Überlegung vollständig durchführen können.

Zur Gewinnung der theoretischen Ausgangsformel stellen wir uns vor, daß das betrachtete Ellipsoid vom Volumen V und dem Entmagnetisierungsfaktor N

---

[1] BECKER, R.: Z. Phys. Bd. 87 (1933) S. 547. — KORNETZKI, M.: Z. Phys. Bd. 87 (1933) S. 560.

gegen einen magnetisch sehr harten permanenten Magneten bewegt wird.
Gleichzeitig sei es von einer Flüssigkeit umgeben, auf welcher der hydro-
statische Druck p lastet. Schiebt man jetzt das Ellipsoid an eine Stelle größerer
Feldstärke, so gewinnt man die Arbeit $V J\,dH$. Dabei bedeutet J in üblicher
Weise das auf die Volumeneinheit bezogene magnetische Moment. Bei
einer Vergrößerung des Volumens um dV ist die gewonnene Arbeit $p\,dV$.
Die bei einer gleichzeitigen Änderung von H und V aufzuwendende Arbeit
ist somit

$$(17)\qquad dF = -\,V J\,dH - p\,dV.$$

Nach dem zweiten Hauptsatz ist dF und damit auch

$$d(F + pV) = -\,V J\,dH + V\,dp$$

ein totales Differential. Betrachten wir nun sowohl J wie auch V als Funktionen von H und p, so folgt daraus

$$\left(\frac{\partial V}{\partial H}\right)_p = -\left(\frac{\partial (VJ)}{\partial p}\right)_H.$$

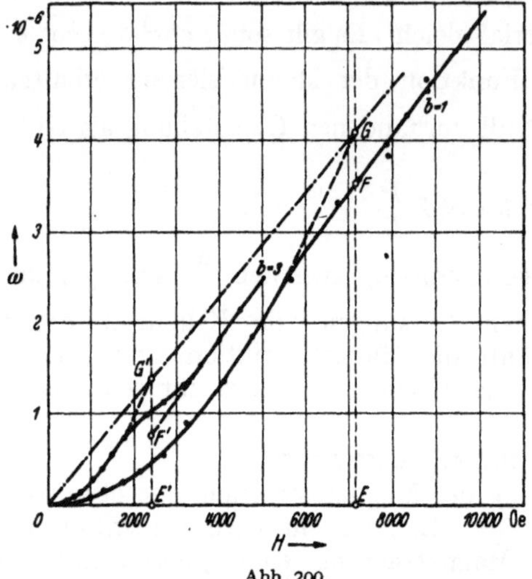

Abb. 200.

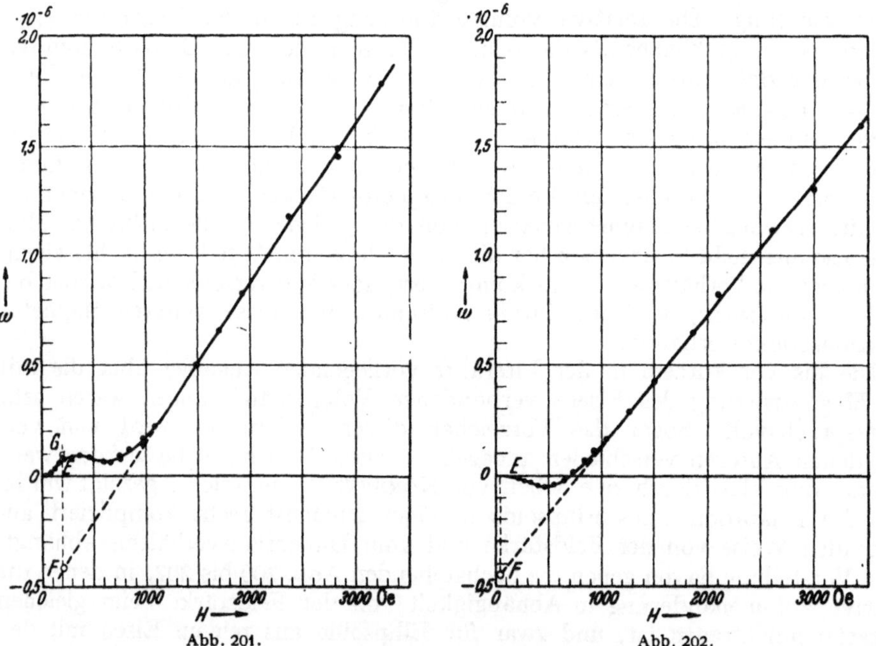

Abb. 201. Abb. 202.

Abb. 200 bis 202. Volumenmagnetostriktion an Eisenellipsoiden mit verschiedenem Dimensionsverhältnis b (b ist das
Verhältnis von Längs- und Querachse). [Nach M. Kornetzki: Z. Phys. Bd. 87 (1933) S. 560.]
Abb. 200: $b = 1$ und $b = 3$; Abb. 201: $b = 16{,}9$; Abb. 202: $b = 41{,}6$.

Führen wir die relative Volumenänderung ω ein, indem wir $V = V_0\,(1 + \omega)$
setzen, so erhalten wir

$$(18)\qquad \left(\frac{\partial \omega}{\partial H}\right)_p = -\,\frac{1}{V_0}\left(\frac{\partial (VJ)}{\partial p}\right)_H.$$

Daraus folgt durch Integration für die Dilatation in Abhängigkeit von der Feldstärke

$$(19) \qquad \omega = - \frac{1}{V_0} \frac{\partial}{\partial p} \int\limits_0^H V J \, dH.$$

Hier ist nun zu beachten, daß die Magnetisierung unmittelbar nicht durch das äußere Feld H gegeben ist, sondern daß im Innern des Ellipsoids die um das entmagnetisierende Feld verminderte Feldstärke $H_i = H - NJ$ wirksam ist. Wir setzen daher $dH = dH_i + N \, dJ$. Von den so entstehenden zwei Integralen können wir dasjenige über J ohne weiteres ausführen und erhalten

$$(20) \qquad \omega = - \frac{1}{V_0} \frac{\partial}{\partial p} \left\{ \int\limits_0^{H_i} V J \, dH_i + \tfrac{1}{2} N V J^2 \right\}.$$

Dabei haben wir unterm Integral die bei der Magnetisierung vor sich gehende kleine Volumenänderung vernachlässigt, was hier ohne merklichen Fehler zulässig ist. Bei der Ausführung der Differentiation nach p ist darauf zu achten, daß jetzt auch die obere Grenze H_i des Integrals noch vom Druck abhängig ist, und zwar ist

$$\frac{\partial H_i}{\partial p} = - \frac{\partial}{\partial p} (NJ).$$

Daher wird zunächst

$$(21) \qquad \omega = - \frac{1}{V_0} \left\{ \int\limits_0^{H_i} \frac{\partial}{\partial p} (VJ) \, dH_i - VJ \frac{\partial}{\partial p} (NJ) + \tfrac{1}{2} \frac{\partial}{\partial p} (NVJ^2) \right\}.$$

Der Entmagnetisierungsfaktor ist von p unabhängig, denn unter einem allseitigen Druck ändert sich das Dimensionsverhältnis eines Ellipsoids nicht. Berücksichtigen wir noch, daß der Kompressionsmodul K durch die Beziehung $\frac{1}{V_0} \frac{\partial V}{\partial p} = - \frac{1}{K}$ definiert ist, so erhalten wir

$$(22) \qquad \omega = - \frac{1}{V_0} \int\limits_0^{H_i} \frac{\partial}{\partial p} (VJ) \, dH_i + \tfrac{1}{2} \frac{NJ^2}{K}.$$

Wir diskutieren den durch diese Formel gegebenen Verlauf von ω zunächst für die beiden Extremfälle, daß das Feld klein oder groß ist gegenüber dem Scherungsfeld NJ_s in der Sättigung.

Am *Anfang* der Magnetisierungskurve wird bei einem weichen Material das äußere Feld praktisch vollständig durch das entmagnetisierende Feld abgeschirmt. Also ist H_i sehr klein gegen NJ. Daher kann man in (22) das erste Glied gegen das zweite vernachlässigen. Wegen $H = NJ$ erhalten wir somit für dieses Gebiet

$$(23) \qquad \omega = \tfrac{1}{2} \frac{NJ^2}{K} = \tfrac{1}{2} \frac{H^2}{KN} \qquad \text{für } H \ll NJ_s.$$

Wir erwarten danach für den Anfangsteil ein quadratisches Anwachsen des Volumens mit der Feldstärke nach einem Gesetz, in welchem lediglich der Kompressionsmodul als Materialkonstante auftritt, dagegen keinerlei spezifische magnetische Eigenschaften.

Diese Anfangsparabel ist ganz offensichtlich ein Magnetostriktionseffekt, der wegen des endlichen Entmagnetisierungsfaktors auftritt. Wenn die Bedingung $H_i = 0$ bis zur Erreichung der Sättigung gelten würde, so würde bei der Scherungsfeldstärke $H = NJ_s$ die relative Volumenänderung ω den Wert

$$(24) \qquad \omega_F = \tfrac{1}{2} \frac{NJ_s^2}{K}$$

erreichen, den wir als den Sättigungswert des Formeffektes bezeichnen. In Wirklichkeit tritt aber schon vorher, wie wir sehen werden, ein Abkrümmen von der Parabel ein. Da im Gebiet des reinen Formeffektes nach Voraussetzung das äußere Feld durch die Magnetisierung völlig abgeschirmt ist, haben wir hier die gleichen Verhältnisse wie bei einem metallischen Ellipsoid in einem elektrostatischen Feld. Auch dort müßte man demnach eine solche, quadratisch mit der elektrischen Feldstärke verlaufende Volumenzunahme beobachten können. Ein Versuch, das zu messen, ist bisher noch nicht angestellt worden.

Wir betrachten nunmehr den anderen Grenzfall, nämlich den Zustand der Sättigung, in welchem die innere Feldstärke H_i größer ist als die zur vollständigen Sättigung nötige Feldstärke H_{is}. Hier müssen wir in Betracht ziehen, daß die Sättigungsmagnetisierung vom Volumen abhängig ist. Wir beschreiben diese Abhängigkeit wie in Kapitel 11 durch eine Zahl ε, die durch

$$(25) \qquad V J_s = V_0 J_s^0 \, (1 + \varepsilon \omega)$$

definiert ist. In Kapitel 11 hatten wir für die Magnetisierung M_s entsprechend angesetzt

$$(25a) \qquad M_s = M_s^0 \, (1 + \varepsilon \omega).$$

Dabei bedeutete M_s das Sättigungsmoment derjenigen Substanzmenge, die im Felde Null in 1 cm³ enthalten ist. Wegen $M_s = \dfrac{V}{V_0} J_s$ sind diese beiden Formeln gleichwertig. Wir zerlegen nun das Integral in Formel (22) in zwei Teilintegrale, von denen wir das erste von 0 bis H_{is} und das zweite von H_{is} bis $H_i = H - N J_s$ laufen lassen. Im zweiten Teilintegral ist überall $J = J_s$. Hier wird also

$$\frac{\partial (V J)}{\partial p} = V_0 J_s^0 \, \varepsilon \, \frac{\partial \omega}{\partial p} = - V_0 J_s^0 \, \frac{\varepsilon}{\mathrm{K}}.$$

Damit erhalten wir für die Dilatation im Sättigungsgebiet

$$(26) \qquad \omega = \tfrac{1}{2} \frac{N J_s^2}{\mathrm{K}} - \frac{1}{V_0} \int\limits_0^{H_{is}} \frac{\partial (V J)}{\partial p} \, d H_i - \frac{J_s^0 \varepsilon}{\mathrm{K}} H_{is} + \frac{J_s^0 \varepsilon}{\mathrm{K}} (H - N J_s),$$

was wir in abgekürzter Weise schreiben:

$$(26a) \qquad \omega = \omega_F + \omega_K + \frac{J_s \varepsilon}{\mathrm{K}} (H - N J_s).$$

Darin ist ω_F der oben eingeführte Sättigungswert des Formeffektes, während ω_K als Abkürzung für

$$(27) \qquad \omega_K = - \frac{1}{V_0} \int\limits_0^{H_{is}} \frac{\partial (V J)}{\partial p} \, d H_i - \frac{J_s \varepsilon}{\mathrm{K}} H_{is}$$

steht. ω_K ist von H_{is} unabhängig, sofern nur H_{is} eine zur Sättigung ausreichende Feldstärke ist. Wir nennen ω_K den *Kristalleffekt*. Nachher werden wir diese Bezeichnung rechtfertigen, indem wir zeigen, daß diese Größe tatsächlich diejenige Volumenänderung bedeutet, die beim Drehen von J_s gegen die Kristallenergie aus der leichten Richtung heraus in die Feldrichtung auftritt. Es ist diejenige Volumenänderung, die von der Änderung der spontanen Gitterverzerrung beim Drehen der Magnetisierung herrührt. ω_K ist bei Eisen und Nickel negativ.

Der dritte Teil in Formel (26a), das Glied $\dfrac{J_s \varepsilon}{\mathrm{K}} (H - N J_s)$ nennen wir die erzwungene Magnetostriktion. Sie rührt von der Volumenabhängigkeit der spontanen Magnetisierung her und ist proportional mit dem inneren Feld $H - N J_s$ in der Sättigung.

Die Formel (26a) gestattet nun eine einfache geometrische Konstruktion für den Verlauf von ω mit H (vgl. Abb. 203). Extrapolieren wir den linearen Anstieg von ω in hohen Feldern bis zur Scherungsfeldstärke NJ_s (Punkt F), so erhalten wir den Wert $\omega_F + \omega_K$. Verlängern wir andererseits die Parabel $\omega = \frac{1}{2}\frac{H^2}{NK}$, die die Volumenmagnetostriktion für kleine Felder wiedergibt, bis zum gleichen Feldwert, so erreichen wir den Wert $\omega_F = \frac{1}{2}\frac{NJ_s^2}{K}$ (Punkt G in Abb. 203). Tragen wir also von dem Endpunkt G der Parabel die Strecke $GF = \omega_K$ ab — nach unten, weil ω_K negativ ist — und zeichnen durch F eine Gerade mit der Steigung $\frac{J_s\,\varepsilon}{K}$, so muß in hohen Feldern der wirkliche Verlauf von ω als Funktion von H in diese Gerade einmünden. Zwischen der Anfangsparabel AB, die den Verlauf im Gebiet der Wandverschiebungen angibt, und der Geraden CD in der Sättigung liegt ein Übergangsgebiet BC, in welchem die Drehungen ablaufen. Der Verlauf in diesem Gebiet ist in der Abb. 203

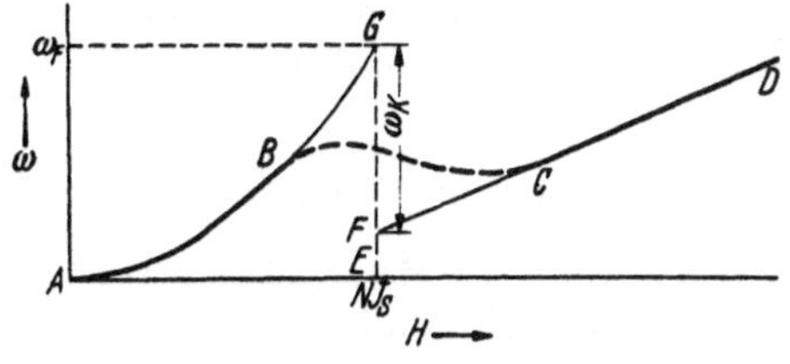
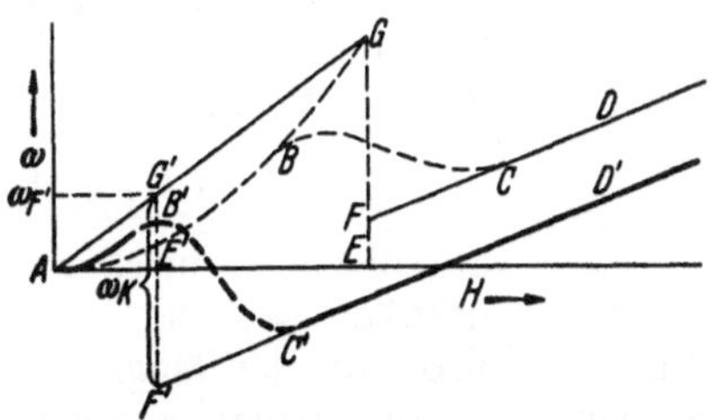

Abb. 203. Die Zerlegung in Formeffekt, Kristalleffekt und den Anstieg bei hohen Feldern.

Abb. 204. Änderung des Verlaufes bei Verringerung des Entmagnetisierungsfaktors.

Abb. 203 und 204. Der theoretische Verlauf der Volumenmagnetostriktion.

durch die gestrichelte Kurve angedeutet. Wir bemerken ausdrücklich, daß dieses Überbrückungsgebiet zwischen dem parabolischen Anfangsteil und dem geradlinigen Ende nicht quantitativ berechnet wurde, sondern nur qualitativ in die Abbildung eingetragen ist.

Auf Grund dieser Konstruktion ist der Verlauf der Kurve für andere Werte des Dimensionsverhältnisses unmittelbar verständlich. Gehen wir z. B. zu einem gestreckteren Ellipsoid über, dessen Entmagnetisierungsfaktor nur den dritten Teil beträgt, so erhalten wir das in Abb. 204 wiedergegebene Bild: Der Punkt G geht auf der Geraden AG nach G' über, E nach E'; der Sättigungswert des Formeffektes ist jetzt durch die Strecke $E'G'$ dargestellt. Er ist gegenüber dem erst betrachteten Fall auf den dritten Teil gesunken. Der Kristalleffekt $G'F'$ ist von der Gestalt unabhängig. Also entsteht der Punkt F' in der Abb. 204 aus G' dadurch, daß man ω_K von G' aus nach unten abträgt. Ebenfalls vom Dimensionsverhältnis unabhängig ist dann die Richtung der Geraden CD bzw. $C'D'$, welche in ihrem oberen Teil das Volumen bei hohen Feldern wiedergibt. Mit abnehmendem Entmagnetisierungsfaktor, d. h. zunehmendem Dimensionsverhältnis wird in dieser Weise die ganze Kurve nach unten verschoben. Bei sehr langgestreckten Ellipsoiden wird schließlich der Formeffekt verschwindend klein. Die Kurve beginnt gleich mit dem negativen Kristalleffekt, welcher eine Volumenverringerung bei schwachen Feldern bewirkt. Diese von der Theorie gelieferte Beschreibung des Vorgangs wird von den in Abb. 200 bis 202 (S. 292) wiedergegebenen experimentellen Kurven in allen Einzelheiten bestätigt.

Wir wollen jetzt die oben eingeführte Bezeichnung „Kristalleffekt" für die Größe ω_K rechtfertigen, indem wir den Verlauf der Volumenmagnetostriktion noch einmal ableiten, wobei wir wie in Kapitel 11 von der freien Energie F^0 ausgehen. Dabei tritt die Herkunft der einzelnen Magnetostriktionsanteile etwas deutlicher hervor. F^0 ist eine Funktion der Verzerrungskomponenten A_{ik} und der Richtungskosinus α_i der spontanen Magnetisierung. Wir hatten (S. 135) F^0 zerlegt in drei Summanden $F_K^0 + F_A^0 + F_{El}^0$, von denen der erste die Verzerrungen nicht enthielt, während der zweite linear und der dritte quadratisch in den A_{ik} war. Die Kristallenergie F_K^0 hat wegen der kubischen Symmetrie und bei Vernachlässigung höherer Glieder die Gestalt $F_K^0 = K^0 s$ mit $s = \alpha_1^2 \alpha_2^2 + \alpha_2^2 \alpha_3^2 + \alpha_1^2 \alpha_3^2$. Das Glied F_A^0 hatten wir in Kapitel 11 auf Grund von Symmetriebetrachtungen und einigen Näherungsannahmen umgeformt in den Ausdruck (11.17a), der noch 6 Konstanten b_0 bis b_5 enthielt. b_0 war bei Eisen, wo die leichte Richtung die Würfelkante ist, wegen der Festlegung des Nullpunktes der Verzerrung gleich Null zu setzen. Die übrigen Konstanten b_1 bis b_5 bestimmten sich aus den Konstanten der Magnetostriktion. Wir sahen aber schon auf S. 139, daß die Glieder mit b_1, b_2, b_4 und b_5 nur solche Anteile der spontanen Gitterverzerrung bedingen, die beim Drehen der spontanen Magnetisierung keine Volumenänderung hervorrufen. Diese Glieder können wir deshalb hier gleich außer Betracht lassen, da sie nachher doch herausfallen würden. Wir setzen also für diese Betrachtung einfach

$$(28) \qquad F_A^0 = b_3 s (A_{11} + A_{22} + A_{33}) = b_3 s \omega \quad \text{für Eisen.}$$

Bei Nickel wäre hierin s durch $s - \tfrac{1}{3}$ zu ersetzen. In den folgenden Überlegungen beschränken wir uns auf den bei Eisen vorliegenden Fall.

Da dies Glied von der Magnetisierungsrichtung genau so abhängt wie die Kristallenergie, können wir es auch mit ihr zusammenfassen und dann dahingehend deuten, daß durch dieses Glied die Volumenabhängigkeit der Kristallenergie gegeben wird. Wir schreiben deshalb unter Einführung der neuen Konstanten $\varkappa = b_3/K^0$

$$(29) \qquad F_K^0 + F_A^0 = K^0 (1 + \varkappa \omega) s.$$

$\varkappa$ gibt die relative Volumenabhängigkeit der Kristallenergie.

In Kap. 11, S. 134 hatten wir die freie Energie bezogen auf diejenige Substanzmenge eines Einkristalls, die im Felde Null in 1 cm³ enthalten ist. Jetzt wollen wir sie für ein polykristallines Ellipsoid hinschreiben, dessen Volumen im Feld Null V_0 ist. Wir müssen dazu mit V_0 multiplizieren und über alle Kristallite mitteln. Die Größen A_{ik} sollen sich fortan nicht mehr auf die Einkristallachsen beziehen, sondern auf die Achsen des Ellipsoids. Da aber $A_{11} + A_{22} + A_{33} = \omega$ invariant gegen eine Koordinatendrehung ist, ändert sich dabei der Ausdruck (28) für F_A^0 nicht. Bei der elastischen Verzerrungsenergie F_{El}^0 sind jedoch nunmehr die Elastizitätskonstanten des Einkristalls durch diejenigen des quasiisotropen Polykristalls zu ersetzen. Also gilt bei Benutzung von Kompressionsmodul K und Schubmodul G

$$(30) \qquad \begin{cases} F_{El}^0 = \tfrac{1}{2} (K - \tfrac{2}{3} G) (A_{11} + A_{22} + A_{33})^2 \\ \qquad + G (A_{11}^2 + A_{22}^2 + A_{33}^2 + 2 A_{12}^2 + 2 A_{23}^2 + 2 A_{31}^2). \end{cases}$$

Um die gesamte freie Energie zu erhalten, haben wir zu diesen Gliedern noch die Feldenergie des entmagnetisierenden Feldes $\tfrac{1}{2} N J^2 \cdot V$ hinzuzufügen. Darin ersetzen wir J durch

$$(31) \qquad J = \frac{V_0}{V} M_s \overline{\cos \vartheta}.$$

Hier bedeutet M_s die auf die Substanzmenge bezogene Sättigungsmagnetisierung und $\overline{\cos \vartheta}$ den Mittelwert über den Kosinus des Winkels ϑ zwischen $\mathfrak{M}_s$

und der Feldrichtung. Somit erhalten wir für die freie Energie des gesamten Ellipsoids

$$(32)\quad \begin{cases} \bar{F}^0 = V_0 K^0 \left[1 + \varkappa (A_{11} + A_{22} + A_{33})\right]\bar{s} + V_0 \left[\tfrac{1}{2}(K - \tfrac{2}{3}G)(A_{11} + A_{22} + A_{33})^2\right. \\ \left. \quad + G(A_{11}^2 + A_{22}^2 + A_{33}^2 + 2A_{12}^2 + 2A_{23}^2 + 2A_{31}^2)\right] + \tfrac{1}{2} N V_0^2 \dfrac{M_s^2}{V}\overline{\cos\vartheta}^2. \end{cases}$$

Nach den Ausführungen in Kapitel 11 erhalten wir nun die zu einer gegebenen Magnetisierung gehörigen Verzerrungen A_{ik} im Felde H bei fehlenden äußeren Spannungen, indem wir das Minimum von $\bar{F}^0 - H V_0 M_s \overline{\cos\vartheta}$ bei festgehaltener Magnetisierungsrichtung α_i, also festem $\bar{s}$ und $\overline{\cos\vartheta}$ suchen. M_s ist dabei volumenabhängig:

$$M_s = M_s^0 (1 + \varepsilon\,\omega).$$

Da $\varepsilon\,\omega \ll 1$ ist, folgt somit

$$(33)\qquad M_s^2 = M_s^{02}(1 + 2\,\varepsilon\,\omega).$$

Ferner ist

$$(33\,\mathrm{a})\qquad \frac{1}{V} = \frac{1}{V_0}(1 - \omega),$$

also auch

$$(33\,\mathrm{b})\qquad \frac{M_s^2}{V} = \frac{M_s^{02}}{V_0}(1 + (2\,\varepsilon - 1)\,\omega).$$

Differenzieren wir $\bar{F}^0 - H V_0 M_s \overline{\cos\vartheta}$ nach A_{11}, A_{22} und A_{33} und setzen die Summe gleich Null, so erhalten wir:

$$(34)\qquad \varkappa K^0 \bar{s} + K\,\omega + \tfrac{1}{2} N M_s^{02}\,\overline{\cos\vartheta}^2 (2\,\varepsilon - 1) - H M_s^0\,\varepsilon\,\overline{\cos\vartheta} = 0.$$

Die Ableitungen von N nach A_{11}, A_{22} und A_{33} fallen dabei heraus. Denn bei einer homogenen Dilatation ändert sich N nicht. Also ist

$$dN = \frac{\partial N}{\partial A_{11}}\,dA_{11} + \frac{\partial N}{\partial A_{22}}\,dA_{22} + \frac{\partial N}{\partial A_{33}}\,dA_{33}$$

gleich Null für $dA_{11} = dA_{22} = dA_{33}$, mithin

$$(35)\qquad \frac{\partial N}{\partial A_{11}} + \frac{\partial N}{\partial A_{22}} + \frac{\partial N}{\partial A_{33}} = 0.$$

Wir erhalten somit, wenn wir unter Vernachlässigung des kleinen Unterschieds zwischen V und V_0 in (34) $M_s^0\,\overline{\cos\vartheta} = J$ setzen,

$$(36)\qquad \omega = \tfrac{1}{2}\frac{NJ^2}{K} - \frac{\varkappa K^0}{K}\,\bar{s} + \frac{J\,\varepsilon}{K}(H - NJ).$$

Darin erkennen wir den oben bereits diskutierten Verlauf von ω mit dem Felde vollständig wieder. Im Gebiet der Wandverschiebungen ist das dritte Glied klein gegen das erste, $H - NJ \ll NJ$. Da die Magnetisierung dann noch überall in der leichten Richtung liegt, ist auch $\bar{s} = 0$. Somit bleibt dort allein das erste Glied übrig, das nach unserer Ableitung von dem entmagnetisierenden Feld herrührt und den Formeffekt darstellt. Wenn die Drehungen aus der leichten Richtung heraus beginnen, wird s von Null verschieden. Das zweite Glied macht sich dann ebenfalls bemerkbar, so daß ein Abkrümmen von der Parabel auftritt. Dies zweite Glied rührte von dem Anteil F_λ^0 der freien Energie her. Es stellt daher, wie oben behauptet, die Volumenänderung infolge der Änderung der spontanen Gitterverzerrung dar. In der Sättigung schließlich ist $J = J_s$ und

$$\bar{s} = \overline{\alpha_1^2 \alpha_2^2 + \alpha_2^2 \alpha_3^2 + \alpha_3^2 \alpha_1^2} = \tfrac{1}{5}.$$

Das erste Glied erreicht dort den Sättigungswert des Formeffektes $\omega_F = \tfrac{1}{2}\dfrac{NJ_s^2}{K}$; das zweite Glied erreicht ebenfalls einen Sättigungswert, den Kristalleffekt

$$(37)\qquad \omega_K = -\tfrac{1}{5}\frac{\varkappa K^0}{K}.$$

Wir erhalten also im Sättigungsgebiet in völliger Übereinstimmung mit (26a) den linearen Verlauf

$$\omega = \omega_F + \omega_K + \frac{J_s \varepsilon}{K}(H - N J_s).$$

Darüber hinaus liefert (37) die Verknüpfung des Kristalleffektes ω_K mit der Volumenabhängigkeit $\varkappa$ der Kristallenergie. Bei Nickel ergibt sich mit dem entsprechenden Ansatz für die Volumenabhängigkeit der Kristallenergie

$$(38) \qquad F_K^0 + F_A^0 = K^0 (1 + \varkappa \omega)(s - \tfrac{1}{3}) \qquad (K^0 < 0)$$

für den Zusammenhang zwischen ω_K und $\varkappa$

$$(39) \qquad \omega_K = + \frac{2}{15}\frac{\varkappa K^0}{K}.$$

Die drei Bestandteile der ω-H-Kurve liefern uns auf Grund dieser Diskussion drei wichtige Stoffkonstanten, nämlich den Kompressionsmodul, sowie die Volumenabhängigkeiten der Kristallenergie und der spontanen Magnetisierung. Wir wollen die aus den Kornetzkischen Messungen für Eisen sich ergebenden Zahlenwerte kurz betrachten:

1. Rein magnetische Messung des Kompressionsmoduls aus dem Formeffekt. Verlängert man die Anfangsparabel der Abb. 200 bis zum Schnitt G mit der Geraden $H = N J_s$, so ist nach Formel (24) die Strecke

$$E G = \omega_F = \tfrac{1}{2}\frac{N J_s^2}{K}.$$

Beim Eisen ist J_s gleich 1710 Gauß, N ist aus den Abmessungen bekannt. Damit gestattet diese Kurve eine numerische Bestimmung des Kompressions-moduls. In der Tabelle geben wir einige von KORNETZKI[1] gemessene Zahlen wieder.

Der Kompressionsmodul er-gibt sich danach zu $1{,}52 \cdot 10^{12}$ dyn/cm², während in LAN-DOLT-BÖRNSTEIN $1{,}6 \cdot 10^{12}$ dyn/cm² angegeben werden.

Dimensions-verhältnis b	Formeffekt $E G$		K berechnet aus Parabel $A\,B$
	gemessen	berechnet mit $K = 1{,}6 \cdot 10^{11}$	
1 (Kugel)	$4{,}1 \cdot 10^{-6}$	$3{,}92 \cdot 10^{-6}$	$1{,}53 \cdot 10^{12}$
3	$1{,}37 \cdot 10^{-6}$	$1{,}3 \cdot 10^{-6}$	$1{,}52 \cdot 10^{12}$
16,9	$\sim 0{,}1 \cdot 10^{-6}$	$0{,}107 \cdot 10^{-6}$	—
41,6	—	$0{,}024 \cdot 10^{-6}$	—

Es mag dahingestellt bleiben, ob die Differenz von 5 % gegenüber dem magnetischen Wert auf Unterschieden im Material oder auf Meßfehlern beruht.

2. Volumenabhängigkeit der Kristallenergie. Die Länge der als Kristall-effekt eingeführten Strecke $F G$ beträgt bei Eisen $\omega_K = -5 \cdot 10^{-7}$. Mit dem Werte $K^0 = 4{,}25 \cdot 10^5$ erg/cm³ für die Kristallenergie und $K = 1{,}6 \cdot 10^{12}$ für den Kompressionsmodul folgt daraus für die Volumenabhängigkeit der Kristallenergie

$$\varkappa = -\frac{5\,K\,\omega_K}{K^0} = 9{,}4.$$

Die Kristallenergie nimmt also mit wachsendem Volumen so zu, daß sie bei einer Volumenvergrößerung von 1 % um 9,4 % anwachsen würde. Das negative Vorzeichen von ω_K besagt: Beim Hereindrehen in die schwere Richtung ändert sich das Volumen in dem Sinn, daß das Hereindrehen etwas erleichtert wird. Zahlenmäßig bedeutet der oben ermittelte Wert von ω_K, daß ein Druck von 10 000 Atm. eine Abnahme der Kristallenergie von etwa 6 % bewirken würde.

3. Der Anstieg bei hohen Feldern. Aus den Messungen erhalten wir Auskunft über die Volumenabhängigkeit der spontanen Magnetisierung. Bei hohen Feldern gilt nach den Messungen von KORNETZKI etwa

$$\frac{\partial \omega}{\partial H} \approx 6 \text{ bis } 8 \cdot 10^{-10}\frac{1}{\text{Oe}}.$$

Für die oben eingeführte Größe ε ergibt sich daraus etwa 0,6 bis 0,8.

[1] KORNETZKI, M.: Z. Phys. Bd. 87 (1933) S. 560.

Wir wollen versuchen, uns von der Bedeutung dieser Zahl eine Vorstellung zu verschaffen[1]. In der Weißschen Theorie des Ferromagnetismus ist die Abhängigkeit der spontanen Magnetisierung von der Temperatur vollständig gegeben durch die absolute Sättigung (spontane Magnetisierung beim absoluten Nullpunkt) und durch die Curie-Temperatur. Es fragt sich nun, wie diese beiden Größen sich mit dem Volumen ändern. Darüber machen wir versuchsweise die Annahme, daß die auf eine bestimmte Substanzmenge bezogene absolute Sättigung sich nicht ändert, daß vielmehr lediglich der Faktor des Weißschen Feldes bzw. das Heisenbergsche Austauschintegral vom Volumen abhängt. Das läuft darauf hinaus, daß die Magnetisierung sich nur deshalb bei einer Dilatation ändert, weil dabei die Curie-Temperatur geändert wird. Wir wollen also die Messung des Volumeneffektes dazu benutzen, um zahlenmäßig anzugeben, in welcher Weise die Curie-Temperatur bzw. das Austauschintegral von der Dilatation abhängt. Für die auf die Substanzmenge bezogene Magnetisierung M_s gilt unter dieser Annahme $M_s = f\left(\dfrac{T}{\Theta}\right)$, wobei nun Θ eine Funktion des Volumens ist. Aus dieser Beziehung folgt

$$(40) \qquad T\,\frac{\partial M_s}{\partial T} + \Theta\,\frac{\partial M_s}{\partial \Theta} = 0.$$

Für die Volumenabhängigkeit der spontanen Magnetisierung erhalten wir daraus

$$(41) \qquad \frac{\partial M_s}{\partial \omega} = \frac{\partial M_s}{\partial \Theta}\,\frac{\partial \Theta}{\partial \omega} = -\frac{T}{\Theta}\cdot\left(\frac{\partial M_s}{\partial T}\right)_v\cdot\frac{\partial \Theta}{\partial \omega}.$$

Mithin ergibt sich für die relative Volumenabhängigkeit der Curie-Temperatur

$$(42) \qquad \frac{1}{\Theta}\cdot\frac{\partial \Theta}{\partial \omega} = -\frac{\dfrac{\partial M_s}{\partial \omega}}{T\cdot\left(\dfrac{\partial M_s}{\partial T}\right)_v}.$$

In dieser Gleichung können wir $\dfrac{\partial M_s}{\partial \omega}$ aus den oben besprochenen Messungen entnehmen, denn nach (18) ist

$$(43) \qquad \frac{\partial M_s}{\partial \omega} = -\frac{\partial M_s}{\partial p}\,K = K\left(\frac{\partial \omega}{\partial H}\right)_{\text{Sätt}}.$$

Die in (42) im Nenner stehende Größe $\left(\dfrac{\partial M_s}{\partial T}\right)_v$ ist der Messung nicht unmittelbar zugänglich, da wir experimentell stets die Magnetisierungsänderungen bei konstantem Druck messen. Unter Einführung des linearen Ausdehnungskoeffizienten α wird aber

$$(44) \qquad \left(\frac{\partial M_s}{\partial T}\right)_p = \left(\frac{\partial M_s}{\partial T}\right)_v + \frac{\partial M_s}{\partial \omega}\cdot 3\,\alpha.$$

Damit ergibt sich

$$(45) \qquad \frac{1}{\Theta}\cdot\frac{\partial \Theta}{\partial \omega} = -\frac{1}{T}\,\frac{\dfrac{\partial \omega}{\partial H}\cdot K}{\left(\dfrac{\partial M_s}{\partial T}\right)_p - 3\,\alpha\,\dfrac{\partial \omega}{\partial H}\,K},$$

wo nun auf der rechten Seite alle Größen einzeln experimentell bestimmt werden können. Mit den von KORNETZKI ermittelten Zahlen

$$\frac{\partial \omega}{\partial H} = 6{,}5\cdot 10^{-10}, \quad \left(\frac{\partial M_s}{\partial T}\right)_p = -0{,}2\ \text{Gauß/Grad}$$

und mit $\alpha = 1{,}1\cdot 10^{-5}$, $K = 1{,}6\cdot 10^{12}$ dyn/cm² ergibt sich

$$\frac{1}{\Theta}\,\frac{\partial \Theta}{\partial \omega} = 14.$$

---

[1] KORNETZKI, M.: Z. Phys. Bd. 98 (1935) S. 289.

Die gleiche Zahl würden wir erhalten für die Volumenabhängigkeit des Austauschintegrals. Vergleichen wir dieses Ergebnis mit der oben ermittelten Volumenabhängigkeit der Kristallenergie

$$\frac{1}{K^0}\,\frac{\partial K^0}{\partial \omega} = 9{,}4 ,$$

so fällt auf, daß zumindest bei Eisen größenordnungsmäßig die Kristallenergie und das Austauschintegral in der gleichen Weise sich bei der Dilatation vergrößern. Es mag dahingestellt bleiben, ob dieser Tatsache eine tiefere theoretische Bedeutung zukommt oder nicht.

Bei Nickel ist ebenso wie bei Eisen der Kristalleffekt negativ, aber sehr viel kleiner, nur $\omega_K = -0{,}7 \cdot 10^{-7}$. In der Sättigung tritt ebenfalls eine Volumenzunahme proportional zum Feld auf, deren Steilheit jedoch etwa sechsmal kleiner als bei Eisen ist, nämlich nur $1 \cdot 10^{-10}$ pro Oe. Eine erhebliche Schwierigkeit bei der Messung dieser kleinen Effekte bildet der magnetokalorische Effekt, welcher wegen der thermischen Dehnung ebenfalls eine Volumenvergrößerung bewirkt und daher leicht eine positive Magnetostriktion vortäuscht. Besonders störend ist dieser Effekt bei dilatometrischer Messung, bei welcher ein unkontrollierbarer Anteil der entwickelten Wärme in die Dilatometerflüssigkeit übergeht. Da Flüssigkeiten im allgemeinen eine viel größere thermische Dehnung

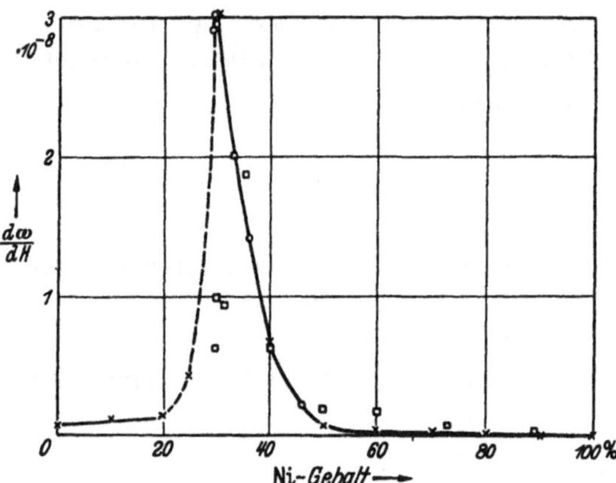

Abb. 205. Anstieg der Volumenmagnetostriktion in hohen Feldern an den Nickel-Eisen-Legierungen nach verschiedenen Autoren. ⊙ ⊙ Nach H. Nagaoka u. K. Honda: J. Phys., Paris 4. Ser. Bd. 3 (1904) S. 613. × × Nach Y. Masiyama: Sci. Rep. Tôhoku Univ. Bd. 20 (1931) S. 574. □ □ Berechnet aus dem Druckeffekt nach H. Ebert u. A. Kussmann: Phys. Z. Bd. 38 (1937) S. 437.

als feste Körper besitzen, kann das zu groben Fälschungen Anlaß geben. Man kann diesen Fehler vermeiden, indem man mit Wasser als Dilatometerflüssigkeit bei etwa 4° C mißt. Denn bei dieser Temperatur ist die thermische Dehnung des Wassers so klein, daß kein erheblicher Fehler infolge des magnetokalorischen Effektes entstehen kann. Durch einen Kunstgriff gelang es Snoek[1], auch bei anderen Temperaturen die Ausdehnung der Flüssigkeit unschädlich zu machen. Er benutzte ein Dilatometergefäß aus einem Metall, durch dessen Ausdehnung diejenige der Flüssigkeit gerade kompensiert wurde. Er fand auf diese Weise bei Nickel für den Effekt bei hohen Feldern $d\omega/dH = 0{,}95 \cdot 10^{-10}$ Oe, in guter Übereinstimmung mit der Messung von Döring[2] bei 4° C. Bei Eisen erhielt Snoek etwas kleinere Werte als Kornetzki, nämlich $d\omega/dH = 5{,}0$ bis $5{,}3 \cdot 10^{-10}$ pro Oe.

Außer Eisen und Nickel sind auch zahlreiche binäre und ternäre Legierungen des Fe-Ni-Co-Dreiecks gemessen worden[3]. Bei allen hat man in hohen Feldern einen Anstieg des Volumens gefunden. Dieser ist besonders groß bei den Eisen-Nickel-Legierungen in der Umgebung von 30% Ni. Die Steilheit $d\omega/dH$ erreicht bei 30% Ni etwa den 50fachen Wert von dem von Eisen. In Abb. 205

[1] Snoek, J. L.: Physica, Haag Bd. 4 (1937) S. 853.

[2] Döring, W.: Z. Phys. Bd. 103 (1936) S. 560; vgl. Kornetzki, M.: Z. Phys. Bd. 97 (1935) S. 662.

[3] Masiyama, Y.: Sci. Rep. Tôhoku Univ. Bd. 20 (1931) S. 574; Bd. 21 (1932) S. 394; Bd. 22 (1933) S. 338. — Auwers, O. v.: Phys. Z. Bd. 34 (1933) S. 824.

ist diese Steilheit als Funktion der Zusammensetzung dargestellt nach Messungen von NAGAOKA und HONDA (1904) und neueren Messungen von MASIYAMA. Die Ergebnisse beider Arbeiten stimmen recht gut überein. Ein Anstieg des Effektes in der Umgebung von 30% Ni ist schon deshalb zu erwarten, weil bei diesen Legierungen der Curie-Punkt in der Nähe der Zimmertemperatur liegt, $\partial M_s/\partial T$ also verhältnismäßig große Werte annimmt. Nach Formel (41) und (43) kann daher

$$\frac{\partial \omega}{\partial H} = -\frac{1}{K}\, T \left(\frac{\partial M_s}{\partial T}\right)_v \cdot \frac{1}{\Theta}\frac{d\Theta}{d\omega}$$

auch bei unverändertem $\frac{1}{\Theta}\frac{d\Theta}{d\omega}$ sehr groß werden. In der Tat geht aus Messungen von KORNETZKI[1] hervor, daß bei diesen Legierungen $\frac{1}{\Theta}\frac{d\Theta}{d\omega}$ die gleiche Größenordnung hat wie bei Eisen.

Wie man aus unserer Ausgangsformel (18)

$$\frac{\partial \omega}{\partial H} = -\frac{1}{V_0}\left(\frac{\partial (VJ)}{\partial p}\right)_H$$

ersieht, kann man die Größe ε auch durch Messung der Änderung der Sättigungsmagnetisierung durch allseitigen Druck gewinnen. Solche Messungen wurden neuerdings von EBERT und KUSSMANN[2] bei Drucken bis 3000 Atm. und bis zu Feldstärken von 10000 Oe ausgeführt. Bei entsprechenden älteren Messungen von STEINBERGER[3] ist bei den meisten Proben die Sättigung nicht erreicht worden. EBERT und KUSSMANN fanden im Sättigungsgebiet stets eine Abnahme der Magnetisierung mit dem Druck, wie es dem positiven Volumeneffekt entspricht. Aus ihren Messungen berechnen sie auf Grund obiger Formel für Eisen $\partial\omega/\partial H = 10 \cdot 10^{-10}$ und für Nickel $1{,}3 \cdot 10^{-10}$, in leidlicher Übereinstimmung mit den direkten Messungen von KORNETZKI, DÖRING und SNOEK. Ihre Ergebnisse an den Eisen-Nickel-Legierungen, die einen sehr großen Druckeffekt aufweisen, sind in Abb. 205 mit eingetragen. Zwischen 35% und 40% Ni stimmen sie mit den dilatometrischen Messungen gut überein. Bei 50% Ni und 60% erhalten sie größere Werte, zwischen 30% und 35% kleinere. Die Ursachen für diese Unstimmigkeiten sind bisher nicht geklärt.

d) Die Längsmagnetostriktion bei Berücksichtigung der Volumenänderung.

Wir haben auf S. 273 f. bei Behandlung der Längsmagnetostriktion die Volumenänderung vernachlässigt. Diese Näherung wird auch durch die experimentellen Resultate weitgehend gerechtfertigt, nach denen in der Regel die Quermagnetostriktion halb so groß und von entgegengesetztem Vorzeichen ist wie die Längsmagnetostriktion. Nach den Ergebnissen des letzten Abschnitts können wir nun aber genau angeben, in welcher Weise sich eine zusätzliche Volumenänderung auch im Längseffekt bemerkbar machen muß. Wir betrachten insbesondere den Effekt bei hohen Feldern, sowie den Formeffekt.

Der Effekt bei hohen Feldern ist sehr einfach vorauszusehen: Wenn der in den Abb. 200 bis 202 dargestellte lineare Anstieg von $\omega = \frac{\delta V}{V}$ mit H wirklich auf einer homogenen Dilatation beruht, so muß man für den Längseffekt $\frac{\delta l}{l}$ den dritten Teil von $\frac{\delta V}{V}$ finden, d. h. bei hohen Feldern muß $\frac{\delta l}{l}$ linear

[1] KORNETZKI, M.: Z. Phys. Bd. 98 (1935) S. 289.
[2] EBERT, H. u. A. KUSSMANN: Phys. Z. Bd. 38 (1937) S. 437.
[3] STEINBERGER, R. L.: Phyics Bd. 4 (1933) S. 153.

mit H anwachsen unter einer Neigung, welche ein Drittel der ω-H-Kurve beträgt. Dieser Anstieg ist tatsächlich vorhanden, wie aus den Abb. 206 und 207 hervorgeht.

Abb. 206 gibt Messungen von Kornetzki an Eisen wieder; aufgetragen ist $\frac{\delta l}{l}$ und $\frac{1}{3}\frac{\delta V}{V}$ als Funktion von H, beides im gleichen Maßstab, jedoch mit verschiedenem Nullpunkt. Am Anfang der $\frac{\delta l}{l}$-Kurve erkennt man den positiven Anfangsteil und die Villari-Umkehr. Würde man die Messung bei etwa 4000 Oe abbrechen, so hätte man das gewohnte Bild einer Sättigung mit $\left(\frac{\delta l}{l}\right)_{\text{Sätt.}} = -8\cdot 10^{-6}$. Oberhalb von 4000 Oe beginnt jedoch ein neuer Anstieg von $\frac{\delta l}{l}$, welcher innerhalb der Meßgenauigkeit mit dem von $\frac{1}{3}\omega$ übereinstimmt. Man erkennt auch an der Abbildung, daß abgesehen von diesen ganz hohen Feldern $\frac{1}{3}\frac{\delta V}{V}$ in der Tat klein ist gegenüber $\frac{\delta l}{l}$, daß also die Vernachlässigung der Volumenänderung bei Betrachtung der linearen Magnetostriktion für Eisen praktisch gerechtfertigt ist. Als weiteres Beispiel zeigt Abb. 207 Messungen von Nagaoka und Honda an einer

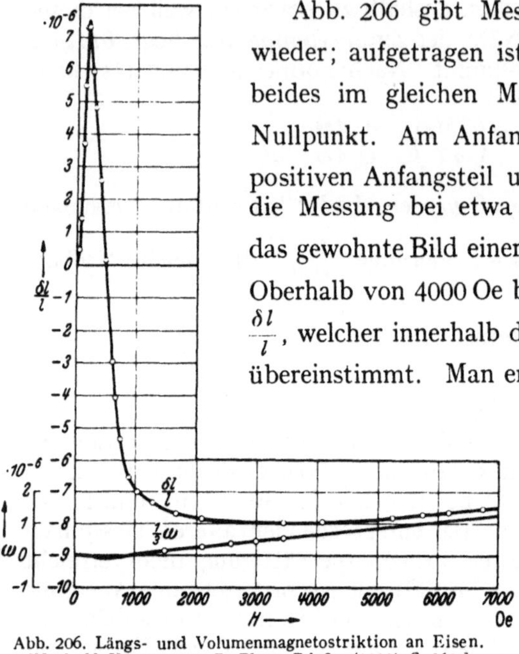

Abb. 206. Längs- und Volumenmagnetostriktion an Eisen. [Nach M. Kornetzki: Z. Phys. Bd. 87 (1933) S. 560.]

Eisen-Nickel-Legierung mit 36% Ni. Hier ist die Kristallenergie wesentlich kleiner als bei Eisen. Daher tritt der parallele Verlauf von $\frac{\delta l}{l}$ und $\frac{1}{3}\frac{\delta V}{V}$ bereits bei Feldern von einigen 100 Oe in die Erscheinung.

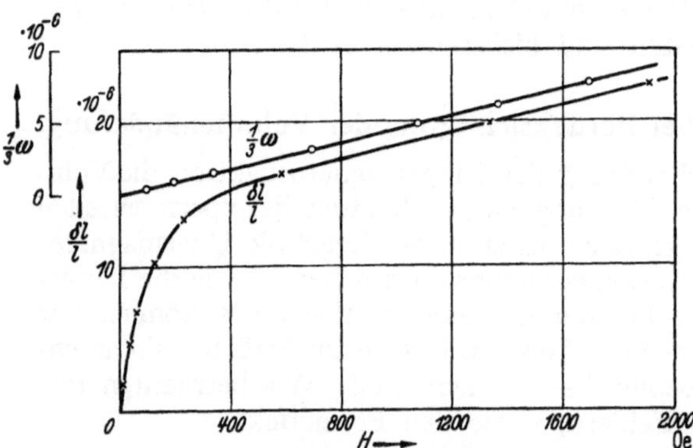

Abb. 207. Längs- und Volumenmagnetostriktion an einer Eisen-Nickel-Legierung mit 36% Ni. [Nach H. Nagaoka u. K. Honda: J. Phys. Paris. 4. Ser. Bd. 3 (1904) S. 613.]

Da sich während dieses Anstiegs bei hohen Feldern die Magnetisierung selbst nicht merklich ändert, bekommt man bei großem Volumeneffekt, wenn man die Magnetostriktion als Funktion der Magnetisierung aufträgt, am Schluß der Kurve einen fast senkrechten Anstieg von $\frac{\delta l}{l}$, wie er z. B. in der Abb. 208 nach einer Messung von Lichtenberger deutlich zum Ausdruck kommt. Der entsprechende Anstieg ist auch auf unserer obigen Abb. 189 deutlich zu erkennen. Dort war $\frac{\delta l}{l}$ für einen Eiseneinkristall bei Magnetisierung in der leichten Richtung dargestellt. Will man aus solchen Kurven den „Sättigungswert" der Magnetostriktion entnehmen, so ist natürlich besondere Vorsicht geboten, um den in der Kurve mitenthaltenen Volumeneffekt richtig abzutrennen.

Umgekehrt gestattet aber nach diesen Resultaten die Messung des Längseffektes bei hohen Feldern einen Rückschluß auf den Volumeneffekt. Das ist experimentell deswegen von Bedeutung, weil eine zur Messung des Volumeneffektes brauchbare Dilatometerflüssigkeit nur in einem stark beschränkten Temperaturintervall zur Verfügung steht. Auf diese Weise gelang es DÖRING[1], den Volumeneffekt in der Umgebung des Curie-Punktes bei Nickel zu messen. Wegen des großen magnetokalorischen Effektes muß man in diesem Temperaturgebiet bei isothermer Messung verhältnismäßig lange bis zum völligen Temperaturausgleich warten. Dabei bereitet es Schwierigkeiten, die Temperatur der Umgebung hinreichend konstant zu halten. Deshalb ist es einfacher, die Messung sehr rasch und adiabatisch, d. h. am thermisch isolierten Körper

durchzuführen. Dann ist man sicher, daß die ganze magnetokalorisch entwickelte Wärme im Körper bleibt. Nach einer besonderen Messung dieser Wärme kann man den störenden Effekt rechnerisch in Abzug bringen. Nach diesem Verfahren fand DÖRING, daß die bei hohen Feldern adiabatisch gemessene Steilheit der Magnetostriktion zwar positiv war, aber etwa 10mal kleiner als diejenige Dehnung, welche allein auf Grund des bekannten magnetokalorischen Effektes zu erwarten gewesen wäre. Man muß daraus schließen, daß in dem untersuchten Gebiet von 284 bis 350°

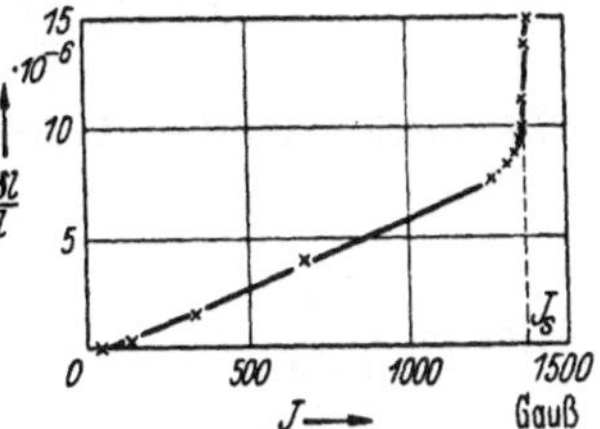

Abb. 208. Senkrechter Anstieg der $\frac{\delta l}{l}$-J-Kurve bei $J = J_s$ als Folge des Volumeneffektes in hohen Feldern an einem Eisen-Nickel-Einkristall mit 53,5% Ni. [Nach F. LICHTENBERGER: Ann. Phys., Lpz. V, Bd. 10 (1932) S. 45.]

die Größe $\frac{1}{l}\left(\frac{\partial l}{\partial H}\right)_T$ im Sättigungsgebiet negativ ist

und dem Betrage nach nahezu ebenso groß wie die durch die Steilheit des magnetokalorischen Effekts bewirkte Dehnung. Man erhält auf diese Weise für Nickel etwa $\frac{1}{l}\left(\frac{\partial H}{\partial l}\right)_T \approx -2{,}3 \cdot 10^{-10}$ bei 284° und $\approx -12.2 \cdot 10^{-10}$ bei 348,4°.

Der *Einfluß der Gestalt* auf den Längseffekt der Magnetostriktion beruht qualitativ darauf, daß die Energie des entmagnetisierenden Feldes $\frac{1}{2} N V J^2$ mit wachsendem Dimensionsverhältnis abnimmt; das Ellipsoid hat daher bei der Magnetisierung die Tendenz, sich zu strecken. Deshalb wird z. B. die Längsdehnung einer Kugel (bei gleichen Werten der Magnetisierung J) größer sein als diejenige eines langen Stabes. Einen Teil dieser durch den endlichen Wert von N bedingten zusätzlichen Dehnung können wir bereits aus dem oben bei der Volumenmagnetostriktion eingeführten Formeffekt $\dfrac{\delta V}{V} = \dfrac{1}{2}\dfrac{N J^2}{K}$ entnehmen. Bei homogener Dilatation würde sich daraus ein zusätzliches $\dfrac{\partial l}{l} = \dfrac{1}{2}\dfrac{N J^2}{3 K}$ ergeben. Dazu kommt aber noch ein Anteil, welcher der Gestaltsänderung Rechnung trägt. Die Kugel wird zum gestreckten Ellipsoid. Auch diesen Anteil können wir theoretisch ermitteln.

Die dazu erforderliche Rechnung verläuft ganz parallel derjenigen, welche wir oben zum Volumeneffekt angestellt haben. Nur hat man jetzt an Stelle des hydrostatischen Druckes p die drei Komponenten π_{11}, π_{22}, π_{33} der Zugspannung einzuführen.

Wir beschränken uns damit auf Spannungen, deren Hauptachsen mit denen des ellipsoidischen Körpers zusammenfallen. Der Arbeitsausdruck

---

[1] DÖRING, W.: Z. Phys. Bd. 103 (1936) S. 560.

$-JV\,dH - p\,dV$ ist dann zu ersetzen durch $-JV\,dH + V_0\,(\pi_{11}\,dA_{11} + \pi_{22}\,dA_{22} + \pi_{33}\,dA_{33})$. An Stelle von (18) erhalten wir damit die Relationen

$$
(46)\qquad
\begin{aligned}
\frac{\partial A_{11}}{\partial H} &= \frac{1}{V_0}\,\frac{\partial (VJ)}{\partial \pi_{11}}\\[2mm]
\frac{\partial A_{22}}{\partial H} &= \frac{1}{V_0}\,\frac{\partial (VJ)}{\partial \pi_{22}}\\[2mm]
\frac{\partial A_{33}}{\partial H} &= \frac{1}{V_0}\,\frac{\partial (VJ)}{\partial \pi_{33}}
\end{aligned}
$$

Aus deren Integration folgt die der Gleichung (21) entsprechende Beziehung:

$$
V_0 A_{11} = \int_0^{H_i} \frac{\partial}{\partial \pi_{11}}\,(VJ)\,dH_i - VJ\,\frac{\partial (NJ)}{\partial \pi_{11}} + \tfrac{1}{2}\,\frac{\partial (NVJ^2)}{\partial \pi_{11}}\,.
$$

Die beiden letzten Glieder zusammen sind identisch mit

$$
\tfrac{1}{2}\,J^2 N V \left(\frac{1}{V}\,\frac{\partial V}{\partial \pi_{11}} - \frac{1}{N}\,\frac{\partial N}{\partial \pi_{11}} \right)\,.
$$

Hier ist $\dfrac{1}{V}\dfrac{\partial V}{\partial \pi_{11}} = \dfrac{1}{3\,K}$, wo K den Kompressionsmodul bedeutet. Zur Berechnung von $\dfrac{1}{N}\dfrac{\partial N}{\partial \pi_{11}}$ brauchen wir eine Aussage über die Änderung von N mit den Verzerrungen A_{11}, A_{22}, A_{33}. Für ein Rotationsellipsoid muß diese Abhängigkeit bei Beschränkung auf lineare Glieder in den A_{ii} gegeben sein durch

$$
(47)\qquad N = N_0\{1 - a\,(A_{11} - \tfrac{1}{2}\,(A_{22} + A_{33}))\},
$$

wo nur die Zahl a noch zu berechnen ist. Denn N muß symmetrisch in A_{22} und A_{33} sein; außerdem darf sich N bei der homogenen Dilatation $A_{11} = A_{22} = A_{33}$ nicht ändern. Dabei ist vorausgesetzt, daß auch der deformierte Körper ein Ellipsoid ist. Nun ist aber auf Grund der Definition von Dehnungsmodul E, Querkontraktion μ und Schubmodul G

$$
\frac{\partial A_{11}}{\partial \pi_{11}} = \frac{1}{E};\qquad
\frac{\partial A_{22}}{\partial \pi_{11}} = -\frac{\mu}{E};\qquad
\frac{1+\mu}{E} = \frac{1}{2\,G}\,.
$$

Daher wird

$$
(48)\qquad \frac{1}{N}\,\frac{\partial N}{\partial \pi_{11}} = -\frac{a}{2\,G}\,.
$$

In ähnlicher Weise folgt

$$
(48a)\qquad \frac{1}{N}\,\frac{\partial N}{\partial \pi_{22}} = \frac{a}{4\,G}\,.
$$

Die durch

$$
(49)\qquad a = -\frac{1}{N}\,\frac{\partial N}{\partial A_{11}}\,.
$$

definierte Zahl ist aus bekannten Formeln für N zu berechnen[1]. Sie ist von N nur schwach abhängig, wie die folgende Tabelle zeigt:

Dimensions-verhältnis	Entmagneti-sierungsfaktor N	$a = -\dfrac{1}{N}\cdot\dfrac{\partial N}{\partial A_{11}}$
1	4,19	0,80
2	2,18	1,07
3	1,37	1,23
5	0,70	1,38
10	0,255	1,53
20	0,085	1,63
30	0,043	1,68

[1] Vgl. R. Becker: Z. Phys. Bd. 87 (1934) S. 547.

Mit der so ermittelten Zahl a erhalten wir also für die Magnetostriktion

$$(50a) \qquad \text{Längseffekt:} \quad A_{11} = \frac{1}{V_0} \int_0^{H_i} \frac{\partial (VJ)}{\partial \pi_{11}} \, dH_i + \tfrac{1}{2} J^2 N \left[\frac{1}{3K} + \frac{a}{2G} \right],$$

$$(50b) \qquad \text{Quereffekt:} \quad A_{22} = \frac{1}{V_0} \int_0^{H_i} \frac{\partial (VJ)}{\partial \pi_{22}} \, dH_i + \tfrac{1}{2} J^2 N \left[\frac{1}{3K} - \frac{a}{4G} \right],$$

$$(50c) \qquad \text{Volumeneffekt:} \quad \omega = - \frac{1}{V_0} \int_0^{H_i} \frac{\partial (VJ)}{\partial p} \, dH_i + \tfrac{1}{2} J^2 N \frac{1}{K}.$$

Darin ist das erste Glied von der Gestalt unabhängig. Das zweite Glied enthält den Gestaltseinfluß. Es ist also bei gleichen Werten der Magnetisierung beim Ellipsoid:

(51a) der Längseffekt um den Betrag

$$\tfrac{1}{2} J^2 N \left[\frac{1}{3K} + \frac{a}{2G} \right] \quad \text{größer als beim Stab,}$$

(51b) der Quereffekt um den Betrag

$$\tfrac{1}{2} J^2 N \left[\frac{1}{3K} - \frac{a}{4G} \right] \quad \text{größer als beim Stab,}$$

(51c) der Volumeneffekt um den Betrag

$$\tfrac{1}{2} J^2 N \frac{1}{K} \quad \text{größer als beim Stab.}$$

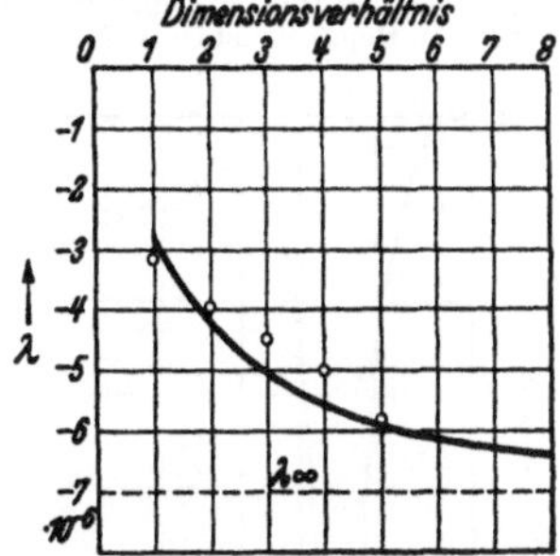

Abb. 209. Abhängigkeit der Sättigungsmagnetostriktion λ vom Dimensionsverhältnis b an Eisenellipsoiden. [Nach M. Kornetzki: Z. Phys. Bd. 87 (1933) S. 560.]

Eine experimentelle Bestätigung dieser Aussage geben Messungen von Kornetzki über die Längsmagnetostriktion von verschiedenen Eisenellipsoiden. Die Meßresultate sind in der Abb. 209 wiedergegeben, wo die ausgezogene Kurve nach der Formel

$$- 7 \cdot 10^{-6} + \tfrac{1}{2} J_s^2 N \left(\frac{1}{3K} + \frac{a}{2G} \right)$$

konstruiert ist, die Kreise dagegen die Meßergebnisse wiedergeben.

e) Ausdehnungskoeffizient und Volumeneffekt (Invar).

Die ferromagnetische Volumenänderung, insbesondere die Abhängigkeit des Volumens vom Betrag der spontanen Magnetisierung muß sich auch bei Messungen des thermischen Ausdehnungskoeffizienten bemerkbar machen. Da nämlich bei einer Temperaturerhöhung die spontane Magnetisierung abnimmt, erwarten wir, daß sich der damit verknüpfte Volumeneffekt der normalen thermischen Dehnung überlagert.

Fassen wir etwa das Volumen auf als Funktion der beiden experimentell unmittelbar gegebenen Größen T und H, also $V = V(T, H)$, so ist $\alpha_H = \frac{1}{3V} \left(\frac{\partial V}{\partial T} \right)_H$ der bei konstantem H, insbesondere bei $H = 0$ beobachtbare lineare Ausdehnungskoeffizient. Andererseits ist $\alpha_M = \frac{1}{3V} \left(\frac{\partial V}{\partial T} \right)_M$ derjenige Ausdehnungskoeffizient, den man beobachten würde, wenn man bei der Erwärmung die Magnetisierung M künstlich konstant halten würde. Wir vermuten, daß der Temperaturverlauf von α_M durch magnetische Vorgänge nicht beeinflußt wird. Fassen wir in

$V(T, H)$ das Feld H wieder als Funktion von T und M auf, so ist der Zusammenhang zwischen α_H und α_M gegeben durch die Differentiationsidentität

$$(52)\qquad \alpha_H = \alpha_M - \frac{1}{3V}\left(\frac{\partial V}{\partial H}\right)_T \cdot \left(\frac{\partial H}{\partial T}\right)_M.$$

Da der Faktor $\left(\frac{\partial H}{\partial T}\right)_M$ stets positiv ist, so folgt also: Bei Substanzen mit positivem Volumeneffekt $\left[\left(\frac{\partial V}{\partial H}\right)_T > 0\right]$ ist der Ausdehnungskoeffizient α_H kleiner als der „normale"Ausdehnungskoeffizient α_M. Von dieser Tatsache hat die Technik schon lange Gebrauch gemacht bei der Konstruktion der sog. „Invare"; das sind Materialien mit kleinem Ausdehnungskoeffizienten.

Wir zeigen als Beispiel in Abb. 210 den Ausdehnungskoeffizienten innerhalb der Eisen-Nickel-Reihe nach Messungen von Masumoto mit einem auffälligen Minimum bei 36% Nickel, wo α_H nur noch $1,6 \cdot 10^{-6}$ beträgt, gegenüber etwa $1,1 \cdot 10^{-5}$ bei Eisen und Nickel. Wir deuten diesen Tatbestand dahin, daß hier 90% der üblichen thermischen Dehnung durch die mit der Abnahme von M verknüpfte Kontraktion kompensiert sind. Die abnorm niedrige Ausdehnung dieser speziell als Invar bezeichneten Legierung wurde bereits 1897 von Guilleaume[1] bemerkt. Sie wird seither häufig in der .Technik, z. B. zur Herstellung von Uhrpendeln ausgenutzt. Noch krasser ist dieses Minimum bei der in mancher Hinsicht ähnlichen Legierungsreihe Fe—Pt nach einer Untersuchung von Kussmann[2], der wir die Abb. 211 entnehmen. Hier ist der Ausdehnungskoeffizient bei 20% Pt negativ; die Substanz kontrahiert sich also bei Erwärmung.

Durch systematische Untersuchungen von ternären Legierungen erhielt Masumoto die von ihm als Superinvar bezeichneten Legierungen. Man erhält diese aus dem alten Invar, wenn man etwas Nickel durch Kobalt ersetzt. Abb. 212 gibt die thermische Ausdehnung der Legierung mit 63,5% Fe, 32,5% Ni und 4% Co in Abhängigkeit von der Temperatur. Die thermische Dehnung ist zwischen 0° und 60° kleiner als 10^{-7}.

Besonders erwähnt sei ferner das Stainless-Invar von Masumoto[3] bestehend aus 54% Co, 35,5% Fe, 9,5% Cr, bei welcher zwischen -20 und $40°$ C α_H ebenfalls unterhalb von 10^{-7} bleibt. Auffallend ist hier (wie auch bei den anderen Invaren) die

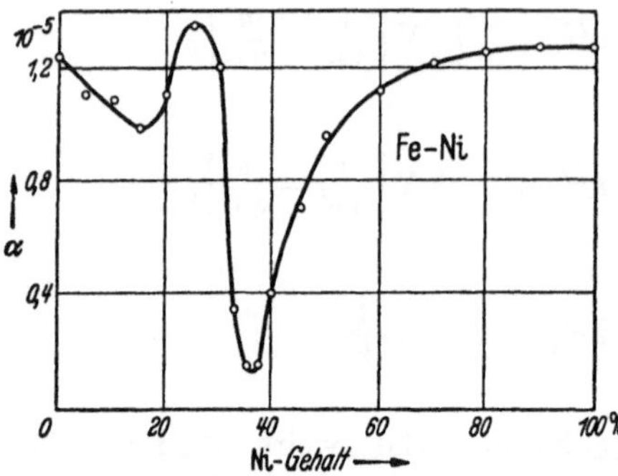

Abb. 210. Ausdehnungskoeffizient der Eisen-Nickel-Legierungen bei Zimmertemperatur. [Nach H. Masumoto: Sci. Rep. Tôhoku Univ. Bd. 20 (1931) S. 101.]

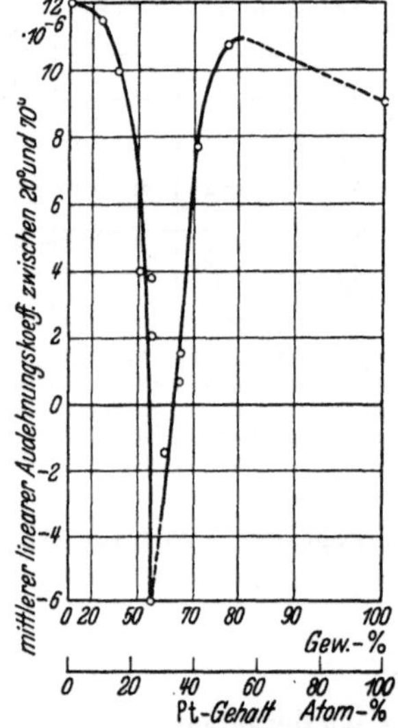

Abb. 211. Der mittlere Ausdehnungskoeffizient α_H der Eisen-Platin-Legierungen zwischen 20 und 70° C. [Nach A. Kussmann: Phys. Z. Bd. 38 (1937) S. 41.]

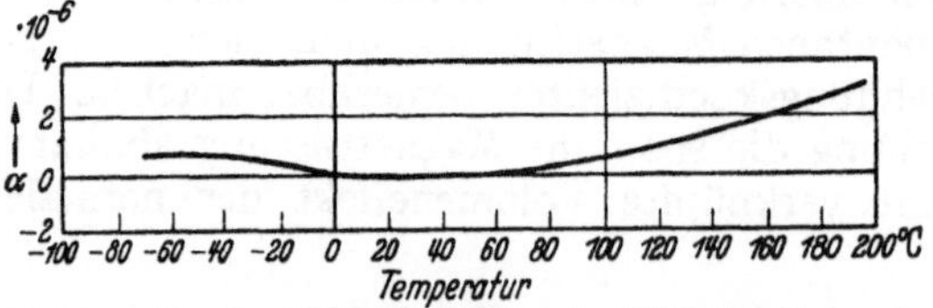

Abb. 212. Der Ausdehnungskoeffizient in Abhängigkeit von der Temperatur am Super-Invar (63,5% Fe; 32,5% Ni; 4% Co). [Nach H. Masumoto: Sci. Rep. Tôhoku Univ. Bd. 20 (1931) S. 101.]

[1] Guilleaume, C. E.: C. R. Acad. Sci., Paris Bd. 125 (1897) S. 235; J. Phys., Paris 3. Ser. Bd. 7 (1898) S. 262.

[2] Kussmann, A.: Phys. Z. Bd. 38 (1937) S. 41.

[3] Masumoto, H.: Sci. Rep. Tôhoku Univ. Bd. 23 (1934) S. 265.

Empfindlichkeit der Invareigenschaft gegenüber geringen Änderungen in der Zusammensetzung. Schon Abweichungen von 2% in einer der Komponenten reichen hin, um diese Eigenschaften zu vernichten.

Es ist sehr zu bedauern, daß bei keinem der beschriebenen Invare Messungen vorliegen, welche eine exakte Kontrolle der einfachen Formel (52) ermöglichen.

Eine solche wurde bisher nur beim Nickel durchgeführt, bei welchem jedoch — im Gegensatz zu den Invaren — der Ausdehnungskoeffizient unterhalb des Curie-Punktes abnorm groß ist. Die ausgezogene Kurve in Abbildung 213 gibt nach WILLIAMS den Ausdehnungskoeffizienten von Nickel als Funktion der Temperatur. Man kann diese

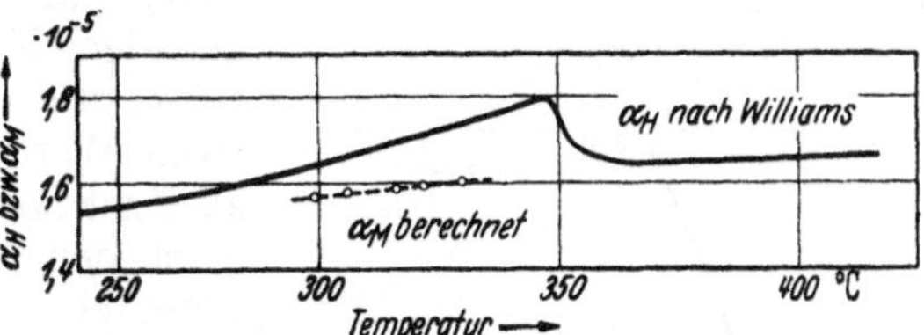

Abb. 213. Der Ausdehnungskoeffizient α_H von Nickel in Abhängigkeit von der Temperatur. [Nach CL. WILLIAMS: Phys. Rev. Bd. 46 (1934) S. 1011.] —o—o—o— Daraus berechnet der Verlauf von α_M nach Formel (52). [Nach W. DÖRING: Z. Phys. Bd. 103 (1936) S. 560.]

Kurve von WILLIAMS für α_H und die oben (S. 303) erwähnten Messungen von DÖRING dazu benutzen, um nach Formel (52) die Größe

$$\alpha_M = \alpha_H + \frac{1}{l}\left(\frac{\partial l}{\partial H}\right)_T \left(\frac{\partial H}{\partial T}\right)_M$$

zu berechnen, da hier nach Messungen von WEISS und FORRER auch $\partial H/\partial T$ bekannt ist. Auf diese Weise erhält man $\left(\text{mit negativem } \frac{1}{l}\frac{\partial l}{\partial H}!\right)$ die in obiger Abbildung gestrichelt eingezeichnete Gerade, welche in der Tat recht gut in der Verlängerung der thermischen Dehnung oberhalb des Curie-Punktes verläuft.

f) Formelmäßige Behandlung der mit dem Volumeneffekt verknüpften Erscheinungen.

Eine befriedigende theoretische Behandlung der mit dem Volumeneffekt verknüpften Phänomene ist zur Zeit noch nicht möglich; nur unter Einführung einer Reihe von vereinfachenden Annahmen können wir zu einer formelmäßigen Behandlung gelangen, die immerhin für ein qualitatives Verständnis brauchbar sein mag, von der man aber exakte zahlenmäßige Aussagen nicht erwarten darf. Die Annahmen, welche wir zu diesem Zweck einführen wollen, sind folgende: Die auf die Masse bezogene Magnetisierung M $\left(\text{gleichbedeutend mit } \frac{1}{V_0}\cdot V J\right)$ ist im Sinne der Weißschen Theorie in ihrer Abhängigkeit von V, H, T gegeben durch die Funktion des einen Arguments $\dfrac{\mu\,(WM+H)}{kT}$:

$$(53) \qquad \frac{M}{M_\infty} = L\left(\frac{\mu\,WM + \mu H}{kT}\right).$$

Für die Funktion $L(\alpha)$ werden wir bei zahlenmäßigen Rechnungen tgh (α) setzen. Die allgemeinen Beziehungen dieses Kapitels sind jedoch von der speziellen Wahl dieser Funktion unabhängig[1].

Die Volumenabhängigkeit soll allein darin bestehen, daß der Faktor W des Weißschen Feldes oder — was auf das gleiche herauskommt — das Austauschintegral A vom Volumen abhängt. Diese Abhängigkeit der Größe W vom Volumen $V = V_0(1+\omega)$ kennzeichnen wir durch die Zahl

$$(54) \qquad w = \frac{1}{W}\frac{\partial W}{\partial \omega}.$$

---

[1] Wir bezeichnen hier im Gegensatz zu Kap. 4 und 5 das magnetische Moment eines Elementarmagneten mit μ, um Verwechslungen mit dem Druck p zu vermeiden.

Für Eisen haben wir oben w zu etwa 14 bestimmt, bei Nickel ist w wesentlich kleiner, etwa $^1/_{10}$ davon. Wir haben Grund, anzunehmen, daß das Austauschintegral sehr empfindlich vom Abstand abhängt. Das folgt einmal aus den direkten Messungen des Volumeneffektes, sodann auch aus der Tatsache, daß

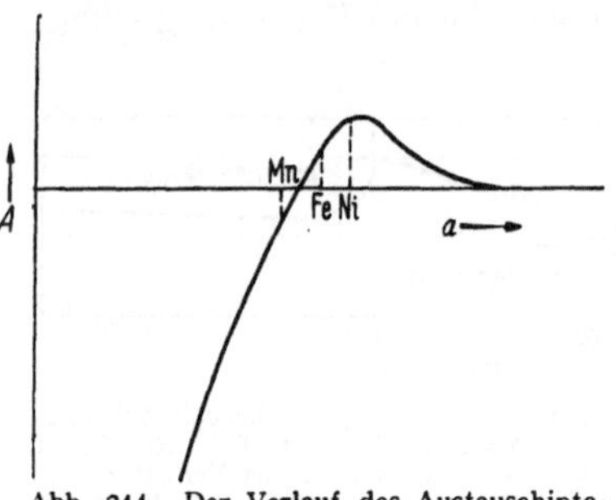

Abb. 214. Der Verlauf des Austauschintegrals A in Abhängigkeit vom Atomabstand a (schematisch).

nur die Elemente Fe, Co, Ni ferromagnetisch sind, daß also nur bei einer ungewöhnlich günstigen Konfiguration der Atome das Austauschintegral A einen hinreichend stark positiven Wert besitzt. Wir vermuten, daß A, als Funktion des Atomabstandes a aufgetragen, etwa den in der Abb. 214 schematisch angedeuteten Verlauf besitzt. Die mutmaßliche Lage der Werte für Mn, Fe und Ni sind auf der Kurve angedeutet: Man weiß, daß Mn „beinahe" ferromagnetisch ist. Durch Zusatz von Stickstoff wird es wirklich ferromagnetisch, wahrscheinlich wegen der dadurch erzwungenen Aufweitung des Gitters (vgl. Kap. 8e, S. 98). Eisen liegt in einem Gebiet, wo $w = \dfrac{1}{A}\dfrac{dA}{d\omega}$ wesentlich positiv ist, während Nickel nahe vor dem Maximum der A-Kurve liegt. Bei einer Steigerung der Temperatur dehnt sich das Gitter. Erfahrungsgemäß wird beim Nickel vor dem Curie-Punkt die Größe w negativ, d. h. die thermische Dehnung reicht aus, um den durch Ni bezeichneten Punkt der Kurve über deren Maximum hinüberzuschieben. Im übrigen ist über die Temperaturabhängigkeit von w nicht viel bekannt, wodurch die praktische Brauchbarkeit der nachstehend abgeleiteten Formeln stark beeinträchtigt wird.

Weiterhin nehmen wir an, daß M_∞ nicht vom Volumen abhängt; ferner soll W von T und H nicht explizit abhängen, sondern nur insofern, als mit T und H sich auch das Volumen ändert. Damit verzichten wir auf die nach Kap. 5e (S. 47) in der Umgebung des Curie-Punktes möglichen Korrekturen an dem Weißschen Ansatz. Bedeutet L' die Ableitung von L nach seinem Argument und L_0' deren Wert für $\alpha = 0$, so gilt nach (4.5) für die Curie-Temperatur

$$k\Theta = L_0' \mu W M_\infty.$$

Für eine gleichzeitige Änderung der Variablen H, T, W erhalten wir in Erweiterung von (4.12) mit diesen Annahmen

$$\frac{dM}{M_\infty} = L' \cdot \left[\frac{\mu W}{kT}\,dM + \frac{\mu}{kT}\,dH - \frac{\mu(WM+H)}{kT^2}\,dT + \frac{\mu M}{kT}\,dW \right].$$

Wir bezeichnen wie in (4.13) zur Abkürzung

$$(55) \qquad \Lambda = \frac{L'}{\dfrac{T}{\Theta} L_0' - L'}.$$

Hinsichtlich der Abhängigkeit der Größen Λ, $\Lambda \left(\dfrac{M_s}{M_\infty}\right)^2$ von $\dfrac{T}{\Theta}$ verweisen wir auf die Tabelle 8, S. 35. Wenn wir noch im Sinne unserer Annahme setzen:

$$\frac{1}{W}\,dW = \frac{1}{W}\frac{dW}{d\omega}\,d\omega = w\,d\omega,$$

so wird

$$(56) \qquad dM = \Lambda \left[\frac{1}{W}\,dH - \frac{M + \dfrac{H}{W}}{T}\,dT + M w\,d\omega \right].$$

Aus dieser Gleichung läßt sich eine ganze Reihe von experimentell wichtigen Relationen unmittelbar ablesen; durch das Auftreten von w ist jeweils der

Einfluß der Volumenabhängigkeit der Magnetisierung hervorgehoben. Werden die Versuche bei konstantem Druck p ausgeführt, so ist ω von H und T abhängig:

$$d\omega = \frac{\partial \omega}{\partial H}\, dH + \frac{\partial \omega}{\partial T}\, dT .$$

$\partial\omega/\partial T$ ist der kubische Ausdehnungskoeffizient, also $\partial\omega/\partial T = 3\,\alpha_H$, wenn wir mit α_H den linearen Ausdehnungskoeffizienten (bei konstantem Feld) bezeichnen. Wir notieren speziell die folgenden Relationen:

$$(57\,\mathrm{a}) \qquad \left(\frac{\partial M}{\partial H}\right)_{T,\,p} = \Lambda\left[\frac{1}{W} + M\,w\,\frac{\partial \omega}{\partial H}\right],$$

$$(57\,\mathrm{b}) \qquad \left(\frac{\partial M}{\partial T}\right)_{H,\,\omega} = -\Lambda\,\frac{M + H/W}{T},$$

$$(57\,\mathrm{c}) \qquad \left(\frac{\partial M}{\partial \omega}\right)_{H,\,T} = \Lambda\,M\,w ,$$

$$(57\,\mathrm{d}) \qquad \left(\frac{\partial H}{\partial T}\right)_{M,\,\omega} = \frac{W M + H}{T} ; \quad \left(\frac{\partial H}{\partial T}\right)_{M,\,p} = \frac{W M\,(1 - 3\,\alpha_H\,w\,T) + H}{T\left(1 + W M w\,\dfrac{\partial \omega}{\partial H}\right)} .$$

Bei den angegebenen Differentialquotienten haben wir als Indizes diejenigen Größen angeschrieben, welche bei der Differentiation konstant gehalten werden sollen.

Zu (57a) bis (57d) tritt noch hinzu die thermodynamische Relation [vgl. (18)]

$$(58) \qquad \frac{\partial \omega}{\partial H} = \frac{1}{K}\,\frac{\partial M}{\partial \omega} .$$

Wir betrachten nun nacheinander einige mit dem Volumeneffekt der Magnetostriktion verknüpfte Erscheinungen:

1. Die Temperaturabhängigkeit des Volumeneffektes selbst. Nach (58) und (57c) hätten wir zu erwarten

$$(59) \qquad \frac{\partial \omega}{\partial H} = \frac{w\,M_\infty}{K}\,\Lambda\,\frac{M}{M_\infty} .$$

Hier ist der Faktor $\Lambda\,\dfrac{M}{M_\infty}$ nur abhängig von der relativen Temperatur T/Θ.

Für den Fall, daß in (53) $L(\alpha) = \mathrm{tgh}\,(\alpha)$ gesetzt wird, erhält man den für $\Lambda\,\dfrac{M}{M_\infty}$ den in Tabelle 8 (S. 35) wiedergegebenen Anstieg bei Annäherung an den Curie-Punkt. Nach Messungen von KORNETZKI[1] an Eisen zwischen 0° und 100°C scheint hier die Relation (59) (mit konstantem w) im wesentlichen erfüllt zu sein. Im allgemeinen ist aber, wie oben bereits ausgeführt wurde, zu beachten, daß w selbst in empfindlicher Weise vom Volumen abhängt und sich deshalb bei der thermischen Dilatation erheblich ändern kann.

2. Der Einfluß des Volumeneffektes auf die experimentell beobachtbare M-H-Kurve. Wenn man bei konstantem Druck die Feldstärke erhöht, so ist die zugehörige Erhöhung von M größer, als wenn man die Erhöhung bei konstantem Volumen vornimmt. Denn die Volumenänderung (bei konstantem Druck) geschieht stets in einem solchen Sinne, daß durch sie noch eine zusätzliche Steigerung der Magnetisierung erfolgt. Für einen gemessenen Zahlenwert von $\partial\omega/\partial H$ können wir diesen durch die Dilatation erzeugten zusätzlichen Wert von dM sofort angeben. Es sei etwa

$$M = M\,(H, T, \omega)$$

als Funktion der drei Variablen H, T, ω gegeben, so ändert sich bei einer Vergrößerung von H zwangsläufig auch ω. Wir haben also

$$\left(\frac{\partial M}{\partial H}\right)_{T,\,p} = \left(\frac{\partial M}{\partial H}\right)_{T,\,\omega} + \left(\frac{\partial M}{\partial \omega}\right)_{H,\,T} \cdot \left(\frac{\partial \omega}{\partial H}\right)_{T,\,p} .$$

---

[1] KORNETZKI: Z. Phys. Bd. 98 (1935) S. 289.

Auf Grund unserer Relation (58) wird daher

$$\left(\frac{\partial M}{\partial H}\right)_p = \left(\frac{\partial M}{\partial H}\right)_\omega + \mathrm{K}\left(\frac{\partial \omega}{\partial H}\right)^2.$$

Für Eisen bei Zimmertemperatur wird mit $\mathrm{K} = 1{,}6 \cdot 10^{12}\,\mathrm{dyn/cm^2}$, $\partial\omega/\partial H = 6{,}5 \cdot 10^{-10}$ pro Oersted

$$\mathrm{K}\left(\frac{\partial \omega}{\partial H}\right)^2 = 6{,}7 \cdot 10^{-7}.$$

Das entspricht einer Änderung von M um 0,67 bei $H = 10^6$ Oe, ein Effekt, der sicher unter der Beobachtungsmöglichkeit liegen dürfte.

Bei Gültigkeit unserer speziellen Annahmen erhält man für den gleichen Effekt durch Kombination der Formeln (57a) und (59):

$$\left(\frac{\partial M}{\partial H}\right)_p = \frac{A}{W}\left[1 + \frac{W\,w^2\,M_\infty^2}{\mathrm{K}}\,A\left(\frac{M}{M_\infty}\right)^2\right].$$

Hier bedeutet der neben der 1 stehende Summand den relativen Beitrag des Volumeneffektes zur Magnetisierbarkeit. Er bekommt seinen Höchstwert beim Curie-Punkt. Mit $L(\alpha) = \mathrm{tgh}(\alpha)$ wird nach Tabelle 8 hier $A\left(\frac{M}{M_\infty}\right)^2 = 1{,}5$. Bei Eisen wird mit den Zahlenwerten $W = 3000$, $w = 14$, $M_\infty = 1700$, $\mathrm{K} = 1{,}6 \cdot 10^{12}$:

$$\frac{W\,w^2\,M_\infty^2}{\mathrm{K}} = 1{,}06.$$

In der Nähe des Curie-Punktes würde danach der Volumeneffekt über 50% der Größe von $\left(\frac{\partial M}{\partial H}\right)_p$ ausmachen. Bei $T = 0{,}3\,\Theta$ dagegen ist $A\left(\frac{M}{M_\infty}\right)^2 = 0{,}018$; der in Frage stehende Beitrag ist also auf 2% gesunken.

3. Die thermische Dehnung. Für die bereits im vorigen Abschnitt behandelte Anomalie der thermischen Dehnung [Gleichung (52)] erhalten wir mit den Relationen (57d) und (59) für $H = 0$:

$$\alpha_H = \alpha_M - \frac{1}{3}\,\frac{w\,W\,M_\infty^2}{\mathrm{K}\,T}\,A\left(\frac{M}{M_\infty}\right)^2 \cdot \frac{1 - 3\,\alpha_H \cdot w\,T}{1 + \dfrac{W\,w^2\,M_\infty^2}{\mathrm{K}}\,A\left(\dfrac{M}{M_\infty}\right)^2}$$

Bei positivem w wird also die normale Dehnung α_M verkleinert. Zu einer größenordnungsmäßigen Orientierung setzen wir die Werte für Eisen, $T = 1000°$ K und $A\left(\frac{M}{M_\infty}\right)^2 = 1{,}5$ ein. Dann erhält man $\alpha_M - \alpha_H \approx 0{,}7 \cdot 10^{-5}$. Dabei ist auf der rechten Seite für α_H der Wert bei Zimmertemperatur $\alpha_H = 1{,}2 \cdot 10^{-5}$ benutzt worden. Da an Eisen keine Messungen der Anomalie der thermischen Dehnung am Curiepunkt ausgeführt worden sind, läßt sich der errechnete Wert nicht unmittelbar prüfen.

4. Der adiabatische und der isotherme Volumeneffekt. Wir haben oben mehrfach darauf hingewiesen, daß die Messung der Größe $\left(\frac{\partial \omega}{\partial H}\right)_T$ durch den mit der Felderhöhung verknüpften magnetokalorischen Effekt wesentlich erschwert wird. An Stelle der gesuchten Größe beobachtet man bei rascher Feldsteigerung

$$\left(\frac{\partial \omega}{\partial H}\right)_{\mathrm{ad}} = \left(\frac{\partial \omega}{\partial H}\right)_T + 3\,\alpha_H\left(\frac{\partial T}{\partial H}\right)_{\mathrm{ad}}.$$

Hier bedeutet $\left(\frac{\partial T}{\partial H}\right)_{\mathrm{ad}}$ die durch den magnetokalorischen Effekt bewirkte Temperatursteigerung. Nach der allgemeinen Theorie dieses Effektes (6.42) ist

$$\left(\frac{\partial T}{\partial H}\right)_{\mathrm{ad}} = \frac{T}{\gamma_M}\left(\frac{\partial H}{\partial T}\right)_{M,\,p} \cdot \left(\frac{\partial M}{\partial H}\right)_{T,\,p},$$

mit Rücksicht auf (57d) und (57a) also unter Vernachlässigung von H gegen WM

$$\left(\frac{\partial T}{\partial H}\right)_{\text{ad}} = \frac{M\Lambda}{\gamma_M} \cdot (1 - 3\,\alpha_H\,wT).$$

Andererseits ist nach (59)

$$\left(\frac{\partial \omega}{\partial H}\right)_T = \frac{w\,\Lambda\,M}{\mathrm{K}}.$$

Damit haben wir für den adiabatischen Effekt

$$\left(\frac{\partial \omega}{\partial H}\right)_{\text{ad}} = \frac{w\,\Lambda\,M}{\mathrm{K}} + \frac{3\,\alpha_H\,\Lambda\,M}{\gamma_M} \cdot (1 - 3\,\alpha_H\,wT)$$

oder

$$\left(\frac{\partial \omega}{\partial H}\right)_{\text{ad}} = \frac{w\,\Lambda\,M}{\mathrm{K}}\left(1 + \frac{3\,\alpha_H\,\mathrm{K}}{w\,\gamma_M} \cdot (1 - 3\,\alpha_H\,wT)\right).$$

Neben der 1 steht der relative Beitrag des magnetokalorischen Effekts. Er ist von der Temperatur nur wenig abhängig, solange wenigstens, als sich w nicht wesentlich ändert. Mit den Werten für Eisen bekommt man für $T = 1\,000°$ K zahlenmäßig

$$\frac{3\,\alpha_H\,\mathrm{K}}{w\,\gamma_M} \cdot (1 - 3\,\alpha_H\,wT) \approx 0,06.$$

Das würde bedeuten, daß hier beim adiabatischen Arbeiten 6% des Volumeneffektes auf das Konto der thermischen Dehnung zu setzen sind. Bei dem nahezu 10mal kleineren w-Wert von Nickel muß dagegen der Einfluß des magnetokalorischen Effektes bereits überwiegen, wie es nach den Messungen von DÖRING tatsächlich der Fall ist.

22. Die Widerstandsänderung beim Magnetisieren.

Die Änderung des elektrischen Widerstandes ist nächst der Magnetostriktion die am meisten untersuchte Begleiterscheinung des ferromagnetischen Magnetisierungsvorganges. Seit der Entdeckung dieses Effektes durch W. THOMSON, dem späteren Lord KELVIN[1], haben sich weit über hundert Forscher damit beschäftigt. Ebenso wie bei der Magnetostriktion sind wir jedoch zu einem Verständnis der mannigfaltigen und anfänglich so widerspruchsvoll anmutenden Erscheinungen erst in den letzten 10 Jahren im Zusammenhang mit der Entwicklung der Theorie der Magnetisierungskurve gelangt. Hauptsächlich haben dazu die experimentellen Arbeiten von MCKEEHAN[2] sowie von GERLACH[3] und seinen Schülern beigetragen.

Wenn sich beim Abkühlen eines ferromagnetischen Materials am Curie-Punkt die spontane Magnetisierung ausbildet, so äußert sich dies im spezifischen elektrischen Widerstand auf zweierlei Weise. Erstens nimmt der mittlere Widerstand ab. Das äußert sich in dem Verlauf des Widerstandes in Abhängigkeit von der Temperatur. Am Curie-Punkt weicht die Kurve mit einem verhältnismäßig scharfen Knick von ihrem Verlauf oberhalb Θ zu kleineren Werten hin ab. Die Abweichung ist angenähert proportional dem Quadrat der spontanen

[1] THOMSON, W.: Proc. roy. Soc. Lond. Bd. 8 (1851) S. 546; Phil. Mag. IV, Bd. 15 (1858) S. 469.

[2] MCKEEHAN, L. W.: Phys. Rev. Bd. 36 (1930) S. 948; dort ausführliche Diskussion der älteren Resultate.

[3] GERLACH, W. u. SCHNEIDERHAN, K.: Ann. Phys., Lpz. V, Bd. 6 (1930) S. 772. — GERLACH, W.: Ann. Phys., Lpz. V, Bd. 8 (1931) S. 649. — SCHNEIDERHAN, K.: Ann. Phys., Lpz. V, Bd. 11 (1931) S. 385. — GERLACH, W.: Ann. Phys., Lpz. V, Bd. 12 (1932) S. 849. — ENGLERT, E.: Ann. Phys., Lpz. V, Bd. 14 (1932) S. 589. — GERLACH, W. u. E. ENGLERT: Nature Bd. 128 (1931) S. 151. — GERLACH, W.: Phys. Z. Bd. 33 (1932) S. 953. — ENGLERT, E.: Z. Phys. Bd. 74 (1932) S. 748. — GERLACH, W., BITTEL, H. u. S. VELAYOS: Berichte der bayrischen Akademie der Wissenschaften. Math.-naturw. Abt. 1936, S. 81.

Magnetisierung. Diese Abnahme des mittleren Widerstandes ist ziemlich groß. Wenn man z. B. bei Nickel bei Zimmertemperatur die spontane Magnetisierung zum Verschwinden bringen könnte, würde der spezifische Widerstand etwa auf den doppelten Wert ansteigen müssen. Beim Magnetisierungsvorgang macht sich diese große Widerstandsabnahme aber nicht bemerkbar, da der Betrag der spontanen Magnetisierung sich dabei nicht ändert. Nur in starken Feldern, in denen schon eine merkliche Erhöhung der spontanen Magnetisierung durch das Feld eintritt, sowie in der Umgebung des Curie-Punktes findet man eine entsprechende geringe Widerstandsabnahme mit wachsendem Feld. Zweitens bewirkt die spontane Magnetisierung, daß der Widerstand auch bei kubischen Kristallen nicht mehr isotrop ist, sondern von der Richtung der spontanen Magnetisierung relativ zum Strom und zu den Kristallachsen abhängt. Darauf beruhen im wesentlichen die Widerstandsänderungen beim Magnetisieren. Diese Widerstandsunterschiede sind sehr viel kleiner als die oben betrachteten Unterschiede zwischen den Zuständen mit und ohne spontane Magnetisierung. Bei Nickel, bei welchem der Effekt noch verhältnismäßig groß ist, ist der Widerstand bei Magnetisierung parallel zum Strom nur etwa 3% größer als bei transversaler Magnetisierung.

Da man aber Widerstandsänderungen in einfacher Weise sehr genau messen kann, ist dieser Effekt ein vorzügliches Mittel, die Richtungsänderungen der spontanen Magnetisierung durch ein Feld oder durch Spannungen zu verfolgen und somit die theoretischen Aussagen über die Magnetisierungsvorgänge zu kontrollieren. Wir wollen diesen zweiten Effekt, der in der Richtungsabhängigkeit des Widerstandes seine Ursache hat, zuerst behandeln und nachher auf den Einfluß der Größe der spontanen Magnetisierung auf den mittleren Widerstand und auf die Widerstandstemperaturkurve der Ferromagnetika eingehen.

a) Die Abhängigkeit des Widerstandes von der Richtung der spontanen Magnetisierung.

Die Elektronentheorie der Metalle ist bisher noch nicht so weit entwickelt, daß wir die Abhängigkeit des Widerstandes von der Richtung der spontanen Magnetisierung theoretisch berechnen können. Wie in vielen Fällen in der Theorie der ferromagnetischen Erscheinungen sind daher die einzigen theoretischen Angaben, die wir über diese Gesetzmäßigkeiten machen können, diejenigen, die sich aus den Symmetriebetrachtungen ergeben[1]. Wir wollen diese für kubische Kristalle durchführen. Als Koordinatenachsen wählen wir die tetragonalen Achsen des Kristalls. Es seien E_1, E_2, E_3 die Komponenten der elektrischen Feldstärke $\mathfrak{E}$ und j_1, j_2, j_3 die des Stromdichtevektors $\mathfrak{j}$.

Bei festgehaltener Richtung der spontanen Magnetisierung ist auch in ferromagnetischen Metallen das Ohmsche Gesetz gültig. Es besteht also zwischen den E_i und den j_k ein linearer Zusammenhang der Gestalt

$$(1) \qquad E_i = \sum_{k=1}^{3} w_{ik} j_k. \qquad (i = 1, 2, 3)$$

Im Ferromagnetikum sind aber die w_{ik} nicht wie in anderen Metallen Materialkonstanten, sondern Funktionen der Richtungskosinus α_1, α_2, α_3 der Richtung der spontanen Magnetisierung. Der spezifische Widerstand ϱ, den man bei einer bestimmten Stromrichtung mißt, ist gleich der Komponente der elektrischen Feldstärke parallel zum Strom dividiert durch den Betrag der Strom-

---

[1] Überlegungen dieser Art wurden erstmalig angestellt von R. GANS u. J. v. HARLEM: Ann. Phys., Lpz. V, Bd. 15 (1932) S. 516.

dichte. Bezeichnet man mit $\beta_1, \beta_2, \beta_3$ die Richtungskosinus der Stromrichtung $\left(\beta_k = \frac{j_k}{|\mathfrak{j}|}\right)$, so erhält man somit aus (1)

$$(2) \qquad \varrho = \frac{(\mathfrak{E}\,\mathfrak{j})}{|\mathfrak{j}|^2} = \sum_{i,\,k=1}^{3} w_{ik}\,\beta_i\,\beta_k\,.$$

Auf diese skalare Funktion kann man nun genau die gleichen Symmetriebetrachtungen anwenden, wie in Kapitel 11 auf die freie Energie. Dadurch wird die Mannigfaltigkeit der möglichen Funktionen $w_{ik}\,(\alpha_1, \alpha_2, \alpha_3)$ weitgehend eingeschränkt. ϱ muß nämlich unverändert bleiben bei irgendeiner Vertauschung oder Vorzeichenumkehr an den Richtungskosinus, sofern man diese nur in gleicher Weise an den α_i und an den β_i vornimmt. Daraus folgt z. B., daß $w_{11}\,(\alpha_i)$ invariant gegen Vorzeichenumkehr an allen α_i und Vertauschung von α_2 und α_3 sein muß. Durch dieselben Betrachtungen wie in Kapitel 11 folgt somit, daß w_{11} als Funktion von α_1^2 und der Größe $s = \alpha_1^2\,\alpha_2^2 + \alpha_2^2\,\alpha_3^2 + \alpha_3^2\,\alpha_1^2$ allein aufgefaßt werden kann. Entsprechendes folgt für die anderen Funktionen. Entwickelt man nun alle Funktionen nach Potenzen der α_i und vernachlässigt alle Glieder von höherer als 4. Potenz in α_i, so erhält man schließlich für ϱ einen Ansatz, der völlig gleich gebaut ist, wie der für die magnetostriktive Dehnung $\left(\frac{\delta l}{l}\right)_{\alpha_i,\,\beta_i}$ [Formel (11.32), S. 140]. In jenem Fall traten die Richtungskosinus β_i der Meßrichtung nur quadratisch auf, weil die spontane Gitterverzerrung A_{ik}^0 ein Tensor ist:

$$\left(\frac{\delta l}{l}\right)_{\alpha_i,\,\beta_i} = \sum_{i,\,k=1}^{3} A_{ik}\,(\alpha_i)\,\beta_i\,\beta_k\,.$$

In unserem Fall treten die Richtungskosinus der Stromrichtung nur quadratisch auf, da wegen des Ohmschen Gesetzes der Widerstand ein Tensor ist [vgl. (2)]. Im übrigen ergibt sich die Gestalt des Ansatzes auf Grund der Symmetrie. Wir wollen mit ϱ_0 den Widerstand in demjenigen Zustand bezeichnen, in dem die spontane Magnetisierung zu gleichen Teilen auf alle leichten Richtungen verteilt ist. Für Nickel, wo die Raumdiagonale die leichte Richtung ist, erhält man dann für den relativen Widerstandsunterschied $\frac{\varrho - \varrho_0}{\varrho_0}$ zwischen diesem Ausgangszustand und einem Zustand, in welchem die Magnetisierung in der Richtung $\alpha_1, \alpha_2, \alpha_3$ vollständig ausgerichtet ist, den Ausdruck

$$(3) \quad \left\{ \begin{aligned} \frac{\varrho - \varrho_0}{\varrho_0} &= k_1\,(\alpha_1^2\,\beta_1^2 + \alpha_2^2\,\beta_2^2 + \alpha_3^2\,\beta_3^2 - \tfrac{1}{3}) \\ &\quad + 2\,k_2\,(\alpha_1\,\alpha_2\,\beta_1\,\beta_2 + \alpha_2\,\alpha_3\,\beta_2\,\beta_3 + \alpha_3\,\alpha_1\,\beta_3\,\beta_1) \\ &\quad + k_3\,(s - \tfrac{1}{3}) \\ &\quad + k_4\,(\alpha_1^4\,\beta_1^2 + \alpha_2^4\,\beta_2^2 + \alpha_3^4\,\beta_3^2 + \tfrac{2}{3}\,s - \tfrac{1}{3}) \\ &\quad + 2\,k_5\,(\alpha_1\,\alpha_2\,\beta_1\,\beta_2\,\alpha_3^2 + \alpha_2\,\alpha_3\,\beta_2\,\beta_3\,\alpha_1^2 + \alpha_3\,\alpha_1\,\beta_3\,\beta_1\,\alpha_2^2)\,. \end{aligned} \right.$$

Bei Eisen, wo die Würfelkante die leichte Richtung ist, ist wegen der Festlegung des Nullpunktes der Summand $\tfrac{1}{3}$ in dem Glied mit k_3 fortzulassen. Die Konstanten k_1, k_2, k_3, k_4, k_5 sind nun aus den Experimenten zu bestimmen. Wie man das macht, wollen wir am Beispiel des Nickels näher ausführen. Messungen der Widerstandsänderung an Nickeleinkristallen sind von KAYA[1] durchgeführt worden. Er benutzte drei dünne Nickelstäbchen, deren Achsen parallel [100], [110] und [111] waren, und die in der Längsrichtung vom Strom durchflossen wurden. Beim [100]-Stab ist also $\beta_1 = 1$, $\beta_2 = \beta_3 = 0$. Die Magnetisierung geschah entweder longitudinal oder transversal. Im ersteren Fall ist

---

[1] KAYA, S.: Sci. Rep. Tôhoku Univ. Bd. 17 (1928) S. 1027.

beim [100]-Stab in der Sättigung $\alpha_1 = 1$, $\alpha_2 = \alpha_3 = 0$, so daß aus (3) für den Sättigungseffekt folgt:

$$\left(\frac{\varrho - \varrho_0}{\varrho_0}\right)_{[100]\,\mathrm{long}} = \tfrac{2}{3}\,k_1 - \tfrac{1}{3}\,k_3 + \tfrac{2}{3}\,k_4.$$

Bei transversaler Magnetisierung kann man noch die Feldrichtung in der Ebene senkrecht zur Stabachse variieren. Den Winkel zwischen· dem Feld und der [010]-Richtung wollen wir mit φ bezeichnen. Dann gilt in der Sättigung

$$\alpha_1 = 0; \quad \alpha_2 = \cos\varphi; \quad \alpha_3 = \sin\varphi.$$

Man erhält somit für den Sättigungseffekt aus (3)

$$\left(\frac{\varrho - \varrho_0}{\varrho_0}\right)_{[100]\,\mathrm{trans}} = \left(-\frac{k_1}{3} - \frac{5}{24}\,k_3 - \frac{k_4}{4}\right) - \left(\frac{k_3}{8} + \frac{k_4}{12}\right)\cos 4\varphi.$$

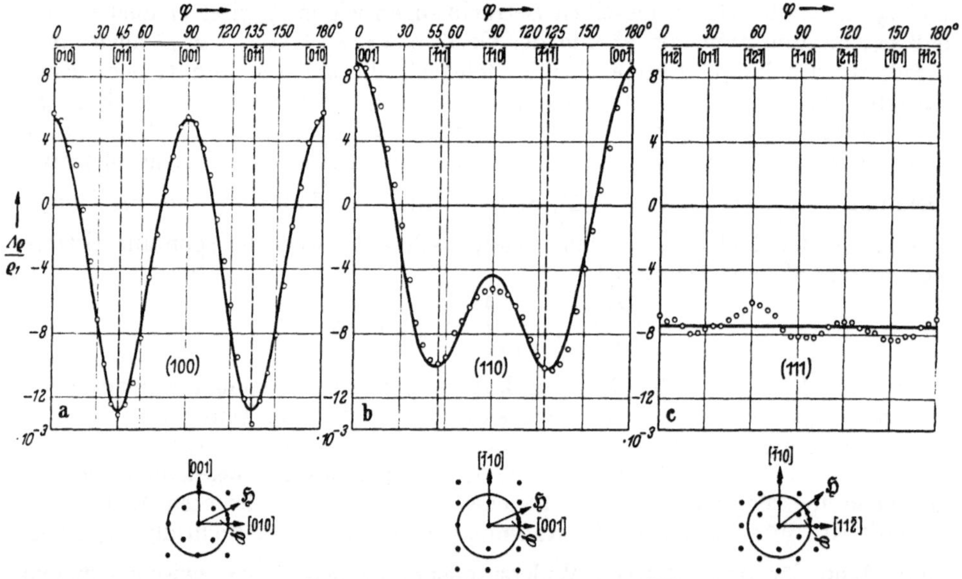

Abb. 215. Die Sättigungswerte der relativen Widerstandsänderung von Einkristallen aus Nickel bei transversaler Magnetisierung mit der Stromrichtung [100], [110] und [111] in Abhängigkeit von der Richtung des Feldes in der Ebene senkrecht zum Strom. [Nach S. KAYA: Sci. Rep. Tôhoku Univ. Bd. 17 (1928) S. 1027.] Die ausgezogenen Kurven sind der theoretische Verlauf bei bester Anpassung an die Meßwerte. Die Mittelwerte der experimentellen und theoretischen Kurven sind gleichgesetzt worden.

In der Tat fand KAYA für den Sättigungseffekt transversal einen solchen Verlauf mit einer Kosinuswelle mit der Periode 90°, wie man in Abb. 215a sieht. Sein Ergebnis läßt sich in guter Näherung darstellen durch die Formel

$$\left(\frac{\varDelta\varrho}{\varrho_1}\right)_{[100]\,\mathrm{trans}} = -3{,}22 \cdot 10^{-3} + 9{,}21 \cdot 10^{-3}\cos 4\varphi.$$

Dabei ist ϱ_1 der spezifische Widerstand im entmagnetisierten Zustand und $\varDelta\varrho = \varrho - \varrho_1$ die Änderung des spezifischen Widerstandes zwischen diesem Zustand und Sättigung. Für den Sättigungseffekt longitudinal erhielt er

$$\left(\frac{\varDelta\varrho}{\varrho_1}\right)_{[100]\,\mathrm{long}} = +19{,}7 \cdot 10^{-3}.$$

Bei der Bestimmung der Konstanten k_i aus solchen Meßwerten muß man nun, genau wie in dem entsprechenden Fall bei der Magnetostriktion, beachten, daß wir nicht wissen, ob bei diesen Kristallen im entmagnetisierten Zustand die für ϱ_0 vorausgesetzte Gleichverteilung der spontanen Magnetisierung auf alle leichten Richtungen erfüllt **war**. Im allgemeinen wird ϱ_0 von ϱ_1 etwas verschieden sein. Im Nenner von $\dfrac{\varDelta\varrho}{\varrho_1}$ kann man diesen kleinen Unterschied vernachlässigen. Im Zähler dagegen kann er von Bedeutung sein. Die gemessenen relativen Widerstandsänderungen $\dfrac{\varDelta\varrho}{\varrho_1}$ sind demnach von den zur Anpassung an Formel (3) zu benutzenden Werten $\dfrac{\varrho-\varrho_0}{\varrho_0}$ um einen unbekannten Summanden $\delta=\dfrac{\varrho_1-\varrho_0}{\varrho_0}$ verschieden. Dieser Nullpunktsfehler δ ist von Kristall zu Kristall verschieden; er kann am gleichen Kristall auch noch von der Stromrichtung abhängen, aber nicht von der Magnetisierungsrichtung.

Wegen dieser Nullpunktsabweichung darf man also zur Bestimmung der Konstanten k_i nur Differenzen zwischen Sättigungswerten des Widerstandseffektes am gleichen Kristall für verschiedene Feldrichtungen bei gleicher Stromrichtung heranziehen. Der [100]-Kristall liefert somit zur Ermittlung der k_1 bis k_5 nur zwei Gleichungen, nämlich eine aus der Amplitude der $\cos 4\,\varphi$-Welle im Transversaleffekt

$$-\left(\frac{k_3}{8}+\frac{k_4}{12}\right)=9{,}21\cdot10^{-3}$$

und eine aus der Differenz zwischen Longitudinaleffekt und dem Mittelwert des Transversaleffektes:

$$k_1-\frac{1}{8}\,k_3+\frac{11}{12}\,k_4=22{,}9\cdot10^{-3}.$$

Weitere Gleichungen erhält man auf ähnliche Weise aus den Messungen an den anderen Kristallen. Für den [110]-Kristall ergibt die Theorie für den Sättigungseffekt transversal einen Verlauf mit einem Glied proportional $\cos 4\,\varphi$ und $\cos 2\,\varphi$ außer der Konstanten. Man findet diese in der Tat in der experimentell gemessenen Kurve wieder (vgl. Abb. 215b).

Für den [111]-Kristall ergibt der theoretische Ansatz (3), daß der Sättigungseffekt transversal von der Magnetisierungsrichtung innerhalb der Ebene senkrecht zu [111] unabhängig sein sollte. Die Experimente zeigen dagegen (vgl. Abb. 215c), daß abgesehen von Unregelmäßigkeiten, die offenbar in Meßfehlern oder Fehlern im Kristall begründet sind, eine kleine systematische Schwankung des Effektes mit der Periode 60° vorhanden ist. Diese Schwankungen können von dem theoretischen Ansatz nicht wiedergegeben werden, weil wir in (3) alle Glieder mit höherer als 4. Potenz in α_i vernachlässigt haben. Eine Variation des Transversaleffektes beim [111]-Kristall mit der Periode 60° kann nur durch Glieder der 6. Potenz in α_i geliefert werden. Da die gemessenen Schwankungen aber verhältnismäßig klein sind, macht die Vernachlässigung dieser Glieder nicht viel aus.

Wir erhalten auf diese Weise eine Reihe von Bestimmungsgleichungen für die k_i, und zwar aus den Kayaschen Messungen 6 Gleichungen für nur 5 Konstanten. Man wird dann die Konstanten so zu bestimmen suchen, daß diese Gleichungen möglichst gut erfüllt sind. Das ist in der Tat ohne große Abweichungen von den gemessenen Werten möglich. Man erhält für Nickel

$$k_1 = 63\cdot10^{-3}$$
$$k_2 = 29\cdot10^{-3}$$
$$k_3 = -36\cdot10^{-3}$$
$$k_4 = -51\cdot10^{-3}$$
$$k_5 = +14\cdot10^{-3}.$$

Neuere Messungen von Döring[1] an anders orientierten Kristallen ergaben bei Auswertung nach einem entsprechenden Verfahren nur wenig davon

---

[1] Döring, W.: Ann. Phys., Lpz. V, Bd. 32 (1938) S. 259.

verschiedene Werte. In Abb. 215 ist der mit obigen Konstanten berechnete Verlauf des Sättigungseffektes transversal zum Vergleich eingetragen. Dabei wurden die Mittelwerte der gemessenen und berechneten Kurve gleichgesetzt.

Nach Ermittlung der Konstanten k_i können wir auch den Verlauf der Widerstandsänderung bei der Magnetisierung in den Fällen angeben, in denen uns die Richtungsverteilung der Magnetisierungsvektoren bekannt ist. Wir wollen darauf nicht näher eingehen, da die Verhältnisse völlig analog denen bei der Magnetostriktion sind. Alle Schlüsse über die Aufeinanderfolge der 90°- und 180°-Wandverschiebungen im Anfangsteil der Magnetisierungskurven kann man aus der Widerstandsänderung genau so ziehen wie aus dem Magnetostriktionsverlauf.

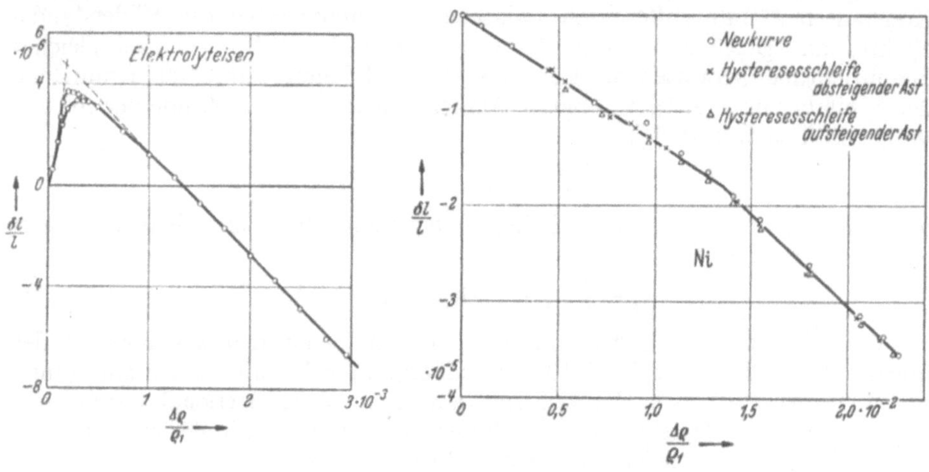

Abb. 216.
Abb. 217.

Abb. 216 und 217. Die Magnetostriktion in Abhängigkeit von der relativen Widerstandsänderung beim Magnetisieren an polykristallinem Eisen und Nickel. (Nach M. Kornetzki: Bisher unveröffentlicht.)

Die Ähnlichkeit des Verhaltens von Magnetostriktion und Widerstand beim Magnetisieren wird besonders deutlich, wenn man die Widerstandsänderung beim Durchlaufen der Hystereseschleife als Funktion der longitudinalen Magnetostriktion aufträgt. In Abb. 216 und 217 sind zwei solche Kurven nach Messungen von Kornetzki an polykristallinem Eisen und Nickel dargestellt. Zunächst ist bemerkenswert, daß in diesen Kurven eine Hysterese fast nicht mehr auftritt, während die Widerstandsänderung und die Magnetostriktion einzeln als Funktion der Feldstärke eine merkliche Hysterese aufwiesen. Das ist leicht zu verstehen; denn die Hysterese ist im wesentlichen auf das Gebiet kleiner Feldstärken beschränkt, in welchen die Wandverschiebungen überwiegen. Solange Drehungen aus der leichten Richtung heraus nicht stattfinden, sind aber Widerstandsänderung und Magnetostriktion einander proportional. Z. B. gilt für Nickel wegen $\alpha_1^2 = \alpha_2^2 = \alpha_3^2 = \frac{1}{3}$ in diesem Gebiet:

$$(4) \qquad \frac{\overline{\varrho - \varrho_0}}{\varrho_0} = 2\left(k_2 + \tfrac{1}{3} k_5\right)\left(\alpha_1 \alpha_2 \beta_1 \beta_2 + \alpha_2 \alpha_3 \beta_2 \beta_3 + \alpha_3 \alpha_1 \beta_3 \beta_1\right).$$

Darin soll der Strich die Mittelung über alle Weißschen Bezirke und alle Kristallite andeuten.

Für die Magnetostriktion folgt entsprechend aus (21.2) (S. 275)

$$(5) \qquad \frac{\overline{\delta l}}{l} = 2\left(h_2 + \tfrac{1}{3} h_5\right)\left(\alpha_1 \alpha_2 \beta_1 \beta_2 + \alpha_2 \alpha_3 \beta_2 \beta_3 + \alpha_3 \alpha_1 \beta_3 \beta_1\right).$$

Also folgt

$$\frac{\overline{\delta l}}{l} = \frac{h_2 + \tfrac{1}{3} h_5}{k_2 + \tfrac{1}{3} k_5} \frac{\overline{\varrho - \varrho_0}}{\varrho_0}$$

Für Eisen gilt eine ähnliche Beziehung. Diesen linearen Zusammenhang zwischen Magnetostriktion und Widerstand im Anfangsteil bestätigen die obigen Abbildungen gut. Bei Eisen nimmt bei höheren Feldstärken, wenn Drehungen einsetzen, die Länge wieder ab, da sich dann die negative Magnetostriktion λ_{111} bemerkbar macht. Der Widerstand wächst jedoch weiter an. Daher tritt beim Beginn der Drehungen in Abb. 216 ein Knick auf. Auch oberhalb ist, wie man sieht, der Verlauf nahezu geradlinig. Bei Nickel ist beim Einsetzen der Drehungen auch ein kleiner Knick im Kurvenverlauf vorhanden. Er ist jedoch nur schwach ausgeprägt, da sich hier sowohl die Länge wie der Widerstand monoton bei der Magnetisierung ändern.

Aus den Einkristallkonstanten k_1 bis k_5 kann man nun auch für den Polykristall die Widerstandsänderung $\frac{\varrho - \varrho_0}{\varrho_0}$ berechnen, welche, ausgehend von dem Zustand mit gleichmäßiger Verteilung der Magnetisierung auf alle leichten Richtungen, beim Magnetisieren bis zur Sättigung unter dem Winkel ϑ zur Stromrichtung auftritt. Im Polykristall mit regelloser Verteilung der Orientierungen der Kristallite treten alle Richtungen des Stromes relativ zu den Kristallachsen gleich häufig auf. Unter allen Kristalliten, bei denen der Strom die gleiche kristallographische Orientierung hat, sind noch alle Lagen der Kristallachsen, die durch Drehung um die festgehaltene Stromrichtung auseinander hervorgehen, gleich wahrscheinlich, so daß in der Sättigung alle Magnetisierungsrichtungen, die den gleichen Winkel ϑ zur Stromrichtung bilden, gleich häufig sind. Um den gesuchten Mittelwert $\frac{\varrho - \varrho_0}{\varrho_0}$ zu erhalten, muß man also in dem Ausdruck (3) zunächst bei festem β_i mitteln über alle α_i, die der Nebenbedingung $\alpha_1 \beta_1 + \alpha_2 \beta_2 + \alpha_3 \beta_3 = \cos \vartheta$ genügen. Sodann hat man die β_i zu mitteln über alle Richtungen der Einheitskugel. Dabei erhält man

$$(6) \qquad \overline{\frac{\varrho - \varrho_0}{\varrho_0}} = A + B \cos^2 \vartheta$$

mit den Abkürzungen

$$A = - \frac{2}{15} k_1 - \frac{k_2}{5} - \frac{2}{15} k_3 - \frac{4}{35} k_4 - \frac{1}{35} k_5$$

und

$$B = \frac{2}{5} k_1 + \frac{3}{5} k_2 + \frac{12}{35} k_4 + \frac{3}{35} k_5.$$

Setzt man die obigen Werte ein, so erhält man

$$A = - 4 \cdot 10^{-3}, \qquad B = + 27 \cdot 10^{-3}.$$

Daß in (6) neben der Konstanten nur ein Glied proportional zu $\cos^2 \vartheta$ vorkommt, ist von vornherein zu erwarten. Denn in einem quasiisotropen Material kann $\frac{\varrho - \varrho_0}{\varrho_0}$ nur vom Winkel zwischen Strom und Magnetisierung abhängen. Andererseits muß der Ausdruck aber wegen des Ohmschen Gesetzes quadratisch in den Richtungskosinus β_i der Stromrichtung sein. $\cos^2 \vartheta$ ist aber die einzige Funktion außer der Konstanten und linear abhängigen Ausdrücken, die diese Bedingung erfüllt. Die Konstante A ist gleich der relativen Widerstandsänderung bei transversaler Magnetisierung bis zur Sättigung, wenn im entmagnetisierten Zustand tatsächlich die für ϱ_0 vorausgesetzte gleichmäßige Verteilung auf alle leichten Richtungen verwirklicht ist. Die wirklich gemessene Widerstandsänderung weicht meistens etwas davon ab.

Die Konstante B ist gleich der Differenz der relativen Widerstandsänderung bei longitudinaler und transversaler Magnetisierung bis zur Sättigung. Diese Differenz ist unabhängig von der Richtungsverteilung der Magnetisierung im

Ausgangszustand. Durch direkte Messung am Polykristall läßt sich B natürlich genauer bestimmen als durch die indirekte Berechnung aus den ziemlich ungenauen Einkristallkonstanten. Das Ergebnis einer solchen Messung von ENGLERT an Nickel zeigt Abb. 218. Die beiden Kurven stellen den Verlauf der relativen Widerstandsänderung als Funktion des Feldes für einen Nickeldraht bei longitudinaler und transversaler Magnetisierung dar. Man sieht, daß bei hohen Feldern $\dfrac{\Delta\varrho}{\varrho_1}$ nicht konstant wird, sondern eine schwache Abnahme proportional zum Felde zeigt. Diese hat ihre Ursache in der Abnahme des mittleren Widerstandes infolge Erhöhung der spontanen Magnetisierung durch das Feld. Sie tritt longitudinal und transversal in gleicher Größe auf. Um den hier allein interessierenden Effekt der Ausrichtung der spontanen Magnetisierung zu erhalten, muß man diesen linearen Abfall rückwärts verlängern bis zur inneren Feldstärke Null. Longitudinal, wo die Scherung Null ist, muß man also auf $H = 0$ extrapolieren. Das ergibt

$$\left(\frac{\Delta\varrho}{\varrho_1}\right)_{\text{long}} = 18{,}1 \cdot 10^{-3}.$$

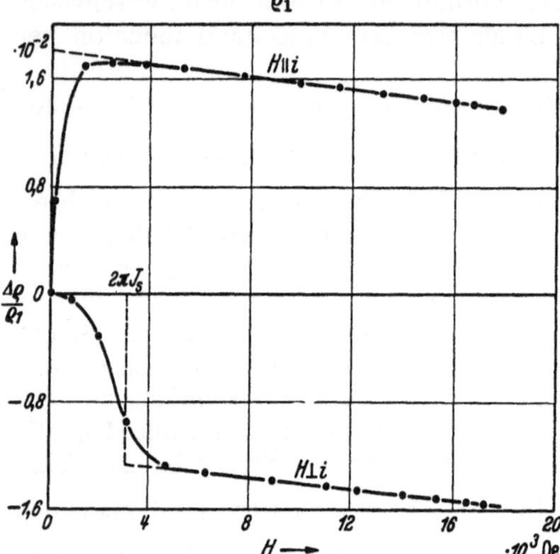

Abb. 218. Die relative Widerstandsänderung an reinem, polykristallinem Nickel bei longitudinaler und transversaler Magnetisierung in Anhängigkeit vom Feld. [Nach E. ENGLERT: Ann. Phys., Lpz. V, Bd. 14 (1932) S. 589.]

Transversal ist die Scherung 2π. Also ist die innere Feldstärke in der Sättigung um $2\pi J_s = 3140$ Oe kleiner als das äußere Feld. Extrapolation auf diesem Feldwert ergibt

$$\left(\frac{\Delta\varrho}{\varrho_1}\right)_{\text{trans}} = -12{,}7 \cdot 10^{-3}.$$

Die Differenz beträgt also

$$B = 30{,}8 \cdot 10^{-3}.$$

Das ist etwa 10% größer als der aus den Einkristallkonstanten ermittelte Wert, eine in Anbetracht der Ungenauigkeit der k_i befriedigende Übereinstimmung.

Einkristallmessungen des Widerstandseffektes liegen außer bei Nickel nur für Eisen vor. Am polykristallinen Material ist die Widerstandsänderung bei der Magnetisierung an allen reinen ferromagnetischen Metallen und vielen Legierungen gemessen worden, meistens auch in Abhängigkeit von der Temperatur. Die Konstante B hat sich dabei stets als positiv ergeben. Bei longitudinaler Magnetisierung ist also der Widerstand stets höher als im entmagnetisierten Zustand. Der genaue Zahlenwert von B läßt sich nicht bei allen Materialien angeben, weil meistens nur longitudinal und nicht transversal magnetisiert worden ist.

Es sei hier noch eine Bemerkung angefügt über den Gültigkeitsbereich der Formel (6). Auf Grund ihrer Ableitung galt sie beim Polykristall für die Widerstandsänderung bis zur Sättigung, wenn die Feldrichtung mit der Stromrichtung den Winkel ϑ bildet. Es liegt nun nahe, sie auch für das Gebiet unterhalb der Sättigung in folgender Weise anzuwenden: Liegt das Feld parallel zum Strom, so ist die pauschale Magnetisierung durch den Mittelwert von $\cos\vartheta$ gegeben: $J = J_s \overline{\cos\vartheta}$. Wenn nun die Wandverschiebungen abgelaufen sind, ist $\cos\vartheta$ überall positiv. Nimmt man an, daß die ϑ-Werte nicht sehr streuen, so kann man den Mittelwert von $\cos^2 \vartheta$ durch das Quadrat des Mittels über $\cos \vartheta$ ersetzen und erhält somit für die Widerstandsänderung als Funktion der pauschalen Magnetisierung für das Gebiet nahe der Sättigung das Gesetz

$$(7) \qquad \frac{\Delta \varrho}{\varrho_1} = A + B \cdot \frac{J^2}{J_s^2}.$$

Die Konstante A kann darin noch von Probe zu Probe verschieden sein. Ein solcher linearer Zusammenhang zwischen Widerstandsänderung und dem Quadrat der pauschalen Magnetisierung ist von GERLACH und seinen Schülern sehr oft als gültig gefunden worden. Einige von GERLACH ange-
gebene Kurven zur Prüfung dieses
Gesetzes sind in Abb. 219 dargestellt. Doch ist es nicht ganz
stichhaltig, in dem oben skizzierten Gedankengang einen Beweis
für dieses Verhalten zu sehen. Zwar
ist Gleichung (6) noch theoretisch
streng, aber die bei ihrer Ableitung
gemachten Voraussetzungen sind
bei der eben geschilderten Anwendung auf das Gebiet unterhalb
der Sättigung nicht mehr ohne
weiteres erfüllt. Es war nämlich
dabei angenommen worden, daß
bei den Kristalliten mit einer bestimmten Stromrichtung alle Magnetisierungsrichtungen, die den
gleichen Winkel ϑ mit der Stromrichtung bilden, gleich häufig vorkommen. Bei Sättigung unter dem
Winkel ϑ zum Strom ist das wegen
der regellosen Orientierung der
Kristallite im Polykristall erfüllt,
aber im allgemeinen nicht bei
longitudinaler Magnetisierung unterhalb der Sättigung. Greifen wir

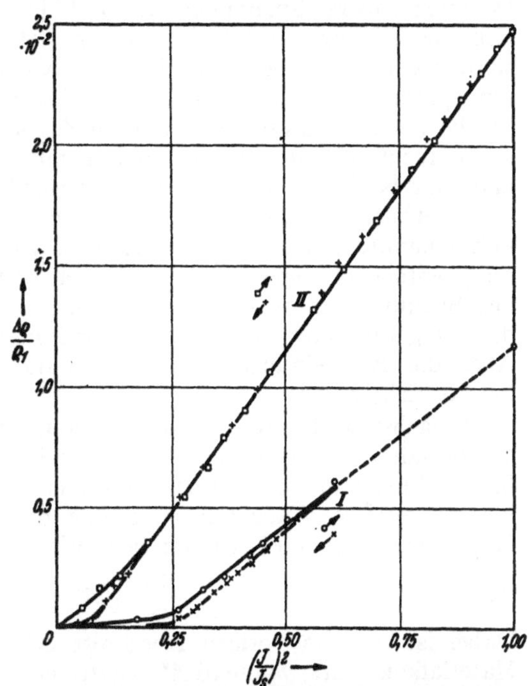

Abb. 219. Die relative Widerstandsänderung in Abhängigkeit vom Quadrat der pauschalen Magnetisierung. Kurve I. Hartes Nickel ($H_c \approx 15$ Oe). Kurve II. Derselbe Draht, weichgeglüht, unter einem longitudinalen Zug von etwa 3 kg/mm². [Nach W. GERLACH: Ann. Phys., Lpz. V, Bd. 12 (1932) S. 849.]

etwa bei Nickel die Kristallite heraus, bei denen die Strom- und Feldrichtung parallel [100] ist. Im Gebiet der Drehungen liegt dann bei einem Material mit kleinen inneren Spannungen die Magnetisierung unterhalb der Sättigung stets in der Ebene durch die [100]-Richtung des Feldes und eine der vier nächsten leichten Richtungen [111]. Die Ebene durch Strom- und Magnetisierungsrichtung ist also stets eine [110]-Ebene, aber niemals eine [100]-Ebene. Bei magnetisch weichen Materialien ist also die obige Ableitung des ΔR-J^2-Gesetzes aus Formel (6) nicht richtig, auch wenn man die Voraussetzung, daß alle vorkommenden ϑ-Werte nahezu gleich sind, als berechtigt hinnimmt. Man darf sich also nicht wundern, wenn der lineare Zusammenhang zwischen Widerstands-änderung und dem Quadrat der pauschalen Magnetisierung im Gebiet der Drehprozesse gelegentlich nicht erfüllt ist. Wie man an Abb. 219 erkennt, wird an diesen Proben die Gleichung (7) auch nur qualitativ erfüllt, insofern als im oberen Teil der Magnetisierungskurve $\dfrac{\Delta \varrho}{\varrho_1}$ linear von J^2 abhängt. Die weitere Folgerung aus (7), daß nämlich die Steigung unabhängig von der Behandlung der Probe gleich B/J_s^2 ist, bestätigt sich nicht. Nur an Kurve II stimmt die Steigung $\dfrac{d}{dJ^2}\left(\dfrac{\varDelta\varrho}{\varrho_1}\right)$ angenähert mit dem aus (7) berechneten Wert überein, an Kurve I ist sie wesentlich kleiner.

b) Die Widerstandsänderung durch Spannungen.

Die Richtungsverteilung der Vektoren der spontanen Magnetisierung läßt sich nicht nur durch ein Magnetfeld, sondern auch durch äußere Spannungen beeinflussen. Infolgedessen müssen in einem Ferromagnetikum unter der Wirkung äußerer Spannungen auch Widerstandsänderungen auftreten, die ihre Ursache in magnetischen Vorgängen haben, obwohl äußerlich ein Magnetisierungsvorgang dabei nicht beobachtbar ist. Denn ein anfänglich pauschal unmagnetisches Material kann durch Spannungen niemals magnetisiert werden. Solche Widerstandsänderungen unter Zug sind an ferromagnetischen Materialien schon recht früh im Zusammenhang mit der Untersuchung der Widerstandsänderung bei Magnetisierung entdeckt worden. Daß es sich dabei um eine Folge eines verborgenen magnetischen Vorgangs handelt, wurde aber erst in jüngster Zeit erkannt, und zwar erstmalig wohl von McKeehan[1] im Jahr 1930. Allerdings entsprach seine Vorstellung noch nicht ganz der heutigen. Die Theorie des Spannungseinflusses auf die Richtung der spontanen Magnetisierung war damals gerade erst im Entstehen und konnte ihm noch nicht bekannt sein. Aber die Erscheinungen der Widerstandsänderung hat er im wesentlichen bereits richtig gedeutet.

Zunächst wollen wir den einfachsten Fall betrachten, nämlich die Widerstandsänderungen eines Drahtes unter longitudinalem Zug. Ist ϱ_1 der spezifische Widerstand im entmagnetisierten Zustand ohne Zugspannung, so gilt für die relative Widerstandsänderung des Polykristalls beim Ausrichten der Magnetisierungsvektoren unter dem Winkel ϑ zur Stromrichtung

$$(8) \qquad \frac{\varDelta\varrho}{\varrho_1} = A' + B\cos^2\vartheta.$$

Dabei ist, wie im vorigen Abschnitt erläutert wurde, B eine stets positive Materialkonstante, während A' negativ ist, aber noch von Probe zu Probe etwas verschieden sein kann. Wenn die inneren Spannungen isotrop sind und groß gegen die Kristallenergie, sind im entmagnetisierten Zustand alle Richtungen der spontanen Magnetisierung relativ zu den Kristallachsen und relativ zum Draht gleich häufig. Dann gilt $A' = -B/3$. Im folgenden setzen wir diese Verteilung der Magnetisierungsvektoren im Ausgangszustand voraus. Ist nun die Magnetostriktion isotrop, so ist das Verhalten sehr einfach. Bei positiver Magnetostriktion stellen sich die Magnetisierungsvektoren unter Zug parallel zum Draht. Also nimmt der Widerstand dabei zu. Ist die äußere Zugspannung groß gegen die inneren Spannungen und gegen den Einfluß der Kristallenergie geworden, so erreicht die Widerstandszunahme unter Zug den Sättigungswert

$$(9) \qquad \frac{\varDelta\varrho}{\varrho_1} = \tfrac{2}{3}B \qquad (\overline{\cos^2\vartheta} \text{ geht von } \tfrac{1}{3} \text{ auf } 1) \qquad (\lambda < 0).$$

Bei weiterer Spannungserhöhung ändert sich der Widerstand nicht mehr, jedenfalls solange man die Elastizitätsgrenze nicht überschreitet. Ist die Magnetostriktion negativ, so stellen sich die Magnetisierungsvektoren unter Zug quer zum Draht. Der Widerstand nimmt also ab. Bei starken Spannungen erreicht die Abnahme den Sättigungswert

$$(10) \qquad \left(\frac{\varDelta\varrho}{\varrho_1}\right) = -\tfrac{1}{3}B \qquad (\overline{\cos^2\vartheta} \text{ geht von } \tfrac{1}{3} \text{ auf } 0) \qquad (\lambda > 0).$$

---

[1] McKeehan, L. W.: Phys. Rev. Bd. 36 (1930) S. 948.

Dies Verhalten ist von McKeehan an den Eisen-Nickel-Legierungen in der
Tat gefunden worden. Abb. 220 und 221 zeigen zwei Beispiele aus seinen zahlreichen Meßreihen. Die erste wurde an einer Legierung mit 65% Ni gemessen,
bei der die Magnetostriktion positiv ist. Der Widerstand nimmt, wie nach
obiger Theorie zu erwarten, unter Zug zu. Bei etwa 6 kg/mm² ist die Sättigung
bereits erreicht. Daß dazu nur ein
so geringer Zug nötig ist, liegt daran,

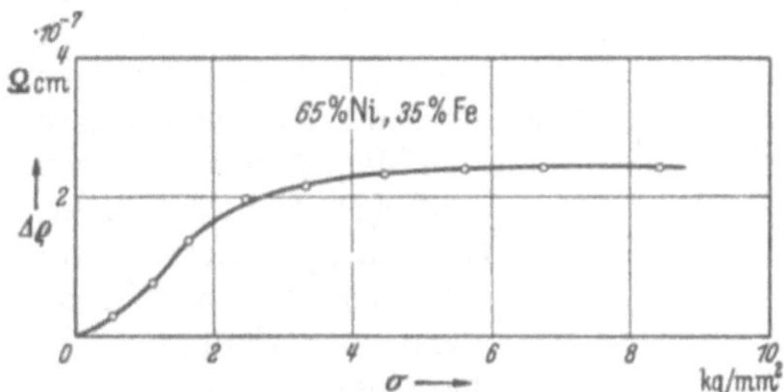

Abb. 220. Eisen-Nickel-Legierung mit 65% Ni
(Magnetostriktion positiv).

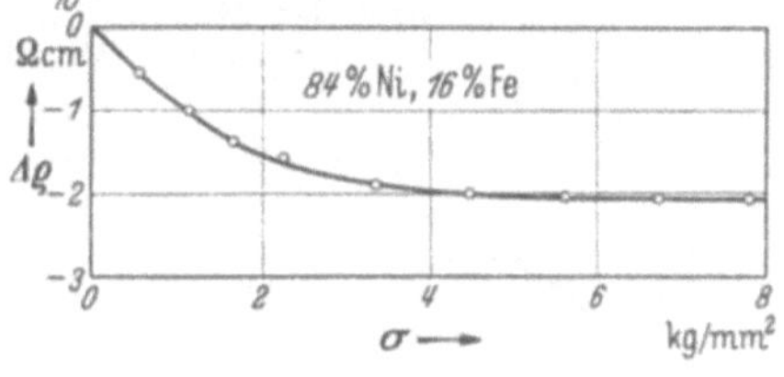

Abb. 221. Eisen-Nickel-Legierung mit 84% Ni
(Magnetostriktion negativ).

Abb. 220 und 221. Die Änderung des spezifischen Widerstandes beim Anlegen eines longitudinalen Zuges σ.
[Nach L. W. McKeehan: Phys. Rev. Bd. 36 (1930) S. 948.]

daß in diesem Gebiet die Kristallenergie sehr klein ist. Die Kurve in Abb. 221
ist an einer Legierung mit 84% Ni aufgenommen worden. Dort ist die Magnetostriktion negativ, also tritt Widerstandsabnahme unter Zug auf.

Man kann die Richtigkeit dieser Vorstellungen weiterhin prüfen, indem man
der Zugspannung ein Magnetfeld überlagert. Die Ausrichtung der Magnetisierung parallel zum Draht, die bei
positiver Magnetostriktion unter Zug
auftritt, kann man in gleicher Weise
auch am ungespannten Draht durch
longitudinale Magnetisierung bis
zur Sättigung erzielen. Man muß
also dabei die gleiche Widerstandszunahme wie unter starkem Zug
erhalten. Am gespannten Draht
dagegen muß der Magnetisierungsvorgang ohne Einfluß auf den
Widerstand bleiben, denn in diesem Fall geschieht die Magnetisierung lediglich durch 180°-Wandver-
schiebungen, die den Widerstand
nicht ändern.

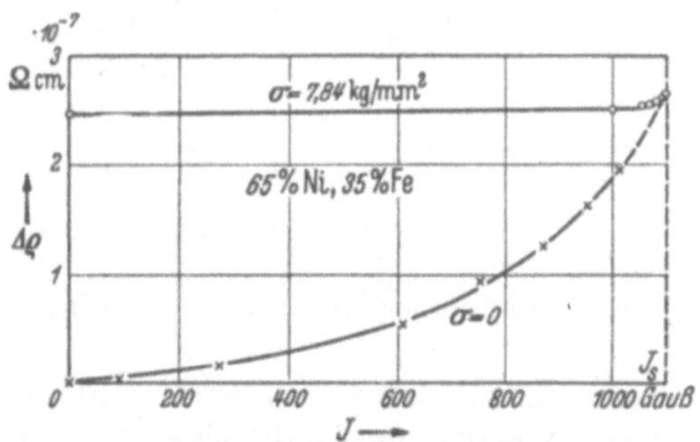

Abb. 222. Die Änderung des spezifischen Widerstandes einer
Eisen-Nickel-Legierung mit 65% Ni im longitudinalen Feld
in Abhängigkeit von der pauschalen Magnetisierung, gemessen am ungespannten Draht und unter einem longitudinalen Zug von 7,48 kg/mm². [Nach L. W. McKeehan:
Phys. Rev. Bd. 36 (1930) S. 948.]

Tatsächlich erkennt man an Abb. 222, daß an dem Draht mit 65% Ni bei
der Zugspannung von 7,84 kg/mm² der schon vorher durch den Zug erhöhte
spezifische Widerstand beim Magnetisieren nicht mehr geändert wird. Am
ungespannten Draht tritt dagegen eine Widerstandserhöhung auf. Die von
McKeehan angewandte Feldstärke genügte in diesem Falle nicht ganz zur
Sättigung, welche bei $J_s = 1100$ erreicht ist. Extrapoliert man die gemessene
Kurve bis auf diesen Magnetisierungswert, so erhält man genau die gleiche
Widerstandserhöhung wie unter Zug. Man kann die Prüfung noch fortsetzen
und auch die Widerstandsänderung bei transversaler Magnetisierung messen.
Diese muß unter Zug entsprechend größer werden, denn im Querfeld wird die
vom Zug bewirkte Ausrichtung der Magnetisierung parallel zum Draht rück-
gängig gemacht. Ist im ungespannten Ausgangszustand die Verteilung der

Magnetisierungsvektoren isotrop, so muß unter Zug die bei transversaler Magnetisierung beobachtete Widerstandsänderung auf den dreifachen Wert ansteigen. Denn ohne Spannung ändert sich im Querfeld $\overline{\cos^2 \vartheta}$ nur von $\frac{1}{3}$ bis auf Null, unter Zug dagegen vom Wert 1 bis auf Null. Solche Messungen sind von McKeehan nicht ausgeführt worden. In Abb. 223 ist statt dessen eine von Englert aufgenommene Meßreihe an einer Fe-Ni-Legierung mit 8% Ni dargestellt, welche ebenfalls eine positive Magnetostriktion besitzt. Die hier angewandten Felder sind schon so groß, daß sich neben der Widerstandsabnahme durch Ausrichtung der Magnetisierungsvektoren noch eine mit dem Feld lineare Widerstandsabnahme infolge der Erhöhung der spontanen Magnetisierung durch das Feld bemerkbar macht. Um den hier interessierenden Effekt der Ausrichtung allein zu erhalten, muß man den linearen Abfall bei hohen Feldern bis zum Scherungsfeld $NJ_s = 2\pi J_s$ rückwärts extrapolieren. Wie man sieht, nimmt dieser Widerstandsabfall mit zunehmendem Zug dem Betrage nach zu. Der dreifache Wert gegenüber dem schwach gespannten Draht wird allerdings nicht ganz erreicht. Die anfängliche Widerstandszunahme bei kleinen Feldern an den schwach gespannten Drähten hat einen einfachen, experimentellen Grund. Infolge des großen Unterschiedes der Scherung longitudinal und trans-

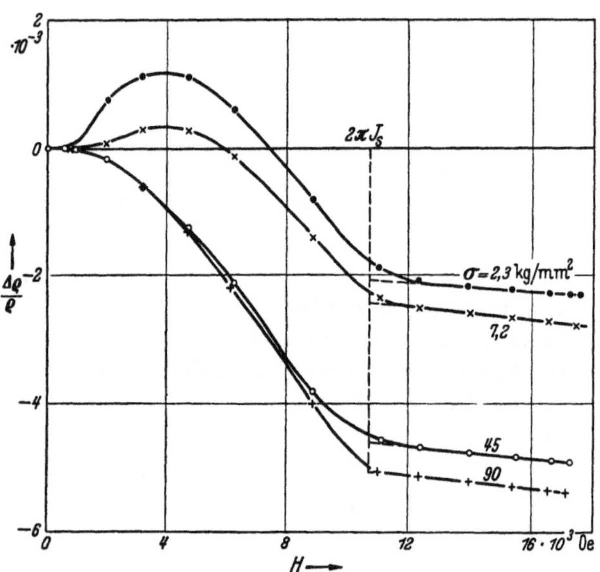

Abb. 223. Die relative Widerstandsänderung einer Eisen-Nickel-Legierung mit 8% Ni bei transversaler Magnetisierung in Abhängigkeit vom Feld, gemessen bei verschiedenen longitudinalen Zugspannungen σ. [Nach E. Englert: Ann. Phys., Lpz. V, Bd. 14 (1932) S. 589.]

versal magnetisiert sich ein Draht, wenn die Richtung des Feldes nur sehr wenig von der zum Draht senkrechten Richtung abweicht, zunächst longitudinal und erst bei höheren Feldern transversal. Bei schwachem Zug hat die longitudinale Magnetisierung eine Widerstandserhöhung zur Folge, bei starkem Zug dagegen nicht mehr, weil dort die Ausrichtung schon von der Zugspannung bewirkt worden ist. Daher verschwindet der anfängliche Anstieg bei höherer Spannung.

An einem Draht mit negativer Magnetostriktion kehren sich die Verhältnisse entsprechend um. Die Widerstandserhöhung bei longitudinaler Magnetisierung wächst unter Zug an, und zwar gerade um soviel, wie die Widerstandsabnahme infolge des Zuges am nichtmagnetisierten Draht betrug, denn das Feld macht die vom Zug bewirkte Querstellung der Magnetisierung wieder rückgängig. Die experimentelle Bestätigung zeigt Abb. 224. Darin ist die Widerstandsänderung im Längsfeld als Funktion der Magnetisierung aufgetragen für denselben Draht, dessen Widerstandsänderung unter Zug in Abb. 221 dargestellt ist. Man sieht, daß bei der Zugspannung von 1,12 kg/mm² die vom Zug erreichte Widerstandsabnahme im Felde wieder verschwindet, so daß in der Sättigung der gleiche Endwert des Widerstandes wie ohne Spannung erreicht wird. Bei der Spannung von 6,72 kg/mm² reichte die Feldstärke zur Sättigung nicht aus.

Bei transversaler Magnetisierung wird in diesem Falle unter Zug die Widerstandsabnahme im Feld kleiner, weil die Zugspannung die Querstellung der Magnetisierung schon vorwegnimmt. Man erkennt dies an der in Abb. 225 dargestellten Meßreihe von ENGLERT an Nickel. Die von der Ausrichtung herrührende Widerstandsabnahme nimmt unter Zug ab. Bei der höchsten Zugspannung beobachtet man fast nur noch die mit dem Feld proportionale Widerstandsänderung, die auf der Beeinflussung der spontanen Magnetisierung beruht. Diese Widerstandsabnahme wird durch den Zug nicht beeinflußt.

Diese Untersuchungen bilden wohl den überzeugendsten Beweis dafür, daß tatsächlich unter Zug die Richtung der Magnetisierung beeinflußt wird. Es lassen sich in dieser Hinsicht noch viele Versuche anstellen. Zum Beispiel ist mehrfach die Wirkung von Torsionsspannungen untersucht worden. Unter starker Torsion stellt sich die Magnetisierung unter 45° ein, so daß $\overline{\cos^2 \vartheta} = \frac{1}{2}$ wird. Alle derartigen Versuche haben die theoretischen Aussagen bestätigt. Wo schein-

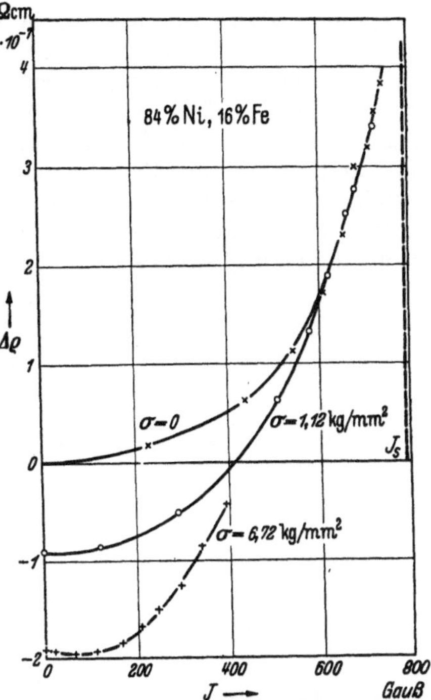

Abb. 224. Die Änderung des spezifischen Widerstandes einer Eisen-Nickel-Legierung mit 84% Ni im longitudinalen Feld in Abhängigkeit von der Magnetisierung bei verschiedenen Zugspannungen. [Nach L. W. McKEEHAN: Phys. Rev. Bd. 36 (1930) S. 948.]

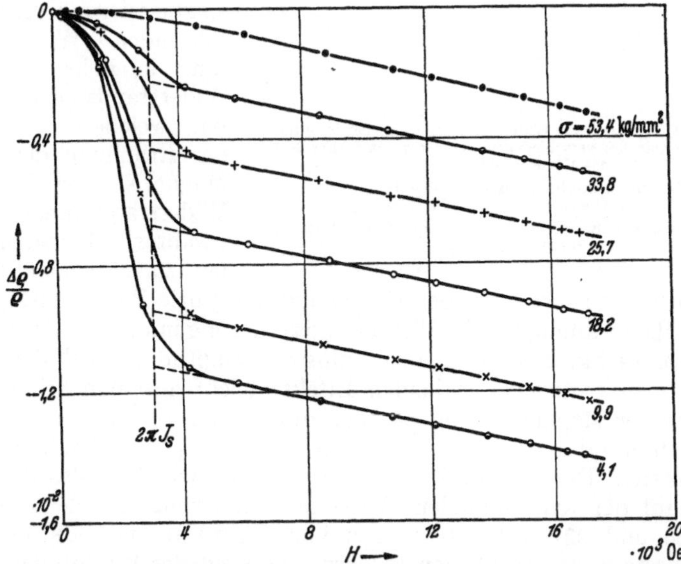

Abb. 225. Die relative Widerstandsänderung von Nickel bei transversaler Magnetisierung in Abhängigkeit vom Feld, gemessen bei verschiedenen longitudinalen Zugspannungen. [Nach E. ENGLERT: Ann. Phys., Lpz. V, Bd. 14 (1932) S. 589.]

bare Abweichungen auftraten, kann man die mutmaßlichen Ursachen angeben.

Es sei hier nur noch auf einen Punkt hingewiesen, der eine Untersuchung wohl lohnen würde, über den aber bisher in der Literatur keine Messungen vorliegen. Wir haben oben nur die Wirkung großer Zugspannungen besprochen. Ebenso interessant ist die Untersuchung des Einflusses von Zugspannungen, die klein gegen die inneren Spannungen sind. Diese bewirken eine zum Zug proportionale Widerstandsänderung. Die Proportionalitätskonstante läßt sich leicht berechnen. Die Überlegung verläuft ganz ähnlich wie diejenige, die wir in Kapitel 12 bei der Berechnung der Remanenzverschiebung unter Zug durchgeführt haben (S. 162). Außer Materialkonstanten würde der Ausdruck, den man erhält, nur noch die Anfangspermeabilität enthalten. Eine experimentelle Kontrolle der Gültigkeit dieser Beziehung würde eine sehr gute Prüfung der Richtigkeit unserer Vorstellungen über die Anfangspermeabilität darstellen. Vor allem müßte man auf diese Weise recht gut entscheiden können, ob die 180°-Wandverschiebungen bei der Anfangspermeabilität eine Rolle spielen oder nicht.

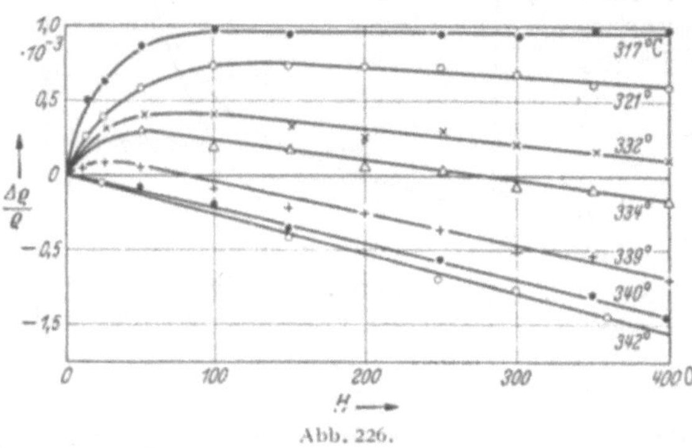

Abb. 226.

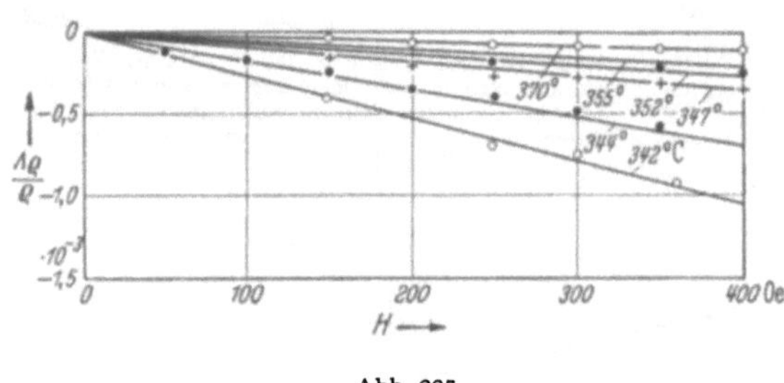

Abb. 227.

Abb. 226 und 227. Die relative Widerstandsänderung bei longitudinaler Magnetisierung bei verschiedenen Temperaturen in der Nähe des Curie-Punktes.

Abb. 226. Unterhalb des Curie-Punktes.
Abb. 227. Oberhalb des Curie-Punktes.

[Nach W. Gerlach u. K. Schneiderhan: Ann. Phys., Lpz. V, Bd. 6 (1930) S. 772.]

c) Der Einfluß des Betrages der spontanen Magnetisierung auf den mittleren elektrischen Widerstand.

Wie wir bereits an Abb. 223 und 225 sahen, macht sich bei der Magnetisierung von Nickel bei Zimmertemperatur neben der von der Ausrichtung der Magnetisierungsvektoren herrührenden Widerstandsänderung in hohen Feldern eine Widerstandsabnahme bemerkbar, welche wir als eine Folge der Erhöhung der spontanen Magnetisierung deuten. Diese Widerstandsabnahme infolge „wahrer" Magnetisierung tritt bei zunehmender Temperatur immer deutlicher hervor. In der Umgebung des Curie-Punktes ist sie von der gleichen Größenordnung wie die Widerstandsänderung infolge der Ausrichtung der Magnetisierungsvektoren. Bei Beobachtung der longitudinalen Widerstandsänderung kann man trotzdem die beiden Effekte leicht auseinanderhalten, da die Ausrichtung der Magnetisierung parallel zum Strom eine Widerstandszunahme bedingt, während durch „wahre" Magnetisierung stets eine Abnahme des Widerstandes eintritt. Dementsprechend erhält man in der Nähe des Curie-Punktes einen Verlauf der longitudinalen Widerstandsänderung mit dem Feld, wie er in Abb. 226 und 227 nach Messungen von Gerlach und Schneiderhan an Nickel dargestellt ist. In kleinen Feldern überwiegt der Einfluß der Richtungsänderung der Magnetisierung, so daß der Widerstand zunächst mit dem Feld ansteigt. Nach vollständiger Ausrichtung bleibt nur noch der Einfluß der Änderung des Betrages der Magnetisierung wirksam, so daß der Widerstand wieder fällt. Mit steigender Temperatur wird die anfängliche Widerstandszunahme immer geringer, da der Widerstandsunterschied zwischen Quer- und

Längsstellung der Magnetisierung relativ zum Strom proportional mit dem Quadrat der spontanen Magnetisierung abnimmt. Die Steilheit der Widerstandsabnahme in höheren Feldern wird dagegen mit Annäherung an den Curie-Punkt größer, da die von einem bestimmten Feld erreichte Änderung der spontanen Magnetisierung zunimmt. Oberhalb des Curie-Punktes ist die Widerstandszunahme verschwunden. Es tritt nur noch eine Widerstandsabnahme auf, deren Steilheit nun aber mit steigender Temperatur wieder geringer wird, weil die Magnetisierbarkeit mit zunehmendem Abstand vom Curie-Punkt wieder sinkt.

Die Widerstandsabnahme bei Erhöhung der spontanen Magnetisierung äußert sich ferner in dem Verlauf des Widerstandes in Abhängigkeit von der Temperatur. In Abb. 228 ist für reines Nickel das Verhältnis R_T/R_0 des Widerstandes bei der absoluten Temperatur T zu dem bei 0° C in Abhängigkeit

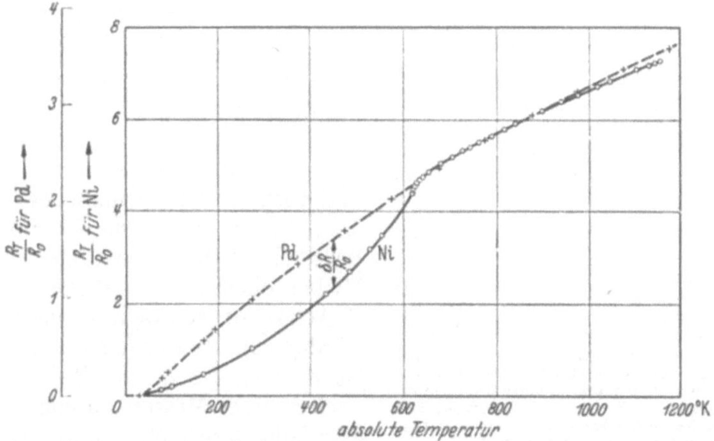

Abb. 228. Das Verhältnis R_T/R_0 des Widerstandes bei der Temperatur T zu dem bei 0° C in Abhängigkeit von der absoluten Temperatur, für Nickel und Palladium. [Nach H. H. Potter: Proc. phys. Soc., Lond. Bd. 149 (1937) S. 671. — J. G. G. Conybeare: Proc. phys. Soc., Lond. Bd. 149 (1937) S. 29.] Die Maßstäbe sind so gewählt, daß die Kurven dicht oberhalb des Curie-Punktes von Nickel zur Deckung kommen.

von T nach neueren Messungen von Potter aufgetragen. Die älteren Meßergebnisse von Holborn[1] und von Gerlach[2] und seinen Schülern stimmen, soweit sie an sehr reinen Nickelproben gewonnen wurden, damit recht gut überein, reichen aber nicht bis zu so hohen Temperaturen. Bekanntlich erhöhen Verunreinigungen den Widerstand um einen von der Temperatur unabhängigen Zusatzwiderstand. Die an nicht ganz reinen Proben gemessenen Widerstandswerte kann man also auf reines Nickel umrechnen, indem man von allen gemessenen Widerständen einen geeigneten konstanten Betrag subtrahiert. Wie Gerlach, Bittel und Velayos[2] zeigten, kann man dadurch die an weniger reinen Proben gemessenen R_T/R_0-Kurven leidlich mit der obigen, für reines Nickel gültigen Kurve zur Deckung bringen.

Man erkennt an Abb. 228, daß oberhalb des Curie-Punktes die R_T/R_0-Kurve schwach nach unten gekrümmt ist. Am Curie-Punkt knickt sie jedoch ziemlich plötzlich von diesem Verlauf ab in einem solchen Sinne, daß der Widerstand unterhalb Θ kleiner ist als der Extrapolation von höheren Temperaturen entspricht. Unterhalb Θ ist die Kurve nach oben gekrümmt. Diese Anomalie hat

---

[1] Holborn, L.: Z. Phys. Bd. 8 (1922) S. 58.

[2] Gerlach, W., H. Bittel u. S. Velayos: Berichte der bayerischen Akademie der Wissenschaften. Math.-naturw. Abt. 1936, S. 81.

zweifelsohne ihre Ursache in der Entstehung der spontanen Magnetisierung unterhalb des Curie-Punktes, welche eine zusätzliche Abnahme des Widerstandes bewirkt. Um einen quantitativen Zusammenhang zwischen der Widerstandsabnahme und der spontanen Magnetisierung herstellen zu können, muß man die oberhalb Θ gemessene Kurve zu tieferen Temperaturen extrapolieren. Die geradlinige Extrapolation, die man anfänglich versuchte, ist zu verwerfen, weil nach den neueren Messungen von GERLACH, BITTEL und VELAYOS sowie von POTTER die R_T/R_0-Kurve oberhalb Θ noch schwach gekrümmt ist. Oberhalb 450° C läßt sich die gemessene Kurve aber recht gut durch eine Parabel der Gestalt $R_T/R_0 = a + b\,(t - 500) - c\,(t - 500)^2$ $(t = \text{Temperatur in } °C)$ wiedergeben, welche zur Extrapolation demnach gut geeignet ist. GERLACH, BITTEL und VELAYOS finden

$$a = 5{,}476$$
$$b = 5{,}25 \cdot 10^{-3}$$
$$c = 2{,}78 \cdot 10^{-6}.$$

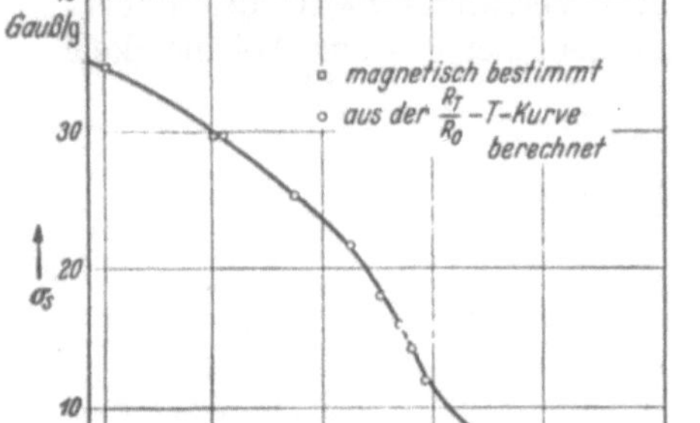

Abb. 229. Die spontane Magnetisierung von Nickel in der Umgebung des Curie-Punktes, ermittelt aus der Anomalie der Widerstand - Temperatur - Kurve. (Nach W. GERLACH, H. BITTEL u. S. VIELAYOS: Berichte der bayrischen Akademie der Wssenschaften, Math.-naturw. Abt. 1936, S. 81.)

Ein anderes Verfahren besteht in dem Vergleich mit der R_T/R_0-Kurve von Palladium. Palladium steht im periodischen System in der gleichen Spalte wie Nickel und verhält sich in mancherlei Hinsicht ähnlich, ist aber nicht ferromagnetisch. Seine R_T/R_0-Kurve ist ebenso wie bei Nickel oberhalb des Curie-Punktes zur T-Achse hin schwach konkav. Um die Ähnlichkeit des Kurvenverlaufs zu zeigen, ist in Abb. 228 die R_T/R_0-Kurve für Pd nach neueren Messungen von CONYBEARE ebenfalls dargestellt, und zwar multipliziert mit einem solchen Faktor, daß die Nickel- und Palladiumkurve bei 500° C (773° K.) zusammenfallen. Wie man sieht, gelangen dadurch die Kurven vom Curie-Punkt bis etwa 650° C (923° K) zur Deckung. Man kann daher mit guter Berechtigung die so umgezeichnete Palladiumkurve unterhalb Θ als die R_T/R_0-Kurve des hypothetischen Nickels mit der spontanen Magnetisierung Null ansehen. Abgesehen von sehr tiefen Temperaturen stimmt diese Kurve, wie GERLACH, BITTEL und VELAYOS zeigten, innerhalb der Fehlergrenzen mit der parabolisch extrapolierten Kurve überein. Die Differenz zwischen dieser und der gemessenen Kurve stellt demnach die von der spontanen Magnetisierung verursachte Widerstandsabnahme δR, dividiert durch R_0 dar. Es zeigt sich nun, daß diese Widerstandsabnahme im Temperaturintervall von 100 bis 320° C proportional mit dem Quadrat der spontanen Magnetisierung ist, und zwar gilt zahlenmäßig nach GERLACH, BITTEL und VELAYOS

$$(11) \qquad \frac{\delta R}{R_0} = 4{,}9 \cdot 10^{-4}\,\sigma_s^2.$$

(R_0: Widerstand bei 0° C,
δR: ferromagnetische Widerstandsabnahme,
σ_s: spontane Magnetisierung pro Gramm.)

Unterhalb 100° C hört die Gültigkeit dieses Zusammenhanges auf. Wie man an Abb. 228 erkennt, nimmt von da an $\dfrac{\delta R}{R_0}$ mit abnehmender Temperatur wieder ab, während σ_s^2 weiter ansteigt. In der Nähe des Curie-Punktes läßt sich diese Beziehung nicht prüfen, weil die Größe der spontanen Magnetisierung dort experimentell nicht sicher bestimmbar ist. Wie wir in Kapitel 5 erläuterten, verliert auch theoretisch in diesem Gebiet der Begriff der spontanen Magnetisierung seinen einfachen Sinn, weil die Weißschen Bezirke sehr klein werden. Man kann nun an der Gültigkeit der obigen Beziehung festhalten und mit ihrer

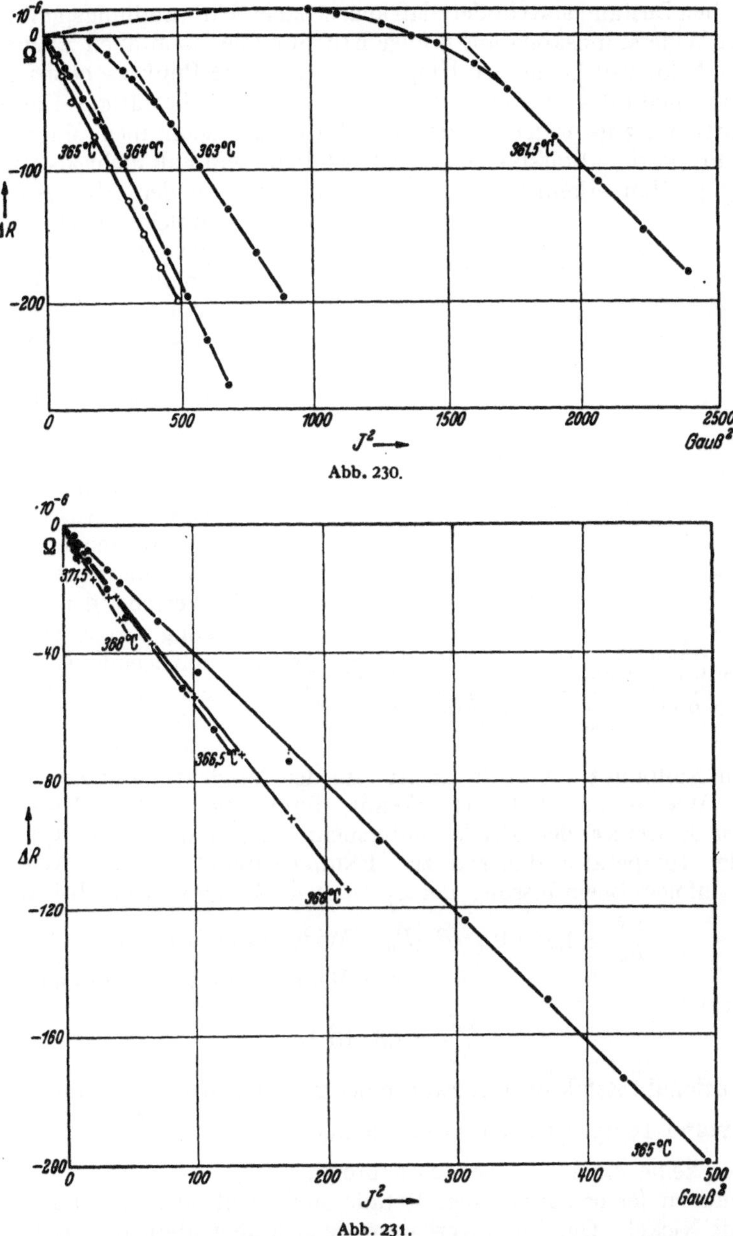

Abb. 230.

Abb. 231.

Abb. 230 und 231. Die Widerstandsänderung eines Nickeldrahtes im longitudinalen Feld in Abhängigkeit vom Quadrat der Magnetisierung in der Nähe und oberhalb des Curie-Punktes. [Nach E. ENGLERT: Z. Phys. Bd. 74 (1932) S. 748.]

Hilfe aus der Widerstandsabnahme die Größe der „spontanen Magnetisierung" bestimmen. Das Ergebnis einer solchen Messung von σ_s in der Nähe des Curie-Punktes von Nickel ist in Abb. 229 dargestellt. Wie man sieht, verschwindet die so definierte spontane Magnetisierung im Gegensatz zur Weißschen Theorie nicht plötzlich, sondern geht asymptotisch gegen Null. Dieses Ergebnis beweist, in qualitativer Übereinstimmung mit den Messungen des magnetokalorischen Effektes und der spezifischen Wärme, daß in der Umgebung des Curie-Punktes ein allmählicher Übergang aus dem ferromagnetischen in den nichtferromagnetischen Zustand stattfindet, daß kein scharfer Umwandlungspunkt vorliegt.

· An der Widerstandsabnahme infolge Erhöhung der spontanen Magnetisierung durch ein Feld, welche in der Umgebung des Curie-Punktes beobachtbar ist, findet man qualitativ ebenfalls das obige Gesetz (11) bestätigt. Die Abnahme ist proportional zur Änderung des Quadrates der spontanen Magnetisierung. Aber der Proportionalitätsfaktor erweist sich in diesem Fall nicht als temperaturunabhängig. Man erkennt dies Verhalten deutlich an den Abb. 230 und 231, welche einer Arbeit von ENGLERT entnommen sind. In ihnen ist die absolute Widerstandsänderung eines Nickeldrahtes in Abhängigkeit vom Quadrat der Magnetisierung aufgetragen. Bei 361° tritt anfänglich noch eine Widerstandszunahme auf, welche von der Ausrichtung der spontan magnetisierten Bezirke herrührt. Bei höheren Werten der Magnetisierung, bei denen dieser Prozeß beendet ist, erhält man eine lineare Abnahme von ΔR mit J^2. Von 365° an gehen die ΔR-J^2-Geraden durch den Nullpunkt. Von da an ist also der Ausrichtungseffekt nicht mehr merklich. Wie man an Abb. 231 erkennt, nimmt die Steilheit dieser Geraden, soweit wie ENGLERT den Effekt untersucht hat, nämlich bis 371,5° C, mit wachsender Temperatur dauernd zu. ENGLERT findet für diese Widerstandsabnahme infolge Beeinflussung der spontanen Magnetisierung bei 361,5°

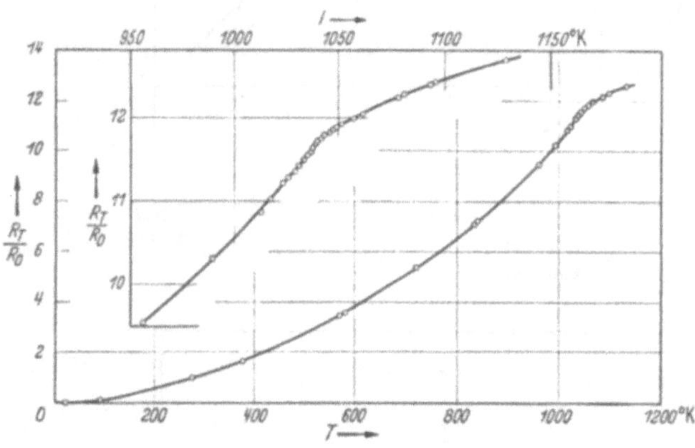

Abb. 232. Das Verhältnis R_T/R_0 des Widerstandes bei der Temperatur T zu dem bei 0° C in Abhängigkeit von der absoluten Temperatur für reines Eisen. [Nach H. H. POTTER: Proc. phys. Soc., Lond. Bd. 149 (1937) S. 671.] Die Umgebung des Curie-Punktes ist links oben vergrößert dargestellt.

$$\frac{\delta R}{R_0} = 1{,}75 \cdot 10^{-4}\,\sigma^2 \quad (R_0 = \text{Widerstand bei } 0° \text{ C}$$

$$\sigma = \text{Magnetisierung pro Gramm})$$

und bei 371,5°

$$\frac{\delta R}{R_0} = 7{,}8 \cdot 10^{-4}\,\sigma^2.$$

Der Proportionalitätsfaktor liegt zwar in der gleichen Größenordnung wie der aus der Widerstand-Temperatur-Kurve entnommene Faktor $\dfrac{\delta R}{R_0 \cdot \sigma_s^2} = 4{,}9 \cdot 10^{-4}$; man findet aber keine einfache Übereinstimmung.

Die anderen ferromagnetischen Metalle sind nicht so eingehend untersucht worden wie Nickel. Qualitativ verhalten sie sich aber ähnlich. Als Beispiel ist in Abb. 232 die R_T/R_0-Temperaturkurve von Eisen nach neueren Messungen von POTTER dargestellt. Man erkennt auch dort den Knick am Curie-Punkt sowie den schwach nach unten konkaven Verlauf oberhalb Θ.

MOTT[1] hat neuerdings einige Rechnungen ausgeführt, welche uns den dargestellten Verlauf der Widerstandstemperaturkurve der ferromagnetischen

---

[1] MOTT, N. F.: Proc. Roy. Soc. Lond. A Bd. 156 (1936) S. 368.

Materialien theoretisch verständlich machen. Mott benutzt für seine Betrachtungen, die er speziell am Beispiel des Nickels durchführt, das Slatersche Modell des Ferromagnetikums (vgl. Kapitel 8), bei welchem die Elektronen in erster Näherung als voneinander unabhängig angesehen werden und ihre Wechselwirkung zunächst nur soweit berücksichtigt wird, als sie sich durch ein geeignetes periodisches Potential erfassen läßt. Man erhält dann, wie in Kapitel 8 erörtert wurde, für die Energieniveaus der Elektronen zwei Energiebänder, das sog. $3d$- und $4s$-Band, welche sich überlappen. Die Austauschwechselwirkung zwischen den Elektronen, die den Ferromagnetismus hervorruft, bewirkt nach Slater, daß das $3d$-Band für die beiden entgegengesetzten Spinrichtungen verschieden weit aufgefüllt ist (S. 95). Nach der quantenmechanischen Theorie der Leitfähigkeit werden beim Einschalten eines elektrischen Feldes die Elektronen innerhalb eines Bandes in Richtung des Feldes beschleunigt. Dadurch entsteht ein zunächst zeitlich anwachsender Strom. Die Wärmebewegung der Gitteratome hat aber die entgegengesetzte Tendenz wie das Feld. Sie ist bestrebt, die symmetrische Verteilung der Elektronen, bei welcher alle Geschwindigkeitsrichtungen gleich häufig vorkommen, wiederherzustellen. Daher stellt sich nach kurzer Zeit ein stationärer Zustand ein, bei welchem gerade die beschleunigende Wirkung des Feldes auf die Elektronenverteilung durch die zerstreuende Wirkung der Gitterschwingungen kompensiert wird. Der resultierende Strom im stationären Endzustand ist demnach um so größer, je leichter sich die Elektronen beschleunigen lassen, und um so geringer, je wirksamer die Streuung durch die Wärmebewegung der Gitteratome ist. Im Fall des Nickels sind, wie Mott zeigt, die Elektronen des $3d$-Bandes so schwer beweglich, daß ihr Beitrag zum Strom nur gering ist. Sie sind noch verhältnismäßig stark an die Atome gebunden. Der Ladungstransport wird im wesentlichen von den Elektronen des $4s$-Bandes getragen. Das Vorhandensein des $3d$-Bandes macht sich aber nach Mott indirekt bemerkbar, weil die Gitterschwingungen bevorzugt Übergänge der beschleunigten Elektronen des $4s$-Bandes in das $3d$-Band verursachen. Die Wärmebewegung bewirkt nur Übergänge zwischen Zuständen mit nahezu gleicher Energie. Da ein Übergang nur dann stattfinden kann, wenn der Endzustand unbesetzt ist, spielen also nur Übergänge zwischen verschiedenen Zuständen am oberen Rande der besetzten Energieniveaus eine Rolle. Die Übergangswahrscheinlichkeit aus einem bestimmten Intervall der Geschwindigkeitsrichtung in ein anderes ist nun proportional der Intensität der Wärmebewegung, also proportional zu kT. Ferner ist sie aber nach Mott auch proportional zu der Zahl der Zustände pro Energieintervall in der Umgebung des Endzustandes. Da in der $3d$-Schale die Energieniveaus viel dichter liegen als im $4s$-Band, treten also unter dem Einfluß der Gitterschwingungen viel häufiger Übergänge vom $4s$- in das $3d$-Band auf als solche innerhalb des $4s$-Bandes. Auf Grund einer Betrachtung über den Temperaturkoeffizienten des Widerstandes der Palladium-Gold-Legierungen schätzt Mott das Verhältnis der Zahl dieser Übergänge für Palladium auf 4 : 1. Das gleiche Verhältnis nimmt er auch für Nickel an. Diese Betrachtung macht auch den verhältnismäßig großen spezifischen Widerstand der Elemente der Übergangsreihen verglichen mit denen der Metalle Cu, Ag und Au verständlich. Beim Cu ist das $3d$-Band besetzt; also können dort keine Übergänge in das $3d$-Band stattfinden. Der zerstreuende Einfluß der Gitterschwingungen ist daher beim Kupfer viel weniger wirksam als beim Nickel.

An Hand des Slaterschen Bildes von der Entstehung des Ferromagnetismus läßt sich nun auch leicht das Absinken des spezifischen Widerstandes bei der Entstehung der spontanen Magnetisierung verstehen. Ist das Material bis zur absoluten Sättigung magnetisiert, so ist nach Slater das $3d$-Band für die eine

Spinrichtung voll besetzt: Übergänge aus dem 4s-Band in das 3d-Band sind also nur für Elektronen mit der anderen Spinrichtung möglich, für die das 3d-Band nicht voll besetzt ist. Ist dagegen keine spontane Magnetisierung vorhanden, so können Elektronen beider Spinrichtungen vom 4s- ins 3d-Band

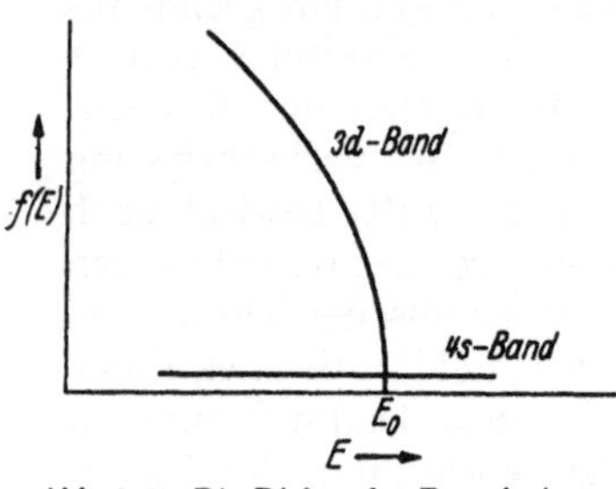

Abb. 233. Die Dichte der Energieniveaus im 3d- und 4s-Band auf Grund der Mottschen Annahmen für Nickel (schematisch).

übergehen. Also ist dann der zerstreuende Einfluß der Gitterschwingungen wirksamer als im magnetisierten Zustand, der Widerstand ist also größer. Zur quantitativen Berechnung macht MOTT die Annahme, daß die Dichte der Zustände im oberen Teil des 3d-Bandes proportional der Wurzel aus dem Energieabstand vom oberen Rande des Bandes ist, eine Annahme, die nach den Ergebnissen der Elektronentheorie der Metalle in unmittelbarer Nähe des oberen Randes sicher erfüllt ist. Ob die Gültigkeit soweit reicht, wie es hierfür nötig ist, ist allerdings unsicher. Für die Zahl $f(E)\,dE$ der Zustände im 3d-Band zwischen der Energie E und $E+dE$ wird also angesetzt

$$f(E)\,dE = C\,\sqrt{E_0-E}\,dE,$$

wobei E_0 der obere Rand des Bandes ist (vgl. Abb. 233). Am absoluten Nullpunkt ist das 3d-Band für die eine Spinrichtung voll besetzt. Für die andere Spinrichtung sind $0{,}6\,N$ Zustände unbesetzt, wenn N die Zahl der Atome in dem betrachteten Metallstück sind. Denn die absolute Sättigung von Nickel beträgt gerade 0,6 Bohrsche Magnetonen pro Atom. Die Konstante C läßt sich nach MOTT unter obigen Annahmen aus dem Elektronenanteil der spezifischen Wärme von Nickel bei tiefen Temperaturen ermitteln. Dann ist der Verlauf des spezifischen Widerstandes in Abhängigkeit von der Temperatur bis auf einen unbekannten Zahlenfaktor berechenbar. Ein Teil der Rechnungen ist allerdings nur numerisch ausführbar. Das Ergebnis zeigt Abb. 234, welche der Arbeit von MOTT entnommen ist. Die ausgezogene Kurve ist der experimentell gefundene Verlauf des spezifischen Widerstandes in Abhängigkeit von der Temperatur in willkürlichem Maßstab. Die gestrichelte Kurve ist der berechnete Verlauf für die spontane Magnetisierung Null. Dabei ist über den unbestimmten Zahlenfaktor so verfügt worden, daß die Kurven dicht oberhalb des Curie-Punktes zur Deckung kommen. Die Kreuze

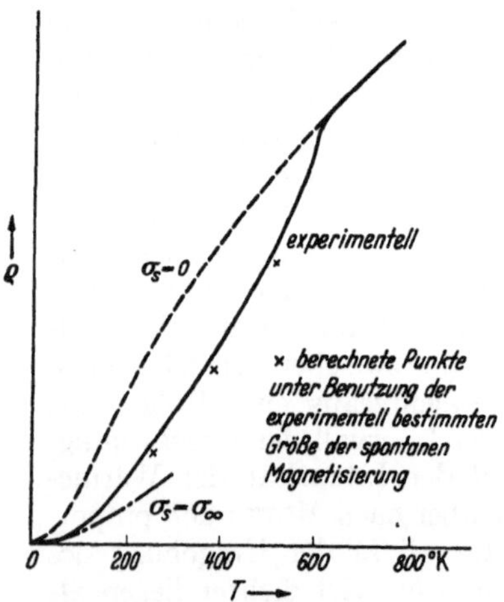

Abb. 234. Der experimentell gefundene und theoretisch berechnete Verlauf des spezifischen Widerstandes von Nickel in Abhängigkeit von der Temperatur. ——— Berechnet für die spontane Magnetisierung Null. Der unbestimmte Faktor wurde so gewählt, daß die Kurve dicht oberhalb des Curie-Punktes mit der experimentellen Kurve übereinstimmt. ——·——·—— Berechnet für die absolute Sättigung. [Nach N. F. MOTT: Proc. roy. Soc., Lond. A Bd. 156 (1936) S. 368.]

sind die berechneten Werte für einige Temperaturen unterhalb Θ unter Benutzung des experimentellen Wertes der spontanen Magnetisierung. Die strichpunktierte Kurve ist der berechnete Verlauf im Zustand der absoluten Sättigung. Wie man sieht, paßt sich der theoretisch ermittelte Verlauf recht gut den experimentellen Werten an. Man darf sich aber angesichts dieser guten Übereinstimmung doch nicht darüber hinwegtäuschen, daß die Ansätze dieser Theorie etwas unbefriedigend sind; denn gegen die Slatersche Theorie des

Ferromagnetismus, die auch hier zugrunde gelegt ist, lassen sich, wie wir im Kapitel 8 erörtert haben, mancherlei Einwände erheben. Eine befriedigende Theorie kann vermutlich auch hier erst dann gegeben werden, wenn es gelungen ist, eine einwandfreie Theorie des Ferromagnetismus zu entwickeln.

23. Die Bitterschen Streifen.

Es ist seit langem bekannt, daß man mit Eisenfeilspänen den Verlauf der magnetischen Kraftlinien in der Umgebung eines permanenten Magneten sichtbar machen kann. In prinzipiell gleicher Weise kann man aber auch feinere Einzelheiten in der magnetischen Struktur eines Materials erkennbar machen, nur muß man dann anstatt der Feilspäne ein sehr viel feineres ferromagnetisches Material benutzen. Derartige Versuche wurden zum erstenmal von BITTER[1] und unabhängig von ihm von HAMOS und THIESSEN[2] angestellt. Die ersten regelmäßigen Streifensysteme von der Art, wie sie in den folgenden Abbildungen dargestellt sind, wurden von BITTER beobachtet. Zur Erzeugung dieser Figuren ist eine fast kolloidale Aufschwemmung von γ-Fe_2O_3 in Wasser oder Alkohol am besten geeignet. Man bringt zur Untersuchung einen Tropfen der Suspension auf die zu untersuchende fein polierte Oberfläche, breitet sie mit Hilfe eines Deckgläschens zu einer sehr dünnen

Abb. 235. Die Bitterschen Streifen an einem grobkristallinen Eisen-Silizium-Blech bei Magnetisierung parallel zur Oberfläche. Feldrichtung ↑. Vergr. 15fach. $J \approx 1000$ Gauß. [Nach R. BECKER u. H. F. W. FREUNDLICH: Z. Phys. Bd. 80 (1933) S. 292.]

Schicht aus und beobachtet diese in einem Mikroskop mit Vertikalilluminator. Die in älteren Arbeiten benutzten Suspensionen enthielten häufig noch sehr grobe Teilchen, welche sich nach kurzer Zeit an der Oberfläche absetzten. Dann mußte man zur Gewinnung einer neuen Figur die Oberfläche abwaschen und mit neuer Lösung versehen. Bei den neuerdings benutzten, sehr feinen Suspensionen tritt dies Absetzen nicht mehr ein. Die Teilchen werden nur infolge der Kraftwirkung im inhomogenen Feld an den Stellen der größten Feldstärke angereichert. Verändert man die Feldinhomogenitäten durch Veränderung der Magnetisierung, so laufen die Teilchen infolge ihrer Brownschen Molekularbewegung sofort wieder auseinander und häufen sich an den neuen Stellen größter Feldstärke an.

Wir wollen zunächst die an Eisen und Eisen-Silizium-Legierungen beobachteten Figuren besprechen, da diese am besten untersucht worden sind. An nicht-

[1] BITTER, F.: Phys. Rev. Bd. 38 (1931) S. 1903; Bd. 41 (1932) S. 507.
[2] HAMOS, L. v. u. P. A. THIESSEN: Z. Phys. Bd. 71 (1932) S. 442.

magnetisierten Proben erhält man nur sehr schwach ausgeprägte Figuren, manchmal auch garkeine. Beim Magnetisieren parallel zur Oberfläche treten Streifen in ziemlich gleichmäßigen Abständen auf. Der Abstand wechselt von Kristallit zu Kristallit; er liegt meist zwischen 0,05 und 0,5 mm. Die Streifen sind stets angenähert senkrecht zum Feld gerichtet. Als Beispiel ist in Abb. 235 eine Aufnahme von BECKER und FREUNDLICH an einem grobkristallinen Eisen-Silizium-Blech wiedergegeben. Sie zeigt gerade eine Stelle, an der drei Kristallite zusammenstoßen. Die Magnetisierung betrug etwa $J = 1000$ Gauß. Bei stärkerer Magnetisierung, im Gebiet der Drehungen gegen die Kristallenergie, lösen sich diese Linien auf. Statt dessen treten zahlreiche kurze Linienstückchen genau senkrecht zum Feld auf. Andere Verfasser erhalten aber häufig auch Bilder, die von diesen ziemlich verschieden sind.

Viel charakteristischer sind die Bilder, die man bei Magnetisierung senkrecht zur Oberfläche erhält. Diese Anordnung wurde zum erstenmal von ELMORE und McKEEHAN[1] angewandt. Abb. 236 zeigt eines der dann auftretenden Muster, welches an einer (100)-Ebene eines Fe-Si-Einkristalls erhalten wurde. Die Linien liegen viel dichter als im vorigen Fall. Ihr Abstand ist ziemlich konstant gleich 4 μ. Die in Abb. 236 zur Ausmessung eingetragenen 18 Quadrate haben eine Kantenlänge von etwa 14 μ. Die einzelnen Streifen laufen stets parallel einer [001]- oder einer [010]-Richtung. Beim Umpolen des Magnetfeldes beobachteten ELMORE und McKEEHAN einen interessanten Verschiebungseffekt. Die Anhäufungen der Teilchen

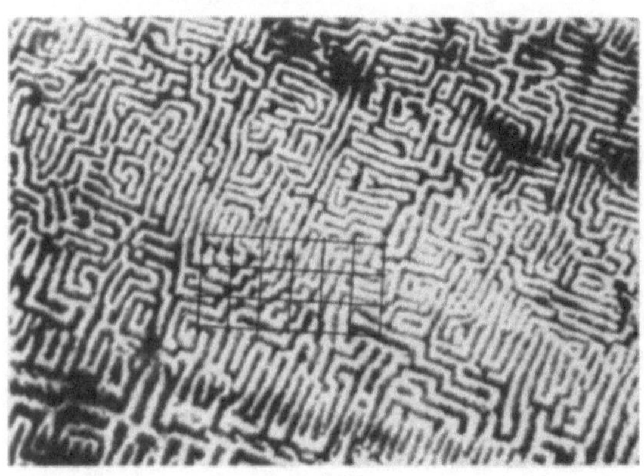

Abb. 236. Die Bitterschen Streifen an einem Eisen-Silizium-Einkristall mit einer (100)-Oberfläche bei Magnetisierung senkrecht zur Oberfläche. [Nach L. W. McKEEHAN u. W. C. ELMORE: Phys. Rev. Bd. 46 (1934) S. 229.]

rücken dann gerade an diejenigen Stellen, die bei der entgegengesetzten Magnetisierungsrichtung frei geblieben waren. Zwei Bilder mit entgegengesetzter Feldrichtung verhalten sich also zueinander ungefähr so wie eine photographische Aufnahme zu ihrem Negativ. Sehr schön erkennt man dies an den beiden in Abb. 237 und 238 dargestellten Aufnahmen von SOLLER, bei welchem die Streifen nicht so regelmäßig verlaufen wie in Abb. 236. Bei genauerem Zusehen findet man, daß die feinsten Einzelheiten von Abb. 237 in Abb. 238 wiederkehren, nur ist Schwarz und Weiß vertauscht. Beim Ausschalten des Feldes fanden McKEEHAN und ELMORE ebenfalls ein ähnliches Liniensystem wie im magnetisierten Zustand, aber mit doppelt soviel Linien. Bei genauerer Untersuchung unter Anwendung stärkerer Vergrößerungen stellten sie fest, daß die Linien im Felde Null immer gerade zwischen den beiden Linien im positiven und negativen Felde lagen.

ELMORE hat eine ziemlich einleuchtende Deutung für das Zustandekommen dieser Strukturen gegeben. Die Magnetisierung war bei den dargestellten Aufnahmen stets kleiner als $\frac{2}{3}$ der Sättigung, lag also noch im Gebiet der Wandverschiebungen. Wegen der starken entmagnetisierenden Wirkung der Oberfläche ist es unwahrscheinlich, daß an einem Kristall mit einer (100)-Ober-

---

[1] McKEEHAN, L. W. u. W. C. ELMORE: Phys. Rev. Bd. 46 (1934) S. 226 u. 529.

fläche die Magnetisierung in der leichten Richtung senkrecht zur Oberfläche liegt. Sie wird sich vielmehr auf die vier leichten Richtungen parallel zur Oberfläche verteilen. ELMORE nimmt nun an, daß dicht unter der Oberfläche in

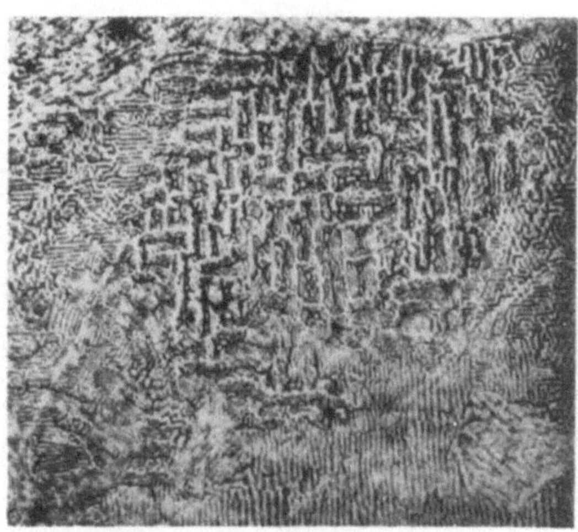

Abb. 237. Feld von innen nach außen gerichtet.　　　Abb. 238. Feld von außen nach innen gerichtet.

Abb. 237 und 238. Die Bitterschen Streifen an einem Eisen-Silizium-Blech bei Magnetisierung senkrecht zur Oberfläche Vergr. 90fach. [Nach T. SOLLER: Z. Phys. Bd. 106 (1937) S. 485.]

gleichen Abständen 180°-Wände liegen, die senkrecht zur Magnetisierungsrichtung stehen. Dann bildet sich im Außenraum ein periodisches magnetisches Streufeld aus, wie es schematisch in Abb. 239 angedeutet ist. Überlagert man diesem Streufeld ein von innen nach außen gerichtetes äußeres Feld, so wird

dadurch das Gesamtfeld an den Stellen a verstärkt, an den Stellen b dagegen geschwächt. In einem solchen Feld werden sich also die Fe_2O_3-Teilchen bei a ansammeln. Im entgegengesetzt gerichteten Feld wandern die Teilchen dagegen an die Stellen b. Durch einen sehr anschaulichen Modellversuch konnte ELMORE

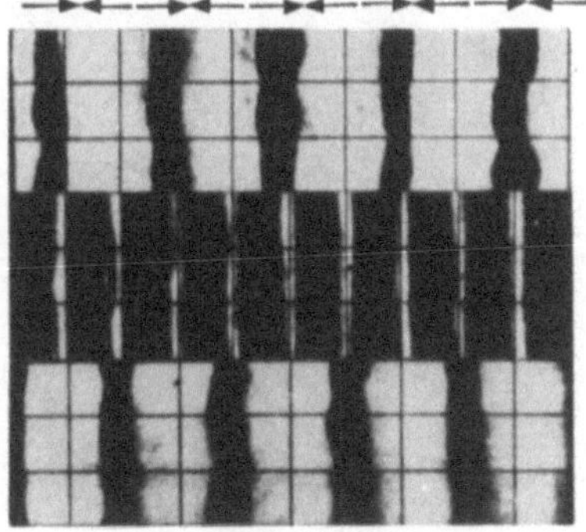

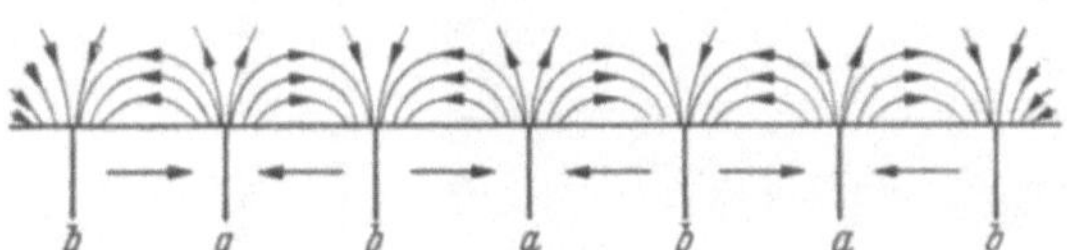

Abb. 239. Das Streufeld über der (100)-Oberfläche eines Eisenkristalls beim Auftreten von äquidistanten 180°-Wänden senkrecht zur Magnetisierungsrichtung (schematisch).

Abb. 240. Die Bitterschen Streifen an einem aus permanenten Magneten hergestellten makroskopischen Modell mit einer Magnetisierungsverteilung wie in Abb. 239. [Nach W. C. ELMORE: Phys. Rev. Bd. 51 (1937) S. 982.]

dieses Verhalten demonstrieren. Er stellte aus einer großen Anzahl würfelförmiger permanenter Magnete ein Aggregat zusammen, in welchem die Magnetisierung obiger Annahme entsprechend verteilt war. Das ganze setzte er auf den Pol eines starken Magneten und untersuchte daran die Bitterschen Streifen. Das Ergebnis zeigt Abb. 240. Die Pfeile oben zeigen die Magnetisierungsrichtung

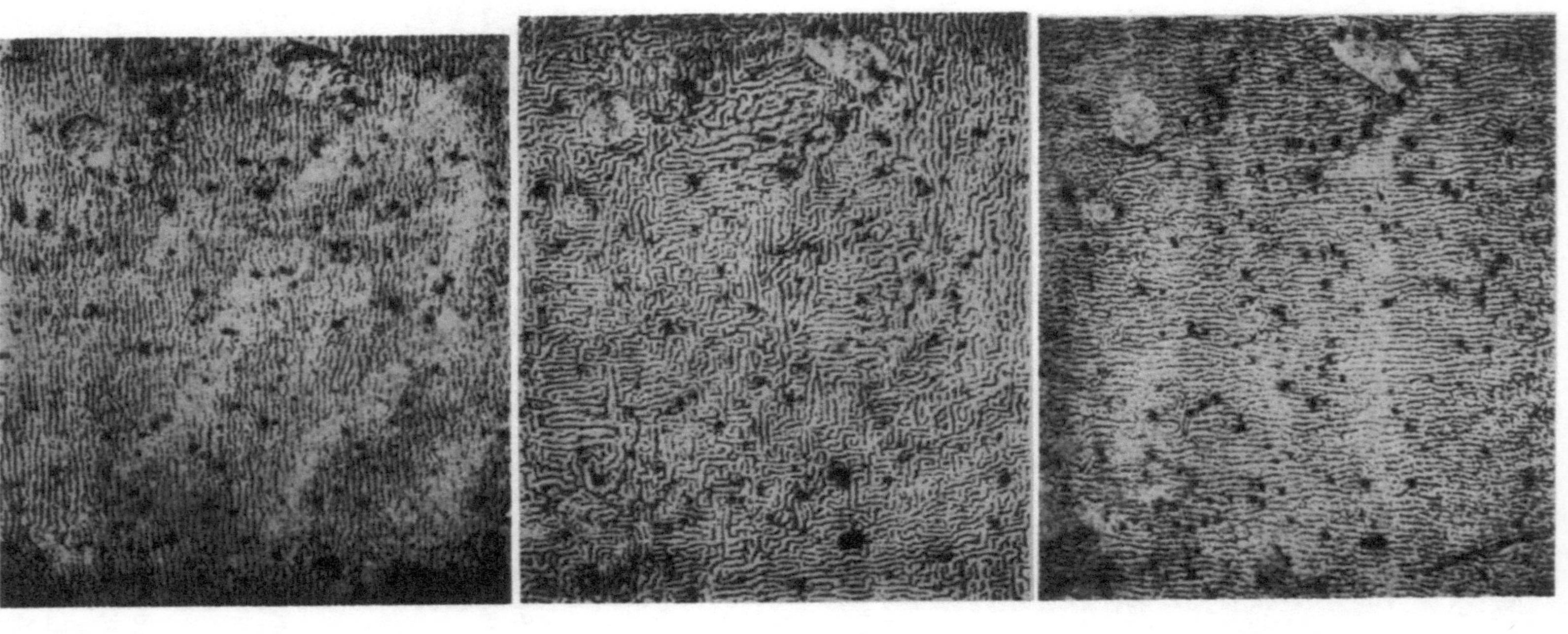

Abb. 241. Zugspannung 9 kg mm² in horizontaler Richtung.   Abb. 242. Ohne Zug.   Abb. 243. Zugspannung 9 kg/mm² in senkrechter Richtung

Abb. 241, 242 und 243. Die Bitterschen Streifen an einem Eisen-Silizium-Kristall mit (100)-Oberfläche mit und ohne Zug.   Vergr. 70fach.
[Nach   SOLLER: Z. Phys. Bd. 106 (1937) S. 485.]

der permanenten Magnete an. Der oberste Teil der Figur stellt die Streifen in einem äußeren Feld von innen nach außen dar, der mittelste Teil entspricht dem äußeren Felde Null, im unteren Teil wirkt das Feld von außen nach innen. Man erkennt an diesem makroskopischen Modellversuch deutlich die Verschiebung der Linien beim Umpolen des Feldes und auch die Verdoppelung der Linien im Felde Null. Wie man sieht, liegen in der Tat die ohne Feld gefundenen Streifen in der Mitte zwischen denen im positiven und negativen Feld, genau so, wie man es an den mikroskopischen Bitterschen Streifen beobachtet. Nach dieser Deutung laufen also die Streifen auf der (100)-Oberfläche in Abb. 236 stets senkrecht zu der von der Magnetisierung besetzten leichten Richtung. Diese Deutung erfährt eine starke Stütze durch Versuche von SOLLER über den Einfluß einer Zugspannung auf die Bitterschen Streifen an einem Eisen-Silizium-Blech.

Da diese Legierungen eine positive Magnetstriktion in der leichten Richtung besitzen, stellt sich die Magnetisierung unter Zug parallel zur Zugrichtung. Nach obiger Vorstellung sollte man demnach erwarten, daß die Bitterschen Streifen an einem Kristallit mit einer (100)-Oberfläche, der in Richtung [010] oder [001] gespannt wird, stets senkrecht zur Spannungsrichtung laufen. Wie SOLLER zeigte, ist das in der Tat der Fall. Er schnitt zu diesem Versuch aus einem grobkristallinen Fe-Si-

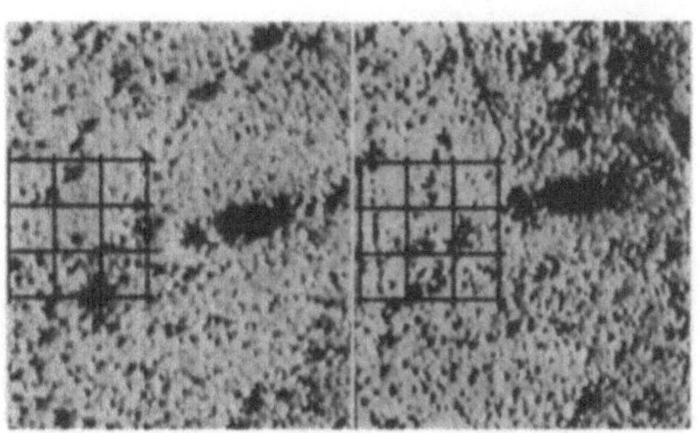

Abb. 244. Die Figuren auf einer (100)-Oberfläche eines Nickelkristalls bei Magnetisierung senkrecht zur Oberfläche (Nach L. W. McKeehan u. W. C. Elmore, entnommen aus F. Bitter: Introduction to Ferromagnetism. London New York 1937.)

Blech ein Kreuz in solcher Weise heraus, daß in dem Kreuzungspunkt ein Kristallit mit einer Oberfläche nahezu parallel (100) lag und die Schenkel angenähert der Richtung [010] und [001] parallel waren. Auf diese Weise konnte der Kristall in den beiden zueinander senkrechten Richtungen abwechselnd unter Zug gesetzt werden. Die unter einem Zug von 9 kg/mm² längs und quer und ohne Zug erhaltenen Bitterschen Streifen sind in Abb. 241, 242 und 243 wiedergegeben. Während ohne Zug zwei zueinander senkrechte Streifenrichtungen vorkommen, überwiegen unter Zug weitaus die zum Zug senkrechten Linien. Durch diesen Versuch ist auch ziemlich eindeutig bewiesen, daß die Magnetisierung in der Oberflächenschicht von Anfang an parallel zur Oberfläche lag und nicht etwa senkrecht zu ihr stand. Denn die Schärfe der Linien und ihr mittlerer Abstand ändert sich unter Zug kaum, ein Zeichen, daß das inhomogene Feld, welches die Streifen hervorruft, sich nicht wesentlich geändert hat. Bei einem Übergang der Magnetisierung aus der Stellung senkrecht zur Oberfläche in die Parallellage wäre eine stärkere Änderung im Streufeld zu erwarten.

Diese Versuche machen es wahrscheinlich, daß man es in den Bitterschen Streifen tatsächlich mit Spuren der Weißschen Bezirke zu tun hat. Eine so detaillierte Vorstellung von dem Zustandekommen dieser Figuren, wie wir sie an Hand der obigen Bilder für Eisen und die Eisen-Silizium-Legierungen schilderten, besitzen wir für die anderen ferromagnetischen Materialien noch nicht. Entsprechend der anders gearteten Verteilung der leichten Richtungen treten dort ganz andere Bilder auf. An Nickel findet man auf der (100)-Ebene in einem Feld senkrecht zur Oberfläche zahlreiche Pünktchen, deren Lage beim Umpolen sich ändert. Abb. 244 zeigt eine solche Aufnahme von McKeehan und ELMORE. KOBALT zeigt auf der Fläche senkrecht zur hexagonalen Achse eine Struktur, wie sie in Abb. 245 dargestellt ist. Diese Aufnahme ist einer neueren Arbeit von ELMORE entnommen. Man erkennt an diesem Muster deutlich eine gewisse Ausprägung der hexagonalen Symmetrie. Diese Figuren treten auch im Felde Null ziemlich deutlich auf. In diesem Fall steht wahrscheinlich die Magnetisierung zum großen Teil senkrecht zur Oberfläche, weil diese Richtung eine ausgeprägte Vorzugsrichtung ist. Daher ist das Streufeld viel stärker als bei Eisen. An den Ebenen parallel zur hexagonalen Achse findet man nur wenige schwächere Linien parallel zur Vorzugsrichtung. Am Rande eines Kristallites beobachtet man häufig, daß die Linien dort zahlreicher werden. Das ist vielleicht so zu deuten, daß im Inneren große Weißsche Bezirke vorhanden sind, am Rande aber infolge der entmagnetisierenden Wirkung der

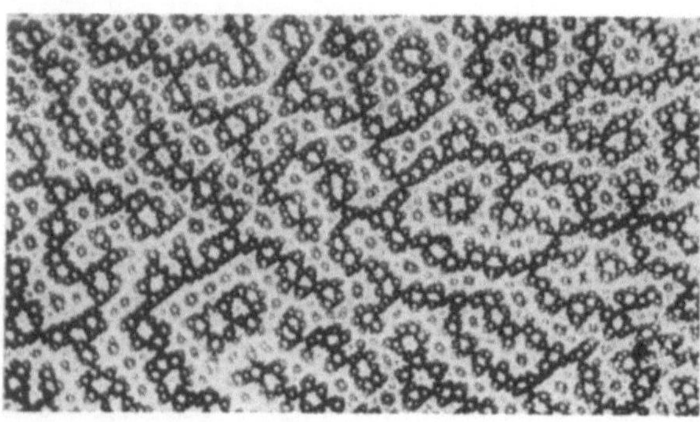

Abb. 245. Die Figuren an einem Kobaltkristall auf einer Oberfläche senkrecht zur hexagonalen Achse bei Magnetisierung senkrecht zur Oberfläche. [Nach W. C. ELMORE: Phys. Rev. Bd. 53 (1938) S. 757.]

Oberfläche eine Aufteilung in viele kleine stattfindet.

Die hier dargestellten Bilder stellen nur eine kleine Auswahl aus den zahlreichen beobachteten Oberflächenstrukturen dar. In den meisten Fällen bereitet die Deutung noch recht große Schwierigkeiten. Vielleicht wird aber diese Untersuchungsmethode in Zukunft noch große Bedeutung gewinnen. Vor allem bietet die Metallkunde sicherlich mancherlei Möglichkeiten zu einer fruchtbaren Anwendung. Denn sie gestattet z. B. die unmittelbare Untersuchung der magnetischen Eigenschaften der einzelnen im mikroskopischen Schliffbild sichtbaren Bestandteile des Gefüges.

V. Der Einfluß verborgener magnetischer Vorgänge auf das mechanische Verhalten.

24. Der ΔE Effekt.

a) Die magnetisch bedingten Abweichungen vom Hookeschen Gesetz.

Unter Zug stellen sich die Vektoren der spontanen Magnetisierung so ein, daß die mit dieser Einstellung verbundene Magnetostriktion die vom Zug bewirkte elastische Dehnung vergrößert. Diese Tatsache, deren Einfluß auf die Magnetisierungskurven sowie auf den Verlauf der Magnetostriktion und auf die Widerstandsänderung im Feld und unter Zug wir in den vorigen Kapiteln eingehend erörtert haben, macht sich nicht nur magnetisch, sondern auch rein mechanisch in den elastischen Eigenschaften eines ferromagnetischen Materials bemerkbar. Während in einem starken Magnetfeld, in dem die Magnetisierungsvektoren festgehalten werden, durch einen Zug σ nur die gewöhnliche elastische Dehnung $\varepsilon_0 = \sigma/E_0$ hervorgerufen wird, tritt ohne Feld wegen der Änderung der Richtung der spontanen Magnetisierung außerdem eine magnetostriktive Dehnung ε_m auf. Die gesamte Dehnung ist also im entmagnetisierten Zustand größer als im magnetisch gesättigten Zustand. Qualitativ können wir auch leicht angeben, wie die zusätzliche Dehnung ε_m von der Spannung abhängen wird. Solange σ noch klein gegen die inneren Spannungen ist, sind die Wandverschiebungen und Drehungen, die unter der Wirkung des äußeren Zuges eintreten, proportional zur angelegten Zugspannung, und entsprechend ist auch ε_m proportional zu σ. Wird aber die Spannung so groß, daß sie gegen die Wirkung der inneren Spannungen und der Kristallenergie eine vollständige Ausrichtung der Magnetisierung in der vom Zug begünstigten Richtung erzwingt, so erreicht ε_m einen Sättigungswert. Je nachdem, ob die Magnetostriktion positiv oder negativ ist, ist dieser gleich dem Sättigungswert der Magnetostriktion bei longitudinaler oder transversaler Magnetisierung, da ja je nach dem Vorzeichen der Magnetostriktion unter Zug eine Längs- oder Querstellung der Magnetisierung auftritt. Tragen wir also die Dehnung ε als Funktion der Zugspannung σ auf, so erwarten wir einen Verlauf, wie er schematisch in Abb. 246 dargestellt ist. In einem starken Magnetfeld ist die Dehnung proportional zur Spannung gemäß dem Hookeschen Gesetz (Gerade OA). Im Felde Null ist die Dehnung um ε_m größer; sie ist bei kleinen Spannungen auch noch proportional zu σ, aber die Steilheit ist größer, der Elastizitätsmodul also kleiner als im magnetisch gesättigten Zustand. Bei Spannungen von der Größenordnung der inneren Spannungen hört die Proportionalität jedoch auf. Die Kurve steigt dann langsamer an und verläuft bei sehr großen Spannungen parallel zu der Kurve im starken Magnetfeld. Sie ist nur um den Sättigungswert von ε_m zu größeren Dehnungen hin parallel

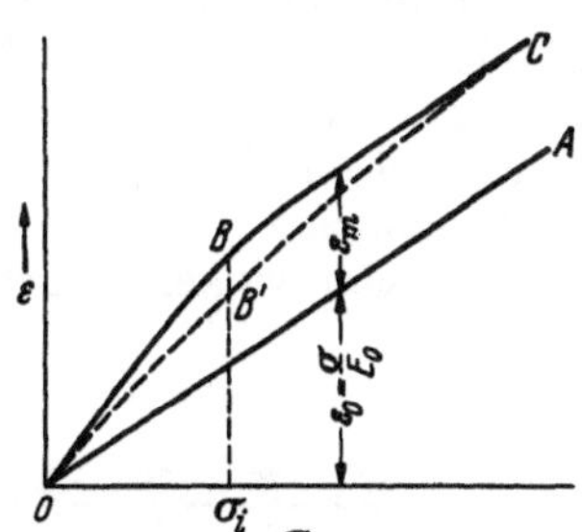

Abb. 246. Die Dehnung ε in Abhängigkeit von der Spannung σ beim Ferromagnetikum. OA: In einem starken Magnetfeld. OBC: Ohne Feld bei weichem Material. $OB'C$: Ohne Feld bei härterem Material.

verschoben. Der Verlauf bei kleinen Spannungen hängt noch von der Größe der inneren Spannungen ab. Denn je kleiner σ_i ist, um so größer sind die von einer gegebenen äußeren Spannung hervorgerufenen Wandverschiebungen oder Drehungen, um so größer ist also auch ε_m. Die Steilheit der Kurve OBC am Anfang ist somit um so größer, je kleiner die inneren Spannungen sind. Entsprechend erreicht aber auch ε_m bei um so kleineren Spannungen seinen Sättigungswert. In Abb. 246 entspricht also Kurve OBC einem Material mit sehr kleinem σ_i und Kurve $OB'C$ einem mit größerem σ_i.

Von BECKER und KORNETZKI[1] ist durch einige Experimente in eindrucksvoller Weise gezeigt worden, daß die elastischen Eigenschaften eines Ferromagnetikums tatsächlich durch Abb. 246 richtig wiedergegeben werden. Sie benutzten weich ausgeglühte Drähte aus Karbonyleisen, bei denen die inneren Spannungen sehr klein waren, so daß man mit den äußeren Spannungen ein Mehrfaches der inneren Spannungen erreichen kann, ohne die Elastizitätsgrenze des Materials zu überschreiten. Bei diesen Versuchen wurden nicht Zugspannungen, sondern Torsionsspannungen angewandt und der Verdrillungswinkel gemessen. Das hat zwar den Nachteil, daß der Spannungszustand über den Drahtquerschnitt nicht homogen ist, bietet aber dafür die Möglichkeit, den Richtungssinn der angewandten Spannungen umkehren zu können. Die angewandten äußeren Spannungen waren noch so klein, daß Drehungen aus der leichten Richtung heraus gegen die Wirkung der Kristallenergie praktisch noch nicht vorkamen. Sie waren aber doch so groß gegen die inneren Spannungen, daß wenigstens im äußeren Teil des Drahtes die Magnetisierung überall durch Wandverschiebung in diejenige leichte Richtung überging, die der vom Zug

---

[1] BECKER, R. u. H. KORNETZKI: Z. Phys. Bd. 88 (1934) S. 634.

begünstigten Richtung am nächsten lag. Da bei Eisen die Magnetostriktion in der leichten Richtung positiv ist, ist dies die Richtung der größten Zugspannung. Diese liegt bei einer Verdrillung unter 45° zur Drahtachse, so daß also eine schraubenförmige Anordnung der Magnetisierungsvektoren infolge der Torsionsspannung eintritt. Wenn man nun nach Anlegen eines genügend großen Torsionsmomentes wieder entlastet, so wird ein Teil der Magnetisierungsvektoren nicht wieder in ihre ursprüngliche Lage zurückkehren. Infolgedessen tritt eine scheinbar plastische Remanenz auf. Legt man danach ein Torsionsmoment in der entgegengesetzten Richtung an, so stellen sich die Magnetisierungsvektoren in diejenige leichte Richtung ein, die der anderen 45°-Richtung, senkrecht zur vorigen, am nächsten liegt. Nach dem Fortnehmen der Spannung tritt dann die gleiche Remanenz wie vorher auf, aber in der umgekehrten Richtung. Durchläuft man mit dem Torsionsmoment einen vollständigen Zyklus, so tritt demnach bei Auftragung des Torsionswinkels über der

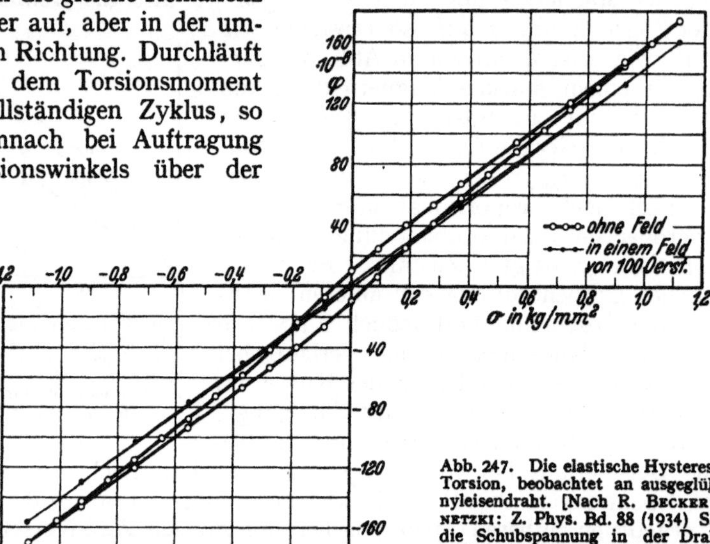

Abb. 247. Die elastische Hystereseschleife bei Torsion, beobachtet an ausgeglühtem Karbonyleisendraht. [Nach R. BECKER u. M. KORNETZKI: Z. Phys. Bd. 88 (1934) S. 634.] σ ist die Schubspannung in der Drahtoberfläche. φ ist die Winkelverdrehung der Mantellinie.

Torsionsspannung eine richtige elastische Hystereseschleife auf, wie sie in Abb. 247 dargestellt ist. In dieser Abbildung ist statt des Torsionsmomentes die dazu proportionale Schubspannung σ in der Drahtoberfläche und statt des Verdrillungswinkels die Winkelverdrehung φ der Mantellinie aufgetragen. Der Zusammenhang zwischen den Größen σ und φ ist unabhängig von den Drahtabmessungen, was für denjenigen zwischen Torsionsmoment und Torsionswinkel nicht gilt. Daß es sich bei dieser scheinbar plastischen Hysterese tatsächlich nur um eine Hysterese in der magnetostriktiven Dehnung ε_m handelt, wird unmittelbar deutlich, wenn man die entsprechende Kurve in einem Magnetfeld aufnimmt. BECKER und KORNETZKI benutzten ein Feld von etwa 100 Oe. Dieses reicht im vorliegenden Fall vollständig aus, um alle Wandverschiebungen zu verhindern. Die im Feld beobachtete Schleife ist in Abb. 247 dünn eingetragen. Man sieht, daß die Hysterese praktisch verschwunden ist; der Torsionswinkel ist jetzt fast genau proportional zum Torsionsmoment. Die Elastizitätsgrenze ist also noch nicht überschritten. Die Differenz zwischen dem im Magnetfeld und dem im Felde Null beobachteten Torsionswinkel gibt die auf der Magnetostriktion beruhende Verdrillung an. Man sieht deutlich, daß diese bei großen Spannungen konstant wird, so daß beide Kurven parallel laufen, wie wir es nach Abb. 246 erwarten.

Besonders deutlich tritt der Unterschied zwischen der hier beobachteten elastischen Hysterese und derjenigen infolge wirklich plastischer Verformung bei der Untersuchung der Torsionsremanenz hervor. In Abb. 248 ist für den gleichen Draht wie in Abb. 247 die Winkelverdrehung φ_R aufgetragen, die nach einmaliger Verdrillung des entmagnetisierten Drahtes um den Winkel φ_0 zurückbleibt. Die Zahlenwerte geben die Winkelverdrehung der Mantellinie des Drahtes an. Diese Größe ist das Doppelte der Dehnung, die in der Oberfläche in Richtung der größten Hauptspannung bei der Verdrillung erzeugt wird.

Man sieht an Abb. 248, daß die Torsionsremanenz φ_R zunächst mit φ_0 ansteigt, dann aber etwa von $\varphi_0 = 200 \cdot 10^{-6}$ an konstant wird. Bis dahin handelt es sich um eine rein magnetostriktive Remanenz. Denn durch kurzzeitiges Einschalten eines longitudinalen Magnetfeldes, das die von der Torsion zurückbleibende schraubenförmige Anordnung des Magnetisierungsvektoren zerstört, wird die Remanenz völlig zum Verschwinden gebracht. Bei $\varphi_0 \approx 250 \cdot 10^{-6}$ setzt dann ein neuer Anstieg der Remanenz ein. Dieser beruht auf wirklich plastischer Verformung, wie man daran erkennt, daß jetzt die Remanenz

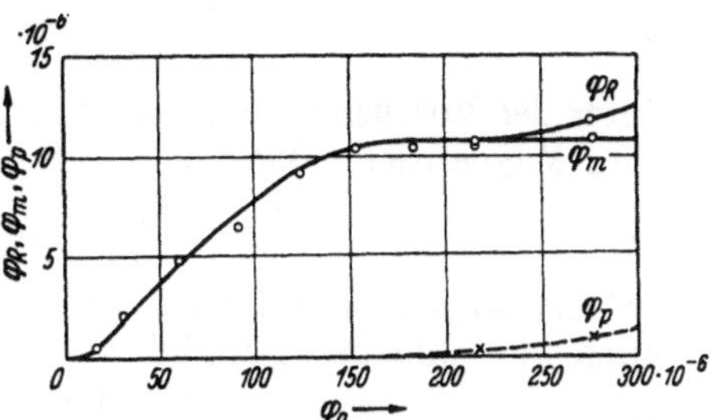

Abb. 248. Abhängigkeit der Torsionsremanenz φ_R von der anfänglichen Verdrehung φ_0 an einem Karbonyleisendraht. [Nach R. Becker u. M. Kornetzki: Z. Phys. Bd. 88 (1934) S. 634.] φ_P: Die beim Einschalten eines Feldes noch verbleibende rein plastische Remanenz. $\varphi_m = \varphi_R - \varphi_P$: Die magnetomechanische Remanenz.

beim Einschalten eines Magnetfeldes nicht mehr vollständig verschwindet. Es bleibt ein kleiner Restbetrag φ_P zurück. Subtrahiert man von der gesamten, ohne Magnetfeld gemessenen Remanenz φ_R diesen Restbetrag φ_P, so erhält man die auf rein magnetischen Vorgängen beruhende Remanenz $\varphi_m = \varphi_R - \varphi_P$. Deren Verlauf ist in Abb. 248 durch die stark ausgezogene Linie wiedergegeben. Man sieht, daß diese magnetomechanische Torsionsremanenz nicht wieder ansteigt, sondern einen Sättigungswert erreicht.

b) Der ΔE-Effekt bei großen inneren Spannungen.

Außer den hier besprochenen Versuchen von Becker und Kornetzki liegen in der Literatur bisher keine Arbeiten über diese magnetisch bedingten Abweichungen vom Hookeschen Gesetz vor. Sie sind nur an magnetisch sehr weichen Materialien beobachtbar. Aber auch bei stärker verspannten Materialien macht sich der Einfluß der magnetostriktiven Dehnung in einem Anstieg des Elastizitätsmoduls beim Magnetisieren bemerkbar. Das ist bereits seit langem bekannt. Seit etwa 1900 sind zahlreiche experimentelle Arbeiten darüber durchgeführt worden. Die Deutung dieses Effektes als Folge der Beeinflussung der Richtung der spontanen Magnetisierung durch die Spannungen wurde von R. Becker[1] 1932 gegeben. Danach ist also der normale Wert des Elastizitätsmoduls derjenige im magnetisch gesättigten Zustand. Im entmagnetisierten Zustand erscheint er infolge der zusätzlichen magnetostriktiven Dehnung herabgesetzt um einen Betrag, der um so größer ist, je kleiner die inneren Spannungen sind.

Wir können auf Grund dieser Überlegung sehr leicht die Größe des Effektes abschätzen. Die von einer kleinen Spannung σ hervorgerufene zusätzliche magnetostriktive Dehnung ε_m wird sich zu dem Sättigungswert von ε_m größenordnungsmäßig so verhalten, wie die von außen angelegte Spannung zur inneren Spannung σ_i. Da der Sättigungswert von ε_m bis auf einen Zahlenfaktor gleich dem Absolutbetrag der Sättigungsmagnetostriktion λ ist, erwarten wir, daß für $\sigma/\sigma_i \ll 1$ eine Beziehung der Gestalt

$$(1) \qquad \frac{\varepsilon_m}{|\lambda|} = c \, \frac{\sigma}{\sigma_i}$$

---

[1] Becker, R.: Phys. Z. Bd. 33 (1932) S. 905.

gilt, wobei c ein Proportionalitätsfaktor von der Größenordnung 1 ist. Wir wollen mit E_0 den Elastizitätsmodul im magnetisch gesättigten Zustand bezeichnen. Für die rein elastische Dehnung ε_0 gilt also: $\varepsilon_0 = \sigma/E_0$. Der Elastizitätsmodul E im entmagnetisierten Zustand ist definiert durch $\varepsilon_0 + \varepsilon_m = \sigma/E$. Demnach erhalten wir für die Änderung des reziproken Elastizitätsmoduls bei der Magnetisierung

$$(2) \qquad \frac{1}{E} - \frac{1}{E_0} = \varDelta\left(\frac{1}{E}\right) = \frac{\varepsilon_m}{\sigma} = c\,\frac{|\lambda|}{\sigma_i}.$$

Unter der Voraussetzung, daß die prozentuale Änderung des Elastizitätsmoduls beim Magnetisieren klein ist, folgt somit

$$(3) \qquad \frac{E_0 - E}{E_0} = \frac{\varDelta E}{E_0} = c\,\frac{|\lambda|}{\sigma_i}\,E_0.$$

Drücken wir hierin noch die innere Spannung σ_i auf Grund von Gleichung (12.11) durch die Anfangssuszeptibilität χ_a aus, so folgt

$$(4) \qquad \frac{\varDelta E}{E_0} = \frac{9}{2}\,c\,\frac{\lambda^2\,\chi_a}{J_s^2}\,E_0.$$

Das Ergebnis der folgenden Überlegungen wird stets eine Beziehung dieser Gestalt sein. Die weiteren Rechnungen liefern nur die Größe des hiernach noch unbestimmten Zahlenfaktors c, sowie Angaben darüber, welcher Mittelwert der Magnetostriktion in (4) eingeht, wenn sie nicht isotrop ist. Wir wollen dabei, ebenso wie bei der Berechnung der Anfangspermeabilität, nur die beiden Extremfälle ins Auge fassen, in denen die von den inneren Spannungen herrührende Spannungsenergie entweder sehr klein oder sehr groß gegen die Kristallenergie ist. Nur in diesen Extremfällen können wir die Verhältnisse einigermaßen übersehen. Im ersteren Fall brauchen wir nur die Wandverschiebungen zu betrachten, im zweiten Fall nur die Drehungen aus den durch die inneren Spannungen festgelegten Vorzugsrichtungen. Dieser letztere Fall wurde in der ersten Berechnung dieses Effektes von KERSTEN[1] vorausgesetzt. Wir wollen deshalb mit ihm beginnen. Zur Vereinfachung nehmen wir an, daß die Magnetostriktion isotrop und positiv ist, und daß die innere Spannung eine einfache Zugspannung vom Betrage σ_i sei, deren Richtung von Punkt zu Punkt im Material wechselt. An einer herausgegriffenen Stelle sei der Winkel zwischen den Richtungen von σ und σ_i gleich φ. Wir leiteten bereits in (12.26) bei der Berechnung der Remanenzverschiebung ab, daß unter diesen Voraussetzungen durch eine kleine Zugspannung σ die spontane Magnetisierung um den Winkel

$$(5) \qquad \eta = \frac{\sigma}{\sigma_i}\,\sin\varphi\cos\varphi$$

aus der Richtung von σ_i herausgedreht wird.

Die magnetostriktive Dehnung unter dem Winkel ϑ zur Magnetisierungsrichtung ist nach (11.3) gegeben durch

$$(6) \qquad \left(\frac{\delta l}{l}\right)_{\vartheta} = \tfrac{3}{2}\lambda\,(\cos^2\vartheta - \tfrac{1}{3}).$$

Der Übergang von $\vartheta = \varphi$ in $\vartheta = \varphi - \eta$ bewirkt also in Zugrichtung die Dehnung

$$(7) \qquad \left\{ \begin{aligned} \varepsilon_m &= \left(\frac{\delta l}{l}\right)_{\vartheta=\varphi-\eta} - \left(\frac{\delta l}{l}\right)_{\vartheta=\varphi} = \tfrac{3}{2}\lambda\cdot 2\cos\varphi\sin\varphi\cdot\eta, \\ &= 3\,\lambda\cdot\cos^2\varphi\sin^2\varphi\,\frac{\sigma}{\sigma_i}. \end{aligned} \right.$$

Durch Mittelung über alle Winkel φ erhält man daraus wegen

$$\overline{\cos^2\varphi\,\sin^2\varphi} = \frac{2}{15}$$

---

[1] KERSTEN, M.: Z. Phys. Bd. 85 (1933) S. 708.

für die von der Spannung hervorgerufene mittlere magnetostriktive Dehnung

$$(8) \qquad \overline{\varepsilon_m} = \frac{2}{5}\lambda\frac{\sigma}{\sigma_i}\,.$$

Mit Hilfe dieses vereinfachten Modells erhalten wir also für die obige Konstante c den Wert $\frac{2}{5}$ und somit für den ΔE-Effekt ,

$$(9) \qquad \Delta\left(\frac{1}{E}\right) = \frac{\overline{\varepsilon_m}}{\sigma} = \frac{2}{5}\frac{\lambda}{\sigma_i}$$

oder, wenn man statt σ_i die Anfangssuszeptibilität χ_a einführt:

$$(10) \qquad \Delta\left(\frac{1}{E}\right) = \frac{9}{5}\frac{\lambda^2\chi_a}{J_s^2}\,.$$

Diese Formel ist in der dargestellten Weise bereits von KERSTEN abgeleitet worden. Es wurden jedoch bei dieser Rechnung eine ganze Reihe von vereinfachenden Annahmen gemacht, auf deren Berechtigung wir etwas näher eingehen müssen. Wir haben hier stillschweigend angenommen, daß sich die von außen angelegte Spannung σ der inneren Spannung σ_i einfach homogen überlagert. Das ist aber eben wegen des Vorhandenseins des ΔE-Effektes sicher nicht richtig. Die von der Spannung hervorgerufene zusätzliche magnetostriktive Dehnung ε_m ist nämlich, je nach der Größe des Winkels φ, von Ort zu Ort ganz verschieden. ε_m ist am größten, wenn $\varphi = 45°$ ist, und Null, wenn $\varphi = 0°$ oder $\varphi = 90°$ ist. An einigen Stellen kann daher das Material durch eine kleine Drehung des Magnetisierungsvektors der Spannung etwas nachgeben, an anderen Stellen aber nicht. Die von außen angelegte Spannung kann sich daher nicht ganz homogen überlagern. Vielmehr ist an Stellen mit großem ε_m die zusätzliche Spannung etwas geringer und an anderen Stellen um so größer. Nur im Mittel ist sie gleich σ. Die überlagerte Spannung wird in einer solchen Weise etwas inhomogen, daß die Inhomogenitäten von ε_m verringert werden.

Es ist demnach unmittelbar deutlich, wie man vorzugehen hat, um den dadurch bedingten Fehler abzuschätzen. Man muß dieselbe Rechnung für den entgegengesetzten Extremfall durchführen, unter der Annahme, daß nicht die angelegte Spannung, sondern die zusätzliche Verzerrung homogen ist. Dann ist wegen der verschiedenen Nachgiebigkeit des Materials, je nach der Lage der Magnetisierungsvektoren, die überlagerte Spannung inhomogen. Wir haben dann durch Mittelung über die Spannung zu bestimmen, welche mittlere Spannung zu der vorgegebenen Dehnung gehört. Sinngemäß muß man dann nicht mit inneren Spannungen, sondern mit inneren Verzerrungen rechnen. Wir wollen zur Vereinfachung annehmen, daß die innere Verzerrung eine einfache Dehnung von einem überall gleichen Betrage ε_i, aber wechselnder Richtung sei.

Außer der Isotropie der Magnetostriktion setzen wir hierbei auch Isotropie des Elastizitätsmoduls voraus. Dann beträgt nach S. 146 die Arbeit, um 1 cm³ der Magnetisierung um den Winkel η aus der Vorzugsrichtung der größten Dehnung herauszudrehen,

$$(11) \qquad 3\,G_0\,\lambda\,\varepsilon_i\sin^2\eta\,.$$

Dabei ist G_0 der Schubmodul. Die von außen angelegte Spannung erzeugt im Material eine Dehnung ε in Zugrichtung und eine Querkontraktion $\varepsilon\mu$ senkrecht dazu, wenn μ der Querkontraktionsmodul ist. Da eine isotrope Kontraktion oder Dilatation auf die Richtung der spontanen Magnetisierung keinen Einfluß hat — jedenfalls im Rahmen der hier benutzten Näherung — so können wir auch so rechnen, als ob der Zug nur eine homogene Dehnung $\varepsilon(1+\mu)$ in Zugrichtung erzeugt. Ist φ an einer Stelle der Winkel zwischen der Vorzugsrichtung und der Zugrichtung (Abb. 249), so stellt sich bei Überlagerung dieser Dehnung die Magnetisierung unter denjenigen Winkel η ein, der die Größe

$$(12) \qquad 3\,G_0\,\lambda\,\varepsilon_i\,\sin^2\eta + 3\,G_0\,\lambda\,\varepsilon\,(1+\mu)\,\sin^2(\varphi-\eta)$$

zum Minimum macht. Unter der Voraussetzung, daß $\varepsilon \ll \varepsilon_i$, also auch η klein ist, folgt daraus

$$(13) \qquad \eta = \frac{\varepsilon\,(1+\mu)}{\varepsilon_i}\,\sin\varphi\,\cos\varphi.$$

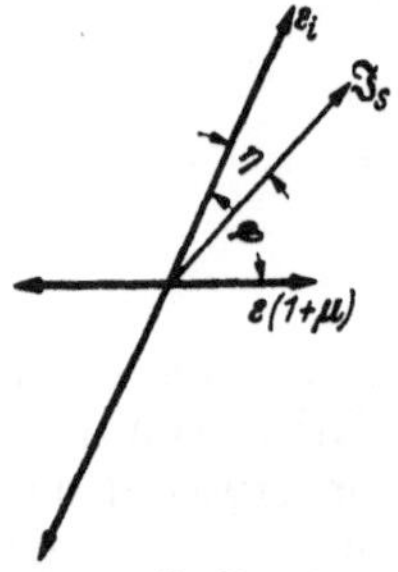

Abb. 249. Zur Berechnung der durch überlagerte Dehnung bewirkten Drehung von J_s.

Wenn sich die Magnetisierungsvektoren nicht um diesen Winkel aus der Vorzugslage herausdrehen würden, wäre zur Aufrechterhaltung der obigen zusätzlichen Dehnung ε die Spannung $\sigma = E_0\,\varepsilon$ nötig. Wegen des Nachgebens der Magnetisierungsrichtung ist aber die wirklich benötigte Spannung kleiner, denn infolge der Magnetostriktion, die mit der Drehung verbunden ist, tritt der Teil ε_m der Dehnung schon von selbst auf. Die Spannung muß nur noch die restliche Dehnung $\varepsilon - \varepsilon_m$ erzeugen. Es gilt also für eine bestimmte Stelle

$$(14) \qquad \sigma = E_0\,(\varepsilon - \varepsilon_m),$$

wobei wie bei der vorigen Rechnung gilt:

$$(15) \qquad \begin{cases} \varepsilon_m = \left(\dfrac{\delta l}{l}\right)_{\vartheta=\varphi-\eta} - \left(\dfrac{\delta l}{l}\right)_{\vartheta=\varphi} = 3\,\lambda\cos\varphi\sin\varphi\cdot\eta \\[2mm] \qquad = 3\,\lambda\,\dfrac{\varepsilon\,(1+\mu)}{\varepsilon_i}\cos^2\varphi\sin^2\varphi. \end{cases}$$

Durch Mittelung über alle Winkel φ erhalten wir für die mittlere Spannung σ, die zur Erzeugung der Dehnung ε nötig ist,

$$(16) \qquad \sigma = E_0\left(\varepsilon - \frac{2}{5}\,\frac{\varepsilon\,(1+\mu)}{\varepsilon_i}\,\lambda\right).$$

Der Elastizitätsmodul erscheint also wegen der Drehung der Magnetisierungsvektoren unter der Wirkung der Dehnung ε herabgesetzt um den Betrag

$$(17) \qquad E_0 - E = \Delta E = \frac{2}{5}\,\frac{(1+\mu)}{\varepsilon_i}\,\lambda\,E_0.$$

Um diese Formel mit der obigen Formel (10) vergleichen zu können, müssen wir nun noch ε_i durch die Anfangssuszeptibilität ausdrücken. Ein kleines Feld H in Zugrichtung dreht die Magnetisierung um einen solchen Winkel η_H aus der Vorzugsrichtung, daß

$$(18) \qquad 3\,G_0\,\lambda\,\varepsilon_i\,\sin^2\eta_H - H\,J_s\cos(\varphi-\eta_H)$$

ein Minimum wird. Daraus folgt für kleine η_H:

$$(19) \qquad \eta_H = \frac{H\,J_s\sin\varphi}{6\,G_0\,\lambda\,\varepsilon_i}.$$

Durch diese Drehung ändert sich die Komponente der Magnetisierung in Feldrichtung um den Betrag

$$(20) \qquad \Delta J = J_s\cos(\varphi-\eta_H) - J_s\cos\varphi = J_s\sin\varphi\cdot\eta_H = \frac{J_s^2\sin^2\varphi}{6\,G_0\,\lambda\,\varepsilon_i}\,H.$$

Da $\overline{\sin^2\varphi} = \frac{2}{3}$, erhält man also für die Anfangssuszeptibilität

$$(21) \qquad \frac{\overline{\Delta J}}{H} = \chi_a = \frac{1}{9}\,\frac{J_s^2}{G_0\,\lambda\,\varepsilon_i}.$$

Damit wird der ΔE-Effekt:

$$(22) \qquad \frac{\Delta E}{E_0} = \frac{9}{5} \frac{\lambda^2 \chi_a}{J_s^2} \cdot 2 G_0 (1 + \mu).$$

Nun ist aber $2 G_0 (1 + \mu)$ gleich dem Dehnungsmodul E_0. Somit folgt

$$(23) \qquad \frac{\Delta E}{E_0} = \frac{9}{5} \frac{\lambda^2 \chi_a}{J_s^2} E_0.$$

Wenn $\dfrac{\Delta E}{E_0} \ll 1$ ist, so gilt näherungsweise

$$\Delta \left(\frac{1}{E} \right) = \frac{1}{E} - \frac{1}{E_0} \approx \frac{\Delta E}{E_0^2}.$$

Wenn also die prozentuale Änderung des Elastizitätsmoduls beim Magnetisieren klein ist, erhält man unter der Annahme, daß sich die Dehnung homogen den inneren Verzerrungen überlagert, das gleiche Resultat wie nach (10) unter der Annahme, daß sich die von außen angelegte Spannung homogen den inneren Spannungen überlagert. Zwar ist in Wirklichkeit keine der beiden Annahmen erfüllt, aber das wirkliche Verhalten liegt dazwischen. Da in den beiden Extremfällen sich das gleiche ergibt, ist also sicherlich das Ergebnis auch richtig für die wirklichen Verhältnisse, die wir rechnerisch nicht beherrschen. Die Inhomogenität der Überlagerung macht sich erst bemerkbar, wenn $\Delta E/E_0$ vergleichbar mit 1 wird. Das richtige Ergebnis liegt dann zwischen dem in Gleichung (10) und dem in Gleichung (23) angegebenen Wert.

Unbefriedigend ist an den bisherigen Rechnungen noch, daß wir über die inneren Spannungen σ_i bzw. über die inneren Verzerrungen ε_i so spezielle Annahmen gemacht haben. Man kann aber die entsprechenden Überlegungen auch ohne diese Annahmen durchführen, sofern nur der Einfluß der inneren Spannungen groß gegen den der Kristallenergie ist. Diese Rechnungen sind aber etwas langwierig und bringen nichts prinzipiell Neues, so daß wir hier nicht darauf eingehen wollen, sondern auf die Spezialliteratur[1] verweisen. Es zeigt sich dabei, daß die Formeln (10) und (23), bei denen die inneren Spannungen durch Einführen der Anfangssuszeptibilität eliminiert worden sind, unverändert gültig bleiben, sofern man an der Voraussetzung der Isotropie der Magnetostriktion und der elastischen Eigenschaften festhält. Wenn man diese Annahme auch noch fallen läßt, werden allerdings die Ergebnisse etwas komplizierter. In einfacher Weise läßt sich dann die Rechnung nur noch für den Einkristall durchführen. Bei einem Zug in Richtung $\beta_1, \beta_2, \beta_3$ ergibt sich für die Änderung des reziproken Elastizitätsmoduls bei der Magnetisierung vom entmagnetisierten Zustand bis zur Sättigung

$$(24) \qquad \Delta \left(\frac{1}{E} \right) = \frac{9}{5} \frac{\chi_a}{J_s^2} [\lambda_{100}^2 + 3 (\lambda_{111}^2 - \lambda_{100}^2) (\beta_1^2 \beta_2^2 + \beta_2^2 \beta_3^2 + \beta_3^2 \beta_1^2)].$$

Für die [100]-Richtung gilt also

$$(24a) \qquad \frac{\Delta E_{100}}{E_{100}} = \frac{9}{5} \frac{\chi_a}{J_s^2} E_{100} \lambda_{100}^2$$

und für die [111]-Richtung

$$(24b) \qquad \frac{\Delta E_{111}}{E_{111}} = \frac{9}{5} \frac{\chi_a}{J_s^2} E_{111} \lambda_{111}^2.$$

Es ist sehr mühsam, daraus den ΔE-Effekt des Polykristalls zu ermitteln, wenn der Elastizitätsmodul und die Magnetostriktion stark anisotrop sind, wie das z. B. bei Eisen der Fall ist. Es sind zwar von BRUGGEMAN[2]

---

[1] DÖRING, W.: Im Druck.
[2] BRUGGEMAN, D. A. G.: Diss. Utrecht 1930. Resultate siehe H. RÖHL: Ann. Phys., Lpz. V, Bd. 16 (1933) S. 887.

Formeln angegeben worden, um den Elastizitätsmodul eines quasiisotropen Polykristalls aus den Elastizitätskonstanten der kubischen Einzelkristallite zu berechnen. Mit Hilfe dieser Formeln läßt sich auch ohne prinzipielle Schwierigkeit die entsprechende Mittelung für den ΔE-Effekt durchführen. Die Formeln sind aber so umständlich, daß bisher eine solche Rechnung noch niemals durchgeführt worden ist. Wir beschränken uns hier darauf, die Mittelung über die verschiedenen Kristallite in der Weise vorzunehmen, daß wir entweder die Dehnung oder die Spannung als homogen annehmen. Beide Annahmen sind gewiß falsch, aber das richtige Verhalten liegt dazwischen. Deshalb darf man annehmen, daß auch die Ergebnisse den richtigen Wert einschließen.

Nimmt man an, daß die zusätzliche Spannung im Polykristall bei allen Kristalliten gleich und homogen ist, so hat man die Dehnungen oder, was auf dasselbe herauskommt, den reziproken Elastizitätsmodul zu mitteln. Dementsprechend erhält man auch den mittleren ΔE-Effekt durch Mittelung der Änderung des reziproken Elastizitätsmoduls über alle Kristallrichtungen. Da bei Mittelung über die Einheitskugel $\beta_1^2 \beta_2^2 + \beta_2^2 \beta_3^2 + \beta_3^2 \beta_1^2 = \frac{1}{5}$ ist, so folgt demnach aus (24)

$$(25) \qquad \frac{\Delta E}{E_0} = \frac{9}{5} \frac{\chi_a E_0}{J_s^2} \cdot \frac{2\,\lambda_{100}^2 + 3\,\lambda_{111}^2}{5}.$$

Statt der Größe λ^2, die im Fall isotroper Magnetostriktion in Formel (10) steht, ist hier also das mittlere Magnetostriktionsquadrat $\dfrac{2\,\lambda_{100}^2 + 3\,\lambda_{111}^2}{5}$ einzusetzen, nicht etwa das Quadrat der mittleren Magnetostriktion $\bar{\lambda}^2 = \left(\dfrac{2\,\lambda_{100} + 3\,\lambda_{111}}{5}\right)^2$. Bei Eisen, wo λ_{100} und λ_{111} dem Betrage nach annähernd gleich sind, aber entgegengesetztes Vorzeichen haben, ist der Unterschied recht erheblich; $\bar{\lambda}^2$ ist viel kleiner als $\dfrac{2\,\lambda_{100}^2 + 3\,\lambda_{111}^2}{5}$.

Mittelt man den ΔE-Effekt unter der Annahme, daß die zusätzliche Dehnung bei allen Kristalliten gleich ist, so erhält man nach DÖRING

$$(26) \qquad \frac{\Delta E}{E_0} = \frac{9}{5} \frac{\chi_a E_0}{J_s^2} \frac{(2\,C_2^2 \lambda_{100}^2 + 3\,C_3^2 \lambda_{111}) \cdot 5}{(2\,C_2 + 3\,C_3)^2}.$$

Dabei sind C_2 und C_3 die auf S. 143 definierten Schubmoduln des Einkristalls. Bei Eisen ist $C_2 = 0{,}48 \cdot 10^{12}$ dyn/cm² und $C_3 = 1{,}12 \cdot 10^{12}$ dyn/cm². Da ferner $\lambda_{100}^2 \approx \lambda_{111}^2$ ist, unterscheiden sich bei Eisen die Formeln (25) und (26) um den Faktor

$$\frac{(2\,C_2^2 + 3\,C_3^2) \cdot 5}{(2\,C_2 + 3\,C_3)^2} \approx 1{,}13.$$

Die Unsicherheit, die durch die Mittelung hereinkommt, ist also nur 13 %. Ist $C_2 = C_3$, so ist der Elastizitätsmodul isotrop. Dann wird Formel (25) mit (26) identisch. Wenn also keine elastische Anisotropie vorliegt, sondern nur eine Anisotropie der Magnetostriktion, so ist Gleichung (25) im Rahmen unserer Voraussetzungen auch für den Polykristall streng gültig.

c) Der ΔE-Effekt bei kleinen inneren Spannungen.

Die bisherigen Überlegungen bezogen sich sämtlich auf den Fall, daß der Einfluß der inneren Spannungen auf die Magnetisierungsrichtungen gegenüber dem der Kristallenergie überwiegt. Wir betrachten nun den anderen Extremfall, in welchem die von den inneren Spannungen herrührende Spannungsenergie sehr klein gegen die Kristallenergie ist. Wir können dann die Drehungen aus der leichten Richtung heraus vernachlässigen und brauchen nur die Wandverschiebungen zu berücksichtigen. Wir führen die Rechnung zunächst für einen Einkristall durch, in welchem die leichte Richtung wie bei Eisen die Würfelkante ist. Wir wollen annehmen, daß sich die äußere Spannung den inneren Spannungen mit einem überall gleich großen Betrag überlagert. Hinsichtlich des dadurch bedingten Fehlers gilt hier das gleiche wie im vorigen Abschnitt. Solange nur $\frac{\Delta E}{E_0} \ll 1$ ist, hat er auf das Ergebnis keinen Einfluß. Der prozentuale Fehler, den man durch Vernachlässigung der Inhomogenität der Überlagerung macht, ist selbst nur von der Größe $\frac{\Delta E}{E_0}$.

Wir hatten schon bei der Berechnung der Remanenzänderung unter Zug (S. 163) gefunden, daß unter obigen Voraussetzungen eine Zugspannung σ in Richtung $\beta_1, \beta_2, \beta_3$ auf eine xy-Wand so wirkt wie ein hydrostatischer Druck von der Größe

$$p = \tfrac{3}{2} \lambda_{100}\, \sigma\, (\beta_1^2 - \beta_2^2).$$

Für das Volumen V_{xy}, in welchem pro cm³ des Materials infolge von Wandverschiebungen der xy-Wände die Magnetisierung von der y- in die x-Richtung übergeht, ergab sich daraus [Formel (12.18), S. 163]

$$(27) \qquad V_{xy} = O_{xy}\, \frac{1}{|\operatorname{grad}\sigma|} \cdot \frac{\lambda_{100}\,\sigma}{|\lambda_{100}|}\, (\beta_1^2 - \beta_2^2).$$

V_{xy} ist positiv, wenn der x-Bezirk wächst. Wir wollen annehmen, daß im entmagnetisierten Zustand alle 12 Sorten von 90°-Wänden die gleiche Oberfläche haben. Wir bezeichnen wie auf S. 151 die Oberfläche einer Sorte mit $O_{90°}$. Die Ausdrücke, die man für die an den anderen Wandsorten umklappenden Volumina erhält, unterscheiden sich dann von dem obigen nur durch den letzten Faktor, der die Richtungskosinus $\beta_1, \beta_2, \beta_3$ erhält. Man erhält für $V_{x\bar{y}}$, $V_{\bar{x}y}$ und $V_{\bar{x}\bar{y}}$ das gleiche Ergebnis wie für V_{xy}. Bei den Volumina V_{xz}, $V_{x\bar{z}}$, $V_{\bar{x}z}$ und $V_{\bar{x}\bar{z}}$ hat man nur $(\beta_1^2 - \beta_2^2)$ durch $(\beta_1^2 - \beta_3^2)$ zu ersetzen. Der entsprechende Faktor bei den Größen V_{yz}, $V_{\bar{y}z}$, $V_{y\bar{z}}$ und $V_{\bar{y}\bar{z}}$ lautet $(\beta_2^2 - \beta_3^2)$.

Wir haben nun die magnetostriktive Dehnung zu berechnen, die infolge dieser Wandverschiebungen in der Zugrichtung $\beta_1, \beta_2, \beta_3$ auftritt. Wenn im ganzen Material die Richtungskosinus der Magnetisierung $\alpha_1, \alpha_2, \alpha_3$ sind, beträgt diese Dehnung nach (21.7), S. 280

$$(28) \qquad \begin{cases} \left(\dfrac{\delta l}{l}\right)_{\alpha_i\,\beta_i} = \tfrac{3}{2} \lambda_{100}\, [\alpha_1^2 \beta_1^2 + \alpha_2^2 \beta_2^2 + \alpha_3^2 \beta_3^2 - \tfrac{1}{3}] \\[2mm] \qquad\qquad + 3\,\lambda_{111}\, [\alpha_1 \alpha_2 \beta_1 \beta_2 + \alpha_2 \alpha_3 \beta_2 \beta_3 + \alpha_3 \alpha_1 \beta_3 \beta_1]. \end{cases}$$

Die mittlere Dehnung erhalten wir daraus durch Mittelung der α_i über alle Bezirke. Da im vorliegenden Falle die Magnetisierung stets in einer der Würfelkantenrichtungen liegt, also stets zwei von den α_i gleich null und das dritte gleich 1 ist, sind die Produkte $\alpha_1 \alpha_2$, $\alpha_2 \alpha_3$ und $\alpha_1 \alpha_3$ überall Null. Das Quadrat α_1^2 ist in den x- und $\bar{x}$-Bezirken gleich 1 und sonst Null. Beim Anlegen der Zugspannung σ ändert sich also der Mittelwert von α_1^2 gerade um so viel, wie das Volumen der x- und $\bar{x}$-Bezirke im cm³ auf Kosten der anderen Bezirke anwächst. Wir erhalten also

$$(29) \qquad \begin{cases} (\overline{\alpha_1^2})_\sigma - (\overline{\alpha_1^2})_{\sigma=0} = V_{xy} + V_{x\bar{y}} + V_{\bar{x}y} + V_{\bar{x}\bar{y}} \\[2mm] \qquad\qquad + V_{xz} + V_{\bar{x}z} + V_{x\bar{z}} + V_{\bar{x}\bar{z}}. \end{cases}$$

Durch Einsetzen der obigen Ausdrücke erhalten wir dafür

$$(30) \qquad \begin{cases} (\overline{\alpha_1^2})_\sigma - (\overline{\alpha_1^2})_{\sigma=0} = O_{90°}\, \dfrac{1}{|\operatorname{grad}\sigma|} \cdot \dfrac{\lambda_{100}\,\sigma}{|\lambda_{100}|}\, [4\,(\beta_1^2 - \beta_2^2) + 4\,(\beta_1^2 - \beta_3^2)] \\[3mm] \qquad\qquad = 4\, O_{90°}\, \dfrac{1}{|\operatorname{grad}\sigma|} \cdot \dfrac{\lambda_{100}}{|\lambda_{100}|}\, \sigma\, (3\,\beta_1^2 - 1). \end{cases}$$

Die Änderung von $\dfrac{\delta l}{l}$ beim Anlegen der Zugspannung ergibt die zusätzliche magnetostriktive Dehnung ε_m. Wir erhalten also

$$(31)\quad \begin{cases} \varepsilon_m = \tfrac{3}{2}\,\lambda_{100}\left[\left((\overline{\alpha_1^2})_\sigma - (\overline{\alpha_1^2})_{\sigma=0}\right)\beta_1^2 + \left((\overline{\alpha_2^2})_\sigma - (\overline{\alpha_2^2})_{\sigma=0}\right)\beta_2^2 + \left((\overline{\alpha_3^2})_\sigma - (\overline{\alpha_3^2})_{\sigma=0}\right)\beta_3^2\right] \\[2mm] = 6\,O_{90^\circ}\,\dfrac{1}{|\operatorname{grad}\sigma|}\,\dfrac{\lambda_{100}^2}{|\lambda_{100}|}\,\sigma\,[3\,(\beta_1^4 + \beta_2^4 + \beta_3^4) - 1] \end{cases}$$

oder

$$(32)\quad \varepsilon_m = 12\,O_{90^\circ}\,\frac{1}{|\operatorname{grad}\sigma|}\cdot\frac{\lambda_{100}^2}{|\lambda_{100}|}\,\sigma\,[1 - 3\,(\beta_1^2\beta_2^2 + \beta_2^2\beta_3^2 + \beta_3^2\beta_1^2)].$$

Führen wir statt der Größe $O_{90^\circ}\,\dfrac{1}{|\operatorname{grad}\sigma|}$ die Anfangssuszeptibilität ein auf Grund der Gleichung (12.6) S. 151, so wird

$$(33)\quad \varepsilon_m = \frac{9}{4}\,\frac{\lambda_{100}^2\,\chi_a}{J_s^2}\,\sigma\,[1 - 3\,(\beta_1^2\beta_2^2 + \beta_2^2\beta_3^2 + \beta_3^2\beta_1^2)].$$

Die Änderung des reziproken Elastizitätsmoduls bei der Magnetisierung vom entmagnetisierten Zustand bis zur Sättigung beträgt demnach

$$(34)\quad \Delta\left(\frac{1}{E}\right) = \frac{\varepsilon_m}{\sigma} = \frac{9}{4}\,\frac{\lambda_{100}^2\,\chi_a}{J_s^2}\,[1 - 3\,(\beta_1^2\beta_2^2 + \beta_2^2\beta_3^2 + \beta_3^2\beta_1^2)].$$

Dabei ist vorausgesetzt, daß für die Anfangspermeabilität nur die Wandverschiebungen der 90°-Wände wesentlich sind. Wenn die 180°-Wände einen merklichen Beitrag zur Anfangssuszeptibilität liefern, so ist der beobachtete ΔE-Effekt kleiner als er sich hiernach ergibt.

Bemerkenswert ist an obigem Ergebnis, daß hiernach der ΔE-Effekt eine starke Richtungsabhängigkeit aufweist. In der leichten Richtung [100] ist er am größten; dagegen verschwindet er in der [111]-Richtung. Dieses Verhalten ist leicht zu verstehen. Die leichten Richtungen bilden mit der Raumdiagonale alle den gleichen Winkel. Durch eine Zugspannung in der schweren Richtung wird also keine von ihnen vor der anderen begünstigt. Daher finden Wandverschiebungen in diesem Fall unter Zug gar nicht statt.

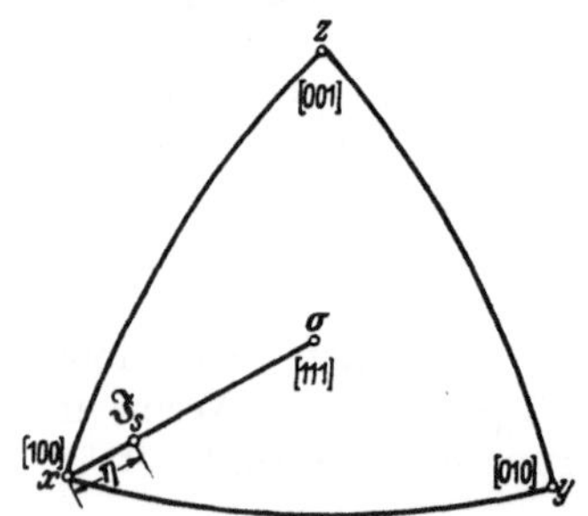

Abb. 250. Das Herausdrehen von J_s aus der leichten Richtung [100] durch einen Zug in Richtung [111].

Da wir Drehungen von vornherein als geringfügig ausgeschlossen haben, erhalten wir dann natürlich auch $\varepsilon_m = 0$, wenn σ in der [111]-Richtung liegt. In Wirklichkeit verschwindet aber der ΔE-Effekt auch bei dieser Zugrichtung nicht vollständig; er ist nur sehr viel kleiner als in der [100]-Richtung. Für seine Größe sind nicht die Wandverschiebungen, sondern die Drehungen gegen die Kristallenergie maßgebend.

Man kann seine Größe auch für diesen Fall leicht berechnen. Die Kristallenergie ist $F_K = K\,(\alpha_1^2\alpha_2^2 + \alpha_2^2\alpha_3^2 + \alpha_3^2\alpha_1^2)$. Für einen Zug σ in der [111]-Richtung beträgt die Spannungsenergie nach (11.49) bis auf eine belanglose Konstante

$$(35)\quad F_\sigma = -\lambda_{111}\,\sigma\,(\alpha_1\alpha_2 + \alpha_2\alpha_3 + \alpha_3\alpha_1).$$

Wir haben nun das Minimum von $F_K + F_\sigma$ zu suchen. Aus Symmetriegründen ist sofort klar, daß sich der Magnetisierungsvektor aus der [100]-Richtung heraus in Richtung auf die Raumdiagonale hin drehen wird, wenn wir λ_{111} als positiv annehmen. Ist also η der Winkel, um den sich J_s aus der [100]-Richtung herausgedreht hat (vgl. Abb. 250), so gilt $\alpha_1 = \cos\eta$; $\alpha_2 = \alpha_3 = \dfrac{1}{\sqrt{2}}\sin\eta$.

Für kleine Winkel η, die hier allein interessieren, können wir $\alpha_1 = 1$ und $\alpha_2 = \alpha_3 = \dfrac{1}{\sqrt{2}}\,\eta$ setzen, so daß wir unter Vernachlässigung der höheren Glieder als der quadratischen in η erhalten:

$$(36) \qquad F_K = K\,\eta^2$$

und

$$(37) \qquad F_\sigma = -\lambda_{111}\,\sigma\,\sqrt{2}\,\eta.$$

Für die Minimumsrichtung ergibt sich daraus

$$(38) \qquad \eta = \frac{\lambda_{111}\sqrt{2}}{2\,K}\,\sigma.$$

Nach Gleichung (28) beträgt die Magnetostriktion in der [111]-Richtung

$$(39) \qquad \left(\frac{\delta l}{l}\right)_{\alpha_i,\,[111]} = \lambda_{111}\,(\alpha_1\alpha_2 + \alpha_2\alpha_3 + \alpha_3\alpha_1).$$

Mit den angegebenen Werten von α_1, α_2 und α_3 erhalten wir also

$$(40) \qquad \varepsilon_m = \lambda_{111}\,\sqrt{2}\,\eta = \frac{\lambda_{111}^2}{K}\,\sigma.$$

In der [111]-Richtung gilt daher für kleine innere Spannungen

$$(41) \qquad \frac{\Delta E_{111}}{E_{111}} = \frac{\lambda_{111}^2}{K}\,E_{111}.$$

Wie zu erwarten, tritt in diesem Ergebnis die Anfangssuszeptibilität nicht mehr auf; denn in diesem Falle ist ja der ΔE-Effekt von den inneren Spannungen unabhängig.

Zusammenfassend erhalten wir also für den Zusammenhang zwischen dem ΔE-Effekt und den inneren Spannungen folgendes Ergebnis:

In der [100]-Richtung hatten wir für große innere Spannungen abgeleitet

$$(24\,\text{a}) \qquad \frac{\Delta E_{100}}{E_{100}} = \frac{9}{5}\,\frac{\lambda_{100}^2\,\chi_a}{J_s^2}\,E_{100}. \qquad (\lambda\,\sigma_i \gg K)$$

Für kleine innere Spannungen folgt aus (34)

$$(34\,\text{a}) \qquad \frac{\Delta E_{100}}{E_{100}} = \frac{9}{4}\,\frac{\lambda_{100}^2\,\chi_a}{J_s^2}\,E_{100}, \qquad (\lambda\,\sigma_i \ll K)$$

also praktisch die gleiche Formel. Da nun zwischen der Anfangssuszeptibilität und den inneren Spannungen in beiden Extremfällen annähernd der gleiche Zusammenhang besteht, erhalten wir also für die leichte Richtung sowohl für große als auch für kleine innere Spannungen angenähert die gleiche Beziehung:

$$(42\,\text{a}) \qquad \frac{\Delta E_{100}}{E_{100}} \approx \frac{2}{5}\,\frac{\lambda_{100}^2\,E_{100}}{|\lambda\,\sigma_i|}.$$

In der schweren Richtung [111] dagegen ist nur bei großen inneren Spannungen $(\lambda\sigma_i \gg K)$ der ΔE-Effekt durch σ_i bestimmt. Dann gilt ganz ähnlich

$$(42\,\text{b}) \qquad \frac{\Delta E_{111}}{E_{111}} \approx \frac{2}{5}\,\frac{\lambda_{111}^2\,E_{111}}{|\lambda\,\sigma_i|}. \qquad (\lambda\,\sigma_i \gg K)$$

Mit abnehmenden inneren Spannungen wächst aber der ΔE-Effekt nicht in gleicher Weise wie in der leichten Richtung, sondern erreicht einen oberen Grenzwert, wenn die Spannungsenergie der inneren Spannungen klein gegen die Kristallenergie wird. Dieser Grenzwert ist durch die Kristallenergie bestimmt und beträgt

$$(41) \qquad \frac{\Delta E_{111}}{E_{111}} = \frac{\lambda_{111}^2\,E_{111}}{K}. \qquad (\lambda\,\sigma_i \ll K)$$

Für $\lambda\sigma_i \ll K$ ist also der ΔE-Effekt in der schweren Richtung sehr viel kleiner als in der leichten Richtung.

Messungen des ΔE-Effektes sind an Einkristallen noch nicht ausgeführt worden. Die theoretischen Aussagen über die Richtungsabhängigkeit lassen sich deshalb auch nicht durch Vergleich mit Experimenten prüfen. Die Mittelung, die beim Polykristall nötig ist, hatten wir für den Fall starker innerer Spannungen schon auf S. 344 ausgeführt. Die Unsicherheit, die bei einer Anisotropie des Elastizitätsmoduls durch die Mittelung hineinkommt, macht sich hier, im Fall kleiner innerer Spannungen, noch viel stärker bemerkbar, weil der ΔE-Effekt selbst auch stark anisotrop ist. Mittelt man unter der Annahme, daß die äußere Spannung bei allen Kristalliten gleich und homogen ist, so erhält man aus (34) unter Vernachlässigung des kleinen Effektes in der schweren Richtung

$$(43) \qquad \frac{\Delta E}{E_0} = \frac{9}{10} \frac{\lambda_{100}^2 \chi_a E_0}{J_s^2}.$$

Nimmt man statt dessen an, daß die Dehnung bei allen Kristalliten gleich ist, so ergibt sich

$$(44) \qquad \frac{\Delta E}{E_0} = \frac{9}{10} \frac{\lambda_{100}^2 \chi_a E_0}{J_s^2} \left(\frac{5 C_2}{2 C_2 + 3 C_3} \right)^2$$

Das richtige Ergebnis muß zwischen diesen beiden Resultaten liegen. Wenn der Elastizitätsmodul isotrop ist, $C_2 = C_3$, so ergeben beide Mittelungsarten das gleiche; denn sie unterscheiden sich nur durch den Faktor $\left(\frac{5 C_2}{2 C_2 + 3 C_3} \right)^2$. Bei Eisen, wo $C_2 = 0,48 \cdot 10^{12}$ dyn/cm² und $C_3 = 1,12 \cdot 10^{12}$ dyn/cm² ist, beträgt dieser Faktor 0,31. Die theoretische Unsicherheit des Ergebnisses, die durch die Mittelung hineinkommt, ist also in diesem Fall sehr groß. Deshalb wurde hier die bessere Methode der Mittelung nach den Formeln von BRUGGEMAN angewandt. Da unter allseitigem Druck Wandverschiebungen und Drehungen nicht stattfinden, ändert sich der Kompressionsmodul beim Magnetisieren nicht. Aus dieser Tatsache und aus der Änderung des Elastizitätsmoduls in verschiedenen kristallographischen Richtungen, wie sie durch Gleichung (34) gegeben ist, sind leicht die Änderungen der drei elastischen Konstanten des kubischen Eiseneinkristalls beim Magnetisieren zu ermitteln. Unter der Voraussetzung, daß die prozentuale Änderung klein ist, läßt sich dann durch eine im Prinzip einfache, aber etwas langwierige Zahlenrechnung auf Grund der Bruggemanschen Formel die Änderung des mittleren Elastizitätsmoduls berechnen. Man erhält für Eisen

$$(45) \qquad \frac{\Delta E}{E_0} = \frac{9}{10} \frac{\lambda_{100}^2 \chi_a}{J_s^2} E \cdot 0,57.$$

Der Faktor 0,57, den wir bei dieser richtigen Mittelung erhalten, liegt, wie zu erwarten, zwischen dem Faktor 1, der bei Mittelung unter Voraussetzung homogener Spannungen an dieser Stelle auftritt, und dem Faktor 0,31, den man bei Mittelung mit homogen angenommenen Verzerrungen erhält.

d) Vergleich mit dem Experiment.

Experimentelle Prüfungen dieser theoretisch abgeleiteten Zusammenhänge zwischen der Änderung des Elastizitätsmoduls beim Magnetisieren vom entmagnetisierten Zustand bis zur Sättigung und der Anfangssuszeptibilität sind neuerdings an verschiedenen Materialien ausgeführt worden, und zwar von COOKE[1] und BROWN[2] in New York an reinem Eisen, von NAKAMURA[3] in Japan

[1] COOKE, W. T.: Phys. Rev. Bd. 50 (1936) S. 1158.
[2] BROWN, W. F.: Phys. Rev. Bd. 50 (1936) S. 1165.
[3] NAKAMURA, K.: Sci. Rep. Tôhoku Univ. Bd. 24 (1935) S. 302; Z. Phys. Bd. 94 (1935) S. 707.

an Nickel und den Nickel-Eisen-Legierungen bei Zimmertemperatur und von ENGLER[1] in Jena an Nickel bei höheren Temperaturen bis zum Curie-Punkt. Die zahlreichen weiteren Arbeiten über den ΔE-Effekt, vor allem die aus älterer Zeit, sind leider zu einer Kontrolle unserer Formeln nicht geeignet, da sie keine Angaben über die Anfangspermeabilität enthalten. Die Messung des Elastizitätsmoduls geschah in den neueren Arbeiten stets durch Bestimmung der Eigenfrequenz von mechanischen Schwingungen eines Stabes. Die Verfahren zur Erzeugung der Schwingungen und die Messung der Schwingungsfrequenz und Amplitude sind jedoch außerordentlich mannigfaltig. Es ist selten, daß einmal zwei Forscher die gleiche Methode angewandt haben. Wir wollen deshalb hier auf weitere experimentelle Einzelheiten nicht eingehen.

In Tabelle 17 sind die von COOKE an Eisen gemessenen Werte mit denen der theoretischen Formeln verglichen. Es wurden in dieser Arbeit zwei Eisenproben mit verschieden großen inneren Spannungen untersucht. Spalte 1 gibt die an ihnen gemessenen Anfangssuszeptibilitäten an. Daraus wurde die Spannungsenergie der inneren Spannungen

$$\tfrac{3}{2} \lambda \sigma_i = \frac{J_s^2}{3 \chi_a}.$$

berechnet. Diese Spannungsenergie ist in Spalte 2 mit der Kristallenergie verglichen, und zwar ist dort der Quotient $\dfrac{\frac{3}{2}\lambda\sigma_i}{\frac{1}{3}K}$ angegeben. $\frac{1}{3}K$ ist gerade der Energieunterschied zwischen der leichten und der schweren Richtung, wenn man für die Kristallenergie den einfachen Ausdruck $K\,(\alpha_1^2\alpha_2^2 + \alpha_2^2\alpha_3^2 + \alpha_3^2\alpha_1^2)$

Tabelle 17.

Probe	1. Anfangs-suszepti-bilität χ_a	2. $\dfrac{\frac{3}{2}\lambda\sigma_i}{\frac{1}{3}K}$	3. $\left(\dfrac{\Delta E}{E}\right)_{\exp}$	4. $\left(\dfrac{\Delta E}{E}\right)_{\text{theor}}$ $\lambda\sigma_i \ll K$	5. $\left(\dfrac{\Delta E}{E}\right)_{\text{theor}}$ $\lambda\sigma_i \gg K$
1. Ausgeglüht	28,7	0,24	$0{,}31\cdot10^{-2}$	$0{,}32\cdot10^{-2}$	$1{,}3\ \cdot10^{-2}$
2. Nicht ausgeglüht .	7,4	0,9	$0{,}22\cdot10^{-2}$	$0{,}08\cdot10^{-2}$	$0{,}33\cdot10^{-2}$

setzt. Bei der ausgeglühten Eisenprobe, deren Daten in Zeile 1 stehen, ist dieser Quotient wesentlich kleiner als 1. Dort überwiegt die Kristallenergie. Bei dieser Probe ist also zu erwarten, daß die mit Wandverschiebungen abgeleitete Formel (45) für den ΔE-Effekt gültig ist. Bei der harten Probe in Zeile 2 ist $\dfrac{\frac{3}{2}\lambda\sigma_i}{\frac{1}{3}K}$ gerade fast gleich 1. Dort ist also der Einfluß der Kristallenergie und der Spannungsenergie annähernd gleich groß. Bei dieser Probe sollte also der wirkliche Wert des ΔE-Effektes etwa in der Mitte zwischen den für die beiden Extremfälle berechneten Werten liegen. Die Spalten 3 bis 5 zeigen, daß diese unsere Erwartung in der Tat völlig bestätigt wird. In Spalte 3 steht die experimentell ermittelte relative Änderung des Elastizitätsmoduls zwischen entmagnetisiertem Zustand und Sättigung. COOKE hat zwar die Sättigung nicht ganz erreicht. Er hat aber den Zusammenhang zwischen $\dfrac{\Delta E}{E}$ und der pauschalen Magnetisierung angegeben. Durch geringe Extrapolation des Verlaufes bis zur Sättigungsmagnetisierung kann man den Sättigungswert daher leicht ermitteln. In Spalte 4 steht der aus der gemessenen Anfangssuszeptibilität nach Formel (45) berechnete theoretische Wert, der also im Falle $\lambda\sigma_i \ll K$ mit dem experimentellen Wert übereinstimmen sollte. Dabei wurde $\lambda_{100} = 1{,}8\cdot10^{-5}$

---

[1] ENGLER, O.: Ann. Phys., Lpz. V, Bd. 31 (1938) S. 145.

gesetzt. Bei der ersten Probe stimmte dieser Wert fast genau mit dem Experiment überein. In Spalte 5 steht das theoretische Ergebnis, das sich aus den für den Fall $\lambda\sigma_i > K$ abgeleiteten Formeln ergibt, und zwar ist das arithmetische Mittel der beiden Werte eingetragen, die sich bei den verschiedenen Mittelungsverfahren nach den Formeln (25) und (26) ergeben.

In gleicher Weise ist in Tabelle 18 der Vergleich zwischen Experiment und Theorie für die Eisen-Nickel-Legierungen mit 40% Ni bis 100% Ni nach den Messungen von NAKAMURA durchgeführt. Nach den Messungen von KLEIS[1] ist bei den Legierungen mit weniger als 80% Ni die [110]-Richtung die schwerste Richtung. In dem Quotienten $\dfrac{\frac{3}{2}\lambda\sigma_i}{\frac{1}{3}K}$ wurde deshalb im Nenner nicht $\frac{1}{3}$ der ersten Konstanten der Kristallenergie eingesetzt, sondern, wie es dem Sinne entspricht, die Differenz der Magnetisierungsarbeiten in der schweren und leichten Richtung. Messungen des Elastizitätsmoduls an Einkristallen dieser Legierungen liegen bisher nicht vor. Es wurde deshalb angenommen, daß der Elastizitätsmodul isotrop ist. Die Berechnung des ΔE-Effektes aus der gemessenen Anfangssuszeptibilität geschah demnach nach Formel (43) (Spalte 4) und Formel (25) (Spalte 5). Bei den Legierungen mit mehr als 80% Ni ist zu beachten, daß die leichte Richtung die [111]-Richtung ist. Die Berechnung des ΔE-Effektes mit Wandverschiebungen verläuft deshalb wesentlich anders, als sie oben für die [100]-Richtung durchgeführt worden ist. Auf diese Rechnungen wollen wir im einzelnen hier nicht eingehen. Es ergibt sich, daß für einen Einkristall die Formel (34) zu ersetzen ist durch

$$(46) \qquad \Delta\left(\frac{1}{E}\right) = 4\,\frac{\lambda_{111}^2\,\chi a}{J_s^2}\,(\beta_1^2\beta_2^2 + \beta_2^2\beta_3^2 + \beta_3^2\beta_1^2).$$

Für einen Polykristall erhält man bei Mittelung unter der Voraussetzung elastischer Isotropie statt Formel (43) das Ergebnis

$$(47) \qquad \frac{\Delta E}{E_0} = \frac{4}{5}\,\frac{\lambda_{111}^2\,\chi a}{J_s^2}\,E_0.$$

Die ersten beiden Zeilen in Spalte 4 wurden mit dieser Formel berechnet. Die Magnetostriktionswerte wurden den Messungen von LICHTENBERGER[2] entnommen.

Tabelle 18.

Prozent Nickel	1. χa	2. $\dfrac{\frac{3}{2}\lambda\sigma_i}{\frac{1}{3}K}$	3. $\left(\dfrac{\Delta E}{E}\right)_{\text{exp}}$	4. $\left(\dfrac{\Delta E}{E}\right)_{\text{theor}}$ $\lambda\sigma_i \ll K$	5. $\left(\dfrac{\Delta E}{E}\right)_{\text{theor}}$ $\lambda\sigma_i \gg K$
100	19,8	0,25	0,17	0,11	0,41
90	72,4	0,61	0,044	0,014	0,076
70	99,4	2,0	0,040	0,052	0,072
60	111	0,89	0,051	0,041	0,099
50	160	0,40	0,064	0,011	0,135
40	160	0,27	0,046	0,010	0,135

Bis auf eine Ausnahme bei der Legierung mit 70% Ni liegt der gemessene Wert für $\dfrac{\Delta E}{E}$ stets zwischen den für die beiden Extremfälle berechneten Werten. Auf diese eine Abweichung ist aber kein sehr großes Gewicht zu legen. Denn die berechneten Werte sind noch ziemlich unsicher, einerseits, weil wir nicht wissen, ob nicht tatsächlich ebenso wie bei Eisen eine starke elastische

[1] KLEIS, J. D.: Phys. Rev. Bd. 50 (1936) S. 1178.
[2] LICHTENBERGER, F.: Ann. Phys., Lpz. V, Bd. 15 (1932) S. 45; vgl. Abb. 186, S. 281.

Anisotropie vorhanden ist, und andererseits, weil die benutzten Magnetostriktionswerte nicht sehr genau sind. Da die Magnetostriktion quadratisch in den theoretischen Formeln steht, ist das Ergebnis gegen Fehler in λ sehr empfindlich. So ist z. B. der Wert für λ_{100} bei der Legierung mit 40% Ni bei LICHTENBERGER wegen der Nichtberücksichtigung der Volumenmagnetostriktion sehr wahrscheinlich dem Betrage nach zu klein. Daher ist der aus χ_a für $\lambda\sigma_i \ll K$ berechnete Wert bei dieser Legierung vermutlich wesentlich zu klein. In Anbetracht dieser Unsicherheiten muß man die Übereinstimmung in Tabelle 18 als ausreichend ansehen.

Als drittes Beispiel ist schließlich in Abb. 251 der ΔE-Effekt von Nickel in Abhängigkeit von der Temperatur nach Messungen von ENGLER dargestellt, zusammen mit den beiden Kurven, die man aus der gemessenen Anfangssuszeptibilität nach (25) und (47) berechnet. Messungen der Magnetostriktion an Nickeleinkristallen liegen für höhere Temperaturen nicht vor. Am Polykristall ist die mittlere Magnetostriktion nach den neuesten Messungen[1] proportional J_s^2. Es wurde deshalb angenommen, daß diese Beziehung auch für die Magnetostriktion in jeder Richtung am Einkristall gilt. Bei der untersuchten Probe ist bei Zimmertemperatur $\dfrac{\frac{3}{2}\lambda\sigma_i}{\frac{1}{3}K} = 0,7$. Mit zunehmender Temperatur nimmt jedoch K sehr stark ab, so daß von etwa 100° an aufwärts die Spannungsenergie der inneren Spannungen weit überwiegt gegenüber der Kristallenergie. Man sollte also erwarten, daß bei höheren Temperaturen der gemessene ΔE-Effekt übereinstimmt mit den unter der Annahme

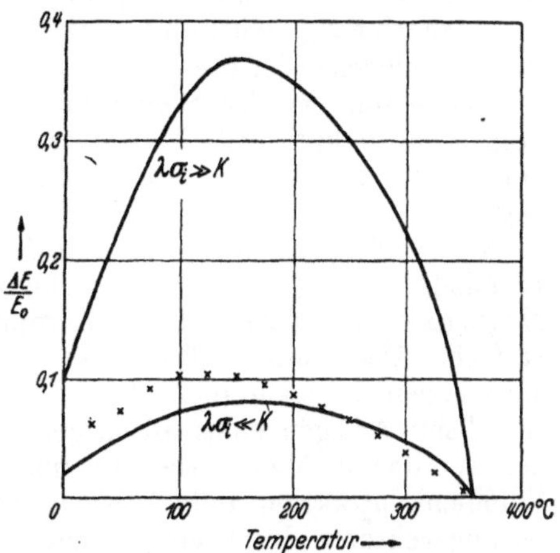

Abb. 251. ΔE-Effekt an Nickel in Abhängigkeit von der Temperatur. [Nach O. ENGLER: Ann. Phys., Lpz. V, Bd. 31 (1938) S. 145.] × × Meßwerte. —— Aus der Anfangspermeabilität berechneter Verlauf. Oben für $\lambda\sigma_i \gg K$, Formel (25). Unten für $\lambda\sigma_i \ll K$, Formel (47).

$\lambda\sigma_i \gg K$ berechneten Werten, also mit der oberen Kurve in Abb. 251. Das ist jedoch nicht der Fall. Die Abweichungen sind recht beträchtlich, so daß sie kaum auf einen Fehler in den Magnetostriktionskonstanten oder auf die Wirkung einer starken elastischen Anisotropie zurückgeführt werden können. Die Ursache dieser Diskrepanz ist bisher nicht geklärt. Man wird jedoch vermuten, daß sie eng verknüpft ist mit der Tatsache, daß auch die Formel für die Anfangssuszeptibilität von Nickel unter Zug bei höheren Temperaturen nicht erfüllt ist, wie wir auf S. 132 (Abb. 83) sahen. Beides deutet darauf hin, daß bei Nickel bei höheren Temperaturen Magnetisierungsvorgänge wesentlich sind, die bei unseren Rechnungen nicht berücksichtigt sind. Es liegt nahe, hier an 180°-Wandverschiebungen zu denken. Diese geben einen zusätzlichen Beitrag zu χ_a, dem aber kein Anteil beim ΔE-Effekt entspricht, da 180°-Wände durch eine Zugspannung nicht verschoben werden. Um den richtigen ΔE-Effekt zu erhalten, müßte man in obigen Formeln nur denjenigen Teil von χ_a einsetzen, welcher nicht durch Verschiebungen von 180°-Wänden bedingt ist. Ohne diese Aufteilung von χ_a erhält man einen zu großen Wert, wie es nach Ausweis der Abb. 251 der Fall ist.

Wir haben uns bei diesen Rechnungen über den ΔE-Effekt beschränkt auf die Betrachtung der gesamten Änderung des Elastizitätsmoduls zwischen entmagnetisiertem Zustand und Sättigung. Die theoretische Behandlung des ΔE-Effektes wäre jedoch erst vollständig, wenn es uns gelänge, auch noch

---

[1] DÖRING, W.: Z. Phys. Bd. 103 (1936) S. 560.

den Verlauf des Elastizitätsmoduls als Funktion der Feldstärke oder der pauschalen Magnetisierung beim Magnetisierungsvorgang zu berechnen. Zu solch einer Rechnung fehlen uns aber bisher die Grundlagen. Z. B. müßte man im Fall überwiegender Kristallenergie wissen, wie sich beim Magnetisieren das Verhältnis der Oberflächen der einzelnen Wandsorten ändert. Wie wir schon mehrfach erörtert haben, sind wir dazu nicht in der Lage. Zwar fehlt es in der Literatur nicht an Versuchen, den Verlauf des Elastizitätsmoduls beim Magnetisieren zu berechnen. Von AKULOV und KONDORSKI[1] ist erstmalig eine derartige Rechnung ausgeführt worden, und neuerdings ist diese von F. BROWN[2] verbessert worden. Gegen diese Rechnungen ist aber einzuwenden, daß bei ihr der energetische Unterschied zwischen den leichten Richtungen, der auch schon ohne Feld und äußere Spannung wegen der inneren Spannungen vorhanden ist, vernachlässigt wird und statt dessen die Verteilung der Magnetisierung auf die verschiedenen leichten Richtungen durch eine Statistik berechnet wird, wie wir sie schon bei der Behandlung des Magnetostriktionsverlaufes auf S. 285 besprochen haben. Alle Einwände, die wir dort erörtert haben, gelten daher auch hier. Wir wollen deshalb verzichten, an dieser Stelle näher darauf einzugehen.

Wir wollen nun noch kurz auf die Änderung eingehen, die die anderen Elastizitätskonstanten, der Schubmodul und der Kompressionsmodul, beim Magnetisieren erfahren. Beim Kompressionsmodul liegen die Verhältnisse sehr einfach. Denn unter allseitigem Druck finden überhaupt keine Richtungsänderungen der spontanen Magnetisierung statt. Die Spannungsenergie ändert sich beim Anlegen eines allseitigen Druckes nur um einen von der Richtung der spontanen Magnetisierung unabhängigen Betrag. Daher ist auch die Volumenkontraktion unter Druck unabhängig davon, ob man die Magnetisierungsvektoren durch ein starkes Magnetfeld festhält oder nicht. Der Kompressionsmodul sollte also im entmagnetisierten Zustand und in der Sättigung denselben Wert haben.

Ganz streng gilt das allerdings nur, wenn wir den Anteil der Volumenmagnetostriktion, der auf der Richtungsänderung der spontanen Magnetisierung beruht, also den Kristalleffekt, vernachlässigen. Wir sahen bereits, daß man den Kristalleffekt deuten kann als Folge einer Volumenabhängigkeit der Kristallenergie. Wenn nun die Kristallenergie und die Spannungsenergie der inneren Spannungen von der gleichen Größenordnung sind, dann ändert sich bei einer Beeinflussung der Kristallenergie durch den Druck auch die Vorzugsrichtung, die ja durch das Zusammenwirken beider bestimmt ist. Das ist nicht der Fall, wenn die Spannungsenergie überwiegt, denn dann macht eine Änderung der Kristallenergie nichts aus, und auch nicht, wenn die Kristallenergie überwiegt, denn dann hängen die Vorzugsrichtungen nur von dem Vorzeichen der Kristallenergie, nicht von ihrer Größe ab. Nur in dem mittleren Gebiet, wo $\lambda \sigma_i$ vergleichbar mit K ist, kann bei großem Kristalleffekt in der Volumenmagnetostriktion der Kompressionsmodul im entmagnetisierten Zustand und in der Sättigung verschieden sein. Bei den bekannten Materialien ist aber dieser Magnetostriktionsanteil viel zu klein, um einen beobachtbaren Effekt zu ergeben. Darüber liegt eine direkte experimentelle Prüfung bisher nicht vor.

Es ist nicht unwichtig zu betonen, daß wir bei dieser Überlegung nicht vorausgesetzt haben, daß auch die Volumenmagnetostriktion im Sättigungsgebiet klein ist. Eine große erzwungene Magnetostriktion deutet nur darauf hin, daß der Betrag der spontanen Magnetisierung empfindlich von der Gitterkonstanten abhängig ist. Unter Druck tritt dann lediglich eine Betragsänderung,

---

[1] AKULOV, N. u. E. KONDORSKI: Z. Phys. Bd. 78 (1932) S. 801; Bd. 85 (1933) S. 661.
[2] BROWN, W. F.: Phys. Rev. Bd. 52 (1937) S. 325.

keine Richtungsänderung der spontanen Magnetisierung auf. Nun hat zwar eine solche Änderung des Betrages auch eine zusätzliche Volumenkontraktion zur Folge. Infolgedessen ist der Kompressionsmodul kleiner als er sein würde, wenn sie nicht vorhanden wäre. Aber diese Betragsänderung der spontanen Magnetisierung bei allseitigem Druck ist nach unseren bisherigen Erfahrungen unabhängig von ihrer Richtung. Deshalb tritt die darauf beruhende zusätzliche Volumenkontraktion im entmagnetisierten Zustand und in der Sättigung in gleicher Größe auf. Sie bedingt also keine Feldabhängigkeit des Kompressionsmoduls, kann aber, wie wir sehen werden (S. 356), einen anomalen Verlauf der Temperaturabhängigkeit zur Folge haben.

Es ist nunmehr sehr leicht, die Änderung des Schubmoduls beim Magnetisieren zu berechnen. Bei einem isotropen Material besteht zwischen dem Elastizitätsmodul E, dem Kompressionsmodul K und dem Schubmodul G die Beziehung (vgl. 11.44)

$$(48) \qquad \frac{1}{G} = \frac{3}{E} - \frac{1}{3\,K}\,.$$

Da sich K beim Magnetisieren nicht ändert, besteht zwischen den Änderungen von E und G die Beziehung

$$(49) \qquad \Delta\left(\frac{1}{G}\right) = 3\,\Delta\left(\frac{1}{E}\right)$$

oder, falls $\dfrac{\Delta E}{E_0} \ll 1$,

$$(50) \qquad \frac{\Delta G}{G_0} = 3\,\frac{G_0}{E_0}\,\frac{\Delta E}{E_0}\,.$$

Merkwürdigerweise ist diese Beziehung bei den in der Literatur vorliegenden experimentellen Ergebnissen häufig recht schlecht erfüllt. Von HONDA und TANAKA[1] sind an zahlreichen Fe-C-, Fe-Co- und Fe-Ni-Legierungen Messungen der Änderung des Elastizitätsmoduls und des Schubmoduls vorgenommen worden. Sie finden bei allen ihren Proben, daß $\dfrac{\Delta G}{G_0}$ ungefähr 3mal größer ist als $\dfrac{\Delta E}{E_0}$, während auf Grund der angegebenen Werte von E und G $\dfrac{\Delta G}{G_0}$ nur etwa 25% größer sein sollte als $\dfrac{\Delta E}{E_0}$. Wesentlich besser stimmt die Beziehung bei den neueren Messungen von COOKE und BROWN[2] an Eisen. Sie finden an zwei Eisenproben mit verschieden großen inneren Spannungen den Sättigungswert von $\dfrac{\Delta E}{E_0}$ und von $\dfrac{\Delta G}{G_0}$ fast genau gleich groß. Da bei Eisen $G_0 = 8{,}5 \cdot 10^{11}$ dyn/cm² und $E_0 = 21 \cdot 10^{11}$ dyn/cm² ist, ist $\dfrac{3\,G_0}{E_0} = 1{,}2$. Es sollte also $\dfrac{\Delta G}{G_0}$ um 20% größer sein als $\dfrac{\Delta E}{E_0}$. Derartige Abweichungen können durch eine geringe Anisotropie des Materials entstehen. Denn die obige Gleichung (48) ist ja nur bei wirklicher Isotropie gültig. Auf eine gewisse Anisotropie bei den Proben von COOKE und BROWN deutet auch die Tatsache, daß der Kompressionsmodul, den man aus den von ihnen gemessenen E- und G-Werten berechnet, viel kleiner ist als der, den andere Forscher bei direkter Messung gefunden haben. Die großen Abweichungen bei HONDA und TANAKA sind unverständlich.

---

[1] HONDA, K. u. T. TANAKA: Sci. Rep. Tôhoku Univ. Bd. 15 (1926) S. 1.
[2] COOKE, W. T., W. F. BROWN: s. Zitat auf S. 348.

e) Die Temperaturabhängigkeit des Elastizitätsmoduls.

Es ist bereits seit langem bekannt, daß der Elastizitätsmodul ferromagnetischer Stoffe in Abhängigkeit von der Temperatur einen anomalen Verlauf aufweist. Während bei nichtferromagnetischen Materialien der Elastizitätsmodul stets mit steigender Temperatur absinkt, beobachtet man bei ferromagnetischen Stoffen häufig einen Anstieg, der dann am Curie-Punkt mit einem ziemlich ausgeprägten Knick in den normalen Abfall übergeht. Diese Tatsache ist auf Grund unserer Vorstellungen über das Zustandekommen des ΔE-Effektes ohne weiteres verständlich. Wegen des Vorhandenseins der spontanen Magnetisierung und der mit ihr verbundenen Magnetostriktion tritt bei Temperaturen unterhalb des Curie-Punktes unter Zug eine zusätzliche magnetostriktive Dehnung auf, die eine Herabsetzung des Elastizitätsmoduls bewirkt. Bei sinkender Temperatur muß also am Curie-Punkt ein Abknicken der E-T-Kurve von dem Verlauf oberhalb Θ zu kleineren Werten hin eintreten, wie es tatsächlich beobachtet wird.

Eine Zugspannung hat auf die spontane Magnetisierung einen doppelten Einfluß. Sie verursacht erstens eine Änderung ihrer Richtung und zweitens eine Änderung ihres Betrages. Mit beiden Änderungen ist eine zusätzliche Dehnung und somit eine Herabsetzung des Elastizitätsmoduls verknüpft. In ihrem Verhalten sind aber diese beiden Wirkungen wohl zu unterscheiden. Die Richtungsänderungen unter Zug hängen von der Größe der inneren Spannungen ab. Sie sind um so größer, je kleiner σ_i ist. Durch ein hinreichend starkes Magnetfeld können sie verhindert werden. Darauf beruht ja gerade der ΔE-Effekt. Bei dem im starken Feld gemessenen Elastizitätsmodul muß also der von den Richtungsänderungen herrührende Anteil der Anomalie im Temperaturverlauf fortfallen.

Die Änderung des Betrages der spontanen Magnetisierung durch eine Zugspannung ist dagegen von den inneren Spannungen völlig unabhängig. Sie hat ihre Ursache in der Tatsache, daß die Größe der spontanen Magnetisierung von den Gitterkonstanten abhängt. Diese Abhängigkeit läßt sich, wie wir auf S. 294 erläuterten, aus dem mit dem Felde linearen Anstieg des Volumens im Gebiet der magnetischen Sättigung entnehmen. Die dadurch bedingte Herabsetzung des E-Moduls kann durch ein Magnetfeld nicht verhindert werden, sondern ist im entmagnetisierten Zustand und in der Sättigung in gleicher Größe vorhanden. Sie verursacht also auch bei dem im starken Feld gemessenen Elastizitätsmodul einen anomalen Temperaturverlauf.

Bei den meisten Materialien ist die Steilheit der erzwungenen Magnetostriktion sehr klein. Daher ist die Herabsetzung des Elastizitätsmoduls infolge der Betragsänderung der spontanen Magnetisierung so geringfügig, daß sie sich der Messung entzieht. Bei solchen Materialien erwarten wir also, daß der Elastizitätsmodul im magnetisch gesättigten Zustand in Abhängigkeit von der Temperatur einen glatten Verlauf aufweist, in welchem sich der Curie-Punkt überhaupt nicht ausprägt. Eine Anomalie ist dann nur beim Elastizitätsmodul im pauschal unmagnetischen Zustand vorhanden. Ein solches Verhalten findet man bei Nickel und bei den meisten Eisen-Nickel-Legierungen. Bis vor kurzem hat man sogar geglaubt, daß sich alle Materialien so verhalten müßten. Als Beispiel ist in Abb. 252 der Temperaturverlauf des Elastizitätsmoduls von Nickel für verschieden große Werte der Magnetisierung nach Messungen von SIEGEL und QUIMBY wiedergegeben. Die angeschriebenen Parameterwerte sind die Größen des Verhältnisses J/J_s. Die unterste Kurve entspricht dem entmagnetisierten Zustand, die oberste der Sättigung. Die Differenz zwischen diesen beiden Kurven ist der ΔE-Effekt. Dieser hat, ganz ähnlich wie bei den Messungen von ENGLER in Abb. 251, seinen größten Wert zwischen 100°

und 200°. Man sieht, daß sich der Verlauf des Elastizitätsmoduls im gesättigten Zustand glatt an den oberhalb des Curie-Punktes anschließt, wie wir es erwarten. Diese Figur stellt einen überzeugenden Beweis dafür dar, daß tatsächlich bei einem Ferromagnetikum der Elastizitätsmodul im pauschal unmagnetischen Zustand erniedrigt ist, und daß das Magnetfeld nur diese anomale Erniedrigung aufhebt. Der „normale" Wert des Elastizitätsmoduls ist der im magnetisch gesättigten Zustand. Dieser stellt die eigentliche Materialkonstante dar, während der Elastizitätsmodul im entmagnetisierten Zustand noch von den inneren Spannungen abhängt. Er kann daher viel stärker als bei anderen Materialien durch mechanische Bearbeitung oder durch Glühbehandlung verändert werden.

Es sei hier noch darauf hingewiesen, daß nach den Messungen von SIEGEL und QUIMBY der Verlauf des Elastizitätsmoduls im magnetisch gesättigten Zustand allerdings nicht genau mit stetigem Temperaturkoeffizienten an den Verlauf oberhalb des Curie-Punktes anschließt. Unterhalb Θ ist vielmehr die Abnahme mit steigender Temperatur ein wenig steiler als oberhalb. Die Messungen von ENGLER bestätigen dieses Verhalten. Ein solcher Knick, der einer kleinen anomalen Erhöhung des Elastizitätsmoduls unterhalb des Curie-Punktes entspricht, kann nicht durch einen Magnetostriktionseffekt gedeutet werden wie die große Anomalie des Elastizitätsmoduls im Felde Null. Vielleicht läßt sich dieser kleine Knick auffassen als die Folge eines direkten Einflusses der Elektronen, die die Träger des Ferromagnetismus sind, auf die Leitungselektronen, die ja in einem Metall zugleich für die Kohäsionskräfte verantwortlich sind. Möglicherweise tragen auch die Elektronen, die den Ferromagnetismus bewirken, selbst etwas zur Kohäsion bei. Ihr Beitrag erfährt dann bei der Entstehung der spontanen Magnetisierung eine Änderung. Darüber läßt sich bisher nichts aussagen, da die Elektronentheorie der Metalle dazu noch zu wenig entwickelt ist.

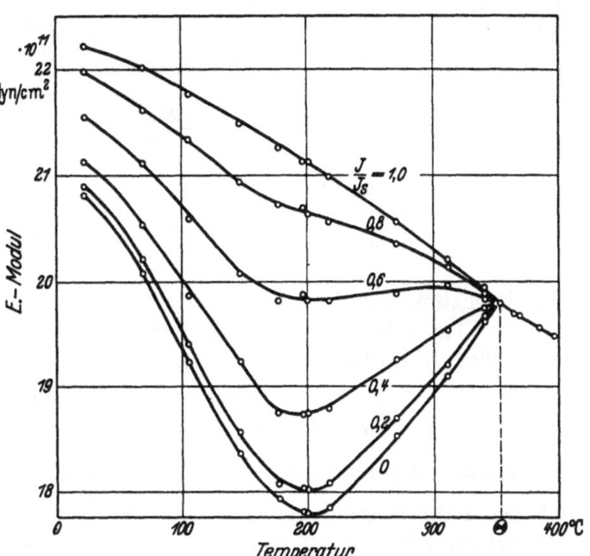

Abb. 252. Der Elastizitätsmodul von Nickel in Abhängigkeit von der Temperatur für verschiedene Werte der relativen Sättigung J/J_s. [Nach S. SIEGEL u. S. L. QUIMBY: Phys. Rev. Bd. 49 (1936) S. 663.]

Das Verhalten von Nickel ist typisch für ein Material, bei dem die Volumenmagnetostriktion klein ist. Materialien mit großer erzwungener Magnetostriktion, bei denen auch noch wegen der Änderung des Betrages der spontanen Magnetisierung unter Zug eine weitere Anomalie im Temperaturverlauf des Elastizitätsmoduls auftritt, liegen in den Eisen-Nickel-Legierungen mit 30 bis 45% Ni vor. Von diesen sind bisher nur an einer Legierung mit 42% von ENGLER Messungen durchgeführt worden. Seine Ergebnisse zeigt Abb. 253. Bei 575 Oe ist bei diesem Material die Sättigung bei allen Temperaturen erreicht. Trotzdem ist, im Gegensatz zu Nickel, bei dieser Feldstärke das anomale Abknicken des Verlaufes von E am Curie-Punkt nicht verschwunden, weil eben hier die auf der Betragsänderung der Magnetisierung beruhende Anomalie, die nicht in der Sättigung verschwindet, viel größer ist als bei Nickel.

Man kann die Größe dieser Anomalie, die im magnetisch gesättigten Zustand übrig bleibt, ohne Schwierigkeit berechnen. In der Sättigung ist die Länge l eines Stabes noch eine Funktion der Zugspannung σ und des Betrages der spontanen Magnetisierung M. Wir wollen dabei, wie auch in den früheren

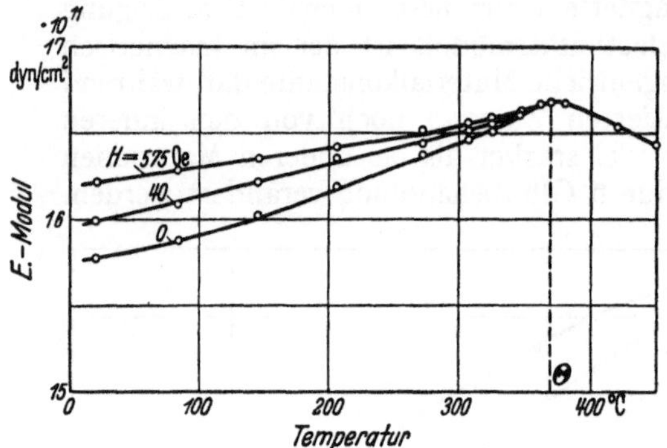

Abb. 253. Der Elastizitätsmodul einer Nickel-Eisen-Legierung mit 42% Ni in Abhängigkeit von der Temperatur bei verschiedenen Feldstärken H. [Nach O. ENGLER: Ann. Phys., Lpz. V, Bd. 31 (1938) S. 145.]

Kapiteln, M auf diejenige Substanzmenge beziehen, die im Felde Null und ohne Spannung in 1 cm³ enthalten ist: $l = l(\sigma, M)$. Wenn sich beim Anlegen einer Zugspannung der Betrag der spontanen Magnetisierung nicht ändern würde, wäre der Elastizitätsmodul E gegeben durch

$$(51) \qquad \frac{1}{E_M} = \frac{1}{l_0}\left(\frac{\partial l}{\partial \sigma}\right)_M.$$

Darin bedeutet l_0 die Länge im Ausgangszustand. Dieser Elastizitätsmodul E_M, den man bei konstantem M messen würde, sollte am Curie-Punkt keine Anomalie aufweisen

oder höchstens eine so kleine, wie sie bei Nickel im gesättigten Zustand auftrat. Tatsächlich mißt man aber den Elastizitätsmodul E_H bei konstanter Feldstärke. Für diesen Modul E_H gilt

$$(52) \qquad \frac{1}{E_H} = \frac{1}{l_0}\left(\frac{\partial l}{\partial \sigma}\right)_H = \frac{1}{l_0}\left(\frac{\partial l}{\partial \sigma}\right)_M + \frac{1}{l_0}\left(\frac{\partial l}{\partial M}\right)_\sigma \left(\frac{\partial M}{\partial \sigma}\right)_H$$

Nun können wir einerseits den Differentialquotienten $\left(\dfrac{\partial M}{\partial \sigma}\right)_H$ durch die Steilheit der Längsmagnetostriktion im Sättigungsgebiet ersetzen. In Kapitel 6 [Formel (33)] haben wir ja bereits die thermodynamische Gleichung bewiesen:

$$(53) \qquad \left(\frac{\partial M}{\partial \sigma}\right)_H = \frac{1}{l_0}\left(\frac{\partial l}{\partial H}\right)_\sigma.$$

Andererseits folgt aber auf Grund der Kettenregel

$$(54) \qquad \left(\frac{\partial l}{\partial H}\right)_\sigma = \left(\frac{\partial l}{\partial M}\right)_\sigma \left(\frac{\partial M}{\partial H}\right)_\sigma.$$

Somit erhalten wir

$$(55) \qquad \frac{1}{E_H} - \frac{1}{E_M} = \frac{\left[\dfrac{1}{l_0}\left(\dfrac{\partial l}{\partial H}\right)_\sigma\right]^2}{\left(\dfrac{\partial M}{\partial H}\right)_\sigma},$$

oder

$$(55\,a) \qquad \frac{E_M - E_H}{E_M} = E_H \frac{\left[\dfrac{1}{l_0}\left(\dfrac{\partial l}{\partial H}\right)_\sigma\right]^2}{\left(\dfrac{\partial M}{\partial H}\right)_\sigma}.$$

Die auf der rechten Seite stehenden Größen sind sämtlich der Messung zugänglich. Im Zähler steht die Steilheit der Längsmagnetostriktion im Sättigungsgebiet, die man entweder direkt messen oder aus der Steilheit der Volumenmagnetostriktion entnehmen kann. Im Nenner steht die Änderung des Betrages der spontanen Magnetisierung mit dem Feld. Diese ist bei Nickel bei Zimmertemperatur so klein, daß bisher eine Messung noch nicht gelungen ist. Selbst KAPITZA konnte bei Anwendung von Feldstärken bis 300000 Oe nur feststellen, daß der Effekt kleiner als seine Meßgenauigkeit war[1]. Bei höheren Temperaturen ist die Größe aber der Messung gut zugänglich, weil diese „wahre" Magnetisierbarkeit mit steigender Temperatur sehr rasch anwächst. Bisher liegen aber für Eisen-Nickel-Legierungen bei höheren Temperaturen noch keine Messungen vor, weder von der Größe $\frac{\partial M}{\partial H}$ noch von $\frac{1}{l_0}\left(\frac{\partial l}{\partial H}\right)_\sigma$. Eine direkte Prüfung, ob die von ENGLER an der Legierung mit 42% Ni gefundene Anomalie beim Elastizitätsmodul im magnetisch gesättigten Zustand durch die obige Formel richtig wiedergegeben wird, ist daher zur Zeit noch nicht möglich. Man kann lediglich abschätzen, daß die Größenordnung richtig ist. Nach Messungen von MASIYAMA[2] ist bei der Legierung mit 40% Ni die Steilheit der Volumenmagnetostriktion $0{,}68 \cdot 10^{-8}$ pro Oe. $\frac{1}{l_0}\left(\frac{\partial l}{\partial H}\right)_\sigma$ ist ein Drittel davon. Für $\frac{\partial M}{\partial H}$ kann man etwa 10^{-4} setzen. Das ist die Größenordnung, die sich aus der Weißschen Theorie ergibt. Mit dem Wert $E_H = 1{,}6 \cdot 10^{12}$ dyn/cm² ergibt sich dann für die Legierung mit 40% etwa $\frac{E_M - E_H}{E_M} \approx 0{,}1$. Das ist tatsächlich die Größenordnung der von ENGLER beobachteten Anomalie.

Sehr interessant wäre an dieser Legierung auch die Untersuchung des Kompressionsmoduls. Wir hatten uns bereits überlegt, daß Richtungsänderungen der spontanen Magnetisierung unter allseitigem Druck nicht auftreten, und daß daher eine Feldabhängigkeit des Kompressionsmoduls nicht vorhanden sein sollte. Die Anomalie im Temperaturverlauf, die auf den Richtungsänderungen der spontanen Magnetisierung beruht, tritt also beim Kompressionsmodul niemals auf. Aber die Anomalie, die durch die Änderung des Betrages der spontanen Magnetisierung verursacht ist, ist beim Kompressionsmodul noch viel ausgeprägter als beim Elastizitätsmodul. Ebenso wie Gleichung (55) erhält man zwischen dem Kompressionsmodul bei konstanter Magnetisierung K_M und dem bei konstantem Feld K_H die Beziehung

$$\frac{K_M - K_H}{K_M} = K_H \frac{\left[\frac{1}{V_0}\left(\frac{\partial V}{\partial H}\right)_p\right]^2}{\left(\frac{\partial M}{\partial H}\right)_p}.$$

Da die Steilheit der Volumenmagnetostriktion im Sättigungsgebiet dreimal größer ist als die der Längsmagnetostriktion, sollte also die Anomalie im Kompressionsmodul erheblich größer sein als die im Elastizitätsmodul. Messungen darüber liegen bisher nicht vor.

25. Die Dämpfung mechanischer Schwingungen.

a) Übersicht über die verschiedenen Dämpfungsanteile.

Wegen der Magnetostriktion kann man ein ferromagnetisches Material durch periodisches Magnetisieren zu mechanischen Schwingungen anregen. Von dieser Möglichkeit hat man neuerdings vielfach bei der Schwingungserzeugung Gebrauch gemacht, z. B. in den Magnetostriktionsschallsendern zur Schallerzeugung oder in den Magnetostriktionsoszillatoren, mit denen die Frequenz einer elektrischen Schwingung durch die mechanischen Schwingungen eines ferromagnetischen Stabes konstant gehalten wird, in ähnlicher Weise wie mit einem Piezoquarz. Für eine vorteilhafte Anwendung in derartigen Geräten ist es erforderlich, daß die Dämpfung der elastischen Schwingung möglichst gering ist. Leider ist

---

[1] KAPITZA, P.: Proc. roy. Soc., London A, Bd. 131 (1931) S. 224, 243.
[2] MASIYAMA, Y.: Sci. Rep. Tôhoku Univ. Bd. 20 (1931) S. 574; vgl. Abb. 205, S. 300.

aber gerade bei ferromagnetischen Metallen die Dämpfung häufig besonders groß, meist viel größer als in nichtferromagnetischen Metallen mit ähnlichen elastischen und plastischen Eigenschaften. Diese Tatsache hat zu zahlreichen Untersuchungen über die Ursachen dieser großen Dämpfung Anlaß gegeben. Im wesentlichen sind uns heute die Erscheinungen auch verständlich, aber im einzelnen bleibt noch vieles zu untersuchen übrig.

Als Maß für die mechanische Dämpfung benutzt man das natürliche logarithmische Dekrement δ. Darunter versteht man den natürlichen Logarithmus des Verhältnisses von zwei aufeinanderfolgenden größten Werten der Spannung σ oder der Dehnung ε bei einer freien Schwingung

$$(1) \qquad \sigma = \sigma_1(t) \cdot \cos\left(2\pi\,\nu\,t - \varphi\right).$$

Ist t_1 eine Zeit, bei der der Kosinus gerade den Wert $+1$ erreicht, und $T = 1/\nu$ die Schwingungsdauer, so ist die Dämpfung die Differenz der Werte von $\lg \sigma_1$ zu den Zeiten t_1 und $t_1 + T$:

$$(2) \qquad \delta = (\lg \sigma_1)_{t_1} - (\lg \sigma_1)_{t_1 + T}.$$

Dabei ist vorausgesetzt, daß σ_1 nur langsam veränderlich ist mit der Zeit, verglichen mit dem cos-Glied, so daß die Maximalwerte von σ praktisch dort liegen, wo der Kosinus seinen größten Wert erreicht. Das ist gleichbedeutend mit der Annahme $\delta \ll 1$, die wir im Folgenden stets machen werden. Unter dieser Voraussetzung können wir auch in (2) die Differenz durch den Differentialquotienten ersetzen. Dann erhalten wir

$$(3) \qquad \delta = -\,T\,\frac{d}{dt}\,(\lg \sigma_1)$$

oder

$$\frac{d\sigma_1}{dt} = -\,\nu\,\delta\,\sigma_1.$$

Da die Schwingungsenergie u proportional dem Quadrat der Amplitude ist, erhält man aus (3) für u die Differentialgleichung

$$(4) \qquad \frac{du}{dt} = -\,2\,\nu\,\delta\,u.$$

Die relative Abnahme der Schwingungsenergie pro Schwingung ist demnach gleich $2\,\delta$. Diese Beziehung werden wir später bei der Berechnung von δ oft benutzen.

Ist δ von der Amplitude unabhängig, so folgen daraus für das Abklingen der Amplitude und der Energie die speziellen Exponentialgesetze

$$(5) \qquad \left\{ \text{und} \quad \begin{aligned} \sigma_1(t) &= \sigma_0\,e^{-\nu\delta t} \\[4pt] u(t) &= u_0\,e^{-2\nu\delta t}. \end{aligned} \right.$$

Im folgenden werden wir aber auch Fälle zu betrachten haben, bei denen δ amplitudenabhängig ist. Dann erfolgt das Abklingen von σ_1 nicht mehr nach dem einfachen Gesetz (5).

Bei den Untersuchungen, die wir im Folgenden besprechen werden, ist die Dämpfung meistens nicht durch Messung des Abklingens einer freien Schwingung bestimmt worden, sondern durch Aufnahme der Resonanzkurve in der Umgebung einer Eigenfrequenz der zu untersuchenden Probe. Hierzu wird der Körper durch eine periodische Kraft zu erzwungenen Schwingungen angeregt. Ist K die Amplitude der erregenden Kraft und ν ihre Frequenz, so ist bis auf belanglose Faktoren, die von der geometrischen Anordnung abhängen, die Amplitude der entstehenden Zwangsschwingung in der Nähe einer Eigenfrequenz ν_0, für $\dfrac{\nu - \nu_0}{\nu_0} \ll 1$, proportional zu

$$(6) \qquad \frac{K}{\sqrt{\left(1 - \dfrac{\nu^2}{\nu_0^2}\right)^2 + \dfrac{\delta^2}{\pi^2}}}.$$

Hält man also K konstant und variiert nur die Frequenz der erregenden Kraft, so erhält man für die Amplitude als Funktion von ν eine glockenförmige Kurve wie in Abb. 254, die ihren höchsten Wert an der Resonanzstelle $\nu = \nu_0$ erreicht. Bezeichnen wir mit $\varDelta \nu = \nu - \nu_0$ diejenige Frequenzabweichung von der Resonanz, bei der die Amplitude auf den halben Wert gesunken ist, so folgt unter der Annahme $\dfrac{\varDelta \nu}{\nu_0} \ll 1$ für δ die Beziehung

$$(7) \qquad \frac{\varDelta \nu}{\nu_0} = \frac{\sqrt{3}}{2\pi}\, \delta .$$

Bei den vorliegenden Untersuchungen wurde die Dämpfung meistens aus der gemessenen Halbwertsbreite der Resonanzkurve nach (7) ermittelt. Dabei ist aber zu bemerken, daß (7) nur richtig ist, wenn δ von der Amplitude unabhängig ist.

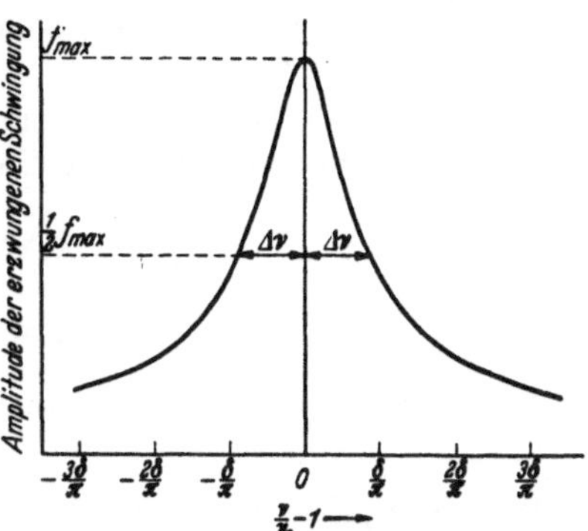

Abb. 254. Resonanzkurve für die Amplitude der erzwungenen Schwingung (zur Berechnung der Dämpfung aus der Halbwertsbreite $2\,\varDelta \nu$).

Die anomal große Dämpfung der mechanischen Schwingungen in ferromagnetischen Materialien ist aufs engste verknüpft mit den verborgenen Magnetisierungsvorgängen, die bei wechselnden äußeren Spannungen in einem Ferromagnetikum ablaufen. Denn die Messungen zeigen, daß die Dämpfung stark von der Magnetisierung abhängig ist und bei Annäherung an den magnetisch gesättigten Zustand, wenn also die Magnetisierung durch das Feld festgehalten wird, stark absinkt. Außerdem findet man, daß die Dämpfung mit steigender Temperatur in der Nähe des Curie-Punktes erheblich abnimmt und oberhalb desselben ebenso klein wird wie im magnetisch gesättigten Zustand. Recht anschaulich sieht man dieses Verhalten an Abb. 255, in welcher die Ergebnisse neuerer Messungen von SIEGEL und QUIMBY an Nickel wiedergegeben sind. Es ist das logarithmische Dekrement in Abhängigkeit von der Temperatur aufgetragen für verschiedene Werte der pauschalen Magnetisierung als Parameter. Längs einer Kurve ist das Verhältnis J/J_s konstant. Die oberste Kurve entspricht dem entmagnetisierten Zustand, die unterste der Sättigung.

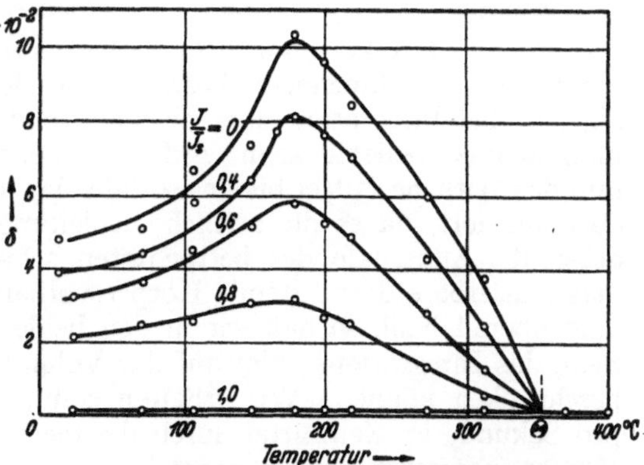

Abb. 255. Dämpfung δ der elastischen Schwingungen eines Nickelstabes in Abhängigkeit von der Temperatur für verschiedene Werte der relativen Magnetisierung J/J_s. [Nach S. SIEGEL u. S. L. QUIMBY: Phys. Rev. Bd. 49 (1936) S. 663.]

Diese Messungen beweisen in überzeugender Weise, daß die anomal große Dämpfung nur dann auftritt, wenn die elastischen Wechselspannungen Richtungsänderungen der spontanen Magnetisierung hervorrufen können, also nur unterhalb des Curie-Punktes im unvollständig gesättigten Zustand. Plastische Verformungen und elastische Nachwirkung, die ja im nichtferromagnetischen Material allein die Dämpfung bewirken, verursachen nur den kleinen Anteil der Dämpfung, der im magnetisch gesättigten Zustand und oberhalb des Curie-Punktes noch übrig bleibt. Die ganze übrige Dämpfung hat magnetische Ursachen.

Hinsichtlich des Mechanismus, durch den die verborgenen Magnetisierungsvorgänge eine mechanische Schwingungsdämpfung verursachen, werden wir im folgenden drei verschiedene Arten unterscheiden. Wir kennzeichnen sie als die Dämpfung infolge von *makroskopischen Wirbelströmen*, *magnetomechanischer Hysterese* und *mikroskopischen Wirbelströmen*.

Letzten Endes wird bei allen diesen drei Anteilen die mechanische Schwingungsenergie durch Wirbelströme in Joulesche Wärme verwandelt. Die folgende Betrachtung soll hauptsächlich dazu dienen, die wesentlichen Unterschiede zwischen diesen Dämpfungsanteilen deutlich zu machen. Wir gehen dazu aus von den Maxwellschen Gleichungen:

$$(8) \quad \begin{cases} \operatorname{rot} \mathfrak{H} = \dfrac{4\pi}{c}\, \mathfrak{j} + \dfrac{1}{c}\, \dot{\mathfrak{E}}, \\[2mm] \operatorname{rot} \mathfrak{E} = -\dfrac{1}{c}\, (\dot{\mathfrak{H}} + 4\pi\, \dot{\mathfrak{J}}). \end{cases}$$

$\mathfrak{E}$: elektrische Feldstärke, $\mathfrak{H}$: magnetische Feldstärke, $\mathfrak{j}$: Stromdichte, $\mathfrak{J}$: Magnetisierung, c: Lichtgeschwindigkeit.

Wir multiplizieren die erste Gleichung mit $\dfrac{c}{4\pi}\, \mathfrak{E}$, die zweite mit $-\dfrac{c}{4\pi}\, \mathfrak{H}$, addieren sie und integrieren über ein großes Volumen, das den ganzen, mechanisch schwingenden Körper im Innern enthält, und dessen Oberfläche in großem Abstand von ihm liegen soll. Wegen der Vektorbeziehung

$$(9) \qquad \operatorname{div} [\mathfrak{E}\,\mathfrak{H}] = \mathfrak{H}\operatorname{rot}\mathfrak{E} - \mathfrak{E}\operatorname{rot}\mathfrak{H}$$

können wir unter Anwendung des Gaußschen Integralsatzes die linke Seite in ein Oberflächenintegral verwandeln und erhalten

$$(10) \quad -\int\limits_{\text{Oberfläche}} \frac{c}{4\pi}\, [\mathfrak{E}\,\mathfrak{H}]\, df = \int\limits_{\text{Volumen}} (\mathfrak{j}\,\mathfrak{E})\, dV + \int\limits_{\text{Volumen}} (\mathfrak{H}\,\dot{\mathfrak{J}})\, dV + \frac{d}{dt} \int\limits_{\text{Volumen}} \frac{1}{8\pi}\, (\mathfrak{E}^2 + \mathfrak{H}^2)\, dV.$$

Die von den Induktionsänderungen hervorgerufene elektrische Wirbelfeldstärke nimmt mit zunehmendem Abstand von dem schwingenden Körper so rasch ab, daß bei Integration über ein genügend großes Volumen das Oberflächenintegral links beliebig klein wird. Wir können es daher fortlassen. Wenn wir nun das zeitliche Mittel bilden, so fällt das letzte Integral auf der rechten Seite ebenfalls fort, da es die zeitliche Ableitung einer zeitlich periodischen Größe darstellt. Außerhalb des betrachteten schwingenden Körpers sollen keinerlei magnetisierbare oder leitende Körper vorhanden sein. Dann ist $\mathfrak{j}$ und $\mathfrak{J}$ außerhalb überall Null, so daß wir in den beiden ersten Integralen auf der rechten Seite das Integrationsgebiet auf das Volumen des schwingenden Körpers selbst beschränken können. Wir erhalten somit für die Wirbelstromwärme W, die pro Sekunde im Zeitmittel durch die mechanische Schwingung in dem ganzen Körper insgesamt erzeugt wird,

$$(11) \qquad W = \int\limits_{\text{Körper}} \overline{(\mathfrak{j}\,\mathfrak{E})}\, dV = -\int\limits_{\text{Körper}} \overline{(\mathfrak{H}\,\dot{\mathfrak{J}})}\, dV.$$

Der Mittelungsstrich soll darin die zeitliche Mittelung andeuten. Ein zeitlich konstantes, äußeres Magnetfeld, das gegebenenfalls zur Erzeugung der Vormagnetisierung vorhanden ist, können wir auf der rechten Seite außer Betracht lassen, da ja bei der periodischen Schwingung im Zeitmittel $\dot{\mathfrak{J}} = 0$ ist. $\mathfrak{H}$ bedeutet also fortan nur die von den Wirbelströmen erzeugte magnetische Wechselfeldstärke.

Wir haben damit die gesamte Wirbelstromwärme W umgeformt in ein Integral über die Magnetisierungsänderung $\dot{\mathfrak{J}}$. Da W gleich der Abnahme $-\,du/dt$

der Schwingungsenergie in der Zeiteinheit ist, besteht zwischen der Dämpfung und W wegen (4) der Zusammenhang

$$(12) \qquad \delta = \frac{W}{2\nu u}.$$

Die verschiedenen Ursachen für das Auftreten einer Dämpfung lassen sich nun leicht an Hand einer geeigneten Unterteilung von W erkennen. Wir zerlegen dazu die in (8) bis (11) auftretenden Feldgrößen $\mathfrak{E}$, $\mathfrak{H}$, $\mathfrak{J}$, $\mathfrak{j}$ in die pauschalen Feldgrößen $\overline{\mathfrak{E}}$, $\overline{\mathfrak{H}}$, $\overline{\mathfrak{J}}$, $\overline{\mathfrak{j}}$ und die Abweichungen $\mathfrak{E}'$, $\mathfrak{H}'$, $\mathfrak{J}'$, $\mathfrak{j}'$ von ihnen nach dem Schema

$$(13) \qquad \mathfrak{A} = \overline{\mathfrak{A}} + \mathfrak{A}'.$$

Die pauschale Größe $\overline{\mathfrak{A}}$ an einem Raumpunkt ist dabei definiert durch ein Raumintegral über eine Kugel vom Volumen τ mit dem Raumpunkt als Zentrum:

$$(14) \qquad \overline{\mathfrak{A}} = \frac{1}{\tau} \int\limits_{\text{Kugel}} \mathfrak{A}\, d\tau,$$

also auch

$$(14a) \qquad \int\limits_{\text{Kugel}} \mathfrak{A}'\, d\tau = 0.$$

τ soll dabei einerseits so groß sein, daß die durch die individuelle Struktur der Weißschen Bezirke bedingten Unregelmäßigkeiten durch die Integration ausgeglättet werden, andererseits aber so klein, daß $\overline{\mathfrak{A}}$ sich auf Strecken von der Größenordnung des Kugelradius noch wenig ändert. Durch diese Forderung schließen wir extrem große Weißsche Bezirke, wie sie bei Permalloy unter Zug auftreten, von der Betrachtung aus und desgleichen extrem hohe Frequenzen von der Größenordnung 10^8, bei denen sich das Feld auf eine Schicht von der Dicke eines Weißschen Bezirkes zusammendrängt.

Man überzeugt sich leicht, daß die Zerlegung (13) eine entsprechende Zerlegung der Maxwellschen Gleichungen (8) zur Folge hat, welche sowohl für die pauschalen Größen $\overline{\mathfrak{A}}$ wie auch für die Abweichungen vom Mittel $\mathfrak{A}' = \mathfrak{A} - \overline{\mathfrak{A}}$ gelten müssen. Die pauschalen Feldgrößen sind diejenigen, von denen in der Elektrotechnik allein die Rede ist.

Nach unseren Festsetzungen ist das Volumenintegral über ein Produkt $\left(\overline{\mathfrak{A}}\,\mathfrak{B}'\right)$ aus einem pauschalen Vektor und der Abweichung $\mathfrak{B}'$ eines zweiten Vektors $\mathfrak{B}$ von seinem Mittel $\overline{\mathfrak{B}}$ stets gleich Null, da sich das Gesamtvolumen stets in Gebiete unterteilen läßt, in denen $\overline{\mathfrak{A}}$ noch praktisch konstant ist und das Raumintegral über $\mathfrak{B}'$ verschwindet. Daraus folgt die wichtige Zerlegung eines Integrals

$$(15) \qquad \int(\mathfrak{A}\,\mathfrak{B})\, dV = \int\!\left(\overline{\mathfrak{A}} + \mathfrak{A}'\right)\!\left(\overline{\mathfrak{B}} + \mathfrak{B}'\right) dV = \int\left(\overline{\mathfrak{A}}\,\overline{\mathfrak{B}}\right) dV + \int(\mathfrak{A}'\,\mathfrak{B}')\, dV$$

in einen nur von den $\overline{\mathfrak{A}}$, $\overline{\mathfrak{B}}$ und einen von den $\mathfrak{A}'$, $\mathfrak{B}'$ abhängigen Summanden.

Nach (15) können wir also auch die Wirbelstromwärme W in zwei Summanden

$$(16) \qquad W = W_0 + W'$$

zerlegen, wobei

$$(17a) \qquad W_0 = \int\left(\overline{\mathfrak{j}}\,\overline{\mathfrak{E}}\right) dV = -\int\left(\overline{\mathfrak{H}}\,\dot{\overline{\mathfrak{J}}}\right) dV$$

allein von den pauschalen Feldgrößen $\overline{\mathfrak{E}}$, $\overline{\mathfrak{H}}$, $\overline{\mathfrak{J}}$, $\overline{\mathfrak{j}}$ herrührt und

$$(17b) \qquad W' = \int(\mathfrak{j}'\,\mathfrak{E}')\, dV = -\int(\mathfrak{H}'\,\dot{\mathfrak{J}}')\, dV$$

allein von den Abweichungen $\mathfrak{E}' = \mathfrak{E} - \overline{\mathfrak{E}}$ usw. vom Mittelwert. Die in (17a) und (17b) auszuführende Mittelung über die Zeit ist der Einfachheit halber nicht angedeutet.

Die dem Verlustanteil W_0 entsprechende Dämpfung nennen wir die Dämpfung durch makroskopische Wirbelströme. Ihre Berechnung ist zum ersten Male von KERSTEN[1] durchgeführt worden. W. F. BROWN[2] hat neuerdings die Kerstensche Näherungsrechnung verallgemeinert und verbessert. Da hierbei stets nur die Pauschalwerte auftreten, ist dieser Verlustanteil streng berechenbar. Er hängt nur von den pauschalen Materialkonstanten, der Permeabilität und der reversiblen Steilheit der Magnetostriktionskurve ab. Charakteristisch für ihn ist die Abhängigkeit von der äußeren Gestalt des schwingenden Körpers. Im entmagnetisierten Zustand verschwindet dieser Anteil, weil dann die Spannungen keine Änderung der pauschalen Magnetisierung bewirken. Die Abhängigkeit von W_0 von der Frequenz ist, wie wir sehen werden, sehr kompliziert. Dagegen läßt sich die Abhängigkeit von der Spannungsamplitude leicht übersehen. Bei kleinen Werten der Spannung ist bei gegebener Frequenz die Amplitude von $\dot{\mathfrak{J}}$ und daher auch das durch die Magnetisierungsänderungen erzeugte pauschale Wirbelfeld $\overline{\mathfrak{H}}$ proportional zur Spannungsamplitude σ_1. Also ist W_0, ebenso wie die Schwingungsenergie u, proportional zu σ_1^2. Wegen (12) ist daher der Dämpfungsanteil $\delta_0 = \dfrac{W_0}{2\nu u}$ infolge der pauschalen Wirbelströme bei kleinen Spannungen amplitudenunabhängig.

Zu dem Verlustanteil W_0 kommt nun noch der zusätzliche Verlust W' hinzu, der von den Abweichungen der wirklichen Feldgrößen von den Pauschalwerten herrührt. Er ist von der Gestalt des Körpers nicht abhängig. Im Gegensatz zu W_0 ist er auch im entmagnetisierten Zustand wirksam. Wir wollen den Ausdruck (17b) für W' noch etwas umformen. Dabei beschränken wir uns auf Materialien mit sehr kleinen inneren Spannungen, bei welchen Magnetisierungsänderungen praktisch nur durch Wandverschiebungen vor sich gehen. Diese Beschränkung ist zwar nicht unbedingt nötig, aber erleichtert das Verständnis etwas. Zur Vereinfachung betrachten wir nur den pauschal unmagnetischen Zustand, in welchem die pauschalen Feldgrößen $\overline{\mathfrak{H}}$, $\dot{\mathfrak{J}}$ verschwinden. $\dot{\mathfrak{J}}$ ist in diesem Fall nur dort von Null verschieden, wo sich eine Wand bewegt. Wir können daher das Integral in (17b) umformen in ein Oberflächenintegral über die Wände zwischen den Weißschen Bezirken. Wir greifen ein kleines Wandelement df heraus, welches sich gerade mit der Geschwindigkeit v in Richtung senkrecht zur Wand bewegen möge. Bezeichnen wir mit x die Koordinate senkrecht zur Wand, so ist innerhalb der Übergangsschicht die Magnetisierung nur eine Funktion von $x - vt$. Also gilt dort

$$(18) \qquad \frac{\partial \mathfrak{J}}{\partial t} = -v\,\frac{\partial \mathfrak{J}}{\partial x}.$$

Da außerhalb der Wandzone $\dot{\mathfrak{J}} = 0$ ist, erhalten wir bei der Volumenintegration über das Wandstück df

$$\int_{\substack{\text{Wandelement}}} (\mathfrak{H}\,\dot{\mathfrak{J}})\,dV = -v\,df \int_{\substack{\text{Wanddicke}}} \left(\mathfrak{H}\,\frac{\partial \mathfrak{J}}{\partial x}\right)\,dx.$$

Bei der Ausführung des über die Wanddicke zu erstreckenden Integrals dürfen wir annehmen, daß alle Feldgrößen nur von x, nicht aber von y und z abhängen. Dann gilt wegen $\operatorname{div}(\mathfrak{H} + 4\pi\,\mathfrak{J}) = 0$ innerhalb der Wand

$$\frac{\partial H_x}{\partial x} = -4\pi\,\frac{\partial J_x}{\partial x}.$$

[1] KERSTEN, M.: Z. techn. Phys. Bd. 15 (1934) S. 463.
[2] BROWN, W. F.: Phys. Rev. Bd. 50 (1936) S. 1165.

Damit ergibt eine einfache Rechnung

$$(19) \qquad \int\limits_{\text{Wanddicke}} \left(\mathfrak{H}\,\frac{\partial \mathfrak{J}}{\partial x}\right) dx = \frac{\mathfrak{H}_1+\mathfrak{H}_2}{2}\,(\mathfrak{J}_2 - \mathfrak{J}_1),$$

wo durch die Indizes 1 und 2 die Feldvektoren vor und hinter der Wand gekennzeichnet sind (vgl. Abb. 256). Bezeichnen wir also hier mit $\mathfrak{H}$ das arithmetische Mittel des Feldes zu beiden Seiten der Wand, so ergibt sich nach (17b) und (19)

$$(20) \qquad W' = -\int\limits_{\text{Körper}} \overline{(\mathfrak{H}'\,\dot{\mathfrak{J}})}\,dV = -\int\limits_{\text{Alle Wände}} \overline{v\,\mathfrak{H}\,(\mathfrak{J}_1 - \mathfrak{J}_2)}\,df.$$

Die Mittelungsstriche deuten dabei an, daß das Zeitmittel zu nehmen ist. Die Feldstärke $\mathfrak{H}$, die in diesem Falle wegen der Voraussetzung $\overline{\mathfrak{H}}=0$ mit $\mathfrak{H}'$ identisch ist, bedeutet darin das die Wandbewegung hemmende Wirbelfeld, welches von den in der nächsten Umgebung durch die Wand selbst induzierten Wirbelströmen erzeugt wird. Auf Grund der Überlegungen in Kapitel 18d ist dieses der Geschwindigkeit proportional und der Magnetisierungsänderung $\mathfrak{J}_1 - \mathfrak{J}_2$ entgegengerichtet. Wir können also setzen

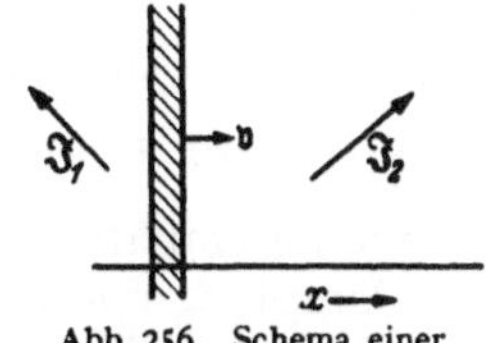

Abb. 256. Schema einer Wandverschiebung.

$$(21) \qquad \mathfrak{H} = -k\,v\,(\mathfrak{J}_1 - \mathfrak{J}_2).$$

Darin ist die Reibungskonstante k im wesentlichen nur von der Größe der Wand abhängig. Wir hatten in Kapitel 18 (S. 239) für eine kreisförmige Wand mit dem Radius R erhalten

$$k = \frac{4\,\pi^2}{\varrho\,c^2}\,R.$$

Durch Einsetzen von (21) erhalten wir für W'

$$(22) \qquad W' = +\int\limits_{\text{Alle Wände}} \overline{k\,v^2\,(\mathfrak{J}_1 - \mathfrak{J}_2)^2}\,df.$$

Wir können nun W' noch einmal unterteilen nach der Art der Wandverschiebungen, die zu W' beitragen. Da 180°-Wände unter der Wirkung einer mechanischen Spannung keine Verschiebung erleiden, können wir diese außer Betracht lassen. Bei den 90°-Wänden müssen wir die reversiblen und irreversiblen Verschiebungen unterscheiden. Entsprechend erhalten wir auch für W' die Zerlegung

$$(23) \qquad W' = W'_{\text{irr}} + W'_{\text{rev}}.$$

Bei Spannungsamplituden, die klein gegen die inneren Spannungen sind, ist der Bruchteil der 90°-Wände, die irreversible Barkhausen-Sprünge vollführen, nur sehr gering; aber jeder einzelne liefert dafür einen ziemlich hohen Beitrag zu dem obigen Integral (22). Die Geschwindigkeit v ist bei einem solchen Sprung unabhängig von der Frequenz der mechanischen Schwingung. Der Sprung wird zwar durch die mechanische Spannung ausgelöst, läuft dann aber in einer Zeit ab, die im allgemeinen klein gegen die Schwingungsdauer ist. Wir sahen bereits in Kapitel 18, daß diese beiden Zeiten erst bei Frequenzen von der Größenordnung 10^8 miteinander vergleichbar werden. So hohe Frequenzen wollen wir aber im Folgenden außer Betracht lassen. Der Verlustanteil W'_{irr}, der von diesen irreversiblen Wandverschiebungen herrührt, ist im wesentlichen nur von der Zahl der Sprünge in der Zeiteinheit abhängig. Diese Zahl ist proportional zur Frequenz der Schwingung, da jeder einzelne Sprung bei jeder Schwingung einmal hin und zurück abläuft. Wegen (12) ist daher der dementsprechende Dämpfungsanteil $\delta'_{\text{irr}} = \dfrac{W'_{\text{irr}}}{2\,\nu\,u}$ frequenzunabhängig. Seine Abhängigkeit von der Amplitude werden wir später erörtern (S. 366). Bei kleinen Spannungsamplituden ist δ'_{irr} proportional zu σ_1. Diesen Dämpfungsanteil nennen wir die Dämpfung infolge magnetomechanischer Hysterese. Denn da jeder derartige kleine Barkhausen-Sprung einer 90°-Wand wegen der Magnetostriktion auch eine kleine irreversible Dehnung hervorruft, machen sich diese Vorgänge beim statischen Aufnehmen der Dehnung als Funktion der Spannung in einer scheinbar plastischen Hysterese bemerkbar, wie wir sie schon in Abb. 247 im vorigen Kapitel kennengelernt haben.

Bei den reversiblen Wandverschiebungen dagegen wird, ganz im Gegensatz zu den irreversiblen Sprüngen, v durch die mechanische Spannung bestimmt. Der wechselnde hydrostatische Druck, den die elastische Spannung auf die Wand ausübt, treibt sie im Rhythmus der mechanischen Schwingung hin und her. Die Amplitude der Bewegung ist proportional zur Spannungsamplitude. v ist also bei diesen Wandverschiebungen proportional zur Frequenz v und zur Spannungsamplitude σ_1. W'_{rev} ist daher proportional zu $v^2 \sigma_1^2$. Der dementsprechende Dämpfungsanteil $\delta'_{rev} = \dfrac{W'_{rev}}{2\,v\,u}$ ist demnach unabhängig von der Spannungsamplitude und proportional der Frequenz. Wir nennen diesen Anteil der Dämpfung infolge mikroskopischer Wirbelströme. In der Literatur ist dieser Anteil noch nicht behandelt worden. Seine Größe hängt wesentlich von dem Mittelwert der Reibungsgröße k, also von der Ausdehnung der Weißschen Bezirke ab.

Die wesentlichsten Merkmale der drei Dämpfungsanteile sind in der folgenden Tabelle 19 zusammengestellt. Auf Grund der verschiedenartigen Abhängigkeit on Frequenz, Spannungsamplitude und Gestalt des schwingenden Körpers assen sich demnach diese verschiedenen Dämpfungsanteile im Prinzip voneinander trennen, in ähnlicher Weise, wie man bei den Verlusten in kleinen magnetischen Wechselfeldern den Wirbelstrom-, Hysterese- und Nachwirkungsanteil einzeln ermitteln kann. Leider sind aber bisher noch in keinem einzigen Falle Messungen der mechanischen Dämpfung ausgeführt worden, die ausführlich genug sind, um diese Zerlegung wirklich durchführen zu können. Es ist niemals Frequenz und Amplitude variiert worden, sondern höchstens eines von beiden. Wir können deshalb bisher nicht sagen, ob wir mit dieser Unterteilung den wirklichen Verhältnissen vollständig gerecht werden, und ob nicht tatsächlich noch weitere Dämpfungsanteile vorhanden sind. Wir werden im folgenden ausführlicher auf die einzelnen Anteile eingehen. Eine Prüfung der theoretischen Ergebnisse an den Experimenten ist aus dem angegebenen Grunde nur unvollkommen möglich.

Tabelle 19.

Dämpfung durch	Bezeichnung	Abhängigkeit der Dämpfung von		Ursache
		Frequenz v für $v \ll 10^8$	Amplitude σ_1 bei kleinen Spannungen	
Makroskopische Wirbelströme	δ_0	kompliziert wegen Skineffekt	unabhängig von σ_1	Änderungen der pauschalen Magnetisierung
Magnetomechanische Hysterese	δ'_{irr}	unabhängig von v	proportional zu σ_1	Irreversible Wandverschiebungen
Mikroskopische Wirbelströme	δ'_{rev}	proportional zu v	unabhängig von σ_1	Reversible Wandverschiebungen

b) Die Dämpfung infolge magnetomechanischer Hysterese.

Wenn man einmal erkannt hat, daß in einem ferromagnetischen Material unter der Wirkung äußerer Spannungen verborgene Magnetisierungsvorgänge stattfinden, so liegt es nahe, zu vermuten, daß sich die bekannte magnetische Hysterese auch elastisch zeigen wird in einer Hysterese der Dehnung als Funktion der Spannung. Daß das in der Tat der Fall ist, haben die Torsionsversuche von R. BECKER und KORNETZKI, die wir schon im vorigen Kapitel besprochen haben, erstmalig eindeutig gezeigt. Abb. 247 zeigte eine elastische Hystereseschleife, die R. BECKER und KORNETZKI an einem extrem weichen Karbonyleisendraht erhalten haben. Eine solche starke Hysterese bewirkt natürlich auch eine starke Schwingungsdämpfung. Sehr anschaulich sieht man das an den in Abb. 257 wiedergegebenen Schwingungsversuchen von R. BECKER und

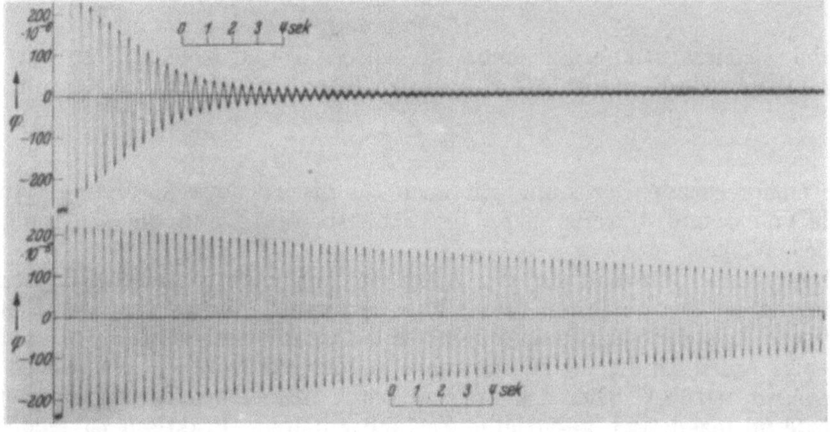

Abb. 257. Das Abklingen der freien Torsionsschwingungen eines Karbonyleisendrahtes. Oben: Ohne Feld. Unten: In einem Feld von 100 Oe. [Nach R. BECKER u. M. KORNETZKI: Z. Phys. Bd. 88 (1934) S. 634.]

KORNETZKI. Die Kurven zeigen das Abklingen von Torsionsschwingungen desselben Karbonyleisendrahtes wie in Abb. 247 (S. 338). Da die Frequenz nur etwa 2,6 Hz beträgt, spielen Wirbelströme noch gar keine Rolle. Die obere Kurve ist ohne Magnetfeld aufgenommen. Die Dämpfung ist dort so stark, daß schon nach etwa 7 Schwingungen die Amplitude auf den halben Wert gesunken ist. Die untere Kurve zeigt Schwingungen des gleichen Drahtes in einem Magnetfeld von etwa 100 Oe. Die mit Hysterese behafteten Magnetisierungsvorgänge werden durch dieses Feld nahezu völlig verhindert; die elastische Hystereseschleife wird dementsprechend sehr schmal, wie Abb. 247 zeigt. Daher wird auch die Dämpfung sehr viel kleiner. Die restliche Dämpfung ist wahrscheinlich nicht mehr magnetischen Ursprungs, sondern wird durch wirklich plastische Verformungen verursacht.

Die Größe der Dämpfung infolge der magnetomechanischen Hysterese ist quantitativ gegeben durch die Fläche der elastischen Hystereseschleife. Wir wollen diesen Zusammenhang für den Fall einer einfachen Dehnungsschwingung näher betrachten. Die Fläche $F = \oint \varepsilon\, d\sigma$ der Schleife, die die Dehnung als Funktion der Spannung beim Durchlaufen eines vollen Zyklus der Spannung aufweist, ist die Arbeit, die pro cm³ des elastisch schwingenden Materials bei einer Schwingung irreversibel verbraucht wird. Ist nun die Spannungsamplitude σ_1 an allen Stellen des schwingenden Körpers gleich, so daß die Fläche F in jedem Volumenelement des ganzen Volumens V den gleichen Wert hat, so erhält man für die Abnahme der Schwingungsenergie u in der Zeit $T = 1/v$ einer vollen Schwingung

$$(24) \qquad \frac{du}{dt} \cdot \frac{1}{v} = - F \cdot V.$$

Die Schwingungsenergie selbst beträgt aber

$$(25) \qquad u = \frac{1}{2E} \sigma_1^2 V,$$

denn im Moment der Bewegungsumkehr ist die kinetische Energie gleich Null, die gesamte Schwingungsenergie also gleich der elastischen Verzerrungsenergie. Diese beträgt pro cm^3 $\frac{1}{2E} \sigma_1^2$. Aus (24) und (25) erhalten wir wegen (4) für die Dämpfung

$$(26) \qquad \delta = - \frac{1}{2v} \frac{1}{u} \frac{du}{dt} = \frac{FE}{\sigma_1^2}.$$

Ist die Spannungsamplitude nicht im ganzen Körper konstant, so hat man in (24) die Größe F und in (25) σ_1^2 über den Körper zu mitteln und erhält dann

$$(27) \qquad \delta = \frac{\overline{F \cdot E}}{\overline{\sigma_1^2}}.$$

Eine entsprechende Beziehung gilt auch für die Torsionsschwingung. An die Stelle von σ und ε treten dann die Schubspannung und die Änderung des rechten Winkels.

Im Prinzip kann man also den Anteil der magnetomechanischen Hysteresedämpfung an der gesamten Dämpfung bestimmen, indem man statisch die elastische Hystereseschleife aufnimmt und ihre Fläche ermittelt. Davon ist derjenige Anteil der Fläche zu subtrahieren, der von wirklich plastischen Verformungen herrührt. Diesen kann man durch Aufnehmen der entsprechenden Schleife im magnetisch gesättigten Zustand erhalten. Praktisch ist jedoch die Bestimmung des Hystereseanteils der Dämpfung auf diese Weise recht schwierig auszuführen und außerdem sehr ungenau. Deshalb ist es wichtig, daß man diesen Dämpfungsanteil noch auf eine andere Weise ermitteln kann, nämlich auf Grund seiner Abhängigkeit von der Amplitude. An Hand von Gleichung (27) läßt sich leicht übersehen, wie δ von σ_1 abhängen wird. Bei sehr großen Spannungsamplituden, wenn σ_1 groß gegen die inneren Spannungen ist, ist die Fläche der elastischen Hystereseschleife, soweit sie von magnetischen Vorgängen herrührt, konstant. Bei sehr großen Amplituden nimmt also die Dämpfung mit abnehmendem σ_1 proportional zu $1/\sigma_1^2$ zu. Bei ganz kleinen Amplituden muß aber δ wieder abnehmen; denn wenn σ_1 sehr klein gegen die inneren Spannungen wird, nimmt auch F mit der Amplitude ab, und zwar stärker als quadratisch. Das ist zu erwarten auf Grund der engen Beziehungen zwischen der magnetoelastischen und der magnetischen Hystereseschleife. Bei ganz kleinen Feldern ist die Fläche der magnetischen Rayleigh-Schleife proportional zur dritten Potenz der Feldamplitude. Wenn das gleiche auch für die magnetoelastische Hystereseschleife gilt, muß also der Anteil der Dämpfung, der auf magnetoelastischer Hysterese beruht, bei kleinen Werten von σ_1 proportional zu σ_1 sein. Durch Messung der Amplitudenabhängigkeit von δ und Extrapolation auf die Amplitude Null kann man also den Hystereseanteil der Dämpfung abtrennen. Denn die anderen Dämpfungsanteile sind im Gebiet $\sigma_1 < \sigma_i$ amplitudenunabhängig. Für die Wirbelstromanteile werden wir das später zeigen. Für die Dämpfung, die auf plastischen Vorgängen beruht, findet man es experimentell an allen daraufhin untersuchten, nichtferromagnetischen Metallen bestätigt, so daß man es auch bei den ferromagnetischen Materialien als gültig annehmen kann.

Das theoretisch erwartete Maximum der magnetoelastischen Hysteresedämpfung bei mittleren Werten von σ_1 wird durch verschiedene Beobachtungen bestätigt. Man erkennt es schon bei genauerer Betrachtung des Abklingens der Torsionsschwingungen in Abb. 257 (obere Kurve). Die Amplitude nimmt offensichtlich nicht exponentiell ab, sondern bei den ersten 8 bis 9 Schwingungen annähernd linear, also stärker als exponentiell. Das bedeutet aber, daß die Dämpfung zunächst mit abnehmender Amplitude zunimmt. Danach aber wird bei Erreichung ganz kleiner Amplituden die Dämpfung wieder kleiner. Zwischen der 9. und 15. Schwingung ist die Amplitude nach etwa 4 Schwingungen bereits auf den halben Wert gesunken. Wenn diese Dämpfung konstant bliebe, müßte schon nach etwa $^2/_3$ der untersuchten Zeit die Amplitude unbeobachtbar klein geworden sein. Tatsächlich ist aber bis zum Ende des Oszillogramms noch eine kleine Schwingung zu sehen. Die Dämpfung muß also wieder erheblich abgenommen haben.

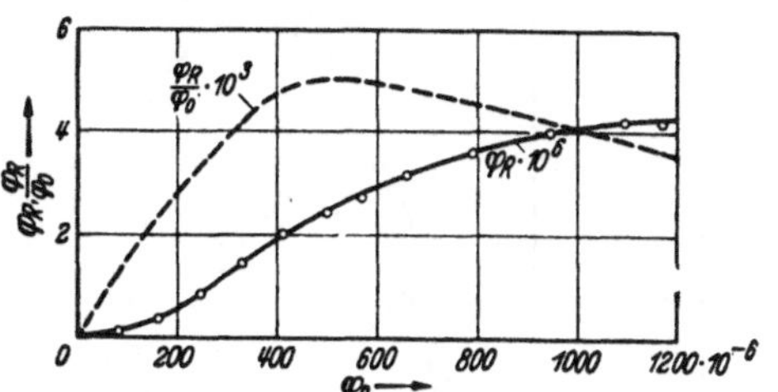

Abb. 258. Die Torsionsremanenz φ_R und das Verhältnis φ_R/φ_0 in Abhängigkeit vom Verdrillungswinkel φ_0. [Nach G. RICHTER: Ann. Phys., Lpz. V, Bd. 32 (1938) S. 683.]

Eine weitere Bestätigung liefern die Beobachtungen über die magnetoelastische Torsionsremanenz. Wenn bei kleinen Spannungsamplituden die Gestalt der elastischen Hystereseschleife nicht wesentlich von der Aussteuerung abhängt, so ist ihre Fläche proportional dem Produkt aus der Spannungsamplitude σ_1 und der Dehnungsremanenz ε_R, also $F \sim \sigma_1\,\varepsilon_R$ und daher nach (27) $\delta \sim \varepsilon_R/\sigma_1$. Nun ist zwar die Dehnungsremanenz bisher noch nicht gemessen worden, wohl aber die Torsionsremanenz. Dort findet man in der Tat, daß der Quotient aus der Torsionsremanenz φ_R und der vorher angewandten Verdrillung φ_0, die ja proportional der maximalen Spannung ist, bei mittleren Werten von φ_0 ein Maximum besitzt und nach großen wie auch nach kleinen Werten von φ_0 hin gegen Null absinkt. Als Beispiel sind in Abb. 258 die Meßergebnisse von RICHTER an rekristallisiertem Karbonyleisen wiedergegeben. Die ausgezogene Kurve ist φ_R selbst, als Funktion von φ_0 aufgetragen. Die gestrichelte Kurve gibt die prozentuale Remanenz φ_R/φ_0 an. Bei kleinen Werten von φ_0 ist, wie wir erwarten, φ_R/φ_0 proportional zu φ_0. Bei etwa $\varphi_0 = 500 \cdot 10^{-6}$ erreicht sie ein Maximum und nimmt dann wieder ab.

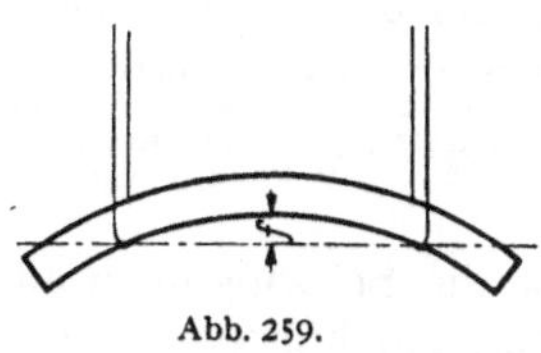

Abb. 259.

Direkte Messungen der Dämpfung in Abhängigkeit von der Amplitude sind nur von KÖSTER und FÖRSTER[1] ausgeführt worden. Diese Forscher benutzten Stäbe von etwa 20 cm Länge und 0,8 cm Durchmesser aus Eisen-Nickel-Legierungen, die zu Biegungsschwingungen angeregt wurden. Die Stäbe waren horizontal mit zwei Drahtschleifen nahe bei den Knotenpunkten der Schwingung aufgehängt. Durch eine sehr kleine, periodische Vertikalbewegung des einen Aufhängedrahtes wurde die Schwingung erzeugt. Die Spannungsamplitude war bei diesen Versuchen außerordentlich klein. Der maximale Schwingungsausschlag f in der Mitte der Stäbe (vgl. Abb. 259) blieb unterhalb 10^{-5} cm. Die größte Dehnung in der Stabmitte war demnach kleiner als $3 \cdot 10^{-7}$, die größte Spannung nicht höher als 10 g/mm². Die magnetomechanische Hysteresedämpfung sollte also proportional zur Spannungsamplitude sein. Bei Biegungs-

<hr>

[1] FÖRSTER, F. u. W. KÖSTER: Naturwiss. Bd. 25 (1937) S. 436.

schwingungen ist nun die Spannungsamplitude σ_1 an verschiedenen Stellen des Körpers sehr verschieden. Sie verschwindet an der neutralen Faser und an den Stabenden und ist am größten im mittleren Teil des Stabes am Außenrand. Da aber an jeder Stelle σ_1 proportional zu der Schwingungsweite f in der Stabmitte ist, muß auch die Hysteresedämpfung proportional zu f sein. Bezeichnen wir den von anderen Ursachen herrührenden Dämpfungsanteil, der nicht von der Amplitude abhängt, mit δ_1, so erwarten wir also für δ als Funktion von f einen Verlauf der Gestalt

$$(28) \qquad \delta = \delta_1 + c f,$$

worin c ein positiver Proportionalitätsfaktor ist.

FÖRSTER und KÖSTER haben nicht δ selbst gemessen, sondern die Halbwertsbreite einiger Resonanzkurven bei verschiedener Größe der erregenden Kraft. Sie fanden bei allen untersuchten Stäben ein annähernd lineares Anwachsen der Halbwertsbreite mit zunehmender Schwingungsweite, in qualitativer Übereinstimmung mit unserer Erwartung. Ihre Ergebnisse sind in Abb. 260 wiedergegeben, und zwar ist dort die Halbwertsbreite in Abhängigkeit vom Nickelgehalt der untersuchten Stäbe aufgetragen. Der Parameter

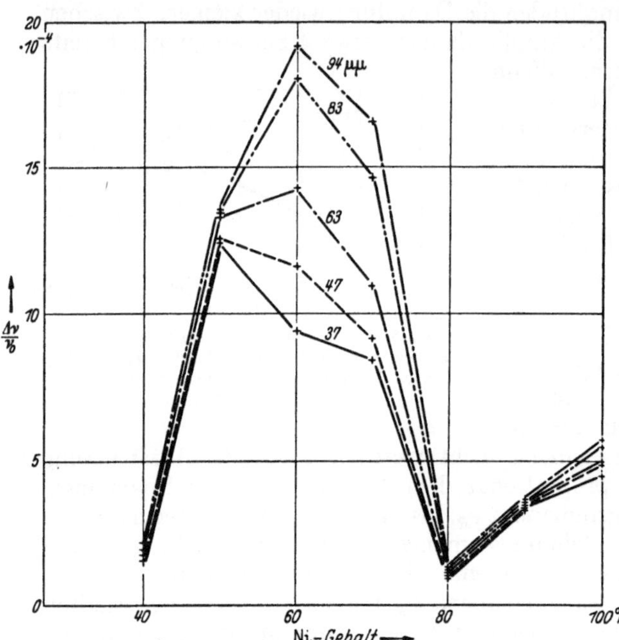

Abb. 260. Die relative Halbwertsbreite $\dfrac{\varDelta\,\nu}{\nu_0}$ der Resonanzkurve von Biegungsschwingungen an Stäben aus Eisen-Nickel-Legierungen in Abhängigkeit von der Zusammensetzung für verschiedene Werte des Schwingungsausschlages f_{max} in der Resonanz als Parameter. [Nach F. FÖRSTER u. W. KÖSTER: Naturwiss. Bd. 25 (1937) S. 436.]

ist die Schwingungsweite f_{max} in der Stabmitte im Maximum der zugehörigen Resonanzkurve.

Um den nachfolgenden quantitativen Vergleich durchführen zu können, wollen wir uns genauer den Zusammenhang zwischen Halbwertsbreite und Dämpfung überlegen, wenn wir für die Dämpfung das Gesetz (28) zugrunde legen[1]. Im Maximum der Resonanzkurve ist dann die Dämpfung $\delta_{\mathrm{max}} = \delta_1 + c\,f_{\mathrm{max}}$, bei der halben Amplitude aber nur noch $\delta_{1/2} = \delta_1 + \tfrac{1}{2}\,c\,f_{\mathrm{max}}$. Für diejenige Frequenz der erregenden Kraft, bei der die Amplitude halb so groß wie bei der Resonanzfrequenz ν_0 geworden ist, erhalten wir also auf Grund der Beziehung (6) die Gleichung

$$\frac{K}{\sqrt{\left(1 - \dfrac{\nu^2}{\nu_0^2}\right)^2 + \left(\dfrac{\delta_{1/2}}{\pi}\right)^2}} = \frac{1}{2}\,\frac{K}{\sqrt{\left(\dfrac{\delta_{\mathrm{max}}}{\pi}\right)^2}}.$$

Setzen wir $\dfrac{\nu - \nu_0}{\nu_0} \ll 1$ voraus, so ergibt sich daraus

$$(29) \qquad \frac{\varDelta\,\nu}{\nu_0} = \frac{1}{2\,\pi}\,\sqrt{3\,\delta_1^2 + 7\,\delta_1\,c\,f_{\mathrm{max}} + \frac{15}{4}\,c^2\,f_{\mathrm{max}}^2}\,.$$

[1] KORNETZKI, M.: Wiss. Veröff. Siemens-Werk Bd. 17 (1938) S. 48.

Da im vorliegenden Fall δ_1 verhältnismäßig klein ist, ist in dem interessierenden Bereich dieser Verlauf nahezu linear mit f_{max}, wie es die Messungen ergeben. Zum Vergleich sind in Abb. 261 die an den Stäben mit 60% und 70% Ni erhaltenen experimentellen Werte von $\dfrac{\Delta \nu}{\nu_0}$ in Abhängigkeit von f_{max} aufgetragen zusammen mit zwei nach (29) berechneten Kurvenzügen, bei denen die Konstanten δ_1 und c so gewählt sind, daß sie sich möglichst gut den Messungen anpassen. Man kann also die Ergebnisse zwanglos in der beschriebenen Weise deuten. Die zur Anpassung benutzten Werte für δ_1 und c sind in Tabelle 20 (S. 371) angegeben.

FÖRSTER und KÖSTER fanden bei diesen Messungen, daß mit zunehmender Schwingungsweite nicht nur die Halbwertsbreite der Resonanzkurven zunahm, sondern daß sich außerdem auch die Resonanzfrequenz, bei der die maximale

Schwingungsweite auftritt, verschob, und zwar in einer solchen Richtung, wie sie einer Abnahme des Elastizitätsmoduls mit wachsender Amplitude entspricht. KORNETZKI[1] gelang es kürzlich, auch diese Tatsache verständlich zu machen, indem er zeigte, daß sie aufs engste verknüpft ist mit der besprochenen Hysteresedämpfung. Wir wiesen bereits oben darauf hin, daß bei ganz kleinen Spannungsamplituden wegen des engen Zusammenhanges mit den magnetischen Vorgängen bei kleinen Feldern für die Dehnung als Funktion der

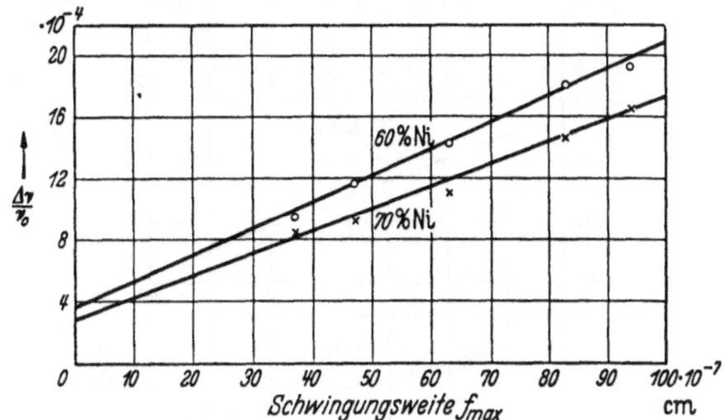

Abb. 261. Die relative Halbwertsbreite $\dfrac{\Delta \nu}{\nu_0}$ der Resonanzkurve in Abhängigkeit vom Schwingungsausschlag f_{max} an der Resonanzstelle. o o o $\left.\right\}$ Messungen von F. FÖRSTER u. W. KÖSTER: Naturwiss. Bd. 25 × × × $\left.\right\}$ (1937) S. 436. —— Berechnet nach (29) mit geeignet gewählten Konstanten δ_1 und c.

Spannung eine Rayleighsche Beziehung zu erwarten ist. Nach Kapitel 17 wird durch die Rayleigh-Konstante α sowohl das Anwachsen der Hysteresefläche $\int B\,dH = \tfrac{1}{3}\alpha H_1^3$ wie auch der Anstieg der effektiven Permeabilität $\mu = \mu_a + \alpha H_1$ mit der Aussteuerung H_1 beschrieben. Wenn bei der mechanischen Schwingung die Dehnung ebenfalls eine Rayleighsche Hystereseschleife durchläuft, so müssen hier die entsprechenden Zusammenhänge gelten. Sinngemäß ist μ zu ersetzen durch den reziproken Elastizitätsmodul $1/E$, ferner B und H durch ε und σ. Mit einer elastischen Rayleighkonstante α_{el} erwarten wir also

$$(30) \qquad F = \tfrac{1}{3}\,\alpha_{el}\,\sigma_1^3$$

und

$$(31) \qquad \frac{1}{E} = \frac{1}{E_0} + \alpha_{el}\,\sigma_1.$$

Die Dämpfung δ beträgt also nach (26) und (30):

$$(32) \qquad \delta = \frac{F\,E_0}{\sigma_1^2} = \tfrac{1}{3}\,\alpha_{el}\,\sigma_1\,E_0.$$

Andererseits folgt aus (31) für die Amplitudenabhängigkeit des E-Moduls:

$$(33) \qquad \frac{dE}{d\sigma_1} = -\,\alpha_{el}\,E_0^2.$$

---

[1] KORNETZKI. M.: s. S. 368.

Eliminieren wir nun die Rayleighsche Konstante α_{el} aus den Gleichungen (32) und (33), so erhalten wir

$$(34) \qquad -\frac{1}{E_0}\frac{dE}{d\sigma_1} = \frac{3}{4}\frac{d\delta}{d\sigma_1}.$$

Bei den Messungen von FÖRSTER und KÖSTER ist nun zwar σ_1 nicht an allen Stellen des schwingenden Körpers gleich; aber es zeigt sich, daß sowohl δ wie auch der aus der Resonanzfrequenz ermittelte Elastizitätsmodul von dem gleichen Mittelwert über σ_1 abhängen, und zwar ist sowohl in (31) wie auch in (32) σ_1 durch den Quotienten $\dfrac{\overline{|\sigma_1^3|}}{\overline{\sigma_1^2}}$ zu ersetzen. Die Überlegung, die dazu

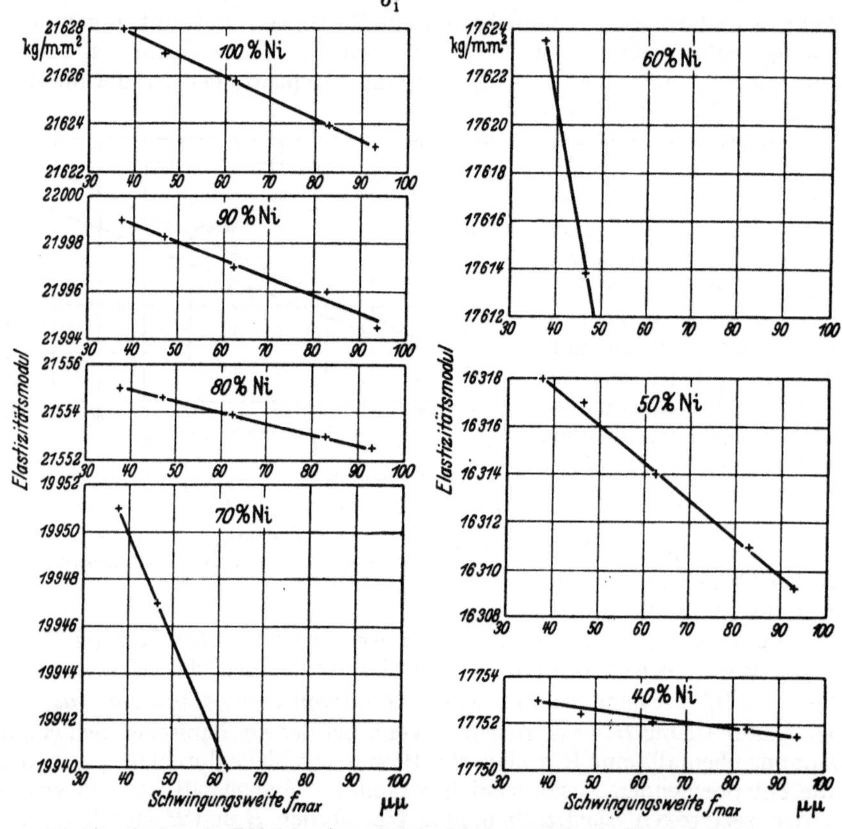

Abb. 262. Abnahme des E-Moduls mit wachsender Schwingungsweite der Biegungsschwingungen.
[Nach F. FÖRSTER u. W. KÖSTER: Naturwiss. Bd. 25 (1937) S. 436.]

führt, wollen wir hier übergehen. Demnach bleibt auch die Beziehung (34) ohne weiteres richtig, wenn man statt nach σ_1 einfach nach der Schwingungsweite f differenziert, denn f ist ja proportional zu $\dfrac{\overline{|\sigma_1^3|}}{\overline{\sigma_1^2}}$. Wir können also unser theoretisches Ergebnis auch schreiben

$$(35) \qquad -\frac{1}{E_0}\frac{dE}{df} = \frac{3}{4}\frac{d\delta}{df}.$$

Die Größe $d\delta/df$ ist gerade die Konstante c in Gleichung (28), die wir bei den beiden Stäben mit 60% und 70% Ni-Gehalt durch Anpassung des Kurvenverlaufes in Abb. 261 an die Messungen bestimmt hatten. In Tabelle 20 ist das Ergebnis verglichen mit der beobachteten Amplitudenabhängigkeit des

Elastizitätsmoduls. Die von FÖRSTER und KÖSTER gemessenen Kurven, aus denen diese Werte entnommen sind, sind in Abb. 262 wiedergegeben. Man sieht an Tabelle 20, daß die Beziehung (35) bei diesen beiden Legierungen leidlich erfüllt ist. Auf die Abweichungen von etwa 30%, die außerdem an den beiden Proben in verschiedener Richtung liegen, wird man vorerst kein Gewicht legen dürfen. Dieses Resultat berechtigt uns dazu, auch für den elastischen Fall die Rayleighschen Beziehungen als gültig anzusehen.

Tabelle 20.

Nickelgehalt des Probestabes %	δ_1	$c = \dfrac{d\delta}{df}$ cm^{-1}	$\dfrac{3}{4}\dfrac{d\delta}{df}$ cm^{-1}	$-\dfrac{1}{E_0}\dfrac{dE}{df}$ cm^{-1}
60	$13 \cdot 10^{-4}$	560	420	570
70	$10 \cdot 10^{-4}$	470	350	226

c) Die Dämpfung durch makroskopische Wirbelströme.

Wie wir zu Anfang ausführten, erhalten wir den Anteil der Dämpfung, der von den makroskopischen Wirbelströmen hervorgerufen wird, indem wir bei der Magnetisierung, der Wirbelstromdichte, der elektrischen und magnetischen Feldstärke überall nur die pauschalen Mittelwerte benutzen und von der in Wirklichkeit vorhandenen Unregelmäßigkeit in ihrer örtlichen Verteilung absehen. Der Einfachheit halber wollen wir aber in diesem Abschnitt den Mittelungsstrich zur Kennzeichnung des Pauschalwertes fortlassen. Andere Größen außer den Pauschalwerten kommen hier nicht vor. Wir beschränken uns auf so kleine magnetische Felder und mechanische Spannungen, daß die von ihnen hervorgerufene Änderung der pauschalen Magnetisierung reversibel ist.

Die Verteilung der makroskopischen Wirbelströme hängt von der äußeren Begrenzung des schwingenden Körpers ab. Wir führen die Rechnung nur durch für einen langen, zylindrischen Stab, der longitudinale Zug-Druck-Schwingungen ausführt. Wir wollen dabei vernachlässigen, daß solche Schwingungen eine endliche Wellenlänge haben. Streng genommen ändert sich ja die Spannungsamplitude sinusförmig längs des Stabes und ist an den Enden gleich Null. Wir werden sie trotzdem als konstant über den Stab hin annehmen. Diese Vernachlässigung hat auf die Verteilung der Wirbelströme keinen merklichen Einfluß, solange die mechanische Wellenlänge groß gegen den Stabdurchmesser ist. Bei langen dünnen Stäben kann dieser Fehler, wie durch eine strengere Rechnung von W. F. BROWN[1] bestätigt wird, erst bei hohen Oberschwingungen wesentlich werden. In dem betrachteten Stab sei eine Magnetisierung J_0 parallel zur Stabachse vorhanden. Eine kleine Zugspannung σ wird diese Magnetisierung ein wenig um einen zu σ proportionalen Betrag ändern. Bei konstantem Feld gilt also näherungsweise für $\sigma < \sigma_i$:

$$(36) \qquad J = J_0 + \eta\,\sigma.$$

Die Zahl $\eta = \left(\dfrac{\partial J}{\partial \sigma}\right)_H$ ist experimentell bestimmbar, und zwar entweder durch direkte Messung der Magnetisierungsänderung unter Zug oder auch indirekt aus dem Verlauf der Magnetostriktion unter Benutzung der thermodynamischen Relation (vgl. 6.33)

$$(37) \qquad \left(\dfrac{\partial J}{\partial \sigma}\right)_H = \dfrac{1}{l_0}\left(\dfrac{\partial l}{\partial H}\right)_\sigma.$$

Ist nun σ periodisch mit der Zeit veränderlich, so erzeugen die periodischen Magnetisierungsänderungen auf Grund des Induktionsgesetzes ein elektrisches Wirbelfeld, dessen Feldlinien die Stabachse ringförmig umschließen. Die

---

[1] BROWN, W. F.: Phys. Rev. Bd. 50 (1936) S. 1165.

entsprechend verlaufenden Wirbelströme erzeugen aber ihrerseits im Stabinnern wiederum ein magnetisches Wechselfeld, welches parallel zur Stabachse ist und so gerichtet, daß es die von der mechanischen Wechselspannung bewirkten Magnetisierungsänderungen zu vermindern sucht. Es tritt also eine Verdrängung der Induktionsänderung ein. Bei kleinen Frequenzen ist diese zunächst noch gering; bei genügend hohen Frequenzen finden aber schließlich praktisch nur noch in einer dünnen Schicht an der Oberfläche des Stabes Magnetisierungsänderungen statt. Im Innern werden diese durch das magnetische Wirbelstromfeld fast vollständig verhindert.

Diese Verhältnisse sind offenbar ganz ähnlich wie bei einem Stab in einem longitudinalen magnetischen Wechselfeld. Auch dort wird die periodische Magnetisierungsänderung im Stabinnern durch die Wirbelströme abgeschirmt und beschränkt sich bei hohen Frequenzen auf eine dünne Oberflächenschicht. Tatsächlich besteht eine sehr weitgehende Analogie zwischen diesen beiden Erscheinungen. Die Verteilung der Wirbelströme ist sogar in beiden Fällen bis auf einen konstanten Umrechnungsfaktor identisch. Der Beweis ergibt sich sehr einfach aus einer geeigneten Umformung der Maxwellschen Gleichungen:

$$(38a) \qquad \operatorname{rot} \mathfrak{E} = -\frac{1}{c}\,\dot{\mathfrak{B}},$$

$$(38b) \qquad \operatorname{rot} \mathfrak{H} = \frac{4\pi}{c}\,\mathfrak{i} = \frac{4\pi}{c\varrho}\,\mathfrak{E}.$$

Das Maxwellsche Ergänzungsglied $\frac{1}{c}\,\dot{\mathfrak{E}}$ haben wir darin gleich fortgelassen, da es bei den hier vorkommenden Frequenzen keine Rolle spielt. ϱ ist der spezifische elektrische Widerstand. Wir wollen unter $\mathfrak{H}$ im folgenden nur die von den Wirbelströmen herrührende magnetische Wechselfeldstärke verstehen. Das konstante Magnetfeld zur Erzeugung der Vormagnetisierung J_0 sei dabei bereits in Abzug gebracht. Im vorliegenden Fall haben $\mathfrak{H}$ und $\mathfrak{J}$ beide nur eine Komponente parallel zur Stabachse, die wir zur z-Achse unseres Koordinatensystems machen. $\mathfrak{B}$ hat also auch nur eine z-Komponente. Ist μ die reversible Permeabilität in dem beobachteten Zustand, so gilt für den Betrag von $\mathfrak{B}$, vorausgesetzt, daß σ und H genügend klein sind:

$$(39) \qquad B = B_0 + \mu\,H_z + 4\pi\eta\,\sigma.$$

Darin ist B_0 die von der Vormagnetisierung herrührende konstante Induktion. Gleichung (38a) lautet also ausführlich

$$(40) \qquad \left\{ \begin{aligned} &(\operatorname{rot}\mathfrak{E})_z = -\frac{\mu}{c}\left(\dot{H}_z + \frac{4\pi\eta\dot{\sigma}}{\mu}\right),\\ &(\operatorname{rot}\mathfrak{E})_x = (\operatorname{rot}\mathfrak{E})_y = 0. \end{aligned} \right.$$

Aus dieser Gleichung, zusammen mit Gleichung (38b), folgen eindeutig die Vektoren $\mathfrak{E}$ und $\mathfrak{H}$ als Funktion des Ortes und der Zeit, wenn man noch die Randbedingung hinzufügt, daß H an der Drahtoberfläche verschwindet. σ ist unabhängig vom Ort gegeben durch

$$(41) \qquad \sigma = \sigma_1 \cos\omega\,t.$$

Wir führen nun statt $\mathfrak{H}$ einen neuen Vektor $\mathfrak{H}'$ ein mit der z-Komponente

$$(42) \qquad H'_z = H'_z + \frac{4\pi\eta}{\mu}\,\sigma.$$

Da σ vom Ort nicht abhängt, wird $\operatorname{rot}\mathfrak{H}' = \operatorname{rot}\mathfrak{H}$; also wird nach (40)

$$(43a) \qquad (\operatorname{rot}\mathfrak{E})_z = -\frac{\mu}{c}\,H'_z; \qquad (\operatorname{rot}\mathfrak{E})_x = (\operatorname{rot}\mathfrak{E})_y = 0$$

und

$$(43b) \qquad \operatorname{rot}\mathfrak{H}' = \frac{4\pi}{c\varrho}\,\mathfrak{E}.$$

Diese Gleichungen sind nunmehr zu integrieren mit der neuen Randbedingung, daß H'_z an der Drahtoberfläche den vorgegebenen Wert

$$(44) \qquad H'_0 = \frac{4\pi\eta}{\mu}\,\sigma = \frac{4\pi\eta}{\mu}\,\sigma_1 \cdot \cos\omega t$$

besitzt. Da wir bei dem Umschreiben der Gleichungen (38a) und (38b) in die Gleichungen (43a) und (43b) an $\mathfrak{E}$ keinerlei Änderung vorgenommen haben, sind also die elektrische Wirbelstromfeldstärke und die Wirbelstromdichte in dem schwingenden Stab identisch mit denjenigen, welche ein äußeres Wechselfeld von der durch (44) gegebenen Größe im ruhenden Stab erzeugen würde.

Auf Grund dieses Zusammenhanges mit den Gleichungen des magnetischen Skineffektes lassen sich einige Tatsachen unmittelbar folgern. Die Verteilung der Wirbelströme hängt nicht von der Größe der Konstanten η ab, sondern nur von der Permeabilität und dem spezifischen elektrischen Widerstand. Eine Änderung von η bewirkt nur, daß alle Ströme im gleichen Verhältnis geändert werden, denn η kommt nur in dem Ausdruck für die Amplitude von H' am Rande vor. Da der Energieverlust proportional $\mathfrak{j}^2$ ist, muß also die Dämpfungskonstante proportional η^2 sein.

H' hat an der Staboberfläche die größte Amplitude. Nach der Mitte hin nimmt sie ab, weil das äußere „Magnetfeld" durch die Wirbelströme abgeschirmt wird. Qualitativ läßt sich die Stärke dieser Abschirmung kennzeichnen durch Angabe einer „Eindringtiefe" d. Diese Zahl gibt bei einer ebenen Oberfläche an, in welchem Abstand von der Oberfläche die Amplitude von H' auf den e-ten Teil abgesunken ist. Sie hängt außer von μ und ϱ nur noch von der Frequenz ab. Ist d groß gegen den Stabradius R, so ist H' noch praktisch über den Querschnitt konstant. Ist dagegen $d < R$, so ist H' in der Stabmitte nahezu Null. Dann ist also im Stabinnern das von den Wirbelströmen erzeugte Magnetfeld gerade so groß, daß es die von der mechanischen Wechselspannung hervorgerufenen Magnetisierungsänderungen kompensiert. Die pauschale Magnetisierung ändert sich in diesem Fall im Innern des Stabes praktisch nicht.

Die vollständige Berechnung der Wirbelströme, die ohne prinzipielle Schwierigkeiten möglich ist, wollen wir hier nicht durchführen. Sie erfordert die Kenntnis einiger komplizierter Besselscher Funktionen und bringt nichts wesentlich Neues. Wir beschränken uns auf die beiden Grenzfälle, in denen die Eindringtiefe d entweder sehr klein oder sehr groß gegen den Stabradius R ist. Im mittleren Gebiet läßt sich dann der Verlauf ohne Schwierigkeit übersehen.

·1. **Sehr starker Skineffekt.** Wenn $d < R$ ist, finden Induktionsänderungen nur in einer dünnen Haut an der Oberfläche statt. Wir können dann die Krümmung dieser stromführenden Haut vernachlässigen und einfach wie bei einem ebenen Problem rechnen. Die x-Achse stehe senkrecht zur Oberfläche, der Nullpunkt liege in der Oberfläche. $\mathfrak{H}'$ hat nur eine z-Komponente, $\mathfrak{E}$ nur eine y-Komponente. Alle Größen hängen nur von x ab. Gleichung (43a) und (43b) nehmen dann die Gestalt an:

$$(45) \qquad \frac{\partial E_y}{\partial x} = -\frac{\mu}{c}\,\dot{H}'_z \,,$$

$$(46) \qquad \frac{\partial H'_z}{\partial x} = -\frac{4\pi}{c\varrho}\,E_y .$$

Elimination von E_y liefert

$$(47) \qquad \frac{\partial^2 H'_z}{\partial x^2} = \frac{4\pi\mu}{c^2\varrho}\,\dot{H}'_z .$$

Die Lösung von (47), welche für $x = 0$ die Randbedingung (44) befriedigt und für große x verschwindet, ist gegeben durch den Realteil von

$$(48) \qquad H' = H'_0 \cdot e^{i\omega t}\, e^{-(1+i)\sqrt{\frac{K}{2}}\,x} .$$

Dabei steht K als Abkürzung für

$$(49) \qquad K = \frac{4\pi\mu\omega}{c^2\varrho}.$$

H_0' ist die Amplitude von H' an der Oberfläche:

$$(50) \qquad H_0' = \frac{4\pi\eta}{\mu}\,\sigma_1.$$

Setzen wir dieses Ergebnis in Gleichung (46) ein, so erhalten wir für E_y:

$$(51) \qquad E_y = \frac{c\varrho}{4\pi}\,(1+i)\,\sqrt{\frac{K}{2}}\cdot H_0'\,e^{-(1+i)\sqrt{\frac{K}{2}}\,x}\,e^{i\omega t}.$$

Unter Berücksichtigung von $\dfrac{1+i}{\sqrt{2}} = e^{i\frac{\pi}{4}}$ erhält man für den Realteil

$$(52) \qquad E_y = \frac{c\varrho}{4\pi}\,\sqrt{K}\,H_0'\,e^{-\sqrt{\frac{K}{2}}\,x}\cos\left[\omega t - \sqrt{\frac{K}{2}}\,x + \frac{\pi}{4}\right].$$

Die durch Wirbelströme in Wärme verwandelte Energie pro cm^3 und pro sec ist im Zeitmittel demnach

$$(53) \qquad \frac{1}{\varrho}\,\overline{E_y^2} = \frac{1}{2}\,\frac{c^2\varrho}{16\pi^2}\,K\,H_0'^2\,e^{-\sqrt{2K}\,x}.$$

Da nach Voraussetzung E_y mit zunehmendem Abstand von der Staboberfläche sehr rasch abklingt und im Innern praktisch Null ist, so erhalten wir die sekundliche Wirbelstromwärme pro cm^2 der Oberfläche durch Integration über x von 0 bis ∞. Die Schwingungsenergie u der mechanischen Schwingung pro cm der Stablänge muß also in der Zeiteinheit abnehmen um

$$(54) \qquad \frac{du}{dt} = -2\pi R\int_{x=0}^{\infty}\frac{1}{\varrho}\,\overline{E_y^2}\,dx = -\pi R\,\frac{c^2\varrho}{16\pi^2}\,\sqrt{\frac{K}{2}}\,H_0'^2.$$

Die Schwingungsenergie selbst beträgt

$$(55) \qquad u = \frac{1}{2E}\,\sigma_1^2\cdot\pi R^2.$$

Unter Berücksichtigung von (50) wird also

$$(56) \qquad \frac{du}{dt} = -\frac{2Ec^2\varrho\eta^2}{\mu^2 R}\,\sqrt{\frac{K}{2}}\cdot u.$$

Durch Vergleich mit (4) folgt also für die Dämpfung

$$(57) \qquad \delta_0 = \frac{Ec^2\varrho\eta^2}{\mu^2 R\nu}\,\sqrt{\frac{K}{2}} = \frac{4\pi^2 E\eta^2}{\mu}\,\frac{1}{R}\,\sqrt{\frac{c^2\varrho}{2\pi\mu\omega}}.$$

Für die Diskussion führt man zweckmäßig als Stabeigenschaft die Grenzfrequenz ω_g ein. Das ist diejenige Frequenz, bei der die Eindringtiefe $d = \sqrt{\dfrac{2}{K}}$ gleich dem Drahtradius R sein würde. Man erhält aus (49)

$$(58) \qquad \omega_g = \frac{c^2\varrho}{2\pi\mu R^2}.$$

Damit wird

$$(59) \qquad \delta_0 = \frac{4\pi^2 E\eta^2}{\mu}\cdot\sqrt{\frac{\omega_g}{\omega}} \qquad \text{für}\quad \omega > \omega_g.$$

Wenn also $\omega > \omega_g$ ist, nimmt die Dämpfung umgekehrt proportional zur Wurzel aus der Frequenz ab. Diese Abnahme hat ihre Ursache in der Abnahme der Eindringtiefe d. Das Volumen, in dem die Wirbelströme fließen, wird proportional mit d immer kleiner und daher auch die von ihnen in Wärme verwandelte Schwingungsenergie.

2. Schwacher Skineffekt. Bei Frequenzen weit unterhalb der Grenzfrequenz, wenn die Eindringtiefe d groß gegen den Drahtradius ist, können wir näherungsweise so rechnen, als ob H' über den Drahtquerschnitt konstant gleich dem Wert an der Oberfläche wäre:

$$H'_z = \frac{4\pi\eta}{\mu}\,\sigma_1\cos\omega t.$$

Die elektrische Wirbelfeldstärke E_t erhalten wir daraus, indem wir in Gleichung (43 a) auf beiden Seiten das Flächenintegral über eine Kreisfläche vom Radius r um die Stabachse senkrecht zu ihr bilden. Durch Anwendung des Stokesschen Satzes erhalten wir also

$$2\pi r\,E_t = -\frac{\mu}{c}\int_{r=0}^{r}\dot H'_z\,2\pi r\,dr$$

oder

$$(60)\qquad E_t = \frac{4\pi\eta\omega}{c}\,\sigma_1\sin\omega t\cdot\frac{r}{2}.$$

Die Joulesche Wärme pro sec und pro cm Länge des Stabes ist daher

$$(61)\qquad \frac{du}{dt} = -\int_{r=0}^{R}\frac{1}{\varrho}\,\overline{E_t^2}\cdot 2\pi r\,dr = \frac{16\pi^2\eta^2\omega^2}{c^2\varrho}\,\sigma_1^2\frac{\pi R^4}{16}$$

oder wegen (55)

$$(62)\qquad \frac{du}{dt} = -\frac{2\pi^2\eta^2\omega^2 R^2 E}{c^2\varrho}\,u.$$

Die Dämpfung beträgt demnach

$$(63)\qquad \delta_0 = \pi^2\eta^2 E\,\omega\,\frac{2\pi R^2}{c^2\varrho}$$

oder nach Einführung der Grenzfrequenz ω_g nach (58)

$$(64)\qquad \delta_0 = \frac{\pi^2\eta^2 E}{\mu}\,\frac{\omega}{\omega_g}\qquad \text{für}\ \omega < \omega_g.$$

Bei Frequenzen, die klein gegen die Grenzfrequenz sind, nimmt also die Dämpfung mit wachsender Frequenz proportional mit ω/ω_g zu. Weit oberhalb fällt sie proportional mit $\sqrt{\dfrac{\omega_g}{\omega}}$ ab. In der Nähe der Grenzfrequenz ist die Dämpfung demnach am größten. Die exakte Durchrechnung ergibt für die Frequenz ω_{max}, bei welcher die Dämpfung ihren größten Wert erreicht:

$$(65)\qquad \omega_{max} = 3{,}22\,\omega_g.$$

Die Dämpfung beträgt daselbst

$$(66)\qquad \delta_{0\,max} = 1{,}51\,\frac{\pi^2\eta^2 E}{\mu}.$$

Der genaue Verlauf der Dämpfung in Abhängigkeit von der Frequenz ist in Abb. 263 in logarithmischem Maßstab dargestellt. Da der Quotient $\dfrac{\delta}{\frac{\pi^2\eta^2 E}{\mu}}$ eine universelle Funktion von ω/ω_g ist, ist die Kurve in Abb. 263 vom Material unabhängig. Die Materialkonstanten η und μ gehen nur in die als Einheit gewählten Größen ω_g und $\dfrac{\pi^2\eta^2 E}{\mu}$ ein. Die gestrichelt eingetragenen Geraden geben die Näherungswerte an, die sich aus den Formeln (59) und (64) ergeben. Wie man sieht, ist die Formel (64) für kleine Frequenzen noch bis $\omega = 0{,}5\,\omega_g$ sehr genau gültig. Die Näherungsformel (59) für große Frequenzen ist dagegen noch bei $\omega = 100\,\omega_g$ verhältnismäßig ungenau. Eine bessere Näherung in diesem Gebiet lautet:

$$(67) \qquad \delta_0 = \frac{4\,\pi^2\,\eta^2\,E}{\mu}\sqrt{\frac{\omega_g}{\omega}}\left(1 - \frac{1}{2}\sqrt{\frac{\omega_g}{\omega}}\right) \qquad \text{für} \quad \frac{\omega}{\omega_g} \gg 1 .$$

Die Abweichung dieses Näherungsausdruckes von dem exakten Ergebnis ist schon von $\omega = 5\,\omega_g$ an kleiner als 1%.

Die Kerstensche Wirbelstromdämpfung ist also vor allem bei Frequenzen in der Nähe der Grenzfrequenz wichtig. Dort kann sie recht beträchtlich werden und sogar wesentlich größer als alle anderen Dämpfungsanteile. Als Beispiel berechnen wir nach (66) die maximale Dämpfung im Remanenzpunkt. Für die Änderung der Magnetisierung durch Zug gilt hier nach (12.27):

$$(68) \qquad \eta = \left(\frac{\partial J_R}{\partial \sigma}\right)_H \approx \frac{J_s}{4\,\sigma_i}.$$

Mit diesem Ausdruck für η und dem Kerstenschen Wert $\mu = \dfrac{8\,\pi}{9}\dfrac{J_s^2}{\lambda\,\sigma_i}$ für die Anfangspermeabilität wird nach (66):

$$(69\,\text{a}) \qquad \delta_{0\,\text{max}} \approx 0{,}3\,\frac{\lambda\,E}{\sigma_i}.$$

In gleicher Näherung gilt

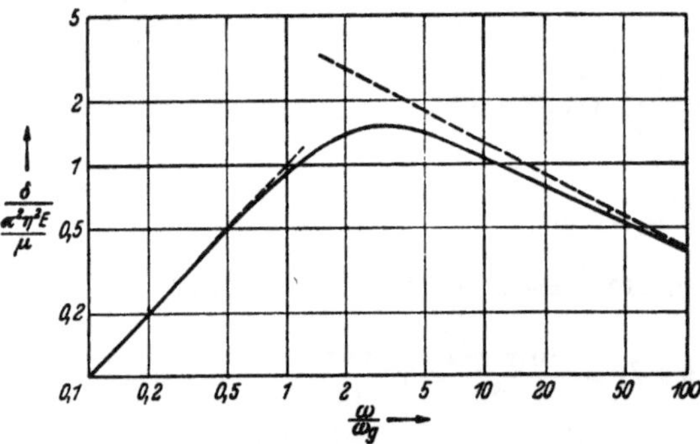

Abb. 263. Dämpfung der elastischen Längsschwingungen eines Stabes in Abhängigkeit von der Frequenz.

$$(69\,\text{b}) \qquad \delta_0 = 0{,}22\,\frac{\lambda\,E}{\sigma_i}\,\frac{\omega}{\omega_g} \qquad \text{für} \quad \omega < \omega_g$$

und

$$(69\,\text{c}) \qquad \delta_0 = 0{,}88\,\frac{\lambda\,E}{\sigma_i}\sqrt{\frac{\omega_g}{\omega}} \qquad \text{für} \quad \omega > \omega_g .$$

Nun hatten wir schon bei der Betrachtung über den Maximalwert der Anfangspermeabilität in Kapitel 12 (S. 156) überlegt, daß in einem ausgeglühten Material der untere Grenzwert der inneren Spannungen durch $\sigma_i \approx \lambda E$ gegeben ist. In einem magnetisch sehr weichen Material kann also in der Nähe der Grenzfrequenz die Dämpfung einen Wert von 0,3 erreichen. So groß ist die Dämpfung nicht einmal bei den Torsionsschwingungen des von KORNETZKI untersuchten Karbonyleisendrahtes, die wir im vorigen Abschnitt betrachtet haben (vgl. Abb. 257). Man muß also bei der praktischen Verwendung ferromagnetischer Materialien zur Schwingungserzeugung stets darauf achten, daß die Schwingungsfrequenz nicht gerade in der Nähe der Grenzfrequenz liegt. Da ω_g von den äußeren Dimensionen des schwingenden Körpers abhängt, hat man das ja weitgehend in der Hand.

Eine direkte experimentelle Prüfung der oben abgeleiteten Ergebnisse ist bisher nur in einem einzigen Fall von COOKE und BROWN an Eisen vorgenommen worden. Diese Forscher haben an zwei Stäben verschiedenen Durchmessers aus dem gleichen Material die Dämpfung in Abhängigkeit von der Magnetisierung gemessen. Die Ergebnisse von COOKE sind in Abb. 264 wiedergegeben. Nur im letzten Teil der Kurven, kurz vor Erreichung der Sättigung, unterscheiden sich die Ergebnisse an beiden Proben merklich voneinander. Um zu sehen, ob dieser Unterschied durch die verschiedene Größe der Kerstenschen Wirbelstromdämpfung an diesen beiden Proben erklärt werden kann, haben diese Forscher η und μ gemessen und daraus rechnerisch diesen Dämpfungsanteil ermittelt. Wenn man dann an beiden Kurven die Wirbelstromdämpfung in Abzug bringt, gehen beide in die gleiche Kurve über, wie man es erwartet (vgl. Abb. 264 unterste Kurve), da die restliche Dämpfung von der Probenform unabhängig sein sollte. Sehr genau ist allerdings im vorliegenden Fall diese Prüfung nicht, da die Schwingungsfrequenz (56 kHz) weit oberhalb der Grenzfrequenz lag; daher ist der Anteil der Kerstenschen Wirbelstromdämpfung an der gesamten Dämpfung nur gering.

3. Der Einfluß der makroskopischen Wirbelströme auf den Elastizitätsmodul. Das Auftreten der Wirbelströme bei mechanischen Schwingungen hat auch einen gewissen Einfluß auf den Wert des gemessenen Elastizitätsmoduls. Denn das magnetische Wechselfeld der Wirbelströme bewirkt eine magnetostriktive Dehnung, und daher ist die von der Wechselspannung hervorgerufene Dehnung verschieden, je nachdem, ob die Wirbelströme auftreten oder nicht. Bei Frequenzen weit oberhalb der Grenzfrequenz mißt man nicht mehr, wie im statischen Fall oder bei sehr kleinen Frequenzen, den Elastizitätsmodul bei konstantem Feld, sondern bei konstanter Induktion, da bei starkem Skineffekt die Wirbelströme im Innern B konstant halten. Der Unterschied·läßt sich leicht berechnen. Da η nach (37) gleich der Steilheit der Magnetostriktionskurve ist, ist die Dehnung bei kleinen Werten von σ und H gegeben durch

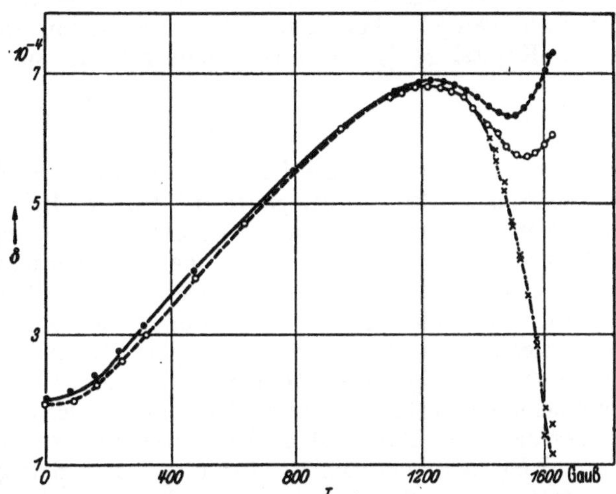

Abb. 264. Dämpfung in Abhängigkeit von der pauschalen Magnetisierung an zwei verschieden dicken Eisenstäben. [Nach F. T. Cooke: Phys. Rev. Bd. 50 (1936) S. 1158.] —●—●— 5,38 mm Durchmesser. —O—O— 3,97 mm Durchmesser. —·×·×·×·— Dämpfung nach Abzug der Dämpfung durch makroskopische Wirbelströme.

$$(70) \qquad \varepsilon = \frac{\sigma}{E_H} + \eta H.$$

Darin ist E_H der Elastizitätsmodul bei konstantem Feld. H ist hier wieder nur das von den Wirbelströmen erzeugte zusätzliche Wechselfeld. Bei Frequenzen weit oberhalb ω_g ist im Stabinnern, abgesehen von einer dünnen Oberflächenschicht, B konstant. Aus Gleichung (39) folgt daher, daß zwischen σ und H der Zusammenhang besteht

$$(71) \qquad \mu H + 4\pi\eta\sigma = 0.$$

Setzt man das in (70) ein, so ergibt sich für die Dehnung bei konstantem B:

$$\varepsilon_B = \frac{\sigma}{E_H} - \frac{4\pi\eta^2}{\mu}\sigma,$$

also

$$(72) \qquad \frac{1}{E_B} = \frac{1}{E_H} - \frac{4\pi\eta^2}{\mu}$$

oder

$$(72a) \qquad \frac{E_B - E_H}{E_B} = \frac{4\pi\eta^2}{\mu}E_H.$$

Der Elastizitätsmodul E_B bei konstanter Induktion ist also ein wenig größer als der bei konstantem Feld. Setzen wir die oben (Formel 68) bereits benutzten Näherungsausdrücke für η und μ ein, so erhalten wir für den Remanenzpunkt angenähert

$$\frac{E_B - E_H}{E_B} \approx 0{,}3 \; \frac{\lambda E_H}{\sigma_i} \, .$$

Bei einem ganz weichen Material, wo $\sigma_i \approx \lambda E$ ist, kann der Unterschied demnach etwa 30% betragen. Für den Sättigungswert des ΔE-Effektes hatten wir in Kapitel 24 (9) in entsprechender Näherung den Ausdruck

$$\frac{\Delta E}{E} \approx \frac{2}{5} \frac{\lambda E}{\sigma_i}$$

erhalten. Der prozentuale Unterschied zwischen E_B und E_H kann also fast ebenso groß werden wie der ganze ΔE-Effekt. Bei Messungen des ΔE-Effektes muß man also genau beachten, ob die zur Messung benutzten Schwingungsfrequenzen groß oder klein gegen die Grenzfrequenz sind, ob man daher E_B oder E_H mißt oder einen Zwischenwert, wie das bei mittleren Frequenzen der Fall ist. Wenn man sich allerdings nur für den Sättigungswert des ΔE-Effektes interessiert, ist der Unterschied belanglos. Denn im entmagnetisierten Zustand ist $\eta = 0$, also $E_H = E_B$. In der Sättigung ist η gleich $\frac{1}{3}$ der Steilheit der Volumenmagnetostriktion, also höchstens von der Größenordnung 10^{-8}, meistens kleiner als 10^{-9}. Daher ist in der Sättigung der relative Unterschied zwischen E_B und E_H meist vernachlässigbar klein. Der Sättigungswert des ΔE-Effektes ist demnach von der Frequenz ω praktisch unabhängig. Deshalb durften wir bei dem Vergleich der experimentellen Messungen des ΔE-Effektes mit den theoretischen Ergebnissen in Kapitel 24 diesen Unterschied vernachlässigen.

d) Die Dämpfung durch mikroskopische Wirbelströme.

Die Abweichungen der tatsächlichen Verteilung der Wirbelströme von der im vorigen Abschnitt berechneten Verteilung der pauschalen, mittleren Wirbelstromdichte bewirkt den in (16) mit W' bezeichneten zusätzlichen Verlustanteil, der von der Größe des makroskopischen Wirbelstromverlustes völlig unabhängig ist. Wir hatten W' weiterhin zerlegt in den von reversiblen und von irreversiblen Magnetisierungsänderungen herrührenden Anteil W'_{rev} und W'_{irr}. Wir wollen hier versuchen, die Größe von W'_{rev} abzuschätzen. Den Anteil W'_{irr} lassen wir außer Betracht, indem wir nur reversible Magnetisierungsänderungen annehmen. W'_{rev} hängt wesentlich von der Größe und Gestalt der Weißschen Bezirke ab. Eine strenge Berechnung ist daher unmöglich. Der im Folgenden abzuleitende Zusammenhang zwischen der Dämpfung durch mikroskopische Wirbelströme und der Größe l, die die mittlere lineare Ausdehnung der Weißschen Bezirke kennzeichnen soll, trägt deshalb durchaus den Charakter einer ziemlich rohen Abschätzung, die wenig mehr als nur die Größenordnung der zu erwartenden Dämpfung anzugeben gestattet.

Wir wollen der ersten näherungsweisen Berechnung ein grob schematisiertes Modell des Ferromagnetikums zugrunde legen, das von den tatsächlichen Verhältnissen sehr stark abweicht, aber den wesentlichen Inhalt erkennen läßt. Wir wollen annehmen, ebenso wie in Kapitel 12 bei der Berechnung der Anfangspermeabilität, daß die innere Spannung, die wir als groß gegen die Kristallenergie voraussetzen, eine reine Zugspannung mit dem konstanten Betrage σ_i und wechselnder Richtung sei. Die Magnetostriktion sei isotrop und positiv. Außerdem wollen wir hier annehmen, daß die Vorzugsrichtung stets parallel der x-y-Ebene liege, und daß der Winkel ε, den sie mit der x-Richtung einschließt, von x und y unabhängig sei und linear mit z anwächst. Wir setzen etwa an

$$(73) \qquad \varepsilon = \frac{\pi}{l}\, z.$$

Die Länge l gibt die Strecke an, auf der beim Fortschreiten parallel zur z-Achse die Magnetisierung in die entgegengesetzte Richtung übergegangen ist. Ohne Zugspannung sind also die Komponenten der Magnetisierung als Funktion des Ortes gegeben durch die Gleichungen

$$(74) \qquad J_x = J_s \cos\frac{\pi}{l}\, z; \qquad J_y = J_s \sin\frac{\pi}{l}\, z; \qquad J_z = 0.$$

Die pauschale Magnetisierung $\overline{\mathfrak{J}}$ und die Kerstensche Wirbelstromdämpfung W_0 sind in diesem Falle gleich Null. Die obigen Größen sind demnach bereits die Komponenten der Abweichung $\mathfrak{J}' = \mathfrak{J} - \overline{\mathfrak{J}}$ von der pauschalen Magnetisierung.

Eine kleine Zugspannung σ, die wir in x-Richtung annehmen wollen, dreht die Magnetisierung um den kleinen Winkel η aus ihrer Vorzugslage heraus. Sie bleibt bei unseren Annahmen parallel zur x-y-Ebene. Nach (12.26) gilt unter der Voraussetzung $\sigma \ll \sigma_i$

$$\eta = \frac{\sigma}{\sigma_i} \sin \varepsilon \cos \varepsilon.$$

Ändert sich σ periodisch, $\sigma = \sigma_1 \cos \omega t$, so macht die Magnetisierung periodische Schwankungen um ihre Vorzugslage mit der gleichen Frequenz. Dann gilt an einer bestimmten Stelle

$$(75) \qquad J_x = J_s \cos (\varepsilon - \eta); \qquad J_y = J_s \sin (\varepsilon - \eta)$$

und somit für kleine η

$$(76) \qquad \begin{cases} \dfrac{\partial J_x}{\partial t} = J_s \sin \varepsilon \, \dfrac{\partial \eta}{\partial t} = - J_s \sin^2 \varepsilon \, \cos \varepsilon \, \dfrac{\sigma_1}{\sigma_i}\, \omega \sin \omega t, \\[3ex] \dfrac{\partial J_y}{\partial t} = - J_s \cos \varepsilon \, \dfrac{\partial \eta}{\partial t} = J_s \sin \varepsilon \, \cos^2 \varepsilon \, \dfrac{\sigma_1}{\sigma_i}\, \omega \sin \omega t. \end{cases}$$

Wenn wir nun in der Gleichung rot $\mathfrak{E} = -\dfrac{1}{c}(\dot{\mathfrak{H}} + 4\pi \dot{\mathfrak{J}})$ das von den Wirbelströmen herrührende Feld $\mathfrak{H}$ vernachlässigen und ferner berücksichtigen, daß in unserem linearen Modell alle Größen nur von z abhängen, so erhalten wir daraus für die Komponenten von $\mathfrak{E}$ die Gleichungen

$$(77) \qquad \begin{cases} \dfrac{\partial E_y}{\partial z} = \dfrac{4\pi}{c}\, \dfrac{\partial J_x}{\partial t} = - \dfrac{4\pi J_s \omega \sigma_1}{c\,\sigma_i} \sin^2 \varepsilon \, \cos \varepsilon \, \sin \omega t, \\[3ex] \dfrac{\partial E_x}{\partial z} = - \dfrac{4\pi}{c}\, \dfrac{\partial J_y}{\partial t} = - \dfrac{4\pi J_s \omega \sigma_1}{c\,\sigma_i} \sin \varepsilon \, \cos^2 \varepsilon \, \sin \omega t. \end{cases}$$

Wegen $\varepsilon = \dfrac{\pi}{l}\, z$ folgt daraus

$$(78) \qquad \begin{cases} E_y = - \dfrac{4\,l\, J_s \omega \sigma_1}{c\,\sigma_i}\, \dfrac{\sin^3 \varepsilon}{3} \sin \omega t, \\[3ex] E_x = \dfrac{4\,l\, J_s \omega \sigma_1}{c\,\sigma_i}\, \dfrac{\cos^3 \varepsilon}{3} \sin \omega t. \end{cases}$$

Die Integrationskonstanten haben wir gleich Null gesetzt, weil die räumlichen Mittelwerte dieser Feldgrößen verschwinden müssen. Da sich diese Betrachtung auf den entmagnetisierten Zustand bezieht, in welchem eine pauschale Magnetisierung nicht vorhanden ist, sind die pauschalen Wirbelströme Null. Den Energieverlust pro cm³ und sec infolge der mikroskopischen

Wirbelströme erhalten wir daraus, indem wir das zeitliche und räumliche Mittel von $\frac{1}{\varrho}\,(E_x^2 + E_y^2)$ bilden. Das ergibt

$$(79) \qquad W'_{\mathrm{rev}} = \overline{\frac{1}{\varrho}\,(E_x^2 + E_y^2)} = \frac{5}{9}\,\frac{l^2\,J_s^2\,\omega^2\,\sigma_1^2}{c^2\,\varrho\,\sigma_i^2}\,.$$

Die Dämpfung erhalten wir daraus durch Division mit $2\,\nu\,u$. Somit folgt mit $u = \frac{1}{2\,E}\,\sigma_1^2$.

$$(80) \qquad \delta'_{\mathrm{rev}} = \frac{10\,\pi}{9}\,\frac{J_s^2\,l^2\,E}{c^2\,\varrho\,\sigma_i^2}\,\omega\,.$$

In ähnlicher Weise kann man die Dämpfung durch mikroskopische Wirbelströme auch in dem anderen Extremfall abschätzen, daß die inneren Spannungen klein gegen die Kristallenergie sind. Bis auf einen etwas anderen Zahlenfaktor erhält man das gleiche Ergebnis. Diese Abschätzung hat jedoch den großen Nachteil, daß sie an Hand eines sehr speziellen Modells gewonnen wurde. Bevor wir die erhaltene Formel diskutieren, wollen wir deshalb dieselbe Größe noch einmal in etwas anderer Weise ableiten, damit man erkennt, daß das Ergebnis tatsächlich bis auf einen Zahlenfaktor der Größenordnung 1 von unseren speziellen Annahmen unabhängig ist. Wir knüpfen dabei an die Überlegungen im ersten Abschnitt dieses Kapitels an, wo wir für den Fall sehr kleiner innerer Spannungen die Wirbelstromwärme W' umgeformt hatten in ein Integral über die Wände der Weißschen Bezirke, deren Bewegung die Magnetisierungsänderungen bewirken. Wir hatten erhalten [vgl. (22)]

$$(81) \qquad W' = \int\limits_{\mathrm{Alle\ Wände}} k\,\overline{v^2\,(\mathfrak{J}_1 - \mathfrak{J}_2)^2}\,df\,.$$

Darin war k die „Reibungskonstante", welche den Zusammenhang zwischen der Geschwindigkeit v der Wandbewegung und der am Orte der Wand induzierten bremsenden Feldstärke $\mathfrak{H}$ vermittelte:

$$\mathfrak{H} = -\,k\,v\,(\mathfrak{J}_1 - \mathfrak{J}_2)\,.$$

In Kapitel 18 (S. 239) hatten wir für eine kreisförmige Wand mit dem Radius R abgeschätzt

$$(82) \qquad k = \frac{4\,\pi^2}{\varrho\,c^2}\,R\,.$$

Wir erhalten nun den Anteil W'_{rev}, indem wir (81) über alle diejenigen Wände integrieren, deren Verschiebungen reversibel sind. Legen wir Verhältnisse wie bei Eisen zugrunde, wo die tetragonalen Richtungen die leichten Richtungen sind, so ist bei allen 90°-Wänden $(\mathfrak{J}_1 - \mathfrak{J}_2)^2 = 2\,J_s^2$. Die 180°-Wände können wir außer Betracht lassen, weil diese unter der Wirkung der Zugspannung keine Verschiebungen erleiden. In Kapitel 12 hatten wir berechnet, daß eine kleine Zugspannung σ in Richtung $\beta_1, \beta_2, \beta_3$ an einer xy-Wand eine Verrückung

$$x = \frac{\sigma\,(\beta_1^2 - \beta_2^2)}{|\,\mathrm{grad}\,\sigma_i\,|}\cdot\frac{\lambda_{100}}{|\lambda_{100}|}$$

hervorruft. Setzen wir $\sigma = \sigma_1 \cos \omega t$, so erhalten wir für den zeitlichen Mittelwert von v^2

$$\overline{v^2} = \frac{1}{2}\,\sigma_1^2\,\omega^2\cdot\frac{(\beta_1^2 - \beta_2^2)^2}{\mathrm{grad}^2\,\sigma_i}\,.$$

Im Mittel über alle Wände und Kristallite folgt daraus

$$(83) \qquad \overline{\overline{v^2}} = \frac{2}{15}\,\sigma_1^2\,\omega^2\,\frac{1}{\mathrm{grad}^2\,\sigma_i}\,.$$

Nehmen wir die Weißschen Bezirke würfelförmig an mit der Kantenlänge l, so beträgt die Gesamtoberfläche der 90°-Wände pro cm³ $3/l$. In Kapitel 12, (S. 154) hatten wir unter der gleichen Annahme bereits abgeleitet

$$(84) \qquad \frac{1}{\operatorname{grad} \sigma_i} = \frac{l}{\pi \sigma_i'},$$

wo σ_i' die Amplitude der inneren Spannungen ist. Setzen wir dies in (83) ein, so erhalten wir schließlich für den Wirbelstromverlust pro cm³, wenn wir noch $R \approx l/2$ setzen,

$$W_{\text{rev}}' = \frac{8}{5} \frac{J_s^2 \, \omega^2 \, \sigma_1^2 \, l^2}{\varrho \, c^2 \, \sigma_i'^2}$$

und somit für die Dämpfung infolge mikroskopischer Wirbelströme

$$(85) \qquad \delta_{\text{rev}}' = \frac{W_{\text{rev}}'}{2 \nu \dfrac{\sigma_1^2}{2E}} = \frac{16 \pi}{5} \frac{J_s^2 \, l^2 \, E}{\varrho \, c^2 \, \sigma_i'^2} \, \omega.$$

Berücksichtigen wir noch, daß die Spannungsamplitude σ_i' etwa doppelt so groß ist wie der Mittelwert σ_i der inneren Spannungen in Formel (80), so sehen wir, daß dieses Ergebnis praktisch identisch ist mit dem aus unserem speziellen Modell gewonnenen Ausdruck (80).

Um die Größe dieser Dämpfung besser zu übersehen, wollen wir eine charakteristische Frequenz ω_c einführen durch die Gleichung

$$(86) \qquad \omega_c = \frac{c^2 \varrho}{2 \pi \mu_a \, l^2}.$$

Diese Frequenz stellt diejenige Frequenz dar, bei der die Eindringtiefe d annähernd gleich dem Durchmesser l der Weißschen Bezirke wird. Die hier betrachteten Schwingungsfrequenzen sind also stets sehr klein gegen ω_c. Mit dem aus Gleichung (12.8) folgenden Wert $\mu_a = 4 \pi \chi_a = \dfrac{16}{3} \dfrac{J_s^2}{\lambda_{100} \, \sigma_i'}$ ergibt sich also

$$(87) \qquad \delta_{\text{rev}}' \approx \frac{3}{10} \frac{\lambda_{100} \, E}{\sigma_i'} \frac{\omega}{\omega_c}.$$

In dieser Gestalt hat das Ergebnis sehr große Ähnlichkeit mit der Abschätzungsformel (69b), die wir oben für die Dämpfung durch makroskopische Wirbelströme im Fall $\omega \ll \omega_g$ im remanent magnetisierten Zustand gewonnen haben. Im wesentlichen unterschieden sich die Formeln (69b) und (87) nur dadurch, daß ω_g hier durch ω_c ersetzt worden ist. Der Unterschied in den Formeln für ω_g und ω_c besteht aber nur darin, daß einmal im Nenner das Quadrat des Stabradius R und das andere Mal das des Durchmessers l der Weißschen Bezirke steht. Da nun R meist in der Größenordnung von 0,1 bis 1 cm liegen wird, l dagegen in normalen Materialien etwa 10^{-3} bis 10^{-4} cm beträgt, ist ω_c 10^6 bis 10^8mal größer als ω_g. Im allgemeinen ist daher bei Frequenzen unterhalb der Grenzfrequenz ω_g die Dämpfung durch mikroskopische Wirbelströme verschwindend klein gegenüber der Dämpfung durch die makroskopischen Wirbelströme, wenn diese nicht gerade wie im entmagnetisierten Zustand verschwinden. Oberhalb der Grenzfrequenz nimmt dagegen die Kerstensche Wirbelstromdämpfung δ_0 mit der Frequenz ab, während die hier behandelte Dämpfung auch dort noch linear mit ω zunimmt. Bei Frequenzen, die mehr als das 10^3- bis 10^4fache der Grenzfrequenz betragen, wird daher meist die Dämpfung durch mikroskopische Wirbelströme überwiegen.

Eine gewisse experimentelle Kontrolle unserer Ergebnisse läßt sich an Hand der Messungen von W. T. Cooke und F. Brown an Eisen entnehmen. Wir sahen schon auf S. 377, Abb. 264, daß bei der Meßfrequenz von 56 kHz die Dämpfung durch makroskopische Wirbelströme in diesem Fall nur im oberen Teil der Magnetisierungskurve nahe der Sättigung wesentlich ist. Das liegt eben daran, daß die Grenzfrequenz sehr viel kleiner als die Meßfrequenz war. Im entmagnetisierten Zustand betrug sie bei der dickeren Probe nur etwa 10 Hz, also $\omega/\omega_g \approx 5{,}6 \cdot 10^3$. Die im Anfangsteil der Magnetisierungskurve gemessene mechanische Dämpfung enthält also außer dem Anteil, der nichtmagnetischen Ursprungs ist, nur noch den Beitrag infolge der magnetomechanischen Hysterese und der mikroskopischer Wirbelströme. Nun gibt W. T. Cooke an, daß in der Umgebung der Meßfrequenz, im Gebiet von 36 bis 72 kHz, im entmagnetisierten Zustand die Dämpfung etwa proportional $\omega^{1/2}$ war. In einem verhältnismäßig so kleinen Frequenzintervall kann man aber einen Verlauf proportional $\omega^{1/2}$ ohne großen Fehler auch durch einen geradlinigen Verlauf annähern und kann somit die gemessene Dämpfung darstellen als eine Summe aus einem frequenzunabhängigen Anteil und einem Anteil proportional ω. Man findet, daß bei 56 kHz der zur Frequenz proportionale Anteil, der also nach unserer Deutung der Beitrag infolge mikroskopischer Wirbelströme ist, etwa $\frac{1}{3}$ der gesamten Dämpfung ausmacht. W. T. Cooke hat im entmagnetisierten Zustand für die Dämpfung $\delta = 2{,}0 \cdot 10^{-4}$ gemessen. Also gilt

$$\delta'_{\mathrm{rev}} \approx 0{,}7 \cdot 10^{-4}.$$

Die Anfangspermeabilität betrug bei seinem Material $\mu_a = 94$. Berechnet man daraus die Größe der inneren Spannungen, so ist in (85) nur noch die Größe l unbekannt. Sie läßt sich also daraus ermitteln. Man findet

$$l \approx 1{,}5 \cdot 10^{-3}\ \mathrm{cm}.$$

Auf Grund der Messungen über die kleinen Barkhausen-Sprünge ergab sich das Volumen der einzelnen Weißschen Bezirke zu 10^{-9} bis 10^{-10} cm³. Dieses Ergebnis liegt in der richtigen Größenordnung. Es erscheint demnach möglich, die Dämpfung in der geschilderten Weise zu deuten. Natürlich ist es auf Grund dieses einen Ergebnisses noch keineswegs möglich, von einer experimentellen Bestätigung unserer theoretischen Ergebnisse zu reden. Weitere Messungen, an denen eine Prüfung möglich wäre, liegen aber bisher noch nicht vor.

VI. Die ferromagnetischen Werkstoffe und ihre Verwendung.

26. Die Vorgänge bei der Ausscheidung.

In den folgenden Kapiteln wollen wir etwas genauer auf die Anwendungen der ferromagnetischen Materialien in den verschiedenen Zweigen der Elektrotechnik eingehen. Je nach dem Verwendungszweck werden die verschiedensten Forderungen an die magnetischen Eigenschaften gestellt. Wir wollen hier erörtern, durch welche Materialien und durch was für Behandlungsmethoden man diese Forderungen zu erfüllen versucht hat. Es soll dabei keineswegs Vollständigkeit angestrebt werden. Wir besprechen weder alle Anwendungsgebiete, noch alle Materialien, die man praktisch benutzt. Es sollen nur einige typische Beispiele herausgegriffen und an ihnen der Gang der Entwicklung aufgezeigt werden.

Zur Vorbereitung der folgenden Betrachtungen gehen wir zunächst etwas auf die Vorgänge bei der Ausscheidungshärtung ein. Dieses rein metallographische Problem hat zwar unmittelbar nichts mit dem Ferromagnetismus zu tun, aber einerseits sind die ferromagnetischen Erscheinungen in letzter Zeit mit großem Erfolg zur Untersuchung dieser Vorgänge benutzt worden (vgl. Kapitel 27), und andererseits ist die Ausscheidungshärtung eine der wichtigsten Methoden zur Erzeugung besonderer magnetischer Eigenschaften. Wir werden deshalb in den folgenden Kapiteln sehr häufig darauf zurückkommen.

Jedes Metall kann im festen Zustand andere Elemente in sein Gitter aufnehmen und mit ihnen Mischkristalle bilden. Die Atome des hinzugefügten Elementes sitzen dabei entweder an einzelnen Gitterplätzen, an denen im reinen Metall ein Atom des Grundmetalls sitzen würde (Substitution), oder es tritt zwischen die Atome des Grundgitters an einen Zwischengitterplatz (Einlagerung). In sehr vielen Fällen sind derartige Mischkristalle aber nur unterhalb einer gewissen, als Löslichkeitsgrenze bezeichneten Konzentration des Zusatzelementes stabil beständig. Bei höheren Konzentrationen ist im Gleichgewicht ein Gemisch von zwei Phasen vorhanden, von denen die eine, entsprechend der Löslichkeitsgrenze, ärmer, die andere dagegen reicher an dem Zusatzelement ist. Die Löslichkeitsgrenze ist temperaturabhängig. In der Regel nimmt die Löslichkeit mit steigender Temperatur zu.

Wir betrachten nun eine Legierung eines Metalls A mit einem Zusatzelement B, bei welcher die Löslichkeitsgrenze den in Abb. 265 dargestellten Verlauf hat. Eine Legierung der Konzentration x besteht oberhalb der Temperatur T_m stets aus homogenen Mischkristallen. Wenn man nun die Legierung von Temperaturen oberhalb T_m plötzlich abschreckt auf eine Temperatur $T < T_m$, so bleiben zunächst die Mischkristalle erhalten. Da diese jetzt übersättigt sind, beginnt aber allmählich eine Entmischung. Diesen Vorgang nennt man Ausscheidung. Bei genügend tiefen Temperaturen, meist schon bei Zimmertemperatur, verläuft die Ausscheidung so langsam, daß man nach Jahren oder Jahrzehnten noch keinen Fortschritt bemerkt. Der übersättigte Zustand ist

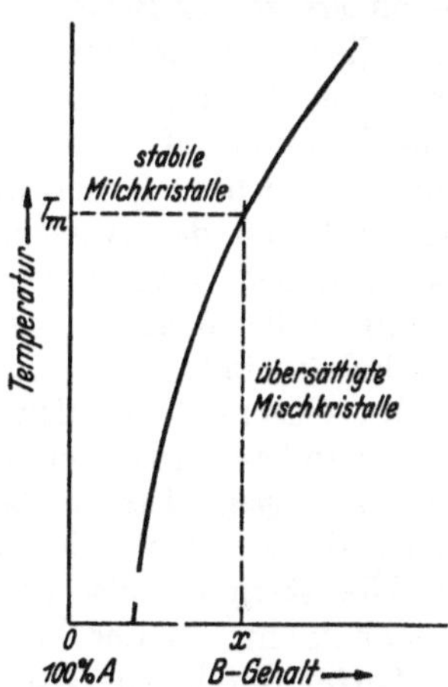

Abb. 265. Verlauf der Löslichkeitsgrenze eines Elementes B in dem Metall A in Abhängigkeit von der Temperatur (schematisch).

„eingefroren". In einem solchen Falle ist eine Erwärmung auf mittlere Temperaturen, die aber noch kleiner als T_m sind, ein sog. „Anlassen" oder „Tempern" nötig, um die Ausscheidungsvorgänge in der uns zur Verfügung stehenden Zeit zum Ablauf zu bringen. Durch geeignete Wahl der Anlaßtemperatur und der Anlaßdauer kann man den Ausscheidungsablauf bequem regulieren und durch Wiederabschrecken in dem gewünschten Stadium zum Halten bringen. Der Einfluß der Wärmebehandlung auf die mechanischen und magnetischen Eigenschaften von Legierungen beruht meistens auf solchen teilweise abgelaufenen Ausscheidungsvorgängen.

Durch sehr langes Tempern kann man schließlich den zu der Anlaßtemperatur gehörigen Gleichgewichtszustand erreichen, wie er aus dem Zustandsdiagramm abzulesen ist. Aus dem Gleichgewichtsdiagramm ist aber nicht zu entnehmen, in welcher Weise dieser Entmischungsvorgang abläuft. Die Untersuchungen der letzten Jahre haben gezeigt, daß wir hier drei Arten der Ausbildung der neuen Phasen aus dem übersättigten Mischkristall zu unterscheiden haben. In Anlehnung an Bezeichnungen von DEHLINGER[1], GERLACH[2] und MASING[3] wollen wir diese drei Arten mit „heterogenem Verlauf", „homogenem Verlauf" und „keimlosem Zerfall" bezeichnen.

---

[1] DEHLINGER, U.: Z. Metallkde. Bd. 29 (1937) S. 401.

[2] GERLACH, W.: Z. Metallkde. Bd. 28 (1936) S. 80, 183; Bd. 29 (1937) S. 124; Probleme der technischen Magnetisierungskurve. Berlin 1938.

[3] MASING, G.: Probleme der technischen Magnetisierungskurve. Berlin 1938.

Beim *heterogenen Ausscheidungsablauf* treten im Inneren des einzelnen Kristallites gar keine Veränderungen auf. Der Ausscheidungsvorgang geht vielmehr allein am Rande des Kristallites, an den Korngrenzen, vor sich. Dort wird der übersättigte Mischkristall abgebaut und dafür ein sehr feinkristallines Gemisch neuer Kristallite aufgebaut, von denen jeder einzelne bereits die Zusammensetzung einer der beiden, im Gleichgewicht allein vorhandenen Endphasen besitzt. In welcher Weise der Abbau und die Neubildung von Kristalliten innerhalb der Randzone vor sich geht, wissen wir nicht. Man könnte sich vorstellen, daß die Atome dabei zunächst aus dem übersättigten Mischkristall in eine Art Oberflächenphase übergehen, in welcher sie eine besonders große Beweglichkeit besitzen. Aus dieser Zwischenphase heraus lagern sie sich dann an die neuen Kristallite an. Die Existenz einer solchen Oberflächenphase mit besonders großer Beweglichkeit der Moleküle ist von VOLMER[1] an Benzophenonkristallen unmittelbar nachgewiesen worden. Wir dürfen vermuten, daß sie auch bei Metallen vorhanden ist. Charakteristisch für diese Art des Ausscheidungsverlaufes ist, daß der übersättigte Mischkristall und die beiden Endphasen gleichzeitig nebeneinander auftreten. Ihre Zusammensetzung ändert sich während der Ausscheidung nicht, nur ihre Menge. Ein Zusammenhang zwischen den Orientierungen der Kristallite der neuen und alten Phase ist in diesem Falle nicht zu erwarten. Aus einem übersättigten Einkristall entsteht ein Polykristall.

Im Gegensatz zu dem heterogenen Ausscheidungsverlauf beginnt bei den beiden anderen Ausscheidungsarten der Vorgang im Kristallinnern. Der gewöhnliche *homogene Ausscheidungsverlauf* tritt bei solchen Mischkristallen auf, bei denen die Konzentration der einen Komponente B verhältnismäßig klein ist, die Übersättigung also gering. Im Innern des Kristallites kann dann die Ausscheidung nur in der Weise beginnen, daß bei der Wanderung der B-Atome im Gitter durch eine zufällige Konzentrationsschwankung an einer Stelle eine starke Anreicherung von B-Atomen stattfindet. Diese Stelle wirkt dann als ein Keim der neuen, an B reicheren Phase. Eine kleine Gruppe von zufällig beieinanderliegenden B-Atomen wirkt noch nicht als Keim, sondern wird sich im allgemeinen wieder auflösen. In bezug auf sehr kleine Gruppen von B-Atomen ist die Phase nicht übersättigt. Erst von einer gewissen Größe an können die Gruppen ungehindert wachsen[2]. Diese Verhältnisse sind ähnlich wie in einem übersättigten Dampf. In bezug auf sehr kleine Tröpfchen ist solch ein Dampf nicht übersättigt, da kleine Tröpfchen einen höheren Dampfdruck haben als große. Eine Kondensation kann erst eintreten, wenn sich durch eine zufällige, statistische Schwankung ein Tröpfchen von solcher Größe gebildet hat, daß sein Dampfdruck kleiner ist als der des übersättigten Dampfes. Genau so müssen sich auch bei der Ausscheidung durch statistische Konzentrationsschwankungen genügend große Ansammlungen von B-Atomen im Gitter bilden, die dann als Keim der neuen, an B reichen Phase wirken. In der Umgebung des Keimes verarmt dann das Gitter an B, so daß sich dort nahezu die Konzentration der an A reicheren Phase einstellt. Durch Diffusion der B-Atome aus den Gebieten, in denen kein Keim entstanden ist, in die Umgebung des Keimes werden B-Atome nachgeliefert, so daß die Keime anwachsen. So verarmt nach und nach der ganze übersättigte Mischkristall an B-Atomen, bis er überall die der Anlaßtemperatur entsprechende Gleichgewichtskonzentration erreicht hat. Dabei bleibt das Gitter des übersättigten Mischkristalls zunächst

---

[1] VOLMER, M. u. G. ADHIKARI: Z. Phys. Bd. 35 (1925) S. 170.

[2] Ein Ansatz zur quantitativen Behandlung dieses Vorgangs findet sich bei R. BECKER: Ann. Phys., Lpz. V, Bd. 32 (1938) S. 128 und bei M. VOLMER: Kinetik der Phasenbildung. Leipzig 1939.

erhalten. Wenn allerdings die Keime der B-Phase sehr groß werden, werden so starke Spannungen entstehen, daß das Gitter zerstört wird.

Zu der dritten Art der Ausscheidung, dem *keimlosen Zerfall*, wird man geführt, wenn man überlegt, in welcher Weise sich der gewöhnliche homogene Ausscheidungsverlauf ändern wird, wenn man zu immer größeren Übersättigungen übergeht. Denken wir uns etwa einen übersättigten Mischkristall $A\,B$ von solcher Konzentration, daß er sich gerade in der Mitte zwischen den beiden im Gleichgewicht vorhandenen Phasen befindet. Mit gleicher Wahrscheinlichkeit bilden sich dann innerhalb des übersättigten Mischkristalls Keime der an A reichen Phase, deren Umgebung an A verarmt, und Keime der an B reichen Phase, deren Umgebung an B verarmt. Mehr atomistisch gesehen wird der Vorgang etwa der folgende sein: Ein einzelnes A-Atom, das ganz von B-Atomen umgeben ist, wird bei seiner Wanderung im Gitter gelegentlich andere A-Atome finden und sich mit ihnen zu einer Gruppe vereinigen. Genau so bilden sich Gruppen von B-Atomen. Wenn die Temperatur ziemlich niedrig ist, bleibt der Vorgang nach diesen ersten Schritten stecken. Bei höheren Temperaturen wird der Vorgang aber weitergehen. Es werden sich die zunächst gebildeten Zweier- und Dreiergruppen auflösen zugunsten der größeren Gruppen. Dazu ist offenbar eine viel größere Beweglichkeit der Atome nötig als zu den ersten Schritten, weil sich die schon stabilen Gruppen von zwei und drei Atomen wieder auflösen müssen. Bei weiterem Tempern werden dann allmählich in immer zunehmendem Maße die großen Gebiete mit A-Atomen wachsen auf Kosten kleinerer und ebenso die großen Gebiete mit B-Atomen auf Kosten von kleineren B-Gebieten, bis sich schließlich winzige, mikroskopische Kriställchen der im Gleichgewicht vorhandenen Endphasen gebildet haben. Man kann diesen Vorgang als „negative Diffusion" bezeichnen. Jede zufällige Anreicherung von B-Atomen wird sich verstärken bis zur Entstehung eines Keimes der an B reichen Phase, und jede zufällige Verarmung an B wird zunehmen, bis die Konzentration der an A reichen Gleichgewichtsphase erreicht ist. Charakteristisch für diese Art des Ausscheidungsablaufes ist, daß sich die Konzentration in dem übersättigten Mischkristall stetig nach beiden Seiten verschiebt. Zunächst entstehen nur starke Konzentrationsschwankungen. Später kann man dann zwei Phasen unterscheiden, deren Konzentration im Lauf der fortschreitenden Ausscheidung allmählich die der Endphasen annimmt. Zumindest in den ersten Stadien dieses Vorganges bleiben die Kristallite erhalten. Die Grenze zwischen dem gewöhnlichen homogenen Ausscheidungsverlauf und dem keimlosen Zerfall liegt etwa bei derjenigen Übersättigung, bei der ein Gebilde von zwei B-Atomen bereits als Keim der neuen, an B reichen Phase zu wirken vermag. Dann kann man von einer Keimbildung im eigentlichen Sinn nicht mehr sprechen. Die normale homogene Ausscheidung entspricht der Kondensation eines übersättigten Dampfes an einzelnen, durch spontane Keimbildung entstandenen Tröpfchen. Der keimlose Zerfall dagegen läßt sich vergleichen mit der Kondensation eines Dampfes von so großer Übersättigung, daß man sich auf dem abfallenden Ast der van der Waalsschen Isothermen befindet.

Diese drei Arten des Ausscheidungsablaufes hat man an verschiedenen Legierungen tatsächlich nachweisen können. Man kann sie unterscheiden durch ihr verschiedenes Verhalten im Röntgenbild und an Hand der mikroskopischen Untersuchung des Schliffbildes. Bei ferromagnetischen Legierungen hat sich ferner die magnetische Untersuchung als sehr geeignet erwiesen. Darauf werden wir im nächsten Kapitel eingehen. Beim *heterogenen Ablauf der Ausscheidung* treten bei einer Röntgenaufnahme nach dem Debye-Scherrer-Verfahren in einem mittleren Stadium drei Systeme von Linien auf, von denen das eine dem Gitter der übersättigten Phase und die anderen beiden dem Gitter der beiden Endphasen zuzuordnen sind. Diese verschieben sich bei fortschreitender Ausscheidung nicht, sondern verändern nur ihre Intensität. Die Intensität des ersten Systems nimmt ab, die der anderen beiden zu. Als Beispiel sind in Abb. 266 Aufnahmen von KÖSTER und DANNÖHL an einer Au-Ni-Legierung mit 11,3 At.-% Au (30 Gew.-%) wiedergegeben. In Abb. 267 ist das Zustandsdiagramm für dieses Legierungssystem dargestellt. Gold und Nickel haben beide ein kubisch-flächenzentriertes Gitter. Beim Erstarren aus der Schmelze entstehen bei jeder Zusammensetzung zunächst homogene Mischkristalle, welche dann bei tieferen Temperaturen zerfallen. Im vorliegenden Falle wurde die

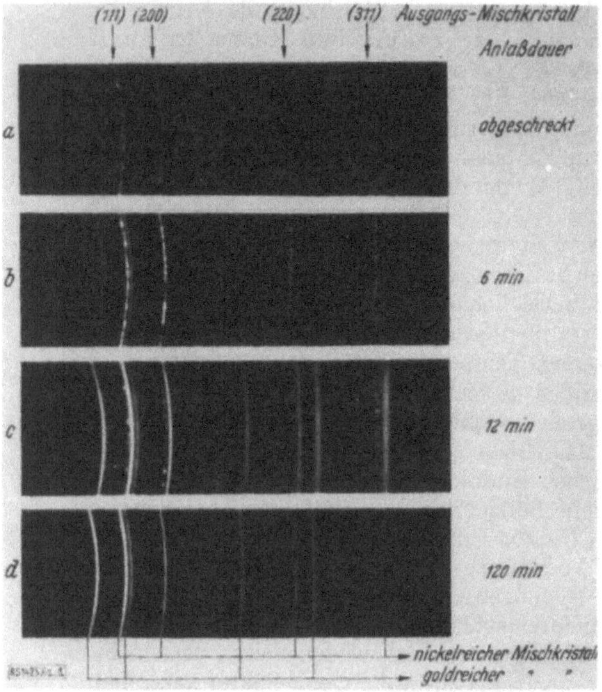

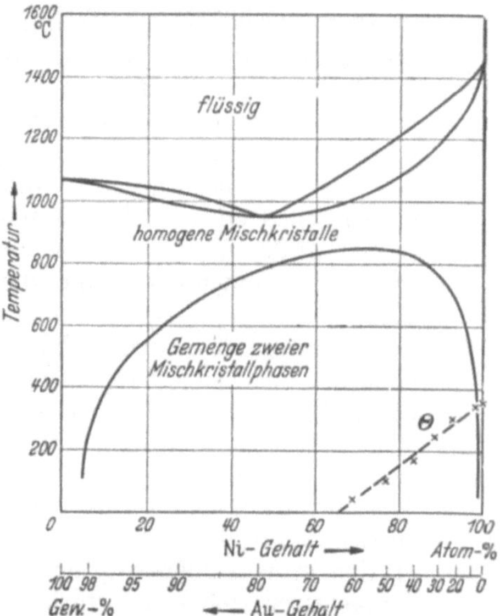

Abb. 266. Die Röntgeninterferenzen einer Nickel-Gold-Legierung mit 30 Gew.-% Au (11,3 At.-% Au) nach dem Abschrecken und nach verschieden langem Anlassen bei 500° C. [Nach W. KÖSTER u. W. DANNÖHL: Z. Metallkde. Bd. 28 (1936) S. 248.]

Abb. 267. Zustandsdiagramm der Nickel-Gold-Legierungen. [Nach W. KÖSTER u. W. DANNÖHL: Z. Metallkde. Bd. 28 (1936) S. 248.] ×—×—× Curie-Temperatur der abgeschreckten Legierungen.

Legierung von 900° C, also aus dem homogenen Gebiet, abgeschreckt und nachher bei 500° C angelassen. Im Gleichgewicht entstehen dann zwei Phasen mit etwa 2,5 At.-% Au und mit 84,5 At.-% Au. Die Röntgenaufnahmen zeigen bei diesen Legierungen das für heterogene Ausscheidung charakteristische Bild mit drei Liniensystemen. Die Zuordnung der einzelnen Linien ist am Rande markiert. Da alle drei Kristallarten in diesem Falle das gleiche Gitter besitzen, ist die Reihenfolge der Linien dieselbe. Sie sind nur wegen der verschiedenen Gitterkonstanten ein wenig gegeneinander verschoben. Von KÖSTER und SCHNEIDER[1] ist auch ein Einkristall dieser Legierung untersucht worden. Sie fanden, daß vor Beginn der Ausscheidung in einer Drehkristallaufnahme scharfe Reflexpunkte auftraten, nachher aber gleichmäßig geschwärzte Debye-Scherrer-Kreise. Aus dem Einkristall ist also ein Polykristall mit regelloser Orientierung der Kristallite entstanden.

---

[1] KÖSTER, W. u. A. SCHNEIDER: Z. Metallkde. Bd. 29 (1937) S. 103.

Durch Ätzen eines Schliffes mit geeigneten Ätzmitteln kann man es erreichen, daß die Flächen der ursprünglichen Kristalle sich heller anätzen als das sehr feinkristalline Gemenge der Kristalle der neuen Phasen. Im Schliffbild sieht man dann bei dem heterogenen Ausscheidungsverlauf dunklere Zonen, die mit fortschreitender Ausscheidung von den Kristallitgrenzen her immer breiter werden und schließlich, wenn die Ausscheidung beendet ist, die hellen Flächen der übersättigten Mischkristalle gänzlich zum Verschwinden gebracht haben. Die Abb. 268 bis 271 zeigen dies in überzeugender Weise am Beispiel eines Au-Ni-Mischkristalls mit 72,8 At.-% (90 Gew.-%) Au nach Aufnahmen von KÖSTER und DANNÖHL. Diese Schliffbilder zusammen mit den Röntgenaufnahmen zeigen, daß hier wirklich ein heterogener Ausscheidungsverlauf vorliegt, wie er oben beschrieben wurde.

Beim *homogenen Ausscheidungsverlauf* zeigt die Röntgenaufnahme ein ganz anderes Bild. Zunächst tritt eine Linienverbreiterung auf wegen der Entstehung von Konzentrationsunterschieden bei der Bildung der Keime. Nach längerem Tempern verschiebt sich dann der Schwerpunkt der diffusen Linien allmählich in solchem Sinne, wie es einer Verarmung des Gitters an dem in den Keimen ausgeschiedenen Zusatzelement entspricht. Schließlich werden dann die Linien wieder scharf an denjenigen Stellen, welche der Gleichgewichtsphase entsprechen. Ein solches Verhalten hat man bei der Untersuchung der Cu-Be-Legierungen tatsächlich gefunden. In Abb. 272 ist der Verlauf der Gitterkonstanten einer Legierung mit 2,3 Gew.-% Be beim Tempern bei 350° C in Abhängigkeit von der Zeit dargestellt. Die Breite des Streifens soll das Intervall angeben, in welchem die Gitterkonstante liegt, entsprechend der Breite der verwaschenen Linien. Nach etwa 2½ Stunden ist hiernach die Ausscheidung im wesentlichen beendet. Man sollte erwarten, daß bei längerem Tempern schließlich im Röntgenbild auch noch

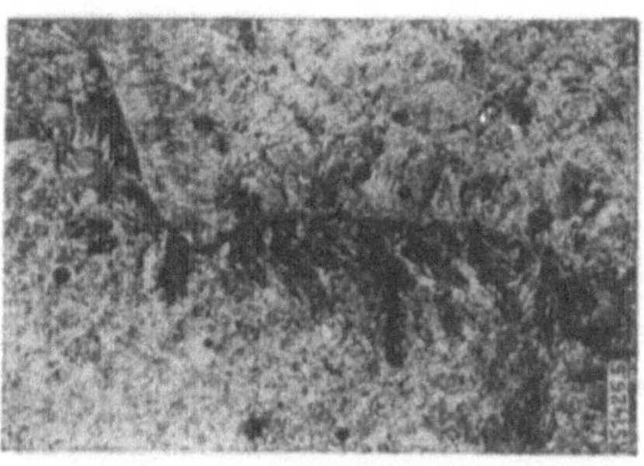
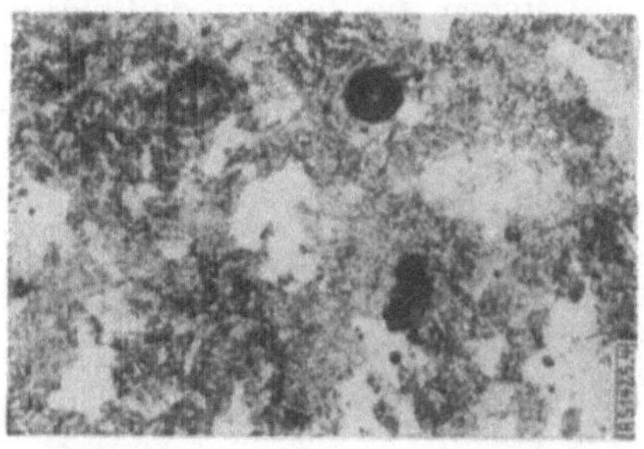
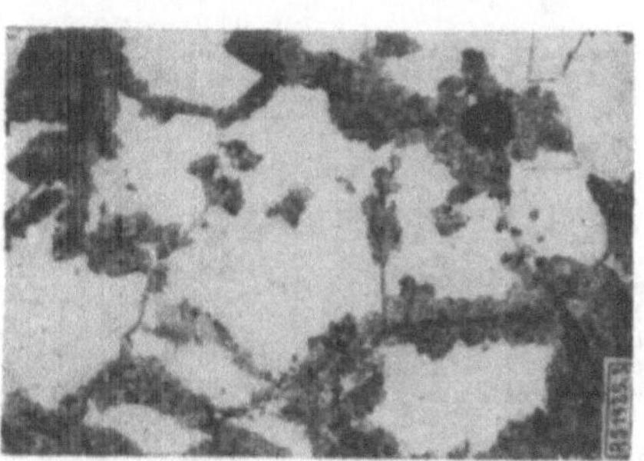
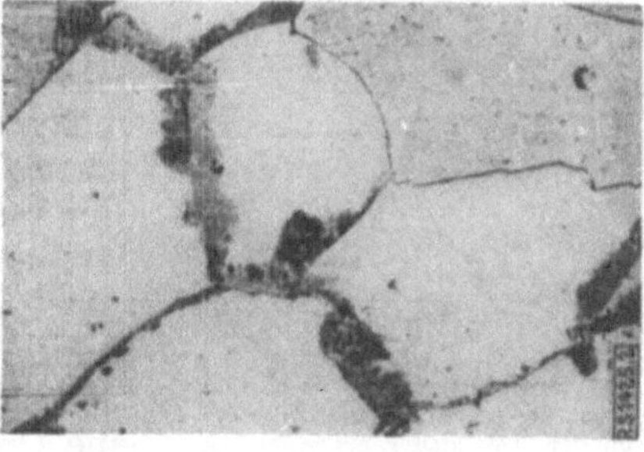

Abb. 268 bis 271 Das Gefüge einer Nickel-Gold-Legierung mit 90 Gew.-% Au (72,8 At.-% Au) nach dem Abschrecken und verschieden langem Anlassen bei 500° C. [Nach W. KÖSTER u. W. DANNÖHL: Z. Metallkde. Bd. 28 (1936) S. 248.]

die Linien der in den Keimen ausgeschiedenen Be-reichen Phase auftreten. Die Konzentration an Be war aber im vorliegenden Falle zu gering, so daß diese nicht beobachtet werden konnten.

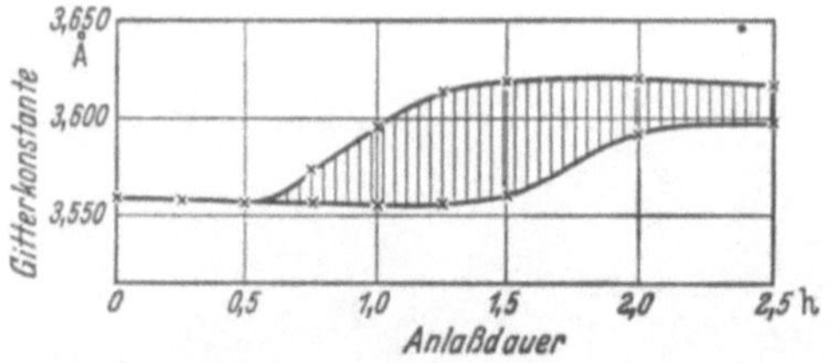

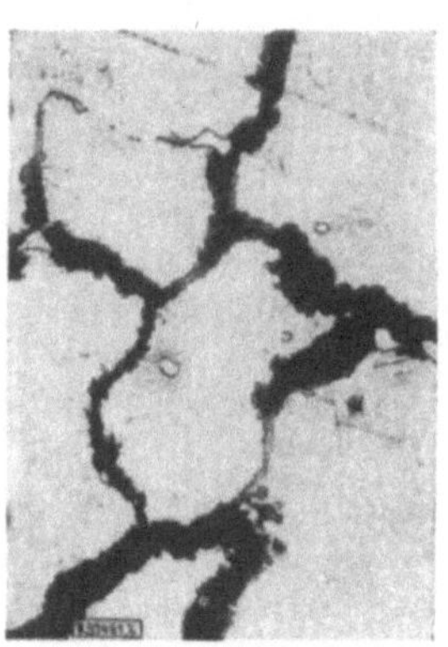

Abb. 272. Gitterkonstante einer Kupfer-Beryllium-Legierung mit 2,3 Gew.-% Be (14,2 At.-% Be) nach dem Abschrecken und Anlassen bei 350° C in Abhängigkeit von der Anlaßdauer (gegossene Probe). [Nach H. Bumm: Z. Metallkde. Bd. 2 (1937) S. 30.]

Das Schliffbild zeigt im Innern der Kristallite in diesem Fall keine besonderen Kennzeichen. Am Rande der Kristallite traten auch hier schwarze Zonen auf, die nach etwa halbstündigem Tempern eine Breite haben wie in Abb. 273. Es tritt also auch hier bis zu einem gewissen Grade eine heterogene Ausscheidung wie bei Au-Ni auf. Bei weiterem Tempern rücken aber diese schwarzen Zonen, zum Unterschied von Au-Ni, nicht weiter vor. Sie bleiben unverändert, so wie sie in Abb. 273 stehen, ein Zeichen, daß hier im Kristallitinnern ein Ausscheidungsvorgang abgelaufen ist, der im Schliffbild nicht erkennbar ist. Erst wenn man nach längerem Tempern bei 350° die Temperatur auf 500° erhöht und dann weiter tempert, beginnen die schwarzen Zonen aufs neue fortzuschreiten. Dabei handelt es sich aber offenbar um einen ganz anderen Vorgang. Dann wird der stark verspannte Mischkristall, der mikroskopisch unsichtbare kleine Kriställchen der Be-reichen Phase enthält, vom Rande her abgebaut. Statt dessen wachsen neue, größere Kristallite, die spannungsfreier sind. Das ist also eine Art Umkristallisation, aber kein eigentlicher Ausscheidungsvorgang mehr.

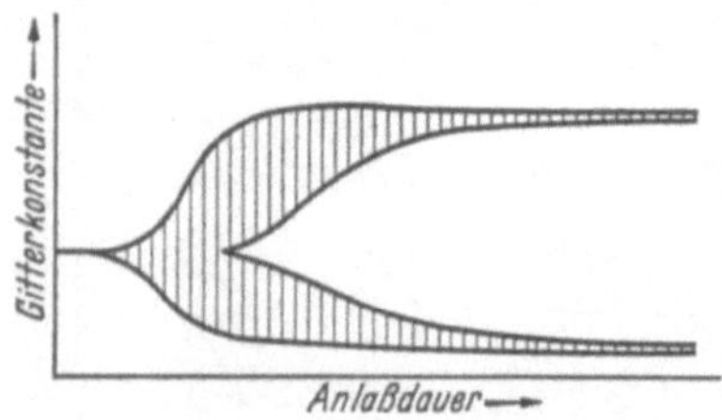

Abb. 273. Gefüge einer Kupfer-Beryllium-Legierung mit 2,3 Gew.-% Be (14,2 At.-% Be) nach dem Abschrecken und 22 min langem Anlassen bei 350° C (gegossene Probe). [Nach H. Bumm: Z. Metallkde. Bd. 29 (1937) S. 30.]

Beim *keimlosen Zerfall* wird die Röntgenaufnahme die ersten Schritte, nämlich die Bildung von Zweier- und Dreiergruppen, gar nicht anzeigen, höchstens durch eine schwache Intensitätsabnahme der Linien und Zunahme der Untergrundschwärzung. Erst verhältnismäßig spät, wenn die einheitlichen Gebiete so groß geworden sind, daß sich die Änderung der Gitterkonstanten in ihnen ausbilden kann, tritt im Röntgenbild eine Verwaschung ein. Zum Unterschied von dem gewöhnlichen homogenen Ausscheidungsvorgang, verschiebt sich hier die Linie aber nicht nach der einen Seite, sondern fließt gleichzeitig nach beiden Seiten auseinander, sowohl in der Richtung, welche einer Verarmung an der einen Komponente entspricht, wie auch im Sinne einer Anreicherung. Schließlich spaltet die Linie in zwei Linien auf, wie es schematisch in Abb. 274 angedeutet ist. Dabei bleibt, mindestens zu Anfang, die Orientierung des Gitters erhalten. Wenn man eine Drehkristallaufnahme von einem Einkristall macht, so äußert sich das, wie man sich leicht überlegt, darin, daß ein einzelner Reflexpunkt nur in horizontaler Richtung, senkrecht zur Richtung der Drehachse auseinanderfließt. In Richtung parallel zur Drehachse bleibt er scharf.

Abb. 274. Änderung der Gitterkonstanten in Abhängigkeit von der Anlaßdauer bei einer Ausscheidung nach der Art des keimlosen Zerfalls (schematisch).

Diesen Ausscheidungsverlauf haben erstmalig VOLK, DANNÖHL und MASING an Co-Cu-Ni-Legierungen nachgewiesen. In Abb. 275 sind einige Röntgen-

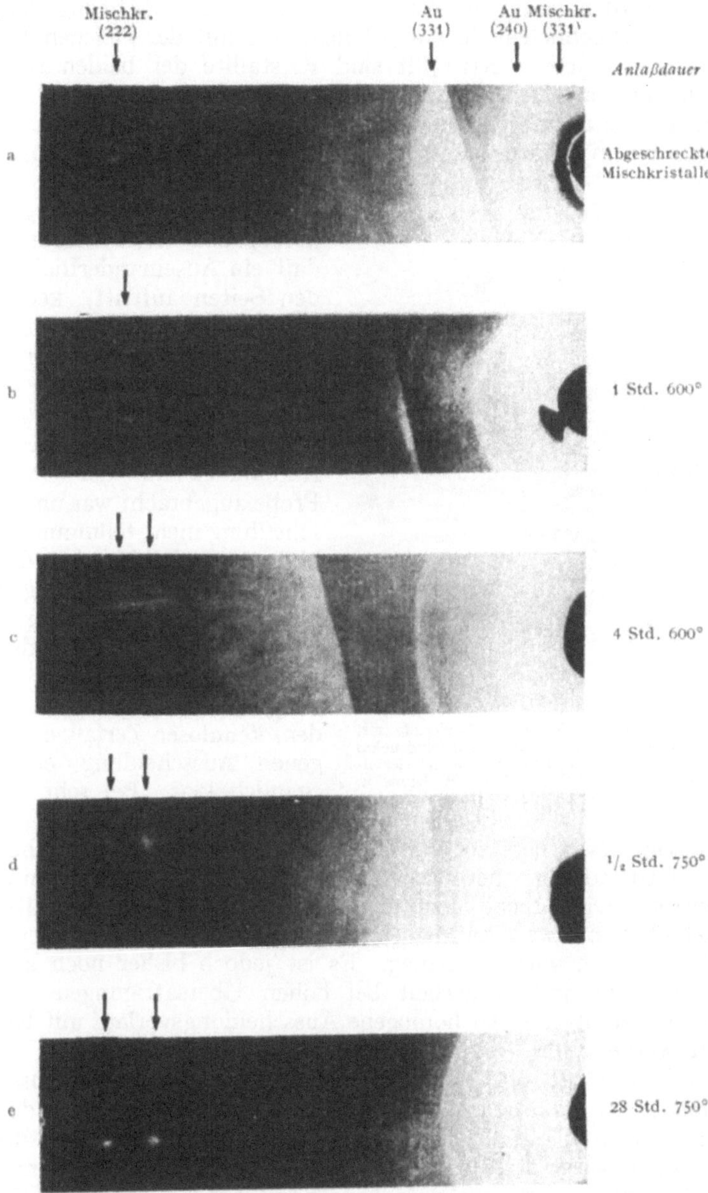

Abb. 275. Die (222)-Reflexe von Drehkristallaufnahmen einer Kobalt-Kupfer-Nickel-Legierung mit etwa 45 Gew.-% Cu, 25 Gew.-% Ni und 30 Gew.-% Co nach verschieden langem Anlassen bei 600° und 750° C. Die Drehachse steht vertikal [Nach K. VOLK, W. DANNÖHL u. G. MASING: Z. Metallkde. Bd. 30 (1938) S. 113.]

aufnahmen dieser Verfasser an der Legierung mit 45% Cu, 30% Co und 25% Ni wiedergegeben. Die abgeschreckte Legierung dieser Zusammensetzung zerfällt beim Anlassen in zwei Mischkristalle, von denen der eine nur wenige Prozent Cu und der andere nur wenig Co enthält, während der Nickelgehalt angenähert gleich dem der abgeschreckten Legierung ist. Die Aufnahmen sind Drehaufnahmen eines sehr grobkristallinen Materials. Die Drehachse stand bei ihnen vertikal. In Abb. 275a sind die (222)-Reflexe noch fast scharf. Mit zunehmender Anlaßdauer werden dann die Reflexe in horizontaler Richtung immer breiter und zerfallen schließlich in je zwei Reflexe, die auf der gleichen Horizontalen liegen. D. h. aus jedem Kristallit sind Kristallite der beiden neuen Phasen entstanden mit der gleichen Orientierung wie der Ausgangskristall. Dieses Verhalten steht ganz im Gegensatz zu dem bei der heterogenen Ausscheidung, bei welcher aus einem scharfen Reflexpunkt ein gleichmäßig geschwärzter Debye-Scherrer-Kreis entsteht und unterscheidet sich von der gewöhnlichen homogenen Ausscheidung dadurch, daß ein Auseinanderfließen nach beiden Seiten auftritt, keine einseitige Verschiebung. Die anderen Linien auf diesen Aufnahmen außer den durch Pfeile hervorgehobenen (222)-Reflexen rühren von einer Eichsubstanz her, die zum Zwecke der Ausmessung der Aufnahmen auf der Oberfläche der Probe angebracht war und an der Ausscheidung nicht teilnimmt. Im Schliffbild unterscheidet sich der keimlose Zerfall nicht von der gewöhnlichen homogenen Ausscheidung.

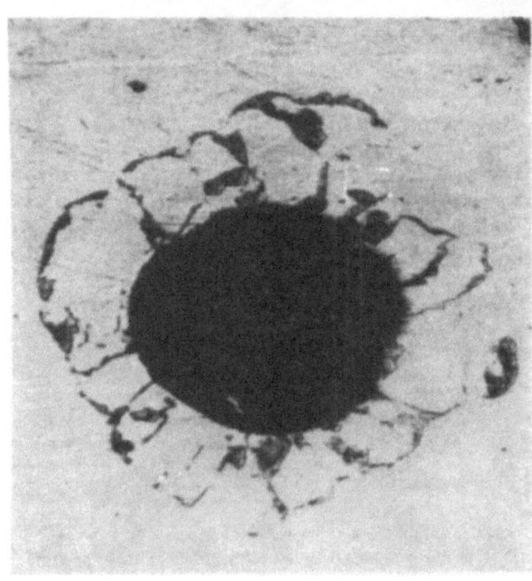

Abb. 276. Gefüge einer Kupfer - Silber - Legierung mit 6 Gew.-% Ag in der Umgebung eines Kegeleindruckes nach dem Ausglühen bei 800° C, Abschrecken und viertelstündigem Anlassen bei 420° C. [Nach H. Bumm u. U. Dehlinger: Metallwirtsch. Bd. 15 (1936) S. 89.]

Es bleibt nun noch die Frage zu erörtern, wovon es abhängt, welche der Ausscheidungsarten auftritt. Bei dem keimlosen Zerfall und der homogenen Ausscheidung erscheint dies ziemlich klar. Bei sehr hohen Übersättigungen tritt der keimlose Zerfall auf, bei geringerer Übersättigung dagegen die homogene Ausscheidung, bei der sich auf Grund von thermischen Konzentrationsschwankungen erst Keime bilden müssen. Die Grenze liegt ungefähr bei derjenigen Übersättigung, bei der ein Gebilde von etwa 2 Atomen A, umgeben von B-Atomen, oder umgekehrt bereits als Keim zu wirken vermag. Es ist jedoch bisher noch kein Beispiel bekannt, bei dem mit Sicherheit bei hohen Übersättigungen der keimlose Zerfall und bei geringeren der homogene Ausscheidungsverlauf mit Keimbildung festgestellt worden ist.

Wovon es abhängt, ob der heterogene oder der homogene Ausscheidungsverlauf eintritt, ist bis jetzt noch ziemlich unklar. Meist treten beide Vorgänge gleichzeitig auf, nur die Geschwindigkeit ist verschieden. Bei den Au-Ni-Legierungen überwiegt stets der heterogene Prozeß. Ganz unübersichtlich ist es jedoch bei den Legierungen von Kupfer mit einigen Prozenten Silber. Am gegossenen Material überwiegt der homogene Ausscheidungsprozeß; an einem einmal verformten und rekristallisierten Material verläuft die Ausscheidung dagegen heterogen und im allgemeinen erheblich rascher. Sehr anschaulich sieht man diesen Unterschied in einem Versuch von Bumm und Dehlinger. An einem aus der Schmelze gezogenen Einkristall (Cu + 6% Ag) wurde ein Kugeleindruck hergestellt, wodurch eine ringförmige, verformte Zone entsteht. Durch Ausglühen bei 800° wurde dann der Kristall zur Rekristallisation gebracht.

Gleichzeitig ging dabei alles Silber wieder in Lösung. Wenn man nun den Kristall bei 420° tempert, so zeigt das Schliffbild im rekristallisierten Gebiet nach dem Anätzen die für die heterogene Ausscheidung typischen schwarzen Zonen (vgl. Abb. 276). Nach etwa 10 Stunden haben sie nahezu das ganze rekristallisierte Gebiet eingenommen. In dem darumliegenden, nicht verformten Einkristall ist im Schliffbild keine Änderung zu bemerken. ·Andere Untersuchungen mit Röntgenstrahlen zeigten, daß an Einkristallen unter ähnlichen Bedingungen homogene Ausscheidung stattfindet, die aber bis zum vollständigen Ablauf mehr als das dreifache dieser Zeit benötigt. Es sind also in diesem Falle ziemlich feine Unterschiede im inneren Kristallgefüge maßgebend dafür, welcher Vorgang schneller verläuft.

27. Die Veränderung der magnetischen Eigenschaften bei der Ausscheidung.

a) Die Sättigungsmagnetisierung und der Curie-Punkt.

Die magnetischen Eigenschaften ferromagnetischer Legierungen kann man nach ihrem Verhalten bei der Ausscheidungshärtung, in zwei Gruppen einteilen, Zur ersten Gruppe gehören solche Größen wie die Sättigungsmagnetisierung und die Curie-Temperatur, die nur von der chemischen Zusammensetzung und dem Mengenanteil der einzelnen Phasen abhängen, aber nicht von der Größe der Kristallite und den inneren Spannungen. Die Verfolgung dieser Größen liefert uns wesentliche Aufschlüsse über die Art des Ausscheidungsablaufes. Ihre Messung kann in vielen Fällen die Röntgenaufnahme und die mikroskopische Untersuchung des Schliffbildes ersetzen oder wenigstens ergänzen. Sie sind aber nicht von so unmittelbarem technischen Interesse wie die Eigenschaften der zweiten Gruppe, zu denen die Anfangspermeabilität, die Koerzitivkraft und ähnliche Größen gehören, welche wesentlich von der Größe der inneren Verspannungen abhängen. Die Eigenschaften der zweiten Gruppe sind in ihrem Verhalten schwieriger zu verstehen als die der ersten Gruppe. Deshalb wollen wir deren Behandlung zunächst zurückstellen und uns mit der Verfolgung des Ausscheidungsvorganges an Hand der Änderung der Sättigungsmagnetisierung und des Curie-Punktes befassen.

Als Beispiel betrachten wir die Ni-Au- und die Ni-Be-Legierungen. Diese sind sehr eingehend von GERLACH[1] untersucht worden. An den Ni-Au-Legierungen haben außerdem noch KÖSTER und DANNÖHL[2] magnetische Messungen durchgeführt. Bei allen einheitlich zusammengesetzten Stoffen hat die Sättigungsmagnetisierung J_s, dividiert durch die Sättigung J_0 am absoluten Nullpunkt, in Abhängigkeit von der reduzierten Temperatur T/Θ ($\Theta = $ Curie-Temperatur) bis auf geringfügige individuelle Abweichungen den gleichen Verlauf. Wenn die abgeschreckten Legierungen aus homogenen, übersättigten Mischkristallen bestehen, findet man ebenfalls immer nahezu diesen Verlauf. In der Nähe des Curie-Punktes treten gelegentlich Abweichungen auf, die sich aber zwanglos dadurch deuten lassen, daß die Abschreckgeschwindigkeit nicht ausgereicht hat, um die Ausscheidung ganz zu unterdrücken. Der Verlauf von J_s mit der Temperatur ist also bei den abgeschreckten Legierungen ausreichend durch Angabe von J_0 und Θ gekennzeichnet. In den Abb. 277 bis 279 ist dargestellt, wie sich bei den Legierungsreihen Ni-Au und Ni-Be J_0 und Θ mit der Zusammensetzung ändern. Sie nehmen stets linear mit dem Au- bzw.

---

[1] GERLACH, W.: Z. Metallkde. Bd. 28 (1936) S. 80 u. 183; Bd. 29 (1936) S. 124; Probleme der technischen Magnetisierungskurve. Berlin 1938.
[2] KÖSTER, W. u. W. DANNÖHL: Z. Metallkde. Bd. 28 (1936) S. 248.

Be-Gehalt ab, und zwar ist bei den Ni-Be-Legierungen sowohl bei J_0 wie auch bei Θ der Abfall gerade so groß, daß die Extrapolation bei etwa 30 At.-% Be zu dem Wert $\Theta = 0°$ K. und $J_0 = 0$ führt. Wenn man also homogene Mischkristalle mit so hohem Berylliumgehalt herstellen könnte, würde danach bei

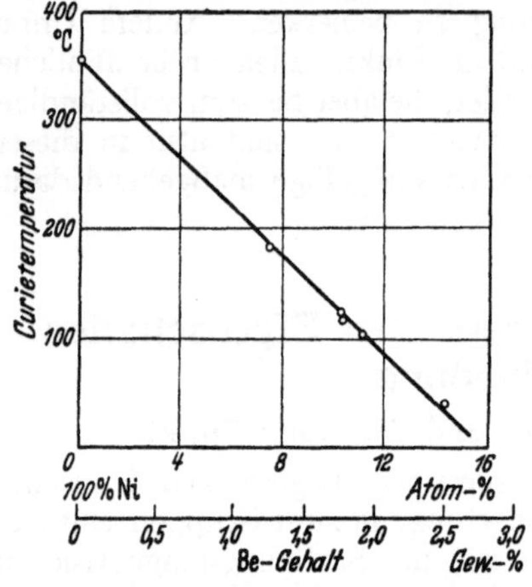

Abb. 277. Die Curie-Temperatur der abgeschreckten Nickel-Beryllium-Legierungen in Abhängigkeit vom Berylliumgehalt. [Nach W. Gerlach: Z. Metallkde. Bd. 29 (1937) S. 124.]

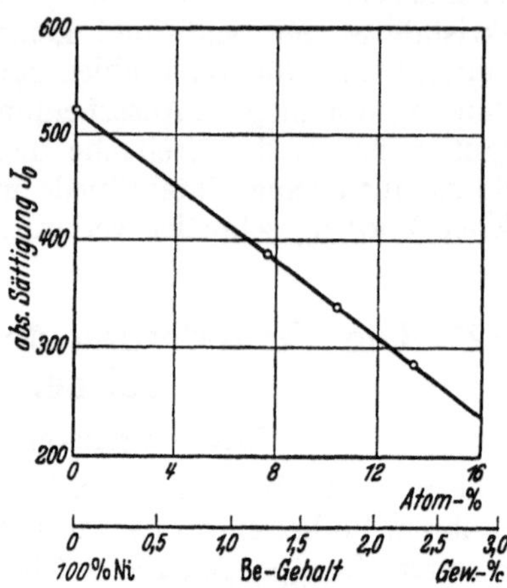

Abb. 278. Die absolute Sättigung der abgeschreckten Nickel-Beryllium-Legierungen in Abhängigkeit vom Berylliumgehalt. [Nach W. Gerlach: Z. Metallkde. Bd. 29 (1937) S. 124.]

dieser Konzentration der Ferromagnetismus verschwunden sein. Bei den Ni-Au-Legierungen nimmt Θ langsamer ab. Die extrapolierte Gerade gibt erst bei 60 At.-% Au den Wert $\Theta = 0$. Die absolute Sättigung ist hier nicht gemessen worden. Nur soviel ist sicher, daß sie auch mit dem Goldgehalt absinkt.

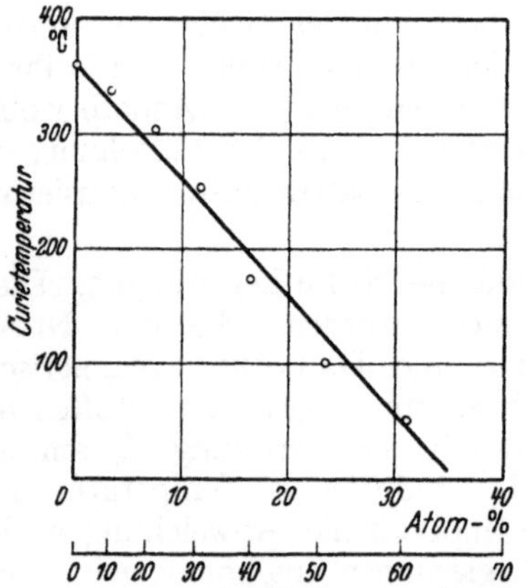

Wenn man einen abgeschreckten Ni-Au-Mischkristall anläßt, etwa auf 400° C, so wird, wie wir auf S. 386 erwähnten, der übersättigte Mischkristall von den Kristallitgrenzen her abgebaut. Dabei wächst in den „schwarzen Zonen" ein feinkristallines Gemisch von Kristallen einer goldreichen Phase mit 90 At.-% Au und einer nickelreichen Phase mit 2 At.-% Au. Die goldreiche Phase ist nicht ferromagnetisch. Sie macht sich also magnetisch neben den beiden anderen ferromagnetischen Phasen nicht bemerkbar. Wenn man nach einer gewissen Temperzeit wieder abschreckt, so muß man also bei der Messung von J_s in Abhängigkeit von der Temperatur einen Verlauf erhalten, der einer Überlagerung von zwei normalen J_s-T-Kurven entspricht. Die eine von diesen rührt von den übersättigten Mischkristallen her und hat den gleichen Curie-Punkt wie die abgeschreckte Legierung, nur hat J_0 etwas abgenommen, weil ein Teil der Kristalle durch Ausscheidung umgesetzt worden ist. Die zweite rührt von den nickelreichen Kristallen in den schwarzen Zonen her und hat einen höheren Curie-Punkt. Tatsächlich entspricht der gemessene Verlauf,

Abb. 279. Die Curie-Temperatur der abgeschreckten Nickel-Gold-Legierungen in Abhängigkeit vom Goldgehalt. [Nach W. Köster u. W. Dannöhl: Z. Metallkde. Bd. 28 (1936) S. 248.]

der in Abb. 280 wiedergegeben ist, voll und ganz dieser Erwartung. Bei der Aufnahme dieser Kurven muß man natürlich ziemlich rasch vorgehen, damit

nicht während der Messung der Ausscheidungsvorgang weiter fortschreitet. Bei den hier in Frage kommenden Meßtemperaturen bis etwa 330° C verläuft die Ausscheidung tatsächlich noch langsam genug. In dem dargestellten Fall hat der abgeschreckte Mischkristall mit 21,7 At.-% Au (50 Gew.-%) einen Curie-Punkt von etwa 100° C. Da bei der hier benutzten Anlaßtemperatur von 411° C die Löslichkeit von Gold in Nickel nur 2 At.-% Au beträgt, hat die sich ausscheidende Phase einen nur wenig tieferen Curie-Punkt als reines Nickel,

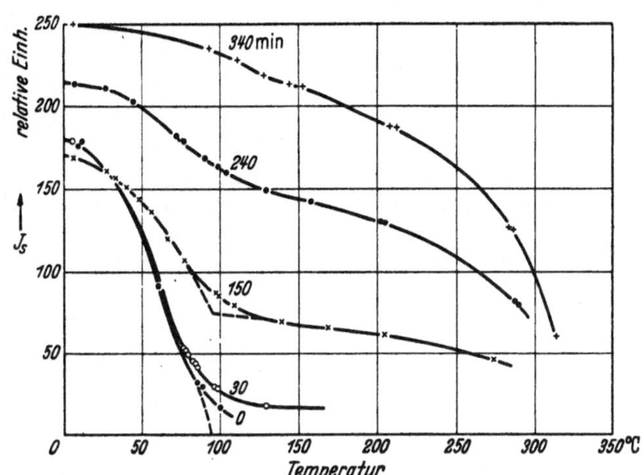

Abb. 280. Die Sättigungsmagnetisierung einer Nickel-Gold-Legierung mit 50 Gew.-% Au (21,7 At.-%) in Abhängigkeit von der Temperatur nach dem Abschrecken von 950° C und Anlassen bei 411° C. Die verschiedenen Kurven beziehen sich auf verschiedene Anlaßdauer. [Nach W. GERLACH: Z. Metallkde. Bd. 29 (1937) S. 102.]

etwa 340° C. Beim Tempern ändern sich die Curie-Punkte nicht, sondern nur die J_0-Werte der beiden überlagerten normalen J_s-T-Kurven, und zwar nimmt,

wie es sein muß, der der nickelreichen Phase zugehörige J_0-Wert zu, der dem übersättigten Mischkristall entsprechendeWert dagegen ab.

Die Kurven in Abbildung 280 beweisen sehr überzeugend den heterogenen Charakter der Ausscheidung dieser Legierung. Allerdings stellt man bei genauerem Zusehen fest, daß in Wirklichkeit der Curie-Punkt der übersättigten Mischkristalle nicht genau konstant bleibt, sondern sich ein wenig zu höherer Temperatur hin verschiebt. Darin drückt sich ganz schwach eine geringe homogeneAusscheidung aus. In viel stärkerem

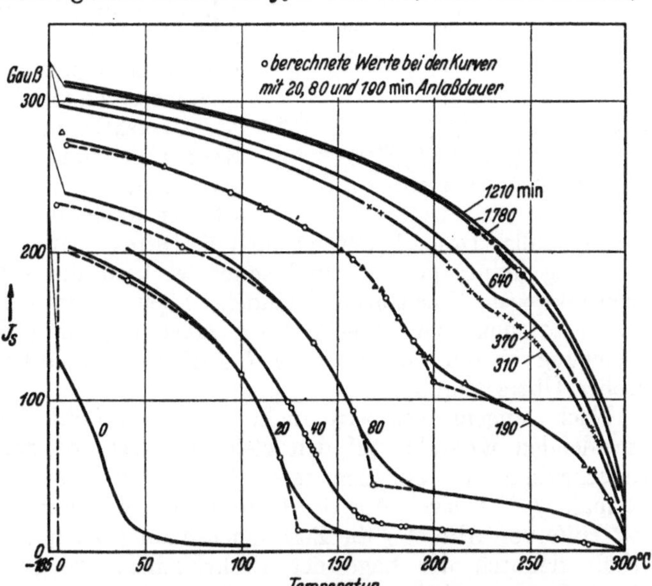

Abb. 281. Die Sättigungsmagnetisierung einer Nickel-Beryllium-Legierung mit 2,5 Gew.-% Be (14,3 At.-%) in Abhängigkeit von der Temperatur nach dem Abschrecken von 1000° C und verschieden langem Anlassen bei 454° C. (Die gestrichelten Kurven stellen die Überlagerung zweier normaler J_s-T-Kurven unter bester Anpassung an die gemessenen Kurven dar.) [Nach W. GERLACH: Z. Metallkde. Bd. 29 (1937) S. 124.]

Maße tritt uns das bei den Ni-Be-Legierungen entgegen. Die entsprechenden Kurven von J_s in Abhängigkeit von T sind in Abb. 281 für eine Legierung mit 14,3 At.-% Be bei verschieden langem Tempern bei 454° C nach Messungen von

GERLACH dargestellt. Die abgeschreckte Legierung hat in diesem Falle einen Curie-Punkt von etwa 40° C. Schon nach kurzer Anlaßzeit sieht man deutlich, daß sich eine zweite Phase gebildet hat mit dem Curie-Punkt 300° C. Diese ist, ebenso wie bei Ni-Au, durch heterogene Ausscheidungsvorgänge entstanden. Außerdem tritt hier aber eine starke Verschiebung des Curie-Punktes der übersättigten Phase auf. Nach 20 min Tempern bei 454° C ist er von 40° bereits auf 130° gestiegen. Nach Abb. 277 entspricht das einer Verarmung an Be von 14,3 At.-% auf 9,8 At.-% Be. Diese ganze Berylliummenge kann unmöglich aus dem Kristall-innern heraus an die Kristallitgrenzen diffundiert sein. Wir müssen daher schließen, daß sie sich in Form sehr vieler kleiner Keime der berylliumreichen Phase im Inneren der Kristallite angesammelt hat. Dieser Befund deutet also auf überwiegend homogene Ausscheidung.

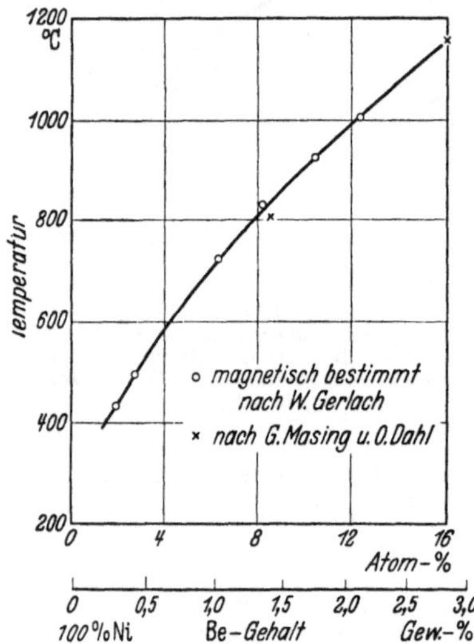

Abb. 282. Die Löslichkeitsgrenze von Beryllium in Nickel nach den magnetischen Messungen von W. GERLACH und älteren Messungen von G. MASING und O. DAHL. [Nach W. GERLACH: Z. Metallkde. Bd. 29 (1937) S. 124.]

In Abb. 281 ist an einigen Kurven außer dem gemessenen Verlauf von J_s noch gestrichelt der Verlauf angedeutet, den man bei Überlagerung von zwei normalen J_s-T-Kurven bei bester Anpassung an die gemessenen Kurven erhält. Man erkennt, daß in diesem Fall eine solche Zerlegung recht gut möglich ist. GERLACH fand jedoch an Proben mit anderem Be-Gehalt und bei Anwendung anderer Anlaßtemperaturen, daß dies nicht immer der Fall ist. Die Zerlegung der J_s-T-Kurven in zwei normale Kurven ist um so schlechter möglich, je geringer der Be-Gehalt und je höher die Anlaßtemperatur, d. h. je kleiner die Übersättigung ist. Auch das ist qualitativ verständlich. Denn mit abnehmender Übersättigung wächst ja die kritische Keimgröße, von der ab ein Wachstum energetisch günstig ist. Daher entstehen um so seltener wachstumsfähige Keime im Inneren des Kristalls. Deshalb werden auch die Diffusionswege mit abnehmender Übersättigung immer größer, und somit wachsen die örtlichen Konzentrationsschwankungen. Eine starke Uneinheitlichkeit äußert sich natürlich auch in einer großen Streuung der Curie-Punkte. Daher muß bei geringer Übersättigung eine Zerlegung in nur zwei normale J_s-T-Kurven schlechter möglich sein als bei großer Übersättigung.

Nach langem Tempern rückt der Curie-Punkt der sich homogen ausscheidenden Kristalle auf den gleichen Wert wie bei den durch heterogene Ausscheidung entstandenen neuen Kristalliten. Dann erhält man wieder eine normale J_s-T-Kurve. Aus der Lage des Curie-Punktes dieser Kurve kann man mit Hilfe von Abb. 277 die Zusammensetzung der neuen Phase ermitteln. Man erhält dadurch die Lage der Löslichkeitsgrenze bei der Anlaßtemperatur. Durch Tempern bei verschiedenen Temperaturen kann man auf diese Weise den gesamten Temperaturverlauf der Löslichkeit von Be in Nickel bestimmen. Das Ergebnis nach Messungen von GERLACH zeigt Abb. 282. Diese magnetische Methode der Bestimmung der Phasengrenzen ist in letzter Zeit an sehr vielen Legierungsreihen mit gutem Erfolg angewandt worden.

Die behandelten Legierungen stellten Beispiele dafür dar, wie sich überwiegend heterogene Ausscheidung (Ni-Au) und überwiegend homogene Ausscheidung (Ni-Be) in dem Temperaturverlauf von J_s ausprägt. Ein Material, wb die Ausscheidung nach Art des keimlosen Zufalls verläuft, ist bisher nicht in der geschilderten Weise untersucht worden. Man kann sich theoretisch leicht klar machen, wie in diesem Fall zunächst eine Deformation der J_s-T-Kurve eintreten muß, aus welcher sich dann schließlich eine Überlagerung von zwei normalen Kurven herausbildet, vorausgesetzt, daß beide Endphasen ferromagnetisch sind.

b) Die Koerzitivkraft.

Als Beispiel einer Materialeigenschaft, welche wesentlich von den inneren Spannungen abhängt, wollen wir hier die Koerzitivkraft betrachten. Bei den Legierungsreihen Ni-Au und Ni-Be treten während des Ausscheidungsvorganges stets zwei ferromagnetische Phasen auf, die sich außer in der Sättigung auch

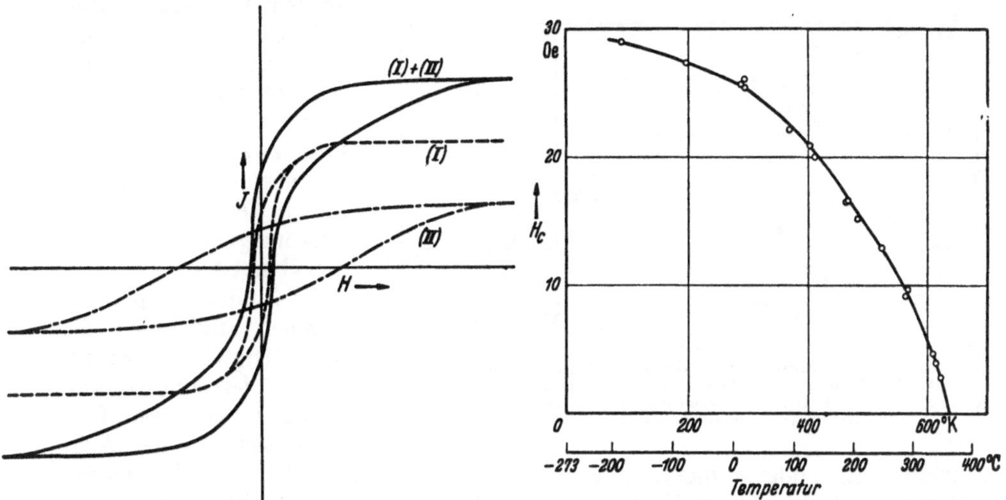

<table>
<tr><td>Abb. 283. Die Überlagerung der Hystereseschleifen eines weichen (I) und eines harten (II) Materials (schematisch).</td><td>Abb. 284. Koerzitivkraft von hartem Nickel in Abhängigkeit von der Temperatur. [Nach R. Gans: Ann. Phys., Lpz. IV, Bd. 42 (1913) S. 1905.]</td></tr>
</table>

durch die Größe der inneren Spannungen unterscheiden können. Die Hystereseschleife stellt also in diesem Fall eine Überlagerung von zwei ganz verschiedenen Schleifen dar. Allgemein ist es nun gar nicht einfach zu übersehen, in welcher Weise die Koerzitivkraft der Gesamtschleife mit den Eigenschaften der beiden Einzelschleifen zusammenhängt. Eines leuchtet aber an Hand von Abb. 283 sofort ein: Wenn man die steile Schleife eines magnetisch weichen Materials mit hoher Sättigungsmagnetisierung überlagert mit der flachen Schleife eines magnetisch harten Materials mit geringerer Sättigung, so ist die Koerzitivkraft der Gesamtschleife fast genau gleich derjenigen des magnetisch weichen Materials. Das genügt bereits zum qualitativen Verständnis des Temperaturverlaufes von H_c bei den beiden genannten Legierungsreihen.

Bei einer einheitlichen Phase fällt H_c mit wachsender Temperatur im allgemeinen monoton ab. Der Verlauf an reinem, harten Nickel ist als Beispiel in Abb. 284 wiedergegeben. Theoretisch ist dieses Verhalten verständlich. Denn nach Gleichung (16.2) gilt

$$H_c = \frac{3}{2}\, p_c \frac{\lambda\, \sigma_i}{J_s}.$$

Bei Nickel fällt λ stärker als J_s ab, etwa proportional zu J_s^2. Da bei σ_i und bei dem Faktor p_c keine starke Temperaturabhängigkeit zu erwarten ist, muß also H_c mit wachsender Temperatur sinken.

Das Verhalten der Koerzitivkraft bei den Ni-Au-Legierungen beim Tempern
bei 411° C ist in Abb. 285 nach Messungen von GERLACH wiedergegeben.
Man sieht, daß zum Unterschied von homogenen Materialien hier bei mittleren
Anlaßzeiten ein Maximum im Temperaturverlauf von H_c auftritt. Das ist
leicht zu deuten. Wie man an Abb. 280 erkennt, liegt bei 100° C der Curie-Punkt
der übersättigten Mischkristalle. Oberhalb dieser Temperatur sind also nur
noch die nickelreichen Kristallite in den schwarzen Zonen ferromagnetisch.
Da in diesen durch den Ausscheidungsvorgang starke Spannungen entstanden
sind, ist deren Koerzitivkraft groß. Von 150° an fällt H_c mit wachsender
Temperatur ab, wie es bei einer einzigen ferromagnetischen Phase normalerweise der Fall ist. Bei längerem Tempern nehmen die Spannungen in diesem
Gebiet infolge von Rekristallisations- und Erholungsvorgängen ab. Daher sinkt

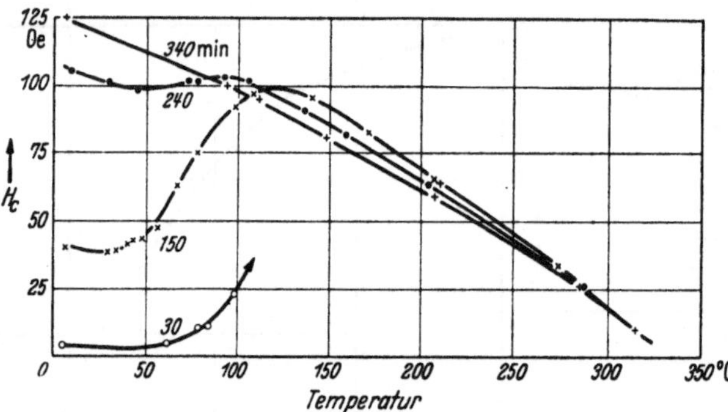

Abb. 285. Die Koerzitivkraft einer Nickel-Gold-Legierung mit 50 Gew.-%
Au (21,7 At.-%) in Abhängigkeit von der Temperatur nach dem Ab-
schrecken von 950° C und verschieden langem Anlassen bei 411° C. [Nach
W. GERLACH: Z. Metallkde. Bd. 29 (1937) S. 102.]

in dem Temperaturinter-
vall zwischen 150° und
dem Curie-Punkt die
Koerzitivkraft mit zu-
nehmender Anlaßzeit,
und zwar von Anfang
an, sobald überhaupt in
diesem Temperaturgebiet
Ferromagnetismus be-
merkbar ist.

Bei Zimmertemperatur
dagegen sind auch die
übersättigten Mischkri-
stalle ferromagnetisch.
Da das Innere dieser Kri-
stalle sich an der Aus-
scheidung nicht oder wenigstens nur sehr wenig beteiligt, bleiben dort die inneren
Spannungen klein. Da zu Beginn des Ausscheidungsvorganges die übersättigten
Mischkristalle der Menge nach überwiegen, mißt man daher zu Anfang bei
Zimmertemperatur nur die Koerzitivkraft der übersättigten, magnetisch weichen
Phase. Erst wenn beim Fortschreiten der Ausscheidung die übersättigten
Mischkristalle allmählich aufgezehrt werden, macht sich auch bei Zimmertemperatur die harte Phase an der Koerzitivkraft bemerkbar. H_c steigt dann
langsam an. Nach 340 min Tempern ist nach Abb. 280 der übersättigte Mischkristall nahezu vollständig abgebaut. Gleichzeitig ist auch das Maximum in der
Koerzitivkraft-Temperatur-Kurve verschwunden. Dann fällt bei weiterem Tempern auch bei Zimmertemperatur die Koerzitivkraft wieder ab. Das Anwachsen
der bei Zimmertemperatur gemessenen Koerzitivkraft ist also in diesem Falle
darauf zurückzuführen, daß die magnetisch weiche Phase allmählich verschwindet.
Der danach erfolgende Wiederabfall beruht auf Spannungsausgleichvorgängen
in der ausgeschiedenen Phase, die in Wirklichkeit bereits von Anfang an
ablaufen; nur wird ihr Einfluß auf H_c bei Zimmertemperatur anfänglich von
dem anderen Einfluß überdeckt. Ob auch innerhalb der übersättigten Mischkristalle eine Erhöhung der Koerzitivkraft stattfindet, läßt sich an Hand der
betrachteten Kurven nicht entscheiden.

In Abb. 286 sind für die Ni-Be-Legierung mit 14,3 At.-% Be die entsprechenden Kurven für H_c in Abhängigkeit von der Temperatur nach verschieden langem Anlassen bei 454° C dargestellt. Auch dort tritt bei mittleren
Anlaßzeiten ein Maximum auf, das ganz entsprechend zu deuten ist. Oberhalb
des Maximums sind nur noch die heterogen ausgeschiedenen nickelreichen
Kristallite ferromagnetisch. Zu Beginn der Ausscheidung sind diese stärker

verspannt als die übersättigten Mischkristalle. Bei ihnen nimmt genau wie bei den Ni-Au-Legierungen von Anfang an H_c mit zunehmender Anlaßzeit ab. Die Koerzitivkraft bei Zimmertemperatur verhält sich im großen und ganzen ebenso wie bei den Ni-Au-Legierungen. Es tritt auch erst ein langsames Anwachsen mit fortschreitender Ausscheidung auf, und nachher, wenn das Maximum in der H_c-T-Kurve verschwunden ist, fällt H_c wieder ab. Dieses Verhalten ist hier aber etwas anders zu deuten. Da bei den Ni-Be-Legierungen der homogene Ausscheidungsverlauf überwiegt, kann man den Anstieg hier

nicht auf den Abbau der übersättigten Phase zurückführen, sondern hier bilden sich durch die Entstehung der Keime der berylliumreichen Phase im Innern der ursprünglichen Mischkristalle starke innere Spannungen aus. Diese bewirken eine wirkliche Koerzitivkraftsteigerung. Man erkennt das daran, daß hier H_c im Vergleich zu den Ni-Au-Legierungen bei Zimmertemperatur rascher ansteigt. Zum Beispiel ist nach 190 min Tempern das Maximum in der H_c-T-Kurve schon fast verschwunden. Der H_c-Wert bei Zimmertemperatur beträgt be-

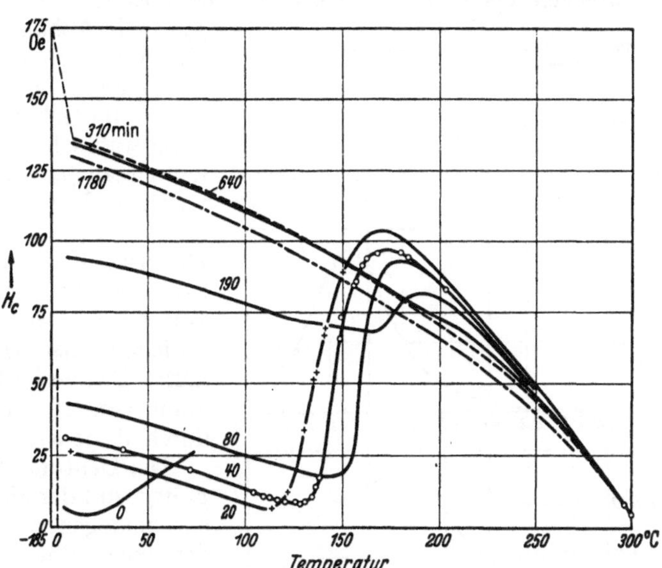

Abb. 286. Die Koerzitivkraft einer Nickel-Beryllium-Legierung mit 2,5 Gew.-% Be (14,3 At.-%) in Abhängigkeit von der Temperatur nach dem Abschrecken und verschieden langem Anlassen bei 454° C. [Nach W. Gerlach: Z. Metallkde. Bd. 29 (1937) S. 124.]

reits $\frac{3}{4}$ des Maximalwertes. Wie aus Abb. 281 folgt, beträgt jedoch die Sättigungsmagnetisierung der heterogen ausgeschiedenen Kristallite in diesem Zustand noch nicht die Hälfte der gesamten Sättigungsmagnetisierung bei Zimmertemperatur. Wenn keine wirkliche Koerzitivkraftsteigerung in den übersättigten Kristalliten stattgefunden hätte, könnte also bei diesem Ausscheidungszustand die Zunahme von H_c nur gering sein. Bei den Ni-Au-Legierungen ist dies in dem entsprechenden Zustand (150 min Anlaßzeit, vgl. Abb. 280 und 285) auch tatsächlich der Fall. Bei höheren Anlaßtemperaturen wird der Unterschied noch deutlicher, weil dann der heterogene Ausscheidungsverlauf noch mehr gegenüber dem homogenen zurücktritt.

Im vorliegenden Fall wachsen also die inneren Spannungen auch innerhalb der übersättigten Mischkristalle infolge der Ausscheidung an, bis sie nach 300 min Tempern etwa ebenso groß wie in den heterogen umgewandelten Teilen des Materials geworden sind. Da gleichzeitig auch die Curie-Punkte nahezu gleich geworden sind, lassen sich dann die heterogen und die homogen ausgeschiedenen Teile magnetisch nicht mehr unterscheiden. Bei längerem Tempern gleichen sich die Spannungen wieder aus, H_c sinkt also wieder, was in den bei der heterogenen Ausscheidung gebildeten Kristalliten schon gleich nach ihrer Entstehung begonnen hat.

Das Maximum, welches H_c bei der homogenen Ausscheidung durchläuft, haben wir soeben dadurch gedeutet, daß σ_i zunächst ansteigt und dann wieder abfällt. Daneben kann aber auch der in Kapitel 16 eingeführte Faktor p_c, welcher für die geometrische Verteilung der inneren Spannungen charakteristisch ist, von Bedeutung sein. Das ist von PREISACH an den Fe-Ni-Be-Legierungen nachgewiesen worden. Wir dürfen als wahrscheinlich annehmen, daß auch bei diesen Legierungen ebenso wie bei den Ni-Be-Legierungen die Ausscheidung vorwiegend homogen verläuft. In Abb. 287 ist eine typische Kurvenzusammenstellung aus der Arbeit von PREISACH wiedergegeben. Die untersuchte Legierung hatte die Zusammensetzung 54,7% Ni, 44,7% Fe, 0,6% Be und wurde nach dem Abschrecken bei 650° C angelassen. Die oberste Kurve zeigt den Verlauf von $\mu_a - 1$ in Abhängigkeit von der Anlaßzeit. Da die Sättigungsmagnetostriktion und die Sättigungsmagnetisierung bei diesem geringen Be-Gehalt sich bei der Ausscheidung wahrscheinlich nur wenig verändert, kann man $\mu_a - 1$ als proportional zu $1/\sigma_i$ ansehen. Die zweite Kurve gibt den Verlauf von H_c bei Zimmertemperatur wieder. Die dritte Kurve gibt die aus H_c und $\mu_a - 1$ nach Gleichung (16.2a) berechneten Werte von p_c an. Man erkennt, daß in diesem Falle p_c ebenso wie σ_i ein Maximum durchläuft. Das verhältnismäßig scharfe Maximum von H_c ist zum wesentlichen Teil durch dasjenige von p_c bedingt.

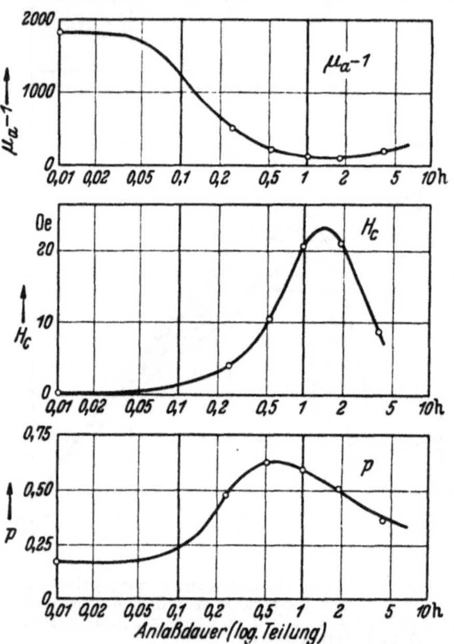

Abb. 287. Anfangspermeabilität, Koerzitivkraft und der Faktor p einer Eisen-Nickel-Beryllium-Legierung mit 44,7 Gew.-% Fe, 54,7 Gew.-% Ni und 0,6 Gew.-% Be nach dem Abschrecken und Anlassen bei 650° C in Abhängigkeit von der Anlaßdauer. [Nach F. PREISACH: Z. Phys. Bd. 93 (1934) S. 245.]

Die Deutung für dieses Verhalten von p_c liegt auf der Hand. Anfänglich sind bei der homogenen Ausscheidung die Keime der neuen Phase noch sehr klein. Daher ist auch die mittlere „Wellenlänge" der inneren Spannungen gering. Mit fortschreitender Ausscheidung wird dann die Verteilung von σ_i immer grobdisperser. In Kapitel 15 (S. 207) hatten wir bereits überlegt, daß in einem solchen Fall p_c bei einem gewissen mittleren Dispersionsgrad, wenn die „Wellenlänge" der inneren Spannungen ungefähr gleich der mittleren Dicke der Blochwände ist, einen Maximalwert erreicht. Das scheint sich in den obigen Kurven auszuprägen. Wenn man also eine möglichst hohe Koerzitivkraft erzielen will, muß man versuchen, die Ausscheidungsvorgänge so zu leiten, daß möglichst das Maximum von σ_i mit demjenigen von p_c zusammenfällt. Das ist besonders bei der Herstellung von permanenten Magneten wichtig.

An den behandelten Beispielen erkennt man, wie schwierig das Verhalten von H_c bei der Ausscheidung zu deuten ist. Im allgemeinen genügt nicht die Untersuchung bei einer einzigen Temperatur. Zur Deutung ist vielmehr die Kenntnis des gesamten Temperaturverlaufes und die Untersuchung der Ausscheidungsart erforderlich. Auf weitere Beispiele, bei denen unsere Kenntnisse noch nicht so vollständig sind wie in den besprochenen Fällen, wollen wir deshalb verzichten.

28. Die permanenten Magnete.

a) Die geforderten Eigenschaften.

Permanente Magnete benutzt man heute in elektrodynamischen Lautsprechern, elektrischen Meßinstrumenten für Gleichstrom, als Bremsmagnete in Elektrizitätszählern und vielen ähnlichen Geräten. Bei all diesen Anwendungen ist in dem magnetischen Kreis, der das permanent magnetisierte Material enthält, ein Luftspalt vorhanden, in welchem ein möglichst starkes und über lange Zeiten konstantes Magnetfeld erzeugt werden soll. Durch den Verwendungszweck sind im allgemeinen die Abmessungen des Luftspaltes und der Mindestwert des geforderten Magnetfeldes angenähert vorgeschrieben. Es kommt technisch dann darauf an, diesen Wert mit möglichst geringem Materialaufwand zu erreichen.

Zum Zwecke einer Abschätzung der hierfür erforderlichen Materialeigenschaften wollen wir der Einfachheit halber die Streuung in dem magnetischen Kreis vernachlässigen. Ferner nehmen wir an, daß die Polschuhe und sonstigen magnetischen Materialien, die zum Aufbau des Kreises verwandt werden, bei den benutzten Induktionen noch als praktisch ideal magnetisch angesehen werden können, so daß man näherungsweise in ihnen $\mathfrak{H} = 0$ setzen kann. Da Ströme nicht vorhanden sind, ist überall rot $\mathfrak{H} = 0$. Da das über den ganzen unendlichen Raum erstreckte Volumenintegral über das skalare Produkt aus einem wirbelfreien und einem quellenfreien Vektor bekanntlich verschwindet, gilt in diesem Fall

$$(1) \qquad \int_{\substack{\text{Unendlicher}\\ \text{Raum}}} (\mathfrak{B}\,\mathfrak{H})\,dV = 0.$$

$(\mathfrak{B}\,\mathfrak{H})$ ist bei unseren Annahmen nur im Luftspalt und in dem permanent magnetisierten Material von Null verschieden. Wir wollen den permanenten Magneten als homogen magnetisiert annehmen. In ihm betrage die Induktion B_1 und die Feldstärke H_1. Infolge der entmagnetisierenden Wirkung des Luftspaltes ist dann natürlich H_1 zu B_1 entgegengerichtet; das skalare Produkt $(\mathfrak{B}_1\,\mathfrak{H}_1)$ ist negativ. Das permanent magnetisierte Material befindet sich also in einem Zustand, der auf der Hystereseschleife in der B-H-Ebene durch einen Punkt im zweiten Quadranten dargestellt wird. Ist V_1 das Volumen des permanenten Magneten, so folgt demnach aus (1)

$$(2) \qquad \int_{\text{Luftspalt}} \mathfrak{H}^2\,dV = -(B_1\,H_1)\,V_1.$$

Durch die technischen Forderungen ist der Mindestwert der linken Seite vorgegeben. Man kann diesen Wert also mit um so kleinerem Materialvolumen V_1 erreichen, je größer der Betrag des Produktes $(B_1\,H_1)$ ist. Dabei kann man B_1 und H_1 einzeln noch in gewissen Grenzen durch geeignete Wahl des Querschnittverhältnisses zwischen Luftspalt und permanenten Magneten willkürlich wählen. Wenn die Materialqualität vorgegeben ist, wird man es zweckmäßig so einrichten, daß das Produkt $(B_1\,H_1)$ in dem eingestellten Zustandspunkt möglichst groß wird.

Wenn das Feld im Spalt als homogen angesehen werden kann und das Feld im Luftraum außerhalb des eigentlichen Spaltquerschnittes zu vernachlässigen ist, so kommt man zu den gleichen Vorschriften etwas einfacher auf folgende Weise: Bezeichnet man mit l_2 die Spaltbreite und mit F_2 seinen Querschnitt, so gilt unter Vernachlässigung des Feldes in den Polschuhen wegen des Fehlens von Strömen

$$(3) \qquad l_1 H_1 + l_2 H_2 = 0.$$

Wenn keine Streuung vorhanden ist, ist der Induktionsfluß durch alle Querschnitte des Kreises gleich. Ist F_1 der Querschnitt des permanenten Magneten, so gilt demnach

$$(4) \qquad F_1 B_1 = F_2 H_2.$$

F_2, l_2 und der Mindestwert von H_2 sind technisch vorgeschrieben. Also sind damit auch die Mindestwerte von $F_1 B_1$ und $l_1 |H_1|$ festgelegt. Das kleinste Materialvolumen $V_1 = l_1 F_1$ benötigt man zur Erreichung dieser Werte dann, wenn man durch passende Wahl von l_1 und F_1 den Zustand mit dem maximalen Wert des Produktes $|H_1| B_1$ einstellt.

Ein Material ist demnach um so besser für permanente Magnete geeignet, je größer auf dem im zweiten Quadranten liegenden Teil der Hystereseschleife der Maximalwert des Produktes $|BH|$ wird. Das $\frac{1}{8\pi}$-fache dieses Maximalwertes nennt man die Güteziffer des Magneten. Sie gibt nach Gleichung (2) die magnetische Feldenergie in erg/cm³ an, welche man bei günstigster Formgebung pro cm³ des Magneten im Außenraum aufspeichern kann. Statt der Güteziffer benutzt man praktisch zur Kennzeichnung des Materials häufig das Produkt aus der remanenten Induktion $B_R = 4\pi J_R$ und der Koerzitivkraft $_B H_c$. Man nennt dieses Produkt die magnetische „Leistung". Sie vermag aber die Angabe der Güteziffer nicht vollständig zu ersetzen, denn der sog. „Ausbauchungsfaktor" $\gamma = \dfrac{(BH)_{\mathrm{max}}}{B_R \cdot {}_B H_c}$, der das Verhältnis beider Größen angibt, ist nicht bei allen Stoffen gleich, sondern schwankt etwa zwischen 0,25 und 0,55.

Der Index B, den wir hier der Koerzitivkraft angefügt haben, soll andeuten, daß hier diejenige Feldstärke gemeint ist, bei der die Induktion verschwindet, zum Unterschied von der gewöhnlichen Koerzitivkraft $_J H_c$, bei der die Magnetisierung gleich Null wird. $_J H_c$ ist immer etwas größer als $_B H_c$. Bei gewöhnlichen Materialien ist der Unterschied gering. Bei den permanenten Magneten ist er aber in manchen Fällen wesentlich. Für die Beurteilung der Güte des Materials kommt es stets auf die Größe von $_B H_c$ an.

Außer der Güteziffer sind für die praktische Anwendung natürlich auch noch einige andere Größen wichtig. Die Werte der beiden Faktoren B_1 und H_1 bzw. die der Remanenz und Koerzitivkraft sind ebenfalls von Bedeutung. Wenn man z. B. in einem verhältnismäßig engen Spalt ein ziemlich hohes Feld zu erhalten wünscht, ist von zwei Materialien mit gleicher Güteziffer dasjenige zu bevorzugen, dessen Induktion an dem Punkt mit maximalen (BH) größer ist; denn eine zu starke Querschnittsverminderung in dem magnetischen Kreis an der Stelle des Luftspaltes ist wegen der Streuung der Feldlinien unvorteilhaft. Bei großen Spaltbreiten und geringeren Anforderungen an die Höhe des Feldes dagegen ist vielleicht ein Material mit größerer Koerzitivkraft vorzuziehen. Weiterhin verlangt man, daß Temperaturschwankungen, Erschütterungen und sonstige Einflüsse möglichst keine bleibenden Änderungen der magnetischen Eigenschaften hervorrufen. Schließlich sind auch die rein technologischen Eigenschaften wie mechanische Festigkeit, Bearbeitbarkeit usw. für den Konstrukteur von großer Wichtigkeit. Gerade die magnetisch besten Materialien sind so spröde, daß sie nach dem Gießen nur noch geschliffen werden können; deshalb sind sie für manche Zwecke nicht verwendbar, einfach, weil man die geforderten Formen gar nicht oder nur sehr kostspielig herstellen kann.

b) Die gebräuchlichsten Werkstoffe für permanente Magnete.

Wir untersuchen zunächst, von welchen Materialgrößen das Produkt $B_R H_c$ abhängt. Nach Kapitel 16 gilt für die Koerzitivkraft

$$H_c = \frac{3}{2} p_c \frac{\lambda \sigma_i}{J_s}.$$

Ob es sich dabei um $_B H_c$ oder $_J H_c$ handelt, ist für die folgende rohe Abschätzung belanglos. Da nun die Remanenz bei Materialien ohne ausgesprochene

Vorzugsrichtung ungefähr gleich der halben Sättigung ist, also $B_R \sim \frac{1}{2} \cdot 4\pi J_s$ folgt

$$\text{(5)} \qquad B_R H_c = 3\pi p_c \lambda \sigma_i.$$

Um ein großes Produkt $B_R H_c$ zu erreichen, muß man also Materialien mit möglichst hoher Sättigungsmagnetostriktion verwenden, in ihnen möglichst große innere Spannungen erzeugen und zugleich nach Möglichkeit eine solche Verteilung der Spannungen anstreben, daß der Faktor p_c seinen Maximalwert von der Größenordnung 1 erreicht. Zugleich erkennt man aus (5), wie groß dieses Produkt bestenfalls etwa werden kann. λ übersteigt bei den uns bekannten Materialien selten den Wert $5 \cdot 10^{-5}$. Es ist unwahrscheinlich, daß es Stoffe mit wesentlich höheren Werten von λ gibt. σ_i kann nicht viel größer als die maximale Zerreißfestigkeit werden. Setzen wir $\sigma_i \approx 200 \text{ kg/mm}^2 = 2 \cdot 10^{10}$ dyn/cm², so folgt für den Höchstwert dieses Produktes $B_R H_c \approx 10^7$ (Gauß · Oersted). Tatsächlich liegt der bisher gemessene Höchstwert in dieser Größenordnung (Pt-Co, mit 77 Gew.-% Pt, abgeschreckt von 1200° C, $_B H_c B_R = 1,2 \cdot 10^7$). Es ist demnach nicht zu erwarten, daß man im Laufe der künftigen Entwicklung noch größenordnungsmäßig höhere Werte dieses Produktes erreichen wird.

Die Möglichkeit, durch plastisches Verformen hohe innere Spannungen in einem homogenen Material zu erzeugen, hat im Hinblick auf die Herstellung von permanenten Magneten keine praktische Bedeutung erlangt. Bei den technisch benutzten Werkstoffen für Dauermagnete werden die hohen σ_i-Werte entweder durch Ausscheidungsvorgänge oder durch Gitterumwandlungen hervorgerufen. Bisher fehlt uns aber jede Möglichkeit, theoretisch vorauszusagen, welche Legierungen ausscheidungsfähig sind, oder bei welchen solche Gitterumwandlungen eintreten, die in einem mittleren Stadium ihres Ablaufes hohe innere Spannungen hervorrufen. Wir wissen ebensowenig, unter welchen Bedingungen das Maximum von p_c gerade mit dem Maximum von σ_i zusammenfällt. Die entscheidenden Entdeckungen von guten Magnetlegierungen sind daher niemals auf Grund irgendeiner theoretischen Idee gemacht worden, sondern mehr zufällig bei Untersuchungen über die magnetischen Eigenschaften verschiedener Legierungsreihen.

Den besten Überblick über die bisher benutzten Werkstoffe für Dauermagneten gewinnt man bei der Verfolgung der historischen Entwicklung. Bis etwa zum Jahre 1910 waren Kohlenstoffstähle mit 1 bis 1,5% C in glashart abgeschreckten Zustand fast allein im Gebrauch. Sie besaßen eine ziemlich hohe Remanenz, im Durchschnitt 12 bis 13000 Gauß, aber die Koerzitivkraft war verhältnismäßig klein, nur 20 bis 30 Oe. Heute werden diese Stähle kaum noch verwandt. Etwa im Jahr 1910 kam dann der Wolfram-Stahl mehr und mehr in Gebrauch. Seine Entdeckung ist nicht nachzuweisen. Schon 1880 wird er erwähnt. Die beste Zusammensetzung ist Eisen mit etwa 5 bis 7% W und 0,5 bis 1% C. Die Remanenz ist bei ihm meist ein wenig kleiner als bei den Kohlenstoffstählen; die Koerzitivkraft beträgt dafür aber 60 bis 70 Oe. Als dann während des Weltkrieges in Deutschland Wolfram knapp wurde, entwickelte GUMLICH[1] den Chromstahl, der bereits im Jahre 1909 von BROWN[2] in England als Werkstoff für permanente Magnete vorgeschlagen worden war. An Legierungen mit 6% Cr und etwa 1% C erzielte GUMLICH durch geeignete Wärmebehandlung etwa gleich gute Ergebnisse wie an den Wolfram-Stählen. Eine enorme Steigerung der erreichten Güteziffer brachte sodann im Jahre 1917 die Entdeckung der Kobaltstähle durch HONDA und TAKAGI[3] in Japan. Sie

---

[1] GUMLICH, E.: ETZ Bd. 37 (1916) S. 592; Stahl u. Eisen Bd. 42 (1922) S. 97.

[2] BROWN, W.: Proc. roy. Soc., Dublin Bd. 12 (1910) S. 320.

[3] HONDA, K. u. S. SAITO: Electrician Bd. 85 (1920) S. 706: Phys. Rev. Bd. 16 (1920) S. 495; Sci. Rep. Tôhoku Univ. Bd. 9 (1920) S. 417.

fanden, daß die Eisen-Kohlenstoff-Legierungen durch Kobaltzusatz im abgeschreckten Zustand eine etwa mit dem Kobaltgehalt proportionale Steigerung der Koerzitivkraft erfahren, ohne daß dabei die Remanenz wesentlich herabgesetzt wird. Bei etwa 35% Co erreicht man Werte von 240 Oe für H_C. Wichtig ist dabei der Kohlenstoffzusatz. Denn die kohlenstofffreien Fe-Co-Legierungen bilden bis zu 80% Co-Gehalt homogene Mischkristalle, die keine hohen Koerzitivkräfte aufweisen. Die heute benutzten Stähle auf dieser Basis enthalten noch einige weitere Zusätze, vor allem Cr oder W und in manchen Fällen auch etwas Molybdän.

Bei all diesen Stählen treten die guten magnetischen Eigenschaften nur im abgeschreckten Zustand auf. Auf den Vorgang, der die Härtung bewirkt, wollen wir hier nicht näher eingehen. Er hängt mit der Gitterumwandlung zusammen, die beim langsamen Abkühlen bei hohen Temperaturen abläuft und durch das Abschrecken verhindert wird. Statt dessen entsteht ein anderer, instabiler Legierungsbestandteil, der sog. Martensit. Je nach der Zusammensetzung sind ganz verschiedene Abschreckgeschwindigkeiten günstig. Die Wolfram-Stähle erfordern möglichst rasches Abschrecken in Wasser, die Cr-Stähle werden besser in Öl abgeschreckt, Co-Stähle dagegen in Luft. Die Notwendigkeit des Abschreckens macht die Herstellung großer dicker Stücke unmöglich, weil dann das Innere nicht rasch genug abgekühlt werden kann. Allen diesen Stählen sind noch einige weitere Nachteile gemeinsam. Sie verziehen sich leicht beim Abschrecken. Außerdem sind sie ziemlich erschütterungsempfindlich und neigen zu Alterungserscheinungen, d. h. nach dem Magnetisieren ändern sich die magnetischen Werte noch lange Zeit. Diesen Nachteil kann man durch künstliches Altern beheben, indem man den Magneten nach dem Magnetisieren längere Zeit auf etwa 100° erwärmt und gleichzeitig Erschütterungen unterwirft. Die Instabilität des martensitischen Gefüges bringt ferner eine sehr große Temperaturempfindlichkeit mit sich. In all diesen Punkten sind die Co-Stähle schon wesentlich günstiger als die älteren Stähle, aber in geringerem Maße zeigen sie diese Nachteile ebenfalls.

Ein neuer Abschnitt in der Entwicklung der Dauermagnete begann im Jahr 1931, und zwar wieder durch eine japanische Entdeckung. MISHIMA[1] fand bei der Durchmusterung der ternären Legierungen aus Fe, Ni und Zusätzen eines dritten Elementes, daß bei Aluminiumzusatz hervorragende permanente Magnete entstehen. Die beste Zusammensetzung ist etwa 29% Ni, 13% Al und 58% Fe. Wie man heute weiß, ist bei diesen Legierungen ein Ausscheidungsvorgang die Ursache der Härtung. Man kann die guten Eigenschaften durch Abschrecken und Anlassen erzielen. Praktisch aber macht man es so, daß man einfach die Schmelze in Gußformen geeigneter Größe erstarren läßt. Die beim Abkühlen eintretende Ausscheidung erzeugt dann bei richtiger Wahl der Abkühlungsgeschwindigkeit gerade den magnetisch günstigen Zustand.

An diese Entdeckung schloß sich eine sehr lebhafte Entwicklung an. Man versuchte vor allem durch weitere Zusätze Verbesserungen zu erzielen. MISHIMA selbst fand Co als geeigneten Zusatz. In England fanden HORSBURGH und TETLEY[2], daß ein Kupferzusatz zu den kobalthaltigen Legierungen noch bessere Eigenschaften hervorruft. Vor allem soll man dadurch bessere Vergießbarkeit in größeren Stücken erreichen. Derartige Legierungen sind heute unter den verschiedensten Firmenbezeichnungen im Handel. Die bekanntesten sind wohl „Alnico" (England) und „Oerstit" (Deutschland). HONDA, MASUMOTO und SHIRAKAWA[3] fanden 1934, daß durch Titanzusatz sich die Güteziffer dieser

---

[1] MISHIMA, T.: Ohm Bd. 19 (1932) Nr. 7; Ref. Stahl u. Eisen Bd. 53 (1933) S. 79.
[2] HORSBURGH, G. D. L. u. F. W. TETLEY: Brit. Pat. Nr. 431 439, 543 660.
[3] HONDA, K., H. MASUMOTO u. Y. SHIRAKAWA: Sci. Rep. Tôhoku Univ. Bd. 23 (1934) S. 365.

Legierung noch etwas steigern läßt. Sie bezeichnen diese Legierung mit „Neuer K.S.-Stahl". Die Koerzitivkräfte dieser Dauermagnete liegen, je nach Zusammensetzung und Wärmebehandlung, zwischen 500 und 900 Oe. Die Remanenz erreicht nur Werte von etwa 7000 bis 5000 Gauß. Die Güteziffer beträgt ungefähr das $1^1/_2$- bis 2fache der besten Co-Stähle und etwa das 4- bis 5fache der W- und Cr-Stähle. Gegenüber den älteren Dauermagneten haben sie außerdem den Vorteil, daß ein Altern so gut wie gar nicht mehr auftritt. Eine Erwärmung auf 400° ändert die remanente Magnetisierung nur um wenige Prozent, die Koerzitivkraft praktisch gar nicht. Wenn man danach nochmals magnetisiert, erreicht man wieder die alten Werte. Die kohlenstoffhaltigen Magnetstähle sind dagegen durch solch eine Erwärmung dauernd verdorben und können nur durch neues Härten wieder verbessert werden, wonach dann aber aufs neue das Altern beginnt. Sehr anschaulich erkennt man die in diesem Punkte erzielte Verbesserung an Abb. 288, in welcher die nach einer halbstündigen Erwärmung gemessenen Koerzitivkräfte eines W-Stahls, Co-Cr-Stahls und zweier Mishima-Legierungen in Abhängigkeit von der Erhitzungstemperatur gegenübergestellt sind. Diese Vorteile werden erkauft durch technologische Nachteile. Nach dem Gießen sind die Legierungen auf Fe-Ni-Al-Basis so spröde, daß sie nur noch durch Schleifen zu bearbeiten sind; auch das Gießen ist nicht einfach. Wegen der Neigung zur Lunkerbildung kann man nur einfache Gußformen herstellen.

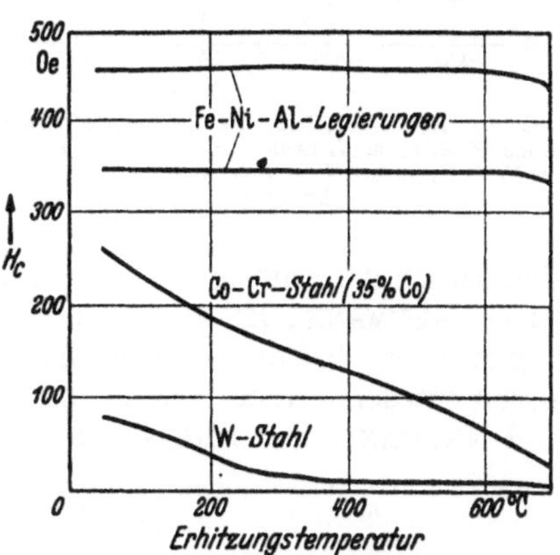

Abb. 288. Koerzitivkraft von W-Stahl, Co-Cr-Stahl mit 35% Co und zweier Fe-Ni-Al-Legierungen nach halbstündigem Erhitzen in Abhängigkeit von der Erhitzungstemperatur. [Nach Arch. techn. Messen Z 912—2 (1934).]

Zu der Gruppe der durch Ausscheidung gehärteten Magnetlegierungen gehören auch die Fe-Co-W- und Fe-Co-Mo-Legierungen, die im Jahre 1932 etwa gleichzeitig von Köster[1] in Deutschland und Rogers und Seljesater[2] in Amerika gefunden wurden. Ihre Güteziffer ist etwa 20 bis 30% kleiner als bei den Mishima-Legierungen; sie haben aber zum Unterschied von diesen eine hohe Remanenz und kleine Koerzitivkraft, sind also in magnetisch geschlossenen Kreisen ihnen unter Umständen überlegen. Wegen der höheren Materialkosten haben sie sich aber in der Praxis nicht durchgesetzt. Auch die Legierungen, welche die höchsten Güteziffern aufweisen, nämlich die Legierungen Pt-Fe (Graf und Kussmann[3]) und Pt-Co (Jellinghaus[4]) haben wegen des hohen Platinpreises keine technische Bedeutung. Die von Potter[5] gefundene Heuslersche Legierung mit der ungefähren Zusammensetzung Ag_3MnAl, welche die höchste bisher gemessene Koerzitivkraft mit $_JH_c \approx 5000$ Oe aufweist, hat desgleichen praktisch keine Verwendung gefunden. Denn nur die Koerzitivkraft, bei der die Magnetisierung verschwindet, hat so hohe Werte. Wegen der kleinen Remanenz von nur $B_R \approx 500$ Gauß ist die Koerzitivkraft der Induktion $_BH_c$ kleiner als 500 Oe. Nur deren Größe ist jedoch bei permanenten Magneten wichtig.

---

[1] Köster, W.: Z. Elektrochem. Bd. 38 (1932) S. 549; Arch. Eisenhüttenw. Bd. 6 (1932) S. 17.

[2] Rogers, B. A. u. K. S. Seljesater: Trans. Amer. Soc. Steel. Treat. Bd. 19 (1931) S. 553.

[3] Graf, L. u. A. Kussmann: Phys. Z. Bd. 36 (1935) S. 544.

[4] Jellinghaus, W.: Z. techn. Phys. Bd. 17 (1936) S. 33.

[5] Potter, H. H.: Phil. Mag. VII, Bd. 12 (1931) S. 255.

In neuester Zeit geht die Entwicklung weniger in Richtung auf eine noch weitere Steigerung der Güteziffer, sondern man sucht statt dessen Stoffe mit besseren mechanischen Eigenschaften, als sie die Mishima-Legierungen aufweisen. Einen ersten Schritt in dieser Richtung stellen die gepreßten Magnete

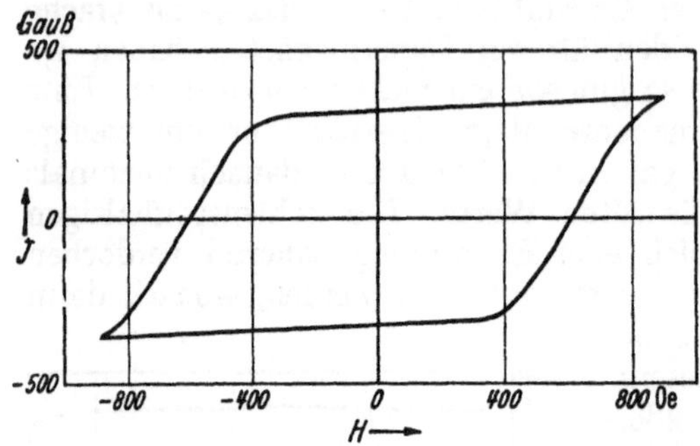

Abb. 289. Hystereseschleife des Eisen-Kobalt-Oxyd-Magneten. [Nach Y. Kato u. T. Takei, entnommen aus einem Bericht von W. C. Ellis und E. E. Schuhmacher: Bell Syst. techn. J. Bd. 14 (1935) S. 8.]

dar. Diese werden durch Pulverisieren von Oerstit und Zusammenpressen des Pulvers mit Bindemitteln in der technisch gewünschten Form hergestellt. Die hohe Koerzitivkraft bleibt dabei erhalten, nur die Remanenz wird wegen der Scherung durch das unmagnetische Bindemittel herabgesetzt. Die Güteziffer sinkt auf etwa den halben Wert. Dafür lassen sich aber auch komplizierte Formen herstellen. Unter Umständen kann der ganze Magnet aus diesem Werkstoff gemacht werden, so daß

sich Polschuhe erübrigen. Gute und mechanisch bearbeitbare Magnete fanden ferner Neumann, Büchner und Reinboth[1] im Jahre 1937 in den Fe-Ni-Cu-Legierungen, bei denen ebenfalls die inneren Spannungen durch Ausscheidung erzielt werden. Noch besser sind die Legierungen Co-Ni-Cu, die von Dannöhl und Neumann[2] neuerdings untersucht worden sind. Je nach der Zusammensetzung kann man bei

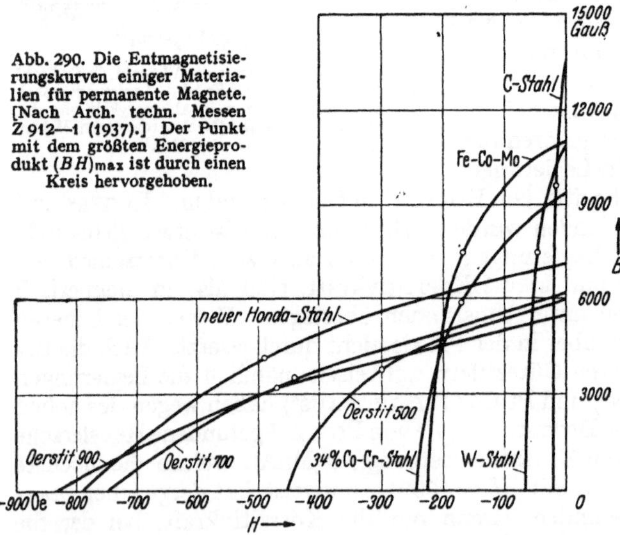

Abb. 290. Die Entmagnetisierungskurven einiger Materialien für permanente Magnete. [Nach Arch. techn. Messen Z 912—1 (1937).] Der Punkt mit dem größten Energieprodukt $(BH)_{max}$ ist durch einen Kreis hervorgehoben.

ihnen eine große Koerzitivkraft oder hohe Remanenz erreichen. Die größte Güteziffer wurde bei der Zusammensetzung 41% Co, 35% Cu und 24% Ni erzielt. Sie ist nur etwa um den Faktor 0,6 kleiner als die der handelsüblichen Legierungen auf Fe-Ni-Al-Basis. Ihnen gegenüber haben sie aber den großen Vorteil, daß sie mit spanabhebenden Werkzeugen gut bearbeitbar sind und viel größere mechanische Festigkeit besitzen. Man kann Löcher

hineinbohren und Gewinde hineinschneiden. Sie lassen sich deshalb in Apparaten als tragende Konstruktionsteile verwenden. Das verbilligt den Aufbau unter Umständen erheblich. Zur Abrundung des Bildes seien zum Schluß noch die von Kato und Takei[3] im Jahre 1933 entdeckten Oxydmagnete erwähnt. Diese bestehen aus einem Pulver aus Fe- und Co-Oxyden, welches in der gewünschten Form zusammengepreßt und dann bei 1000° gesintert wird. Die

[1] Neumann, H. A. Büchner u. H. Reinboth: Z. Metallkde. Bd. 29 (1937) S. 173.
[2] Dannöhl, W. u. H. Neumann: Z. Metallkde. Bd. 30 (1938) S. 217.
[3] Kato, Y. u. T. Takei: J. Knstn. electr. Engrs. Japan Suppl. Bd. 53 (1933) S. 408.

Koerzitivkraft beträgt etwa 600 Oe, die Remanenz jedoch nur etwa $B_R = 3000$ Gauß. Gegenüber Störfeldern und Temperaturschwankungen weisen sie eine größere Beständigkeit als alle anderen permanenten Magnete auf. Sie besitzen eine merkwürdig rechteckige Form der Hystereseschleife (vgl. Abb. 289), welche man sonst an keinem Material findet. Technisch haben sie aber bisher keine Bedeutung erlangt.

Tabelle 21. **Die Eigenschaften einiger Materialien für permanente Magnete.**
[Nach Arch. techn. Messen Z 912—1 (1937)]

Name	Zusammensetzung in Gew.-%	B_R Gauß	$_BH_C$ Oe	$(B \cdot H)_{max}$ Gauß·Oe	B_1 Gauß	H_1 Oe
Federstahl, federhart, bei 400° angelassen	Fe und etwa 1% C	13 500	21,3	$1,5 \cdot 10^5$	9600	15,5
Wolfram-Stahl, gehärtet	5—6,5% W, 0,55—0,8% C, Rest Fe	10 800	68	$3,6 \cdot 10^5$	7500	48
Chromstahl	2—6% Cr, 0,5—1,2% C, weniger als 2% W, Rest Fe	10 400	64	$3,4 \cdot 10^5$	7300	47
34% Co-Cr-Stahl	34% Co, 1,5—5% Cr, 0—4,5% Mo, 0,8—1,1% C, Rest Fe	9 330	243	$10 \cdot 10^5$	5900	170
Fe-Co-Mo-Legierung	15% Mo, 12% Co, 73% Fe	11 100	227	$12,5 \cdot 10^5$	7500	167
Oerstit 500 (Fabrikate der Deutschen Edelstahlwerke)	24—28% Ni, 12—16% Al, Rest Fe	6 020	448	$11,6 \cdot 10^5$	3800	305
Oerstit 700 (Fabrikate der Deutschen Edelstahlwerke)	24—30% Ni, 9—13% Al, 5—10% Co, Rest Fe	6 100	750	$15,4 \cdot 10^5$	3500	440
Oerstit 900 (Fabrikate der Deutschen Edelstahlwerke)	10—25% Ni, 15—30% Co, 8—25% Ti, Rest Fe	5 500	835	$14,5 \cdot 10^5$	3100	470
Neuer Honda-Stahl	27,2% Co, 17,7% Ni, 6,7% Ti, 3,7% Al, Rest Fe	7 150	785	$20,3 \cdot 10^5$	4150	490
Pt-Fe	77,8% Pt, 22,2% Fe	5 830	1570	$30,7 \cdot 10^5$	3300	930
Pt-Co, von 1200° abgeschreckt	76,7% Pt, 23,3% Co	4 530	2650	$37,7 \cdot 10^5$	2500	1500
Co-Ni-Cu-Legierung	41% Co, 24% Ni, 35% Cu	5 300	440	$10 \cdot 10^5$	3400	290

In Tabelle 21 sind die Daten der wichtigsten, hier behandelten Materialien zusammengestellt. Abb. 290 zeigt für einige von ihnen den im zweiten Quadranten der B-H-Ebene liegenden Teil der Hystereseschleife. Der Punkt mit dem größten BH-Wert ist durch einen kleinen Kreis hervorgehoben. Man sieht an diesem Bild besonders deutlich, wie die Erhöhung der Koerzitivkraft durch ein Herabsinken der Remanenz erkauft wird. Das ist auch theoretisch verständlich, denn nach (5) kann bei gegebenem Wert der Spannungsenergie $\lambda \sigma_i$ eine Steigerung von H_c nur noch durch Herabsetzen von J_s hervorgerufen werden, wenn man den Faktor p_c stets gleich 1 annimmt.

29. Die magnetischen Werkstoffe der Starkstromtechnik.

Der weitaus größte Anteil der in der Technik benötigten magnetischen Werkstoffe wird von der Starkstromtechnik für Transformatoren, Motoren und Dynamos verbraucht. In Deutschland sind z. B. zur Zeit allein in den Kernen der Transformatoren nach roher Schätzung etwa eine halbe Million Tonnen Eisenbleche in Betrieb. Schon allein diese Tatsache, daß so große Mengen benötigt werden, bedingt zwei Forderungen an das zu verwendende Material.

Erstens muß es billig sein, und deshalb kommt von vornherein als Werkstoff eigentlich nur Eisen mit geringen Legierungszusätzen in Frage. Legierungen mit einem erheblichen Gehalt an Ni oder Co scheiden wegen des zu hohen Materialpreises für diese Zwecke fast völlig aus. Zweitens müssen die gewünschten magnetischen Eigenschaften im Hüttenbetrieb erreicht werden können. Eine im Laboratoriumsversuch erreichte Verbesserung ist praktisch völlig wertlos, wenn sie nicht in gleicher Weise auch im Großversuch erzielt werden kann bei Benutzung der in den Eisenhütten erzeugten Materialien mit verhältnismäßig geringem Reinheitsgrad. Andererseits hat aber dafür auch jeder praktisch erreichte Erfolg, wenn er auch nur klein ist, die allergrößte Wichtigkeit, weil die Ersparnisse entsprechend immer gleich sehr große Summen ausmachen. Zum Beispiel würde eine Verringerung der Eisenverluste in den Kernen aller in Betrieb befindlichen Transformatoren um nur 10% in Deutschland heutzutage eine jährliche Energieersparnis von rund 10^8 kWh bedeuten. Das ist etwa ebensoviel wie der jährliche Gesamtverbrauch an elektrischer Energie im Lande Braunschweig. Wahrscheinlich ist diese Zahl aber noch zu niedrig geschätzt; denn es wurde dabei nicht berücksichtigt, daß das Netz die meiste Zeit nicht voll belastet ist. Dadurch wird der prozentuale Verlustanteil erheblich höher.

Nahezu die einzige Forderung, die an das Kernmaterial eines Transformators in der Starkstromtechnik gestellt wird, ist die eines möglichst geringen Energieverlustes bei Wechselmagnetisierung. Die Form der Schleife spielt keine wesentliche Rolle. In zweiter Linie fordert man eine möglichst hohe Maximalpermeabilität. Die Höhe der Anfangspermeabilität ist dagegen ziemlich belanglos. Diese Forderungen eines kleines Verlustes und einer hohen Maximalpermeabilität bedingen beide eine möglichst geringe Koerzitivkraft. In einigen Sonderfällen, wie z. B. bei den Materialien für die Ankerzähne in Motoren und Generatoren, ist eine möglichst hohe Permeabilität bei hohen Induktionen wichtiger als die Kleinheit der Verluste. Da solche Materialien aber in vergleichsweise viel geringeren Mengen benötigt werden, wollen wir von diesen Fällen hier absehen. Man benützt dafür vielfach Materialien mit möglichst hoher Sättigung, z. B. die Fe-Co-Legierungen.

Man kennzeichnet die magnetischen Werkstoffe der Starkstromtechnik durch die Angabe der Verluste in Watt pro kg bei 50periodigem Wechselstrom bei einer Aussteuerung der Schleife bis 10000 und 15000 Gauß. Diese Zahlen bezeichnet man mit V_{10} und V_{15}. Ein Teil dieser Verluste rührt von Wirbelströmen her. Durch Unterteilung des Kernes in genügend dünne Bleche kann man diesen Anteil zwar im Prinzip beliebig klein machen. Praktisch hat das aber seine Grenze darin, daß sehr dünne Bleche in der Herstellung zu teuer sind, weil man sie nicht in Form großer Tafeln erzeugen kann. Die heute üblichen Blechdicken sind 0,35 mm und 0,5 mm. Infolgedessen muß man einen hohen, spezifischen elektrischen Widerstand verlangen. Zur Umrechnung merke man: Eine Hystereseschleife mit einer Fläche $\oint H\, d B$ $= 1000$ erg/cm^3 entspricht einem Hystereseverlust von 0,64 W/kg bei 50 Perioden (Dichte $= 7,8$ g/cm^3).

Wir wollen die wichtigsten Materialien an Hand einer kurzen historischen Übersicht durchgehen. Das schwedische Holzkohleneisen mit geringem Kohlenstoffgehalt, das bis etwa zum Jahre 1900 ausschließlich benutzt worden ist, hat ziemlich schlechte magnetische Qualitäten im Hinblick auf die hier betrachtete Anwendung. Die Koerzitivkraft ist etwa 1 Oe. Die Fläche der Hystereseschleife bei 10000 Gauß Aussteuerung beträgt 3000 erg/cm^3. Diese wenig hervorragenden magnetischen Eigenschaften sind aber lediglich eine Folge der Verunreinigungen. Wirklich reines Eisen ist ein vorzügliches magnetisch weiches Material. Besonders schädlich sind im Eisen der Kohlenstoff und Sauerstoff. Das ist bewiesen worden durch die mit bewundernswerter Ausdauer durchgeführten Versuche von YENSEN und Mitarbeitern[1] einerseits und von CIOFFI[2] andererseits, auch noch die letzten hundertstel Prozent von O und C aus dem Eisen zu entfernen. YENSEN benutzte das Verfahren, gerade soviel Kohlenstoff zuzusetzen, daß beim Glühen im Hochvakuum der Sauerstoff und Kohlenstoff zusammen in Form von CO-Gas abgepumpt werden konnte. CIOFFI dagegen brachte langdauerndes Glühen in gut gereinigtem Wasserstoff in Anwendung. Die auf diese Weise erreichten Rekordwerte liegen heute bei einer Maximalpermeabilität $\mu_{max} = 280000$ und einem Hystereseverlust von nur 70 erg/cm³ bei 10000 Gauß Aussteuerung. Zum Vergleich sind in Abb. 291 die Neukurven und Hystereseschleifen bis 10000 Gauß von Armco-Eisen, welches das reinste, hüttenmäßig heute zu erhaltene Eisen darstellt, und einer von YENSEN hergestellten Reineisenprobe gegenübergestellt. Die Eigenschaften dieser Probe werden von dem besten Cioffi-Eisen sogar noch über-

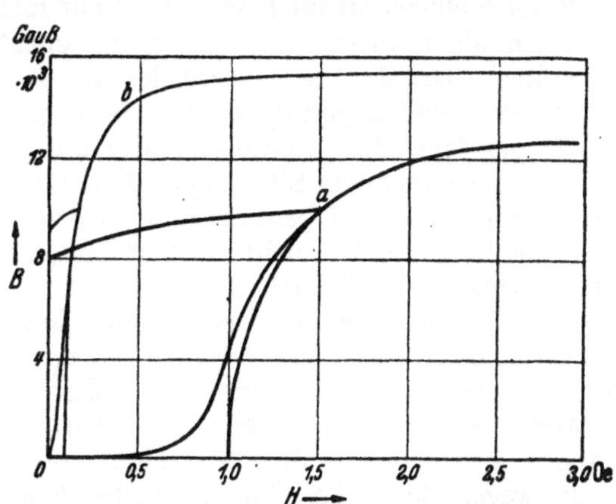

Abb. 291. Die Neukurve und die Hystereseschleife bei 10000 Gauß Aussteuerung für Armco-Eisen mit 0,1% Verunreinigungen (a) und einer durch Glühen im Vakuum hergestellten Reineisenprobe von P. YENSEN mit 0,01% Verunreinigungen (b). (Nach P.YENSEN, entnommen aus F.BITTER:Theory of Ferromagnetisme. London u. New York 1937.)

troffen. CIOFFI erreicht als Mindestwert $H_C = 0,025$ Oe. Für die Herstellung von Starkstromblechen haben diese Materialien aber keine Bedeutung, denn im Hüttenbetrieb ist eine solche Reinheit nicht erreichbar. Außerdem wird der elektrische Widerstand durch die Beseitigung der Verunreinigungen noch erheblich herabgesetzt. Zwar beträgt der Hystereseanteil der Wattverluste nur 0,045 W/kg bei 50 Perioden, aber der Wirbelstromanteil würde bei 0,35 mm starken Blechen allein einen Verlust von etwa 0,7 W/kg bedingen. Dieser Wert der Gesamtverluste wird von legierten Blechen heute bereits unterschritten.

Seit etwa 30 Jahren bis heute werden als Kernmaterial in Starkstromtransformatoren so gut wie ausschließlich Bleche aus Eisen-Silizium-Legierungen benutzt. Die erste ausführliche Untersuchung dieser Legierungen ist von BARRET, BROWN und HADFIELD[3] im Jahre 1900 veröffentlicht worden. Aber erst GUMLICH in Deutschland erkannte die Eignung dieses Materials für die Wechselstromtechnik und veranlaßte eine Eisenhütte zu Versuchen über die Herstellung im großen. In den Jahren 1903 bis 1907 gelang dann die Überwin-

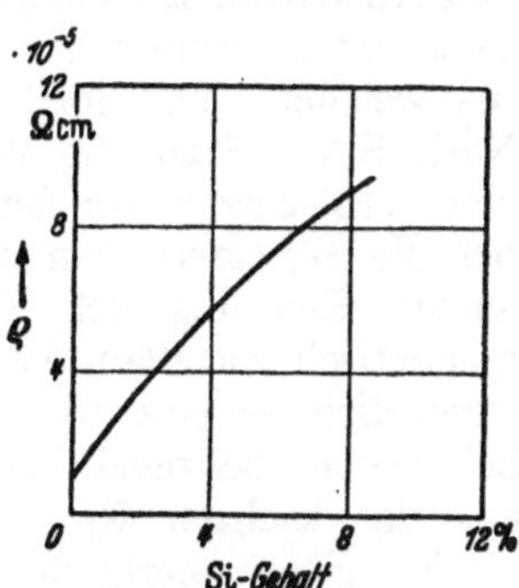

Abb. 292. Der spezifische Widerstand der Eisen-Silizium-Legierungen.

dung der anfänglichen Schwierigkeiten; seitdem wird es allgemein verwandt.

GUMLICH glaubte anfänglich, daß die Verbesserung hauptsächlich an dem höheren elektrischen Widerstand liege. Bei einem Gehalt von 2,5% Si beträgt der Widerstand das Vierfache von dem des reinen Eisens (vgl. Abb. 292).

---

[1] YENSEN, T. D.: Siehe den ausführlichen Bericht in F. BITTER: Introduction to Ferromagnetism. London 1937.
[2] CIOFFI, P. P.: Nature, Lond. Bd. 126 (1930) S. 200; Phys. Rev. Bd. 45 (1934) S. 742.
[3] BARRETT, W. F., W. BROWN u. R. A. HADFIELD: Dublin Trans. II, Bd. 7 (1900) S. 67.

Tatsächlich sind aber auch die Hystereseverluste geringer als bei dem normalen Eisen mit geringem Kohlenstoffgehalt. Diese Verbesserung tritt vermutlich aus zwei Gründen auf. Erstens wird durch das Silizium in der Schmelze der Sauerstoff gebunden durch Bildung von SiO_2, welches sich dann an der Oberfläche ansammelt und als Schlacke entfernt wird. Zweitens bewirkt das Silizium, daß der Kohlenstoff im Eisen sich nicht mehr in Form des Eisenkarbides Fe_3C, sondern als elementarer Graphit ausscheidet; dieser ist magnetisch weniger schädlich. Der direkte Einfluß des Si auf die Eigenschaften des reinen Eisens ist wahrscheinlich gering, da das Silizium bis zu einem Gehalt von mehr als 10% mit dem Eisen homogene Mischkristalle bildet.

Mit zunehmendem Siliziumgehalt nimmt die Sprödigkeit sehr zu. Materialien mit mehr als 4% Si benutzt man deshalb technisch nicht. An Stellen, wo es auf die Verlustziffer nicht so sehr ankommt, benutzt man meist Materialien mit geringerem Si-Gehalt als 4%.

Die Fortschritte, die man in den letzten 30 Jahren in der Qualität der Fe-Si-Bleche erzielt hat, beruhen im wesentlichen auf größerer Reinheit und der besseren Wärmebehandlung. Früher beherrschte man nur die Technik des Warmwalzens. Heute dagegen werden die Bleche kalt gewalzt und danach längere Zeit bei 750° bis 900° geglüht und langsam abgekühlt. Dadurch erzielt man wegen der beim Glühen stattfindenden Rekristallisation ein sehr grobkristalliges Material. Die Gitterumwandlung, welche bei reinem Eisen bei 900° C vorhanden ist, verschwindet bei einem Zusatz von mehr als 2,5% Si. Das grobkristalline Material hat bessere magnetische Eigenschaften als das feinkristalline. Über die Ursache dieses Einflusses sind sich die verschiedenen Forscher nicht völlig einig. Einige nehmen an, daß die Korngrenzen direkt einen verschlechternden Einfluß auf den Hystereseverlust ausüben. Andere dagegen neigen zu der Auffassung, daß beim Rekristallisieren die Verunreinigungen, vor allem das restliche SiO_2, an die Korngrenzen geschoben werden, so daß das Innere der Kristallite dadurch reiner und spannungsfreier wird. Neuerdings ist ein beachtlicher Fortschritt dadurch erzielt worden, daß man eine Rekristallisationstextur erzeugt[1]. Nach dem Kaltwalzen auf mindestens 15% der ursprünglichen Dicke entsteht beim Glühen bei 1100° C eine Textur, bei welcher eine [100]-Richtung bevorzugt parallel zur Walzrichtung liegt. Nach SIXTUS[2] ist die Walzebene etwa bei der Hälfte der Kristallite nahezu eine (110)-Ebene, bei der anderen Hälfte angenähert eine (100)-Ebene. Da bei den Fe-Si-Legierungen ebenso wie bei reinem Eisen die [100]-Richtung eine leichte Richtung der Kristallenergie ist, hat die Erzeugung dieser Textur magnetisch vor allem die Wirkung, daß die Magnetisierbarkeit in hohen Feldern wesentlich besser wird. Aber auch bei einer Aussteuerung bis nur 10000 Gauß, bei welcher bei regelloser Anordnung der Kristallite das Gebiet der Drehungen aus der leichten Richtung heraus nicht erreicht wird, haben die Texturbleche einen merklich kleineren Hystereseverlust als die anderen Bleche. Möglicherweise liegt das daran, daß der schädigende Einfluß der Korngrenzen geringer ist, wenn die Orientierungen der benachbarten Kristallite nahezu übereinstimmen.

Abb. 293 vermittelt nach Mitteilungen von YENSEN eine Übersicht über die in den letzten 30 Jahren erzielten Fortschritte in der Herabsetzung der Verluste in Fe-Si-Blechen. Die oberste Kurve gibt die an Handelsware erzielten kleinsten Werte des Gesamtverlustes V_{10} bei 60 Perioden an. Die beiden letzten Punkte beziehen sich auf Bleche mit der erwähnten Rekristallisationstextur,

[1] Goss, N. P.: Trans. Amer. Soc. Met. Bd. 23 (1935) S. 511; BOZORTH, R. M.: Trans. Amer. Soc. Met. Bd. 23 (1935) S. 1107.
[2] Sixtus, K. J.: Physics Bd. 6 (1935) S. 105.

welche seit einiger Zeit in Amerika unter dem Namen „Hipersil" im Handel zu haben sind. Die zweite Kurve gibt den Anteil der Hystereseverluste an dem durch die obere Kurve dargestellten Gesamtverlust an. Die Differenz, welche den Wirbelstromverlust darstellt, ist im Laufe der Jahre etwas größer geworden, weil mit der Erreichung größerer Reinheit eine Abnahme des spezifischen Widerstandes verbunden ist. Die unterste Kurve gibt den an Laboratoriumsproben erzielten Mindestwert des Hystereseverlustes an. Wie man sieht, ist die Differenz zwischen dem Laboratoriumsergebnis und dem an der Handelsware erreichten Wert in letzter Zeit ziemlich klein geworden.

Vielleicht werden in naher Zukunft neben den Fe - Si - Legierungen auch noch andere Legierungen Bedeutung gewinnen. Einen ähnlich guten Einfluß wie der Si-Zusatz haben Aluminium, Vanadium, Arsen und Zinn. Der spezifische Widerstand ist bei einem prozentisch gleichen

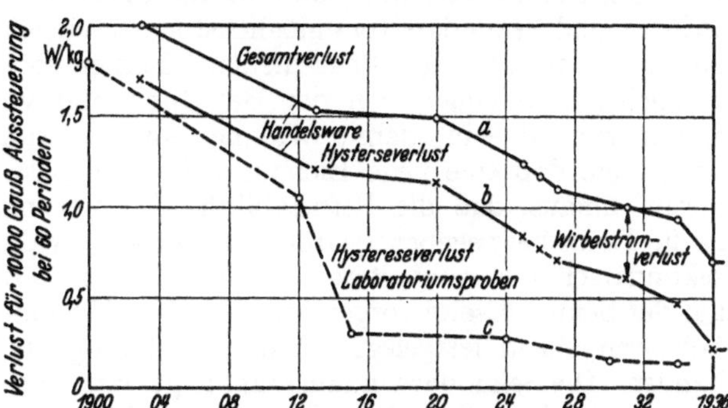

Abb. 293. Die Verbesserung der Eisen - Silizium - Bleche in den letzten 30 Jahren. a Die an Handelsware erzielten kleinsten Werte des Gesamtverlustes bei Aussteuerung bis 10000 Gauß. b Die an Handelsware erzielten kleinsten Werte des Hystereseverlustes. c Die an Laboratoriumsproben erhaltenen kleinsten Werte des Hystereseverlustes.

Zusatz an diesen Elementen zwar nicht so groß wie beim Si-haltigen Material. Aber Aluminium und Vanadium können in größerer Menge hinzulegiert werden, ohne eine so große Sprödigkeit des Materials hervorzurufen wie Silizium. Diese Legierungen finden zwar praktisch bisher noch wenig Verwendung. Die Entwicklung ist hier aber noch nicht abgeschlossen.

30. Die magnetisch weichen Werkstoffe.

a) Anwendungsgebiete. Die geforderten Eigenschaften.

Unter magnetisch weichen Materialien versteht man solche mit sehr kleiner Koerzitivkraft und hoher Permeabilität, also Materialien mit kleinen inneren Spannungen. Streng genommen sind die magnetischen Werkstoffe der Starkstromtechnik auch schon dazu zu rechnen. Denn bei diesen erstrebt man, in dem Bemühen, den Hystereseverlust zu verringern, ebenfalls eine möglichst große magnetische Weichheit. Aber in der Starkstromtechnik wird die Materialauswahl sehr eingeschränkt durch die Forderung, daß der Werkstoff billig sein muß und in sehr großen Mengen hergestellt werden kann. Deshalb kommen die hochwertigen magnetisch weichen Materialien, die wir hier behandeln wollen, für die Starkstromtechnik im allgemeinen nicht in Frage. Diese finden vor allem in den elektrischen Meßinstrumenten und in vielen Apparaten der Schwachstromtechnik Verwendung, bei welchen die Anforderungen an die magnetischen Eigenschaften höher sind als in den Starkstrommaschinen und Transformatoren, und bei denen der Materialpreis keine so wesentliche Rolle spielt. Man benutzt sie als Kernmaterial in Meßwandlern, für Weicheiseninstrumente und eisengeschlossene Dynamometer, zum Abschirmen von Meßinstrumenten gegen Störfelder, für die zur Betätigung von Kontakten dienenden Relais, die z. B. in den automatischen Fernsprechämtern in großer Zahl benötigt werden, und in vielen anderen Apparaten. Von diesen Anwendungsgebieten wollen wir zwei Beispiele, den Stromwandler und das Schaltrelais, etwas genauer behandeln und erläutern, welche magnetischen Eigenschaften bei ihnen erwünscht sind. In den meisten anderen Fällen liegen die Verhältnisse sehr ähnlich wie in den herausgegriffenen Beispielen.

Ein Stromwandler ist ein Transformator, der große Wechselströme zum Zwecke der Messung in genau bekanntem Verhältnis in kleine Ströme heruntertransformiert. Damit man ihn in Verbindung mit Leistungsmessern fehlerfrei verwenden kann, verlangt man, daß die Phasenverschiebung von 180° zwischen Primär- und Sekundärstrom möglichst genau eingehalten wird. Die Abweichung davon nennt man den Phasenfehler. Ferner soll das Übersetzungsverhältnis möglichst unabhängig von der Belastung und von dem sekundär benutzten Meßinstrument sein, damit Wandler und Instrument beliebig auswechselbar sind, ohne daß eine neue Eichung erforderlich ist. Beide Forderungen laufen darauf hinaus, daß die Permeabilität des Kernmaterials möglichst groß sein muß. Denn bei gegebener Größe der Ströme ist durch den Leistungsbedarf des sekundärseitig angeschalteten Meßinstrumentes auch die Spannungsamplitude auf der Sekundärseite vorgeschrieben. Die Windungszahlen sind praktisch ebenfalls weitgehend festgelegt. Primär ist häufig nur eine einzige Windung vorhanden. Die Sekundärwindungszahl folgt dann aus dem Übersetzungsverhältnis. Wenn wir den Ohmschen Spannungsabfall in den Wicklungen des Stromwandlers vernachlässigen, ist somit bei gegebener Spannungsamplitude und Windungszahl sekundär auch die Amplitude des magnetischen Wechselflusses Φ festgelegt. Sind nun i_1 und i_2 die Momentanwerte von Primär- und Sekundärstrom und n_1 und n_2 die Windungszahlen, so ist bei Vernachlässigung der Hysterese im Kern der Momentanwert des Flusses gegeben durch

$$(1) \qquad \Phi = \frac{\mu q}{l}\,(n_1\,i_1 + n_2\,i_2),$$

wobei q der Kernquerschnitt und l die Länge des Kraftlinienweges ist. Wenn nun i_1 und i_2 genau in Gegenphase sind und sich ihre Effektivwerte wirklich genau umgekehrt wie die Windungszahlen verhalten, also $\frac{i_{1\,\text{eff}}}{i_{2\,\text{eff}}} = \frac{n_2}{n_1}$, so ist $n_1\,i_1 + n_2\,i_2$ in jedem Moment gleich Null. Solange μ endlich ist, ist dies praktisch nicht erreichbar. Da Φ durch die sonstigen Bedingungen festgelegt ist, kommt man aber diesem idealen Verhalten um so näher, je größer $\frac{\mu q}{l}$ ist, denn um so kleiner ist die Amplitude von $n_1\,i_1 + n_2\,i_2$ bei gegebenem i_1 und i_2. Wenn die Kernabmessungen vorgeschrieben sind, ist also der Phasenfehler und die Abweichung des wirklichen Übersetzungsverhältnisses von dem idealen Wert um so geringer, je größer die wirksame Permeabilität μ ist. Die Berücksichtigung des Wicklungswiderstandes und der Verlust im Kern ändert nichts Wesentliches an dieser Überlegung.

Während beim Stromwandler eine große Permeabilität wichtig ist, kommt es bei den für gute Relais geeigneten Materialien nur darauf an, daß die Koerzitivkraft klein ist. Denn von einem Relais verlangt man, daß der Anker, der den Schalter betätigt, bei abnehmendem Strom möglichst bei der gleichen Stromstärke in der Erregerspule abfällt, bei welcher er bei zunehmendem Strom angezogen wird. Die Kraft auf den Anker hängt von dem Magnetfeld in dem Luftspalt des magnetischen Kreises ab. Dieses ist, wenn man die Streuung vernachlässigt, gleich der Induktion im Kern. Die Werte der Feldstärke, bei welchen ein bestimmter Wert der Induktion erreicht wird, liegen nun, je nach der Vorgeschichte, in einem Intervall, dessen Breite h höchstens gleich der doppelten Koerzitivkraft ist (vgl. Abb. 294). Je kleiner H_c wird, um so kleiner wird also auch die Unsicherheit in der Größe des erregenden Stromes, bei dem das Schalten stattfindet. Da notwendigerweise bei einem Relais ein Luftspalt im Kreis vorhanden ist, spielt die Größe der Permeabilität keine wesentliche Rolle, wenn nicht gerade ein sehr hartes magnetisches Material benutzt wird. Denn in einem solchen Falle ist die Steilheit der Schleife von B in Abhängigkeit vom äußeren erregenden Feld durch die Größe des Entmagnetisierungsfaktors N bestimmt. Praktisch ist stets $1/\mu$ klein gegen N.

Die Forderungen einer möglichst kleinen Koerzitivkraft oder einer möglichst hohen Permeabilität laufen beide darauf hinaus, ein Material mit möglichst kleinen inneren Spannungen herzustellen. Da nun nach KERSTEN die Mindestgröße der inneren Spannung σ_i gleich λE ist ($\lambda =$ Sättigungsmagnetostriktion) (vgl. Kap. 12 b, S. 156), wird man also nach Materialien mit möglichst kleiner Magnetostriktion suchen. Außerdem dürfen beim Abkühlen keine Gitterumwandlungen und Ausscheidungsvorgänge stattfinden, da diese ebenfalls innere Spannungen hervorrufen. Beide Bedingungen sind erfüllt beim Permalloy mit etwa 80% Ni und 20% Fe. Wie wir in Kapitel 21 (Abb. 186 und 187) sahen, ist bei dieser Zusammensetzung die Magnetostriktion sehr klein. Bei den Fe-Ni-Legierungen zwischen 30% und 100% Ni sind bei jeder Temperatur Mischkristalle mit kubisch-flächenzentriertem Gitter stabil. In der Tat gehören die wich

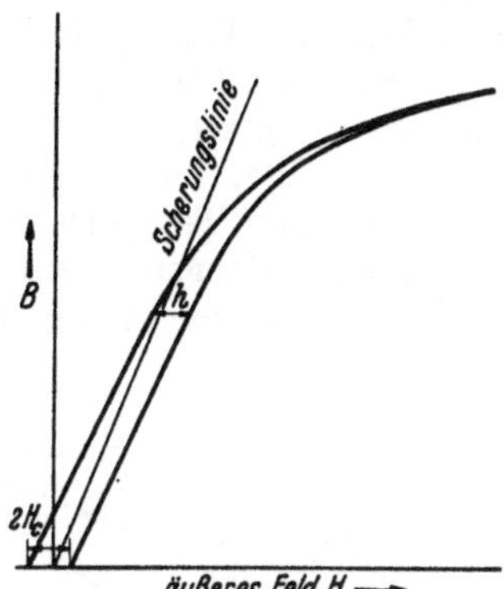

Abb. 294. Die Unsicherheitsbreite h der Feldstärke bei gegebener Induktion in einem magnetischen Kreis mit einem magnetisch weichen Material und einem Luftspalt.

tigsten magnetisch weichen Werkstoffe dem Permalloy-Gebiet an. Durch geringe Zusätze zu den reinen Eisen-Nickel-Legierungen hat man noch Verbesserungen erreichen können. Zur Würdigung der Entdeckung des Permalloys durch ELMEN[1] im Jahre 1923 muß man aber berücksichtigen, daß damals die genannten theoretischen Gesichtspunkte, die uns seine hohe Permeabilität verständlich machen, noch nicht bekannt waren.

b) Das Permalloy-Problem.

In Abb. 295 ist die Anfangspermeabilität der Eisen-Nickel-Legierungen in Abhängigkeit vom Nickelgehalt bei verschiedener Wärmebehandlung nach Messungen von ELMEN dargestellt. Man erkennt, daß bei den in Luft abgeschreckten Legierungen bei etwa 80% Ni ein ausgeprägtes Maximum der Permeabilität auftritt. Da nach KERSTEN (vgl. S. 156) der Maximalwert der Anfangspermeabilität durch

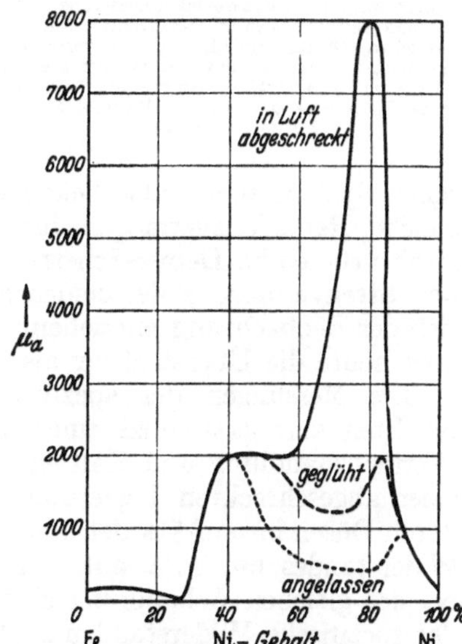

Abb. 295. Die Anfangspermeabilität der Nickel-Eisen-Legierungen in Abhängigkeit vom Nickelgehalt bei verschiedener thermischer Vorbehandlung. [Nach H. D. ELMEN, entnommen aus Arch. techn. Messen Z 913—1 (1931).]

$$(2) \qquad \mu_{a\,max} = \frac{8}{9} \frac{J_s^2}{\lambda^2 E}$$

gegeben ist, sollte man erwarten, daß dieses Maximum an der Stelle liegt, wo $\lambda = 0$ wird. Das ist merkwürdigerweise nicht der Fall. Die Magnetostriktion

[1] ELMEN, G. W.: J. Franklin Inst. Bd. 195 (1923) S. 621.

verschwindet bei 81% Ni. Die höchste Anfangspermeabilität hat man dagegen an Legierungen mit 78,5% Ni gemessen. Eine zweite überraschende Tatsache ist der Einfluß der Wärmebehandlung. Die hohen Werte der Permeabilität beobachtet man nur an rasch abgeschreckten Legierungen. Durch langsames Abkühlen im Ofen (Abb. 295, geglüht) und erst recht durch längeres Anlassen bei etwa 400° (Abb. 295, angelassen) werden die guten magnetischen Eigenschaften völlig zerstört. Dieses Verhalten steht in völligem Gegensatz zu demjenigen anderer nicht ausscheidungsfähiger Legierungen, bei denen langsames Abkühlen und Tempern das Material gerade spannungsfrei macht und hohe Werte der Anfangspermeabilität hervorruft. Den höchsten μ_a-Wert erhält man bei Permalloy, wenn man nach längerem Glühen bei etwa 1000° langsam abkühlt

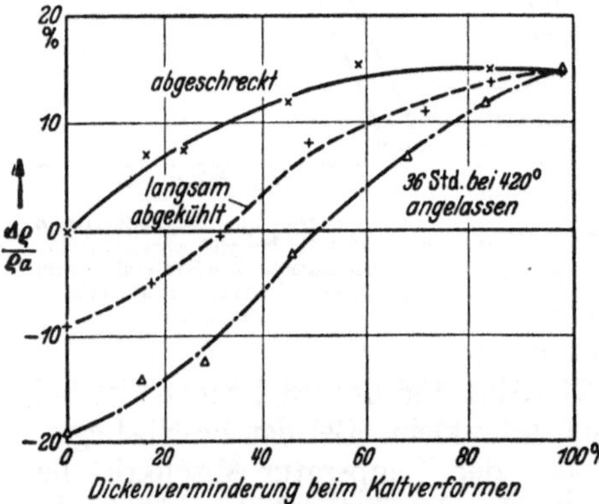

Abb. 296. Die relative Änderung des spezifischen Widerstandes einer Eisen-Nickel-Legierung mit 75% Ni beim Kaltverformen in Abhängigkeit von der angewandten Dickenverminderung bei verschiedener thermischer Vorbehandlung (ϱ_a ist der spezifische Widerstand im abgeschreckten und nicht verformten Zustand; $\varDelta \varrho = \varrho - \varrho_a$) [Nach O. DAHL: Z. Metallkde. Bd. 28 (1936) S. 133.]

bis etwa 600° und dann rasch in Luft abschreckt. Dann lassen sich für μ_a Werte von 10000 und mehr erreichen. Die Koerzitivkraft verhält sich hierbei stets entgegengesetzt zu μ_a. Materialien mit großem μ_a zeigen kleine Werte von H_c und umgekehrt.

Es sind mancherlei Vorschläge zur Erklärung dieses sonderbaren Verhaltens gemacht worden. Eine endgültige Lösung hat dieses sog. Permalloy-Problem jedoch bis heute noch nicht gefunden. Für die Deutung ist sicherlich die Beobachtung wesentlich, daß sich bei der Legierung mit der Zusammensetzung Ni_3Fe, also mit 75% Ni, beim Anlassen eine geordnete Atomverteilung ausbildet. Allerdings ist ein direkter, röntgenographischer Nachweis dieser Überstruktur bisher nicht gelungen. Da Eisen und Nickel im periodischen System sehr nahe beieinanderstehen, haben diese Atome nahezu das gleiche Reflexionsvermögen für Röntgenstrahlen. Die Intensität der Überstrukturlinien im Debye-Scherrer-Diagramm ist aber proportional der Differenz des Streuvermögens der beiden Atomsorten. Daher ist es verständlich, daß sie sich der Beobachtung entziehen. Auf Grund zahlreicher anderer Befunde kann aber heute die Überstruktur als sicher nachgewiesen gelten.

Die Messungen des spezifischen elektrischen Widerstandes durch DAHL[1] brachten zum erstenmal einen Beweis. DAHL untersuchte den Einfluß von Wärmebehandlung und Kaltverformung auf den spezifischen Widerstand. An einer abgeschreckten Legierung mit 75% Ni trat beim Ziehen eines Drahtes durch Düsen bis auf 5% der ursprünglichen Dicke eine Zunahme des spezifischen Widerstandes um 15% auf. Eine im Ofen langsam abgekühlte Probe zeigte bei der gleichen Behandlung eine Zunahme von 23%. Dafür war aber vorher der spezifische Widerstand um 9% geringer als bei der abgeschreckten Probe. Der nach dem Ziehen erhaltene Wert des spezifischen Widerstandes war also in beiden Fällen nahezu gleich. Beim 36stündigen Tempern einer abgeschreckten Legierung bei 420° beobachtete DAHL eine Widerstandsabnahme um 20%. Die Zunahme beim Kaltverformen bis auf 2% der ursprünglichen Dicke betrug dafür 45%, so daß also auch dort der gleiche Endwert erreicht wurde. Zur Veranschaulichung ist in Abb. 296 der spezifische Widerstand in Abhängigkeit von der beim Kaltverformen erzielten Dickenverminderung an den genannten

---

[1] DAHL, O.: Z. Metallkde. Bd. 24 (1932) S. 107; Bd. 28 (1936) S. 133.

Proben dargestellt. Die Deutung für dieses Verhalten liegt auf der Hand. Die Überstruktur, welche in der abgeschreckten Legierung nur schwach ausgebildet ist, wird durch das Anlassen bzw. durch langsames Abkühlen im Ofen vollständiger hergestellt. Da mit der Entstehung einer geordneten Atomverteilung stets eine Widerstandsabnahme verbunden ist, haben die angelassenen und geglühten Proben einen kleineren spezifischen Widerstand als die abgeschreckten Proben. Durch das Kaltverformen wird die Überstruktur wieder zerstört. Daher haben die stark verformten Legierungen unabhängig von der Wärmebehandlung alle den

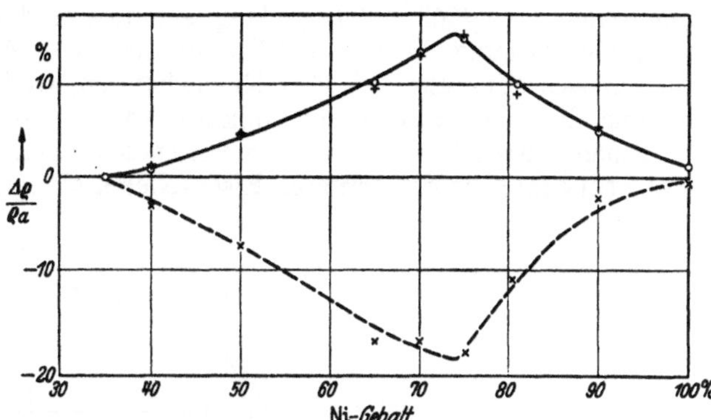

Abb. 297. Die relative Änderung des spezifischen Widerstandes der abgeschreckten Eisen-Nickel-Legierungen beim Anlassen und Kaltverformen in Abhängigkeit vom Nickelgehalt. ⊙⊙ Änderung durch Kaltverformen allein. Dickenverminderung 95%. × × Änderung beim Anlassen, 36 Stunden lang bei 420° C. + + + Änderung beim Anlassen und nachfolgendem Kaltverformen mit 95% Dickenverminderung. [Nach O. DAHL: Z. Metallkde. Bd. 28 (1936) S. 133.]

gleichen spezifischen Widerstand. Während der Einfluß der Wärmebehandlung auf den Widerstand auch durch Ausscheidungsvorgänge gedeutet werden könnte, beweist der Einfluß der Kaltverformung ziemlich eindeutig das Vorhandensein einer Überstruktur. Denn durch eine Kaltverformung wird im allgemeinen die Ausscheidung nicht wieder rückgängig gemacht, während die geordnete Atomverteilung dabei völlig zerstört wird, wie DAHL durch vergleichende Experimente an den Au-Cu-Legierungen zeigen konnte. Bei $AuCu_3$ verhielt sich der Widerstand bei gleicher Behandlung qualitativ genau so wie bei Ni_3Fe.

DAHL untersuchte auch anders zusammengesetzte Legierungen. Er fand, daß die Effekte bei 75% Ni am stärksten sind. Trägt man die gefundenen Änderungen beim Tempern oder beim Kaltverformen in Abhängigkeit vom Nickelgehalt auf, so haben die Kurven bei etwa 75% Ni ein ziemlich scharfes Maximum, wie es auf Grund der geschilderten Deutung zu erwarten ist (vgl. Abb. 297). An allen Proben bestätigte sich auch die Beobachtung, daß der nach starkem Kaltverformen beobachtete spezifische Widerstand von der Vorbehandlung unabhängig ist.

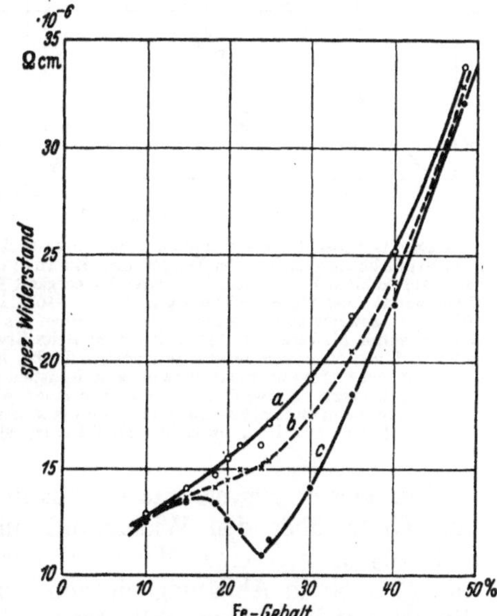

Abb. 298. Der spezifische Widerstand der Eisen-Nickel-Legierungen in Abhängigkeit vom Nickelgehalt. Kurve a: Von 600° C in Wasser abgeschreckt. Kurve b: Im Ofen abgekühlt, Abkühlungsgeschwindigkeit etwa 200°/h. Kurve c: Gealterte Probe (8 Tage lang bei 490° C getempert, dann langsam abgekühlt mit einer Geschwindigkeit von 10°/Tag bis auf 450°). [Nach S. KAYA: J. Fac. Sci. Hok. Univ. Ser. II, Bd. 2 (1938) S. 29.]

Ein weiterer Hinweis auf eine Überstruktur bei 75% Ni liegt in dem Verlauf des spezifischen Widerstandes in Abhängigkeit von der Zusammensetzung, welcher ebenfalls von DAHL untersucht worden ist. Wir geben in Abb. 298

das Ergebnis neuerer Messungen von KAYA wieder. Die oberste Kurve (a) wurde an abgeschreckten Proben erhalten, die zweite (b) nach langsamer Abkühlung im Ofen. Die dritte Kurve (c) wurde an gealterten Proben aufgenommen (bei 490° C 8 Tage lang getempert, dann langsam abgekühlt mit einer Geschwindigkeit von 10°/Tag bis 450° C). An dieser dritten Kurve ist ein scharfes Minimum bei 75% Ni vorhanden, weil sich bei dieser Zusammensetzung die Überstruktur am vollkommensten ausbilden kann.

Einen dritten Beweis brachten Untersuchungen von KUSSMANN, SCHARNOW und STEINHAUS[1] an den ternären Eisen-Nickel-Mangan-Legierungen. An der Legierung Ni_3Mn wurde durch mancherlei Anzeichen die Überstruktur schon früher nachgewiesen. KUSSMANN, SCHARNOW und STEINHAUS konnten nun zeigen, daß die Änderungen der Sättigungsmagnetisierung und des spezifischen elektrischen Widerstandes, die bei Ni_3Mn für die Entstehung der Überstruktur charakteristisch sind, sich in gleicher Weise auch bei den ternären Legierungen, in denen ein Teil des Mn durch Fe ersetzt ist, bemerkbar machen. Wenn die Änderungen auch dem Betrage nach mit zunehmendem Eisengehalt abnehmen, so wird doch aus dem ternären Diagramm deutlich, daß die kleinen, an Ni_3Fe beobachteten Änderungen die gleiche Ursache wie bei Ni_3Mn haben müssen, also ebenfalls von der Ausbildung einer Überstruktur herrühren.

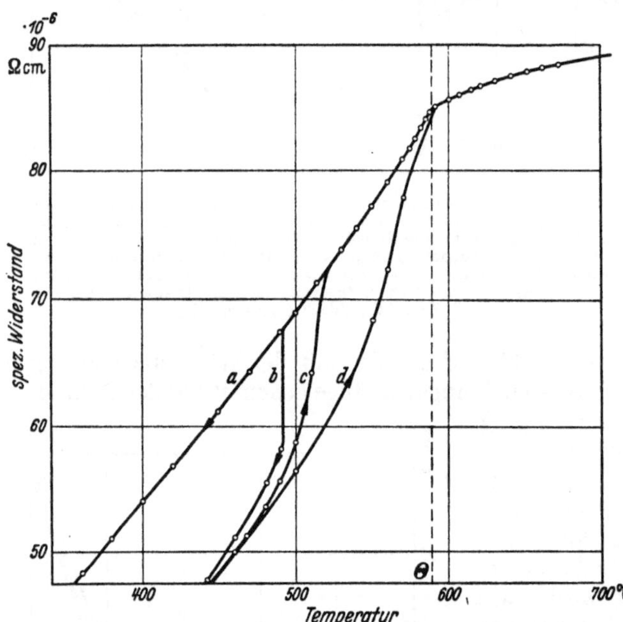

Abb. 299. Der spezifische Widerstand einer Eisen-Nickel-Legierung mit 76% Ni in Abhängigkeit von der Temperatur. Kurve a: Gemessen an einer rasch abgekühlten Probe. Abkühlungsgeschwindigkeit 5°/min. Kurve b: Gemessen an einer Probe, welche beginnend von 550° C in Intervallen von 10° zu 10° abwärts stets bis zum Konstantwerden des Widerstandes getempert wurde bis herab zu 430° C. Kurve c: Beim Erwärmen gemessen, ausgehend von einer wie unter b behandelten Probe, in Intervallen von 10° zu 10° von 430° an aufwärts stets bis zum Konstantwerden des Widerstandes getempert. Kurve d: Ausgehend von einer wie unter b behandelten Probe, beim raschen Erwärmen (2,5°/min) gemessen. [Nach S. KAYA: J. Fac. Sci. Hok. Univ. Ser. II, Bd. 2 (1938) S. 29.]

Ein vierter Beweis wurde sodann durch sehr eingehende Untersuchungen von KAYA über den Widerstand und die spezifische Wärme erbracht. In Abb. 295 ist nach seinen Messungen der Verlauf des Widerstandes einer Legierung mit 75% Ni in Abhängigkeit von der Temperatur dargestellt. Die Kurve a, die sich auf rasch abgekühlte Proben bezieht, zeigt nur die Anomalie am Curie-Punkt bei 590° C. Kurve b stellt den Widerstand von Legierungen dar, die sehr lange, zum Teil mehrere Wochen, bei der Meßtemperatur getempert wurden, solange bis der Widerstand sich nicht mehr änderte. Kurve c ist bei sehr langsamem Erwärmen und d bei raschem Erwärmen einer sehr lange getemperten Probe aufgenommen worden. Man sieht an diesen Kurven, daß die Ausbildung der Überstruktur bei etwa 500° beginnt. Schließlich zeigt Abb. 300 noch den Verlauf der spezifischen Wärme, gemessen bei einer Erhitzungsgeschwindigkeit

---

[1] KUSSMANN, A., B. SCHARNOW u. W. STEINHAUS: Heraeus-Vakuumschmelze, Festband, S. 323. Hanau a. M. 1933.

von 2,5°/min. Die rasch abgekühlten Proben b und c zeigen nur eine Anomalie, die etwa der bei allen ferromagnetischen Materialien auftretenden Anomalie entsprechen kann. Die sehr lange getemperte Probe (Kurve a) zeigt dagegen eine sehr viel größere Anomalie. Das Maximum der Kurve liegt außerhalb der Abbildung. Es beträgt $c = 0,75$ cal/Grad · g bei $t = 566°$ C. Die dieser Anomalie entsprechende zusätzliche Wärmezufuhr, die zur Zerstörung der Überstruktur aufgebracht werden muß, beträgt etwa 14,6 cal/g, während sich für die zur Vernichtung der spontanen Magnetisierung nötige Wärme nur etwa 2 cal/g ergibt.

Vergleicht man diese Ergebnisse über das Entstehen der Überstruktur Ni_3Fe mit dem oben erwähnten Einfluß der Wärmebehandlung auf die magnetischen Eigenschaften, so liegt der Schluß nahe, daß die hohe Anfangspermeabilität

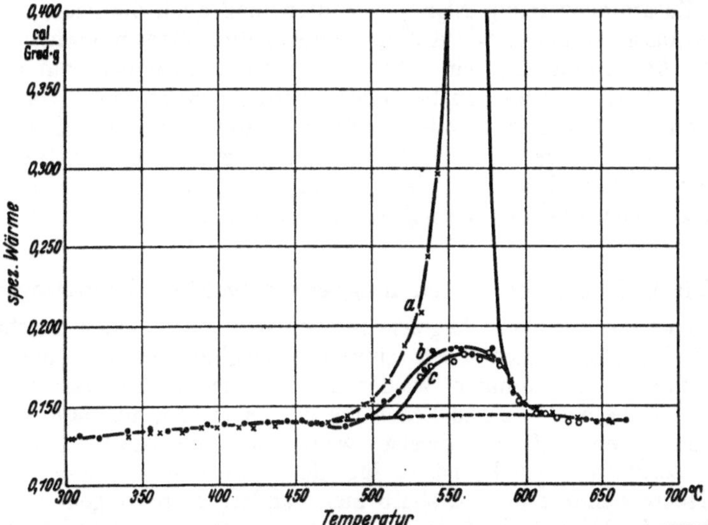

Abb. 300. Die spezifische Wärme einer Eisen-Nickel-Legierung mit 76% Ni, gemessen beim Erwärmen mit einer Geschwindigkeit von 2,5°/min. Kurve a: Ausgehend von einer gealterten Probe (bei 490° C 8 Tage lang getempert, dann abgekühlt mit einer Geschwindigkeit von 10°/Tag bis 450° C). Kurve b: Probe vorher von 700° C in Wasser abgeschreckt. Kurve c: Probe vorher von hohen Temperaturen nur bis 510° C abgekühlt. [Nach S. Kaya: J. Fac. Sci. Hok. Univ. Ser. II, Bd. 2 (1938) S. 29.]

nur dann auftritt, wenn man die Entstehung der Überstruktur verhindert. Es bleibt aber noch unklar, warum das der Fall ist. Es ist nicht ohne weiteres einzusehen, weshalb mit der Ausbildung der geordneten Atomverteilung die Entstehung von inneren Spannungen verbunden ist, wie es auf Grund des magnetischen Befundes anscheinend doch der Fall ist. Aber auch, wenn man das plausibel machen könnte, bleibt noch unverständlich, weshalb das Maximum der Permeabilität der abgeschreckten Legierungen nicht bei 81% Ni, sondern bei 78,5% Ni liegt. Es sind die verschiedensten Annahmen zur Lösung dieser Schwierigkeiten gemacht worden. KUSSMANN, SCHARNOW und STEINHAUS weisen nach ausführlicher Diskussion des gesamten Problems darauf hin, daß man Ausscheidungsvorgänge von geringen, ungewollten Verunreinigungen des Materials dafür verantwortlich machen könnte. Mit der Überstruktur hätte demnach das magnetische Verhalten gar keinen direkten Zusammenhang. Die inneren Spannungen entstünden nur deshalb gleichzeitig mit der geordneten Atomverteilung, weil die zur Herbeiführung der Ausscheidung nötige Wärmebehandlung mit derjenigen zur Herstellung der Überstruktur identisch ist. Einen direkten Nachweis einer Ausscheidung konnten sie aber nicht erbringen.

Neuerdings hat KAYA[1] einen bemerkenswerten Vorschlag zur Deutung gemacht. Bei der Entstehung der geordneten Atomverteilung ist nämlich das Material bereits ferromagnetisch, denn der Curie-Punkt liegt oberhalb von derjenigen Temperatur, bei der die Überstruktur sich auszubilden beginnt. KAYA nimmt nun an, daß sich die Atome bei ihrer Ordnung so einstellen, daß dadurch die Lage, die die spontane Magnetisierung an einer Stelle zufällig hat, zur dauernden Vorzugslage wird. Das hätte die gleiche Wirkung auf μ_a wie eine innere Verspannung. Man kann diese Annahme folgendermaßen plausibel machen: Die spontane Magnetisierung bewirkt bekanntlich eine magnetostriktive Verzerrung des Gitters. Liegt z. B. J_s in Richtung [100], so ist das kubische Gitter ein wenig tetragonal verzerrt mit [100] als Achse. Man kann sich nun vorstellen, daß die Atomverteilung sich dieser Tetragonalität anpaßt und sie dadurch stabilisiert. Allerdings sollte man, zumindest bei der genau stöchiometrischen Zusammensetzung Ni_3Fe, vermuten, daß auch die geordnete Atomverteilung kubisch ist, genau wie $AuCu_3$. Die Annahme einer irgendwie gearteten tetragonalen Anordnung erscheint etwas gekünstelt. Trotzdem hat diese Vorstellung etwas Verlockendes. Insbesondere würde dadurch auch das Verhalten beim Tempern im Magnetfeld, welches wir im letzten Abschnitt dieses Kapitels (S. 418) behandeln werden, eine einfache Erklärung finden. Ein Beweis dafür ist aber ebensowenig erbracht worden, wie für die zahlreichen anderen ad-hoc-Annahmen zur Deutung des Verhaltens von Permalloy.

c) Die technisch benutzten magnetisch weichen Legierungen.

Die magnetisch weichen Legierungen müssen nach einer mechanischen Bearbeitung im allgemeinen noch einmal ausgeglüht werden, um die entstandenen inneren Spannungen wieder zu beseitigen. Da das gewöhnliche Permalloy, d. h. die Nickel-Eisen-Legierung mit 78,5% Ni, nur dann seine guten magnetischen Eigenschaften aufweist, wenn man die beschriebene Wärmebehandlung sorgfältig einhält, ist es für die praktische Verwendung schlecht geeignet. Heute benutzt man deshalb meist andere Legierungen, die nicht so empfindlich sind. Als erste ist hier das Hipernik zu nennen. Das ist eine Eisen-Nickel-Legierung mit 50% Ni. Bei der handelsüblichen Qualität dieser Legierung ist zwar die Anfangspermeabilität bei bester Glühung nur etwa $\mu_a = 5000$ und $\mu_{max} = 60000$, gegenüber $\mu_a = 10000$ und $\mu_{max} = 100000$ beim Permalloy. Außer der einfacheren thermischen Vorbehandlung besitzt sie aber den Vorteil, daß der spezifische elektrische Widerstand mehr als doppelt so groß ist als beim Permalloy. Ferner ist die Sättigung etwas höher. Beides ist beim Bau von Stromwandlern günstig. H_c hat bei beiden Legierungen ungefähr den gleichen Wert von 0,03 Oe.

Verbesserungen des Permalloys hat man ferner durch Zusätze von anderen Elementen zu erreichen versucht. Dabei haben sich vor allem der Zusatz von Chrom, Molybdän und Kupfer als vorteilhaft erwiesen. Bei der Legierung mit 3,8% Mo, 78,5% Ni übersteigt μ_a den Wert 20000. μ_{max} ist allerdings etwas geringer als beim Permalloy, nur etwa 70000. Kupferzusatz allein[2] brachte außer der Vereinfachung der Glühbehandlung keine erheblichen Verbesserungen an den magnetischen Daten des Permalloys. Eine wesentliche Verbesserung erreichte man aber durch Zusatz von Kupfer und Molybdän. Die höchsten Werte der Permeabilität sind bei der sog. Legierung „1040" mit etwa 72% Ni, 11% Fe, 14% Cu und 3% Mo erreicht worden. Sie betragen $\mu_a \approx 40000$, $\mu_{max} \approx 100000$, $H_c = 0,015$ Oe. Der spezifische Widerstand dieser

[1] KAYA, S.: J. Fac. Sci. Hokkaido Univ. Ser. II, Bd. 2 (1938) S. 29.
[2] AUWERS, O. v. u. H. NEUMANN: Wiss. Veröff. Siemens-Werk Bd. 14 (1935) S. 93.

Legierung ist ziemlich hoch, $\varrho = 0,56 \cdot 10^{-4}\,\Omega$ cm, während beim gewöhnlichen Permalloy nur $\varrho = 0,2 \cdot 10^{-4}$ und beim Hipernik $\varrho = 0,41 \cdot 10^{-4}\,\Omega$ cm ist. In

Tabelle 22. Die Eigenschaften einiger magnetisch weicher Legierungen.
[Nach Arch. techn. Messen Z 913—2, 3, 4, 5 (1931 bis 1934) und G. W. ELMEN: Bell Syst. techn. J. Bd. 15 (1936) S. 113.]

Name	Zusammensetzung in Gew.-%	μ_a	μ_{max}	H_c in Oe	J_s in Gauß	ϱ in $\Omega \cdot \frac{mm^2}{m}$
Permalloy	78,5% Ni, 21,5% Fe, Von 1000° C bis 600° langsam gekühlt, dann in Luft abgeschreckt	10000	100000	0,03	900	0,2
Hipernik	50% Ni, 50% Fe, Handelsqualität der IG.	5000	56000	0,037	1280	0,41
Cr-Permalloy	18,5% Ni, 3,8% Cr, 17,7% Fe	12000	62000	0,05	640	0,64
Mo-Permalloy	78,5% Ni, 3,8% Mo, 17,7% Fe	20000	75000	0,05	700	0,57
Mu-Metall	76% Ni, 17% Fe, 5% Cu, 2% Cr	12000	45000	0,030	740	0,45
Legierung „1040"	etwa 72% Ni, 11% Fe, 14% Cu, 3% Mo	37000	$\approx$ 100000	0,015	480	0,56
Cioffi-Eisen (Rekord-Werte)	Reines Fe, in Wasserstoff bei 1100° C lange geglüht	14000	280000	0,025	1700	0,09

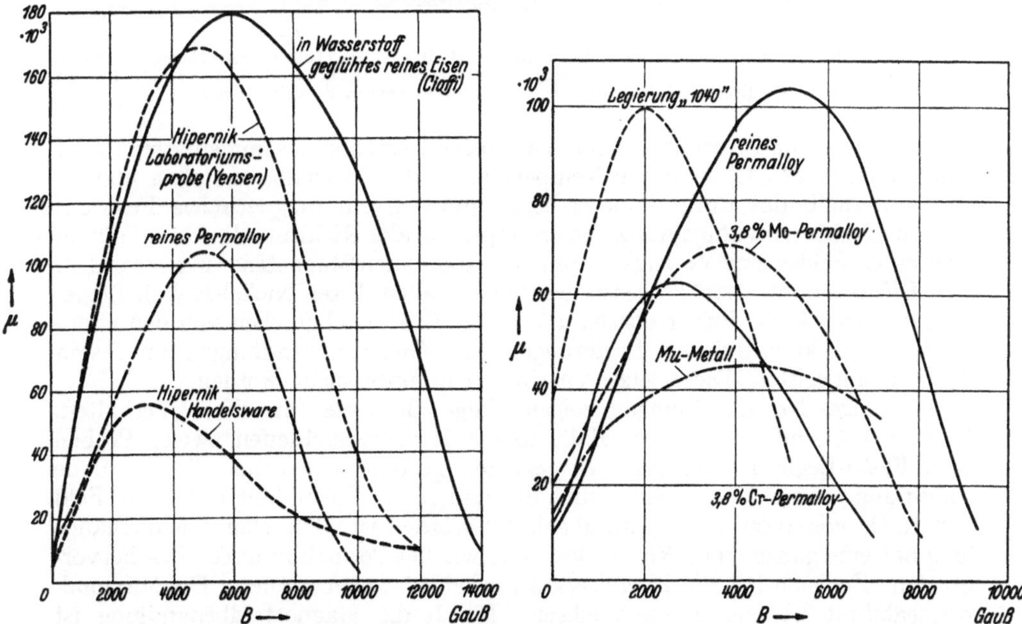

Abb. 301. Die Permeabilität in Abhängigkeit von der Induktion an einigen magnetisch weichen Legierungen (vgl. Tabelle 22). [Nach Arch. techn. Messen 913—2, 3, 4, 5 (1931 bis 1934).]

Tabelle 22 sind die Daten einiger der üblichsten Legierungen zusammengestellt. In Abb. 301 ist ferner die Permeabilität als Funktion der Induktion dargestellt. Zum Vergleich ist in Abb. 301 auch die Kurve für eine extrem reine, in

Wasserstoff geglühte Eisenprobe von Cioffi[1] wiedergegeben. μ_{max} erreicht bei diesem Material sogar den höchsten Wert unter den hier behandelten Werkstoffen, und der in Tab. 22 aufgeführte Rekordwert von μ_{max} liegt sogar noch viel höher als bei der Probe in Abb. 301a. Eine praktische Verwendung hat dieses reine Eisen aber wegen seiner Empfindlichkeit gegen thermische und mechanische Einflüsse bisher nicht gefunden.

d) Der Einfluß des Temperns im Magnetfeld.

Die magnetischen Eigenschaften vieler ferromagnetischer Materialien können weitgehend durch eine Glühbehandlung im magnetischen Feld beeinflußt werden. Dieser Effekt wurde erstmalig von Pender und Jones[2] im Jahre 1913 an Eisen beobachtet, geriet dann aber in Vergessenheit, bis er im Jahre 1934 von Bozorth, Dillinger und Kelsall[3] an den Eisen-Nickel-Legierungen mit 60 bis 80% Nickel neu entdeckt wurde. Das Ergebnis der eingehenden Arbeiten

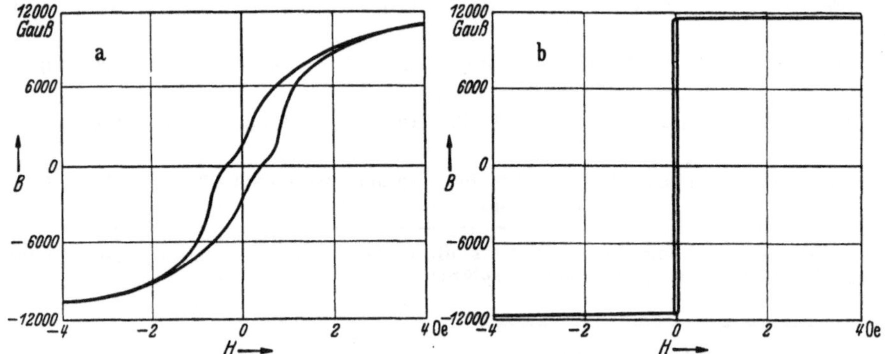

Abb. 302 a u. b. Hystereseschleife einer Nickel-Eisen-Legierung mit 65% Ni, nach langsamer Abkühlung von 1000° C mit einer Geschwindigkeit von etwa 300°/h. a Abkühlung ohne Magnetfeld. b Abkühlung in einem longitudinalen Feld von 10 Oe. [Nach F. J. Dillinger u. R. M. Bozorth: Physics Bd. 6 (1935) S. 279.]

von Dillinger und Bozorth[4] kann man folgendermaßen zusammenfassen: Legt man während des Glühens bei Temperaturen, die oberhalb von etwa 400° C, aber unterhalb des Curie-Punktes liegen müssen, ein magnetisches Feld an, so ist nach dem Abkühlen auf Zimmertemperatur die Richtung des beim Glühen angelegten Feldes eine Vorzugsrichtung der spontanen Magnetisierung geworden. Der Effekt konnte nachgewiesen werden an allen Eisen-Nickel-Kobalt-Legierungen, deren Curie-Punkt oberhalb von 500° C liegt, abgesehen von den eisenreichen und kobaltreichen Legierungen, die Gitterumwandlungen im festen Zustand aufweisen. Diese letzteren sind nicht untersucht worden.

Die folgenden Abbildungen zeigen einige Beispiele für dieses Verhalten. In Abb. 302 sind im gleichen Maßstab die Hysteresisschleifen zweier Proben einer Fe-Ni-Legierung mit 65% Ni gegenübergestellt, von denen die eine ohne Anwendung eines Magnetfeldes und die andere in einem longitudinalen Feld von 10 Oe von 1000° C langsam abgekühlt worden ist. Die Magnetfeldbehandlung hat eine ganze steile Rechteckschleife wie bei Permalloy unter Zug hervorgerufen. Zugleich hat die Koerzitivkraft erheblich abgenommen. Die Maximalpermeabilität ist enorm angewachsen. Durch die Magnetfeldbehandlung ist

[1] Cioffi, P. P.: Phys. Rev. Bd. 45 (1934) S. 742.

[2] Pender, H. u. R. L. Jones: Phys. Rev. Bd. 1 (1913) S. 259.

[3] Bozorth, R. M., J. F. Dillinger u. G. A. Kelsall: Phys. Rev. 45 (1934) S. 742. Bozorth, R. M.: Phys. Rev. Bd. 46 (1934) S. 232; Kelsall, G. A.: Physics Bd. 5 (1934) S. 169.

[4] Dillinger, J. F. u. R. M. Bozorth: Physics Bd. 6 (1935) S. 279.

also ein vorzügliches „magnetisch weiches" Material entstanden. Um die durch die Glühung entstandene Anisotropie zu zeigen, untersuchten DILLINGER und BOZORTH ferner ein Rohr aus Perminvar (30% Fe, 25% Co, 45% Ni). Nach einer Glühung im longitudinalen Magnetfeld wurde die Hysteresisschleife beim Magnetisieren parallel zur Rohrachse und bei ringförmiger Magnetisierung aufgenommen. Im zweiten Fall wurde das Feld durch einen in der Rohrachse liegenden stromdurchflossenen Draht erzeugt. Der Anfangsteil der beiden Schleifen ist in Abb. 303 dargestellt. In dem einen Fall erhält man eine steile Rechteckschleife mit $H_c = 0{,}07$ Oe, im anderen Fall dagegen eine ganz flache Schleife wie bei Nickel unter Zug mit einer Anfangspermeabilität von $\mu_a = 1000$. Um zu zeigen, daß der geradlinige Verlauf der Magnetisierungskurve im zweiten Fall nicht nur bei kleinen Feldern vorhanden ist, sondern daß die ganze Schleife so flach verläuft, ist in Abb. 304 die Permeabilität in Abhängigkeit vom Feld wiedergegeben. μ schwankt nur zwischen 1000 und 1250. In Abbildung 305 ist schließlich noch der Einfluß eines während des langsamen Abkühlens von 1000° C angelegten longitudinalen Magnetfeldes auf die Maximalpermeabilität der Eisen-Nickel-Legierungen in Abhängigkeit vom Nickelgehalt zur Darstellung gebracht. Die Kurve a ist an den im Magnetfeld abgekühlten Proben erhalten worden, Kurve b an abgeschreckten Proben und Kurve c an langsam ohne Feld abgekühlten Proben. Die gestrichelte Kurve gibt den Curie-Punkt in Abhängigkeit von der Zusammensetzung an. Wie man sieht, ist der Einfluß des Magnetfeldes an der Legierung

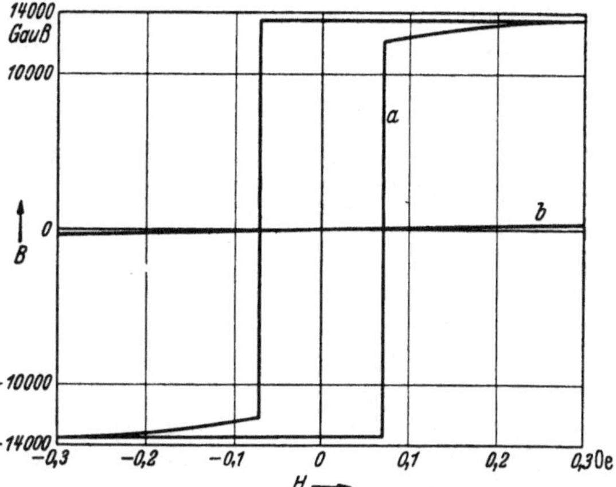

Abb. 303. Hystereseschleife eines Perminvarrohres (30% Fe, 25% Co, 45% Ni) nach dem Tempern bei 650° C in einem magnetischen Feld parallel zur Rohrachse. a: Bei Magnetisierung parallel zur Rohrachse. b: Bei ringförmiger Magnetisierung, senkrecht zur Rohrachse. [Nach F. J. DILLINGER u. R. M. BOZORTH: Physics Bd. 6 (1935) S. 279.]

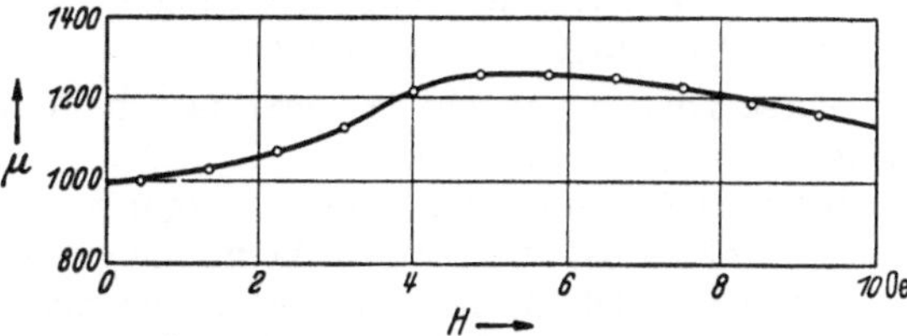

Abb. 304. Die Permeabilität desselben Rohres wie in Abb. 303 in Abhängigkeit von der Feldstärke bei ringförmiger Magnetisierung senkrecht zur Rohrachse.

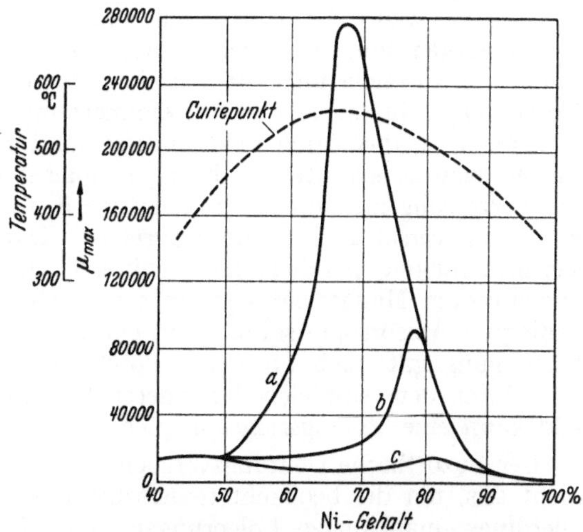

Abb. 305. Die Maximalpermeabilität der Nickel-Eisen-Legierungen in Abhängigkeit vom Nickelgehalt bei verschiedener Behandlung. a: Langsam abgekühlt (etwa 300°/h.) in einem longitudinalen Magnetfeld von 10 Oe. b: Rasch abgekühlt. c: Langsam abgekühlt ohne Magnetfeld. Die gestrichelte Kurve gibt den Curie-Punkt in Abhängigkeit vom Nickelgehalt an. [Nach F. J. DILLINGER u. R. M. BOZORTH: Physics Bd. 6 (1935) S. 279.]

mit dem höchsten Curie-Punkt am stärksten. DILLINGER und BOZORTH konnten durch weitere Versuche zeigen, daß nur im Temperaturgebiet zwischen dem

Curie-Punkt und etwa 400° C das Magnetfeld wirksam ist. Oberhalb und unterhalb davon hat es keinen bleibenden Einfluß auf das Material.

Es bereitet einige Schwierigkeit, das Zustandekommen dieses Effektes zu erklären. Bozorth und Dillinger schlagen folgende Deutung vor: Wenn sich beim Abkühlen unterhalb des Curie-Punktes die magnetostriktive Gitterverzerrung ausbildet, so entstehen im Material zunächst Spannungen, weil ein bestimmter, ins Auge gefaßter Weißscher Bezirk in der freien Ausbildung dieser Verzerrung durch das umgebende Material behindert wird. Bei längerem Erwärmen auf mehr als 400° werden diese Spannungen allmählich durch plastisches Fließen zum Verschwinden gebracht. Ist die Magnetostriktion isotrop und positiv, so ist schließlich das Gitter an jeder Stelle in Richtung der spontanen Magnetisierung spannungsfrei um λ gedehnt. Wenn man nun annimmt, daß nach dem Abkühlen auf Zimmertemperatur die Umgebung eines Weißschen Bezirkes genau so wirkt wie eine starre Wand, so daß diese Dehnung unveränderlich festgehalten wird, dann ist in der Tat die beim Tempern vorhandene Richtung der Magnetisierung nunmehr eine Vorzugslage geworden. Denn wir sahen in Kapitel 11 (S. 146), daß bei festgehaltener Dehnung $\varepsilon = \lambda$ die Arbeit

$$(3) \qquad\qquad F_A = 3\,G\,\lambda^2 \sin^2 \vartheta$$

aufzuwenden ist, um 1 cm³ der Magnetisierung um den Winkel ϑ aus der Dehnungsrichtung herauszudrehen.

Diese Deutung macht es verständlich, weshalb das Magnetfeld nur in dem Temperaturgebiet zwischen 400° C und dem Curie-Punkt wirksam ist. Unterhalb von 400° sind die Erholungsvorgänge praktisch eingefroren, oberhalb des Curie-Punktes ist aber noch keine magnetostriktive Verzerrung vorhanden. Bozorth und Dillinger konnten ferner zeigen, daß die Temperaturabhängigkeit der Geschwindigkeit, mit der sich die Vorzugslage beim Tempern ausbildet, die gleiche ist wie bei plastischen Erholungsvorgängen. Es lassen sich aber gegen diese Deutung einige Einwände erheben. Vor allem ist gar nicht einzusehen, wieso die Umgebung eines Weißschen Bezirkes wie eine starre Wand wirken soll. Man denke sich z. B. einen Einkristall, der in einem zur Sättigung ausreichenden Magnetfeld getempert worden ist. Nach der obigen Vorstellung sollte er nachher bei Zimmertemperatur spannungsfrei und homogen in der vorher angelegten Feldrichtung um λ gedehnt sein. Wenn man ihn nun in der dazu senkrechten Richtung magnetisiert, kann sich ohne Schwierigkeit die Verzerrung im ganzen Kristall ändern, so daß er bei Erreichung der Sättigung transversal auch spannungsfrei ist. Daraus folgt aber, daß die Magnetisierungsarbeiten parallel und senkrecht zur Richtung des beim Tempern angewandten Magnetfeldes gleich sind. Abgesehen von der kristallographisch bedingten Anisotropie sollte solch ein Kristall magnetisch isotrop sein. Diese Überlegung gilt auch für einen Polykristall, dessen Magnetostriktion isotrop ist. Durch den Ausgleich der inneren Spannungen beim Tempern im Magnetfeld kann eine Vorzugsrichtung nicht entstehen.

Der Bozorthsche Deutungsversuch reicht aber auch in quantitativer Hinsicht nicht aus, um die beobachtete Erscheinung zu erklären. Bozorth selbst hat allerdings quantitative Folgerungen aus seinen Überlegungen nicht gezogen. Nach (3) sollte der Unterschied der freien Energie pro cm³ bei Magnetisierung senkrecht und parallel zur Vorzugsrichtung $\Delta F = 3\,G\,\lambda^2$ betragen. Tatsächlich ist er aber erheblich größer. Das erkennt man an der Größe der Suszeptibilität in Richtung senkrecht zur Vorzugsrichtung. Wenn die Bozorthsche Vorstellung zutrifft, sollte diese

$$(4) \qquad\qquad \chi = \frac{1}{2}\,\frac{J_s^2}{3\,G\,\lambda^2}$$

betragen [vgl. Kapitel 24, Formel (20) mit $\varepsilon = \lambda$ und $\varphi = 0$]. Messungen der Permeabilität in Richtung senkrecht zu dem beim Tempern angewandten Magnetfeld sind von DAHL und PAWLEK[1] an zahlreichen Legierungen ausgeführt worden. Sie benutzten Bleche, welche im Querfeld getempert wurden. Die angewandte Feldstärke (3600 Oe) war wegen des hohen Entmagnetisierungsfaktors in Querrichtung nicht ausreichend, um im ganzen Blech die Vorzugsrichtung herzustellen. Aus den Versuchen ergab sich aber mit Sicherheit, daß die Permeabilität beim Tempern im Querfeld noch kleiner wird als beim Tempern ohne Feld. An der Legierung mit 60% Ni, 40% Fe fanden DAHL und PAWLEK beim Tempern ohne Feld $\mu_a = 2100$ und im Querfeld $\mu_a = 1300$. Aus (4) ergibt sich dagegen ($J_s = 1170$ Gauß, $\lambda = 19 \cdot 10^{-6}$, $G = 8 \cdot 10^{11}$ dyn/cm²) etwa $\mu_a = 10000$, also ein etwa 8mal höherer Wert. So ähnlich liegen die Verhältnisse auch bei anderen Legierungen. Diese Diskrepanz beweist, daß die Bozorthsche Deutung nicht zutreffen kann; denn die beim Tempern entstehende Vorzugslage ist energetisch 5- bis 10mal stärker ausgezeichnet als dies bei Spannungen von der Größenordnung λE oder Verzerrungen der Größenordnung λ der Fall ist.

Man muß also annehmen, daß sich beim Tempern eine Verzerrung des Gitters ausbildet, die hinsichtlich Richtung und Vorzeichen mit der Magnetostriktion übereinstimmt, aber 5- bis 10mal stärker ist. Da diese Verzerrung nicht von Spannungen herrühren kann, muß man schließen, daß sich die Atome beim Tempern des Mischkristallgitters in solcher Weise systematisch ordnen, daß der spannungsfreie Zustand nicht mehr kubisch, sondern ein wenig tetragonal verzerrt ist. Beim Beginn des Temperns ist nur die magnetostriktive Verzerrung vorhanden. Wenn nun diese Verzerrung zur Folge hat, daß eine tetragonale Ordnung der Atome energetisch günstiger ist als die statistische Verteilung, so wird sich diese Ordnung beim Tempern einstellen. Dadurch gibt aber das Gitter den Kräften, welche die Magnetostriktion hervorrufen, nach, so daß sich die Verzerrung verstärken kann. So etwa kann man sich das Entstehen dieser Vorzugslage plausibel machen. Einen Nachweis für derartige Vorgänge konnte man allerdings bisher nicht erbringen. Die röntgenographischen Beobachtungen von WASSERMANN[2] an gewalzten Eisen-Nickel-Blechen mit Rekristallisationstextur, die wir am Schluß des nächsten Kapitels (S. 434) besprechen werden, zeigen, daß an diesen Legierungen tatsächlich ein tetragonal verzerrtes Gitter ohne äußere Spannungen im Gleichgewicht bestehen kann. Dort wird durch das Walzen diese Tetragonalität hervorgerufen, hier dagegen durch das Tempern des magnetostriktiv verzerrten Gitters.

Nach BOZORTH sollte man annehmen, daß bei jedem Material mit genügend hoch liegendem Curie-Punkt sich beim Tempern im Magnetfeld eine Vorzugslage ausbildet. DAHL und PAWLEK konnten jedoch zeigen, daß bei den Eisen-Silizium-Legierungen nur ein sehr kleiner Effekt auftritt. Auch am reinen Eisen ist er gering. Dort könnte man allerdings die Anisotropie der Magnetostriktion für das Ausbleiben eines großen Effektes verantwortlich machen. Die Eisen-Silizium-Legierungen haben aber eine nahezu isotrope Magnetostriktion. Es scheint demnach, als ob der von BOZORTH entdeckte, starke Einfluß des Temperns im Magnetfeld eine spezifische Eigenschaft der kubisch-flächenzentrierten Fe-Ni- und Fe-Ni-Co-Legierungen sei.

Wahrscheinlich beruht die Herabsetzung der Permeabilität der Permalloy-Legierungen durch Glühen auf demselben Effekt wie der Einfluß des Temperns im Magnetfeld. Vergleicht man Abb. 295 und Abb. 305 miteinander, so sieht man, daß in der Tat beide Effekte bei den Eisen-Nickel-Legierungen nur im

---

[1] DAHL, O. u. FR. PAWLEK: Z. Phys. Bd. 94 (1935) S. 504.
[2] WASSERMANN, G.: Z. Metallkde. Bd. 28 (1936) S. 262.

Gebiet zwischen 50% und 90% Ni auftreten. Der Permalloy-Effekt wäre demnach folgendermaßen zu deuten: Bei den abgeschreckten Legierungen sind keine besonderen Vorzugslagen vorhanden. Bei diesen wird die Größe der Anfangspermeabilität durch die inneren Spannungen von der Größenordnung λE bestimmt. Beim Tempern werden die zufällig vorhandenen Richtungen der spontanen Magnetisierung ausgeprägte Vorzugslagen, welche energetisch stärker ausgezeichnet sind als einer Spannung der obigen Größenordnung entspricht. Dadurch wird die Permeabilität herabgesetzt. Der Unterschied gegenüber dem Tempern im Magnetfeld besteht lediglich darin, daß einmal die Vorzugsrichtungen statistisch verteilt sind und im anderen Fall parallel zu dem beim Glühen angewandten Feld ausgerichtet sind. Quantitative Prüfungen der Richtigkeit dieses Zusammenhanges sind aber bisher noch nicht ausgeführt worden.

Es sei noch darauf hingewiesen, daß die Anwendung einer Zugspannung während des Temperns natürlich ähnlich wirken muß wie ein Magnetfeld. Denn durch Zug kann man die Magnetisierungsvektoren ebenfalls ausrichten. Bei positiver Magnetostriktion wirkt ein Zug genau so wie ein Längsfeld, bei negativer Magnetostriktion dagegen wie ein Querfeld. Praktische Verwendung haben die im Magnetfeld getemperten Materialien bisher nicht gefunden, vor allem, weil die thermische Behandlung so kompliziert ist. Vielleicht erlangen sie aber später für Sonderzwecke noch einmal praktische Bedeutung.

31. Die magnetischen Werkstoffe der Schwachstromtechnik.

a) Die geforderten Eigenschaften.

Die Schwachstromtechnik benötigt ferromagnetische Materialien vor allem für die Kerne von Selbstinduktionsspulen. Solche werden in großer Anzahl in Fernsprechkabeln als Pupinspulen, für Leitungsnachbildungen in Kunstschaltungen, in Siebketten, Schwingkreisen und für zahlreiche ähnliche Zwecke benötigt. Die Eigenschaften, die man von diesen Spulen verlangt, sind im großen und ganzen überall die gleichen. Am Beispiel einer Pupinspule wollen wir etwas näher darauf eingehen.

Durch den Anwendungszweck ist die Größe der Induktivität L vorgeschrieben. Ferner ist durch die Notwendigkeit, die Spulen in den vorhandenen Kabelschächten unterzubringen, eine obere Grenze für das Gesamtvolumen gegeben. Man hat alsdann die günstigste Aufteilung des zur Verfügung stehenden Raumes in Wicklung und Kern zu ermitteln. Wir denken uns dies ausgeführt. Das Kupfervolumen V_{Cu} und das Kernvolumen V_K betrachten wir also fortan als gegeben. Die erste Forderung der Praxis ist nun die, daß der Widerstand möglichst klein ist. Ist N die Gesamtwindungszahl, μ die Permeabilität des Kernmaterials und q der Querschnitt des Küpferdrahtes der Wicklung, so sind nach obigem die Größen $L \sim N^2 \mu$ und $V_{\mathrm{Cu}} \sim N\,q$, also auch die Größe $\dfrac{L}{V_{\mathrm{Cu}}} \sim \dfrac{N\mu}{q}$ als gegeben anzusehen. Da der Gleichstromwiderstand R_0 proportional N/q ist, kann also eine Verminderung von R_0 nur durch Erhöhung der Permeabilität des Kernmaterials erreicht werden. Demnach erscheint es so, als ob ein möglichst großes μ gefordert werden muß. Tatsächlich ist das aber nicht der Fall, weil nämlich außer dem Gleichstromwiderstand noch andere Verlustanteile zu berücksichtigen sind, welche zum Teil mit μ anwachsen.

Hier sind zunächst die drei von den Materialien im Wicklungsraum hervorgerufenen Zusatzwiderstände zu nennen[1], erstens der durch die Stromverdrängung im Draht auftretende „Wirbelstromwiderstand" R_{ww}, zweitens die

---

[1] Vgl. z. B. M. KERSTEN: ETZ Bd. 58 (1937) S. 1335.

durch die Spulenkapazität hervorgerufene scheinbare Erhöhung des Gleichstromwiderstandes R_C und drittens der von den dielektrischen Verlusten des Isolationsmaterials herrührenden Verlustwiderstand R_d. Da diese Widerstände nicht unmittelbar etwas mit den Kerneigenschaften zu tun haben, wollen wir darauf nicht näher eingehen. Der Wirbelstromwiderstand R_{ww} läßt sich durch Verwendung von Litze statt massiven Drahtes klein halten; die anderen beiden Zusatzwiderstände, R_C und R_d, lassen sich durch kapazitätsarme Wicklungsweise und Verwendung verlustarmen Isolationsmaterials vermindern.

Hierzu kommen nun noch die von dem ferromagnetischen Kern hervorgerufenen „Eisenverluste". Die Sprech- und Telegraphieströme in Pupinspulen bleiben immer so klein, daß die Feldstärke im Kern innerhalb des Gültigkeitsbereiches der Rayleighschen Beziehungen liegt. Für diesen Fall hatten wir die Verluste schon in Kapitel 17 behandelt. Wir unterscheiden drei Anteile,

$$\text{den Wirbelstromwiderstand } R_{wk} = w\,L\,f^2,$$
$$\text{den Hysteresewiderstand } R_h \quad = h\,L\,f\,H_{eff}$$
$$\text{und den Nachwirkungswiderstand } R_n = n\,L\,f.$$

Darin sind w, h und n die in 17.23 (S. 227) definierten Materialkonstanten. f ist die Frequenz in kHz und H_{eff} der Effektivwert der magnetischen Feldstärke in Ampere-Windungen pro cm. Da L und f betriebsmäßig festliegen, kann man diese Verlustanteile nur durch Verminderung von w, $h\,H_{eff}$ und n klein machen. w kann man durch Unterteilung des Kernmaterials, d. h. durch Aufbau aus Drähten, dünnen Blechen oder wie bei den Massenkernen (vgl. Abschnitt b) durch Zusammenpressen eines ferromagnetischen Pulvers mit isolierenden Bindemitteln verringern. Es gibt natürlich auch dort gewisse, technisch bedingte Grenzen. Bei gegebener Unterteilung (gegebene Blechdicke) ist, wie wir in Kapitel 17 sahen, w proportional zu μ_a. Deshalb darf in Pupinspulen die Permeabilität nicht zu groß sein. Da R_w mit f^2 anwächst, ist die Permeabilität, bei der der Gesamtwiderstand am kleinsten ist, um so kleiner, je höher die Betriebsfrequenz ist. Auch die geforderte Kleinheit von n bedingt ein kleines μ_a, da erfahrungsgemäß n mit μ_a anwächst. Etwas komplizierter liegen die Verhältnisse bei $h\,H_{eff}$. H_{eff} ist proportional zu $N\,j_{eff}$, der Strom j_{eff} sowie die Induktivität $L \sim N^2\,\mu_a$ sind aber durch die Betriebsbedingungen vorgeschrieben; also kann man $H_{eff} \sim \dfrac{1}{\sqrt{\mu_a}}\,j_{eff}\,\sqrt{L}$ nur durch Steigerung von μ_a verkleinern. R_h ist demnach außer von betriebsmäßig festgelegten Daten nur von der Größe $\dfrac{h}{\sqrt{\mu_a}}$ abhängig. Die Forderung eines kleinen R_h beschränkt ebenfalls die Größe von μ_a. Denn erfahrungsgemäß wächst h mit μ_a stärker als proportional zu $\sqrt{\mu_a}$ an.

Damit also die Verluste in der Spule gering sind, muß von dem Material des Kernes ein möglichst großes μ_a, aber gleichzeitig ein möglichst kleines, w, n und $\dfrac{h}{\sqrt{\mu_a}}$ gefordert werden; wie erörtert, sind dies Forderungen, die sich widersprechen.

Außerdem sind aber noch zwei weitere Anforderungen zu berücksichtigen, bei denen die praktisch zu stellenden Bedingungen viel schwerer zu erfüllen sind. Wie wir in Kapitel 17 abgeleitet haben, ruft ein sinusförmiger Wechselstrom der Frequenz ω infolge der Hysterese des Kernes in der Spannung eine Oberwelle $E_{3\omega}$ mit der dreifachen Frequenz hervor. Da die großen Fernsprechkabel heute alle nach dem Trägerfrequenzverfahren mehrfach ausgenutzt werden, bedingt das aber unter Umständen ein „Nebensprechen", denn Frequenz $3\,\omega$ fällt im allgemeinen in das Frequenzband eines anderen Gespräches als die

Frequenz ω. Wenn etwa eines der Gespräche mit besonders großer Energie gesendet wird, wie das z. B. bei Rundfunkübertragungen der Fall ist, so kann das, auch wenn die dritte Oberwelle ziemlich klein im Vergleich zur Grundwelle ist, sehr störend sein. Man mißt diese Neigung zum Nebensprechen durch die Größe des Klirrfaktors

$$(1) \qquad k = \frac{E_{3\,\omega}}{j_1\,\omega\,L},$$

wobei $E_{3\,\omega}$ die Amplitude der dritten Oberwelle der Spannung und j_1 die des Stromes in der Grundfrequenz ist. Nach Kapitel 17 (S. 221) gilt im Rayleighgebiet

$$(2) \qquad k = \frac{3}{5}\,\frac{R_h}{\omega\,L}.$$

Damit k genügend klein ist, muß also bei Pupinspulen R_h klein sein. Vom Kernmaterial ist demnach ein genügend kleines $\frac{h}{\sqrt{\mu_a}}$ zu verlangen. Die Anforderungen, die hier von der Praxis gestellt werden, sind aber viel schärfer als die, die sich aus der Kleinheit der Hystereseverluste ergeben. Aus den vom CCI[1] empfohlenen Vorschriften ergibt sich für eine Spule normaler Größe (60 cm³ Kernvolumen) die Bedingung $\frac{h}{\sqrt{\mu_a}} < 6{,}5$. Bei der neuerdings angewandten Vielfachausnutzung genügt das aber häufig noch nicht. Nach Angaben von KERSTEN und HESSE[2] führen in gewissen Fällen die heute gestellten praktischen Anforderungen bei dieser Spulengröße auf die Bedingung $\frac{h}{\sqrt{\mu_a}} < 0{,}44$. Zum Vergleich sei angegeben, daß nach DAHL und PFAFFENBERGER[3] bei weichem Eisen etwa $\frac{h}{\sqrt{\mu_a}} \approx 1000$, bei Stahl $\frac{h}{\sqrt{\mu_a}} \approx 70$ ist. Die obigen Anforderungen sind also sehr extrem.

Ferner muß man eine möglichst große „Stabilität" fordern, d. h. eine möglichst geringe Änderung der Permeabilität durch einmaliges starkes Magnetisieren. Durch Störströme kann es vorkommen, daß der Kern viel stärker magnetisiert wird, als es im normalen Betrieb geschieht. Da in den komplizierten Schaltungen, die heute angewendet werden, die verschiedenen Schaltelemente sehr genau aufeinander abgestimmt sind, darf eine solche Störung keine bleibende Änderung der Induktivität bewirken. Je nach dem Anwendungsgebiet betrachtet man heute etwa 0,5 bis 2% Änderung als zulässig. Die reversible Permeabilität des Kernmaterials soll also nach einer starken Magnetisierung im Remanenzpunkt möglichst wenig von der Anfangspermeabilität verschieden sein. Wir sahen bereits in Kapitel 12, daß dies um so besser erfüllt ist, je größer σ_i ist. Noch weitgehender als durch große innere Spannungen kann man es erreichen, wenn man gleichzeitig eine Quervorzugslage der Magnetisierung wie bei Nickel unter Zug anstrebt. Die starke Herabsetzung der Remanenz, die damit verbunden ist, wirkt sich erfahrungsmäßig für die Stabilität günstig aus.

b) Die Massekerne.

Am häufigsten werden heute in den Spulen der Schwachstromtechnik die Massekerne benutzt. Bei diesen wird ein Pulver eines ferromagnetischen Materials mit einem isolierenden Bindemittel zu einer festen Masse zusammengepreßt. Solche Kerne wurden in größerem Umfange zum erstenmal während

---

[1] Comité Consultatif International des Communications Téléphoniques à grande distance.

[2] KERSTEN, M. u. H. HESSE: Elektr. Nachr.-Techn. Bd. 14 (1937) S. 66.

[3] DAHL, O. u. J. PFAFFENBERGER: Z. techn. Phys. Bd. 15 (1934) S. 99.

des Krieges in Amerika verwendet, als die bis dahin aus Deutschland bezogenen Drahtkerne von der Zufuhr abgeschnitten waren. Durch die Unterteilung des ferromagnetischen Materials in den Massekernen kann man erstens die Wirbelstromverluste sehr klein halten. Außerdem wird aber durch die vielen, nicht ferromagnetischen Zwischenschichten im Material die Hystereseschleife stark „geschert". Die scheinbare Remanenz wird dadurch viel geringer als die wahre Remanenz des Pulvermaterials. Das ist für die Stabilität sehr günstig. Zwar wird gleichzeitig auch die wirksame Anfangspermeabilität des Massekernes stark herabgesetzt gegenüber der wahren Permeabilität der ferromagnetischen Teilchen. Durch die „Scherung" wird aber auch die „effektive Rayleigh-Konstante" α, also auch die Hysteresekonstante h herabgesetzt, und zwar viel stärker als die Permeabilität. Die Unterteilung wirkt sich daher auf den Hystereseverlust und auf die Größe des Klirrfaktors günstig aus. An Massekernen lassen sich deshalb extrem kleine Werte von $\dfrac{h}{\sqrt{\mu_a}}$ erzielen, die am kompakten Material bisher nicht erreicht wurden.

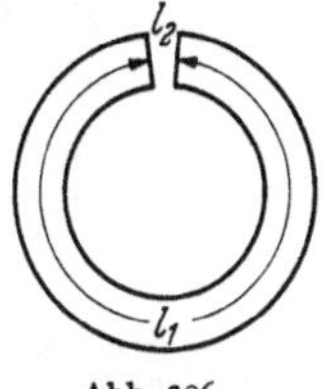

Abb. 306.

Wir wollen uns von diesem technisch günstigen Einfluß der Scherung durch eine kurze Rechnung an Hand eines etwas schematisierten Modells überzeugen. Wir denken uns dazu all die vielen kleinen nichtferromagnetischen Zwischenschichten durch einen einzigen Luftspalt ersetzt. Die Länge des Eisenweges sei l_1, diejenige des Luftweges l_2 (vgl. Abb. 306). Durch Überstreichen bezeichnen wir die gemittelten Größen, welche an dem Massekern als Ganzem technisch zur Beobachtung gelangen. Sind H_1 und H_2 die Felder im Eisen und im Spalt, so ist das aus den Amperewindungen der Wicklung errechnete Feld $\overline{H}$ gegeben durch

$$(3) \qquad \overline{H}\,(l_1 + l_2) = l_1 H_1 + l_2 H_2.$$

Die Induktion B ist im Spalt und im Eisen die gleiche, also $B = H_2$. Andererseits ist B durch die Konstanten μ_a und α des Eisens auf der Strecke l_1 gegeben durch

$$(4) \qquad B = \mu_a H_1 + \tfrac{1}{2}\alpha H_1^2 \qquad (\alpha = \text{Rayleigh-Konstante}).$$

Technisch interessiert uns aber B nicht als Funktion von H_1, sondern von $\overline{H}$, d. h. wir suchen einen Zusammenhang der Form

$$(4a) \qquad B = \bar{\mu}_a \overline{H} + \tfrac{1}{2}\bar{\alpha}\,\overline{H}^2,$$

wo die Größen $\bar{\mu}_a$ und $\bar{\alpha}$ zu berechnen sind. Ersetzen wir in (3) H_2 durch den Wert von B nach (4a), so erhalten wir als Zusammenhang zwischen H_1 und H (mit der Abkürzung $\sigma = l_2/l_1$):

$$(5) \qquad H_1 = (1 + \sigma - \sigma\bar{\mu}_a)\,\overline{H} - \tfrac{1}{2}\bar{\alpha}\,\sigma\,\overline{H}^2$$

und bei Beschränkung auf Glieder, welche in $\overline{H}$ höchstens quadratisch sind:

$$(5a) \qquad H_1^2 = (1 + \sigma - \sigma\bar{\mu}_a)^2\,\overline{H}^2.$$

Setzt man diese Werte von H_1 und H_1^2 in (4) ein, so erhält man durch Vergleich mit (4a) für die gesuchten Effektivwerte $\bar{\mu}_a$ und $\bar{\alpha}$ die beiden Gleichungen

$$(6) \qquad \begin{cases} \bar{\mu}_a = \mu_a\,(1 + \sigma - \sigma\bar{\mu}_a) \\[4pt] \bar{\alpha} = \alpha\,(1 + \sigma - \sigma\bar{\mu}_a)^2 - \bar{\alpha}\,\sigma\,\mu_a. \end{cases}$$

Daraus berechnet sich

$$(7) \qquad \bar{\mu}_a = \mu_a\,\frac{1 + \sigma}{1 + \sigma\mu_a}; \qquad \bar{\alpha} = \alpha\,\frac{(1 + \sigma)^2}{(1 + \sigma\mu_a)^3}.$$

Definieren wir die „Scherung" S zahlenmäßig durch

$$(8) \qquad S = \frac{1 + \sigma \mu_a}{1 + \sigma} = \frac{l_1 + l_2 \mu_a}{l_1 + l_2},$$

so haben wir näherungsweise [wenn wir beim Ausdruck (7) für $\bar\alpha$ die Größe $(1 + \sigma)^2$ durch $(1 + \sigma)^3$ ersetzen, was im Fall $\sigma \ll 1$ gestattet ist]:

$$(9) \qquad \bar\mu_a = \frac{\mu_a}{S}; \qquad \bar\alpha = \frac{\alpha}{S^3}.$$

Nach (17.23) besteht zwischen der Rayleigh-Konstanten α und der Hysterese-konstanten h der Zusammenhang

$$h = \text{const.} \frac{\alpha}{\mu_a}.$$

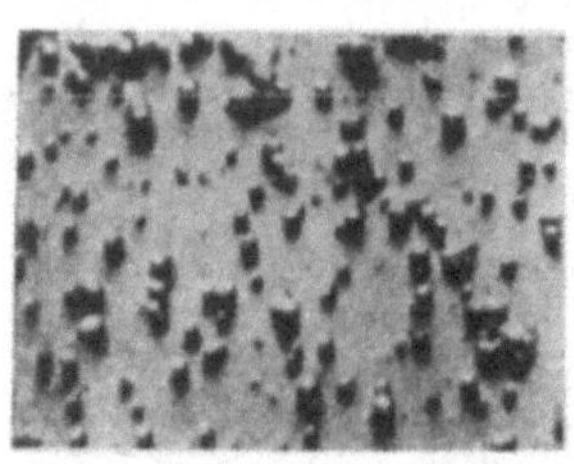

Abb. 307. Karbonyleisenpulver. Mittlerer Durchmesser der Kugeln etwa $5 \cdot 10^{-4}$ cm. [Nach M. KERSTEN: ETZ Bd. 58 (1937) S. 1335.]

Also folgt für das Verhältnis der effektiven Hysterese-konstanten $\bar h$ zur wahren Größe h:

$$(10) \qquad \frac{\bar h}{h} = \frac{1}{S^2} = \left(\frac{\bar\mu_a}{\mu_a}\right)^2.$$

Der für die Größe des Hysteresewiderstandes maßgebende Quotient $\dfrac{\bar h}{\sqrt{\bar\mu_a}}$ nimmt also mit zunehmender Scherung proportional zu $S^{-5/2}$ ab.

Als ferromagnetisches Material für Massekerne benutzt man heute wenigstens in Deutschland hauptsächlich Karbonyleisenpulver, welches nach dem Verfahren der I.G. Farbenindustrie AG. durch Zersetzen des gasförmigen Eisenkarbonyls $Fe(CO)_5$ gewonnen wird. Infolge seiner Entstehung durch Kondensation aus der Gasphase sind die einzelnen Pulverkörner recht genau kugelförmig (vgl. Abb. 307). Das ist für den Aufbau des Massekernes von Vorteil. Für Massekerne mit besonders geringen Hystereseverlusten wird ein Karbonyleisenpulver verwendet, das sich von anderen Pulversorten durch seine außergewöhnliche mechanische Härte unterscheidet. Diese Härte entsteht bereits während des Herstellungsvorganges und ist mindestens teilweise auf eine Ausscheidung von gelöstem Stickstoff und anderen Bestandteilen zurückzuführen. Infolge der damit verbundenen Erhöhung von σ_i wird h herabgesetzt. Die Eisenkörner werden unter Verwendung eines geeigneten Lösungsmittels mit einem Isolierstoff gemischt und schließlich unter hohem Druck zusammengepreßt. Daran schließt sich meist noch eine weitere Wärmebehandlung zur Härtung und Verbesserung des Bindemittels.

Je nach dem Anwendungszweck ist die Menge des Isolierstoffes geeignet zu wählen. Bei gegebener Induktivität sinkt der Gleichstromwiderstand mit wachsendem $\bar\mu_a$; die mit der Frequenz anwachsende Zusatzwiderstände R_w, R_h und R_n wachsen dagegen mit $\bar\mu_a$. Bei festgehaltener Frequenz gibt es also einen bestimmten Wert von $\bar\mu_a$, bei welchem der Gesamtwiderstand am kleinsten ist. Je höher die Frequenz ist, um so niedriger liegt dieser Bestwert. Bei Pupinspulen, die bis 100 kHz verwendet werden sollen, liegt die günstigste Permeabilität etwa bei $\bar\mu_a = 10$ bis 20. Bei Hochfrequenzspulen (für 1000 kHz), bei denen neuerdings auch schon Massekerne verwendet werden, liegt das Optimum etwa bei $\bar\mu_a = 5$.

Um eine besonders günstige Spule zu erhalten, muß man also je nach dem Verwendungszweck sorgfältig abwägen, wie weit es günstig ist, durch Härtung der Körner die wahre Permeabilität und den wahren Hysteresebeiwert herabzusetzen, und welche Menge an Bindemittel am geeignetsten ist. Als Beispiel geben wir nach Angaben von KERSTEN die Daten einer ausgeführten Pupinspule mit einer Induktivität von 1,3 mH, die für Frequenzen bis 100 kHz und Ströme bis etwa 1 mA berechnet ist. Auf Kleinheit des Klirrfaktors wurde besondcrer Wert gelegt. In Abb. 308 ist der Widerstand in Abhängigkeit von der Frequenz dargestellt, wobei die verschiedenen Anteile getrennt sind. Der kleinste Verlustwinkel $\varepsilon = \dfrac{R}{\omega L}$ wird bei 80 kHz erreicht. Der Wirbelstrom-, Hysterese- und Nachwirkungsbeiwert betragen

$$w = 0{,}01 \; \frac{\Omega}{\text{H} \cdot (\text{kHz})^2}$$

$$h = 1{,}4 \; \frac{\Omega}{\text{H} \cdot \text{kHz A/cm}}$$

$$\text{und } n = 0{,}8 \; \frac{\Omega}{\text{H kHz}}$$

Die effektive Permeabilität ist $\bar\mu_a = 13$. Die Instabilität, d. h. die Änderung der Permeabilität durch einen kurzzeitigen Störstrom von 1 A war kleiner als 0,06%.

Bemerkenswert ist die Kleinheit des Hysteresewiderstandes, der bei 100 kHz und 1 mA noch unter der Strichstärke der Abb. 308 bleibt. Der Klirrfaktor beträgt bei 1 mA

$$k = 1{,}5 \cdot 10^{-6}.$$

Die zugehörige Rayleigh-Schleife ist so schmal, daß die Remanenz nur etwa 1 Millionstel der Aussteuerung beträgt. In einer maßstäblichen Darstellung ist sie also selbst bei einer Zeichnung von 1 m² Größe und feinster Strichstärke von einer einfachen geraden Linie nicht mehr zu unterscheiden. An Pupinspulen in weitgehend durch Mehrfachtelephonie ausgenutzten Kabeln ist eine so geringe Hysterese aber notwendig. Aus obigen Daten ergibt sich $\dfrac{h}{\sqrt{\mu_a}} = 0{,}39$, also nur etwas weniger als der oben angegebene praktisch geforderte Wert von 0,44.

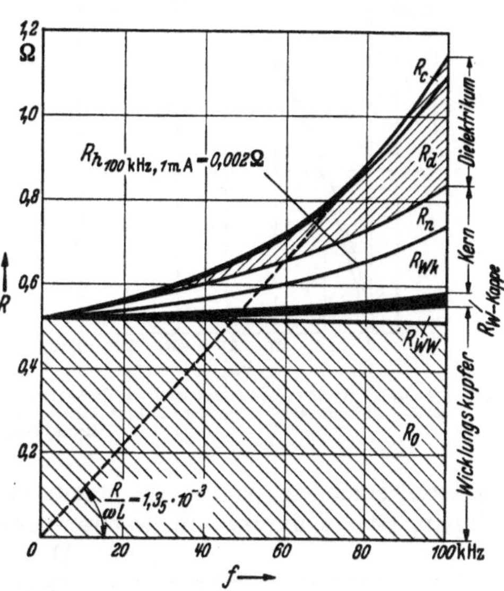

Abb. 308. Der Verlustwiderstand R einer Pupinspule von 1,3 mH in Abhängigkeit von der Frequenz f. [Nach M. KERSTEN: ETZ Bd. 58 (1937) S. 1335.]

c) Die Eisen-Nickel-Kupfer-Walzbleche.

Bis etwa zum Jahre 1933 konnte man die hohen Anforderungen hinsichtlich Stabilität und Kleinheit der Hystereseverluste in Pupinspulen nur durch Massekerne erfüllen. Seitdem hat man aber auch Werkstoffe gefunden, bei denen man durch geeignete Behandlung die gewünschten Eigenschaften unmittelbar herstellen konnte, nicht erst durch eine „Scherung" der Magnetisierungskurve. Vor allem sind hier die Eisen-Nickel-Kupfer-Walzbleche zu nennen, welche zum erstenmal von DAHL und PFAFFENBERGER[1] angegeben worden sind. Von diesen Forschern werden sie meist Isoperme genannt. Zwar sind die besten Massekerne besonders für Frequenzen oberhalb des Sprachbereiches (d. h. etwa > 3000 Hz) diesen Walzblechen überlegen. Aber für tiefere Frequenzen ist die Verwendung der „Isoperme" gelegentlich von Vorteil, weil sie die heute bekannten

---

[1] DAHL, O. u. J. PFAFFENBERGER: Z. techn. Phys. Bd. 15 (1934) S. 99; Metallwirtsch. Bd. 13 (1934) S. 527, 543 u. 559; Bd. 14 (1935) S. 25. — DAHL, O., J. PFAFFENBERGER u. N. SCHWARTZ: Metallwirtsch. Bd. 14 (1935) S. 665.

Massekerne unter sonst gleichen Verhältnissen hinsichtlich der Hysteresearmut merklich übertreffen.

Es gibt drei Möglichkeiten zur Erzeugung einer hohen Stabilität und eines geringen Hystereseverlustes. Erstens kann man starke innere Spannungen im

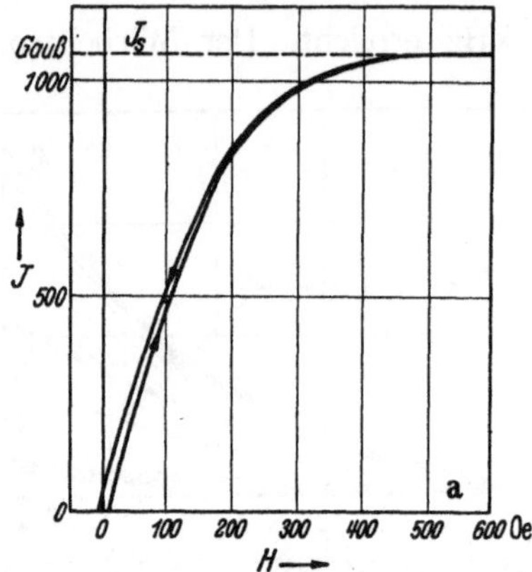
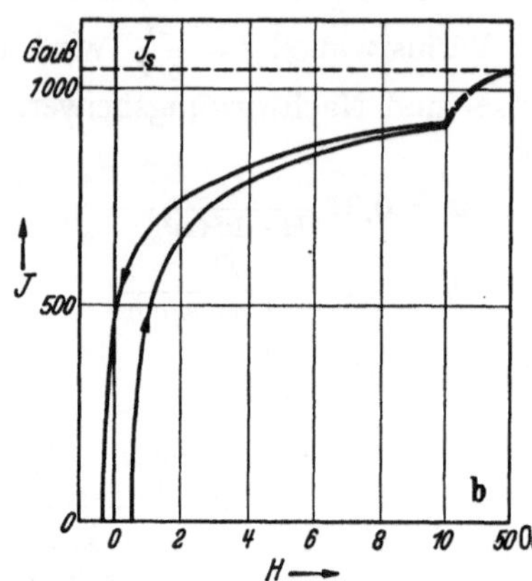

Abb. 309 a u. b. Hystereseschleife eines Fe-Ni-Cu-Walzbleches. a: Im kaltgewalzten Zustand. b: Nach einer Glühung, welche die anomalen magnetischen Eigenschaften wieder beseitigt. [Nach M. KERSTEN: Z. techn. Phys. Bd. 15 (1934) S. 249.]

Material erzeugen. Wir sahen bereits im Kapitel 12, daß dies für die Stabilität günstig ist. h nimmt mit wachsendem σ_i im allgemeinen ebenso wie μ_a ab.

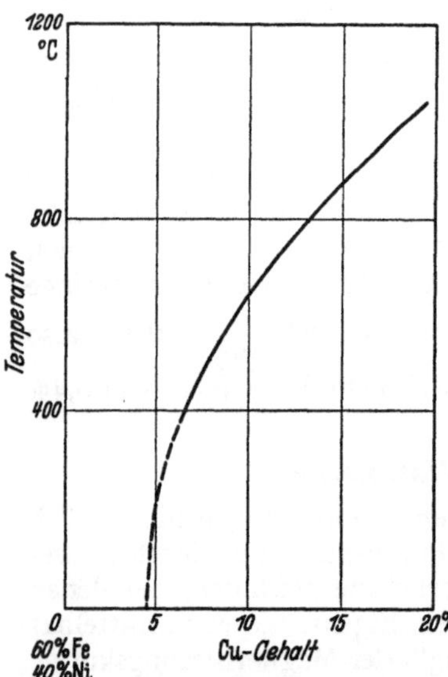

Abb. 310. Die Löslichkeitsgrenze von Kupfer in der Eisen-Nickel-Legierung mit 60% Fe, 40% Ni in Abhängigkeit von der Temperatur. [Nach O. DAHL, J. PFAFFENBERGER u. N. SCHWARTZ: Metallwirtsch. Bd. 14 (1935) S. 665.]

Die Stahldrähte, die man vor dem Jahre 1920 vielfach für die Kerne von Pupinspulen verwendete, sind aus diesem Grunde vorteilhafter als gewöhnliches weiches Eisen. Zweitens kann man die Magnetisierungskurve „scheren" durch Einfügen unmagnetischer Spalte in den Kraftlinienweg, wie man es bei den Massekernen macht. Drittens aber kann man eine Vorzugslage der Magnetisierung senkrecht zur Feldrichtung herstellen wie bei Nickel unter Zug. Natürlich kann man in Pupinspulenkernen keine äußeren Spannungen anwenden. Man muß deshalb die Vorzugslage durch andere Maßnahmen zu erhalten versuchen. Dies ist bei den Fe-Ni-Cu-Walzblechen gelungen. Diese Legierungen enthalten Fe und Ni etwa im Verhältnis 60% : 40%; dazu kommen 9% bis 13% Cu. Ihre guten magnetischen Eigenschaften erhalten sie durch folgende Behandlung: Einige Stunden Glühen bei 900° bis 1000°, dann Abschrecken in Luft, danach Kaltwalzen auf höchstens 10% der ursprünglichen Dicke. In Abb. 309a ist die Hystereseschleife eines solchen Materials dargestellt. Zum

Vergleich zeigt Abb. 309b die Schleife desselben Materials nach einer weiteren Glühung, welche den Einfluß des Walzens wieder auslöscht. (Man beachte den Unterschied im Maßstab der H-Achse!) Man erkennt an der flachen Form der Hystereseschleife schon unmittelbar die gute Eignung des gewalzten Materials für Pupinspulen. DAHL und PFAFFENBERGER geben an, daß bei einer Anfangspermeabilität $\mu_a = 95$ Werte von $h < 45$, also $\dfrac{h}{\sqrt{\mu_a}} < 4{,}6$ erreichbar sind und bei etwas anderer Behandlung sogar $h \approx 5$ bei $\mu_a = 30$, also $\dfrac{h}{\sqrt{\mu_2}} \approx 0{,}9$. Die Instabilität $s = \dfrac{\mu_a - \mu_R}{\mu_a}$ beträgt nur etwa 1%. Diese Bleche sind also, von Extremfällen vielleicht abgesehen, den Massekernen gleichwertig.

Dieses ungewöhnliche Verhalten des gewalzten Materials hängt damit zusammen, daß diese Legierung ausscheidungsfähig ist. In Abb. 310 ist nach Messungen von DAHL, PFAFFENBERGER und SCHWARTZ der Verlauf der Löslichkeitsgrenze in Abhängigkeit von der Temperatur dargestellt längs eines Schnittes durch das ternäre Diagramm, auf dem sich der Eisen- und Nickelgehalt wie 6 : 4 verhalten. Bei einem Kupfergehalt von mehr als 5 % sind demnach die Mischkristalle bei Zimmertemperatur instabil. Das besondere magnetische Verhalten ist ebenfalls erst bei einem Kupfergehalt von mehr als 5 % Cu deutlich ausgeprägt. Zum Beweis ist in Abb. 311 die Anfangspermeabilität μ_a, der Hysteresebeiwert h und die Instabilität $s = \dfrac{\mu_a - \mu_R}{\mu_a}$ in Abhängigkeit von Kupfergehalt dargestellt, gemessen an den in der geschilderten Weise kaltgewalzten Blechen. Es liegt

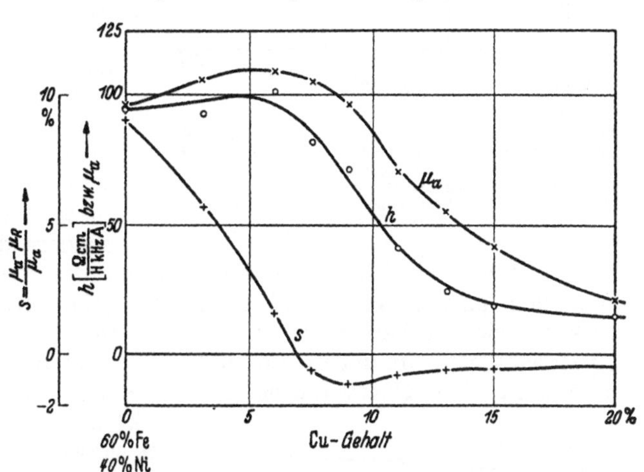

Abb. 311. Anfangspermeabilität μ_a, Hysteresebeiwert h und die Instabilität $s = \dfrac{\mu_a - \mu_R}{\mu_a}$ in Abhängigkeit vom Kupfergehalt an kaltgewalzten Eisen-Nickel-Kupfer-Legierungen, deren Eisen- und Nickel-Gehalt sich wie 6 : 4 verhalten, nach dem Abschrecken in Luft und Kaltwalzen auf 10% der ursprünglichen Dicke gemessen. [Nach O. DAHL u. J. PFAFFENBERGER: Metallwirtsch. Bd. 13 (1934) S. 527.]

deshalb der Schluß nahe, daß das anomale magnetische Verhalten durch einen Ausscheidungsvorgang hervorgerufen wird, welcher beim Kaltwalzen eintritt. Die üblichen Untersuchungsmethoden zeigen, daß während der Luftabschreckung vor dem Kaltwalzen noch keine wesentliche Ausscheidung stattgefunden hat. Andererseits findet man an Proben, bei denen durch längeres Tempern vor dem Walzen die Ausscheidung beendet worden ist, keinen solchen charakteristischen Einfluß der Walzbehandlung mehr. Dieser tritt also nur auf, wenn vor dem Walzen die Legierung noch ausscheidungsfähig war. Ferner konnten KERSTEN[1] sowie DAHL und PFAFFENBERGER[2] durch Untersuchung des spezifischen Widerstandes plausibel machen, daß während des Walzens eine Ausscheidung vor sich geht. Denn im Gegensatz zu gewöhnlichen, nicht ausscheidungsfähigen Materialien, bei denen beim Kaltwalzen eine Erhöhung des spezifischen Widerstandes auftritt, nimmt bei diesen Legierungen der spezifische Widerstand nicht zu oder sogar ab, d. h. die durch Ausscheidung bewirkte Widerstandsabnahme ist gleich oder größer als die durch Kaltbearbeitung entstehende Widerstandszunahme. Zum Beweis ist in Abb. 312 die beim Kalt-

---

[1] KERSTEN, M.: Z. techn. Phys. Bd. 15 (1934) S. 249; Wiss. Veröff. Siemens-Werk Bd. 13 (1934) 3. Heft, S. 1.
[2] DAHL, O. u. J. PFAFFENBERGER: Metallwirtsch. Bd. 13 (1934) S. 527, 534 u. 559.

walzen auf 10% der ursprünglichen Dicke auftretende Änderung des spezifischen Widerstandes in Abhängigkeit vom Cu-Gehalt aufgetragen. Bei den abgeschreckten Proben tritt oberhalb 6% Cu, also bei den ausscheidungsfähigen Legierungen, eine Abnahme auf. Bei den langsam abgekühlten Proben, bei denen die Ausscheidung zum größten Teil schon beim Abkühlen stattgefunden hat, beobachtet man dagegen stets eine Widerstandszunahme.

Man könnte das Entstehen der flachen Hystereseschleife durch die Annahme zu erklären versuchen, daß die beim Walzen sich ausscheidende, nicht ferromagnetische kupferreiche Phase sich schichtweise anordnet und dadurch unmagnetische Spalte senkrecht zur Feldrichtung bildet. Diese würden dann eine Scherung der Hystereseschleife bewirken. Von KERSTEN[1] wurde jedoch gezeigt, daß diese Annahme nicht zutreffen kann, sondern daß eine echte Vorzugslage

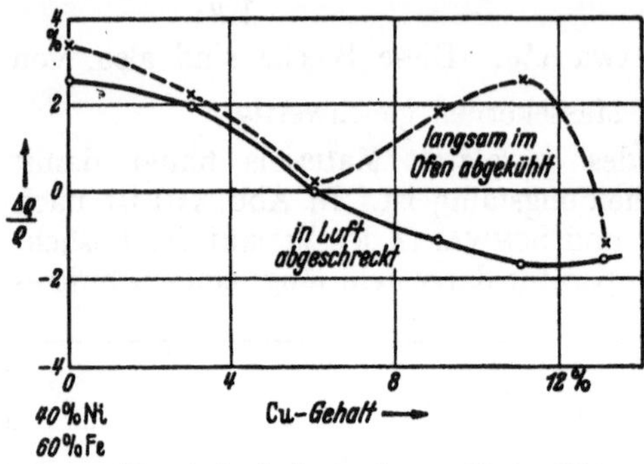

Abb. 312. Die relative Änderung des spezifischen Widerstandes der Eisen-Nickel-Kupfer-Legierungen beim Kaltwalzen auf 10% der ursprünglichen Dicke in Abhängigkeit vom Cu-Gehalt (Eisengehalt zu Nickelgehalt wie 6:4). [Nach O. DAHL u. J. PFAFFENBERGER: Metallwirtsch. Bd. 13 (1934) S. 527.]

senkrecht zur Feldrichtung vorliegt. Denn durch eine genügend große Zugspannung parallel zum Feld kann man eine Aufrichtung der Schleife bewirken, wie bei Permalloy unter Zug. In Abb. 313 ist zum Vergleich die Hystereseschleife im ungespannten Zustand und unter einem Zug von 68 kg/mm² dargestellt. Die Quervorzugslage wird, entsprechend der positiven Magnetostriktion, unter Zug in eine Längsvorzugslage verwandelt. Wenn die ursprüngliche Schleife durch die Wirkung einer inneren Entmagnetisierung zustande gekommen wäre, könnte solch eine Aufrichtung nicht passieren, da man nicht annehmen kann, daß die unmagnetischen Spalte durch Zug zum Verschwinden gebracht werden. Ein zweiter Beweis liegt in dem Verhalten der Widerstandsänderung im Magnetfeld. Trägt man $\frac{\Delta R}{R}$ als Funktion von J^2 auf, so erhält man an dem gewalzten Blech nahezu eine gerade Linie (vgl. Abb. 314, Kurve a) wie bei Nickel unter Zug, ein Kennzeichen, daß im Feld nur eine Drehung der Magnetisierung stattfindet, keinerlei Wandverschiebungen. Wenn man durch eine Glühung die Quervorzugslage zerstört,

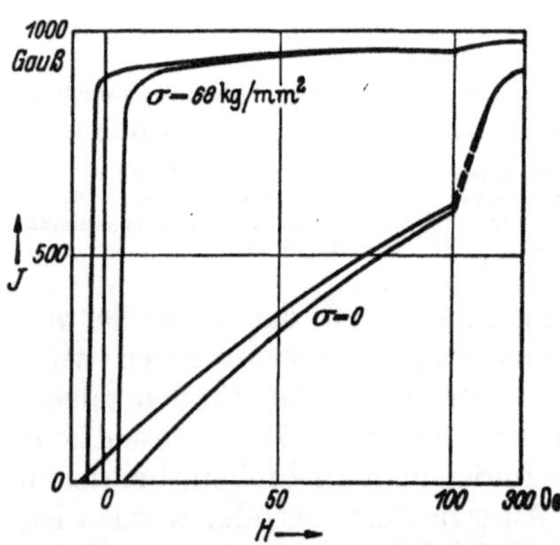

Abb. 313. Die Hystereseschleife eines kaltgewalzten Eisen-Nickel-Kupfer-Bleches unter einer longitudinalen Zugspannung von σ = 68 kg/mm² und ohne Zug. [Nach M. KERSTEN: Z. techn. Phys. Bd. 15 (1934) S. 249.]

erhält man dagegen einen Verlauf wie bei jedem normalen Material, welcher horizontal beginnt (Abb. 314, Kurve b). Wenn die flache Hystereseschleife nur durch eine Scherung entstanden wäre, müßte auch im ersten Fall ein normaler Verlauf von $\frac{\Delta R}{R}$ über J^2 auftreten, denn diese Kurve kann von der Größe des Entmagnetisierungsfaktors nicht abhängen.

---

[1] KERSTEN, M.: Z. techn. Phys. Bd. 15 (1934) S. 249; Wiss. Veröff. Siemens-Werk, Bd. 13 (1934), Heft 3, S. 1.

Durch diese Versuche von KERSTEN ist also das Vorhandensein einer Quervorzugslage der Magnetisierung in den Walzblechen sichergestellt. Da die magnetischen Eigenschaften innerhalb der Walzebene in allen Richtungen nahezu gleich sind, muß die Vorzugsrichtung also senkrecht auf der Blechebene stehen. Das Zustandekommen einer solchen Vorzugslage ist nicht einfach zu deuten. Es erscheint unmöglich, gerichtete innere Spannungen dafür verantwortlich zu machen; denn eine homogene Zugspannung senkrecht zur Walzebene, die man dazu annehmen müßte, kann ohne äußere Spannungen im Gleichgewicht nicht bestehen. Die Annahme, daß nur die ferromagnetischen kupferarmen Kristallite unter Zug stehen und die kupferreichen Kristallite der ausgeschiedenen Phase die entsprechende Druckspannung tragen, erscheint etwas gekünstelt. Ihre Menge ist sicherlich viel zu gering dazu. Wahrscheinlich wird durch das Walzen innerhalb der Kristallite als eine Art Vorstufe der Ausscheidung eine gewisse Ordnung der Kupferatome hergestellt, welche bewirkt, daß der Kristallit etwas tetragonal wird. BUMM und MÜLLER[1] machen dies in einer neueren Arbeit sehr plausibel. Beim plastischen Fließen gleiten bei diesen Kristallen die (111)-Ebenen in Richtung [110] aufeinander. Berücksichtigt man nun die besondere Walztextur dieser Bleche, so zeigt sich, daß es Gleitrichtungen gibt, die senkrecht auf der Blechebene stehen. Nimmt man nun an,

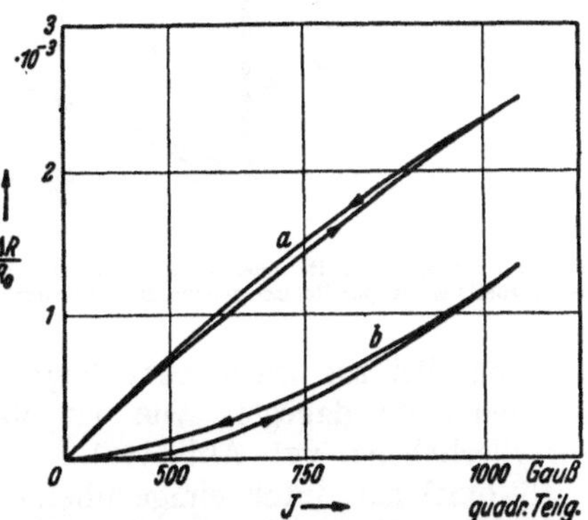

Abb. 314. Die relative Widerstandsänderung beim Magnetisieren eines Eisen-Nickel-Kupfer-Bleches, aufgetragen als Funktion des Quadrates der Magnetisierung. a Im kaltgewalzten Zustand. b Nach einer Glühung, welche die Vorzugsrichtung zerstört. [Nach M. KERSTEN: Z. techn. Phys. Bd. 15 (1934) S. 249.]

daß diese Gleitungen beim Walzen bevorzugt betätigt werden, so erscheint es verständlich, daß die Cu-Atome, welche ja die Tendenz zur Zusammenballung haben, sich beim Abgleiten etwa zu Säulen in der Gleitrichtung, also senkrecht auf der Blechebene, zusammenlagern. Ein direkter Beweis für die Entstehung dieser Anordnung ist aber bisher nicht erbracht worden.

d) Die anisotropen Eisen-Nickel-Bleche.

Kurz nach der Entdeckung der abnormen magnetischen Eigenschaften der gewalzten Fe-Ni-Cu-Legierungen fanden SIX, SNOEK und BURGERS[2], daß man auch an nicht ausscheidungsfähigen kupferfreien Eisen-Nickel-Legierungen durch geeignete Walzbehandlung eine Quervorzugslage der Magnetisierung erzeugen kann. Das Verhalten ist aber bei diesen Legierungen in mancherlei Hinsicht anders. Am besten geeignet sind die Fe-Ni-Legierungen mit 50 bis 60% Ni. Wenn man diese auf 2 bis 5% der ursprünglichen Dicke kalt walzt und danach bei 1000° rekristallisieren läßt, entsteht eine Rekristallisationstextur, und zwar stellen sich die Kristallite bevorzugt mit einer [100]-Richtung parallel zur Walzrichtung und mit einer (100)-Ebene parallel zur Walzebene ein. Diese Textur entsteht erst beim Rekristallisieren. In den gewalzten Blechen vor dem Rekristallisieren ist zwar auch eine Textur vorhanden, aber eine andere. Die rekristallisierten Bleche zeigen noch keine besondere Anisotropie, abgesehen von derjenigen, die sich aus der Kristallenergie ergibt. Parallel und senkrecht zur Walzrichtung haben sie die gleiche Magnetisierungskurve. Wenn man aber

---

[1] BUMM, H. u. H. G. MÜLLER: Wiss. Veröff. Siemens-Werk Bd. 17 (1938) Heft 2, S. 14.
[2] SIX, W., J. L. SNOEK u. W. G. BURGERS: De Ingenieur Bd. 49 (1934) Nr. 52.

jetzt die Bleche noch einmal auf etwa 40 bis 60% der ursprünglichen Dicke kalt herunterwalzt, dann entsteht eine starke Anisotropie. Parallel zur Walzrichtung tritt eine flache Schleife wie bei Nickel unter Zug auf, senkrecht dazu eine ganz steile Schleife mit sehr großer Maximalpermeabilität und einer 3- bis 4mal kleineren Koerzitivkraft als in der anderen Richtung (vgl. Abb. 315). Es ist also eine Vorzugsrichtung entstanden, welche senkrecht zur Walzrichtung,

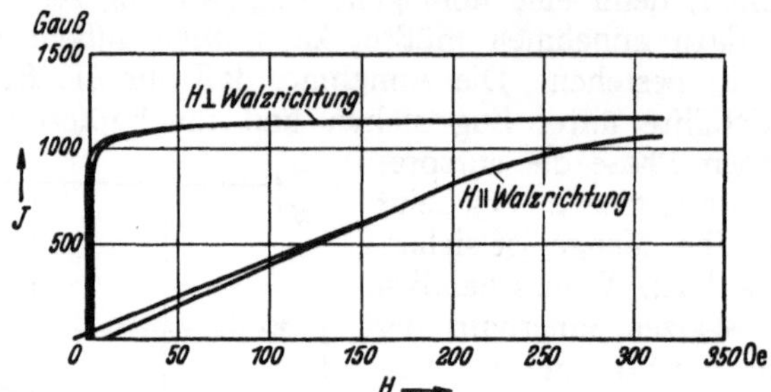

Abb. 315. Hystereseschleife eines kaltgewalzten Eisen-Nickel-Bleches mit Rekristallisationstextur (50% Ni, 50% Fe bei Magnetisierung parallel und senkrecht zur Walzrichtung. [Nach J. L. Snoek: Physica, Haag Bd. 4 (1935) S. 403.

aber parallel zur Blechebene liegt. Bei den ausscheidungsfähigen Fe-Ni-Cu-Blechen steht dagegen, wie wir oben sahen, die Vorzugsrichtung senkrecht zur Blechebene (vgl. Abb. 316).

Snoek[1] hat durch einige überzeugende Experimente an der Legierung mit 50% Ni das Vorhandensein dieser Vorzugslage nachgewiesen. Er zeigte zunächst, daß auch senkrecht zur Blechebene eine flache Hystereseschleife mit kleiner Permeabilität auftritt. Dazu wurden 4500 Scheibchen aus dem gewalzten Blech ausgestanzt und im Innern eines Kupferrohres zu einem Zylinder von etwa

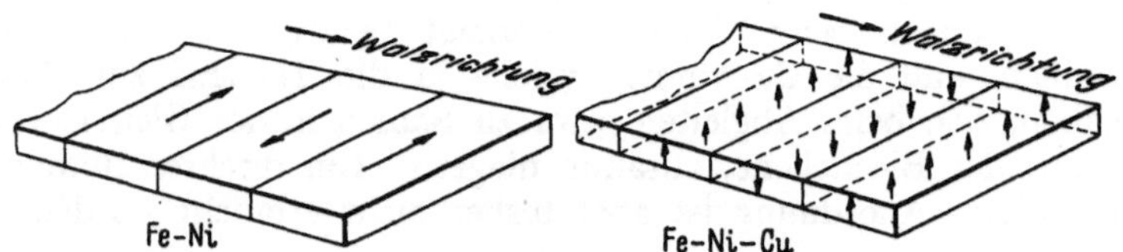

Abb. 316. Die Lage der Vorzugsrichtung bei den gewalzten Eisen-Nickel-Blechen mit Rekristallisationstextur und den kaltgewalzten Eisen-Nickel-Kupfer-Blechen.

25 cm Länge vereinigt. Dann wurde ballistisch die Suszeptibilität der ganzen Anordnung gemessen. Diese war wegen der vielen Luftspalte natürlich sehr klein. Snoek erhielt $\chi_{a1} = 1,5$. Um die Größe der Scherung zu ermitteln, wurde sodann das ganze Rohr in Wasserstoff eine Zeitlang auf 500° erhitzt. Dadurch stieg die Suszeptibilität auf $\chi_{a2} = 3,3$, also auf mehr als das Doppelte. Da die Luftspalte sich durch das Glühen nicht verändert haben können, muß also auch die wahre Permeabilität der Scheibchen in Richtung senkrecht auf ihrer Ebene beim Glühen größer geworden sein. Beim Auseinandernehmen nach der Messung zeigte sich, daß die einzelnen Scheibchen durch das Glühen noch nicht zusammengebacken waren. Eine Glühung bei 500° vernichtet die Anisotropie innerhalb der Walzebene ziemlich vollständig. Die Maximalpermeabilität in Walzrichtung steigt dadurch von etwa 42 auf über 12000. Man kann deshalb annehmen, daß nach der Glühung die Suszeptibilität des Lamellenaggregats praktisch allein durch die Scherung bestimmt ist. Daraus kann

---

[1] Snoek, J. L.: Physica Haag, Bd. 4 (1935) S. 403; Nederlandsch. Tidschr. Naturk. II, Bd. 6 (1935) S. 180.

man den Scherungsfaktor N bestimmen $\left(\chi_{a2}=\dfrac{1}{N}\right)$ und somit die wahre Suszeptibilität χ_a vor dem Glühen abschätzen. Aus der Gleichung

$$\chi_{a1}=\frac{1}{N+\dfrac{1}{\chi_a}}$$

folgt mit obigen Werten $\chi_a=2{,}75$, also $\mu_a=35$. Die Permeabilität parallel zur Walzebene betrug etwa $\mu_a=42$. Die Permeabilität in Richtung senkrecht zur Blechebene ist also ebenso klein wie parallel zur Walzrichtung. Nur die Richtung parallel zur Blechebene und senkrecht zur Walzrichtung ist demnach eine Vorzugsrichtung mit steiler Magnetisierungskurve. Im unmagnetisierten Zustand liegt also die Magnetisierung überall parallel zu dieser Richtung.

Durch Messung der Widerstandsänderungen im Magnetfeld konnte SNOEK einen weiteren Beweis für dieses Verhalten erbringen. Seine Ergebnisse sind in Abb. 317 und 318 dargestellt. Alle Kurven zeigen in hohen Feldern eine mit dem Feld proportionale Abnahme des Widerstandes, die auf der Beeinflussung der spontanen Magnetisierung beruht. Dieser Anteil interessiert uns nicht. Wir betrachten nur die von der Drehung der Magnetisierung hervorgerufenen

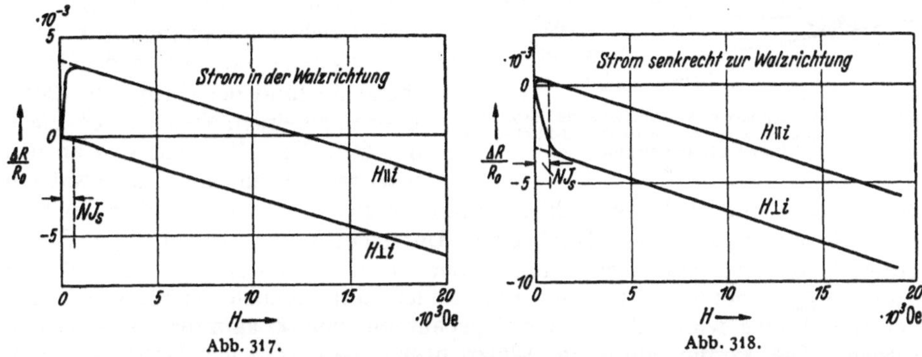

Abb. 317. Die relative Widerstandsänderung beim Magnetisieren eines kaltgewalzten Eisen-Nickel-Bleches mit Rekristallisationstextur (50% Ni, 50% Fe). Strom parallel zur Walzrichtung, Feld parallel und senkrecht zum Strom. [Nach J. L. SNOEK: Physica, Haag Bd. 4 (1935) S. 403.]

Abb. 318. Die relative Widerstandsänderung beim Magnetisieren eines kaltgewalzten Nickel-Eisen-Bleches mit Rekristallisationstextur (50% Ni, 50% Fe). Strom senkrecht zur Walzrichtung, Feld parallel und senkrecht zum Strom.

Widerstandsänderungen im Anfangsteil der Kurven. Fließt der Strom parallel zur Walzrichtung (Abb. 317), so ruft ein Feld parallel zum Strom zu Anfang eine Widerstandszunahme hervor, wie es dem Herausdrehen aus der Querlage in die Stromrichtung entspricht. Ein transversales Feld dagegen bewirkt fast keine auf Drehungen beruhende Widerstandsänderung, denn in diesem Fall steht ja die Magnetisierung schon von vornherein parallel oder antiparallel zum Feld. Beim Magnetisieren treten nur 180°-Wandverschiebungen auf, welche ohne Widerstandsänderung ablaufen. Extrapoliert man den linearen Abfall in hohen Feldern auf das innere Feld Null, also auf $H=NJ_s$ ($N=$ Entmagnetisierungsfaktor), so erhält man für die auf Drehungen beruhende Widerstandsänderung im Querfeld nur 5% von derjenigen im Längsfeld. Fließt andererseits der Strom in der Blechebene senkrecht zur Walzrichtung (Abb. 318), so ruft ein Feld parallel zum Strom fast keine auf Drehungen beruhende Widerstandsänderung hervor. Ein transversales Feld bewirkt dagegen eine Widerstandsabnahme von der gleichen Größe wie die Widerstandszunahme im longitudinalen Feld im vorigen Fall. Denn hierbei wird, gerade entgegengesetzt wie vorher, die Magnetisierung aus ihrer Anfangslage parallel zum Strom in die

Querrichtung gedreht. Aus diesen Widerstandskurven ergibt sich einwandfrei das Vorhandensein der genannten Vorzugsrichtung. Zugleich ersieht man daraus, daß im unmagnetischen Zustand über 90% der Magnetisierung in dieser Richtung liegen müssen.

Es erhebt sich nun wieder die Frage nach der Ursache dieser Vorzugsrichtung. Innere Spannungen können hier ebensowenig wie bei den Fe-Ni-Cu-Blechen dafür verantwortlich gemacht werden. Man muß vielmehr annehmen, daß durch das Fließen der Kristallite beim Walzen eine Abweichung in der Anordnung der Ni- und Fe-Atome von der statistischen Verteilung hervorgerufen wird, welche bewirkt, daß nachher der Kristall im spannungsfreien Zustand nicht mehr genau kubisch, sondern ein wenig tetragonal verzerrt ist, genau so wie es eine Zugspannung parallel zur Vorzugsrichtung bewirken würde. Von WASSERMANN[1] sind an diesen Blechen Röntgenaufnahmen gemacht worden, durch welche das Vorhandensein einer solchen Tetragonalität nachgewiesen

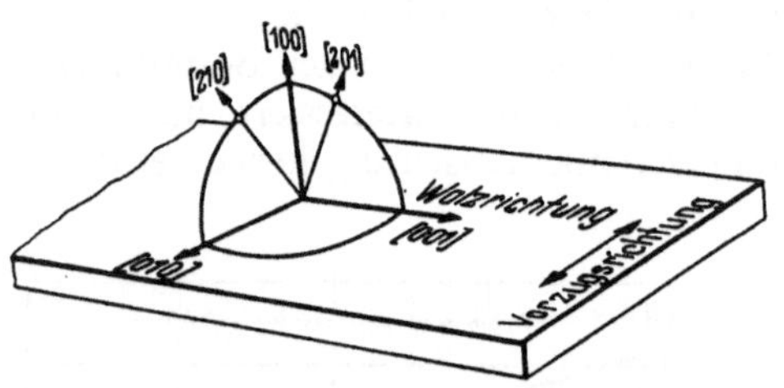

Abb. 319. Die Richtungen der Normalen auf den (201)- und den (210)-Ebenen an den Eisen-Nickel-Blechen mit Rekristallisationstextur.

wurde. Die Rekristallisationstextur wird durch das Walzen nur wenig verändert. Die Bleche verhalten sich nahezu wie Einkristalle, bei denen die [100]-Richtung senkrecht auf der Walzebene und die [001]-Richtung in Walzrichtung liegt (vgl. Abb. 319). WASSERMANN bestimmte den Netzebenenabstand der (210)- und (201)-Ebenen an einem Nickel-Eisen-Blech mit 60% Ni. Während sich an den rekristallisierten und ungewalzten Blechen beide innerhalb der Fehlergrenzen als gleich ergaben, fand er an dem um 33% dünner gewalzten Blech einen Unterschied von etwa 1,1⁰/₀₀. Dieser Unterschied entspricht einer Dehnung der Gitterkonstanten parallel [010] um etwa 5,5⁰/₀₀ gegenüber den anderen beiden tetragonalen Richtungen. Die gleiche Dehnung würde durch eine Zugspannung von 90 kg/mm² hervorgerufen werden. Die Permeabilität in Walzrichtung beträgt nach Messungen von PAWLEK[2] an gleich behandelten Legierungen (60% Ni, nach dem Rekristallisieren kalt gewalzt mit 30% Dickenverminderung) etwa 60. Demgegenüber würde an einem Kristall, der nicht von Natur tetragonal verzerrt ist, durch eine Zugspannung von 90 kg/mm² die Permeabilität auf den Wert

$$\mu_a = 4\pi \cdot \frac{J_s^2}{3\lambda\sigma} + 1 \approx 40$$

($J_s = 1250$; $\lambda = 19 \cdot 10^{-6}$) herabgesetzt werden. Da der röntgenographisch gefundene Unterschied der Netzebenenabstände von 1,1⁰/₀₀ höchstens auf ±0,3⁰/₀₀ genau ist, so lassen sich die Versuchsergebnisse durch die Annahme deuten, daß die durch das Walzen hervorgerufene Tetragonalität auf die magnetischen Eigenschaften ebenso wirkt wie eine Zugspannung, welche die gleiche Dehnung hervorruft.

Die von WASSERMANN festgestellte Tatsache, daß bei diesen Eisen-Nickel-Legierungen eine tetragonale Verzerrung des Gitters ohne äußere Spannungen, offenbar als Folge einer noch unbekannten Ordnung der Atome in dem Mischkristall, bestehen kann, ist selbstverständlich eine gewisse Stütze für die oben geäußerte Ansicht, daß der Permalloy-Effekt und der Einfluß des Temperns im Magnetfeld eine ähnliche Ursache haben (vgl. S. 412 und 421 f.). Hier wird die

[1] WASSERMANN, G.: Z. Metallkde. Bd. 28 (1936) S. 262.
[2] PAWLEK, FR.: Z. Metallkde. Bd. 27 (1935) S. 160.

Ordnung der Atome durch das Walzen bewirkt, in den anderen beiden Fällen jedoch durch das Tempern des magnetostriktiv verzerrten Gitters.

Zum Schluß sei noch etwas auf die technisch wichtigen Eigenschaften dieser gewalzten Eisen-Nickel-Bleche eingegangen[1]. Es ist zu beachten, daß die geschilderte Behandlung recht genau eingehalten werden muß. Wenn man beim ersten Walzen nicht auf 2 bis 5 % der ursprünglichen Dicke, sondern etwa nur auf 20 % herunterwalzt, tritt die [100]-Rekristallisationstextur nicht mehr in der nötigen Vollkommenheit auf. Desgleichen ist das Rekristallisieren unterhalb 800° statt bei 1000° nachteilig. Beim Walzen der rekristallisierten Bleche muß die Dickenverminderung zwischen 30 und 60 % eingehalten werden. Schwächeres Walzen ruft die Anisotropie nur unvollkommen hervor; stärkeres Walzen zerstört die Würfeltextur. Bei sehr starkem Walzen tritt schließlich wieder die Walztextur auf, die sehr viel komplizierter ist als die Rekristallisationstextur. Beim Einhalten dieser Bedingungen sind die für die Schwachstromtechnik wichtigen Daten recht günstig. Man findet bei einer Permeabilität von $\mu_a \approx 60$ noch eine Hysteresekonstante $h = 10$ bis $20 \frac{\Omega}{\text{H kHz A/cm}}$, also $\frac{h}{\sqrt{\mu_a}} = 1{,}2$ bis $2{,}5$. Die Instabilität $s = \frac{\mu_a - \mu_R}{\mu_a}$ bleibt unter 1 %. Die Bleche sind also den besten Fe-Ni-Cu-Blechen gleichwertig. Nur mit Massekernen erreicht man noch kleinere Werte von $\frac{h}{\sqrt{\mu_a}}$ und s, aber nur bei kleinerer Permeabilität. Bei gleichem μ_a sind die Massekerne nicht besser.

---

[1] Außer der genannten Literatur vgl.: DAHL, O. u. FR. PAWLEK: Z. Metallkde. Bd. 28 (1936) S. 230.

Namen- und Sachverzeichnis.